Chronik

über

Straßenbau und Straßenverkehr

in dem

Großherzogthum Baden.

Mit Benützung amtlicher Quellen bearbeitet

von

Director F. J. Baer,
Vorstand der großherzoglichen Oberdirection des Wasser- und Straßenbaues.

Springer-Verlag Berlin Heidelberg GmbH

ISBN 978-3-642-51932-1 ISBN 978-3-642-51994-9 (eBook)
DOI 10.1007/978-3-642-51994-9

Vorwort.

Bauwerke aller Art, die gemeinnützigen Zwecken dienen, bieten um so größeres Interesse für die Culturgeschichte, je länger sie bestehen und je deutlicher aus ihnen die Ansprüche hervortreten, die in den verschiedenen Zeitabschnitten an sie gestellt wurden.

Dies gilt insbesondere auch von den Straßenbauten im weiteren Sinne des Wortes, weil sie zur Vermittlung unzähliger Interessen der Menschen bestimmt und mit den immer wechselnden Bedürfnissen derselben auch selbst einer steten Aenderung unterworfen sind.

Je allgemeiner und inniger ein Volk den Werth lebhafter Verkehrsbeziehungen zu Förderung seiner geistigen und materiellen Interessen erkennt und je größer darum seine Opfer zu Beschaffung der entsprechenden Verkehrsmittel sind, desto aufgeklärter und opulenter erweist sich dasselbe.

Man erblickt darum heute in der Ausdehnung und Beschaffenheit des Netzes der öffentlichen Wege einen, ebenso für die Vergangenheit wie für die Gegenwart, gültigen Maßstab zur Beurtheilung der durchschnittlichen Cultur- und Vermögensverhältnisse der einzelnen Länder.

Die angeschlossene Schrift bezweckt nun: die Entwickelung der Verkehrswege in Baden, sowohl in einem allgemeinen Umrisse als auch durch Eingehen auf die einzelnen Land- und Wasserstraßen darzustellen, um einerseits einen Beitrag zur Culturgeschichte des Landes zu geben, andererseits aber Jenen, die sich mit dem Straßenbau und Verkehr berufsmäßig zu befassen haben, ein Hülfsmittel zu müheloser Orientirung über die früheren und jetzigen Zustände zu verschaffen.

Bei dem großen Umfange dieser Aufgabe kann die vorliegende Arbeit keinen Anspruch auf Vollständigkeit machen, sie wird aber immerhin als Grundlage für spätere Nachweise auf diesem Gebiete nicht werthlos sein.

Mögen die badischen Ingenieure diese Aufzeichnungen ergänzen, soweit nöthig berichtigen und fortsetzen, damit ihren Nachfolgern ein vollständiges und getreues Bild des Wirkens für Verbesserung der Verkehrswege in Baden überliefert werde.

Die geschichtlichen und statistischen Notizen, welche in der Schrift über die Straßenbau-Verwaltung im Großherzogthum Baden von 1870 enthalten sind, werden hier nur soweit wiederholt, als dies zum Verständniß und zur Erläuterung der neueren Angaben erforderlich ist.

Die verwendete Litteratur ist angeführt, damit diejenigen, welche an einem Gegenstande besonderes Interesse nehmen, sich die erforderlichen näheren Aufschlüsse leicht verschaffen können.

Da die Einführung des neuen Maßes im Jahr 1872 und der Reichsmarkrechnung erst 1875 erfolgte, nachdem die Schrift zum größten Theil bearbeitet war, konnten die Reductionen in das neue Maß und Geld nicht mehr vollständig ausgeführt werden. Mit Hülfe der zur Vergleichung des alten und neuen Maßes, Gewichts und der Münze beigefügten Tabellen werden sich aber die Reductionen, soweit nöthig, leicht bewirken lassen.

Vergleichung der früheren Maße, Gewichte und Münzen mit den jetzt gebräuchlichen.

Längenmaße.

1 Meter = 100 Centimeter = 1000 Millimeter.
1 Kilometer = 1000 Meter.

1 Millimeter = 1/3 Linie.
1 Centimeter = 3 1/3 Linien = 1/3 Zoll.
1 Meter = 3 Fuß 3 Zoll 3 1/3 Linien = 3 1/3 Fuß.
1 Kilometer = 3333 1/3 Fuß.
1 „ = 0,225 Wegstunden.
1 „ = 0,13477 geographische Meilen.

1 Linie = 3 Millimeter.
1 Zoll = 3 Centimeter.
1 Fuß = 30 Centimeter.
1 Ruthe = 3 Meter.
1 Wegstunde = 4444,44 Meter.
1 geogr. Meile = 7420,4385 Meter.

Flächenmaße.

1 Ar = 100 □Meter.
1 Hektar = 100 Ar = 10,000 □Meter.
1 □Kilometer = 100 Hektar = 1,000,000 □Meter.

1 □Meter = 11 1/9 □Fuß.
1 Ar = 11 □Ruthen 11 1/9 □Fuß.
1 Hektar = 2 Morgen 311 Ruthen 11 1/9 Fuß.
1 □Kilometer = 0,018162 geogr. □Meilen.

1 □Fuß = 0,09 □Meter.
1 □Ruthe = 9 □Meter.
1 Morgen = 36 Ar.
1 □Meile = 55,062,908 □Meter = 55,0629081 □Kilometer.

Körpermaße.

1 Liter = 1/1000 Kubikmeter.
1 Hektoliter = 100 Liter.

1 Liter = 2/3 Meßlein oder Maß.
1 Hektoliter = 2/3 Malter oder Ohm.

1 Meßlein oder Maß = 1 1/2 Liter.
1 Sester = 10 Maß = 15 Liter.
1 Malter oder Ohm = 150 Liter.

Für Holzmaß.

1 Ster = 1 Kubikmeter.
1 Ster = 0,257 Klafter.
1 Klafter = 144 Kubikfuß = 3,888 Ster.

Gewichte.

1 Kilogramm = 2 Pfund = 1000 Gramm.
1 Gramm = 10 Decigramm.
1 „ = 100 Centigramm.
1 „ = 1000 Milligramm.
1 Pfund = 500 Gramm.
1 Centner = 50 Kilogramm.
1 Tonne = 1000 Kilogramm.

1 Milligramm = 1/500000 Pfund = 0,000064 Loth.
1 Gramm = 1/500 Pfund = 0,064 Loth.
1 Pfund = 1 Pfund.
1 Kilogramm = 2 Pfund.
1 Centner = 1 Centner.

1 Loth = 15,625 Gramm.
1 Pfund = 32 Loth = 500 Gramm = 1 Pfund.

Münze.

1 Gulden = 60 Kreuzer.
1 Gulden = 1,7143 Mark = 4/7 Thaler = 6/7 österr. Gulden = 2,143 Franken.
1 Kreuzer = 2,857 Mark-Pfennig.

Erklärung der Zeichen.

R.-Bl. = Regierungsblatt.
Ges.- u. Verordn.-Bl. = Gesetz- u. Verordnungsblatt.
L.-A.-A. = Landes-Archivacten.
O.-D.-A. = Oberdirectionsacten des Wasser- und Straßenbaues.
F. F. A.-A. = Fürstlich Fürstenberg'sche Archivacten.
L.-W. A.-A. = Löwenstein-Wertheim'sche Archivacten.
S. A.-A. = Salem'sche Archivacten.
G. A.-A. = Großherzogliche Amtsacten.
G.-A. = Gemeindeacten.

Erste Abtheilung.

Uebersicht
über die
Entwicklung des Straßen-Netzes und Straßen-Verkehrs
im
Großherzogthum Baden.

1. Verkehrswege in vorrömischer Zeit.

Daß die vielverzweigten sog. Römerstraßen, welche sich über die an den Bodensee anschließenden Gebiete und beiderseits des Rheins und Neckars bis an den Main erstreckten, und in ihren Hauptzügen nicht allein über die Alpen, sondern bis zu den fernsten Grenzen im Osten, Norden und Westen der eroberten Provinzen führten, auch dem mittelalterlichen Straßennetze im Süden von Deutschland zu Grunde liegen, ist längst anerkannt.

Ob jenes römische Straßennetz aber eine ganz neue Schöpfung der Römer war, wie vielseitig behauptet wird, oder ob dasselbe schon früher bestandenen Verkehrswegen folgte? hierüber fehlt es an eingehender Erörterung.

Auch hier wo es sich nur um einen Ueberblick über die Entwickelung der Verkehrswege in Baden handelt, kann von einer gründlichen Untersuchung und Beantwortung dieser, dem praktischen Gesichtspunkte überhaupt ferne liegenden Frage die Rede nicht sein; wohl aber dürfte die kurze Andeutung einer, mit Wahrscheinlichkeitsgründen unterstützten Ansicht hierüber mit dem Zwecke dieser Schrift nicht als unvereinbarlich erscheinen.

Die Bauwerke der Menschen aller Culturstufen gestalteten sich stets und überall zunächst nach den Bedürfnissen ihrer mehr oder weniger ausgebildeten materiellen und geistigen Interessen.

Auf diesem Erfahrungssatze beruht auch die Entwickelung der Verkehrswege.

Mit Rücksicht auf die vielen nutzbaren Eigenschaften der Gewässer und in besonderer Würdigung ihres Werthes als natürliche Straßen, schlugen die ersten Ansiedler ihre Wohnorte meistens in den Thälern an den Seen und Flüssen auf. (1)

Von diesen Wohnsitzen verbreitete sich die Bevölkerung und die Cultur landeinwärts, und zwar zunächst auf die, die See- und Flußgebiete begränzenden Hügel und Bergabhänge, und endlich auf die Gebirge selbst. Zur Verbindung der in dem Binnenlande befindlichen kleineren Flüsse und Wohnorte mit den Hauptwasserstraßen waren Landwege unentbehrlich. Die ältesten Orte in Baden sind daher in der Nähe des Bodensees, des Rheins, Mains, Neckars und der Donau zu suchen. (2)

---

(1) Tacitus Germ. c. 16 berichtet dies schon von den Sueven 1 cc. 39. Im Süden von Amerika machte man dieselbe Wahrnehmung. Theodor Mommsen sagt in dieser Beziehung über Italiens Cultur Gleiches mit den Worten: „Der Strom überfluthet die Höhen erst dann, wenn er die Niederungen schon eingenommen hat." — (2) Die zuweilen aufgestellte Behauptung, daß die Cultur der Länder von den Bergen ausgehe, läßt sich in Baden mit Wahrscheinlichkeit nicht nachweisen, wohl aber das Gegentheil.

Wissen wir nun, wer die ersten Einwohner waren, und in welcher Culturschichte sie stunden, so können wir auch mit Wahrscheinlichkeit auf die Züge und die Beschaffenheit der ältesten Straßen schließen.

So weit die geschichtlichen Nachweise reichen, waren, wenn auch nicht die Ureinwohner, doch die ersten Ansiedler in dem Gebiete des jetzigen Großherzogthums Baden die Kelten,([1]) welche, wie die gesammte Bevölkerung Europa's, dem indogermanischen Stamme angehörten, sich aus dem westlichen Theil von Mittelasien nach Nordwesten verbreiteten und unter den Namen: Gallier, Vindelicier, Rhätier, Senonen, Boyer, Helvetier, Noricer, Aquitanier, Biturger, Carner, Tauriscer, Nemeter, Tribocer, Vangioner, Sequaner, Tiguriner, Arvaner ꝛc. bekannt geworden sind.

Ihre Niederlassung an dem Bodensee, Rhein, Donau, Neckar und Main wird meistens in die Zeit des 7. oder 6. Jahrhunderts v. Chr. gesetzt.([2])

Die Kelten stunden, als die Griechen und Römer sie kennen lernten, schon auf einer hohen Stufe der Cultur([3]); sie wohnten in Städten, Flecken und Dörfern, und die Grundlage ihres Familienlebens bildete die Religion. Ihr Gott Teutat entsprach dem deutschen Allgott, Wodan oder Wuotan, dem die Germanen den Namen: Odin, und die Römer später den Namen ihres Merkurius beilegten, weil jenen wie diesem die Eigenschaft des Wegeführers oder Wegekundigen und des Beschützers der Straßen zukam.([4]) Den Priestern (Druiden) war die Schrift eigen, sie bedienten sich griechischer Buchstaben. Cäsar 1. 19. Die Dichtkunst wurde hoch geschätzt. Für die Gerichte hatten sie wie die Deutschen sog. Malstätten, nämlich Versammlungsplätze im Freien, auf Brücken, unter großen Bäumen, bei hervorragenden Steinen, an Begräbnißplätzen oder anderen bleibend erkennbaren Punkten.([5]) Gesetzliche Freiheit, Volksherrlichkeit, geordnetes Gemeindewesen und Eigenthumsrecht waren die Grundlagen ihrer staatlichen Einrichtung.([6]) Aristoteles sagt: daß die griechische Philosophie von den Kelten herstamme; auch die keltische Poesie ging auf die Griechen über.

Die Hauptbeschäftigung bestund in Landwirthschaft, Weinbau, Viehzucht, Handel, Gewerbe, Bergbau, Salzsieden, Goldwaschen.([7])

Mit ausgedehnter Schafzucht([8]) stund die Verarbeitung der Wolle zu Gespinnsten und Ge-

---

([1]) Caesar (50 v. Chr.) und Tacitus (73—100 n. Chr.) führen die Kelten als Urbewohner des Oberrheins an und letzterer bezeichnet das Gebiet zwischen Rhein und Main als einen Wohnsitz derselben. Herodot, der älteste Schriftsteller über Keltiken (456 v. Chr.) läßt II. 33 den Ister (Donau) bei den Kelten entspringen, und Arrian (138—180 n. Chr.) sagt: Alexander kam zum Ister, dem größten aller europäischen Flüsse, der durch die Länder der Kelten fließt, bei denen er auch entspringt. Dyonis von Halikarnaß (20 v. bis 15 n. Chr.) führt an, daß Keltiken den vierten Theil Europa's umfaßte, von dem Rhein mitten durchschnitten wurde und ein sehr fruchtbares Land war. Ephorus bezeugt, daß die Kelten den Westen der Erde, also fast ganz Europa im Besitze hatten. Aehnlich spricht sich Eratosthenes (270—190 v. Chr.) aus. Nach unserer heutigen politischen Eintheilung wären als zu Keltiken gehörig anzusehen: Portugal, Spanien, Oberitalien, Frankreich, die britischen Inseln, Schweiz, Deutschland, Belgien, Niederlande, Dänemark, Schweden, Norwegen und ein Theil von Polen. Kruse, Archiv für alte Geographie. Im 6., 5. und 4. Jahrhundert v. Chr. waren die Kelten noch das herrschende Volk in Mittel-Europa. S. Sugenheim, Gesch. des deutschen Volks I. 1861 und C. O. Müller, die Etruscer 1873 I. Jedenfalls wohnten die Kelten in den Thälern des Rheins, Neckars, Mains, der obern Donau, in der Schweiz und in Frankreich. — [2]) Livius, (59 v. Chr. bis 17 n. Chr.) V 34, gedenkt der Einwanderung der Kelten nach dem hercynischen Wald zur Zeit des Tarquinius Priscus (616—574 v. Chr.) oder 550 vor Caesar. Nach Hellwald, Kulturgesch. 1876 besetzten sie 400 Jahre v. Chr. das südliche Deutschland bis zur Donau. Etwas Sicheres hierüber ist nicht bekannt. Manche setzen nicht ohne Grund die Einwanderung in viel frühere Zeit. Jedenfalls dauerten ihre Züge mehrere Jahrhunderte hindurch. Manche halten für wahrscheinlich, daß schon 1240 v. Chr. Kelten zwischen dem Rhein und den Vogesen und dem Westen der Alpen wohnten. Mommsen, röm. Geschichte. L. Wielandt, Beiträge zur Geschichte Badens. Den Beginn der Blüthe des Keltenvolkes überhaupt setzt man in das neunte Jahrhundert v. Chr. B. Brosi, „die Kelten" 1851. J. Grimm bezeichnet die Zeit von 2000—1800 v. Chr., in welcher die Kelten ihre Ansiedlung in ganz Europa vollendet hatten. — [3]) Die Griechen fanden, als sie 600 Jahre v. Chr. bis an den Ister vordrangen, überall Kelten. J. Rudlof, Unters. des Keltenthums. 1822. — [4]) Aristoteles (340 v. Chr.) und Aelianus (220 v. Chr.) berichten, daß die Kelten an die ewige Fortdauer der Seele nach dem Tode glaubten. Caesar sagt von den Galliern (B. G. VI. 17): Die Römer nannten den Keltengott „Merkurius", weil dieser die Wanderer leiten mochte. Auch als Gott der Kaufleute, als Kriegs-, Acker- und Ernte-Gott wurde Teutat verehrt. L. Diefenbach, origines europaeae 1861. Rückert, Cultur-Gesch. d. deutschen Volkes. G. Büsching, der Deutschen Leben, 1819. II. 227. J. Grimm, Geschichte der deutschen Sprache. I. 1848. An Stelle des Wodan resp. des Merkur trat urkundlich 492, u. 496 n. Chr. der heil. Michael. C. Radloff, Zeitschrift deutscher Kulturgeschichte. 1873. S. 743. Daher die Michelscapellen oft auf heidnische Tempel schließen lassen. Der christliche Michael stammt aus dem byzantinischen Orient zur Zeit Constantins 325 n. Chr. — ([5]) Grimm, Deutsche Mythologie 1835. — ([6]) Keferstein, Ansichten I. — ([7]) Strabo, IV. 178, 186, 191. Diod, V. 27. Plinius, 34. Caesar, Bell. Gall. III. — ([8]) J. Grothe, Deutsche Vierteljahrsschrift. 1866. 4.

weben in Verbindung. Mit großer Geschicklichkeit fertigten sie Geräthe von Thon und Bronze, (1) welches Metall sie vorzugsweise benützten, obgleich sie auch Gold, Silber und Eisen verarbeiteten. (2) Sie verstunden ebenso wie die Etruscer das Verzinnen, Versilbern, Vergolden und Löthen mit Blei. Plinius rühmt ihre Geschicklichkeit in Behandlung des Glases. Das keltische Schwert war berühmt. Zahlreich aufgefundene Münzen von Gold und Kupfer sind als keltische Producte erwiesen. (3) Die an manchen Seen in Deutschland, der Schweiz und Frankreich entdeckten Pfahlbauten (4) sowie die keltischen Gräber enthalten Bronze-Geräthe, Schmucksachen und Thongeräthe, die fabrikmäßig hergestellt zu sein scheinen. (5)

Die Kelten waren der Flößerei und Segelschifffahrt kundig und auch der Flußbau war ihnen nicht unbekannt. Die Worte: Deich, Wohr, Wuhr, Wöre sind keltisch und bezeichnen einen Schutzdamm oder Abschluß. Das keltische Wort Rhein bedeutet Flußbau. (6) Mit den Phöniziern, Etruscern und Römern nahmen die Kelten Antheil an dem großen Weltverkehr auf dem Markte der Ostsee. (7) In Bearbeitung der Steine hatten die Kelten große Fertigkeit; sie wurden daher später von den Römern vorzugsweise für Bauausführungen verwendet. So glaubt man von manchen Seiten, daß die unter der Römerherrschaft zum Schutz gegen die Germanen vollendete sog. Teufelsmauer von Kelheim an der Donau bis an den Unterrhein ebenfalls keltische Arbeit sei d. h., daß die Kelten sie entweder früher schon ausgeführt, jedenfalls aber bei dem Bau mitgewirkt haben. Bis jetzt ist diese Ansicht vereinzelt und mit keinen genügenden Nachweisen belegt.

Das bei den keltischen Bauten beliebte Achteck soll besonders in ihren Tempeln viele Anwendung gefunden und die Grundlage für die Form der ersten christlichen Kirchen, insbesondere der Chöre, Thurm-Spitzen &c. gegeben haben.

G. Büsching Leben der Deutschen I. 287.

Das Landfuhrwerk war sehr ausgebildet. (8) B r ü c k e n u n d S t r a ß e n w a r e n ü b e r a l l

---

(1) Bronze bestund Anfangs, aus 90 Proc. Kupfer und 10 Proc. Zinn, später aus Kupfer, Zink oder Blei. — (2) Grimm, Gesch. d. deutschen Sprache. 1848. II. 1027. Mommsen, röm. Gesch. G. Klemm, das alte vorchristliche Europa. 1850. Brosi, die Kelten. Die Namen der meisten Metalle sind keltischen Ursprungs. Caesar sagt von den Aquitaniern, daß sie große Eisenwerke und jede Art von Minen im Gebrauche haben. (3) Anzeiger für Kunde des Mittelalters. 1835. S. 118. (4) Franz Maurer setzt die Entstehung der Pfahlbauten in den Schweizerseen in die Zeit vom 6. bis 5. Jahrhundert v. Chr.; Andere halten sie wohl mit Recht für viel älter. In den aufgedeckten Fundschichten der Pfahlbauten am Genfer See lagern zu unterst Steingeräthe, dann künstliche Bronze-Geräthe mit menschlichen Schädelknochen und auf diesen römische Backsteine. Auch in dem Bieler- und Neuenburger See sind in den Pfahlbauten Stein-, Bronze-, Eisen- und römische Producte beisammen gefunden worden. Staub, die Pfahlbauten in den Schweizer Seen. 1864. In den Pfahlbauten am Bodensee und am Rhein bei Wangen kommen Stein-, Bronze- und Thongeräthe nebst Bernsteingeräthen und Knochengeräthen vor. Ueber die Bestimmung der Pfahlbauten ist man noch im Unklaren. Pallmann hält sie für Handelsstationen; nach Anderen waren es Fischerstationen und Manche halten sie für Zufluchtsstätten. W. Baer, der vorgeschichtliche Mensch. 1874. Steudel, Schriften des Vereins für Geschichte des Bodensees. III. F. Keller, die Pfahlbauten. V. Dr. Buck, Beiträge zur Ethnologie der Bodenseegegend. (5) Bewährte Sachverständige halten die in dem Museum von St. Germain in Paris (Musée Gallo-celtique) unter der Bezeichnung „gallo-romanische Alterthümer" aufbewahrten, sehr kunstvollen Bronze-Fundstücke größtentheils für etruscische und keltische Arbeit, weil vieles daran gelöthet ist, was bei den Römern nicht üblich war. In Helelum im Elsaß war noch unter der Römerherrschaft eine keltische Bronzefabrik in Thätigkeit, die ihre Fabrikate auf beiden Ufern des Rheins absetzte. Auch in Wülfingen, Canton Zürich, wurde eine keltische Gußstätte mit Gußformen für Nadeln und Ringe entdeckt. Nach neueren Forschungen will man in den g e s c h m a c k v o l l s t e n Bronzearbeiten, die bisher in dem ehemals keltischen Boden gefunden wurden, Erzeugnisse der Etruscer erkennen, welches Volk lange vor der Gründung Roms, also vor 753 J. v. Chr. aus Asien nach Italien eingewandert war und zwischen dem Arno, der Tiber und in der Niederung am Po, sowie in dem reizenden Campagnien wohnte und lebhaften Tauschhandel nach dem Norden betrieb. Eine Verschiedenheit, in der Zeichnung, Stilisirung und Durchführung der etruscischen und keltischen Arbeiten wird als unverkennbar bezeichnet. Die keltische Arbeit soll der etruscischen weit nachstehen. Immerhin scheint die größere Masse der Funde von den Kelten angefertigt zu sein, da die oft bemerkbare Beimischung von Nickel und Kobalt den Etruscern nicht eigen war. Siehe Braun, Studien und Skizzen. 1854. J. v. Sacken, Leitfaden zur Kunde heidn. Alterthums. 1865. H. Genthe, Ueber den etruscischen Tauschhandel. 1874. K. Müller, die Etruscer. (6) Caesar, B. G. III. Strabo, IV. B. Minola, Beiträge zur römischen Geschichte. 1818. Thierey, Geschichte der Kelten. Mone, Urgeschichte II. 143. Ficker, das Keltenthum. 1861. (7) Mone, Anzeiger. 1835. Schreiber, Taschenbuch. 1840. Wachsmuth, Europas Sittengeschichte. 1831. I. Selbst das Steuersystem war schon weit vorangeschritten, denn nach Caesar hatten die Helvetier schon: directe Steuern, wie Kopf-, Liegenschafts- und Gewerbesteuer und indirecte Steuern, wie Eingangs- und Transit-Zölle. (8) Rheda (viersitziger Wagen), Bena (Korbwagen), Carre (zweirädriger Wagen), Carruka (Reisewagen), Corinus (Streitwagen), Essedum (zweirädriger Streitwagen, sind keltische Bezeichnungen. S. G. Radlof, Untersuchung des Keltenthums. 1822. In dem Kriege gegen den römischen Consul Fabius (282 v. Chr.) benützten die Kelten viele Streitwagen. Pferdegeschirr und Wagenbestandtheile keltischer und etruscischer Arbeit wurden

im Gebrauch, (1) sie waren in den Städten und auf dem Lande großentheils gepflastert, aber schmal, für 1 Pferd ohne Deichsel eingerichtet (2). Die Städte waren mit Fachwerksmauer umgeben, (Caesar, Bell. Gall. VII. 23.) (3), die Gebäude zierlich aus Holz construirt; das Grundeigenthum war fest begränzt und vermessen. Die uralten Regeln, die man bei Theilung und Vermessung des Landes befolgte, waren der priesterlichen Wissenschaft der Etruscer entnommen. (4) Die Kelten bedienten sich ebenso wie die Germanen, Griechen und Israeliten zur Vermessung der Schnur, die Römer der Stange (Decempeda). Das keltische Wort „Leuga“ bedeutet Meilenzeiger und ging in die römische Sprache über. (5)

Immelstein ist keltisch und heißt Grenzmarke. (6)

Aus allem dem ist es unzweifelhaft, daß die Kelten nicht allein ein sehr begabtes, sondern auch in der Cultur weit fortgeschrittenes Volk waren. (7) Man nimmt nun gewöhnlich an, daß die etwa 2—300 Jahre v. Ch. allmählich und zuerst in kleineren Abtheilungen gegen den Rhein vorgedrungenen Germanen (Sueven) (8) die Kelten (Helvetier, Bojer und Vindelicier rc.) nach und nach theils auf friedlichem Wege, theils mit Gewalt aus ihren alten Wohnsitzen auf dem rechten Rheinufer verdrängt haben, und es besteht vielfach die Ansicht, daß das rechtsrheinische Land (Baden rc.) in dem die Helvetier wohnten, ebenso wie die (9) benachbarten Wohnsitze der Bojer in Folge der Niederlage des Ariovist (58 v. Ch.) von den Kelten gänzlich verlassen und zur Einöde (eremus) geworden sei.

Abgesehen davon, daß sichere geschichtliche Nachweise hierüber fehlen, ist es kaum denkbar, daß ein ganzes Volk aus seinen, seit vielen Jahrhunderten innegehabten Wohnsitzen vollständig vertrieben werde. Weit mehr entspricht die Annahme der Wahrscheinlichkeit und der Erfahrung, daß die allmählich eingewanderten Völker sich wenigstens mit einem Theil der ansässigen Einwohner in den Besitz des Landes theilten, da die neu Zugehenden offenbar hierin den größeren Nutzen finden mußten (Klemm, Culturgeschichte 1845 und C. Barth, Urgesch. Deutschlands 1840. Brosi, „die Kelten).

Wohl darf man, wie auch von vielen Seiten geschieht, mit Grund annehmen, daß wenigstens Theile der keltischen Bevölkerung in dem Lande geblieben sind, und daß die Germanen, Anfangs

---

an vielen Orten, insbesondere auch in Hohenzollern-Sigmaringen bei Laiz, Gauselfingen, Ringenbach und Bitz, sowie bei Haßlach in der Pfalz aufgefunden. H. Genthe, Etruscischer Tauschhandel. Lindenschmit, Alterthümer der fürstlichen Sammlung in Sigmaringen. Brosi, „die Kelten“. (1) Mommsen, Römische Geschichte. — Die im 6. Jahrhundert noch vorhandene Schiffbrücke über die Rhone wird für keltisch erklärt. Mone, Urgeschichte. II. (2) Hellwald, Kelt. Gesch. S. 518. (3) Die noch vorhandenen Festungswerke auf dem Odilien-Berge bei Straßburg werden den Kelten zugeschrieben. Mone, Urgesch. II. (4) Uralte Meßregeln der Etruscer siehe: Walter, Gesch. des röm. R. I. 8 u. Gaupp, Die germ. Ansiedlungen. 1844. (5) Das keltische Wort Leuge oder Leuca bedeutet Rast. Die keltische Leuga hatte 1500, die römische 1000 Fuß à 10 Pariser Zoll Länge. Die alten Flächenmaaße in Baden sind meist keltisch, die Längenmaaße mehr römisch. Schreiber, Taschenbuch. 1839 u. Mone, Urgesch. Brambach, Baden unter den Römern. S. 20. (6) Ein solcher Stein ist an der alten Kirche in Bühl außen gegen die Straße eingemauert. (7) Ob die Kelten Germanen waren, wie in neuerer Zeit von ansehnlicher Seite und mit vielen guten Gründen behauptet wird, ist zur Zeit noch eine Streitfrage. Die griechischen Schriftsteller Aristides, Dio Cassius, Libanios, Diod. Siculus V. nennen nicht allein die Gallier, sondern auch die Germanen „Kelten“. Dio Cassius — im 2. Jahrhundert — nennt die Germanen Kelten und findet bei beiden gleiche Sitten und Sprache. Cosimos sagt II. 15: „Die Germanen und andere keltische Völker“. Dionis von Hal. schreibt (225—238): „Kelten, die wir Germanen nennen, kamen über den Rhein“. Virgil unterscheidet nicht zwischen gallisch und germanisch. Libanios (314—394) nennt die deutschen Franken einen keltischen Stamm. Fast allgemein wird anerkannt, daß die Gallier und die Germanen an Körper und Sitte sich sehr ähnlich und nahe verwandt waren. Gallenus (131—200 n. Chr.) sagt: Gallier und Germanen haben die gleiche Gemüthsart und Geistesrichtung. Strabo kennt nur einen geringen Unterschied zwischen Kelten und Germanen. Ihre Sprache muß nicht sehr verschieden gewesen sein, da germanische und keltische Völker gemeinsame Volksversammlungen hielten. Von den neueren Schriftstellern halten: Schilter, Wachter, Cluver, Pelloutier, Geschichte der Kelten, übersetzt von Purrmann, Radlof, Steffens, Hirt, Holzmann, L. Lindenschmit und H. Künßberg die Germanen für Kelten oder sie lassen wenigstens eine scharfe Trennung der Kelten und Germanen nicht zu; wogegen Vennedy, F. Schlegel, v. Sacken, Schöpflin, Maltebrunn, Brandes, Barth, Pinkerton, Bopp, Piktet, Zeuß, Grimm, Niebuhr, Mone, Mannert, Adelung, B. Wilhelm gegentheiliger Ansicht sind, aber mehr oder weniger eine Verwandtschaft zugeben. Auch die meisten römischen Schriftsteller, namentlich Caesar, sind letzterer Meinung. N. Sparschuh, Kelten, Griechen und Germanen, 1877, sucht durch die Sprachvergleichung nachzuweisen, daß die germanische Sprache und das germanische Volk aus der keltischen Sprache und aus dem keltischen Volk hervorgegangen ist. (8) Strabo sagt: Jene Landstriche über dem Rhein, gleich hinter den Kelten in östlicher Richtung bewohnen die Germanen. (9) Tacit C. c. 28. Nach Caesar (B. G. I. 2) könnte man annehmen, daß die Helvetier nur auf dem linken Rheinufer wohnten, allein es waren dies wohl nur ihre Hauptwohnsitze. Jedenfalls wohnten die keltischen Tulinger und Latoviker, die mit den Helvetiern gegen Caesar kämpften, auf dem rechten Rheinufer. Rapp, die Helvetier. 1863.

in der Minderzahl, vieles von Sprache, Sitten und Kenntnissen der Kelten sich eigen machten, wie auch die Römer von den Kelten und Germanen manches angenommen haben. Wäre dies nicht der Fall gewesen, so hätte sich die keltische Geographie in Baden wie in Frankreich und der Schweiz nicht erhalten können. (1)

Wie lange Zeit gehört dazu, bis die Bezeichnung der Gaue, Flüsse, Gebirge, Bäche, Bergspitzen, Orte, ja selbst der Gemarkungen und Gewanne (Fluren) durch Tradition so eingebürgert sind, daß sie sich Jahrhunderte lang und auch dann noch erhielten, nachdem das Zehntland lange Zeit hindurch unter die Herrschaft der Germanen und der Römer gekommen war, deren Sprache, wenn auch stammverwandt, doch manigfach verschieden von der keltischen war. (2)

Diejenigen, welche hierüber anderer Ansicht sind, suchen bezugnehmend auf die Schriften von Cäsar, Livius, Tacitus, Ptolemäus und des Ammian Marcellinus, das Fortleben der keltischen Geographie damit zu erklären, daß sie behaupten: die Kelten, welche das Land gänzlich verlassen hatten, seien erst von den Römern aus Gallien wieder auf das rechte Rheinufer gebracht worden (3).

Tacitus (Germ. 29) schreibt nämlich: „Ich kann diejenigen nicht zu den deutschen Völkern zählen, obgleich sie über dem Rhein und der Donau wohnen, welche als Ansiedler Ackerbau treiben, denn jeder leichtsinnige Gallier, der aus Noth wagen muß, hat dort Grundstücke eines unsicheren Besitzes genommen. Darauf hat man einen Grenzwall gezogen, Besatzungen vorgeschoben und das Land für einen Winkel des Reiches und einen Theil der (röm.) Provinz gehalten". An einer anderen Stelle sagt er: „Gallier sind es, die jenseits des Rheines und der Donau von Helvetien aus sich niedergelassen haben". Auch nach Caesar und Livius haben aus Gallien viele Wanderungen nach Germanien stattgefunden.

Dionis von Hal. und Ptolemäus (160 n. Chr.) sprechen von der „helvetischen Einöde und Ammian bezeichnet die Umgebung des Bodensee's als unbewohnt und voll schauriger Wälder und Sümpfe, die erst durch die hochherzigen Römer zugänglich gemacht wurden. Der Geograph Strabo (60 v. Chr. geb.) dagegen, der unter Tiberius (14—37 n. Chr.) schrieb und Commentare Caesars benützte, hält den herchnischen Wald von mehreren Seiten für zugänglich und gut bewohnt, und Caesar (VI. C.) legt die fruchtbarsten Gegenden Germaniens an den herchnischen Wald. (4) Alles dies beweist weder, daß das rechtseitige Gebiet des Oberrheines von aller Bevölkerung verlassen war, noch daß die Wiederbevölkerung allein durch gallische Einwanderer erfolgte, die sich unter dem Schutze der Römer hier niederließen.

---

(1) Schreiber sagt in seinem Taschenbuch für Geschichte. „Ein Theil der Bevölkerung blieb immer zurück unter den Siegern; dadurch lebten die keltischen Namen bei den eingewanderten Völkern fort. Aehnlich spricht sich v. Hellwald in seiner Culturgeschichte von 1876, S. 526 aus. Auch Mannert, Geographie der Griechen und Römer, glaubt nicht an eine vollständige Entvölkerung der helvetischen und bojischen sog. Wüsten. (2) J. Grimm, Geschichte der deutschen Sprache. (3) Mone, Urgesch. II. S. 66 sagt: „Die Uebereinstimmung der oberdeutschen Flußnamen mit den gallischen (keltischen) können wir uns nur aus keltischen Wanderungen erklären". Durch Wanderungen bildet sich aber keine dauernde Bestimmung örtlicher Begriffe; hiezu führt nur ein langer, d. h. viele Generationen hindurch ununterbrochen währender Wohnsitz eines und desselben über das ganze Land verbreiteten Volkes. Mone giebt auch zu, daß das obere Rheinthal und die Baar frühe bewohnt waren, und daß die sog. helvetische Einöde sich nur auf den inneren Schwarzwald beziehe. Urgesch. II. S. 17. Aber gerade hier finden sich viele keltische Namen. (4) Die Angaben des Ptolemäus, der in Alexandria lebte, werden bezüglich der Einöde vielfach bekämpft und es ist bekannt, daß derselbe, obgleich viel gereist, doch bezüglich seiner Angaben über Germanien unzuverlässig ist. Weder er, noch Strabo, noch Tacitus, noch Ammian waren jemals in Germanien. Ammian, der nach Aussagen des 55 Jahr v. Chr. in Rom gefangenen Timogenes schrieb, hat bekanntlich durch seine Beschreibung des Rheinlaufes durch den Bodensee an Glaubwürdigkeit nichts gewonnen. Strabo ist in seinen Angaben oft undeutlich und widerspricht sich selbst. Tacitus benützte die Berichte Caesars, der seine Kenntniß meist von Gefangenen erhielt und nach der Aeußerung des Consuls Pollio unter Augustus, oft durch falsche Mittheilungen getäuscht wurde und zuweilen Unrichtiges berichtete, überdies aber ein Feind der Kelten war. Mannert sagt: das Bild, das Caesar von den Deutschen erhielt, entsprach der Wahrheit nicht. Die Glaubwürdigkeit des Tacitus steht aber überhaupt nicht über jedem Zweifel erhaben. Lasker sagt z. B. in seiner Schrift über Welt und Staatsweisheit von 1873: „Tacitus, ein Muster der Erzählung und beinahe das verkörperte Gericht in der Weltgeschichte, wird jetzt, nicht ohne Anhalt, als Schriftsteller von wohlüberlegter Parteitendenz erkannt." Schon Seb. Frank, der erste Chronist, der deutsches Nationalbewußtsein entwickelt, hat 1539 und der Chronist J. Spreng in Basel 1756 ähnliche Zweifel über die Wahrheit des Tacitus und seiner römischen Collegen ausgesprochen. H. Luden giebt in seiner Geschichte der Völker von 1821 der gleichen Anschauung Ausdruck, mit den Worten: „Die Römer waren in ihrem Uebermuth nicht geeignet zu leidenschaftsloser Beurtheilung; ihre Angaben über Land und Erzeugnisse sind nicht immer wahr. So gelang es ihnen, das schönste Land Europa's als das scheußlichste darzustellen". Sparschuh, Kelten, Griechen, Germanen, 1875, sagt: „Daß Caesar und Tacitus die Germanen nach nicht ausreichenden Quellen und

Wäre das Zehntland seit der Niederlage des Ariovist bis in die Mitte des 1. Jahrhunderts eine Einöde gewesen, so hätten die im Laufe von ca. 100 Jahren eingewanderten Gallier die unzähligen geographischen Bezeichnungen im Lande feststellen müssen; dazu fehlte es aber an Zeit und an zahlreicher, über das ganze Land verbreiteter, gallischer Bevölkerung. Die im 2. und Anfang des 3. Jahrhunderts n. Ch. über den Gränzwall in großer Zahl eingedrungenen Germanen (Alemanen) von denen sich viele in dem Grenzland bleibend niederließen und bald die überwiegende Zahl der Bevölkerung bildeten, hätten gewiß noch einen großen Spielraum für geographische Benennungen gefunden, und das Hauptresultat in diesem Betreff wäre kein keltisches geblieben. Wenn Caesar von Kelten als Bewohnern des hercynischen Waldes und davon spricht, daß viele Gallier über den Rhein gehen, um sich dort niederzulassen, so stimmt dies auch mit anderen Angaben, namentlich mit jenen überein, wonach die Gallier Jahrhunderte v. Chr. nach verschiedenen Seiten hin bessere Wohnsitze suchten; es ist damit aber nicht gesagt, daß dies nur in öde, von aller Bevölkerung entblößte Gegenden geschah, und daß nicht schon eine aus Germanen und Kelten bestehende Bevölkerung dort war. (1)

Die zahlreichen keltischen Orte und Städte, die schon Ptolemäus in den Gebieten des Rheines, Neckars, Mains und der Donau nennt, (2) wie viele andere z. B. Budoris (Heidelberg), Lopodanum (Ladenburg), Tarodunum (Zarten), Brecomagus (Breisach), Juliomagus (Hüfingen), Sanctio (Säckingen), Solicinum (Schwetzingen), Brigobanis (Bräunlingen), Eburinga (Ebringen), Gamodurum (Constanz), Gaunodurum (Laufenburg), Actuanum (Würzburg), Deuona (Schweinfurt), Bergium (Bamberg), Campodunum (Kempten) u. s. w. bestunden längst ehe die Römer in diese Gegenden kamen; sie haben trotz mehrmaliger Zerstörung sich selbst wie die gallischen Städte am Rhein: Cöln, Mainz, Worms, Speier, Bergzabern, Selz, Brumat und Straßburg sammt ihren Namen bis in unsere Zeit erhalten, was in einer hundert Jahre dauernden Einöde nicht wohl geschehen wäre. (3)

Durch die neuesten Sprachforschungen sind aber nicht nur die Namen der meisten Berge, Flüsse, Bäche, (4) Gaue, Städte und Dörfer, sondern auch jene vieler Thiere, Pflanzen, Nahrungsmittel, Geräthe, Baugegenstände und Materialien, insbesondere auch der meisten Metalle, die man früher mühevoll, aber nicht selten mit sichtlicher Vorliebe, aus römischer Sprache abzuleiten suchte, als keltische oder deutsche Namen erwiesen, die entweder direct oder durch Beseitigung allmählicher Umbildung oder mittelst Uebersetzung erkennbar sind. Selbst an Orten, die unzweifelhaft deutsche Namen haben, findet man in Baden Gewannnamen von wahrscheinlich keltischer Abkunft. Die früher viel verbreitete Ansicht, daß die Germanen viele Worte aus der romanischen Sprache angenommen haben, ist als unrichtig erwiesen. Weder die Griechen noch die Römer hatten einen erheblichen Einfluß auf die deutsche Sprache. Unter hundert Namen der gallischen und deutschen Geographie finden sich kaum vier von römischer Abkunft; der größte

---

jeder für seine besonderen Zwecke in einer theilweise stark romantischen Färbung den Römern vorgeführt haben". H. Dittmer, Gesch. der Welt. 1861, läßt dem Tacitus alle Gerechtigkeit widerfahren, doch ist er der Ansicht, daß das Princip seiner Sittlichkeit eigentlich nur die römische Ehre war. Aehnlich sprechen sich von Sacken in dem Leitfaden für Kunde der Alterthümer, und manche andere angesehene Schriftsteller aus. Ohne den Werth der Ueberlieferungen des Caesar und Tacitus zu unterschätzen, wird man sich mit den Genannten doch zu der Ansicht bekennen dürfen, daß nicht jede Angabe derselben als eine über allen Zweifel erhabene Wahrheit anzusehen sei. Selbst begeisterte Verehrer Caesars wie A. Rapp geben zu, daß Caesar während des helv.-germ. Krieges Vieles nicht recht gekannt und verstanden habe. Er bediente sich der Dolmetscher. Ewig wahr sind aber die Worte des Dichters: „Von der Parteien Gunst und von Haß entstellt, schwankt das Charakterbild der Zustände und der Geschichte". Dies darf man nie außer Acht lassen. (1) Caesar war nur zweimal und nur kurze Zeit auf dem rechten Rheinufer, aber nie oberhalb Coblenz. Der erste Uebergang erfolgte bei Bonn, der zweite bei Neuwied. (2) Die Orte am Main kennt er fast alle mit keltischen Namen. (3) Siehe H. Brandes, Das ethnogr. Verhältniß der Kelten und Germanen. (4) Z. B. Rhein, Neckar, Main, Kinzig, Murg, Wuttach, Acher, Pfinz, Enz, Alb, Würm, Möhlin, Kirnbach, Brette, Brig, Breg, Wiese, Nagold, Elz, Dreisam, Glotter, Neumagen, Rench, Biber, Tauber, Saal, Jagst, Kander, Donau, Undiz, Aach, Weschnitz, Biber, Belchen, Geisberg, Kandel, Horniß-Grind, Säntis, Au, Grind, Duniberg rc. Siehe: Bacmeister, Wanderungen. Spreng, Ursprung von Basel. Minola, die Römer am Rhein. Förstemann, Altdeutsches Namenbuch. Diefenbach, die alten Völker. Eben, Gesch. v. Ravensburg. Manche glauben an die menschenleeren Wüsten, wo früher Helvetier und Bojer wohnten, weil diese Gegenden den Römern solange unbekannt blieben. Aber die bevölkerte Normandie war den Römern auch lange Zeit unbekannt, weil wenige Landstraßen dahin führten, während ihnen die östlichen Theile der Provinz Gallien längst genau bekannt waren, da dieser Theil von unzähligen Straßen durchschnitten war. Siehe: Mannert II.

Theil ist keltischer oder germanischer Abstammung.(1) Wenn man nun die ältesten bekannten (römischen) Straßenzüge in Baden verfolgt, so zeigt es sich, daß sie zum großen Theil nicht allein die Verbindung der früheren keltischen Hauptniederlassungen bezweckten, sondern daß sie selbst den ehemals keltischen Flecken und Dörfern folgen, wie dies in Abtheilung II bei den einzelnen Straßenzügen näher nachgewiesen wird. Man darf deshalb wohl mit allem Grund annehmen, daß die Germanen, als sie sich in dem rechtsrheinischen Lande niederließen, hier wie überall, wo Kelten wohnten, Straßen fanden, die sie benützten und erhielten,(2) da sie sich ebenfalls wie die Kelten der Fuhrwerke bedienten, und überhaupt auf einer weit höheren Culturstufe stunden, als die römischen Schriftsteller sie schildern. Vieles, was man bis in die Neuzeit römischem Einflusse zuschreibt, ist unzweifelhaft deutschem Geiste entsprungen.

Ein Volk, das fähig war, die Kelten allmählich zu verdrängen, und die Kriege mit den Römern siegreich zu führen, ein Volk von edlem Sinn für Familienleben, von Gottesfurcht, Freiheitssinn, Vaterlandsliebe, Redlichkeit und Treue, von Gastlichkeit, sittlichem Ernste und richtigem Urtheil über Rechtsverhältnisse konnte kein barbarisches sein.(3)

Auch die Römer, als sie im ersten Jahrhundert n. Chr. das nachmalige Zehntland (agri decumates)(4) besetzten, fanden gewiß keltisch-germanische Orte und Straßen, die sie für ihre Zwecke nur zu verbessern hatten.(5) Es ist dies um so wahrscheinlicher, da der Rhein vor der

---

(1) Siehe hierüber: Zeuß, „Grammatica celtica" 1854 und „Die Deutschen und ihre Nachbarstämme" 1837; Leichtlen, Versuch über keltische Sprache 1822. L. Diefenbach, Celtica 1839, und Versuch einer genealogischen Geschichte der Kelten 1840 und Origines europaeae 1861; Körner, Kelt. Studien; Dunker, orig. germ. 1840; Radlof, Untersuchungen des Keltenthums 1822; Rudhart, Unterschied zwischen Kelten und Germanen 1826; Mone, Urgeschichte II. 1845, keltische Forschungen und gallische Sprache; Wackernagel, Umdeutschung fremder Wörter 1863; Ficker, das Keltenthum 1861; Weinhold, alemanische Grammatik 1863; Hirt, über Keltensprache 1843; Hillmann, Geschichte des keltisch-germanischen Volks; F. Heil, Ueber Keltismus und Keltensprache 1843; Schreiber, Taschenbuch für Geschichte 1840—1843; Brosi, Die Kelten; Leo Mahlberger, Glossen 1842; L. Diefenbach, Die alten Völker Europas 1861; Bacmeister, Alem. Wanderungen 1867; J. Grimm, Gesch. d. deutschen Sprache; Müller u. Zarncke, Mittelhochd. Wörterbuch; Diez, Grammatik der romanischen Sprachen; N. Sparschuh, Kelten, Griechen, Germanen 1877; A. Schott, Ursprung der deutschen Ortsnamen; F. Bender, Die deutschen Ortsnamen. Die von den Deutschen umgebildeten keltischen Ortsnamen sind meistens zusammengesetzt, der erste Theil ist in der Regel keltisch, der letzte deutsch, die Endsilben „ingen" und „heim", „hofen", entsprechen dem keltischen Wort magus, acus oder iacus, was Wohnort oder Niederlassung bedeutet. Auch die Endsilbe „weil" ist deutsch und bedeutet Rast oder Wohnsitz, Haus; „heim" wurde meist von den Franken, „ingen" von den Alemanen gebraucht. Donaueschingen ist z. B. aus Don = Fluß, Esch = Waid und dem alemannischen „ingen" zusammengesetzt. Aus „heim" wurde oft „ingen", z. B. aus Sikinheim Sickingen, aus Gemminheim Gemmingen. Crusius hält die auf „ingen" endenden Orte für solche, wo römische Soldaten wohnten. Keltische Stammworte sind z. B. Ach und Aha = Wasser; Brig = Berggipfel; hal = Salz; ava und au = Insel oder Rasenplatz; Sam = Last; diot = Volk; tegar = Schilf; furt = Durchgang durch Wasser; Sol = unbewachsener Boden; Briga und Briva = Brücke; acum, duo und duor = Wasser; Sail und Sal = Salz; Lach = urbarer Grund; Grabe = Land; Lar = Haus; Bar = Marke, Gau; bruch = Feld; Halen = Salz; dul = Straße; Roth = Straße; ial und iol = Weg; siaid = Straße; sed = Weg; brül = Wiese; Grind = Kopf; hurst = Wald; Rhuk und Rik = Rücken; Mar = Moor; Sil = Kanal; Slier = Schlamm; suand = lichter Wald; Slatt = Holzschlag; Broga = Ebene; Mal = Versammlung; verna = Erle; Rait = Hof; Nemet = Tempel; Ur = Ort; Slin = Bergspitze; Biarkon = Thor; Gil = Wald; Watt = Hügel. Die Endsilben dunum, durum bedeutet einen festen Ort oder Burg; magus Feld oder Ebene. Die Endungen sa, ssa, asa, esa, isa, usa, ich, iche, icha, esa, dur, dura sind keltisch ꝛc. (2) K. v. Becker, Gesch. d. bad. Landes zur Zeit der Römer. I. S. 15. (3) N. Sparschuh (a. a. O.) sagt auf Grund seines Studiums der keltischen und germanischen Sprache: „Die Begriffe und Namen, womit die Thätigkeit der Seele bezeichnet werden, verdankt die deutsche Sprache der keltischen und mit ihnen Kenntnisse, die nur bei hochgebildeten Völkern getroffen werden (S. 211). Das germanische Leben erfreute sich einer höheren Bildung und größerer Behaglichkeit, als sich von den, mit Mist bedeckten Wohnstätten, dem Faulenzerleben und Trunk — die Tacitus nicht Einzelnen, sondern den Germanen überhaupt, zueignet, zu erwarten stand" (S. 210). Agrippa nennt die Seele der Deutschen noch größer als ihre Körper. Lucanus sagt: „Freiheit ist ein deutsches Gut" und Florus: „Es ist ein Wunder, daß die Deutschen von Natur haben, was die Griechen mit Kunst nicht erreichen". (4) Die Grenzen des Zehntlandes sind nicht genau bekannt, jedenfalls befand sich der größte Theil des heutigen Baden innerhalb desselben. Tacitus ist der erste Schriftsteller, der von den Decumaten etwas weiß. Trajan (98—117 n. Chr.) schlug die Gegenden zwischen dem Oberrhein und der Donau zum Reich. Das Zehntland gehörte wahrscheinlich zu Vindelicien. Mannert legt die Entstehung der decumatischen Felder in die Zeit von dem Abzug des Germanicus bis zum Tode Neros, also etwa 16—68 n. Chr. (5) Schreiber (Taschenbuch) sagt: die Römer trafen mit den Urbewohnern in den Straßenzügen zusammen. Rückert, Kulturgeschichte des deutschen Volks. I. J. Leichtlen hat schon in seinen Versuchen über keltische Sprache von 1822 darauf aufmerksam gemacht, und Mone in dem Bad. Arch. I. von 1826, S. 362 anerkannt, daß unter den 20 Städten, welche die Oberdonaustraße berührt, von Windisch über Donaueschingen, Rottweil, Rottenburg a./N. nach Regensburg führte, alle bis auf vier keltischen Ursprungs sind. Aber auch die meisten an dieser Straße liegenden Dörfer erweisen sich als keltisch-germanische Wohnsitze. Die viel verbreitete Ansicht, daß in dem Zehnt-

Ausdehnung der Römerherrschaft auf das rechte Ufer schon lange keine Völkerscheide mehr gewesen ist und keltische, etruscische und romanische Kaufleute, auch vor dem Erscheinen der römischen Heere in dem linksseitigen Rheingebiet, schon Handel auf beiden Ufern des Rheins betrieben. Namentlich durchzogen unzählige römische Kleinhändler ganz Germanien. Auch die keltischen Bewohner der Alpen brachten mittelst Saumthieren Harz, Häute, Käse, Honig, Wachs 2c. zum Tausch gegen Oel und Wein nach Italien, bevor die römischen Heere die Alpen überschritten.

2. Aelteste Uebergänge über die Alpen.

Den besten Beweis dafür, daß die römischen Straßen den keltisch-germanischen folgten, liefert aber der älteste Verkehr zwischen Italien und dem Norden.

Die erste Einwanderung der Kelten in die Po-Ebene wird in die Zeit des Tarquinius Priscus (616—574 v. Chr.) verlegt und soll über die Julischen oder Krainer Alpen (Alpes noricae) nach dem Ticin erfolgt sein. Die Bojer und Sennonen (Kelten) 15000 Mann gingen 395 v. Chr. unter dem Anführer Brennus über den großen Bernhard, die Biturger über den kleinen Bernhard — die uralte Keltenstraße, die auch von Hannibal 218 v. Chr. im Novbr. benützt wurde,(1) um ein Heer von 50,000 Mann und 9000 Reitern nach Rom zu führen. Wegen Schnee und schlechtem Weg gingen 30,000 Mann und 3,000 Reiter zu Grunde.

Dieser letztere, immerhin noch bequemste damalige Weg fällt im Wesentlichen mit dem in das 4. Jahrhundert v. Chr. fallenden, allerdings sagenhaften, Herakles- oder Wuotans-Wege (Straza) zusammen, der auch „heilige Straße" genannt wurde, weil, wie Aristoteles de Miraculis schreibt, diejenigen, die diesen Weg bereisten, von den Anwohnern geschützt worden sein sollen.(2) Die Wege von Mailand nach Como über den Julier, Septimer und Splügen(3) oberhalb Chur in das Rheinthal und an den Züricher- und Bodensee führend, waren schon Jahrhunderte v. Chr. stark benützt.(4)

Schon die Etruscer, welche wahrscheinlich vom 7. Jahrhundert v. Chr. an, ja wie Manche glauben, schon im 10. Jahrhundert v. Chr. den Tauschhandel mit Erzeugnissen einer höchst entwickelten Metall-Industrie gegen Bernstein an der Ostsee betrieben(5) und dadurch mit den Kelten bis in den Norden in Handelsbeziehungen stunden, waren auf die Straßen über die Alpen nach dem nord- und südwestlichen Theile der Schweiz, sowie nach dem Osten durch das Etschthal über Botzen und den Brenner nach Augsburg, Regensburg 2c. angewiesen. Am stärksten war dieser Handelszug nach Nordwesten, wozu die von allen nordwestlichen Kelten und Germanen so früh und stark benützte Rheinstraße Anlaß gab. Ob die ersten Alpenübergänge von den Etruscern oder von den Kelten gebahnt wurden, ist nicht zu ermitteln, wahrscheinlich geschah dies aber von den Etruscern.

Bei Arles (Arelate) war ein Hauptmarkt der Kelten. Der vom Rhein herauf kommende Bernstein der Ostsee und die Zinntransporte aus Britannien gingen dem Bieler, Neuenburger und Genfer See entlang nach Messalien durch das Rhonethal. Sehr lebhaft war auch die Straße von dem Thal der Dora Baltea über den St. Gotthard in das Rhonethal.

Vom Genfer See ging der Zug nach dem Neuenburger See über Murten, Bern, zum Bieler See über Solothurn und durch das Aarthal bei Coblenz (ober Waldshut) in das Rheinthal.

---

land weder Dörfer noch Straßen vorhanden waren, als die Römer hier Besitz nahmen, ist mit nichts erwiesen, sie entspringt offenbar dem so oft bemerkbaren aber meistens unbewußten Streben, den Einfluß der Römer auf die Cultur möglichst günstig zu beleuchten. Siehe Deutsche Vierteljahrsschrift 1870. III. S. 109 und W. Wackernagel, Gew. und Handel der Deutschen in Zeitschrift für Alterthum. G. Brosi, „Die Kelten". S. 18. Wenn Tiberius in einem Tage von dem westlichen Ende des Bodensees zu den Quellen der Donau reiste, so muß er schon eine gute Straße benutzt haben, und die Annahme, daß diese von den Römern selbst erbaut wurde, ist unhaltbar, da zu einem solchen bedeutenden Bau kein Grund vorlag. Es ist anch nirgend die Rede von einer Militärstraße in dieser Richtung. (1) Von dem Wege Hannibals ist festgestellt, daß er durch das obere Thal der Isère nach dem kleinen Bernhard in das Doria-Thal nach Ivrea führte und für ein Heer gangbar war. Die beiden Bernhard-Uebergänge gehören zu den Alpes Grajae. (2) J. Grimm, Mythologie. Es ist hier die erste Andeutung des späteren „Geleits" gegeben. (3) Splügen-Gotthard gehören zu den Alpes Nepontiae, Simplon und Furka zu den A. Penninae, Graubündner Pässe zu den A. Raeticae. (4) Mommsen, Röm. Gesch. und die Schweiz in röm. Zeit. Zürich, Antiqu. Mittheilungen IX. 1835. Sprecher, Rhätische Chronik. Tschudi, Schweizer Chronik. (5) Pytheas (338 v. Chr.) spricht von Bernsteinhandel mit den Germanen, Diodor (13 v. Chr.) von dem Zinnhandel mit den Britten. Bronze wurde noch zu Caesars Zeit auf der Bernsteinstraße verführt. Nach Niebuhr, Vorträge über alte Länder-Kunde von 1851 S. 342 hatten die Etruscer das Land von der Campania bis zu den Gipfeln der Alpen in Rätien inne. Die Alpenvölker in der Gegend von Graubünden gehörten zu ihnen. Der ganze Norden Italiens war von ihnen besetzt. Sie wurden von den Kelten (Galliern) vernichtet bis auf wenige Orte, wie Mantua und Verona. Nach der Mitte des 3. Jahrhunderts v. Chr. wurde Etrurien römisch.

Durch eine vom Aarthal abzweigende Linie über Lenzburg, Winterthur, Frauenfeld war Constanz mit Zürich verbunden. (1)

Die von den Etruscern oder Kelten erbaute und von den Römern später auf 30 Fuß erweiterte Straße vom Comersee über den Splügen in das hintere Rheinthal, oder über den Septimer oder Julier nach Bivio, Malins, Tiefenkasten, Churwalden nach Chur und an den Bodensee und Rhein wurde jedenfalls von den Etruscern benützt.

Alle diese Straßenzüge wie viele andere im Osten und Norden liefern mehr oder weniger Funde von Bernstein, Zinn und Bronzearbeiten, welch' letztere theils als keltisches, theils als etruscisches Product angesehen werden. Die Anfangs- und Ausgangspunkte des Tauschhandels mit Bernstein und keltischem wie etruscischem Erzschmuck kennzeichnen sich durch die reichlichen Funde von Bernstein am Bodensee, in den Alpen und der Pogegend einseits und in der entsprechenden Menge von keltischem und etruscischem Schmuck im Norden. Die älteste Bezugsquelle des Bernsteins war nämlich die Nordsee-Küste, an der Mündung des Rheines; der ostpreußische Bernstein kam erst im Anfang unserer Zeitrechnung in den Handel. (Fr. v. Hellwald, Kulturgeschichte und Genthe, Etrusc. Tauschhandel). (2)

Daß die Römer lange vor ihrer Ankunft am Rheine schon Großes im Straßenbau geleistet hatten, beweist schon allein die 40 deutsche Meilen lange noch bestehende appische Straße zwischen Rom und Capua, die 213 v. Chr. mitten durch die pontinischen Sümpfe 25 Fuß breit, mit einer Unterlage von gesägten Quadern und einer Kiesdecke hergestellt worden ist. Aehnliche bedeutende Bauwerke waren die via Flaminia von Rom nach Faman, die via Aemilia von Faman nach Placentia und die via Cassia von Rom nach Florentia. (Beschreibung des Baues siehe Niebuhr Vorträge 1851. S. 383.) 3. Römer-Straßen im Zehntland.

Es ist deshalb natürlich, daß sie zur Verfolgung ihrer Interessen jenseits der Alpen vor Allem die alten Uebergänge verbesserten.

Der Keltenweg über den großen Bernhard, auf welchem schon im ersten Jahrhundert v. Chr. keltisches Zollwesen und Zollstätten bestunden (Caesar I. 8 u. III.) wurde durch Caesar und Augustus zu einer eigentlichen Militärstraße gemacht; Pompejus baute eine Straße über den Mont Genevre; die alte Brenner-Straße wurde unter Maximin, die Kelten-Straße über den Splügen unter Drusus verbessert; die Kelten-Straße von Mailand über den Julier und Septimer und jene über den Splügen nach Bregenz, Arbon, Winterthur und Windisch, von hier über Donaueschingen, Rottweil nach Regensburg sind von den Römern zu Militärstraßen umgestaltet worden.

Dasselbe scheint bezüglich der Straße von Verona durch Tirol über Augsburg, Günzburg, Ulm, Cannstatt, Bretten, Bruchsal nach Speyer unter Claudius geschehen zu sein, daher man in dieser Straße von vielen Seiten die via Claudia Augusta erkennen will.

Auch die keltisch-germanischen Straßen längs des Rheines, Bodensee's und der Donau wurden, wie viele Zwischenverbindungen für militärische Zwecke durch die Römer verbessert. (3) Als Caesar bei Neuwied die zweite Brücke über den Rhein erstellte, schloß er sie an eine uralte keltisch-germanische Straße an, die nach dem Westerwald führte und die er verbesserte. (4)

---

(1) Eine Straße aus jener Zeit, die als keltischer Weg aus Helvetien nach Sequanien geführt haben soll, wurde zwischen Basel und Biel von A. Quiqerrez im Anzeiger für Schweiz. Gesch. und Alterth. IX. 1863 in folgender Weise beschrieben: „Die Straße ist 32 cm. tief und 1 m. 20 cm. breit in Felsen eingehauen; die Radnaben hatten die Ränder des Wagens abgeschliffen, so daß die Tiefe der Bahn etwa der halben Höhe des Rades gleich, der Nabenkranz aber von Metall gewesen sein muß. Damit der nackte Fels den Pferden einigen Halt auf der abschüssigen Bahn gewährte, sind in Zwischenräumen von 5—6 Zoll Rinnen eingehauen. Die Römerstraße von Aventicum nach Augusta Rauracorum hatte eine abweichende Richtung und eine Breite von 6 Fuß." Aehnliches Abschleifen der Bahnränder durch die Radnaben wurde auch an anderen Straßen aus ältester Zeit beobachtet und zwar an vielen Stellen der Jura-Kette und selbst in dem härtesten Gestein des Julier bis nach Bivium. Die Straßen über den Splügen und Septimer nach dem Bodensee erhielten erst durch die Römer Breiten von 16 Fuß. Siehe H. Genthe, Ueber den Etruscischen Tauschhandel, 1874, und O. Müller, Die Etruscer, 1828. Deutsche Vierteljahrschr. 1870, 3. (2) Der Bernstein (ambra, electrum, succinum) ist verhärtetes Baumharz von einer ausgestorbenen Pflanzenspecies; auch die oft in denselben eingeschlossenen Thierarten sind ausgestorben. Die Kelten nannten ihn Gleß. Homeros und Diodor sprechen schon von ihm. Heidelberger Jahrb. 1839, 527. (3) Stefan, Das Verkehrsleben im Alterthum, in Raumers „Histor. Taschenbuch" von 1868. J. Schlott, über Römerstraßen. 1833. (4) Dr. Watterich, Die Germanen des Rheins. 1872, und Aug. v. Cohausen, Caesars Rheinbrücken. 1867. In dieser Schrift ist eine Detailbeschreibung der Brückenconstruction vom Standpunkte des Ingenieurs versucht.

Diese Straßen waren für die Römer im Interesse der Communication ihrer Heere mit dem Heimathlande und zur Beförderung der Erzeugnisse der Provinzen nach Rom und weiter erforderlich. (1)

Die Ansicht, daß Caesar seine Feldzüge in Gallien und Germanien auf vorgefundenen alten keltisch-germanischen Straßen machte, findet in neuer Zeit immer mehr Verbreitung, denn seine raschen Truppenbewegungen waren ohne schon vorhandene Völkerstraßen unmöglich. (2)

An vielen dieser sog. Römerstraßen, wie auch in der Nähe römischer Niederlassungen, findet man römische, germanische und keltische Gräber (3) neben einander. (4)

Wie in Rom, so wurde auch in den Provinzen den Straßen große Aufmerksamkeit durch die Römer zugewendet.

Die schon unter dem Tribunen Cajus Gracchus, dem Förderer des Volkswohlstandes (5) (124 v. Chr.) erfolgte gesetzliche Bestimmung: daß die Angrenzer an die Straßen die Unterhaltung zu besorgen haben, ging auch auf die Provinzen über und blieb nicht allein in dem ehemaligen Zehntlande, sondern auch in anderen Ländern während des Mittelalters, ja zuweilen bis in die neue Zeit Regel.

In dem südlichen Theile von Deutschland soll während der Römerherrschaft am meisten für den Straßenbau unter Augustus (30 v. Chr. bis 14 n. Chr.), Vespasian (69—79), Trajan (98—117), Sept. Severus (193—211), Caracalla (211—217), Sever. Alexander (222—235) und unter Aurelius Probus (276—282 n. Chr.) geschehen sein.

Die Herstellung der meisten Querverbindungen wird in die Zeit Vespasians bis in die Mitte des 2. Jahrhunderts verlegt. (6)

Straßen, welche durch noch vorhandene untrügliche Baureste als unzweifelhaft römische Bauwerke zu erweisen sind, giebt es in Baden wenige. (7) Wahrscheinlich ist, daß die auf den Bergrücken hinziehenden uralten Wege, die nur selten Orte berühren, aber in ziemlich gerader Richtung zwei römische Standquartiere verbinden, römischen Ursprungs sind.

Die meisten Anhaltspunkte zur Bestimmung der römischen Hauptstraßenzüge geben das Intinerarium Antonini Augusti, die Pictae tabulae, die Peutinger Tafel, und die Kosmographie von Pomponius Mela. Für Baden und Umgebung sind aber nur die Peutinger Tafel und das Itinerar von unmittelbarem Werthe (Siehe II. Nr. 55).

Die Straßennamen, die aus sehr alten Urkunden bekannt geworden, oder durch den Volksmund in spätere Zeit übergegangen sind und aus denen man auf römischen Bau oder doch auf römische Benützung schließen zu können glaubt, sind bis jetzt hauptsächlich als maßgebend für das Erkennen der Römerstraßen angesehen worden. (8)

---

(1) Im Jahre 301 n. Chr. wird das germanische Korn in Kaiserlichen Decreten als die dritte Handelsfrucht Griechenlands und Kleinasiens aufgeführt. Außerdem wurden Gänsefedern, Fleisch, Hörner, Pelze, blondes Haar, Möhren, Rettige, Honig, Wolle und Gewebe nach Italien, Griechenland und Asien versendet. Die Vögte der römischen Provinzen mußten Rom mit Getreide versehen, welches theils umsonst, theils billig abzugeben war. Tiberius hatte dem Senat erklärt, daß Rom ohne die Provinzen nicht mehr leben könne. (2) Siehe Dr. Watterich, Die Germ. des Rheins. 1872. Caesar bediente sich des zweirädrigen Cisiums, womit er bis zu 40 geogr. Meilen täglich zurückgelegt haben soll. (3) Schreiber, Ueber Hunnen- und Keltengräber. Rhein. Antiqu. 15. und 16. Bd. v. Geck, Beiträge und Urkunden. Memminger, Ulm. 1836. Weder aus der Bauart noch aus dem Inhalt der Gräber, ja selbst nicht nach den Schädeln läßt sich immer mit Sicherheit auf die Zeit und das Volk schließen, dem sie angehören, doch ist ihre genaue Erforschung stets von großem Werth für die Alterthumskunde. (4) Es war bei den Römern und Griechen Sitte, die Gräber neben die Hauptstraßen zu legen. So findet man neben der via Appia lauter zerstörte Grabmäler. F. Niebuhr, Vorträge von Isler. 1851. (5) Von ihm rührt ein Ackergesetz her. (6) Wanner, Das Klettgau. (7) Reste einer echten römischen Straße finden sich z. B. in dem Walde bei Unterkirnach. Diese Straße ist gepflastert und besitzt tiefe Radgeleise. Eine gut erhaltene Römerstraße war bis in die neue Zeit zwischen Marbach und Murrhardt in Württemberg, Oberamts Backnang. Sie besteht aus einem gepflasterten Damm. Auch die Reste des an der Donau beginnenden und bei Miltenberg endenden Grenzwalles (limes transrhenanus) sind Bauwerke, die von den Römern, vielleicht mit Hülfe der Kelten, erstellt wurden. Siehe Paulus, Schriften des württ. Alterthums-Vereines. 6. Heft von 1863, und besondere Schrift: der röm. Grenzwall vom Hohenstaufen bis an den Main. 1863. (8) Solche Namen sind: Heerweg, Hörweg, Hertweg, Hartweg, Herrnweg, hohe Weg, Horweg, hohe Straß, Hochgesträß, Rennweg, Rennstraße, Steinweg, gesteinter Weg, gemauerter Weg, Allweg, Steingemäuer, Römerstein, Römerweg, Heidsteig, Heidenthor, Heidenstraß, Heusteig, Heidsteig, Heubühl, Schelmenweg, hohler Graben, hohe Mauer, Eselsweg. Die deutschen Worte: Heribau, Heriberga, Heristraza kommen in Urkunden vom 8. Jahrhundert vor, sie beziehen sich auf das Kriegswesen. Im 9. Jahrhundert findet man: via publica; bald nachher „Hohunstraza", 1019 wird in einer Urkunde angeführt: „Platea quae dicitur Hohun Straza" und in einer Grenzbeschreibung von 858 kommt platea als: „erhöhter Weg" vor. Mone, Urgeschichte I. und Zeitschrift. In Baden bedeutet das Wort: „Heiden" mehr Kelten als Römer.

Da das Wort „Heerstraße" oder „Heerweg" lediglich eine deutsche Uebersetzung der römischen Strata militaris, via militaris oder via publica ist, so folgert man, daß unter den erwähnten deutschen, zuweilen verunstalteten, Namen der Heerstraßen ehemalige römische Militärwege zu erkennen sind. (1)

Aehnliche Unterstellungen werden auch dort für zulässig erkannt, wo der alte deutsche Straßenname eine, den Römern eigene Bauweise bezeichnet, wie z. B. Steinstraße, gemauerte Straße 2c. aufgedammte oder hohe Straße.

Natürlich kann man sich auf diese Namen allein nicht verlassen, sondern in Ermangelung von untrüglichen Bauresten müssen auch die übrigen örtlichen Verhältnisse mit in Betracht gezogen werden. Zu diesem Ende hat man versucht, die Straßen mit alten Gebäude-Resten, Burgen, Thürmen u. s. w. in Verbindung zu setzen, was mit Wahrscheinlichkeit gelang, sofern die Voraussetzung richtig war, daß die Mauerreste römischen Ursprungs und militärischen Zwecken gewidmet waren; allein in dieser Hinsicht ging man, beherrscht von dem Wunsche, Gesuchtes zu finden, offenbar viel zu weit, wenn man bedenkt, daß das Mauerwerk der Römer bezüglich der verwendeten Bindemittel und Steine, ja selbst sehr oft auch bezüglich der Bearbeitung der Steine von dem Mauerwerk des Mittelalters mit Sicherheit nicht zu unterscheiden ist, wie dies in neuer Zeit von vielen angesehenen Archäologen bestätigt wird.

Thatsache ist es, daß fast alle Straßen, deren Bau oder Benützung durch die Römer in Baden als erwiesen anzusehen oder doch sehr wahrscheinlich ist, an einer oder mehreren Stellen mit einem der genannten Namen urkundlich bezeichnet wurden; dagegen bleibt es immerhin zweifelhaft, ob jeder Weg, der einen solchen Namen führte oder heute noch besitzt, auch wirklich eine sog. Römerstraße sei?

Mehr als zweifelhaft sind aber besonders die, auf solcher Grundlage gebauten Schlüsse in den, in Baden so oft vorkommenden Fällen, wo auf einer verhältnißmäßig kleinen Fläche z. B. in **einer** Gemarkung mehrere alte Wege, die in ihrer Hauptrichtung dasselbe Ziel verfolgen, oder durch inzwischen verlandete Altwasser führen, als Hoch- und Steinstraßen bezeichnet sind. Hier liegt die Versuchung zu der Annahme nahe, daß die Deutschen auch solchen Wegen die Namen Hoch- oder Steinstraßen beilegten, welche von ihnen nach Art der römischen Wege gebaut waren, (2) d. h. bei welchen durch Ausheben von Gräben ein Damm errichtet und derselbe mit einer soliden Pflasterung oder zuweilen auch mit Mauerung versehen war. Solche Straßen sind erwiesener Maßen im Mittelalter und bis in das vorige Jahrhundert zahlreich entweder an den der Ueberschwemmung ausgesetzten Orten, oder an steilen Abhängen und in Einschnitten mit starkem Gefäll hergestellt worden.

Ob das Wort „Heerstraße" nicht gleichbedeutend mit Militärstraße überhaupt ist, also sowohl für militärische Hauptstraßen, wie für solche Wege gebraucht wurde, die von kleinen Militärabtheilungen, Wachen 2c. zur Communication mit ihrem Quartiere benützt wurden (3) muß dahingestellt bleiben. Als Poststraßen werden z. B. in Baden auch solche Wege bezeichnet, auf denen noch im vorigen Jahrhundert die Brief-Post-Reiter verkehrten, also Wege, die nur 3—4 Fuß Breite hatten, während die eigentlichen Poststraßen zugleich Commercialstraßen waren.

Immerhin bezeichnen die erwähnten aus sehr alten Urkunden entnommenen Straßennamen die ältesten bekannten Verkehrswege, um deren ursprünglichen Herstellung sich die Kelten und Deutschen mehr als die Römer verdient gemacht haben.

---

(1) In Urkunden von 528 und 542 kommen schon die Worte vor: „propter Stratam veterem" und in Urkunden von 781 und 834 liest man: via publica und Strata publica in Bezug auf ehemals römische Straßen in Baden. Hätten wir überhaupt ältere Urkunden, so wäre sicher ein ähnlicher Zusammenhang schon aus früherer Zeit nachzuweisen. Die in Urkunden aus dem 7., 8. u. 9. Jahrhundert erstmals genannten Orte mußten nach ihrem Culturstande und den auf sie bezüglichen geschichtlichen Notizen schon viel früher bestanden haben. Man kann nicht annehmen, daß die Orte erst in der Zeit entstanden sind, in der sie urkundlich genannt werden. (2) Mone bezeichnet viele römische Vicinalwege, die nur für den Ackerbau bestimmt waren und Brambach — Baden unter den Römern — sagt S. 18: „Die Römer legten nicht nur Heerstraßen, sondern auch viele große und kleine Straßen in der badischen Rheinebene an, die nicht mehr Wichtigkeit als die große Mehrzahl der jetzigen Wege hatten". Ob diese Wege untergeordneter Bedeutung römischer Arbeit waren, scheint nicht über jeden Zweifel erhaben zu sein. Die Römer, namentlich Hadrian (117—138 n. Chr.), verwendeten allerdings zu dem Bau der Militärstraßen Soldaten, allein die im Zehntlande angesessenen Kelten und Germanen mußten, ebenso wie für die Beförderung der Posten, mit ihren eigenen Pferden und Fuhrwerken Frohndienste leisten. Man wird ihnen also den Bau der untergeordneten Wege überlassen haben, da sie die erforderlichen Kenntnisse dazu besaßen. (3) Die römischen Soldaten waren einquartirt. T. Gaupp, Germ. Ansiedlungen. 1844.

Gewiß ist es, daß zur Römerzeit die Einwohner des Landes die Straßen unterhalten mußten und wahrscheinlich, daß römische Straßenmeister dabei die Aufsicht führten. (1)

Ueber die Art der Bauausführung römischer Straßen in Baden wird auf Leichtlen, Forschungen 1808. Mone, Urg. I. und Zeitschrift für Geschichte der Oberrheines, X., und Gok, die römischen Heerstraßen. I. 1846. verwiesen.

Daß die Römer auch die Wasserstraßen des Bodensee's, Rheines, Neckars, der Murg, Kinzig und der unteren Alb für Schifffahrt und Flößerei benutzten und den Flußbau betrieben, ist außer Zweifel gesetzt.

Amian Marcellinus nennt XXVIII. 14 die Römer „erfahrene Wasserbauer“ und erwähnt auch der Ableitung des Neckars von Ladenburg gegen Altripp. (2)

Speyer, Pforz und Schifferstadt waren römische Häfen. (3)

Die Vereinigung des Rheines mit dem Zuyder-See geschah durch Cl. Drusus, den Stiefsohn des Augustus, daher der Name fossa Durusiana. Auch in Anlage von Wasserwerken hatten die Römer schon vor Chr. Geb. Bewundernswerthes geleistet. (4)

Die zwischen den Deutschen, Kelten und Römern lange Zeit mit wechselndem Glücke geführten Kämpfe fanden bekanntlich erst durch die Theilnahme der Franken gegen Ende des 4. Jahrhunderts einen siegreichen Abschluß zu Gunsten der deutschen Waffen. (5)

Die Römerherrschaft war auf dem rechten Rheinufer schon 289 bleibend beendet; das ganze Rheinthal wurde aber erst 486 von dem Einfluß der Römer vollständig und für immer befreit.

4. Verkehrswege im Mittelalter.

Waren auch während dieser Ereignisse viele Bewohner des Zehntlandes veranlaßt, ihre Wohnsitze über dem Rhein oder andern Orts zu suchen, so ist doch kaum zu bezweifeln, daß sowohl liegenschaftlich angesessene Römer, als keltische Abkömmlinge neben den Sueven, Alemanen und Franken die Einwohnerschaft des von den römischen Heeren verlassenen Zehntlandes bildeten und allmählich zu einem Volke zusammenschmolzen. (6)

Daß nach dem Abzug der Römer das Zehntland zum zweiten Mal verödet war, wie man zuweilen liest, ist ebenso wenig glaubbar, als die vielfach behauptete gänzliche Entvölkerung nach der Niederlage Ariovists. (7)

Den besten Beweis hiefür liefert abermals die bis auf unsere Zeit übergegangene keltische Geographie, die nur durch eine ununterbrochene Tradition der Landesbewohner fortleben konnte.

Daß in den langen und erbitterten Kämpfen der deutschen Volksstämme mit den Römern nicht allein viele Orte und selbst die bedeutenden befestigten Punkte am Rhein zerstört wurden, und daß durch die nach Abgang der Römer erfolgten weiteren Völkerzüge die Cultur im Allgemeinen einen erheblichen Rückgang erleiden mußte, ist natürlich. Wenn aber trotz allem Dem nicht allein Baureste, sondern Straßenzüge und sogar deren Namen wie jene der Orte sich bis auf unsere Zeit erhalten haben, so liegt hierin der Beweis, daß die Existenz der Verkehrswege mit jener der Wohnorte stets in innigster Verbindung steht, daß selbst mehrmal zerstörte Orte in der Regel immer wieder aus ihren Trümmern, also auf derselben Stelle erstehen und daß

---

(1) Man fand in Württemberg — Oberamts Canstatt — einen römischen Votivstein, den ein solcher Straßenmeister (curator reficiendarum viarum) mit der Inschrift setzen ließ: „Den Göttern der Doppelwege, Dreiwege und Kreuzwege hat S. T. diesen Altar für sein und der Seinen Heil gesetzt“. Memminger, Oberamt Canstatt. Bei Sandweier in Baden fand man einen Stein mit der Inschrift: „diis quadrivialibus (den Göttern der Kreuzwege) vicani Bibienses de suo posuunt“. Die zuweilen laut gewordene Ansicht, daß die Römer sich nur an wenigen Punkten Badens und Württembergs aufgehalten haben, ist durch die vielen Funde widerlegt, welche die Neuzeit den archäologischen Forschungen und Sammlungen verdankt. (2) Mone, Urgesch. I. 257. Kreuzer, Altröm. Kultur am Oberrhein. Crusius, Schwäb. Chronik. 1596. S. 142. Steiner, Codex I. 26. (3) Codex Laur. ham. (4) Siehe Faucher, Vierteljahrsschrift. XIII. 4. (5) Unter den Hülfsvölkern der Römer befanden sich auch Britten, Germanen und Kelten. Böking, Ueber die Notitia dignitatum von 400 bis 404 n. Chr. J. Brandes, das ethnograph. Verhältniß der Kelten und Germanen. (6) Nach dem Zeugniß des Juristen Paulus hatten sich viele römische Privatleute auf dem rechten Rheinufer Güter angekauft, und der römische Grundsatz: „die Veteranen mit Land zu versorgen“ ist unter allen Kaisern befolgt worden. Die keltische Sprache hat sich am Rhein im großen Ganzen bis zum 5. Jahrhundert n. Chr., in Gallien sogar bis zum 9. Jahrhundert erhalten, was beweist, daß sie in früheren Jahrhunderten die Sprache der Mehrzahl der Bewohner gewesen ist. Siehe Diefenbach, Origines etc. u. Grimm, Gesch. der deutschen Sprache. I. Niebuhr, Vorträge. 1851. Die jetzigen Schwaben sind nicht die Nachkommen der Suabi des Tacitus, sondern der Alemanen, die im Anfang des 3. Jahrhunderts über den Grenzwall einbrachen und seit dem 8. Jahrhundert Suabi hießen. A. Holzmann, Germ. Alterthümer. Herausgeg. v. A. Holdermann. 1873. (7) Mone, Urgesch. I. C. Bart, Deutschlands Urgesch. A. Bacmeister, Alemanische Wanderungen. Siehe oben.

alsbald auch zerfallene Wege wieder auf ihren alten Grundlagen erneuert wurden. Dafür giebt die Geschichte älterer und neuerer Zeit unzählige Nachweise. Ganz besonders ist dies auch bei den Handelswegen zu erkennen, die naturgemäß zur Befriedigung der menschlichen Bedürfnisse gewisse Richtungen einhalten müssen und daher in dieser Hinsicht nur selten einer Aenderung unterliegen.

Die dürftigen geschichtlichen Ueberlieferungen aus der Periode der ersten 500 Jahre nach dem Abgang der Römer enthalten über die Verkehrsverhältnisse nur wenige Angaben, doch ist daraus zu entnehmen, daß viele Orte, die den Kelten und Römern als Wohnsitze dienten, auch urkundlich als fortbestehend erwiesen sind. So werden z. B. in Urkunden aus dem 7. Jahrhundert(1) Constanz, Ueberlingen, Basel, Ulm mit einer Brücke über die Donau, Meersburg mit einem Fahr, Ravensburg, Straßburg, Speyer, Baden, Kandern ꝛc., aus dem 8. Jahrhundert: Buchhorn, Reichenau, Augsburg, Canstatt, Stetten, Neuenburg, Ettenheim, Mühlheim, Mannheim, Schwetzingen, Odenheim, Weinheim, Wertheim, Tauberbischofsheim ꝛc., aus dem 9. Jahrhundert: Markdorf, Donaueschingen, Villingen, Mengen, Zurzach, Stein am Rhein, Selz, Rottweil, Wimpfen, Sulzburg, Riegel, Schopfheim, Waldkirch, Pforzheim, Gengenbach, Frankfurt genannt.

Mit den Orten selbst erhielten sich aber auch die keltisch-germanischen Verkehrswege wenigstens in ihrer Hauptrichtung bis auf unsere Zeit.

Ein Hauptmittel für diese Stabilität bildete während des Mittelalters und bis in die neue Zeit der Kampf der immer zahlreicher gewordenen Gebietsherren um den einträglichen Besitz der Zölle(2) und anderer auf dem Verkehre ruhenden Einnahmsquellen. Jeder wollte den Hauptverkehr in seinem Gebiete haben und Viele suchten dies mit Gewalt zu erreichen.

Diese Zustände gaben schon dem Kaiser Friedrich II. 1232 zu der Anordnung Anlaß: Straßen-Zwang.
„Stratae antiquae non declinentur nisi de transeuntium voluntate“, oder wie es in dem Reichstagsabschied von 1235 heißt: „Wir gebieten, daß man die recht Strass far und das Niemand die andern zwinge mit Gewalt von der rechten Strass“ (abzugehen); unter der rechten Straße, die eingehalten werden sollte, verstund man jene, die von Alters her dem Hauptverkehr diente.

Aehnliche Bestimmungen erließen die späteren Kaiser und man hat sogar bis in das vorige Jahrhundert ängstlich darüber gewacht, daß durch Aenderung der alten Straßenzüge nicht Beeinträchtigungen der betheiligten Hoheitsgebiete eintraten.

In den Kreisviertels-Conventen, deren Thätigkeit sich über Baden erstreckte, hat man noch bis über die Mitte des 18. Jahrhunderts mit großer Gewissenhaftigkeit darnach gehandelt, so daß selbst die zweckmäßigsten Aenderungen der Straßenzüge unterbleiben mußten.(3)

Was deshalb im Laufe des Mittelalters für die Erleichterung des Landstraßenverkehrs angestrebt wurde, bezweckte nur die Ermäßigung der Zölle, Straßengelder, Markt-, Brücken-, Pflaster- und Thorgelder, die Sicherheit des Verkehrs und die nöthigste Unterhaltung der alten Straßenzüge. Die hierauf bezüglichen Anordnungen der meisten Kaiser und die Reichstagsabschiede aus dem 15., 16. und 17. Jahrhundert beurkunden übrigens nicht allein die Erkenntniß der vorhandenen Mißstände (welche die Handelsstädte fortan kundgaben),(4) sondern auch den guten Willen zur Abhülfe. Hat ja doch Karl IV. im Jahre 1372 selbst seinen Bruder Wenzel zum Straßenaufseher von ganz Deutschland ernannt, um den kaiserlichen

---

(1) Urkunden aus früherer Zeit sind in diesem Betreff auf unsere Zeit nicht übergegangen, und die deutsche Geschichtschreibung — meist in Chroniken bestehend — beginnt erst (839) im 9. Jahrhundert. Man darf aber hieraus nicht folgern, daß die in diesen Urkunden genannten, und viele andere Orte nicht schon lange zuvor bestanden haben. Wäre z. B. nur die Urkunden-Sammlung der 764 errichteten Benediktiner-Abtei Lauresham oder Lauresheim bei Lorsch an der Weschnitz (Codex Laureshamensis) uns nicht erhalten blieben, so wüßten wir von dem Dasein sehr vieler Orte erst aus weit späterer Zeit etwas. Böhmer sagt in seinen fontes II.: „die Verdienste Lorschs um die Kultur sind unberechenbar“. Ueber das Kloster Lorsch siehe Zorn: Wormser Chronik, in der Bibl. des litt. Vereins in Stuttgart, 43. Bd. u. f. Falk, Gesch. des Klosters Lorsch (Lauresham in pago rhenense super fluvium Wisgotz). (2) Zoll (toll) ist keltisch. Bis zur Zeit Maximilians I. (1493—1519) war die Zahl der reichsunmittelbaren Territorien auf 330 und mit Einschluß der freien Ritterschaft auf 1000 angewachsen. (3) Baer, die Straßenbauverwaltung. 1870. Straßen, die nicht die rechten (ältesten) waren, wurden Ausbruchstraßen genannt, und meistens mit Erfolg angegriffen. (4) Auf dem Reichstag in Speyer 1570 führten die Handels- und Fuhrleute laute Klage über den schlechten Zustand der Straßen. Senkenberg, Sammlung ungedruckter Schriften. 1751. II. S. 56.

Anordnungen Nachdruck zu verschaffen; (1) allein die vielen kirchlichen und politischen Kämpfe vereitelten in Verbindung mit den sich kreuzenden Interessen der Territorialherren den Vollzug der besten Anordnungen.

5. Straßenbau-Grundsätze vom 10. bis 18. Jahrhundert.

Das Meiste und Erheblichste, was in der langen Zeit vom 10. bis 18. Jahrhundert für Straßenverbesserung geschehen ist, bestund nach den vorhandenen Nachweisen fast ausschließlich in Brückenbauten und Pflasterung der Städte. Brückenbauten kamen schon im 12. und 13. Jahrhundert zahlreich vor, das Pflastern aber, das schon 1184 in Paris begonnen hatte, kam in den deutschen Städten, z. B. in Nürnberg und Straßburg, erstmals im 14. Jahrhundert vor und verbreitete sich dann bald auch im heutigen badischen Gebiet. (2)

Der hiefür bestrittene Aufwand war freilich ein sehr rentabler, da der Ertrag des Brücken- und Pflastergeldes meistens die Kosten der Anlage und Unterhaltung weit überstieg. Auch in Marktflecken und großen Dörfern kam die Pflasterung der Straßen allmählich in Uebung.

Von eigentlichen, der heutigen Anschauung entsprechenden Verbesserungen der Straßenzüge in Baden sind aus jener Periode keine Nachrichten auf unsere Zeit übergegangen. Die vorhandenen ältesten Aufzeichnungen beziehen sich auf die Straßenherstellung von Freiburg durch das Simonswälderthal 1316, von Freiburg über die Wagensteige nach Villingen 1340 und 1396; von Rottweil nach Hornberg 1496, bei Ettenheim 1497, von Urloffen nach Sand 1516, von Constanz nach Allensbach 1592. Spuren einer *geordneten* Straßenunterhaltung sind in Baden erstmals in dem Bezirke der Stadt Offenburg zu finden, indem die Stadt 1586 einen Wegmeister auf der Hochstraße aufstellte. (3)

Die altdeutschen Weisthümer hatten Straßenbreiten von 16—20 Fuß, ja sogar das Weisthum von Kappel bei Achern 24 Fuß vorgeschrieben, (4) der Schwabenspiegel verlangte für die Königsstraße eine Breite von 16 Fuß, (5) und das danach gebildete allgemeine deutsche Baurecht, welches von den Reichsständen im Anfange des Interregnums nach Ableben des Kaisers Friedrich II. erneuert wurde, bestimmt: Ein Wagenweg soll 16 Fuß breit sein, Jeder soll 7 Fuß vor seiner Thür oder Gut machen, das andere die Gemeind, und die Königsstraß soll 16 Fuß breit sein. (6) Sonach hatten die meisten Handelswege in Baden bis zum 18. Jahrhundert nur Breiten von 8—14 Fuß, weshalb auch damals noch das sog. Gabel- oder Lannenfuhrwerk üblich war, bei welchem die Zugthiere nicht neben, sondern bis zu 10 und mehr Pferden einzeln vor einander gespannt wurden. Diese ungenügende Breite war um so empfindlicher, als die Straßen großentheils in tiefen, theils von der Natur durch Wasserablauf gebildeten, (7) theils ausgehobenen Einschnitten lagen, die bei Regen Bachbetten darstellten. Bei der damals allgemein üblichen Viehweide waren die Gränzen der Straßen zum Schutze gegen das Vieh mit dichten, hohen lebenden Zäunen oder mit engen Holzvergitterungen, ja in Nähe der Städte sogar mit Mauern versehen. Ueberdies wurden die Landstraßen bis in das 18. Jahrhundert nicht selten mit Faschinen und Holzprügeln oder Baumästen fundamentirt, daher man oft in Schriften vom 16., 17. und 18. Jahrhundert den Ausdruck „verfaulte Straße“ findet.

Die in der Ebene und im Hügelland viel zahlreicheren und ausgedehnteren Waldungen waren neben den Straßen nicht gelichtet oder zurückgehauen, daher diese Waldstraßen bei Regenwetter und im Winter kaum zu passiren waren. Zudem fehlte es auch allgemein an Wasserabzugsdohlen, ja sogar an Brücken über die Bäche. Der Reichstagsabschied vom 16. Juni 1670, der auf Abstellung dieser Mißstände drang, blieb ohne Erfolg.

Da die Landstraßen sich damals nur wenig im Aeußern von den Gemeindewegen unter-

---

(1) M. Pelzel, Kaiser Karl IV. 1781. II. (2) Es handelt sich darin nur um Verbreiterung und Herstellung einer besseren Fahrbahn aus großen unbearbeiteten Steinen (Waken) die unregelmäßig an und übereinander gelegt und mit Erde oder Sand überdeckt wurden. Die Herstellung von Einschnitten zur Verminderung der Gefälle kommt erst im 17. u. 18. Jahrhundert öfter vor. Von Straßenverlegungen ist aus jener Zeit nichts bekannt. (3) Augsburg hatte einen solchen schon 1543. (4) Grimm, Deutsche Rechts-Alterthümer. S. 532 und 73. (5) W. Wackernagel hat nachgewiesen, daß der Schwabenspiegel vor 1276 von einem Geistlichen, David in Augsburg, verfaßt wurde. Zeitschr. für Deutsch. Alterthum. 9. S. 3. Nach Rüh's Gesch. des Mittelalters ist der Schwabenspiegel eine Umarbeitung des Sachsenspiegels von 1215—1218. (6) Villingen hat 1396 mit den Herren von Lupfen einen Vertrag wegen Herstellung einer Handelsstraße über Thuningen, Lupfen (Burg), Thalheim und Eßlingen nach Tuttlingen abgeschlossen, worin schon eine Breite von 24 Fuß bedungen, aber wie es scheint, nicht hergestellt wurde. Der Wegzoll war auf 8 Heller für einen Wagen und auf 2 Heller für ein Roß mit Rückenlast bestimmt. Diese Straße sollte scheints der von den Römern benützten Straße folgen. Siehe Karte über Römerstraßen in Württemberg von Paulus. 1859. J. F. Schannat, Sammlung histor. Schriften. 1727. I. (7) Siehe Eisenlohr, Beschreibung des Kaiserstuhls. 1829.

schieden, so mußten bei dem allgemeinen Mangel an Wegweisern meistens Führer genommen werden. Dies kam noch im 18. Jahrhundert vor.

Erst 1709 wurde seitens der schwäbischen Kreisversammlung die Weite der Wagengeleise von Nabe zu Nabe auf 8 Fuß, die Straßenbreite auf 20—24 Fuß, und die Maximallast pro Wagen auf 50—60 Ctr. festgesetzt. Es dauerte aber noch über 60 Jahre, bis diese Anordnung wenigstens' bezüglich der Einführung des Deichselfuhrwerks allgemein in Uebung war. Die Straßenbreiten von 20 und mehr Fuß sind sogar in Baden erst gegen Ende des vorigen Jahrhunderts hergestellt worden und zwar nur für die Hauptheer- und Güterstraßen. Der Hauptanlaß hiezu war der uralte Wettkampf der Land- und Wasserwege um den Besitz des durchgehenden Verkehrs, der sich immer heftiger gestaltete und dessen Verlauf die beste Erklärung über die Entwickelung der Verkehrswege giebt.

6. Folgen des Wettkampfs der Land- und Wasserstraßen.

Die Mangelhaftigkeit der Anlage und Unterhaltung der Straßen hatte sich schon im frühen Mittelalter besonders hinderlich für die damals schon so bedeutenden Handelsbeziehungen mit Italien geäußert, indem die wegen Lage und Klima an sich schon schwer in gutem Stande zu erhaltenden Alpen-Uebergänge fast unbenützbar geworden und nur als gefährliche Saumwege zu verwenden waren. Dazu kam noch die große Unsicherheit für Gut und Leben. Man fing daher seit dem 8. Jahrhundert an, vorzugsweise die Wasserstraße des atlantischen Meeres zu benützen, um die levantischen Güter auf die Marktplätze der Nord- und Ostsee zu bringen, wo sich der Handel der Welt zu concentriren begann. Von dem damaligen Hauptstapelplatze Bremen gingen dann diese Güter vereint mit den nordischen Producten, theils zu Schiff, theils zu Land nach dem Oberrheine und nach Oberdeutschland überhaupt.

7. Abnahme des Verkehrs über die Alpen zu Gunsten des Seeweges.

Abgesehen von dem großen Umwege der Wasserstraße des Meeres, waren auch die Wasserwege des Rheins, Mains und Neckars sehr mangelhaft, und die Benützung der Landstraßen von der See aufwärts mit großen Schwierigkeiten verbunden, daher viele Kaufleute im Süden von Deutschland es bald wieder vorzogen, trotz der mangelhaften Alpenwege, doch wieder den kürzeren Weg direct nach Italien einzuhalten.

Immerhin blieb aber der Rhein Jahrhunderte lang eine belebte Haupt- und Handelsstraße, deren viele Mängel gegenüber den hundertfältigen Gebrechen und Lasten des Landverkehrs doch noch erträglich waren.

Namentlich wurde die größere Sicherheit auf der Rheinstraße hoch angeschlagen, indem sich die Bischöfe der Rheinstädte des Zolles wegen, die Städte selbst aber im Interesse des Handels und der Gewerbe bemühten, den Reisenden einen besseren Schutz zu gewähren, als dieser durch das Geleit auf den Landstraßen erzielt werden konnte. ([1])

8. Aufblühen der Rheinstädte im Mittelalter.

Die alten Rheinstädte Chur, Constanz, Basel, Straßburg, Speyer, Worms, Mainz und Köln, welche schon im 4. bis 6. Jahrhundert Bischofssitze geworden und dadurch zu größerer Bedeutung gekommen sind, hatten sich theils in Folge der Wasserstandsverhältnisse des Flusses, die von Zeit zu Zeit einen Wechsel der Schiffe bedingten, theils unterstützt durch kaiserliche Privilegien, zu Stapels- und Handelsplätzen erhoben. ([2])

Zur Erhöhung des Verkehrs an dem Rhein trugen dann auch die Jahrmärkte (Messen), die zuerst in Speyer, Mainz und Köln, später aber in allen bedeutenden Städten durch kaiserliche Privilegien sich bildeten, Vieles bei. ([3])

Ebenso wie die Rheinstädte hoben sich auch allmählich die Donaustädte: Ulm, Ingolstadt, Regensburg, Passau, Wien; die Mainstädte: Bamberg, Würzburg, Miltenberg, Frankfurt, und die Neckarstädte: Canstatt, Heilbronn, Wimpfen und Heidelberg, sowie die an den Verbindungsstraßen zwischen Tyrol, der Donau und dem Main gelegenen Städte Augsburg und Nürnberg, deren Bestand meistens urkundlich auf das 9. Jahrhundert zurückgeführt werden kann, deren Alter aber bekanntlich viel höher ist.

([1]) Allerdings kamen auch, und zwar nicht selten Beraubungen auf dem Rheine vor, sie waren aber doch weniger leicht als auf den Straßen auszuführen, und darum auch nicht so zahlreich. ([2]) Man nannte den Rhein in Folge der vielen Bischofssitze die Pfaffengasse und Chur die oberste, Constanz die größte, Basel die lustigste, Straßburg die edelste, Speyer die heiligste, Worms die ärmste, Mainz die würdigste, Köln die wichtigste Stadt am Rhein. Papst Leo I. hatte im 5. Jahrhundert bestimmt, daß die Bischöfe in Städten wohnen sollten. Dasselbe ist auch in den Capitularien der fränkischen Könige vorgeschrieben. Die Bischofssitze sind darum meistens die ältesten Städte in Deutschland; am nächsten stehen ihnen die königlichen. Maurer, Geschichte der deutschen Städteverfassung. I. ([3]) Schon 710 besuchten die sächsischen Kaufleute die Messen in St. Denis.

Durch die Sorge Karls des Großen für die Pflege des Ackerbaues, der Gewerbe und des Handels, und durch die Wirksamkeit der Klöster, welche lange Zeit hindurch der eigentliche Mittelpunkt der nationalen Bildung und Cultur waren, insbesondere aber auch Anlaß zur Entsumpfung der Thäler und Beförderung der Landwirthschaft gaben, (1) und selbst Wege (sog. Klosterwege) eröffneten, um den Absatz der landwirthschaftlichen Producte zu befördern, (2) erhielt das Verkehrsleben vielseitige Anregung.

9. Einfluß der Kreuzzüge. Von ganz besonderer Bedeutung für Handel, Industrie, Ackerbau, Sitte und Lebensweise wurden aber die, mit dem Schluß des 11. Jahrhunderts begonnenen Kreuzzüge, indem sie die innigere Verbindung des Orients mit dem Occident bewirkten und in der Folge zu einer vollständigen Aenderung des Handelsverkehrs zwischen Osten, Westen und Norden, ja zu einer Wendung der Culturgeschichte überhaupt führten. Bekanntlich fanden diese Züge eine Theilnahme, wie sie früher bei den größten Ereignissen niemals vorgekommen ist. Die Heerstraßen füllten sich überall in Deutschland mit Schaaren der Kreuzfahrer zu Fuß und zu Roß. Man hat berechnet, daß in der Zeit von 1096 — 1189 über $1^1/_2$ Millionen Menschen nach dem heiligen Lande wanderten. (3) Unter ihnen befanden sich auch viele Kaufleute aus den Gebieten der Donau, des Mains, Neckars und Rheines. Noch im 13. Jahrhundert gingen große Züge den Rhein hinauf durch Oberdeutschland meistens mit Benützung der Donau nach Ungarn und Jerusalem. (4)

Manche Städte, insbesondere Regensburg und Würzburg, danken zunächst den Kreuzzügen die Grundlage ihres Wohlstandes.

Abgesehen von der durch diese Reisen veranlaßten Erweiterung des Gesichtskreises in dem Bereiche der Cultur überhaupt, wurden neue Quellen für den Bezug morgenländischer Producte und vielseitige Gelegenheit für den Absatz der Erzeugnisse deutschen Gewerbefleißes erschlossen.

Die Kaufleute, die häufig über Italien nach ihrer Heimath zurückkehrten, erkannten dabei auch immer mehr, daß der Weg für den levantischen Handel über die Alpen dem Seeweg durch das mittelländische Meer und der Nordsee, der Kürze wegen, vorzuziehen sei.

10. Handelsbeziehungen in Oberdeutschland mit Italien. Schon im 12. Jahrhundert begann man deshalb für den Transport der Waaren aus Kleinasien &c. wieder mehr den alten directen Landweg über die Alpen nach Oberdeutschland und der Schweiz einzuhalten.

Obgleich dieser Wechsel sich im großen Ganzen nur langsam vollzog und erst in Folge lebhafter Unterstützung Karls IV. (5) und nach Verbesserung der Alpenübergänge und Straßen Ende des 14. Jahrhunderts als Regel angenommen war, so äußerte er doch seit seinem Beginn immer günstigere Folgen für Entfaltung aller Erwerbsquellen, insbesondere des Gewerbe- und Handelsbetriebs in den oberdeutschen, vorzugsweise aber in den Rheinstädten, die durch Privilegien Kaiser Friedrichs II. (1214—1250) schon sehr begünstigt waren. (6)

Während früher das Grundeigenthum der Städtebewohner den Ausschlag gab, wurden nun Gewerbe und Handel fast ausschließliche Beschäftigung derselben.

Die deutschen und englischen Kaufleute siedelten sich in den Hafenstädten der Levante an, (7) um ihre Geschäfte besser zu betreiben, und die Lombarden, namentlich die Venetianer, machten von dem, ihnen schon durch Kaiser Otto II. 966 verliehenen Rechte: in allen deutschen Städten

---

(1) W. Roscher sagt in seiner Nationalökonomik des Ackerbaus: „aller gebildetere Ackerbau des Mittelalters ist vorzugsweise von den Klöstern ausgegangen, wie sie die Pflanzschule geistlicher Bekehrung waren, so auch wirthschaftlicher Cultur". Humboldt äußert sich in seinen Reisen II. in ähnlicher Weise, nur schreibt er mit Recht diesen Nutzen den Klöstern zu, solang sie noch keine Reichthümer besaßen. (2) Die Landwirthschaft beschränkte sich damals am Rhein auf Getreide, Krapp, Waid, Flachs, Hanf und Wein, welch letzterer nach Anleitung der Römer schon 231 bei Speyer und Worms gebaut wurde. Ludwig der Deutsche erhielt bekanntlich durch den Vertrag von Verdun (843) außer Deutschland auch auf dem linken Rheinufer die Städte Mainz, Speyer und Worms „propter vini copiam". (3) Der letzte große Kreuzzug von Ludwig IX. von Frankreich fällt in das Jahr 1248. Siehe H. Tuden, Allg. Gesch. der Völker. 1821. II. Maier u. Wilken, Wilhelm von Tyrus, Gesch. der Kreuzzüge. Haken, Gemälde der Kreuzzüge. v. Sybel, Kreuzzüge. (4) Siehe Beschreibung von Gerhoh u. Chr. Maier, Geschichte der Kreuzzüge. 1797. Wilken, Geschichte der Kreuzzüge. 1807—1834. I. (5) Karl IV. suchte die Oder schiffbar zu machen resp. zu verbessern und hatte die Absicht, die Donau mit der Elbe zu vereinigen, um den Handelsweg aus Italien durch Oberdeutschland nach den Niederlanden zu ziehen und von dem Seeweg abzulenken. (6) Lünig, Reichsarchiv. (7) Die deutschen Kaufleute besaßen 1268 schon ein eigenes Wohnhaus (foncado) in Venedig, wo oft Hundert und mehr gleichzeitig ihre Geschäfte betrieben. Venedig soll von dem Waarenexport in der Zeit vom 13. bis 15. Jahrhundert 20,000 Ducaten jährlich erhoben haben. M. Thomas, Capitular des deutschen Hauses in Venedig. 1874. Heyd und Sybel, histor. Zeitschrift. 32.

Handel mit levantischen Producten zu betreiben, immer mehr Gebrauch und ließen sich selbst mit ihren Familien in den Städten am Bodensee und Rhein bleibend nieder. Sie betrieben hier aber nicht allein den Handel mit Colonialwaaren, Seidenzeugen und Glasarbeiten, sondern auch Geldgeschäfte und die Vermittelung verschiedener Handelsbeziehungen mit Frankreich, Spanien und Italien, wodurch der rheinische Handel sehr gewann. (1)

Die deutschen Producte: Silber, Gold, Zinn, (2) Eisen, Blei, gefärbte Woll- und Leinentücher, Leinwand, Wolle, Holz, Pech, Theer, Pelze, Leder, Pökelfleisch, Wachs, Honig und Holzgeräthe fanden durch Vermittlung der Venediger, Genueser, Pisaner und Amalfiter immer größeren Absatz nach Aegypten, Italien und Frankreich, wie Kupfer, Stahl und Eisenwaaren, Messing, Linnen, Baumwollenzeuge, Salpeter, Weine, (3) Nürnberger Waaren, Bier, Speck, Holz, Pech, Garn, Barchent, Lumpen und Zwilch auf den Handelsplätzen an der Nord- und Ostsee. Der Hauptausfuhrartikel in Oberdeutschland war aber die Leinwand, (4) die in großen Mengen nach Italien, Spanien, Schweden, Dänemark und England geliefert wurde.

Auch Holz ging aus dem Schwarzwald und aus Franken in großen Massen nach Holland.

Dadurch, daß die levantischen Waaren während einer längeren Periode sowohl rheinab- als rheinaufwärts gingen, hob sich die Schifffahrt auf dem Rhein und dessen Nebenflüssen sehr, weil den Schiffern nach beiden Richtungen Rückfracht gesichert war.

Der Einfluß der im 12. Jahrhundert entstandenen Kaufmannsgilden, denen von Friedrich I. Marktfreiheit und Sicherheit zugestanden war, die Folgen gegenseitig zugestandener Zollbefreiung der Städte und der durch die deutsche Hansa vermittelten ausgedehnten Handelsverbindungen mit den oberdeutschen Städten und mit Livorno, Neapel und Messina trugen gleichfalls viel zur Belebung des Handelsverkehrs bei.

Leider litt der Aufschwung erheblich unter den maßlosen Abgaben, welche dem Verkehr unter den verschiedensten Namen zu Wasser und zu Land aufgebürdet waren und unter der großen Unsicherheit auf allen Straßen und Wegen, (5) die durch die Bündnisse der Städte von 1319 und 1381 nur etwas gemindert, aber nicht beseitigt war.

Der Handel der oberdeutschen Städte mit Italien war aber dennoch bis Ende des 15. Jahrhunderts im Aufblühen begriffen und auf den Gipfel seiner Bedeutung gekommen, so daß er selbst das Uebergewicht über die gegen Ende des 14. Jahrhunderts in vollster Blüthe gestandene Hansa erhielt, die Ende des 15. Jahrhunderts in kleine Handelsgesellschaften zerfiel und sich endlich im 17. Jahrhundert auf die Verbindung der 3 Städte Lübeck, Bremen und Hamburg beschränkte. (6)

Die Hauptknotenpunkte des Verkehrs bildeten natürlich diejenigen Städte, die schon in frühester Zeit von Bedeutung waren und sich durch Handels- und Gewerbthätigkeit hervorgethan haben.

Der durchgehende Handelsverkehr zwischen der Lombardei und dem Westen und Norden von Deutschland bediente sich in der genannten Zeit neben dem Seeweg zweier directer Hauptstraßen, nämlich

11. Mittelalterliche Straßenzüge nach der Lombardei.

---

(1) Rheinischer Antiquarius. 1871. — Das sogenannte Lombardgeschäft führt davon seinen Namen. (2) Deutschland war in jener Zeit das Mexiko der Europäer. Silber aus Böhmen, Salzburg und Tyrol, Zinn aus Sachsen, Gold aus Salzburg, Schlesien und vom Rhein ging nach Italien, Spanien, Dänemark, Norwegen, England und Irland. Im 14. Jahrhundert waren in Augsburg schon 1070, in Nürnberg 1285 Goldschmiede. (3) Rheinwein, Elsässer- und Frankenwein, griechischer Malvasir- und Muscateller-, wie italienische Weine, namentlich vinum rabiole von Triest. (4) Der Zwilch war früher der gewöhnliche Kleidungsstoff des Landmanns. In Schwaben spannen alle Frauen, selbst die Fürstinen, wie die Gemahlin des Markgrafen Karl I., Schwester des Kaisers Friedrich III. für den Verkauf. Haupthandelsplätze für diesen Artikel waren Augsburg, Ulm, Constanz und St. Gallen. (5) Der Gegenkönig Wilhelm von Holland hatte schon 1255 und Carl IV. 1354 die sog. Grundrure abgeschafft, wonach sich die Gebietsherrn derjenigen Güter und Waaren bemächtigen durften, die auf dem Rheine Schiffbruch litten, oder auf der Straße wegen gebrochenem Fahrzeug stecken blieben (M. Pelzel, Carl IV. 1. 387); allein sie blieb doch zum Theil bis in das 16. Jahrhundert in Uebung. Zorn, Chronik von Worms. S. 103 u. 199. Viele Glieder des Adels in Schwaben und am Rhein lebten überhaupt vom Stegreif (v. Schreckenstein, Die Ritterschaft I.). Der berühmte Campanus schreibt 1471 gelegenheitlich des Reichstages in Regensburg: „Ganz Deutschland stellt eine einzige Räuberhöhle vor; den Preis des Ruhmes erhält, wer unter den Edeln in Raubgier der Unersättlichste ist, bei den Fürsten allein ist Sicherheit.“ Bischof Ruprecht von Straßburg 1440—1478 privilegirte den Straßenraub und ließ sich Provision bezahlen. Mone, Quellen. S. 3. 202. Die Städtebündnisse des 15. Jahrhunderts hatten wesentlich die Sicherheit der Reisenden auf den Straßen bezweckt, dennoch konnte die Messe in Frankfurt in diesem Jahrhundert mehrmals gar nicht besucht werden. Rhein. Antiq. 9, 17. L. Ennen, Gesch. v. Cöln. 1874. W. Wachsmuth, Sittengesch. (6) K. v. Schlözer, Untergang der Hansa. 1853.

1. jener von Venedig oder Verona über Trient, Botzen, Brixen, den Brennerpaß nach Innsbruck, Füßen, Kempten, Augsburg, Nürnberg, Erfurt, Braunschweig nach Hamburg oder über Soest nach Köln und Brügge oder von Botzen über Finstermünz und den Arlberg nach Bregenz und Augsburg und weiter;
2. jener von Genua und Mailand
   a. westlich über den St. Gotthard nach Luzern und Basel,
   b. östlich über den Comersee in das Rheinthal und zwar über den St. Bernhard oder Splügen nach Chur, Zürich und Basel oder an den Bodensee und meistens an dem linken Ufer des Rheins nach Basel.

Auch die Route von Innsbruck durch das Innthal nach Passau und die Donau hinab bis Regensburg und Ulm wurde oft eingehalten, weil der Wassertransport billig war; dagegen wurde über hohe Zölle und schlechtes Fuhrwerk geklagt.

12. Alte Handelsstraßen in Baden.

Von Basel ging der Hauptverkehr ebenfalls auf dem linken Rheinufer über Straßburg, Speyer, Worms, Köln nach Brügge oder Amsterdam.

Von der Rheinstraße abgehend bestunden folgende, Baden berührende Seitenverbindungen für den größeren Handelsverkehr:

1. von Constanz nach Zürich;
2. „ „ „ Meersburg, Ravensburg, Memmingen, Augsburg;
3. „ „ „ Schaffhausen und Basel auf dem rechten und linken Rheinufer;
4. „ Schaffhausen nach Rottweil, Pforzheim oder Canstatt, Heilbronn;
5. „ „ „ Ulm, Augsburg, Regensburg;
6. „ Basel nach Straßburg und Speyer;
7. „ „ „ Frankfurt;
8. „ Breisach nach Freiburg, Villingen, Stockach, Ulm;
9. „ Straßburg über den Kniebis nach Stuttgart;
10. „ „ „ Offenburg und Villingen nach Schaffhausen;
11. „ Ettlingen nach Pforzheim, Stuttgart oder Heilbronn;
12. „ Speyer „ Wimpfen, Heilbronn, Nürnberg;
13. „ „ „ Würzburg.

Alle diese Straßenzüge waren auch von den Römern eingehalten worden.

Sodann wurde dermalig badisches Gebiet durchschnitten durch die Hauptstraßen

14. von Würzburg über Tauberbischofsheim, Miltenberg nach Frankfurt und
15. „ Frankfurt über Mergentheim nach Nürnberg, Ulm, Augsburg.

13. Folgen der Entdeckung von Amerika für den Handelsverkehr.

In der 2. Hälfte des 15. Jahrhunderts trat in Folge der Entdeckungen der Portugiesen längs der Westküste Afrika's (1450—1460), sodann durch die Entdeckung Amerika's (1492) und des Seewegs nach Ostindien (1498) ein neuer Wechsel in den Verkehrsverhältnissen ein, wodurch Deutschlands Land-Handel mit Asien allmählich aufhörte.

War auch die Wasserstraße um das Vorgebirge der guten Hoffnung nach Ostindien ein großer Umweg, so wurde sie doch durch Verbesserung der Schifffahrt allmählich billiger und sicherer und deshalb sowohl dem Seeweg aus dem mittelländischen Meere durch die Meerenge von Gibraltar als dem diametralen Landweg über Italien wieder vorgezogen.

Zudem boten die Küsten von Afrika, Arabien, Hindostan und China ein sehr reiches Gebiet für Erwerbung und Absatz einer Menge von Erzeugnissen, die entweder früher unbekannt oder theurer zu erwerben und bei Benützung des mittelländischen Meeres auf große Entfernungen zu Lande auf schlechten Wegen transportirt werden mußten.

Die Portugiesen brachten nun diese Erzeugnisse, namentlich ostindische Baumwolle, Seide, Zucker, Brasilienholz, Apothekerwaaren und Madeirawein nebst den meisten levantischen Erzeugnissen nach Europa und zwar zunächst an die Hauptstapel in Lissabon und Antwerpen,(1) welch' letzterer Platz seit 1544 an die Stelle von Brügge getreten war und „Magazin für Europa“ genannt wurde.

Hierher kamen aber auch noch jene Waaren aus der Levante, welche eine längere Seereise nicht ertrugen und daher den alten Weg über die Alpen nahmen.

---

(1) Im Jahre 1503 kamen die portugiesischen Kaufleute erstmals nach Antwerpen, um ihre Waaren anzubieten. Fugger u. Welser in Augsburg boten ihnen bald die Hand, und erstere sendeten schon 1506 Schiffe nach Indien. Ranke, Gesch. der romanischen und germanischen Völker. 1874.

Dieser Theil des Handels blieb also noch, und zwar bis zum Ende des 16. Jahrhunderts, den an den beiden Haupthandelswegen gelegenen oberdeutschen Städten. Augsburg, welches wie schon erwähnt, Schiffe nach Ostindien schickte, wurde sogar erst in dieser Zeit die erste Handelsstadt Deutschlands und Nürnbergs Handel mit Frankreich, Spanien, Italien und England blühte noch während des ganzen Jahrhunderts.

Dagegen litt der Gewerbebetrieb in den oberdeutschen Städten schon sehr.

Die Leinenmanufactur fand in der Baumwollindustrie einen unbesiegbaren Gegner und in den Fabrikaten Schlesiens eine starke Concurrenz.

Die Wollenmanufactur und Färberei kam dadurch in Rückgang, daß Waid und Scharlach durch Indigo und Cochenille verdrängt wurden und Flandern, Brabant und Pommern in Mitbewerbung traten.

Die Seidenmanufactur ging von Venedig auf Frankreich (1) und später auf England über.

Viele Colonialwaaren aus Amerika kamen seit Mitte des 16. Jahrhunderts durch Vermittelung Englands, Frankreichs und namentlich Hollands immer mehr auf die deutschen Märkte, ja man kann sagen, daß Deutschland am Ende des 16. Jahrhunderts seine Gewürze fast ausschließlich durch die Holländer bezog.

Im 17. Jahrhundert wurde der Handel der Venetier durch die Concurrenz der Holländer vollständig zerstört.

Mit dem Sinken von Venedig und Genua beschleunigte sich der Rückschritt des Handels der oberdeutschen Städte, wogegen London und Amsterdam immer mehr in Blüthe kamen.

Ganz besonders hob sich in England der Handel mit Baumwolle, die schon längere Zeit theilweise (von 1785 an aber größtentheils) aus Amerika, statt aus Ostindien bezogen wurde.

Ebenso lieferte Amerika Reis, Mais, Zucker, Caffee, Thee, Indigo, Gold, Silber, Farbholz, Oele und viele Gewürze, die früher aus Asien oder Ostindien bezogen wurden, über England nach Oberdeutschland.

Der durchgehende Handel hatte also den Zug neuerdings geändert, er bewegte sich wieder größtentheils rheinaufwärts, wie dies heute noch der Fall ist.

14. Rückgang der oberdeutschen und lombardischen Städte.

Der Gewerbebetrieb war durch den dreißigjährigen Krieg (1618—1648) vollständig in Stockung gekommen.

Alle Städte in Oberdeutschland gingen in Folge dieser Verhältnisse rasch von ihrer früheren Höhe zurück, ja manche verloren selbst alle Bedeutung für den Handel und Gewerbebetrieb.

Allerdings wirkten dabei auch noch andere Ursachen mit.

Die Reformation veranlaßte gehässige Parteistellungen der Städtebewohner unter sich, der Gewerbezwang kam immer schroffer zum Ausdruck; die Reichskriege, die Ausfuhrverbote nach Frankreich, die Einfuhrverbote nach Preußen, Schlesien, Baiern, Polen, Rußland, zu große Abgaben, übermäßige Durchgangszölle, und das Hausiren trugen ebenfalls viel zu dem Rückschritt der Städte bei. (2)

Constanz hatte in Folge des Wegzugs vieler Handelsleute den Leinwandhandel vollständig verloren und sank zu einer österreichischen Provinzialstadt herab, Basel und Straßburg waren längere Zeit auf den Grenzverkehr über den Rhein beschränkt, Speyer und Worms durch die Kriege fast gänzlich vernichtet; Nürnberg, durch Augsburg überflügelt, hatte nicht nur den Handel, sondern durch die Concurrenz der französischen Städte, namentlich von Paris, auch seine Bedeutung als gewerbtreibende Stadt eingebüßt; Augsburg verlor durch die Concurrenz von Frankfurt sein Geldgeschäft und litt unter dem Aufblühen Münchens und bezüglich der Industrie unter der Mitbewerbung von Frankreich. Regensburg wurde durch Wien zurückgesetzt, Ulm war auf den Binnenhandel und das Kleingewerbe beschränkt; Würzburg und Bamberg kamen durch die allgemeine Handelsstockung und durch die hohen Zölle, welche die bischöflichen Regierungen dem Verkehre, namentlich auf dem Main, auferlegten, zurück. Die Neckarstädte Cannstatt, Heilbronn, Wimpfen sanken mit Nürnberg, mit dem sie in inniger Geschäftsverbindung gestanden hatten.

Das alte der keltisch-germanisch-römischen Zeit entstammende Straßennetz bestund zwar fortan in seinen Hauptzügen, wenn auch mangelhaft unterhalten, allein die viel besuchten Handels-

---

(1) Lyon hatte 1685 schon 12,000 Seidenwebstühle. (2) Maurer, Gesch. der deutschen Städte-Verfassung.

straßen im Rheinthale, sowie jene zu den Städten Constanz, Speyer, Worms, Würzburg waren verödet, jene nach Frankfurt auf einen sehr mäßigen Verkehr beschränkt.

Auch die Wasserstraßen des Rheins, Neckars und Mains hatten den einst bedeutenden Großhandelsverkehr verloren und waren auf den Binnenverkehr angewiesen.

Als Handelsstraße wurde der Rhein nur noch und zwar in beschränktem Maße aufwärts bis Köln, seltener bis Mainz verwendet, von wo die Güter auf dem Main nach Frankfurt gingen.

15. Rückgang der Rheinschifffahrt. Die Ursache des bedeutenden Rückgangs der Rheinschifffahrt lag übrigens außer den erwähnten Verhältnissen auch in den natürlichen Hindernissen des Flusses selbst, in den übermäßigen Abgaben und anderen Belästigungen, die der Rheinverkehr fortan in den vielen Hoheitsgebieten zu ertragen hatte und welche bei dem verminderten Umfange und Ertrag der Schifffahrt um so schmerzlicher empfunden wurden. Die Hauptschwierigkeiten für die Schifffahrt bot von jeher die Rheingauer Strecke, oberhalb Biberich zwischen Niederwalluf und Rüdesheim bei St. Goar, besonders aber das Bingener Loch, dessen Erweiterung die Römer schon versuchten.

Die Stromschnelle zwischen Rüdesheim und Bingen, welche noch im 14. Jahrhundert eine Höhe von 6 Fuß hatte, (1) machte selbst das Umladen der Waaren auf kleinere Schiffe bei Bacharach oder Lorch öfter nöthig. Manche Waaren gingen hier schon auf die Achse über. (2)

Obgleich die alten Rheingrafen sich in der Mitte des 11. Jahrhunderts Verdienste um Erweiterung des Durchgangs bei Bingen erworben hatten und die Holländer eine Lücke von 21 Fuß Breite bewirkten, auch die Franzosen Ende des 16. Jahrhunderts die Durchfahrt mittelst Sprengung zu verbessern gesucht hatten, ja! obgleich, wie die Inschrift des in der Nähe errichteten steinernen Denkmals besagt: „unter der Regierung Friedrich Wilhelms III. nach dreijähriger Arbeit (1830—1832) eine Erweiterung auf 210 Fuß eingetreten ist", die Sprengungen selbst aber zwischen Bingen und Coblenz bis heute fortgesetzt werden, so ist der Durchgang dort noch immer für die Schifffahrt hinderlich, weil die Schiffe zur Verminderung der Frachtkosten von Jahr zu Jahr an Größe und Tiefgang zunehmen. (3) An vielen Stellen des Mittel- und Niederrheins, wo das Rheinbett für die Wassermenge zu breit ist, bildeten sich stets wechselnde Geschiebsablagerungen, (4) welche bei Niederwasser die Schifffahrt hinderten und fortwährende Baggerungen nöthig machten.

Von der Einmündung des Neckars bei Mannheim aufwärts war der Rhein früher in viele Arme getheilt, von denen in Folge der Ufereinbrüche bald der eine, bald der andere den Thalweg bildete, bevor die Correction des Flusses zur Ausführung kam.

Sehr tiefe und enge Stellen mit verstärktem Gefälle wechselten mit Untiefen und meistens fehlten die Leinpfade, weil sie gegen den Fluß dauernd nicht zu schützen waren. Diese Mißstände steigerten sich von der Lauter bis zur Kinzig und machten die Schifffahrt von da bis Basel fast unmöglich. Bei der Verschiedenheit der Wasserstände in dem Ober-, Mittel- und Unterrhein mußten auch die Schiffe, je nach ihrer Größe, gewechselt werden. (5)

---

(1) In der vorgeschichtlichen Zeit bestund bei Bonn ein Wasserfall, der durch Abnagen der Felsen allmählich bis auf die Stromschnelle am sogenannten Bingener Loch zurückging. Zur Diluvialzeit hatte der Rhein seinen Abfluß in das Rhonegebiet, als das rheinische Schiefergebirge zwischen Coblenz und Bingen noch nicht durchbrochen war. Platz, Schriften des naturhistorischen Vereins in Carlsruhe. 1873. Auch durch die Thäler der Fulda, Werra und Weser soll der Rhein abgeflossen sein. H. Grebenau, Der Rhein. 1871. Rhein. Antiq. 19. 358. F. van der Bergh. 1834. Felsensprengung bei Bingen. Man bezeichnete früher die Abtheilung des Rheines von Bingen abwärts als „Unter-Rhein", von Bingen bis Basel als „Ober-Rhein", von Basel bis zum Ursprung als „Hochrhein". (2) Dies Verhältniß gab den Churfürsten von Mainz, Trier, Cöln und der Pfalz 1517 Anlaß, den Schiffleuten auf dem Rheine und dem Leinpfad Sicherheit zu versprechen, aber jene hiervon auszuschließen, welche Waaren auf der Achse transportiren. (3) Früher waren bei kleinem Wasserstand 4—5 Fuß Fahrtiefe erforderlich, jetzt werden 8—9 Fuß verlangt, da die Ladfähigkeit der Schiffe sich von 4000 auf 15,000 Centner vermehrte. Man denke sich nur, daß trotz all der vielen Opfer, die für Verbesserung der Wasserstraße des Rheins gebracht wurden, der Wasserstand doch in neuer Zeit noch (1873) für die Schifffahrt 85 Tage lang ungenügend war, man also nur 280 Tage diese Straße benützen konnte. (4) Der in vorgeschichtlicher Zeit zwischen Basel und Bingen bestandene, westlich von den Vogesen und dem Haartgebirge, östlich von dem Schwarzwald, Odenwald und Spessart, nördlich von dem Taunus und Vogelberg begrenzte See wurde in den tiefsten Stellen mit Geschieben aus den Nebenflüssen, auf 2—3000 Meter Breite von dem jetzigen Strom circa 20 Meter tief ausgefüllt. Die jetzt noch in dem Rheinbett abgeführt werdenden Kiesgerölle rühren theils von Uferabbrüchen, theils von den Seitenflüssen und Bächen her. Mit Correction und Sicherung der Ufer der Flußläufe vermindert sich die Geschiebsablagerung in dem Rheinbett. (5) Die Schiffe vom Nieder-Rhein bis St. Goar waren 3 Mal so groß als die oberhalb verwendeten von 2000 Ctnr. Ladfähigkeit.

Von Cöln bis Speyer wurde mit Pferden, von da bis Straßburg mit Menschen geschleppt. (1)

Die Zölle, die in den vielen Gebieten erlegt werden mußten, waren in Verbindung mit den Lager-, Krahnen- und Leinpfadgebühren zu einer unerschwinglichen Höhe gesteigert. (2)

Die Zwangsstapel in Basel, Straßburg, Speyer, Worms, Mainz und Cöln, welche das Umladen und Feilbieten der auf- und abgehenden Waaren verlangten, nöthigten zu außerordentlichen Opfern an Zeit und Geld.

Auch die Schifffahrt auf dem Main und Neckar war wegen mangelnder Wassertiefe jährlich nur kurze Zeit möglich und mit Stapelzwang in Heilbronn, Wimpfen, Heidelberg und Mannheim belastet.

Ununterbrochen konnte der Neckar nur bis Heilbronn befahren werden; oberhalb dieses Stapels war die Schifffahrt nur noch für kleine Fahrzeuge möglich.

Obwohl diesen Mißständen die Erfahrung gegenüberstund, daß man zu Schiff mit Hülfe eines Pferdes rheinaufwärts im vorigen Jahrhundert noch 30mal mehr Last fördern konnte, als auf den schlechten Landstraßen, so wendete sich der Verkehr doch allmählich wieder mehr den letzteren zu, weil neben den schon erwähnten Hindernissen der Schifffahrt die Transportkosten auf dem Rhein wegen mangelnder Thalfracht theuerer als der Landtransport zu stehen kamen.

So blieben die Verkehrsverhältnisse im Wesentlichen bis in das 18. Jahrhundert.

Die Frage liegt nahe, warum in dem Laufe so vieler Jahrhunderte kaum Nennenswerthes für die Verbesserung der Land- und Wasserstraßen geschehen ist, obgleich der Verkehr stets seine Ansprüche an dieselben mehr oder weniger zur Geltung zu bringen suchte? 16. Ursachen des langen Fortbestehens der mangelhaften Landstraßen.

Abgesehen von dem Mangel an technischen Kenntnissen im Wasser- und Straßenbau, lag der Grund wohl zunächst in der, den höheren und niederen Kreisen eigenen, vollständig irrigen Anschauung über den Nutzen guter Wege.

Der durchgehende Verkehr auf den Straßen war ebenso wie heute, vorzugsweise militärischen Zwecken und dem Handel dienstbar.

Die Militärzüge wurden aber in der Zeit der vielen und schweren Kriege überall als ein Unglück für die in Nähe der Hauptstraßen liegenden Orte betrachtet. Den Werth guter Handelswege beurtheilte man insofern irrig, als man glaubte, daß alle dem Handel zugewendeten Erleichterungen der Allgemeinheit nicht nützen, sondern nur dem Handelsstande, namentlich dem ohnedies vielfach beneideten reichen Handelsstädten zu Gute kommen. Auch der Werth guter Verkehrsmittel für geistige und gesellige Zwecke wurde nicht erkannt. Der gewöhnliche Verkehr beschränkte sich in der Regel auf einen sehr kleinen Umkreis; das Reisen auf größere Entfernungen war mit viel Zeit und Aufwand mit Gefahr für Leben und Eigenthum und mit Entbehrungen aller Art verbunden.

Gasthäuser fanden sich bis zum 15. Jahrhundert nur in größeren Städten; noch im 16. Jahrhundert boten die sog. Elendherbergen dem gewöhnlichen Wanderer allein Unterkunft, (3) die höheren Stände reisten zu Pferd; der Wagen bedienten sich nur Frauen höherer Stände und Kranke; die höchsten Herrn legten die größten Entfernungen zu Pferde zurück, weil das Fahren als unmännlich verachtet war. (4)

Die Beförderung der Briefe geschah durch laufende oder reitende Boten.

Die großen und kleinen Landesherrn scheuten sich nicht, trotz aller Verbote der Kaiser, den Straßenverkehr mit allen möglichen Abgaben zu belasten, dagegen aber für die Landstraßenver-

---

(1) Der Preis per Pferd von Cöln bis Mainz stund 1781 auf 8—17 Thaler nebst freier Verpflegung. 60—90 Mann waren 8—12 Pferden gleich zu rechnen. Für Schiffsladungen von 3000 Ctnr. wurden 10—12 Pferde verwendet. Die Wasserfracht kostete 1731 von Frankfurt nach Straßburg per Centner 1 Fl. 8 Kr., nach Mainz 1 Fl. 6 Kr. Von Straßburg nach Frankfurt kostete 1 Fuder Wein 22 Fl., nach Mainz 19 Fl. Fracht. (2) Von Germersheim bis Rotterdam bestunden 29 Zollstellen. Der Zollertrag wurde noch 1781 durchschnittlich für ein Jahr auf 939,600 Fl. berechnet. Rhein. Antiq. 7. p. 97. Bekannt ist das Sprichwort: „Hätt' ich den Zoll am Rhein, wer möcht' mir gleich sein!" (3) Die zur Zeit der Kreuzzüge vor den Städten an den Landstraßen erbauten Elendherbergen waren nur für Wanderer bestimmt. Aus ihnen gingen die Seelbäder, Seelhäuser, und Siechenhäuser hervor. Die beiden Elendherbergen in Basel nahmen 1586 — 40,000, jene in Straßburg 1581 — 99,748 Personen auf. Siehe G. Gengler, die Seelbäder, Zeitschr. für Culturgesch. 1873 u. Lorenz, Gesch. des Elsasses. 1871. S. 134. (4) Herzog Julius von Braunschweig empfiehlt seinem Adel 1588 das Reiten, indem er das Fahren in Kutschen als Faulenzen bezeichnet.

besserung nur das Allernöthigste und an den Wasserstraßen nur dann etwas zu thun, wenn dies zum Schutz des liegenschaftlichen Eigenthums nöthig war.

Es empfahl sich dies Verfahren um so mehr, als die Unterthanen, wenn sie mit Straßen- und Flußbaufrohnden verschont blieben, umsomehr und leichter zu den Herrenfrohnden beigezogen werden konnten.

Die Land- und Wasserstraßen wurden deshalb vorzugsweise nur als Einnahmsquellen betrachtet.

Wie konnte unter solchen Zuständen Erhebliches für Straßenverbesserung erwartet werden!

17. Beginn der Straßenverbesserung vom 17. Jahrhundert.

Erst durch die im 17. Jahrhundert in Frankreich zur Geltung gekommenen Grundsätze bezüglich der Förderung des Handels und der Industrie (1) und durch die stets wachsenden und von mächtiger Seite unterstützten Ansprüche der seit Ende des 16. Jahrhunderts in Aufschwung befindlichen Reichspost sah man sich in den Regierungskreisen der deutschen Staaten auf eine gründliche Verbesserung der Verkehrswege hingewiesen. Die unter Ludwig XIV. errichteten prachtvollen Straßen zogen allmählich die allgemeine Aufmerksamkeit auf sich. (2)

18. Straßenverbesserung im 18. Jahrhundert.

Aber auch die im Anfange des 18. Jahrhunderts vielfach und namentlich auch von Markgraf Carl Friedrich versuchten Grundsätze des sog. physiokratischen und ökonomistischen Systems, (3) wonach der Staatsreichthum allein nach dem Werthe der Bodenerzeugnisse geschätzt und alle Abgaben auf eine von Grund und Boden reducirt, Handel und Gewerbe aber frei von Lasten und Beschränkung bleiben sollen, übten auf den Straßenbau einen günstigen Einfluß aus, so wenig sie sich im Uebrigen bewährten. (4)

Durch den immer mehr verbreiteten Genuß von Tabak, Caffee und Zucker und den seit Erfindung des Webstuhls (1769) gesteigerten Verbrauch von Baumwolle, durch den Bezug der Eisen- und Stahlindustrie aus England und des Getreides aus Holland nahm der Waarentransport von der Nord- und Ostsee nach Oberdeutschland immer größere Verhältnisse an. Aber auch der Binnenhandel hob sich wieder durch besseren Betrieb der Landwirthschaft und durch Anwendung von Maschinen in dem Gebiete der Industrie. Namentlich gewannen die Spinnerei, Weberei, Tuchfabrikation, Linnenmanufactur und Metallgewerbe an Ausdehnung.

Die natürliche Folge davon war auch in Baden das Verlangen nach Verbesserung der Wege.

Schon in der ersten Hälfte des 18. Jahrhunderts fanden die Straßenbauten in Frankreich (5) und England, auch im Süden von Deutschland, besonders in der Markgrafschaft Baden-Durlach, in Churpfalz, im Herzogthum Württemberg, in Fürstenberg, im Hochstift Speyer und in dem Gebiet der gefürsteten Abtei St. Blasien Nachahmung. (6)

Man suchte die Straßen, trotz des Widerspruchs der Gütereigenthümer und des Mangels eines Expropriationsgesetzes gerade zu leiten, auf Verminderung des Gefälles durch Abgraben und Anschütten hinzuwirken und die Fahrbahnen mit besserem Steinfundament zu versehen, also nach französischem Ausdruck „zu chaussiren“ (7) und an Stelle der vielen Furten Brücken zu bauen. (8) Die nach dem Muster der französischen Straßenbau-Instruction von 1718, für die Markgrafschaft Baden-Durlach gegebenen Vorschriften vom 14. Sept. 1733 fanden auch in den benachbarten Gebieten Anwendung. Die weitere Grundlage für den Straßenbau im 18. Jahrhundert bildete in dem Schwäbischen Kreis die Information vom 5. Juni 1737. (9)

In dieser Art kamen im 18. Jahrhundert folgende Straßen zu einer durchgehenden Verbesserung:

---

(1) Merkantil-System von Colbert (1619—1683). (2) Die im Jahre 1737 vollendete Zaberner Steige über die Vogesen (zw. Zabern und Pfalzburg) war 10 Meter breit und hatte 58 Meter Steigung pro Meile; sie war so berühmt, daß die Damen eine coiffure „à la Saverne“ trugen. (3) Von dem Pariser Arzt Quesnay 1694—1774. (4) Siehe S. v. Drais, Baden unter Carl Friedrich. (5) Im Jahre 1720 wurde in Frankreich für die königlichen Straßen 18 Meter, für andere 12 Meter Breite vorgeschrieben und 1756 die Breite nach vier Classen bestimmt, nämlich I. Classe 14 Meter, II. Classe 12 Meter, III. Classe 9 Meter, IV. Classe 8 Meter. Für den Straßenbau wurden Entrepreneurs angenommen. (6) Bär, Wasser- und Straßenbauverwaltung. 1870. (7) In Hessen hatte man 1720, in Preußen erst 1787 mit Chaussirung der Straßen begonnen. Scherr, Culturgeschichte. (8) Der Brückenbau wurde mit dauerhaftem Erfolg nur dort betrieben, wo die Felsen als Widerlager dienten. Bei den geringen Kenntnissen im Wasserbau wurden die meisten Brücken und Dohlen entweder rasch zerstört oder vom Wasser umgangen. (9) Bär, W.- u. St. S. 315.

1. In der Markgrafschaft Baden-Durlach:(1)

Von Pforzheim nach Cannstatt 1737, von Schliengen nach Eimeldingen 1738/39, von Durlach nach Pforzheim 1740/48, von Durlach nach Grötzingen 1741/43, über die kalte Herberge 1748, bei und in Emmendingen 1750/55, von Pforzheim bis württ. Gränze 1751/52, von Lörrach nach Degerfelden 1757/66, von Pforzheim bis Tiefenbronn 1758/61, von Müllheim bis Krotzingen 1759/61, von Schliengen nach Binzen 1760/61, von Kandern nach Müllheim und von Kandern nach Steinen 1763, von Schliengen nach Eimeldingen 1765, von Weingarten nach Grötzingen 1765/67, von Pforzheim nach Bretten 1768/69, von Carlsruhe nach Durlach 1870/72.

2. In der Markgrafschaft Baden-Baden:

Von Ettlingen nach Rastatt 1739/42, von Ettlingen nach Pforzheim 1742/45, von Ettlingen nach Wolfahrtsweier 1747, von Rastatt nach Mühlburg 1769/70.

3. In der vereinigten Markgrafschaft:(2)

Von Rastatt nach Mühlburg (Fortsetzung) 1769/72, in Pforzheim und von da nach Neuenburg 1771, von Gottenheim nach Freiburg 1774/76, von Pforzheim bis württ. Gränze 1775, von Schliengen nach Eimeldingen 1775/77, von Baden nach Gernsbach 1773/76, von Berghausen nach Bretten 1777, von Schopfheim nach Wehr 1778/88, von Bischweier nach Rothenfels 1780/87, von Mühlburg über Neureuth nach Graben 1780/81, von Rastatt nach Sandweier 1781/83, von Gernsbach nach Forbach 1781/85, von Oberweiler nach Sirnitz 1784/92, von Rastatt nach Steinmauern 1785, bei Ottenau 1786/90, bei Kuppenheim 1789/90, von Rastatt nach Niederbühl 1791, von Forbach bis Gränze 1789/95, von Ettlingen nach Pforzheim 1793, Kriegsstraße in Carlsruhe 1795.

4. In Vorder-Oesterreich:

Von Freiburg gegen Zähringen 1730/38, Höllenthalstraße 1754/55, von Zähringen nach Freiburg 1754, bei Freiburg 1759/61, von Degerfelden nach Lörrach 1764/66, von Stockach nach Schaffhausen 1768/71, im Höllenthal 1769/70, von Freiburg nach Breisach 1769/71, von Stockach nach Engen 1769/70, von Stockach nach Osterach 1770/73, Kilpenstraße 1776, von Stockach nach Radolfzell 1776/82, von Waldkirch nach Waldshut 1781, von Elzach nach Freiburg 1781/84, von Gutach nach Freudenstadt 1783/86, von Schliengen nach Basel 1784, von Stockach nach Tuttlingen 1785/90, von Elzach nach Freiburg (Fortsetzung) 1792, von Stockach nach Sernatingen 1802/5.

5. In der Churpfalz:

Von Schwetzingen nach Mannheim 1737/61, von Heidelberg nach Wiesloch 1740, von Heidelberg nach Leimen 1760/61, von Wiesenbach nach Obrigheim 1763/75, von Heidelberg nach Neckargemünd 1765/66, von Heidelberg nach Schwetzingen 1763, von Mosbach nach Rosenberg 1776, von Diedesheim nach Mosbach 1776/78, von Neckargemünd nach Neckarelz 1776/78, von Mannheim nach Lampertheim 1777/87, von Wiesenbach nach Sinsheim 1780/85, von Sinsheim nach Heilbronn 1780/89, von Eppingen nach Bretten 1782/83, von Eberbach nach Hirschhorn 1784, Heidelberger Brücke 1788, von Mosbach nach Adelsheim 1789, von Bretten nach Heilbronn 1793/97, von Heidelberg nach Weinheim 1794, von Adelsheim nach Rosenberg 1797.

6. In Württemberg: (3)

Von Schramberg nach Hornberg und Gutach 1783/84.

7. In Fürstenberg:

Von Hüfingen nach Randen 1737/43, von Meersburg nach Heiligenberg 1737, im Wutachthal (Anfang) 1750/56, von Donaueschingen nach Geisingen 1750/51, Heiligenberg 1751, von Böhrenbach nach Donaueschingen 1751/63, von Zarten nach Hüfingen 1751/70, Zollhaus am Randen (Fuetzen) 1751/52, von Meßkirch nach Lüttishofen 1751, von Wolterdingen nach Zindelstein 1751/52, von Hüfingen nach Randen (Fortsetzung) 1752/53, von Geisingen nach Engen 1752/54, von Tuttlingen nach Engen 1752, Brücke bei Stühlingen 1755, von Saig nach Grünwald 1756/62, von Donaueschingen nach Wolterdingen 1763, von Mößkirch über das

(1) 1737 unter Markgraf Carl Wilhelm, 1738—1746 unter Vormundschaft Carl Friedrichs, sodann unter seiner Regierung. (2) Unter Carl Friedrichs Regierung. (3) Soweit jetzt bad. Gebiet betheiligt war.

Gogginger Ried 1765/67, von Mößkirch nach Krumbach 1765, Brückenbau über die Steinach 1767/68, von Stockach über Singen nach Schaffhausen 1768/74, von Mößkirch nach Sigmaringen 1769/70, von Engen nach Stockach 1769/74, von Pfullendorf nach Mengen 1772/73, von Geisingen nach Tuttlingen 1773, von Donaueschingen nach Villingen 1779/80, Brücken über die Schlücht und Wutach 1779/84, von Tuttlingen nach Hohenhöwen 1778/87, Zindelsteinsteige 1780, Fluhhaldenseige 1781, von Gutach nach Freudenstadt 1783/86, Brücke bei Krumbach 1784, Correction am Hohenstein 1785, von Saig nach Oberlenzkirch und Unterlenzkirch 1786, bei Stühlingen 1788, bei Leustetten 1789, bei Elzach 1792, von Lenzkirch nach St. Blasien 1793.

8. In Löwenstein Wertheim:

Bei Steinbach 1758/61, von Wertheim nach Bockenroth 1760, von Wertheim über Höhfeld nach Niclashausen 1774.

9. In Leiningen:

Tauberthalstraße 1802.

10. In Hanau — Lichtenberg:

Von Kehl nach Goldscheuer 1769/70.

11. In Nassau:

Von Offenburg nach Goldscheuer 1795.

12. In Schwarzenberg:

Wutachthalstraße 1750/56, von Bechtersbohl nach Rheinheim 1760, von Thiengen nach Uehlingen 1776, Schlücht- und Wutachbrücke 1779/84.

13. Abtei St. Blasien:

Wutachthalstraße (Anfang) 1750/56, von Bernau nach Gschwend 1760/64, von St. Blasien nach Häusern 1761, von Bonndorf nach Rothhaus 1761/64, Steinacher Brücke 1767/68, von Uehlingen nach Thiengen 1767/68, von Berau nach Witznau 1776/78, von Dresselbach über Seebruck nach Häusern 1776/80, von Löffingen nach Bonndorf 1785/86, Grimmelshofer Brücke 1788, von Lenzkirch nach Bonndorf 1795/98, Wellendinger Steige 1802/3.

14. Im Hochstift Constanz:

Brücke bei Kaiserstuhl 1765/74, von Meersburg nach Buchhorn (Friedrichshafen) 1777/78, von Ludwigshafen nach Friedrichshafen 1792/94.

15. Im Hochstift Basel:

Von Schliengen nach Kaltenherberg 1704.

16. Im Hochstift Speyer:

Von Bruchsal nach Grombach 1790/94, von Bruchsal nach Rheinhausen 1792.

17. Im Hochstift Straßburg:

Ueber den Roßbühl nach Freudenstadt 1742/43, von Appenweier nach Sand 1786.

18. Im Hochstift Mainz:

Von Würzburg über Bischofsheim und Külsheim nach Steinbach 1755, von Hundheim nach Külsheim 1773.

19. In der Abtei Salem:

Von Maurach nach Salem 1763, von Pfullendorf nach Mengen 1772/73, von Mimmenhausen nach Salem 1775, von Salem nach Markdorf 1775, von Ludwigshafen nach Friedrichshafen 1792/94, von Salem bis Markdorf 1796/98.

20. Im Priorat Heitersheim:

Bei Krotzingen 1759/61.

21. Von der Stadt Gengenbach:

Von Kehl nach Schaffhausen 1757, desgleichen 1767.

22. Von der Stadt Constanz:

Von Constanz nach Wollmatingen 1754/56, von Constanz nach Frauenfeld 1779.

23. Von der Stadt Ueberlingen:

Von Ueberlingen nach Osterach 1770, von Ueberlingen nach Stockach 1780/85, von Ludwigshafen nach Friedrichshafen 1792/94.

24. Von der Stadt Pfullendorf:

Von Pfullendorf nach Mengen 1774/76.

25. Im Churfürstenthum Baden:

Von Frankfurt nach Basel 1803, Verlegung bei Weinheim 1804, von Stockach nach Sernatingen 1804, von Berghausen nach Bretten 1804/6, von Wössingen nach Jöhlingen 1805.

Ein großer Theil dieser, außerhalb dem markgräflich badischen Gebiete, vorgenommenen Straßenverbesserungen ist den Bemühungen des Markgrafen C. Friedrich zu danken, der, als Vorsitzender des 2. Viertels des schwäbischen Kreises unermüdlich auf die Straßenverbesserungen, in- und außerhalb des Kreises hinwirkte.

Von Anlage ganz neuer Landstraßen oder Straßencorrectionen durch deren Verlegung in die Thäler oder durch erhebliche Verlängerung der Straßenlinien zur Verminderung der Gefälle, war freilich damals noch nicht die Rede. Für Längen- und Höhenmessungen fehlte es an unterrichtetem Personale und an Instrumenten. Karten über die Terrainverhältnisse bestunden nicht. (1) Der Ausdruck „schlechte Straßen" bezog sich nur auf den Zustand der Fahrbahnen; die Gefälle aller Art wurden meistens als ein in den Terrainverhältnissen liegender, nicht zu beseitigender Mißstand hingenommen.

Aber auch die Bestrebungen zu Verbesserungen in obigem Sinne hatten für weite Kreise nur einen beschränkten Erfolg, weil es gewöhnlich an der Uebereinstimmung der betheiligten Hoheitsgebiete fehlte. (2) Die kleinen Territorial-Herren konnten sich höchstens zu Bauten entschließen, die lediglich mittelst Frohnden bewirkt wurden; alle Kunstbauten, wie Brücken, Dohlen, Stützmauern wurden gemieden, weil sie aus der Landescasse bezahlt werden mußten, wie der Aufwand für Güterentschädigung. Daher kam es, daß die wasserreichen Thäler bei Straßenverbesserungen umgangen und nur Züge auf den Höhen oder über die Bergfüße eingehalten wurden. Beiträge aus Kreismitteln wurden nicht geleistet, nur die Ritterschafts-Canton-Cassen unterstützten zuweilen die Ausführung von Bauten innerhalb ihres Gebietes, die höchsten Orts befohlen und nicht zu umgehen waren.

Das Reisen war darum in jener Zeit noch immer theuer, gefährlich und mit vielem Zeitaufwand verknüpft.

Für weite Reisen mußte man einen eigenen Wagen kaufen, für Reisen auf kürzere Entfernung dienten die Postkutschen, die an bestimmten Wochentagen abgingen und pro Tag 5 Meilen zurücklegten. (3) Mit leichtem Fuhrwerk und vier Pferden konnte man im günstigsten Falle in 6 Stunden nur 6 Meilen zurücklegen. Güterwagen mit 4 Pferden bespannt, konnten bei größeren Touren und auf ebenen Straßen nur 1 bis 6 Stunden pr. Tag zurücklegen, wenn sie das damals übliche Maximum der Last von 8 Centnern pr. Pferd enthielten. (4)

Bei Steigen, die, sogar in den Hauptstraßen, Gefälle bis zu 20 Procent enthielten, waren bei 4spännigen Wagen bis zu 10 oder mehr Vorspannpferde oder in deren Ermangelung Ochsen nöthig. Manche dieser Steigen, die in Einschnitten lagen, waren gepflastert, weil sie sonst nicht

(1) Ein Rückblick auf die Kartographie und ein Beispiel für einen mißglückten Versuch zur Correction einer Gebirgsstraße mittelst Verlängerung derselben ist unter II. Nr. 203 angeführt. (2) Lüder sagt in seiner Wegbaugeschichte von 1779: „Wer aus Frankreich oder Lothringen nach Deutschland über den Rhein reist, trifft keine ununterbrochene Chausseen an. Es sind auf dem rechten Rheinufer nur einzelne Städte durch gute Chausseen mit einander verbunden. Es fehlt aber an einem Zusammenhang derselben zur Verbindung der großen Handelsstädte." Die schlechten Wege und umgeworfenen Wagen spielten in den Romanen des 18. Jahrhunderts noch eine Hauptrolle, und man hielt es z. B. für merkwürdig, wenn auf einer Reise aus Schwaben nach der Schweiz, nach Frankreich oder nach Frankfurt ꝛc. kein Unglück vorkam. W. Menzel, Geschichte der Deutschen. II. (3) Der erste regelmäßige Pferdekutschendienst für das allgemeine Publicum wurde zwischen Straßburg und Frankfurt erst 1619 und zwischen Heidelberg und Straßburg erst 1659 eingeführt. Von Straßburg nach Paris ging 1631 die erste privilegirte Kutsche. Löper, Gesch. des Elsaß. Göthe erwähnt in „Wahrheit und Dichtung", daß er 1770 von Frankfurt nach Straßburg die neu eingerichtete deligence benützt habe. Erst 1822 kamen in Baden die Eilwagen in Gebrauch; es waren dies die ersten in Deutschland. (4) Noch 1813 sagt Tulla in einem Vortrag an das Ministerium des Innern vom 2. Januar: „daß auf guten Straßen damals 2 Pferde höchstens 25 Ctnr. per Tag ziehen können, bei schlechten Straßen aber 4 Pferde für diese Last erforderlich seien".

fahrbar zu erhalten waren. Aber auch außer den Einschnitten (Hohlwegen) waren die Straßen wegen ungenügender Breite schwer zu unterhalten.

19. Straßenbau und Verkehr in der ersten Hälfte des 19. Jahrhunderts.

Erst das 19. Jahrhundert war bestimmt, dem Verkehrsleben überhaupt einen vollständigen, früher nie geahnten Aufschwung zu geben.

Die gegen Ende des vorigen und im Anfange dieses Jahrhunderts allgemein zur Anerkennung gekommenen Gedanken, des sog. Industrie-Systems von Adam Smith 1723—1790 mit der Lehre von der Arbeitstheilung, von der Unterscheidung zwischen Capital und Geld, von Grundrente, Arbeitslohn und Capitalzins als Bestandtheile des Einkommens und der Aufforderung: Gewerbe, Fabrikation und Handel gleichmäßig zu unterstützen und durch freie Concurrenz zu fördern äußerten wie überall, so namentlich auch in Baden, belebenden Einfluß auf alle Zweige der Erwerbsthätigkeit. (1)

Wenn auch die, in dem ersten Decennium, rasch auf einander gefolgten Kriege und die von 1806—1814 bestandene Continentalsperre (2) noch sehr hemmend auf den Gewerbe- und Handelsverkehr zwischen der Nord- und Ostsee und Oberdeutschland, namentlich aber auch auf die Rheinschifffahrt einwirkten, so war doch die durch die Friedensschlüsse von 1801 bis 1806 erfolgte Verminderung der Zahl kleiner Hoheitsgebiete (3) durch Unterordnung unter die zur vollen Souveränität gekommenen Fürstenhäuser von Bayern, Württemberg und Baden, von dem wohlthätigsten Einflusse auf das Verkehrsleben im Süden von Deutschland, weil damit die vielen Zollschranken fielen und eine Verbesserung der Communicationsmittel nicht mehr von der Mitwirkung so vieler Interessenten abhängig war.

Nachdem durch den Preßburger Frieden von 1805 und durch die rheinischen Bundesacte von 1806 das Postregal des Fürsten Taxis auf 39 Einzelstaaten übergegangen war, hatte Württemberg schon 1805, Bayern 1808 und Baden 1811 eigene Posten eingeführt und diese von Jahr zu Jahr verbessert.

Eine gute Instandsetzung der Straßen stellte sich dabei in erster Linie als Bedürfniß dar und man war zu dessen Befriedigung um so geneigter, da der Postertrag jetzt der Staatscasse zu gut kam.

Aber die Zunahme des Verkehrs überhaupt verlangte Erleichterung von Abgaben und eine größere Sorge für Verkehrsmittel im Allgemeinen.

Der in Folge des Artikel 39 des Reichsdeputations-Hauptschlusses von 1803, im Jahre 1804 zwischen den von Basel abwärts liegenden Rheinuferstaaten abgeschlossenen Uebereinkunft über ein gemeinsames Rheinoctroi (4), von der man sich so günstige Erfolge für die Schifffahrt versprach, äußerte sich leider bald nach ihrem Vollzug im Jahre 1805 auf den Rheinverkehr so nachtheilig (5), daß die Kaufleute zum Waarentransport zwischen Holland und dem Oberrhein sich immer mehr der Landstraßen bedienten. Schon 1808 bezogen die Frankfurter Kaufleute zwei Drittel der Holländer Güter statt zu Wasser zu Land.

Straßburg hatte den Transithandel von Holland nach der Schweiz, der jährlich in ca. 70,000 Centnern bestund, fast ganz verloren, und das ganze Elsaß war des früher blühenden

---

(1) Roscher sagt in seiner Geschichte der Nationalökonomie 1874, S. 593: „Man wird noch heut zu Tage nicht wesentlich fehlgreifen, wenn man die ganze Dogmen-Geschichte der Nationalökonomie in 2 Hauptclassen theilt: vor und seit Smith, so daß alles frühere als Vorbereitung für ihn, und alles spätere als Fortsetzung von ihm, oder Gegensatz zu ihm erscheint 2c." (2) Das von Napoleon erlassene Decret vom 21. November 1806 verbot allen Handel mit englischen Waaren; ja, diese sollten sogar nach Decret vom 18. October 1808 öffentlich verbrannt werden. In Baden wurde diese Maßregel in den von dem Rheine ferner liegenden Orten erst 1810 sehr empfindlich durch die hohen Preise der Colonialwaaren. (3) Die geistlichen Reichsstände hörten seit 1803 auf und von 52 Reichsstädten blieben im Ganzen nur 6 und davon in Oberdeutschland nur Augsburg, Nürnberg und Frankfurt selbstständig, aber auch von diesen die ersten beiden nur kurze Zeit, die letztere nur bis 1866. Auch die geistlichen Ritterorden und die im 16. Jahrhundert zur Reichsunmittelbarkeit gelangte Reichsritterschaft verloren ihre Selbständigkeit. (4) Der Reichsdeputationshauptschluß bestimmte, daß alle Rheinzölle abgeschafft werden und dafür ein Rheinschifffahrtsoctroi einzuführen sei. Zur Erhebung des Octrois wurde von Basel bis Holland eine französische Douanenlinie errichtet. Die Kosten für Schiffsmanifeste, Ursprungszeugnisse, Brückendurchlässe, Hafengebühren, Quaigelder, Umladespesen und Trinkgelder aller Art überstiegen das Octroi bald um das Drei- und Vierfache und die Schiffer waren durch die Revisionen vielen Vexationen unterworfen. Die Schiffer von Köln und Mainz, woselbst noch allein der Umschlag bestund, wurden absichtlich bevorzugt. Die Einnahme des Octrois betrug 1807 1,386,000 Franken, sie ging aber bis zum Jahre 1810 wegen Abnahme des Rheinverkehrs auf 295,000 Franken zurück. (Rhein. Antiqu. 16. p. 248.) (5) Nach einer Denkschrift der Kölner Handelskammer von 1812 hatte die Octroiconvention die Rheinschifffahrt an den Rand des Verderbens geführt.

Durchgangsverkehrs beraubt. Frankreichs Schifffahrts- und Handelsstraße war nicht mehr am Rhein, sondern an den französischen Seeplätzen zu suchen.

20. Eilfuhranstalten für den Güter-Verkehr.

Der Verkehr auf den rechtsrheinischen Straßen hob sich dadurch von Jahr zu Jahr, so daß sich zur Beförderung der Güter zwischen den Haupthandelsplätzen Eilfuhranstalten bildeten. (¹) Es genügte nicht mehr, die Hauptstraße von Basel nach Frankfurt allein zu verbessern, sondern auch die von dieser Straße abgehenden Wege, namentlich die Gebirgsstraßen, mußten eine wesentliche Aenderung durch zweckmäßige Anlage und gute Unterhaltung erfahren.

21. Straßenverbesserungen in der Zeit von 1806 bis 1811.

Aber nicht die ganze Bevölkerung des Landes war es, welche damals dieses Bedürfniß empfand, sondern nur ein verhältnißmäßig kleiner Theil derselben, nämlich die Industrie- und Handeltreibenden. Die Landbevölkerung war den Straßenneubauten und Hauptverbesserungen sogar noch immer abgeneigt, weil sie die Spann- und Handfrohnden zunächst zu leisten hatte und weil, in der Erinnerung an die vergangenen Kriege, noch immer die Ansicht fortlebte, daß es wegen der Kriegsleistungen ein Unglück für jeden Ort sei, an einer Landstraße oder überhaupt an einer guten Straße zu liegen.

Außerdem aber war man in vielen Orten auch deshalb den Straßenverbesserungen abgeneigt, weil der Verdienst aus Vorspannleistungen dadurch geschmälert und die Ausgaben für Wagner, Sattler, Schmiede auf engere Grenzen zurückgeführt, auch bei schnellerer Beförderung eine Einbuße der Wirthschaften zu besorgen war. Die Straßenverbesserungen, welche daher in den Jahren 1806 bis 1811 unter der Regierung des Großherzogs Carl Friedrich zur Ausführung kamen, wie z. B. jene von Schefflenz nach Waldenhausen 1806/9, von Buchen nach Tauberbischofsheim 1806/9, im obern Renchthal 1806, zwischen Walldürn und Hartheim 1808, von Pforzheim nach Ettlingen 1809/10, von Geisingen nach Tuttlingen 1810 ꝛc., wurden meist mit Widerstreben der Gemeinden hergestellt.

Unter diesen Verhältnissen erschien es vor Allem nothwendig, die Pflicht zu dem Bau und zu der Unterhaltung der Straßen in dem, aus so vielen kleinen Hoheitsgebieten geschaffenen, Lande Baden, gleichmäßig und gesetzlich zu regeln.

22. Straßengesetz von 1810 und dessen Folgen.

Dieser Aufgabe entsprach das Straßengesetz von 1810, welches den Bau und die Unterhaltung der Landstraßen (auch Commercial- und Staatsstraßen genannt) als Obliegenheit des Landes, jene der übrigen Straßen aber als Pflicht der Gemeinden bezeichnete. Der Regierung blieb es überlassen, den Straßen je nach ihrer Bedeutung für den Verkehr die Eigenschaft der Landstraßen beizulegen und dazu die erforderlichen Hand- und Fuhrfrohnden in Anspruch zu nehmen. Diese Bestimmungen waren den damaligen Verhältnissen entsprechend, denn das Volk hatte im großen Ganzen immer noch nicht das richtige Verständniß von der Bedeutung des Verkehrs und seiner Hülfsmittel. Das Chausseegeld wurde für alle Landestheile gleichmäßig regulirt (²) und 1812 die Landstraßen nach der Wichtigkeit in 3 Classen abgetheilt. Für die

---

(¹) Das bedeutendste Geschäft dieser Art, welches man bezüglich des durchgehenden Güterverkehrs als den Vorläufer der Eisenbahn in Baden bezeichnen darf, wurde von Jacob Hummel in Diersheim — geb. 1791, gest. 1845 — errichtet und mit Schwung betrieben. So lange die Zollstelle in Bodersweier an dem Vereinigungspunkt der Straßen nach Offenburg und Straßburg bestund, wurden hier die ankommenden Güter gelegenheitlich der Verzollung nach ihren verschiedenen Bestimmungsorten und ihrem Gewicht sortirt und zum Theil auf mehr Wagen vertheilt, da bei der damaligen Beschaffenheit der Brücken schwere Güterwagen noch nicht auf allen Straßen transportirt werden konnten. Hummel vermittelte seit 1812 diese Sortirung und den Transport von und nach Straßburg, an den Bodensee, nach Frankfurt, Württemberg, Bayern, Oesterreich und an die badischen Handelsplätze. Mit Errichtung des Zollvereines kam die Zollstelle nach Kehl und Hummel gründete dort ein größeres Speditionsgeschäft. Der Gütertransport wurde durch ihn mit Tag und Nacht gehenden Eilfuhren von Kehl in zwei Tagen über Mühlburg und Wiesenthal nach Mannheim, in drei Tagen über Heidelberg nach Frankfurt bewirkt. Aehnliche Fuhren gingen nach Ludwigshafen, Schaffhausen, Basel, Zürich u. s. w. Da die Wirthe diesem Unternehmen abgeneigt waren, sah sich Hummel genöthigt, neben Hunderten von Accord-Pferden auch 50 und mehr eigene Pferde zu benützen. Jede Wagenladung für vier Pferde wurde zu 100 Centner berechnet, aber der Fuhrlohn, ohne Rücksicht, ob der Wagen 100 oder nur 10 Centner Last hatte, bezahlt. Die Löhne waren im Sommer höher als im Winter, sie waren aber auch nach dem Werth der Waare und der damit verbundenen Garantie verschieden. Der Fuhrlohn wurde auch für die zurückgehenden Wagen in gleichem Maße voll bezahlt, wenn sie auch keine oder wenig Rückfracht hatten. Nach Eröffnung der Eisenbahn bis Efringen errichtete Hummel hier eine Filiale, um die Güter über Bingen, Lörrach, Rheinfelden, Bruk und Baden in zwei Tagen nach Zürich zu bringen. Durch die Schweizerbahnen hörte auch diese Eilspedition auf. Dieses Unternehmen war in jener Zeit für den Güterverkehr in Baden von größtem Nutzen und seine Erfolge trugen jedenfalls dazu bei, daß man sich so rasch zum Bau der Eisenbahnen entschloß.

(²) Die Größe und Erhebungsweise dieser Abgaben war früher in den einzelnen Landestheilen verschieden und letztere oft äußerst belästigend. So waren, fast unglaublich, die Erhebungsstellen in der Pfalz nicht selten in Ortschaften, die $^1/_4$ Stunde weit von der Straße entfernt lagen.

1. Classe wurden 32—42 Fuß, für die 2. 28—38 und für die 3. 24—34 Fuß Breite vorgeschrieben.(1) Nachdem die Post 1811 von Taxis an Baden übergegangen war, hatte man bei Classification der Straße dem Postverkehr besondere Rücksicht getragen.

Konnte die Regierung auf Grund des Straßengesetzes nun auch zur Verbesserung der Landstraßen mit größerem Nachdruck vorgehen, so war doch die Abneigung gegen den Straßenbau überhaupt damit nicht nur nicht überwunden, sondern eher noch gesteigert. Die Frohnleistungen fanden bei Ausführung der Straßen von Waghäusel nach Schwetzingen 1812/14, von Wertheim nach Niklashausen 1812, von Peterstal nach Griesbach 1812/13, von Warmbach nach Kleinlaufenburg 1812/22,(2) von Carlsruhe nach Ettlingen 1813, von Diedelsheim nach Wössingen 1817, um so größeren Widerstand, als schon 1816 die Flußbaufrohnden(3) gegen Einführung eines mäßigen Flußbaugeldes(4) aufgehoben waren und das Chausseegeld wegen der damit verbundenen lästigen Erhebung besonders von den Landgemeinden schwer empfunden wurde, welche zur Herstellung der Chausseen Mithülfe zu leisten hatten. Man war deshalb genöthigt, entweder von den Frohndleistungen, namentlich von den Handfrohnden, thatsächlich ganz oder theilweise Umgang zu nehmen oder wenigstens mäßige Vergütung dafür zu leisten oder aber dieselben in Geldleistungen umzuwandeln.

So blieben die Verhältnisse auch unter der Regierung des Großherzogs Ludwig (1818—30) in welcher Zeit die Ausführung von Correctionen an Gebirgsstraßen mittelst Anlage von Rampen begann. Es fallen in diese Zeit die Straßenbauten von Griesbach auf den Kniebis und von da nach Rippoldsau, 1821/30, von Lahr über den Schönberg nach Biberach, von Marbach nach Dürrheim, von Schusterinsel nach Leopoldshöhe und Degerfelden.

23. Aufhebung der Straßenbaufrohnden u. des Chausseegeldes.

Erst durch die im Jahre 1830 erfolgte Aufhebung des Straßengeldes,(5) durch die 1831 eingetretene Aufhebung der Straßen-,(6) Militär- und Gerichtsfrohnden, ganz besonders aber durch den, unter der Regierung des Großherzogs Leopold (1830—1857) zur vollen Geltung gekommenen Einfluß der Ständekammern schwand allmählich die Abneigung gegen den Landstraßenbau und je mehr sich die Quellen des Erwerbes in Folge der verbesserten Gesetzgebung naturgemäß entwickeln konnten, je lauter wurde das Verlangen nach Straßenverbesserung.

Es wird dies vollkommen einleuchtend, wenn man sich der Gesetze erinnert, welche seit dem Bestehen der Verfassung von 1818 zur Beförderung der Forstcultur, der Landwirthschaft, der Gewerbe und des Handels in das Leben getreten sind. Hierher gehören nämlich:

24. Einflüsse der Gesetze zur Förderung d. Forst- und Landwirthschaft, der Gewerbe und des Handels.

Bezüglich der Forstwirthschaft: die Gesetze von 1821, 1832 und 1854 die Beförsterung der Privatwaldungen, die taxfreie Abfuhrgestattung des eichen Holländer Holzes von 1825,(7) die Aufhebung der aus der Forst- und Jagdhoheit entsprungenen Abgaben von 1828, über die Forstpolizei von 1834, über die Beförsterung der Gemeinden- und Corporationswaldungen von 1868.(8)

Bezüglich der Landwirthschaft:(9) die Ablösung der Herrenfrohnden, Gülten und Zinse von 1820, Aufhebung alter Abgaben von 1825, Aufhebung der Leibeigenschaftsgefälle von 1824, Ablösung der lehenbaren Gefälle durch Allodification, der Baurenlehe, der Staatsdomäne und der Erblehen von 1826. Befreiung der Getreide- und Weinfuhren von Straßengeld von 1827, Aufhebung der Blutzehnten und der Herrenfrohnden von 1832, Aufhebung des Zehntes von Neubrüchen 1832, Ersatzpflicht für Wildschaden und Zehntablösung von 1833, Errichtung von

(1) Im Jahre 1822 sind die Straßenbreiten für die I. Classe auf 24, für die II. auf 20, für die III. auf 16 Fuß, die Fußwege auf 3—6 Fuß bestimmt. (2) Bei diesem Bau kamen zum ersten Mal sehr ausgedehnte Felsensprengungen zur Ausführung, wozu Bergknappen von den ärarischen Bergwerken verwendet wurden. (3) Nach einem vieljährigen Durchschnitte wurde der Werth der Flußbaufrohnden für Dammarbeit und Beifuhr der Baumaterialien auf die Hälfte des Geldaufwandes angeschlagen. Der Ausfall für die Staatscasse durch das Gesetz vom 24. Mai 1816 war auf 90,000 fl. per Jahr berechnet, weil damit auch die üblichen, aber nicht gesetzlich geregelten materiellen Leistungen der Gemeinden, nämlich die unentgeltlichen Abgaben von Grund- und Baumaterial, aufhörten. (4) Das Flußbaugeld betrug ungefähr 1/5 des Bauaufwandes. (5) Das Straßengeld, welches 1818/19 noch 68,930 fl. pro Jahr ertragen hatte, war bis zu einem Reinertrag von 170,000 fl. jährlich angewachsen. (6) Der Ausfall der Fuhrfrohnden für Straßenunterhaltung wurde im Durchschnitt der Jahre 1828—31 auf 289,649 fl. berechnet. Von 1831 betrug der Aufwand für Straßenunterhaltung 255,000 fl. nebst den Frohnden, nach Aufhebung dieser 506,000 fl. also fast die Hälfte mehr. (7) 1810 war zur Holzausfuhr noch besondere Ermächtigung nöthig. (8) Die Waldwirthschaft ist in Baden von ganz besonderer Bedeutung. Der Wald nimmt 34 Procent der Landesfläche ein. Der Steueranschlag beträgt 93 Mill. fl., der wirkliche Werth ca. 196 Mill. fl. Von der ganzen Fläche gehören 18 Procent der Staatsdomaine, 49 den Gemeinden, 3 den Körperschaften, 31 Privaten. 1874. (9) Das Grundsteuer-Capitel betrug 1859 537 Mill., 1872 544 Mill. Gulden.

Ackerbauschulen von 1846, Aufhebung der Feudalrechte und Ablösung der Waidrechte von 1848, Ablösung der Erb- und Schupflehen von 1849, die Bewässerungs- und Entwässerungsanlagen von 1851, Vornahme der stückweisen Vermessung der Liegenschaften 1852, Errichtung der Centralstelle für Landwirthschaft 1852, Verlegung oder Zusammenlegung der Grundstücke von 1856, Wiesenbauschulen 1860, Gartenbauschule 1862, Neue Organisation zur Förderung der Landwirthschaft und Landescultur 1868.

In Betreff des Gewerbebetriebs: (1) Errichtung der polytechnischen Schule von 1825, Gestattung von Bestellungen in anderen Zunftbezirken von 1825, Verbindung einer Gewerbeschule mit dem Polytechnikum 1832, Ermächtigung bestimmter Personen zum Vortheil ihres Gewerbebetriebs, Zoll- und Brückengeld-Befreiung für 6 Jahre zu gewähren, von 1833, Aufhebung der Zunfttaxen, die zum Besten öffentlicher Staatsanstalten angesetzt wurden, von 1833, Errichtung von höheren Bürger- und Gewerbeschulen von 1834, Aufhebung der domänen-ärarischen Bannrechte von 1835, Zollvereinsvertrag mit Preußen, Bayern und Württemberg von 1835, Zollvereinsvertrag von 1847, Herstellung von Brücken und Ueberfahrten über den Rhein 1856/57, Gewerbefreiheit und Freizügigkeit von 1862, Schutz der Fabrikzeichen und Waarenstempel von 1868, Privatrechtliche Stellung der Erwerbs- und Wirthschaftsgenossenschaft 1870, Einführung der deutschen Gewerbeordnung 1874.

Zur Beförderung des Handels: Aufhören der Neckarzölle von 1827, Uebereinkunft mit den Rheinuferstaaten wegen Schifffahrt von 1831, Aufhebung zahlreicher Pflaster-, Weg- und Thorsperr-Gelder der Gemeinden in der Zeit von 1835 bis 1860 auf Grund des Art. 13 des Zollvereinsvertrags von 1835, Rheinzollnachlässe zu Gunsten der Schifffahrt auf dem Oberrhein von 1839, Neckarschifffahrtsordnung von 1843, Vereinbarung über den Mainzolltarif von 1846, Allgemeine Wechselordnung für Deutschland von 1849, Ermäßigung der Schifffahrtsabgaben auf dem Rhein, Main und Neckar von 1851 und 1853, Schutz des Commissionshandels von 1856, Münzgesetz von 1858, Floßordnung für den Rhein von 1860, Aufhebung der Durchgangszölle in den Zollvereinsstaaten von 1861, Einführungsgesetz zum allgemeinen deutschen Handelsgesetzbuch von 1862, Errichtung eines Handelsministeriums von 1861, Ermäßigung der Rheinzölle und der Main- und Neckarschifffahrts-Abgaben von 1861, Einführung eines allgemeinen deutschen Handelsgesetzbuches von 1862, Ergänzung der allgemeinen deutschen Wechselordnung von 1864, Aufhebung der Rhein-, Main- und Neckarzölle von 1862, 1863 und 1867, Freigebung des Salzhandels 1866, Internationale Schifffahrts- und Hafenordnung für den Bodensee von 1868, Neue Maß- und Gewichtsordnung von 1868, Revidirte Rheinschifffahrtsacte von 1869, Errichtung einer Badischen Bank von 1870, Errichtung eines obersten Gerichtshofes für Handelssachen 1870, Einführung der Reichsmarkrechnung von 1874.

Nicht minder von Einfluß waren die Gesetze über die Gemeindeverwaltung von 1831/32, über die Rechte der Gemeindebürger von 1832, 1833, 1851 und 1858, über die Niederlassungen und Aufenthalt von 1862, Organisation der inneren Verwaltung von 1863, Anlage der Ortsstraßen und Feststellung der Baufluchten von 1868, über Freizügigkeit von 1870, über Verfassung und Verwaltung der Stadtgemeinden von 1874. Endlich übten die Gesetze über den Unterricht und die demselben gewidmeten Anstalten einen sehr bedeutenden Einfluß auf die Läuterung der Anschauungen über den Nutzen guter Verkehrsmittel zur Förderung materieller, geistiger und politischer Interessen des Volkes. (2)

Der Wunsch der Landgemeinden, die wichtigen Gemeindewege in Landstraßen umzuwandeln, steigerte sich nach Aufhebung der Straßenfrohnden von Jahr zu Jahr, weil die Gemeinden außer den kaum nennenswerthen Präcipualleistungen für Unterhaltung der Straßen in den Ortschaften, durch Neubau und Unterhaltung der Landstraßen jetzt nicht mehr in Anspruch genommen waren, während sie die Gemeindewege in ihrer Gemarkung auf ihre Kosten bauen und unterhalten mußten. (3) Die Zahl der Petitionen um Straßenneubauten mehrte sich daher auf jedem Landtage so, daß fast jeder Abgeordnete solche Gesuche zu befürworten hatte.

---

(1) Das Gewerbesteuer-Capitel betrug 1859 191 Mill. fl., 1872 252 Mill. fl. (2) Die prophetischen Worte die Goethe in seinen Gesprächen mit Eckermann äußerte, haben sich glänzend bestätigt. Er sagte: „Mir ist nicht bange, daß Deutschland nicht eins werde; Gute Chausseen und künftige Eisenbahnen werden schon das Ihrige thun!“ (3) Die Kosten für Unterhaltung frequenter Gemeindestraßen betrugen 1819 schon bis zu 45,8 Kr. für die laufende Ruthe oder 1130 fl. pro Stunde (siehe Ständeversammlung der II. Kammer von 1843, 2. Beilagenheft). Die Präcipualbeiträge, welche die Gemeinden für Unterhaltung der Landstraßen innerhalb der Orte bis 1868 zu bestreiten hatten, betrugen nur 5 bis 8 Proc. für die laufende Ruthe, also im Ganzen kaum 2 Proc. des jährlichen Unterhaltungsaufwandes für die Landstraßen überhaupt.

Der Staatsaufwand für die Straßenneubauten stieg deshalb, wie jener für Hafen- und Flußbau,(1) fortan und im gleichen Verhältniß, natürlich auch jener für die Straßenunterhaltung, da sich die Länge der Straßen im Ganzen vermehrte.(2) Man glaubte deshalb in manchen Kreisen der Bevölkerung, daß das Ministerium des Innern den Straßenbau übermäßig fördere und daß es sich empfehlen dürfte, diesen Verwaltungszweig wieder wie ehemals dem Finanzministerium zu unterstellen.(3) Der damalige Minister des Innern (Winter) äußerte sich aber: „daß, so lange er an der Spitze dieses Ministeriums stehe, der Straßen- und Flußbau an kein anderes Ministerium abgegeben werde, denn er erblicke darin das wirksamste Mittel, sich die Abgeordneten und die Gemeinden zu verpflichten." Es ist dies bezeichnend für die zu Gunsten des Straßen- und Flußbaues so rasch eingetretene Umstimmung.

25. Entwurf eines Straßengesetzes v. 1839. Die Großherzogliche Regierung legte daher im Jahre 1839 den Entwurf eines neuen Straßengesetzes und auf Verlangen der Stände im Jahre 1843 auch ein Straßennetz vor, worin außer den 529 Stunden Landstraßen noch 112 Stunden Gemeindestraßen bezeichnet wurden, welche ihres Verkehrs wegen gleiche Wichtigkeit mit den Landstraßen besaßen und deshalb zur Umwandlung in Landstraßen für geeignet angesehen wurden.(4) Da der Gesetzentwurf die Zustimmung der Kammern nicht erhielt, erfolgte eine ähnliche Vorlage im Jahre 1849 an die Stände, allein es kam eine Vereinbarung darüber ebenfalls nicht zu Stande, und so war man denn fortan darauf beschränkt, die von der Regierung anerkannten dringendsten Bedürfnisse von zwei zu zwei Jahren durch budgetmäßige Dotationen aus der Staatscasse vollständig decken zu lassen. Der Aufwand wurde in der Regel aus Ueberschüssen des ordentlichen Staatsbudgets geschöpft, welche bei dem wohlgeordneten Haushalte und den sich immer vermehrenden Steuerkräften fortan ergiebiger flossen.

26. Folgen des Zollvereins auf das Straßennetz. Der im Jahre 1835 erfolgte Eintritt Badens in den deutschen Zollverein war für das langgestreckte Grenzland von ganz besonders günstigen Folgen begleitet. Der Aufschwung der Landwirthschaft, der Industrie und des Handels war alsbald in erfreulichster Weise bemerkbar, daher auch in diese Zeit der Beginn einer größeren und ausgedehnten Thätigkeit für Verbesserung der Land- und Wasserstraßen fällt.

Vor Allem waren die zu Freihäfen erklärten Landungsstellen an dem Rhein und den Seitenflüssen angemessen herzustellen und durch Straßen zu verbinden.

27. Straßenverbesserung 1831–52. Die Abkürzung mancher Straßenrouten zeigte sich nothwendig, um der drohenden Ablenkung des Durchgangsverkehrs auf Gebiet außerhalb der Zollgrenzen vorzubeugen.(5) So kamen zur Ausführung die Straßenbauten: Von Offenburg nach Hausach 1832/40, von Wiesenthal nach Waghäusel 1833/34, von Carlsruhe nach Leopoldshafen, von Beuren (Baden) nach Eberstein und Gernsbach 1835/42, die Mainthalstraße 1836/44, von Sinsheim nach Aglasterhausen 1837/52, von Riedern nach Eglisau 1836/38, von Jestetten nach Rheinau 1845, von Ludwigshafen nach Ueberlingen 1840/48, von Knielingen an den Rhein 1840/42, die Correction der Steige bei Engen, Stokach, am Kilpen, in der Höll, bei Mosbach, über die Wieden 2c. Der fortan steigende Werth des Grundeigenthums und die Gründung industrieller Unternehmungen in den wasserreichen Thälern des Schwarzwaldes verlangte die Correction der Binnenflüsse und die Anlage guter Straßen z. B. im Wiesenthal, Werrathal, Renchthal, Tauberthal, Oosthal.

28. Verbesserung der Wasserstraßen. Auch die Wasserstraßen des Rheins, Neckars und Mains mußten im Interesse der Schifffahrt und Flößerei einer gründlichen Verbesserung unterworfen werden. Dies war aber der Grenzverhältnisse wegen nur durch gemeinsames Handeln der betheiligten Uferstaaten, Frankreichs, Bayerns, Württembergs und Hessens, zu erzielen.

Die Unglück bringenden Hochwasser der Jahre 1816 und 1817 hatten zugleich den Nutzen, daß sie noch in diesem letzten Jahre zu Vereinbarungen mit Frankreich und Bayern über theilweise Correction des Rheinbettes zwischen Basel und der hessischen Grenze führten. Weitere

---

(1) In der Zeit von 1831 bis 1847 sind für Neubauten an Straßen, Flüssen und Häfen 5,583,751 fl. aufgewandt worden. (2) Vor 1831 betrug der Aufwand für Straßenunterhaltung — 256,000 fl., 1833 — 476,000, 1839 — 566,153, 1840 — 613,000 fl. (3) Bär, Straßenbauverwaltung. (4) Bär, Straßenbau-Verwaltung, Alle diese Straßen sind jetzt Landstraßen, ja auch von den damals als minder wichtig bezeichneten 182 Stunden Vicinalstraßen ist jetzt der größte Theil unter die Landstraßen aufgenommen. (5) In Folge der sehr guten Straßen und Canäle Frankreichs bemerkte man seit 1832 eine Neigung, die Colonialwaaren und englischen Manufacturwaaren von der rechtsrheinischen Route abzulenken und den Zug durch Frankreich resp. Elsaß in die Schweiz zu nehmen.

Vereinbarungen in ähnlichem Sinne folgten in den Jahren 1818, 1819, 1825, 1832, 1851, 1857 mit Bayern und 1821, 1827, 1840 mit Frankreich, so daß das große Werk der Canalisirung des Rheins jetzt schon zu seiner Vollendung gebracht ist. (1) Die Verwendungen Badens für diesen Zweck betragen von 1838 bis 1876: 29,925,414 M. und annähernd von 1816 bis 1838: 9,949,714 M., also zusammen 39,875,128 M. (2)

Weniger geneigt war man badischerseits, für Verbesserung der Wasserstraßen des Neckars und Mains zu sorgen.

30. Correction des Mains und Neckars.

Da der Main nur auf eine kurze Strecke die badische Grenze gegenüber von Bayern bildet und vorzugsweise zum Gütertransport von Bamberg über Würzburg nach Frankfurt, also größtentheils den bayerischen Interessen dient und es sich hier in erster Linie nicht um Sicherung der Ufer, sondern nur um Vertiefung des Wasserweges handelte, glaubte man badischerseits, daß Bayern zunächst zur Ausführung der Verbesserungsarbeiten berufen sei. Erst im Jahre 1842, nachdem der bayerische Ludwigs-Canal (3) zur Verbindung der Donau mit dem Main seiner Vollendung entgegenging und man sich davon eine namhafte Belebung des Verkehrs auf dem Main versprach, und da überdies die Herstellung einer guten Straße im Tauberthal in Aussicht genommen war, welche die Erzeugnisse dieses Thales und des Odenwaldes auf den Main vermitteln sollte, entschloß man sich, wenigstens für die Unterhaltung der Leinpfade mehr als früher aufzuwenden und vom Jahre 1845 an, in welchem Jahre eine Hauptverbesserung der Tauberthalstraße wirklich erfolgte, auch zur vollständigen Verbesserung des Wasserweges und der Leinpfade des Mains mitzuwirken. (4)

Die Wasserstraße des Neckars wurde stets als eine Concurrenzstraße für den Verkehr von dem Unter- und Mittelrhein nach Schwaben und an den Bodensee betrachtet. Schon Churpfalz hielt eine Verbesserung des Neckars als besonders nützlich für die Reichsstadt Heilbronn und für Württemberg, aber nachtheilig für Mannheim und die Pfälzer Straßen.

Diese Ansicht wurde auch in Baden bis zum Jahre 1846 festgehalten, indem man durch die Neckarstraße besonders eine Concurrenz der Verkehrslinien von Leopoldshafen über Pforzheim und Tübingen und von Kehl durch das Kinzigthal an den Bodensee besorgte. Erst nachdem im Jahre 1842 die Dampfschifffahrt zwischen Heilbronn und Heidelberg eröffnet und im Jahre 1843 zwischen den Neckaruferstaaten Württemberg, Baden und Hessen eine Schifffahrtsordnung vereinbart war, begann man im Jahre 1846 mit Verwendung namhafter Summen auch badischerseits die Schifffahrtsstraße des Neckars durch Aussprengen von Felsen, Entfernung von Fischwehren und Vertiefung und Regulirung der Flußsohle und Correctionen zu verbessern, so daß im Ganzen von 1841 bis 1876 über 2 Millionen Mark mit bestem Erfolge verwendet worden sind. (5)

Durch diese Verbesserungen der Wasserstraßen und in Folge der Schifffahrtsordnungen von 1815 und 1831 erhielt der Verkehr auf den Flüssen wieder neues Leben. (6)

31. Dampfschifffahrt auf dem Bodensee und Rhein.

Von größter Bedeutung war die im Jahre 1824 auf dem Bodensee und im Jahre 1827 auf dem Rhein bis Mannheim eingeführte Dampfschifffahrt und insbesondere die Benützung der Dampfschleppschiffe zu Beförderung der Güter. (7)

---

(1) Im Jahre 1876 ist die letzte, außerhalb der Correctionslinie befindliche Abtheilung des Rheins — bei Istein — in das normale Bett eingetreten. Die Correction ist also vollendet und es handelt sich jetzt nur um ihre Sicherung. (2) Von 1856 bis 1875 incl. sind von den Rheinuferstaaten 100,280,238 Mark für den Rhein aufgewendet worden, wovon auf Baden 17, Frankreich resp. Elsaß 16, Baiern 4,4, Hessen 2,5, Nassau und Preußen 15,8, Niederlande 44,3 Procent entfallen. (Berichte der Rheinschifffahrts-Commission.) (3) Der bei Kehlheim beginnende, über Neumarkt, Wendelstein, Nürnberg, Fürth, Erlangen und Vorchheim nach Bamberg führende Canal, der 23 deutsche Meilen lang ist und am Wasserspiegel eine Breite von 54 Fuß, an der Sohle eine solche von 34 Fuß und eine Tiefe von 5 Fuß besitzt, wurde 1836 begonnen und 1846 eröffnet. Die Kosten betrugen über 14 Millionen. Man hatte dabei vorzugsweise auf den Holzabsatz und den Getreidetransport aus Baiern an den Rhein im Auge. Zeitweiser Wassermangel und die Benutzung von 94 Schleusen ließen das Unternehmen bis jetzt nicht zu seiner vollständigen Nützlichkeit gelangen. von Pechstein, der Ludwigscanal. (4) Die Verwendungen betrugen 1842—76 incl. 381,691 Mark. Siehe Denkschrift über den Rhein- und Binnenflußbau. 1863. (5) Der Aufwand betrug 2,245,374 Mark bis 1876. (6) Unmittelbar nach dem Frieden von 1815 betrug der Rheinverkehr zu Berg und Thal in Mainz 1,036,165, in Cöln 2,557,263 Centner, 1832 in Mainz 1,732,000, in Cöln 4,200,000 Centner. (7) Im Sommer 1816 kam das erste englische Dampfboot nach Cöln. 1835 gingen acht Schiffe zwischen Rotterdam und Cöln, sieben zwischen Cöln und Mainz, von 1827 an kamen auch die Dampfboote bis Mannheim und 1835 wurde die Fahrt bis Straßburg ausgedehnt. Die ersten Dampfschleppschiffe kamen 1841 bis Mannheim. Sie waren 1848 und 1849 Gegenstand großer An-

32. Beginn des Eisenbahnbaues

Während man nun in Baden, wie überall im Süden von Deutschland, namentlich auch in Bayern, Württemberg und Hessen, die größten Opfer nicht scheute, um die Wasser- und Landstraßen zu verbessern, waren die Engländer schon seit Anfang dieses Jahrhunderts im Besitz von Eisenbahnen mit Pferdebetrieb und seit 1819 mit Locomotivbetrieb für Kohlentransport. Am 21. September 1825 wurde die Bahn zwischen Stockton und Darlington für Güter- und Personenverkehr eröffnet und im Jahre 1826 bis 1830 die Liverpool-Manchester-Bahn zum Locomotivbetrieb für Personen- und Gütertransport erbaut. Belgien hatte 1834 den Bau eines ganzen Eisenbahnnetzes beschlossen und es folgte nun von 1835 an auch der Eisenbahnbau in Deutschland.

Von den Pferdebahnen ging man bald zu dem Betrieb mit Locomotiven über. (1)

Auch in Baden war der Eisenbahnbau schon in den Jahren 1832, 1833 und 1835 Gegenstand der Erörterung in den Kammern. (2)

Ein auf Anordnung des Großherzogs Leopold 1836 gebildetes Comité aus höhern Verwaltungs- und technischen Beamten hatte die Fragen: ob, wo und wie gebaut werden soll, zu prüfen. (Jahresbericht Gr. Handelsminist. 1873.)

33. Eisenbahn v. Mannheim nach Basel und Kehl.

Da die Landstraße zwischen Basel und Frankfurt sowohl bezüglich des Personen- als Güterverkehres nicht nur die belebteste in Baden, sondern selbst eine der wichtigeren im Süden von Deutschland war, lag der Gedanke nahe, vor Allem diesen Straßenzug, der stets in der Rheinebene hinzieht und dem Bau nur geringe Schwierigkeiten entgegenstellt, durch eine Eisenbahn zu verbessern.

Ebenso naturgemäß war es, von dieser Hauptlinie eine Seitenverbindung von Appenweier nach Kehl, dem Hauptübergangspunkte über den Rhein nach Frankreich, herzustellen. Da man in jener Zeit die Eisenbahnen vorzugsweise als Verkehrsmittel für Personen betrachtete, wünschte man die möglichst zulässige Verkürzung der Zugslinie.

Die Kosten für eine zweispurige Bahn mit breiter englischer Spurweite von 5,33 Fuß badisch wurden in der Voraussetzung, daß zunächst nur e i n e Spur gebaut wird, auf 16 Millionen veranschlagt. Man berechnete, daß zu einem vierprocentigen Reinertrag etwa 82,000 Reisende durchschnittlich für die Person 10 Fl., und 300,000 Centner Güter durchschnittlich für 1 Ctr. 1 Fl., Einnahme abwerfen müssen. (3)

Die damals vorhandene jährliche Personenfrequenz auf der Straße wurde auf 73,000 geschätzt.

Die Commission der Regierung (4) berechnete, daß, um 260,000 Centner Güter zu transportiren, täglich 10 Güterwagen mit 80 Centner Fracht erforderlich werden, daß aber eine solche Gütermenge dem bisherigen Verkehr auf der Frankfurt-Baseler resp. Kehler Straße b e i W e i t e m n i c h t entspreche. Man glaubte darum, höchstens auf 200,000 Centner rechnen zu dürfen. (5)

Allerdings hoffte man viel von dem Steinkohlentransport, wenn die Saarbrücker Eisenbahn zu Stande kommt.

Die Commission hatte in richtiger Würdigung der Verhältnisse anerkannt, daß jede Preiserniedrigung, die man der Wirkung irgend einer Maschine überhaupt verdankt, ein Gewinn für

---

feindung der Segelschiffer, Schiffzieher und Halfterleute, so daß es nöthig wurde, die Schleppschiffe durch militärische Bedeckung und Cavallerie-Patrouillen gegen Angriffe zu schützen. Die größten Schlepper förderten damals 15—16,000, jetzt 60,000 Centner. Rhein. Antiq. III. 441. (1) 1832 Budweis-Linz. Pferdebahn. — 1833 Buschtehrader Pferdebahn. — 1835 Nürnberg-Fürth. Pferdebahn. — Leipzig-Dresdener Locomotivbahn. — 1838 Wien-Wagram-Gänserndorf. Berlin-Potsdam-Magdeburg und Braunschweig-Wolfenbüttel. — 1839 Cöln-Mingersdorf-Frankfurt-Hattersheim. Magdeburg-Cöthen-Halle-Leipzig. Taunusbahn, Hattersheim-Castell-Wiesbaden. — 1840 Berlin-Anhalt. München-Augsburg. (2) Da die Eisenbahnen bezüglich des durchgehenden Verkehrs an Stelle der Hauptlandstraßen getreten sind, und einen großen Einfluß auf die Ausbildung des Straßennetzes üben, ist es des Zusammenhangs wegen nöthig, auch der Entwickelung des Eisenbahnnetzes hier in Kürze zu erwähnen. (3) F. List, Consul der Vereinigten Staaten von Amerika in Leipzig, berechnete, daß nach den in England und Amerika gemachten Erfahrungen die Zahl der zu transportirenden Personen mit der Zahl der an der Eisenbahn wohnenden sich ziemlich gleichstelle und man daher den Personenverkehr auf 600,000 annehmen könnte; doch hielt er für sicherer, nur 125,000 anzunehmen. Die Commission der zweiten Kammer hatte in ihrem Bericht von 1835 eine Million Centner Güter und 91,000 Reisende bei zweimaliger Hin- und Zurückfahrt täglich angenommen. (4) Berichterstatter Staatsrath Nebenius. (5) Schon im ersten Jahre des Betriebs der g a n z e n Bahn bis Basel und Seitenbahnen nach Baden und Kehl (1855) betrug die Zahl der transportirten Güter über drei Millionen Centner und jene der Personen über 1½ Millionen. Der Reinertrag stund Ende 1857 auf 6,3 Procent. Die Maximal-Geschwindigkeit betrug 25 Meter in einer Secunde.

die Gesellschaft ist und daß sich an den Gebrauch der Eisenbahn für das Publicum ein Gewinn knüpft, der ebenso groß ist als die Ersparniß an Transportkosten der ganzen Gütermasse.

Die Ersparnisse am Gütertransport wurden bei Annahme von 300,000 Centnern à 40 Xr. auf 200,000 Fl. berechnet.

Die Ersparniß, welche durch billigere Unterhaltung der mit der Eisenbahn parallel ziehenden 83 Stunden Landstraßen erzielt werden könnte, wurde auf 52,600 Fl. veranschlagt. (¹)

Der Bericht schloß mit dem Antrag auf sofortigen Bau der fraglichen Bahn.

Dem außerordentlichen Landtag von 1838 ist das Gesetz vom 29. März jenen Jahres zu danken, wornach der Bau nach Antrag des Staats-R. Nebenius *auf Staatskosten* auszuführen war.

In diesem Gesetz wurde das Fundament für das später entwickelte, fast durchgehends auf Staatskosten erbaute Eisenbahnnetz gelegt. (²)

Der Bau wurde noch im Herbst 1838 zwischen Mannheim und Heidelberg begonnen und diese Abtheilung am 12. September 1840, also fast gleichzeitig mit der Bahn von Frankfurt nach Mainz und Wiesbaden eröffnet.

Mannheim war für die badische Abtheilung der Frankfurt-Baseler Eisenbahn als Anfangspunkt bestimmt worden, weil man nach einer im Jahre 1838 abgeschlossenen Uebereinkunft mit Hessen und Frankfurt über Bildung einer Actiengesellschaft für den Bau einer Eisenbahn von Frankfurt über Darmstadt nach Mannheim unterstellen durfte, daß die Bahn von Mannheim direct nach Darmstadt fortgesetzt werde. (³) Diese Bahn kam nicht zu Stande. Die Linie von Heidelberg aufwärts bis Basel wurde in Abtheilungen eröffnet, von denen jene bis Carlsruhe am 10. April 1843 und bis Offenburg und Kehl am 1. Juni 1844, von Offenburg nach Freiburg am 1. August 1845, von Freiburg nach Schliengen am 15. Juni 1847, von Schliengen nach Efringen am 8. November 1848, von Efringen nach Haltingen am 22. Jänner 1851, bis Kleinbasel aber erst am 20. Februar 1855 in Betrieb genommen wurden.

34. Eisenbahn v. Oos nach Baden.

Als die Eisenbahn von Mannheim bis Basel zur Ausführung projectirt wurde, hatte man bei Oos eine Hauptstation in Aussicht genommen, weil die Ausführung einer Seitenbahn nach Oos wegen der Steigung von 1 Procent nicht als zulässig erschien. Nachdem aber durch Anwendung stärkerer Maschinen dies Hinderniß gehoben war, ist der Bahnbau von Oos nach Baden in dem Finanzgesetz vom 3. August 1844 (Reg.-Bl. No. 16) beschlossen, und diese Bahn am 25. Juli 1845 eröffnet worden.

Die Ereignisse der Jahre 1848/49 und der Verhandlungen mit der Schweiz über die Anlage eines badischen Bahnhofes in Kleinbasel und eventuelle Fortsetzung der Bahn nach Constanz hatten die Verzögerung des Baues veranlaßt.

35. Eisenbahn nach Frankfurt. Main-Neckar-Bahn.

Im Jahre 1845 fand auch die Eröffnung der Bahn von Heidelberg über Friedrichsfeld nach Frankfurt (Main-Neckar-Bahn) statt.

(¹) Man hatte erhoben, daß die Frankfurt-Baseler und die Rheinstraße im Durchschnitt jährlich 129,800 fl. Unterhaltung kosten, wogegen sie, wenn die Frequenz nicht größer als jene der übrigen Landstraßen wäre, wie dies der Fall nach Eröffnung der Eisenbahn sein werde, nur 77,200 fl., also 52,600 fl. weniger kostet. Diese Berechnung erwies sich bald als irrig, da diese Straßen trotz der Eisenbahn großentheils noch einen lebhaften Verkehr behielten und darum auch mehr Unterhaltungsaufwand forderten. (²) Baden war der erste Staat in Deutschland, nach Braunschweig, welcher Belgien im Staatsbau und Staatsbetrieb folgte. Nebenius hat, wie die Erfahrung zeigt, dem Lande viel genützt, indem er die Eisenbahnen als Staatsunternehmen bevorwortete. (³) Der erste Bahnhof in Mannheim wurde darum mit seiner Achse rechtswinkelig nach dem Neckar angelegt. Durch Vertrag von 1843 (Reg.-Bl. S. 91) über den Bau der Main-Neckar-Eisenbahn wurde die von Friedrichsfeld über Ladenburg nach Weinheim und von da an der Bergstraße hin nach Frankfurt ziehende Linie vereinbart, welche sowohl die Interessen der Stadt Mannheim als jene der Stadt Heidelberg mit dem Opfer eines kleinen Umweges über Friedrichsfeld vermitteln sollte. Dieser, unter den damaligen Verhältnissen allein mögliche Mittelweg entsprach aber dem natürlichen Verkehrsbedürfnisse nicht, daher schon lange directe Bahnen von Mannheim nach Darmstadt und von Heidelberg nach Weinheim angestrebt wurden. Man hatte anfangs in Baden, wie überall, den Hauptwerth der Bahnen in der Personenbeförderung erblickt, und darum zur Beschleunigung des durchgehenden Verkehrs möglichst gerade und kurze Linien gewählt, wenn dieselben auch in größerer Entfernung an den Orten vorüberzogen. Wollte man ja doch ursprünglich von Mannheim direct nach Carlsruhe, von hier in kürzester Linie nach Rastatt, und von Kenzingen in gerader Linie nach Freiburg bauen. Die jetzige Linie leidet bis Basel an dem Mangel der Annäherung an die Orte. Erst nach längerer Erfahrung erkannte man die finanzielle und volkswirthschaftliche Bedeutung des Güterverkehrs. Beobachtungen über die Verkehrsverhältnisse vieler Bahnen zeigen, daß von 1844–1873 der Durchschnitt des auf deren Gesammtlänge beförderten Verkehrs bei Personen um 36 Proc., bei Gütern um mehr als vier mal soviel gestiegen ist. (Allg. Zeit. 1875 S. 5537.) Eine Folge dieser Wahrnehmungen ist die Vermehrung der Güter-Stationen und eine namhafte Steigerung des Verkehrs auf den Zufuhrstraßen.

36. Bau eines zweiten Geleises. Der unerwartet starke Verkehr, welcher sich schon auf der Route bis Haltingen und Kehl kundgab, nöthigte schon im Jahre 1845 zu dem Entschluß, von Durlach bis Kehl und im Jahre 1846 von Durlach bis Mannheim und von Offenburg bis zur Schweizergränze ein zweites Geleise ausführen zu lassen. (Gesetze vom 28. Februar 1845. Reg.-Bl. S. 49 und vom 21. September 1846. Reg.-Bl. S. 249.)

Mit Vollendung der Bahn bis Basel glaubte man den Bau auf Staatskosten schließen und die weiter nöthigen Bahnen Privatunternehmern zum Bau und Betrieb mit geeigneter Staatsunterstützung überlassen zu können, wie dies in anderen Staaten Deutschlands und namentlich in Preußen auf Grund des Gesetzes vom 3. November 1838 zur Errichtung von 22 Bahnen bereits geschehen war.

37. Kinzigthalbahn als Privatunternehmen. In Folge dessen kam denn auch das Gesetz vom 21. September 1846 (Reg.-Bl. S. 247) über die Concessionsertheilung zu dem Bau und Betrieb einer, seit 1838 wiederholt von den Städten des Bodensees angeregten, Eisenbahn von Offenburg durch das Kinzigthal nach Constanz zu Stande, dessen Vollzug aber wegen Mangel eines tüchtigen Unternehmers unterblieb.

38. Eisenbahn v. Bruchsal nach Mühlacker. In Württemberg war 1843 das erste Gesetz über Eisenbahnbau und zwar über die Erstellung einer Bahn von Stuttgart über Cannstatt nach Ulm und Friedrichshafen und von Stuttgart über Ludwigsburg nach Bietigheim und Heilbronn auf Staatskosten erlassen, welche Linien im Juni 1850 vollständig in Betrieb kamen. Um diese Bahnen mit der badischen Rheinthalbahn zu verbinden, und damit einen ununterbrochenen Schienenweg einseits nach Frankfurt, anderseits nach Straßburg und Basel zu gewinnen, war der Bau einer Bahn von Bietigheim über Bretten und Bruchsal oder über Pforzheim nach Durlach erforderlich. Die Städte Mannheim und Bruchsal traten hier in Concurrenz mit Pforzheim und Durlach und erstere siegten mit vorzugsweiser Berücksichtigung der Handelsverhältnisse in Mannheim, obgleich man sich bewußt war, daß durch diese Verbindung nicht allein der Verkehr im Neckarthal, sondern auch jener der Eisenbahn von Bruchsal aufwärts beeinträchtigt werde. Zu diesem Beschlusse wirkten übrigens die Erwägungen mit 1., daß die Pforzheimer Linie gegenüber von Württemberg nicht durchzusetzen sei ohne die Heilbronn-Heidelberger Linie, welche man mit Rücksicht auf den Verkehr an den Bodensee nicht begünstigte, 2., daß die Bruchsaler Linie einen Druck für Ausführung der Kinzigthalbahn übe, und 3. daß sie ohne pecuniäre Opfer für Baden zu erlangen sei. In dem desfallsigen Staatsvertrag vom 4. December 1850 (Reg.-Bl. 1851. S. 519) behielt man sich übrigens vor, daß dieselben Rechte, welche Württemberg für den Bau und Betrieb einer Bahn nach Bruchsal erhielt, auch zu Gunsten einer Linie Durchlach-Pforzheim-Mühlacker für Baden zugestanden werden.

Württemberg hatte die Bruchsaler Bahn auf Staatskosten hergestellt und am 1. October 1853 eröffnet.

39. Eisenbahnhof in Kleinbasel und Fortsetzung der Bahn an den Bodensee. Die inzwischen gepflogenen Verhandlungen mit der Eidgenossenschaft über die Bahnhofanlage bei Kleinbasel und über die Fortsetzung der Bahn durch Schaffhauser Gebiet an den Bodensee führten endlich zu den Verträgen vom 27. Juli und 11. August 1852 (Reg.-Bl. 1853. S. 159.) und vom 12. November 1853. (Reg.-Bl. 1855. S. 288.)

Die Folgen des am 1. Juli 1850 eröffneten Betriebes der württembergischen Bahn von Heilbronn nach Friedrichshafen machten sich in Verbindung mit dem Einfluß der Bruchsal-Bietigheimer Bahn bald zum Nachtheile des Verkehrs auf der badischen Rheinthalbahn und auf den zu dem Bodensee führenden Straßen bemerkbar.

40. Eisenbahn von Basel nach Waldshut. Friedrichshafen hob sich sichtlich, während die badischen Häfen des Bodensees an Verkehr abnahmen. Auch die auf dem linken Rheinufer in Baiern, Hessen, Frankreich und der Schweiz eröffneten und in Ausführung begriffenen Bahnen drohten, den Verkehr von dem rechten Rheinufer abzuziehen.(1) Man hoffte dem dringendsten Bedürfniß durch einen Anschluß der in Basel endenden Rheinthalbahn an die schweizerische Nordostbahn mittelst Ueberbrückung des Rheins bei Waldshut und Fortsetzung der Bahn von da bis Turgi zu genügen und baute daher einst-

(1) Die Bahnen Mühlhausen-St. Louis, Benfelden-Colmar sind 1840, Colmar-Mühlhausen, Königshofen-Benfelden 1841, Straßburg-Königshofen 1844, Saarburg-Straßburg 1851, Hagenau-Weißenburg 1855, Neustadt-Weißenburg 1855, Ludwigshafen-Neustadt 1849, Bobernheim-Ludwigshafen 1857, Mainz-Worms 1853, Zürich-Baden 1853, Winterthur-Romanshorn 1855, Winterthur-Schaffhausen 1857, Winterthur-Rohrschach 1857 eröffnet worden. Die ganze linksrheinische Bahn von Mainz bis Basel war 1857 im Betrieb und von Basel bis zum Bodensee bei Romanshorn und Rohrschach fehlte nur noch eine kleine Abtheilung.

weilen auf Staatskosten von Basel bis Waldshut, welche Abtheilung am 30. October 1856 eröffnet wurde.

Der ersehnte Anschluß an die schweizerische Nordostbahn verzögerte sich aber bis 1859.

Nachdem sämmtliche Bahnen Deutschlands, Frankreichs und der Schweiz die schmale Spur von 1,436 m. Lichtweite angenommen hatten, war man in Baden bei der eingeführten Spurweite von 1,6 m. für den durchgehenden Verkehr isolirt und darum ebenfalls zum Umbau der vorhandenen Bahnen auf die allgemeine engere Spurweite genöthigt, obgleich die einvernommenen Sachverständigen Englands und Deutschlands die breite Spur sowohl im Interesse der Sicherheit als zum Zweck einer größeren Entwickelung der Leistungsfähigkeit der Locomotive absolut für die bessere erachteten. 41. Umbau der Bahnen auf die schmale Spur.

Die Ausführung erfolgte in den Jahren 1854 und 1855. (1)

Inzwischen hatte sich das Verlangen nach dem Besitz von Eisenbahnverbindungen in Baden wie überall in Deutschland und in den Nachbarstaaten in hohem Grade gesteigert, da man sich täglich mehr von dem Nutzen dieses Verkehrsmittels überzeugte.

Durch Gesetz vom 15. November 1856 (Reg.-Bl. S. 517.) wurde darum nicht nur der Fortbau der Eisenbahn von Waldshut bis Schaffhausen auf Staatskosten, sondern auch die Revision der Plane und die Begebung der Baues und Betriebes der Kinzigthalbahn nebst einer Zweigbahn nach Schaffhausen festgesetzt, ja selbst die Vorarbeiten und eventuelle Begebung des Baues und des Betriebes einer Bahn von Heidelberg oder Wiesloch längs des Odenwaldes in der Richtung nach Würzburg an Privatunternehmer beschlossen. 42. Eisenbahn von Waldshut nach Constanz. 43. Kinzigthal- und Odenwaldbahn als Privatunternehmen. Siehe Nr. 37.

Obgleich der Landstraßenverkehr zwischen Würzburg und dem badischen Rheinthal längst nicht mehr von Bedeutung war (2) und daher, wenigstens für die erste Zeit, die Rentabilität einer Eisenbahn in dieser Richtung mit Grund bezweifelt werden durfte, (3) so schien es doch aus volkswirthschaftlichen und politischen Gründen räthlich, das badische Gebiet zwischen Neckar und Main ebenfalls in den Eisenbahnverkehr zu ziehen.

Dieses gemeinsame Vorgehen der Regierung und der Stände war aus der, in alle Schichten der Bevölkerung eingedrungenen Ueberzeugung hervorgegangen, daß Landwirthschaft, Industrie und Handel nur in jenen Bezirken zum Aufschwung und zur vollständigen Blüthe gelangen können, deren Absatzgebiete durch den Besitz von Eisenbahnverbindungen auf große Entfernungen erweitert ist.

Außer diesen materiellen Vortheilen waren es aber auch die geistigen, socialen und politischen Interessen, die durch Erleichterung des Reisens und den persönlichen Austausch der Ideen befördert werden, und deren hoher Werth längst in den meisten Kreisen des Volkes zum Bewußtsein gekommen war.

Hand in Hand mit dem Verlangen nach Eisenbahnen ging aber auch der Wunsch nach Verbesserung der Verkehrsmittel überhaupt und jene Landestheile, die sich noch nicht der unmittelbaren Berührung mit Eisenbahnen erfreuen durften, hielten sich nicht ohne Grund für berechtigt, wenigstens gute Zufahrtsstraßen zu den Eisenbahnen, Land- und Wasserstraßen zu verlangen. 44. Ausscheidung von Landstraßen aus dem Verband u. Verbesserung wichtiger Vicinalstraßen.

Die Zahl der aus allen Landestheilen eingekommenen Petitionen in diesem Betreff erreichte eine nie gekannte Höhe und sie fand, unterstützt von den Ständen und der Regierung, geneigtes Gehör bei dem Landesherrn — Großherzog Friedrich — dessen warmes Interesse für Förderung des geistigen und materiellen Wohles des Landes bekannt ist, und dessen persönlicher Einfluß auf möglichst rasche Verbesserung der Verkehrsmittel allgemein dankbar anerkannt wird.

Um die Geldmittel für diesen Zweck zu gewinnen, suchte man zunächst durch Ausscheidung der mit den Eisenbahnen parallel laufenden Straßen aus der Classe der Landstraßen einen Theil der Fonds für Unterhaltung und Verbesserung der wichtigeren Gemeindewege verfügbar zu machen. 26 Landstraßen, mit einer Länge von 156 Stunden, wurden 1855 in die Classe der Gemeindewege zurückversetzt.

Die Staatsverwaltung behielt jedoch fortan die Aufsicht darüber und ließ die Bauarbeiten wie früher durch die Staatsbehörden für Straßenbau ausführen, sie leistete auch in dem Maße

(1) Siehe v. Werch, Bad. Biographieen: Keller S. 453. (2) Der Eilwagen von Mosbach nach Würzburg hatte damals durchschnittlich pro Tag $1^2/_3$ Passagiere. (3) Nach allgemeiner Erfahrung ist im Anfange nur von jenen Bahnen eine entsprechende Rente zu erwerthen, welche an Stelle frequenter Landstraßen treten. Selbst der Postwagen- und Omnibusverkehr giebt einen besseren Maßstab für die künftige Frequenz einer Bahn, als die Dichtigkeit der Bevölkerung und die Productionsfähigkeit einer Gegend. Diese Factoren kommen meistens erst später zur Geltung, wenn die Bahnen längere Zeit gewirkt haben.

Beiträge zur Unterhaltung, daß die Gemeinden selbst nicht soviel zu übernehmen hatten, als die Unterhaltung eines gewöhnlichen Gemeindeweges kostete. In Wirklichkeit hatte sich hierdurch an dem früheren Verhältnisse nichts geändert, als daß die betheiligten Gemeinden nun mäßige Beiträge zur Unterhaltung der früheren Landstraßen zu geben hatten.

Von der auf diese Weise erzielten Erübrigung von 135,000 Fl. wurden zunächst für 1856/57 jährlich 100,000 Fl. zur Verbesserung wichtiger Vicinalwege sowie zur Anstellung von Vicinalstraßenmeistern bestimmt. Diese Summe steigerte sich bis zum Jahre 1867 zu dem Betrag von 210,000 Fl., indem sich die Länge der zu unterstützenden Vicinalstraßen allmählich auf 311,3 Stunden vermehrt hatte.(1)

Sowohl die Unterhaltung als die Verbesserung dieser Gemeindestraßen geschah auf Grund von Vereinbarung der Straßenbauverwaltung mit den Gemeinden über die Theilung des Aufwandes (siehe Baer, Wasser- und Straßenbauverwaltung Seite 384). In der Zeit von 1857 bis 1867 wurden auf diese Weise 160 Stunden Vicinalstraßen den Landstraßen gleich hergestellt. An dem desfallsigen Aufwand im Betrage von 697,555 Fl. trug die Staatscasse 506,137 Fl. die Gemarkungsinhaber 191,418 Fl. bei. Die Gemeindebeiträge beliefen sich deshalb auf 30 Procent des Aufwandes(2) zu Verbesserungen der Landstraßen. Seit Aufhebung der Frohnden

45. Beginn freiwilliger Beiträge zu Verbesserung d. Straßen. bis zum Jahre 1852 waren die Neubauten und Verbesserungen an den Landstraßen ausschließlich auf Staatskosten hergestellt worden. Nachdem aber einseits die Wünsche um Verbesserungen der Verkehrswege, andrerseits aber auch die Baukosten sich steigerten und namentlich seit dem Bestehen des Expropriations-Gesetzes vom 28. August 1835 die Güterentschädigungen im Wege der Vereinbarung immer schwieriger zu bestimmen waren, sah man sich erstmals im Jahr 1852 bei dem Bau der Straße von Schopfheim nach Wehr veranlaßt, der Gemeinde Wehr, als Hauptinteressentin, zuzumuthen, die nöthigen Güter gegen eine Aversalvergütung zu Verfügung zu stellen.

Die Gemeinde kam dieser Forderung nach. Von jener Zeit wurden bei allen Landstraßen-Neubauten ähnliche Anforderungen gestellt, ja selbst unentgeltliche Geländestellung, mit Erfolg verlangt oder Baarbeiträge nach Maßgabe des Nutzens und der Leistungsfähigkeiten der interessirten Gemeinden beansprucht.

46. Folgen dieser Vorgänge auf d. Ausdehnung des Landstraßennetzes u. auf die Art der Bauausführung.

Dieses Verfahren hatte in Verbindung mit den vorbenannten Beitragsleistungen der Gemeinden zu Unterhaltung und Verbesserungen der wichtigen Vicinalwege auch die Folge, daß die Gemeinden sich allmählich gewöhnten, zu Straßenunterhaltung und Verbesserungen sich mit Beiträgen zu betheiligen, wodurch die wesentlichste Grundlage für das neue Straßengesetz von 1868 gewonnen war. Aber auch auf die Art der Bauausführung hatten diese Vorgänge einen erheblichen Einfluß geübt, weil man darauf angewiesen war, die Baukosten soviel nur möglich zu beschränken, um die von den Gemeinden gewünschten und durch deren Beiträge unterstützten Bauausführungen ins Leben zu rufen. Das zu jener Zeit immer noch wirksame Vorbild der sehr breiten und möglichst geraden Landstraßen in Frankreich mußte verlassen werden. Vor Allem suchte man jetzt bei der Wahl der Zugslinie und der Verminderung der Gefälle bei der Breite der Fahrbahnen und der Fußwege wie bei dem Neubau der Fahrbahnen selst überall ein, den bestehenden Verkehrs- und klimatischen Verhältnissen entsprechendes Maß einzuhalten, mithin die Baunormen nach dem Bedürfnisse im einzelnen Falle festzusetzen, während man früher bei den Landstraßen gewisse Classennormen beachtete. Gefälle bis zu 6 und 8 Procent und kostbillig zu beseitigende kleine Gegengefälle wurden noch zugelassen, wenn der Aufwand gegenüber dem Zweck der Gefällsminderung außer richtigem Verhältnisse stund. Statt Straßen mit Breiten von 20—30 Fuß wurden 18—14 Fuß Breite mit 16—12 Fuß Fahrbahn und Fußwege von 2—3 Fuß angeordnet. Nur für sehr frequente Straßen kamen Breiten von 20 Fuß, mit 18 Fuß Fahrbahn in Anordnung. Die Fahrbahnen der Landstraßen über 24 Fuß wurden meistens auf 18—20 Fuß eingeengt. Während man in den zwanziger Jahren noch die Fahrbahnen mit 5—6 Zoll Gestück (gestellte Steine), 5—6 Zoll grobem und 3—4 Zoll feinem Schotter oder Kies, also mit 13—16 Zoll starkem Steinbau herstellte, und in den vierziger

(1) Auch die Zahl der Vicinalstraßenmeister mußte vermehrt werden, weil denselben auch allmählich immer mehr Gemeindewege zur Beaufsichtigung unterstellt wurden. In den Jahren 1862/63 waren 435 Stunden Landstraßen und 229 Stunden wichtige Vicinalwege zu unterhalten. (2) Außerdem wurden, von 1858 an, fast alle Wege- und Brückengelder, welche die Gemeinden von vielen Vicinalwegen zur großen Belästigung des Verkehrs bezogen hatten, aufgehoben.

Jahren auf 10—12 Zoll herabgegangen war,(1) kamen später meistens nur noch Steinbahnen von 8—10 Zoll Stärke zur Anwendung.(2) Das früher bei Gebirgsstraßen übliche sog. Bergprofil (Neigung der Fahrbahn nach der Bergseite) wurde größtentheils in gewölbtes Profil von $^1/_{36}$ bis $^1/_{35}$ der Fahrbahnbreite mit beiderseitigem Wasserabzug umgewandelt. Von Liniensteinen längs der Fahrbahn nahm man in der Regel Umgang. Dagegen wurden die Radien der Rampen (Wendeplätze), wo nöthig und ohne allzugroße Kosten möglich, so hergestellt, daß Langholz ohne Anstand transportirt werden kann.(3) Zur Erleichterung des Verkehrs in den Ortschaften und im Interesse der Unterhaltungskosten ist das Pflaster der Landstraßen in den meisten Orten in Chaussee umgewandelt worden, so daß jetzt nur noch in 45 Orten Pflaster besteht (wovon 15 Dörfer im ehemaligen pfälzischen Gebiet liegen), während 1860 noch in 87 Orten Pflaster in den Landstraßen vorhanden war. Nachdem 1851 die erste eiserne Straßenbrücke bei Pforzheim über die Enz erstellt war, begann man die Eisenconstruction(4) für den Oberbau der Straßenbrücken in allen jenen Fällen anzuordnen, wo die Ausführung von Steingewölbbrücken wegen der Höhenlage nicht ausführbar erschien. Später wurde im Hinblick auf die sehr gestiegenen Holzpreise und die niedern Eisenpreise der Oberbau der Holzbrücken auch in anderen Fällen in Eisen umgewandelt. Seit 1860 sind eiserne Brücken auch von Gemeinden und Privatpersonen angewendet.

Diesen Maßnahmen und einer sorgfältigen Ausführung des Neubaues und der Unterhaltung der Straßen, welche auch noch in neuester Zeit eingehalten werden,(5) ist es gelungen, die Baukosten trotz der seit 50 Jahren mehr als um ein Drittel gestiegenen Arbeitslöhne und Material-Preise, in mäßigen Schranken und die Straßen selbst in besserem Stande als früher zu erhalten.(6).

Die Verbesserung der Straßen, welche sich in ihrer Fortsetzung über die Landesgränze erstrecken und nur durch Zusammenwirken der beiderseitigen Regierungen in guten Stand gebracht werden konnten, stieß wie ehemals auch jetzt noch auf mancherlei Hindernisse, weil jede Regierung zunächst nur diejenigen Verbesserungen ausführen wollte, die ihrem Interesse vorzugsweise förderlich schienen.

47. Vereinbarung m. Württemberg über gemeinsame Verbesserung von Straßen v. 1857.

Der Nachtheil dieses Zustandes trat am meisten bezüglich der theils auf badischem, theils auf württembergischem Gebiet befindlichen Straßen und in Betreff der Rheinübergänge von Baden nach dem Elsaß hervor. Auf den Vorschlag Badens kam deshalb unterm 26. Mai 1857 ein Uebereinkommen mit Württemberg zu Stande, wonach sich die beiden Regierungen verpflichteten, bis zum Schluß des Jahres 1860 nachfolgende 11 Straßen auf ihrem Gebiete in guten Stand setzen zu lassen, nämlich:

1. Straße von Neckarelz nach Gundelsheim, 2. durch das Schefflenzthal, 3. von Siglingen über Nendenau nach Untergriesheim im Jaxtthal, 4. von Adelsheim nach Möckmühl, 5. zwischen Möckmühl und Widdern, 6. von Schiltach nach Schramberg, 7. von Ettlingen über Herrenalb nach Loffenau und Gernsbach, 8. von Achern durch das Kapplerthal nach Baiersbronn, 9. von Schweigern nach Mergentheim, 10. von Möhringen nach Tuttlingen und 11. von Tuttlingen nach Meßkirch.

Der Aufwand für diese Verbesserungen war für Baden auf 247,000 Fl., jener von

---

(1) In Frankreich war zu jener Zeit auch noch Steinbau von 16 Zoll üblich. (2) Dasselbe Steinquantum wird auch in Hannover verwendet, obgleich dort die Steine sehr theuer sind. Mac Adam hatte neun Zoll vorgeschrieben. Sein System konnte für Straßen, die schwere Lasten zu tragen hatten, nicht angewendet werden, weil die Fahrbahn kein Fundament aus gestellten Steinen besitzt. (3) Die größeren Baumstämme sind etwa 170 Fuß lang, daher Radien von 200 Fuß fast unter allen Verhältnissen genügen. Die eingehaltenen Radien sind bei den einzelnen Straßen (Zweite Abth.) angeführt. (4) Siehe 12. 15. (5) Zur guten und billigen Herstellung und Unterhaltung der Straßen hat der Bezug besserer Steine aus größerer Form mittelst der Eisenbahnen vieles beigetragen. Im Jahre 1875 sind schon 24,000 Cubikmeter Steine aus Entfernung von 33—68 Kilometer per Eisenbahn bezogen worden. Diese Steine sind theurer aber dauerhafter und im Ganzen bei der Verwendung billiger als die schlechteren. (6) Baudirector Tulla gab in einem Vortrag an das Ministerium des Innern vom 2. Januar 1813 den Aufwand für die Anlage einer 24 Fuß breiten Landstraße in der Ebene mit 16 Zoll Steinbau pro Stunde auf 25,000 fl. und die Kosten der Unterhaltung durchschnittlich bei einer Kiesstraße auf 1200 fl. = 2057 Mark oder 462,86 Mark für 1 Kilometer, bei einer Steinstraße auf 2370 fl. an, wobei er bemerkt, daß auf guter Straße zwei Pferde 25 Centner, bei schlechter Straße aber vier Pferde dieselbe Last nachhaltig ziehen können. In heutiger Zeit rechnet man auf ebener Straße 20 Centner Last pro Pferd und für Anlage der 16—18 Fuß breiten Straßen in der Ebene 18—20,000 fl. = 34,285 Mark und für Unterhaltung durchschnittlich 472 Mark pro Kilometer, also 9,14 Mark pro Kilometer mehr als vor 64 Jahren für die Unterhaltung. Der Unterhaltungsaufwand betrug 1844 — 1108 fl., 1852 — 1142 fl., 1863 — 1111 fl., 1867 — 1156 fl. im Durchschnitt pro Stunde.

Württemberg auf 223,000 Fl. berechnet, er belief sich jedoch für beide Theile auf mehr als 700,000 Fl.

48. Vereinbarung mit Frankreich über die Rheinüberfahrten und Zufuhrstraßen v. 1857. Die Rheinüberfahrten zwischen Baden und Frankreich wurden badischerseits theils von Privaten, theils von Gemeinden oder dem Staat, französischerseits nur vom Staat durch Pächter betrieben.

Die beiderseitigen Zufuhrwege, wie die Ueberfahrtseinrichtungen selbst, waren äußerst mangelhaft und die Frage: ob die Ueberfahrtsrechte für beide Ufer gemeinschaftlich seien? war vielfach bestritten.

Um diese wichtigen Verbindungen zu ordnen und in guten Stand zu bringen, schloß Baden unterm 2. Juli 1857 (Reg.=Bl. S. 428) mit Frankreich ein Uebereinkommen über die Bestimmung und Verbesserung der Rheinübergänge überhaupt, namentlich aber über die Herstellung einer festen Eisenbahnbrücke bei Kehl ab.

Auch kam sodann am 30. September 1860 nach längeren Verhandlungen mit Frankreich eine Vereinbarung zu Stande (Reg.=Bl. 1860 S. 426), wonach die Ueberfahrten

1. zwischen Rheinweiler und Niefern, 2. zwischen Neuenburg und Chalampé (Eichwald), 3. zwischen Sponeck und Artzenheim, 4. zwischen Sasbach und Markolsheim, 5. zwischen Weisweil und Schönau, 6. zwischen Ottenheim und Gerstheim, 7. zwischen Greffern und Drusenheim, 8. zwischen Söllingen und Fort=Louis, 9. zwischen Iffezheim und Beinhein ausschließlich von Baden und

1. jene zwischen Kleinkems und Großkems, 2. von Hardheim nach Nambsheim, 3. von Kappel nach Rheinau, 4. von Freistett einerseits und Offendorf und Gambsheim andererseits, 5. von Plittersdorf nach Selz, 6. von Steinmauern nach Münchhausen und 7. von Au nach Lauterburg ausschließlich von Frankreich betrieben werden und die beiderseitigen Zufuhrstraßen innerhalb 10 Jahren in guten Stand gesetzt und darin erhalten werden sollen.

In Folge dessen sind alle Zufuhrwege, soweit dies der Stand der Rheincorrection gestattete, auf beiden Seiten hergestellt und die Ueberfahrts=Einrichtungen selbst wesentlich verbessert worden. Die betreffenden Gemeinden stellten in der Regel das nöthige Gelände unentgeltlich und übernahmen die Hälfte der Baukosten der Straßen.

49. Eisenbahn zwischen Kehl u. Straßburg. Als die Bahn von Straßburg nach Paris im Jahr 1852 vollständig in Betrieb genommen war, erschien eine Eisenbahn=Verbindung von Kehl mit Straßburg als das dringendste Bedürfniß. Es kam daher zum Vollzug des Vertrags vom 2. Juli 1857 schon unterm 16. November desselben Jahres ein Uebereinkommen über die Erbauung einer Eisenbahn zwischen den beiden Bahnhöfen Kehl und Straßburg mit stehender Brücke über den Rhein zum Abschluß (Reg.=Bl. 1858 S. 281). (1)

50. Eisenbahn v. Waldshut nach Thurpi u. Konstanz, v. Durlach nach Mühlacker u. v. Heidelberg nach Würzburg. Das hierauf erfolgte Gesetz vom 7. Mai 1858 (Reg.=Bl. S. 185) gab nicht allein zu diesem Bau, soweit er Baden berührte, sondern auch zu dem Bau einer Verbindung mit der Nordostbahn bei Waldshut auf Staatskosten seine Zustimmung und setzte ferner fest, daß auch die Bahn von Waldshut nach Constanz auf Staatskosten fortgesetzt, eine Verbindungsbahn von Durlach über Pforzheim nach Mühlacker auf Staatskosten erstellt, die Bahn von Heidelberg über Mosbach in der Richtung gegen Würzburg aber zum Bau und Betrieb an einen Privatunternehmer begeben werden soll.

Die Vorarbeiten waren auf Staatskosten auszuführen, und genehmigt, daß nach deren Vollendung mit dem Bau an den schwierigsten Stellen begonnen werde, wenn nicht bis dahin ein Privatunternehmer concessionirt sein sollte.

51. Eisenbahn v. Villingen nach Singen und von Offenburg nach Hausach. Auch die Begebung einer Bahn von Villingen über Donaueschingen und Geisingen zum Anschluß an die Waldshut=Constanzer Linie (Singen) und einer Bahn von Offenburg bis Hausach an Privatunternehmer war unter den gleichen Bestimmungen, wie sie für die Odenwaldbahn gegeben wurden, beschlossen.

Die Gesetze vom 21. September 1846 und 15. November 1856 wurden aufgehoben.

---

(1) Die Eröffnung dieser kurzen Bahn erfolgte erst im Mai 1861, weil die schwierige Fundamentirung der Brücke mit pneumatischer Versenkung eiserner Kasten viele Zeit erforderte. Es war dies die erste Eisenbahnbrücke, die in Baden über den Rhein erbaut wurde, und nach der Cölner die erste am Rhein überhaupt. Seitdem wurden solche eiserne Brücken bei Constanz, Waldshut, Mannheim, Mainz, Coblenz, Hamm, Kuilenburg, Bommel, Duisburg, Rheinhäusel, Düsseldorf ausgeführt. Auf Grund des Art. 67 der Rheinschifffahrtsacte mußte den Schiffern eine entsprechende Entschädigung für die Einrichtung der Maste zum Legen gewährt werden, um kostspielige und gefährliche Kluppen= oder Drehbrücken für den Durchlaß der Segelschiffe zu umgehen.

Behufs der Verbindung der badischen Bahn bei Waldshut mit der schweizerischen Nordbahn war schon am 26. August 1857 ein Uebereinkommen getroffen (Reg.-Bl. 1858, S. 349) und durch den mit der Schweizer Eidgenossenschaft und dem Canton Schaffhausen abgeschlossenen Vertrag vom 30. December 1858 (Reg.-Bl. 1859, S. 61) erhielt Baden das Recht resp. die Pflicht, die Bahn von Waldshut nach Constanz binnen 3 Jahren durch Gebiet des Cantons Schaffhausen auf Staatskosten zu bauen und zu betreiben. (1)

Der Bahnbau von Durlach nach Pforzheim wurde alsbald begonnen, und die Abtheilung von Durlach bis Wilferdingen am 10. August 1859, jene von Wilferdingen nach Pforzheim am 4. Juli 1861, von da bis Mühlacker aber erst am 1. Juni 1863 eröffnet, nachdem über diesen Anschluß mit Württemberg unterm 6. November 1860 (Reg.-Bl. S. 501) eine Uebereinkunft getroffen war. 52. Bahn von Durlach nach Mühlacker.

Auch die Verbindungsbahn von Waldshut nach Thurgi kam am 18. August 1859 in Betrieb, wodurch die Verbindung der badischen Bahn mit Zürich, Romanshorn, Chur und Bern bewirkt war.

Für die Bahn von Heidelberg gegen Würzburg hatte sich nach Vollendung der Vorarbeiten kein Privatunternehmer zu annehmbaren Bedingungen gefunden, daher durch Gesetz vom 27. April 1860 (Reg.-Bl. S. 147) einstweilen der Bau von Heidelberg bis Mosbach auf Staatskosten beschlossen wurde. 53. Eisenbahn von Heidelberg nach Mosbach.

Diese Bahn kam am 22. October 1862 zur Eröffnung.

Die bedeutende Ausdehnung, welche die Industrie im Wiesenthal seit dem Bestande des Zollvereins genommen hatte, gab schon bei Abschluß des Staatsvertrags vom 27. Juli 1852, den Bahnbau nach Basel betreffend, Anlaß, in den Artikeln 35 und 36 für Baden das Recht des Baues einer Bahn von der badischen Bahn bei Basel über Schweizergebiet nach Lörrach vorzubehalten. Da man aber den Bau solcher Seitenbahnen der Privatindustrie zu überlassen entschlossen war und sich auch schon 1858 (2) ein Gründungscomité in Lörrach für diesen Bau gebildet hatte, so veranlaßte die Regierung das Gesetz vom 5. Juni 1860 (Reg.-Bl. S. 209) über die Ertheilung einer Concession für Bau und Betrieb einer Bahn von Basel bis Zell. 54. Eisenbahn von Basel nach Zell im Wiesenthal.

Nach der Concessionsurkunde vom 23. November 1860 (Reg.-Bl. S. 484) war vorerst nur bis Schopfheim zu bauen und die Verwaltung und der Betrieb der Bahn von dem Staat gegen eine Vergütigung von 50 Procent der Roheinnahme zu besorgen.

Die Eröffnung dieser *ersten Privatbahn* in Baden erfolgte am 5. Juni 1862.

Nachdem das im Jahr 1824 aufgestellte und 1856 neuerdings in Anregung gekommene Project, die Residenzstadt Carlsruhe durch einen Canal mit dem Rhein zu verbinden, (3) der großen Kosten wegen auf fernere Zukunft verschoben war, hielt die Gemeinde Carlsruhe nun die Verbindung mit dem Rhein durch eine Eisenbahn für dringendes Bedürfniß. Sie hoffte dabei nicht allein auf die Weiterbeförderung der zu Schiff nach Maxau kommenden Ruhrkohlen, sondern auch auf einen durch Fortsetzung der Bahn von Maxau bis Winden erleichterten Transport der Saarkohlen nach Carlsruhe, Pforzheim, Ettlingen und Schwaben, sowie auf den Nutzen einer innigeren Verbindung mit der productenreichen Rheinpfalz. 55. Eisenbahn von Carlsruhe nach Maxau.

Obgleich man in der Ausführung dieses Projects von vielen Seiten eine Beeinträchtigung Mannheims und der badischen Rheinthalbahn von Carlsruhe bis Kehl besorgte, so glaubten Regierung und Stände doch dem Gesuch der Gemeinde Carlsruhe um Concession zum Bau und Betrieb der Bahn von Carlsruhe nach Maxau die Willfahrung umsoweniger versagen zu dürfen, als auch durch eine solche Verbindung die Interessen Pforzheims, der ersten Fabrikstadt Badens, und der dahin führenden Bahn wesentlich befördert wurden. Das Gesetz vom 6. September 1860 (Reg.-Bl. S. 305) ermächtigte darum die Regierung, der Gemeinde die gewünschte Concession unter den in Artikel 6—7 incl. des Gesetzes vom 7. Mai (Reg.-Bl. S. 185) enthaltenen Bestimmungen zu verleihen und die Verwaltung und den Betrieb der Bahn gegen eine angemessene Vergütung zu übernehmen.

---

(1) Die Eröffnung von Waldshut bis Constanz erfolgte am 13. Juni 1863. (2) Damals bestunden im Wiesenthal schon 34 Fabriken und die Bezüge von Rohstoffen nebst den zu versendenden Fabrikaten wurden auf 549,256 Centner berechnet. (3) Gegen das Project von 1824, einen Canal von Röpurr über Gottsau durch den Park an das Ludwigsthor zu führen, hier einen Hafen anzulegen, und dann den Canal nach Keilingen fortzusetzen, hatte sich Tulla ausgesprochen. Das Project von 1856 wollte einen Canal nach Leopoldshafen. Siehe W. Lauter, Der Schienen- und Wasserweg 1856.

Die Concession wurde unterm 27. Juni 1861 (Reg.-Bl. S. 197) ertheilt.

Die Eröffnung der Bahn erfolgte am 4. August 1862.

56. Eisenbahn v. Mosbach nach Würzburg u. v. Mannheim nach Ludwigshafen.

Während die Bahn von Heidelberg nach Mosbach ihrer Vollendung entgegen ging, wurden die Verhandlungen mit Baiern über die Fortsetzung der sogenannten Odenwaldbahn auf baierischem Gebiet bis Würzburg und über den Bau einer festen Rheinbrücke zwischen Mannheim und Ludwigshafen gepflogen, um aus Sachsen über Würzburg und Mannheim eine directe Eisenbahnverbindung nach Metz und Paris zu erlangen, wozu damals allein noch die Linien Mosbach-Würzburg und Mannheim-Ludwigshafen fehlten.

In dem Staatsvertrag vom 27. Januar 1862 (Reg.-Bl. S. 304) machte sich die baierische Regierung verbindlich, eine Eisenbahn von der badischen Gränze über Heidingsfeld nach Würzburg herzustellen, wogegen Baden die Fortsetzung der Bahn von Mosbach über Gerlachsheim an die baierische Gränze zusicherte.

57. Straßenbau auf badisch-baierischem Gebiet.

In demselben Vertrage wurde auch eine Minderung der in Baden von der Mainschifffahrt erhobenen Gebühren und der Bau der Erfthalstraße zwischen Hartheim und Miltenberg auf badischem Gebiet zugesichert, wogegen Baiern sich zur Verbesserung der Straße nach Rippberg im baierischen Gebiet verpflichtete.

Der Staatsvertrag vom gleichen Tage (Reg.-Bl. S. 310) setzte fest, daß zwischen Mannheim und Ludwigshafen eine stehende Brücke für 2 Geleise mit einer Doppelfahrbahn für gewöhnliches Fuhrwerk und Wege für Fußgänger nebst den beiderseitigen Verbindungsbahnen hergestellt und die Brückenbaukosten von Baiern und Baden gemeinschaftlich getragen werden sollen.

58. Eisenbahn v. Mosbach nach Würzburg und Heidelberg.

Das Gesetz vom 24. Juli 1862 (Reg.-Bl. S. 289) ermächtigte hierauf die Regierung zum Fortbau der Bahn von Mosbach über Gerlachsheim an die baierische Gränze.

Die Eröffnung der Bahn von Heidelberg bis Mosbach erfolgte am 22. October 1862, jene der Bahn von Mosbach bis Würzburg aber erst am 15. October 1866. Die Mannheimer Brücke beziehungsweise Verbindungsbahn kam am 10. August 1867 zur Eröffnung.

59. Eisenbahn v. Neckarelz nach Heidelberg u. v. Radolfzell nach Stockach.

Das vorerwähnte Gesetz gab aber der Regierung noch die weitere Befugniß:

1. eine von Neckarelz gegen Heilbronn an die Landesgränze führende Bahn auf Staatskosten herzustellen,

2. in der Richtung über Stockach und Meßkirch eine Eisenbahn mit einer auf die obere Rheinthalbahn einmündenden Abzweigung (nach Radolfzell oder Singen) auf Staatskosten zu erbauen,

60. Eisenbahn von Donaueschingen n. Singen.

3. von der in dem Gesetz vom 7. Mai 1858 bezeichneten Bahn die Strecke Donaueschingen-Engen sogleich auf Staatskosten in Angriff zu nehmen und diesen Bau (gegen Singen oder Radolfzell) fortzusetzen, sobald die Untersuchungen über die beste Zugsrichtung vollendet sind,

61. Eisenbahn v. Villingen nach Rottweil und v. Hausach nach Villingen.

4. zur Verbindung der Donaueschingen-Villinger Bahn mit der württembergischen Oberneckarthalbahn eine Eisenbahn von Villingen bis zur Landesgränze gegen Rottweil auf Staatskosten zu bauen,

5. zur Verbindung der oberen Rheinthalbahn und ihrer Abzweigung gegen Meßkirch, sowie der nach Donaueschingen führenden Bahn mit Offenburg eine Eisenbahn auf Staatskosten herzustellen, sobald eine angemessene Zugsrichtung ermittelt ist.

62. Programm für Ausbildung des Eisenbahnnetzes.

Die Grundlage für dieses Gesetz bildete eine allgemeine Untersuchung, welche die Regierung über die sämmtlichen vorliegenden Bedürfnisse zur Erweiterung des Bahnnetzes anstellte, um den vielen eingekommenen Petitionen um Eisenbahnbauten möglichst gerecht zu werden.

Alle bisher angestrebten Eisenbahnverbindungen wurden in 5 Classen abgesondert, nämlich:

1. in diejenigen, welche nothwendig sind, um die bereits genehmigten Bahnstrecken zu vervollständigen, 2. in solche, die außerdem sowohl aus volkswirthschaftlichen Rücksichten als zur Hebung und Sicherung der Rentabilität bereits bestehender Bahnen als nöthig erscheinen, 3. solche, die wünschenswerth aber nicht dringend erscheinen, 4. jene, die vorzugsweise das Ausland betreffen und nicht zu hindern, aber auch nicht anzustreben sind, endlich 5. in solche, die den badischen Interessen zuwiderlaufen.

Die Regierung war in dieser Beziehung schon von der Ueberzeugung ausgegangen, daß die Bahnen, welche dem durchgehenden Verkehre dienen oder Concurrenzlinien schon bestehender Bahnen bilden, auf Staatskosten betrieben werden sollen, da die Erfahrungen, welche man anderwärts mit dem gemischten System machte (durchlaufende Linien, theils vom Staat, theils von Privaten bauen zu lassen) kein günstiges Ergebniß geliefert hatten und überhaupt die Anschauung immer mehr zur Geltung kam, daß die volkswirthschaftlichen Interessen bei größeren Bahnlinien durch

Staatsbau und Staatsbetrieb mehr als durch Privatunternehmen gefördert werden,(1) und daß die mit einander concurrirenden Staats- und Privatbahnen eines Landes sich gegenseitig zu Grunde richten und dem Verkehre mehr schaden als nützen.

Die damalige Rentabilität der badischen Bahnen gab auch keinen Anlaß zur Abschreckung gegen den Staatsbau.(2)

Die Post- und Eisenbahnverwaltung hatte seit 1842 bis zum Schluß des Jahres 1861 63. Rentabilität der Eisenbahnen.
5,042,079 fl. 6 kr. mehr an die Eisenbahnschuldentilgungscasse abgeliefert, als zur Verzinsung und planmäßigen Tilgung der Eisenbahnschuld erforderlich gewesen ist. Diese Schuld hatte am Ende des Jahres 1861 noch 60 Millionen betragen. Da die Reinablieferungen der Eisenbahnverwaltung, auf die Stunde Bahn gerechnet, sich vom Jahr 1843—1861 incl. von 6110 fl. auf 46,958 fl. gehoben hatten und die Dotations-Ueberschüsse mit Einrechnung der Postrevenuen sich jährlich zwischen 70,000 fl. und 400,000 fl. bewegten, so durfte man wohl mit Sicherheit annehmen, daß die Eisenbahnbauschuld aus dem Ertrag der Bahnen in verhältnißmäßig nicht langer Zeit getilgt werden könne.

Das auf diese Anschauungen gegründete Programm für die Entwickelung des Eisenbahnnetzes hatte übrigens dasselbe Schicksal wie jene, die in den Jahren 1843 und 1849 für die Ausbildung des Landstraßennetzes entworfen worden sind. Schon nach wenigen Jahren machten sich neue Bedürfnisse und neue Anschauungen geltend, so daß Bahnen, die früher kaum als wünschenswerth betrachtet wurden, nun als dringend, manche für sehr wünschenswerth erkannte aber als verschieblich erschienen. So wurde beispielsweise eine directe Eisenbahnverbindung von der Odenwaldbahn bei Neckarelz mit Heilbronn, zu deren Ausführung das vorerwähnte Gesetz vom 24. Juli 1862 auf badischem Gebiet Ermächtigung gab, und welche auch auf württembergischem Gebiet fortgesetzt werden wollte,(3) auf spätere Zeit verschoben und einer Eisenbahnverbindung über Sinsheim nach Meckesheim der Vorzug eingeräumt. Diese letztere Bahnrichtung war in dem Programm gar nicht erwähnt.

Die übrigen Bestimmungen des genannten Gesetzes vom 24. Juli 1862 kamen dagegen zur Ausführung.

Die Eisenbahn von Radolfzell nach Stockach wurde am 20. Juli 1867, jene von Singen nach Engen am 1. September 1866, von Engen nach Donaueschingen am 15. Juli 1867, von Donaueschingen nach Villingen am 13. August 1869 und von Stockach nach Meßkirch am 3. Februar 1870 eröffnet. Auch die Abtheilung von Offenburg bis Hausach war am 1. Juli 1866 in Betrieb genommen, nachdem durch das Gesetz vom 11. August 1863 (Reg.-Bl. S. 291) die Mittel zum Bau auf Staatskosten bewilligt waren. Die Eröffnung der Linie Hausach-Villingen erfolgte 1. November 1873.

Die Bahnverbindung durch das Tauberthal von Lauda resp. Gerlachsheim nach Wertheim 64. Tauberthal-Eisenbahn.
wurde in dem gleichen Gesetze vom 11. August 1863 zum Bau und Betrieb auf Staatskosten

---

(1) Baiern, Braunschweig, Hannover, Preußen, Sachsen und Württemberg hatten schon 1858 große Summen für Staatsbahnen aufgewendet; Baiern 60½, Hannover 44, Sachsen 40, Preußen 69½, Baden bis incl. 1861 36½ Millionen. (2) Der Reinertrag, d. h. der Zins, den das Anlagecapital (Aufwand für den Bau und Betriebsmaterial sammt den Bauzinsen) ertrug, war von den Staatsbahnen: 1845 5,24, 1846 4,62, 1847 3,8, 1848 2,48, 1849 2,7, 1850 3,61, 1851 3,94 Procent (Beilage 3, Protokoll der 19. Sitzung der V. Kammer von 1872, S. 3); bis 1857 war die Rente auf 6,3, 1871 auf 6,65 Procent gestiegen, sie sank aber 1872 auf 4,32, 1873 auf 4,22, 1874 auf 3,86, 1875 auf 3,33 Procent. Die Rente aller Bahnen in Baden (also einschließlich der Privatbahnen) betrug 1875 3,40 im Durchschnitt. Betrachtet man die Rentabilität der einzelnen Bahnen, so zeigt sich, daß jene Bahnen am besten rentiren, die alten belebten Handelsstraßen folgen, und daß die Verhältnisse der Renten der Bahnen fast durchgehends dem Verhältnisse der Größe des Straßenverkehrs entspricht, wie dieser sich vor dem Bestehen der Eisenbahnen gestaltet hatte. Die Rente stellt sich nämlich 1875 in folgender Weise dar: Carlsruhe-Offenburg 12,46, Mannheim-Heidelberg-Carlsruhe 8,60, Offenburg-Freiburg 6,29, Rheinbahn 5,27, Durlach-Mühlacker 5,19, Freiburg-Basel 3,33, Basel-Waldshut 3,82, Appenweier-Kehl 2,47 (wegen des großen Baucapitals der Brücke), Waldshut-Constanz 1,06, Offenburg-Singen (Schwarzwaldbahn) 0,99 Procent (ebenfalls des großen Baucapitals wegen), Heidelberg-Würzburg 0,81, Meckesheim-Jaxtfeld 0,75 Procent. Die Bahnen von Radolfzell nach Mengen, von Schwakenreuthe nach Pfullendorf, von Oberlauchringen nach Stühlingen, von Krauchenwies nach Sigmaringen weisen keine Rente sondern nur Deficite nach. Von den Privatbahnen ertrugen 1875 Carlsruhe-Maxau 20,71, Lahr-Dinglingen 6, Wiesenthal 5,71, Freiburg-Breisach 4,74, Murgthal 3,44, Elzthal 3,19 Procent. Gegen 1874 ist fast allgemein eine Abnahme bemerkbar. 1874 betrug die Rente der Bahnen in Baiern 4,15 in Württemberg 3,52, im Elsaß 2,03. Auch dort bemißt sich das Rentenverhältniß nach der früheren Straßenfrequenz. (3) Die Bahn von Heilbronn bis Jaxtfeld kam October 1866 zur Eröffnung.

bestimmt, da man sich der Hoffnung überließ, von Wertheim aus einen Eisenbahnanschluß bei Miltenberg, beziehungsweise Aschaffenburg oder bei Lohr an die bairische Bahn zu finden.

Auch eine Fortsetzung der Bahn von Königshofen nach Mergentheim zum Anschluß an die württembergische Mergentheim-Krailsheimer Bahn war dabei in Aussicht genommen.

Die Bahn von Lauda nach Hochhausen wurde am 10. October 1867, jene von Hochhausen nach Wertheim am 15. October 1868 eröffnet.

65. Eisenbahn von Dinglingen nach Lahr.

Bei dem Bau der Rheinthalbahn von Offenburg nach Freiburg war es ohne unverhältnißmäßige große Kosten und ohne einen Umweg von einer Stunde nicht thunlich, die industriereiche Stadt Lahr mit der Hauptbahn in directe Verbindung zu bringen. Der Bahnhof für Lahr mußte in dem $^{3}/_{4}$ Stunde entfernten Dinglingen angebracht werden.

Um diesen Mißstand wenigstens möglichst auszugleichen, glaubte die Regierung das von der Gemeinde gewünschte Unternehmen des Baues und Betriebes einer Seitenbahn nach Thunlichkeit befördern zu müssen. Es kam daher unterm 9. Mai 1864 (Reg.-Bl. S. 135) ein Gesetz zu Stande, wornach der Bau und Betrieb einer Eisenbahn von Dinglingen nach Lahr und von da zu den Steinbrüchen, der Gemeinde oder an Private überlassen, die Verwaltung und der Betrieb aber auch von dem Staate übernommen werden könne.

Für diesen Fall durfte demjenigen, der die Bahn baut, zu Bestreitung der Unterhaltungskosten und der Zinsen 25 Jahre lang ein jährlicher Betrag von 6000 fl. aus der Roheinnahme verabfolgt werden.

Nach der Concessionsurkunde vom 26. September 1864 (Reg.-Bl. S. 724) sind die Verwaltungs- und Betriebskosten, nach dem wirklichen Aufwand berechnet, an der Roheinnahme in Abzug zu bringen, welche nach Abrechnung obiger 6000 fl. noch verbleibt.

Die Eröffnung dieser von der Lahrer Actiengesellschaft erbauten Bahn erfolgte am 15. November 1865.

66. Eisenbahn von Meckesheim nach Jaxtfeld.

Der lebhafte Verkehr zwischen den Städten Mannheim, Frankfurt und Heilbronn hatte, wie schon erwähnt, Anlaß gegeben, in dem Gesetz vom 24. Juli 1862 den Bau einer Eisenbahn von Neckarelz bis zur württembergischen Gränze unterhalb Gundelsheim in der Voraussetzung auf Staatskosten zu genehmigen, daß Württemberg von Heilbronn über Jaxtfeld gegen Neckarelz gleichfalls eine Bahn errichtet.

Bei näherer Erwägung der vorliegenden Verhältnisse kam man zu der Ansicht, diesen Bau im Neckarthal vorläufig aufzugeben und durch eine Bahn von Meckesheim über Sinsheim, Rappenau, Wimpfen und Jaxtfeld und von hier über Adelsheim nach Osterburken durch das Jaxt- und Seckachthal Verbindungen zwischen der Odenwaldbahn und Heilbronn zu bewirken. Die Beweggründe zu diesem Entschluß lagen nicht allein in der Besorgniß, daß die directe Verbindung von Heilbronn mit Neckarelz den Bau einer Bahn von Frankfurt über Dieburg durch das Mümmlingsthal über Eberbach nach Neckarelz zum Nachtheil der Bahn über Heidelberg befördern werde, sondern vorzugsweise in der Ueberzeugung, daß die $2^{1}/_{2}$ Stunden kürzere Linie über Sinsheim und Wimpfen für die volkswirthschaftlichen Interessen von weit größerer Bedeutung sei, weil diese Linie als alter Handelsweg durch einen mehr bevölkerten, von der Natur begünstigten Landestheil zieht und die 3 bedeutenden Salinen Rappenau, Wimpfen und Jaxtfeld in unmittelbare Verbindung mit der Bahn setzt.

Die zur Durchführung dieses Projects unterm 21. März 1864 (Reg.-Bl. S. 174, 184 und 194) mit Württemberg und Hessen abgeschlossenen Staatsverträge bestimmen im Wesentlichen, daß Württemberg die Nordbahn von Heilbronn bis Jaxtfeld verlängert, Baden aber von Meckesheim über Sinsheim, Rappenau und Wimpfen nach Jaxtfeld eine Bahnverbindung auf Staatskosten herstellt und betreibt.

67. Eisenbahn v. Jaxtfeld nach Osterburken.

Württemberg erhielt die Genehmigung zu dem Bau und Betrieb einer Bahn von Jaxtfeld bis Osterburken, wogegen Baden die Verlängerung der Tauberthalbahn von Lauda resp. Königshofen nach Mergentheim zur Wiederherstellung des Handelsweges über Krailsheim nach Nürnberg und nach Augsburg zugestanden wurde.

Die Bahn von Heilbronn bis Jaxfeld wurde am 11. September 1866, jene von Meckesheim bis Rappenau am 25. Juni 1868, die Abtheilung von Rappenau nach Jaxtfeld am 3.

August 1869 und die Bahn von Jaxtfeld nach Osterburken und von Lauda nach Mergentheim, sowie die Bahn von hier nach Krailsheim am 23. October 1869 eröffnet. (1)

68. Eisenbahn von Lauda nach Mergentheim.

Um die weiteren, wünschenswerthen Eisenbahnverbindungen mit Württemberg zu erzielen war auch ein Vertrag mit Preußen wegen des Baues durch hohenzollern-sigmaringensches Gebiet abzuschließen.

69. Eisenbahn v. Pforzheim n. Calw und Wildbad u. v. Rottweil n. Villingen, Immendingen und Tüttlingen. 70. Eisenbahn v. Pfullendorf nach Aulendorf, von Immenstaad n. Friedrichshafen u. v. Radolfzell über Meßkirch nach Mengen.

Man suchte dabei wo möglich durch Ausgleichungen der gegenseitigen Interessen für sämmtliche Bauprojecte eine gemeinsame Unterlage zu gewinnen.

Der unterm 18. Februar 1865 (Reg.-Bl. Seite 554) mit Württemberg abgeschlossene Vertrag ermächtigte Württemberg: die Bahnen von Pforzheim nach Calw, von Pforzheim nach Wildbad, von Rottweil nach Villingen, von Tuttlingen nach Immendingen, von Aulendorf nach Pfullendorf und von Friedrichshafen nach Immenstaad oder Markdorf auf alleinige Kosten zu bauen und zu betreiben.

Baden und Württemberg verpflichteten sich die Radolfzell-Ulmer Bahn binnen 8 Jahren gemeinschaftlich in Betrieb zu setzen und zwar Baden die Strecke Radolfzell-Meßkirch-Mengen, Württemberg die Strecke Mengen-Ulm.

Von diesen Bahnen kamen zur Eröffnung jene von Wildbad nach Pforzheim am 15. Juni 1868, von Rottweil nach Villingen am 20. August 1869, von Tuttlingen nach Immendingen am 26. Juli 1870, von Radolfzell nach Meßkirch am 3. Februar 1873, von Pforzheim nach Calw (und damit die Verbindung bis Horb) am 1. Juni 1874. (2)

71. Vertrag mit Preußen über Eisenbahnbau.

Der Staatsvertrag mit Preußen vom 3. März 1865 (Reg.-Bl. S. 566) gestattet Baden, eine Eisenbahn von der Stockach-Meßkircher Bahn durch preußisches Gebiet nach Pfullendorf in der Richtung nach Ostrach gegen Aulendorf zu bauen, sodann eine Eisenbahn von Meßkirch durch das Ablachthal nach Sigmaringen zu führen und hier mit der Tübingen-Sigmaringer Bahn zu verbinden und endlich eine an die Meßkirch-Sigmaringer Bahn sich anschließende, durch das Ablachthal bis Mengen führende Bahn zum Anschluß an die Donaubahn Mengen-Ulm zu bauen und zu betreiben.

Die Bahn von Schwakenreutha nach Pfullendorf wurde am 11. August 1873 eröffnet, jene von Meßkirch nach Mengen und von Krauchenwies nach Sigmaringen am 6. September 1873. Riedlingen-Mengen war schon am 10. October 1869 eröffnet worden.

72. Murgthal-Eisenbahn.

Schon seit längerer Zeit waren die strebsamen Holzhändler und Waldbesitzer des Murgthals bemüht, den Holzreichthum durch Verarbeitung der Stämme zu Schnittwaaren aller Art in höherem Maße zu verwerthen. Mit dem Gelingen dieses Unternehmens war die uralte Flößerei ihrem Untergange verfallen.

Der Holztransport auf der Achse bedingte aber gute Landwege.

Nicht allein die Landstraßen von Rastatt und Muggensturm nach der gewerbthätigen Stadt Gernsbach, sondern auch die von hier nach Freudenstadt führende Straße wurde deshalb sowohl auf badischem als württembergischem Gebiet mit großen Kosten verbessert und nach verschiedenen Richtungen mit guten Holzabfuhrwegen in Verbindung gesetzt. Aber auch diese Transportmittel genügten für sich allein den Anforderungen der Neuzeit nicht mehr.

Schon in den Jahren 1858, 1860 und 1862 betrieben die Bewohner des Murgthales den Bau einer Eisenbahn über Gernsbach nach Freudenstadt, Donaueschingen und Constanz auf Staatskosten. Stände und Regierung hatten sich aber für eine directe Verbindung des Rheinthals mit dem Bodensee durch das Kinzigthal entschieden, daher sich die Murgthalbewohner entschlossen, wenigstens eine Schienenverbindung von Rastatt bis Gernsbach auf ihre Kosten herzustellen.

Folge hiervon waren das Gesetz vom 12. Mai 1866 (Reg. Bl. Seite 125) und die Concession vom 22. April 1867 (Reg.-Bl. Seite 124). Hiernach war einer Actiengesellschaft die Concession zum Bau und Betrieb einer Bahn nach Gernsbach ertheilt; der Betrieb wurde aber für die Dauer von 25 Jahren gegen eine Vergütung von 55% der Roheinnahme von dem Staat übernommen.

Die Eröffnung dieser Bahn erfolgte im April 1869.

---

(1) Zwischen Württemberg und Baiern war im December 1868 ein Vertrag über den Bahnbau von Nürnberg über Ansbach nach Krailsheim abgeschlossen worden. Von Heilbronn nach Krailsheim über Hall war die Bahn schon 1867 vollendet. (2) Stokach-Meßkirch wurde am 3. Februar 1870 eröffnet.

Nachdem das württembergische Eisenbahngesetz vom 22. März 1873 den Bau einer directen Eisenbahn von Stuttgart über Böblingen, Herrenberg und Eutingen nach Freudenstadt auf Staatskosten bewilligte, so hat sich die Hoffnung der Murgthalbewohner auf einen Anschluß der Freudenstadter Bahn in Gernsbach neuerdings belebt. Gleichwohl wird aber die Landstraße von Forbach aufwärts im Interesse des Transportes von Holz- und Fabrikerzeugnissen abermals einer erheblichen Verbesserung unterzogen.

Während auf diese Weise das Eisenbahnnetz fortwährend erweitert wurde, ist auch das Netz der Landstraßen in seiner Entwickelung und Verbesserung nicht stehen geblieben. Die Verwendungen für diesen Zweck beliefen sich in der Periode von 1831—1851 incl. auf 3,112,282 fl. = 5,335,254 Mark, also jährlich auf 254,059 Mark, sie verdoppelten sich aber unter der Regierung des Großherzogs Friedrich 1852 bis in die neueste Zeit, denn es sind von 1852 bis 1875 incl. für Straßen-Neubauten und Hauptverbesserungen 5,964,663 fl. = 10,225,137 Mark also jährlich im Durchschnitt 426,046 Mark bewilligt worden. Die höchste Bewilligung fällt in die Periode von 1874/5 mit 845,901 Mark, die nächsthöchste in die Jahre 1876/7 mit 744,400 Mark jährlich.

73. Neues Straßengesetz v. 1868.

Die in Belgien, England und Frankreich gemachte Erfahrung, daß die Eisenbahnen nicht nur die Wasser- und Landstraßen nicht für alle Verkehrszwecke ersetzen, sondern vielmehr deren Vermehrung und Verbesserung hervorrufen, mußte natürlich auch in dem Lande Baden zur Geltung kommen; denn die Gunst der Natur und die weise Sorge der Landesherren hatte ja hier schon seit langer Zeit in allen Zweigen des Verkehrslebens eine Regsamkeit geschaffen, wie sie kaum in einem andern deutschen Lande von ähnlicher Ausdehnung zu finden sein wird. Das rasche Aufblühen der meisten, durch Eisenbahnen verbundenen Städte durch Belebung des Handels und der Industrie und die wachsende Rentabilität der Land- und Forstwirthschaft durch die Erweiterung der Absatzgebiete mußten, vereint mit der allgemein gehobenen Intelligenz, zu der Ueberzeugung führen, daß die Schienenwege, wenn sie keinen Theil des Landes unbefruchtet lassen und die Concurrenz mit den Wegen benachbarter Staaten bestehen sollen, nicht nur möglichst ausgedehnt, sondern auch durch gute Straßenverbindungen leicht zugänglich gemacht werden müssen.(1)

Um die für Erreichung dieses Zieles erforderlichen Mittel flüssig zu machen, und dazu nicht allein die allgemeinen Steuerkräfte, sondern auch jene der nächstinteressirten Betheiligten in gerechtem Verhältniß in Anspruch zu nehmen, war vor Allem ein zeitgemäßes, mit den Grundsätzen der Verwaltungsorganisation von 1863 (Reg.-Bl. S. 399) im Einklange stehendes Straßengesetz nicht länger zu entbehren.

Ein solches kam denn auch unterm 14. Januar 1868 (Reg.-Bl. S. 13) zu Stande. Das Recht der Initiative (das Antragsrecht) zu Entscheidung der Fragen: welche Straßen als Landstraßen zu bauen und zu unterhalten, in den Landstraßenverband aufzunehmen oder aus demselben auszuscheiden sind? ist der Regierung vorbehalten, dagegen müssen die interessirten Gemeinden-, Bezirks- und Kreisvertreter über Pläne und Ueberschläge gehört werden, und den Ständen ist das Recht der Bewilligung oder Versagung der für die Unterhaltung und Verbesserung oder Neubau erforderlichen Geldmittel eingeräumt. Der Einfluß dieses Gesetzes auf die Erweiterung des Landstraßennetzes und auf die Verbesserung der Landstraßen überhaupt war größer als alle früheren Maßregeln zu diesem Zwecke.

Abgesehen davon, daß nach diesem Gesetze alle Gemeindestraßen, die am Ende des Jahres 1867 mit einem Staatsbeitrage unterhalten wurden, vom 1. Januar 1868 an in die Classe der Landstraßen eintraten (2) und daß die damals als weiter nöthig erkannten Straßen oder Hauptverbesserungen an solchen nach den früher bestandenen Grundsätzen unter angemessener Betheiligung der Gemeinden an den Kosten (3) zur Ausführung gebracht und deshalb ein besonderes Gesetz erlassen werden sollte, waren die zur Unterhaltung zum Neubau und

---

(1) Selbst in Indien werden ausgedehnte Straßennetze neben den Eisenbahnen für absolut nöthig erkannt und die Straßen „Ernährer der Eisenbahnen" genannt. Engineer 1872, Sept. S. 199. (2) Diese Straßen hatten eine Länge von 326 Stunden oder 1447,44 Kilom. Am Ende 1867 waren 388 Stunden oder 1724 Kilometer Staatsstraßen vorhanden; 1873 schon 784,50 Stunden oder 3486,50 Kilometer. (3) Nach diesen Grundsätzen waren die Beiträge durch gegenseitige Vereinbarung festzustellen. Nicht nur die Gemeinden, durch deren Gemarkung die zu bauenden oder zu verbessernden Straßen zogen, sondern auch andere dabei interessirte Gemeinden, Corporationen oder Privaten wurden zu Geld- oder Naturalleistungen beigezogen. Nutzen und Leistungsfähigkeit kamen dabei zunächst in Betracht.

zu Hauptverbesserungen von den Gemeinden und Kreisen zu leistenden Beiträge so nieder gestellt, daß die Gemeinden sich bei dem Uebergang eines Gemeindeweges in den Landstraßenverband selbst dann noch in günstiger Lage befanden, wenn sie auch erheblich zu den Neubau-Baukosten beitragen mußten. (1) Hieraus folgte natürlich der Wunsch der Gemeinden, die Landstraßen möglichst zu verbessern und die wichtigen Gemeindewege nach guter Herstellung in Landstraßen zu verwandeln. (2)

74. Höllenthalbahn.

Schon im Jahre 1864, als es sich um die Ausführung einer Eisenbahn durch das Kinzigthal handelte, haben die Bewohner des südlichen Schwarzwaldes um die Herstellung einer Eisenbahn durch das Höllenthal nach Freiburg und Altbreisach auf Staatskosten nachgesucht.

Obgleich nicht zu verkennen war, daß eine Bahn zwischen Donaueschingen und Altbreisach als ein Glied der künftigen möglichst directen Verbindungslinie von Wien nach Paris zu betrachten sei und daß die zur Durchführung dieser Linie in den Gebieten von Oesterreich, Baiern, Württemberg und Frankreich zu erstellenden Bahnen in nicht zu ferner Zukunft zur Ausführung kommen werden, ja selbst theilweise schon in Ausführung begriffen waren, so entschied man sich doch damals zu Gunsten der Kinzigthallinie, weil diese mehr als die Höllenthallinie geeignet erschien, die Concurrenzlinien durch württembergisches Gebiet an den Bodensee und nach der Schweiz unschädlich für die badischen Interessen zu machen.

75. Eisenbahn von Freiburg nach Breisach.

Die Städte Freiburg und Breisach versuchten es hierauf, wenigstens den Bau einer Bahn auf Staatskosten zwischen diesen beiden Orten zu erzielen, da aber eine solche Bahn ohne weiteren Anschluß lediglich die Eigenschaft einer Zweigbahn besitzt, deren Ausführung sich nach den bestehenden Grundsätzen nicht für Staatsrechnung eignet, so kam unterm 11. Februar 1868 (Reg.-Bl. Seite 55) ein Gesetz zu Stande, wornach die Regierung ermächtigt wurde, den Bau und Betrieb einer an die Staatsbahn bei Freiburg sich anschließenden Eisenbahn von Freiburg nach Altbreisach an Gemeinden oder Privatunternehmer zu überlassen, den Betrieb aber auch durch die Verwaltung der Staatsbahnen gegen Vergütung der Verwaltungs- und Betriebskosten besorgen zu lassen, wenn dies erforderlich sein sollte. Für die Dauer der ersten 25 Jahre konnten statt der wirklichen Kosten 50% der Roheinnahme beansprucht werden.

Nach der Urkunde vom 21. April 1868 (Reg.-Bl. Seite 418) erhielten die Gemeinden Freiburg und Altbreisach die Concession zu dem Bau dieser Bahn und der Staat übernahm den Betrieb auf die Dauer von 25 Jahren gegen Entschädigung von 50% Roheinnahme. Die Bahn wurde am 15. September 1871 in Betrieb genommen. Zur Ermittelung einer geeigneten Zugslinie für die Höllenthalbahn wurden 1872 Voruntersuchungen auf Staatskosten angeordnet.

76. Rheinthal-Eisenbahn von Mannheim nach Carlsruhe.

Je mehr sich Handel und Industrie in der Stadt Mannheim hoben und je lebhafter der Verkehr auf der über Heidelberg nach Frankreich und der Schweiz führenden Bahn wurde, desto mehr empfanden die an der früher so belebten Rheinstraße gelegenen Orte zwischen Mannheim und Carlsruhe die Nachtheile des ihnen entzogenen Handelsweges; ihr Verlangen nach dem Besitz

---

(1) Nach den Rechnungen hatten die Gemeinden in den Jahren von 1859 — 1863 durchschnittlich zur Unterhaltung der Vicinalstraßen überhaupt für eine laufende Ruthe 12 Kr., (zwischen 9 und 18,5 Kr.) zu bezahlen. Das Maximum des Beitrags der Gemeinden zur Unterhaltung der Landstraßen ist deshalb in dem Gesetz-Entwurf auf 13 Kr. für die laufende Ruthe bestimmt worden, weil in dem obigen Durchschnitt auch die Kosten für minder wichtige Gemeindewege enthalten sind. In dem Gesetze selbst sind nur 10 Kr. oder 9,52 Pf. als Maximum festgesetzt. Nach dem Entwurf sollten die Kreise, Gemeinden und der Staat je $^1/_3$ des Aufwandes bezahlen. Nach dem Gesetze bezahlen die Gemeinden und der Kreis je $^1/_4$ und der Staat die Hälfte der Unterhaltungskosten. Der Maximalbeitrag der Kreise war mit 2 Kr. von 100 fl. Steuercapital vorgeschlagen, in dem Gesetz ist er auf $1^1/_2$ Kr. bestimmt. Ueberdies übernimmt die Staatscasse nach den §§. 4 und 7 des Gesetzes einen Theil der Gemeindebeiträge, der nachgelassen wird und seit 1868—1876 durchschnittlich pro Jahr 7979 M. betrug. An dem ganzen gesetzlichen Beitrag der Kreise und Gemeinden in der Hälfte des Aufwands bestehend, hat die Staatscasse in den 9 Jahren 1868 — 1875 — 766,840 M., also im Durchschnitt pro Jahr 95,855 M. übernommen. (2) In dem Budget für 1866/67 ist darum der Maximalbeitrag der Gemeinden für den laufenden Meter von 9,52 auf 10 Pf. erhöht worden. Von 924 beitragspflichtigen Gemeinden bezahlen 622 das Maximum, 302 weniger. Die Erhöhung beträgt durchschnittlich für jede Gemeinde der 622: 19,41 M. jährlich, also immer noch wenig. Abgesehen von den erwähnten Nachlässen bezahlten 1875 die Gemeinden des Kreises Lörrach allein als Beitrag soviel zu Unterhaltung der Landstraßen als die Gemeindewege Aufwand für gleichen Zweck fordern. Bei allen anderen Gemeinden stellt sich durchschnittlich der neueste Aufwand für Unterhaltung der wichtigern Gemeinden um 2,5—8,8 Pf. pro laufenden Meter höher, als die Beiträge für Unterhaltung der Landstraßen nämlich auf 11,5—26 Pf. pro laufenden Meter. Die Kreisverbände bezahlten 1875 statt $^1/_4$ des Aufwandes für Unterhaltung der Landstraßen mit 10,11 Pf. pro laufenden Meter nur 10,5 Pf., die Gemeinden statt 10,11 Pf. nur 8,37 Pf. Man sieht hieraus, daß die Beiträge im Ganzen sehr mäßig angelegt sind.

einer Eisenbahnverbindung war deshalb natürlich. Auch die Regierung erkannte, daß eine solche Bahnverbindung nicht allein volkswirthschaftlich, sondern auch zur Erleichterung des durchgehenden Güterverkehrs, von und nach dem Handelsplatze Mannheim von Nutzen sein, und zudem den Bau eines weiteren Geleises zwischen Mannheim und Heidelberg weniger dringend machen werde. Man konnte sich aber dennoch zu dem Bau auf Staatskosten dieser mit der Heidelberg-Carlsruher Bahn in Concurrenz tretenden Linie so lange nicht entschließen, als noch die Hauptlinien des Eisenbahnnetzes der Erweiterung und des Anschlusses an andere Verkehrslinien bedürfen. Ebenso wenig schien es aber räthlich, den Betrieb und Bau einer mit der Staatsbahn concurrirenden Linie an Privatunternehmer in der Art zu vergeben, wie dies bezüglich der Seitenbahnen bisher geschehen war.

Man glaubte ein Auskunftsmittel darin zu finden, daß man die Bahn nach einem bestimmten Programm von Privaten erbauen ließ, dieselbe aber gegen einen jährlichen Pachtzins vom Staate in Betrieb nahm. Das Gesetz vom 20. Februar 1868 (Reg.-Bl. Seite 329) ermächtigte darum die Regierung den Bau einer Eisenbahn von Mannheim über Schwetzingen nach Carlsruhe an Gemeinden, eine Actiengesellschaft oder andere Unternehmer unter der Bedingung zu vergeben, daß der Bauunternehmer die Bahn der Staatsbahnverwaltung gegen einen Pachtzins von jährlich 145,000 fl. für die Dauer von 25 Jahren überläßt und daß die Staatsbahn-Verwaltung nach Ablauf des fünften Betriebsjahres jährlich 5% des Anlagecapitals oder einen größeren Theil, ja selbst das ganze Anlagecapital nach halbjähriger Kündigung an den Bauunternehmer abbezahlen und sich dadurch in den eigenthümlichen Besitz der ganzen Bahn setzen kann. Bei Bestimmung des Pachtzinses war eine 4½ procentige Verzinsung des Baucapitals in Rechnung genommen worden.

Die Concessionsurkunde vom 30. April 1868 (Reg.-Bl. Seite 478) enthält die näheren Bestimmungen über die Ausführung gedachten Gesetzes. Wenn der Staat für die Errichtung dieser Concurrenzbahn ein Opfer brachte, so geschah dies, abgesehen von den Interessen der betheiligten Gemeinden, auch in Rücksicht darauf, daß durch die Abkürzung der Linie Mannheim-Carlsruhe die Concurrenzfähigkeit der durch das Kinzigthal nach der Schweiz führenden Linie erhöht wird, und daß der Bau eines weiteren Geleises zwischen Mannheim und Heidelberg umgangen und dem zuweilen allzugroßen Güterverkehr auf der über Heidelberg führenden Linie eine angemessene Erleichterung gewährt werden kann.

Die Eröffnung dieser Bahn erfolgte im Sommer 1870.

77. Eisenbahn von Heidelberg nach Speyer.

So lange Speyer in seiner Blüthe und ein Hauptstapelplatz an dem Rheine war, stunden die Städte Heidelberg und Speyer mit einander in innigem Geschäftsverkehr, daher auch die westliche Vorstadt von Heidelberg bis in die Neuzeit noch den Namen „Speyerer Vorstadt" führte.

Obgleich jetzt und schon lange Zeit her Mannheim den Hauptanziehungspunkt für Heidelberg bietet, so sind doch die alten freundnachbarlichen Beziehungen zwischen Heidelberg und Speyer nicht nur nicht erloschen, sondern sie haben sich in der Neuzeit wieder inniger geknüpft und zu dem beiderseitigen Wunsche einer Eisenbahnverbindung geführt. Beide Städte haben längst einen Einigungspunkt in dem anziehenden Schwetzingen gefunden und während Heidelberg, die alte Residenz der Churfürsten der Pfalz, die linksrheinischen Pfalzbaiern durch Geschichte und Reiz der Gegend anzieht, finden die Bewohner Heidelbergs und der Umgegend reichen Genuß an den herrlichen Kunstwerken des Kaiserdoms zu Speyer. Aber auch geschäftliche Beziehungen bringen die beiden Städte in neuer Zeit wieder in Verbindung. Diesen Verhältnissen und dem Wunsche Heidelbergs, den Steinkohlentransport aus der baierischen Pfalz zu erleichtern, entsprang das Gesetz vom 2. Februar 1870 (Reg.-Bl. Seite 163), wornach der Bau und Betrieb einer an die Staatsbahn bei Heidelberg und die Mannheim-Carlsruher Rheinbahn bei Schwetzingen, sowie die Fortsetzung von da bis zur Landesgränze in der Nähe von Speyer einem Unternehmer überlassen, der Betrieb jedoch auch von der Staatsverwaltung gegen Vergütung der Kosten übernommen werden kann. Statt der wirklichen Betriebs- und Verwaltungskosten können für die Dauer von 25 Jahren mindestens 25 % der Roheinnahme beansprucht werden.

Die Concessionsurkunde vom 3. April 1872 (Ges.- u. Verordn.-Bl. S. 186) überläßt den Bau der Eisenbahn einer Actiengesellschaft, nachdem unterm 23. November 1871 durch Staatsvertrag mit Baiern ein Uebereinkommen wegen Fortsetzung der Bahn nach Speyer zur Verbindung mit der pfälzischen Bahn getroffen war, (Reg.-Bl. 1872. Seite 176). Die von

Heidelberg nach Schwetzingen führende Alleestraße wurde den Bauunternehmern zur Benutzung für Anlage der Bahn unentgeltlich überlassen.

Die Abtheilung von Heidelberg nach Schwetzingen wurde am 17. Juli 1873, jene bis an den Rhein bei Speyer am 10. December 1873 eröffnet. Der noch immer sehr beschränkte Verkehr zwischen Heidelberg und Speyer zeigt, wie schwierig es ist, lange Zeit unterbrochene Geschäftsverbindungen wieder zu beleben.

Die Bewohner des durch forst- und landwirthschaftliche Producte gesegneten Renchthales waren schon im Jahr 1864 bestrebt, zur Erleichterung des Absatzes ihrer Erzeugnisse und zur Beförderung des Personenverkehres mit den Renchbädern (1) den Bau einer Zweigbahn von Appenweier nach Oppenau zu erringen. Da dem ursprünglichen Ansinnen, den Bau auf Staatskosten auszuführen, nicht entsprochen wurde, ermächtigte ein Gesetz vom 16. April 1870 (Reg.-Bl. Seite 334) die Regierung den Bau und Betrieb einer solchen Bahn an Privatunternehmer zu überlassen oder Verwaltung und Betrieb auf Staatskosten gegen Vergütung der Kosten oder für die Dauer von 25 Jahren gegen eine Vergütung von mindestens 55 Procent der Roheinnahme zu übernehmen. 78. Renchthal-Eisenbahn.

Da sich ein Unternehmer nicht gemeldet hatte, so unterblieb der Bahnbau bis zum Jahr 1874. (Siehe unten.)

Die unvergängliche Erinnerung an die einstige Blüthe des Handels zwischen den Städten Oberdeutschlands, der östlichen Schweiz und des südlichen Frankreichs einerseits und Italiens anderseits, welcher so lange Zeit hindurch auf dem directen Verkehr über die Alpen beruhte, hatte schon in den letzten drei Jahrhunderten das Bestreben, dies- und jenseits der Alpen hervorgerufen, durch Verbesserung der Straßen und namentlich der Alpenpässe dem alten Handelswege eine neue Belebung zuzuführen. Obgleich, wie oben erwähnt, schon die Etruscer und Kelten die Alpen wegsam gemacht, und die Römer diese Anlagen wesentlich verbessert hatten, so konnte man doch meistens die Uebergänge nur mit Saumthieren, (2) nicht mit Wagen benützen. 79. Eisenbahn über den St. Gotthard.

Kaiser Maximilian I. ließ zwischen Innsbruck und Verona über den Brenner, den niedersten Uebergang über die Alpen, eine Fahrstraße erbauen, die er im Jahr 1518 als Hauptstraße zwischen Tirol und Italien erklärte. Auch die Straße von Mailand über den Splügen nach Augsburg und Nürnberg erfuhr schon im 16. Jahrhundert erhebliche Verbesserungen.

Der Mont-Cenis galt bei den Galliern als der beste Uebergang über die Alpen an den Po; Pompejus, Caesar, Claudius, Britannicus, Constantin, Pipin, Carl der Große, Ludwig der Fromme, Heinrich IV., Pius VII. u. s. w. benutzten diesen Paß. Napoleon I., der ihn dreimal überschritt, verbesserte viel an der Straße. (3) Ebenso hatte Emanuel Philibert von Savoyen nach Kräften auf bessere Verbindung über die Alpen hingewirkt. Kaiser Karl VI. (1728) ließ, nachdem er 1719 Triest zum Freihafen erklärt hatte, zur Verbindung von Wien mit diesem Hafenplatz eine fahrbare aber steile Straße über den Semmering erbauen, die 1804 corrigirt wurde. Franz I. corrigirte die Straße von Laibach nach Triest. Als im Jahr 1821 das erste Dampfschiff von Triest nach Venedig seine Fahrten eröffnete, wurde auch zwischen Triest und Venedig eine gute Landstraße hergestellt und in Venedig ebenfalls ein Freihafen errichtet. (4) Kaiser Josef II. ließ an Stelle eines Saumweges über den Arlberg eine Straße anlegen. (5) Die jetzige ist 1824 hergestellt.

Eine kunstgerechte Anlage erhielt die Semmeringstraße erst 1827—1830.

Ueber den Simplon wurde auf Grund der Decrete der französ. Republik von 1800 und 1804 eine kunstgerechte Straße zur Verbindung von Mailand mit Genf erbaut. 1801 wurde von Domodossola bis Brieg, 1804 von Domodossola bis Mailand gebaut. (6)

Der von Oestreich verbesserte Paß über den Splügen, der schon in dem intinerarium Antonini Augusti angegeben wird, erhielt seit Eröffnung der 1818—1826 auf Kosten Mailands erbauten Via mala (zwischen Splügen und Tusis)(7) die größte Frequenz zwischen Italien und Graubünden, so daß diese Route bei ihrer guten Anlage bald jene über den Septimer überflügelte, welche 3 Stunden länger ist.(8)

---

(1) Im Jahre 1875 waren in den Renchbädern 4087 Gäste. Statist. Jahrb. S. 66. (2) In den Alpen verstund man unter Saum eine Roßlast von 2 Legeln = ca. 100 Maß. Die Pferdebesitzer hießen Säumer, die Wege „Saumwege". (3) Jul. Schanz, Der Mont-Cenis. Sprecher, Rhätische Chronik v. 1672. (4) C. Czörnig, Freihafen von Venedig 1831. (5) A. Schaubach, Nordtirol 1866. (6) Die Cimbern und römische Feldherrn hatten diesen Paß benützt. (7) Die Via mala war 1450 kaum benützbar. Sprecher, Rhät. Chronik. (8) Der Splügen-Paß hat am wenigsten Schnee.

In den Jahren 1820—1824 wurde auch der Saumweg über den **Bernardino** mit erheblichem Beitrag Sardiniens in eine Fahrstraße umgewandelt. Der Splügen-Paß wurde seither mehr als der Bernardino benutzt, weil die Genueser ihre Waaren wegen sicherer Rückfracht lieber über Mailand als über Ancona sendeten, und weil über Mailand schneller spedirt wurde.

Auch über das **Stilfser Joch**, wo einst ein gepflasterter Saumweg bestand, baute Oesterreich 1820—1824 mit besonderer Rücksicht auf militärische Zwecke eine Kunststraße, die, als die höchste in Europa, ihrem Zwecke nicht entsprach und jetzt nur noch von Touristen benutzt wird. Zur Verbindung von Tirol mit Venedig wurde 1823 und 1824 über die karnischen Alpen von Venedig nach Brixen die sogenannte strada d'allemagna (Ampezzanerstraße) von Conegliano längs der Piave über Ampezzo gegen das Pusterthal mit gutem Gefäll hergestellt und 1830 bis Brixen in Tirol fortgesetzt.

Ueber den **Gotthard** wurde 1827—1830 eine gute Fahrstraße erbaut. (1)

Andere Wegverbesserungen kamen bis in die neueste Zeit in kleinerem Maßstabe zur Förderung des Verkehrs über die Alpen zur Ausführung.

Diesen mit Erfolg gekrönten Bestrebungen (2) folgte in neuester Zeit naturgemäß der Gedanke, die Alpenübergänge auch durch Schienenwege zu erleichtern.

Oesterreich begann schon 1848 mit dem Bau der Bahn über den **Semmering** (3) und 1864 mit dem Bau der sog. Tiroler Bahn über den **Brenner**; (4) Frankreich und Sardinien folgten mit der Bahn über den **Mont-Cenis**; (5) Italien begann den Bau einer Bahn durch das Rhone-Thal über den **Simplon** und von Mantua nach Modena über Guastalla zum Zweck einer geraden Verbindung zwischen dem mittleren Italien und der Brennerbahn.

Durch die Semmering- und Brennerbahn wurden die Handelsverbindungen von Oesterreich und Baiern mit Triest, Venedig, Verona und Mailand, durch die Mont-Cenisbahn jene von Frankreich und der südlichen Schweiz mit Turin und Mailand gefördert, dagegen entbehren die Ost- und West-Schweiz und die meisten jetzigen deutschen Reichsstaaten zur Zeit noch der Wohlthat einer directen Schienenverbindung mit Italien, indem die Brennerbahn jetzt allen Verkehr mit Deutschland, dem größeren Theil der Schweiz und nordöstlichen Frankreich, Belgien, Holland, England, Dänemark, Schweden 2c. auf einem großen Umwege vermittelt. Es ist dies umsomehr zu bedauern, als die besten Erzeugnisse der Levante und Italiens, wie Oele, Wein, Südfrüchte, feine Baumwolle, Reis, Farb- und Gerbstoffe, Seide, Schwefel seit langer Zeit wieder den Landweg über die Alpen nehmen, mithin ein großer Theil hiervon, der für Oberdeutschland, die westliche Schweiz und für die nordischen Häfen bestimmt ist, unzweifelhaft sich jener Eisenstraße bedienen werden, die auf kürzestem Wege in das Rheinthal führt. (6)

Obgleich seit 1847 Projecte verschiedener Art für eine directe Bahnverbindung mit Italien Gegenstand reiflichster Erwägung gewesen sind, so scheiterte doch deren Ausführung theils an dem Kampf über die Wahl der Zugsrichtung, theils an dem großen Aufwande. (7)

Italien hatte schon 1866 auf Grund eines technischen Gutachtens den St. Gotthard als zweckmäßigsten Uebergang erkannt, obgleich Genua den Lucmanier und Mailand den Splügen empfahlen.

Baden, früher dem Lucmanier geneigt, war der erste deutsche Staat, der, wenn auch mit Aufopferung mancher Eigeninteressen bezüglich der Landestheile am Bodensee, sich dem Gotthard-Projecte anschloß, weil dieses die meiste Aussicht auf baldige Ausführung darbot. Preußen und Württemberg folgten. Auch die Schweiz glaubte trotz der widerstreitenden Cantonsinteressen sich der Mehrheit anschließen zu müssen. (8)

---

(1) Meyer, Bergstraßen durch Graubünden. J. Baumgartner, Die Kunststraßen über die Alpen 1834. (2) Mit einem Pferde fördert man jetzt die Ladung von 3 Saumthieren, also etwa 9 Centner über die meisten Alpenpässe. (3) Die Semmeringbahn wurde 1854 eröffnet; der Bauaufwand betrug 19 Mill. fl. (4) Die Brennerbahn wurde 1867 eröffnet, und damit Süd- und Nord-Tirol verbunden. (5) Die Mont-Cenisbahn ist 1871 dem Verkehr übergeben worden. (6) A. Lips sagte schon 1836 in einer Druckschrift über die Wiedergeburt des Welthandels in Deutschland: „Wenn man mittelst der Eisenbahnen die alten directen Straßen nach Italien mit vermehrter Schnelligkeit und Sicherheit auf geraden Linien einhalten kann, was kann noch hindern, daß der Handel des mittelländischen Meeres aus seinem gegenwärtigen Scheintode zu neuem Leben erwacht, und Genua, Venedig, Triest 2c., wie die oberdeutschen alten Handelsstädte wieder die Hauptstapelplätze für den Verkehr zwischen Orient und Occident werden?" (7) Die Kosten waren für die Gotthardlinie auf 184,5, später auf 164, für die Lucmanier-Linie auf 163, für Splügen auf 166 Mill. Francs überschlagen. (8) Die mittlere Schweiz war für Gotthard, die östliche für Lucmanier event. Splügen, die westliche für Simplon. Die Lucmanierlinie bietet die geringsten Bauschwierigkeiten, der Gotthardübergang liegt tiefer als jener über den Splügen.

Die Vertreter des Norddeutschen Bundes, Badens, Württembergs, Italiens und der Schweiz einigten sich unterm 30. October 1869 über den Bau einer Eisenbahnverbindung über den St. Gotthard und zwar über die Erstellung folgender Eisenbahnlinien:

Luzern — Küßnacht — Immensee — Goldau; Zug — St. Adrian — Goldau; Goldau — Fluelen — Biasca — Bellinzona; Bellinzona — Lugano — Chiasso; Bellinzona — Magadino — italienische Gränze gegen Como mit Zweigbahn nach Locarno, welches Netz eine Länge von circa 263 Kilometern erhält. (1)

Die Baukosten wurden auf 187 Mill. Frs. berechnet, wovon 85 Mill. durch Subvention der betheiligten Staaten a fond perdu, 34 Mill. durch Actien und 68 Mill. durch Obligationen gedeckt werden sollten. Von der Subvention übernahm Italien 45, die Schweiz und Deutschland je 20 Mill. Francs. Von letztern übernahm das Reich 8, die Eisenbahnen 12 Mill. und unter diesen Baden 3 Mill., resp. 2,717,000 Frs. = 2,173,600 Mark. Am Ende 1874 waren die Linien Biasca-Bellinzona, Lugano-Chiasso dem Verkehr eröffnet. Der Aufwand wurde aber 1875 im Ganzen auf 289 Mill. Frs., also um 102 Mill. höher berechnet. Die Vollendung soll bis 1880 erfolgen.

Das Gesetz vom 16. April 1870 (Ges.- u. Verordn.-Bl. Seite 336) genehmigte die erwähnte Betheiligung Badens an der Ausführung dieses Baues, mit vorzugsweiser Rücksicht auf die Erhaltung und weitere Ausbildung des Handels- und Gewerbeverkehres zwischen Baden, der östlichen Schweiz und Italien, sowie auf die Vermehrung der Güter- und Personenfrequenz der Rheinthalbahn, insbesondere aber auch auf die Rentabilität der im Bau begriffenen Schwarzwaldbahn. (2)

Es blieb dabei übrigens nicht außer Acht, daß die Schweiz, welche jetzt die Colonialwaaren aus holländischen, belgischen und norddeutschen Häfen durch Vermittelung der Rheinschifffahrt und der badischen Rheinthalbahn bezieht, auch überseeische Producte von den italienischen Seeplätzen empfangen werde, sobald die Gotthardbahn besteht, wodurch der Rheinschifffahrt und der Rheinthalbahn manche Güter entgehen. Solche locale Interessen konnten natürlich nicht entscheidend sein, wo es sich darum handelte, eine Weltbahn zu bauen, welche für Mittel-Europa den kürzesten Weg nach dem Orient eröffnet, nachdem durch den Suezcanal (3) die Route über Aegypten fast eine ausschließliche zu werden Aussicht hat, wie dies die alljährliche Vermehrung der Schiffe und die im Jahre 1874 in Konstantinopel gefaßten Beschlüsse einer internationalen Commission über die Bestimmung des Zolls erwarten läßt.

Der Bau dieser Bahn begann 1872, seine Vollendung ist in 7—8 Jahren zu erwarten.

Nach dem Abschluß der oben erwähnten Vereinbarung vom 30. October 1869 war es nicht mehr zweifelhaft, daß der Bau einer Bahn von Luzern über den St. Gotthard nach Italien ausgeführt und das frühere Project einer Eisenbahn von Chur über den Lucmanier in weitere Ferne gerückt sei. (4)

80. Wuttachthal-Eisenbahn.

Eine baldige Verbindung der Schwarzwaldbahn mit der von Basel nach Luzern führenden schweizerischen Bahn, in möglichst direkter und kurzer Linie, war darum unumgänglich nothwendig. Zu diesem Ende empfahl sich am meisten die Linie von Donaueschingen durch das Wutachthal nach Waldshut, weil sie für den Verkehr von Mannheim, Donaueschingen und Rottweil nach Zürich und Turgi zu dem Gotthard-Uebergang nach der wirklichen Länge den kürzesten und hin-

(1) Die Zugslinie über den Gotthard stellte sich für den Verkehr zwischen Berlin und Genua um 71 Kilometer kürzer, als jene über den Brenner. Die Entfernungen von Basel, Waldshut, Schaffhausen und Singen nach Mailand stellten sich gegenüber dem Zug über den Lucmanier zu Gunsten des Gotthard, von Constanz über Rohrschach aber zu Gunsten des Lucmanier. (2) Man hatte berechnet, daß durch den Betrieb der Gotthardbahn ein weiteres Güterquantum von circa 350,000 Centnern und eine Personenfrequenz von 4000 zugehen und in Folge dessen der Reingewinn für die Strecke Mannheim-Basel jährlich 67,488 fl. betragen werde, welche Summe einem 5 Procent rentirenden Capital von 1,349,780 fl. entspricht. Siehe Beilage zum Protokoll der 65. Sitzung der II. Kammer von 1870. (3) Der 162 Kilometer lange, 8 Meter tiefe und 60—100 Meter breite Canal von Port-Said bis Suez wurde am 17. November 1869 eröffnet. Die Kosten betrugen 400 Millionen Francs. Auf diesem Wege gehen jetzt schon große Mengen ostindischer Güter nach Baiern und in die Schweiz zum Nachtheil des Rheinverkehrs. (4) Das Comité der vereinigten Schweizerbahnen, welches das Lucmanier-Project unterstützt hatte, wurde sofort von den Actionären ermächtigt, nun für das Splügen-Project zu wirken, allein diese Aufgabe schien mit größeren Schwierigkeiten verknüpft und ihre Lösung sehr zweifelhaft.

sichtlich der sog. virtuellen Länge,(¹) mit Ausnahme der Rheinthalbahn nach Basel, den günstigsten Zug bietet und darum die Concurrenz mit allen anderen Bahnen ertragen kann. Zudem ist diese Zugslinie aus volkswirthschaftlichen wie aus finanziellen Gründen, die vortheilhafteste für die Interessen Badens.

Das Gesetz vom 16. April 1870 (Ges.- u. Verord.- Bl. Seite 331) ermächtigte daher die Regierung zu dem Bau dieser Bahn auf Staatskosten, zugleich aber auch zu Ertheilung einer Concession für den Bau einer Bahnverbindung zwischen Stühlingen und Beringen (Station auf der Bahn von Waldshut nach Schaffhausen) und zu dem Betrieb dieser Bahn.

Der Bau der Donaueschingen-Waldshuter Bahn begann 1872 zwischen Lauchringen und Stühlingen und die Eröffnung dieser Abtheilung erfolgte am 22. April 1875; die übrige Abtheilung ist nun im Bau begriffen und Stühlingen-Waizen am 15. October 1876 eröffnet. Für den Bau der Stühlingen-Beringer Bahn hat sich bis jetzt noch kein Unternehmer gefunden.

81. Neckarthal-Eisenbahn. Dasselbe Gesetz bestimmt in Artikel 2 ferner, daß von Eberbach über Hirschhorn und Neckarsteinach im Anschluß an die Odenwaldbahn bei Neckargemünd eine Eisenbahn auf Staatskosten erbaut werden soll, wenn mit der großherzoglich hessischen Regierung wegen des hierbei berührt werdenden hessischen Gebietes eine Verständigung erzielt wird.

Behufs Fortsetzung dieser Bahn von Eberbach über Beerfelden im Anschluß an die hessische Odenwaldbahn bei Erbach wurde die Regierung ermächtigt, eine Concession zum Bau und Betrieb einer Bahn auf badischem Gebiet zu ertheilen.

Schon bei Bestimmung der Zugslinie für die Odenwaldbahn hoffte die gewerbthätige Stadt Eberbach, daß die Zugslinie von Neckargemünd durch das Neckarthal über Eberbach nach Neckarelz geführt werde. Die natürlichen Hindernisse für diesen Bau, der größere Aufwand und der Umstand, daß eine Bahn in dem engen, wenig bevölkerten Neckarthale nur wenigen Gemeinden leicht zugänglich wäre, vereitelten jene Hoffnung.

Durch den Bau einer Eisenbahn von Neckargemünd bis Eberbach und die Fortsetzung von hier bis Erbach sollte nun die Stadt Eberbach der Wohlthat einer Eisenbahnverbindung mit dem oberen und mittleren Rheinthale, wie mit Darmstadt, Frankfurt u. s. w. theilhaftig werden.

Die in dem Gesetz bedungene Verständigung mit Hessen konnte erst 1876 erzielt werden.

Sowohl von Seiten Hessens und Württembergs wie von Eberbach wurde übrigens auch eine Bahnverbindung von Eberbach nach Neckarelz und Heilbronn angestrebt.

82. Eisenbahn von Mannheim nach Worms. (Riedbahn.) In Artikel 3 des gedachten Gesetzes wurde die Regierung ferner ermächtigt, der Stadtgemeinde Mannheim die Concession zum Bau und Betrieb einer Eisenbahn von Mannheim auf badischem Gebiet in möglichst directer Richtung nach Worms zu ertheilen.

Zu Fortsetzung dieser Bahn auf hessischem Gebiet und zum Anschluß an die sog. Riedbahn hatte sich die hessische Ludwigsbahngesellschaft bereit erklärt.

Obgleich diese Bahnverbindung mit der Main-Neckarbahn für den Verkehr in der Richtung von Frankfurt und Aschaffenburg über Darmstadt nach Mannheim und Karlsruhe in Mitbewerbung treten wird, glaubte man doch mit Rücksicht auf die der Stadt Mannheim durch die über Friedrichsfeld gewählte Zugslinie der Main-Neckarbahn zugegangenen Nachtheile und in Betracht, daß durch die directe rechtsrheinische Eisenbahnverbindung mit Worms der badischen Bahn schon bei Worms Güter von der linksrheinischen Bahn zugehen werden, dem Gesuche der Stadt Mannheim um die gedachte Concession entsprechen zu sollen.

83. Eisenbahn v. Constanz nach Romanshorn. Schon im Jahre 1858, als der Vertrag mit der schweizerischen Eidgenossenschaft und dem Canton Schaffhausen über Fortsetzung des Bahnbaues von Waldshut durch Schaffhauser Gebiet nach Constanz abgeschlossen wurde, setzte man badischerseits voraus, daß diese Bahn auch von Constanz auf der Südseite des Bodensee's eine Fortsetzung in der Richtung nach dem oberen Rheinthal und später auch über die Alpen nach Italien finden werde.

Dieser Gedanke war durch den im Jahre 1867/69 erfolgten Bau einer Eisenbahn von Romanshorn nach Rohrschach schon der Ausführung näher gerückt.(²)

Da aber die schweizerische Nordostbahngesellschaft, welche Besitzerin der Bahn von

---

(¹) Um die sogenannte virtuelle Länge einer Bahn zu finden, addirt man sämmtliche Steigungen der Bahn sowohl in der einen als in der andern Richtung und multiplicirt diese Summe mit 150. Ferner addirt man die Zahl der Grade sämmtlicher Curven oder Krümmungen und multiplicirt diese Summe mit 18.$_{489}$. Beide Producte addirt zur wirklichen Bahnlänge geben die virtuelle Länge. (²) Diese Bahn wurde am 15. Oct. 1869 eröffnet.

Winterthur nach Romanshorn geworden ist, in der Bahn von Waldshut über Schaffhausen, Constanz und Romanshorn, sowie für die im Jahre 1853 concessionirte Linie Winterthur-Rohrschach eine nachtheilige Concurrenzlinie für die Bahnen von Waldshut und von Schaffhausen nach Winterthur und Romanshorn erblickte, widersetzte sie sich auf Grund des § 3 der Concessionsurkunde von 1852 (1) der Fortsetzung der Bahn von Constanz nach Romanshorn und die Bundesversammlung glaubte, von ihrer Befugniß, welche der § 17 des Bundesgesetzes von 1852 über den Bahnbau giebt, keinen Gebrauch machen zu sollen.

Nachdem aber das schon im Jahre 1863 aufgetauchte Project eines Bahnbaues von Schaffhausen nach Kreuzlingen schweizerischerseits immer mehr Unterstützung fand, und auch eine Bahn von Singen nach Andelfingen angestrebt wurde, überdies aber durch die in naher Aussicht gestandenen Anschlüsse der württembergischen Donau- und Neckarthalbahn, sowie badischen Schwarzwaldbahn in Singen beziehungsweise Radolfzell eine vermehrte Frequenz für die Constanzer Bahnlinie zu erwarten war, und überdies die Erstellung einer Bodenseegürtelbahn in nicht ferner Aussicht stund, setzte die schweizerische Nordostbahn-Gesellschaft, welche die Bahn von Rohrschach nach Romanshorn am 15. October 1869 eröffnet hatte, im Jahre 1870 den Bahnbau Romanshorn-Kreuzlingen längs dem See fort und es kam über den Anschluß dieser Bahn in Constanz unterm 10. December 1870 zwischen Baden und dem schweizerischen Bundesrath ein Vertrag zu Stande (Gesetz- u. Verordn.-Bl. 1871, Seite 100), der im Wesentlichen bestimmte, daß die laut Vertrag der Nordostbahn mit Thurgau bis 1. Juni 1871 zu vollendende Bahn von Romanshorn nach Kreuzlingen mit dem Bahnhof in Constanz in directe Verbindung gebracht und jede Regierung den Bau auf ihrem Gebiete ausführen soll.

Der Betrieb der Bahn bis Constanz wurde den schweizerischen Concessions-Inhabern überlassen. (2)

Für den Fall, daß eine Bahn von Schaffhausen nach Kreuzlingen beziehungsweise Constanz theilweise durch badisches Gebiet oder ganz durch Schweizer-Gebiet geführt werden soll, gestattet die badische Regierung den Anschluß derselben mit der badischen Staatsbahn und mit dem Bahnhof in Constanz.

84. Gesetz-Entwurf über Local-, Zweig- u. Verbindungs-Eisenbahnen.

Um den Bau derjenigen Eisenbahnen zu fördern, welche ihrer localen Bedeutung wegen der Privat-Industrie überlassen werden müssen, hat die großherzogl. Regierung unterm 28. September 1869 der II. Kammer der Stände den Entwurf eines Gesetzes zur Zustimmung vorgelegt, wodurch allgemeine Bedingungen festgestellt werden sollten, unter denen die Regierung ohne ständische Mitwirkung Concessionen zu dem Bau und Betriebe von Locomotiv-Eisenbahnen verleihen konnte, die als Zweig- oder Verbindungslinien der Hauptbahnen dienen, oder ohne directe Verbindung mit diesen nur localen Zwecken gewidmet sind. Man wollte damit einerseits zu der Ausführung solcher Unternehmungen überhaupt ermuntern, anderseits aber die rasche Erledigung einkommender Concessionsgesuche sichern. Die wesentlichsten Zugeständnisse, zu welchen die Regierung sich ermächtigen lassen wollte, bestunden: in der Anwendung des Zwangsabtretungsgesetzes, Befreiung von Liegenschaftsaccise, Kaufbriefsgebühren, Schenkungsaccise, Taxfreiheit für die Concession, Stempel, Sportel- und Taxfreiheit für alle auf Bau und Betrieb bezüglichen Angelegenheiten, Befreiung von Grund- Häuser- und Gewerbesteuer, sowie von Gemeinde- und Kreisumlagen bezüglich der Eisenbahn und deren Bauwerken, Anwendung des Gesetzes vom 28. März 1844 bezüglich der Hinterlegung der Cautionen der Unternehmer; sodann in Ueberlassung von Landstraßen und Dämmen der im Verband befindlichen Flüsse, soweit dies ohne Beeinträchtigung öffentlicher Interessen zulässig ist, und in Mitbenützung der Staatsbahnen und Stationsplätze ohne Beeinträchtigung des Betriebs der letzteren und ohne Kosten für die Staatscasse.

Da die Stände Anstand nahmen, einem solchen Gesetze ihre Zustimmung zu geben, wurde die Regierungsvorlage zurückgezogen.

85. Gesetz v. 1870 über Vervollständigung des Landstraßennetzes.

Zum Vollzug des § 22 des Straßengesetzes von 1868 wurde unterm 16. Mai 1870 (Ges.- u. Verordn.-Bl. S. 377) ein weiteres Gesetz über die Vervollständigung des Landstraßennetzes erlassen, nach welchem 127 Straßen, die entweder schon Landstraßen sind, oder in diese Klasse einzureihen sind, innerhalb 8 Jahren einer gründlichen Verbesserung nach Maßgabe der neuesten

(1) Dieser Paragraph lautet: Der Canton Thurgau verpflichtet sich, während der nächsten 30 Jahre, vom 1. Januar 1853 an gerechnet, weder eine Eisenbahn durch das Thurthal in der Richtung über Frauenfeld nach Romanshorn oder von Constanz nach dem letztern Ort auszuführen oder eine Concession dazu zu ertheilen.
(2) Die Bahn von Kreuzlingen bis Constanz wurde am 1. Juli 1871 eröffnet.

Verkehrsansprüche unterworfen werden sollen. Der zu diesem Ende erforderliche Aufwand wurde von der technischen Oberbehörde schätzungsweise ermittelt, da es an allen Vorarbeiten fehlte, ja sogar die für die erforderlichen Straßencorrectionen einzuhaltenden Zugslinien noch in Frage und die Wünsche und Bedürfnisse der Interessenten noch nicht bekannt waren. Der in dem Gesetze bewilligte Staatsaufwand ist deshalb auch in dem Bewußtsein von der Regierung beansprucht und von den Ständen bewilligt worden, daß sich entweder eine Unzulänglichkeit oder ein Ueberschuß ergeben werde. Für den letzteren Fall vereinbarte sich die Regierung mit den Ständen über die Verbesserung einiger weiterer gewünschter Straßenverbesserungen.

Die Gesammtbewilligung betrug 3,250,000 fl. = 5,571,429 Mark, wozu noch die mit den Interessenten zu vereinbarenden Beiträge (§ 22 des Gesetzes von 1868) in nicht voraus zubestimmender Größe kamen, beziehungsweise für die gleichen Zwecke verwendet werden konnten. (1)

Der Vollzug dieses Gesetzes begann sofort. Die betreffenden Gemeinderäthe, Bezirksräthe und Kreisausschüsse wurden über die einzelnen Bauprojecte gehört.

86. Eisenbahn v. Germersheim nach Bruchsal.

Bald, nachdem Bruchsal durch eine Eisenbahn über Mühlacker mit Ulm in directe Verbindung gesetzt war, wurde in militärischen Kreisen der Wunsch laut, auch die Festung Germersheim mit Bruchsal durch eine Eisenbahn zu verbinden. Dieser Wunsch fand natürlich in Württemberg Unterstützung, da die Bahn von Bruchsal nach Bietigheim und weiter durch eine solche Verbindung nur gewinnen kann. Auch von Bruchsal wurde dieses Project bevorwortet.

Da durch eine solche Verbindung sowohl die Bahn von Mannheim nach Bruchsal wie auch die Bahn von Maxau über Pforzheim nach Mühlacker beeinträchtigt wird, verständigte man sich mit Baiern über Herstellung einer Militärstraße von Bruchsal bis Germersheim.

Diese Straße wurde bei Anfang des Krieges im Jahre 1870 zu dem Bau einer provisorischen Eisenbahn nach Germersheim verwendet, die nach Beendigung des Krieges wieder abgebrochen wurde. (2)

Die durch den Friedensschluß eingetretenen politischen und Verkehrsverhältnisse verlangten Eisenbahnverbindungen mit dem Reichslande, da die bis dahin bestandenen Bahnen dem Verkehre nicht mehr genügten. Insbesondere setzte man baierischerseits die Germersheim-Landauer Bahn nach Zweibrücken und nach dem Saargebiet fort.

Unter diesen Umständen erschien die von Baiern wiederholt angestrebte Bahnverbindung von Bruchsal mit Germersheim nicht länger zu umgehen und die früher besorgten Nachtheile schienen wenigstens zum Theil dadurch ausgeglichen, daß die baierische Regierung durch Herstellung einer Bahn in der südlichen Pfalz von Germersheim über Landau nach Zweibrücken, sowie durch Fortsetzung der Bahn Winden-Bergzabern zum Anschluß an die Landau-Zweibrückner Linie weitere Verbindungen mit dem badischen Bahnnetze herzustellen übernahm. (3)

87. Eisenbahnen v. Heidelberg n. Speyer, von Bruchsal nach Germersheim, v. Miltenberg nach Seckach und von Wertheim nach Lohr.

Die großherzogliche Regierung glaubte jedoch mit dem Abschluß eines desfallsigen Vertrages mit Baiern auch die weiteren, theils im badischen, theils im baierischen Interesse liegenden Bahnanschlüsse sichern zu müssen. Der Staatsvertrag vom 23. November 1871 (Ges.- u. Verordn. Bl. v. 1872 S. 176) verbreitet sich deshalb nicht nur über die Bahn von Bruchsal nach Germersheim, sondern auch über die Fortsetzung der Heidelberg-Schwetzinger Bahn nach Speyer, wovon oben schon die Rede war, und über Eisenbahnverbindungen von Seckach oder Osterburken nach Miltenberg und von Wertheim nach Lohr.

Die Verbindung des Neckarthales mit dem Mainthale ist vorzugsweise im Interesse eines größeren Theiles des badischen Odenwaldes wünschenswerth und es steht zu hoffen, daß auch in nicht ferner Zeit von Miltenberg auf der linken Mainseite eine Bahnverbindung nach Wertheim zu Stande kommt.

Die Fortsetzung der Tauberthalbahn nach Lohr bringt die badische Odenwaldbahn mit der baierischen Spessartbahn, der Fulda-Bebra und der Thüringer Bahn in Verbindung. Ohne diese Fortsetzung würde die Tauberthalbahn von Lauda abwärts weder rentabel noch volkswirthschaftlich nützlich werden.

Der größte Theil der Bahn nach Lohr liegt auf baierischem Gebiet.

---

(1) Diese Beiträge waren auf 278,860 fl., also auf ca. neun Procent der Bewilligung geschätzt. (2) Die einspurige 1,2 Meilen lange Militärbahn von Bruchsal bis zum Brückenkopf bei Germersheim wurde von der Bauverwaltung in 12 Tagen erbaut und am 4. August 1870 eröffnet. (3) Bis 1876 war zur Erfüllung des Vertrags von beiden Seiten noch wenig geschehen. Auf badischem Gebiet kam die Bahn bis zum Rhein bei Rheinsheim am 23. November 1874 in Betrieb. Die Rheinbrücke ist der Vollendung nahe. Die Eisenbahn von Straßburg nach Laufenburg kam im Juli 1876 mit Germersheim in Verbindung.

Bei allen diesen Bahnverbindungen ist der Grundsatz eingehalten, daß jede Regierung die Bauten in ihrem Gebiet auf eigene Kosten herstellt. Die Brücke über den Main wird auf gemeinschaftliche Kosten erstellt.

Die badische Bahnverwaltung erhält den Betrieb der Seckach-Miltenberger Bahn, die baierische Bahnverwaltung den der Bahn von Wertheim nach Lohr.

Bezüglich der Speyerer und Germersheimer Bahn steht der Betrieb Baden bis zur Brücke bei Speyer, beziehungsweise bis zur Endstation Germersheim zu.

Von den genannten Stellen bis Speyer und Germersheim betreibt die pfälzische Bahn, jedoch ohne Wagenwechsel.

Schon in dem Gesetz über den Bau der Wiesenthalbahn von Basel nach Schopfheim vom 5. Juni 1860 wurde die Regierung ermächtigt, die für die Linie Basel-Schopfheim geltenden Bestimmungen auch auf die Fortsetzung der Bahn bis Zell anzuwenden. **88. Eisenbahn v. Schopfheim n. Zell im Wiesenthal.** Siehe Nr. 54.

Diese Fortsetzung lag natürlich in dem Interesse der vielen im hinteren Wiesenthal befindlichen Fabriken und der dort lebhaft betriebenen Kleingewerbe. Um nun die Fortsetzung der Bahn bis Zell möglichst zu unterstützen, wurde durch Gesetz vom 14. März 1872 (Reg.-Bl. S. 199) bestimmt, daß die für die Linie Basel-Schopfheim zugesicherte Ergänzung des Reinertrags auf die Höhe von 4% des Anlagecapitales bezüglich der Bahn von Schopfheim bis Zell auf 20 Jahre ausgedehnt werde.

Nach der Concessionsurkunde vom 17. November 1872 (Reg.-Bl. S. 369) wurde der Bau und Betrieb der Schopfheim-Zeller Bahn einer Actiengesellschaft überlassen, jedoch die Uebernahme des Betriebes von der Staatsverwaltung einem besonderen Uebereinkommen vorbehalten.

Diese Bahn wurde 5. Februar 1876 eröffnet und sie wird von der Staatsbahn-Verwaltung betrieben.

In der Aussicht auf baldige Eröffnung der im Bau begriffenen Bahnen von Schwackenreuthe nach Pfullendorf, von Meßkirch nach Mengen, von Hausach nach Villingen und von Donaueschingen nach Oberlauchringen erschien es nothwendig in Bälde dafür zu sorgen, daß die gedachten Linien auf möglichst kurzem Wege und einer Weise in Verbindung gebracht werden, daß der große durchgehende Verkehr dabei gefördert wird. Es ergab sich, daß die zweckmäßigste Linie zwischen Hattingen und Schwackenreuthe über Gallmannsweil, Liptingen, Emmingen ob Egg ausgeführt werden könne. **89. Eisenbahn von Schwackenreuthe nach Hattingen.**

Das Gesetz vom 30. März 1872 (Reg.-Bl. S. 200) ermächtigt daher die Regierung, diese Bahn auf Staatskosten zu erbauen und die Vorarbeiten alsbald in Angriff zu nehmen.

Die industriellen Unternehmungen des Elzthales haben in der Neuzeit einen so erfreulichen Aufschwung genommen, daß den dortigen Bewohnern, namentlich aber der thätigen Stadt Waldkirch, der Gedanke nahe lag, eine Eisenbahnverbindung mit der Rheinthalbahn bei Denzlingen anzustreben. **90. Eisenbahn im Elzthal von Denzlingen nach Waldkirch.**

Regierung und Stände billigten daher das im Jahr 1871 gestellte Gesuch der Gemeinde Waldkirch um Ertheilung einer Concession für Bau und Betrieb einer Eisenbahn von Denzlingen nach Waldkirch.

Das desfallsige Gesetz vom 30. März 1872 (Ges.- u. Verordn.-Bl. S. 201) ermächtigt die Regierung, Bau und Betrieb einer, an die Staatsbahn bei Denzlingen anschließenden, durch das Elzthal nach Waldkirch führenden Bahn der Gemeinde Waldkirch oder andern Unternehmern zu überlassen und geeigneten Falls den Betrieb und die Verwaltung der Elzthalbahn gegen eine Vergütung von mindestens 60% der Roheinnahme auf die Dauer von 25 Jahren zu übernehmen. Die Concession siehe Staatsanz. v. 1872, S. 32. Die Eröffnung dieser Bahn erfolgte Seitens der Staatsverwaltung der Eisenbahnen am 1. Januar 1875.

Ein großer Theil der in der Nähe von Müllheim gelegenen Orte der vormaligen oberen Markgrafschaft Baden benutzten für ihren Verkehr mit den Bewohnern des Elsasses seit Jahrhunderten den Rheinübergang bei der alten Stadt Neuenburg. Obgleich dieser Uebergang in neuer Zeit durch Rectification des Rheins, gute Zufuhrstraßen und ein wohleingerichtetes fliegendes Fahrzeug, seit 1874 sogar durch eine Schiffbrücke wesentlich erleichtert ist, so darf man doch nicht verkennen, daß jetzt, nachdem das Elsaß deutsches Reichsland geworden ist, der gegenseitige Verkehr über den Rhein durch eine Eisenbahnverbindung bedeutend gehoben und der Austausch der reichlichen Erzeugnisse beider Gebiete sehr erleichtert würde. **91. Eisenbahn v. Müllheim nach Neuenburg und Mühlhausen.**

In der Voraussetzung, daß die in erste Reihe gestellten Verbindungen der rechts- und linksrheinischen Bahnen bei Breisach und Leopoldshöhe zur Ausführung gelangen und auch eine Verständigung der Regierung der neuen Reichslande Elsaß-Lothringen über den Bau und Betrieb einer Eisenbahn von Müllheim über Neuenburg nach Mülhausen zu erzielen sei, wurde durch Gesetz vom 30. Mai 1872 (Ges.- u. Verordn.- Bl. S. 203) der Regierung die Ermächtigung ertheilt, den Bau und Betrieb einer an die Staatsbahn bei Müllheim sich anschließenden, nach Neuenburg an den Rhein führenden Eisenbahn an einen Unternehmer zu überlassen und geeigneten Falles den Betrieb der Müllheim-Mülhauser Bahn durch die Staatsbahnverwaltung gegen Vergütung der Kosten bewirken zu lassen. (Siehe weiter unten.)

92. Eisenbahn v. Durlach nach Eppingen und Heilbronn. Nachdem Speyer seine Bedeutung als Hauptstapelplatz am Rhein verloren hatte und der von Heilbronn über Bretten nach Bruchsal ziehende Verkehr einerseits durch die verbesserte Straße von Heilbronn nach Heidelberg, anderseits durch die Straße über Pforzheim nach Ettlingen oder Durlach abgeleitet wurde, beschränkte sich der Verkehr auf der uralten Heilbronn-Eppingen-Bretten-Bruchsaler Straße größtentheils auf Abführung landwirthschaftlicher und gewerblicher Erzeugnisse des Kraichgaues.

In richtiger Würdigung des Werthes einer möglichst directen Straßenverbindung zwischen Heilbronn und Durlach für den Verkehr nach Frankreich bemühte sich schon Karl Friedrich die Verbesserung der Straße von Heilbronn über Eppingen nach Bretten zu veranlassen und von Bretten eine directe Straßenverbindung nach Berghausen auszuführen. (Siehe II. Nr. 11.)

Territoriale Rücksichten und Kriegsereignisse hinderten die Fortsetzung des bereits begonnenen Baues zwischen Bretten und Berghausen. Der Gedanke an eine solche naturgemäße Verbindung zur Erleichterung des Verkehres von Würzburg und Nürnberg nach Straßburg lebte aber in der Bevölkerung jenes Landestheiles fort und veranlaßte die Gemeinden des Kraich- und Elsenzgaues, eine Eisenbahnverbindung anzustreben. (1)

Auf erfolgte Petitionen in diesem Betreff empfahlen die Stände das Gesuch in der Richtung, daß für die gewünschte Eisenbahnverbindung die kürzeste Linie zwischen Heilbronn und Carlsruhe mit Berührung von Eppingen eingehalten werde.

Obgleich in Württemberg und ganz besonders in Heilbronn die Nützlichkeit einer solchen Verbindung auch für die dortseitigen Interessen volle Anerkennung fand, und auch bei der Anlage des neuen, gegenwärtig noch im Bau begriffenen Bahnhofes in Heilbronn auf einen Bahnanschluß von Eppingen Rücksicht genommen wurde, verhielt sich gleichwohl die württembergische Regierung dem neuen Bahnprojecte gegenüber etwas zurückhaltend, so daß die Frage zur Erörterung kam: ob der Bahnbau von Durlach nach Eppingen auch mit alleiniger Rücksicht auf eine Fortsetzung nach Grombach zum Anschluß an die Meckesheim-Jaxtfelder Bahn oder über Steinsfurth nach Helmstadt zur Verbindung mit der Odenwaldbahn auszuführen sei?

Diese Frage wurde von der Regierung und den Ständen bejaht, worauf das Gesetz vom 30. März 1872 (Ges.- u. Verordn.- Bl. S. 204) erfolgte, welches die Regierung ermächtigt, den Eisenbahnbau von Durlach über Berghausen und Bretten nach Eppingen der Stadt Carlsruhe oder anderen Uebernehmern zu überlassen und diese Bahn gegen einen jährlichen Pachtzins von $4\frac{1}{2}$ % des Anlagecapitals in Betrieb zu nehmen. Diese Concession wurde der Stadt Carlsruhe erst unterm 15. November 1876 (in Ges.- u. Verordn.-Bl. von 1876 S. 329) ertheilt und der Bau 1877 begonnen.

93. Rheinbrücken zwischen Baden u. Elsaß. Die Wiedervereinigung von Elsaß mit Deutschland rief natürlich den Wunsch nach verbesserten Rheinübergängen zwischen dem Reichslande und Baden hervor.

Die an den meisten Uebergängen benützten Fähren entsprachen den Verkehrsbedürfnissen nicht, weil dieselben bei niederen und hohen Wasserständen unbrauchbar und während der Nacht unzugänglich waren.

Die beiderseitigen Regierungen vereinbarten daher unterm 15. April 1872 den gemeinschaftlichen Bau von 8 Schiffbrücken, wovon Baden jene bei Neuenburg, Freistett, Greffern und Plittersdorf, Elsaß-Lothringen aber jene bei Sasbach, Weisweil, Kappel und Ottenheim zu bauen und zu unterhalten hat. Die Bau- und Unterhaltungskosten werden von beiden Regierungen gemeinschaftlich getragen und das Eigenthum ist gleichfalls ein gemeinsames. (2) Die Kosten für Dienstgebäude und Zufahrten trägt jeder Staat für sich.

---

(1) Schon damals, als es sich um eine Eisenbahnverbindung von Heilbronn mit Bruchsal über Bietigheim handelte, sprachen sich unparteiische und gewichtige Stimmen für die Erstellung einer Bahn von Durlach resp. Berghausen über Eppingen nach Heilbronn aus. (2) Der Aufwand betrug für die 8 Brücken 1,211,100 Mark, Baden hatte zu tragen die Hälfte mit 605,000 Mark und für Gebäude und Zufahrten 206,100 Mark; also im Ganzen 811,650 Mark.

Weder für das Passiren über die Brücke, noch für das Oeffnen derselben für Schiffe und Flösse wird eine Gebühr erhoben. (Uebereinkommen vom 11. October 1872.)

Auch bezüglich der Schiffbrücken bei Hünningen, Altbreisach und Kehl wurde mit dem Oberpräsidium von Elsaß-Lothringen unterm 29. August bezw. 11. October 1873 (Staatsanzeiger S. 239) vereinbart, daß das Brückengeld von dem Tage an, an welchem die Unterhaltung der Brücke bei Hünningen von der elsässischen Regierung und jene der Brücken in Breisach und Kehl von der badischen Regierung besorgt wird, aufhört. Diese Vereinbarung beruht auf der schon früher getroffenen Verständigung, wornach die Verwaltung der gemeinschaftlichen Rheinbrücken bei Neuenburg, Breisach, Kehl, Freistett, Greffern und Plittersdorf der großherzogl. badischen Flußbauverwaltung, jene bei Leopoldshöhe, Sasbach, Weisweil, Kappel und Ottenheim der Verwaltung von Elsaß-Lothringen übertragen wurde. (Ges.- u. Verordn.-Bl. 1875, S. 281.)

Die im Jahre 1874 eröffnete Eisenbahn auf den Rigi, welche eine Steigung von 1:4 oder 25 Procent besitzt,(1) hat in der Schweiz zu Ausführung mehrerer anderer Bergbahnen Anlaß gegeben, und daher auch zu dem Wunsche geführt, von Heidelberg über die Molkenkur nach dem Königsstuhl und dem Kohlhof eine Eisenbahn herzustellen, nachdem die näheren Untersuchungen ergeben hatten, daß eine solche Bahn mit einer Maximalsteigung von 25 Procent und einer mittleren Steigung von 14,8 Procent und mit Curven von 180 Metern Radius erstellt werden kann. **94. Eisenbahn auf d. Molkenkur bei Heidelberg.**

Durch Gesetz vom 19. December 1873 (Ges.- u. Verordn.-Bl. S. 215) wurde die Regierung ermächtigt, den Bau und Betrieb einer solchen Bahn der Internationalen Gesellschaft für Bergbahnen in Aarau zu übertragen. Bis jetzt konnte von dieser Ermächtigung kein Gebrauch gemacht werden, nachdem die Stadt im Jahre 1874 eine gute Straße nach dem Schloß herstellen ließ.

In Artikel 14 des Staatsvertrages vom 10. December 1870 über die Bahnverbindung Constanz-Kreuzlingen-Romanshorn ist für eine Eisenbahn von Schaffhausen über Kreuzlingen nach Constanz die Verbindung mit der badischen Bahn bez. dem Bahnhofe in Constanz gegen Vergütung zugestanden. **95. Eisenbahn v. Singen über Etzwylen nach Constanz.**

Die Schweizer Bundesbehörden haben nun eine Concession zu dem Bau und Betrieb einer Eisenbahn von Winterthur über Etzwylen und Ramsen nach Singen und einer Abzweigung von Etzwylen auf dem linken Rheinufer nach Constanz ertheilt und die großherzogl. Regierung hat durch einen Staatsvertrag mit der Schweiz vom 24. Mai 1873 (Ges.- u. Verordn.-Bl. 1874 S. 28) sich über die Bedingungen, unter denen der Anschluß an die badischen Bahnen erfolgen soll, geeinigt. Auch die Concession zu dem Bau und Betrieb der auf badischem Gebiete liegenden Strecken dieser Bahnen ist unterm 29. Januar 1874 (Ges.- u. Verordn.-Bl. S. 33) ertheilt worden. Beide Bahnanschlüsse sind 1875 in Vollzug gesetzt worden.

Die im Jahre 1873 ertheilte Concession zu dem Bau einer Eisenbahn von Heidelberg auf den Kohlhof hat bei vielen Bewohnern von Baden-Baden die Ansicht hervorgerufen, daß sich auch dort eine Gesellschaft zu dem Bau einer Eisenbahn auf den Merkur finden werde, sobald die großherzogl. Regierung geneigt und ermächtigt sei, zu Ausführung eines solchen Unternehmens eine Concession zu ertheilen. **96. Eisenbahn a. d. Merkurberg bei Baden.**

Die Ermächtigung hiezu ist durch das Gesetz vom 20. Juni 1874 (Ges.- u. Verordn.-Bl. S. 280) gegeben, aber es hat sich bis jetzt kein Concessionslustiger gefunden.

Von der im Gesetze vom 16. April 1870 (Ges.- u. Verordn.-Bl. S. 335) gegebenen Ermächtigung zu Ertheilung einer Concession für den Bau und Betrieb einer Eisenbahn von Appenweier nach Oppenau konnte kein Gebrauch gemacht werden, da sich keine Bewerber um eine solche Concession fanden. **97. Eisenbahn im Renchthal v. Appenweier nach Oppenau.**

Die Gemeinden Oberkirch und Oppenau bemühten sich wiederholt, das Baucapital aufzubringen, allein sie überzeugten sich, daß ohne Aenderung der Concessionsbedingungen ein Erfolg nicht zu erzielen sei, da inzwischen die Baukosten gestiegen und das Capital unter minder günstigen Bedingungen beizuschaffen war.

Das Gesetz vom 29. Juni 1874 (Ges.- u. Verordn.-Bl. S. 375) änderte nun die früheren Concessionsbedingungen im Wesentlichen dahin ab, daß die Bahneigenthümer für den Betrieb der Bahn während 25 Jahren statt 55 Procent nur 50 Procent der Roheinnahme zu vergüten haben. Die Concession an die Gemeinden Oberkirch, Lautenbach, Oppenau, Löcherberg und

---

(1) Die Brennerbahn steigt höchstens 1:40, die Kinzigthalbahn 1:50.

Griesbach erfolgte am 26. October 1874 (Ges.- und Verordn.-Bl. S. 589), sie wurde aber unterm 29. Juli 1875 auf die „Renchthaleisenbahngesellschaft" übertragen (Ges.- und Verordn.-Bl. S. 249). Der Bahnbau kam alsbald in Ausführung, die Eröffnung erfolgte 1876.

98. Eisenbahnen v. Leopoldshöhe nach St. Ludwig, v. Müllheim nach Mühlhausen u. v. Altbreisach nach Colmar.

Da die Schiffbrücken bei Leopoldshöhe, Müllheim und Altbreisach sich täglich ungenügender erwiesen, um die Verkehrsinteressen der beiderseitigen Bewohner des Rheinthales jener Gegend zu befriedigen, ist im weiteren Verfolge des Gesetzes vom 30. Mai 1872 (Siehe oben) den Bau einer Eisenbahn von Müllheim nach Müllhausen betreffend mit der Kaiserl. Reichs-Regierung unterm 13. Mai 1874 (Ges.- u. Verord.-Bl. S. 434) ein Vertrag abgeschlossen worden, wornach von Leopoldshöhe nach St. Ludwig, von Müllheim nach Müllhausen und von Altbreisach nach Colmar vorerst eingeleisige Eisenbahnen bis Mai resp. Nov. 1877 hergestellt werden sollen. Die Kosten des Bahnbaues trägt jeder Theil für sein Gebiet; die Brückenkosten übernimmt jeder hälftig. Jedem Theil bleibt das Eigenthum der seinem Gebiete zugewendeten Brückenhälfte und Jeder hat für die Unterhaltung und Erneuerung der ihm gehörigen Bahnstrecke und Brückenhälfte zu sorgen.

Die Brücke bei Breisach wird durch Elsaß-Lothringen, jene bei Neuenburg durch Baden, der Unterbau der Brücke bei Hünningen durch Elsaß, der Oberbau durch Baden ausgeführt.

Baden behielt sich vor, die Anlage der auf badisches Gebiet fallenden Bahn sammt dem diesseitigen Antheil an der Rheinbrücke bei Altbreisach den Stadtgemeinden Freiburg und Altbreisach als den Eigenthümern der Freiburg-Breisacher Bahn zu übertragen.

Zum Vollzuge dessen ist die großherzogl. Regierung durch Gesetz vom 28. August 1874 (Ges.- und Verordn.-Bl. S. 440) ermächtigt worden, die Bahn von Freiburg bis Mitte Rhein bei Altbreisach auf so lange in Pacht zu nehmen, als sie nicht von dem vorbehaltenen Rückkaufsrechte Gebrauch macht.

Der jährliche Pachtzins soll $4^1/_2$ Procent des gesammten Anlagecapitals betragen und der Pacht mit Eröffnung der Bahn von Breisach nach Colmar beginnen. Die Concession zu dem Bau dieser Bahn von Altbreisach bis Mitte Rhein wurde den Gemeinden Freiburg und Altbreisach unterm 13. Februar 1875 (Ges.- und Verordn.-Bl. S. 132) ertheilt.

99. Eisenbahnen v. Neckargemünd über Eberbach nach Jaxtfeld, v. Heilbronn nach Eppingen, v. Schiltach nach Freudenstadt, v. Eberbach n. Erbach u. v. Mannheim n. Worms.

Wie oben erwähnt, war die Regierung schon durch Gesetz vom 24. Juli 1862 zu dem Bau einer Eisenbahn von Neckarelz aufwärts bis zur Landesgränze unterhalb Gundelsheim ermächtigt.

Württemberg baute von Heilbronn bis Jaxtfeld und Osterburken, Baden von Meckesheim über Wimpfen nach Jaxtfeld. Die Abtheilung Jaxtfeld-Neckarelz blieb unausgeführt, da sie seit dem Bestehen der Meckesheim-Sinsheimer Bahn nur in dem Falle ein besonderes Verkehrsinteresse bietet, wenn ihre Fortsetzung von Neckarelz längs des Neckars abwärts bis Neckargemünd gleichzeitig erfolgt.

Da aber auch die lange schon gewünschten Eisenbahnverbindungen von Heilbronn nach Eppingen zum Anschluß an die Durlach-Eppinger Bahn (Seite 54) und von Hausach nach Freudenstadt über Schiltach und Alpirsbach ebenfalls die Mitwirkung Württembergs voraussetzen, während anderseits Hessen bei dem Bau der Neckarthalbahn, der Bahn von Mannheim über Lampertheim nach Worms und Biblis betheiligt ist und den Anschluß der hessischen Odenwaldbahn in Ebenbach wünscht, hat die großherzogl. Regierung unterm 29. December 1873 (Ges.- und Verordn.-Bl. 1875, S. 200) mit Württemberg und unterm 19. Februar 1874 (Ges.- u. Verordn.-Bl. 1875, S. 212) mit Hessen Staatsverträge abgeschlossen, wornach die badische Regierung den Bau und Betrieb der Bahn von Jaxtfeld über Neckarelz, Eberbach, Hirschhorn, Neckarsteinach nach Neckargemünd; Württemberg: den Bau und Betrieb der Bahnen von Heilbronn nach Eppingen und von Schiltach nach Freudenstadt; Hessen: den Bau und Betrieb der beiden Bahnen von Erbach nach Eberbach und von Mannheim nach Worms übernimmt. Die badische Regierung hat hierauf mit Concessionsurkunde vom 3. August 1875 (Ges.- und Verordn.-Bl. S. 409) den Bau und Betrieb der Bahnen von Eberbach nach Erbach und von Mannheim nach Worms mit directem Anschluß an die Reichsbahn auf badischem Gebiet der Hessischen Ludwigs-Eisenbahngesellschaft überlassen.

100. Eisenbahn von Bülach über Jestetten nach Schaffhausen u. von Stühlingen nach Böhringen.

Die in Aussicht stehende Vollendung der im Bau begriffenen Gotthardbahn und der badischen Wutachthalbahn bis Donaueschingen ließen es im Interesse der schweizerischen und der badischen Bahnen als sehr wünschenswerth erscheinen, durch baldige Herstellung einiger Verbindungslinien die Hauptrouten abzukürzen.

Baden schloß deshalb unterm 21. Mai 1875 (Ges.- u. Verordn.-Bl. 1876, S. 2) einen Staats-Vertrag dahin ab, daß die beiderseitigen Eisenbahnen durch eine Bahn von Bülach über

Eglisau, Lottstetten, Jnstetten und Neuhausen nach Schaffhausen und eine solche von Stühlingen über Schleitheim und Beringen in unmittelbare Verbindung gebracht und die Stühlingen-Beringener Bahn eventuell bis zum Anschluß an die Bülach-Schaffhauser Bahn fortgesetzt werde.

Baden wird der concessionirten Gesellschaft für den Bau der Bülach-Schaffhauser Bahn auch die Concession zu dem Bau und Betrieb auf badischem Gebiet ertheilen.

101. Eisenbahn nach Leopoldshafen.

Da der Hafenverkehr in Leopoldshafen noch immer von Bedeutung ist (S. II. Nr. 19) so erschien es wünschenswerth zur Vermittelung desselben mit der Rheinthalbahn eine Zweigbahn von dem Hafen bis zur Eisenbahnstation Leopoldshafen herzustellen. Die Regierung wurde darum durch Gesetz vom 25. Juli 1876 ermächtigt, den Bau und Betrieb einer solchen Zweigbahn der Gemeinde Leopoldshafen oder anderen Unternehmern zu überlassen. (Ges.- und. Verordn.-Bl. 1876, S. 212.)

Gleichen Schritt mit diesen ausgedehnten Eisenbahnunternehmungen hielten auch die Straßenbauten. Jede Bahnlinie eröffnete den betreffenden Landestheilen erweiterte Absatzgebiete für die Erzeugnisse der Land- und Forstwirthschaft, wie für jene der Gewerbe und Industrie; dem Handel erschlossen sich damit neue und entferntere Quellen für seine Thätigkeit.

102. Nachtragsgesetz von 1876 über Vervollständigung des Landstraßennetzes.

Die Verbindung der Eisenbahnen mit den umliegenden Ortschaften durch Vermittelung guter Straßen kam jetzt nicht mehr wie in früherer Zeit erst nach jahrelanger Entbehrung nachhinkend zur Ausführung, sondern man wollte diese Verbindungen gleichzeitig mit Eröffnung der Eisenbahnen nicht nur vollendet, sondern auch so erstellt wissen, daß dem Transport die möglichste Erleichterung dadurch gewährt wird.

Die Anregung zu Straßenverbesserung und zu Aufnahme früherer Gemeindewege in die Classe der Landstraßen mehrte sich jährlich um so mehr, je günstiger sich das gesetzlich festgestellte Beitragsverhältniß der Kreise und Gemeinden zu den Neubau- und Unterhaltungskosten stellte. (1)

Die durch das Gesetz vom 16. April 1870 (Seite 51) zum Zwecke der Vervollständigung des Landstraßennetzes bewilligten zahlreichen Straßenbauten ließen schon in den ersten Jahren der Ausführung manche neu entstandene Bedürfnisse unbefriedigt erscheinen, daher in den Jahren 1870/71 — 183,428 Mark, 1872/73 — 459,017 Mark, 1874/75 — 1,612,800 Mark und 1876/77 — 1,488,800 Mark für weitere Straßenbauten bewilligt wurden, deren Kosten nach dem Gesetze von 1868 zu $^2/_3$ vom Staat, zu $^1/_3$ vom Kreis und zu $^1/_6$ von den betreffenden Gemeinden zu bestreiten waren.

Aber auch die für den Vollzug des Gesetzes vom 16. April 1870 bewilligte Summe von 3,250,000 Gulden stellte sich, einschließlich der Brücken, bei dem Vollzuge als unzureichend dar, weil abgesehen von den meist auf zu niederer Schätzung beruhenden Kostenanschlägen und den seither beträchtlich gestiegenen Arbeitslöhnen und Materialpreisen auch neue Bedürfnisse auftraten, als man sich mit Aufstellung der Detailpläne beschäftigte.

Die ursprünglich beabsichtigten Verbesserungen der lästigsten Steigen einzelner Straßenabtheilungen befriedigten nicht, man wollte die Gefälle durchweg auf ein zulässiges Minimum vermindert sehen, auch die projectirte Verbreiterung mancher Straßen auf 14—16 Fuß erschien den Interessenten oft zu gering, sie verlangten 18—20 Fuß Breite. Die Fahrbahnen mußten fast überall, wo Verkehr mit Holz und Steinen besteht, mit dem solidesten Steinbau versehen werden. (2)

Die Befriedigung aller dieser Bedürfnisse forderte einen größeren Aufwand und eine längere Zeit als früher angenommen war; daher durch das Gesetz vom 25. Juni 1876 (Ges.- u. Verordn.-Bl. S. 185) eine weitere Summe von 2,428,571 Mark für diese Zwecke bewilligt und die Zeit der Vollendung der Bauten um sechs Jahre also bis 1884 verlängert wurden. Die Gesammt-

---

(1) Der Gesammtaufwand für Unterhaltung der Landstraßen belief sich in den Jahren 1868 bis incl. 1875 auf 44,76 Kr. pr. laufende Ruthe oder 42,62 Pf. pr. Meter. Davon hatten zu übernehmen: die Staatscasse 25,31 Kr. pr. R., oder 24,11 Pf. pr. M., die Kreisverbände 10 Kr. pr. R., oder 10,15 Pf. pr. M., die Gemeinden statt $^1/_4$ mit 11,38 Kr. pr. R. oder 10,11 Pf. pr. M., nur 8,79 Kr. resp. 8,27 Pf. pr. M. Von dem Viertel des Gesammtaufwandes kommen auf 100 Fl. Steuercapital 1,22 Kr. oder auf 100 M. 2 Pf. Die Kreise bezahlen aber nur 1,16 Kr. pr. 100 Fl., oder 1,94 Pf. pr. 100 M. Der Aufwand für die unter Aufsicht der Staatsstraßenmeister stehenden Gemeindewege beträgt zwischen 9 und 18 Kr. pr. R., oder 9—18 Pf. pr. M. Zu den Neubaukosten der Landstraßen bezahlen die Kreise und Gemeinden zusammen nur $^1/_3$ des Aufwandes.

(2) Man hatte in vielen Fällen dabei die Hoffnung, daß bei guter, in allen Beziehungen befriedigender Herstellung der Zufuhrstraßen auch Postomnibus-Verbindungen mit den Eisenbahnstationen errichtet werden. Reisten ja doch trotz der vielen Eisenbahnen im Jahr 1872 noch über $5^1/_2$ Millionen Personen mit der Post auf den Landstraßen im Deutschen Reichsgebiet. Stefan, Welt-Post.

bewilligung für diesen Zweck war also auf 8 Mill. Mark erhöht und dabei unterstellt, daß außerdem 9 Procent, also 720,000 Mark, an Beiträgen verwendet werden können. Bis zum Schluß des Jahres 1876 sind 4,312,887 Mark hiervon verwendet worden, daher noch verfügbar 3,687,887 Mark. Das Landstraßennetz hat hierdurch bis Ende 1876 eine Länge von 839,25 Stunden oder 3730 Kilometern erhalten, während seine Länge 1868 nur 717 Stunden = 3172 Kilometer betrug. (1)

103. Verbesserung der Gemeindewege.

Sowie das beste, selbst in engen Maschen gebildete, Eisenbahnnetz seinen wirthschaftlichen Zweck nur in Verbindung mit guten Land- und Wasserstraßen vollständig zu befriedigen vermag, ebenso bedürfen auch die Landstraßen zur Erfüllung ihrer Aufgabe der Mithülfe guter Gemeindewege. Alle diese Organe sind nebeneinander für ein gesundes und fruchtbringendes Verkehrsleben ebenso nöthig als die verschiedenen Blutgefäße des Menschen für sein Gedeihen.

Da war es denn auch in Baden schon seit langer Zeit das ernste Bestreben der Regierung, auf gleichmäßige Ausbildung aller Verkehrsorgane, also auch der Gemeindewege hinzuwirken. Die zu Verbesserung dieser Straßen in den Jahren 1852—1869 von der Staatscasse geleisteten Beiträge beliefen sich auf 2,009,151 Mark.

Als großes Hinderniß für gute Instandhaltung dieser Wege stellte sich der Mangel an technischer Aufsicht und Anleitung dar. Es sind daher für diesen Zweck im Jahre 1857 die vom Staate bezahlten Straßenmeister vermehrt und mit der Aufsicht über die wichtigeren Gemeindewege betraut worden.

Hierdurch ist es den Verwaltungsbeamten, welche die Verbesserung der Gemeindewege zu fördern suchen, gelungen, in kurzer Zeit befriedigende Ergebnisse zu erzielen. Besonders wirksam war aber zu diesem Ende auch der Einfluß der Vertreter der Kreise, welche entweder auf Behandlung der Unterhaltungskosten der Gemeindewege überhaupt als eine Kreislast oder doch auf gemeinsame Anstellung tüchtiger Straßenwärter und deren Belohnung durch den Kreis hinwirkten, und für Verbesserungen Geldunterstützungen aus den Kreiscassen flüssig machten. (2)

104. Aufwand f. Verbesserung der Gemeindewege.

In der Zeit von 1859 bis incl. 1875 sind für Verbesserung der Gemeindewege 1,633,354 Fl. oder 2,800,035 Mark von den Gemeinden und Kreisen verwendet worden, daher die Gesammt-Verwendung einschließlich der Staatsbeiträge sich auf 4,809,186 Mark berechnet. (3)

Die Länge der unter Aufsicht der Straßenbaubehörde stehenden Gemeindewege in Baden betrug am Ende des Jahres 1875 1346 Stunden oder 5982 Kilometer.

105. Uebersicht über Länge und Baukosten der Verkehrswege.

Das Großherzogthum Baden besitzt nun

an Landstraßen	3730	Kilometer
„ chaussirten Gemeindewegen	5982	„
„ Schifffahrtsstraßen des Rheins, Neckars und Mains	487,23	„
„ Floßstraßen der Kinzig, Murg, Enz, Nagold . .	55	„
„ Eisenbahnen Ende 1875 . . . . :	1152,45	„
im Ganzen an öffentlichen Verkehrswegen	11406,68	Kilometer.

Soweit die noch vorhandenen bez. zu ermittelnden verlässigen Aufzeichnungen reichen, sind für Neubau und Verbesserung dieser Wege bis in die neueste Zeit (1876 incl.) verwendet worden:

für Landstraßen ca. 57 Millionen, für Gemeindewege 4,809,186, für die Wasserstraßen und zwar: den Rhein 38,537,164, den Neckar 2,245,374, den Main 381,691, im Ganzen 41,184,229; für die Floßstraßen der Kinzig 2,902,166, der Murg 1,403,611, der Enz, Würm und Nagold 122,040, zusammen 4,427,817 (4), endlich für Eisenbahnen (incl. Betriebsmaterial, Bauzins und Rabatt bis 1875) — 336,307,007 Mark. (5)

(1) Seit 1868 bis Ende 1877 sind resp. werden ausgeschieden 37,98 Stunden = 168,8 Kilometer, wogegen sich in derselben Zeit ein Zugang von 233 Stunden = 1035,6 Kilometer, folglich Ende 1877 eine Gesammtlänge von 908 Stunden = 4039 Kilometern ergeben wird. (2) Die Gemeinden bezahlen im Durchschnitt 24 Xr., in den Städten 36 Xr. — 1 Fl. 22. Umlage von 100 Fl. Steuercapital. (3) Napoleon III. hatte mit Gesetz vom 11. Juli 1868 100 Mill. Francs für Verbesserung der Vicinalwege in Frankreich verfügbar gemacht. (4) Der Aufwand würde sich bezüglich des Straßen- und Flußbaues natürlich weit höher darstellen, wenn der Werth der Frohndleistungen zu ermitteln wäre. (5) Hierunter sind für Staatsbahnen 327,164,154, für Privatbahnen 9,112,858 Mark enthalten. Von dem Aufwand für die Staatsbahnen hat die Wasser- und Straßenbau-Verwaltung über 100 Millionen Gulden verbaut, da ihr der Eisenbahnbau bis 1. Mai 1872 übertragen war. Außerdem hat diese Staatsbehörde von 1838—1876 incl. 116,772,833 Mark für Wasser- und Straßenbau verwendet.

Dem Gesammtaufwand von 443,728,239 Mark sind noch die nachweislichen Verwendungen von 1712—1876 incl. für die in Folge der Hochwasser, meistens zu Verbesserung der Straßen und Flußläufe ausgeführten Bauherstellungen im Betrage von 7 Millionen Mark beizuzählen, (1) wodurch sich die ganze Ausgabe auf die Summe von 450,728,239 Mark erhöht. Dieser Aufwand ist für das kleine Land Baden (von 268 Reichsmeilen oder 763,172 Quadrat-Stunden badisch oder 15,075 Quadrat-Kilometer Fläche und $1^1/_2$ Mill. Seelen) ein sehr bedeutender. Er hat aber auch, wie Bildung und Wohlstand des Volkes zeigen, die reichsten Früchte getragen.

(1) Bedeutende Hochwasser, welche zu namhaften Beschädigungen führten, sind in der erwähnten, 166 Jahre umfassenden, Periode 34 eingetreten, nämlich: 1712 im Juni, 1716 im Juli, 1740 im Juni, 1744 im Juli, 1758 im August, 1764 im Juni, 1778 im October, 1781 im Januar, 1784 im Januar und Februar, 1788/89 im December und Januar, 1792 im Januar, 1799 im Januar, 1802 im Januar, 1812 im September, 1813 im Juni, 1816 im Juli, 1817 im März, 1819 im März, 1824 im October, 1833/34 im December und Januar, 1836 im November, 1842 im November, 1845 im März, 1849 im Januar, 1850 im Februar, 1851 im März und Juli, 1852 im August, 1862 im Januar, 1867 im Januar, 1872 im Mai, 1876 im März und Juni, 1877 im Februar. Von diesen Hochwassern fallen in die ersten 50 Jahre 5, in die zweiten 8, in die dritten 15, in die letzten 15 Jahre 6. Man sieht, daß die Zahl sich fortan vermehrt. Eine Erklärung kann man bei dem Mangel langer Beobachtungen der Niederschlagsmengen, lediglich in den Fortschritten der Landescultur finden, in deren Folge die Niederschläge durch zahlreiche Wasserableitungs-Einrichtungen rascher als ehemals in die Flüsse abgeführt werden. Der Wald selbst hat in Baden im Ganzen nicht abgenommen, er wurde nur theilweise dahin verlegt, wo die Landwirthschaft nicht gedeiht. Die bedeutenden Beschädigungen, welche fast alle Hochwasser durch Dammbrüche zur Folge hatten, gaben natürlich zunächst zu Erstellung, Erhöhung und Verstärkung der Dämme Anlaß. Man nahm für diese Zwecke die Wasserhöhen von 1758, dann von 1816, 1824 und 1852 zum Maßstabe. Auf Antrag des Major Burdet wurden in der markgräflichen Rhein-Deichordnung von 1779 die Pegel eingeführt, die aus Eichenholz mit eingeschlagenen Nägeln und Zahlen bestunden, und in 18 Fuß, von unten mit 0 anfangend, getheilt waren. Burdet hatte auch 1786 Messungen über Wassergeschwindigkeit, Tiefe, Gefäll rc. am Rhein angeordnet, die aber durch äußere Verhältnisse bald unterbrochen und erst in neuester Zeit wieder aufgenommen wurden. Das Rhein-Nivellement wurde erst 1877 vollendet. Im Jahre 1813 ist der Pegel 0-Punkt als höchster Wasserstandspunkt angenommen worden und die Pegel sind 1817 und 1824, theilweise auch 1852 darnach regulirt worden. Der Mittelwasserstand war 11 Fuß. — Im Jahre 1876 begann man die Pegel nach dem neuen Reichsmaße in Meter und Centimeter zu theilen und den 0-Punkt in die Höhe der Flußsohle zu legen, also von unten nach oben die Scala in Abständen von 5 zu 5 Centimetern darzustellen. Der Aufwand für den Flußbau aus dem vorigen Jahrhundert ist nur theilweise bekannt. Die Kosten wurden theils aus einem besonderen Rheinbaufonds, theils nach Gesetz vom 21. März 1872 (Intell.-Bl. Nr. 24) aus Beiträgen der Zehntherren und interessirten Gemeinden, theils aus Zuschüssen der Landescassen bestritten und durch Naturalleistungen an Faschinen, Pfählen, Steinen und durch Hand- und Fuhrfrohnden vermindert. Zu den Frohnden wurden je nach Bedarf nähere oder entferntere Gemeinden beigezogen. — Manche Arbeiten wurden auch im Accord hergestellt, oder es ist den Frohnern eine kleine Vergütung z. B. 1741 für eine Frohndfuhr 27 Xr. pro Tag, und einem Frohner 9 Xr., einem Tagelöhner 18 Xr. bezahlt worden, (L. A. A.) Für die Cubikruthe Erdarbeit wurde 1765 im Accord 7 Fl. bezahlt. Man unterschied zwischen den Accordteichen und Frohndteichen. Die Regierung contrahirte einigemal Anleihen zur Deckung des Aufwandes für Wiederherstellung der Hochwasserbeschädigungen an den öffentlichen Bauten. — Zur Abwehr von Wasserschäden ist 1877 eine besondere Telegraphenleitung längs des Rheins auf gemeinschaftliche Kosten von Baden und Elsaß ausgeführt worden. Auch die schon 1805 auf Anlaß Tulla's eingeführten Wasserwehren wurden in Folge des Wassergesetzes vom 25. August 1876 § 83 durch die Wehrordnung vom 24. December 1876 neu organisirt.

Zweite Abtheilung.

Chronik der einzelnen Straßen in Baden.

Vorbemerkung.

Diese Chronik verbreitet sich über alle dermaligen Landstraßen und über jene Gemeindewege, die früher Landstraßen waren oder zur Aufnahme in diese Classe verbessert werden sollen.

Die Straßen sind schon seit längerer Zeit mit bleibenden Nummern bezeichnet; der Anfang und das Ende derselben ist aus der beigeschlossenen Karte erkennbar.

Da die Nummern der Straßen nicht geändert werden sollen, damit den statistischen Notizen stets die gleichen Objecte zu Grunde liegen und die Verwerthung des statistischen Materials dadurch erleichtert ist, erscheinen die einzelnen Straßenzüge, die im Laufe der Zeit erweitert wurden, zuweilen unter verschiedenen Nummern.

Die mit den Landstraßen in Concurrenz stehenden Floß- und Schifffahrtsstraßen sind nebst den Häfen und Landungsstellen jeweils bei der betreffenden Landstraße behandelt. Es wird jedoch in Betreff der Wasserstraßen auf die officielle Denkschrift über Rhein- und Binnen-Flußbau von 1862 und 1863, sowie auf die Schrift: Wasser- und Straßenbauverwaltung in Baden von 1870 verwiesen.

Die angeführten Baukosten stellen den Gesammtaufwand dar, also nicht diejenige Summe allein, welche die Staatscasse zu tragen hatte. Auch der Werth der unentgeltlich gestellten Grundstücke und Gebäude ist inbegriffen. Unter dem bezeichneten Staatsaufwand ist in der Regel Alles enthalten, was die Staatscasse geleistet hat, ohne Rücksicht darauf, aus welchem Fonds die Zahlung erfolgte.

In den Fällen, wo keine Rechnungen mehr vorhanden, oder wo die Bauten noch in Ausführung begriffen sind, wurden die entsprechenden Bewilligungen als Aufwand angenommen.

Die angeführten geschichtlichen Notizen über die Hauptverkehrsorte sind zur Erklärung der Verkehrsentwickelung und der Baugeschichte nöthig.

Die bei den dermaligen Landstraßen angeführten Längen entsprechen zuweilen nicht ganz der wirklichen oder geometrischen Länge, weil diejenigen Theile der Landstraßen außer Rechnung blieben, die nicht nach Maßgabe des Straßengesetzes unterhalten werden, wie z. B. die Abtheilungen in den Städten, denen gegen Bezug von Pflastergeld die Unterhaltung obliegt, die Uebergänge über Eisenbahnen, welche die betreffenden Eisenbahnverwaltungen zu unterhalten haben u. dergl. Die Länge der Gemeindewege ist nicht angegeben, weil dieselben noch nicht genau vermessen sind.

Nr. 1.

Straße von Frankfurt nach Basel.

Bergstraße.

Länge von Frankfurt bis zur				
hessischen Gränze	6,60	Kilometer	= 1,49	Stunden,
in Hessen	52,20	"	= 11,75	"
" Baden	275,10	"	= 61,90	"
" Baseler Gebiet bis an den Rhein	2,90	"	= 0,65	"
zusammen	336,80	Kilometer	= 75,79	Stunden.

Die erste Anlage dieses, auf dem Fuß der Vorberge des Oden- und Schwarzwaldes hinziehenden Straßenzuges scheint keltischen Ursprungs zu sein.

Tragen doch nicht nur alle Flüsse und Bäche, welche diese Strecke durchschneiden, sondern selbst die meisten der angränzenden Berge, ja sogar viele und bedeutende Orte an oder in der Nähe der Straße Namen, welche auf keltische Abkunft hindeuten. (1)

Daß die Römer den alten Straßenzug ebenfalls benützt und wohl auch verbessert haben, läßt sich kaum in Zweifel ziehen, da man längs desselben auch viele römische Funde machte.

Dagegen widerspricht die ganze im Längen- und Höhenprofil völlig ungeregelte Linie des ältesten, meist höher an dem Berge mit vielen starken Gegengefällen hinführenden Zugs der Annahme, daß derselbe römischen Ursprungs sei. Man fand nirgends römische Straßen- oder Brückenbaureste und die aufgefundenen Trümmer römischer Gebäude oder die Funde römischer Geräthschaften sprechen ebenso wie die Benennung „Hochstraße, Heerstraße ꝛc." wohl für römische Benützung, nicht aber entscheidend für römische Anlage.

Näheres bei den einzelnen Abtheilungen.

Diese schon in der ersten Zeit des 764 gegründeten Klosters Lorsch bestandene, im Mittelalter „freie Kaiserstraße" (strata regia) genannte Straße hatte bis in das 12. Jahrhundert vorzugsweise die Bestimmung, den Verkehr mit Straßburg und Speyer sowie mit den in das Rheinthal einmündenden Seitenthälern zu vermitteln.

Erst nachdem das, unter Ludwig dem Frommen (814—840), mit Stadtrechten begabte Frankfurt seit der Königswahl Friedrichs I. (1152) und den von Friedrich II. (1240) und Ludwig dem Baier (1330) erhaltenen Meßprivilegien den deutschen Handel, vorzugsweise in Wollenwaaren, Leinwand und Wein bestehend, an sich gezogen und derart gepflegt hatte, daß die Stadt: „totius orbis Emporiorum Compendium" genannt wurde, erhielt die Bergstraße bis Frankfurt einen nennenswerthen Theil des Handelsverkehrs aus Italien, der Ostschweiz und aus Frankreich nach dem Niederrheine. Die schon vor 1222 ausgeführte Ueberbrückung des Mains bei Frankfurt erleichterte dieser Straße ganz besonders die Concurrenz mit der linksrheinischen Straße, da bei Mainz keine Brücke bestund. (2)

Dennoch konnte sich dieser Straßenverkehr nur langsam entwickeln, da der Rhein damals noch fast zwangsweise als die Hauptstraße für den Verkehr zwischen Italien und den Niederlanden benützt werden mußte.

Hatten ja doch die vier Kurfürsten am Rhein die Wasserstraßen der Zölle wegen stets bevorzugt, und sich noch im Jahre 1399 dahin geeinigt, daß die Benützung der Landstraßen neben dem Rheine von den Niederlanden auf- und abwärts *nicht* zu gestatten sei. (3)

---

(1) Bei Dossenheim, Ebringen, Heitersheim und Hügelheim wurden keltische sog. Hunnengräber, bei Weinheim, Ladenburg, Ubstadt keltische Geräthe, bei Ettenheim (Altdorf) viele keltische Alterthümer, beim Straßenheimer Hof keltisch-römische Gräber und Geräthe aufgefunden. An der alten Kirche in Bühl ist ein Immelstein (Gränzstein) eingemauert. Zeitschr. für Gesch. des Ober-Rheins 27, S. 114. F. Kreuzer, Heidelberg. Jahrb. 1838. Gräff, antiq. II. (2) An Stelle der jetzigen Stadt stund ursprünglich ein Königl. Maierhof und ein Schloß. Der Uebergang über den Main geschah durch eine Furth unterhalb dem Leonhardsthor, daher 794 der Name der Stadt „Francons furd". Man glaubt aber, daß schon im 8. Jahrhundert hier eine Holzbrücke bestund. Die erste bekannte stehende Brücke bei Frankfurt hatte Steinpfeiler und Holzoberbau. Ein Theil der Oeffnungen war mit steinernen Schwibbogen überwölbt. 1411 wurde eine Mühle mit der Brücke verbunden. Alle Brücken stunden an der Fahrgasse. Die noch vorhandene mit 11 Steinbogen soll im Anfang des 15. Jahrh. erbaut worden sein. G. Lange, Gesch. Frankfurts 1837. (3) Lacomblet IV., Seite 555.

Nachdem sich aber in Folge der Mordnacht in Mainz (1462) der Handel von hier nach Frankfurt überzog und viele Mainzer Kaufleute hieher übersiedelten, so hob sich, mit Hülfe der im Jahre 1492 errichteten Handelsbank, durch den im Jahre 1511 begonnenen buchhändlerischen Meßverkehr, die seit dem 12. Jahrhundert meistens hier vorgenommenen Kaiserwahlen und die seit 1564 öfter in Frankfurt stattgefundenen Kaiserkrönungen, das Ansehen der reichsfreien Stadt Frankfurt.

Durch die in der Mitte des 16. Jahrhunderts erfolgte Einwanderung der Wallonen mehrten sich die Frankfurter Bank- und Handelsgeschäfte in bedeutendem Maße.(1)

Um die Gütertransporte mehr und mehr von dem mit Zöllen und Abgaben aller Art überbürdeten und in manchen Zeiten durch Streitigkeiten der Gebietsherren, ungünstige Wasserstände oder Eisgang der Schifffahrt verschlossenen Rhein mehr auf die Landstraßen abzulenken, wußte Frankfurt den Fuhrleuten nach allen Gegenden hin Rückfracht mit Franken-, Main-, Neckar- und Rheinweinen zu geben und damit nicht nur die Frachtpreise überhaupt zu ermäßigen, sondern den Weinhandel selbst in großen Aufschwung zu bringen, so daß Frankfurt im Mittelalter mit Ulm und Nürnberg — den Hauptplätzen für deutschen Weinhandel — in lebhafter Concurrenz stund.

Man sagte damals: „In Frankfurt giebt es mehr Wein in den Kellern, als Wasser in den Brunnen.“ (2)

Die Messen wurden von Kaufleuten aus allen Ländern besucht und es zog sich allmählich auch die in Augsburg gegründete Bank dahin.

Die freundlichen Beziehungen, welche Frankfurt mit den übrigen deutschen Städten und anderen Territorialherrschaften zu knüpfen und mit ausgezeichnetem Gemeinsinne der Bürger zu bewahren verstund, gaben zu Zollermäßigungen und sicherem Geleite für die Frankfurter Kaufleute, wie für die nach Frankfurt Reisenden vielfachen Anlaß.

Abgesehen von den vielen Privilegien, welche Kaiser Karl IV. seit der goldenen Bulle von 1356 der Stadt verlieh und worunter auch sicheres Geleit für Jedermann zu dem Besuch der Messen begriffen war, gaben Graf Egon von Fürstenberg 1301/2 und Pfalzgraf Ludwig IV. 1425 den Constanzer Kaufleuten einen Geleitsbrief zum Besuche der Frankfurter Messen. Um den Verkehr von Metz nach Frankfurt zu fördern, erließ sogar Papst Martin V. 1426 eine Bulle, wonach Jeder, der einen Beitrag zu dem Bau der Brücke bei Sobernheim an der Nahe leistete, einen Ablaß von 2 Jahren und 80 Tagen erhielt.(3)

Nach dem Geleitsbriefe des Herzogs Christof von Württemberg vom 14. Februar 1459 erhielten die Kaufleute, welche nach oder von Frankfurt durch Württemberg reisten, 3 Tage freies Geleit für ihre Person und 3 Tage für ihre Wagen und Güter, wenn sie sich zu bestimmter Zeit an einem Orte sammelten und vorher dazu anmeldeten.(4) Auch die Reichsstadt Heilbronn errichtete 1524 ein Schützencorps zum Schutze der Kaufleute und ihrer Waaren, welche über Heilbronn auf dem Neckar nach Frankfurt oder von da zurückfuhren.

Aehnliche Vergünstigungen wurden noch in großer Zahl im Interesse des Handelsverkehrs mit Frankfurt gegeben,(5) der sich im 16. Jahrhundert auf englisches Tuch, Gewürze, Edelsteine, Tapeten, Kupfer, Waffen und Bücher ausgedehnt hatte. Ein noch wirksameres Mittel zur Hebung des Handels in Frankfurt und des Straßenverkehrs lag aber in dem Rückgange, den die Rheinschifffahrt im 16. und 17. Jahrhundert, der religiösen und politischen Verhältnisse wegen, seit dem Falle von Antwerpen genommen hat, wodurch die Landstraßen überhaupt lebhafter wurden, obgleich der Verkehr durch ihren baulichen Zustand keineswegs begünstigt war.(6) Auch die Haupthandelsstraße von Frankfurt nach Basel und Straßburg war in schlechtem Zustande.

Noch im Anfang dieses Jahrhunderts durchzog sie 20 reichsunmittelbare Gebiete, von denen Churmainz, Churpfalz, die Hochstifte Speyer und Straßburg, die Bisthümer St. Gallen und

---

(1) Daher der damals übliche Spruch in dem Volksmunde Frankfurts: „Die Römisch-Katholischen haben die Kirche, die Lutheraner das Regiment, die Reformirten das Geld.“ (2) Kriegk, Bürgerthum im Mittelalter, 1868. M. Pelzel, Carl IV., 1781 II. (3) Diese Brücke mit 6 Bogen kam 1627 neben den Fluß zu stehen, ist aber noch vorhanden. Rhein. Antiquarius 18, S. 9. (4) Die Kaufleute reisten damals, der größeren Sicherheit wegen, immer in Gemeinschaft. Der Aufenthalt in Frankfurt mag damals weniger angenehm als heute gewesen sein, denn im 15. Jahrhundert hatte Frankfurt noch großentheils Stroh- und Schindeldächer. (5) Kriegk, Geschichte von Frankfurt. Böhme, Urkundenbuch 1836. Florian, Lersner, Feyerlein, Kirchner, Chroniken von Frankfurt. W. Füßli, „Die Städte am Mittel- und Nieder-Rhein“ 1843. Lange, Gesch. von Frankfurt 1837. (6) Ende des 16. Jahrhunderts zählte man in Frankfurt schon 40,000 Meßgäste.

Basel und ein großer Theil der Ritterschaft wenig oder gar kein Interesse hatten, diesen Straßenzug zum Nachtheil des Rheins oder der linksrheinischen Straßen zu begünstigen.

Was nach Beendigung des dreißigjährigen Krieges an der damals vollständig ruinirten, ja unfahrbar gewordenen Straße im Laufe eines 25jährigen Friedens wieder verbessert war, kam durch die folgenden Kriege des 17. und 18. Jahrhunderts wieder in Zerfall; dagegen war schon im 18. Jahrhundert die linksrheinische Straße in verhältnißmäßig gutem Zustande, da von Basel bis zur Sulzbach die Straßenfrohnden seit 1716 aus der Staatscasse bezahlt und die Unterhaltungsarbeiten auf den Landstraßen durch Unternehmer besorgt wurden, (1) auch die Kriege dort weniger nachtheilig eingewirkt hatten. Zudem war die linksrheinische Straße von Basel über Mainz nach Frankfurt mit weniger Zoll- und Wegegeld belastet und für den Verkehr mit Mainz namhaft kürzer, für den Verkehr mit Frankfurt nicht viel länger als die rechtsrheinische. (2)

Der Handel blühte darum auch bis zu dem Revolutionskriege (1796) mehr als je im Elsaß.

Die Douanen waren jenseits des Wasgaues und der Verkehr mit Deutschland, Holland und der Schweiz war frei. (3)

Um den Verkehr wieder für das rechte Rheinufer zu gewinnen, befahl Karl VI. 1736 die Verbesserung der Bergstraße und Maria Theresia erließ 1749 eine ähnliche Aufforderung an Churpfalz, indem sie sagt: „daß sie schon lange bemüht sei, den Comerce wieder durch die vorderösterreichischen Lande zu leiten und daß auch zu diesem Zwecke in Vorderösterreich und in den Markgrafschaften Baden Erhebliches bereits geschehen sei, wogegen in den anderen Gebieten nur mit Unterbrechung verbessert wurde, so daß die Straße außer Breisgau und Baden sich noch als völlig zerfallen darstelle." (4)

Auch der schwäbische Kreis ersuchte 1750 den Oberrheinkreis um Mitwirkung zur Verbesserung der Straße und verfügte in dem Receß vom 31. Januar desselben Jahres: „daß wenn ein niederer Gerichtsherr (Reichsritter 2c.) sich nachlässig finden sollte, mit militärischer Hilfe einzuschreiten sei."

Aehnliche Aufforderungen erließ der Kaiser Franz I. im Jahre 1751 (5) und 1765. Frankfurt ließ hierauf in seinem Gebiet die Straße „auf das Prächtigste" herstellen, die Stunde kam auf 60,000 Fl. (Risbeck, Briefe eines reisenden Franzosen über Deutschland. 1780.); im Uebrigen aber hatten alle Ermahnungen ebenso wenig Erfolg, als die seit 1658 in den Wahl-Capitulationen der Kaiser ständig wiederholten Verbote der Zollerhöhung. (6)

Selbst die im Jahre 1733 zwischen Oesterreich und Basel abgeschlossene Uebereinkunft, wornach der Wegzoll durch österreichisches Gebiet unter der Bedingung ermäßigt wurde, daß die Baseler Kaufleute ihre Waaren auf der Reichsstraße (Bergstraße) über Freiburg nach Frankfurt gehen lassen, äußerte ebensowenig als die Verbesserung der Straße, (die 1780, obgleich noch schlecht, doch als eine der besten Deutschlands bezeichnet wurde) und die 1784 erfolgte Aufhebung des Weggeldes in der Markgrafschaft eine erhebliche Wirkung auf den Verkehr. Erst das französische Gesetz vom 24. Juli 1798, welches den Transit durch Straßburg suspendirte, lenkte den Verkehr wieder auf die rechte Rheinseite. Besonders günstig auf den Land- und Rheinverkehr wirkte nachher der 1803 erfolgte Bruch des 1802 abgeschlossenen Vertrages von Amiens, in dessen Folge die Engländer die französischen Häfen blockirten, mithin die Güter über Hamburg, Bremen und Amsterdam den Rhein herauf oder zu Land durch Deutschland nach Straßburg und Basel transitirten. Straßburg war in dieser Zeit das große Waarenlager für Frankreich.

---

(1) Die Aufhebung der Frohnden wurde unter Ludwig XVI. 1775 versucht, sie erfolgte aber dauernd erst durch die Revolution. (2) Von Basel bis Mainz hat die linksrheinische Straße eine Länge von 70 3/8 St., von Mainz bis Frankfurt 7 4/8, zus. 77 7/8, die rechtsrheinische dagegen bis Frankfurt 76,28 St. (3) Aufschlager, das Elsaß 1826, III. 224. (4) Land, Arch. Act. (5) Mooser, Staatsarchiv 1752 VII., 1753 I. und II. (6) Im Jahre 1721 bezahlte man von einem mit 8 Pferden bespannten Güterwagen, der nur 50—60 Ctr. Ladung haben durfte, von Freiburg bis Frankfurt 37 Fl 21 Xr. Wegzoll, Chausseegeld und Brückengeld, welcher Betrag sich auf 39 Erhebungsstellen vertheilte. Ein schwererer Güterwagen bezahlte 1760 auf der Frankfurt-Baseler Straße durch Vorderösterreich 9 Fl. 11 Xr., durch das Elsaß nur 5 Fl. 6 Xr. Zoll- und Weggeld. Im Jahre 1765 bezahlte man von Frankfurt nach Basel auf der Bergstraße 58 Fl. 6 Xr., durch das Elsaß nur 27 Fl. 28 Xr. pr. Wagen an Zoll-, Chaussee- und Brückengeld. Zudem fuhren die Fuhrleute auf dem linken Rheinufer billiger als jene auf dem rechten, da man auf elsässischer Seite fast 1 Tag weniger Fahrzeit brauchte. Auch durften lange Zeit im pfälzischen Gebiete an Sonn- und Feiertagen keine Güterfuhren gehen. L. a. a. J. Bernoulli, Reisen. W. Stricker, Beiträge zur Kult.-Gesch. Frankfurts, Zeitschr. 1873.

Die hierauf 1806 von Napoleon I. verfügte sog. Continentalsperre, wonach der Verkehr mit England nur über Konstantinopel möglich war, (1) wirkte nachtheilig auf die Rheinschifffahrt, aber belebend auf den Landweg, dessen Verkehr sich von da an fortan so sehr gehoben hat, daß die Frankfurt-Baseler Straße die bedeutendste am Oberrhein geworden ist. (2) Dem entsprechend traten auch namentlich in der Zeit von 1809—1838 überall, insbesondere auch in den Gebieten von Hessen und Frankfurt, Verbesserungen ein, so daß mit Ausnahme einiger kurzen Steigen 15 Centner pro Pferd geladen werden konnten, während 6—9 Centner früher die höchste Last war. (3) Die Güterfuhrleute konnten täglich 10 Stunden zurücklegen, während sie früher auf 4—5 Stunden beschränkt waren. In Folge dessen haben auch die Frankfurter Kaufleute schon 1818 zwei Drittel der Holländer Güter zu Land statt zu Wasser bezogen und versendet. Der Haupthandel bestund in dieser Zeit in Wein, Colonialwaaren, Wollenwaaren, englischen Seidenwaaren, Leder, Bauholz. Der Buchhandel war durch Leipzig beeinträchtigt; dagegen blühte die Spedition und das Bankgeschäft. Dazu kam der seit 1820 in fortwährender Zunahme befindliche Reiseverkehr aus England und dem Norden von Deutschland nach der Schweiz, der zur Verbesserung der Straßen und der Verkehrsmittel überhaupt dringend aufforderte. (4)

Mit diesem großartigen Fremdenverkehr erschlossen sich unzählige Quellen des Erwerbs für die Bewohner der an der Frankfurt-Baseler Straße liegenden Orte und er übte auch einen gewichtigen Einfluß auf deren Sitte und Lebensweise aus.

Ueber die einzelnen Abtheilungen der Straße.

1. Von der hessischen Gränze bis an den Neckar.

Die 12 Stunden lange, sog. Bergstraße im engeren Sinne (strata montana) von Eberstadt bis Heidelberg wurde unzweifelhaft von den Römern benützt. (5)

Verschiedene Baureste römischer Gebäude bei Weinheim, Neuenheim, Ladenburg, Rosenhof, Schriesheim, namentlich das hier entdeckte Columbarium und die Bäder, sowie viele Funde von Geräthen in Nähe der Straße geben Zeugniß hiefür. (6) Der orientalische Cult des Mithras war am Rhein verbreitet. Auch in der Capelle zu Neuenheim sind Sculpturen, die hierauf hinweisen, die römischen Gottheiten wurden mit den keltischen identificirt. Auch in Heidelberg fand man ein Mithrasbild.

Der Straßenzug ging früher großentheils höher am Gebirge hin durch die Orte Malchen, Seeheim, Jugenheim, Weinheim, Lützel-, Hoch- und Großsachsen, (7) Leutershausen, Schriesheim (8) und Dossenheim.

Da der Fuß des Heiligen Berges sich wahrscheinlich zur Römerzeit noch bis in den Neckar erstreckte, also einen Abschluß für den Landverkehr im Neckarthale bildete, (9) fand die Straße

(1) Fr. Schöll, Historische Gemälde von Europa 1826. Von 1810 an war die Einfuhr der Colonialwaaren gegen einen Zoll von 50 Procent des Werthes erlaubt. Die Einfuhr der englischen Fabrikate blieb aber verboten. (2) Der Waarenverkehr zwischen Frankfurt und Zürich wurde 1751 nur auf 24,000 Centner pro Jahr geschätzt, während er 1819 zwischen Frankfurt und Basel schon auf 80,000 Centner angeschlagen wurde. Die Transitgüter waren auf 68,000 Centner geschätzt. Welcher Abstand gegen den heutigen Verkehr! (3) Im Jahre 1780, als die Straße bei Frankfurt schon verbessert war, brauchte man für Lasten von 140—150 Centnern 16—18 Pferde landaufwärts. Bei den hohen Fuhrlöhnen und Geleitsgebühren reiste man in Gesellschaft von 20—40 Personen. Anzeiger für Kunde deutscher Vorzeit. 1838. (4) Eine Folge davon waren die 1822 eingeführten Eilwagen. (5) In einer Gränzbeschreibung von Heppenheim aus dem achten Jahrhundert heißt diese Straße: „Strata publica qui ducit de pago Lobodonense." Im 13. Jahrhundert wird sie zuweilen „Berstratia" genannt. Widder, Pfalz 1788. Mone, Arch. I. In verschiedenen Gemarkungen fällt sie mit alten Wegen zusammen, welche früher den Namen: Heer- und Herdstraßen führten. (6) Bei Weinheim wurden Ziegel der 22. Legion, bei Heidelberg Inschrift auf Merkur und eine Ara, in Rohrbach 1 Merkurstein, bei St. Illgen röm. Aschenkrüge, bei Wiesloch Ziegel der 22. Legion, röm. Münzen und Bronceringe, bei Mingolsheim römische Waffen und Geräthe, bei Rastatt eine Ara, bei Steinbach 2 Leugazeiger von 222 v. Chr., bei Dinglingen viele röm. Münzen, bei Ettlingen ein Votivstein für Merkur gefunden. Schöpflin alsatia, Sinsheimer Jahrbuch I. Gräff. Antiq. Weik. — Schrift des Alterth.-Ver. 1846. Carl Theodor ließ an der Stelle des, aus dem 2. Jahrhundert stammenden römischen Begräbnisses bei Schriesheim ein Monument mit der Inschrift setzen: „Sepulcri Romani Columbarium Sacellum Caenaculum continentis fundamenta anno 1766 detecta locus hic tegit." (7) Wahrscheinlich durch Carl den Großen 782 gegründete sächsische Colonien. (8) Widder bezeichnet 1786 die jetzige Straße unterhalb des Dorfes Schriesheim als: „die neu angelegte Chaussee", wo seit 1772 eine Wehrzollstätte war, wie in Lützelsachsen. Schriesheim wurde 1470 Stadt genannt. Chronik der fränkischen Städte S. 321. (9) Auf dem Heiligenberg und auf dem Geisberg stunden Castelle, von welchen beiden die Mauern bis an den Neckar herabgingen. Kaiser, Schauplatz ꝛc. Daß dieselben römische Anlagen waren, ist nicht erwiesen.

damals ihre Fortsetzung einerseits von Handschuchheim über den Berg nach Altneudorf, Heiligkreuzsteinach und Waldmichelbach auf der sogenannten „hohen Straße", anderseits aber durch den Uebergang über den Neckar unterhalb Neuenheim. (1)

Der Weg von Neuenheim aufwärts am Neckar ist, wenn auch später angelegt, sehr alt und scheint anfangs hauptsächlich als Leinpfad gedient zu haben, denn er war im 15. Jahrhundert nur 8 Fuß breit und gepflastert. Das Pflaster wurde 1661 mit einem Aufwand von 1171 fl. erneuert. Als die Erweiterung im Jahre 1761 durch Anlage von Stützmauern auf 14—18 Fuß und die Umwandlung des Pflasters in eine Kiesdecke vorgenommen wurde, (2) soll er schon Jahrhunderte lang als Leinpfad und Zufuhrweg zu den Reben benützt worden sein. (3)

Der Zustand der Bergstraße zwischen Frankfurt und Heidelberg, welche schon im 16. Jahrhundert mit Wallnußbäumen begränzt war, blieb bis zu Anfang dieses Jahrhunderts so schlecht, daß z. B. 1660—1671, 1728—1733 und 1736 nur bei ganz trockener Witterung mit beladenen Fuhrwerken durchzukommen war und noch im Jahr 1794 mußten versunkene Fuhrwerke bei Weinheim, Lützelsachsen und Neuenheim fast täglich mit Winden gehoben werden. (L. A. A.) Es fehlte damals noch an Dohlen. Die Brücken waren, wie überall in der rechtsrheinischen Pfalz, nur 12—18 Fuß breit und die Straße wurde bei Weinheim alljährlich mehrmals von der Weschnitz überschwemmt. Um diesem Mißstand vorzubeugen, hatte man 1771 die Weschnitz in 2 Bäche von 32 Fuß Breite getheilt, allein der Erfolg war kein vollständiger, daher im Jahre 1790 wegen der bevorstehenden Kaiserwahl in Frankfurt die Erhöhung und Chaussirung der damals schon einige Zeit unterhalb Weinheim vorbeiziehenden Straße (4) auf 799 Ruthen mit einem Aufwande von 5394 fl. ausgeführt werden sollte, auf Ansuchen der Gemeinde: den Straßenzug wieder wie ehemals durch die Stadt zu leiten, (5) wurden nur die dringendsten Verbesserungen an der äußeren Straße ausgeführt. (L. A. A.)

Da die Straße im Jahr 1794 auf Lautenbacher Gemarkung nur mit Lebensgefahr passirt werden konnte, verlangte das K. K. österreichische Armeecorpscommando die durchgehende Verbesserung bis Heidelberg mit Androhung militärischer Execution. Die Herstellungskosten waren auf 24,500 fl. veranschlagt, wovon das Aerar 8500 fl., die Heidelberger Chausseecasse 4000 fl. und die Gemeinden 12,000 fl. zu übernehmen hatten.

Nach Anfall der Pfalz an Baden wurde die Straße in den Jahren 1808—1810 auf 24—32 Fuß erweitert, von der hessischen Gränze bis Weinheim fundamentirt, die übrige Strecke aber mit einer starken Steindecke versehen, die fehlenden Dohlen hergestellt, die Brücken großentheils erweitert, das Längenprofil geregelt und das schlechte Pflaster in vielen Ortschaften entfernt.

In den Jahren 1811—1814 wurde der Weg zwischen Neuenheim und Heidelberg an mehreren Stellen neuerdings erweitert und theilweise auf eine Breite von 22—24 Fuß gebracht. (6)

Nachdem in den Jahren 1816—1864 der Neckar unterhalb der Heidelberger Brücke auf das Normalprofil eingeengt war, wurde 1867 der 10 Fuß breite Leinpfad von der Straße auf das vertragsmäßig von der Gemeinde Neuenheim hergestellte und ihr zu Eigenthum überlassene Neckarvorland verlegt. Der Leinpfad blieb Staatseigenthum.

Das Haupthinderniß für den Verkehr der Bergstraße bildete aber immer noch die Passage durch die Stadt Weinheim. (7) Die Gemeinde hatte, wie schon erwähnt, im Jahr 1790 nach-

---

(1) Mone, Urg. Badens I. S. 182. Neuenheim ist von den Franken im 6., oder 7. Jahrh. wieder erbaut worden. Urg. II. 141. (2) An den Kosten im Betrag von 4000 Fl. wurden von der Cent Schriesheim 2/5, von den angränzenden Güterbesitzern 1/5 und aus Cameralmitteln 2/5 bestritten. Die Ausführung geschah im Accord. Die vorgeschriebene Breite von 16 Fuß wurde nur theilweise eingehalten. Die Stützmauern gegen den Neckar erhoben sich 4 Fuß über die Straße und hatten einige Durchgänge an den Fluß. (L. A. A.) Cent bedeutet einen über mehrere Orte ausgedehnten Verwaltungsbezirk. Mone, Zeitschr. 8. S. 131. (3) Die Weinberge bei Neuenheim waren schon im 8. Jahrhundert bekannt. Des Weinbaues an der Bergstraße wird 634 urkundlich erwähnt und in Heppenheimer Gemarkung 773. C. Schannat, Cod. laurishamensis. (4) Die Landstraße zog noch 1786 unten an der Stadt vorüber, die Zollstelle war aber in der Stadt. Widder, Beschreibung der Pfalz. I. (5) Da Weinheim im Jahre 1577 in Mitte der Stadt an der Straße ein Kaufhaus und Rathhaus — erbaute, läßt sich annehmen, daß damals noch wie ursprünglich und längere Zeit nachher die Straße nach Frankfurt, durch Weinheim in der jetzt noch bestehenden Stadt- und Vorstadt-Straße, die „Bergstraße" heißt, hinzog. (6) Ein, der Heidelberger Providenz-Kirche gegenüber bestandenes Gegengefäll der Straße wurde durch Abheben beseitigt und die Stützmauer mit Strebe-Pfeilern versehen. Die Straße ist hier nur 4,5 Meter breit. (7) Weinheim ist schon 755 urkundlich genannt als Winnenheim; der Ort erhielt im Jahre 1000 von Kaiser Otto III. Marktrechte, 1065 von Kaiser Heinrich IV. eine Münzstätte und verschiedene Freiheiten. Im 13. Jahrhundert wurde Weinheim Stadt und kam 1232 an die Pfalz. Die neue Stadt wurde im 14. Jahr-

gesucht, den Straßenzug wieder durch den Ort zu leiten; es gelang ihr aber erst im Jahr 1804 auf Bevorwortung der Landvogtei Strahlenburg die Genehmigung unter der Bedingung zu erhalten, daß sie die Verlegung aus eigenen Mitteln zu bestreiten habe.

Die Ausführung erfolgte alsbald mit 40,000 fl. Aufwand.

Abgesehen von dem Umweg von einer Viertelstunde hatte die, zum Theil enge gepflasterte Gassen durchziehende, Straße an dem Marktplatz ein Gefälle von 9 Procent und eine gefährliche Einmündung in die nur 18—20 Fuß breite Hauptstraße. Die ständigen Klagen über diese Verkehrshindernisse gaben Anlaß, in den Jahren 1838 und 1839 wieder eine neue Straße außerhalb der Stadt in der Richtung des schon erwähnten alten Postweges nebst einer neuen steinernen Brücke über die Weschnitz mit einem Staatsaufwand von 47,133 fl. herzustellen und der Gemeinde einen Beitrag von 3772 fl. für den Umbau des Stadtpflasters zu geben, da für die Pflasterung in der letzten Zeit nur das Allernöthigste von der Straßenbauverwaltung geschehen war. (1) Weitere Regulirungen kamen bei Weinheim 1840 — 1841 mit 2000 fl. zur Ausführung.

Nachdem an der Straße von der Heidelberger steinernen Neckarbrücke bis Neuenheim seit 1836 eine große Zahl von Wohngebäuden errichtet war, trat das Bedürfniß der Straßen-Erweiterung immer dringender auf. Die in den Jahren 1868 und 1870 aufgestellten Projecte forderten aber 30—40,000 fl., was für diesen Zweck zu viel erschien. Man beschränkte sich auf Herstellung eines Fußweges von der Brücke abwärts auf 225 M., welche 1871 mit 600 fl. bewirkt wurde, wovon Heidelberg 200 fl. übernahm.

Erst 1873 entschloß man sich, den Fußweg auf 458 M. über die Straße hinaus gegen den Neckar zu legen. Der Aufwand betrug 7800 fl., wovon nach dem Straßengesetz von 1868 der Staat $^2/_3$, der Kreis und die Gemeinde Neuenheim je $^1/_6$ zu tragen hatten. Der neue 12 M. breite Fußweg wurde auf 28 Gewölbebogen mit Pfeilern, auf 16 Gewölbe ohne Pfeiler und auf 27 Tragsteine gelegt. Die Straße konnte dadurch mindestens auf 5 M. Breite gebracht werden und die Ausführung erfolgte 1874—1875.

Die zu enge Gewölbbrücke in Lautenbach wurde 1877 mit 3700 M. umgebaut. Der für diese Straße in Baden bestrittene erweisbare Aufwand zur Verbesserung betrug 133,542 fl.

Abtheilung v. d. rechten Neckarufer bei Heidelberg b. Wiesloch.

Zur Zeit der Römer soll bei der Berkheimer Mühle (2) ein Uebergang über den Neckar bestanden haben. (3) Der, die Neuenheimer Straße durchschneidende, Feldweg, früher Speierer Weg, sogenannte Ländengasse, oberhalb der Mühle mündet an den Neckar, wo die einst bekannte Furth durch den Fluß an das rechte Ufer auf die Neuenheimer „Furchgasse" führte. Diese Straße wird für römisch gehalten.

Das älteste urkundlich nachgewiesene, dem Andreasstift gehörige Fahr, welches schon im 12. Jahrhundert bestund, kaufte im Jahr 1218 zur Hälfte das Kloster Schönau. 1245 verzichteten die Herren von Bohnfeld auf ihre Ansprüche an dieses Fahr, Lorrent, Wimpfen S. 27, Widder I.

Die Bedeutung von Heidelberg, (4) welches von Pfalzgraf Otto (1228—1253) zur Residenz der Pfalzgrafen erhoben wurde, führte schon früher zu dem Bau einer stehenden Holzbrücke über den Neckar.

Die erste bekannte Holzjochbrücke war in jener Zeit an Stelle des früheren Fahrs zwischen Neuenheim und Berkheim erbaut. Diese Brücke stürzte 1288 zusammen, als eine Procession darüber ging, wobei 300 Personen umkamen. Von ihrem Wiederaufbau an gleicher Stelle wurde

---

hundert an die Altstadt angebaut. Weinheim hatte im Mittelalter eine, den Reichsstädten ähnliche Verfassung. Nach der Stadtordnung von 1489 bezog W. ein Drittel des Ungeldertrags zu Unterhaltung der Brücken, Straßen und Mauern, 2 Drittel der Pfalzgraf. Das Ungeld betrug 4% des Werthes der steuerpflichtigen Gegenstände. (1) Die alte Brücke wurde 1874 durch eine eiserne Fachwerkbrücke auf Gemeindekosten ersetzt. (2) Diese 1251 an das Kloster Schönau gekommene Mühle ist ein Rest des Ortes Berkheim, welcher schon 787 in dem Urkundenbuch des Klosters Lorch (Codex laurishamensis) genannt ist und 1392 auf Befehl Rupert II. mit Heidelberg verbunden und ein Theil der Speyerer Vorstadt wurde. Kaiser, Histor. Schauplatz in Heidelberg und Zeiler, Topographie der Pfalz von 1645. Die Heidelberger Markung gehörte ursprünglich zu Berkheim. (Wirth, Archiv der Stadt Heidelberg 1868.) (3) Brambach, Baden unter römischer Herrschaft, S. 16. Bei Heidelberg fand man 2 römische alte Steine. (4) Heidelberg wurde eigentlich erst von Pfalzgraf Ludwig II. (1253—1294) mit Stadtrechten begabt. Churfürst Ruprecht I. gründete 1386 die Universität und Ruprecht III. umgab die Stadt mit Mauern. 1424 erhielt die Stadt den Marktzoll, 1465 verschiedene Privilegien, so das Recht des freien Handels, den Brückenzoll für Bau und Unterhaltung der Neckarbrücke und $^1/_4$ des Ungelds zu Unterhaltung der Wege und Stege — wie von Alters her.

Umgang genommen. Die hierauf weiter oben erbaute Brücke erlag 1308 dem Eisgang und Churfürst Ruprecht III. (1398—1410) gab der Stadt den Neckarzoll zur Wiederherstellung einer ebenfalls durch Eisgang zerstörten Brücke, die wie die ältere auch an der Stelle der jetzt bestehenden stand. (Calendarium historicum 1568). Eine später erbaute Holzbrücke ging 1565 wieder durch Eisgang und eine weitere gedeckte von Holz, 568 Fuß lang, am 8. Juni 1651 durch Hochwasser zu Grunde.

Die hierauf gefolgte gedeckte 568 Fuß lange Brücke mit steinernen Widerlagern und 9 steinernen Pfeilern nebst rechtseitigem Thurm wurde am 16. Februar 1689 gleichzeitig mit dem Schloß von den Franzosen gesprengt. (1)

Auch die hierauf bei dem jetzigen Lauer errichtete Schiffbrücke zerstörten 1693 die Franzosen. An ihre Stelle kam 1706 eine andere, welche bis 1722 stund.

Die inzwischen wieder hergestellte 1702 Fuß lange Hängwerkbrücke, deren Aufwand auf 26,000 fl. überschlagen war, unterlag 1724 theilweise und nach Wiederherstellung 1784 vollständig dem Eisgang, und man benützte nun wieder eine Nähe und eine Schiffbrücke. (2)

Churfürst Karl Theodor beschloß sodann 1785 den Bau der jetzt noch stehenden steinernen Brücken mit 8 Pfeilern und 9 Oeffnungen von 27, 39, 72, 73, 52 und 40 Fuß Weite, einer Länge von 650 Fuß, einer Breite von 30 Fuß, mit 19,7 Fuß Fahrbahn und je 2 Fuß Trottoir nebst 12 Altanen. (3)

Diese Brücke wurde auf der Stadtseite mit der Statue Karl Theodor's, auf der rechten Seite mit dem Bildniß der Pallas Minerva geziert. Der ganze Bau fand in jener Zeit allgemeine Bewunderung, und er steht auch heute noch unter den Brückenbauten des vorigen Jahrhunderts bezüglich des Geschmacks und der Opulenz in erster Reihe.

Das Nachtheilige dieser Brücke für den Verkehr liegt in den starken Steigungen der Auffahrten, von denen die linkseitige 8,3 Procent, die rechtseitige 6,75 Procent Gefäll besitzt, so daß Vorspann genommen werden muß, wenn auf ein Pferd mehr als 25 Centner Last kommt. Der Vorspann kostet 12—18 kr. für das Pferd.

Diese Steigung in Verbindung mit der kurzen Wendung der schmalen Stadtstraße und dem oft sehr schlechten, erst in der Neuzeit in guten Stand gesetzten Pflaster (4) gab den Güterfuhrwerken oftmals Veranlassung, Heidelberg zu umgehen und wenigstens bei guter Witterung den Vicinalweg von Leimen über Oftersheim, Neckarhausen, (5) Ladenburg (6) und Großsachsen einzuschlagen, so daß die Regierung sich auf Andringen der Stadt Heidelberg veranlaßt sah, wegen des Verlustes an Chausseegeld und Brückengeld auch von dieser sogenannten Ausbruchstraße Weggeld zu erheben und im Jahr 1810 die Benützung dieses Weges für außer Land gehende Güterfuhren ganz zu verbieten.

---

(1) Nach einer älteren Abbildung Heidelbergs in Zeilers Topogr. d. Pfalz von 1645 ging die Straße von Neuenheim durch eine Sternschanze zu der gedeckten Brücke, die 9 Pfeiler hatte, auf deren zweitem rechtseitigen ein Thurm stund. Der Oberbau der Brücke von Holz lag horizontal. Die Straße von Ziegelhausen führte um die Schanze herum und mündete in die Neuenheimer Straße ein. Diese Schanze stund 1622 noch, denn Tilly beschoß aus derselben die Stadt. Von 1645 an kommt sie in den Zeichnungen nicht mehr vor. Die Trümmer der 1689 zerstörten Brücke hinderten die Schifffahrt von Heilbronn vollständig. Büttinghausen, Beiträge zur Pfälzer Gesch. II. (2) In Folge eines starken Schneefalls, großer Kälte und plötzlich eingetretener Wärme bildete sich im December 1783 ein starker Eisgang, der das Eis bei Feudenheim 40′ hoch aufthürmte. Es folgte sogleich wieder Kälte und hierauf im Februar 1784 ein zweiter Eisgang mit Ueberschwemmung der Stadt bis über den Marktplatz. Die gedeckte Brücke sammt Pfeilern wurde stehend bis Neuenheim fortgeschoben und zertrümmert. Außerordentlich große Ueberschwemmungen waren auch 1729, 1740, 1758 und 1778 eingetreten. — Deurer, Das Hochwasser des Neckars von 1784. (3) Durch Churfürstlichen Erlaß vom 1. Juli 1785 wurde bestimmt: 1) daß außer den 5 brauchbaren 3 neue Pfeiler von Quadern (nach dem Plan des pfälzischen Cameralbau-Inspectors Majer) herzustellen sein 2c., daß die Kosten (überschlagen zu 170,000 fl.) allein von der Stadt zu tragen sind, welche auch das Bauholz abzugeben hat. Das alte Recht, daß ober und unter der Brücke auf 1 Stunde Entfernung keine Ueberfahrt betrieben werde, wurde erneuert. Es mußten 3 Häuser entfernt werden und die Baugeräthe von dem 1773—1777 erbauten Frankenthaler Canal und die metallenen Rollen von den Zugbrücken auf dem Schloß durften zu dem Brückenbau verwendet werden. Majer führte den Bau gegen eine Tagesgebühr von 3 fl. bis Ende 1788 aus. Das Brückengeld wurde wie jetzt von der Stadt verpachtet. (L. A. A.) Die Netto-Einnahme der Stadt betrug 1858 8500 fl. durchschnittlich pro Jahr, 1868 15,000 fl., 1872 14,000 fl. Die Baukosten der Brücke beliefen sich laut Stadtrechnung auf 120,000 fl. (4) Die Stadt hat gegen den Bezug von Brücken- und Pflastergeld die Brücke und das Pflaster der Hauptstraße zu unterhalten. (5) Schon vor der Gründung Heidelbergs und noch 1150 ging die Landstraße von Leimen über Ladenburg nach Großsachsen. Die Neckarfahrt daselbst ist schon im 13. Jahrhundert und ebenso 1483 in Urkunden erwähnt. Im Jahr 1786 war dasselbe von der Churfürstlichen Hofkammer in Erbbestand gegeben. Widder I. S. 484. (6) Ladenburg, schon unter den Kelten ein bedeutender Ort, wurde von den Römern befestigt.

Der bedeutende und lästige Umweg, den die Benutzung der Heidelberger Brücke dem Verkehr auferlegt, führte im Jahr 1835 zu dem Gedanken, statt Erweiterung der Straße von Heidelberg nach Neuenheim bei letzterem Ort eine Brücke zu bauen. Die Ausführung scheiterte an dem Widerstande Heidelbergs, welches 1867 zur Erleichterung des Verkehrs mit der Eisenbahnstation eine Kettenfähre mit 3080 fl. Aufwand in der Richtung der Fahrgasse herstellte. Diese für 4 Fuhrwerke benützbare Fähre wurde am 1. Januar 1868 eröffnet; sie besitzt eine Tragkraft von 100 Centnern. Die 18 Fuß breiten Zufuhrwege, welche 11,000 fl. kosteten, haben links 10, rechts $8^1/_2$ Procent Gefälle. Das für die Anfahrt erforderliche Terrain wurde auf der rechten Seite gegen eine jährliche Recognitionsgebühr von der Flußbauverwaltung abgegeben. Da die Fähre dem Verkehrsbedürfnisse nicht ganz entsprach, wurde am 8. Mai 1874 zwischen der Regierung und der Stadt eine Vereinbarung getroffen, wonach bei Neuenheim eine stehende Brücke erbaut wird, mit deren Eröffnung für den Verkehr die alte Steinbrücke nebst Brückenthor und dem rechtseitigen Brückenhaus in das Eigenthum des Staats übergeht und diese ebenso wie die neue Brücke in den Straßenverband aufgenommen wird. Die Gemeinde verzichtet auf das Privilegium des Ueberfahrtsbetriebs von der alten Brücke abwärts und auf die Brückengeld-Erhebung, da die alte und neue Brücke kostenfrei dem allgemeinen Verkehr überlassen werden.

Die Stadt erhielt als Gegenleistung 50,000 fl., wovon die Staatscasse 30,000 und die Gemeinde Handschuhsheim 10,000, Dossenheim 4000, Neuenheim 3000, Ziegelhausen 2000, Eppelheim 500, Kirchheim 500 fl. bezahlten.

Der Bau der neuen Brücke wurde 1875 begonnen, die Baukosten sind auf 500,000 fl. oder 857,143 Mark berechnet.(1) Der Beitrag des Kreises wurde auf $^1/_9$ bestimmt, die Gemeinde indessen hatte 121,192 ℳ. zu bezahlen. Die Brücke erhält 5 Oeffnungen à 35 Meter Lichtweite, mit Eisenbogen überbaut, und 3 Fluthöffnungen, eine Fahrbahn von 6 Metern und Trottoir von 4 Metern, für Eisen wird gewalzt 34,75 Mark, gegossen 25 Mark, pro 100 Kilogramm bezahlt. Der Plan ist von Baurath Gerstner.

Von Heidelberg aufwärts bis Leimen wurde die alte Straße im Jahr 1740 corrigirt.

Von der Sandgrube unterhalb Nußloch war schon seit langer Zeit zur Umgehung der Stadt Wiesloch ein alter, mit großen Steinen gepflasterter Weg(2) (vielleicht römischer Bau, da man in der Nähe römische Ziegel fand) durch das sogenannte Bruch als Hauptstraße benützt worden, weil auch die Straße in Wiesloch ungünstige Gefälle besitzt. Die Straße ging unterhalb der Stadt zwischen der Dornmühle(3) und der sogenannten Postmühle und in Nähe der Schwefelquelle an dem Wiesloch-Rother Weg wieder in die Frankfurt-Baseler Straße (Mone, Urgeschichte I, S. 179).

Dieser alte Weg war während der Kriegsjahre absichtlich besser als die durch Wiesloch führende Straße unterhalten, um „die Märsche der verderblichen Kriegsvölker von Wiesloch abzuwenden." Als es sich im Jahr 1760 um Verbesserung der Straße von Heidelberg nach Langenbrücken handelte, beabsichtigte man wegen des Gefälles von 5—$6^1/_2$ Procent in Wiesloch, des engen oberen Thores, schlechten Pflasters und der schmalen Brücke außerhalb der Stadt den untern Weg als Landstraße zu behandeln, allein, da dieser Weg auf 4 Stunden keinen Ort berührt und der Ueberschwemmung ausgesetzt ist, verbesserte und erhöhte man 1760/61 die Straße von Heidelberg bis Leimen und die durch Wiesloch führende Straße, die zugleich Poststraße nach Sinsheim war.

Eine weitere Verbesserung von Wiesloch aufwärts erfolgte auf $1^1/_2$ Stunden Länge, eine Verbesserung im Frohndwege. Die baaren Auslagen wurden von der Heidelberger Chausseecasse bestritten.(4) Auch die Abtheilung von Heidelberg nach Nußloch wurde 1808/9 mittelst Frohndarbeit in besseren Stand gebracht. Eine wesentliche Verbesserung der Straße erfolgte 1840/41 bei Leimen mit einem Aufwand von 7722 fl.(5)

(1) Die in neuerer Zeit erbauten Neckarbrücken haben folgenden Bauaufwand veranlaßt: 1) die Kettenbrücke bei Mannheim 380,000 fl., 2) die Ladenburger Steinbogenbrücke von Oberbaurath Keller 854,000 fl., 3) die Neckar-Elzer Gitterbrücke von demselben 550,000 fl., 4) Jaxtfelder Eisenfachwerkbrücke von Oberbaurath Beker 400,000 fl. (2) Wiesloch, schon unter Carl d. Gr. genannt, erhielt 965 von Kaiser Otto I. Marktrechte und wird 1317 Stadt genannt, die 1360 von Churfürst Ruprecht I. mit Mauern umgeben wurde. Seb. Münster 1598. (3) Die Dornmühle gehörte zu dem römischen Ort Dornheim. Das Galmai-Bergwerk soll schon von den Römern betrieben worden sein. (4) Wiesloch stellte allein 4613 Hand- und 1500 Spannfrohnden; das ritterschaftliche Gebiet Baierthal wirkte mit. (5) Die Stadtthore in Leimen bildeten früher wegen geringer Höhe und Breite die Aiche für alle Güterwagen, welche von Frankfurt nach Basel gingen. Das eine Thor ist 1796, das andere in Folge gedachter Straßenverbesserung 1842 abgebrochen worden.

Im Jahr 1859 beabsichtigte man die nur 16,5 Fuß breite steinerne Leimbachbrücke mit 3 Oeffnungen zu erweitern, die Gemeinde Wiesloch wünschte jedoch mit Rücksicht auf den Verkehr mit der Eisenbahn einen Neubau, der aber erst 1875 mit einer Länge von 70 Fuß, einer Lichtweite von 12 Meter und 5,4 Meter Fahrbahn nebst zwei 1,3 Meter breiten Trottoirs zur Ausführung kam. Die Kosten betrugen 19,244 Mark = 11,225 fl. und es wurde davon 1 Sechstel von der Gemeinde, 1 Sechstel vom Kreis und 4 Sechstel vom Staat bestritten. Der Oberbau besteht aus 6 Blechträgern. Das rechtseitige Fundament wurde beibehalten, das linkseitige mit Pfahlrost neu hergestellt. (1) Der nachweisbare Geldaufwand für diese Abtheilung betrug 704,947 fl.

2. Von Wiesloch bis Weingarten.

Die alte Straße zwischen Wiesloch und Untergrombach fällt im Wesentlichen mit der jetzigen zusammen.

Zwischen Untergrombach und Weingarten ging sie aber etwas höher am Gebirge hin. Der von Bruchsal westlich am Weiher vorüber gegen Langenbrücken führende Weg heißt „Römische Heerstraße“. Aber auch die Straße von Bruchsal auf der Höhe nach Ubstadt, Stettfeld und Langenbrücken wird als Römerstraße bezeichnet. Untrügliche Nachweise hierüber fehlen.

Bischof Philipp II. hatte in der Zeit von 1529 bis 1552 die alte Straße verbessert, aber sie kam bald wieder in Zerfall und erst von 1711 an, nachdem Bischof Heinrich von Rollingen die Residenz provisorisch von Speyer nach Bruchsal verlegt hatte, wurde diese Straße wie alle andern rechtsrheinischen des Bisthums in einen, für die damalige Zeit, guten Stand gebracht. Bischof Damian hatte bald nach Beginn des Schloßbaues den Straßen besondere Aufmerksamkeit zugewendet. (2)

Die Verlegung in die Thalebene ist aber erst unter Fürst Stierum in den Jahren 1790/94 mittelst Frohnconcurrenz erfolgt. Die Fundamente wurden großentheils mit Faschinen hergestellt, die Steinlieferungen versteigert und für die Güter ex aerario 1900 fl. Entschädigung gegeben. Der ganze Aufwand betrug 10,000 fl.

Bei Langenbrücken (3) wurde die Straße 1803—1811 nahezu neu hergestellt. Durch Zurücksetzen der Kirchhofmauer erweiterte man 1821—1822 dieselbe mit einem Aufwand von 700 fl.

Im Jahr 1840 wurde die Straße zwischen Ubstadt und Stettfeld (4) mit einem Aufwand von 3000 fl. corrigirt. Diese Straße führte den Namen „Heerdweg“. Die Stettfelder Katzbachbrücke wurde 1833 mit 5133 fl. neu mit hölzernem Oberbau hergestellt und 1876 mit 6 Meter Lichtweite und 9 Meter Breite in Eisen umgebaut mit 4600 Mark.

Durch Anlage der Damiansvorstadt in Bruchsal (5) gewann die Einmündung der Straße in die Stadt bedeutend, da sie breit und gerade angelegt wurde. Auch die Einmündung in die Grombacher Vorstadt wurde 1748 bei Anlage der Saline verbessert. Das Pflaster wird seit 1810 aus Staatsmitteln unterhalten; in der Damiansvorstadt verwandelte man dasselbe in Chaussee; jenes in der Stadt selbst wurde 1839—1848 mit einem Aufwand von 17,284 fl. erneuert. Das dem Verkehr hinderliche Stadtthor innerhalb der Saalbachbrücke wurde 1839, jenes am Eingang aus der Damiansvorstadt in die Stadt 1863 entfernt.

Im Jahr 1864 erhielt die Saalbachbrücke einen neuen Oberbau von Eisen mit 2820 fl. Aufwand, wovon die Gemeinde 1540 fl. übernahm.

In der Gemarkung Weingarten, welche pfälzisch war, (6) befand sich die Straße stets in schlechtestem Zustand. Im Jahr 1786 wurde die Stützmauer am Kirchhof hergestellt. Vom sogenannten Werrenhäusel bis Grötzingen ist die Straße 1798 von dem Kloster Frauenalb corrigirt worden. Durch Weingarten selbst erhielt die Straße 1800 eine Verbreiterung und 1806 wurde die Steige bei dem Werrenhäusel abgetragen. (7)

---

(1) Die Leimbach hieß früher Schwarzaha. (2) Siehe Sammlung der speyerischen Gesetze und Verordnungen von 1788 und L. A. A. (3) Langenbrücken, dessen Gründung von manchen den Römern zugeschrieben wird, kam mit Kieslau an Speyer. Das Bad wurde 1766 vom Bischof von Hutten errichtet. (4) Campus stationis romanorum, woselbst ein römisches Bad war, dessen Baureste gefunden sind. (5) Bruchsal kam mit dem Forst Lußhardt 1056 an das Hochstift Speyer. Bischof Ulrich II. hatte im 12. Jahrhundert ein Schloß hier erbaut. Damian von Schönborn legte am 27. Mai 1722 den Grundstein zu dem neuen Schloß und baute die nach ihm genannte Vorstadt. Durch Reichsdeputationshauptschluß kam B. an Baden. Seit die Eisenbahnen sich hier kreuzen, hat sich der Handel in B. sehr gehoben und die Stadt erweitert. Remmling, die Bischöfe von Speyer. Bader, Badenia II. Mone, Zeitschrift VII. Schicksale Bruchsals, Druckschrift ohne Namen des Verfassers. (6) Weingarten kam 1370 von den Edlen von Schmalenstein, die hier ein Schloß hatten, an die Pfalz. (7) Der kleine Bach am Werrenhäusle beim Gartenberg bildete die Gränze zwischen Baden-Durlach und der Pfalz.

Erst im Jahr 1823 trat eine gründliche Verbesserung ein und es wurde namentlich der Bau einer steinernen Brücke über den Bach in Weingarten mit besonderer Opulanz nach einem Plane von Tulla hergestellt. Erweisbare Kosten der Verbesserung 36,487 fl.

3. V. Weingarten bis Rastatt. Die älteste Straße von Weingarten nach Durlach zog durch den Ort Grötzingen und nördlich am Fuß des Amalienberges hin.

Die direkte Straße von Weingarten nach Durlach über die Wiesen wurde erst 1806 im Frohndweg ausgeführt.

Die alten Straßenzüge von Heidelberg und Pforzheim vereinigten sich also früher nicht bei Durlach, sondern in Grötzingen auf dem linken Ufer der Pfinz.

Die alte Straße zog durch die Stadt Durlach und zwar durch das Blumenthor (bei dem Wasserthurm) nach dem noch bestehenden Baseler Thor (welches nur 12 Fuß hoch und 6 Fuß breit ist)(1) und führte nach Wolfartsweier.

Nach dem Brand von 1689, welcher nur noch 5 Häuser und einen Theil des alten Schlosses übrig ließ,(2) wurde die Straße außer der Stadt nach Wolfartsweier durch Auffüllen des Stadtgrabens mit Gebäudeschutt hergestellt. Daß die Straße von Durlach nach Ettlingen schon früher eine Hauptlandstraße war, geht daraus hervor, daß an ihr die Elendherberge (Sonder-Sinchenhaus) urkundlich schon 1336 bei Ettlingen an Stelle der neuen Capelle stund.

Nachdem die Residenz im Jahr 1715 nach Carlsruhe verlegt war, scheint die Straße von Durlach gegen Ettlingen im Interesse der neuen Residenzstadt nicht ohne Absicht vernachlässigt worden zu sein, denn Baden-Baden suchte in den Jahren 1741—1745 mehrere Mal vergebens um Verbesserung der Straße von Durlach nach Wolfartsweier nach, indem die Baden-Durlach'sche Regierung die Verbesserung der Ettlinger Straße und namentlich die Herstellung hölzerner Brücken erst dann zur Ausführung bringen wollte, wenn die Straße von Durlach nach Pforzheim vollendet wäre.

Die Ettlinger suchten deßhalb um Verbesserung der Straße nach Ruppurr nach (L. A. A.). Während Baden-Baden im Jahr 1747 die Straße von Ettlingen gegen Wolfartsweier gut herstellte, erfolgte eine gründliche Verbesserung von Durlach dahin erst 1812 im Frohndweg.

Der Uebergang über die Alb bei dem Rathhaus in Ettlingen(3) wurde durch eine enge gewölbte Brücke mit einem Pfeiler vermittelt, wodurch bei Hochwasser stets Ueberschwemmungen entstunden.

Gelegenheitlich einer Reparatur des 1737 erbauten Rathhauses wurde 1856—1857 eine 54 Fuß weite Brücke ohne Pfeiler mit Eisenblechträgern hergestellt. Zu den Kosten im Betrag von 8300 fl. leistete die Gemeinde einen Beitrag von 4000 fl. Während der Zeit, wo die Stadt geschlossen oder die Brücke zerstört war, ging der Verkehr ehemals durch das sogenannte Viehgäßchen an der alten Buhl'schen Fabrik vorüber zur obern Ziegelhütte am Kreuz und beim Schloßgarten vorüber nach Bruchhausen. Man fuhr durch die Alb. An Stelle der alten Papierfabrik stund einst ein Posthaus.

Vor Erbauung des alten Schlosses soll die Straße in der Verlängerung der Stadtstraße durch den jetzigen Schloßplatz und Garten, dem sogenannten Römerwege folgend, nach Ettlingenweier westlich an Oberweier und Sulzbach vorüber nach Malsch,(4) dann den sogenannten Römerweg verlassend nach Muggensturm(5) und Rastatt(6) gezogen sein.

---

(1) Im Jahre 1565 verlegte Markgraf Carl II. seine Residenz von Pforzheim nach Durlach und stellte neue Thore her. Fecht, Geschichte von Durlach 1869. 1574 schloß er einen Vergleich mit der Stadt Durlach über Pflasterung und Weggeld. (2) Bader, Badenia I. und II. (3) Ettlingen (790 noch Ediningen genannt) entstammt einer keltisch-römischen Niederlassung, die schon im ersten Jahrhundert Flößerei auf der Alb betrieb. Der Ort erhielt 1225 Stadtrechte und kam 1235 an Baden. An der Stelle des 1689 mit dem größeren Theil der Stadt abgebrannten, von der Markgräfin Sybilla aber wieder neu erbauten Schlosses soll ein römisches Castell gestanden haben. Die Markgräfin wohnte von 1731 bis 1737 in dem Schloß und starb dort. Schneider, Topographie von Ettlingen 1818. (4) Die von den Römern benützte Straße ging von Malsch an Walprechtsweier vorüber direct nach Bischweier und hieß „Heerweg". Bei Ettlingenweier hieß die Straße auch „Weiherweg". Zwischen Ettlingen und Ettlingenweier wurden Reste einer römischen Villa mit Badegemach gefunden und bei Sulzbach ein römisches Grabmal. Die, an dem Rathhaus in Ettlingen eingemauerte, dem Neptun gewidmete Tafel wurde in der Alb, nahe bei der noch kenntlichen Steinstraße gefunden, die von Baden nach Pforzheim führte und vielfach als römische Anlage betrachtet wird. (5) Von Muggensturm ging der Straßenzug, „Rastatter Weg" genannt, an der Gränze der Gemarkungen von Malsch, Oetigheim und Rauenthal hin durch die Wiesenniederung; dann der Muggensturm-Rastatter Gränze folgend, über die Lohfeldäcker nach Rastatt. Plan von 1808. (6) Rastatt war römische Niederlassung und wurde später Rohrburg genannt, (Reg. bad. 1836). Im 14. Jahrhundert schon ein großes Dorf, erhielt dasselbe 1404 durch Kaiser Ruprecht Marktrechte. Im 15. und 16. Jahrhundert hatte R. Bedeutung für den Handel. Es

Außer dieser Straße bestund ein über Bruchhausen in den Hardtwald führender sogenannter Alleeweg, der seine Fortsetzung in einem schmalen Jagdwege fand, welcher zur Zeit der Erbauung des Schlosses (1697—1707) unter Markgraf Ludwig Wilhelm hergestellt wurde.

Die Regierung des Markgrafen Georg August verordnete durch Decret vom 20. December 1738: „daß der Alleeweg bestmöglichst reparirt und nicht weniger die Landstraßen in Daxlanden und Mörsch in brauchbaren Stand gebracht werden."

Nachdem durch Beizug der Gemeinden Malsch, Ettlingenweier, Sulzbach, Schöllbronn, Reichenbach, Stupferich, Forchheim, Mörsch, Bulach, Beiertheim und Grünwinkel von 1739—1742 ein ziemlich gerader Waldweg nach Rastatt hergestellt war, kamen später noch mehrere Correctionen, Verbreiterungen und Aufdammungen hinzu; die Arbeiten wurden in der Frohnd ausgeführt, als Entschädigung für Gelände den Eigenthümern aber nur die verlassenen Straßenstrecken überlassen. Die Rastatter suchten im Jahr 1773 um Entschädigung für die von ihnen abgegebenen Güter nach, worauf bestimmt wurde, daß von diesen Güterentschädigungen zwei Drittel auf die Landeskostencasse, ein Drittel auf die Staatscasse übernommen werden sollen (L. A. A.).

Die Bepflanzung der Straße mit Obstbäumen geschah 1776 auf Kosten der angränzenden Gütereigenthümer. Die an dem Gebirge hinziehende Straße wurde hierauf von dem Güterverkehr verlassen und nicht mehr als Landstraße behandelt.

Im Jahr 1807 erfolgte sodann auf Befehl Napoleons I. eine gründliche Verbesserung der neuen Anlage durch Frohnd der Gemeinden der Aemter Rastatt und Ettlingen. Allein schon 1811 waren die Fuhrwerke wieder genöthigt über die Felder zu fahren. Erst durch sorgfältige Unterhaltung wurde allmählich der jetzige gute Zustand bewirkt.

Im Jahr 1840 wurden 3500 fl. für Regulirung der Straße von dem Rastatter Wald bis zur Schloßeinfahrt und 2400 fl. für eine neue Brücke über den Sauggraben bei Bruchhausen, sodann in der Zeit von 1837—1842 10,560 fl. für verschiedene Verbreiterungen und Gefällausgleichungen aufgewendet.

Durch den Festungsbau 1842—1848 erhielt die Straße größere Länge von 500 Fuß und eine veränderte Einmündung in die Stadt, innerhalb welcher sie gegen Bezug des Pflastergeldes von der Gemeinde unterhalten wurde.

Das erste Pflaster wurde im Jahr 1702 auf höchsten Befehl aus Wacken hergestellt, die durch Flöße aus dem obern Murgthale herbeigeführt wurden. Man berief einen Pflastermeister aus Mainz. Erst 1721 wurden auch die übrigen Straßen der Stadt gepflastert, wozu die Gemeinden der Aemter Baden, Steinbach, Bühl, Stollhofen, Ettlingen, Rastatt, Schwarzach, Mahlberg, Malsch und Orschweier Steine und Sand in der Frohnd beischafften. Pflästerer aus Ilvesheim und Heidelberg besorgten die Arbeit (ohne Material und Handlanger für 1 fl. 30 kr. per Quadratruthe). Die Kosten betrugen 11,637 fl. Die Juden der gesammten Herrschaft mußten 6 Procent ihres Vermögens als Beitrag dazu abgeben. Seit langer Zeit schon bewegte sich der durchgehende Verkehr durch die Kapellenstraße an die Murgbrücke. Die Stadt unterhielt das Pflaster gegen den Bezug von Pflastergeld.

Nach einer im Jahr 1873 zwischen der Regierung und der Stadt abgeschlossenen Vereinbarung in Betreff des Baues der Rheinauer-Murgbrücke wurde der Straßenzug durch die sogenannte Poststraße und Hauptstraße an die Badener Brücke als Landstraße bestimmt, wogegen die Stadt vom 1. Januar 1876 auf den Bezug des Pflastergeldes verzichtete. Siehe Nr. 132. Der nachweisbare Verbesserungsaufwand besteht in 25,837 fl.

4. Von Rastatt bis Offenburg.

Die alte Straße, welche von Rastatt über Sandweier, Oos, Sinzheim, Steinbach, (1) Ottersweier, Oehnsbach, Erlach, Appenweier nach Offenburg führte, soll von den Römern benützt (2) worden sein.

Auch die alte Straße von Oberachern über Ulm, Stadelhofen und Zusenhofen nach Appenweier wird in dem Volksmund als „uralte Landstraße" bezeichnet.

---

bestund hier schon lange ein Kornhaus, Waghaus, Schlachthaus, Zoll-, Weg- und Standgeld wie in den größeren Städten. Mone, bad. Archiv. I. 140. Ende des 17. Jahrhunderts erhielt dasselbe Stadtrechte. Von 1706 bis 1771 war hier die Residenz der Markgrafen von Baden-Baden. 1840 wurde Rastatt zu einer Bundesfestung bestimmt. (1) Steinbach erhielt 1258 Stadt- und Marktrecht und Freiheiten wie Freiburg. Hier wurde Erwin, der Erbauer des Münsters von Straßburg, geboren. (2) Mone, Urgeschichte I. S. 133 und 171. Zwischen Sinzheim und Steinbach wurde 1586 ein cylindrischer Leugenzeiger von grauem Sandstein vom Jahr 222 nach Chr. unter Kaiser Severus Alexander errichtet, aufgefunden.

Der Murgübergang bei Rastatt wurde schon vor Jahrhunderten durch hölzerne Jochbrücken vermittelt, welche öfter durch Hochwasser und Eisgang zerstört wurden. Die letzte derartige Brücke mit 8 Holzjochen, 217 Fuß Länge und 18 Fuß Breite, stand noch im Jahre 1772.

Die jetzige gegen Ende des vorigen Jahrhunderts erbaute Brücke hat zwischen den steinernen Widerlagern eine Weite von 234 Fuß und eine Fahrbahn von 20 Fuß. Zwischen 5 steinernen 6 Fuß dicken Pfeilern betragen die Oeffnungen je 34 Fuß.

Im Jahr 1862 ließ die Stadt, welche das Brückengeld als Ersatz für die Unterhaltung bezog, den Oberbau aus eisernen Bogenträgern mit einem Aufwand von 28,661 fl. herstellen.(*) Nach oben erwähntem Uebereinkommen von 1873 wird diese Brücke vom 1. Januar 1876 als Bestandtheil der Landstraße vom Staat unterhalten, wogegen der Brückengeldbezug aufhört. Siehe Nr. 132.

Außerhalb Rastatt geht die Straße nach Kehl von der Frankfurt-Baseler Straße ab. Der Trennungspunkt lag seit alter Zeit bis zu dem Festungsbau nahe bei der Stadt; der alte steinerne Wegweiser in Form eines Kreuzes, der die Jahreszahl 1571 trägt, wurde an den neuen Trennungspunkt verlegt.(1)

Zwischen Sandweier und Niederbühl bestund einst ein Weiher, der „See" genannt, welcher durch einen Canal trocken gelegt wurde bis auf einen kleinen Teich, der vom 15. bis Ende des 17. Jahrhunderts zur Wässerung diente.(2)

Obgleich durch den Kreisreceß d. d. Offenburg den 31. Januar 1750 angeordnet war, daß die Straße von Rastatt nach Basel in erster Reihe auf 24 Fuß verbreitert und verbessert werden soll, konnte man doch 1765 noch an vielen Stellen bei nasser Witterung weder zu Fuß noch zu Wagen durchkommen. Markgraf Carl Friedrich brachte darum damals die Verbesserung dieser Straße bei den Kreisständen auf das Dringendste in Erinnerung. Die alte, zwischen Sasbach und der Lindenkirche, östlich von Ottersweier(3) in gerader Linie durch eine Hohlgasse ziehende Straße wurde hierauf verlassen und die neue Straße durch den Ort Ottersweier geleitet. Ueber manche Bäche fehlten Brücken und die anderwärts vorhandenen waren meist nur für geringe Last benützbar. Baden-Baden begann zwar im Jahr 1767 mit dem Bau und Verbreiterung(4) der steinernen Brücken und Dohlen, als aber 1771 die Ortenau abermals in den Besitz von Oesterreich kam, geriethen diese Arbeiten wieder in Stockung; erst von 1803 an wurde die Verbesserung ernstlich betrieben. Im Jahr 1822 wurde die Straße in Oos, wo sie nur 12 Fuß breit war, auf eine Länge von 1800 Fuß bis zu 32 Fuß erweitert und chaussirt. 1823 folgte die Regulirung in Achern und Renchen; 1827 jene zwischen Sandweier und Rastatt mit Verbreiterung von 18 Fuß auf 40 Fuß auf eine Länge von 3100 Fuß; Gleiches geschah 1829 bei Mühlenbach von 22 auf 32 Fuß. Die meisten Brücken wurden seit 1818 umgebaut oder erweitert und erhöht; insbesondere 1818 jene über die Rench und den Galgenbach bei Sasbach,(5) 1820 über den Heltenbach, 1821 über den Ansenbach, 1822 über den Mühlbach zu Achern,(6) 1830 über den Acherbach und über den Glimmerbach, 1838 über den Salzbach, 1843 über den Feldbach, 1849 über den Runzbach. In den Orten Achern und Steinbach wurde an Stelle des Pflasters chaussirt, 1827 die Straße in Ottersweier mit 2742 fl. erweitert. Die Renchbrücke in Renchen(7) wurde 1864 mit Verwendung gewalzter eiserner Träger und einem Aufwand von 2000 fl. umgebaut. Ueber die Bühlot in Bühl(8) wurde 1868 eine neue Brücke mit eisernen Trägern für 3500 fl. erbaut, wovon die Staatscasse und die Gemeinde je die Hälfte übernahmen. 1872 wurde die Brücke in Sasbach

---

(1) Die Verbindung der alten Landstraße von Kehl über Stollhofen und Rastatt mit der Bergstraße bei Muggensturm ist aus alter Zeit nachgewiesen. Mone, Zeitschr. IV. Siehe Nr. 21. (2) Becht, Beschr. v. Rastatt. (*) Während des Baus wurde die im Jahr 1859 auf Kosten der Stadt erbaute sog. Ankerbrücke, die nach Ottersdorf führt, benützt. Diese Brücke hat steinerne Widerlager und 4 Steinpfeiler. Die 5, mit Blechträgern überspannten Oeffnungen sind 38 Fuß weit. Fahrbahn 17 Fuß. Spannweite 280 Fuß. Baukosten 43,000 fl., welche die Stadt bezahlte. Baumeister: Oberbaurath Beker. (3) Ottersweier kam 1642 von Herrenalb an Baden; das von Markgräfin Victoria in dem ehemaligen Jesuitenhospiz errichtete weibliche Erziehungs-Institut kam 1823 nach Offenburg. (4) Nach der Verordnung des Markgraf Philipp II. von Baden-Baden vom 23. September 1584 mußten die Brücken so breit sein, daß 5 Pferde neben einander gehen konnten, also etwa 12—14 Fuß breit. Zeitschr. 24. S. 411. (5) Sasbach schon 830 urkundlich. Hier fiel Tourene 27. Juli 1675. (6) Unter Achern im 12. Jahrhundert gegründet, erhielt 1808 Stadtrechte. Die Straße war hier schon 1567 gepflastert. Mone, Quellen Sammlung III. 659. (7) Renchen, schon im 14. Jahrhundert Stadt, sank durch Verheerung der Franzosen 1689 zum Dorf herab und erhielt erst 1826 wieder Stadtrechte. (8) Bühl kam 1688 durch Kauf an Baden und wurde 1835 zur Stadt erhoben.

mit 1688 fl., 1874 jene in Ottersweier mit 1644 fl. und die Schmierbrücke bei Fautenbach mit 5000 fl. in Eisen umgebaut.

Zwischen Appenweier und Offenburg(¹) erhielt der Straßenzug durch den Bau der Eisenbahn mehrere Veränderungen. Die alte Straße zog über die sogenannte Judenbrücke(²) zu dem nördlichen Stadtthor in Offenburg in rechtem Winkel nach Westen und bald wieder ebenso nach Osten. Durch die Anlage des Bahnhofes wurde die Fortsetzung der Hauptstraße nach der Station in gerader Linie erforderlich und auch eine Verlegung des Ramersweiler Vicinalweges zu den, nach den Dörfern Bühl und Grießheim führenden, Vicinalstraßen nöthig. Die Staatscasse leistete 1846 zu dem Bau der neuen Straße einen Beitrag von 3000 fl. Die Güter dazu wurden theils von der Gemeinde, theils vom Staat erworben. Der Aufwand der Gemeinde betrug 19,360 fl.

Die Abtheilung der Hauptstraße in Offenburg besitzt bis zu ihrem Uebergang über den Gewerbscanal (St. Johannisbrücke) auf 30 Ruthen Länge ein Maximalgefäll von 5,4 Procent und die Wendung auf die Brücke hat nur einen Radius von 38 Fuß. Der Aufwand für die Correction dieses Straßentheils mit neuer Brücke wurde 1875 auf 85,000 Mark veranschlagt. Der erweisbare Verbesserungsaufwand für diese Abtheilung beträgt 67,595 fl.

5. V. Offenburg bis Freiburg.

Der älteste, wahrscheinlich keltische, aber auch wohl von den Römern benützte Straßenzug ging von Bühl (bei Offenburg) über Niederschopfheim, Oberschopfheim, (³) Dinglingen, Sulz, Kippenheim, Altdorf, Ringsheim, Herbolzheim, Kenzingen, Häcklingen, Malterdingen, Köndringen, Theningen, Wasser, Gundelfingen, Vörstetten, Reute, Langendenzlingen, Zähringen und Herdern nach Wühre. Verschiedene, mit diesem Straßenzug verbundene Wege werden in den einzelnen Gemarkungen mit dem Namen „Heerweg, hohe Gasse, Hertweg, Steinweg, Welschweg, Thannweg und Altweg" bezeichnet. (⁴)

Die im Jahr 1824 durch Hochwasser zerstörte hölzerne Kinzigbrücke bei Offenburg stund weiter oberhalb der jetzigen, deren Neubau 1836 vollendet wurde und einschließlich der Gütererwerbung im Ganzen auf 81,000 fl. zu stehen kam. (⁵)

Diese Brücke hatte 4 steinerne Pfeiler und 5 Oeffnungen von 38 resp. 42½ Fuß Spannweite. Die Fahrbahn auf einem hölzernen Oberbau war 20 Fuß und jedes der Trottoirs 5 Fuß breit.

Da der Oberbau der Brücke allmählich sehr baufällig wurde und einer Hauptreparatur bedurfte entschloß man sich 1874 zu einer Erneuerung desselben in Eisen, wofür der Aufwand 39,005 Mark betrug. Der Kreis und die Gemeinde übernehmen ⅓ der Kosten.

In den Jahren 1827—1835 wurden zwischen Elgersweier und Hofweier bei Mietersheim und zwischen Hofweier und Friesenheim, besonders im Elgersweirer Wald, bedeutende Verbreiterungen auf Staatskosten ausgeführt. Die alte steinerne Schutterbrücke bei Dinglingen, woselbst am 24. März 1641 die Auswechselung des von den Franzosen bei Rheinfelden gefangenen baierischen Generals Johann v. Wörth gegen den schwedischen General Horn stattfand, wurde 1820 auf Staatskosten umgebaut. (Rhein. Antiquar. III, 1. 138). Man fand dabei 16 Fuß tief mehrere römische Münzen aus den Jahren 30—138 n. Chr. Bei Mahlberg (⁶) zog die Straße früher durch eine jetzt noch sichtbare Hohlgasse, welche gegen Ende des vorigen Jahrhunderts durch Anlage einer kurzen Gegensteige von 5—8 Prozent umgangen wurde. Dieser 510 Meter lange sog. Mahlberger Buk (Hügel) sollte nach Wunsch der Gemeinde 1876 auf ein Gefäll von 4 Prozent ermäßigt werden. Die Kosten waren zu 8500 Mark berechnet. Der Kreis war gegen die Ausführung.

(¹) Die von den Herzogen von Zähringen gegründete Stadt Offenburg war bis zur Auflösung des deutschen Reichsverbandes Reichsstadt, welche mit der Ortenau 1521 unter österreichische Oberhoheit kam, und 1701 bis 1771, mit Vorbehalt ihrer Rechte, Lehen der Markgrafen von Baden wurde. In letzterem Jahre kam sie wieder an Oesterreich und 1803 an Baden. Hier wurde ein römischer Grabstein gefunden. Wieland, Beiträge zur ältesten Geschichte des rechten Rheinufers. (²) Diese Brücke hat ihren Namen von dem, unterhalb dem rechten Widerlager befindlichen Begräbnißplatz der Juden von Diersburg und Schmieheim, denen die Beerdigung in ihrem Wohnorte nur gegen hohe Taxe gestattet worden sein soll. 1872 waren noch Grabsteine hier vorhanden. (³) Der Ort Oberschopfheim lag im vorigen Jahrhundert noch ganz an der Landstraße. (⁴) Die Mörburg und Rohrburg an der Schutter bei Altenheim, die Binzburg bei Hofweier an der Schutter und die Burg auf dem Zixenberg bei Niederschopfheim werden wie Kislau als römische Wasserburgen bezeichnet. Nachweise hierüber fehlen. (⁵) Die Taglöhne hatten sich während des Baues von 30 Xr. auf 36 Xr., die Eichenholzpreise von 30 auf 41 Xr. pr. Cubikfuß gesteigert. (⁶) Mahlberg kam 748 an den Bischof von Straßburg und 1442 mit den Grafen von Mörs getheilt, 1629 aber ganz an Baden.

Unterhalb Häcklingen (1) ging die Straße auf dem rechten Ufer der Elz fort und in einem Bogen um die Stadt Kenzingen, (2) weil man dem öfteren Austreten der Elz auszuweichen suchte. Im Jahre 1760—65 wurde die Häcklinger Holzbrücke mit 60,000 fl. auf Kosten der Stadt Kenzingen in eine steinerne Brücke mit 5 Bogen und 4 Pfeilern umgewandelt und eine neue Straße nach Kenzingen auf dem linken Ufer erbaut, um den Straßenzug abzukürzen und durch die Stadt zu leiten. Die Straße war in jener Zeit zwischen Kenzingen und Emmendingen so schlecht und der österreichische Zoll so hoch, daß der Verkehr sich lieber über Eichstetten, Balingen und Riegel bewegte, bis durch Anlage einer Zollstätte in Eichstetten diesem Ausbruch von der Reichsstraße gesteuert war.

Die sog. Weiherbrücke oberhalb Kenzingen wurde 1852 mit 2100 fl. und die Brücke über die alte Elz in Kenzingen 1866 mit 7722 fl. auf Staatskosten neu erbaut.

Von Emmendingen (3) abwärts wurde die Straße, welche früher unmittelbar vor dem Thor südwestlich abging (4) bei Vergrößerung der Vorstadt 1757—59 gerade geleitet und erhöht. Die Arbeiten wurden in der Frohnd bewirkt, der Aufwand für die Brücken aber aus der Landschaftscasse bestritten. In Emmendingen selbst wurde 1870 die Straße an der Kirche vorüber durch Beseitigung eines Gebäudes zur Benützung der Langholzfuhren theils auf Staats-, theils auf Gemeindekosten hergestellt, weil die Landstraße zwei kurze Wendungen besitzt. (5)

Von Emmendingen aufwärts war die Straße noch 1765 häufig der Ueberschwemmung ausgesetzt, da die Elz damals in zwei noch nicht regulirten Armen ablief, die durch eine Holzbrücke (die sog. Langebrücke) von fünf Jochen überspannt waren.

Im vorderösterreichischen Gebiet war die Straße seit 1736 an vielen Stellen corrigirt und auf 36 Fuß Breite mit 24 Fuß Steinbahn von 2 Fuß Stärke und $1\frac{1}{2}$ Fuß Kiesbedeckung hergestellt worden. Sämmtliche Unterthanen des Breisgaues wurden zu den Frohnden dafür beigezogen. Die Brücken sind auf Kosten der Gemeinden von Stein hergestellt und für die Privatgüter ist Entschädigung geleistet worden. (6) Leider bestunden in den nassauischen, straßburgischen und in den ritterschaftlichen Bezirken auf der ganzen Straße noch 1776 große Abtheilungen von 12—14 Fuß Breite und es fehlte an vielen Orten an Dohlen, so daß noch 1795 zwischen Emmendingen und Offenburg gleichzeitig 40 Güterwagen versunken waren. (7) Zwischen Zähringen und Freiburg (8) führte die alte Straße über Herdern. Die 1754 ausgeführte gerade Leitung und Verbreiterung der jetzigen Straße geschah, nachdem 1753 die von der Kaiserin Maria Theresia beabsichtigte Wiederherstellung der Festung aufgegeben war.

Die Straße durch die Stadt wurde von jeher und bis in die neueste Zeit gegen Bezug des Pflastergeldes von der Gemeinde unterhalten. Der nachweisbare Aufwand für Verbesserung betrug 173,575 fl.

6. Von Freiburg bis Basel.

Von der Wühre, welcher Ort schon 790 urkundlich nachgewiesen, also älter als Freiburg ist, über Uffhausen, Wolfenweiler, Schallstadt, Norsingen, Krotzingen, Gallenweiler, Heiters-

---

(1) Schloß Lichtenek, Sitz der Grafen v. Tübingen wurde 1653 durch den schwedischen General Horn zerstört. Merian. (2) Kenzingen, schon im 13. Jahrh. mit Stadtrecht begabt, wurde 1415 Reichsstadt, 1564 österreichische Munizipalstadt, die mit der Herrschaft Kirnberg an Baden kam. (3) Emmendingen erhielt 1418 Marktfreiheit und 1590 Stadtrechte. 1757 wurde die Vorstadt durch Carl Friedrich vergrößert. (4) Ein Theil dieser alten Straße wird jetzt noch als „untere Vorstadtstraße" benützt. (5) Dieses neue Straßenstück, welches jetzt schon den Hauptverkehr aufnimmt, wird von der Gemeinde unterhalten, dasselbe soll aber durch Gefällausgleichung mit ca. 6800 Mark verbessert und als Landstraße behandelt, dagegen die Lammstraße aus den Landstraßen ausgeschieden werden. (6) Fürstl. Fürstenb. Archiv-Acten. (7) Landes-Archiv-Acten. Der Knecht des Posthalters von Friesenheim war im Straßenkoth erstickt und die Pferde konnten kaum gerettet werden. L. Arch. A. Die Ursache solcher Mißstände lag in dem Mangel an Dohlen. Noch 1876 bestund in Wolfenweiler dieser beklagenswerthe Zustand, indem hier bei heftigem Gewitterregen die Landstraße 2—3 Tage lang nicht benützbar war, wie dies letztmals 1872 fühlbar wurde. (8) Wo Freiburg steht, war 1008 noch Wald, unter dem Namen Eichholz, 1091 bestund dort ein nach Umkirch eingepfarrtes Dorf. Herzog Berthold III. von Zähringen gründete 1118 hier einen Markt und 1120 erhielt Freiburg eine Stadtverfassung wie Köln und 1282 die Rechte einer Reichsstadt. Nach der Stadtverfassung waren alle Brücken der Stadt aus dem Zoll zu erhalten. 1427 verlor Freiburg die Reichsfreiheit und kam unter Oesterreich, und 1806 an Baden. Die Universität wurde 1457 von Erzherzog Albert gestiftet. Walchner, Kleine Chronik von Freiburg. Riccius, Stadtgesetze 1740. Freiburg ist seit Jahrhunderten der Hauptmarktplatz für den westlichen Schwarzwald und das Breisgau. Die Stadt ist seit 25 Jahren im raschem Aufblühen begriffen und wird seit dem Bestehen der Eisenbahn von Fremden zahlreich besucht. 1874 blieben über 50,000 Fremde hier über Nacht. Dennoch wird das Bestehen der Kinzigthalbahn hier in dem Verkehrsleben schwer empfunden, daher die Sehnsucht nach einer Höllenthalbahn nicht ungerechtfertigt erscheint.

heim, Hügelheim, Müllheim, Augen, Schliengen, Blanzingen, nördlich an Huttingen vorüber durch Efringen und Kirchen nach Basel führte eine wahrscheinlich aus keltischer Zeit (1) herstammende, auch von den Römern benützte Straße, welche an verschiedenen Orten „Hartweg, Hochstraße, Hochsträß, Steinweg, alte Baseler Straße und Römerweg" heißt. (2) Der Straßenzug zwischen Schliengen und Kenzingen ist schon vor der Gündung Freiburgs nicht mehr als Landstraße benützt worden, sondern den Hauptverkehr hielt der Weg von Schliengen über Altbreisach, Burkheim, Königsschaffhausen und den sog. „Königsweg" nach Kenzingen ein.

Ueber die Dreisam scheinen schon frühe feste Brücken geführt zu haben. Nach einer Urkunde aus dem 12. Jahrhundert hatte Freiburg alle Brücken der Stadt aus dem Zollertrag zu erhalten. (3)

Im Jahre 1333 werden die „obere" (am Schwabenthor) und „untere" Langbrücke (am Schneckenthor) über die Dreisam, genannt, welche Baumeister Johannsen und seine Erben gegen 50 Pfund Pfenning jährlich zu unterhalten hatten.

Die im Jahr 1797 abgebrannte, 15 Fuß breite untere Holzjochbrücke erhielt 1801 eine Hauptreparatur, wobei aber das linkseitige steinerne Widerlager nur durch eine Bohlenwand ersetzt wurde.

Die abermalige Baufälligkeit dieses Ueberganges, das enge nur 12 Fuß breite und 14 Fuß hohe sog. Breisacher Thor und die zweimaligen rechtwinkligen Wendungen der Straße zwischen dem Martinsthor und dem Breisacher Thor führten 1837 zu dem Project: von dem sog. Katzenthurm (4) in der Verlängerung der Hauptstraße der Stadt, eine neue gerade Straße an die Dreisam und mittelst einer neuen Brücke über dieselbe zu führen.

Die Ausführung erfolgte in den Jahren 1841—1843.

Die neue Straße in der Vorstadt baute die Gemeinde Freiburg mit einem Aufwand von 8323 fl. Die Regulirung des Flusses, welche dem neuen Brückenbau vorangehen mußte, geschah aus Mitteln des Flußbaufonds. Für die 120 Fuß lange, 28 Fuß breite steinerne Gewölbbrücke von 60 Fuß lichter Weite und für die neue, 3349 Fuß lange und 32 Fuß breite Straße von der Brücke bis zum Wirthshaus zur Sonne bei der Holderbachbrücke (5) wurden 76,700 fl. (incl. der Güterentschädigungskosten) aus Staatsmitteln aufgewendet.

An Stelle der alten Brücke wurde Anfangs ein Holzsteg für Fußgänger, dann eine eiserne Brücke für Fuhrwerke auf Kosten der Gemeinde erbaut, die 1872 durch Hochwasser zerstört und 1874 wiederhergestellt wurde.

Von Freiburg aufwärts erfolgten die ersten gründlichen Verbesserungen der Straße in der Markgrafschaft Baden mit dem Jahre 1734.

In den Gemarkungen Müllheim (6) und Hügelsheim wurden damals mehrere Correctionen ausgeführt. Das nöthige Gelände wurde aus der markgräflichen Landescasse angekauft. Die Gemeinden des Amtes Badenweiler leisteten die Frohnden. (L. A. A.) Weitere Correctionen kamen in den Jahren 1753—61 sowohl im markgräflichen und österreichischen als im fürstl. Heitersheim'schen Gebiet (7) mittelst Frohnden zur Ausführung. Insbesondere wurde 1753/54 die unterhalb des Ortes Krotzingen jetzt noch stehende steinerne Brücke über den Neumagen mit drei Bogen an Stelle einer hölzernen Jochbrücke erbaut.

Im Jahr 1685 bestund hier noch eine Furth.

Die Straße von Freiburg bis zum Leimstollen wurde damals gemeinschaftlich mit Heitersheim fast ganz neu hergestellt, indem den Gemeinden bestimmte Abtheilungen zur Ausführung zugetheilt wurden. Die Kosten für Brücken und Dohlen wurden von der Landescasse bestritten (L. A. A.). In den Jahren 1833/40 kamen in Wolfenweiler mehrere Verbreiterungen mit 5600 fl. zur Ausführung.

---

(1) Die bei Ebringen aufgedeckten Hunnengräber deuten auf keltische Wohnsitze. Sieh Schreiben, Ueber Hunnengräber. (2) Von Sulzburg durch Ebringen nach Zanten soll ebenfalls eine Römerstraße geführt haben. (3) Königshofen, Chronik von Freiburg. (4) Dieser Thurm stund dem Martinsthor südwestlich gegenüber, in der Fläche der jetzigen Vorstadtstraße. (5) Diese Brücke ist 1875 mit 5882 Mark erweitert worden. (6) Müllheim ist sehr alt; das Kloster St. Gallen besaß hier schon 758 Güter. 1048 kam M. an das Hochstift Basel, dann zur Herrschaft Badeweiler. (7) Die Stadt Heitersheim kam 1290 an den Johanniter-Orden und wurde im 16. Jahrhundert Residenz des Großpriors für Deutschland. 1524 wurde das alte Schloß von den Bauern abgebrannt. Der letzte Großprior war Ignaz von Reck von Baldenstein, † 1807. Beizinger Chronik. H. hat zwei Jahrmärkte seit 1466 und 1481. 1805 kam H. an Baden.

Die vollständige Sicherstellung der Straße in diesem Ort gegen Ueberschwemmung ist 1876 auf 8000 fl. veranschlagt worden, wovon die Gemeinde das meiste zu tragen hätte.

Von Seefelden aus wurde im Mittelalter die Straße über Neuenburg und Steinenstadt nach Schliengen eingehalten, daher dieser Weg in alten Plänen und Urkunden „Straße von Basel nach Freiburg" genannt wird.

Im Jahr 1864/65 stellte man die Brücke über den Klemmbach bei Müllheim für 2439 fl. mit eisernem Oberbau her.

Von Schliengen (1) zieht die Straße seit längster Zeit über einen bis an den Rhein auslaufenden Vorberg des Schwarzwaldes. Diese Abtheilung war von jeher und ist heute noch bezüglich der Gefällsverhältnisse die beschwerlichste des ganzen Straßenzuges von Frankfurt bis Basel, denn zwischen der hessischen Gränze und Schliengen kommen nur kurze Steigen von 5—8 Procent vor, während die Steige bei Schliengen auf 600 Ruthen Länge ein Gefäll von 9 Procent besitzt. Die Bewohner von Schliengen hatten deshalb stets durch Vorspannleistungen einen guten Verdienst.

Von Schliengen folgte die Straße in früherer Zeit dem nach Bellingen führenden Weg, zog sodann in einem Hohlweg — dem sog. Jansenberg-Graben — über die sogenannte Wagenstelle (2) und ging, der sog. Römerstraße folgend, östlich an Bellingen und Bamlach, westlich an Blansingen und Huttingen vorüber nach Efringen, Kirchen und Eimeldingen, von wo sie sich mit stumpfem Winkel gegen den Rhein unterhalb Hüningen wendete und dann westlich an dem Friedlinger Schloß (3) nach Kleinbasel zog.

Der unter dem Namen Römerstraße bekannte Weg ging beim sog. Galgenkopf von der alten Baselerstraße ab, und durchkreuzte die neue Straße in östlicher Richtung. Im Mittelalter und bis zum Ende des vorigen Jahrhunderts zog die Landstraße nach Basel von der Kalten Herberge (4) an über Mappach an Schallbach und Rümmingen vorüber nach Binzen. In einer Karte von 1780 wird sie noch als Baseler Landstraße bezeichnet.

Auch die Straße, welche von Eimeldingen direct nach Weil (5) und von hier über Neuhaus und die Otterbach nach Basel führte, wird schon 1745 als Landstraße und in Karten vom Anfang dieses Jahrhunderts noch als alte Baseler Straße bezeichnet, welche eingehalten wurde, nachdem die erwähnte Straße unterhalb Friedlingen von dem Rhein zerstört war.

Die Correction der Schliengener Steige (6) und die Ueberbrückung der Furth in der Hohlenbach in Schliengen, welche oft nur mit großer Gefahr zu passiren war, (7) bildete lange Zeit hindurch den Gegenstand von Verhandlungen zwischen Oesterreich, der Markgrafschaft und dem Bischof von Basel.

Im Jahr 1760 kam endlich eine Vereinbarung zu Stande, wornach Oesterreich und die Markgrafschaft je ein Drittel zu den Kosten des Brückenbaues und der Straßencorrection beizutragen hatten. Die weiteren Verhandlungen über künftige Unterhaltung dieser Bauten verzögerten den Straßenbau über den Schliengener Berg bis 1775. Die Vollendung desselben und der Hohlbachbrücke, welche zusammen auf 9000 fl. berechnet waren (die Frohndleistungen der bischöflich Basel'schen Gemeinden nicht eingerechnet), kam erst 1784 zu Stande. (8)

Oesterreich und Baden bezahlten je 3000 fl. und der Bischof bestimmte, daß diese 6000 fl. den frohndleistenden Gemeinden als Fonds zur Unterhaltung der Brücke und Straße für Nothfälle überlassen und durch verzinsliche Anlage vermehrt werden sollte.

---

(1) Schliengen erscheint schon 821 in Urkunden. Schliengen, Steinenstadt und Mauchen, früher Bestandtheile der Herrschaft Usenberg, fielen 1379 an das Hochstift Basel. (2) An dieser Stelle ließen die nach Basel fahrenden Güterfuhrleute die Wagen gewöhnlich stehen, um die nachfolgenden durch Vorspann zu erleichtern. Hier fand am 24. October 1796 eine Schlacht zwischen Oesterreichern und Franzosen statt, wobei auf beiden Seiten ein Verlust von 16,000 Mann erfolgt sein soll. (3) Das Schloß Oetlicon wurde 1678 von den Franzosen zerstört und unter Markgraf Friedrich V. wieder neu erbaut und zur Erinnerung an den westphälischen Frieden „Friedlingen" genannt. Das im Jahr 1702 von den Franzosen abermals zerstörte Schloß wurde 1753 völlig abgebrochen. 1835 kam an diese Stelle ein Hauptzollamtsgebäude, welches nach dem Namen des Großherzogs „auf Leopoldshöhe" genannt wird. (4) Bei der Kaltenherberge wurde ein römisches Mauernfeld entdeckt. (5) Von Weil führte ein als Römerstraße bezeichneter Weg an dem Berg hin (uf der hohen Straße Heerweeg), nach Haltingen, („stoßet an die Hochstraß de got der Baßler Weeg durch zwischen der Baßler Straß und der hohen Straß"). Fecht, Der Amtsbezirk Lörrach. Karte von 1780, Oberdirection. Diese Straße führte in südlicher Richtung nach Rheinfelden. (6) Die alte Schliengener Steige hatte bis zu 20 Procent Steigung. Schwere Güterfuhren benützten daher 16—20 Pferde für Vorspann. (Striker, Zeitschr. für Culturgeschichte 1873.) (7) Der Hohlenbach hat noch 1872 den Marktplatz 3 Fuß hoch unter Wasser gesetzt. (8) Die Straße von Schliengen nach Eimeldingen hat jetzt noch Gefälle von 9—12 Procent.

Nach Aufnahme der Straße unter die Commercialstraßen (1810) zog die badische Regierung 1824 den Restfonds im Betrag von 3835 fl. in die Chausseecasse ein. (1) Nachdem 1856 die Straße wieder aus dem Landstraßenverband ausgeschieden war, beanspruchte die Gemeinde Schliengen die Herausgabe des eingezogenen sog. „Bergstraßenfonds", die Klage wurde aber durch hofgerichtliches Erkenntniß von 1860 abgewiesen. (Ständeverhandlung von 1861, 6. Beilagenheft, S. 816.)

Die Straße über die Kalte Herberge wurde in markgräflichem Gebiet schon 1668 verbessert und 1738 zwischen Eimeldingen und Schliengen mehrere Brücken mit einem Aufwand von 861 fl. aus der Landeskostencasse und mit Frohndleistung für Steinbrechen und Beiführen hergestellt. Die steinerne Brücke über den Hesselbach bei der Kalten Herberge kam 1748 auf diese Art zur Ausführung und das Gefäll der Steige an dem Britschenberg wurde 1765 durch Abheben um 10 Fuß ermäßigt.

Im Jahr 1820 wurde sodann die Verbesserung der Straße oberhalb Kaltenherberg ausgeführt.

Die Straße von Eimeldingen über Haltingen nach Leopoldshöhe bis zu der von Weil nach Basel führenden alten Landstraße wurde 1827—1832 mit der Straße von Hüningen über Binzen nach Lörrach hergestellt und 1832 in den Verband aufgenommen, die Straße von Kaltenherberg über Mappach nach Rümmingen und von Eimeldingen direet nach Basel ausgeschieden. (Reg.-Bl. von 1832, S. 248) Die steinerne Brücke bei Eimeldingen wurde 1833/38 mit 28,580 fl. auf Staatskosten neu erbaut.

Der Uebergang über die Wiese geschah bis 1430 durch eine Ueberfahrt, welche dem Kloster Klingenthal gehörte.

Das Baseler Concilium (1431—1449), welches eine Menge Reisender aus weiter Ferne anzog, (2) gab Anlaß, im Jahr 1430 eine Nothbrücke bei dem Galgen zu errichten. Erst 1432 gestattete Markgraf Wilhelm von Hochberg den Baslern zwischen den Dörfern Weil und Hüningen die Wiese an einer schicklichen Stelle dauernd zu überbrücken und gegen einen Brückenzoll zu erhalten (L. A. A. und Kräuter, Geschichte der vorderösterreichischen Staaten. 1790.)

Die Brücke wurde 1433 mit 4 Holzpfeilern ungedeckt, erbaut und die zu tief gelegene Straße erhöht. Zur Herstellung und Unterhaltung der Straße zwischen dieser sog. Zollbruck und der Otterbbach mußten die Orte der Herrschaft Rötteln, Haltingen, Oeflingen, Eimeldingen, Wintersweiler, Mappach und Wollbach laut Vertrag vom 13. September 1539 mitwirken, wogegen die Gemeinden frei vom Baseler Zoll waren (L. A. A.) Dies Verhältniß bestund noch 1747. Im Jahre 1749 wurde die Brücke durch Hochwasser zerstört und von den Baselern wier neu erbaut. (Merkwürdigkeiten der Landschaft Basel 1748.)

In Folge des Eisenbahnbaues verlegte man den Straßenzug bei Leopoldshöhe und minderte damit die Steige daselbst. Auch bei Kleinbasel (3) mußte die Straße aus gleichen Gründen geändert werden.

Der Uebergang über den Rhein bei Basel (4) war stets von größter Bedeutung für den Verkehr mit dem rechtsrheinischen Lande.

Der Rhein hat zwischen Kleinbasel und Basel eine normale Breite von 180 Metern oder 600 Fuß.

Bis 1226 wurde der Verkehr über den Rhein mit Schiffen mittelst eines Seils vermittelt.

---

(1) Hiervon wurden 1825/26 3064 Fl. für Verbesserung der Straße von Müllheim nach Badenweiler verwendet.
(2) Unter vielen Anderen, namentlich einer großen Anzahl von Böhmen, in Begleitung des Markgr. Jacob I., reiste auch Kaiser Friedrich III 1439 mit 36 Wagen und 1000 Pferden den Rhein herauf gen Basel. A. Henne, Schw. Chr.
(3) Kleinbasel wurde 1270 Stadt. (4) Basel entstund Ende des 2. Jahrh. durch ein vom Kaiser Valentinian I. erbautes Castell. Die obere Stadt hieß in der Theodosischen Karte Arialbinum. Im Jahr 238 schon Bischofssitz, erhielt Basel 1018 Stadtrechte und 1459 eine Universität. 1501 trat Basel in den eidgenössischen Bund. Der Aufschwung des Handels begann hier eigentlich erst nach dem Nimweger Frieden 1680. Die früher in Privathänden befindliche Post ging 1681 an das kaufmännische Directorium über, welches derselben durch Abschluß von Verträgen mit Frankreich eine größere Ausdehnung verschaffte und insbesondere den Rheinübergang dadurch belebte. Die Baseler Fabriken, namentlich die Webereien, sind sehr alt. Die Bandweberei wurde schon im 17. Jahrhundert betrieben und beschäftigte im Jahr 1786 2268 Webstühle. Bänder und Seidenwaaren bildeten bis in die Mitte des 19. Jahrhunderts die Haupt-Industrie-Artikel. Die Baseler Bandweber hatten 1670 359 Schiffe auf dem Rhein. Lutz, Chronik von Basel. Wursteisen, Chronik von Basel. Stumpf, Schweizer Chronik. J. Spreng, Chronik von Basel. Emminghaus, schweizerische Volkswirthschaft I. J. Bowring, Handel der Schweiz.

Im Jahr 1225 erbaute sodann der Bischof von Basel mit Hülfe der Baseler Bürger und der Abtei St. Blasien eine Brücke „halb von Quader, halb von Fichtenholz", welche 7 steinerne Pfeiler und 7 hölzerne Joche und eine Länge von 250 Schritt besaß. (Merian, Topographie der Schweiz 1642.) (1) Die Capelle auf der Brücke wurde 1392 umgebaut. Die jetzt noch stehende ist von 1512.

Hochwasser und Eisgang veranlaßten öftere Zerstörungen an der Brücke, so namentlich 1374, 1407, 1424, 1480, 1497, 1529, 1530, 1566. (Ochs, Geschichte von Basel; Chrusius, schwäbische Chronik II. S. 111; Stettler, Geschichte der Schweiz 1627 II.)

Im Jahre 1567 wurde das 1566 zerstörte „steinerne Joch" mit Beizug von Frohnden erneuert. Vischer, Chron. von Basel 1872.

Im Jahr 1840 ging der Rhein über die Brücke. (Mone, Quellen I. 227, III. 589.) (2) Die gegenwärtige Brücke hat jetzt noch links 6 hölzerne Joche und rechts 6 steinerne Pfeiler. Ihre Länge beträgt 560 Fuß, ist also 40 Fuß kürzer als die dortige Normalbreite des Rheines.

Im Jahr 1780 wurde sie ansehnlich verbreitert und zur Sicherung gegen Hochwasser mit steinernen Ruhebänken versehen. Eine Hauptreparatur und Verbreiterung auf 30 Fuß und 8 Fuß Trottoir beiderseits erfuhr die Brücke 1845; indem eiserne Bogenträger angebracht wurden.

Seit Mitte des 14. Jahrhunderts erhebt Basel Brückengeld.

Der nachweisbare Aufwand für Verbesserung dieser Abtheilung beträgt 134,933 fl.

Abzweigung von Leopoldshöhe nach Hüningen.

Diese 0,22 Stunden lange Abzweigung wird schon seit längerer Zeit als Theil der Frankfurt-Basler Straße und gemeinsam mit dieser behandelt.

Zur Verbindung mit dem Dorfe Großhüningen (3) bestund seit undenklichen Zeiten eine Ueberfahrt bei Kleinhüningen (4) und eine von Weil dahin führende alte Vicinalstraße.

Ludwig XIV. ließ zum Schutz des Sundgaues 1680/83 trotz des Protestes von Basel durch den französischen Ingenieur de Vauban bei Großhüningen eine Festung erbauen, welche den Namen Hüningen erhielt und mit einer auf der Rheininsel errichteten Schanze und dem rechten Ufer durch 2 Jochbrücken verbunden war. (5) Das Dorf Hüningen wurde abgetragen. (6)

Nach Artikel 23 des Ryßwiker Friedensschlusses vom 30. October 1697 (7) mußte die Brücke nebst der Schanze auf der Rheininsel zerstört werden.

Im Jahr 1721 wurde von Frankreich wieder eine Brücke bei Hüningen geschlagen, weil die Kehler Brücke unbrauchbar war (8); sie scheint jedoch nicht lange bestanden zu haben, denn der Bau einer neuen Schiffbrücke und dazu gehörige Befestigungen auf dem rechten Ufer erfolgte wieder 1742 von den Franzosen. (9) Auch diese Brücke wurde 1751 und 1769 abermals nebst den Befestigungswerken zerstört.

Von dieser Zeit an bediente man sich wieder eines Fahrzeuges.

Im Jahr 1826 wurde einerseits im Interesse der Unabhängigkeit von Basel, anderseits zur Begünstigung des Gewerbebetriebes im Wiesenthal badischer Seits beschlossen, von dem Rhein bei Hüningen eine directe, das Schweizer Gebiet nicht berührende Landstraße über Leopoldshöhe, Binzen und Thumringen nach Lörrach resp. Beuggen herzustellen und eine bessere Einrichtung zum Uebergang über den Rhein bei Hüningen zu schaffen. Die Straße von Leopoldshöhe bis an den Rhein wurde schon 1827/8 auf Staatskosten hergestellt. (Siehe Seite Nr. 46.)

Da auch die Herstellung einer Brücke bei Breisach Bedürfniß war, vereinbarte man endlich sich im Jahre 1838 mit Frankreich dahin, daß sowohl bei Hüningen als bei Breisach fliegende Fähren auf gemeinsame Kosten erbaut, jene bei Hüningen von Frankreich, jene bei Breisach von Baden ausgeführt und unterhalten werden sollen.

Die Kosten der im Jahre 1844 vollendeten Hüninger Brücke beliefen sich für Baden auf 43771 fl.

---

(1) W. Zapf giebt in seinen „Reisen" von 1781 die Länge auf 270 Schritt an. (2) Wie sehr der Rheinstand hier früher wechselte, geht daraus hervor, daß der Fluß 1529 innerhalb der Stadt von 3 Rheinthoren unter der Brücke zusammenfloß, während man 1540 von Kleinkassel zu dem Kapellenpfeiler gehen konnte und 1575 ein Schießen auf dem trockenen Rheinbett stattfand. Vischer, Chronik von Basel. (3) Das Dorf Großhüningen kam 1521 an die Stadt Basel. Nachdem Oesterreich dies Dorf 1623 der Baseler Botmäßigkeit entzogen hatte, schenkte im 30jährigen Krieg der Herzog von Sachsen-Weimar dasselbe der Familie Heerwarth. 1677 wird Großhüningen Stadt genannt. (4) Kleinhüningen wurde 1640 von der Stadt Basel dem Markgrafen Friedrich von Basel-Hochberg abgekauft. (5) Siehe Plan von 1681 „Merkwürdigkeiten der Landschaft Basel von 1748." (6) Lutz, Merkwürdigkeiten der Landschaft Basel 1805. (7) Reichsarchiv von Lünig, Seite 1080. (8) Kräuter, Geschichte Vorderösterreichs. (9) Steinhofer, Chronik von Württemberg S. 797.

Die Normalbreite des Rheins bei Großhüningen beträgt 666 Fuß; die beiderseitigen Zufahrtsstraßen lagen in gerader Richtung etwas schräg über den Strom und haben beiderseits Abfahrten von 3 Prozent Gefäll. Längs dieser befanden sich auf jeder Uferseite 8 Bockgestelle mit Hebgeschirren, zum Heben und Senken der Brückenauffahrt.

Zur Auffahrt auf die fliegende Brücke waren auf dem rechten Ufer 6, auf dem linken 5 Pontons aufgestellt.

Die Brücke hatte eine Fahrbahnbreite von 15 Fuß und eine Tragfähigkeit von 120 Centnern. Die Durchlaßweite zwischen den beiden Pontonbrücken betrug 320 Fuß, welchen Raum die fliegende Brücke, bestehend in 2 gekuppelten Pontons mit Fahrbahngedeck den Uebergang vermittelte. Das fliegende Fahrzeug war mittelst eines 600 Fuß langen Giertaues von Draht, welches auf 6 Giernachen ruht, an einem Bockgestell verankert. Die Bedienung der Brücke wurde vertragsmäßig von Frankreich besorgt, welches auch das Brückengeld erhob. (¹)

Infolge eines mit der französischen Ostbahnverwaltung abgeschlossenen Vertrags vom 22. October 1860 sollte eine Eisenbahn von Leopoldshöhe nach St. Louis und eine stehende Brücke oberhalb der Rheinfähre erbaut werden. Die Bahn sollte Baden auf badischem Gebiet bauen und die Brückenbaukosten hälftig getheilt werden.

Der Kostenantheil für Baden war auf 526,000 fl. berechnet.

Infolge des Krieges von 1870/71 unterblieb diese Ausführung und die fliegende Brücke wurde abgetragen, im Jahr 1872 aber von der Regierung von Elsaß-Lothringen eine 230 Meter lange Schiffbrücke aus 32 theils hölzernen theils eisernen Pontons mit 3 Durchlässen à 12 und 12,5 Meter breite und 18 Eisbrechern auf Rechnung des Reichslandes hergestellt. Durch die Brückenordnung (Ges.- u. Verordn.-Bl. 1873. S. 2) ist die Maximallast auf 130 Centner bestimmt.

An den Kosten der, in Folge des Hochwassers von 1876 nöthigen Reparaturen im Betrag von 54,000 Mark übernahm Baden die Hälfte.

Nach Vereinbarung mit Elsaß Lothringen vom 11. October 1872 wird nämlich die Unterhaltung auf gemeinsame Kosten von Elsaß besorgt. Das Brückengeld hörte am 1 Januar 1874 auf. (Ges.- und Verordn.-Bl. 1873. S. 339.)

Ueber den Bau einer Eisenbahnbrücke bei Hüningen sind 1875 durch die Rheinschifffahrts-Commission folgende Normen vorgeschrieben worden: zu überbrückende Normalflußbreite 200 Meter, 3 Oeffnungen, 216 Meter zwischen den Landpfeilern, Gesammt-Lichtweite 318 Meter. — Höhe unter der Kante der Fahrbahn 6 Meter über den höchstem Wasserstand. Flöße und Fahrzeuge sind während des Baues unentgeltlich durch die Baustelle zu befördern.

Durch das Dasein einer Schiffbrücke hatte sich der Verkehr zwischen den Städten Hüningen und Basel so sehr vermehrt, daß die Verbesserung des Gemeindewegs von der Brücke nach Kleinhüningen gemeinsam zwischen Baden und der Stadt Basel beschlossen wurde. Die Länge des Wegs in Baden beträgt 238 Meter. Die Arbeiten kamen 1875 zur Ausführung. Baden hatte 2250 Frcs. aufzuwenden. Die Breite beträgt 20 Fuß, dieser Weg wird nun in Baden als Landstraße, in der Schweiz als Cantonalstraße unterhalten.

Der gesammte nachweisbare Aufwand für die Verbesserung der Straße von Frankfurt nach Basel, von Leopoldshöhe nach Hüningen, und von hier nach Basel beläuft sich auf 2,302,236 Mark.

Unmittelbar nach Eröffnung der Eisenbahn minderte sich der Verkehr auf dieser Straße sehr, er hob sich aber bald wieder auf den meisten Abtheilungen. Seit 1856 ist namentlich eine starke Zunahme bemerkbar bei Heidelberg zwischen Oos und Kuppenheim, Mitersheim und Kenzingen und in der Gegend von Freiburg. Auf diesen Abtheilungen gingen durchschnittlich 7—800 Zugthiere täglich. Weniger frequent sind die Abtheilungen zwischen Bühl und Achern und zwischen Wolfenweiler und Basel, wo in neuerer Zeit nur 40—80 Zugthiere pro Tag verzeichnet sind.

(¹) Im Jahr 1867 passirten 64,993 Personen über die Brücke, allein die Brücke lieferte doch keinen Reinertrag. Im Jahr 1874 passirten 352,930 Personen und 39,231 Fuhren. 1876 passirten täglich 1386 Personen, 110 Wagen.

Nr. 2.

Straße von Mannheim nach Kehl.

Rheinstraße.

Länge von Mitte Rheinbrücke in Mannheim bis Mitte Rheinbrücke in Kehl, ausschließlich der gemeinschaftlichen Strecke mit Nr. 1 bei Rastatt, — 127 Kilometer = 28,6 Stunden.

Die wahrscheinlich älteste, nahe an dem rechten Rheinufer hinziehende Landstraße führte von Basel über Schliengen, Steinenstadt, Neuenburg, Zienken, Grießheim, (1) Weinstetten, Bremgarten, Hartheim, Grezhausen, Gündlingen nach Altbreisach und von hier über Burkheim, Wihl, Weißweil, Oberhausen, Rust, Ottenheim, Meisenheim, Ichenheim und Altenheim nach Kehl resp. Straßburg.

Dann folgte die Straße im Wesentlichen dem jetzt bestehenden Zug, nur führte sie durch die Orte Schwarzach und Söllingen. Von Rastatt schloß sich die alte Straße wieder mehr dem Rheine an, indem sie durch Oetigheim, Durmersheim, Mörsch, Forchheim, Mühlburg, Eggenstein, Graben, Udenheim (Philippsburg), Oberhausen und Rheinhausen nach Speyer zog.

Dieser ganze, im Mittelalter als „Reichsstraße" bezeichnete, Straßenzug bestund wohl im Wesentlichen schon in der vorrömischen Zeit, denn die alten Namen der Orte: Istein, Kems, Bamlach, Schliengen, Neuenburg, Grießheim, Hartheim, Breisach, Burkheim, Wihl, Rust, Rheinau, Goldscheuer, Kehl, Kork, Straßburg, Auenheim, Freistett, Schwarzach, Iffezheim, Selz, Rastatt, Au, Bikesheim, Oettigheim, Mörsch, Mühlburg, Eggenstein, Udenheim, Knaudenheim, Rußheim, Germersheim, Altripp, Hockenheim, Schwetzingen, Mannheim 2c. 2c. lassen sich mit mehr oder weniger Wahrscheinlichkeit auf die keltische Sprache zurückführen. (1) Daß diese Straße auch von den Römern benützt wurde, ist kaum zu bezweifeln. (2)

In den Gemarkungen Jechtingen, Bikesheim, Kürzell, Meißenheim, Ichenheim, Dundenheim und Altenheim heißt die Straße „Höchstätt oder Heerweg" in Nonnenweier und Almannsweier „Heerweeg", in Gemarkung Hartheim und zwischen Oetigheim und Bietigheim heißt die am Schlangenrhein hinziehende Straße „alte Straße", in den Gemarkungen Grenzach, Weil, Blansingen, Bamlach, Schliengen, Neuenburg, Ihringen „hohe Straße." (3) Bei Kehl, Sandweier, Schwezingen, Mannheim, Mühlburg wurden römische Funde gemacht. (4)

In neuerer Zeit wird die verlassene alte Rheinstraße, im Gegensatz zu der neuen Rheinstraße „die kleine Straße" genannt.

So lange Speyer nach Cöln und Mainz der dritte Stapelplatz am Rhein und der Sammelpunkt der für den Unterrhein bestimmten Landesproducte des Elsasses, der Pfalz und Schwabens war, nahm dieser Ort für den damaligen Verkehr die Stelle ein, die jetzt Mannheim besitzt. Die erwähnte alte Rheinstraße wird deshalb auch oft „Speyerer Straße" genannt. (Zieler, Reisen 1620. Monne, Zeitschr. 4. Eisinger, Beitrag zur Geschichte Rastatts 1854.)

Die Abtheilung von Kehl bis Rastatt hatte während des Mittelalters schon besondere Wichtigkeit, weil sie den Verkehr von Frankfurt und von Speyer nach Straßburg vermittelte.

Von Graben resp. Waghäusel abwärts erhielt die Straße erst im vorigen Jahrhundert Bedeutung als Handelsstraße, nachdem Mannheim eine, wenn auch Anfangs bescheidene Stellung in der Reihe der Handelsstädte am Rheine eingenommen hatte.

Der Landverkehr von Speyer abwärts ging nämlich im Mittelalter über Friedrichsfeld und Ladenburg nach Frankfurt. (Widder, Die Pfalz I.) Das Neckarhauser Fahr, das schon Anfangs des 16. Jahrhunderts bestund und von der Gemeinde zu Eigenthum erworben war, lag in diesem Straßenzuge.

Das schon 765 in Urkunden des Klosters Lorsch genannte Dorf Mannheim (5) erhielt erst einige

---

(1) Diese Straße hieß noch 1800 „alte Landstraße von Basel nach Breisach." Karte von 1800, Oberdir. des W.-Str.-Baues. (2) Schöpflin Alsat. illustr. (3) Mone, Urgesch. I. (4) Schriften des Bad. Alterth.-Vereins; Jahrbuch des Alterth.-Vereins im Rheinland V. und VI. 1844; Vierordt, Prog. des Karlsruher Lyceums 1856. (5) In dieser Urkunde ist schon von Weingärten die Rede und weitere aus dem 13. Jahrhundert sprechen von Rheinzoll in Mannheim.

Bedeutung, nachdem Churfürst Friedrich IV. im Jahre 1605 demselben Stadtrechte verliehen und 1606 hier eine Festung gegründet hatte.

Die ersten Privilegien, darunter Marktfreiheit und Münze, erhielt die Stadt am 24. Januar 1607, daher dieser Tag auch als Gründungstag gefeiert wird.

Unter Churfürst C. Ludwig (1632—80) hatte sich in Folge der gegebenen Einzugsfreiheit und 40jähriger Befreiung von Zoll- und anderen Lasten Mannheims Bevölkerung sehr gehoben, so daß die Seelenzahl, welche 1663 nur 3000 betrug, sich bis 1668 schon auf 12,000 vermehrt hatte.(1)

Im Jahre 1689 durch die Franzosen zerstört, wurde Mannheim im Anfang des vorigen Jahrhunderts nach einem, durch einen Niederländer, General Cöhorn, 1697 entworfenen Plane in regelmäßigen Quadraten angelegt.

Die Bevölkerung war damals in Folge der Kriege wieder auf 6000—7000 herabgesunken.

Durch die 1720 erfolgte Verlegung der Residenz von Heidelberg nach Mannheim unter Churfürst Carl Philipp dem Prachtliebenden, welcher das neue Schloß(2) und andere öffentliche Gebäude, namentlich auch im Interesse des Handels 1730 das Kaufhaus nach einem von Handelsleuten in Barmen und Elberfeld begutachteten Plane erbaut und die Stadt 1736 zur freien Handelsstadt erklärt hatte, begann sich Mannheim wieder zu heben,(3) ihr eigentliches Aufblühen fällt aber erst in die Regierungsperiode Carl Theodors (1743—99), welcher den Bewohnern Freiheit von Leibeigenschaft, Frohnden, Land- und Wasserzoll und von Accise für den Hausgebrauch gewährte und Fruchtmarktrecht, Fischereirecht und viele andere Vergünstigungen verlieh.

Für Beförderung der Wissenschaft und Kunst soll dieser Churfürst 35 Millionen aufgewendet haben. Die im Jahre 1777 erfolgte Verlegung der Residenz nach München und der französische Krieg führten in Mannheim wieder einen Rückgang herbei.

Nach dem Mainzer Vertrag von 1749 (der bis 1805 in Vollzug blieb) und den Rangschifffahrtsordnungen von 1753, 1784 und 1798 erhielt Mannheim die Spedition auf dem Neckar. Churpfalz erkannte den Stapel, den Umschlag und die Waarenniederlage in Mainz an, wogegen Mainz Verzicht auf die Neckarschifffahrt leistete.

Die Neckarschiffe erhielten dadurch das Recht freier Ladung in Frankfurt und Rückfracht von Mainz, und der Schifffahrtsverkehr zwischen Mainz, Heilbronn und Mannheim hob sich dadurch sehr, indem zuvor Mainz und Heilbronn für alle nach der Schweiz und Oberschwaben gehenden Güter die Oberhand hatten, und Frankfurt Süddeutschland beherrschte.

Der im Jahre 1779 abgehaltene erste Fruchtmarkt lieferte sehr erfreuliche Ergebnisse und bildete die Grundlage für den späteren, heute besonders hervorragenden Markt zur Verwerthung von Landesproducten aller Art.

Durch die Octroi-Convention von 1804 wurden Mannheim nebst Schrök und Freistett ausschließliche Ein- und Ausladestationen am badischen Rheine und 1808 erhielt die Stadt das Stapelrecht am Neckar zur Hebung der Spedition, und einen täglichen Briefpostwechsel mit Carlsruhe.

Eine eigentliche Handelsstadt wurde Mannheim(4) aber erst in Folge des Zollvereins von 1835, bei welcher Gelegenheit die Stadt ein Hauptzollamt erhielt und als Freihafen erklärt wurde.(5) Der Handel mit Tabak,(6) Hopfen, Reps, Mohn, Getreide und Wein blühte immer mehr auf, der Gewerbe- und Fabrikbetrieb gewann an Ausdehnung. Die bedeutende Spedition

---

(1) Die Seelenzahl betrug 1607 1200, 1663 3000, 1747 21,661, 1766 24,190 (ohne Garnison) 1810 20,108, 1833 20,500, 1864 30,425, 1867 34,017, 1871 39,606, 1875 46,457. Rieger, Mannheim und Umgebung 1824, Trekle, Bevölkerung Badens 1865 und statistische Jahrbücher. Bader, Baden I. (2) Der Grundstein wurde 1720 gelegt, die Residenz aber erst 1731 bezogen. (3) Der Zuzug von italienischen Kaufleuten wie: Brentano, Artaria, Scotti, Lissignolo, Barazetti, Andriano, Sartorio, Borragio, Antonio ꝛc. war dem Handel sehr förderlich. (4) Mannheim kam 1803 unter badische Hoheit. (5) Häusser, Geschichte der Pfalz. Schreiber, Heidelberg und Umgebung. Rieger, Beschreibung von Mannheim. Schriften des Alterthumsvereins III. Rhein-Antiquar 8, Seite 685. Ockart, Der Rhein 1816. Lehmann, Chronik von Speyer. von Feder, Geschichte der Stadt Mannheim 1874. (6) Baden producirt jährlich ca. 255,000 Ctr. Tabak, was à 15 Fl., pr. Ctr. 3,800,000 Fl. repräsentirt. An Arbeitslohn für Fabrikarbeiter werden 6 Millionen gerechnet. In der Pfalz (Baden und Baiern), wo seit Anfang dieses Jahrhunderts Tabak gebaut wird, waren vom 1. Juli 1873 bis dahin 1874 40 Procent des gesammten deutschen Tabaklandes in Cultur. 4. Heft der Statistik des Deutschen Reiches.

in Heilbronn ging größtentheils auf den Mannheimer Platz über. Die Bevölkerung hat sich seit 1835 mehr als verdoppelt. Das Gewerbesteuer-Capital hob sich bis zum Jahre 1872 auf 22 Millionen.

Ueber die einzelnen Abtheilungen der Straße.

Abtheilung von Kehl bis Rastatt.

Straßburg, ursprünglich keltische Niederlassung, dann Hauptstation (municipium) und Waffenfabrik der Römer, hatte sich durch die Einfälle, welche die Deutschen im 2. Jahrhundert am südlichen Rhein gegen Gallien machten, sehr gehoben. Damals argentoratum genannt, erhielt es erst später als Knotenpunkt vieler Straßen den heutigen Namen. Die Stadt war 660 schon Bischofssitz und hatte im Jahre 775 von König Karl Zollfreiheit und 982 von Kaiser Otto II. Stadtfreiheit erhalten.

Schon im 9. Jahrhundert wurden bedeutende Handelsgeschäfte von hier nach den Niederlanden betrieben und im 12. Jahrhundert war Straßburg als Stapel- und Handelsplatz am Oberrhein, was Cöln für den Unterrhein.

Ludwig der Baier gab der Stadt 1336 ein Privilegium für eine 14tägige Messe, welches Sigismund 1414 erneuerte.

Im Jahre 1431 erhielt die Stadt das Recht 4 Wochen Messe zu halten und 1433 die Befugniß, Brückengeld und auf eine Stunde im Umkreis Zoll zu erheben.

Nachdem Straßburg 1681 Frankreich einverleibt war, hob sich der Verkehr in Folge vieler Begünstigungen. Colbert hatte das Verdienst, Straßburg von allen Zöllen in Frankreich zu befreien und für Posteinrichtungen zu sorgen. Auch durch den Anfall von Lothringen gingen dem Elsaß große Vortheile zu. 1809—1813 geschah viel für Staßenbau. (1)

Die im 13. Jahrhundert noch außerhalb der Stadtmauern gelegene Steinstraße und die in der Stadt befindliche lange oder obere Straße (strata superior) waren einst römische auf keltischen Grundlagen erbaute Heerstraßen und es ist höchst wahrscheinlich, daß nicht nur zur Zeit der Römer, sondern schon früher bei diesem bedeutenden Platze ein Uebergang über den Rhein vorhanden war, denn das Wort „Kehl" soll keltischer Abkunft sein und „Ueberfahrt" bedeuten. Jedenfalls bestund gegenüber von Straßburg schon in frühester Zeit ein Ueberfahrtsort, wie dies fast bei allen bedeutenden Flußstädten der Fall war. (2) Daß die Römer eine Straßenverbindung von Straßburg über Stollhofen, Steinbach, Baden, Röttingen, Ellmindungen nach dem Neckar benützten, ist als erwiesen anzusehen. (3) Während des Mittelalters war der Rhein zwischen Straßburg und Kehl meistens überbrückt und der Verkehr zwischen den beiderseitigen Ufern lebhaft. Kaiser Albrecht I. bestätigte 1303 den Bau einer festen Rheinbrücke.

Die Ausführung einer Schiffbrücke erfolgte erst 1333, da bis zu diesem Jahre noch zwei Fähren im Gebrauch waren. (4) Die Straßburger bauten nämlich eine Schiffbrücke bei Hundsfelden, (5) „daß man darüber fahren und reiten mochte"; 1388 kam an Stelle der Schiffbrücke eine hölzerne Joch- und Pfahlbrücke, die 1392 von den Feinden des Bischofs mit brennenden Flößen theilweise zerstört wurde. Die Stadt erhielt hierauf die volle Gewalt über die Brücke, mußte aber an König Wenzel 32,000 fl. bezahlen. (6)

Schon 1404, 1415, 1421 wurde diese Brücke theilweise durch Hochwasser zerstört, aber bald wieder hergestellt.

Im Jahre 1428 fand der bekannte Rheinbrückenkrieg statt.

Die im Jahre 1468 neu erbaute, gedeckte Holzjochbrücke wurde 1480 wieder durch Hoch-

(1) Aufschlager, Das Elsaß III. Königshofen, Chronik von Straßburg. Herzog, Chronik des Elsasses von 1592. Silbermann, Localgeschichte von Straßburg. Friese, historische Merkwürdigkeiten des Elsasses. Strobel, das Elsaß. Maurer, Geschichte der deutschen Städteverfassung. Barthold, Geschichte der Städte. Hüllmann, Finanzgeschichte des Mittelalters. (2) G. Kohl, über Verkehr und Ansiedelung der Menschen. (3) Die an dem Rheinufer bei Kehl gefundenen zahlreichen römischen kleinen Münzen werden als Beweis für den einstigen Bestand einer römischen Ueberfahrt angesehen. Zeitschrift für Geschichte des Oberrheins, 17. Bd. 420. (4) Closener, Chronik von Straßburg. (5) Ein oberhalb Kehl an dem Rhein gelegenes Dorf (welches 1580 von Graf von Honau zerstört wurde und dessen Gemarkung der Rhein verschlang). Bei dieser Brücke resp. Ueberfahrtsstelle stund eine alte Capelle, die „St. Johannes in undis" hieß, weil sie oft der Ueberschwemmung ausgesetzt war. Später wurde die Capelle „zu den Hunden" genannt und hiervon mag der Ortsname „Hundsfelden" herrühren. (6) König Wenzel sagt 1393: „die Bruck wurde zu Nutz des Reichs geschlagen, weil die Schiff und das Fahr bei Unwetter nicht zu brauchen sind. Die Bruck soll stets offen sein. Die Bürger von Straßburg sollen sie mit allen Rechten, die sie gehabt haben, nutzen." Sigismund bestätigte 1415 der Stadt den Brückengeldbezug.

wasser zerstört.(1) Dasselbe geschah 1537 und 1561, als eben eine neue Pfahlbrücke weiter unten bei Kehl im Bau begriffen war.(2)

Im Jahre 1566 wurden 10 Joche, 1573 6 Joche durch Hochwasser abgeführt.(3)

Die Brücke von 1606 hatte 67 Joche,(4) jene von 1618 71 Joche. 1672 wurde eine Jochbrücke durch General Condé theilweise abgebrannt.(5) 1681 ging die Brücke in das Eigenthum Frankreichs über. Im Jahre 1760 bestund eine Brücke über den vollen Rhein und über 4 Rheinarme, 470 Toisen lang, theils aus Schiffen theils aus Jochen zusammengesetzt. 1793 brannte die württembergische Artillerie 12 Joche der Holzbrücke ab.(5)

Im Jahre 1804, am Krönungstag des Kaisers Napoleon I., wurde der Grundstein zu einer neuen, auf 30 Jochen und steinernen Widerlagern ruhenden, 1316 Fuß langen Brücke gelegt, die 1806 vollendet und „Kaiserbrücke" genannt wurde. Der Aufwand betrug über 1 Million Frcs. Schon nach wenigen Jahren fiel auch dieser Bau dem reißenden Strome zum Opfer, indem 6 Joche gänzlich zerstört wurden.

1808 stund wieder eine, durch eine Rheininsel in zwei Theile getrennte, 16 Fuß breite Schiffbrücke. Ueber die 420 Fuß breite Insel führte eine Bockbrücke. Diese neuere Schiffbrücke stund hinter dem Rest der früheren Jochbrücke.

Als nun durch den Pariser Frieden von 1815 der Thalweg des Rheines ober der Lauter als die Gränze zwischen Baden und Frankreich anerkannt und die Hälfte der Rheinbrücke als Eigenthum Frankreichs erklärt war, handelte es sich um Reparatur der alten Jochbrücke oder um Beibehaltung der Schiffbrücke. Zur Wiederherstellung der Joche hätten Pfähle von mindestens 50 Fuß Länge verwendet werden müssen, da die größte bekannte Wassertiefe damals 34 Fuß betrug.

Die technische Commission sprach sich für einstweilige Beibehaltung der Schiffbrücke und für baldige Ausführung der Rheincorrection durch den sog. Erlenrain und die Commissionsinsel aus, weil nach vollzogener Correction 19 Joche für genügend und besser gesichert erachtet wurden. Während der Verhandlungen mit Frankreich drohte der Strom im Jahre 1824 die noch vorhandenen Joche der alten Brücke vollständig zu zerstören, daher Baden seinen Antheil, ohnerachtet des Widerspruchs von Frankreich, im Jahre 1825 abbrechen ließ, worauf auch der französische Theil entfernt wurde.

Man suchte nun beiderseits die vorhandene Schiffbrücke zu verbessern. Baden stellte 1828 neue Eisbrecher mit 3500 fl. und 1830 Befestigungspunkte mit 2557 fl. her. Da die Brücke nur eine einfache Brückenbahn von 16 Fuß Breite hatte, vereinbarte man 1835 mit Frankreich eine Breite von 7 Metern.

In Folge der Rheincorrection konnte die Brücke 1842 um 320 Fuß oder um 14 Schiffe abgekürzt werden. Für die in Folge dessen badischerseits hergestellte Dammstraße (welche bei Niederwasser 6 Procent Gefäll zur Brücke besitzt) und für die Vorrichtung zum Senken und zum Heben der Auffahrt wurden 13,719 fl. aus Staatsmitteln aufgewendet.

Die dermalige Schiffbrücke hat 45 Pontons. Die Spannweite der Brücke beträgt 800 Fuß; die Pontons sind 53 Fuß lang, 8 Fuß breit und durch 11 Eisbrecher geschützt.(6) Die absolute Tragkraft der Pontons beträgt 500 Centner. Nach der Brückenordnung sollen aber nur Lasten von höchstens 100 Centner übergesetzt werden.(7) Seit 1874 wird diese Brücke gemeinschaftlich mit Elsaß unterhalten, für die Benützung aber kein Brückengeld erhoben.

Die in den Jahren 1857—62 gemeinsam mit Frankreich, nach einem von dem badischen Oberbaurath Keller entworfenen Plane, erbaute Eisenbahnbrücke unterhalb der Schiffbrücke besitzt zwei besondere Fußwege, welche in der Zeit, wo die Schiffbrücke wegen Eisgangs abgeführt ist, den Personenverkehr vermitteln.(8)

---

(1) S. Münster, Kosmographie von 1550. (2) Sebastian Frank sagt in seiner Chronik der Deutschen von 1539, daß „der Rhein bei Straßburg durch die letzte Bruck abfloß." Es bestunden also unterhalb Straßburg damals keine festen Rheinbrücken. (3) Mone, Quellensammlung II. 144, 116 und Vischer, Chronik von Basel 1872, S. 222. G. Wirmelius, Straßburgs Reim-Chronik 1625. (4) Diese Brücke war 1400 Schritte, also ca. 4200 Fuß lang. Müller, Zeitschrift für deutsche Cultur-Geschichte 1872 S. 470. (5) Württemb. Jahrb. 1850 und Lorenz, Gesch. des Elsaß 1871. (6) 1829/30 wurde die Brücke durch Eisgang abgetrieben. (7) Brückenordnung von 1874. Ges.- und Verordn.-Bl. S. 442. (8) In den Jahren 1866—1869 passirten jährlich 225,000—230,000, 1874 237,753, 1875 275,552 Personen und 39,821 Wagen über diese Brücke. Der Eisenbahnverkehr ist natürlich hierbei nicht berücksichtigt. 1874 wurde die Brücke 91 mal geöffnet.

Wegen der Construction der, sich an die Landfesten beider Ufer anschließenden, Drehbrücken konnte eine Straße für Landfuhrwerke mit der Brücke nicht verbunden werden. (1)

Die in der Uebereinkunft der Rheinuferstaaten bezüglich des Cölner Brückenbaues getroffenen Bestimmungen (Reg.-Bl. 1858, S. 249) kamen im Wesentlichen auch bei diesem und den folgenden Rheinbrückenbauten zur Anwendung.

Die Brücke mußte 5 Fuß oder 1 m. 50 cm. über das höchste Wasser von 1852 gelegt werden. (2)

Seit dem 1. Januar 1874 wird von diesen Uebergängen kein Brückengeld mehr erhoben. Das Brückengeld hatte ca. 30,000 fl. jährlich eingetragen.

Der Ort Kehl gehörte bis 1491 dem Grafen von Geroldseck, dann kam die Hälfte an das Frauenhaus Straßburg, ein Viertel an Baden-Baden und ein Viertel an die Herren von Böcklin; 1802 kam Kehl ganz an Baden.

Die Festung, aus einem Hornwerk und einer detachirten Bastion bestehend, wurde mehrmals zerstört, nach dem Fall Napoleons I. aber ganz geschleift.

Im Jahre 1802 wurde der neue Bauplan für die Stadt festgestellt, wodurch die Landstraße eine ganz gerade Richtung erhielt.

Hafen in Kehl.

Nachdem der schon von Ludwig XV. projectirte und unter Napoleon I. begonnene Rhein-Rhone-Canal (3) im Jahre 1828 eröffnet war und die auf diesem Canal nach Straßburg kommenden, zur Beförderung auf das rechte Rheinufer bestimmten Güter in Straßburg nicht mehr umzuladen waren, sondern auf dem Illcanal und dem in den Jahren 1845—53 erbauten Rhein-Marne-Canal unterhalb Kehl in den Rhein resp. nach Kehl verbracht werden konnten und in Folge der Rheincorrection auch die Rheinschifffahrt bis Kehl erleichtert war, (4) machte sich das Bedürfniß eines Hafens hier geltend, der auch in den Jahren 1842—47 unterhalb der Schiffbrücke in einem Flächengehalt von $2^1/_2$ Morgen mit 80,000 fl. aus Staatsmitteln hergestellt und 1844 als Freihafen erklärt wurde. Der Verkehr in dem Hafen, der 1844 noch 27,421 Ctr. Güter nachwies, hatte sich bis 1856 auf 157,498 Ctr. gehoben und nach einem Rückgange in den Jahren 1859—64 auf 12—30,000 Ctr. in den Jahren 1866—69 durch Steinkohlen bis zu 398,000 Ctr. gesteigert; 1872 betrug er 360,000 Ctr., 1875 387,000 Ctr. Die Eisenbahnverbindung hat zu Vermehrung des Hafenverkehrs ebenfalls beigetragen, da von den in Kehl per Eisenbahn ab- und zugehenden Gütern (die im Jahre 1871 415,000 Ctr. betrugen) immer ein großer Theil zu Wasser ankommt oder abgeht.

Im Jahre 1874 wurde ein Dampfkrahn aufgestellt. (5) Die 1872 mit Concession der beiderseitigen Regierungen durch einen Privaten eingerichtete Tauschleppschifffahrt von dem Rhein-Marne-Canal bis in den Kehler Hafen auf $1^1/_2$ Kilometer Länge (vorzugsweise zum Kohlentransport bestimmt) verspricht eine weitere Vermehrung des Güterverkehrs in dem Hafen. (Siehe Staatsanzeiger von 1872 No. 19). (6)

Da die Stammholz-Flößerei auf der Kinzig, wenn auch in Abnahme, doch immer noch im Gange ist (es passirten an der Offenburger Schleuse 1864 222, 1865 203, 1866 121, 1867 142, 1869 163, 1873 173, 1875 151 Flöße), so konnte ohne Schädigung des Holzhandels die längst gewünschte Herstellung eines Floßhafens nicht länger umgangen werden.

Man hat deshalb für die Anlage eines Holzhafens in Kehl 1875/76 235,000 fl. oder

---

(1) Der Unterbau mit pneumatischer Versenkung eiserner Kasten für die Fundamente der Pfeiler bewirkt, wurde von der französischen Ostbahn, der eiserne Gitter-Oberbau nebst Portal von Baden ausgeführt. Der gesammte Bauaufwand für die Brücke betrug 3,349,666 Fl., wovon Baden 1,670,224 Fl. übernahm. Die Gesammtausgaben Badens für diesen Uebergang berechnen sich aber auf 1,808,496 Fl. Es war dies nach der Cölner die erste Eisenbahnbrücke über den Rhein. Die Cölner wurde 1859 eröffnet. Inzwischen sind weitere solche Brücken ausgeführt worden in Mainz 1860, Coblenz 1862, Waldshut 1860, Constanz 1863, Hamm, Bonn, Kuilenburg 1862, Bomel 1865, Düsseldorf 1868, Duisburg, Rheinhausen, Germersheim 1877, bei Forchheim 1877. (2) Die rechtseitige Drehbrücke wurde im Anfang des Krieges von 1870 durch badische Truppen gesprengt und 1874 durch eine feste Gitterbrücke ersetzt. (3) 1804 begannen die Arbeiten, 1810 wurden gegen 1200 spanische Kriegsgefangene gegen Tagelohn zu dem Bau verwendet, so daß die ganze Länge des Canals bis Mülhausen schon 1811 ausgehoben war. 1827 wurden die Arbeiten durch eine Gesellschaft wieder fortgesetzt und 1832 vollendet. Die Kosten betrugen 28,249,562 Frcs. (4) Die Schiffe können nun direct vom Rhein nach Havre und Paris gehen. Steine, Bauholz und Getreide, Kohlen sind die Hauptartikel des Transports auf diesen Canälen. (5) Die Hafenordnung ist von 1875. (Ges. u. Verordn.-Bl. S. 237.) (6) Der im Jahr 1866 erbaute Canal durch das Saarthal, hauptsächlich für Steinkohlentransport bestimmt, erleichtert den Bezug der Saar-Kohlen.

403,000 Mark aus Staatsmitteln verwendet. (¹) Der Hafen hat bei Mittelwasser 589 Aar Wasserfläche. Dagegen haben die früher so blühenden Speditionsgeschäfte in Kehl natürlich sehr abgenommen, seit Elsaß wieder zu Deutschland gehört. Das so bedeutende Speditionshaus „Hummel" hat 1874 aufgehört. (Siehe No. 57 und 67.)

Vor dem Revolutionskrieg hatte Straßburg die Landstraße von der Brücke bis Bodersweier und von da bis Linx die Brücken zu unterhalten; als aber die stehende Brücke durch eine Schiffbrücke ersetzt war, bezahlte Straßburg einen Beitrag von 100 Reichsthalern, wogegen Baden die Straße zu unterhalten hatte. (Magazin für Baden 1803, S. 357.)

Von der Rheinbrücke bis Stadt Kehl wurde die Straße, die 1810 bis Mannheim unter die Landstraßen aufgenommen war, gelegenheitlich des Eisenbahnbaues im Jahre 1858 corrigirt und die beiden am Eingang der Stadt gestandenen Wach- oder Zollhäuser entfernt.

Die Straße auf Dorf Kehler Gemarkung bis zur Kinzigbrücke wurde allmählich verbreitert und im Jahre 1816 eine steinerne Brücke über den sog. Commandantengraben (einen alten Kinziglauf, wie ein zweiter auch durch den Kirchen- und Rathhausplatz zog) auf Staatskosten hergestellt.

Die alte Holzbrücke über die Kinzig stund unterhalb der jetzigen, sie war 197 Fuß lang, 19 Fuß breit und hatte 6 Joche.

Die in Folge der Flußcorrection in den Jahren 1823/24 erbaute neue Holzbrücke hat eine Spannweite von 260 Fuß, steinerne Landfesten und 8 Joche. Die Breite der Fahrbahn beträgt 24 Fuß, jene der beiden Fußwege je 6 Fuß. Der Aufwand für diese Brücke und dazu führender Straße betrug 19,557 fl., wovon 15,000 fl. auf die Brücke selbst entfallen.

Im Jahre 1839/40 kam eine Hauptreparatur mit 3269 fl., 1865 eine solche mit 4372 fl. zur Ausführung.

Bis zum Jahre 1819 wurde die Kinzigbrücke von der Stadt unterhalten, seither trägt der Staat die Kosten.

Da die Straße von der Brücke bis zum Hochgestad theilweise unter Hochwasser liegt, so besteht neben der Straße ein Holzsteg (auf 14 Jochen) für Fußgänger.

In der Herrschaft Hanau-Lichtenberg (²) wurde 1743 mit Verbreiterung und Corrigirung der Chaussee zwischen Bodersweier und Lichtenau (³) begonnen, wobei die Gemeinden Lichtenau, Schwarzach, Helmlingen, Freistett, Leutesheim, Bischofsheim, Linx, Diersheim, Holzhausen und Bodersweier durch Frohndleistungen mitwirkten.

Kunstbauten und Güterentschädigungen wurden aus der Chausseegeldcasse bestritten.

Daß dieser Straßenzug schon in früherer Zeit als Handelsweg benützt wurde, geht daraus hervor, daß Wenzeslaus dem Grafen Heinrich IV. zu Lichtenau 1370 den Zoll von jedem Pferd, das Last oder Kaufmannsschatz trägt oder zieht, bestätigte, der in Lichtenau von Alters her mit 9 Pfennig erhoben wurde.

Auch in Greffern war eine Zollstätte.

Nach Anfall der Hanau'schen Herrschaft an Baden 1803 wurden neben kleineren Verbesserungen an der Straße von Ulm nach Stollhofen (⁴) hauptsächlich die Brücken erneuert oder in Stein umgebaut und zwar 1808 bei Freistett über den Canal, 1814 bei Ulm, 1818 bei Auenheim, 1821 bei Linx über den Rinn, 1822 in Bischofsheim über den Mühlbach, (⁵) 1833 bei Bodersweier über den Mühlbach.

Gelegenheitlich einer im Jahre 1762 ausgeführten Verbesserung der Rheinstraße wurde auf den Wunsch der Abtei Schwarzach (⁶) eine directe Linie zwischen Ulm und Stollhofen hergestellt,

---

(¹) Um einen Canal mit Schleuse zu dem Floßhafen herzustellen, wären 320,000 Fl. erforderlich. Der Grund, warum die Wasserstraße der Eisenbahn für den Holztransport noch immer vorgezogen wird, liegt in den Frachtsätzen. Eine Holzladung von 400 Ctr. kostet von Appenweier bis Mannheim 52 Fl. = 2,5 Xr. pr. Cubikfuß. Die Wasserfracht von Kehl bis Mannheim pr. Cubikfuß 1¼ Xr., dazu Eisenbahntaxe von Appenweier bis Kehl ⅓ Xr. = 1,58 Xr. — also weniger — 0,92 Xr. pr. Cubikfuß. (²) Sieh G. Lehmann, Geschichte der Grafschaft Hanau-Lichtenberg. (³) Lichtenau wurde 1293 bis 1313 mit Mauern umgeben. (⁴) Stollhofen, ehemals befestigter Ort des Calw-Ebersteinischen Lehensadels von Windegg wurde 1463 mit Söllingen und Hügelsheim von Markgraf Rudolf III. erkauft. 1703 wurde von Markgraf Ludwig eine befestigte Linie vom Rhein nach Bühl mit dem Centralpunkt Stollhofen angelegt, welche 1707 von den Franzosen zerstört wurde. (⁵) Rheinbischofsheim hieß früher Bischofsheim am hohen Steg, weil dort noch im Anfang dieses Jahrhunderts über den Holchenbach und Galgenbach ein mit Treppen zu ersteigender hoher, langer Steg für Fußgänger neben der von den Fuhrwerken benützten Furth bestund. (⁶) Die im 8. Jahrhundert gegründete Benedictinerabtei Arnulphsau wurde 840 von der linken Rheinseite auf die rechte verlegt und nach dem nahen Bach „Schwarzach"

„weil der Abt es nicht für passend hielt, daß das Gotteshaus an einer Heer- und Commercialstraße liege."

Nachdem die Abtei Schwarzach, welche nach 1648 in dem Klosteramtsbezirk die niedere Gerichtsbarkeit zu üben und für die Straßen zu sorgen hatte, aufgehoben war, versuchte die Gemeinde Schwarzach oft und letztmals 1830, die Zurückverlegung der Landstraße in den Ort zu bewirken. Die desfallsigen Kosten wurden auf 40,584 fl. überschlagen, während die Verbreiterung des kürzeren, directen Weges, welche von 1831—1847 ausgeführt wurde, einschließlich der Güterentschädigung nur 17,935 fl. kostete.

Die alte, von Hügelsheim nach Rastatt an dem Thiergarten hinführende, Straße hatte nur eine Breite von 10—14 Fuß und war gänzlich zerfallen, daher man lange Zeit die Vicinalstraße über Sandweier benützte.

Im Jahre 1781/83 wurde sodann die alte, direct von Rastatt an der westlichen Seite des Thiergartens hinziehende Straße in gerader Linie durch den sog. untern Wald geleitet und verbreitert, wofür an Güterentschädigung und für Kunstbauten, Aufsicht rc. 6681 fl. aus der Landescasse bestritten wurden. Hand- und Spannfrohnden für Erdarbeiten leisteten die Gemeinden des Oberamtes Rastatt und des Amtes Stollhofen. Die Bausteine führten frohndweise die Gemeinden der Aemter Rastatt, Baden, Steinbach, Bühl und Ettlingen bei.

Die hölzerne Galgenbachbrücke bei Neufreistett wurde 1876/77 mit 18,500 Mark in Eisen umgebaut.

2. Von Rastatt bis Mühlburg.

Diese noch in der Mitte des vorigen Jahrhunderts mit dem Namen „Heer-Straß" und „Speirer Straß" bezeichnete Straße war damals noch viel gekrümmt, nur 10—14 Fuß breit und ohne Fundament. Die Geradeleitung und Verbreiterung bis Grünwinkel und die Durchführung durch die ganze Länge des Ortes Durmersheim erfolgte 1769/71 durch Frohndleistungen der Gemeinden der betheiligten Aemter, nachdem das 1764 aufgetauchte Project von Bischweier bis Rüppur einen Floßcanal herzustellen, gescheitert war. (¹) Die Straße bis Mühlburg (²) wurde nahezu neu hergestellt. Die Gemeinden der betheiligten Aemter leisteten die Frohnden; für die Güter wurde Entschädigung aus der Chausseecasse geleistet, welche auch die Kunstbauten bezahlte.

Zwischen Mühlberg und Grünwinkel führte eine niedere Holzbrücke über die Alb und die Straße lag so tief, daß sie oft der Ueberschwemmung ausgesetzt war. Die Erhöhung der Straße zwischen Mühlburg und der Alb erfolgte erst 1818 gelegenheitlich des mit einer Correction der Alb verbundenen Neubaues einer steinernen Bogenbrücke. Der aus der Staatscasse hierfür bestrittene Aufwand betrug 16,000 fl.

Die ganze Straße von Carlsruhe bis Rastatt war schon 1769/70 mit Pappeln besetzt worden, welche Allee in jener Zeit von den Reisenden mit besonderem Wohlgefallen betrachtet wurde. (Siehe Brun, Episoden aus Reisen durch Deutschland 1801/5.)

Im Jahre 1830 wurde mit dem Neubau der steinernen Brücke über den Federbach eine 500 Fuß lange Verbeiterung der Straße von 22 auf 32 Fuß und 1833 eine ähnliche Erweiterung von 400 Fuß im Rastatter Niederwald ausgeführt.

3. V. Mühlburg bis Graben.

In Mühlburg erbaute man 1843 an Stelle einer Holzbrücke eine neue steinerne Brücke über den Landgraben auf Staatskosten.

Durch zu tiefes Ausheben der Fundamentgruben und starken Zudrang des Grundwassers waren die nächsten Gebäude sehr gefährdet. Hierdurch und durch eingetretenes Hochwasser steigerte sich der Aufwand bis zu 15,000 fl.

Von Mühlburg ging die alte Reichsstraße unter dem Namen „alter Postweg" fast direct nach Eggenstein durch den Hardtwald. (³)

---

genannt. Zu dem Klosteramt gehörten Moos, Hildmannsfeld, Greffern, Ulm, Unzhurst, Vimbuch, Oberbruch, Balzhofen, Breithurst, Oberweier und Zell. Dieses Klosteramt kam schon 1648 provisorisch, 1790 aber definitiv an Baden. (¹) Der Canalbau war auf 50,000 Fl. veranschlagt. Das Klafter Buchenholz kostete damals 5 Fl., Tannenholz 4 Fl. (²) Die Feste Mühlberg — ein von Gräben umzogenes Schloß — lag in der Nähe der Alb in der sog. Burgau. Die Burgau wird 1586 „der Zoll" genannt, weil die Reichsstraße vorüber führte und Zoll hier erhoben wurde. Markgraf Friedrich gab 1670 Anlaß zu dem Bau der Stadt „an der kaiserlichen Heerstraße." Er gab Privilegien, 30 Jahr Zoll- und Abgabenfreiheit und 4 Jahrmärkte. 1689 wurde das Schloß und die alte Bannmühle an der Alb zerstört. (³) Die Extrabriefpost ging schon 1673 von Heidelberg über Hokenheim, Rheinhausen, Linkenheim, Rastatt, Lichtenau, Straßburg in 28¼ Stunden. Mone, Zeitschr. 11. 139.

Die Straße zwischen Mühlburg und Graben war noch im Jahre 1766 für Lastwagen nur bei ganz trockener Witterung benützbar. Man fuhr daher entweder nach allen Richtungen hin über die Felder oder auf der Frankfurt-Baseler Straße.

Nach einem sehr alten Plane ohne Datum zog die alte Straße von Mühlburg nach Welschneureuth an der Gränze der Knielinger Gemarkung in der Richtung des jetzigen nach dem Hardtwald führenden Güterweges nach Deutschneureuth und in gekrümmter Linie längs des Hochgestades nach Eggenstein.

Dieser Weg ist auch in der Karte von Moreau eingetragen.

Die Herstellung der jetzt bestehenden Landstraße, die, außerhalb Mühlburg von der Knielinger Straße abgehend, über Welsch- und Deutschneureuth (1) nach Eggenstein führt, erfolgte erst im Jahre 1780 in einer Breite von 24 Fuß mit 16 Fuß Fahrbahn.

Die Erdarbeiten wurden in der Frohnd hergestellt und die Güter nicht entschädigt, was daraus hervorgeht, daß die Gütereigenthümer noch in neuer Zeit das zu der Straße abgegebene Gelände versteuerten. Im Jahre 1840 erfolgte eine Regulirung durch Welschneureuth und Mühlburg mit 3800 fl. aus Staatsmitteln.

Von Eggenstein bis Graben, welcher Ort 1360 durch Kauf an die Markgrafschaft Baden kam und in dessen Schloß von 1575—1586 und von 1611—1617 die Wittwen zweier Markgrafen wohnten, (2) wurde die Straße 1781 auf 27 Fuß verbreitert und regulirt.

Nach einem Plane von 1758 besaß die Straße damals noch viele kleine Krümmungen.

Der Ort Linkenheim lag 1771 noch unmittelbar an einem breiten Altrhein, der sich in vier Arme theilte. G. A. Lang in Linkenheim projectirte die Eindammung des Rheins und die Austrocknung der Wiesen, daher im 1775 von Carl Friedrich ein steinernes Monument an der Straße gesetzt wurde. Im Jahre 1805 wurde die Straße von der Kirchhofmauer bis zum Gasthaus zum Anker um 3—4 Fuß abgetragen und gepflastert.

Auch die Pflasterung in Graben folgte 1807—1812. Die Gemeinden Graben, Liedolsheim und Rußheim lieferten dazu die Steine unentgeltlich.

4. Von Graben bis Waghäusel.

Nachdem die in der zweiten Hälfte des vorigen Jahrhunderts neu hergestellte Straße zwischen Mannheim und Schwetzingen 1818 durch Reparatur der Fahrbahn verbessert war, wendete man die Aufmerksamkeit auf die, damals schlechteste, Abtheilung zwischen Graben und Waghäusel, um den im Jahre 1822 eingerichteten ersten Eilwagencours zwischen Carlsruhe, Graben und Mannheim zu befördern.

Dieser Cours schrieb eine Fahrzeit von 7 Stunden vor, welche Zeit aber bei nasser Witterung auf 9 Stunden und mehr ausgedehnt werden mußte. (3)

Die Stadt Philippsburg suchte aber unter Anerbieten eines Beitrages zu den Kosten um Führung des neuen Straßenzuges über Philippsburg nach, indem sie darauf hinwies, daß der alte Straßenzug von Mannheim und Speyer nach Rastatt früher nahe an Philippsburg vorüberzog und erst im Jahre 1730 die Straße durch Wiesenthal nach Neudorf geführt wurde, um die in jener Zeit erbaute sog. Schönborn'sche Mühle bei Neudorf (4) mit der Straße in Verbindung zu bringen. Wegen namhaft größerer Länge der Straßenlinie über Philippsburg wurde die Richtung über Wiesenthal gewählt.

Der im Jahre 1821 aufgestellte Plan und Kostenüberschlag verlangte für die Abtheilung zwischen Graben und der Neudorfer Mühle 23,088 fl., von der Neudorfer Mühle bis Wiesenthal 28,995 fl., von Wiesenthal bis Waghäusel (5) 26,468 fl. und durch die Orte Neudorf und Wiesenthal 10,990 fl., zusammen 89,541 fl. Die Gesammtlänge war auf 4057 Ruthen berechnet. Eine

---

(1) Welschneureuth wurde erst 1699 von den aus Frankreich vertriebenen Reformirten gegründet. Deutschneureuth hatte Markgraf Rudolf I. im 13. Jahrhundert angelegt. (2) Das Schloß wurde 1689/90 zerstört. (3) Noch im Jahre 1830 kam es oft vor, daß die Eilwagen-Reisenden bei nasser Witterung hier streckenweise zu Fuß gehen mußten, weil der Wagen mit 4 und 6 Pferden nicht fortzubringen war. (4) Bischof Schönborn hatte diese Mühle zugleich als Jagdhaus benützt. (5) Bischof Mathias von Speyer erbaute 1468 an Stelle eines Bildstocks eine Wallfahrtscapelle mit Wohnung, „Waghäusel" genannt. (Remmling, Die Bischöfe von Speyer.) 1640 wurde von L. Bamberger, Herrn zu Lahr und Bischweiler, Oberst und Commandant zu Philippsburg, ein Kapuzinerkloster dazu erbaut und zu deren Chor die Capelle verwendet. Bischof Damian baute 1724 eine Einsiedelei (Schlößchen), welches Schönborn erweiterte. Bischof Stierum erweiterte 1776 die Kirche und errichtete zugleich die Expositur auf dem Michelsberg bei Grombach. Der letzte Bischof, Wilderich, nahm 1803 in Waghäusel seine Sommerresidenz. — Im Jahr 1837 wurde hier eine Zuckerfabrik errichtet, die sich zur größten des Zollvereins ausgedehnt hat. 1872 wurden 728,275 Ctr. Rüben aus Baden, Baiern, Elsaß, Hessen verarbeitet, 50,692 Ctr. Zucker hergestellt und 326,206 Ctr. Kohlen bezogen.

Fahrbahn von 20 Fuß, 2 Fußwege à 6 Fuß; $1/_{30}$ Seitengefälle, bezw. Wölbung und ein Steinbau von 5 Zoll roher Steinunterlage, 4 Zoll Klopfsteinen und 3 Zoll Kiesüberdeckung, 1,5 Zoll hohe, 6 Zoll starke Liniensteine zwischen Trottoir und Fahrbahn waren vorgeschrieben.

Bei obiger Berechnung wurde angenommen, daß keine Frohnden in Anspruch genommen werden. Für den Fall aber solche beansprucht werden sollten, war der Aufwand auf 66,900 fl. berechnet.

Im Jahre 1822 wurde die Abtheilung zwischen Graben und der Neudorfer Mühle ohne Frohndleistung ausgeführt; und 1828 erfolgte sodann eine Verbesserung von Neudorf bis zu der Neudorfer Mühle, bei welchem Anlaß ein Stück des Gottesackers zur Straße verwendet wurde. Erst 1832 wurde die Abtheilung bis Wiesenthal und in den Jahren 1833 und 1834 auch jene zwischen Wiesenthal und Waghäusel(1) hergestellt. Trotz vielfachen Widerspruchs der Gemeinden haben dieselben 9921 Handfrohnden und 10,709 zweispännige Frondfuhren geleistet. Der Aufwand der Staatscasse betrug für diese Abtheilungen, incl. der Güterentschädigung im Betrag von 537 fl., 50,893 fl.

Die Brücke über den Saalbach bei der Neudorfer Mühle wurde 1840 mit 3000 fl. auf Staatskosten neu erbaut.

5. Von Waghäusel bis Schwetzingen. Die gänzlich zerfallene Straße von Schwetzingen nach Waghäusel sollte auf höchsten Befehl vom 31. August 1811 in eine Kieschaussee verwandelt werden.

Die Frage, ob die Linie über Oftersheim einzuhalten oder direct von Hockenheim nach Schwetzingen zu bauen sei, wurde zum Nachtheil von Oftersheim entschieden, da der Weg von Hockenheim bis an den Schwetzinger Wald schon corrigirt war. Die Arbeit begann 1812 und wurde 1814 vollendet.

Die Frohndleistungen wurden auf die Amtsbezirke Schwetzingen, Heidelberg, Wiesloch, Philippsburg und Stadtamt Mannheim umgelegt.

Nach dem Wunsche der Gemeinden versteigerte man die Arbeiten und schlug die Kosten im Betrag von ca. 31,800 fl. nach dem Stand der Hand- und Spannfrohndkräfte aus. Für die Güter leistete man Entschädigung.

Zur Vollendung mußten 1813/14 16,000 fl. aus der Staatscasse bewilligt werden.

Von 1818 an durfte dieser Weg von fünfspännigen Frachtfuhren benützt werden. Die Straße erhielt eine Breite von 32 Fuß mit Fahrbahn von 22 Fuß und eine Versteinung aus drei Schichten verschiedenen Kieses.

Die alte, nur 3,5 m. breite steinerne Kraichbach-Brücke in Hockenheim, deren Anfahrten 6 Procent Gefälle hatten, wurden 1873 mit eisernem Oberbau und in Verbindung mit Verlegung der Straße und des Kraichbachs ausgeführt. Die neue Brücke hat 6 m. Fahrbahn, die Correction der Straße eine Länge von 170 m.

Für Walzeisen wurde 16 fl. 30 Xr., für Gußeisen 14 fl. 30 Xr. pro Ctr. bezahlt.

Die Kosten im Betrag von 9500 fl. wurden nach dem Gesetz mit $1/_6$ von dem Kreis, $1/_6$ von der Gemeinde Hockenheim und $4/_6$ vom Staate getragen. Die Güterentschädigung ist dabei einbegriffen.(2)

6. Von Schwetzingen bis Mannheim. Zwischen Mannheim und Schwetzingen bestund schon in frühester Zeit eine Straßenverbindung, die wahrscheinlich keltisch-römischen Ursprungs war und an manchen Stellen „Hochstraße“ genannt wurde. (Widder.) Dieser Weg fiel großentheils mit der im Mittelalter benützten Straße, welche von Mannheim in einer sich mehr dem Rhein nähernden Linie nach Neckarau(3) und von hier gegen Nordosten ebenfalls in Krümmungen nach dem alten Neckarhochgestade, dem sog. Sandbuckel (Stengelshof) führte. Von hier bis Schwetzingen bestund ebenfalls ein oft gekrümmter Weg. (Siehe Karte von Denis 1780.)

Die ganze Straße muß noch im Jahr 1720 sehr schlecht gewesen sein, da man am 2. December den Gemeinden befahl: „dieselbe wenigstens so herzustellen, daß sie während der Anwesenheit des Churfürsten in Schwetzingen benützt werden könnte.“ Auch die Straße über Ketsch nach Speyer war damals kaum fahrbar, daher General Graf v. Schmettau gelegenheitlich der Belagerung Philippsburgs 1720 die Oeffnung durch den Ketscherwald heimlich abstecken und in

(1) Seit 1872 wird diese Straße von den ersten Straßenlocomotiven in Baden befahren. Waghäusel benützt 2 solche Maschinen à 12 Pferdekraft zum Bau der Zuckerrüben. Die Fahrt wird bis Mannheim und Kirschgertshausen ausgedehnt. Jede Maschine wiegt 250 Ctr. (2) Das Standbild des heiligen Nepomuk wurde von der alten Brücke auf die neue durch die Gemeinde versetzt. (3) 882 urkundlich.

einer Nacht auf Veranlassung des Churfürsten C. Philipp alle Bäume, die im Wege stunden, fällen ließ. (Widder.)

Schwetzingen,(1) 765 Suezinga genannt, woselbst sich schon 1541 ein Jagdschloß des Pfalzgrafen Ludwig befand, wurde 1657 von Churfürst Carl zum Aufenthalt für seine Gemahlin, die Gräfin von Degenfeld erwählt. Von 1681—1720 nahm Churfürst Carl Philipp vorübergehend seine Residenz dort. (Erst 1833 erhielt Schwetzingen Stadtrechte.)

Nachdem 1720 die Residenz nach Mannheim verlegt war, trat das Bedürfniß einer guten Verbindung mit Schwetzingen noch dringender als früher hervor, allein eine durchgehende Verbesserung der Straße erfolgte erst 1737 im Frohndweg, wozu die Mannheimer Stadtcasse die Hälfte der baaren Kosten, das Uebrige die Casse des Oberamtes Heidelberg übernahmen.

Im Jahre 1740 entwarf der französische Ingenieur Rigemortes den Plan für eine gerade Straße, deren Aufwand einschließlich der Güterentschädigung im Betrag von 2843 fl. von Mannheim bis zum Sandbuckel auf 6420 fl., von da bis Schwetzingen auf 4024 fl., im Ganzen auf 10,444 fl. überschlagen war. Die Kosten resp. Frohnden wurden auf die Aemter Mosbach, Bretten, Lindenfels, Ladenburg und Heidelberg ausgeschlagen.

Als Straßenbreite waren 16 Fuß mit 12 Fuß Kiesdecke angenommen.

Nach vielen Remonstrationen hiegegen wurde der Bau von Mannheim bis zum Sandbuckel in den Jahren 1740/1 ausgeführt.

Wegen Beeinträchtigung der Feldgeschäfte erhielt jeder Fröhner Anfangs 1/2 Maaß Wein und 2 Pfund Brod; später aber 18 Xr. Taglohn.

Als Entschädigung für Güter wurde die alte Straße abgegeben oder, wie z. B. den Rheinhauser Beständern Geld bezahlt.(2)

Im Jahre 1751 ordnete Churfürst Carl Theodor sodann auch die Herstellung einer geraden Straße von Schwetzingen bis zum Relaishaus an. Die Handarbeiten wurden abtheilungsweise auf die Ortschaften vertheilt und die Brücken 1752/3 im Accord ausgeführt.

Die Straße erhielt eine Breite von 30 Fuß; die zu beiden Seiten 12 Fuß breit angelegten Promenadewege wurden mit je zwei Baumreihen begränzt.(3) Bis zum Jahre 1760 war die ganze Straße vollendet.

Als nun 1765/66 die Abtheilung zwischen dem Relaishaus und Mannheim einer durchgreifenden Reparatur und Verbreiterung unterworfen wurde, legte man 1766/67 zwischen der ehemaligen Burg Rheinhausen(4) und Mannheim beiderseits der Straße die jetzt noch theils bestehenden, theils überbauten sogenannten Schwetzinger Gärten an. Die so hergestellte Straße erregte in jener Zeit allgemeine Bewunderung.(5)

Die Abtheilung in den Schwetzinger Gärten wurde in Folge der vielen in der letzten Zeit dort erbauten Gebäude im Jahr 1871 mit einem nach dem Gesetz von 1868 aufzubringenden Aufwand von 4800 fl. erhöht, um die Straße mit den von der Gemeinde und den Häuserbesitzern ausgeführten Trottoirs in gleiches Niveau zu bringen. Die hiedurch neu entstandene Stadtstraße erforderte die Erweiterung des Ortsetters, daher die Straße vom Heidelberger Thor in Mannheim bis zu dem äußersten Haus nach einer Vereinbarung mit der Gemeinde vom 30. April 1873 der Gemeinde zur Unterhaltung überwiesen wurde.

Der ehemalige Zugang zu dem alten 1722 erbauten Heidelberger Thor in Mannheim war durch 2 im Jahr 1727 erbaute, 1754 reparirte Aufzug-Holzbrücken vermittelt, wovon die eine 200 Fuß lang und 18 Fuß breit, die andere 70 Fuß lang und 17 Fuß breit war.

---

(1) Der Leimbach führte in früherer Zeit den Namen: Suarzaha, der aus keltischer Sprache entstammt, und nach welchem das Wort Suezinga und Suezingen später Schwetzingen gebildet zu sein scheint. (2) Der Aufwand für Frohndleistung im Betrag von 4078 Fl. 48 Xr. wurde aus Cameralmitteln bestritten. Für die Naturalverpflegung der Fröhner wurde Geld bezahlt und es kamen als Preis in Rechnung: für 1 Fuder Wein 30 Fl., für 1 Ctr. Mehl 5 Fl., als Backerlohn für 1 Ctr. 14 Xr. (3) Das Eigenthumsrecht an diese Promenadenwege wurde 1863 von der Gemeinde Schwetzingen beansprucht und ihr auch auf erfolgte Erörterung förmlich eingeräumt, da durch die 1858 ausgeführte Einengung der Fahrbahn Fußwege gewonnen und die früheren Promenadenwege schon lange nicht mehr benützt wurden. (4) Jetzt Krappfabrik. 1287 noch Burg. (5) Lüder sagt in seinem 1780 von der badischen Regierung empfohlenen Werke über Straßenbau von 1779: „die Chaussee von Mannheim nach Schwetzingen gibt an Schönheit, Pracht und Güte der appischen Straße bei Rom wenig oder nichts nach.“!? Keiner anderen Straße in Deutschland giebt Lüder ein solches Prädicat, daher in diesem Urtheil eines vielgereisten Mannes ein, wenn auch übertriebener, Maßstab für den Zustand der Straßen in jener Zeit liegt.

Aehnliche 2 Brücken befanden sich gleichzeitig vor dem Rheinthor. (1) Ihre Entfernung erfolgte bei der Demolition der Festungswerke im Jahr 1801. Von dem Rheinthor bis zu der Schiffbrücke lag die Straße früher viel tiefer als jetzt, so daß sie zuweilen 2—3 Fuß unter Wasser kam. Im Jahr 1810 erfolgte darum ihre Erhöhung auf eine Länge von 1860 Fuß, in einer Breite von 28 Fuß, mit einem Aufwand von 3540 fl., wovon die städtische Chausseecasse und die Schloßgarten-Commission den größten Theil, das Uebrige die Demolitionscasse, das Aerar und ein Privatmann bestritten. (2)

Eine weitere Erhöhung dieser Straße um 3 Fuß erfolgte nach dem Hochwasser von 1824. Bei Gelegenheit der Hafenbauten im Jahr 1837 erweiterte man auch die zu dem Hafen und der Schiffbrücke führende Dammstraße längs des Schloßgartens auf 56 Fuß, wovon 36 Fuß auf die Fahrbahn und 10 auf jeden Fußweg fallen. Bei dieser Veranlassung wurde das Längenprofil geregelt und die Straße 3 Fuß über den höchsten Rheinstand gelegt. Die Straße erhielt dadurch ein stärkeres Gefäll gegen die Brücke. Eine fernere Erweiterung auf 40 Fuß erfolgte 1838 gleichzeitig mit Chaussirung der neuen Rheinstraße in Mannheim.

Rheinübergang in Mannheim.

Die Communication in Mannheim mit dem linkseitigen Rheinufer soll in ältester geschichtlicher Zeit bei dem Eichelsheimer Schlößchen durch eine Fähre vermittelt worden sein.

Zwischen der sogenannten Rheinschanze und Mannheim wurde im Jahr 1620 erstmals eine Schiffbrücke jedoch vorzugsweise für militärische Zwecke benützt. (3) Eine zweite Brücke dieser Art wurde 1633 geschlagen, aber bald wieder zerstört.

Für den allgemeinen Verkehr ließ Kurfürst Carl Ludwig, der bekanntlich den Wohlstand seines Landes in jeder Weise zu heben suchte, im Jahre 1669 eine fliegende Fähre durch einen Bürger von Bacharach, Namens Michael Tautphäus, erbauen, welche eine große Tragfähigkeit hatte, indem 13 beladene Wagen zugleich übergesetzt werden konnten. (4)

Nach Minola, „Beiträge zur römisch-deutschen Geschichte von 1818," war dies die erste fliegende Brücke über den Rhein und ein berühmtes Werk jener Zeit. Eine zweite Brücke dieser Art wurde bald hierauf auch in Bonn und eine dritte in Mainz erbaut, die sodann 1692 bei Sekenheim zum Uebergang der Hessen über den Neckar verwendet wurde (Rhein. Antiq. III. und VIII.). Auch Cöln hatte 1782 und Coblenz 1787 noch fliegende Fähren. (Rhein. Antiq. I. und Bernoulli Reisen, 15. und 16. Band.)

Als im Jahr 1689 die Stadt Mannheim durch die Franzosen zerstört und dabei auch die fliegende Fähre zu Grunde gegangen war, erhielt die Gemeinde die Erlaubniß zu dem Bau einer Schiffbrücke, welche 1714 durch Oberstlieutenant Meyern für 3900 fl. Aversal-Vergütung hergestellt wurde. (5) Da sich in wenigen Jahren der Reinertrag derselben sehr gesteigert hatte, so wurde 1723 die Brücke von der Regierung in eigene Administration genommen und im Jahr 1732 mit der Bedingung in Admodiation gegeben, daß solche zum Ausweichen für die Fuhrwerke erweitert werde. Der Reinertrag des Brückengeldes wurde 1733 den Jesuiten für die Zeit des Baues einer Kirche in Mannheim überlassen, (6) wozu in dem gleichen Jahr der Grundstein gelegt wurde.

Diese Brücke, die in der Nähe des Juden-Schlachthauses stund, (7) hatte 28 Pontons.

Im Jahr 1799 wurde die Schiffbrücke vollständig zerstört und hierauf 1801 wieder eine fliegende Fähre, die auf zwei großen Brückenschiffen ruhte und 12 Wagen aufnehmen konnte, errichtet, welche bis 1814 bestund.

---

(1) Das alte 1728 erbaute Rheinthor stund, ebenso wie das Heidelberger Thor, 450 Fuß südlich von der Mitte der jetzigen Haupt- und Rheinstraße. Die alte Straße ging durch die jetzigen Gärten fast direct auf die alte Thomsonsbrücke. (2) Bald hierauf erfolgte auch die Erhöhung der jetzigen sog. Ringstraße vom Rheinthor bis an die Neckarschleuse beim sog. Pestbuckel (Stelle, wo 1633/4 die an der Pest Gestorbenen beerdigt wurden) auf Kosten der Flußbau-Demolitionscasse. Die Chaussirung besorgte die Stadt. (3) Theatr. Europ. 1617/29. (4) 1705 setzte Herzog Eberhard Ludwig von Württemberg mit Cavallerie auf dieser Fähre über den Rhein. Steinhofer, Chronik von Württemberg. (5) v. Feder, Geschichte von Mannheim. (6) Der Ertrag belief sich 1728/31 auf 4—5000 fl. jährlich, von 1734/59 durchschnittlich auf 9485 fl. per Jahr. Der 1733 begonnene Bau der Kirche, welche jetzt noch steht, wurde wohl mit Absicht erst 1756 vollendet. 1780/89 ertrug die Brücke rein 8884 fl. per Jahr. Neueste Geschichte der reformirten Kirche in der untern Pfalz, 1791. — v. Feder, Geschichte von Mannheim. 1875. (7) Zwischen dem Eingang in den später angelegten Hafen und der letzten Schiffbrücke.

Schon 1803 beabsichtigte man wieder eine Schiffbrücke mit 37 Pontons herzustellen, wofür der Aufwand auf 32,064 fl. überschlagen war. Der Bau unterblieb jedoch und erst 1814, als ein Theil der verbündeten Armee über den Rhein ging, wurde wieder eine Schiffbrücke auf Rechnung der Kriegskostencasse durch das österreichische und russische Armeecorpscommando (gleichzeitig mit der Brücke bei Oppenheim) mit einem gemeinschaftlichen Aufwand von 50,000 fl. erbaut. Da sich der Ertrag der Brücke bis 1817 auf 24,000 fl. jährlich gesteigert hatte, wurde dieselbe um den, mit Rücksicht auf den sehr baufälligen Zustand, auf 12,136 fl. bestimmten Preis durch das Finanzministerium von dem Kriegscommissariat übernommen.

Im Jahr 1823 erfolgte weiter oben, in Nähe der Landungsstelle für die bei Eisgang benützten Nähen, der Bau einer auf 38 Spitznachen ruhenden Brücke auf Staatskosten, welche bis zu ihrer theilweisen Zerstörung durch die Freischaaren im Jahr 1849 (1) bestund. Die Wiederherstellung erfolgte 1850 durch Verwendung von 21 hölzernen und 24 Eisenblech-Pontons. (2)

Die Breite der Fahrbahn betrug 22 Fuß. Die Brücke hatte 4 Durchlaßglieder à 3 Pontons, wovon 2 in der Mitte und 1 auf jeder Seite angebracht waren.

Da die Brücke bei Eisgang und sehr hohem Wasserstand abgeführt werden mußte, war es nöthig, während dieser Zeit die Communication durch Nähen zu vermitteln. Die zu diesem Ende oberhalb der Schiffbrücke früher bestandene sogenannte Winteranfahrt hatte eine Länge von 94 Fuß, eine Breite von 32 Fuß und eine Steigung von 10 Procent. Durch die Anlage der Eisbrecher wurde die Breite auf 20 Fuß ermäßigt.

Im Jahr 1842 verlegte man die Anfahrt unterhalb der Schiffbrücke mit einem Aufwand von 11,000 fl. Gleichzeitig wurden die Eisbrecher entfernt und die Auffahrt zur Schiffbrücke in der Art verbessert, daß, während früher bei 4—5 Fuß unter Mittelwasser 12—12½ Procent Steigung nöthig war, mit Hülfe der Bockgerüste bei 18 Fuß Pegel 7 Procent, bei 22 Fuß Pegel 10 Procent Steigung überwunden wurde.

Der Werth der beweglichen Theile der Brücke war einschließlich der Nähen zur Ueberfahrt auf 88,442 fl. geschätzt.

Der Tragfähigkeit der Brücke entsprechend durfte nach der Brückenordnung die Ladung eines vierrädrigen Wagens 90 Centner, eines zweirädrigen 45 Centner nicht übersteigen.

Der Verkehr auf dieser Brücke war sehr bedeutend. Im Jahr 1867 passirten über dieselbe 231,038 Personen, 37,587 Fuhrwerke und 430,693 Stück Vieh (Bericht des Landescommissärs).

Der Brückengeldertrag, der bis 1862 allein von Baden, dann aber gemeinschaftlich mit Baiern bezogen wurde, betrug 1858—1859 37,996 fl. per Jahr. Auch die Unterhaltungskosten, die Baden früher allein bestritt, wurden seit 1862 hälftig von Baden und Baiern getragen.

Um den Eisenbahngüterverkehr zwischen Mannheim und Ludwigshafen von Bahn zu Bahn zu erleichtern, wurde 1858 auf der Südseite der Mühlau Insel, gegenüber dem Bahnhof in Ludwigshafen, eine sogenannte Trajectanstalt errichtet, so daß die Eisenbahngüterwagen auf einem Schiff mittelst Dampfschleppers hinüber und herüber befördert werden konnten.

Da dieses Hülfsmittel aber dem steigenden Verkehr nicht mehr entsprach und die 1859 eröffnete Eisenbahn-Rheinbrücke bei Köln, sowie die damals bereits in Ausführung begriffene Eisenbahnbrücke bei Mainz (welche 1862 eröffnet wurde) den Transitverkehr auf das linke Rheinufer zu ziehen drohte, wurde über den Bau einer stehenden Brücke für Eisenbahn- und Straßenzwecke unterm 27. Januar 1862 (Reg.-Bl. 1862, S. 310) ein Vertrag mit Baiern abgeschlossen.

Diese Brücke wurde auf Kosten der badischen Staatscasse und der pfälzerischen Ludwigsbahngesellschaft erbaut, so daß jeder Theil die Hälfte der Kosten zu tragen hatte.

Es wurde bestimmt, daß wenn die Schiffbrücke neben dieser stehenden Brücke beibehalten wird, das Eigenthum derselben ebenfalls ein gemeinschaftliches sein soll und die Königlich baierische Regierung den Werth der hälftigen Brücke an Baden baar zu vergüten habe.

Nach weiterem Uebereinkommen vom 29. Juli 1864 wurde festgesetzt, daß

1. die Höhe der Unterkante der Brücke 7,60 Meter über Null des Mannheimer Pegels liegen soll,

2. daß die Dicke der zwei Strompfeiler 4 Meter,

(1) Da 29 Pontons zerstört waren, wurde der Schaden auf 32,200 fl. berechnet. (2) Früher stund die Brücke in einem Bogen gegen den Strom und hatte eine Länge von 1150 Fuß.

3. die Lichtweite der Eisenbahnbrücke für zwei Geleise 7,5 Meter, jene der Fahrstraße 6,5 Meter und jene der freitragenden Fußwege je 1,8 Meter betragen soll.

Die Brücke war nach dem Horizontalträgersystem mit weitmaschigtem Fachwerk auszuführen und mußte von Widerlager zu Widerlager eine lichte Weite von 270 Metern haben, daher jede der 3 Oeffnungen 90 Meter Lichtweite und eine lichte Höhe von 25 Fuß über dem höchsten Wasser erhielt.

Nach dem Bauvertrag vom 30. Januar 1865 hatte die badische Bauverwaltung die Herstellung des Unterbaues, der Pfeiler, Widerlager und Portalbauten, die bairisch-pfälzische Ludwigsbahn dagegen den eisernen Oberbau nebst Geleisen herzustellen.

Die beiderseitigen Fluthöffnungen (1) und die Zufahrtsstraßen zur Brücke sollten von jeder Verwaltung auf ihre Rechnung ausgeführt werden. Der Steinbau und Eisenbau wurden getrennt in Accord gegeben und zwar der letztere gegen eine Bauschsumme von 838,000 fl. (2)

Der Bau wurde im Frühjahr 1865 begonnen. Nach späterer Vereinbarung führte jeder der Betheiligten die Portale für eigene Rechnung aus.

Am 25. Februar 1867 wurde die Brücke dem Eisenbahngüterverkehr und im Sommer desselben Jahres auch dem Eisenbahnpersonenverkehr übergeben, dagegen die Trajectanstalt zwischen Ludwigshafen und der Mühlau-Insel aufgehoben.

Die Brückenstraße wurde erstmals im Winter 1867/68 benützt, als die Schiffbrücke wegen Eisgang abgeführt war. Ihre Wiederaufstellung unterblieb und die Pontons wurden verkauft. Zur Umgehung des Umwegs über die stehende Brücke wurde der Personenverkehr durch 3 Nebendampfboote gegen Fahrgeld von 1 und 2 kr. à Person vermittelt.

Die Baukosten haben betragen 1,800,000 fl. (3)

Im Jahr 1869 kam die zu der neuen Brücke in einem Bogen von 150 Fuß Radius und mit Steigung von 3 Procent auf 15 gewölbten Stichbogen und einer 100 Fuß langen Stützmauer ruhende Zufahrtsstraße von 35 Fuß Breite und 20 Fuß Fahrbahn in den Landstraßenverband.

In den Jahren 1873—1874 ist von der Brücke bis zum Schloßportal ebenfalls eine directe Straße aus dem Eisenbahnbaufonds hergestellt worden. Die Kosten betrugen 216,304 Mark.

Schifffahrtsverkehr und Hafenanstalten in Mannheim.

Der Rhein hat von der Baseler Gränze bis zur hessischen Gränze eine Länge von 277 Kilometern, des Gefäll beträgt von Basel bis Kehl durchschnittlich ca. 1:1155, Kehl bis Maxau 1:2090, Maxau bis Mannheim 1:6734. Die Schifffahrt beschränkt sich darum hauptsächlich auf die Abtheilung Maxau-Mannheim.

Die Anstalten für das Ein- und Ausladen der auf dem Rhein und Neckar ankommenden und abgehenden Güter waren in früherer Zeit, wie überall so auch ganz besonders in Mannheim, sehr mangelhaft, ja es bestund selbst für Ueberwinterung der Schiffe und der Schiffbrückenpontons nur hier eine kleine Bucht am sogenannten Schnikenloch (4) in der Nähe des früheren Eichelsheimer Schlosses (5) resp. des späteren Rennershofes. (6)

Die Landungsstelle am Rhein in der Nähe des früheren Judenschlachthauses unterhalb der alten Schiffbrücke hatte nur einen Flächeninhalt von 50 Quadratruthen und keinerlei Vorrichtungen zum Ein- und Ausladen der Güter. Auch in der Nähe der alten Schiffbrücke am Neckar bestund nur ein Raum von 133 Quadratfuß nebst Krahnen und Lagerhaus zum Ein- und Ausladen der Schiffe. (7) Für die Lagerung der zu Wasser und zu Land ankommenden Güter war

---

(1) Badischerseits eine, baierischerseits drei, à 10 Meter Lichtweite. Die normale Breite des Flußbettes beträgt 262 Meter. (2) An die Fabrik von Benkiser in Pforzheim. Es waren 70,000 Centner Schmiedeeisen erforderlich. (3) Der Plan zu dieser Brücke ist von Oberbaurath Keller, † 1870, der Plan für die Portale von Architekt Durm in Carlsruhe entworfen. Die Figurengruppe auf dem badischen Portal ist von Bildhauer Moest erfunden und ausgeführt, sie kostete 14,000 fl. Die linkseitige Gruppe fertigte ein Bildhauer aus Speyer. (4) Spitze Schiffe von Eichenholz mit 3—400 Centnern Ladfähigkeit wurden „Schniken" genannt. (5) In diesem Schloß, früher Eichelberg, später Eichelstein und Eichelsheim genannt, saß Papst Johann XXIII. drei Jahre lang gefangen. (6) Die Schifffahrt, welche von Mannheim aus betrieben wurde, war im 17. und 18. Jahrhundert noch sehr unbedeutend. 1675 ging das erste Marktschiff nach Mainz und 1678 ein solches nach Worms, 1679 nach Speyer. (7) Der alte steinerne sog. Neckarlauer wurde Anfangs des vorigen Jahrhunderts durch den Ingenieuroberst von Fremelle erbaut.

in dem von C. Philipp 1730 gegründeten, unter C. Theodor 1746 vollendeten Arkadenbau an der Schloßstraße ein kleiner Hofraum nebst angränzenden überdeckten Lagerräumen bestimmt, daher das Gebäude selbst den Namen „Kaufhaus" führt.

Als im Jahr 1808 die General-Schifffahrts-Commission die Herstellung eines Hafens bei Mannheim in Anregung brachte, schlug Major Tulla für die Hafenanlage die Gegend des sogenannten Pestbuckels(1) und zugleich die Ausführung einer Neckarcorrection vor. Dies Project scheiterte an dem beträchtlichen Kostenaufwand.

Einige Eisgänge, welche die Brückenpontons stark beschädigt hatten, gaben im Jahr 1825 Anlaß zu dem Vorschlage, den Winterhafen am Schnikenloch zu erweitern und zugleich als Landungsplatz für die Rheinschiffe zu benutzen.(2) Längere Verhandlungen hierüber endeten mit dem Bau einer hölzernen Landungspritsche mit einem auf 2 Schiffen ruhenden Krahnen an dem alten Landungsplatze beim Judenschlachthaus unterhalb der Schiffbrücke. Diese mangelhafte Vorsorge erklärt sich aus dem damaligen geringen Wasserverkehr.

Bevor die Wasserstraße des Rheins durch Correctionen abgekürzt und durch Beseitigung der Untiefen für größere Schiffe ohne Unterbrechung benutzbar(3) und die Schifffahrt selbst der vielen drückenden Abgaben entlastet war, zogen die verbesserten Hauptlandstraßen, namentlich auch die Frankfurt-Baseler Straße den Verkehr zwischen dem Unterrhein, Schwaben, der Schweiz, Italien und Frankreich fast ganz an sich. Mannheim war meist auf den Verkehr mit Heilbronn beschränkt, weil die von Carl Theodor seit 1784 hergestellte Straße dahin den Güterverkehr nach Württemberg, Baiern, Oesterreich, Sachsen, Italien und die östliche Schweiz zum großen Theil vermittelte und Heilbronn die Eigenschaft eines Hauptspeditionsplatzes hatte. Erst durch die in den Jahren 1811—1834 ausgeführte Hauptverbesserung der alten Rheinstraße kam Mannheim wieder in directe Verbindung mit Straßburg und Basel und in diese Zeit fällt auch eine merkliche Zunahme der Speditionsgeschäfte in Mannheim.

Die Concurrenz, von jeher auf allen Gebieten menschlichen Wirkens eine Haupttriebfeder zu Verfolgung größerer Ziele, hat besonders auch auf die Verbesserung der Verkehrsmittel überall einen mächtigen Einfluß geübt. Wasserwege, Landstraßen und Eisenbahnen danken ihre heutige, so rasch entwickelte Leistungsfähigkeit zu einem großen Theile dem Wettkampfe, den sie im Lauf dieses Jahrhunderts um den Besitz des Verkehrs mit wechselnden Erfolgen geführt haben. Der Hauptgewinn dieses Streites fiel natürlich am reichsten jenen Orten zu, die als Knotenpunkt der concurrirenden Wege bei jedem Siege nur gewinnen konnten. In dieser günstigen Lage befindet sich die Stadt Mannheim, wo sich die Wasserstraßen des Rheins und Neckars mit den Hauptlandstraßen und Eisenbahnen zu einem Knoten einen. Noch schwerer wiegt aber zu Gunsten Mannheims die Thatsache, daß größere Rheinschiffe, welche die Concurrenz der Eisenbahnen zu ertragen vermögen, der Stromverhältnisse wegen bis jetzt ihre Fahrten mit Nutzen nicht regelmäßig über Mannheim aufwärts ausdehnen können,(4) mithin Mannheim für den Rheinverkehr ein natürlicher Stapelplatz für Kohlen, Bauholz, Getreide, Roheisen, Farbstoffe, Colonialwaaren ꝛc., und an Stelle Heilbronns auch Hauptspeditionsplatz für den Transithandel von Westen nach Osten und Süden und zurück geworden ist. In diesen Verhältnissen liegt die solide Grundlage, auf der sich die Stadt Mannheim im Lauf der letzten 40 Jahre aus bescheidener Stellung zur Ebenbürtigkeit mit den ältesten und bedeutendsten Handelsstädten am Rhein emporzuschwingen vermochte.

Nachdem durch verbesserte Straßen der Landtransport von und nach Mannheim erleichtert war, und die Rheinuferstaaten sich bemüht hatten, auch die Wasserstraße des Rheins zu verbessern, begann sich die Rheinschifffahrt zunächst bei Mannheim sichtlich zu heben und die im Jahr 1828 erfolgte Erklärung der Mannheimer Landungsstelle zum Freihafen (Reg.-Bl. S. 167) konnte zur Ausdehnung der Rheinschifffahrt bis dahin ebenfalls nur günstig wirken. Schon 1827 wurde eine

---

(1) Dieser Platz liegt unfern des Neckars, ca. 200 Ruthen unterhalb der jetzigen Kettenbrücke, wo 1666 die an der Pest Verstorbenen beerdigt wurden. Siehe v. Feder, Geschichte von Mannheim, S. 58. (2) Im Jahre 1825 fuhr das erste Dampfschiff von Mainz bis Kehl. (3) Die Rheincorrektion erstreckt sich auf die ganze Abtheilung zwischen Basel und der Großherzoglich hessischen Landesgränze. Der Correctionsplan von Tulla ist vom Jahre 1817. Am 20. März 1876 ist die letzte Abtheilung des alten Hauptflußlaufes bei Istein in das planmäßige normale Bett eingetreten, daher dieser Tag als Vollendungstag der ganzen Correction anzusehen ist. Der Mittelpegel hat sich seit 1840 an dem badisch-elsässischen Rhein um 55 Centimeter gesenkt. (4) Die Wassergeschwindigkeit beträgt: bei Mannheim 5, bei Lauterburg 8, bei Kehl 10, bei Basel 12 Fuß in der Secunde. Das Gefäll bei Mannheim 1:8000, bei Lauterburg 1:2500, bei Kehl 1:1000, bei Basel 1:1000.

regelmäßige Dampfschifffahrt zwischen Mainz und Mannheim eingerichtet. Da nach der Rheinschifffahrts-Uebereinkunft vom 8. März 1831 (Reg.-Bl. S. 93 und 195) die Schifffahrt auf dem Rhein auf- und abwärts ganz freigegeben, d. h. der Umschlagezwang und die Rangfahrt vollständig aufgehoben, der Gebührentarif geregelt und die Eigenschaft Mannheims als Freihafen für Rhein- und Neckarschifffahrt neuerdings bestätigt war, konnte der Bau einer eigentlichen Hafenanstalt nicht länger mehr verschoben werden. Das in der Rheinschanze (Ludwigshafen) mit Unterstützung der baierischen Regierung gegründete Speditionshaus Lichtenberger, Scharf & Cie. wirkte insofern ebenfalls beschleunigend hierauf ein, als der Handels- und Schifffahrtsverkehr sich von Mannheim ab und nach Ludwigshafen zu wenden drohte (1) und Mannheim daher einer bisher nicht empfundenen Concurrenz zu begegnen hatte.

Der Mannheimer Handelsstand, welcher über das Raumbedürfniß für die Hafenanstalten am Rhein und Neckar vernommen wurde, erklärte sich dahin:

1. daß der Rheinhafen außer den Schiffbrückenpontons mindestens 16 großen Rheinschiffen und einigen Dampfbooten Aufnahme gewähren müsse,
2. daß zwischen dem Rhein- und Neckarhafen eine sichere Wasserverbindung herzustellen sei,
3. daß die Lagerplätze für Rhein- und Neckarhafen mindestens 700 Quadratruthen Fläche erhalten sollen und
4. daß vier Krahnen erforderlich seien.

Die größten Rheinschiffe, die zwischen Mainz und Mannheim fuhren, hatten damals eine Länge von 110 Fuß, eine Breite von 24 Fuß und eine Höhe von 9—10 Fuß. Bei voller Belastung mit 3200 Centnern war ihr Tiefgang 5 Fuß.

Die Ladfähigkeit der stärksten Neckarschiffe erstreckte sich auf 1400 Centner, ihre Länge betrug 90 Fuß, die Breite 14 Fuß und der Tiefgang bei voller Ladung 4 Fuß. (2)

Die Schiffer von Mannheim und Heidelberg befuhren damals den Rhein bis Mainz mit 16 Schiffen. Die Dampfboote, von denen die ersten seit 1832 den Oberrhein regelmäßig befuhren, waren 120 Fuß lang, 32 Fuß breit, 16 Fuß hoch und hatten bei voller Ladung einen Tiefgang von 6 Fuß. (Oberd. Arten.) (3)

Mit Rücksicht hierauf schlug die oberste Baubehörde 4 Bauprojecte vor; das erste am Schnikenloch mit 40,000 fl. Aufwand, das zweite oberhalb des Mühlauschlößchens in dem alten Rheinarm mit 98,000 fl., das dritte in dem sogenannten kleinen Rhein nächst Mannheim mit 140,000 fl. und das vierte an der damals bestandenen Landungsstelle beim Judenschlachthaus, durch deren Erweiterung auf 397 Quadratruthen mit 12,474 fl. Aufwand.

Uebereinstimmend mit dem Mannheimer Handelsstand wurde das dritte Project am kleinen Rhein zur Ausführung gewählt.

Der alte Rheinarm war in der Nähe des Rheins 380 Fuß, an der alten Thompsonsbrücke (welche 125 Fuß lang war und auf 3 Holzjochen ruhte) 121 Fuß und weiter abwärts gegen den Neckar 130 Fuß breit. Er lief vor dem neuen Rheinthor unmittelbar an der Straße hin und theilte sich dann in 2 Arme, von denen der westliche, 80 Fuß breit, durch ein Mühlwehr abgeschlossen, der östliche, 100 Fuß breit, als Mühlcanal benutzt war, indem über seiner Mündung 3 Mühlen unter einem Dache stunden. (4) Beide Arme vereinigten sich etwas weiter unten vor ihrer Ausmündung in den Neckar und bildeten mithin eine kleine Insel.

Bei Aufstellung des ersten Planes und Kostenüberschlags war nur ein Hafenraum von 2100 Quadratruthen und eine Tiefe von 4 Fuß unter dem niedersten Wasserstand angenommen. Von der Thompsonsbrücke bis zum Neckar sollte der Rheinarm nur auf 2 Fuß unter dem niedersten Wasserstand ausgehoben werden.

Da der Unterschied des Wasserstandes zwischen Neckar und Rhein zeitweise auf 3—4

---

(1) Die Rheinschanze, ein Brückenkopf, der 1798/99 von den Franzosen geschleift und von König Ludwig mit Stadtrechten und Privilegien begabt wurde, erhielt den Namen Ludwigshafen. Die Landungsstelle erhielt 1833 schon die Eigenschaft eines Freihafens am Rhein. Eine förmliche Erklärung hierüber erfolgte erst 1842. Erst 1843 kam der Stadtbauplan zur Ausführung und 1850 wurde eine Werfte, 1852 ein Lagerhaus hier errichtet. (2) Die Straßburger Schiffe trugen 1800—2000, die Freistetter 2000—2500, die Ruhrkohlen-Schiffe 1800—3000, die Moseler 2400, die Coblenzer 3100, die Niederrheiner 5000 Ctr. Siehe Hermann, Sammlung der Gesetze über Rheinhandel und -Schifffahrt 1820. Die Verordnung von 1806 über Schiffsaiche kennt nur Schiffe von 200—4000 Centner Ladfähigkeit. (3) 1835 waren schon 8 Dampfboote in Mannheim im Betrieb. (4) Der westliche Arm wurde später für den Schleusencanal, der östliche zum Kohlenhafen benützt.

Fuß angenommen war,(1) hielt man zur Vermeidung der Strömung in dem Hafen, bezw. zur Abwendung der Verschlammung und zur ungestörten Communication zwischen Rhein und Neckar die Anlage einer Kammerschleuse für nothwendig.

Die Mündung dieser Schleuse wurde mit Rücksicht auf die damaligen größten Dimensionen der Rheinschiffe auf 25 Fuß Breite, die Kammer auf 30 Fuß Lichtweite und 130 Fuß Länge angenommen.

Für die Hafeneinmündung war eine Weite von 50 Fuß vorgesehen.

Zwei starke Dämme von 14 Fuß Kronenbreite und $1\frac{1}{2}$ füßiger Dossirung sollten die Hafenmündung decken.

Dieser in allgemeinen Grundzügen entworfene Hafenbauplan fand die Bewilligung der Regierung und es sollten nun Plan und Kostenüberschlag im Detail bearbeitet werden; da hiezu aber längere Zeit erforderlich war, wurde noch im Jahr 1831 eine Summe von 4000 fl. bewilligt, um die jedenfalls nöthigen Ausbaggerungen an der Einmündung in den künftigen Hafen zu beginnen.

Die Besorgnisse, daß der Hafen, so lange der Friesenheimer Durchschnitt den Thalweg nicht aufgenommen, durch Geschiebsablagerung aus dem vollen Rhein immer wieder schnell die erforderliche Tiefe verlieren werde, führten zu dem weiteren Projecte, vor der Hafenmündung ein sogenanntes Schöpf- oder Separationswerk durch Anlage eines Canals längs der Mühlau-Insel zu erbauen, um vor der Hafenmündung eine stärkere Wasserströmung und Wassertiefe zu erzielen. Der Canal sollte eine Breite von 120 Fuß im Lichten, eine Sohlentiefe von 27 Fuß unter dem höchsten Wasserstand und eine Länge von 3450 Fuß erhalten. Der Ueberschlag von 1833 verlangte 232,000 fl., jener von 1834 incl. der Entschädigung für Mühlen mit 50,000 fl. schon 334,215 fl.

Nach dem neuesten Plan von 1834 sollte das Hafenbassin einen Flächenraum von $6\frac{1}{2}$ Morgen enthalten und auf eine Tiefe von 28 Fuß unter dem höchsten Wasserstand oder 6 Fuß unter dem niedersten Stand ausgehoben werden; die 800 Fuß lange Quaimauer war auf eichenem Pfahlrost 16,8 Fuß hoch und in einer Stärke von 8 Fuß unten und 4 Fuß oben mit einem Anlauf von $\frac{1}{20}$ der Höhe und mit Quaderverkleidung auszuführen. Die neue Hafenbrücke auf die Mühlau mußte zum Durchlassen der Segelschiffe mit Klappen versehen werden und die Kammerschleuse war in einer Länge von 234 Fuß, einer lichten Weite von 26 Fuß und einer Höhe von 32 Fuß herzustellen. Die Länge der Kammer wurde auf 120 Fuß bestimmt.

Am 11. September 1834 erfolgte die feierliche Grundsteinlegung durch Großherzog Leopold.(2)

Mit der Ausführung zeigten sich fortan neue Bedürfnisse, wie Verbreiterung der Straße zum Hafen, Verlängerung und Ausbaggerung des Mühlaugießens, tiefere Ausbaggerung des Hafens um 2 Fuß, Uferabpflasterungen am Winterhafen und Neckarcanal, Ausführungen von 24 Treppen, Erweiterung des Werftplatzes im Winterhafen, Herstellung von Anmährpfählen, Verlängerung des Schöpfwerkes vor der Hafenmündung, Wohnung und Geräthschaftsmagazin für den Schleusenwart rc., so daß sich der Aufwand ohne die Kosten für die Zoll- und Lagergebäude allmählich bis gegen 500,000 fl. steigerte.

Der Flächeninhalt des Hafens und Winterhafens betrug nun 18 Morgen.

Die Länge des eigentlichen Hafens von der Einmündung bis zur Hafenbrücke war 1240 Fuß, die Länge des Verladungsraumes vor den Lagergebäuden 780 Fuß, die Breite des Hafens vor dem Verladeraum 200 Fuß, die Länge des Hafens zwischen der Einmündung und dem Lagerraum 500 Fuß, die Breite an dieser Stelle 350 Fuß, die Länge des Hafens von der Brücke bis zur Schleuse 660 Fuß, die mittlere Breite daselbst 170 Fuß, die Länge des Schleusendurchgangs 230 Fuß, die Breite 30 Fuß, die Länge der Kammer von Thor zu Thor 120 Fuß, die Hafeneinmündung hatte eine lichte Weite von 190 Fuß. Da alle diese Anlagen das Maß weit überstiegen, welches die Handelskammer vorgezeichnet hatte, so glaubte man mit dem, einschließlich der Hafengebäude, zu einer Million angewachsenen Aufwande die Bedürfnisse für lange Zeit befriedigt zu haben.

---

(1) Spätere Beobachtungen ergeben nur Höhenunterschiede des Wasserspiegels von 15—17 Zoll auf kurze Dauer. Auch diese Differenzen haben sich durch die Erweiterung des Friesenheimer Durchschnittes und die Correction der Neckarausmündung vermindert. (2) In den Grundstein kamen: Der Hafenplan, Neue Münzen, Maßstab und Pfundgewicht, statistische Notizen über Mannheim, Victualienpreise, Wein, Einwohnerverzeichniß und Festprogramm.

Allein glücklicherweise war diese Ansicht irrig. Im Jahr 1842 kam das erste directe Schleppboot von Rotterdam nach Mannheim, und 1843 hatte sich in Mannheim selbst eine Dampfschleppschifffahrts-Gesellschaft gebildet. Die nach Mannheim gekommenen größten Rheinschiffe hatten schon im Jahre 1855 eine Ladfähigkeit von 9000 Centnern und eine Länge von 160 Fuß, daher sie die Kammerschleuse nicht mehr passiren konnten; man verlängerte deshalb die Schleusenkammer im Jahr 1861 wenigstens in provisorischer Weise auf 170 Fuß.

Aber auch diese Erweiterung entsprach nicht lange, da die Schiffe allmählich bis zu einer Länge von 200 Fuß und auf eine Breite von 30 Fuß mit Tiefgang von $6\frac{1}{2}$ Fuß bei voller Last von 14,000 Centnern erweitert wurden.(1) 1872 kamen schon 10 Schiffe mit Tragkraft über 14,000 Centner in Mannheim an.(2) Jetzt tragen die größten 16,000 Centner bei Tiefgang von 3,5 Meter.

Der erste Dampfschlepper, der 1842 von Rotterdam nach Mannheim kam, brachte eine Last von 160,154 Centnern.

Schon 1845 brachte ein Schlepper 10 Kohlenschiffe, 1847 hatten auch Köln 4, Mainz 2, Mannheim 3, Ludwigshafen 1 Dampfschlepper bis zu 400 Pferdekräften in Betrieb; 1856 betheiligten sich auch Düsseldorf mit 2, Frankfurt mit 4 Schleppern und Mannheim hatte jetzt 4, Cöln 5, Ludwigshafen 2 Schlepper im Dienst.

In Betracht, daß die Rheinschifffahrt bis Mannheim in Folge der Verbesserung des Fahrwassers, der Ermäßigung der Schifffahrtsabgaben(3) und der Vermehrung der Sicherheitshäfen, sowie durch die Ausdehnung des Eisenbahnnetzes den Aufschwung des Handels und der Industrie und durch die Bildung der Handelsgesellschaften, ganz besonders aber durch die mit der Größe der Schiffe und der vermehrten Gelegenheit zur Rückfracht ermäßigten Transportkosten(4) sich fortan in erheblichem Maße vermehrte, während die in Mannheim bestandenen Einrichtungen für den Schifffahrts- und Eisenbahnverkehr sich mit jedem Jahre weniger zureichend darstellten, mithin eine allgemeine und wesentliche Erweiterung dieser Anlagen absolut erforderlich war, mußte von Erweiterung der Schleuse vorläufig Umgang genommen werden, wollte man die dafür veranschlagten Kosten von 145,000 fl. nicht ohne entsprechenden Nutzen aufwenden. Man beschränkte sich deshalb auf die Einengung des Flußbettes zwischen der neuen Eisenbahnbrücke und Schiffbrücke, um die Versandungen zu beseitigen, welche den Schleppschiffen bei Belastung von 5000—8000 Centnern die Einfahrt in den Hafen erschwerten und um einen besseren Landungsplatz für Dampfboote zu gewinnen.

Da sich in Mannheim nicht allein die Güterspedition in außerordentlicher Weise steigerte, sondern sich allmählich in Folge der 1855 eröffneten unmittelbaren Verbindung der Neckar- und Rheinhäfen mit dem Bahnhofe durch die sogenannte Hafen- oder Schleifbahn für die oberdeutschen

---

(1) 1871 hatten die größten Schlepper eine Länge von 250 Fuß. (2) Mit Ausnahme der Remarqueure haben die größten Schiffe 7 Meter Breite. Man nimmt im Allgemeinen für 100 Centner Last einen Zoll Tiefgang an, also für 1000 Centner einen Fuß. Die Zahl der Schiffe bis zu 2500 Centner Ladfähigkeit hat sich seit 1850 um 23 Procent vermindert, jene über 3000 Centner um $78\frac{1}{2}$ Procent vermehrt. Die Zahl der Güterschiffe mit Dampf hat sich um 47,6 Procent vermehrt. In welchem Gegensatz stehen diese Thatsachen zu dem Vertrage, den die Churfürsten von Mainz, Trier, Cöln und Pfalz am 20 Nov. 1817 dahin abgeschlossen hatten, daß binnen 10 Jahren alle großen Schiffe am Rhein abzuschaffen sind, damit die Schiffe nicht so lange wegen Ladung liegen bleiben müssen!! — Diese Anordnung fand aber damals bei den Handelsleuten großen Beifall, wie auch die gleichzeitige Aufhebung der Zollflaschen, des Zollweins, des Brandzolles, Wochengeldes, Knechtgeldes, Freigeldes und anderer zunächst für Belohnung der Zollbeamten bestimmten Abgaben. (3) Nachdem schon seit 1833 verschiedene Minderungen der Rheinzölle und Schifffahrtsgebühren eingetreten waren, ist 1847 die Recognitionsgebühr von unbeladenen Schiffen aufgehoben und das Getreide für ein Jahr vom Rheinzoll befreit worden. 1848 erfolgte die Ermäßigung der Brücken- und Durchlaßgebühren. 1851 ließen Baden, Baiern, Hessen, Nassau und Preußen von Emmerich bis zur Lauter für deutsche Schiffe die Rheinzollgebühr für drei Jahre zur Hälfte nach. 1857 erfolgte die Herabsetzung der Rheinschiffgebühren. 1861 setzten dieselben Staaten die Rheinschifffahrtsgebühren von Ruhrort aufwärts bedeutend herab und hoben die Durchgangs- resp. Ausgangszölle auf. 1862 wurde die Vorausbezahlung der Rheinschifffahrtsgebühren gestattet. 1864 erfolgte eine Ermäßigung dieser Abgaben, namentlich des Rheinzolls und der Recognitionsabgaben, 1865 eine weitere Ermäßigung der Schiffsgebühren und 1866 trat endlich die gänzliche Aufhebung dieser Abgaben von der Lauter abwärts ein. (Reg.-Bl. S. 329.) (4) Die Frachtkosten hatten sich durch die ständige Gelegenheit für Rückfracht, durch bessere Einrichtung der Schiffe, (namentlich der Schlepper) und verbesserte Wasserstraße, trotz der gestiegenen Lebensmittelpreise namhaft ermäßigt; sie war schon bis 1851 um 30—40 Procent gesunken. (Siehe Bericht der Rheinschiff-Commission.)

Landesproducte wie für überseeische Handelsartikel ein Marktplatz bildete, so war vor Allem den Bedürfnissen an Lagerungsräumen längs beider Wasserstraßen abzuhelfen. (1)

Durch die in den Jahren 1868/71 mit 1,040,708 Fl. ausgeführte Neckarcorrection von der Kettenbrücke bis an den Friesenheimer Rheindurchschnitt (2) wurden längs des Neckars ausgedehnte Lagerplätze gewonnen, welche mit Schienengeleisen belegt die unmittelbare Verladung der Güter aus den Rhein- und Neckarschiffen auf die Eisenbahnwagen und umgekehrt ermöglichen. Mittelst 6 sogenannter laufender Dampfkrahnen wurde das Umladen wesentlich erleichtert und beschleunigt.

Schiffe, die früher öfter erst nach 8—10 Tagen zur Ausladung gelangen konnten, waren jetzt in der Lage, sofort und billiger löschen zu können.

Die Schiffer vermochten dadurch die Concurrenz der Niederrheinischen niederen Eisenbahnfrachtsätze leichter zu bestehen.

In derselben Zeit wurde auch das Rheinvorland von der Eisenbahnbrücke aufwärts auf eine Erstreckung von 156,6 Ruthen durch künstliche Anschüttung zu Lagerplätzen umgewandelt und durch Schienengeleise mit dem Bahnhof in Verbindung gesetzt.

Alle diese Lagerplätze waren schon in kürzester Zeit zur Niederlage von Holzschnittwaaren badischer, württembergischer und bairischer Holzhändler und zur Ablage von Steinkohlen, Getreide, Roheisen und anderen Rohproducten verwendet. Mannheim hatte sich zu einem der ersten Holzhandelsplätze, zu einem Hauptstapelplatz für Getreide, Steinkohlen, Colonialwaaren und Landesproducte emporgeschwungen. (3)

Im Jahr 1868 hatte man sich entschlossen, nicht allein einen neuen Personen- und Rangirbahnhof in der Nähe des alten zu erbauen, (4) sondern auch durch die Mühlau einen Hafencanal nebst angränzendem Güterbahnhof herzustellen, den alten Hafen theilweise auszufüllen und als Bauplätze zu verwenden, endlich den Altrhein und Altneckar nördlich des Neckarcanals zum Floßhafen zu bestimmen. Die nun erstellten Anlagen zur Verladung der mit Schiffen ankommenden und abgehenden Güter und Personen enthalten Räumlichkeiten, wie sie kein anderer Hafenplatz am Rhein besitzt. Das rechte Ufer des Rheins bietet von oberhalb der Rheinbrücke bis zur Neckarspitze eine Landungsstelle von 4110 Metern Länge; der neue von dem Rhein und Neckar zugängliche Hafencanal, der einen Flächeninhalt von 258,252 Quadratmetern besitzt, wird beiderseits durch 2010 Meter lange mit Schienengeleisen belegte Quais begränzt, an welche sich Güterschuppen anreihen. (5)

An den rechtseitigen Hafenquai gränzt der ganzen Länge nach der Hauptgüterbahnhof mit einem Flächeninhalt von 382,500 Quadratmetern, mit 16 Dienstgeleisen und einer Dampfkrahnenspur. An dem linkseitigen Neckarufer befindet sich ein 3500 Meter langer Verladeplatz, dessen größter Theil mit Schienengeleisen belegt ist. Das rechtseitige Ufer kann auf eine Länge von 3000 Meter ebenfalls zur Verladung der Schiffsgüter verwendet werden. Für Kohlen, Holz, Schnittwaaren, Bausteine ꝛc. sind geräumigere Lagerplätze verfügbar.

(1) Der Schifffahrtsverkehr in dem Mannheimer Hafen war zu einer nie geahnten Höhe angestiegen. Während nach Erhebungen von Tulla in den Jahren 1821/3 durchschnittlich 195,380 Centner auf dem Rhein und Neckar in Mannheim ein- und ausgingen, betrug der Ein- und Ausgang 1835—46 jährlich über 2 Mill., 1852 über 3 Mill., 1853/60 über 4 Mill., trotz der 1857 fühlbar gewordenen Concurrenz der französischen Bahnen, welche die Segelschifffahrt zu verdrängen begann, 1861 über 5 Mill., 1862/4 über 6 Mill., 1865 über 7 Mill., 1866/8 über 8 Mill., 1869 über 9 Mill., 1873 gegen 10 Mill. (9,683,357). Der Gesammtverkehr in allen Rheinhäfen betrug 1873 119,547,853 Centner. Der Floßverkehr in Mannheim wurde 1873 auf 5,758,489 Centner berechnet, während er 1852 noch 664,935 Centner betrug. Diez, Statistik 1863. Wenn nun auch seit 1873 in Folge allgemeiner Geschäftsstockung ein momentaner Rückgang des Güterverkehrs auf dem Rheine im Allgemeinen nachgewiesen ist, so machte sich derselbe in dem Hafenplatz Mannheim doch verhältnißmäßig weniger als in anderen Rheinhäfen bemerklich. Die Summe der ab- und zugegangenen Schiffsgüter betrug 1874 in Mannheim 7,926,155 Centner (mit Zurechnung des Holzes 13,423,307 Centner), während sie sich in Cöln auf 4,542,450 belief. In Emmerich wurden in diesem Jahr an Gütern abgefertigt: nach Mannheim 2,879,000, nach Cöln 2,300,000, nach Mainz 1,098,000, nach Ludwigshafen 450,966 Centner (Bericht der Rheinschiff-Commission für 1874). In der Denkschrift des Kgl. Preuß. Hafen-Commissairs Kremer von 1868 wurde anerkannt, „daß der Mannheimer Hafen sich vor allen Rheinhäfen durch fortwährende Zunahme des Verkehrs auszeichnet. Im Jahre 1875 betrug der Hafenverkehr gegen 11 Mill. Ctr., der Floßverkehr 4,300,000 Ctr. (2) Siehe M. Honsell, „Die Correction der Mündung des Neckars in den Rhein." Allgemeine Bauzeitung 1871. Der corrigirte Neckar erhielt eine Breite von 112 Metern mit 54 Metern breiten Vorländern. (3) Im Frühjahr 1876 lagerten hier über eine Million Centner amerikanischen und russischen Getreides. (4) Der Aufwand beläuft sich über 2 Millionen Gulden. (5) Der Frachtgüterverkehr wurde 1874 auf dem Bahnhof in der Mühlau eröffnet.

Der alte Rhein ist als Hafen für Floßholz bestimmt und durch Schleusen gegen Versandung geschützt. (Siehe Floßhafen-Ordnung von 1872, Ges.- und Verordn.-Bl. S. 325.)(1)

Zur directen und kurzen Verbindung des Rheins mit dem Neckar dient ein mit Schleusen abgeschlossener Canal von 60 Meter Sohlenbreite, der nebst zwei Drehbrücken 1875/77 mit 750,000 Fl. für Rechnung des Domänenetats hergestellt wurde. Die Verlängerung der nach dem Rheinhafen führenden Hauptstraße zu der Drehbrücke, die Ausfüllung des alten Canals, der Bau der Brücke am Jungbusch und der Abbruch der alten Drehbrücke am vormaligen Hafen nächst Lagerhaus erfolgten 1877. Die Vollendung dieser großartigen Bauanlagen erfolgte 1877 mit einem Aufwand von ca. 6 Millionen Gulden.

Die Feier der Einweihung der neuen Hafenanlage fand am 15. August 1875 in Anwesenheit des Großherzogs Friedrich und des Erbprinzen Ludwig statt.

Mit demselben Tage hörten die Hafen-, Bohlwerks-, Tonnen- und Floßhafengebühren auf, die bisher jährlich ca. 38,000 Fl. Einnahme lieferten.

Bei diesem Anlaß wurde der neue Hafencanal ohne jede Störung gleichzeitig von 32 Personendampfbooten befahren.

Im Jahr 1869 hatten 896 Dampfschiffe, 2652 Segelschiffe und Schleppschiffe in Mannheim ausgeladen und 895 Dampfboote, 1194 Segel- und Dampfschiffe wurden dort mit neuer Ladung befrachtet.

Von London über Rotterdam nach Mannheim kommen die Güter auf dem Rhein im günstigsten Fall in 5 Tagen, von Rotterdam in Schnellbooten schon in 4 Tagen. Ein Schleppzug von 25,000 Centnern braucht von Rotterdam nach Mannheim 10—12 Tage.(2)

Die Frachten betrugen in neuer Zeit durchschnittlich von Rotterdam bis Mannheim per Centner auf der Eisenbahn 38 Xr., per Schiff 31—36 Xr.; die Eilfracht dagegen für Eisenbahn 2 Fl. 50 Xr., per Schiff 1 Fl.

Von Gütern, welche in neuerer Zeit zu Wasser nach Mannheim kommen, sind hervorzuheben zu Berg: Steinkohlen,(3) Roheisen, Schmiedeeisen, Baumwolle, Reis, Kaffee, Zucker, Farbholz, Petroleum, Oele, Maschinen, Bausteine, Wein; zu Thal: Getreide, Nutzholz, Floßholz, Tabak, Mehl, Wein, Hanf, Käse und Bausteine.

Da die Bahnverbindung mit dem Hafen zur Zeit auf dem Rheinvorlande liegt und erstmals 1876 unter Wasser stund, stellte sich die schon bei Anlage des Hafens als nöthig erkannte Herstellung einer höher liegenden wasserfreien Verbindungsbahn als nicht länger verschieblich dar.

Die Schleifbahn vom Neckarhafen an den Rheinhafen wurde 1875 theilweise entfernt.

Die Floßhafen-Ordnung ist von 1872 (Ges.- und Verordn.-Bl. S. 325).

Die Hafen-Ordnung von 1875 (Ges.- und Verordn.-Bl. S. 263 und 410).

Für Verbesserung dieser Straße und Anlage von Häfen beträgt der nachweisbare Aufwand 4,050,731 Fl. oder 6,944,100 Mark. Außerdem sind 6 Millionen Gulden oder 10,285,710 Mark für die neueste Mannheimer Hafen- und Güterbahnhofanlage aufgewendet worden. Der Gesammtaufwand für diese Verkehrsmittel berechnet sich daher auf 17,229,810 Mark.

Auch auf der Rheinstraße ist der Verkehr seit 1856 namhaft gestiegen. Zwischen Mannheim und Rastatt gehen durchschnittlich 300 Zugthiere, zwischen Rastatt und Kehl nur etwa 90 pro Tag.

In der Nähe der Fabrikorte werden täglich zwischen 300 und 600 Zugthiere verzeichnet.

Nr. 3.

Straße von Mannheim nach Heilbronn.

Länge von Nr. 2 bis württembergische Gränze	59,7	Kilometer	= 13	Stunden.
„ in Württemberg	18,2	„	= 4	„
	77,9	Kilometer	= 17	Stunden.

(1) 1873 kamen nach Mannheim 138 Flöße mit 247,262 Centner Gewicht. In Mannheim wurden gebaut 206 Flöße mit 2,337,688 Centner Gewicht. (2) Für Eisenbahngüter zwischen Rotterdam und Mannheim beträgt die gewöhnliche Lieferzeit eine Woche. (3) Im Jahr 1840 kamen 176,000 Centner Steinkohlen vom Rhein herauf nach Mannheim. 1872 dagegen 3,674,657 Centner incl. des Coaks, 1875 5,400,000 Centner.

Der älteste Verkehrsweg im Neckarthal — die Wasserstraße (1) — wurde wahrscheinlich zuerst von den Kelten und Germanen, (2) sodann von den Römern benützt.

Die Thatsache, daß in Marbach, (3) am Einflusse der Murr in den Neckar, oberhalb Besigheim, eine römische Schiffergilde bestund, spricht dafür, daß damals die Schifffahrt jedenfalls bis dahin betrieben wurde. Da aber Cannstatt eine Haupt-Niederlassung der Römer am mittleren Neckar war, woselbst sich römische Landstraßen kreuzten, (4) so wird man wohl mit Sicherheit annehmen dürfen, daß die Wasserstraße schon zu jener Zeit, wie im Mittelalter hier ihren Endpunkt fand. (5)

Unter Karl dem Großen wurde Flößerei und Schifffahrt auf dem Neckar betrieben und durch eine Urkunde von 830 ist erwiesen, daß damals kaiserlicher Wasserzoll in Wimpfen und Ladenburg erhoben wurde. (6)

Die Schiffergilde in Heilbronn bestund schon 1100. Der durchgehende Schifffahrtsverkehr hatte durch die in das Neckarbett eingebauten Mühlen in Heilbronn Jahrhunderte lang und noch bis in die neue Zeit eine Unterbrechung erlitten, indem daselbst die Schiffe entweder gewechselt, oder, was meistens der Fall war, die Güter auf Karren übergeladen werden mußten. Ob der gedachte hinderliche Mühlenbau absichtlich gestattet wurde, um in Heilbronn einen Zwangsstapel zu schaffen, oder ob die natürlichen Zustände und Aenderungen des Flußlaufes die Fortsetzung der Schifffahrt von Heilbronn aufwärts nicht mehr gestatteten, muß dahin gestellt bleiben. Jedenfalls hatte der Umladezwang in früherer Zeit, bevor die Landstraßen in gutem Stande waren, Heilbronn mehr genützt als geschadet. Daß dagegen die Flößerei bei Heilbronn nicht gehindert war, kann man aus den Verträgen schließen, welche zwischen Markgraf Rudolph von Baden und Graf Ullrich von Württemberg 1342 über die Flößerei auf dem Neckar, der Enz, Nagold und Würm, 1452 zwischen Pfalzgrafen Otto von Mosbach und den Herren von Hirschhorn und im Jahre 1476 zwischen Württemberg und Eßlingen über die Flößerei von Sulz abwärts abgeschlossen wurden.

Der Theilungsvertrag der Grafen Ludwig und Ullrich von Württemberg vom 25. Januar 1442 enthält die Bestimmung: „daß der Neckar eröffnet und schiffbar gemacht werden soll."

Offenbar ist hier die Abtheilung von Heilbronn aufwärts gemeint. (7) Während der Regierung des Grafen Eberhard (1450—82) ist überall nur von der Schifffahrt auf dem unteren Neckar bis Heilbronn die Rede. (8) Die erste Floßordnung erließ Herzog Ludwig von Württemberg im Vereine mit seinen Nachbarn am 26. Juni 1590.

Begünstigt durch die Lage wurde Heilbronn schon frühe ein Knotenpunkt der Handelswege von Holland, Straßburg, Speyer, Frankfurt, Nürnberg, Augsburg, Regensburg, Würzburg und Cannstatt.

Schon 1112 hatte Heilbronn mit Worms und 1219 mit Speyer Handelsverbindungen und 1281 wurde der Ort mit den Stadtrechten von Speyer begabt. Kaiser Heinrich IV. (1056 bis 1106) und Carl Ludwig IV. (1332) erklärten Heilbronn wie Mosbach als zollfreie Stadt, welche 1333 das Recht erhielt, zwei, drei Wochen dauernde Märkte zu halten.

Unter Carl IV. erhielt die Stadt die Reichsunmittelbarkeit, 1803 wurde sie Württemberg untergeordnet. (9)

Die Güter, die im Mittelalter neckaraufwärts kamen, sind im Wesentlichen gleicher Art gewesen wie jene, die auf dem Rheine zu Berge gingen und theils für Schwaben, theils für Franken, die östliche Schweiz und für Italien bestimmt waren.

---

(1) Die floßbare Strecke des Neckars von Rottweil bis Cannstatt ist 148 Kilometer, die schiffbare von Cannstatt bis Heilbronn 71,2 Kilometer, von Heilbronn bis Rhein 114,3 Kilometer lang. Das Gefäll beträgt zwischen Offenau und Mannheim durchschnittlich 1 : 188. (2) Bei Ilvesheim wurde ein keltischer Bronceschmuck, bei Friedrichsfeld ein Beil von Serpentin, keltische Thongefäße und Geräthe, bei Sinsheim und Waldageloch keltische Gräber mit Geräthen von Erz, Eisen, Glas, Thon, Serpentin gefunden. (3) Man fand hier einen römischen Altar mit der Inschrift: „nautae genio nautarum". Memminger, Cannstatt 1832. In Neckargemünd wurde eine römische Grabschrift gefunden. Gräff, Antiq. Bei Heilbronn fanden sich Ziegel der 8. und 22. Legion, die 230 resp. 281 nach Christi am Neckar lagen, bei Sinsheim römische Denksteine, Münzen, Töpferwaaren und Gefäße von terra sigill. Ebenso bei Bohnfeld. Stocker, Chronik von Fürfeld 1865. (4) Leichtlen, Schwaben unter den Römern. Mone, Urgeschichte I. 257. (5) Cannstatt wird in Urkunden von 708 genannt. Eine Hauptstadt der Römer stund am mittleren Neckar auf dem sog. Altenberger Feld. (6) Lorent, „Wimpfen am Neckar" von 1870 S. 12. (7) Auch aus dem Vertrag von 1443, den die Pfalz mit Württemberg über das Geleit auf dem Neckar abgeschlossen, ist dies zu entnehmen. (8) Siehe Stählin, Geschichte von Württemberg III und Baer, Wasser- und Straßenbauverwaltung S. 613. (9) Jäger, Gesch. Heilbronns 1828.

Zu Thal wurden außer den Landesproducten hauptsächlich Erzeugnisse und italienische und österreichische Transitgüter aus den Städten Ulm und Nürnberg nach dem Rhein und vom 13. Jahrhundert an bis 1753 direct nach den Niederlanden verschifft.

Unter den sog. Landesproducten, waren Getreide, Steine, Bauholz, Rinde, Salz von Hall, [welche Saline schon im 8. Jahrhundert betrieben wurde], (1) Obst- und Neckarwein die bedeutendsten.

Die schon im 8. Jahrhundert bekannten Neckarweine, (2) welche im 15., 16. und 17. Jahrhundert großen Absatz nach Augsburg, Ulm, Italien, Wien und nach den Niederlanden hatten, waren wie auch in anderen oberdeutschen Gegenden vor dem 30jährigen Kriege weit besser als selbst in neuer Zeit, weil damals ausschließlich nur gute Rebsorten (3) gepflanzt wurden.

Der Abt von St. Gallen hatte schon 1270 Neckarweine in seinem Keller; Kaiser Maximilian II. (1564—76) liebte die Neckarweine sehr, daher Herzog Christof von Württemberg ihm solchen zusendete, den er „seines Mundes und Trunkes ausbündig" fand. Ein Graf von Neustadt an der Hardt und Markgraf Karl von Baden bezogen 1576, Herzog Wilhelm von Baiern 1599 Reben aus dem Neckarthale, „weil der Wein dort berühmt war". Im Jahre 1580 bestund das Sprichwort „Drei Dinge loben Württemberg: ungefälschter Wein, gutes Korn und sichere Straßen."

Die Neckarweine wurden damals allgemein mit den fränkischen, elsässischen und Rheinweinen auf gleiche Linie gestellt. Durch den 30jährigen Krieg kam der Weinbau zurück. Im Jahre 1634 waren in Württemberg über 40,000 Weinberge zerstört. Schlechte, aber ergiebige Rebsorten (4) wurden hier wie in den meisten weinbauenden Gegenden heimisch und die Weinverfälschung überall bemerkbar, so daß die strengsten Strafen dagegen noch 1706 zur Anwendung kamen. (Württembergische Jahrbücher 1850.)

Mit besonderer Rücksicht auf die Erleichterung des Weintransportes beabsichtigte Herzog Christof die Oeffnung und Schiffbarmachung des Neckars von Heilbronn aufwärts, wozu er 1553 ein kaiserliches Privilegium erhalten und 1557 einen Vertrag mit der Reichsstadt Heilbronn abgeschlossen hatte, in welchem der Stadt eine Vergütung von 10,000 Fl. für Eröffnung der Schifffahrt von Heilbronn aufwärts zugesichert war.

Hochwasser hinderte damals die Ausführung. Auch Herzog Friedrich I., der Erbauer von Freudenstadt, hatte von Kaiser Carl die Freiheit erhalten, den Neckar von Heilbronn aufwärts schiffbar zu machen. (5) Er ließ 1598 von niederländischen Sachverständigen ein Gutachten über die Art der Ausführung erstatten, was aber nicht entsprach. (6)

Die Einwendungen von Heilbronn und von Churpfalz sowie der Krieg traten der weiteren Verfolgung dieser Sache hindernd entgegen. (7)

Auch von Herzog Eberhard Ludwig (1676—1733) wird gesagt, daß er den Neckar wieder schiffbar gemacht habe. Steinhofer Chronik von 1744.

Im pfälzischen Gebiet wurden 1705/6 die ersten Versuche zur Correction des Neckars mit Durchstichen durch den Ingenieur Nottum gemacht.

In den Jahren 1713 — 1717 wurde der Neckar zwischen Heilbronn und Cannstatt für die Schifffahrt verbessert und seit 1715 mit zwei Marktschiffen nach Cannstatt befahren. (8)

Man wollte die Schifffahrt auch bis Köngen ausdehnen, allein die Stadt Eßlingen war wegen der Mühlen und Brücken dagegen.

Der sog. Mainzer Vertrag von 1749, wornach die Pfälzer Schiffer das Recht freier Ladung in Frankfurt und Rückladung in Mainz erhielten und der zwischen Pfalzbaiern und Württemberg abgeschlossene Salz- und Weinhandelsvertrag vom 16. Juli 1782 wirkten besonders günstig auf die Neckarschifffahrt. (9)

---

(1) Im 15. Jahrhundert waren 111 Salzpfannen dort in Betrieb. Crusius, Schwäbische Chronik II. von 1596. (2) 764 wurde bei Schriesheim, Neckarau und Mannheim Wein gebaut. Am Rhein und an der Mosel schon 292. Rhein Antiq. 19. (3) Klevner, Burgunder, Rießling und Traminer. (4) Grüner Silvaner, Velteliner, Trollinger, Elbling. (5) Stählin, Geschichte von Württemberg II. 719 und Steinhofen, Chronik von Württemberg 1744. (6) Pfaff, Geschichte der Neckarschifffahrt. Württb. Jahrbuch 1859. (7) Sattler, Geschichte der Herzoge von Württemberg X. 211. (8) Nicolai, Reisen durch Deutschland 10. Band. Im Jahre 1787 gingen 98,989 Centner Güter von Heilbronn nach Cannstatt. Die Fracht betrug 24—28 Xr. pr. Centner. (9) Zeller, Neckar-, Rhein- und Mainschifffahrt 1809.

Die Contrahenten verpflichteten sich in diesem Vertrage, „die fast gänzlich zerfallene Verbindung zwischen Rhein und Donau mittelst der Neckarschifffahrt wiederherzustellen, den Wasser- und Straßenbau zu fördern und die Zölle zu vermindern."

Die theilweise Correction des Neckars von Heilbronn abwärts und die fast neue Herstellung der Landstraße von Wiesenbach nach Heilbronn unter Carl Theodor, sowie die Herabsetzung der Zölle und die Verbesserung der Rangschifffahrtsordnung waren Folgen hievon.

Von 1810 an stund die Schifffahrt zwischen Heilbronn und Cannstatt wieder still, weil der Zwangsumschlag in Heilbronn so theuer und beschwerlich war, daß die Neckarschifffahrt die Concurrenz der inzwischen verbesserten Landstraßen, namentlich der in der 2. Hälfte des vorigen Jahrhunderts in Württemberg erbauten Straße von Cannstatt nach Heilbronn nicht mehr ertragen konnte.

König Wilhelm von Württemberg ließ deshalb, nachdem die Stapelrechte durch die Wiener Congreßacte von 1815 aufgehoben waren, auf Grund eines erhobenen Gutachtens des badischen Oberbaudirectors Tulla in den Jahren 1818/21 einen 1500 Fuß langen, 50 Fuß breiten Canal mit Kammerschleuse für 200,000 Fl. in Heilbronn herstellen, um eine ununterbrochene Schifffahrt bis Cannstatt zu ermöglichen. Ebenfalls nach Tulla's Vorschlag wurden im Interesse der Flößerei zwischen Berg und Obertürkheim Durchschnitte zur Abkürzung des Neckarlaufes um ca. 3000 Fuß ausgeführt.

Auch 1830 wurden 100,000 Fl. für Verbesserung der Neckarstraße von Württemberg aufgewendet.

Cannstatt, Heilbronn und Mannheim wurden 1831 als Freihäfen erklärt. (1) Bei Neckarsulm erfolgte 1844 die Ausführung eines Neckardurchstiches von $1/4$ Stunde Länge, 1853/55 eine Correction bei Wimpfen mit 26,500 Fl. und 1874/75 wurde wieder eine Correction bei Neckarsulm ausgeführt. (2) 1866 ist gemeinschaftlich mit Baden das sog. Mühlbacher Eck mit einem Aufwande von ca. 20,000 Fl. abgeschnitten worden.

Neben dem Hauptstapelplatz Heilbronn nahm Wimpfen lange Zeit hindurch unter den Neckarstädten bezüglich des Durchgangsverkehres eine hervorragende Stelle ein. Wimpfen.

Von den Römern nach dem Namen der Gattin Julius Caesars „Cornelia" genannt, erscheint der ursprünglich keltische Ort erstmals in Urkunden von 830. Heinrich, der Sohn Kaiser Friedrichs II., hatte im 13. Jahrhundert hier eine Burg zum Schutz der Neckarschifffahrt erbaut. 1230 wurde Wimpfen Reichsstadt, 1245 Sitz des kaiserlichen Landgerichts von Franken, 1346 erhielt Wimpfen Selbstbesteuerungsrecht, 1377 Privilegium für 3 Messen. 1802 kam Wimpfen an Baden, 1803 gegen Lichtenau und Willstett an Hessen. Die Saline gehörte dem deutschen Orden, kam nach dessen Auflösung an Württemberg und wird seit 1818 von einer Privatgesellschaft betrieben.

Die Stadt hatte Handelsbeziehungen mit Rothenburg an der Tauber, mit Nürnberg und den Rheinstädten, namentlich mit Speyer, Worms und Straßburg. Der Hauptverkehr ging auf der Straße von Nürnberg über Heilbronn nach Speyer.

Schon zur Römerzeit soll bei Wimpfen eine Holzbrücke über den Neckar geführt haben (von Lorent, Wimpfen). Die spätere urkundlich nachgewiesene Brücke bestund im 13. Jahrhundert, zu deren Wiederherstellung nach Zerstörung durch Eisgang Kaiser Albrecht I. der Stadt Genehmigung und das Recht des Brückengeldbezugs ertheilte. Im Jahre 1340 erlaubte auch Ludwig IV. eine Brücke über die Jaxt zu schlagen.

Das Recht des Neckarhafens und der Ueberfahrt besaß das Ritterstift im Thale. (3) Im 18. Jahrhundert gehörte das Neckarfahr zu $2/3$ dem Staat und $1/3$ der Familie v. Gemmingen-Babstadt.

Eine der ältesten Landstraßen, „Hochstraße" genannt zog von Wiesloch über Hoffenheim und Wimpfen nach Oehringen und führte über den Bergrücken zwischen Jaxt und Kocher. Sie hieß im Mittelalter „Kaiserstraße". Auch von Heilbronn über Fränkenbach und Fürfeld (4) nach Sinsheim und von da direct nach Eschelbach führte eine Straße mit dem Namen „Hoch-

(1) Die Neckarschiffe, welche von Heilbronn bis Cannstatt fuhren, hatten 1831 eine Länge von 80 Fuß, Breite von 5—6 Fuß, 600 Centner Ladfähigkeit. (2) Ueber die von Baden hergestellten Flußbauten siehe Baer: Die Wasser- und Straßenbauverwaltung und die Denkschrift von 1863 über den Binnenflußbau in Baden. (3) Dies Stift bestund schon 1068. Vom Jahr 1376 bestund ein Vertrag, den die Stiftsherrn mit ihrem Färcher abgeschlossen. Mone, Anzeiger 1835. (4) In Fürfeld bestund seit alter Zeit eine Zollstelle.

straße", die schon in einer Böckinger Urkunde „Königsstraze" genannt wird. Sie ging nach Wiesloch und Speyer. (Mone, Urgeschichte I. S. 195 und Jäger, Heilbronn.) Diese Straße benutzte Friedrich II. und Maximilian II., als er 1570 zum Reichstag nach Speyer zog.

Der im Mittelalter unter dem Namen „alte Heilbronner Straße" bekannte Straßenzug führte noch Ende des vorigen Jahrhunderts von Heilbronn über Neckargartach, Ober- und Untereisisheim ([1]) nach Wimpfen und von da über Adersbach, Rohrbach, Sinsheim, Wiesloch und Walldorf nach Speyer. Von Sinsheim ging auch eine Landstraße durch das Elsenzthal über Meckesheim und Neckargemünd nach Heidelberg beziehungsweise Frankfurt. (Mone, Zeitschrift 4.)

Eine andere, ebenfalls oft benützte Straße zog von Wimpfen über Helmstadt, Epfenbach, Spechbach und Lobenfeld nach Neckargemünd. (Widder, Die Pfalz I. S. 395 und 443.)

Auch der unter dem Namen „alte Landstraße" bekannte Weg von Wimpfen über Jaxtfeld, Gundelsheim, Neckarelz, Eberbach und Kleingemünd auf dem rechten Nekarufer über Ziegelhausen nach Heidelberg wurde für den Verkehr mit Speyer, Frankfurt und Worms viel benützt, bevor die Straße über Waldwimmersbach nach Neckarelz verbessert und eine Schiffbrücke bei Diedesheim hergestellt war. (Siehe Nr. 4.)

Die Straße von Wimpfen über Wiesloch nach Speyer führte im 14. Jahrhundert den Namen: „Königsweg" und sie war auch, so lange Speyer ein Hauptstapelplatz am Rhein war, die wichtigste, weil sie zwischen diesem Platze und Nürnberg die kürzeste Verbindung gewährte. Je nach dem Zustande der Straßen, der Abgaben und der Sicherheit trat ein öfterer Wechsel in der Benützung der genannten Wege ein.

Nürnberg hatte bekanntlich bis in das 17. Jahrhundert für den Handelsverkehr in Oberdeutschland die größte Bedeutung.

Wahrscheinlich keltischen Ursprungs (castrum noricum) war Nürnberg schon im 11. Jahrhundert freie Stadt, welche in Venedig eine Waarenniederlage hatte. 1163 war sie ein ansehnlicher Handelsplatz mit Zollfreiheit. Kaiser Heinrich III. hatte den Markt von Fürth nach Nürnberg verlegt. 1219 stund Nürnberg mit Speyer in innigem Verbande, denn beide hatten sich schon damals gegenseitige Zollfreiheit zugestanden.

Nürnberg trieb bedeutenden Handel nach den Niederlanden, nach Ungarn, Böhmen, Mähren und Schlesien. 1318 erhielt die Stadt eine vierwöchentliche Messe und errichtete 1399 die erste Papierfabrik in Deutschland. Im 15. Jahrhundert gingen die Waaren und Fabrikate auch nach England, Spanien, Frankreich, Italien und in die Levante. Damals hatte sich auch ein großer Weinmarkt in Nürnberg gebildet, auf welchem hauptsächlich Weine von Straßburg, Heilbronn, Rothenburg, Bamberg und Würzburg zur Veräußerung kamen. Neben Fabrication von Spiegeln, Eisenwaaren und Kunstwerken aller Art wurde nun auch die Wollenmanufactur in großer Ausdehnung betrieben. Im 16. Jahrhundert wurde die Tuchfabrikation Hauptgewerbezweig.

Die im 14. Jahrhundert zu Stande gekommenen Vereinbarungen Nürnbergs mit Bern, Frankfurt, Oppenheim, Mosbach, Trier, Aachen, Metz, Straßburg, Speyer, Worms, Mainz, Wimpfen, Koblenz und Köln über gegenseitige Zollfreiheit hatten Nürnbergs Handel bedeutend unterstützt. Eine Abnahme der Blüthe begann erst in der 2. Hälfte des 17. Jahrhunderts. Kriege, Ausfuhrverbote nach Frankreich, übermäßige Durchgangszölle, das Mauthsystem, Einfuhrverbote in Preußen, Schlesien und Baiern, Polen und Rußland, zu große Abgaben, viele Schulden, mangelhafte Polizei, Hausiren und die Manufacturconcurrenz hatten sich zu dem allmählichen Sinken der Stadt verbunden, welche einst von Karl IV. die vornehmste unter den Reichsstädten genannt worden ist. ([2])

Mit Nürnbergs Rückgang war auch der Zerfall der Handelsgeschäfte in Wimpfen und Speyer verbunden. Heilbronn allein behielt so viele Kräfte, daß es sich später zur ersten Handelsstadt Württembergs empor zu heben vermochte. Der alte Handelsweg über Wimpfen nach Speyer verödete und das zur Beobachtung des Verkehrs an der östlich Wimpfener Stadtmauer erbaute, noch bestehende „Nürnberger Thürmchen" wurde geschlossen.

([1]) Hier wurde am 6. Mai 1622 Markgraf Georg Friedrich von Baden von Tilly geschlagen. ([2]) Siehe Roth, Gesch. des Handels von Nürnberg II, Chronik der fränkischen Städte 1862 I. S. 99. Lochner, Nürnbergs Jahrbücher. Ruh, Geschichte des Mittelalters S. 627. Deutsche Städte, Chronik I. Hüllmann, Städtewesen im Mittelalter. Wagner, Das Großherzogthum Hessen 1829 I. Jäger, Geschichte von Heilbronn. von Lorent, Wimpfen. Heid, Geschichte von Wimpfen. Jäger, Schwäbisches Städtewesen im Mittelalter I.

Aber auch der Verkehr von Heidelberg nach Speyer hatte seine Bedeutung verloren; dagegen belebte sich mit dem Aufblühen von Mannheim die Straße nach dieser Stadt immer mehr, daher auch das obere Thor in Heidelberg seinen alten Namen „Speierer Thor" mit „Mannheimer Thor" wechselte. Das alte Speierer Thor war beiderseits von den Stadtmauern begränzt.

In der Geschichte der Entwicklung der Mannheim-Heilbronner Straße müssen die Abtheilungen Heilbronn-Heidelberg und Heidelberg-Mannheim getrennt betrachtet werden.

Von Mannheim nach Heidelberg.

Die zwischen Heidelberg und Mannheim liegenden Orte Wieblingen, Edingen und Seckenheim bestunden nach Urkunden schon im 8. Jahrhundert. (1) Sie waren also schon damals durch eine Straße verbunden, welche jedoch bei dem ungeregelten Zustande des Neckars vielfache Aenderungen ihres Zuges erlitten haben mag, und woher es auch kommen dürfte, daß ein Weg, der vom Relaishaus über den Grenzhof gegen Heidelberg zieht „alte Heidelberger Straße" genannt wird, wogegen eine Viertelstunde oberhalb Neckarhausen gegen Südwest von Mannheim über Seckenheim, Edingen und Wieblingen nach Heidelberg „die alte Hochstraße" führte und in die Neckarauerstraße einmündete. (Siehe Widder I. 468.)

Ein alter Weg in Gemarkung Edingen hieß „Heerstraße" und auch die Straße von Rohrbach über Kirchheim, Eppelheim nach Seckenheim führte den Namen „Hirsch- oder Hochstraße". (Mone, Archiv I.) Noch in der zweiten Hälfte des vorigen Jahrh. zog die Straße von Seckenheim aus 160 Fuß südlich von der jetzigen Landstraße und mündete außerhalb der Schwetzinger Gärten in Straße Nr. 2. Der jetzige Weg bestund damals schon. (2)

Der gegenwärtige Straßenzug war nicht allein schon im 15. Jahrhundert, sondern selbst noch in der ersten Hälfte dieses Jahrhunderts zu beiden Seiten mehr oder weniger mit Rebgärten begränzt, die vielfach durch Mauern und Zäune gegen den Straßenverkehr geschützt waren, welche die Straßenunterhaltung erschwerten.

Der Weinbau wurde sowohl zwischen Mannheim und Heidelberg längs des Neckars hin, als auch in südlicher Richtung von der Straße, insbesondere an der Straße von Heidelberg nach Wiesloch und bei Neckarau in großer Ausdehnung betrieben. (3)

Das Kloster Lorsch erhielt schon im 8. Jahrhundert Rebgärten in Edingen geschenkt und Seckenheim, Neckarau, Wieblingen, Blankstadt, Eppelheim, Bergheim und Mannheim hatten damals schon viele Weinberge. (Cod. laur. ham.)

Die Seckenheimer und Mannheimer Weine waren im 16. Jahrhundert sehr beliebt.

Nicodemus Frischling besingt 1575 die Weine, welche bei der Hochzeit Herzog Ludwigs von Württemberg die Tafel zierten und sagt: „Auch der Mannheimer was lieblich fein, doch stark von Geschmack, der Einen bald wirft auf den Sack".

Die Rebsorten waren Cleveer und Burgunder. (4)

Im 17. Jahrhundert wurden großentheils Velteliner eingeführt, die für den sog. Kammerbau sich nicht eigneten, daher der Wein seinen Ruf verlor.

Der Personenverkehr zwischen Heidelberg und Mannheim war damals gering. Im Jahr 1668 wurde zwischen diesen Städten eine wöchentlich zweimal stattfindende ordinäre Fahrgelegenheit und erst 1773 ein Postwagen für Packete errichtet.

Noch 1771 mußte jeder, der mit Extrapost in Mannheim oder Heidelberg ankam, in gleicher Weise seine Reise fortsetzen. Erst nach 3 Tagen durfte er eine andere Fahrgelegenheit benützen. (5)

Die Straße war noch im Anfang des vorigen Jahrhunderts so schlecht, daß man nach einem Berichte des Oberamtes Heidelberg von 1723 mit dem besten Fuhrwerk 4—5 Stunden Fahrzeit bedurfte.

Fuhrwerke und Reiter bewegten sich damals möglichst auf den angränzenden Feldern, was zu ständigen Klagen der Eigenthümer führte. (Mannheimer Amts-Acten).

Die Hauptursache dieses Mißstandes war die tiefe Lage der Straße, die bei jedem höheren Wasserstande an vielen Stellen von dem Neckar überschwemmt wurde. Besonders oft kam dies

---

(1) Chronik von Gattwich. (2) Karte von Denis. Vor dem Abbruch der Festungswerke mündeten die Schwetzinger und Heidelberger Straße vereint in jene Straße Mannheims ein, die an die Südwestseite des Kaufhauses führt. (3) Die Weingärten waren meistens Eigenthum des Adels und der Klöster, sie wurden gegen $^1/_3$ des Ertrags gebaut. (4) Man nannte damals die Pfalz „des heiligen römischen Reichs Weinkeller". (5) von Feder, Geschichte Mannheims.

unterhalb Seckenheim und zwischen Heidelberg und Wieblingen vor, daher man oft die Straße Nr. 2 benützte, um nach Edingen zu gelangen. (Siehe Karte von Denis.) (1)

Churpfalz ließ im Jahr 1765 die Straße von Seckenheim abwärts in größerer Entfernung vom Neckar gerade leiten, nachdem der Eisgang von 1761 die frühere Straße an verschiedenen Stellen zerstört hatte. Noch schlimmere Folgen hatten die Eisgänge von 1784 und 1789 (2) so, daß die Straße nur nothdürftig mit Faschinenbauten gegen gänzliche Zerstörung gesichert werden konnte. Die Kosten wurden aus der Heidelberger Chausseecasse bestritten. (3)

Als 1794/6 der Neckar von Feudenheim abwärts, wo er in zwei Bogen die Straße bei der sog. Kuhweide nächst Mannheim nahezu berührte und öfter überschwemmte, auf Anregung einer Denkschrift von Colini (pars physica) corrigirt war, begann man 1802 die zu tiefliegende Straße von der Mannheimer Barriere zu reguliren und zu erhöhen, welche Arbeit dann in Folge der Hochwasserbeschädigungen von 1824 in den Jahren 1825/27 bis Heidelberg fortgesetzt wurde, um die 1827 errichtete erste eigentliche Postwagenverbindung für Briefe und Personen auf dieser Route zu erleichtern. (4)

Fuhren und Handarbeiten für diesen Bau wurden in der Frohnd geleistet. Die übrigen Kosten, insbesondere auch die Güterentschädigung auf die Staatscasse übernommen. In den Jahren 1836/39 wurde die Straße in der Nähe von Mannheim mit 3175 Fl. und bis zum Jahr 1860 zwischen Seckenheim und Heidelberg mit 3000 Fl. auf Staatskosten verbessert.

Mit dem Fortschreiten der Landwirthschaft, insbesondere des Tabaks- und Hopfenbaues und mit dem Aufblühen der Stadt Mannheim (siehe Nr. 2) hob sich der Verkehr auf dieser Straße immer mehr und es trat erst dann wieder eine Abnahme ein, als im Jahre 1840 die Eisenbahn eröffnet war. Die Straße wurde deshalb 1857 aus dem Staatsstraßenverbande ausgeschieden, aber 1868 wieder aufgenommen, weil der Verkehr sich inzwischen wieder gehoben hatte.

Von Heidelberg bis Heilbronn. Die älteste, schon von den Römern benützte Straße von Heidelberg neckaraufwärts zog von dem Neckarübergang bei dem früheren Orte Bergheim durch die sog. Plöck über das Schloß und den Kohlhof nach Waldhilsbach gegen den Dielsberg (5) weil damals das Neckarthal in der Nähe des jetzigen Carlsthors noch durch Felsen geschlossen war. Die nächstälteste Straße, die zum größten Theil jetzt noch besteht, führte von Heidelberg auf dem rechten Neckarufer über Ziegelhausen und den vorspringenden Bergfuß, der damals noch bis an den Neckar bewaldet war, mit einer Steigung von 20 Prozent zu dem Ort Kleingemünd und von da nach Hirschhorn.

Die Frage, ob diese „alte, durch den Steinbruchbetrieb (6) beeinträchtigte Straße“ wieder hergestellt oder jene auf dem linken Ufer durch Felsensprengungen erweitert werden soll? war schon im Jahr 1737 Gegenstand der Erörterung durch die churpfälzische Regierung (L. A. A.)

Man entschied sich für die Verbesserung des Wegs auf dem linken Ufer. (7) Diese Straße war sehr eng und an manchen Stellen so tief, daß sie von dem gewöhnlichen Neckarhochwasser überfluthet wurde.

Obgleich die churpfälzische Regierung in steter Besorgniß vor dem weiteren Aufblühen Heilbronns zum Nachtheil von Mannheim weder der Verbesserung des Neckarlaufes noch der Heilbronner Straße zugethan war, lies Carl Theodor doch 1765/66 die Straße von Heidelberg bis Neckargemünd für 2 Fuhrwerke verbreitern und von da bis Wiesenbach eine neue directe Straße bauen, während die alte früher von Neckargemünd mit starkem Gegengefälle von 10—12 Prozent an dem Neckar hin über Rainbach nach Waldwimmersbach führte, und jetzt noch „alte Poststraße“ heißt. Bezüglich des Weiterbaues wurden Verhandlungen mit den übrigen betheiligten

(1) Nach der Haas'schen Karte von Hessen 1780/85 war der Neckar im 8. und 9. Jahrhundert zwischen Feidenheim und Neckarau in mehrere Arme getheilt. Auch von Seckenheim gegen Neckarau liefen alte Neckarufer. (2) Unter dem Hochwasser von 1824 stund jenes von 1789 um 0,47, jenes von 1784 um 0,47, jenes von 1852 um 0,66, jenes von 1872 um 0,62 nach den Marken an der Trinitatiskirche. In der katholischen Kirche in Neckarhausen stund das Wasser 1784 7 Fuß 4 Zoll hoch. (3) Diese Casse wurde 1817 aufgelöst und die Activen an die Gemeinden der Aemter Mannheim, Weinheim, Ladenburg, Heidelberg, Neckargemünd, Sinsheim, Neckarbischofsheim, Wiesloch und Mosbach vertheilt, soweit die Gemeinden in dem Straßenverband waren. (4) Bis 1827 bestund zwischen Heidelberg und Mannheim nur Briefpost. (5) Von hier ging sie nach Obrigheim, Neckarelz, Neckarburken, Dallau und Amorbach. (6) Die Neckarsandsteine wurden schon in früher Zeit zu den Bauten am untern Rhein, namentlich in Limburg unter Kaiser Konrad II. (1024—1039), Worms, Oppenheim, Frankenthal, Mainz, Speyer, Lorch, Bacharach, Kaub, Oberwesel ꝛc. verwendet. (7) 1876 kam die Wiederherstellung der rechtseitigen Neckarstraße wieder in Anregung. Der Bauaufwand ist auf 60,000 Mark überschlagen.

Territorialherren gepflogen. Diese Verhandlungen kamen erst 1777 zum Abschluß, nachdem Württemberg ein Jahr zuvor von Ulm über Stuttgart, Heilbronn und Sinsheim nach Durlach auf eigene Faust einen Schnell-Postwagencurs eingerichtet und die Straße in seinem Gebiet verbessert hatte. (1)

In der Uebereinkunft vom 30. September ged. Jahres verpflichteten sich Churpfalz, Württemberg, Heilbronn, und die Ritterschaft des Cantons Kraichgau, daß von Heilbronn über Wimpfen, Rappenau, Obergimpern, Waibstadt, Meckesheim nach Neckargemünd (2) eine gute Straße 28 Fuß breit mit 24 Fuß Fahrbahn herzustellen sei.

Diese Ausführung unterblieb, weil man sich über die gleichzeitige Herstellung anderer Straßen nicht einigen konnte.

Am 12. November 1779 vereinbarten sich die Pfalz und der Rittercanton Kraichgau, nicht nur die Straße über Schluchtern, Gemmingen, Steppbach, Eppingen, Zaisenhausen, Sickingen, Flehingen und Bretten nach Weingarten, (3) sondern auch die Straße über Schluchtern, Massenbach, Fürfeld, Kirchardt, Steinsfurth und Rohrbach nach Sinsheim herzustellen und dabei die in der Pfalz übliche Breite von 24 Fuß mit 20 Fuß Steinsatz einzuhalten. Der Ritterschaftscanton Odenwald trat wegen Hoffenheim diesem Vertrag bei (4) und auch die Stadt Heilbronn verpflichtete sich gegenüber Churpfalz durch Urkunde vom 8. August 1780 die Straße von der Großgartacher Gränze bis Heilbronn chausseemäßig herzustellen und auch die Abtheilung in Großgartacher Gemarkung auszuführen. (Land.-Arch.-Akt. und Mader, ritterschaftliches Magazin, 1783 II.)

Diese Vereinbarungen erhielten am 31. August 1780 die kaiserliche Bestätigung mit dem Beisatz, daß für die Privatgüter Entschädigung zu leisten sei.

Den Straßenzug über Schluchtern und Massenbach hatte Pfalz vorgeschlagen, weil Schluchtern pfälzisch war, dagegen wünschte Württemberg die Richtung über Fränkenbach und Fürfeld. Nach langen Verhandlungen (5) vereinigte man sich endlich am 19. September 1783 auf den von Württemberg gewünschten Zug unter Beitritt des Deutschordens und der Stadt Heilbronn mit der ausdrücklichen Bestimmung, „daß der Weg über Schluchtern und Massenbach überhaupt nicht chaussirt werden soll. (Spikler, Sammlung württembergischer Urkunden II. Seite 82.)

Die Arbeiten waren, wie schon erwähnt, von Heidelberg bis Wiesenbach vollendet und namentlich auch im Jahr 1775/81 das Carlsthor bei Heidelberg erbaut. (6)

In den Jahren 1780/83 wurde die Straßenabtheilung von Wiesenbach über Mauer, Meckesheim bis gegen Hoffenheim ganz und der Theil von Sinsheim (7) über Rohrbach und Steinsfurth nach Hilsbach theilweise chausseemäßig hergestellt. Man wollte von dem, 1716 in Sinsheim gegründeten, Franziscanerkloster über die Elsenz und die Wiesen direct nach Steinsfurth bauen, allein der Regierungspräsident v. Venningen in Mannheim bestund im Interesse des seiner Familie gehörigen Orts Rohrbach, auf dem Bau durch diesen Ort.

Pfalz hatte den Bau an einen Unternehmer in Accord gegeben und die betheiligten Gemeinden sollten zu den Kosten Beiträge nach dem Schatzungsfuße leisten. Da der Unternehmer während des Baues zu Grunde ging, kamen die Arbeiten in Stockung und wurden erst auf Andringen Württembergs, welches ebenso wie Heilbronn seine Straße verbessert hatte, 1784/85

(1) Schon 1683 wurde unter der Vormundschaft des Herzogs Eberhard Ludwig v. Württemberg eine Postkalesche für Personen und Briefe concessionirt, die Montags von Stuttgart nach Heilbronn, Dienstags nach Heidelberg fuhr und Donnerstag Abend wieder in Heilbronn und Freitags in Stuttgart ankam. Lünig, Grundfeste II. S. 301. Während der Messe in Frankfurt wurde die Fahrt bis hierher ausgedehnt. Württemb. Jahrb. 1859. (2) Neckargemünd, keltisch-römischen Ursprungs, kam im 10. Jahrh. an Worms, war einige Zeit reichsunmittelbar und ging 1296 an die Grafen von Katzenellenbogen, 1312 an die Herren von Weinsberg und 1330 an die Pfalz über. Die Burg Reichenstein war 1329 schon pfälzisch. (3) Siehe Nr. 11 und 4. (4) Die Ritterschaft erhielt für ihre Mitwirkung Zollfreiheit von Pfalz. (5) Die Straße von Heilbronn über Fränkenbach nach Sinsheim wird in einer Böckinger Urkunde „Königs-Straze" genannt. Sie führte nach Speyer und Worms. (6) Dieses Thor, dessen Grundstein am 2. October 1775 festlich gelegt wurde, ist nach einem Plan von Dixnar in einer lichten Weite von 13 Fuß ausgeführt. Dixnar hatte auch die Pläne für die bestehende Kirche in St. Blasien, für das Schloß in Coblenz, das jetzige Großherzogliche Palais in Freiburg und für verschiedene andere öffentliche Bauten gefertigt. Das Heidelberger Thor wurde Anfangs oft „Heidelberger Thorheit" genannt, weil die Stadt 84,000 fl. zu den auf 100,000 fl. veranschlagten Baukosten beitrug. Die Ausführung leitete der pfälzische Baumeister v. Pigage. Das alte obere Heidelberger Thor stund an der Leiergasse. (7) Sinsheim, 770 Sunisheim genannt, unter Carl d. Großen schon bedeutender Ort, kam 1363 an Churpfalz. Auf dem Steinsberg wohnte der pfalzgräfliche Vogt.

fortgesetzt. Das Steinbrechen wurde nun versteigert und die Steinbeifuhr nach Wahl der Gemeinden im Frohndwege oder durch Accord bewirkt. Von den Kosten für Güterankauf, Planiren, Steinbrechen und Steinschlagen übernahmen die Gemeinden zwei Drittel und die begüterten Unterthanen jeder Gemarkung ein Drittel nach dem Steuerfuß. Die gewöhnlichen Handarbeiten wurden in der Frohnd gegen mäßigen Tagelohn verrichtet.

Die Vollendung erfolgte 1787, in welchem Jahre bereits 50,000 Fl. auf die pfälzischen Gemeinden umgelegt waren. Der baare Aufwand der Ritterschaft soll 14,000 Fl. betragen haben. Die Straße wurde theils mit Pappeln, Maulbeer- und Obstbäumen bepflanzt.

Mit dem Jahre 1784 begann auch die Chaussirung und theilweise Verlegung der Straße zwischen Sinsheim und Hoffenheim, woselbst die älteste Landstraße höher an dem Berge hin gegen den jetzt in Ausbeute begriffenen Steinbruch führte. Die Straße wurde auf 25 Fuß Breite mit verglichenem Gefäll hergestellt, für das Gelände war Entschädigung gegeben. Die Baukosten mit 14,000 Fl. übernahm die Cantonscasse der Ritterschaft. Die Vollendung erfolgte 1789.

Zur Erinnerung an diesen Straßenbau wurde am Ende des Ortes Meckesheim neben der Brücke ein steinernes Denkmal mit dem Bildnisse des Churfürsten Carl Theodor gesetzt, welches folgende Inschrift trägt:

> „Hanc viam Caroli Theodori E. P. D. B. auspiciis Stratam esse Comercio sublevando itineribusque peregrinantium facilitandis grato animo recognoscit monumentum hoc erigens centena Meckesheimensis. Anno domini MDCCLXXXII."

Seither sind folgende erhebliche Verbesserungen an dieser Straße vorgenommen worden.

1803 kleinere Correctionen mit 4387 Fl. 1818 wurden die Thore in Sinsheim abgebrochenen da sie zu eng waren. 1833 baute die Stadt eine neue Brücke über die Waidbach. 1837 Verbreiterung bei Mannheim 1349 Fl. 1839 Correction in Gemarkung Wiesenbach 5261 Fl. 1840 Correction und Brückenbau in Steinsfurth 11,000 Fl. 1842 Regulirung in Sinsheim 1200 Fl. 1854/55 Verbreiterung in Schlierbach 822 Fl. 1861 Verlegung der Straße vor dem Carlsthor in Heidelberg wegen Eisenbahnbau 3000 Fl. Tieferlegung der Straße im Gumpenthal unterhalb Neckargemünd, wo die Straße früher auf eine Länge von 90° mit 6—7 Procent Gefäll an dem Berge auf- und abstieg 31,000 Fl.

Die jetzt noch bestehenden Steigen haben bei Neckargemünd, am sog. Krähberg, in Sinsheim und in Steinsfurth Gefälle von 6—7 Procent, im Steinsfurther Wald von 10 Procent.

Nachdem unterm 22. October 1862 die Eisenbahn von Heidelberg nach Mosbach eröffnet war, wurde die Straße von Heidelberg bis Wiesenbach und jene von Wiesenbach bis Meckesheim 1865 aus dem Landstraßenverband ausgeschieden. 1868 aber wieder aufgenommen.

Durch Herstellung der weiteren Bahnen von Bruchsal nach Bietigheim und Meckesheim nach Heilbronn, welche letztere 1866 zwischen Heilbronn und Jaxtfeld, 1868 zwischen Meckesheim und Rappenau, 1869 zwischen Rappenau und Jaxtfeld eröffnet wurden, haben die Land- und Wasserstraße natürlich an Frequenz verloren.

Die Straße zur Station Steinsfurth nebst Brücke ist aus Mitteln des Eisenbahnbaufonds erbaut und der Landstraße nach Heilbronn zugetheilt worden.

Der überall bemerkbare Wettkampf der Land- und Wasserstraßen um den Besitz des Verkehres hat sich seit ältester Zeit bis zur Gegenwart in dem Gebiete des Neckars mit besonderer Schärfe kund gegeben, ja er hat sich bezüglich des Neckars in neuerer Zeit zu einem Kampfe auf Leben und Tod gestaltet.

Während früher die Benützung des einen oder des andern Weges, von dessen mehr oder weniger gutem Zustande, von der größeren oder geringeren Sicherheit und der Höhe der verschiedenen Abgaben an Zoll, Weggeld Brückengeld, Schifffahrtsgebühren u. s. w. also von Verhältnissen abhängig war, welche einem ständigen Wechsel unterlagen, hat der Landtransport durch Benützung des Dampfes und der Schienen eine so außerordentliche Unterstützung erhalten, daß es den Schiffern kaum noch möglich ist, mit entsprechendem Verdienst zu arbeiten. Schon der Längenunterschied der Wasserstraße des Neckars und der kürzesten Landstraße von Mannheim nach Heilbronn giebt der letzteren einen Vortheil, da sie über 8 Stunden kürzer als die erstere ist.

Nun sind aber in neuerer Zeit noch wichtigere Hemmnisse für die Neckarschifffahrt aufgetreten. Ein kurzer Rückblick auf die desfallsigen Verhältnisse dürfte hier nicht ohne Interesse sein.

Der Ein- und Ausgangsverkehr in dem Mannheimer Neckarhafen betrug 1835 nur 300,000 Centner Güter; er hob sich aber bis 1841 schon auf 1,216,000 Centner, wozu der, im Jahre 1835 von Baden, Preußen, Württemberg und Baiern erfolgte, Nachlaß von $^2/_3$ des Zolls für deutsche Producte vieles beitrug. Allein die 1840 eröffnete Eisenbahn von Mannheim nach Heidelberg ließ den Neckarverkehr bis 1842 auf 956,970 Ctr. zurücksinken; er stieg aber durch den vermehrten Transport von Steinkohlen, Salz und Bausteinen bis 1846 auf 3,400,000 und bis 1853 sogar mit Hülfe der 1848 eröffneten Bahn von Heilbronn nach Bietigheim resp. Stuttgart auf $4^1/_2$ Mill. Centner.

Durch Eröffnung der Bruchsal-Bietiegheimer Bahn, im Sommer 1853 sank der Verkehr bis 1856 auf 3,200,000 Centner herab, er hob sich aber bis 1862 auf 5,780,000 Centner, wozu hauptsächlich der vermehrte Steinkohlentransport mitwirkte. Während nämlich 1835 nur 44,660 Centner neckaraufwärts verschifft wurden, betrug das Quantum 1846 schon 348,200, und 1862 $1^1/_2$ Mill. Centner. Der Gesammtverkehr war bis 1863 auf den höchsten Stand von 6 Mill. Centner angewachsen.

Mit dem Jahre 1864 wurde aber der Einfluß der Bruchsal-Bietigheimer Bahn, umso fühlbarer, als auch die, im Herbste 1862 eröffnete Odenwaldbahn von Heidelberg nach Mosbach dem Neckar Manches entzog. In den Jahren 1863/4 gingen schon 2,521,671 Centner Kohlen mittelst der Eisenbahn nach Württemberg, wogegen dem Neckar nur 877,850 Centner überwiesen wurden.

Der Neckarverkehr ging bis 1865 auf 4,578,000 Centner herab. Der stärkste Rückgang erfolgte auf der Wasserstraße natürlich durch die, im Juni 1868 eröffnete Bahn von Meckesheim bis Rappenau und deren im Aug. 1869 erfolgte Fortsetzung bis Jaxtfeld, weil diese Bahn nun mit der 1866 schon eröffneten Bahn von Jaxtfeld nach Heilbronn in Verbindung trat. (1) Im Jahre 1869 betrug der Neckarhafen-Verkehr in Mannheim nur noch 920,727 Centner und 1872 nur 627,243 Centner. Zu letzterer Minderung trug die 1870 erfolgte Eisenbahnfracht-Ermäßigung für Salz und Steinkohlen vieles bei.

Es geht hieraus hervor, daß bei den gesteigerten Löhnen für Schiffsarbeiter und Lein-Pferde (2) die Wasserstraße längst schon unterlegen wäre, wenn nicht in den Jahren 1851 (Reg.-Bl. 608), 1852 (Reg.-Bl. 271) und 1861 (Reg.-Bl. Seite 58) die Neckarzölle bedeutend ermäßigt, ja in Folge des Friedensvertrages mit Preußen vom 17. August 1868 mit dem 1. Januar 1867 ganz aufgegeben, und von allen Uferstaaten nicht fortwährend auf Verbesserung der Wasserstraße und der Schifffahrts-Einrichtungen hingewirkt worden wäre. (3)

Die Frachtsätze für den Wassertransport mußten der Concurrenz wegen gleichwohl fortan herabgesetzt werden; sie betrugen zwischen Mannheim und Heilbronn 1837—1840 zu Thal 10 Xr., zu Berg 11 Xr.; 1852 zu Thal 7 Xr., zu Berg 9 Xr.; 1872 zu Thal $3^3/_4$ Xr., zu Berg $5^1/_2$ Xr., gleichwohl gingen 1872 von 11326 Schiffen 8000 leer zu Berg.

Die zu Thal gehenden Güter bestehen hauptsächlich noch in Bausteinen, Sand, Kalkstein, Getreide, Rinden, Bau- und Brennholz, Sägwaaren, Leder, Pottasche-Aescherich, Salz. (4) Wein, Baumwollenwaaren, Wollenwaaren, Corsetten, Bilder, Gold- und andere Metallwaaren gehen mit der Eisenbahn an den Rhein.

Zu Berge gehen Steinkohlen, etwas Colonialwaaren, Metalle, Häute, Fettwaaren, Mineralwasser. Durch Vergrößerung oder Verbesserung der Schiffe kann nichts Erhebliches geschehen.

---

(1) In Folge dieser Eisenbahn hörte 1870 die seit 1841 betriebene Dampfschifffahrt auf dem Neckar auf. Die Dampfboote hatten einen Tiefgang von $12^1/_2$ Zoll, 20 Pferdekräfte, eine Länge von 125 Fuß, 7000 Centner Ladfähigkeit. (2) 1871 wurden 235,500 Fl. für Leinpferde und Rittlöhne bezahlt. (3) Baden hat in der Zeit von 1842—1876 incl für den Neckar 2,245,374 Fl. aufgewendet. Dazu kommen 1,040,708 Fl. für die aus Eisenbahnbaumitteln in den Jahren 1870/73 ausgeführte Neckarcorrection bei Mannheim bis in den vollen Rhein mit Herstellung von 480 Fuß langen Verladeplätzen und des Altrheins als Floßhafen; ferner die Herstellung des Neckarhafens in Eberbach, wofür 1862/63 20,000 Fl. aus der Staatscasse verwendet wurden. Dieser Hafen hat 1354 Ruthen Fläche (siehe 166) und 2,3 Fuß Tiefe beim niedersten Neckarstand. Der Neckar kann jetzt durchschnittlich 324 Tage jährlich für die Schifffahrt benützt werden, er hat mindestens eine Tiefe von 0,57 Meter. (4) Von Wimpfen, Jaxtfeld und Kochendorf.

Die Schiffe, die im Jahr 1818 meistens nur 900—1000 Centner aufnehmen konnten, sind seit 1850, in Folge der Verbesserung des Wasserwegs, bis zu einer Ladfähigkeit von 3000 Centnern vergrößert worden. (1) Das einzige Mittel zur Erhaltung der Neckarschifffahrt glaubt man in der Einführung der Ketten-Schleppschifffahrt (Tauerei) zu finden, (2) wie solche seit 1872 bereits auf der Seine, Elbe und Maas und seit 1873 auf dem Rhein zwischen Emmerich und Duisburg eingeführt ist. In der Voraussetzung, daß dieses Transportmittel bald zur Anwendung kommen werde, ist mit Ausführung des seit 1873 projectirten Winterhafens bei Neckargemünd zwischen dem linkseitigen Elsenzufer und dem Bahnhofe gezögert worden. Dieser Hafen sollte nach dem Bedürfniß für badische und hessische Schiffe einen Flächeninhalt von 8500 □Meter erhalten. Die Kosten wurden auf 50,000 Fl. berechnet. —

Die Flößereiabgaben hörten vom 1. Juni 1870 auf. (Bundesgesetz-Blatt, S. 312 und Reichsges.-Blatt von 1874, S. 14.)

Als Flußhafengebiet in Heidelberg ist 1873 das linke Neckarufer von der Jacobsstraße bis zur Bergheimer Mühle bestimmt worden. (Ges.- u. Verordn.-Bl. 1873, S. 178.)

Der mit dem Mannheimer Hafen und Güterbahnhof verbundene Holzmarkt gab Veranlassung, daß 1872/5 in Heilbronn ebenfalls ein Floßhafen erbaut, in Verbindung mit dem dortigen Bahnhofe und dem Neckar gebracht und damit ebenfalls ein Markt für Schnittwaaren errichtet wurde.

Der Straßenverkehr hat sich seit 1856 zwischen Mannheim und Seckenheim verdoppelt, er stieg von 194 auf 301 Zugthiere pro Tag. Auch zwischen Heidelberg und Neckargemünd und bei Sinsheim ist eine Steigerung von 237 auf 263 Zugthiere bemerkbar. Im Uebrigen wurden 70 bis 100 Zugthiere täglich beobachtet.

Die nachweisbaren Kosten für Verbesserung dieser Straße belaufen sich auf 228,194 Fl. = 391,188 Mark, wozu noch 5,622,853 Mark für die Wasserstraße des Neckars beizurechnen sind.

Nr. 4.

Straße von Wiesenbach nach Würzburg.

Länge in Baden	106,87	Kilom.	=	24,0	St.
„ „ Baiern	12,90	„	=	2,9	„
zusammen	119,7	Kilom.	=	26,9	St.

Nr. 5.

Straße von Auerbach nach Königshofen.

Länge 49,8 Kilometer = 11,21 Stunden.

Die Ereignisse früherer Zeit, welche sich auf den Bau und Verkehr dieser beiden Straßen beziehen, sind mit einander so innig verflochten, daß es zu Vermeidung von Wiederholungen nöthig ist, sie im Zusammenhang zu betrachten.

Ein großer Theil der Ortschaften, welche an den beiden Straßen oder in ihrer Nähe liegen, besitzen Namen, die sich auf die keltische Sprache zurückführen lassen, wie Wimmersbach, Daudenzell, Asbach, Obrigheim, Neckarelz, Mosbach, Lohrbach, Neckarburken, Dallau, Auerbach, Osterburken, Seckach, Mudau, Buchen, Walldürn, Hettingenbeuren, Hardheim, Wölchingen, 2c. Bei Mosbach, Dallau und Auerbach wurden auch keltische Gräber geöffnet. (Mone, Archiv I. Zeitschr. 17. Bd.)

(1) Die größten Schiffe von 3000 Centner Ladfähigkeit sind 50 Meter lang, 2,3 Meter tief und 8 Meter breit, oder 2,4 Meter tief, 6,3 Meter breit und haben einen Tiefgang von 1,3 Meter. Die meisten Schiffe sind 24—30 Meter lang, 2 Meter tief und 3—4 Meter breit mit 1,20 Meter Tiefgang. Die Steinschiffe tragen 500—2000 Centner. 1872 waren in Baden 361 Segelschiffe mit 566,774 Centner Ladfähigkeit vorhanden. Die Flöße sind höchstens 286 Meter lang. 7½ Meter breit. (2) Siehe Gutachten hierüber von 1873. — Heilbronn, Schell'sche Buchdruckerei.

Man darf deshalb wohl annehmen, daß die Römer, als sie diese Gegend besetzten, nicht allein keltische Niederlassungen, sondern auch schon Verbindungswege fanden, die sie benutzten und verbesserten. Auch hier fehlt es nicht an Nachweisen ihres Aufenthaltes. (1) Von dem römischen Pfahlhage sind jetzt noch Baureste vorhanden. (2) Bei Gauangeloch führt auf dem nordwestlichen Bergrücken eine „Römer-Straße" hin, auf der sich ein Zollstock von 1610 befand, daher noch in neuerer Zeit benutzt wird. Die Straße von Impfingen nach Würzburg wurde „hohe Straße" genannt; jene bei Waldenhausen „Heerweg."

Als ältester Straßenzug im Mittelalter wird der, von Neckargemünd, über Rainbach nördlich an Lobenfeld vorüber und fast gerade nach Reichardshausen, dann über Obrigheim und Neckarburken nach Osterburken ziehende, bezeichnet. Mehrere Theile dieses Straßenzugs deuten auch auf römischen Bau wie namentlich jene zwischen Schwäbisch-Gemünd und Waldwimmersbach, welche Straße „alter Postweg" heißt. Da dieser Weg am sog. Lerchenbuckel hinzieht, darf man an keltischen Ursprung denken. Später wird die Straße von Neckargemünd über Wiesenbach, Lobenfeld, Spechbach, Epfenbach, Helmstadt, Asbach und Obrigheim als Landstraße genannt. (Widder, Beschreibung der Pfalz 1876 II.)

Als uralter Handelsweg ist die sog. Sachsen- oder Leipzigerstraße bekannt, welche von Magdeburg, Leipzig und Dresden über Würzburg, (3) Distelhausen, Königshofen, (4) Sachsenflur, Boxberg, (5) Adelsheim, (6) Mosbach, Neckarelz, Obrigheim, Sinsheim und Bruchsal führte. Eine Abzweigung hievon ging von Boxberg über Schwabhausen, Oberwittstadt, Hüngheim, Merchingen, Ober- und Unterkessach und Widdern nach Heilbronn. Dieser letztere Weg vermittelte einen großen Theil des Verkehrs von Nürnberg nach Heilbronn und Wimpfen, so lange die directe Verbindung über Ansbach und Hall mangelhaft war. Ein großer Theil des Holzes aus dem Odenwald wurde auf der Elz nach dem Neckar geflößt, die älteste Urkunde hierüber ist von 1349.

Nachdem um das Jahr 1730 die auf 9 Bogen (à 24 Fuß Lichtweite) ruhende, wahrscheinlich 1566 erbaute, steinerne Brücke bei Königshofen durch Hochwasser zerstört war, und die Communication über die in Folge dieses Naturereignisses gebildeten 2 Arme der Tauber nur mit hölzernen Steegen wieder hergestellt wurde, also die schwereren Fuhrwerke, zeitweise mit großer Gefahr, durch den Fluß selbst fahren mußten, zog sich der Handelsverkehr allmählich von der Boxbergerstraße ganz ab und suchte seinen Weg durch das sogenannte Ried in das württembergische Gebiet nach Heilbronn. Die alte und schlechte Boxberger Straße kam hierdurch vollständig in Verfall.

Da nun Baden-Durlach schon im Jahre 1743 Hand angelegt hatte, von Durlach über Pforzheim nach Heilbronn eine gute Straße herzustellen und die Ausführung dieses Baues auch wirklich in der Zeit von 1743—1750 erfolgte, auch württembergischer Seits im Jahr 1761 die Verbesserungsarbeiten an dieser Straße eingeleitet wurden, sah sich Churpfalz bedroht, den ganzen

---

(1) Der limes transrhenanus, — ein 16 Fuß hoher Wall von 40—50 Fuß Grundfläche mit 10—12 Fuß tiefem Graben — führte von Welzheim nach Jaxthausen und über Osterburken nach Walldürn, Freudenberg und Aschaffenburg unter den Namen: Pfahlhag, Pfahlgraben, Landhecke rc. Paulus, Der römische Grenzwall. Bei Lobenfeld fand man einen römischen Grabstein und einen Votivstein zu Ehren des Mithras. In Obrigheim wurden ein Merkurtempel aus dem 3. Jahrhundert und viele römische Münzen, in Neckarburken eine Ara der Minerva, Ziegel der 22. Legion und viele Münzen, in Neckarelz, Buchen und Seckach römische Münzen, in Walldürn eine Ara des Mars und drei der Victoria, in Osterburken Reste eines Lagers und viele Waffen und Geräthe, Münzen nicht über 270 nach Chr., eine Ara des Jupiters und Ziegel der 8. und 22. Legion gefunden. (2) Dieser Bau wurde von Tiberius (14—37) angefangen, von Domitian (81—96) fortgesetzt, von Trajan (98—117) vollendet und von Hadrian (117—138 verstärkt. Leichtlen, Forschungen I. Schriften des Alterthums-Vereins 1846. Bei Lobenfeld faud man 2 römische Votivsteine. Coll. Lex. (3) Würzburg, der älteste Ort in Ostfranken, hatte schon 1030 Jahrmarkt, Schiffszoll und Münze; es wurde hier viel Zwischenhandel, Gewerbe und Schifffahrt betrieben. Schon 1621 führte hier eine steinerne Brücke über den Main. (Zeiler, Reisen.) (4) Der Ursprung von Königshofen geht auf einen königlichen Maierhof (villa regia) zurück. Urkundlich ist der Ort 823 nachgewiesen. Das sehr alte, durch Urkunden nicht mehr nachzuweisende Privilegium dieses Ortes: alljährlich im September 3 Tage Markt zu halten, wurde durch Kaiser Carl V. am 19. September 1530 erneuert. Später wurde die Marktzeit auf 8 Tage erstreckt und der Markt ist jetzt noch der größte in Baden. Pfalz übte das Geleit bis Königshofer Brücke unter fortwährender Einsprache von Mainz, was zu vielen Excessen Anlaß gab. Pfalz errichtete im 17. Jahrhundert in Königshofen, Mainz unter Sachsenflur eine Zollstätte. (5) Boxberg gehörte im 12. Jahrhundert den Herren gleichen Namens und hatte 1332 schon Stadtrechte. Die Stadt wurde im 14. Jahrhundert pfälzisches Lehen der Herren von Rosenberg und war 1691—1740 dem Bischof von Würzburg verpfändet. Boxberg kam 1803 an Leiningen, 1806 an Baden. Die schöne, noch sehr erhaltene Burg wurde 1845—1868 abgetragen. Stocker, Chronik von Boxberg 1867. (6) Adelsheim erhielt von Carl IV. Stadtrechte und stund unter Würzburg, dann unter Mainz und kam 1806 an Baden

Verkehr aus dem Tauberthal über Mosbach (1) nach Heidelberg zu verlieren und befaßte sich daher in derselben Zeit mit dem Gedanken, nicht nur von Heidelberg nach Heilbronn zu bauen, sondern auch die alte Handelsstraße nach Würzburg mit Einhaltung der möglichst kurzen Linie von Wiesenbach über Waldwimmersbach, wo eine Zollstätte und Poststation errichtet wurde, nach Aglasterhausen und über die Mörtelsteiner Höhe nach Obrigheim (2) und Marbach wieder herzustellen, beziehungsweise zu verbessern. Die Hoffnung auf einen günstigeren Betrieb der Saline bei Mosbach wirkte fördernd auf diesen Straßenbau, daher Ende 1763 mit den Arbeiten zwischen Wiesenbach und Mörtelstein (3) begonnen wurde. Der Bau dieser Abtheilung war im Jahre 1765 in der Hauptsache vollendet, und es folgte hierauf 1775—1778 die Bauausführung von der Mörtelsteiner Gemarkung bis Mosbach.

Die ganze Straße sollte eine Breite von 28 Fuß mit 24 Fuß Versteinung und beiderseits Fußpfade von 2 Fuß Breite erhalten. (4)

Für die Bauausführung war, wie allgemein in der Pfalz üblich, vorgeschrieben: daß für die Güter aus gemeinen Mitteln oder durch Umlagen nach dem Schatzungsfuß oder aus der Chausseecasse Entschädigung zu leisten sei. Auch die Kosten für Anschaffung des Baumaterials, Ausheben der Gräben, Steinschlagen, Setzen der Liniensteine, für Dohlen, Brücken und Aufsicht waren aus allgemeinen Mitteln, bezw. aus der durch Gemeindebeiträge dotirten Chausseecasse zu bestreiten. Alles andere, wie Auf- und Abladen, Beifuhr, Vertheilung des Materials, hatte durch Hand- und Spannfrohnden zu geschehen. (5)

Die Bauarbeiten umfaßten nicht allein die Verbreiterung und Chaussirung, sondern auch verschiedene Correctionen, worunter namentlich jene bei Aglasterhausen zu erwähnen ist. (6)

Jenseits des Neckars sollte die Straße über Diedesheim, Neckarelz, (7) Mosbach, Adelsheim, Osterburken, Rosenberg, Hirschlanden, Berolzheim und Boxberg nach Königshofen ziehen. Da aber bei diesem Straßenbau außer der Pfalz auch Churmainz wegen Osterburken, Berolzheim, und Königshofen, Löwenstein wegen Rosenberg, die Reichsritterschaft wegen Adelsheim und Schweigern betheiligt waren, erließ Churpfalz im Jahre 1773 unter Bezugnahme auf die reichspolizeilichen Gesetze eine Aufforderung zur Mitwirkung. Churmainz gab mit sichtlichem Rückhalt eine zustimmende Erklärung, die übrigen Gebietsherren aber, insbesondere Löwenstein und die Ritterschaft suchten sich der Theilnahme zu entziehen.

Dennoch kam nach längeren Verhandlungen unterm 4. October 1774 mit Löwenstein ein Vertrag zu Stande, wonach die Straße bis Königshofen in 4 Jahren hergestellt, der Bau von Rosenberg bis Hirschlanden aber sogleich begonnen und binnen Jahresfrist vollendet werden sollte.

Dieser Vertrag wurde aber erst im Jahre 1776 vollzugsreif, da Churmainz inzwischen die Absicht kundgegeben hatte, von Oberschefflenz über Buchen, Walldürn und Hardheim nach Tauberbischofsheim zu bauen, in welchem Falle die Interessen von Löwenstein mehr als bei dem Bau über Rosenberg nach Boxberg befördert zu werden Aussicht hatten.

In den Jahren 1776/74 stellte Churpfalz auch die Straße vom Neckar bis Mosbach her und verwendete insbesondere für den Bau einer Brücke zwischen Diedesheim und Neckarelz 3000 Fl.

---

(1) Kaiser Otto II. schenkte die Abtei Mosbach 976 dem Domstift Worms. Das dazu gehörige Dorf wurde von Rudolf von Habsburg zur Stadt erhoben, 1479 kam Mosbach an die Pfalz und wurde Sitz der Pfalzgrafen Otto I. und II. und Geleitsstätte der Pfalz. 1762 wurde hier eine Saline und 1770 eine Fayencefabrik errichtet. Von der Pfalz kam Mosbach 1803 an Leiningen und dann 1806 an Baden. Die Stadt war im 17. Jahrhundert durch Fabrikation von Messern und Degenklingen berühmt. (2) In einer Kaufurkunde von 1319 wird die Straße von Aglasterhausen nach Obrigheim „die rechte Straß" genannt. Widder, Die Pfalz I. 415. Bei Obrigheim war schon unter den Römern ein Uebergang über den Neckar. Mone, Zeitschrift X. 387 und Urgeschichte I. 183. Der Ort kam 1400 an die Pfalz. (3) Die Landstraße wurde oberhalb Mörtelstein angelegt, der Zoll wurde aber im Ort selbst erhoben. Widder II. 100. Der Fall, daß die Zollstätten zur großen Belästigung des Verkehrs von der Straße entfernt waren, kam in der Pfalz nicht selten vor. (4) Der Plan war von dem churpfälzischen Ingenieur-Lieutenant Magnier entworfen. (5) Archiv-Acten. (6) Die alte Straße führte nämlich durch den untern Theil von Aglasterhausen mit einer Furth durch die Schwarzbach und durch die Gemarkung Reichartshausen an der sog. Klammsmühle vorüber auf die Höhe, wo der Weg nach dem Orte Haag von der jetzigen Landstraße abgeht. Aus Dankbarkeit für den neuen Straßenbau errichtete die Stüber-Cent dem Churfürsten C. Theodor an der Schwarzachbrücke in Aglasterhausen ein steinernes Monument mit der Inschrift: „Carolo Theodoro E. P. D. B. Auctori viae hujus in levamen Commercii Stratae hoc, grati devotique animi monumentum erigit Centena Stiberiana anno dom. 1782". (7) Hier befindet sich noch ein Templerhaus mit Kirche und Capitelsaal. Der Templer-Orden wurde im 14. Jahrhundert aufgehoben.

So war nun die Straße bis Mosbach in der Hauptsache planmäßig ausgeführt, die Vollendungsarbeiten erstreckten sich aber bis zum Jahre 1778, in welcher Zeit auch die nöthigen Anordnungen für die Unterhaltung des Baues durch Aufstellung von Straßenwarten und durch Zutheilung bestimmter Straßenabtheilungen an die Gemeinden getroffen wurden. Im Jahre 1786 wurde die Chaussee bei Schweigern(1) hergestellt.

Es handelte sich nun um die Fortsetzung des Baues von Mosbach bis Königshofen.

Zu diesem Ende wurde Seitens der Pfalz im Jahre 1789 angeordnet, daß die Straße von Mosbach über Dallau, Neckarburken, Auerbach und Oberschefflenz(2) theils verbessert, theils neu hergestellt werde.

Von Mosbach bis zur Saline wurde alsbald mit den Arbeiten begonnen; dagegen fand der Bau resp. die Wiederherstellung der alten Straße über Dallau und Neckarburken (Widder II.) im Elzthal(3) wegen des Aufwandes für Kunstbauten ꝛc. so viele Schwierigkeiten, daß man es vorzog, den Weg über die Schefflenzer Höhe bis Oberschefflenz herzustellen. Von hier bis Adelsheim war der Weg schon früher durch die Gemeinden verbessert worden. Abgesehen von der bedeutenden Steige, die von Mosbach auf die Höhe im Wesentlichen beibehalten und nur verbreitert und chaussirt wurde, zeigte sich bald der weitere Nachtheil dieses Straßenzuges, daß auf mehr als 3 Stunden Länge kein einziges Haus an der Straße stund und dieselbe darum auch unsicher wurde.

Nach einer höchsten Anordnung vom 22. Mai 1790 sollte daher der Bau von Gebäuden an dieser Straße mittelst Privilegien in der Art befördert werden, daß 1. für die neuen Gebäude auf 20 Jahre Steuerfreiheit bewilligt wurde; 2. daß jeder, der mit Haus und Scheuer und 30 Morgen Feld sich an der Straße ansiedelt, 30 Fl. aus Cameralmitteln erhält; 3. daß nach Anlage von 10 Häusern mit Familien die Bildung eines eigenen Dorfes mit Vorständen und Schullehrern zugesichert wurde.

Alle diese Zugeständnisse blieben ohne Erfolg, da sich in der unwirthlichen Gegend Niemand niederlassen wollte.

Da bis zum Jahre 1785 bei Königshofen noch immer keine Brücke für schwere Fuhrwerke erbaut war, schloß Churpfalz unterm 7. September dieses Jahres mit der Deutschordens-Commende in Mergentheim einen Vertrag über Herstellung einer directen, über das Gebirg führenden Straße von Schweigern(4) nach Mergentheim ab, um dem Handelsverkehr einen Ausgang in das Tauberthal zu sichern. Dieser Bau wurde 1788—1790 ausgeführt, die dabei eingehaltenen sehr lästigen Steigen waren aber dem Verkehre natürlich nicht förderlich.

Zwischen Adelsheim und Boxberg war inzwischen nur sehr weniges geschehen, da die Interessen von Churmainz und Löwenstein sich auf den Straßenzug über Buchen nach Tauberbischofsheim concentrirten, weil dieser Zug sich mehr den Löwenstein'schen Besitzungen näherte und fast ganz durch mainzisches Gebiet führte.

Die Pfalz verbesserte zwar die Straße in dem Bezirke des Amtes Boxberg, woselbst sie, wie an den meisten anderen Orten, nur die Breite für ein Fuhrwerk, kein Fundament und keine Gräben hatte und überdies an manchen Stellen der starken Gefälle wegen sehr gefährlich war, allein in den Gemarkungen Adelsheim,(5) Osterburken und Rosenberg bestund der schlechte Zustand fort, so daß sich Erzherzog Karl als Reichsfeldmarschall im Jahre 1797 genöthigt sah, die Verbesserung des Weges mittelst Kriegsfrohnden bewirken zu lassen und militärische Execution anzuwenden.(6) Natürlich geschah auf diese Weise nur das Allernöthigste zur Befriedigung des

---

(1) Schweigern hatte Marktrechte von Heinrich VI. Stocker, Chronik von Schweigern 1867. (2) 1367 erhielt der Erzbischof von Mainz von Carl IV. die Erlaubniß, das Dorf Oberschefflenz zu einer Stadt zu machen und einen Wochenmarkt zu halten. Maurer, Städteverfassung I. S. 25. (3) Sie zog südlich zwischen dem Gutleuthaus und der Capelle durch den jetzigen Kirchhof in einer Breite von 10 Fuß, und ging unweit von Mosbach über die Elz auf dem rechten Ufer gemeinsam mit der Straße nach Sattelbach. Bei Dallau zog die alte Straße einseits nach Miltenberg, anderseits nach Würzburg. (Widder, Die Pfalz). Durch den Eisenbahnbau wurden bei Dellau und Neckarburken Sandsteinbrüche aufgeschlossen, welche, da sie an die Bahn gränzen, gerne benützt werden. (4) Die alte Straße ging von Adelsheim über die Wingertstieg nach Wemmershof, Marienhöhe und kam oberhalb Osterburken in die Straße nach Berolsheim. Auf dem rechten Ufer des Kirnaubachs bestund keine Straße nach Osterburken. (5) Schweigern hatte damals 4 Herren: von Hatzfeld, von Gemmingen, von Hohenheck und von Seyfried. (6) Rosenberg erhielt eine Abtheilung Pioniere mit Bedeckung von Husaren als Execution. Rosenberg, früher würzburg'sches Lehen der Grafen von Hatzfeld, kam 1680 an den Deutschorden, 1735 an Löwenstein.

augenblicklichen Bedarfs, daher die Straße bald wieder von schweren Fuhrwerken gemieden wurde.

Dies gab der Fürstlich Leiningen'schen Regierung, welche im Jahre 1803 an die Stelle der churmainzischen getreten war, (1) Veranlassung, von Oberschefflenz aus eine gute Straßenverbindung mit Miltenberg und Tauberbischofsheim anzubahnen und im Jahre 1804 zu beschließen, daß von Oberschefflenz über Klein- und Großeicholzheim, Waldhausen, Buchen, Walldürn nach Amorbach und Miltenberg und andererseits über Hardheim nach Bischofsheim auf Rechnung der allgemeinen Landeskostencasse eine neue Straße herzustellen sei.

Der Bau begann 1804 mit Verbreiterung auf 20 Fuß und mit Correction der alten Straße nach Königheim, da der Weg hier nur 12—13 Fuß breit war. Die Handfrohnden und 300 Fuhren wurden unentgeltlich, die weiteren Fuhren gegen 6 Xr. Entschädigung pro Fuhre geleistet. Güter wurden aus der Chausseecasse angekauft.

Der ganze Aufwand für diese Casse betrug 10,000 Fl. Der Bau wurde im Accord ausgeführt.

Die Ausführung des Baues von Schefflenz nach Waldenhausen erfolgte aber erst in den Jahren 1806—1809, nachdem das Fürstenthum Leiningen durch die Rheinbundesacte von 1806 unter badische Hoheit gekommen war.

Bei dieser Bauausführung wurden die früher in der Pfalz üblichen Grundsätze bezüglich der Vertheilung der Baukosten angewendet.

Die ritterschaftlichen Orte des vormaligen Cantons Odenwald, sofern sie nicht schon zu einem anderen Chausseebau beigezogen waren, leisteten wegen Kleineicholzheim einen Beitrag von 3400 Fl.

Auch die Straße von Walldürn bis Hardheim und von da bis zur Einmündung in die alte Bischofsheim-Külsheimer Straße auf der Külsheimer Höhe beim sog. Zigeunerstock (2) wurde in den Jahren 1808—1810 hergestellt.

Die damals schon projectirte Umgehung der Steige von Buchen nach Walldürn durch Herstellung einer guten Straße über Hainstadt unterblieb, und man beschränkte sich darauf, die längst bestehende beschwerliche Straße in derselben Zeit zu verbessern. Leider war mit dem bedeutenden Aufwand nicht viel erzielt, da bei allen diesen Straßenverbesserungen viel zu große Gefälle eingehalten wurden. (3)

Noch immer war die Straße von Adelsheim nach Osterburken in einem sehr schlechten Zustande, daher die badische Regierung im Jahre 1808 die Anlage einer Straße auf dem rechten Ufer der Kirnau mit allem Nachdruck anordnete; die Ausführung stieß jedoch wegen der Frohndleistungen auf sehr großen Widerstand, daß trotz der militärischen Execution, (4) welche nach Adelsheim beordert werden mußte, die Vollendung der Arbeit erst 1813 erfolgte.

Auch die Abtheilung von Osterburken den Berg hinauf zu der alten, von Rosenberg herziehenden Straße sollte mit einer soliden Steindecke versehen werden, da die Steige nur mit großer Gefahr für Menschen und Vieh benützbar war.

Das Widerstreben der Gemeinden gegen die Frohndleistungen verzögerte aber auch diese Arbeit bis 1815, in welcher Zeit endlich die noch fehlenden Correctionen und Verbreiterungen zwischen Osterburken und Angelthürn zur Ausführung kamen. Der aus der Staatscasse hiefür bestrittene Aufwand bestand in 11,560 Fl. (5)

Da die Straße über Buchen (6) und Walldürn (7) bis zum sog. Landthurm bei Külsheim

---

(1) Durch Reichsdeputationshauptschluß von 1803 wurde das Fürstenthum Leiningen geschaffen: 1) aus den mainzischen Aemtern Miltenberg, Buchen, Seeligenthal, Amorbach, Tauberbischofsheim und der Abtei Amorbach; 2) aus den würzb. Aemtern Grünsfeld, Lauda, Hardheim, Ripperg und der Abtei Gerlachsheim; 3) aus den pfälz. Aemtern Boxberg und Mosbach. (2) Die sog. Zigeunerstöcke (Pfähle mit angeschlagener polizeilicher Vorschrift über die Wanderung der Zigeuner) waren im vor. Jahrh. nicht selten an den Landstraßen, an der Steige zwischen Rippur und Ettlingen stund z. B. auch ein solcher. (3) Tulla führte diesen Bau in einer Denkschrift von 1811 über die Organisation des Ingenieurfaches in Baden, als ein Beispiel dafür an, daß die Ingenieure und nicht die Bezirksverwaltungsbeamten (wie hier geschehen) die Bauplane festzustellen haben. (4) Bestehend in 1 Officier und 13 Mann. (5) Die Gemeinden Oeslingen, Boxberg, Angelthüren, Uiffingen, Berolzheim, Assamstadt, Eubigheim, Hirschlanden, Merchingen, Ruchsen und Osterburken wurden zur Concurrenzschaft beigezogen. (6) Buchen bestund schon im 8. Jahrhundert. Seit 1216 Stadt, 1309 an Churmainz, 1717 abgebrannt, 1803 an Leiningen, 1807 an Baden. Früher Wollspinnerei, Weberei und Ofenfabrikation bedeutend. Die alte Straße von Buchen nach Waldhausen führte über den Kriselberg gegen Oberneudorf, die neue an dem Geisberg, Galgenberg und Köhnberg hin. Die alte und die neue Straße kommen in Buchen bei der Capelle am südlichen Ende der Stadt zusammen. (7) Bei Walldürn stund ein römisches Castell. Man fand hier einen Altar mit Inschrift zu Ehren des Kaisers

fast ganz neu hergestellt war und dieser Weg unter dem Namen „Bauland-Straße" als Poststraße nach Würzburg benützt wurde, verlor die Straße über Adelsheim und Boxberg so bedeutend an Verkehr, daß deren Aufnahme in den allgemeinen Staatsstraßenverband abgelehnt werden mußte, weil der Handelsverkehr nach Würzburg nun über Tauberbischofsheim und nicht mehr über Boxberg ging.

Die Aufnahme in den Verband erfolgte erst 1823, in welchem Jahr auch ein Postwagencours über Hardheim und Bischofsheim nach Würzburg errichtet war.

Die wichtigeren Verbesserungen, welche von dieser Zeit an an den beiden Straßen vorgenommen wurden, werden nun hier getrennt nach den Straßen aufgeführt.

Nr. 4. Straße von Wiesenbach nach Tauberbischofsheim und Würzburg.

Das größte Hinderniß für den Verkehr auf der Route nach Würzburg bot der Mangel einer festen Brücke über den Neckar dar, indem hier eine Fähre benützt werden mußte, welche Fürstlich Leiningen'sches Erblehen war.

Schon im Jahr 1809 war Oberingenieur Tulla durch Cabinetsschreiben zur Erstattung eines Gutachtens über die Herstellung eines zweckmäßigeren Neckarübergangs aufgefordert worden, und derselbe brachte auch in einem Vortrag vom 16. Februar 1810 den Bau einer Schiffbrücke bei Obrigheim in Vorschlag.

Nach langen Erörterungen über die Wahl der Baustelle wurde endlich im Jahr 1828 an den auf 40,000 Fl. veranschlagten Kosten 16,000 Fl. bewilligt. Der Ueberschlag forderte nämlich, in der Voraussetzung, daß die nöthigen Fuhr- und Handfrohnden geleistet werden, für eine 28 Ruthen lange und 24 Fuß breite Schiffbrücke mit nur 80 Centner Tragfähigkeit (1) 18,000 Fl., für Verlegung des Elzbetts und für Anlage eines Winterhafens für die Brückenschiffe 12,000 Fl., für die Straßen zu der Brücke auf beiden Seiten des Neckars 10,000 Fl.

Ein im Jahr 1829 aufgestellter neuer Ueberschlag verlangte für diese Bauausführungen bei Annahme einer breiteren Brücke mit größerer Belastungsfähigkeit 50,000 Fl., ohne die Entschädigung der Fürstlich Leiningen'schen Erblehenfähre. Die Anfahrt auf die Brücke sollte mit 8 Procent Gefäll erstellt werden.

Der Bau begann 1830 und die Brücke wurde im December desselben Jahres aufgestellt. Der wirkliche Aufwand entsprach dem neuesten Kostenüberschlag.

Die Frohndbeiträge wurden auf 2273 Fl. berechnet, wovon der Amtsbezirk Mosbach $1/2$ und die Bezirke Neckerbischofsheim, Neckargemünd und Sinsheim je $1/6$ übernahmen.

Einschließlich des Aufwands für Brückenmeisterwohnung und ein Magazin, welche 1832 vollendet wurden, belief sich der Gesammtaufwand auf 69,000 Fl.

Die Brücke hat 15 hölzerne Pontons, wovon 3 zu einem beweglichen Durchlaß verbunden sind; ihre Länge beträgt 282 Fuß, die Fahrbahnbreite 24 Fuß und die Tragfähigkeit 350 bis 400 Centner.

Die Brücke ist Staatseigenthum und wird von der Straßenbauverwaltung unterhalten.

Am 2. Januar 1870 wurde die Brücke durch den Eingang abgetrieben. Bei Wiederherstellung wurde statt der doppelten Fahrbahn eine einfache von 12 Fuß Breite hergestellt, da diese dem jetzigen Verkehr genügt. (2)

Die vielseitig gewünschte Verlegung der Brücke nach Neckargemünd wurde durch die Aussicht auf den Bau einer Eisenbahn auf dem rechten Neckarufer von Heilbronn über Neckarelz und Eberbach nach Neckargemünd verschoben, sie wird aber nun ganz unterbleiben, da mit der Eisenbahnbrücke bei Neckargemünd auch eine Straßenbrücke verbunden werden soll.

Da von den Steigen bei Obrigheim, Mosbach, Buchen, Hardheim, Tauberbischofsheim und Großrinderfeld jene zwischen Mosbach und Oberschefflenz für den Verkehr als die lästigste angesehen wurde, weil sie auf eine Länge von 6600 Fuß nicht nur Gefälle von 6—12 Procent enthielt, sondern auch über eine unwirthliche und unbewohnte Höhe führte, beschäftigte man sich

---

Mark Aurel und Lucius Verus, etwa aus dem Jahr 161 nach Chr. Die Wallfahrt zum heiligen Blut in Walldürn wurde 1330 errichtet; sie wird jährlich von ca. 40,000 Wallfahrern besucht, die größtentheils aus Baiern kommen. (1) Die größte Belastung der Fuhrwerke war damals auf 80 Centner bestimmt. (2) Die Frequenz der Brücke betrug 1867, also nachdem die Eisenbahn nach Würzburg schon in Betrieb war, monatlich an Personen 15,171, an Zugthieren überhaupt 2533, an Güter- und Salzfuhren 225. 1868 an Personen 12,764, an Zugthieren 2035, an Güter- und Salzfuhren 107. Der Verkehr ist daher in Abnahme begriffen. 1858/60 passirten 10,000 Schiffe und 900 Flöße durchschnittlich per Jahr die Brücke. Das Brückengeld ist seit 1860 aufgehoben. (Reg.-Bl. S. 304.) Dasselbe hatte 1860 noch 2611 Fl. ertragen.

schon im Jahr 1831 mit dem Gedanken einer Correction. Bezüglich der einzuhaltenden Richtung traten hauptsächlich zwei Projecte mit einander in Concurrenz, nämlich das eine von Mosbach über Neckarburken, Dallau, Rittersbach, Heidersbach nach Waldhausen, das andere von der Auerbacher Mühle über Oberschefflenz, Klein- und Groß-Eichholzheim nach Bödigheim.

Die im Jahr 1842 vorgenommenen Messungen ergaben, daß die letztere Zugslinie $6^3/_4$ Stunden lang, also $^3/_4$ Stunden länger als die erstere wäre, daß ferner die sehr lästigen Wendungen in Oberschefflenz und Kleineichholzheim, sowie die beschwerlichen Gefällswechsel der alten Straße von Oberschefflenz bis Großeichholzheim die Verlegung dieses Zuges auf das linke Ufer des Kubachs bedingen und auch von Großeichholzheim über Bödigheim nach Buchen keiner der bestehenden Wege, welche mehrmals 10—12 Procent Steigen besitzen, beibehalten werden konnte, so daß also von Oberschefflenz bis Buchen eine vollständig neue Straße erbaut werden müßte, wodurch der Bauaufwand gegenüber dem anderen Project sich namhaft gesteigert haben würde.

Dagegen mußte zu Gunsten des Bödigheimer Projects anerkannt werden, daß der Uebergang über den Galgenbuckel zwischen Bödigheim und Buchen um 240 Fuß niederer als jener über die Einbacher Höhe bei dem Waldhauser Project erschien.

Nach vielfachen Erörterungen entschieden sich sämmtliche betheiligte Behörden für das Elzthalproject über Waldhausen.

Dieser letztere Plan hatte jedoch nothwendig auch den Bau einer Straße von der Auerbacher Mühle (1) bis Oberschefflenz zur Folge, um den von Adelsheim herkommenden Straßenverkehr, der sich seither ebenfalls über die Mosbacher Steige zu bewegen hatte, bei der gedachten Mühle in die neue Straße von Mosbach nach Buchen einzuleiten.

Die Länge der neuen Straße von Mosbach bis Waldhausen durch das Elzthal war auf $3^3/_4$ Stunden, jene der Verbindungsstraße von der Auerbacher Mühle bis Oberschefflenz auf $^5/_4$ Stunden bemessen. (2)

Nach approximativem Ueberschlage war für diese Straßenneubauten ein Aufwand von 173,000 Fl. erforderlich, wovon in dem außerordentlichen Budget für 1844/45 40,000 Fl. bewilligt wurden.

Nach der gegebenen Vorschrift war die Straße in einer Breite von 24 Fuß mit 18 Fuß Fahrbahn herzustellen. Der Steinsatz hatte eine Stärke von 4 Zoll und eine Höhe von 4 Zoll zu erhalten. Die Fugen waren mit 2 Zoll Schotter von $1^1/_4$ Zoll Durchmesser auszukeulen und abzuwalzen, sodann 4 Zoll Schotter aufzubringen, so daß die ganze Versteinung 10 Zoll betrug.

Der Bau wurde im Mai 1845 von Mosbach bis gegen Auerbach begonnen.

Der im Jahr 1846 aufgestellte detaillirte Kostenüberschlag verlangte für die Abtheilung von Mosbach zur Auerbacher Mühle 101,500 Fl., von da bis Waldhausen 76,500 Fl. und von der Auerbacher Mühle bis Oberschefflenz 50,000 Fl., zusammen 228,000 Fl.

Die ersten beiden Abtheilungen wurden im Jahr 1847, die dritte Abtheilung im Jahr 1849 vollendet.

Sämmtliche Grundstücke wurden angekauft und von den Gemeinden keinerlei Beiträge in Anspruch genommen.

Der Gesammtaufwand betrug 263,799 Fl.

Die alte Straße wurde im Jahr 1849 aus dem Verbande ausgeschieden und die neue in die Classe der Staatsstraßen aufgenommen. (3)

Als nächstes Bedürfniß erschienen die Herstellung einer neuen Brücke über die Tauber bei Bischofsheim und die Correction der von Bischofsheim über die Külsheimer Höhe nach Hardheim führenden Straße.

Schon im Jahr 1835 lag es in dem Plan, von Bischofsheim über Königheim und Schweinberg nach Hardheim eine gute Landstraße mit angemessenem Gefäll herzustellen. Der vorhandene Vicinalweg zwischen Tauberbischofsheim und Königheim konnte größtentheils beibehalten werden, von dem Thor bei Königheim aber führte die Straße mit starkem Steigen bis zur Wasserscheide, um von da mit 7 Procent in das Thal bei Schweinberg abzufallen. Der Weg war nur 10—18 Fuß breit und größtentheils ohne Fundament.

---

(1) Auerbach ist im 8. Jahrhundert urkundlich erwiesen. (2) Die alte Straße von Auerbach nach Oberschefflenz ging südlich der jetzigen Straße steil über den Berg mit 10—15% Gefälle, die neue Straße hat bis Großeichholzheim nur 5% Maximalgefäll. (3) An der alten Schefflenzer Steige war für je 20—24 Centner Ladung 1 Vorspannpferd mit 36 Xr. zu bezahlen, die Fracht verminderte sich darum durch die Correction um diesen Betrag.

Nach dem im Jahr 1835 aufgestellten Plan und Ueberschlag war der Aufwand auf 41,873 Fl. berechnet.

Dringendere Bauausführungen verzögerten die Ausführung bis zum Jahr 1845.

Nachdem vorgeschrieben war, daß die Straße eine Breite von 24 Fuß mit einer Fahrbahn von 16 Fuß aus 4 Zoll Gestück und 6 Zoll Schotter mit einer Wölbung von $1/_{40}$ erhalten soll und auf je 250 Fuß Abstand ein Materiallagerplatz anzulegen sei, wurde ein Aufwand von 138,000 Fl. beansprucht.

Die Arbeiten wurden im Herbst 1845 eingeleitet, nachdem zuvor die erforderlichen Grundstücke käuflich erworben waren.

Nur die Gemeinde Königheim leistete einen Beitrag von 2000 Fl. für den Ankauf der unteren Mühle, deren Entfernung im Interesse der Entwässerung des Orts durch Tieferlegung der Bachsohle nöthig war.

Die Vollendung der Straße erfolgte 1848, der Gesammtaufwand dafür betrug 146,305 Fl.

Die neue Straße wurde sofort in den Verband aufgenommen, die alte aber, bis zum sogenannten Zigeunerstock zwischen Steinfurt und Steinbach, wie jene von der Külsheimer Höhe 1855 aus dem Verband ausgeschieden.

Die alte Brücke bei Bischofsheim, aus steinernen Bogen bestehend, hatte einen zu geringen Fluthraum, daher sie oft Ueberschwemmungen veranlaßte und schon im Jahr 1784 theilweise zerstört wurde. Im Jahr 1844 trat ein ähnliches Ereigniß ein, welches die Brücke größtentheils zernichtete. Man entschloß sich daher im Jahr 1845 zu einem Neubau, der einschließlich der Nothbrücke und der nöthigen Straßenerhöhung auf 48,000 Fl. veranschlagt war. Die Brücke mußte nach dem Plan 4 Pfeiler von Stein nebst steinernen Widerlagern erhalten. Die Fahrbahnlänge war auf 240 Fuß (¹), ihre Breite auf 14 Fuß mit 2 Trottoirs von 4 Fuß bestimmt.

Die Mittellinie der Fahrbahn wurde auf 3 Fuß 9 Zoll über dem bekannten höchsten Wasserstand festgesetzt.

Der Bau kam im Jahr 1849 mit einem Gesammtaufwand von 45,700 Fl. zur Vollendung.

Da diese Brücke einen jährlichen Unterhaltungsaufwand von 800 Fl. erfordert, beabsichtigt man, dieselbe mit eisernem Oberbau zu versehen.

Von den größeren Verbesserungen, welche außer den genannten an der Straße von Wiesenbach nach Würzburg ausgeführt wurden, sind hier anzuführen:

vom Jahr 1832 die Erweiterung der Zufuhrstraße zur Brücke in Diedesheim mit 13,700 Fl., vom Jahr 1839/40 die Correction in Wiesenbach mit 3000 Fl., von 1840 Neubau der Michelbachbrücke mit 3500 Fl., von 1841 Wegräumung des Rathhauses in Neckarelz 1600 Fl., 1842/43 Verbesserung beim Eingang in die Stadt Buchen 2186 Fl.

Trotz aller dieser Verbesserungen entsprachen die Gefällsverhältnisse der Straße von Wiesenbach über Buchen nach Würzburg den Anforderungen nicht, welche man jetzt an Landstraßen stellt, denn die noch vorhandenen Steigen haben Gefälle von 6—14 Procent.

Nach Eröffnung der Eisenbahn von Heidelberg nach Würzburg wurde die Straße von Wiesenbach bis an die baierische Gränze 1864 aus dem Landstraßenverband ausgeschieden, 1868 aber wieder aufgenommen.

Zur Erleichterung des Verkehrs zwischen Buchen und Walldürn entschloß man sich im Jahr 1876, die Correction der Heinstadter Steige auszuführen, wozu in den Gesetzen von 1870 und 1876 50,857 Mark bewilligt wurden. (²)

Der Neubau von Hardheim nach Höpfingen zur Umgehung der Hardheimer Steige, welcher 40,000 Fl. fordert, wurde verschoben.

Nr. 5. Straße von Auerbach nach Königshofen.

Wie schon oben erwähnt, hatten die Bürger von Königshofen (³) auf ihre Kosten im Jahr 1566 eine schöne steinerne Brücke über die Tauber erbaut, „deren gleichen man in Tauberthal nicht fand." (⁴) Ob diese oder eine später erbaute 1730 in Zerfall kam, ist nicht genau zu ermitteln.

---

(1) Die Brücke hat ein Durchlaßprofil von 2412 Quadratfuß; die lichte Weite beträgt zwischen den Widerlagern 235 Fuß, ohne Pfeiler 215 Fuß, die höchste Wassermasse 24,000 Cubikfuß pro Secunde. (2) Von Buchen nach Hainstedt hatten die Gemeinden 1861 eine gute Straße mit 20,000 Fl. erbaut. (3) Königshofen kam 1354 durch Kauf an den Bischof von Würzburg. (4) Sebastian Münster, Cosmographie von 1598.

Die hierauf zum Durchgang durch die Tauber benutzte Furth hatte allmählich eine Länge von 550 Fuß erhalten; das Hochwasser vom Jahr 1824 vertiefte dieselbe aber in dem Maß, daß der durchgehende Verkehr die Route über Boxberg gänzlich verließ und selbst die nachbarliche Communication gehemmt war, weil ohne Brücke der Uebergang über den Fluß nicht mehr möglich war. Man entschloß sich daher im Jahr 1826, nachdem die Straße in den Straßenverband aufgenommen war, zu einem Brückenbau auf Staatskosten.(1)

Der Aufwand für eine nach dem normalen Flußprofil bemessene, 256 Fuß lange Holzbrücke mit 6 Jochen und 2 steinernen Landfesten, sowie für Herstellung einer 28 Fuß breiten Dammstraße wurde auf 5504 Fl. überschlagen; die Ausführung erfolgte nebst der nöthigen Flußcorrection in den Jahren 1826/27 mit den veranschlagten Kosten.(2) In den Jahren 1845/46 wurde eine Hauptreparatur mit 3497 Fl. ausgeführt.

Im Jahr 1840 wurde ein Adelsheim eine Straßenregulirung vorgenommen, welche 1087 Fl. erforderte, und gleichzeitig die Seckachbrücke mit 2000 Fl. hergestellt.

Im Jahr 1876 sollten die alte hölzerne Kirnaubrücke und die Seckachbrücke, die 2 Steinpfeiler und Holzgedeck besitzt, in Eisen umgebaut werden; der Aufwand für erstere ist auf 13,200 Mark, für letztere auf 72,000 Mark berechnet.

Man beschränkte sich vorerst auf den Bau der Seckachbrücke mit 2 Pfeilern, einer Länge von $28^1/_2$ Metern, 7,4 Metern Breite, 5,4 Metern Fahrbahn.

Die Fuhrwerksträger sind horizontal unter der Fahrbahn.

Adelsheim bezahlte dazu statt 10,000 Mark nur 5000 Mark, weil die andere Hälfte nachgelassen wurde.

Die Umgehung der sehr lästigen Steige bei Osterburken, welche auf 240 Ruthen Länge 8—12 Procent Gefäll besitzt, war seit 1852 mehrmals Gegenstand der Petitionen vieler Gemeinden der Aemter Adelsheim und Boxberg, indem die Herstellung einer Straße von Osterburken dem Thal entlang über Rosenberg und Eubigheim nach Boxberg gewünscht wurde, um die Concurrenz mit der von Heilbronn durch das Jaxtthal nach Mergentheim erstellten Straße bestehen zu können. Da aber dieser Bau auf 100,000 Fl. veranschlagt war und die Erbauung einer Eisenbahn von Heidelberg nach Würzburg sich in Aussicht stellte, konnte auf dies Bauunternehmen zur Zeit, wo noch dringendere Bauten auszuführen sind, nicht eingegangen werden und man wird auf dies Project auch nicht in Bälde zurückkommen, da nun die Eisenbahn zwischen Heidelberg und Würzburg hergestellt ist.

Sechs Steigen auf dieser Straße haben noch Gefäll von 6—14 Procent.

Zur Erleichterung des Verkehrs zwischen Dallau und Muggenthal ist 1870 die sogenannte Muggenthaler Steige auf einer Länge von 1500 Metern corrigirt, das Gefäll von 14 auf 6 Procent ermäßigt und die Straße mit 5 Metern Breite angelegt worden.

Der Aufwand betrug 6800 Fl., wovon Dallau durch Geländestellung 910 Fl., Leiningen 500 Fl., Rinek 500 Fl., Muggenthal 600 Fl., Stift Mosbach 150 Fl., Limbach 50 Fl., Krumbach 50 Fl., zusammen 2560 Fl. und die Staatscasse 4240 Fl. übernahmen.

Der nachweisbare Gesammtaufwand für diese Straßen beträgt 627,054 Fl. = 1,074,949 Mark.

Seit 1856 hat sich der Verkehr nur zwischen Diedesheim und Mosbach wesentlich, nämlich von 150 auf 191 Zugthiere pro Tag vermehrt.

Auf den übrigen Straßenstrecken ist er ziemlich gleich geblieben, er beträgt zwischen 70 und 90 Zugthiere täglich.

Der Straße Nr. 4 wird auch die Zufuhrstraße zur Station Tauberbischofsheim beigezählt.

Die Gemeinde Tauberbischofsheim stellte 1868 die Zufuhrstraße zum Bahnhof von ihrem Abgang bei Landstraße Nr. 4 bis zum Weg nach Hochhausen mit einem Aufwand von 1137 Fl. in guten Stand.

Von dem Hochhauser Weg bis an das westliche Ende des Bahnhofes ist die Straße gleichzeitig mit diesem aus Eisenbahnbaumitteln hergestellt worden. Diese Straße wurde 1872 in den Landstraßenverband aufgenommen.

Die Straße zu dem Güterschuppen, die einen Theil des Vicinalweges nach Hochhausen bildet, wird als zum Bahnhof gehörig betrachtet und von der Eisenbahnverwaltung unterhalten.

---

(1) Die Straße von Schefflenz nach Königshofen war 1810 in die II. Classe der Landstraßen eingereiht.
(2) Diese Brücke steht ca. 400 Fuß ober der alten.

Nr. 6.

Straße von Wertheim nach Mergentheim.

Tauberthalstraße.

Länge in Baden . .	42,7 Kilom.	=	9,6 St.
„ „ Württemberg	4,4 „	=	1,0 „
zusammen	47,1 Kilom.	=	10,6 St.

einschließlich von 304 Meter Länge der Zufahrt zur Station Gamburg.

Die keltische Benennung des Flusses und der alten Tauberstadt Rothenburg sowie auch der meisten Orte der Maingegend lassen auf ursprünglich keltische Niederlassung in den Thälern der Tauber und des unteren Mains schließen; und wahrscheinlich sind auch die ersten Straßen in dieser Gegend von den Kelten angelegt worden. Schon im frühen Mittelalter bestunden nach Urkunden, zwischen Mergentheim und Niclashausen, Straßen in dem Tauberthale. Von Mergentheim aufwärts und von Niclashausen bis Bronnbach befanden sich aber im Thale selbst nur Feld- und Karrenwege ohne Zusammenhang. Die eigentlichen Straßen fanden ihre Fortsetzung über das Gebirge.

Da auch Wertheim längs des Mains auf- und abwärts sowie mit dem Spessart nur durch schlechte Landwege zugänglich und bis in die Neuzeit fast ganz auf die Wasserstraße des Mains angewiesen blieb, war der Durchgangsverkehr zu Land daselbst stets ein sehr beschränkter.

Für den durchgehenden Handelsverkehr war nur die Abtheilung der Tauberstraße von Mergentheim bis Tauberbischofsheim von hervorragender Bedeutung, indem der Handel von Regensburg, München, Augsburg, Ulm nach Frankfurt und an den Niederrhein größtentheils, ja zeitweise fast ausschließlich die Route über Krailsheim, Mergentheim, Tauberbischofsheim, Kühlsheim und Neukirchen nach Miltenberg einhielt. Selbst die Nürnberger und Rothenburger benützten diese Straße, weil der Main in den Gebieten von Bamberg und Würzburg meistens mit hohen Zöllen belastet, (1) oft wegen mangelnder Wassertiefe nicht benützbar und unsicher war und der Weg durch die Pfalz über Heidelberg nach Frankfurt wegen der vielen Plackereien in den verschiedenen Hoheitsgebieten von den Kaufleuten gemieden wurde. (2)

Auch als Heerstraße wurde diese Route benützt (3) und mehrere Kaiser reisten der Krönung wegen auf diesem Wege nach und von Frankfurt. (4)

Noch im Anfang dieses Jahrhunderts war der Personen- und Güterverkehr auf dieser Straße so bedeutend, daß der Posthalter in Mergentheim (5) oft täglich bis zu 80 Pferden für Vorspann stellen mußte.

Längere Zeit hindurch wurden Waaren von Rothenburg (6) und Nürnberg bei Tauberbischofsheim auf kleine Nachen verladen und zu Wasser nach Wertheim auf den Main gebracht Auch die Abtheilung von Tauberbischofsheim nach Königshofen bildete einen Theil der sog. Sachsenstraße, welche von Würzburg durch die Pfalz an den Neckar oder Rhein führte, jedoch stets viel weniger Verkehr als die Straße über Mergentheim hatte.

Die Tauberthalstraße war bis in die neue Zeit in keinem guten Stande und mit lästigen Gefällen behaftet. Der Grund lag in den früheren Territorialverhältnissen. (7)

---

(1) Zwischen Bamberg und Frankfurt bestunden 1521 26 Zollstellen am Main. (2) Jäger, Schwäbisches Städtewesen im Mittelalter I. Hüllmann, Städtewesen. Chronik der deutschen Städte. (3) Die Nürnberger schickten 1474 ihr Contingent zu dem Reichsfeldzug gegen Burgund „auf der üblichen Straße" über Bischofsheim und Miltenberg nach Frankfurt und Coblenz. Chronik der fränkischen Städte. Die Steige oberhalb Wachbach nach Krailsheim heißt: „Heersteig". (4) So Leopold I. 1657, Carl VI. 1711, Josef II. 1764. (5) Mergentheim, uralte Besitzung von Hohenlohe, kam 1219 an den Deutschorden, erhielt 1338 Stadtrechte wie Hall, kam 1806 an Baiern, 1819 an Württemberg. Hier weilten die Kaiser: Adolf 1294, Ludwig der Baier 1343, Karl IV. 1357, Wenzel 1380, Ruprecht 1405, Friedrich III. 1492. Der Großmeister des Deutschordens hatte hier seit 1525 seine Residenz. (6) Rothenburg, schon 912 bekannt, wurde 1274 reichsunmittelbar und stund im 14. Jahrhundert in voller Blüthe. Im 16. und Anfang des 17. Jahrhunderts wurde hier viel Seide gezüchtet. — Durch den Lüneviller Frieden kam die Stadt 1802 an Baiern, durch den Pariser Vertrag von 1810 an Württemberg und 1819 wieder an Baiern. Die Stadt hat, wie kaum eine andere in Deutschland, den mittelalterlichen Baustyl bis heute beibehalten. (7) Am Ausgang des Mittelalters waren gleichzeitig noch an dem Tauberthal betheiligt: Reichsstadt Rothenburg, Markgrafschaft Ansbach, Hochstift Würzburg, Grafschaft

Den Hauptmißstand für den Verkehr bildete die Straßen-Abtheilung von Niclashausen nach Wertheim, (1) welche bei ersterem Orte das Tauberthal verließ und die Gebirgshöhe bei Höhefeld erstieg, um anderseits nach Urphar in das Mainthal herabzuführen. Abgesehen von den bedeutenden Steigen war diese Straße auch ihres übrigen Zustandes wegen für schwere Fuhren nicht zu gebrauchen.

Da nun die Tauber als Wasserstraße nur für kleine Schiffe und nur nothdürftig benützbar war, zog sich der Verkehr aus dem Tauberthale an den Main von Bischofsheim immer mehr über Külsheim nach Miltenberg.

Dies und ein fränkisches Kreisausschreiben von 1764 veranlaßte die Löwenstein'sche Regierung in demselben Jahre noch die Verbesserung der Landstraßen allgemein anzuordnen und hierauf 1774 die Ermäßigung des Gefälls der sog. Eichler Steige und 1788 die Verbesserung der ganzen Straße über Höhefeld im Frohndwege auszuführen. Von 1791 an war dieser Weg aber wieder kaum in benützbarem Zustande. Die Fürstlich Leiningen'sche Regierung ließ zwar 1802/3 die Straße in ihrem Gebiet namentlich in Gemarkung Distelhausen im Accord verbreitern und corrigiren, und Aehnliches geschah 1804 durch den Fürsten Salem in Gerlachsheimer Markung. (2) Allein damit war nur das Allernöthigste geschehen.

Nachdem das Löwenstein'sche Gebiet diesseits des Mains im Jahr 1806 der badischen Hoheit unterstellt war, suchte man alsbald auch die Tauberthalstraße, die 1811 in die II. Classe der Staatsstraßen eingereiht war, in bessern Stand zu bringen. Württemberg verbesserte seinen Weg bis an die Gränze bei Unterbalbach und an der früher von Churmainz schon in einen ordentlichen Zustand gebrachten Straße von da bis Werbach wurde badischer Seits in den Jahren 1811 und 1812, besonders aber 1828 durch Verbreiterung, kleine Correctionen und Brückenbauten an Stelle der Furthen ebenfalls Nützliches geschaffen. Auch von Niclashausen nach Wertheim baute man 1811/13 auf Staatskosten eine fast neue Landstraße über das Gebirg mit etwas verlängerter aber immer zu steiler Zugslinie in der Art, wie solche bis 1856 benützt wurde. Die Straße zwischen Bischofsheim und Wertheim wurde hierauf dem Transit-Güterverkehr eröffnet.

Daß man für die neue Chaussee von Niclashausen nach Wertheim nicht die Richtung längs der Tauber hin wählte, war einerseits durch größere Länge dieser Linie, anderseits aber und hauptsächlich durch den Kostenpunkt begründet.

Um aber auch die Benützung der Thalstraße einigermaßen für den Verkehr zu erleichtern, wurden im Jahr 1819 zwischen Wertheim und Gamburg verschiedene Verbesserungen im Frohndwege ausgeführt, deren Kosten sich auf 28,718 Fl. beliefen. Das obere Thor in Distelhausen wurde im Interesse des Verkehrs 1840/41 entfernt und die Straße mit 1000 Fl. verbessert. Da aber noch immer diese Straße an vielen Stellen zu tief lag, darum über-

---

Hohenlohe, Deutschorden, Bisthum Mainz, Grafschaft Wertheim. Noch bis in den Anfang dieses Jahrhunderts waren betheiligt: Löwenstein-Wertheim, Churmainz (später Leiningen) wegen des Oberamts Tauberbischofsheim, Würzburg (später Leiningen) wegen des Amtes Lauda und des Orts Gamburg, der Deutschorden und seit 1809 Württemberg wegen Mergentheim und Edelfingen. (1) Die ersten urkundlichen Nachrichten von Wertheim und Tauberbischofsheim fallen in das Jahr 770—1009, in welcher Zeit die Herren von Rothenburg Eigenthümer waren. Im 12. Jahrhundert kam Wertheim an die Grafen dieses Namens. 1132 wird erstmals Wolfram von Wertheim genannt. Das Schloß (castrum) ist 1182 urkundlich genannt. Das alte Wertheim lag auf dem linken Tauberufer. (Lacomblet, Urkundenbuch für Geschichte des Niederrheins.) Das Schloß wurde im 30jährigen Krieg zerstört. Durch Kaiser Albrecht I. (1298—1308) erhielt Wertheim die Rechte von Frankfurt, wurde aber nicht freie Reichsstadt. Der Ort besaß damals schon Stapelrecht am Main und 2 Jahrmärkte. Karl IV. gab den Grafen von Wertheim das Recht, in Freudenberg Zoll auf dem Main zu erheben. 1550 erlosch das Haus Wertheim und die Besitzung ging an Ludwig von Stollberg-Königstein und von diesem an den Grafen Ludwig von Löwenstein über. (Aschbach, Geschichte der Grafen von Wertheim 1843. Hänke und Spruner, Handbuch für Reisende auf dem Main.) Schon 1124 wurde im Tauberthal viel Wein gebaut, der im 14. und 15. Jahrhundert einen ausgedehnten Absatz nach Sachsen, Baiern, Oesterreich, Frankfurt, Cöln und Nürnberg hatte, daher der Weinbau bei Wertheim seiner Zeit einen Hauptnahrungszweig bildete. 1573 lieferte ein einziger Weinhändler 386 Fuder nach Cöln. (Arch. des Hist. Vereins 1868). G. F. L., die Stadt Wertheim 1847. Der Weinhandel hatte hauptsächlich seinen Sitz in Rothenburg. Kaiser Friedrich III. befreite R. 1463 für den Wein vom Zoll des Stifts Würzburg und berief 1487 wegen überhandnehmender Weinverfälschung in Rothenburg einen Reichstag dahin. (Württemberger Jahrbücher 1850.) Brenner, Abhandlung über die Grafen von Löwenstein. Lünig, Reichs-Arch. Neidhart, Historische Nachrichten 28. A. Kaufmann in dem Archiv des Historischen Vereins für Niederfranken 1868. (2) Die Prämonstratenser-Abtei Gerlachsheim wurde 1803 aufgehoben und als Wohnsitz der Standesherren von Salem benützt, 1804 aber von Baden mit sämmtlichen Gütern angekauft.

schwemmt wurde und auch ihre Breite nicht genügte, war der Hauptverkehr fortan auf die Bergstraße angewiesen.

Als nun die im Jahre 1842 zwischen Würzburg und Frankfurt eingeführte Dampfschifffahrt auf dem Main auch den Verkehr auf der Tauberthalstraße belebte, und man sich hievon für die Folge noch eine größere Bedeutung zur Belebung des Verkehr von Augsburg nach Frankfurt versprach, erschien der Gebirgsweg von Niclashausen nach Wertheim immer unerträglicher, führte er ja doch mit einer 380 Ruthen langen Steige von 10—16 Procent und einer Breite von nur 16 Fuß von Wertheim auf den 1200 Fuß hohen Kamm des Berges mit mehreren Gegengefällen auf der unwirthlichen Höhe dahin und mit einer 200 Ruthen langen Steige von 6 — 16 Procent in das Tauberthal hinab, ohne auf 2,9 Stunden Länge irgend einen Ort zu berühren.

Man suchte daher die Thalstraße vollständig gut herzustellen.

Bei näherer Untersuchung der Verhältnisse ergab es sich aber, daß außer einer allgemeinen Verbereiterung und soliden Fundamentirung des Vicinalweges, Correctionen in dem Ort Niclashausen (1) und bei Gamburg, (2) woselbst die Straße auf 1700 Fuß Länge mit beträchtlichem Steigen über einen vorspringenden Gebirgsrücken führte, sodann ober- und unterhalb Bronnbach Gefälle von 5—9 Procent zu überwinden waren, ausgeführt werden müssen.

Auch in der Nähe von Wertheim waren erhebliche Mißstände zu beseitigen, indem die Einfahrt in die Stadt auch nach Entfernung des äußeren und inneren Mühlenthors noch immer viel zu schmal und bei der Mühle eine Steige von 9 Procent auf 250 Fuß Länge vorhanden war.

Sollte die neue Straße in einer Länge von 3⅞ Stunden mit einem Gefäll von 3 Procent 24 Fuß breit mit 18 Fuß Fahrbahn (aus 4 Zoll Gestück und 4 Zoll Schotter) mit den nöthigen Verbesserungen bis zum Marktplatze in Wertheim ausgeführt werden, so war hiezu nach dem im Jahr 1844 aufgestellten Ueberschlag ein Aufwand von 86,211 Fl. erforderlich, wovon 15,000 Fl. auf die Verbesserungen in der Stadt Wertheim entfielen.

Diese bedeutenden Kosten gaben zu eingehender Erörterung der Frage Veranlassung, ob es Angesichts der größeren Weglänge im Thal, nicht überhaupt räthlicher sei, das vorhandene Gefäll an der Bergstraße durch Correctionen zu ermäßigen. Der über diese Frage zwischen den Technikern entstandene, mit schriftlichen Gutachten geführte Streit gab zu interessanten Ausführungen darüber Veranlassung, unter welchen Voraussetzungen überhaupt eine Thalstraße mit günstigem Gefäll aber größerer Länge einer kürzeren Bergstraße vorzuziehen sei? (3) Die Entscheidung fiel in dem vorliegenden Falle zu Gunsten der Thalstraße aus, doch fand man für angemessen, zur Verminderung des Aufwandes die Straßenbreite von Niclashausen bis Bronnbach auf 20 Fuß mit 15 Fuß Fahrbahn, von Bronnbach abwärts aber wegen des von Külsheim herkommenden Verkehrs auf 22 Fuß mit 16 Fuß Fahrbahn zu beschränken.

Im Jahr 1845 wurde der Bau bei Wertheim und Bronnbach (4) begonnen und im Jahr 1848 daselbst vollendet. Von dem Aufwande im Betrage von 28,337 Fl. entfielen auf die Correction beim Mühlthor in Wertheim 10,828 Fl. und auf die beiden Correctionen nächst ober und unter Bronnbach 17,509 Fl. Für die Correctionen der Gamburger Steige wurden in dem Budget für 1852/53 14,000 Fl. bewilligt. Der Bau begann im October 1852 und war im Juli 1853 benützbar.

In Folge günstiger Güterankäufe und billiger Arbeit betrugen die Kosten nur 9200 Fl. Der Rest nebst weiter bewilligten 15,000 Fl. wurde sodann für die Correction und Verbreiterung der Straße bei Niclashausen und Waldenhausen bestimmt, welche Bauten im April 1856 zur Vollendung kamen. Der Gesammtaufwand betrug 57,278 Fl.

Von Mergentheim nach Edelfingen zog die Straße über einen Berg mit 2 gefährlichen Steigen, wovon die eine durch eine Hohlgasse führte.

---

(1) Dorf Niclashausen, bekannt durch die 1476 stattgefundene Wallfahrt von 40,000 Pilgern zu dem Paukenschläger Hans Böhme. (2) Gamburg, seit 1139 nach Urkunden bekannt, stund früher unter Mainzischer, dann unter Würzburgischer Landeshoheit; das obere Schloß gehörte den Grundherren von Dahlberg, später von Ingelheim; das untere dem Juliushospital in Würzburg. (3) Oberdirections-Acten. (4) Die 1149 gegründete Benediktiner-Abtei Bronnbach erhielt 1367 durch Carl IV. die früheren Privilegien, insbesondere den befreiten Gerichtsstand bestätigt. Mone, Zeitschrift XII. S. 336 und Göbhardt, Geschichte von Bronnbach (in den Schriften des Badner Alterthumsvereins).

Württemberg umging diese Steigen durch die im Jahr 1858 auf Staatskosten ausgeführte Verlegung der Straße in das Thal.

Die alte Straße, an der das Zollhaus stand, ist jetzt Feldweg.

Im Jahr 1863 ist der alte Weg nach Wertheim den Gemeinden Wertheim, Eichel, Urphar, Dittenhan, Höhenfeld und Niclashausen innerhalb ihrer Gemarkung unter der Bedingung zu Eigenthum überwiesen worden, daß sie denselben auch fernerhin in fahrbarem Stande erhalten.

Die Erweiterung der Straße in Wertheim nächst der Stadtkirche, wo sie nur eine Breite von 10 Fuß hatte, erfolgte 1857 durch Abbruch eines Hauses, wozu die Staatscasse 1200 Fl. beigetragen hat.

Außerdem wurden für kleinere Regulirungs-Arbeiten am ehemaligen oberen Thor in Distelhausen, bei Werbach, Bronnbach, Gamburg und Impfingen ca. 4000 Fl. aufgewendet.

Bei Gelegenheit des Eisenbahnbaues von Mosbach nach Würzburg mußte die Höhenlage der Straße über den Grünbach in Nähe der Gypsmühle bei Gerlachsheim geändert und eine neue Brücke in die Tauberthalstraße gelegt werden, deren lichte Weite 40 Fuß, die Höhe 15 Fuß 6 Zoll, die Breite 16 Fuß oder mit den Trottoirs 23 Fuß beträgt. Die Widerlager sind von Stein, das Gedeck aus Eisen und zwar aus einem Fachwerk mit zwei 48 Zoll hohen Hauptträgern und sieben 14 Zoll hohen Querträgern von vollem Eisenblech. Zwischen den Querträgern sind hölzerne Längsbalken von 6—10 Zoll Stärke angebracht, auf welchen das Gedeck und die Schotterlage aufgebracht sind.

Dieser Bau wurde im Frühjahr 1866 vollendet. Die Kosten betrugen für den Steinbau 5500 Fl., für die Eisenconstruction sammt Gedeck 4350 Fl., zusammen 9850 Fl.

Durch alle diese Straßenverbesserungen haben sich die Frachtsätze bedeutend ermäßigt; während man, so lange die Straße von Niclashausen über den Berg zog, von Wertheim nach Bischofsheim 24 Xr. und nach Mergentheim 36 Xr. pro Centner voller Ladung bezahlen mußte, waren nur noch 16 resp. 22 Xr. erforderlich.

Der Vorspann kostete früher an der Eicheler Steige für 2 Pferde 1 Fl. 12 Xr.

Aber trotz alledem nahm das Verkehrsleben in Wertheim wie überhaupt im Tauberthal keinen Aufschwung, sondern die Tauberstädte blieben nach wie vor bezüglich des Absatzes ihrer Producte vorzugsweise auf die nächste Umgebung beschränkt, seit in Folge der Land- und Wasserstraßenverbesserungen in Baiern, Württemberg und Baden die alten beschwerlichen Handelswege von Würzburg und Nürnberg über Tauberbischofsheim verödet waren. Ja es trat noch ein weiterer Rückgang ein, nachdem in Folge der im Jahr 1855 eröffneten Spessartbahn von Aschaffenburg nach Würzburg auch die Dampfschifffahrt zwischen Würzburg und Wertheim sogleich und zwischen Wertheim und Mainz 1857 wegen Mangel an Rente eingestellt werden mußte.

Auch die, von Wertheim lange ersehnte, neu erbaute Landstraße von Külsheim nach Bronnbach (Nr. 167) entsprach den Erwartungen nicht und die Hoffnungen, welche man von vielen Seiten auf die, das Tauberthal zwischen Lauda und Gerlachsheim kreuzende, Odenwaldbahn von Heidelberg nach Würzburg gesetzt hatte, blieben meistens unerfüllt.

Man entschloß sich daher, diese Bahn vorläufig durch eine Zweigbahn mit Wertheim in Verbindung zu setzen, indem man auf eine Fortsetzung dieser Bahn sowohl in der Richtung nach Miltenberg resp. Aschaffenburg als nach dem baierischen Lohr rechnete. Diese Zweigbahn wurde von Lauda bis Hochhausen im October 1867 und von da bis Wertheim im October 1868 eröffnet. (1)

Gleichzeitig mit dem Bau des Bahnhofes in Wertheim wurde auch ein 4 Morgen großer Winterhafen am Main und Quais am Ausfluß der Tauber hergestellt. Der Aufwand betrug 17,900 Fl., wovon der Eisenbahnbaufond 12,900 Fl. und die Fischer- und Schiffergenossenschaft 5000 Fl. bezahlten.

Hierauf erfolgte 1869 die Eröffnung der Bahnen von Jaxtfeld und Osterburken und von Königshofen über Mergentheim nach Krailsheim zum Anschluß an die schon früher bestehenden oder bereits zur Ausführung beschlossenen württembergischen und baierischen Bahnen in der Richtung nach Heilbronn, Nürnberg, Regensburg 2c.

---

(1) In Folge dieses Bahnbaues wurde die Straße zwischen Bronnbach und Gamburg 1867 auf einer Strecke verlegt.

Diese Verbindungen wirkten sichtlich belebend auf Wertheim und auf das ganze Tauberthal, und es liegt außer Zweifel, daß die bereits durch Vertrag mit Baiern im Jahr 1872 (Ges.- und Verordn.-Bl., S. 130) gesicherte Bahnverbindung mit Lohr dem weiteren Aufblühen der Tauberstädte förderlich sein werde.

In neuerer Zeit wird die Aufnahme der von dem Marktplatz an den Main zu dem Fahr führende Stadtstraße in Wertheim unter die Landstraßen angestrebt. Die Erweiterung der Fahrbahn und die Entfernung des alten Thorthurmes am Ende dieser Straße wird vorhergehen müssen.

Der erweisliche Aufwand für Verbesserung dieses Straßenzuges beträgt einschließlich der Kosten für den Hafen 158,283 Fl. = 271,342 Mark.

Der Verkehr ist seit 1856 ziemlich gleich geblieben. Es wurden in neuerer Zeit wie früher nur ca. 20—50 Zugthiere pro Tag beobachtet.

Die Zufuhrstraße zur Station Gamburg ist aus Eisenbahnbaumitteln hergestellt worden.

Nr. 7.

Straße von Miltenberg nach Würzburg über die Külsheimer Höhe.

Länge in Baden 23,27 Kilometer = 5,24 Stunden,
" " Baiern . . . . 3,21 "
zusammen 8,45 Stunden,

davon 9 Kilometer Landstraße in Baden. (Siehe Nr. 8.)

Die alte Land- und Poststraße von Würzburg nach Miltenberg zog über Großrinderfeld nach Tauberbischofsheim und von hier zwischen den beiden Orten Dienstadt und Eiersheim durch nach Külsheim, von hier an der Südseite von Steinbach vorüber durch die Mößhöfe nach Neukirchen und Eichenbühl. Diese Straße bildete zugleich einen Theil des alten Handelsweges von Mergentheim nach Frankfurt. (Siehe Nr. 6.) Abgesehen von den lästigen Steigen war diese Straße bis in die Mitte des vorigen Jahrhunderts in sehr schlechtem Stande. Churmainz ordnete daher im Jahr 1755 die Verbesserung auf seinem Gebiete und zwar sowohl von der Würzburger Gränze bis Tauberbischofsheim, als auch über Külsheim, sowie von Neukirchen über Hundheim bis an die Löwenstein'sche Gemarkung Steinbach an. Schon damals lag es in der Absicht von Churmainz, dem Weg eine directe Richtung nach Hundheim zu geben. Da aber hierdurch Löwenstein den seit längster Zeit in Steinbach erhobenen Zoll verloren hätte, sah sich diese Herrschaft genöthigt, zur Abwendung des Mainzischen Projects die Straße auf Steinbacher Gemarkung und zwar durch den Ort selbst zu corrigiren und zu verbessern, was auch in den Jahren 1758—1760 im Frohndwege geschehen ist. Den Aufwand für Kunstbauten trug die Landescasse.(1)

Churmainz schloß hierauf den Weg von Hundheim an diese Straße an und der alte Weg über die Mößhöfe wurde verlassen. Die Bauausführungen auf Löwensteinischem Gebiet waren jedoch nicht von Dauer, daher auf Andringen von Mainz im Jahr 1761 mit Hülfe eines Ingenieur-Capitains(2) eine gründliche Verbesserung erfolgen sollte. Die neue Straße erhielt gleich jener auf Mainzischem Gebiet eine Breite von 24 Fuß mit 16 Fuß Fahrbahn und $3^1/_2$ Fuß breitem Fußwege nebst beiderseitigen Gräben. Der alte Weg wurde zu den angränzenden Feldern gezogen.

Da besagter Ingenieur aber selbst als Bauaccordant auftrat und, wie es scheint, seine Interessen nicht übersah, war auch dieser Neubau nach 2 Jahren wieder eine Ruine.

Mainz kam deshalb im Jahr 1770 wieder auf das frühere Project einer directen Straßenanlage von Hundheim nach Külsheim zurück, welches denn auch, ohnerachtet der Beschwerde von Löwenstein, 1773 ausgeführt wurde.

Da die Steigen von der Külsheimer Höhe bis Külsheim und von da hinauf nach Hundheim der bedeutenden Gefälle wegen kaum zu unterhalten waren, beabsichtigte die im Jahr 1803 gebildete Fürstl. Leiningen'sche Regierung eine Ablenkung der Straße von der Kulsheimer Höhe in der Richtung gegen Steinfurth und die Einmündung der neuen Straße zwischen diesem Ort und Steinbach

(1) Fürstl. Löwenst. Archiv-Acten. (2) Häkher.

in die Hardheim-Hundheimer Straße, sowie eine Seitenverbindung in der Richtung nach Hardheim.

Der Bau wurde auch begonnen, aber erst von Baden vollendet und die Straße 1810 in die III. Classe der Staatsstraßen aufgenommen.

Als aber die Straße von Tauberbischofsheim über Königheim nach Hardheim im Jahr 1848 hergestellt war, (1) zog sich natürlich der ganze Verkehr aus dem Tauberthal in der Richtung nach Buchen auf diesen Weg und nach Verbesserung der Tauberthalstraße im Jahr 1856 (2) und der Mainthalstraße zwischen Wertheim und Miltenberg (3) verlor die Straße über die Külsheimer Höhe alle Bedeutung, daher sie auch im Jahr 1856 wie die Straße von Hundheim nach Neukirchen aus dem Verbande ausgeschieden wurde.

Im Jahr 1870 wurde in Baiern von Riedern bis Richelbach eine gute Holzabfuhrstraße hergestellt, welche bis unterhalb Neukirchen im Thal fortgesetzt und dann zur Umgehung der Eichelbühler Steige bis zum „Straßenhaus" als Landstraße behandelt werden soll.

Im Jahr 1876 nach Vollendung der Correction der Bockenrother Steige kam die Straße von Werthheim nach Bockenroth, Oedengesäß und Nassig wieder in den Landstraßenverband, weil, so lange die Mainthalstraße zeitweise überschwemmt wird (siehe Nr. 87), die Straße über Bockenroth benützt werden muß und der Verkehr selbst in Zunahme ist. (Siehe Nr. 8.)

Der Aufwand für diese Straßencorrection betrug 31,200 Mark; Kreis und Gemeinde bezahlten 1/3.

Nr. 8.

Straße von Hardheim nach Wertheim.

So lange der Hauptverkehr von Würzburg und Mergentheim über Külsheim, beziehungsweise die Külsheimer Höhe, Hundheim und Neunkirchen nach Miltenberg ging (siehe Nr. 7), bildete die Straßenabtheilung von Steinbach, resp. von dem Zigeunerstock (4) bis Hundheim einen Theil des alten Handelswegs. Auch die Abtheilung von Wertheim über Bockenroth bis Oedengesäß war ein Bestandtheil der Landstraße von Wertheim nach Miltenberg, als die Mainthalstraße noch in schlechtem Zustande war (siehe Nr. 87). Dagegen hatte der Theil der Straße zwischen Hundheim und Oedengesäß nur Bedeutung als ein Glied des Verbindungswegs von Wertheim mit dem Baulande.

Im Jahr 1760 wurde die Straße von Wertheim über Bockenroth nach Oedengesäß durch Löwenstein verbessert, der obere und untere Theil der Bockenrother Steige kam aber erst seit 1806, nachdem sie in die III. Classe der Staatsstraßen eingereiht war, in guten Stand. (5) Von Hundheim bis Wertheim wurde die Straße 1814, von Steinfurth nach Hundheim aber erst 1818 chaussirt. Die Löwenstein'schen Gemeinden westlich der Tauber wurden zur Frohndconcurrenzschaft beigezogen. Die Verbesserung der Steige von Hardheim auf die Külsheimer Höhe war 1808—1810 erfolgt. Der Bau ist aber leider wegen der eingehaltenen bedeutenden Steigung von 6—8 Procent nicht musterhaft ausgefallen.

Nachdem die neue Straße vom Zigeunerstock über Külsheim nach Bronnbach 1866 vollendet war, mithin der Verkehr nach Wertheim auf diese Straße überging, wurde die Abtheilung der alten Straße von Wertheim bis zum Zigeunerstock aus dem Staatsstraßenverbande ausgeschieden.

Da nun die Mainthalstraße von Wertheim nach Miltenberg bei Grünenwörth alljährlich überschwemmt wird (siehe Nr. 87) und der Verkehr dadurch genöthigt ist, zeitweise den Weg über Bockenroth, Oedengesäß, Nassig, Wessenthal und Boxthal einzuhalten, hatte man schon seit 1858 Beiträge zur Unterhaltung der Straße von Boxthal bis zur Straße nach Neunkirchen aus Staatsmitteln gegeben und als hierauf 1868 diese Straße Landstraße wurde (siehe Nr. 154), so beantragten die Gemeinden 1868 auch die Wiederaufnahme der Straße von Wertheim über Bockenroth bis zur Straße Nr. 167 in den Landstraßenverband, weil seit Eröffnung der Tauberthalbahn der Verkehr sich gehoben hatte.

---

(1) Siehe Nr. 4 und 5. (2) Siehe Nr. 6 und 8. (3) Siehe Nr. 87. (4) Die obrigkeitlichen Anordnungen gegen das Herumziehen der Zigeuner wurden im vorigen Jahrhundert an Stöcke angeschlagen, die an den Straßen aufgestellt waren und „Zigeunerstöcke" hießen. Ein solcher Stock stund auch an dieser Straße zwischen Steinfurth und Steinbach, wo der Kaiserweg von Breitenau aus dem Katzenthal in die alte Straße einmündet. (5) Die Steige behielt aber dennoch ein Gefäll von 6—16% auf 5500 Fuß Länge.

Zur Unterstützung dieser Bitte wurde weiter hervorgehoben, daß die Straße von Neunkirchen nach Miltenberg in Baiern eine Districtsstraße sei und daß diese Straße wieder Bedeutung erhalten werde, wenn die 1870 zwischen Riedern und Richelbach erbaute gute Holzabfuhrstraße die beabsichtigte Fortsetzung im Thal bis unterhalb Neunkirchen finde, wodurch die lästige Eichenbühler Steige umgangen werde.

Man entschloß sich, die fragliche Straße über Bockenroth wieder unter die Landstraßen aufzunehmen, nachdem zuvor die Bockenrother Steige, deren Maximalgefäll 16 Procent betrug, corrigirt sein wird. Zu diesem Ende wurden 1872 Vorarbeiten angeordnet. Unter drei Projecten wählte man jenes, bei dem die Straße von Wertheim nach Hundheim bis oberhalb des Eisenbahnübergangs — also bis zum Beginn der eigentlichen Bockenrother Steige — beibehalten und dann durch einen vollständigen Neubau der Steige, soweit sie 8 Procent Steigung hat, mittelst einer Ausbiegung nach Westen und einer zweiten nach Osten mit 5,85 Procent Steigung umgangen wird.

Oben an dem Zusammenfallen der neuen und alten Straße bleibt noch auf eine kurze Strecke eine Steige von 6 Procent bestehen. Ebenso wird das steile Straßenstück innerhalb der Vorstadt von Wertheim — die sogenannte Engelsteige — beibehalten. Der Aufwand für diesen Bau betrug 31,200 Mark. Durch die Hindernisse der Expropriation und Arbeitermangel verzögerte sich die Vollendung bis 1876.

Von dem Aufwand hatte der Staat $^2/_3$, der Kreis und die Gemeinde Wertheim je $^1/_6$ zu übernehmen.

Die Straße wurde von Wertheim bis zum Abgang der Straße nach Wessenthal unter die Landstraßen aufgenommen.

In neuer Zeit führt diese Straße die Nr. 7, und es wird dazu das kleine Stück von 0,34 Kilometern = 0,08 Stunden gerechnet, welches zwischen Neunkirchen und Miltenberg auf Gemarkung Ebenheid liegt, und gegen ein Aversum von Baiern unterhalten wird.

Zu Straße Nr. 8 gehört nur noch die Abtheilung von Hundheim bis Oedengesäß.

Der Verkehr ist nicht bedeutend.

Nr. 9.

Straße von Schwetzingen nach Heidelberg.

Länge 8,79 Kilometer = 1,97 Stunden,
nämlich von der Straße Nr. 2 bis zur Straße Nr. 1.

Nicht allein der Name von Schwetzingen, sondern auch die dort entdeckten keltischen Gräber und andere Funde weisen auf *keltische* Bewohner dieser Gegend hin. Ebenso wurden auch *römische* Begräbnißstätten hier aufgefunden. In den Gemarkungen Plankstadt und Edingen liegen Güter „an der Heerstraße.“

Schwetzingen kommt in Urkunden von 765 vor und Plankstadt wird auch in der carolingischen Zeit genannt. (Siehe Nr. 2.)

Die mittelalterliche Speirer Straße ging von Heidelberg direct nach Bruchhausen, westlich an dem Hof vorüber nach Hockenheim, Altlußheim und Speier. Diese Straße ist jetzt Vicinalweg.

Von Heidelberg nach Schwetzingen benützte man in früherer Zeit schon den Weg über Eppelheim und Plankstadt.

Nachdem Churfürst Carl Philipp im Jahr 1720 seine Residenz von Heidelberg nach Schwetzingen verlegt hatte, ließ er zur erleichterten Communication zwischen Schwetzingen und Heidelberg in gerader Linie eine Straße herstellen.(1)

Diese Straße wurde unter der Regierung des Churfürsten Carl Theodor 1763 erweitert und verbessert.(2)

---

(1) Siehe Widder, Die Pfalz und A. Schreiber, Heidelberg. Diese Straße zieht von der Mitte des Schloßgartens in directer Richtung nach dem Königsstuhl bei Heidelberg. (2) Nach anderen Angaben soll diese Straße erst unter Carl Theodor neu angelegt worden sein, da der Viehtrieb auf der Eppelheimer Straße den Verkehr oft belästigte. Die gerade Linie, genau von Osten nach Westen, soll zum Behuf der Messung einer geographischen Basis durch den Astronomen Cassini gewählt und die Verlängerung bis an den Rhein beabsichtigt worden sein. Unter C.

Seit die rechtsrheinische Pfalz an Baden kam, wurde diese Straße zuerst in die zweite, dann in die dritte Classe der Staatsstraßen eingetheilt und bis zum Jahr 1856 auf Staatskosten unterhalten. Ihre Ausscheidung aus dem Staatsstraßenverband erfolgte Ende 1855 und dann wurde die Straße mit Staatsunterstützung unterhalten.

Als in neuerer Zeit die von Heidelberg über Eppelheim und Plankstadt führende Vicinalstraße von den Gemeinden verbessert war, ging der Hauptverkehr wieder auf sie über und die gerade Straße wurde nur noch von Fremden zum Besuch des Schwetzinger Gartens benützt.

Der Fremdenverkehr stieg aber jährlich, daher eine Unterstützung aus Staatsmitteln zur Unterhaltung dieser Straße auch ferner als gerechtfertigt erschien.

Im Jahr 1856 wurde diese Straße zur leichteren Unterhaltung durch Anlage von beiderseitigen Grasstreifen auf 15 Fuß eingeengt. Vom 1. Januar 1870 überließ man dieselbe lediglich den Gemeinden zur Unterhaltung, wogegen die Vicinalstraße über Plankstadt und Eppelheim als Landstraße erklärt wurde.

Den Unternehmern des Baues einer Eisenbahn von Heidelberg über Schwetzingen nach Speier wurde 1870 die Benützung der ausgeschiedenen Straße zur Eisenbahn der Art gestattet, (1) daß ein Theil der Straße, und zwar der nördliche, fortan zur Verwendung als Feldweg disponibel bleibt.

Nr. 10.

Straße von Eppingen nach Heinsheim.

Länge in Württemberg	4,44	Kilometer	=	1,00	Stunden,
„ „ Baden . .	27,82	„	=	6,27	„
zusammen	32,26	Kilometer	=	7,27	Stunden,

einschließlich der 300 Ruthen langen Verzweigung nach der Saline Rappenau.

Die Stadt Eppingen, (2) durch welche schon im 13. Jahrhundert der alte Handelsweg von Heilbronn nach Straßburg und Speier führte (siehe Nr. 11), mußte ihre Verbindung mit Heidelberg über Sinsheim suchen, nachdem die Straße von Heilbronn nach Heidelberg gegen Ende des vorigen Jahrhunderts in guten Stand gesetzt war. Es konnten zu diesem Ende zwei Wege eingehalten werden, nämlich der eine über Adelshofen, Hilsbach und Weiler, der andere über Richen und Ittlingen nach Steinsfurth.

Die churpfälzische Regierung beschloß 1789, daß die Straße über Hilsbach, (3) welches damals der Sitz einer pfälzischen Amtskellerei war, zu corrigiren sei und es wurde auch alsbald in Hilsbacher Gemarkung eine Abtheilung der Straße von 368 Ruthen Länge hergestellt. (4)

Da der Krieg die Fortsetzung des Baues unterbrochen hatte, kam dieser erst wieder im Jahr 1812 in Anregung, nachdem auch Sinsheim im Jahr 1806 mit dem Oberamt Mosbach unter badische Hoheit gekommen war. Welchen Erfolg die desfallsigen Verhandlungen hatten, ist nicht zu ermitteln. Bei dem Vollzug des Straßengesetzes von 1810 war keiner der genannten beiden Wege in die Classe der Staatsstraßen eingetheilt worden und es blieb also den Gemeinden überlassen, die ihnen am zweckmäßigsten scheinende Verbindungsstraße auszuführen. Mit Rücksicht auf die ungünstigen Terrainverhältnisse des Weges über Hilsbach und namentlich wegen der sumpfigen Lage bei Adelshofen wurde der Zug über Ittlingen und Richen nach Steinsfurth gewählt. Die Arbeiten zwischen Eppingen und Richen wurden 1813—1816 im Accord ausgeführt und mit 4814 Fl. bestritten. Man hielt den Zug des alten Weges ein, der über 7 sogenannte Bückel mit Gegengefällen bis zu 5 Procent führt. Der Weg erhielt eine

---

Theodor wurde die Straße mit Maulbeerbäumen bepflanzt, wofür die Gemeinden 12—15 Xr. pr. Stück bezahlen mußten. Nach allgemeiner Anordnung mußte jeder Bürger von Heidelberg bei seinem Antritt 3 Maulbeerbäume kaufen oder pflanzen. (1) Ges.- und Verordn.-Bl. 1870. S. 163. (2) Eppingen wurde als Dorf im Jahr 985 durch Otto III. dem Hochstift Worms und durch Heinrich IV. theilweise an Speyer geschenkt. Der inzwischen zur Reichsstadt angewachsene Ort wurde um 1220 von Friedrich II. an Markgraf Hermann von Baden verpfändet und nachdem er 1303 die Rechte von Heilbronn erhalten hatte, 1402 von Baden ausgelöst. Nach der Schlacht von Seckenheim (1462) kam Eppingen in den eigenthümlichen Besitz der Pfalz und mit dem pfälzischen Oberamt Bretten 1803 an Baden. (Hugo, Die Reichsstädte.) (3) Nach „Widder“ zog eine gemeine Land- und pfälzische Zoll- und Geleitsstraße von Wiesloch über Rauenberg, Ittlingen und Richen nach Heilbronn. (4) Siehe Nr. 195.

Breite von 20 Fuß, welche aber 1820 auf 24 Fuß erweitert wurde. Zwischen Richen und Steinsfurth kamen nur die allerdringendsten Verbesserungen zur Ausführung. Die zwei Steigen zwischen Richen und Ittlingen blieben unverbessert und die Straße von Richen nach Steinsfurth blieb Gemeindeweg, nachdem die Salinestraße Richen-Hundheim 1825 in den Verband aufgenommen war.

Als nämlich nach vielen in der Nähe des Neckars vorgenommenen Bohrversuchen auf Salz im Jahr 1823 die Errichtung einer Saline bei Rappenau beschlossen war,(1) wurde auch sofort die Verbesserung beziehungsweise der Neubau der dazu führenden Wege angeordnet.

Es handelte sich zunächst um eine gute Verbindung der Saline mit der von Heilbronn über Eppingen nach Bretten führenden Landstraße, sodann aber auch um eine Verbindung mit der Wasserstraße des Neckars und den jenseits des Flusses liegenden Orten. Von Richen bis Kirchardt war die vorhandene Vicinalstraße auf eine Länge von 1977 Ruthen zu verbessern und von da bis Rappenau und an den Neckar beim Schloß Ehrenberg weitere 5796 Ruthen größtentheils neu zu bauen, da die alte nach dem Orte Heinsheim steil hinabführende Vicinalstraße nicht zu benützen war.

Nach dem Plan sollte die Straße eine Breite von 24 Fuß mit $^1/_{30}$ Wölbung, eine Fahrbahn von 16 Fuß nebst 2 Fußwegen à 4 Fuß erhalten. Die Bettung war aus gestellten Steinen mit 7—8 Zoll Dicke herzustellen, darüber eine 3—4 Zoll hohe Lage grob geschlagener Steine und endlich eine Deckung von 3 Zoll fein geschlagenem Schotter vorgeschrieben. Die Fahrbahn war von den Fußwegen durch Liniensteine zu trennen.

Der Bau wurde im Juli 1823 begonnen, ehe noch ein Kostenüberschlag vorlag.

Die Spanndienste wurden im Frohndwege, aber nicht unentgeltlich, sondern gegen eine billige Taxe von den nahe gelegenen Gemeinden der Aemter Sinsheim, Neckarbischofsheim und Mosbach geleistet. Jeder Gemeinde wurde eine Anzahl Fuhren zugewiesen. Nachdem schon 30,000 Fl. verwendet waren, wurde 1824 ein Ueberschlag aufgestellt, der die Summe von 146,000 Fl. beanspruchte. Im Jahr 1824 war die Straße von Rappenau bis Kirchart beziehungsweise Richen vollendet. Auf vielfache Beschwerde der Gemeinden wurde denselben die Hälfte der ihnen zugeschriebenen Materialfuhren im Jahr 1825 erlassen und in demselben Jahre die Straße bis an den Neckar bei Ehrenberg vollendet. Der Aufwand stellte sich bis incl. 1826 auf 175,600 Fl.

Um von dem Hochgestade bei Ehrenberg(2) an den Neckar zu kommen, wurden 2 Rampen angelegt, welche in Radien von 50 Fuß und in Breiten von 50 und 55 Fuß horizontal angelegt sind. Der Straße wurde auf 4670 Fuß Länge ein Gefäll von 6—8 Procent gegeben. Nach Erledigung der Nacharbeiten und der bis zum Jahr 1852 fortgesetzten Entschädigungsverhandlungen für abgetretenes Eigenthum und geleistete Dienste stellten sich die Gesammtkosten für diesen Straßenbau auf 214,000 Fl. Die Straße wurde 1825 in den Verband aufgenommen. Im Jahr 1866 wurde eine neue Brücke über den Hilsbach bei Eppingen erbaut, deren lichte Weite 19,5 Fuß mißt. Die Breite der Fahrbahn beträgt zwischen dem Geländer 24 Fuß. Der Aufwand betrug 3196 Fl.

Die Straße ist von Richen bis Kirchardt beinahe auf eine Stunde lang eben, sonst durchaus wellenförmig mit Gegengefällen bis zu 7,1 Procent. Zwischen Eppingen und Richen befinden sich 7 Steigen und Gegensteigen von 5—8,1 Procent, zwischen Kirchardt und dem Neckar 4 Steigen von 5 Procent und die 4670 Fuß lange Steige am Ehrenberg mit 6,8 Procent Gefäll. Zu möglichster Beseitigung dieser Mißstände müßte die Straße in das Elsenzthal gegen Richen verlegt werden, wofür der Aufwand 1861 auf ca. 54,000 Fl. überschlagen wurde.

Das seit 1834 bestehende Soolbad in Rappenau wird in neuerer Zeit stark besucht; die Zahl der Badegäste stieg im Jahr 1872 auf 778. Im Jahr 1873 wurde die Elsenzbrücke bei Richen mit 5900 Fl. hergestellt.

Seit dem Bestehen der Eisenbahn von Meckesheim über Rappenau nach Jaxtfeld wird viel Salz,(3) welches früher über Heinsheim auf dem Neckar abgeführt wurde, durch die Eisenbahn versendet.

---

(1) Die Salzlager bei Jaxtfeld und Kochendorf waren schon 1818 entdeckt. In Baden wurde das Salz früher aus Hessen und Frankreich bezogen. 1809 wurde der Verkauf des Salzes an einen Unternehmer vergeben. 1812 hatte die Saline in Bruchsal die Salzlieferung für die Amtsbezirke Bruchsal, Philippsburg und einen Theil von Schwetzingen übernommen. (2) Ehrenberg soll römischen Ursprungs sein. (3) Im Jahr 1846 wurden 151,000 Centner, 1871 246,297, 1872 264,619 Centner Salz producirt, wovon vieles nach Baiern

Gleichwohl hat der Verkehr zwischen Eppingen und Heinsheim resp. Rappenau seit 1856 eher zu- als abgenommen. Er beträgt zwischen Eppingen und Berwangen 130—190, zwischen da und Rappenau 60—66 Zugthiere pro Tag.

Der erweisliche Verbesserungsaufwand beläuft sich für diese Straße auf 389,675 Mark.

Nr. 11.

Straße von Berghausen nach Heilbronn.

Untere Nürnberger Straße.

Länge in Baden	49,41 Kilometer	=	11,11 Stunden,
„ „ Württemberg . .			3,01 „
	zusammen		14,12 Stunden.

Nr. 12.

Straße von Bruchsal nach Knittlingen.

Länge in Baden . . . . (Die Abtheilung von Diedelsheim bis Bretten ist unter Nr. 11 enthalten.)	13,71	=	3,09 Stunden,
„ in Württemberg			0,30 „
	zusammen		3,39 Stunden.

Der innige Zusammenhang der Geschichte dieser beiden Straßen verlangt, daß sie gemeinsam besprochen werden.

Daß die Gaue der Pfinz, Kraich,(1) Elsenz und Saalbach(2) von den Kelten bewohnt waren, geht nicht nur aus den Namen der Bäche, Berge(3) und mehrerer Orte, sondern aus den aufgedeckten Hünen- oder Keltengräbern hervor, die besonders bei Sinshein und am Eichelberg bei Eppingen in größerer Zahl gefunden wurden.(4)

Aber auch die Römer hatten in diesem Gebiete ihre Wohnsitze, wie dies aus vielen Bauresten und zahlreichen Funden(5) hervorgeht. Viele Wege tragen Namen, aus denen man auf römische Anlage oder doch auf römische Benützung, jedenfalls auf hohes Alter, schließen kann. So führte z. B. eine alte Straße, welche durch die Gemarkungen Heidelsheim, Oberacker, Gochsheim, Neusickingen, Zaisenhausen, Bahnbrücken und Landshausen in der Richtung nach dem Steinberg und Sinsheim zieht, den Namen „Hochstraße". In Gemarkung Grötzingen heißt ein Weg „Heerdweg", in Wössingen „auf dem Herdweg", bei Sulzfeld „steinigter Weg", bei Diedelsheim „am hohen Weg", bei Weingarten „Heidenpaß", bei Münzesheim „Heerstraße" ꝛc.

Von Schweigern führte gerade durch den Wald Hagenbuch gegen Eppingen eine, unter dem Namen Kappelhohle bekannte Römerstraße (O.-Amtsbesch. Berckenheim).

Die sog. „rothe" oder „Kaiser-Straße" zog von Lienzingen über die Höhe ¼ Stunde östlich von Maulbronn bis zum Maulbronn-Zaisenhauser Vicinalweg, dann einerseits westlich an Diefenbach vorbei nach Sternenfels und Kürnbach, anderseits nördlich von Maulbronn durch den Steigwald nach Knittlingen und über den Burgweg nach Bretten.(6) Auch von Lienzingen gegen Oelbronn nach Knittlingen und Flahingen führte eine alte Straße unter dem Namen „Rennweg" und „Steinweg", „alter Postweg." Sodann wird der Weg von Gochsheim nach Neuenbürg „höhe Straße" und jene von Zaberfeld nach Eppingen in Gemarkung Mühlbach

---

Hessen und Nassau versendet wird. In Baden selbst geschieht die Versendung abwärts bis an den Main, aufwärts bis Emmendingen. In die Rheinprovinzen gehen ca. 60,000 Centner. Im Ganzen gehen ⅔ nach Baden, ⅓ in das Ausland. (1) Das keltische Creuch heißt: Schlam oder Leim. (2) Der Saalbach hieß im 16. Jahrhundert Salzach. (3) Hünerberg, Heuberg. (4) In Urkunden von 770 kommt Kreuchgowe vor. (5) In Jöhlingen, Wößingen, Bahnbrücken, Bretten, Gondelsheim, Eppingen. (6) Memminger, Maulbronn und Originalaufnahmen der badischen Karte.

„Plattenweg“ genannt. Endlich heißt ein Weg, der von Pforzheim westlich der jetzigen Straße durch Bauschlott und dann nach der rothen Reiß gegen Ruith zieht, „Heerdweg“.

Aus diesen Bruchstücken läßt sich zwar mit Wahrscheinlichkeit kein Straßennetz bilden, aber es wird damit doch nachgewiesen, daß in früherer Zeit hier schon viele Straßenverbindungen nach verschiedenen Richtungen bestunden.

Die der Muschelkalk- und Keupersandstein-Formation eigenthümliche hügelige Gestaltung dieser Gegend und die vielen kleinen Bäche, die theils nach dem Rhein, theils nach dem Neckar abfließen, erschwerten den Bau und die Unterhaltung der Straßen hier sehr, daher man bald diese bald jene Richtung zur Erreichung seiner Ziele einschlug, je nachdem ein oder der andere Weg mehr oder weniger Hindernisse für den Verkehr bot. Die Verfolgung und Bestimmung der alten Handelswege in ihren einzelnen Theilen ist darum hier auch weit schwieriger als irgendwo.

Nicht unwahrscheinlich ist es, daß die von Drusus (unter Augustus) wieder hergestellte und von Claudius verbesserte „via Claudia“ von Günzburg über Langenau, Osterstetten, Wasserstetten, Ulm, Geislingen, Eßlingen, Cannstatt, Vaihingen, Bretten und Bruchsal nach Speyer führte, also im Wesentlichen die Grundlage des späteren Straßenzuges bildete. (1)

Im frühen Mittelalter zog der Güterverkehr von Speyer nach Nürnberg über Bretten, Eppingen, Heilbronn, Weinsberg, Oehringen, Hall, Krailsheim und Ansbach.

Dieser Handelsweg erhielt den Namen „untere Nürnberger Straße“ im Gegensatz zu der Handelsstraße, die von Durlach über Pforzheim, Cannstatt, Gemünd, Aalen, Ellwangen, Dinkelsbühl, Feuchtwangen und Ansbach nach Nürnberg führte; welche Straße „die obere Nürnberger“ oder auch „Cannstatter Straße“ genannt wurde.

Beide Straßen hatten Abzweigungen für die Route Ulm, Augsburg an den Bodensee und durch das obere Rheinthal nach Tirol und Italien.

Nürnberg stund schon vor 1219 mit Heilbronn und Speyer in lebhaftem Handelsverkehr. (2)

Auch der Verkehr von Ulm über Heidelberg nach Frankfurt benützte häufig die Straße über Cannstatt, Vaihingen, Bretten und Bruchsal. (3)

Im Jahre 1519 zog das schwäbische Bundesheer unter Sickingen zur Unterstützung der Wahl Carls V. über Bretten nach Frankfurt, Kaiser Maximilian II. nahm 1562 seinen Rückweg von Frankfurt mit 1500—2000 Wagen über Bretten, Maulbronn, Vaihingen und Stuttgart nach Augsburg (v. Stählin, Württemb. Gesch. 1873. 4.) und König Philipp II. von Spanien hielt dieselbe Route ein, welche bis in das 18. Jahrhundert den Namen „Land- und Poststraße“ führte. Auf ihr ging der erste taxische Postcours von Brüssel nach Italien.

Im Jahre 1596 waren schon in Knittlingen, Enzvaihingen, Cannstatt, Eberbach Posthalter angestellt. (4)

Nachdem Württemberg 1752 die Straße von Schwiebertingen nach Knittlingen verbessert hatte, wurde 1775 hier ein Schnellpostwagencours errichtet.

Die alte, schon im 12. Jahrhundert mit Markt- und Münzrecht begabte pfälzische Stadt Bretten vereinigte danach schon im frühen Mittelalter den Straßenverkehr von Heilbronn und Cannstatt in ihren Mauern und war darum einst ein bedeutender Platz, was schon daraus zu entnehmen, daß zur Zeit des Bauernkrieges (1525) sehr viele Handelsgüter hier gelagert waren. (5) Merian bezeichnet Bretten in seiner Topographie von 1645 als „den Schlüssel zur Pfalz, wo von Frankfurt nach Ulm, Venedig, Spanien und Welschland Güter und Posten durchgehen.“ ·

Da die Straßen durch die langen Kriege des 17. und 18. Jahrhunderts größtentheils in Verfall gekommen und auch in der ersten Hälfte dieses Jahrhunderts noch in schlechtem Zustande

---

(1) Giovanelli, Beiträge zur Geschichte Tyrols. Auch Valentinian scheint 368 n. Chr., wie Julian 363 mit dem Heer diesen Straßenzug benützt zu haben. (2) Hüllmann, Städtewesen im Mittelalter und Jäger, Geschichte von Heilbronn. Mone, Urgeschichte I., Zeitschrift IV. und Anzeiger von 1835. Roth, Geschichte des Nürnberger Handels. Fischer, Geschichte des deutschen Handels II. Siehe Nr. 3. (3) Zeiler, Reisen 1622. Jäger, Schwäbisches Städtewesen im Mittelalter I. (4) Sattler, Herzoge von Württemberg 10 und Geschichte von Württemberg. (5) Schuk, Beiträge zur Mainzer Geschichte II. 16 und Gehres, Kleine Chronik von Bretten. Nach einem Zolltarif von Bretten von 1390 waren folgende Gegenstände dem Zoll unterworfen: Pferde mit Last, Tuch, Leinwand, Leder, Schweine, Schmalz, Reutlinger Käse, Eisen, Rinder, Ferkel, Unschlitt. Viele Artikel wurden nach Pferdelast verzollt. Zeitschr. f. Gesch. d. O.-R. 23. S. 467. 1278 bestund eine Saline in Bretten.

waren, konnte der Handelsverkehr nicht immer die kürzesten Routen einhalten, sondern er mußte zeitweise jene Wege aufsuchen, wo überhaupt mit schwerem Fuhrwerk durchzukommen war.

Hieraus erklärt es sich, daß auch die beiden Nürnberger Straßen oft und bis in die Mitte des vorigen Jahrhunderts mit einander in Concurrenz traten, je nachdem die obere oder die untere in besserem Stand oder die Abgaben auf der einen oder der anderen mehr oder weniger lästig waren.

In den Jahren 1710—1760 wurde z. B. die 12 Stunden längere Straße über Cannstatt und Pforzheim für den Zug von Nürnberg nach Straßburg stark benützt, weil die Abgaben hier viel geringer waren und weil zwischen Heilbronn und Eppingen nur die enge Spur bestund und zudem das Weinberger Thal sehr sumpfig war, daß man oft nicht durchfahren konnte.

Als nun der Sinn für Straßenverbesserung in dem Süden von Deutschland reger wurde, stellte sich natürlich die Frage in den Vordergrund: welche der älteren Handelsstraßen zunächst in guten Stand zu bringen seien? Bei der großen Anzahl der Territorien war eine Vereinigung hierüber mit vielen Schwierigkeiten verknüpft und die Interessen der größeren Gebietsherren fielen selbstverständlich dabei schwer in die Waagschale.

Churpfalz beabsichtigte in erster Linie die Herstellung der Straße von Heidelberg nach Heilbronn und der unteren Nürnberger Straße, doch sollte letztere, um die Concurrenz mit der oberen Straße für den Verkehr mit der Schweiz und Frankreich besser ertragen zu können, von Gondelsheim(1) eine Abzweigung durch pfälzisches Gebiet nach Weingarten(2) erhalten.

Es kam deshalb im Jahre 1777 zwischen der Pfalz, dem Markgrafen von Ansbach-Bayreuth und den Fürsten Hohenlohe-Waldenburg, Kirchberg, Neuenstein und Bartenstein ein sog. Chaussee-Receß zu Stande, wonach diese sich verpflichteten, „die von Nürnberg nach Straßburg durch die Lande von Ansbach, Hohenlohe, Württemberg, Reichsstadt Heilbronn, Canton Kraichgau, Churpfalz und Markgrafschaft Baden ziehende alte Straße durch ihre Lande binnen 5 Jahren 28 Fuß breit mit 24 Fuß Fahrbahn herzustellen und die übrigen Reichsstände zum Beitritte zu bewegen; auch zur Instradirung einer anderen Straße nach Nürnberg weder die Hände zu bieten, noch solche zuzulassen.(3)

Das Chausseegeld von dieser Straße sollte auch in der Pfalz nach dem fränkischen Kreistarif erhoben werden.

Ebenso schloß die Pfalz 1779 mit der Ritterschaft des Cantons Kraichgau einen Vertrag dahin ab, daß die Straße von Nürnberg nach Straßburg durch die Orte Schluchtern, Stebbach, Eppingen, Zaisenhausen, Gölshausen, Bretten und Weingarten, sowie die Straße von Sinsheim nach Heilbronn durch die Orte Sinsheim, Steinsfurth, Kirchart binnen 10 Jahren hergestellt und gut erhalten werden. Als Straßenbreite waren 24 Fuß mit 20 Fuß Fahrbahn vorgeschrieben.

Der schwäbische Kreis, der sein Interesse durch die ausschließliche Verbesserung der unteren Nürnberger Straße für verletzt hielt, weil die Straße über Cannstatt und Pforzheim dadurch beeinträchtigt werde, protestirte gegen die erwähnten Verträge.(4) Auch der Markgraf von Baden erhob Einsprache sowohl gegen das ganze Project, als gegen die beabsichtigte Führung der Straße von Gondelsheim nach Weingarten, da der alte und nähere Weg über Rinklingen und Berghausen nach Durlach führte.(5)

Um dieser, meist badischen Route für alle Fälle den Verkehr zu sichern, ordnete er 1777 die Herstellung einer fast neuen Straße von Berghausen gegen Wöschbach und von da über den Hochberg nach Wössingen und Rinklingen an.

Der Bau begann sofort einerseits von Wössingen aufwärts und andererseits zwischen Wörschbach und Berghausen in Breiten von 24 Fuß. Die Straße von Wössingen bis an den Hochberg war durch Ankauf von Gütern, neu erbaute Brücken und Dohlen nebst Chaussirung im Anfang 1803 vollendet. Auch von Berghausen gegen Wöschbach war die Straße großentheils chaussirt, die mittlere Abtheilung über den Hochberg kam aber der großen Kosten wegen nicht zur Aus-

---

(1) Das Amt Gondelsheim, schon 1257 genannt, kam 1761 von der Familie Menzingen durch Kauf für 300,000 Fl. an Baden. Nebenius, „Carl Friedrich" S. 94. (2) Weingarten kam 1370 von den Edlen von Schmalenstein an die Pfalz und mit dieser 1803 an Baden. (Mone, Zeitschrift I. S. 494.) (3) L. A. A. (4) Der Streit wurde zwischen den Betheiligten: Pfalz, Heilbronn, Brandenburg, Ritterschaft einerseits und dem schwäbischen Kreis, dem sich Oesterreich anschloß, andrerseits heftig und lange geführt. (5) Nach einem Plane von 1742 ging die alte Straße nach Bretten nicht über das speyerische Jöhlingen, sondern von Berghausen direct über die sog. Buschäcker durch den Sallenschlag nördlich an Wössingen vorbei in die jetzige Brettener Straße. Sie hatte eine Breite von 10—12 Fuß.

führung, es besteht hier bis jetzt nur noch ein gänzlich vergraster, kaum fahrbarer Feldweg. Man entschloß sich endlich zu dem Bau über Jöhlingen. Obgleich diese Gemeinde sich am 12. Mai 1803 erbot, diese Abtheilung über den Hochberg für 8000 Fl. binnen 6 Wochen (!) herzustellen, um den drohenden, mit Frohndleistung verbundenen Straßenbau über Jöhlingen abzuwenden, so wurde doch höchsten Orts 1804 der Bau über Jöhlingen angeordnet und 1805/7 ausgeführt,(1) und zwar, wie befohlen, nicht über Rinklingen, sondern über Diedelsheim nach Bretten.

Churpfalz und Württemberg hatten sich unterm 16. Juli 1782 und 15. Mai 1783 in München dahin geeinigt, daß nicht nur die untere Nürnberger Straße von Weingarten über Bretten und Eppingen nach Heilbronn bis auf einige ausgenommene Bezirke unchaussirt bleiben, sodann auch auf der Heilbronn-Frankfurter Straße über Sinsheim der Weg über Massenbach nach Schluchtern nicht als Chaussee behandelt werden solle und daß die untere Nürnberger Straße weder direct noch indirect zum Nachtheil der oberen begünstigt werden dürfe. Württemberg hatte diese Zugeständnisse der Pfalz mit erheblichen Concessionen wegen des Salzverschlusses ermöglicht. Da aber inzwischen (1782) die Straße zwischen Eppingen und Bretten zum größten Theil chausseemäßig hergestellt war, und Bretten bereits 60,000 Fl. hiefür aufgewendet hatte, kam man unter'm 8. Januar 1785 dahin überein, daß

1. zwischen Bretten und Eppingen in den Gemarkungen Gölshausen, Flehingen, Sickingen, Sulzfeld und Zaisenhausen zu chaussiren sei,
2. daß dies aber in den Gemarkungen Weingarten, Eppingen, Stebbach, Schluchtern, Gondelsheim, Gemmingen und Schweigern zu unterbleiben habe,
3. daß in Gemarkung Rinklingen nicht chaussirt und überhaupt nicht an die Straße von Durlach angebunden werden dürfe, auch sonst nichts zum Nachtheil der Cannstatter (oberen Nürnberger Straße) auszuführen und
4. daß der begonnene Wegbau von Eppingen nach Stebbach einzustellen und die Straße nur nothdürftig zu unterhalten sei. —

Die Straße zwischen Heilbronn und Eppingen blieb dennoch fortan in mangelhaftem Zustande, daher Oesterreich und Preußen im Jahre 1793 aus militärischen Rücksichten die vollständige Verbesserung des Weges mit Androhung von Execution verlangten und die früher abgeschlossenen Verträge, soweit sie die Verbesserung der Straßen hindern, für nichtig erklärten, „weil es nach den Reichsgesetzen keinem Landesherrn zustehe, den Lauf offener Flüsse oder die Passage in seinem Lande zu hemmen."

Churpfalz erklärte sich auch sogleich bereit, den Vertrag von 1783 aufzuheben und seinen Theil an dem Straßenbau ausführen zu lassen.

Die Bauten wurden 1793 wieder in Angriff genommen und sowohl im pfälzischen als württembergischen Gebiet bis zum Jahre 1795 fortgesetzt.

Von dem kaiserlichen General-Commando zur Beschleunigung gedrängt, wurden die Arbeiten aber meist nur oberflächlich ausgeführt und die Straße war darum schon 1796 zwischen Eppingen(2) und Heilbronn wieder in schlechtem Stande.

Erzherzog Karl befahl deshalb im Jahre 1797 die Verbesserung des Weges unter Aufsicht k. k. Genie-Officiere, welche auch 1797/98 zur Ausführung kam. Da die Straße bei Schluchtern, am südlichen Ende von Gemmingen(3) und in und bei Stebbach beträchtliche Steigen von 8,9 und 10 Procent besitzt, sollten hier mit theilweiser Umgehung der Orte Schluchtern, Gemmingen und Stebbach Correctionen vorgenommen werden.

Die Frohndleistungen, zu denen auf Befehl des Militärcommandos außer den Orten des Amts Hilsbach auch die entfernteren Orte Obrigheim, Mörtelstein, Haßmersheim, Siegelsbach, die Amtskellerei Lehrbach, die übrigen Orte der Amtskellerei Neckarelz, sowie die Städte Mosbach und Wimpfen und die Deutschmeister'schen Orte Kirchhausen und Biberach beigezogen wurden, fanden aber vielfachen und heftigen Widerstand, da auch während der Erntezeit gearbeitet werden sollte. Es mußten daher militärische Executionen angewendet werden, worin wohl die Hauptveranlassung

(1) Leider war das Trace nicht gut bestimmt, denn die neue tiefe Hohlgasse und die starken Gefälle bis zu 8 Procent hätten vermieden werden können. Die Straße von Berghausen nach Bretten und Heilbronn kam 1810 in die 2. Classe der Landstraßen. (2) Eppingen erhielt von Kaiser Rudolf I. Stadtrechte und 1303 die Rechte und Freiheiten der Stadt Heilbronn durch Kaiser Albrecht I. 1424 kam Eppingen durch Verpfändung an die Pfalz. Auf dem Eichelberg stund ein römisches Castell. Es wurde hier ein Opferaltar des Merkur, Herkules und der Diana gefunden. Am Fuße des Berges wurden keltische Gräber aufgedeckt. (3) Gemmingen, schon 769 urkundlich, war eine Stadt mit Mauern und Thürmen und 1664 württembergische Zollstätte. Churpfalz hatte auf dieser Straße Geleitsrecht. C. Stocker, Chronik von Gemmingen 1865.

liegen mag, daß man von den größeren beabsichtigten Correctionen Umgang nahm und sich auf weniger umfassende Gefällsausgleichungen, auf Verbreiterung und Chaussirung beschränkte. (1)

Auf den Gemarkungen Schluchtern und Großgartach wurden in Eile 2 Brücken und 6 Dohlen von Eichenholz durch einen Entrepreneur hergestellt und die Kosten auf die Chausseecasse übernommen, welche den Geldaufwand durch Beiträge der Gemeinden zu bestreiten hatte. Im Uebrigen blieb die Straße im Wesentlichen die alte.

Während Württemberg aber später zur Erleichterung des Verkehrs die Landstraße von Heilbronn nach Lauffen an 2 Stellen corrigirte und die Vicinalstraße von da bis Brackenheim (2) und von Güglingen bis Knittlingen mit Staatsunterstützung verbesserte, ist seither auf dem badischen Theil der Route von Bretten über Eppingen nach Heilbronn keine größere Bauausführung vorgenommen worden, obgleich, wie schon erwähnt, die Gefällsverhältnisse des Weges Vieles zu wünschen übrig lassen. Es bestehen nämlich noch Steigen bei Flehingen von 7—9 Procent, bei Zaisenhausen von 6—7 Procent und zwischen Eppingen und der Gränze 9 Steigen von 6—8 Procent, abgesehen von kleineren Gegengefällen von 3—6 Procent.

Die Abtheilung von Zaisenhausen bis Flehingen ist allein eben zu nennen.

Die Steigen in und bei Stebbach, sowie bei Gemmingen und Schluchtern haben ebenfalls Gefälle von 8—11 Procent.

Wollte man auch nur das Nöthigste zur Verbesserung des Alignements an dieser Straße thun, so könnte dies nur mit theilweiser Umgehung der Orte, mit bedeutender Verlängerung der Straße und mit kostspieligen Neubauten geschehen. Von Zaisenhausen müßte man den Vicinalweg nach Sulzfeld verbessern, von da aber wäre ein Neubau nach Eppingen nöthig. Die Kosten wurden 1861 auf 50,000 Fl. veranschlagt. Von Eppingen müßte nach Richen durch das Elsenzthal gebaut werden.

Weit günstiger sind die Gefällsverhältnisse der Straße zwischen Bretten und Bruchsal, welcher Weg von Bretten bis Gondelsheim in den Jahren 1765—1775 corrigirt und chausseemäßig hergestellt wurde. (3)

Von Gondelsheim über Heidelsheim (4) bis Bruchsal waren schon durch Churpfalz im Jahre 1755 erhebliche Verbesserungen vorgenommen worden.

Die Bauausführungen waren durch Frohnden der betheiligten Gemeinden bewirkt, Entschädigungen, Kunstbauten, Aufsicht &c. bezahlte die Chausseegeldcasse. Die Straße von Bruchsal nach Bretten ist jetzt auf eine Länge von $2^1/_2$ Stunden eben und es sind außerdem nur kleine Stiche von 4—7 Procent vorhanden.

Von Bretten über Knittlingen, (5) Maulbronn (6) und Vaihingen nach Cannstatt liegt der größte Theil der Straße, die in Württemberg den Namen „Lindauer Straße" führte, auf württembergischen Gebiete. Die Länge in Baden beträgt nur 0,7 Stunden.

Württemberg, welches dieser Straße früher eine größere Bedeutung als jener über Pforzheim beilegte, hatte solche schon in den Jahren 1750—1752 chausseemäßig hergestellt.

Auf badischem Gebiet wurde die Straße erst 1820 gründlich verbessert, nachdem sie 1810 in die zweite Classe der Landstraßen eingereiht war, und auch die bedeutendsten Correctionen zwischen Maulbronn und Knittlingen, Illingen und Vaihingen, Enzvaihingen und Cannstatt sind erst unter der Regierung des Königs Wilhelm zur Ausführung gekommen.

---

(1) Man erzählt in der Gegend, daß der Einfluß der schönen Töchter eines Bürgermeisters auf die Genieofficiere wesentlich zu Beschränkung der Bauausführungen beigetragen habe. (2) Von Brekenheim oder Frauenzimmern nach Kleingartach führt nur ein Gemeindeweg über den Heuchelberg. Diese Route empfiehlt sich nicht für den Verkehr mit Eppingen. Dagegen hat die Straße von Brakenheim nach Heilbronn nur Gefälle von 5 Procent. (3) In welchem Stand diese Straße im 15. Jahrhundert gewesen sein mag, geht daraus hervor, daß Bischof Siegfried III. im Jahr 1456 von Bruchsal nach Maulbronn auf einem sog. Rollwagen, das heißt auf einem für 6—8 Personen bestimmten kutschenartigen Wagen, mit Verwendung von 70 Pferden fuhr. (Remmling, Bischöfe von Speyer II. Seite 99 und C. Löper, Geschichte des Verkehrs im Elsaß.) Auch die Reise von Lenguerrand von 1486. (Mone, Anzeiger 1835. S. 278 ist zu beachten.) (4) Heidelsheim war früher eine reichsunmittelbare Stadt. 1311—1340 stund der Ort unter badischer Hoheit, wurde dann an die Pfalz verpfändet und 1463 ganz pfälzisch. (Widder, Die Pfalz.) 1803 kam die Stadt an Baden. 1689 ist H. von den Franzosen abgebrannt worden. (5) Knittlingen, 1360, 1632 und 1692 ganz abgebrannt, wird 1504 erstmals Stadt genannt und kam mit Maulbronn an Württemberg. Hier war im 16. Jahrhundert der Schwarzkünstler Faust geboren. 1840 erhielt der Ort neuerdings Stadtrechte. (6) Maulbronn, Cisterzienser Kloster, 1148 gegründet, war für die Cultur der Gegend von großem Einfluß. Schon 1153 wird der Eilfinger Wein gelobt. Klunzinger, Maulbronn 1849. Klosterculturgeschichte von Württemberg.

Die alte Straße von Knittlingen nach Maulbronn ging direct über den Berg durch die sog. Hasenklinge. Von der Rehhüte bei Bretten bis Knittlingen sollte die Straße verlassen und der südlich im Thal befindliche Vicinalweg als Landstraße hergestellt werden; die hierzu erforderte Mitwirkung Württembergs war aber nicht zu erzielen.

Nachdem die Eisenbahn von Bruchsal nach Stuttgart und Friedrichshafen im Jahre 1853 eröffnet war, verlor diese Straße natürlich ihre frühere Frequenz und wurde auch zwischen Bruchsal und Diedelsheim und von Bretten bis zur Gränze bei Knittlingen 1855 aus dem Verbande ausgeschieden und als unterstützter Vicinalweg behandelt. Die Abtheilung von Diedelsheim bis Bretten dagegen blieb im Verbande, weil sie ein Glied der Straße von Berghausen nach Heilbronn bildet.

Die ältere Straße von Bretten nach Berghausen führte nicht über Diedelsheim, sondern über Rinklingen und Dürrenbüchig nach Wössingen (Plan von 1784); ihre Verbesserung wurde nach langen, durch die Einsprache von Speyer hervorgerufenen Erörterungen auf Grund eines landesherrlichen Befehls in den Jahren 1804—1807 mit einem Aufwand von 24,916 Fl. über Diedelsheim vorgenommen und im Jahre 1817 erhielt sie durch einen Neubau von Diedelsheim nach Wössingen eine Correction mit einem weiteren Aufwande von 13,458 Fl. Trotz dieser Verbesserungen hatte Carlsruhe bis 1823 über Bretten und Eppingen nach Heilbronn nur eine Briefpost. Seit 1868 wird die ganze Straße von Bruchsal bis Knittlingen wieder als Landstraße behandelt.

Da die Straße von Bretten nach Diedelsheim (1) Gefälle von 6—8 Procent besitzt, während der Vicinalweg nach Rinklingen breit und eben angelegt ist und von Rinklingen zur Umgehung der theilweise in tiefen Einschnitten liegenden und steilen Straßentheile eine neue Straße im Thal hergestellt werden könnte, wird gewünscht, daß die Straße nach Berghausen in dieser Richtung verbessert werde.

Das bestehende größte Gefäll der Straße von Bretten nach Berghausen ist in dem Orte Jöhlingen mit $11\frac{1}{2}$ Procent.

Durch die im Jahre 1867 eröffnete Eisenbahn von Durlach nach Mühlacker hat die Bahn von Bruchsal dahin bedeutend an Frequenz verloren, weil ihr der Verkehr landaufwärts fast ganz entzogen ist. Sie bezieht von dem ganzen Verkehr nach Stuttgart kaum die Hälfte der Durlach-Mühlacker Bahn.

Gleichwohl hat sich in Bretten, wie an den meisten Stationen, der Verkehr von und zu der Eisenbahn gesteigert. (2) Besonders vermehrte sich der Verkehr mit dem württembergischen Zabergau, daher das frühere Project: die Straße von Bretten nach Knittlingen von der Höhe in das Thal zu verlegen, sich Geltung verschaffte und auch Württemberg seine Mitwirkung gerne zusagte.

Der bisherige 5 m. breite, nicht fundamentirte Vicinal- und Feldweg war im Gefälle auszugleichen, auch 6 m. zu verbreitern und zu chaussiren mit 14 cm. Gestein und 10 cm. Schotter.

Mit Einschluß von 1200 Fl. für den steinernen, 75 m. langen, 5,24 m. hohen Aquäduct bei der Mühle war ein Aufwand von 12,000 Fl. erforderlich, wovon die Gemeinde Bretten für Güterentschädigung 1950 Fl. übernahm. Die Ausführung erfolgte 1875 mit einem Aufwand von 21,171 Mark einschließlich des Geländewerths. Die neue Straße wurde Landstraße, die alte Vicinalweg.

Nach Vertrag vom 12. August 1875 wurde der Aquäduct Eigenthum des Müllers, der denselben zu unterhalten hat und für jede Störung des Verkehrs durch denselben haftbar bleibt.

Um die Straße zwischen Berghausen, Bretten und Eppingen, welche einige Steigen besitzt, zu verbessern, sind in dem Gesetz über Vervollständigung des Landstraßennetzes von 1870 42,857 Mark + 137,143 Mark = 180,000 Mark bewilligt worden, die aber wegen des Eisenbahnbaues bisher nicht zur Verwendung kamen.

Der nachweisbare Verbesserungsaufwand für die Straße beträgt 189,812 Mark.

---

(1) Die alte Straße von Diedelsheim nach Gondelsheim — „alte Poststraße" genannt — führte auf dem rechten Ufer des Saalbach. (Kataster-Plan von Diedelsheim.) (2) Seit dem Bestehen der Eisenbahn dauern die Viehmärkte nur noch bis 11 Uhr Vormittags, statt wie früher bis Abends, weil jeder Käufer das Vieh schnell nach Hause bringen will. Die Wirthe klagen hierüber.

Trotz der Eisenbahn hat sich der Verkehr seit 1856 hier bedeutend vermehrt. Derselbe betrug 1856 zwischen Berghausen und Bretten 126, jetzt 202—373 Zugthiere, zwischen Bruchsal und Bretten 135—180, jetzt 316, zwischen Bretten und Eppingen 122, jetzt 250 Zugthiere täglich.

Durch den Betrieb der gegenwärtig im Bau begriffenen Eisenbahn von Berg-Durlach nach Bretten-Eppingen und Heilbronn wird der Verkehr sich für einige Zeit mindern. Die Straße wird in dem Einschnitt südlich von Jöhlingen des Eisenbahnbaues wegen verlegt.

Nr. 13.

Straße von Carlsruhe nach Stuttgart.

Obere Nürnberger oder Cannstatter Straße.

Länge in Baden . .	34,28 Kilom. =	7,70 St.,
„ „ Württemberg		9,00 „
zusammen		16,70 St.

Die Namen „Enz und Pfinz, Hart, Gauchsberg, Egelsee, Schienberg, Eggenstein, Schröck, Killisfeld, Beiertheim, Bulach, Rintheim, Hagsfeld, Durlach, Söllingen, Pforzheim, Oeschelbronn, Dürrmenz, Düren, Eutingen" lassen sich ebenso wie die Straßennamen „Dietweg oder Dietelweg" in Gemarkung Eutingen aus keltischem Ursprunge herleiten.

Auf römischen Wohnsitz weisen die Funde bei Pforzheim, Söllingen, Remchingen, Eutingen, Düren hin. (1) Die von Ellmendingen auf dem nördlichen Bergrücken an Dietlingen vorüber auf den Vicinalweg von Pforzheim nach Ispringen ziehende, kaum mehr erkennbare Straße wird, wie der bestehende Weg von Pforzheim nach Kiffelbronn und Oetisheim, als „Römerstraße" bezeichnet. (2) Der Weg, der von Grötzingen am Baindgraben hin nach Hagsfeld und von hier gegen Eggenstein führt, heißt „Heerdweg"; Königsbach liegt an der „hohen Straße". Ein alter Weg, der von Ispringen in gerader Richtung nach Dietlingen geht und mit der dortigen Römerstraße in Verbindung steht, wird „Ochsenweg" und ein gegen Pforzheim ziehender Feldweg in Gemarkung Niefern „Höh-Weg", „Pforzheimer Weg" und „Postweg" genannt.

Der alte Weg von Grötzingen nach Durlach und von hier bis Carlsruhe soll einst mit Steinen gepflastert gewesen sein und von Durlach über Grötzingen, Söllingen, Stein, Eisingen soll eine römische Straße bestanden haben. Auch ein Weg von Mühlacker nach Bietigheim und von Pforzheim über Oeschelbronn nach Enzvaihingen wird als eine römische Straße genannt.(3)

Die Orte Eggenstein, Daxland, Hagsfeld, Grötzingen, Berghausen, Söllingen, Durlach werden schon 1161 urkundlich als Besitzungen des Klosters Gottesau bezeichnet. (Wank, Hessische Landesgeschichte.) Vaihingen und andere an der Straße liegende württembergische Orte werden urkundlich schon im 8. Jahrhundert genannt. (Memminger, Vaihingen.) Jedenfalls sind also hier sehr alte Wege zu finden.

Wie bereits unter Nr. 11 und 12 erwähnt, vermittelte die Straße von Cannstatt nach Illingen schon vor Jahrhunderten den Handelsverkehr aus Italien nach dem Niederrhein und auch einen Theil des Verkehrs von Nürnberg nach Frankreich und der Schweiz. Bei Illingen theilt sich diese Straße einseits über Maulbronn nach Bretten, anderseits nach Pforzheim (4) und von dieser Stadt führen wieder 2 alte Landstraßen nach dem Rheinthale, die eine nach Durlach, die andere nach Ettlingen.

---

(1) Pforzheim VIII. Legion, Zeichen Ara des Merkur, Gelübdestein des Jupiter. Remchingen, Votivstein und Altar, Solingen, Herkulesstatue. Siehe Leichtlen I. Kreuzer All. Cult. Rappenegger 21. (2) Siehe Originalaufnahmen der badischen Landeskarte und der Karte von Michaelis. (3) Mone, Urgeschichte I. und Zeitschrift 14. — Oberamtsbeschreibung, Maulbronn 1870. (4) Pforzheim kam 1002 an Markgraf Hermann von Baden und war von 1300—1565 badische Residenz. Die Pforzheimer trieben von Alters her bedeutenden Handel mit Holz, Zeug, Tuch, Leder, Strumpfwirkerarbeit und Bijouterieerzeugnissen. Im Jahr 1873 bestunden 425 Goldfabriken hier mit 6992 Arbeitern. Der Fruchtmarkt ging in Folge der Eisenbahn ein, der Viehmarkt ist aber noch bedeutend; die Bevölkerung, die 1725 3000 und 1810 noch 5572 Seelen zählte, hat sich bis 1875 incl. auf 23,537 gehoben. Gehres, Kleine Chronik von Pforzheim, Roller, Geschichte von Pforzheim, Pflüger, Geschichte von Pforzheim.

So lange diese Straßen schlecht waren, wählte der Güterverkehr meistens den besseren, wenn auch längeren Zug, daher es kam, daß zeitweise bald diese, bald jene Route als Hauptverkehrsweg angesehen wurde. Dies war insbesondere bei den 2 Straßen von Pforzheim (1) nach Ettlingen und Durlach der Fall, von denen die letztere für den Güterzug nach Frankreich und der Schweiz allmählich einen vollständigen Sieg über die erstere errang, obgleich sie bis Ettlingen bedeutend länger ist.

Nach Schöpflins hist. zär. bad. VI. 380 wurde der Weg über die Zollstationen Durlach und Pforzheim „als längst bestandener Handelsweg nach Schwaben" betrachtet, und Jäger (Schwäbisches Städtewesen im Mittelalter I.) nennt die Straße von Ulm über Cannstatt, Weil, Pforzheim, Durlach „alte Handelsstraße". (2)

Die schwäbische Kreisversammlung bestimmte im Jahr 1737, daß der alte Handelsweg von Straßburg über Pforzheim nach Cannstatt zu verbessern sei, ohne die Richtung näher zu bezeichnen, welche nach Pforzheim eingehalten werden soll.

Baden-Durlach beeilte sich, vor allen anderen Gebietsherren, dieser Auflage zunächst in seinem Interesse zu entsprechen, da man hier klar erkannte, daß nur durch bessere Verkehrsmittel dem durch die Kriege so sehr gesunkenen Wohlstand wieder aufzuhelfen sei.

Die in demselben Jahre von dem schwäbischen Kreise nach französischem Muster erlassene Information zu Verbesserung der Wege (3) gab dem Markgrafen Veranlassung, einen französischen Ingenieur, Namens Rigemort, zu Erstattung eines Gutachtens darüber zu berufen: ob der Straßenzug über Ettlingen sich mehr als jener über Durlach zur Verbesserung empfehle und wie die Straße zwischen Carlsruhe und Pforzheim am geeignetsten herzustellen wäre.

Der Weg von Carlsruhe nach Durlach führte damals, als die mit Bäumen bepflanzte lange Straße der Residenz noch „Mühlburger Allee" genannt wurde, innerhalb des späteren Durlacher Thores in einem stumpfen Winkel nach der jetzigen (4) Gottesauerstraße an der Südseite des Hofküchengartens und u n m i t t e l b a r an Gottesau (5) und dem 60 Fuß weiter gegen Durlach gelegenen Jägerhaus vorüber, wandte sich dann mehr nach Nordosten, durchschnitt 180 Fuß oberhalb Gottesau die Linie der jetzigen Straße und mündete in der Nähe des Alleehauses (6) in den noch bestehenden Weg von Rintheim ein, bog dann wieder in der Richtung des noch vorhandenen Feldweges nach der Ziegelhütte und der unteren Mühle bei Durlach ab und führte nach dem Ochsenthor und mit einer noch vor einigen Jahren vorhandenen Abzweigung auch nach dem Bienleinsthor (Carlsruher Thor) (7) in Durlach. Die letztere Abzweigung war früher gepflastert, wie dies sich in neuer Zeit erst erwiesen hat. Die Breite betrug 10—12 Fuß. Der Ausgang aus der Stadt erfolgte durch das Blumenthor neben dem jetzigen Wasserthurm. (8)

---

(1) Um den Straßenzug durch Pforzheim zu erhalten, erhielten die Markgrafen Christian und Albrecht 1477 das Recht, auch von jenen Fuhren Zoll zu erheben, die Pforzheim umgehen. Schilter, hist. dipl. frid. III. 107. (2) Der 1709 errichtete württembergische Postwagen-Cours ging von Ulm über Geislingen, Göppingen, Plochingen, Stuttgart und Pforzheim nach Durlach. Auch die großen Massen von Knochen, die aus Frankreich in die Fabriken in Geislingen versendet wurden, kamen von Straßburg über Durlach nach Pforzheim. Nicolai, Reisen durch Deutschland. (3) Baer, Wasser- und Straßenbau. (4) Oberdirectionsplan von Ingenieur Paret 1739 und Plan von J. Baumeister, Ingenieur-Capitain des Herzogs Carl Alexander von Württemberg. — Nach einem Plan von 1781 zog die Straße damals noch eine kurze Strecke durch Wald. (5) Ursprünglich eine 1110 auf einer Rheininsel erbaute Benedictiner-, dann Cisterzienser-Abtei; 1525 abgebrannt, 1556 aufgehoben und nach dem Restitutionsedikt von 1629 wieder von den Mönchen besetzt, die dasselbe erst nach dem Westphälischen Frieden für immer verließen, wurde Gottesau Anfangs des 18. Jahrhunderts neu erbaut und 1740 in seinem dermaligen Zustand vollendet. Siehe W e n k, Hessische Landesgeschichte. L e i c h t l e n, Gottesauer Chronik 1810, M o n e, Zeitschrift 7 und 12. (6) Dieses Haus, welches oberhalb des in der Mitte zwischen Durlach und Carlsruhe nach Rintheim abgehenden Wegs, nördlich an der Straße stund, wurde 1868 abgebrochen. (7) Abgebrochen 1845. (8) Die ältere Straße zog von Durlach über Rintheim und wurde „Weinstraße" genannt. (Mone, Urgeschichte I.) Auf diesem Wege wurde schon im Mittelalter der Wein aus der Pfalz über Schrök und Eggenstein nach Pforzheim und Ulm abgeführt. Auch Weine aus dem Enz- und Pfinzthale gingen auf diesem Wege nach den Rheinorten. In Grötzingen und Berghausen bestunden im 8. Jahrhundert Weinberge und der Weinbau bei Dürrmenz, Mühlacker und Bietigheim war 1602 viel bedeutender als jetzt. Der Weinhandel war vor dem 30jährigen Krieg in dieser Gegend ein Haupterwerbszweig. Herzog Friederich erließ im Interesse des Ackerbaues 1621 ein Verbot, neue Weinberge anzulegen. Der Rebsatz bestund aus Cleveern und Ruländern. Codex. trad. Laurish. L. Kriegk, Bürgerthum im Mittelalter 1868. Kaiser Karl V. bestimmte 1522, daß an den für Weinzoll errichteten Ausgangsstationen Enz-Vaihingen und Göppingen 2 Schilling Zoll von 1 Roßlast bezahlt werden sollen.

Von Durlach nach Grötzingen (1) zog die Straße mehrfach gekrümmt bis gegen den Thurmberg und theilte sich hier in die älteste nach Grötzingen und Bruchsal führende am Fuß des Amalienberges hinziehende Straße, die bei dem Schloß in die Pforzheimer Straße einmündete, und in den über den Berg führenden Pforzheimer Weg, von 10 Fuß Breite mit 10 bis 20 Procent Steigen und Fallen. Von hier hatte die Straße ebenfalls Gefälle bis zu 20 Procent, namentlich war sie durch Berghausen sehr schmal und mit starkem Gegengefäll behaftet, und ging dann zuweilen unmittelbar an der Pfinz hin, daher sie, besonders an dem Thalübergang bei Singen, vor der Correction der Pfinz häufiger Ueberschwemmung ausgesetzt und deshalb gefährlich war.

Von Wilferdingen führte die Straße mit starkem Steigen über den gefährlichen, sogenannten Siehdichfür — die Wasserscheide zwischen dem Enz- und Pfinzthal, — streckenweise durch Gebiet des Klosters Frauenalb (2) und fiel mit starkem Gefäll bis zu 16 Procent nach dem Enzthale bei Pforzheim ab.

Von Pforzheim ging der Straßenzug über mehrere Hügel in dem Enzthal hin und war auch hier oft der Zerstörung und Ueberschwemmung durch den Fluß ausgesetzt. Die Straße war meistens ohne Fundament und gegen die württembergische Gränze hin hatte sie eine Unterlage von Prügelholz.

Ingenieur Rigemort erstattete sein Gutachten am 28. October 1739 dahin:

1) Daß der Weg über Durlach nach Pforzheim im Allgemeinen ein besseres Trace als jener über Ettlingen habe.

2) Daß er fast ganz durch baden-durlachisches Gebiet ziehe und zu den Schlössern Durlach und Augustenburg führe und daß er im Ganzen leichter als der Weg über Ettlingen zu verbessern sei.

3) Daß zwischen Carlsruhe und Durlach die Straße nur auf $^1/_4$ Stunde Länge, insbesondere neben dem Küchengarten hin zu verbessern sei, bei Augustenburg aber die gefährliche Steige durch Abheben des höchsten Punktes um 12 Fuß und durch beiderseitige Anschüttung ermäßigt werden müsse, da die Umgehung des Berges zu kostspielig und schon deshalb nicht auszuführen sei, weil die Grötzinger sich weigern, die Straße über den Kirchhof führen zu lassen. (3)

4) Von Wilferdingen bis zu dem $^1/_2$ Stunde entfernten neuen Frauenalber Wirthshause könne durch Verbreiterung geholfen werden; von hier aus aber sei eine Correction nöthig, da die Straße durch 3 Tiefungen ziehe, die umgangen werden müssen. Sollte Frauenalb nichts zur Verbesserung thun, so wäre das Klostergebiet zu umgehen und die Richtung des mehr südlich gelegenen alten „Kutschenwegs" einzuhalten.

5) Im Uebrigen wäre die ganze Straße bis Pforzheim zu verbreitern und zu chaussiren und die Verwendung von 40,800 Tagwerken erforderlich.

Diese Vorschläge wurden im Allgemeinen gutgeheißen und am 29. August 1740 die Ausführung der Arbeiten bis Pforzheim unter Leitung eines französischen Ingenieurs Paret angeordnet.

In diese Zeit fällt die Tieferlegung der Straße in Berghausen, indem die alte, höher gelegene Straße verlassen und die jetzige Straße unten im Orte erstellt und an dem Bergabhange eine Stützmauer für den Zugang zu den Häusern errichtet wurde.

Die ältere Straße führte weiter oben nördlich an der Kirche vorüber.

Die Fahrbahn war auf 15 Fuß und der Steinsatz auf $1^1/_3$—2 Fuß Höhe bestimmt. Durch die Ortschaften und an der Steige bei Augustenburg sollte nach deren Abheben gepflastert werden. (4) Für die nöthigen Güter wurde Entschädigung geleistet.

Die Hälfte der Bewohner aller Gemeinden des Oberamtes Durlach mußten täglich frohnden, es wurde ihnen aber auf dringende Bitte vom April 1741 an eine kleine Vergütung, bestehend in 6 Xr. für den Mann, 5 Xr. für ein Weib oder jungen Burschen, 4 Xr. für einen Knaben

---

(1) Das ältere Schloß „Grechingen" wurde 1274 zerstört. Das 1699 von Markgr. Auguste Marie erweiterte Schloß „Augustenberg" hieß früher „das hohe Haus". (2) Die Orte Ersingen und Bilfingen gehörten zum Kloster Frauenalb, welches die niedere Gerichtsbarkeit übte; die höhere Gerichtsbarkeit stund dem bad.-bad. Amt Ettlingen zu. (3) Die Entfernung von Gebäuden, wie sie in neuester Zeit zur Führung der Straße in Grötzingen erfolgte, wurde damals bis zum Aeußersten vermieden. (4) Das aus großen Steinen hergestellte Pflaster ist jetzt noch neben dem Schlosse sichtbar. Die durch Abheben und beiderseitiges Auffüllen auf 7 und 10 % vermindert Steige wurde mit einem aus großen, dreimal übereinanderliegenden unförmlichen Steinen gebildeten Fundament versehen. Das Schloß kam durch die Anschüttung tiefer als die Straße zu stehen.

oder Mädchen bewilligt. (1) Der Aufwand wurde auf die Landeskosten-Casse übernommen. Ob Gleiches auch im Bezirk des Oberamts Pforzheim geschah, konnte nicht ermittelt werden.

Die Arbeiten nahmen einen sehr langsamen Fortgang, wurden mehrmals durch Kriegsereignisse unterbrochen und darum erst 1748 bis Pforzheim vollendet. In dem Bezirk von Frauenalb dagegen (2) war trotz allen Andringens und unerachtet der im Jahr 1745 der Aebtissin eröffneten Drohung, ihr Gebiet zu umgehen, so zu sagen nichts geschehen, weil die Interessen des Klosters mehr bei Verbesserung der Ettlinger Straße betheiligt waren.

Als es sich im Jahre 1751 um Fortsetzung der Bauarbeiten von Pforzheim bis zur württembergischen Gränze handelte, schlug Rigemort vor, die alte Straße über Enzberg zu verlassen und den Zug auf dem rechten Enzufer über Niefern nach Dürmenz zu führen, weil die bestehende Straße gegenüber von Niefern durch die Enz oft zerstört und bedroht wurde. (3)

Die Ausführung dieses und anderer Projecte scheiterte aber an dem Widerspruch Württembergs, mit welchem wegen des Straßenanschlusses bis zum Jahr 1762 verhandelt wurde. Nachdem man sich endlich, als der Weg von Stuttgart nach Knittlingen hergestellt war und Pforzheim unter der mangelhaften Verbindung mit Stuttgart sehr zu leiden anfing, badischer Seits zu Beibehaltung der alten Straße verstund, mußte der Bau wegen Mangel an Geldmitteln abermals ausgesetzt werden und man beschränkte sich auf kleinere Verbesserungen, insbesondere auf das Abheben und Erweitern der gefährlichen, nur 12 Fuß breiten Steige beim Pforzheimer Kirchhof, welche sodann gepflastert wurde. (4)

Auf Grund des Kreisviertelsrecesses d. d. Offenburg den 31. Januar 1756, wonach die Straße von Straßburg bis Cannstatt in erster Linie nach den Vorschriften der Information von 1737 verbessert und in einer Breite von 24 Fuß mit 6 Fuß Gräben hergestellt werden sollte, hatte Württemberg bis zum Jahr 1774 eine halbe Million für Verbesserung des Weges von Cannstatt bis Illingen verausgabt und einen weiteren Aufwand von 15,000 Fl. für die Abtheilung Illingen-Enzberg zugesagt, woselbst der Bau schon 1773 begonnen wurde, obgleich die Reichsstadt Heilbronn, unterstützt von der Pfalz, durch ein gedrucktes Promemoire von 1769 bei allen Höfen hiergegen Protest erhoben hatte, indem sie nachzuweisen suchte, daß die untere Nürnberger Straße (Nr. 11) die eigentliche Handelsstraße sei und darum allein Berücksichtigung verdiene.

Die im Jahre 1774 durch Hochwasser eingetretene Zerstörung der Straße bei Niefern machte es nun unerläßlich, endlich Hand an die Verbesserung des Wegs von Pforzheim bis Enzberg zu legen. Die Kosten betrugen für Baden 10,923 Fl. (5)

Die Ausführung erfolgte in den Jahren 1775—1777 durch Accordanten mit Beizug der Frohnden in natura oder in Geldablösung. Der wirkliche Aufwand betrug 10,750 Fl. Für die Güter wurde Entschädigung geleistet, die alten Straßenstücke verkaufte man.

Die Stadt Pforzheim hatte für Verbesserung innerhalb ihrer Gemarkungen in den Jahren 1771—1781 9167 Fl. aufgewendet.

Die Straße wurde 1779 von Pforzheim aus mit Pappelbäumen bepflanzt, welche 1794 durch Obstbäume ersetzt wurden. Nachdem die Altenstädter Vorstadt 1789 abgebrannt war, ist die Straße dort breiter angelegt worden.

Zwischen Carlsruhe und Durlach war 1769—1772 eine neue, ganz gerade Straße (und in Verbindung damit 1772/73 auch das Durlacher Thor (6)] hergestellt worden, welche den herrschaftlichen Küchengarten bei Carlsruhe und den alten Herrschaftsweg zwischen Gottesau und dem Alleehaus durchschneidet.

Obgleich diese Straße in ihrem Alignement keineswegs untadelhaft war und insbesondere mit einem nicht unbeträchtlichen Gegengefälle über den sog. Leitgraben führte, so machte die-

(1) Nach dem Lagerbuch von Berghausen von 1682 hatte die Gemeinde damals alle Straßen und Brücken in ihrer Gemarkung zu unterhalten. (2) Die Straße zog 3/4 Stunde lang durch Gemarkung Ersingen. (3) Ein anderer Straßenzug wurde über Niefern, Oeschelbronn, Glettbach und Aurich nach Enzvaihingen mit Benützung der alten Poststraße vorgeschlagen, um zu verhüten, daß durch Herstellung der Straße auf dem linken Ufer der Verkehr nicht von Mühlacker nach Bretten geleitet und Pforzheim umgangen werde. (4) Man ging früher von der Straße oben in den Kirchhof. (5) Für den Bau von der badischen Gränze bis an die Knittlinger Chaussee bei Illingen hatten Württemberg 17,927 Fl. und die Reichsritterschaft Canton Neckar Kocher wegen Enzberg und Mühlhausen 9802 Fl. aufzuwenden. (6) Dieses Thor ist 1875 wieder entfernt worden, da es dem Verkehre hinderlich schien.

selbe doch in damaliger Zeit wegen ihrer geraden Linie und der zu beiden Seiten in einer Entfernung von 45 Fuß ausgeführten Pappelbaumpflanzung großes Aufsehen. (J. Bernoulli bezeichnet diese Straße in seinen Reisen von 1781 als „bewundernswerth".)

Die beiderseitigen Fußpfade, von denen der nördliche bis 1822 auch als Reitweg benutzt werden durfte, waren hinter den Pappelreihen angelegt.

Die Herstellung dieser Kunststraße, welche lange den Namen „Carl-Friedrichsstraße" führte, geschah im Wege der Frohndconcurrenz der Gemeinden Durlach, Au, Grötzingen, Berghausen, Söllingen, Blankenloch, Rintheim, Hagsfeld und Wolfartsweier, welche auch früher zu Herstellung der an Gottesau vorüberführenden Straße mitgewirkt hatten. Daß diese Straße übrigens bald wieder in schlechtem Zustande war, geht aus einer Vorstellung des Magistrats von Durlach vom 21. Februar 1787 hervor, worin um die Erlaubniß gebeten wird, statt Rheinkies Kalkstein zur Unterhaltung zu verwenden, indem diese Steine fein geschlagen werden sollen, „um allem seitherigen Gerumpel und Gepolter der Chaisen vorzubeugen".

Es scheint hiernach, daß der Rheinkies ungeworfen zur Verwendung gekommen ist.

Nach Herstellung der neuen Straße wurde der sog. Herrschaftsweg von Gottesau bis zum Rintheimer Weg zu den Wiesen gezogen, die Abtheilung der Straße von dem Rintheimer Weg bis Durlach aber wie heute noch als Feldweg benützt.

Um für das Nachsetzen der abgängigen Bäume an dieser Straße und an der Mühlburger Straße zu sorgen, errichtete man im Jahre 1832 bei Carlsruhe eine sog. Plantage mit einer Separatcasse, in welche der Erlös aus alten Chaussee-Bäumen floß, deren Aufhebung aber schon 1839 erfolgte. Der Cassenüberschuß von 2800 Fl. wurde der Wasser- und Straßenbaucasse zugewiesen.

Als im Jahre 1837 die Pappelallee so abgängig war, daß dem Verkehr Gefahr drohte, wurde deren vollständige Erneuerung in Verbindung mit einer durchgehenden Regulirung und Verbreiterung der Straße nebst Herstellung gepflasterter Rinnen angeordnet.

Die Gesammtbreite der Straße wurde auf 56 Fuß, die Breite der Fahrbahn auf 30 Fuß und die Anlage der Fußwege à 13 Fuß Breite mit einem Gefäll nach den Wasserrinnen bestimmt. Die Bäume wurden an den äußeren Rand der Fußwege gesetzt. Da hinter den Bäumen noch 3 Fuß 5 Zoll Flächenraum ist, beträgt die Breite der Straße von Kante zu Kante 67 Fuß.

Diese Arbeiten kamen in den Jahren 1838—1842 zur Ausführung. Das nöthige Gelände wurde angekauft. Außer dem Erlös aus den alten Bäumen war noch ein Aufwand von 12,421 Fl. aus der Staatscasse erforderlich. Die Länge der Straße beträgt 1288 Ruthen, die wirkliche Breite ihrer Fahrbahn 27,8—32 Fuß; sie wird seit 1810 als Staatsstraße behandelt. (1)

Gleichzeitig mit Herstellung der Durlacher Straße wurde auf der Südseite der sog. Stein- oder Floßcanal in einer Sohlenbreite von 12 Fuß angelegt, um Holz zu flößen, und Steine (insbesondere Marmor von Berghausen) in kleinen Nachen nach Carlsruhe und an den Rhein zu führen. Dieser Canal (2) vereinigt sich mit dem von Rüppurr herkommenden Floßcanal. (3)

Nachdem von Seite Württembergs in den Jahren 1832 und 1833 die Steige bei Vaihingen und 1837 und 1838 die Steige bei Illingen corrigirt war, wurde der Wunsch ausgesprochen, daß auch die so lästige und gefährliche Steige zwischen Wilferdingen und Pforzheim durch Verlegung der Straße in das Pfinzthal umgangen werden möge. Dies gab Veranlassung, die Verbesserung der Straße zwischen Durlach und Pforzheim im Allgemeinen in Erörterung zu nehmen und insbesondere außer der Pforzheimer Steige auch die Umgehung der Steigen bei Grötzingen, Kleinsteinbach und Söllingen, sowie die Beseitigung der kurzen Wendung in Singen in das Auge zu fassen.

Der aufgestellte Ueberschlag forderte:

Für Umgehung der Grötzinger Steige 20,000 Fl., für Verbesserung der Steige in Kleinsteinbach 12,360 Fl., der Steige in Söllingen 4884 Fl. und die Correction in Singen 7841 Fl.

Wegen Umgehung der Pforzheimer Steige wurden 2 Wege untersucht, nämlich:

---

(1) Die Frohndarbeit für diese Straße wurde 1819/20 jährlich auf 7000 Fl. angeschlagen, während man sonst für die Stunde nur zwischen 200 und 2000 Fl. rechnete. (2) Siehe Durlachs kleine Chronik von Gehres. (3) In den Jahren 1742—1769 wurden 105,000 Meß Holz zu Wasser nach Carlsruhe gebracht. Sachs V. 338. Dieser Transport hörte mit Verbesserung der Straße im Anfang dieses Jahrhunderts auf.

Der Straßenzug von Brötzingen in das sog. Brühlthal über die Auerhahnenfalz durch den Brötzinger- und Dietlinger Gemeindewald in das sog. Rannthal und bei Nöttingen in das Pfinzthal nach Wilferdingen. Die Länge dieses Zugs betrug zwischen Wilferdingen, beziehungsweise dem Remchinger Hof (¹) bis Pforzheim 4610 Ruthen, wovon 3600 neu zu bauen wären. Der Aufwand wurde bei einer Straßenbreite von 32 Fuß auf 53,000 Fl. veranschlagt. Die zweite Zugslinie, vom Remchinger Hof über Königsbach, Bilfingen und Ersingen nach Pforzheim, hielt größtentheils die Richtung der bestehenden Vicinalstraße ein und hatte eine Länge von 5480 Ruthen. Die Kosten waren auf 116,000 Fl. berechnet. Die technische Behörde sprach sich für die erste Zugslinie aus. Nachdem sich aber bei nochmaliger näherer Bearbeitung der beiden Bauprojecte ergab, daß bei einer Straßenbreite von 28 Fuß, einem Steinsatz von 4 Zoll und einer Beschotterung von 6 Zoll nebst Liniensteinen die Straße durch das Rannthal 115,000 Fl., jene über Ersingen aber 140,000 Fl. kosten würde, entschied sich die technische Oberbehörde für den letzteren Bau.

Die bei beiden Straßenzügen betheiligten Gemeinden traten nun mit einander in eine sehr heftige Wettbewerbung, was in Verbindung mit dem bedeutenden Aufwand und den Interessen des Posthalters in Wilferdingen leider endlich dahin führte, daß man die Correction der vorhandenen Steige vorzog. Der Aufwand war berechnet von dem sog. Siehdichfür bis oberhalb der Kalksteinbrüche, wo die alte Straße 8—15 Prozent Gefäll hatte, auf 30,000 Fl., vom Ersinger Kreuz bis auf das Brötzinger Feld auf 30,818 Fl.

Da die erstere Abtheilung der alten Straße dem Verkehre am lästigsten war, wurde solche in den Jahren 1843/44 mit einem Aufwande von 27,771 Fl. ausgeführt. Die Ausführung der 2. Abtheilung unterblieb, weil sich der Bau einer Eisenbahn von Durlach über Pforzheim nach Stuttgart in Aussicht stellte. Auch die übrigen oben erwähnten Correctionen an dieser Straße unterblieben aus gleichem Grunde.

Außer den erwähnten Verbesserungsarbeiten an der Carlsruhe-Stuttgarter Straße sind noch zu erwähnen:

von 1839—41 die Straßenverlegung in Eutingen mit 5000 Fl., von 1846 die Correction beim Rebstock in Durlach mit 459 Fl., sodann die theilweisen Straßenverlegungen zwischen Pforzheim und der Gränze in den Gemarkungen Enzberg und Mühlacker in Folge der Eisenbahnbauten, bei welchen die Fahrbahn 17,2 Fuß breit mit 6 Zoll Gestück und 4 Zoll Schotter die ganze Straßenbreite aber mit 24 Fuß zur Ausführung kam.

Die Eisenbahn von Durlach bis Wilferdingen wurde am 10. August 1859, jene von Wilferdingen nach Pforzheim am 4. Juli 1861 und die Abtheilung von Pforzheim bis Mühlacker (²) am 1. Juni 1863 dem Verkehr übergeben und in Folge dessen die Straße von Berghausen bis an die württembergische Gränze 1864 aus dem Staatsstraßenverband ausgeschieden und in die Classe der Militärstraßen eingereiht, in welcher Eigenschaft sie mit Unterstützung aus Staatsmitteln bis 1868 unterhalten, dann aber wieder unter die Staatsstraßen aufgenommen wurde.

Durch den in den Jahren 1867/68 ausgeführten Bau einer Eisenbahn von Pforzheim nach Wildbad mußte der Zug der Straße in der Nähe von Pforzheim etwas geändert werden. Die Kosten übernahm Württemberg.

In Folge der Verlegung einer Abtheilung Cavallerie und Artillerie nach Durlach wurde der nördliche Fußweg an der Straße von Carlsruhe nach Durlach wieder, wie vor 1822, als Reitweg geöffnet.

Da Carlsruhe und Pforzheim Pflastergeld erheben, unterhalten diese Städte die Straßen innerhalb des Ortsetters. (²)

Der durchgehende Verkehr auf der Carlsruhe-Stuttgarter Straße hatte schon durch die Bruchsal-Bietigheimer Bahn, noch mehr aber durch die Durlach-Mühlacker Bahn, abgenommen, weil die meisten Handelsgüter sowie Rohstoffe und Fabrikate auf die Eisenbahnen übergingen,

(¹) Der Remchinger Hof, nächst dem jetzigen Bahnhof an der Straße gelegen, gehörte der schon im 12. Jahrh. bekannten Adelsfamilie v. Remchingen, welche ihre Burg zwischen Schluttenbach und Dietlingen hatte. (Sachs, Gesch. der Markgrafsch. II.) Hier starb 1604 Markgr. Ernst Friederich. Der ehem. Ort Remchingen wurde mit Wilferdingen vereinigt. Bader, Badenia II. (²) Bis 1776 war in der langen Straße in Carlsruhe, die noch 1737 „Mühlburger Allee" genannt wurde, nur ein schmaler Streifen dicht an den Häusern bis zu den Gräbchen gepflastert, die Fahrbahn aber chaussirt. Hartleben, Residenz Carlsruhe 1815. Das Carlsruher Pflastergeld lieferte 1866 11,480 Fl., 1867 9516 Fl. Bruttoeinnahme.

dagegen hob sich der Verkehr mit Landesproducten. Namentlich werden in neuer Zeit sehr große Quantitäten Bausteine aus den Brüchen des Pfinz- und Enzthales, von Eppingen, Mühlbach u. s. w., ([1]) sodann Bau- und Brennholz aus Württemberg, ([2]) Kartoffeln und Cichorie nach den Fabriken im Rheinthal und Vieh in großer Zahl auf der Straße nach dem Elsaß abgeführt.

Weine aus der Pfalz, dem Elsaß und Breisgau und Ortenau gehen nach Pforzheim und Württemberg ebenfalls großentheils auf der Landstraße. Der Verkehr ist immer noch im Steigen begriffen. 1874 sind pro Tag über 300 Zugthiere verzeichnet worden. Die Verbesserung der Straße durch Correction der Steigen erscheint darum neuerdings als Bedürfniß.

Vor Allem war mit Rücksicht auf den Verkehr nach Pforzheim und nach Bretten die Steige bei Grötzingen durch Verbesserung der alten Thalstraße durch den Ort zu umgehen. Die Kosten betrugen 44,308 Mark, wovon Kreis und Gemeinden gesetzlich $^1/_3$ übernahmen. Die alte Straße wurde von 6 auf 9 Meter verbreitert, sodann von der Eisenbahn-Station mehr südlich verlegt, und mit Entfernung von 6 Gebäuden durch den Ort direct auf die alte Straße über die Felder geführt. Die Ausführung erfolgte 1874/75.

Die alte Straße ist durch Vertrag vom 18. Juli 1875 der Stadt Durlach zur Benützung und Unterhaltung überlassen. Das Eigenthum ist für den Staat vorbehalten.

Die Straße vom Abgang der alten Steige bis zur Vereinigung vor Grötzingen kam unter die Landstraßen.

Der nachweisbare Aufwand für Verbesserung beträgt 132,423 Mark.

Der Verkehr hat sich seit 1856—1874 zwischen Carlsruhe und Durlach von 370 auf 2635, zwischen Durlach und Berghausen von 579 auf 802, zwischen Berghausen und Pforzheim von 311 auf 341, zwischen Pforzheim und Gränze von 310 auf 317 Zugthiere pro Tag vermehrt.

Die Straße durch Carlsruhe unterhält die Stadt gegen Bezug des Pflastergeldes.

Schon 1874 lag es in der Absicht, zur Beseitigung dieser den Verkehr belästigenden Abgabe die lange Straße, die Carl-Friedrich-Straße vom Ettlinger Thor bis zum Marktplatz, die Linkenheimer Thorstraße, die westliche Hälfte des Cirkels und die Carl-Friedrich-Straße von da bis zum Marktplatz, die Verbindungsstraßen zwischen der langen Straße und Friedrichsthor in den Verband der Landstraßen zu nehmen.

Die desfallsigen Verhandlungen sind bis zu Erstellung der Pferde-Eisenbahn, deren Bau Nov. 1876 begonnen wurde, ausgesetzt.

Die Eröffnung der Bahn in der Hauptstraße Carlsruhe's erfolgte am 20. Januar 1877 bis zu dem Weg, der nach Rindheim führt.

Nr. 14.

Straße von Neufreistett an den Rhein.

Länge von Straße Nr. 2 bis zur Mitte der Schiffbrücke 3,35 Kilometer = 0,75 Stunden.

Das Recht der Rheinüberfahrt war im 13. Jahrhundert noch auf die Rheinstädte beschränkt. Später wurde dasselbe wieder wie in frühester Zeit auch von den Dörfern oder von den Gebietsherren ausgeübt.

So wurden auch von dem sehr alten Dorfe Altfreistett, woselbst, wie man aus dem sog. Heidenhäuschen ([3]) schließt, schon die Römer sich niedergelassen hatten, seit Jahrhunderten Personen in Nachen über den Rhein gefahren.

In dem ehemals hanauischen Gebiet bestunden vier solche Rheinüberfahrten, nämlich jene zwischen Diersheim und Wanzenau, Freistett und Gambsheim, Helmlingen und Offendorf, Grauelsbaum und Drusenheim.

Sämmtliche waren nur für das Uebersetzen von Personen eingerichtet. Die Fahrten wurden

---

([1]) Im Jahre 1873 sind während der Bauzeit auf der Straße von Durlach nach Carlsruhe im Durchschnitt täglich gegen 600 mit Steinen beladene Wagen verzeichnet worden. 1856 gingen 579, 1874 aber 3024 Zugthiere hier pro Tag. ([2]) Da die Flößerei auf der Nagold und Enz abgenommen hat, so wird viel Holländer und Bauholz jeder Art auf der Eisenbahn und Straße abgeführt. Die directe Flößerei von Pforzheim nach Holland, die 1810 erstmals bewirkt wurde, ist ganz eingegangen. ([3]) Eine sehr alte, noch gut erhaltene Capelle am nordöstlichen Ende des Orts, welche jetzt als Magazin benützt wird. Der Bau, theils aus Bruch-, theils aus Backsteinen, sehr roh ausgeführt, mit ganz kleinen Lichtöffnungen, besitzt einen Thurm, der in späterer Zeit erhöht wurde. Für römischen Bau sprechen keine sicheren Anzeichen.

meistens von beiden Ufern aus betrieben. Da den diesseitigen Schiffern untersagt war, auf französischem Gebiet Personen einzuschiffen, geschah ähnliches auch bezüglich der Personenbeförderung vom rechten auf das linke Ufer. Die Fahrten waren ungeregelt und die Schiffer forderten nach Belieben Ueberfahrtsgebühren von 8—15 Xr., je nachdem gleichzeitig mehr oder weniger Personen übergesetzt wurden. Die Ueberfahrt bei Diersheim wurde 1808 von der großherzogl. Domänenverwaltung verpachtet.

Sowohl die Ueberfahrt bei Freistett, als die gesicherte Landungsstelle für Rheinschiffe daselbst vermehrten den Verkehr von der Rheinstraße nach dem alten Freistett und die in der Mitte des vorigen Jahrhunderts erfolgte Gründung des Ortes Neufreistett(1) wirkte ebenfalls belebend auf den Verkehr mit dem Rhein.

Die Landung der Rheinschiffe geschah vor der Rheincorrection an dem westlichen Ende des Orts Altfreistett, in dem sog. Freistetter Mühlbach dem Salmengrund gegenüber, wo sich seit 1714 ein steinernes Lagerhaus befand, indem Freistett schon damals als Lagerplatz viel besucht war. In diesem Lagerhaus wurde zugleich der Wasser- und Landzoll erhoben.

Da aber die vorhandenen Einrichtungen für Ein- und Ausladen der Schiffe sehr mangelhaft waren und zur Abwehr des Rheinthalweges von Freistett einige Rheinarme abgeschlossen werden mußten, verlangten die Schiffer eine Verbesserung der Landungsstelle und die Herstellung eines Ladeschuppens, weil nach ihrer Angabe damals wöchentlich 1000 Centner Güter hier ein- und ausgeladen wurden. Man erbaute daher 1808, als der Freistetter Hafen nebst jenem in Mannheim und Schröck (= Leopoldshafen) als ausschließliche Landungsstellen (Freihäfen) am Rhein erklärt waren, ein zweites Lagerhaus weiter abwärts, gegenüber dem Viehgrund, nebst einer Landfeste von 74 Fuß Länge und 10 Fuß Höhe mit einem Krahnen.

Der Aufwand wurde von den Schiffern gegen 5 Procent Zins vorgeschossen und das Baucapital sammt Zins aus dem Ertrag der Krahnen- und Lagergebühren getilgt. Als das Landen der Schiffe wegen mangelnder Wassertiefe auch hier nur bei Mittelwasser möglich war, ist die Landungsstelle an ein, dem vollen Rhein näher liegendes Altwasser zwischen dem Salmenwörth und dem Amariskenköpfle verlegt und dort das dritte Lagerhaus mit Landfesten hergestellt worden.(2) Daß die Schiffer in Freistett durch diese Einrichtungen und namentlich in Folge des Zwangstapels mehr als genügende Beschäftigung fanden, geht daraus hervor, daß die Fabrikanten und Kaufleute der Umgegend sich 1816 darüber bei der großherzogl. Regierung beschwerten, daß die Freistetter Schiffer das Masseleisen gewöhnlich in Mainz liegen lassen, weil sie genug andere, für sie angenehmere Waaren zu verschiffen haben.

In Folge der Zunahme des Verkehrs an diesem Landungsplatze wurde im Jahre 1828 die Straße zu dem Hafen mit einem Aufwand von 1026 Fl. verbessert und durch Führung über den Bannwörthel um 2400 Fuß abgekürzt und sodann in den Staatsstraßenverband aufgenommen.

Mit dem Fortschreiten der Rheincorrection versandete auch diese Hafenstelle und der Hauptverkehr zog sich nach Kehl, woselbst 1842—44 ein förmlicher Hafen erbaut worden war. Die Straße zu dem Freistetter Hafen wurde aus der Classe der Staatsstraßen ausgeschieden und als Zugang zu der inzwischen auch für die Fuhrwerke eingerichteten Rheinfähre und als Feldweg benützt.

Die Fähre hatte damals den Weg von dem östlichen Ende des Orts am großen Bosch durch mehrere Altrheine und durch den vollen Rhein an das jenseitige Ufer bei Gambsheim zurückzulegen.

---

(1) Der Ort Neufreistett wurde im Jahr 1745 durch ein französisches Handelshaus Pons et Cie. in der Unterstellung gegründet, daß ein Canal von der Rench an den Rhein zum Flößen von Bau- und Brennholz ausgeführt werde. Dieser Canal sollte an der Acher bei Gamshurst quer durch die Rench und den Maiwald nach Freistett in einer Länge von $1\frac{1}{2}$ Stunden gezogen und die Acher und Rench zur Holzflößerei aus dem Kappler- und Renchthal hergerichtet werden. Der Holz-, Harz- und Pechhandel sollte damit seinen Hauptplatz in Freistett erhalten. Die Bewilligung dazu wurde von Baden, dem Bischof von Straßburg und von Hanau-Lichtenberg ertheilt. Die Gemeinden Renchen, Gamshurst, Ulm und Waldulm waren dem Unternehmen entgegen und die Kaiserin Maria Theresia erließ hierauf einen Einhaltsbefehl. Die von der Gesellschaft Pons et Cie. dennoch fortgesetzten und ihrer Vollendung nahen Canalbauarbeiten wurden mit Gewalt eingestellt und der Canal theilweise zerstört. Das Handlungshaus zog sich hierauf im Jahr 1749 zurück und verkaufte die bereits erbauten Gebäude an Ansiedler, meistens Kaufleute und Handwerker. Die für 20 Jahre gestattete Abgabefreiheit wurde zurückgezogen. In Folge des Zollvereins wurde Neufreistett 1835 der Sitz eines Hauptzollamtes, welches 1871 wieder aufgehoben wurde. (2) Die Straße zu diesem Hafen kam 1810 in die II. Classe der Landstraßen.

Nachdem endlich durch die Rheincorrection die Verlandung der Altrheine soweit vorgeschritten war, daß von dem alten Freistetter Hafen eine directe Verbindung mit dem vollen Rhein hergestellt werden konnte, kam 1852 die Ausführung einer Straße bis zu dem neuen Landungsplatz in Anregung und die desfallsigen Gesuche mußten umsomehr Berücksichtigung finden, da auch auf französischer Seite eine Zufahrtsstraße an den Rhein hergestellt wurde, und die im Jahre 1857 zwischen Baden und Württemberg getroffene Vereinbarung wegen Herstellung einer Straße aus dem Kapplerthal über den Ruhstein in das obere Murgthal bei Baiersbrunn eine Belebung des Verkehrs nach der Freistetter Ueberfahrt in Aussicht stellte. Hiezu kam, daß unter dem 2. Juli 1857 (R.-Bl. S. 428) mit Frankreich eine Uebereinkunft bezüglich der Regelung der Ueberfahrten über den badisch-französischen Rhein abgeschlossen wurde, welche zu der Vereinbarung vom 30. September 1860 (siehe Abth. I.) führte, worin unter Anderem bestimmt ist, daß die Ueberfahrt zwischen Freistett und Offendorf resp. Gambsheim ausschließlich von Frankreich zu betreiben, für Herstellung und Unterhaltung der Zufahrtsstraßen aber von jeder Regierung auf ihrem Gebiet zu sorgen ist.

Wegen des Baues der rechtseitigen Zufahrtsstraße zu der Rheinüberfahrt bei Freistett wurde nun mit der Gemeinde im Jahre 1862 eine Vereinbarung dahin abgeschlossen, daß der auf 3350 Fl. überschlagene Bauaufwand zwischen der Staats- und Gemeindecasse hälftig getheilt wird und daß die Gemeinde überdies das erforderliche Gelände, soweit es ihr Eigenthum ist, unentgeltlich stellte.

Der Bau wurde in einer Breite von 20 Fuß in den Jahren 1862 und 1863 ausgeführt, mithin gleichzeitig mit der obenerwähnten sog. Ruhesteinstraße Nr. 164 vollendet.

Da sich der Verkehr zusehends belebte, war die Regierung geneigt, zur Unterhaltung der ganzen Straße von Neufreistett bis an den Rhein einen Beitrag zu leisten, vorausgesetzt, daß die Unterhaltungsarbeiten unter Leitung der Straßenbaubehörde ausgeführt werden.

Die Gemeinde zog es aber vor, die Straße selbst zu unterhalten und wünschte nur einen Beitrag zur Reparatur der durch Hochwasser beschädigten Hafenbrücke, welchem Wunsche auch im Jahre 1864 durch Leistung eines Zuschusses von 200 Fl. ohne alle Consequenzen für die Zukunft entsprochen wurde.

Von 1868 an wurde die Straße Landstraße.

Unterm 26. October 1867 wurde von Frankreich eine fliegende Fähre mit Giernachen bei Altfreistett aufgestellt, welche früher bei Rheinau benützt worden ist. (1)

Diese Fähre wurde 1870 während des Krieges mit Frankreich versenkt und die Verbindung hierauf mit Steinschiffen auf Rechnung der Gemeinde Freistett wieder hergestellt.

Nach abgeschlossenem Frieden vereinbarte sich Baden mit der Regierung von Elsaß und Lothringen über den Bau von 8 Schiffbrücken, wovon 4 von Baden und 4 vom Elsaß herzustellen und zu unterhalten sind.

Unter den ersteren befand sich jene von Freistett, da die Fähre vom Herbst 1871 bis April 1872 wegen Niederwassers unbenützbar war, und der Durchgangs-Landverkehr von und nach Elsaß sich fortan steigerte, wogegen der Schifffahrtsverkehr von und nach Freistett sich allmählich auf Steintransport beschränkte.

Obgleich Freistett 1831 auf Grund des Art. 10 der Rheinschifffahrtsconvention neuerdings als Freihafen erklärt war (Reg.-Bl. von 1831 S. 153), erreichte der Schifffahrtsverkehr, der 1818 noch in 111,827 Centnern bestund, wovon 34,964 Centner eingeladen und 76,863 Centner ausgeladen wurden, von 1838—1844 nur noch die Höhe von 50—70,000 Centnern jährlich, meistens in Eisen, Colonialwaaren, Hanf, Tabak und Holz bestehend.

Von da war in Folge der Hafenanlage in Kehl, der verbesserten Wasserstraße dahin und der Concurrenz der Eisenbahn ein rascher Rückgang bemerkbar. Im Jahre 1847 kamen nur noch 4383 Centner an und 15,721 Centner gingen ab, und zwar zu Berg Eisen, Steinkohlen, Töpferwaaren, zu Thal Getreide, Hanf, Rinder, Seegras 2c. 1854 betrug der Ab- und Zugang noch 8500 Centner, 1857 der Zugang noch 6100 Centner, 1862 noch 2500 Centner.

---

(1) Diese Fähre hatte eine Tragfähigkeit für 400 Centner; sie lieferte 1867 eine Bruttoeinnahme für die Pächter von 1500 Fl., wovon 500 Fl. für Unterhaltung abgehen. Außer der Fähre wurde noch eine Nähe von 230 Centner Tragkraft benützt. Der Ueberfahrpreis war für 1 Person auf 4 Sous, für mehr als 6 Personen auf je 2 Sous, für Vieh mit Fuhrwerk auf 12 Sous, für 2 Pferde mit beladenem Wagen auf 16 Sous, für 1 Stück Vieh auf 6 Sous bestimmt.

Der Abgang von Handelsgütern hatte schon 1857 aufgehört und in neuerer Zeit fand auch kein Zugang mehr statt. (Berichte der Rheinschifffahrtscommission.)

Als im Jahre 1873 die Dampfschifffahrt wieder bis Straßburg ausgedehnt wurde, erhielt Freistett eine sog. Kahnstation.

Die 1874/75 von Baden gemeinschaftlich mit Elsaß erbaute Schiffbrücke besteht aus 36 Pontons und von Eichenholz mit 3 Durchlaßgliedern. Sie wurde am 22. August 1875 feierlich in Anwesenheit elsässischer und badischer Beamten und einer zahlreichen Bevölkerung beider Rheinufer eröffnet. (1)

Der Aufwand betrug 139,161 Mark, wovon Baden die Hälfte mit 69,580 Mark und für Gebäude 43,716 Mark, zusammen 113,296 Mark übernahm.

Am 21. November 1875 ist diese Brücke durch abgetriebenes Floßholz aus der Kinzig und 1876 durch Hochwasser großentheils zerstört worden, wie auch die Brücken bei Greffern und Plittersdorf. Selbst die Brücke bei Maxau mußte abgeführt werden.

Da die bisherige, auf 4 Jochen ruhende Holzbrücke über den Galgenbach am Einfluß in den alten Hafen in Freistett baufällig und durch ihre rechtwinklige Stellung dem Langholztransport hinderlich war, ist ein schiefer Neubau in Eisen mit Lichtweite von 15 Meter und 5,4 Meter Breite 1876 beschlossen und begonnen worden.

Der Aufwand ist auf 18,000 Mark veranschlagt, wovon Kreis und Gemeinde ein Drittel gesetzlich übernehmen.

Der erweisliche Bauaufwand für Verbesserung dieses Straßenzuges beläuft sich auf 232,580 Mark.

Im Jahre 1874 wurden 64 Zugthiere pro Tag auf dieser Straße beobachtet.

Nr. 15.

Straße von Pforzheim nach Weil die Stadt.

Länge in Baden . .	18,07 Kilometer	=	4,05 Stunden,
„ „ Württemberg			1,50 „
		zusammen	5,55 Stunden.

Daß die Römer in der Gegend von Pforzheim verkehrten, beweisen die vielen Straßen, welche als römische Anlagen bezeichnet werden.

Von Pforzheim (Altstadt) führte eine römische, theils gepflasterte, meist erhöhte Straße in ziemlich gerader Richtung nach dem Seehaus, durchschnitt die jetzige Straße oberhalb der Käfersteige zweimal und zog sich vom sogenannten Immelsbrunnen mit nordöstlicher Umgehung von Tiefenbronn gegen Heimsheim, ging südlich an Freiolsheim vorüber nach Pérouse und Rutesheim, sodann südlich an Leonberg vorbei gegen Solitude, von wo sie südwestlich von Feuerbach in die Consularstraße (Windisch-Regensburg) einmündet. Diese Straße ist zum Theil jetzt noch sichtbar, (2) sie führt den Namen Heerweg, Hochstraße, Steinweg, Heidenweg, Römerstraße. Es sprechen viele Gründe für die Annahme, daß dieser Straßenzug keltischen Ursprungs sei.

In diese Straße mündet bei Tiefenbronn eine andere von Calw resp. Althengstetten her kommende Römerstraße, die gleichfalls genannte Namen besitzt, nördlich an Weil der Stadt, östlich an Merklingen und Hausen vorüber zur sogenannten Frohnmühle, dann östlich an Mühlhausen und Tiefenbronn vorüber in den Hagenschieß führt.

Von Pforzheim nach Würm geht auf der rechten Thalseite südlich von der alten Weilerstraße ein „hoher Weg".

Mehrere andere ähnliche Straßen befinden sich noch in der Gegend von Leonberg und Weil, woselbst auch römische Gebäudereste gefunden wurden. Römische Funde machte man in Pforzheim, Brötzingen, Dürren.

(1) Die Brücke ist an 14 Grundpfählen befestigt. Zur Ausführung eines Winterhafens sind 1877 5000 Mark bewilligt worden. Schiffbrücken-Ordnung, Ges.- und Verordn.-Bl. 1875, S. 256. Der Verkehr betrug 1875 13,603 Personen, 1694 Wagen. (2) Originalsectionen der badischen Karte. — Memminger, Leonberg und Cannstatt. Leichtlen, Forschungen I. Wieland, Beiträge zur Geschichte des rechten Rheinufers. Im sog. Hagenschieß betrieben die Römer Bergbau auf Silber.

Dieselben Straßenrouten, welche den Römern zugeschrieben werden, verfolgen meistens keltische Orte; sie blieben ihrer Hauptrichtung nach fortan von Bedeutung für den Verkehr.

Die Stadt Weil,(1) an der Poststraße von Stuttgart über Leonberg nach Calw gelegen, stund von frühester Zeit an mit Pforzheim in Verkehr. Die starken Frucht- und Viehmärkte, Tuch-, Zeug-, Watt- und Teppichfabriken, sowie die Waldproducte fanden über Pforzheim vielen Absatz, wogegen Weine und Obst auf demselben Wege nach Weil gehen. Auch der durchgehende Verkehr war früher sehr bedeutend. Die ehemalige Elendherberge bei Pforzheim deutet auf einen Hauptstraßenverkehr im 12. Jahrhundert hin.

Die Stadt Pforzheim(2) hatte auch noch im Anfang des vorigen Jahrhunderts einen ziemlich bedeutenden Antheil an dem Durchgangsverkehr von Schaffhausen und von Augsburg nach Frankfurt, sowie von Augsburg und Nürnberg nach Straßburg und Basel. Den meisten Verkehr nach Pforzheim brachte die damals kürzeste Route zwischen Schaffhausen und Frankfurt, welche von Tuttlingen aus entweder über Rothweil, Horb und Weilerstadt oder über Bahlingen, Hechingen, Tübingen, Herrenberg und Nördlingen nach Pforzheim führte. Der letztere Weg, obgleich 10 Stunden länger als jener über Horb, wurde doch häufig benützt, weil er schon größtentheils dem weiten Geleise zugänglich war, während die Straße über Horb noch meistens die schmale Spur hatte. Der Verkehr von Augsburg nach Straßburg, beziehungsweise aus Oesterreich, Baiern und Württemberg nach dem Elsaß, Frankreich und der Schweiz ging zum Theil über Tübingen, Pforzheim und Durlach, weil die Straße verhältnißmäßig besser als jene über Vaihingen und Bretten war. Auch der Verkehr aus Nürnberg nach dem Mittel- und Oberrhein benützte oft die Route über Dinkelsbühl, Ellwangen, Gemünd, Durlach, statt der 12 Stunden näheren über Oehringen, Heilbronn, Eppingen, Bretten und Durlach, weil zwischen Heilbronn und Eppingen nur das schmale Geleis bestund und von Nürnberg über Bretten nach Durlach neunmal Zoll bezahlt werden mußte, während dies auf der Route über Pforzheim nur viermal zu geschehen hatte. Ebenso war der Verkehr von Ulm nach Frankfurt über Pforzheim nicht unbedeutend. Als aber mit dem Beginn des 18. Jahrhunderts die Straßen in Württemberg verbessert wurden, erkannte man sogleich, daß der Pforzheimer Durchgangsverkehr in hohem Grade bedroht sei; namentlich gaben die von Württemberg in Aussicht genommenen und theilweise schon in Ausführung begriffenen Straßenverbesserungen von Tübingen über Freudenstadt, Kniebis, Oppenau, Straßburg, von Mühlacker über Oelbronn nach Maulbronn, später von Enz-Vaihingen über Illingen nach Bruchsal, von Oehringen über Heilbronn, Eppingen, Bretten dahin und endlich von Heilbronn über Sinsheim nach Heidelberg zu um so größeren Besorgnissen für Pforzheim Veranlassung, da Württemberg auch die Zölle ermäßigte, und insbesondere für den Durchgang nur einmal Zoll erhob, während dies damals und noch längere Zeit hindurch in Baden wie in der Pfalz beim Ein- und Ausgang geschehen mußte. Zudem sahen sich die Fuhrleute überhaupt mehr zur Benützung der Straßen in Württemberg hingezogen, weil die Ausgaben für Zehrung daselbst niederer als in Baden stunden.(3) Die Regierung der badischen Markgrafschaft beschäftigte sich darum lange Zeit hindurch mit der Frage, was badischerseits zur Erhaltung des Durchgangsverkehrs zu thun sei? Im Anfang glaubte man nach dem Vorbild und auf Veranlassung anderer Staaten das beste Mittel in der Einsprache gegen die von Württemberg beabsichtigte Wegherstellungen zu finden, allein man kam bald zur Ueberzeugung, daß man nur durch Straßenverbesserungen in Baden helfen könne und daß insbesondere die beiden Straßenzüge von Durlach nach Stuttgart und von Bretten über Pforzheim in der Richtung nach Cannstatt in guten Stand gebracht werden müssen.

Was in ersterer Beziehung geschah, ist unter Nr. 13 angeführt. Bezüglich der Bretten-Cannstatter Route warf man im Jahr 1737 sein Augenmerk zunächst auf die Verbesserung der sogenannten Wurmberger Straße, welche von Pforzheim, an dem Heudach vorüber, nach Wurmberg, Mönsheim, Weißach, Heimerdingen, Dietzingen, Weil im Dorf, Feuerbach nach

(1) Weil gehörte dem Grafen von Calw, wurde durch Kaiser Konrad I. zur Reichsstadt erhoben und kam 1803 unter württemb. Hoheit. Gehres, Kleine Chronik, Weil 1808. (2) Siehe Nr. 13. (3) In Württemberg bezahlte man 1711 durch das ganze Land für einen Wagen 3 Fl., für einen Karren 1 Fl. 30 Xr., in Baden dagegen 4 Fl. 30 Xr. resp. 2 Fl. 15 Xr. Zoll. In Württemberg kostete die Maß Wein 6 Xr., in Baden 10—12 Xr. Der Preis für das große Simri Hafer war in Württemberg 16 Xr., also eben so hoch, wie für das kleine Simri in Baden.

Cannstatt und Stuttgart zog und den Namen einer alten „Haupthandels- und Militairstraße“ führte und wahrscheinlich auch nach der römischen die älteste Verkehrsstraße dieser Gegend war.

Von Pforzheim führte die Straße im 16. Jahrhundert noch über eine hölzerne Enzbrücke mit steinernen Pfeilern, die „Aubrücke“ genannt. Wie die an einem Pfeiler angebrachte Inschrift besagt, wurde diese Brücke 1573 durch Eisgang zerstört, und unter Mithülfe des Markgrafen Carl II., dem Erbauer der Carlsburg in Durlach, von der Stadt wieder hergestellt. Diese Inschrift lautet:

Das Eis und Groß Wassergyssen
Die Bruk mit Gwalt zu Stücken ryssen
Darumb ein Rat zu Nutz der Gemein(d)
Den Pfeiler sezt von starke Stein
Der Landfürst Markgraf Carolus
Den ersten Stein legt on Verdruß.

Auch diese Brücke wurde in der Mitte des 17. Jahrhunderts fast ganz zerstört und durch eine gedeckte Holzbrücke ersetzt, die 1799 wieder dem Eisgang unterlag. Hierauf folgte ein ungedecktes hölzernes Sprengwerk mit Holzjochen, welches die Hochwasser von 1824 und 1851 zerstörten. (¹) Durch die vielen und kostspieligen Reparaturen der mit ähnlicher Construction wieder hergestellten Brücke fand sich die Stadt Pforzheim im Jahr 1851 veranlaßt, für den Oberbau die damals neue Construction von eisernen Gittern zu wählen. Der Aufwand stellte sich im Ganzen auf 35,800 Fl., worunter 23,239 Fl. für Eisen enthalten sind. Diese Brücke ist eine der ersten ihrer Art in Deutschland und die erste in Baden. Sie hat einen steinernen Pfeiler und zwei Oeffnungen von 102 und 95 Fuß und eine Breite von 18 Fuß. Das Eisen im Gewicht von 167,170 Centnern kostete pro Centner 14 Fl. 30 Xr. (²)

Von der Brücke von Pforzheim auf die St. Georgensteige (³) war die Straße schon unter Markgraf Friedrich gepflastert worden, hatte aber durch den Hagenschieß meistens nur ein Fundament von Holz, dessen Umwandlung in Stein zunächst als Bedürfniß erschien.

Die Kosten für die Herstellung des Wegs, nach den im Elsaß gegebenen Normen, wurden auf 6000 Fl. veranschlagt. Der Wald wurde auf eine Breite von 16 Fuß ausgehauen und eine Sandsteindecke hergestellt. Diese Verbesserung war nur von kurzer Dauer und da auch das Pflaster auf der Georgensteige sich in gänzlichem Zerfall befand, wurde in den Jahren 1754 und 1755 eine abermalige Hauptreparatur mit Verwendung besserer Steine vorgenommen und der Gemeinde Pforzheim die Umpflasterung der Steige durch Gewährung eines unverzinslichen Vorschusses von 1500 Fl. erleichtert.

Die Straße erhielt eine Breite von 16—20 Fuß und eine Correction beim Heudach zur Umgehung einer Hohlgasse, in welcher die Fuhrwerke häufig stecken blieben.

Schon 1761 war die Straße wieder kaum zu befahren und man mußte zu einer dritten Verbesserung schreiten. Da aber württembergischerseits für diesen Weg nur Weniges geschah, dagegen der Straße von Stuttgart nach Enz-Vaihingen und Knittlingen alle Aufmerksamkeit zugewendet wurde, kam man zu dem Entschluß, den schon 1758 in Anregung gekommenen Bau der Straße nach Tiefenbronn für das weite Geleise auszuführen, um einerseits eine bessere Verbindung mit Stuttgart über Heimsheim und Leonberg, andrerseits mit Nördlingen, Weil d. Stadt und Calw zu erzielen. Schon damals hielt man die Correction der Käfersteige für ein dringendes Bedürfniß, allein der große Aufwand schreckte von dieser Ausführung ab und man begnügte sich 1765 mit Erweiterung der Straße auf 32 Fuß und mit Anlage eines Sandsteinbaues auf der Abtheilung von Pforzheim bis zum Seilerskreuz. Die Straße über Wurmberg verlor hierdurch allmählich ihre Bedeutung für den durchgehenden Verkehr, wogegen die Frequenz auf der Straße nach Weil (⁴) sich zusehends hob und deshalb auch im Jahr 1810 die Straße in die zweite Classe der Staatsstraßen eingereiht wurde.

Im Jahr 1812 erhielt die Straße eine abermalige durchgehende Verbesserung und im Jahr 1815 ein Fundament von Kalkstein bis an die württembergische Gränze.

(¹) Im Jahre 1851 wurde der an das linke Enzufer gränzende Brückentheil zur Hälfte abgeführt. (²) Plan und Ausführung sind vom Ingenieur Näher von Pforzheim. (³) Von dem schon 1348 in der Nähe der Steige am Berge gestandenen Sanct Georgenstift so genannt. Dieses Stift war einst Elendherberge für Wanderer, später als Siechenhaus für ansteckende Kranke bestimmt und erhielt sich bis zur Wiedererbauung des abgebrannten Spitals der Stadt. Aus diesem Neubau ging die Heil- und Pflegeanstalt hervor (1718). Siehe Dr. Fischer, Die Anstalt bis 1804. 1876. (⁴) Roller.

Immer traten dem Verkehr aber noch die Georgensteige, Wurmberger-, Seehaus- und Käfersteige hindernd entgegen (1) und die Käfersteige veranlaßte insbesondere die Fuhrleute während der Winterszeit oft, den Umweg über Vaihingen einzuschlagen. Eine Petition der betheiligten Gemeinden gab im Jahr 1854 Veranlassung zu Aufstellung eines Plans und Ueberschlags für die Umgehung der letzteren Steige, wobei es sich ergab, daß bei einer Gefällermäßigung auf 2,2 Procent = 7000 Fl. und bei Ermäßigung des Hauptgefälls auf 5 Procent für eine Länge von 1550 Fuß ein Aufwand von 5770 Fl. erforderlich wäre.

Man ging auf diese Correction nicht ein, weil im Jahr 1852 bereits der Neubau einer Straße von Pforzheim durch das Nagoldthal in der Richtung nach Calw begonnen war und sich daher voraussehen ließ, daß nach dessen Vollendung der Verkehr von Calw ganz der Tiefenbronner Straße abgehen und dadurch der ohnedies wieder in Abnahme begriffene Verkehr zwischen Pforzheim und Weil noch weiter herabsinken werde. (2)

Ueberdies stellte sich schon damals der Bau einer Straße durch das Würmthal in Aussicht, welche mit kleinem Gefäll nach Tiefenbronn geführt werden konnte und mit welcher die alte Straße nach Tiefenbronn auch nach Correction der Käfersteige nicht concurriren könnte, weil die nach den Terrainverhältnissen nicht wohl zu umgehende Georgensteige und viele kleinere Stiche von 4—9 Procent dem Verkehr immer noch bedeutende Hindernisse entgegen stellen würden.

Diese Straße im Würmthale kam auch wirklich in den Jahren 1870—74 zur Ausführung. Die hierauf bezüglichen Verhältnisse sind hier besonders zusammengestellt.

Würmthalstraße.

Durch das enge, von dicht bewaldeten Bergen eingeschlossene Würmthal führte niemals eine Landstraße, ja nicht einmal ein durchgehender Vicinalweg, weil die Würm nicht selten die Thalsohle überschwemmte und Zerstörungen veranlaßte. Dagegen wurde der Fluß selbst Jahrhunderte lang und bis in die neue Zeit als Floßstraße benützt. (3) Die in dem Würmthal liegenden Orte waren durch Zweigstraßen mit der von Pforzheim über Tiefenbronn nach Weil der Stadt führenden Landstraße (Nr. 15) verbunden.

Seit die Flößerei dem Holztransporte nicht mehr entspricht, mußte ein großer Theil des Holzes aus dem Nagoldthal bergan auf die Landstraße und dort über bedeutende Steigen weiter geschafft werden. Aus diesem Grunde hatte die Domänendirection im Vereine mit Pforzheim zur Hebung des Ertrages der Waldungen lange schon den Bau einer guten Straße im Würmthale selbst gewünscht, weil man sich überzeugte, daß eine gründliche Verbesserung der Gefälle der Landstraße durch den Hagenschieß, selbst mit sehr großen Kosten, nicht ausführbar sei. Auch die Orte Tiefenbronn, Würm, Steinegg, Neuhausen, Homberg, Löhningen und Mühlhausen schlossen sich 1863 im Interesse ihres Verkehrs mit Pforzheim jenem Wunsche an und die württembergischen Orte nahmen an diesem Straßenprojecte gleichfalls lebhaftes Interesse, weil sie mit Pforzheim in Geschäftsverbindung stehen und namentlich vielen badischen Wein über diesen Ort beziehen, seit der Weinbau im Würmthal aufgehört hat. (4) Selbst seit dem Bestehen der Eisenbahn von Pforzheim über Calw nach Weil (5) wird viel Wein über Pforzheim auf der Straße bezogen und Holz und Getreide nach dem Enzthal in gleicher Weise abgeführt.

Württemberg wünschte natürlich, daß die neue Straße bis Merklingen im Würmthal erbaut werde, badischerseits wollte man aber den seit ältester Zeit von der Landstraße durchschnittenen bedeutenden Ort Tiefenbronn nicht unberührt lassen, daher man sich für den Bau einer neuen Straße bis Tiefenbronn und für Correction der alten Straße durch Führung über Mühlhausen bis an die württembergische Gränze entschied.

Die erste Bewilligung für diesen Zweck erfolgte in dem Budget für 1866/67 mit 20,000 Fl., die zweite durch das Gesetz von 1870 über Vervollständigung des Landstraßennetzes mit 54,000 Fl. (6)

---

(1) Die Georgensteige hat ein Gefäll von 9—10 Procent, die Wurmberger ein solches von 8, die Seehaussteige von 6, die Käfersteige von 11—14, die Tiefenbronner Steige von 9 Procent. Außerdem sind noch kleinere Steigen von 4—5 Procent vorhanden. (2) Siehe Nr. 158. (3) Die Flößerei auf der Würm ist schon durch Urkunden von 1342 und 1383 nachgewiesen. Stälin, Geschichte von Württemberg III. Man flößte bis in die neueste Zeit hauptsächlich Scheitholz. Die letzte Vereinbarung mit Württemberg hierüber ist von 1867. R.-Bl. S. 111. Die Flußzölle wurden damals aufgehoben. R.-Bl. S. 66. (4) Im 14. und 15. Jahrhundert wurde sehr viel Wein in Heimsheim, Merklingen, Weil der Stadt und Schaffhausen gebaut. Weil hat noch im Anfange dieses Jahrhunderts in einem guten Jahr 100 Eimer Zehntwein geliefert. Jetzt bestehen keine Reben mehr hier. Württemb. Jahrbücher 1850. (5) Die Bahn von Zuffenhausen bis Weil wurde 1869, jene von da bis Calw und Nagold 1871 und jene von Pforzheim nach Calw 1873 eröffnet. (6) Der Aufwand für die Thalstraße berechnete sich um 6000 Fl. höher, die Staatscasse hätte aber 12,000 Fl. mehr aufwenden müssen,

Die Straße war in einer Normalbreite von 20 Fuß mit 16 Fuß Fahrbahn und 4 Zoll Gestück, 3 Zoll Sandstein und 2 Zoll Kalksteinschotter herzustellen. Als gewöhnliches Gefäll waren 3 Procent, als Maximalgefäll 4 Procent bestimmt.

An Beiträgen wurden zugesagt: von der Stadt Pforzheim außer unentgeltlicher Abgabe von 11 Morgen Gemeindewald gegen Ueberlassung der alten Straße baar 5400 Fl., von Würm 500 Fl. nebst $1^1/_2$ Morgen Gelände, von Tiefenbronn die Geländestellung, von Mühlhausen außer Gelände von 5 Morgen ein Baarbeitrag von 1000 Fl. und von der Forstdomänenverwaltung baar 17,500 Fl., zusammen 30,400 Fl.

Die Abtheilung von dem Kupferhammer bis Würm wurde 1870 auf eine Länge von 12,700 Fuß = 3810 Meter mit Steigungsmaximum von 1,8 Procent ausgeführt.

Die Ausführung der Abtheilung von Würm bis Tiefenbronn hatte sich durch den Krieg von 1870 verzögert; sie erfolgte erst 1872/73 fast durchgehends mit 3 Procent Gefäll, 5,4 Metern Breite, 4,8 Centimetern Fahrbahn, aus 15 Metern Gestütz und 10 Centimetern Schotter.

Der Bauaufwand hatte sich theils durch Steigerung der Arbeitslöhne bis zu 1 Fl. 45 Xr., (1) theils durch starke Beschädigung der neu hergestellten Bauten in Folge eines Wolkenbruches namhaft gesteigert.

Diese Straße wurde sofort in den Landstraßenverband aufgenommen und die alte Straße von Pforzheim nach Tiefenbronn ausgeschieden. (2) Obgleich das Anerbieten der württembergischen Regierung, einen Beitrag zur Verbesserung der bestehenden württembergischen Oberamtsstraße zwischen Mühlhausen und Merklingen zu leisten, sofern das Brückengeld in letzterem Orte und das Pflastergeld in Weil aufgehoben wird, (3) an dem Widerspruch dieser Gemeinden scheiterte, so mußte der Bau von Tiefenbronn resp. durch diesen Ort und weiter bis Mühlhausen doch zur Ausführung kommen. Die desfallsigen Kosten waren auf 50,000 Fl. veranschlagt. Man beschränkte sich aber zunächst auf die dringendste Abtheilung durch Tiefenbronn und von da bis zum Thalübergange außerhalb dieses Orts, bei dem Bierkeller auf eine Länge von 730 Metern. Der Gesammtaufwand stellt sich einschließlich der Leitung bis 1876 auf 202,038 Mark, während im Ganzen 321,887 Mark bewilligt waren, somit einschließlich der Beiträge von 40,114 Mark noch 159,963 Mark zur Vollendung bis zur Gränze erübrigen.

Nr. 16.

Straße von Pforzheim nach Bretten.

Länge 16,48 Kilometer = 3,71 Stunden.

Von Pforzheim nach Bretten führten in alter Zeit verschiedene Wege. Der eine ging über Carlshausen, Bauschlott und Nußbaum, der andere über Kißelbronn, Oetisheim, Oelbronn und Knittlingen, ein dritter über Bauschlott und Ruith nach Bretten.

Von diesen Wegen scheint jener über Oetisheim römischer Abkunft zu sein, da er „hohe Straße" heißt und man in Oetisheim römische Gebäudespuren entdeckte.

Ein anderer Weg führte unter dem Namen „Postweg", von Linzingen als „Schelmenweg", dann als „Rennweg" in der Richtung von Vaihingen nach Bretten. Auch dieser scheint römischen Ursprungs. (Memminger, Maulbronn.)

Bei Dürrn wurde ein Altar des Herkules gefunden. (Wielandt, Beiträge.)

In einem Plan von 1742 wird der an Bauschlott vorüberziehende Weg „Harthweg" und „Ochsenstraße" genannt.

Die Straße durchzog bis zum Jahr 1803 die drei Hoheitsgebiete Baden, Württemberg (4) und Churpfalz und zwar Baden auf eine Länge von 2636 Ruthen, Württemberg von 350 Ruthen, Churpfalz von 491 Ruthen.

---

weil der Beitrag von Tiefenbronn mit 6000 Fl. in Wegfall gekommen wäre. Die Thalstraße war mit $1^1/_2$ Pr. Gefällmaximum, jene über Tiefenbronn mit 3 Procent auszuführen. (1) Wegen des württembergischen Eisenbahnbaues im Nagoldthal. (2) Die Straße in der Stadt Pforzheim, wie die Brücke werden gegen Pflaster- und Brückengeld von der Stadt unterhalten. (3) Diese Straße besitzt mehrere Steigen und Gegensteigen mit Gefällen bis zu 9,5 Procent. (4) Gemarkung Ruith, zu Maulbronn gehörig. Die Namen Bretten, Ruith, Oelbronn, Bahnbrücken, Sternenfels, Löschberg deuten auf keltische Ursprung hin.

Im Anfang des vorigen Jahrhunderts ging der Weg noch von Bretten in sumpfiger Lage im Kreßbachthal dem Mühlbach entlang durch den Ziegelhüttenwald nach Ruith, stieg von da mit 10—14 Procent auf die Höhe beim Rothenberger Hof und führte dann in der Richtung der jetzigen Straße über Bauschlott zur Schloßbergsteige in Pforzheim. Die Straße war nur für schmales Geleise benützbar.

Als Württemberg im Jahr 1700 die Straße über Oelbronn und Mühlacker zu verbessern begann, war zu besorgen, daß sich der Verkehr von der Bauschlotter Straße auf die Mühlackerstraße überziehen werde, daher schon damals die Verbesserung des Wegs über Bauschlott Gegenstand der Erörterung wurde. Abgesehen davon, daß Churpfalz und Württemberg diesem Straßenzuge nicht geneigt waren, ließ sich die Hohlgasse bei Ruith, in welcher die Fuhrwerke bei nasser Witterung gewöhnlich stecken blieben, nur durch Umgehung des Orts beseitigen, wogegen natürlich Einsprachen erhoben wurden. Da überdies die Pfalz nicht zugeben wollte, daß Württemberg in Gemarkung Ruith einen Zollstock aufstelle, entspannen sich langwierige Verhandlungen, welche damit endeten, daß weder Württemberg noch die Pfalz zur Verbesserung des Wegs die Hand boten.

Baden sah sich dadurch genöthigt, im Jahr 1768 wenigstens auf seinem Gebiete durch Verbesserung der sogenannten Brettener Hängsteige bei Pforzheim und durch Verbreiterung der Straße auf 20 Fuß das Möglichste zur Erleichterung des Verkehrs zu thun. Der desfallsige Aufwand betrug neben den Frohndleistungen 2155 Fl. Im Jahr 1790 wurde endlich die alte Straße über Ruith verlassen und die Straße von Bretten direct nach Bauschlott geführt und 1810 auch die Abtheilung von Bauschlott nach Pforzheim aus einem Feldweg hergestellt, dann 1812 die 1908 Ruthen lange Abtheilung von Bretten bis zum Wald (rothe Reiß) neu gebaut und sodann die ganze Straße in die II. Classe der Staatsstraßen eingereiht und allmählich vollständig chaussirt. Die Straße hat ein schlechtes Trace, denn sie besitzt 15 Steigen und Gegensteigen von 3—10 Procent.

Die Baukosten wurden auf die betheiligten Gemeinden der Aemter ausgeschlagen. Durch die Eisenbahn von Bruchsal nach Stuttgart verlor dieser Weg die Bedeutung für den durchgehenden Verkehr, weil dieser sich der Station Mühlacker zuwendete. Die Straße wurde daher 1855 aus dem Staatsstraßenverband ausgeschieden und ihre Unterhaltung den Gemeinden überlassen.

Auf Antrag der zweiten Kammer der Stände ist sie vom 1. Januar 1870 an wieder unter die Landstraßen aufgenommen worden. Der Verkehr ist nicht von Bedeutung; er besteht hauptsächlich in Holzfuhren aus Württemberg in das Kraichgau, aus Salzfuhren von Rappenau und aus Fruchtfuhren nach Pforzheim.

In den Jahren 1854—56 wurden jährlich im Durchschnitt 116 Güterfuhren und 832 andere Fuhren verzeichnet.

In neuer Zeit werden täglich nur 200—270 Zugthiere verzeichnet.

Nr. 17.

Straßen von Carlsruhe nach Mühlburg und nach Beiertheim nebst Kriegsstraße.

Gesammtlänge 6,0 Kilometer = 1,35 Stunden.

1. Nach Mühlburg. Vor der Gründung Carlsruhe's (1715—1720) bestund von Mühlburg nach Durlach keine directe Verbindungsstraße. Der Verkehr von Durlach nach Knielingen ging über Rintheim durch den Hardwald und von hier auf dem heute noch unter dem Namen „Durlacher Weg" in den Grundbüchern Knielingens aufgeführten Feldwege, der nördlich an Mühlburg vorüberzieht, nach Knielingen. Ein Seitenweg führte nach Mühlburg. Dagegen war dieser Ort mit Knielingen durch eine Straße verbunden. Nach einer Karte von Ingenieur Paret von 1739 bestund damals schon zwischen Carlsruhe([1]) und Mühlburg([2]) eine in der Richtung der Hauptstraße

([1]) Die Stadt Carlsruhe endigte damals in der Richtung nach Mühlburg an der Waldstraße, mithin 230 Ruthen von dem jetzigen Thore entfernt. Im Jahr 1817 wurde das Thor von der Waldstraße an die jetzige Stelle verlegt, im Jahr 1842 umgebaut und 1874 wieder entfernt. ([2]) Siehe Nr. 2.

der Residenz fortgesetzte gerade, anfänglich mit Maulbeerbäumen, später mit Pappeln und Platanen bepflanzte Straße, die bald nach Anlage der Stadt Carlsruhe hergestellt, im Jahr 1773 aber mit besserer Fahrbahn versehen worden ist. Diese Straße hatte eine Breite von 55 Fuß und schmale Fußwege. Höhen- und Längenprofil waren unregelmäßig, namentlich war bei der sogenannten hohen Ruh, welcher Hügel sich in südlicher Richtung fortsetzte und von der Straße überschritten wurde, ein kurzes Gegengefäll von 4 Procent.

Im Jahr 1826 wurden 1400 Fl. für Anlage eines Reitweges auf der südlichen Straßenseite aus der Staatscasse bewilligt. Die Ausführung auf eine Breite von 16 Fuß erfolgte aber erst 1827. Die Güterabschnitte wurden erworben mit 429 Fl.

Als nun im Jahr 1835 die alten Bäume als abgängig entfernt und durch neue ersetzt werden sollten, hielt man es für angemessen, die Höhenlage der Straße zu reguliren und breitere Fußwege herzustellen. Die Fahrbahn wurde auf 32 Fuß festgesetzt und die Fußwege erweitert. Der zu diesem Ende in den Jahren 1836—1839 aus dem Straßenunterhaltungsfonds geschöpfte Aufwand betrug 12,580 Fl. (1) Einige Jahre später erhielt die Straße die jetzt noch bestehende Eintheilung, wornach der Fahrbahn eine Breite von 27,5 Fuß, den angränzenden beiden Rasenstreifen eine solche von je 5 Fuß, den beiden Gräben von je 3 Fuß und den weiteren zwei Rasenstreifen von 8,5 Fuß gegeben wurde. Sowohl der nördliche Fußweg als der südliche Reitweg erhielten eine Breite von 16 Fuß, und überdies wurde auf der Südseite neben dem Reitweg längs der Gärten ein Fußpfad von 9 Fuß hergestellt. Die ganze Breite der Straße beträgt nun 92,5 Fuß ohne den Fußpfad längs der Gärten.

Diese Straße wird vom Jahr 1810 an als ein Theil der Straßenverbindung zwischen Mühlburg, Carlsruhe und Ettlingen in der I. Classe der Staatsstraßen auf Staatskosten unterhalten. In den Jahren 1837—39 wurden für Gefällausgleichungen 13,595 Fl. aus Staatsmitteln verwendet. Die Straße hat einen sehr starken Verkehr, der trotz der Eisenbahn, des Maxauer Hafens wegen, fortan steigt. In den Jahren 1853—60 beobachtete man 303, 1861—67 875, 1867 1084, 1874 1511 Zugthiere täglich. Der Kohlen- und Steintransport kommt dabei hauptsächlich in Betracht. (Siehe Hafen in Maxau.)

2. Nach Beiertheim.

Die alte im Jahr 1804 verbesserte Straße von Carlsruhe über Beiertheim (2) und Bulach nach Scheibenhardt ging vom Carlsthor (3) aus und war früher Staatsstraße. Durch die Orte Beiertheim und Bulach war die Straße gepflastert. Die 24 Fuß breite Straße zu dem Schloß in Scheibenhardt wurde gleichzeitig mit diesem gebaut. Zugleich erfolgte die Verbreiterung der Straße bis Bulach auf 22 Fuß.

Vom Ettlinger Thor bis zu dem Beiertheimer Wäldchen bestund noch 1818 ein $4\frac{1}{2}$—5 Fuß breiter Fußweg. Die Fußgänger gingen aber meistens quer durch das Kreglinger'sche, jetzt Klose'sche Gut, welches weder eingezäunt noch überbaut war.

In den Jahren 1815—1819 wurde sodann die Straße in der jetzt bestehenden Richtung auf Kosten der Chausseecasse hergestellt und 1821 die beiderseitigen Anlagen ausgeführt (4) und bis Scheibenhardt in den Staatsstraßenverband aufgenommen. Die ganze Straße bis Scheibenhardt wurde 1855 aus dem Staatsstraßenverband ausgeschieden, die Abtheilung bis Beiertheim aber mit Staatsbeiträgen bis 1868 unterhalten.

Nach einer Staatsministerialentschließung vom 15. März 1821 sind die Kosten für Unterhaltung der 1815—19 hergestellten Anlagen neben dem Beiertheimer Weg von der Straßenbaucasse zu tragen.

Die Pflanzungen in den Anlagen, sowie die Alleen um die Stadt werden seit 1821 von dem Hofgartendirector gegen eine aus der Straßenbaucasse zu bestreitende jährliche Remuneration gepflegt.

3. Kriegsstraße.

Die außerhalb der Stadt Carlsruhe vom Durlacher Thor resp. von Gottesau bis zum Mühlburger Thor führende Straße wird Kriegsstraße genannt, weil die Abtheilung von dem

(1) Dieser, ohne ständische Zustimmung ausgeführte Bau gab auf dem Landtage von 1838 in der 2. Kammer zu den heftigsten Debatten zwischen den Regierungscommissären und Kammermitgliedern Veranlassung, was die Folge hatte, daß künftig ohne budgetmäßig bewilligte Mittel solche Bauten nicht mehr hergestellt wurden. (2) Beiertheim, keltisch Buri-dan, heißt „Einfriedigung im Wald". Der Ort wird in Urkunden 1110—1274 Dorf genannt (in villa Burthan). (3) Das Thor wurde 1873 entfernt. Es war ursprünglich von Holz, später von Eisen. (4) 1826 wendete man für Fortsetzung der Promenade über die Wiese zum Sallenwäldchen 1090 Fl. aus der Staatscasse auf.

Carlsthor bis zu dem Rüppurrer Thor mit vorzugsweiser Rücksicht auf die Militärtransporte angelegt wurde, um diese Züge aus der Stadt zu verlegen.

Die Abtheilung vom Rüppurrer bis zum Ettlinger Thor wurde 1795/96 durch herrschaftliche Taglöhner angelegt und die Fortsetzung dieser Anlage bis zum Carlsthor erfolgte 1810. Vor dem Carlsthor begann das sogenannte Glashüttenwäldchen, durch welches ein schmaler, nicht chaussirter Feldweg zog. In den Jahren 1826/27 wurde der Fuß- und Reitweg von dem Mühlburger Thor bis zu dem Carlsthor gerade geleitet, verbreitert und chaussirt. Diese Straße erhielt eine Fahrbahn von 21—27,5 Fuß mit Fußwegen von 4—14 Fuß Breite. Die Privatgüter wurden von der Stadt angekauft, die herrschaftlichen Güter unentgeltlich abgegeben, die Materialbeifuhr durch Frohnd besorgt; die übrigen Kosten im Betrag von 1878 Fl. bezahlte die Chausseecasse.

Die Straße vom Mühlburger Thor bis zum Landgraben und vom Carlsthor bis zum Ettlinger Thor hatte gegen die Stadt einen circa 10 Fuß tiefen Graben, der gegen Westen resp. Süden durch die Straßenböschungen, gegen Osten resp. Norden durch eine Stützmauer abgegränzt war und „Aha" genannt wurde. Dieser Graben ist in den Jahren 1865—68 bis auf eine Abtheilung an dem sogenannten Erbprinzengarten ausgeebnet worden.

Seither wurde diese Straße vom Mühlburger Thor bis zu der Brücke bei dem Rüppurrer Thor als Staatsstraße behandelt. Von der Brücke bis Gottesau wird sie von der Domänendirection unterhalten, da sie über Gottesauer Gemarkung zieht.

Nachdem die Kriegsstraße seit 1864 allmählich durch Gebäude begränzt ist, übernahm die Stadt 1872 die Unterhaltung der Fußwege, welche nach und nach erweitert wurden.

Im Jahr 1874 wurde die Straße von dem Rüppurrer Thor bis zum Militärspital neu mit Bäumen besetzt. Der erweisbare Aufwand für Herstellung dieser Wege beträgt 47,272 Mark.

Nr. 18.

Straße von Carlsruhe nach Ettlingen.

Länge 9,06 Kilometer = 2,04 Stunden.

In Carlsruhe bestund bis gegen Ende des vorigen Jahrhunderts weder eigentlicher Handel noch Fabrikation, sondern nur Krämerei und Kleingewerbe. Erst durch die Consumtion der Heere der in dem französischen Revolutionskriege gegen Frankreich verbündeten Mächte, durch Erweiterung der Regierungsstellen in Folge des Länderanfalles und durch Handelsfreiheit bildeten sich industrielle Unternehmungen, namentlich Tabak-, Bijouterie-, Bleizucker-, Steingutwaaren-, Tapeten- und andere Fabriken in Carlsruhe und einige Speditionsgeschäfte in Schröck. Der Handel mit Landesproducten, besonders mit Wein, Hanf, Holz ꝛc., hob sich. (¹)

Der Handelszug von Frankfurt nach Basel hielt größtentheils die Route von Durlach direct nach Ettlingen ein.

Carlsruhe war mit Ettlingen nur durch einen Vicinalweg verbunden, der bei dem alten Rüppurrer Thor (an Stelle des jetzigen israelitischen Spitals) am Ende der engen alten Rüppurrer Stadtstraße begann und von da bis zum Schießhaus von der Stadt, von dort an von Gottesau, Rüppurr und Ettlingen unterhalten wurde.

Nach einem Plane des Ingenieurs Paret von 1739 zog der schmale, meistens nur 15 Fuß breite Weg in vielen kleineren Krümmungen bis zu dem längs der sogenannten Langbruchwiesen nach Gottesau führenden Feldweg, sodann in der Richtung der jetzigen Straße durch den Wald bis zu dem Beiertheimer Feldweg, von hier durch Kleinrüppurr (²) und durch den ganzen Ort Großrüppurr, worauf sie wieder in die dermalige Straße, „die Gasse" oder auch „Burgweg" genannt, einmündete und in mehrmals gekrümmter Linie die Richtung der jetzigen Straße nach Ettlingen beibehielt.

In den Jahren 1773—77 wurden die neue Rippurrstraße und die Erbprinzenstraße in Carlsruhe erbaut und 1776 durch Verbesserung eines alten Feldwegs der Ort Großrüppurr umgangen. (³)

(¹) Magazin für Baden 1802 und 1803. (²) Rüppurr, keltisch Riedbur (Haus am Ried) hatte seinen Adel. Schon 1290 bestunden Groß- und Kleinrüppur. (Mone, Zeitschrift 7. S. 223.) Das Schloß wurde 1689 zerstört. Großrüppur wurde durch eine Colonie gegründet. Zeitschrift für Geschichte des Oberrheins 23. S. 104. (³) Man sieht heute noch beiderseits die durchlaufenden Ackergränzen.

Im Jahr 1787 erhielt die Straße einen schwachen Steinkörper, der 1796/97 verstärkt wurde, um sie als Poststraße nach Ettlingen benützen zu können.

Die Geradeleitung, Verbreiterung und Gefällausgleichung erfolgte 1808, bei welcher Gelegenheit auch das Gefäll des Stichs am sogenannten hohen Rain bei Ettlingen durch Abheben auf 3 Procent vermindert wurde. Bei dieser Gelegenheit erhielt die Steige auf der Westseite ein erhöhtes Trottoir mit stehenden Randsteinen und gepflasterten Rinnen.(1)

Im Jahr 1802 hatte man den schon seit 1798 projectirten Bau einer neuen Poststraße nach Ettlingen in der Verlängerung der neuen Carl-Friedrichsstraße beschlossen. Die Arbeiten begannen 1803, gleichzeitig mit dem Bau des Ettlinger Thores(2) durch den Beiertheimer Bruch(3) nach einem von Tulla entworfenen Plan.

Verschiedener Hindernisse wegen mußten die Arbeiten zeitweise eingestellt werden, daher die Vollendung erst im Jahr 1813 erfolgte. In diesem Jahr wurde auch die Straße vom Beiertheimer Weg bis Kleinrüppurr verbreitert. Für alles Gelände ist, so weit es nicht Domäneneigenthum war, Entschädigung geleistet worden.

Die Straße wurde nun als Poststraße erklärt und seither bis Ettlingen als Staatsstraße behandelt.

Im Jahr 1847 erfolgte eine Correction mit 1212 Fl. nächst Rüppurr und 1852 eine solche bei der Rüppurrer Kirche und eine dritte zwischen Kleinrüppurr und den Augärten mit 887 Fl.

Die alte Rüppurrer Poststraße wurde noch 1818 theils von der Stadt, theils von der Domäne Gottesau unterhalten, dann aber, wie jetzt noch, als Staatsstraße behandelt. Durch den Etter von Carlsruhe wird die Straße von der Stadt unterhalten, welche Pflastergeld bezieht.

Zur Sicherung der Fußgänger, deren Zahl sich auf dieser Straße durch die seit 1860 entstandene Augartenvorstadt, das Bad und den Thiergarten sehr vermehrte, ist im Jahr 1873/74 ein Uebergang über die Eisenbahn in der Verlängerung des westlichen Fußweges mit 25,000 Fl. auf Staatskosten (Eisenbahn) hergestellt worden.(4)

Seit 1874 werden auch an dieser Straße die beiderseitigen Fußwege innerhalb des Stadt-Etters von der Gemeinde unterhalten.

Der erweisliche Aufwand für Verbesserung dieser Straße beträgt 46,454 Mark.

Der Verkehr bestund täglich 1856 in 214, im Jahr 1874 in 360 Zugthieren.

Nr. 19.

Straße von Carlsruhe nach Leopoldshafen.

Länge vom Marktplatz in Carlsruhe bis zum Hafen 9,58 Kilometer = 2,16 Stunden.

Die Straße zieht auf eine Länge von 0,16 Stunden durch den Ortsetter von Carlsruhe und bildet auf 0,96 Stunden Länge zugleich eine Abtheilung der Straße Nr. 2.

Der zwischen Baden und der Pfalz abfließende Rhein hatte vor seiner Canalisirung an dem durchschnittlich 30 Fuß über die sogenannte Rheinniederung ansteigenden Hochgestade halbkreisförmige Ausbrüche gebildet, wodurch in ziemlich regelmäßigen Abständen von 5—6000 Fuß Landzungen entstunden, auf welchen sich die Orte Mörsch, Daxlanden, Knielingen, Eggenstein, Leopoldshafen, Linkenheim, Hochstetten, Huttenheim, Philippsburg, Oberhausen, Altlußheim, Ketsch, Brühl und Altripp angesiedelt haben. Dieser eigenthümlichen Formbildung des Hochgestades scheint ein bis jetzt nicht vollständig aufgeklärtes Naturgesetz zu Grunde zu liegen.(5)

Das Dorf Schröck (Leopoldshafen) liegt zwischen zwei derartigen sich durchschneidenden Bogen des Rheinlaufes, wovon der untere noch 1772, der obere noch 1817 als Altrhein der Schifffahrt zugänglich war.

---

(1) An der Gem.-Gränze von Ettlingen stund im Anfang d. Jahrh. der sog. Zigeunerstock, mit dem strengen Verbot des Aufenthalts. Siehe Klein, Culturgeschichte 9. S. 288. (2) Dieses Thor, welches zur Erinnerung an die Einverleibung der rechtsrheinischen Pfalz errichtet war, wurde 1873 abgebrochen, nachdem schon 1870 das Rüppurrer Thor entfernt war. (3) Schießwiese. (4) Dieser Uebergang besteht aus 2 steinernen Widerlagern mit Treppen und aus einem eisernen Steg. (5) Siehe H. Grebenau, Der Rhein vor und nach seiner Regulirung in dem 28. und 29. Bericht der Pollichia, einer Zeitschrift des naturwissenschaftlichen Vereins der Rheinpfalz 1871.

Bei dem Mangel künstlicher Hafenanlagen waren solche von Ortschaften begränzte Altwasser gesuchte Landungsplätze der Schiffer, von welchen aus in der Regel auch der Flußübergang mittelst Fähren bewirkt wurde. Bei Schröck bestund schon 1382 eine Zollstätte und 1390 eine regelmäßige Ueberfahrt für Personen und leichte Güter.

In den Jahren 1480—1534 war die Benützung des von Markgraf Christof von Baden für 211 Fl. angeschafften Fahrzeuges und des am Fahr befindlichen Wirthshauses gegen einen jährlichen Zins von 217 Fl. verpachtet. Da der Rhein von Mannheim aufwärts nur bis Schröck mit größeren Schiffen ohne erhebliche Schwierigkeit zu befahren, und der Landungsplatz hier sehr günstig gelegen, die Rheinstraße von Mannheim aufwärts aber in sehr schlechtem Stande war, wurden die aus Holland nach der Schweiz, Italien und Oberschwaben bestimmten Handelsgüter allmählich bis Schröck verschifft und hier auf kleinere Schiffe oder auf die Axe übergeladen. Die Schifffahrt auf dem Neckar war damals noch nicht bedeutend und die Spedition in Mannheim gering vertreten.

Die von Mainz kommenden Schiffsladungen von 2000—2500 Centnern wurden früher schon in Speyer auf kleine Schiffe vertheilt; gegen Ende des vorigen Jahrhunderts geschah diese Umladung erst in Schröck. (1) Auch für militärische Zwecke war hier ein schicklicher Uebergangspunkt über den Rhein. Im Jahr 1743 setzte eine Colonne französischer Reiterei und 1744 die österreichische Armee auf Schiffbrücken über. Der zunehmende Schiffsverkehr gab 1748 Anlaß, auf Staatskosten ein Lagerhaus in holländischem Baustyl am westlichen Ende der Dorfstraße in unmittelbarer Nähe des untern Altrheins zu erbauen.

Das Aufblühen des Hafenplatzes Schröck erregte bald die Eifersucht von Churpfalz, daher diese im Jahr 1749 mit Churmainz sich durch einen Vertrag dahin verständigte, daß aller Waarentransport von Frankfurt und Mainz nach der Schweiz an Pfälzer und Mainzer Schiffleute vertheilt werden soll. Sodann wurde auf Verwendung Frankreichs im Jahr 1751 den Straßburger Schiffern 4 Monate lang, den Mainzer und Pfälzer Schiffern 8 Monate jährlich das Monopol der Fahrten von Schweizergütern zu Berg zugestanden. Straßburg erwirkte ferner 1767, daß den zu Berg gehenden Güterschiffen verboten wurde, anderwärts als in Straßburg umzuladen.

Als diese Beschränkungen, wodurch Schröck und alle oberhalb befindlichen badischen Landungsorte am Rhein sehr benachtheiligt waren, im Jahr 1790 aufgehört hatten, gründete 1792 das Handlungshaus Christian Merian & Comp. in Schröck ein Speditionsgeschäft, dem bald Müller & Kraemer und Andere folgten, so daß Schröck schon 1802 ein belebter Speditionsplatz war.

Durch allmähliche Verlandung des Altrheins waren die größern Schiffe genöthigt, ihre Ladung am vollen Rhein zu löschen, was die Regierung veranlaßte, 1803/4 auf Kosten der Rheinbaucasse einen guten aufgedammten Fahrweg von Schröck bis zur Landungsstelle auszuführen, (2) nachdem schon 1800 der Altrhein beim Lagerhaus durch einen Faschinenbau abgeschlossen war. (3)

Am 4. Februar 1808 wurden Mannheim, Schröck und Neufreistett für ausschließliche Ein- und Ausladestellen am rechten, badischen Rheinufer erklärt, 1818 ein Krahnen und Waghaus in Schröck erbaut und 1810 die Straße nach Leopoldshafen in die II. Classe der Landstraßen aufgenommen.

Durch die im Jahre 1817 und 1826 erfolgte Ausführung des Neupforzer und Linkenheimer Rheindurchschnitts, welche im Jahre 1828 den Thalweg vollkommen aufgenommen hatten, wurde Schröck 640 Ruthen vom vollen Rhein entfernt.

Oberst Tulla hielt die Verlegung des Hafens von Schröck nach Knielingen oder Daxlanden aus technischen Gründen für angemessen.

Mit Rücksicht auf die desfallsigen bedeutenden Kosten und auf die Einsprache der Stadt Carlsruhe wurde endlich nach längeren Erörterungen der Hafen in Schröck aus Rheinbaumitteln verbessert, 1831 als Freihafen erklärt und 1833 nach dem regierenden Großherzog „Leopoldshafen" genannt. (4)

---

(1) Okhard, der Rhein. (2) Das eingeführte Weggeld, à 2 Xr. per Pferd, ertrug von 1804—1814 4194 Fl., also jährlich durchschnittlich 419 Fl., was einem Verkehr von 34 Pferden per Tag entspricht. Die Unterhaltung der Straße wurde 1813 für 300 Fl. jährlich in Pacht gegeben. (3) Dieser Abschluß, der Unterlage für die Straße bildete, wurde 1814 über das höchste Wasser gelegt. (4) Reg.-Bl. 1833, S. 153.

Die Straße nach Leopoldshafen führte damals von Carlsruhe durch die sog. Eggensteiner Allee an dem Thiergarten hin und mündete unterhalb Eggenstein in den Straßenzug ein, der nach Mühlburg führt.

Das längst gefühlte Bedürfniß einer bessern und directen Straßenverbindung von Leopoldshafen mit Carlsruhe machte sich nun mehr als je geltend, da nach einem Vortrag der Oberdirection von 1832 der bestehende Weg als „der schlechtste des ganzen Landes" bezeichnet war, der zugleich auch für den Verkehr von Carlsruhe nach Mannheim benützt werden mußte, auf dem die Handelsgüter von Leopoldshafen nach Pforzheim und Offenburg abgeführt wurden.

Um eine zweckmäßigere Verbindung zu erhalten, wurde 1832 ein Project entworfen, wornach die neue, beziehungsweise verbesserte Straße von Neureuth aus, dem Viehtrieb nach bis an den Hardtwald, dann der bestehenden Richtung folgend, durch die Eggensteiner Allee längs des Wildparks bis zu dem an den Schloßgarten gränzenden Ahagraben geführt werden sollte.(1) Dies Project wurde im Jahre 1833 in der Art genehmigt, daß die Straße als Vicinalweg zu behandeln und soweit sie durch das Feld zieht, als Kreisstraße, durch den Wald aber mit Fundament herzustellen war. Zu Bestreitung der Kosten von 10,796 Fl. bewilligte man einen Staatszuschuß von 5000 Fl., das Uebrige sollte durch eine Concurrenz der Oberhofverwaltung und der Gemeinde Deutschneureuth aufgebracht werden.

Die Verhandlungen über die Vertheilung des Aufwandes verzögerten den Bau und die Rheinische Dampfschifffahrtsgesellschaft, welche seit Mai 1833 täglich mit 5 Dampfschiffen in Leopoldshafen landete, bat im Jahre 1834 dringend um den Bau einer eigentlichen Kunststraße in möglichst directer Richtung nach Carlsruhe.

Hierauf erfolgte die Anordnung zur Ausführung einer durchaus solid fundamentirten Straße in möglichst kurzer Linie und die eingeleiteten Untersuchungen zeigten drei Straßenlinien als erwägenswerth, nämlich

1. den Zug vom Ludwigsthor in der Richtung nach Eggenstein auf den Neureuther Mittelweg, sodann auf den Viehtrieb bis zum Waldhorn in Deutschneureuth mit einem Aufwand von 23,561 Fl., 2. eine Verkürzung dieses Zuges mit einem Aufwand von 25,865 Fl., 3. eine Linie vom Ludwigsthor auf den Eggensteiner Kirchthum mit einem Aufwand von 25,847 Fl.

Das letztere, von der Baubehörde befürwortete Project erhielt die Genehmigung.

Zur Einleitung der Bauarbeiten waren die Mittel aus dem ordentlichen Straßenbauetat zu entnehmen. Die Straße war mit 22 Fuß Breite, nämlich 16 Fuß Fahrbahn und mit 2 Fußwegen à 3 Fuß auszuführen und die Fahrbahn mit 7 Zoll Schotter und 3 Zoll Kies herzustellen.

Die Vollendung erfolgte im Jahre 1835 mit einem Gesammtaufwand von 30,625 Fl. und die Straße wird seither als Staatsstraße behandelt. Bei dem lebhaften Verkehr zeigte sich die Straße bald zu schmal, daher sie in den Jahren 1838/41 mit einem Aufwand von 9400 Fl. erweitert und überdies der Wald beiderseits auf 15—20 Fuß zurückgehauen wurde. Dadurch erhielt die Straße eine Fahrbahn von 24 Fuß und zwei Fußwege von 12 Fuß, von denen jedoch in neuerer Zeit nur noch der westliche benützt wird. Sämmtliche Grundstücke wurden mit 2700 Fl. angekauft. Einschließlich der beiden Rasenstreifen von 3 Fuß beträgt die ganze Straßenbreite 54 Fuß.

Nachdem der Verkehr in dem Hafen zu Leopoldshafen in ständigem Aufblühen war (er hatte 1820/23 durchschnittlich 120,000 Centner ohne Floßholz, also etwa die Hälfte jenes in Mannheim erreicht, stund aber schon 1832 jenem fast gleich), wurde 1835 hier ein Hauptzollamt errichtet, das Lagerhaus versetzt(2) und ein neuer Krahnen mit Landungsbrücke errichtet.(3)

Für Verbesserung des Hafens wurden von 1832—1845 im Ganzen theils aus der Zoll-, theils aus der Flußbaucasse ca. 115,000 Fl. aufgewendet.

---

(1) Die Ahastraße zog sich früher bis zu dem in der Nähe der Herrenstraße gestandenen überbauten Thore, welches im Jahr 1825 außerhalb des im Jahr 1820 erbauten Cadettenhauses verlegt wurde. Der Aha innerhalb dieses Thores wurde 1853 gelegenheitlich des Baues der neuen Gewächshäuser entfernt. Aha heißt: Wasser oder tiefer Graben, von dem keltischen Worte: Ach. Diesem Aha gegenüber zwischen der Stefanien- und Akademiestraße stund das 1828 erbaute Dienstgebäude der Oberdirection des Wasser- und Straßenbaues, welches 1875—1877 in ein Justizgebäude umgewandelt wurde. (2) Das alte Lagerhaus an dem Ort wurde vermiethet und 1846 für 3010 Fl. verkauft. Vor einigen Jahren brannte dasselbe ab. (3) Bericht der Rheinschifffahrtscommission.

Durch die Rheincorrection hatte sich das Fahrwasser des Rheins allmählich bis Knielingen (Maxau) verbessert und der dortige Altrhein bildete einen sicheren Hafen; daher 1842 Knielingen zum Freihafen erklärt (Reg.-Bl. 1842, S. 109) und das Hauptzollamt nach Mühlburg verlegt wurde. Gleichwohl erhielt sich in Schröck immer noch ein lebhafter Schiffsverkehr, der 1855 in 550,000 Centnern bestund (ohne Floßholz). Von 1838—1858 betrug die Summe der in Leopoldshafen zu Berg und Thal gehenden Güter immer noch über 300,000 Centner jährlich, wovon Eisen, Steinkohlen, Maschinen, Eisenstein, Getreide, Mineralwasser, Schiefer, Oel und Tabak ausgeladen und Brennholz, Kartoffeln, Runkelrüben, Krapp- und Sägwaaren zu Thal verladen wurden. Colonialwaaren kamen seit 1842 nicht mehr an. —

Seit der im Jahre 1862 erfolgten Eröffnung der Eisenbahn von Carlsruhe nach Winden hat sich der Verkehr mehr nach Maxau gezogen und jener in Leopoldshafen stark abgenommen, so daß in den Jahren 1868/70 nur noch durchschnittlich pro Jahr 97,769 Centner ein- und ausgeladen wurden. Dagegen stieg der Verkehr 1871 wieder auf 137,571 Centner, sank aber 1872 auf 107,613, dann trat wieder eine Zunahme ein 1873 auf 403,000, 1874 auf 417,000, 1875 auf 414,000 Centner.

Der Uebergang über den Rhein wurde nach jahrelangen wiederholten Verhandlungen mit Baiern in neuer Zeit durch eine fliegende Fähre (mit 11 Giernachen und 250 Centnern Tragfähigkeit) vermittelt, welche 800 Fuß unterhalb der alten Fahrstelle liegt.

Die Domäne, als Eigenthümerin des Fahrrechts, überließ endlich den Gemeinden Leopoldshafen und Leimersheim die Anschaffung und das Eigenthum der Schiffe.

Seit 1871 wird die Fähre mit versenktem Drahtseil betrieben. Bei Wiedereröffnung der Dampfschifffahrt nach Straßburg im Jahre 1873 erhielt Leopoldshafen eine Nachenstation.

Bei Gelegenheit der Correction der Straße von Jöhingen über Weingarten nach Leopoldshafen (siehe Nr. 252) wurde im Jahre 1875 die Abfahrt zu der Fähre verbessert und der Weg von Leopoldshafen an den Rhein regulirt. Eine Hauptverbesserung war die Correction des starken Stiches am westlichen Ende von Leopoldshafen bei dem einstigen alten Lagerhaus, wo die Straße sich von dem Hochgestade in die Rheinniederung senkt.

Im Jahre 1876 wurde die Anlandestelle mit 12 Procent Gefäll, 4,2 m. Breite mit 554 Mark aus Rheinbaumitteln hergestellt. Die Unterhaltung haben die Inhaber der Fähre zu besorgen.

Der nachweisbare Aufwand für Verbesserung dieser Straße besteht einschließlich der Kosten für den Hafen in 266,672 Mark.

Der Verkehr auf dieser Straße ist in lebhafter Zunahme begriffen.

Im Jahre 1856 sind 242, 1860 335, 1866 277, 1874 2635 Zugthiere beobachtet worden.

Nr. 20.

Straße von Ettlingen nach Pforzheim.

Länge in Baden . . .	24,28 Kilometer =	5,46 Stunden,
„ „ Württemberg .		0,16 „
	zusammen	5,62 Stunden.

Daß die Kelten im Albthale ansässig waren, geht aus den vielen Namen hervor, welche aus keltischer Sprache abzuleiten sind, wie Alb, Bulach, Beiertheim, Rüppurr, Ettingen, Bruchhausen, Schöllbronn, Schlutterbach, Burbach, Reichenbach, Watt, Busenbach, Steinbach, Mutschelbach, Nöttingen ꝛc.

Viele dieser Orte sind von Straßen berührt, die der Römerzeit zugeschrieben werden. (1)

Die Orte Pforzheim, Ettlingen und das jenseits des Rheins liegende Lauterburg waren unter der römischen Herrschaft durch eine Straße verbunden, deren Zug jedoch nicht mehr genau anzugeben ist. (1)

(1) Mone, Urgesch. Badens I, S. 175. Nach Wieland „Beiträge zur Gesch. des rechten Rheinufers" von 1811, zog die römische Straße über Nöttingen, Ellmendingen, Langensteinbach und Busenbach nach Ettlingen. Leichtlen, Forschungen I. 63. Von der Alb gegen Busenbach zieht am Berg hin eine alte gepflasterte Straße, die in ihrer Fortsetzung über Auerbach und Dietenhausen nach Ellmendingen führt und in Gemarkung Reichenbach „hohe Straße" hieß. Von Dietlingen zieht sich nach Osten über die Höhe eine Römerstraße geradlinig

Der Straßenzug wurde übrigens seiner Hauptrichtung nach auch im Mittelalter für den Handel aus Schwaben nach Frankreich und dem Unterrhein beibehalten, denn die Straße von Pforzheim über Ellmendingen, Ettlingen und Au nach Lauterburg wird im Jahre 1446 als „Rynstraße" unter den Handelswegen genannt. (1) Später erscheint diese Straße unter den Landstraßen mit dem Namen „Wattstraße". (2)

Zeiler bezeichnet in seinen Reisen von 1633 die Straße von Leonberg über Mühlhausen, Tiefenbronn, Pforzheim, Ettingen, Rastatt, Lichtenau, Straßburg als „Landstraße".

Die ältesten urkundlichen Nachweise über den Zustand der jetzigen, über Reichenbach, Langensteinbach, Ellmendingen, Dietlingen und Brötzingen führenden Straße gehen nur bis zum Jahre 1720 zurück, in welcher Zeit dieselbe als Landstraße bezeichnet wird, „die ihres schlechten Zustandes wegen kaum benützbar war" und darum in gedachtem Jahre von Ettlingen bis an die baden-durlach'sche Grenze bei Langensteinbach im Frohndwege nothdürftig verbessert wurde. Die Straße zog ursprünglich nicht außerhalb Ettlingen, sondern durch die sog. Amtsgasse, jetzt Leopoldsstraße.

Zwischen Ettlingen und der Wattsteige lag die Straße so tief, daß sie bei jeder Anschwellung der Alb unter Wasser kam und öfters zerstört wurde. (3) Letzteres trat im Jahre 1741 in besonders ausgedehntem Maße ein, so daß auch sämmtliche Brücken zu Grunde gingen. Die Stadt Ettlingen bat dringend um baldige Wiederherstellung, zugleich aber auch um Verwendung dafür, daß der schlechte Zustand des Weges auf baden-durlach'schem Gebiet von Langensteinbach bis Pforzheim verbessert werde, da, wenn nicht in Bälde gründlich geholfen wird, der ganze Verkehr sich nach Durlach ziehen werde, „weil man von Seiten Baden-Durlachs mit Straßenbauarbeiten zwischen Carlsruhe und Pforzheim eifrig beschäftigt und sogar gesonnen sei, die Straße von Carlsruhe bis Au an den Rhein herzustellen, um den Verkehr über Durlach zu leiten."

Auf Andringen Baden-Badens, die Wattstraße von Pforzheim bis zur Gränze bei Reichenbach herzustellen, erwiderte Baden-Durlach, daß der Straßenbau zwischen Durlach und Pforzheim noch mindestens 2 Jahre — also bis 1745 — dauern werde, daher in dieser Zeit für die Straße nach Ettlingen nichts geschehen könne.

Unter diesen Verhältnissen suchte man wenigstens auf baden-baden'schem Gebiet zu helfen. Die Arbeiten, welche für Wiederherstellung und Verbesserung der Straße von Ettlingen bis zur baden-durlach'schen Gränze erforderlich waren und hauptsächlich in Erhöhung, Verbreiterung, Ueberkiesung, Abheben und Pflastern der Reichenbacher Steige und in Wiederherstellung der Brücken bestunden, waren außer den Frohndleistungen auf 8350 Fl. überschlagen. Diese Arbeiten wurden in der Zeit von 1742—1745 hergestellt.

Noch immer war Baden-Durlach nicht in der Lage, auf seinem Gebiete zu bauen, weil die Durlach-Pforzheimer Straße erst im Jahre 1748 hergestellt war und die Unterthanen durch die vielen Frohndleistungen dabei so sehr angestrengt wurden, daß man ihnen nicht sofort die Herstellung einer zweiten Straße zur Auflage machen konnte. So blieb denn die Ettlinger Straße im baden-durlach'schen Gebiet fortan in ihrem alten mangelhaften Stande und auch die Abtheilung im baden-baden'schen Territorium kam wegen schlechter Unterhaltung bis zum Jahre 1759 wieder in einen kaum benützbaren Zustand. Außer den gewöhnlichen Reparaturen wurden keine Bauten ausgeführt.

Diese Verhältnisse blieben im Wesentlichen auch nach der im Jahre 1771 erfolgten Vereinigung der baden-durlach'schen und baden-baden'schen Lande fortbestehen und der Verkehr hatte sich darum größtentheils auf die bessere Durlacher Straße gezogen. (4)

Als in dem Kriege von 1805 alle Orte längs der französischen Militärrouten Spitälern glichen und die Militär-Krankentransporte an jeder Etappenstation eine Menge von Leichen abzuladen hatten, wurde aus Besorgniß für die Residenz und für Durlach das in der Augustenburg bei Grötzingen etablirte Militärspital aufgelöst und nach Ettlingen verlegt.

---

gegen Pforzheim und durchschneidet 3/8 Stunden vor der Stadt die Steige in der Gewann „Römerberg". Bei Brötzingen, Dürrn, Nöttingen und Ellmendingen wurden römische Funde gemacht. Siehe Herbster, collectanea III. Schöpflin alsatia, Stälin p. 36, Wieland, Beiträge rc. Bei Nöttingen und Ellmendingen fanden sich 3 Leugenzeiger von 213 und 222 nach Chr. (1) Mone, Zeitschrift für den Oberrhein IV. 13. (2) Von der sog. Watthalde auf Gemarkung Busenbach, woselbst die Steige „Wattsteige" oder „Reichenbacher Steige" genannt wird. Das Thal der Alb hieß auch „Watt". (3) Insbesondere 1542, 1716, 1741. Schneider, Topographie von Ettlingen. (4) Gen. L. A. A.

In Folge dieser Maßregel mußten nun die vielen Krankentransporte von Pforzheim nach Ettlingen bewirkt werden, was für die Frohndfuhren kaum möglich war, weil die Straße so tief ausgefahren wurde, daß das Zugvieh nicht selten unterwegs zu Grunde ging. Dies gab Veranlassung, daß die Gemeinden mit allen Zwangsmitteln zur Verbesserung der Straße angehalten wurden und daß 1809 die Straßen zwischen Ellmendingen und Dietlingen aus der Hohlgasse in das Dietlinger Wiesenthal verlegt und die Reichenbacher Steige verbessert wurde. Die Regierung bewilligte dafür, insbesondere für die neue Straßenanlage bei Dietlingen und Auerbach, abgesehen von den Frohnden der betheiligten Orte, ungefähr 7000 Fl., woraus auch die Güterentschädigungen geleistet wurden. Als normale Breite wurden 28 Fuß bestimmt. Auf diese Weise geschah natürlich nur das Allernöthigste und es wurden insbesondere die Steine zu dem schmalen Fundament auf der Straße selbst nur oberflächlich zerschlagen und mit schlechtem Kalk- und Sandsteinschotter überdeckt.

Von Dietlingen über Brötzingen bis Pforzheim wurden grobe Wackensteine und von Auerbach bis Ettlingen meistens Sandsteine verwendet. Daß auf diese Weise die Straße nicht gut werden konnte, ist einleuchtend.

Gleichwohl wurde dieselbe beim Vollzug des Straßengesetzes von 1810 als Militärstraße in die zweite Classe der Landstraßen aufgenommen und da die Unterhaltung hierdurch sorgfältiger bewirkt wurde, belebte sich allmählich wieder der Verkehr von Pforzheim nach dem mittleren und unteren Elsaß, wozu insbesondere die monatlichen Viehmärkte in Pforzheim und der Weinversandt aus dem oberen Pfinzthale, besonders aber die Weinfuhren aus der Pfalz und den badischen Orten an der Bergstraße Vieles beitrugen.

Im Jahre 1810 wurde die Straße von Langensteinbach nach Auerbach auf Kosten der Chausseecasse mit ca. 8000 Fl. neu erbaut und auch zwischen Ellmendingen und Dietlingen weitere Correctionen vorgenommen. Für die verwendeten Güter wurde auch hier Entschädigung geleistet.

Bis zum Jahre 1812 war die Straße in einen ordentlichen Stand gekommen und später durch sorgfältige Unterhaltung immer mehr verbessert, so daß sie im Wesentlichen dem Verkehre damals entsprach. (1)

Da jedoch die Gefällsverhältnisse im Ganzen ungünstig waren, weil sich in der Straße ungefähr 18 Steigen (2) befanden, konnte dieser Weg die Concurrenz mit der Pforzheim-Durlacher Straße nicht aushalten und er wurde darum im Jahre 1856 aus dem Staatsstraßenverband ausgeschieden und als Militärstraße mit Staatsbeiträgen unterhalten.

Seit dem Bestehen der Carlsruhe-Pforzheimer Eisenbahn hatte sich natürlich der Verkehr noch weiter vermindert und derselbe war nur noch auf der Abtheilung von Ettlingen bis zum Abgang der Abthalstraße bei der Wattsteige von Erheblichkeit, weil hier die starke Ab- und Zufuhr zu den Fabriken (3) stattfindet, und durch die in den Jahren 1857—1859 vorgenommene Verbesserung dieser letzteren Straße nebst ihrer Fortsetzung einerseits nach Gernsbach und andererseits nach Neuenbürg ein neuer Zufluß geschaffen ist. (4)

Nach dem Straßengesetz von 1868 kam diese Straße in jenem Jahre provisorisch und im Jahre 1870 definitiv wieder in die Classe der Landstraßen.

Da sich der Verkehr in neuerer Zeit wieder hob, wurde 1873/74 zur Umgehung der Wattsteige und der Steige bei Reichenbach von der Albthalstraße bis Reichenbach eine neue Straße mit 4 Procent Steigung hergestellt und das Gefäll in Reichenbach vermindert. Die neue Straße hat eine Länge von 2760 Metern und 20 Fuß = 6 Meter Breite mit 4,8 Meter Fahrbahn.

Der Aufwand betrug 28,575 Fl., wovon die Gemeinde Reichenbach durch unentgeltliche Abgabe von Gemeindeeigenthum 240 Fl. übernahm.

Die übrigen Grundstücke und Gebäude wurden angekauft.

In den Jahren 1874/75 corrigirte man sodann die sog. Bernholdsteige zwischen Auerbach und Ellmendingen auf eine Länge von 3630 Metern mit 50,961 Mark, wovon nach dem Gesetze

---

(1) Eine Folge hiervon war das Aufhören des Flößens von Lang- und Scheitholz auf der Alb, welches bis 1818 fortdauerte. (2) Die Gefälle und Gegengefälle betrugen an der Reichenbacher oder Wattsteige auf 4020 Fuß 8—12 Procent, der Langensteinbacher Steige auf 2560 Fuß 6 Procent, der Auerbacher oder Bernholdsteig auf 2650 Fuß 7—12 Procent und 1460 Fuß 6 Procent, Beinhüttesteig auf 2260 Fuß 10 Procent, der Dietelinger Steige auf 1770 Fuß 6—9 Procent, der Brötzinger Steige auf 680 Fuß 7—9 Procent und sonst 5 Procent. (3) Die Spinnerei und Weberei. Ettlingen bezieht allein jährlich 2—3000 Ballen Baumwolle und 120—130,000 Centner Steinkohlen und versendet die damit erzielten Producte meistens an die Eisenbahn. (4) Siehe Nr. 136.

von 1868 Auerbach, Ellmendingen, Weiler, der Kreis Carlsruhe ein Drittel und die Staatscasse zwei Drittel zu übernehmen hatten. Die Breite wurde auf 6 Meter mit 4,8 Metern Fahrbahn, das Maximalgefäll auf 4,8 Procent bestimmt.

Der neue Straßenzug geht vor Auerbach südlich ab bis zum Kamm der Bernhölde, dann südlich bis Winterfeld, dann durch das Thal im Zottelbock bis zu dem Gemeindeweg nach Ellmendingen. Die Eröffnung erfolgte am 23. April 1875. Durch diese Correction ist die Straße 1528 Meter länger geworden. Für die Periode 1876/77 war die Correction der Straße von der Pfinz bis Ellmendingen mit Fahrbahn von 4,8 Metern aus 0,15 Centimetern Gestück und 0,10 Centimetern Schotter — sowie der Bau einer neuen Pfinzbrücke von 8 Metern Weite an Stelle der alten Holzbrücke in Aussicht genommen. Der Aufwand wurde auf 24,200 Mark berechnet, wovon 7200 Mark auf die eiserne Brücke von 8 Meter Lichtweite entfallen. Kreis und Gemeinde waren bereit, den gesetzlichen Beitrag zu leisten. Das Maximalgefäll sollte von 7,3 auf 3,6 Procent ermäßigt werden.

Auf Einsprache der Gemeinde gegen die Straßencorrection beschränkte man sich auf den Brückenbau mit Anschluß an die alte Straße, wozu 8000 Mark erforderlich waren.

Ferner soll in den Jahren 1876/78 die lästige Steige zwischen Dietlingen und Brötzingen mit 87,500 Mark Aufwand corrigirt werden. Die bereits erwähnten Bauvorschriften fanden auch hier Anwendung. Die alte Straße hat Gegengefälle bis zu 12 Procent. Die neue erhält bis zur Wasserscheide eine Steigung von 3, 4, 5 Procent und ein Fallen von $4\frac{1}{2}$—2 Procent und auf der Westseite eine Rampe.

Etwas weiter nördlich von dem neuen Zug befindet sich die Römerstraße. Kreis und Gemeinde bezahlen ein Drittel der Kosten.

Der nachweisbare Aufwand für Verbesserung der Straßen betrug 235,988 Mark.

Der Verkehr hat sich seit 1856 bedeutend vermehrt. 1856 wurden zwischen Ettlingen und der Albthalstraße 227, 1874 360 Zugthiere täglich verzeichnet, und zwischen der Alb und Pforzheim mehrte sich der Verkehr von 89 auf 148 Zugthiere pro Tag.

Nr. 21.

Straße von Neumalsch nach Oos.

Länge 16,2 Kilometer = 3,65 Stunden.

Die Namen: Oos, Haueneberstein, Balg und Malsch entstammen der keltischen Sprache, daher die Orte und wahrscheinlich auch deren Verbindungswege schon bestunden, bevor die Römer hier ihre Quartiere nahmen.(1) In Oos kreuzte sich die Römerstraße von Straßburg nach Baden, nach Ettlingen und von Baden nach Selz.

An der erhöhten Stelle der Kirche soll ein römisches Castell gestanden sein.(2)

Die Straße von Oos über Haueneberstein, Kuppenheim und Muggensturm nach Neumalsch zerfällt in die drei besonders in Betracht zu ziehenden Abtheilungen von Oos bis Kuppenheim, von Kuppenheim bis Muggensturm und von Muggensturm bis Neumalsch.

Die Straße von Oos nach Kuppenheim(3) bestund erweisbar schon 1446; sie soll wahrscheinlich von den Römern benützt worden sein, denn sie wird in Haueneberstein „Heerweg" und in Oos „Steinweg" genannt.(4) Später erscheint sie unter dem Namen „Bergstraße".

Im Jahre 1814 kam diese Straße, die schon im vorigen Jahrhundert Landstraße war, in die 3. Classe der Staatsstraßen und erhielt allmählich bedeutende Verbesserungen durch Correctionen und Verbreiterungen, namentlich wurden 1822 oberhalb Haueneberstein kleine Regulirungen mit einem Aufwand von 6000 Fl. ausgeführt, die Verbreiterung und Correction im Orte besonders in der Nähe des Rathhauses und am Ende des Orts, wo die Straße vier rechtwinklige

(1) Bei Muggensturm fand man keltische Gräber mit Broncegeräthen. (2) Oos lag früher etwas näher bei Haueneberstein am Fuße des Gebirgs. (Schriften des Alterthumsvereins I.) Bei Balg fand man einen römischen Votivstein für Mercurius. (3) Kuppenheim ist ein sehr alter, zum Uffgau gehöriger Ort, der, wie Haueneberstein, von dem Grafen von Eberstein an Baden kam und einen Theil der oberen Markgrafschaft bildete. Bis 1539 befand sich in Kuppenheim, welches befestigt war, ein Kreisamt. Im Jahre 1689 wurde Kuppenheim von den Franzosen gänzlich abgebrannt. (4) Mone, Zeitschrift IV. 485.

Wendungen macht, wurde von 1825 an öfter angeregt und auch stets als Bedürfniß erkannt. Da aber der Aufwand auf 7400 Fl. veranschlagt war, worunter 4580 Fl. für Eigenthumserwerbung enthalten sind, unterblieb die Ausführung.(1)

Seit dem Bestehen der Eisenbahn hat diese Straße den durchgehenden Verkehr fast ganz verloren, daher sie 1857 aus dem Staatsstraßenverbande ausgeschieden wurde.

Mit Rücksicht auf die häufige Benützung des Weges durch die Badegäste in Baden, welche die Rundfahrt über Ebersteinburg, Gernsbach, Rothenfels, Kuppenheim, Favorite (2) und Oos machen, übernahmen der Badefonds zwei Drittel, die Gemeinde ein Drittel der Unterhaltungskosten bis zum Jahre 1868, in welcher Zeit die Straße wieder Landstraße wurde.

Die Straße von Kuppenheim nach Muggensturm (3) ist ebenfalls sehr alt; sie hatte früher großentheils nur eine Breite von 14—16 Fuß, nach ihrer Aufnahme in die Classe der Staatsstraßen wurde sie 1822 um 5—8 Fuß verbreitert.

Die alte Murgbrücke unterhalb Kuppenheim, welche auf 6 steinernen Pfeilern ruhte, war baufällig und wurde 1834 mit einem Aufwand von 11,000 Fl. neu erbaut. — Sie hatte zwischen den Steinwiderlagern eine Weite von 180 Fuß, eine Breite von 20 Fuß und 3 Holzjoche. Die Oeffnungen waren durch ein eichenes Häng- und Sprengwerk überbrückt. Das Gedeck lag 25 Zoll über dem höchsten Wasser.

Im Jahre 1871/72 wurde diese Brücke durch eine eiserne ersetzt. Die Kosten betrugen 34,590 Fl., wozu die Gemeinde einen Beitrag von 4000 Fl. leistete und die Staatscasse also noch 30,590 Fl. zu tragen hatte. Das Schmiedeeisen, im Gewicht von 1489 Centnern, wurde mit 10 Fl. 50 Xr. per Centner bezahlt. Die Brücke hat eine Weite von 60,3 Metern, eine Breite von 5,4 Metern, 2 Pfeiler und 3 Oeffnungen. Die Landfesten der alten Brücke sind beibehalten.

Diese Straße kam wegen geminderter Frequenz durch die Eisenbahn 1857 aus dem Straßenverband und wurde bis 1868 mit Staatsbeiträgen von den Gemeinden unterhalten, in diesem Jahre aber wieder unter die Landstraßen aufgenommen. (§. 21 des Straßengesetzes von 1868.)

Zwischen Muggensturm und Neumalsch bestund früher ein Feldweg, der 1811 im Frohndwege chaussirt und unter die 3. Classe der Staatsstraßen aufgenommen wurde. Auch diese Straße, welche man 1857 unter die mit Staatsunterstützung unterhaltenen Vicinalwege einreihte, kam 1868 wieder in die Classe der Landstraßen. Früher fand die Landstraße von der Margaretha-Kirche ihre Fortsetzung an dem Fuße des Gebirges direct nach Malsch auf dem jetzt noch bestehenden Vicinalwege.

Im Jahre 1872 kam die Correction in Haueneberstein neuerdings in Anregung. Die Kosten wurden jetzt auf 8450 Fl. überschlagen. Die Ausführung scheiterte wieder an dem ungenügenden Beitrag der Gemeinde. Das Gesetz von 1876 über Vervollständigung des Landstraßennetzes bewilligte für diesen Zweck 15,500 Mark. Im Jahre 1872 wurde die Gewerbs-Canalbrücke bei Kuppenheim mit 2146 Fl. neu hergestellt.

Der nachweisliche Verbesserungsaufwand betrug im Ganzen 67,213 Mark und mit Beirechnung der Bewilligungen von 15,500 Mark, zusammen 82,913 Mark. Der Verkehr hat sich seit 1856 von 105 auf 280 Zugthiere täglich gesteigert.

Nr. 22.

Straße von Rastatt nach Freudenstadt.

Untere Murgthalstraße.

Länge in Baden . . .	40,32	Kilometer	=	9,12	Stunden,
„ „ Württemberg .	20,00	„	=	4,50	„
zusammen	60,32	Kilometer	=	13,62	Stunden.

Wie die Murg selbst, so tragen fast alle in der Nähe dieses Flusses liegenden Bäche, Berge und Orte, wie: Rheinau, Niederbiel, Rothenfels, Lautenbach, Gaggenau, Hörten, Gernsbach,

(1) Nach dem Bauprojecte von 1859 waren bei Annahme von 80 Fuß langen Kreishalbmessern und einer Breite von 20 Fuß 7514 Fl. erforderlich. (2) Muggensturm bestund schon im 12. Jahrh., in welcher Zeit der Ort von Lorsch an das Kloster Schönau kam. Mit der Grafschaft Eberstein fiel Muggensturm an Baden-Baden. Auch hier war früher der Sitz eines Amtes. (3) Das Schloß Favorite wurde 1725 erbaut.

Sulzbach, Lauf- und Michelbach, Eberstein, Gausbach, Forbach, Münzach, Staufenberg, Röth, Reichenbach, Langenbrand ꝛc., Namen, die mit mehr oder weniger Wahrscheinlichkeit aus der keltischen Sprache abzuleiten sind.

Die Murg, welche von der württembergischen Gränze mit starkem Gefäll meist zwischen steilen Berg- und Felswänden gegen Gernsbach abläuft, und von da in Folge vieler Geschiebsablagerungen den Lauf oft änderte, (1) hat dem Straßenbau stets große Hindernisse geboten, daher es auch kommen mag, daß die Ansiedelungen hier in engen Schranken blieben.

Weniger schwierig war die Niederlassung auf württembergischem Gebiet bis in die Gegend von Freudenstadt, woselbst gegen Ende des 3. Jahrhunderts die Römer von den Alemannen vertrieben wurden. (2) Auf badischem Gebiete hat man bis jetzt außer der bei Gernsbach das Thal durchkreuzenden, wahrscheinlich römischen Straße, die als Weinstraße bekannt ist und nach Schwaben führte, keine Nachweise über den Aufenthalt der Römer in dem Murgthale gefunden.

Die Markgrafschaft Baden-Baden, in deren Hoheitsgebiet in der Neuzeit das Murgthal von Rastatt bis zur württembergischen Gränze bei Schönmünzach lag, bestund bekanntlich aus der oberen Markgrafschaft, der Grafschaft Eberstein, den Herrschaften Mahlberg und Staufenberg und dem Amte Kehl.

Zur oberen Markgrafschaft gehörten unter Anderem die Orte in dem Murgthal von Rastatt bis einschließlich Gaggenau, von der Gaggenauer Gemarkungsgränze aufwärts erstreckte sich die ehemalige Grafschaft Eberstein bis zur württembergischen Gränze. (3)

Die umfangreichen Waldungen des Murgthales gaben den dortigen Bewohnern schon früh Veranlassung, außer dem Harzsammeln, Kohlenbrennen, Weidendrehen (für die Flößerei) und Fischen (4) auch den Holzhandel, die Flößerei und die Sägmühlengewerbe als Nahrungszweig zu betreiben; (5) die Wasserstraße der Murg war hierzu besonders geeignet. (6)

Von Rastatt bis Gernsbach (7) bestund schon früh eine Fahrstraße; von Gernsbach aufwärts dagegen, wo meistens Holzhauer und Flößer wohnten, welche die Landwirthschaft nur für eigenen Gebrauch betrieben, konnte man auf eine Fahrstraße um so leichter verzichten, da aus dem Murgthale nach Württemberg der Verkehr sehr unbedeutend war. (8) Man begnügte sich also bis gegen das Ende des vorigen Jahrhunderts mit Fußwegen, welche an den beiderseitigen Gebirgsabhängen steil dahin zogen und zuweilen auch für Saumpferde und sehr schmale leichte Hand-Karren benützt wurden.

Größere Fuhrwerke mußten die alte sog. W e i n s t r a ß e von Schönmünzach bis Gernsbach benützen, von der auch eine Abzweigung nach Forbach ging. (9)

---

(1) In der Markbeschreibung von 1560 findet man die Namen: Altmurg, Morlach, Durrlach, Bannwag, die alte verlassene Flußbetten bezeichnen. Wege, die durch altes Flußbett gingen, hießen „Bruchfurten". Noch im Jahre 1784 bestunden nach einer Karte von Kuppenheim bis Niederbühl viele Inseln. (2) Siehe Memminger, Freudenstadt. (3) Die Grafschaft Eberstein bildeten: a. die mit dem Hochstift Speyer g e m e i n s c h a f t l i c h e n Orte Gernsbach, Staufenberg und Scheuren, b. die ungetheilten Eberstein'schen Orte Forbach, Bermersbach, Gausbach, Langenbrandt, Au, Weisenbach, Reichenthal mit Kaltenbronn, Lautenbach, Hilpertsau, Obertsroth, Selbach, Hördten, Ottenau, Michelbach, Freiolsheim mit Mosbrunn und Mittelberg, Neu-Eberstein, Muggensturm, Wallheim und Weinau. (4) Im 15. und 17. Jahrhundert wurden bei Kuppenheim noch Lachse gefangen. (Zeitschr. f. G. d. O.-R. 23. 292.) (5) Seb. Münster. (6) Nach einem zwischen Markgraf Bernhard und dem Grafen von Eberstein am 10. März 1399 abgeschlossenen Vertrag „sollen die Ebersteiner Leute fernerhin floßen, w i e d i e s v o n A l t e r s h e r g e s c h e h e n i s t." Graf Philipp II. (1523—89) überließ den Schiffern den gesammten Holzhandel um 3500 Fl. Die Corporation der Schiffer beginnt erst 1569. Krieg, Die Grafen von Eberstein 1855, S. 11 und Emminghaus, Die Murgschifferschaft in der Grafschaft Eberstein. (7) Gernsbach war 1219 noch Dorf und ein Filial von Rothenfels, 1248 erhielt es eine selbstständige Pfarrei und wahrscheinlich in der Mitte des 13. Jahrhunderts Stadtrechte, da es in einer Urkunde von 1272 erstmals Stadt genannt wird. Von 1285—1676 gehörte Gernsbach gemeinschaftlich dem Grafen von Eberstein und dem Markgrafen von Baden, von 1676—1800 gemeinsam Baden und dem Hochstift Speyer. (8) Daß in der Grafschaft Eberstein keine großen Ansprüche an die Straßen gemacht wurden, geht aus der Landesordnung von 1508 hervor, welche besagt: „alle unsere Amdleuth sollen auch fleißig Achtung haben, damit die Straßen, Weg und Steeg in z i e m l i c h e r n o t h d ü r f t i g e r Besserung und Handhabung gehalten werden." (Krieg, Grafen von Eberstein.) (9) Diese Straße, wahrscheinlich römischen Ursprungs, welche von Schönmünzach bis Gernsbach $6^1/_2$ Stunden lang war, bildete den Verbindungsweg von Loßburg über Freudenstadt, Besenfeld und Urnagold mit Baden und zog auf der Gebirgshöhe an dem sog. Hohlo (3268 Fuß über der Meeresfläche) vorüber, unmittelbar an der Gausbacher Gemarkungsgränze hin durch die Gemarkungen Reichenthal und Lautenbach nach Gernsbach. Die Höhendifferenz beträgt zwischen Gernsbach und dem Hohlo 2708 Fuß und zwischen der Schönmünzacher Glashütte und dem Hohlo 1748 Fuß. Diese Straße ist in einer Karte der Oberdirection von 1785 genau mit der Bezeichnung „Weinstraße" angegeben. Eine ältere Karte ohne Jahreszahl weist darauf hin, daß die Richtung dieser alten Weinstraße geändert wurde, denn es ist dort eine n e u e und eine a l t e Weinstraße eingezeichnet. In der Karte von Paulus über die Römerstraßen in Württemberg ist diese Straße ebenfalls angeführt.

Der Aufschwung des Handels mit Holz- und Sägewaaren, und das Bedürfniß einer näheren Verbindung mit den württembergischen Orten des Murgthals und besonders mit dem gewerbthätigen Orte Freudenstadt(1) führten den Markgrafen Carl Friedrich im Jahre 1778 zu dem Vorsatze, von Gernsbach bis zur württembergischen Gränze in dem Murgthal eine Fahrstraße anzulegen und auch die Straße von Gernsbach abwärts zu verbessern. Die Bedürftigkeit der Ebersteiner Unterthanen kam dabei ebenfalls sehr in Betracht.

Der damals(2) aufgestellte Kostenüberschlag verlangte für die Herstellung einer 14 Fuß breiten, im Wesentlichen der Richtung des alten rechtseitigen Fußweges folgenden Straße von Gernsbach bis Forbach und von hier auf dem linken Ufer bis Schönmünzach ziehend, einen Aufwand von 16,134 Fl.

Man beschloß im Jahre 1780, diesen Bau in 12 Jahren auszuführen und von den Kosten ein Drittel auf die badische Landescasse, ein Drittel auf die Gemeinden der Grafschaft Eberstein und ein Drittel auf die Hof- oder Herrschaftscasse umzulegen. Nachdem seit Aufhören des Bergbaues im Christofsthal(3) im Jahre 1770 die dortige Eisenfabrikation sowie die Glashütten in größerem Umfang betrieben wurden, und überdies die Holzabfuhr sich schon theilweise als Bedürfniß darstellte, fand man sich 1781 veranlaßt, die Straßenbreite auf 16—20 Fuß festzusetzen, die Bauzeit auf 3 Jahre zu beschränken und für den Bau 18,000 Fl. zu genehmigen.

Für die erforderlichen Güter war Entschädigung zu leisten.

Von den Baukosten sollten übernehmen im ersten Jahre die Herrschaftscasse 6000 Fl., im zweiten Jahre die Gemeinden 3500 Fl., im dritten Jahre die Landescasse 5500 Fl.

Der Bau wurde 1783 begonnen. Er nahm jedoch, wie alle Straßenbauten jener Zeit, einen langsamen Fortgang, denn die Vollendung bis Forbach erfolgte erst 1788 mit einem Aufwand von 16,337 Fl. — Die Arbeiten von Forbach bis zur Landesgränze, von welcher schon lange Zeit ein viel gekrümmter schmaler Weg auf der linken Seite des Flusses bestanden hatte, wurde 1789 für 9000 Fl. in Accord gegeben und 1795 beendigt.

Man legte diese Kosten gleich den früheren um. Die Breite der Straße wurde übrigens an vielen Stellen, besonders dort, wo Felsensprengungen nöthig wurden, nur auf 12—14 Fuß ausgeführt.

In die Zeit von 1785—1790 fällt auch die Ermäßigung der Steige bei Ottenau,(4) welche 15 Procent Gefäll hatte. Der Bau der noch bestehenden Forbacher Brücke war schon 1778 zur Ausführung gekommen.(5)

Im Jahre 1791 wurde die Straße von Rastatt bis Niederbühl erhöht und verbreitert.

Während des Krieges zwischen Frankreich und dem Deutschen Reiche(6) wurde auch die Straße von Freudenstadt über Reichenbach(7) bis an die badische Gränze durch österreichische Pioniere in ziemlich fahrbaren Stand gesetzt und insbesondere auch eine 180 Fuß lange Brücke unterhalb Schwarzenberg erbaut, aber nicht ganz vollendet.

Da wegen des felsigen Untergrundes keine Brückenpfeiler geschlagen werden konnten, bildete man durch übereinander gelegte Balken zwei Prismen als Pfeiler, die mit Schutt ausgefüllt wurden und versah die Brücke an dem linken Ufer mit einer künstlichen Landfeste. Diese Brücke

---

(1) Freudenstadt wurde 1599 von Herzog Friedrich gegründet und Friedrichsstatt genannt. Nachdem aber protestantischen Flüchtlingen aus Oesterreich, Steiermark, Kärnthen und Mähren, meistens Bergleute, hier „mit Freude" eine Niederlassung gewährt wurde, erhielt die Stadt 1604 den Namen Freudenstadt. In den Jahren 1667—1671 wurde die Stadt befestigt. (Sattler, das Herzogthum Württemberg. S. 222. Steinhofer, Chronik von Württemberg.) Nägel-, Tuch- und Messerfabriken, sowie Kunstschreinerei werden hier schwunghaft betrieben. An der Stelle dieser Stadt kreuzten sich zwei Römerstraßen. (2) von Lieutenant Vierordt. (3) Das Christofs- und Friedrichsthal wurden früher Forbacher Thal genannt. 1267 wurden schon Bergwerke hier betrieben, früher Glashütten. 1614 wurde eine Hammerschmiede, 1630 ein Drahtzug, 1660 ein Eisenhammer, 1770 Eisenfabrikation in größerem Umfange und 1805 Stahlfabrikation betrieben. Memminger, Freudenstadt. (4) Zur Erinnerung an diesen Bau wurde in den sog. Hertelstein, nämlich in den nördlich an die Straße gränzenden Fels oberhalb Ottenau, wo sich an der Straße ein Bildstock von 1635 befand, die Inschrift eingehauen: „Ex rupe fracta haec via facta", zu deutsch: „Diesen Felsen sprengte man und legte einen Fahrweg an." Der Bildstock wurde gelegenheitlich des Eisenbahnbaues auf die Südseite der Straße versetzt. (5) Diese 120 Fuß weite bedeckte hölzerne Hängebrücke wurde von Fahsold, einem Carlsruher, erbaut und galt als ein Meisterwerk jener Zeit. (Klüber, Beschreibung von Baden-Baden und v. Drais, Carl Friedrich II. S. 310.) (6) 1793 bis 1801 — wahrscheinlich 1796. (7) Reichenbach (Gregoriuszell), ein Prioret des Abts Wilhelm von Hirschau, wurde 1082 gegründet und stund im 30jährigen Kriege unter St. Georgen. Mone, Zeitschrift III. (8) Klüber, Baden-Baden. Seite 157.

ist längst wieder in Verfall gerathen. Von Rastatt nach Niederbühl hatte die alte Straße im Wesentlichen dieselbe Richtung, wie die jetzige, sie wurde aber 1791 erhöht und später allmählich verbreitert und corrigirt. Von Niederbühl ging die alte Straße bis 1790 über Förch und die Vogelau nach Kuppenheim. Die jetzige Straße wurde 1789/90 durch Verbesserung eines Feldwegs in Verbindung mit einigen kleinen Durchschnitten an der Murg angelegt. Von Kuppenheim scheint die Straße in frühester Zeit schon über Oberndorf nach Gaggenau geführt zu haben, weil der in dieser Richtung bestandene Vicinalweg „alte Straße" genannt wurde und mit einem Steinfundament versehen war. Im Anfang des vorigen Jahrhunderts zog aber die Straße von Kuppenheim mit dem, von dem Lustschloß Favorite (1) nach Muggensturm führenden Wege über die Murg und lief 650 Ruthen lang unmittelbar am rechten Ufer des Flusses hin, alsdann aber in einem Bogen nach dem nordwestlichen Ende des Dorfes Rothenfels (2), welches sie der ganzen Länge nach durchzog.

Da die Straße viel durch Ueberschwemmung litt, hatte man schon im Jahre 1761 den Plan, sie über Bischweier nach Rothenfels zu führen; allein der Bau unterblieb auf die Einsprache Kuppenheims, welches verlangte, daß die alte, schon fundamentirte Straße nach Oberndorf und Gaggenau wieder hergestellt und verbreitert werde. Später (3) wurde die Straße dennoch über Bischweier und von da direct an die Murg unterhalb Rothenfels geführt, woselbst auch 1808/9 mit Rücksicht auf die Steingeschirrfabrik eine hölzerne Brücke auf herrschaftliche Kosten erbaut wurde, von deren Benützung jedoch der allgemeine Verkehr ausgeschlossen blieb.

Da die neue Straße von Kuppenheim nach Bischweier von der Murgbrücke an immer noch auf 350 Ruthen Länge an dem rechten Murgufer hinzog und daselbst wegen Erhöhung der Flußsohle immer häufiger den Ueberschwemmungen ausgesetzt war, wurde endlich im Jahre 1816 (4) die Vicinalstraße auf dem linken Ufer bis zur Murgbrücke bei Rothenfels verbreitert und regulirt und die Brücke daselbst dem allgemeinen Verkehr übergeben. Für das Gelände wurde Entschädigung geleistet.

Diese Straße kam sogleich in den Staatsstraßenverband und jene über Bischweier wurde aus demselben ausgeschieden. Gleichzeitig kam auch die Straße von Gernsbach bis zur Landesgränze in den Verband. Nachdem auch Württemberg in den Jahren 1818/21 von Freudenstadt abwärts bis gegen Röth die Straße wesentlich verbessert hatte, sind in den Jahren 1821/28 bei Weißenbach, Niederbühl, Kuppenheim und Rothenfels und 1825 oberhalb Gernsbach bei der sog. Klingelcapelle (5) durch Felsensprengen Erweiterungen bis zu 54 Fuß und ähnliche Arbeiten im Jahre 1845 bei Langenbrand, 1850 an der Brücke in Gernsbach und 1852 bei Gausbach durch Abbruch von Gebäuden, 1853 bei der württembergischen Gränze und der Wiesenbacher Mühle vorgenommen und hierfür circa 5000 Fl. aufgewendet worden.

Die Holzbrücke bei Hilpertsau wurde 1825 neu erbaut.

Auch zwischen Gernsbach und Niederbühl (6) wurde die Straße allmählich mit der Flußrectification an verschiedenen Stellen, insbesondere an dem untern Theil von Rothenfels (7) und Gaggenau corrigirt, bis zu 6 Fuß erhöht und auf 20 Fuß verbreitert. Ohne die Correction der Murg wäre die Straßencorrection gar nicht auszuführen gewesen. Allerdings gab dazu in erster Linie der Uferschutz und die Flößerei Anlaß.

Die in der Zeit von 1842—1876 für die Murg aufgewendeten Staatsmittel im Betrag von 1,403,611 Mark, denen nur 152,534 Mark Fluß- und Dammbeiträge der Gemeinden gegenüberstehen, haben der Gegend unberechenbaren Nutzen gebracht.

---

(1) Von der Markgräfin Sibylle 1725 erbaut. (2) Bei Rothenfels befindet sich das ehemalig reichsgräfliche v. Hochberg'sche Gut nebst der 1801 mit Privilegien excl. errichteten Tigel- und Steingeschirrfabrik. Die Erde für die Fabrikate wurde von Malsch und von Balg bezogen. (3) Wahrscheinlich 1780—1787. (4) In demselben Jahre wurde auch die Murg in den Flußbauverband aufgenommen. Siehe Denkschrift über Binnenflußbau 1862. (5) Die erste Capelle wurde 1500 gebaut und 1505 eingeweiht. (Krieg.) (6) Bei Niederbühl bestund noch 1778 ein sehr ergiebiger Lachsfang. (L. A. A.) (7) Das Pfarrhaus und die Kirche in Rothenfels waren schon 1760 durch die vom Hochwasser veranlaßten Ufereinbrüche im höchsten Grade bedroht. Man erhöhte die Straße unterhalb Rothenfels 1778 um 6 Fuß und stellte eine Mauer von dem Pfarrhaus abwärts her. Diese Stelle war von jeher den Angriffen der Murg am meisten ausgesetzt. Die Mauer wurde 1787 wieder überstiegen und zerstört. Aehnlich war der Zustand bei Gaggenau. Wegen Abwehr der häufigen Ueberschwemmungen hatte der Markgraf von Baden-Baden schon 1714 ein Gutachten eines Wasserbauverständigen Mart. Sersell von Straßburg erhoben. Der Rath war theuer, aber werthlos. Erst 1777/84 wurde auf den Antrag Burdetts der Federbachcanal theils mit Frohnden, theils mit einem Aufwand von 20,400 Fl. ausgeführt. L. A. A. Denkschrift über Binnenflußbau.

Da sich nun die Frequenz auf der Straße von Jahr zu Jahr immer steigerte und insbesondere mit steter Abnahme der Flößerei die Holzabfuhr bedeutender wurde, konnte die Straße von Gernsbach aufwärts, die früher eine vortreffliche genannt wurde, (1) dem Bedürfnisse nicht mehr entsprechen. Abgesehen davon, daß dieselbe eine Menge von Gegengefällen bis zu 7 und 8 Procent hatte, war sie für stark belastete Holzwagen viel zu schmal und die Wendungen für Langholz zu kurz, so daß bei den vielen wechselnden Gefällen dem Verkehre stets die größte Gefahr drohte.

Schon nach dem Hochwasser von 1824, als die Murgbrücken theilweise zerstört waren, befaßte man sich mit dem Gedanken, die Straße von Weißenbach bis Forbach auf das linke Ufer zu verlegen. Das Project kam jedoch der großen Kosten wegen nicht zur Ausführung.

Eine Petition der Gemeinden an die Stände vom Jahr 1846, worin um Correction der Straße nach Forbach gebeten und unentgeltliche Geländestellung in Aussicht gestellt wird, wurde der Regierung empfehlend überwiesen. (2)

Die Ereignisse der Jahre 1848 und 1849 ließen in dieser Sache ein weiteres Vorgehen nicht zu; im Jahre 1853 aber wurden Untersuchungen darüber angeordnet, ob eine neue Straße zwischen Weißenbach und Forbach zweckmäßiger auf der linken oder auf der rechten Thalseite herzustellen sei? Es zeigte sich, daß, wenn der Straßenzug in einer Höhe von 20—30 Fuß über der Flußsohle angelegt wird, die Länge auf beiden Seiten nahezu gleich würde, daß ferner dem Bau auf der rechten Thalseite weniger Schwierigkeiten entgegenstehen, weil auf der anderen Seite mehr Felsensprengungen und Stützmauern nöthig wurden und die rechtseitige Bergneigung im Allgemeinen weniger steil als die linkseitige ist. Zudem wäre durch die Straßenführung auf der linken Thalseite der Neubau einer Brücke bei Weißenstein nöthig, während die vorhandene Brücke für den rechtseitigen Zug benützt werden konnte. War somit einerseits der bedeutende Mehraufwand schon bestimmend für die Wahl des Zugs auf der rechten Thalseite, so sprach auch noch die Rücksicht auf die Orte Langenbrand und Gausbach dafür, weil diese Orte in ihren Erwerbsverhältnissen erheblich beeinträchtigt würden, wenn der Straßenzug auf die jenseitige Thalseite verlegt würde. Der Aufwand für den rechtseitigen Zug zwischen der Weißenbacher Mühle und Forbach wurde bei einer Straßenbreite von 20 Fuß und einer Fahrbreite von 16 Fuß, bestehend aus 5 Zoll Fundament und 3 Zoll Schotter auf 116,800 Fl., also per Stunde auf 67,000 Fl. und mit Einschluß der Baukosten für eine neue Brücke bei Forbach auf 150,000 Fl. veranschlagt.

Dieses Bauproject mußte mit Rücksicht auf die Größe des Aufwandes und mit möglichster Rücksicht auf die Localverhältnisse in Gausbach und Langenbrand einigen Abänderungen unterworfen worden und da es unzulässig erschien, den ganzen Bau gleichzeitig zur Ausführung zu bringen, beschränkte man sich zunächst darauf, die dringendsten Abtheilungen zwischen Gausbach und Langenbrand und durch Langenbrand bis in die Nähe des sog. Langenbrander Thores herzustellen, wofür der Aufwand auf 72,800 Fl. überschlagen wurde.

Gleichzeitig schien es aber auch nöthig, die seit dem Jahre 1833 vielfach angeregte Erweiterung der Straße oberhalb Gernsbach bei der sog. Schloßmühle auszuführen.

Die Straße führte nämlich unter den Wohngebäuden des Schloßmüllers mit einer Breite von 12 Fuß durch, daher nur Raum für ein Fuhrwerk vorhanden war, und hochbeladene Wagen gar nicht passiren konnten. Der Aufwand für die Beseitigung dieses Mißstandes war auf 8200 Fl. berechnet, wovon für Erwerbung des nöthigen Areals 598 Fl., für den Abbruch und Wiederaufbau der Wohn- und Oekonomie-Gebäude an einer andern Stelle 7110 Fl. und für die Verbreiterung der Straßen mittelst Felsensprengung 492 Fl. aufzuwenden waren.

Da die Gemeinde Gernsbach zu Bestreitung dieses Aufwandes einen Beitrag von 1000 Fl. leistete, hatte die Staatscasse noch 7200 Fl. zu übernehmen. Bei Zurechnung dieses Betrages zu dem oben erwähnten Aufwand von 72,800 Fl. stellte sich der erforderliche Baufond auf 80,000 Fl., wovon in den Budgets für 1858/59 und 1860/61 je 40,000 Fl. bewilligt wurden.

Die Gemeinde Gausbach leistete einen Beitrag von 3000 Fl., die Gemeinde Langenbrand einen solchen von 1000 Fl. zur Erwerbung des auf 12,000 Fl. veranschlagten Geländes. Die Bauausführungen wurden im März 1859 begonnen, aber wegen der bald hierauf erfolgten politischen Ereignisse vom Mai bis October 1859 wieder eingestellt.

(1) Jaegerschmidt, das Murgthal, 1800. (2) 69. öffentliche Sitzung der II. Kammer am 4. Sept. 1846.

Die Vollendung erfolgte erst 1861.

Es wurde nun auch ein definitives Project für die Abtheilung von Weißenbach bis Langenbrand bearbeitet, wonach hierfür ein Aufwand von 64,000 Fl. sich als erforderlich darstellte.

Auch dieser Bau wurde noch im September 1862 zwischen Langenbrand und der Weißenbacher Mühle begonnen. Die Abtheilung zwischen der Weißenbacher Mühle und Weißenbach kam sodann in den Jahren 1864 und 1865 mit den weiter bewilligten 24,000 Fl. zur Ausführung. Es wurden daher für diese Bauten zusammen aus der Staatscasse 144,000 Fl. und mit Beirechnung der Beiträge der Gemeinden von 5000 Fl. 149,000 Fl. aufgewendet. Das von den Gemeinden unentgeltlich gestellte Gemeinde-Eigenthum ist hierbei nicht in Rechnung gebracht. Die Gemeinde Weißenbach hatte den Ankauf des Privateigenthums für Rechnung der Bauverwaltung gegen den Taxationspreis von 1300 Fl. übernommen. Nun sollte auch die Abtheilung von Gausbach aufwärts bis oberhalb Forbach zur Ausführung kommen. Die näheren Untersuchungen ergaben, daß hier zwei Zugsrichtungen in Frage kommen, nämlich die eine, welche in der Nähe von Gausbach die Murg überschreitet, sodann auf dem linken Ufer hinziehend den Ort Forbach in der Mitte durchschneidet und von hier aus längs der linkseitigen Bergwand mit einem Steigen von $2^1/_2$ Procent die jetzige Straße unweit Raumünzach an einer Stelle erreicht, von wo dieselbe bis zur Landesgränze sich in einem verhältnißmäßig guten Zustande befand.

Eine Modification dieses Zugs besteht darin, daß der Murgübergang nicht schon zunächst bei Gausbach, sondern weiter oben zwischen Gausbach und Forbach stattfindet, wobei zwar von Gausbach bis zur Murg ein Gegengefäll von 1 Procent entsteht, dabei aber eine bessere Baustelle für die Murgbrücke erzielt werden konnte.

Eine zweite Straßenrichtung konnte mit 2,6 Procent Gegengefäll bis zur jetzigen hölzernen Brücke bei Forbach hinziehen, dort, wegen Baufälligkeit der dermaligen Brücke, mit einer neuen Ueberbrückung die Murg überschreiten, sofort unterhalb Forbach längs der Murg hin bis zu den letzten Häusern von Forbach ziehen und von dort an der linkseitigen Thalwand mit 2,7 Procent gegen Raumünzach ansteigen. Nach approximativem Ueberschlag sollte das erste Project bis in die Mitte von Forbach 75,000 Fl., das letztere aber bis zu den letzten Häusern von Forbach etwa 66,000 Fl. kosten. Für die Fortsetzung der Straße von Forbach aufwärts gegen Raumünzach war dann noch ein Aufwand von 80—90,000 Fl. angenommen. Mit Rücksicht darauf, daß bei der ersteren Linie die Straße durch Forbach geführt wird, während bei letzterer dieser Ort umgangen würde, hat sich die großherzogl. Regierung übereinstimmend mit der Bauverwaltung für das erstere Project ausgesprochen.

Da sich die Gemeinden, die Murgschifferschaft und der Forbacher Heiligenfonds zur Leistung entsprechender Beiträge nicht verstunden, mußte die Ausführung des Baues damals unterbleiben.

Von den seit 1853 ausgeführten kleineren Verbesserungsarbeiten sind hier weiter zu erwähnen:

1841/42 verschiedene kleinere Verbesserungen 4500 Fl., veranlaßt durch die Einführung einer Fahrpost zwischen Rastatt und Freudenstadt an Stelle der bis dahin bestandenen Briefpost; 1854 der Brückenbau bei Hördten 1600 Fl., Regulirung beim Kirschbaumwasen mit 671 Fl., Brückenbau bei Rothenfels(1) 7350 Fl., 1856 Correction oberhalb Forbach 1099 Fl., 1858 Correction des Kaltenbacher Stichs 980 Fl., 1859 Brücke in Hilpertsau 2489 Fl., 1867 für Felsensprengungen zur Erweiterung 1000 Fl.

Als im Jahre 1867 eine Hauptreparatur des hölzernen Oberbaues der im Jahre 1822 neu erbauten 19 Fuß breiten Gernsbacher Brücke in naher Aussicht stund,(2) entschloß man sich, den Oberbau aus Eisen herzustellen. Der Aufwand für die vier Brückenfelder wurde bei Annahme von 3 Langträgern und 6 Querträgern bei jeder Oeffnung auf 20,000 Fl. überschlagen, worunter 15,228 Fl. für Eisen enthalten sind.(3)

---

(1) Die Brücke bei Rothenfels, welche Widerlager von Quadern, 3 hölzerne Joche und hölzernen Oberbau besitzt, hat eine Weite von 180 Fuß, eine Breite von 20 Fuß und ihre Höhe liegt 13 Zoll über dem höchsten Wasser. Sie wurde 1837 mit 11,570 Fl. auf Staatskosten umgebaut. (2) Die Gernsbacher Brücke hat eine Länge von 250 Fuß, drei steinerne Pfeiler und drei Oeffnungen von je 35 Fuß, zwei Oeffnungen von je 39 Fuß Weite. (3) 11 Fl. pro Centner Schmiedeisen, 7 Fl. pro Centner Gußeisen; von ersterem waren 1635, von letzterem 136 Centner nöthig.

Die Fahrbahn wurde 18 Fuß breit, die beiderseitigen erhöhten Trottoirs $4^1/_2$ Fuß breit bestimmt. Die Gemeinde leistete zu dem Aufwand für die Trottoirs einen Beitrag von 2000 Fl. Der Bau wurde im November 1868 vollendet.

Durch den Bau der Eisenbahn von Rastatt nach Gernsbach,(1) welcher 1868 begonnen wurde, ist die Straße an dem sog. Hertelstein bei Ottenau verlegt worden.(2) Da die Correction der Straße an dieser Stelle längst projectirt und der Aufwand dafür auf 4000 Fl. geschätzt war, nahm die Eisenbahnbaugesellschaft einen Kostenbeitrag von 2000 Fl. aus der Straßenbaucasse in Anspruch. Man beschränkte sich aber auf Uebernahme der Kosten für die Schutzanstalten gegen die Murg. Die Straße zum Bahnhof stellte die Baugesellschaft her und unterhielt sie auch bis 1874. Mit Rücksicht auf deren starke Frequenz kam sie dann in den Landstraßenverband. Im Jahre 1870 wurde diese Straße mit 1000 Fl. Kosten erhöht, wozu die Interessenten 200 Fl. beitrugen.

Der Verkehr auf der Murgthalstraße hatte sich inzwischen ganz außerordentlich vermehrt. Abgesehen von dem Absatz der Erzeugnisse der gewerbreichen Stadt Freudenstadt, der Eisenwerke im Christofs- und Friedrichsthal und Baiersbronn, der Glashütten in Bullbach und Schönmünzach, nahm der Transport von Bau- und Brennholz seit dem Aufhören der Flößerei(3) die Straße in nie geahntem Maße in Anspruch.(4) Die Eisenbahn in Gernsbach zog auch den Verkehr aus Württemberg in hohem Grade an. Der Gedanke, diese Bahn bis Freudenstadt fortzusetzen oder wenigstens eine Pferdebahn bis dahin auszuführen, trat immer mehr in den Vorgrund. Nachdem sich aber der Verwirklichung dieser Projecte manchfache Hindernisse entgegengestellt hatten und man zu der Ueberzeugung gekommen war, daß auch neben einer, jedenfalls auf dem rechten Murgufer zu erstellenden Bahn, eine gute Landstraße nothwendig sei, entschloß man sich 1873 zu Fortsetzung des Straßenbaues durch Forbach mit Neubau einer Brücke zwischen Forbach und Gausbach.

Die Kosten berechneten sich in Folge der sehr gestiegenen Preise und Arbeitslöhne für diesen Bau bis zur Einmündung in die alte Straße oberhalb Forbach auf 130,000 Fl., von da bis Raumünzach auf 50,000 Fl., und bis zur Landesgränze auf 15,000 Fl., also im Ganzen 195,000 Fl., worunter 45,500 Fl. für die Murgbrücke enthalten sind. Die neue Straße sollte 6 Meter Breite und 3 Procent Gefäll resp. Steigungsmaximum erhalten. Der kleinste Radius war mit 30 Meter vorgeschrieben.

Die Gemeinden waren jetzt zu angemessenen Beiträgen bereit, Forbach übernahm die Abgabe des Geländes, das in der ersten Abtheilung auf 16,122 Fl., in der zweiten auf 2457 Fl. taxirt war, gegen ein Aversum von 8000 Fl., Gausbach stellte das Gelände in seiner Gemarkung im Werth von 4900 Fl. gegen 4400 Fl. Die Beiträge berechnen sich daher auf 11,079 Fl. Der Bau der ersten 2390 Meter langen Abtheilung wurde 1873/74 ausgeführt. Wegen Mangels an Steinbau-Accordanten mußte die Brücke leider in Eisen ausgeführt werden. Die Bogenbrücke hat eine lichte Weite von 30 Metern, eine Breite von 5,6 Metern, die Höhe des rechtseitigen Widerlagers beträgt 20,2 Meter, jene des linkseitigen, auf der Felswand ruhenden 9 Meter. Die Kosten für die Brücke beliefen sich auf 46,306 Fl., für das Walzeisen waren incl. zweimaligen Anstrich 20 Fl. pro Centner zu bezahlen.(5)

Die Brücke liegt 20 Meter über der Flußsohle.

Der Gesammtaufwand für Straße und Brücke bis gegen den Wald oberhalb Forbach betrug 180,000 Fl. Die Beiträge der Gemeinden berechnen sich auf 12,679 Fl., weil Forbach

---

(1) Reg.-Bl. 1866, S. 125 und Reg.-Bl. 1867, S. 134. Die Bahn wurde am 31. Mai 1869 feierlich eröffnet, sie hat ein Maximalsteigen von 0,005 Procent und kostete 616,000 Fl. (2) Der früheren Inschrift an dem Felsen (siehe oben) wurden nun auf einem Monument die Worte beigefügt: „aetate peracta, haec ferrea tracta,“ zu deutsch: „und später ging man wieder dran und baute eine Eisenbahn.“ 1869. (3) Die Scheitholzflößerei hat ganz aufgehört, die Eßel bei Hörten besteht nicht mehr. Langholz wird noch von der Weißenbacher Sägmühle abwärts in geringerem Maße geflößt. Die Wasserwerke in Rothenfels-Gaggenau erheben Gebühren. Floßordnung im Ges.- und Verordn.-Bl. 1875, S. 349. (4) Die Sägmühlen des Murgthales verarbeiten nicht allein das Holz aus dem waldreichen Murgthal, sondern auch große Mengen aus dem Kinzigthal, ja selbst aus der Baar und von St. Georgen auf der Sommerau, und die verschiedenen geschnittenen Bauholzsorten gehen meistens per Eisenbahn auf den Holzmarkt in Mannheim zur weiteren Versendung. In keinem Orte Badens wird bis jetzt die Holzzurichtung durch Sägmühlen so mannigfach wie im Murgthale betrieben, indem hier alle zum Bauen nöthigen Holzsortimente geliefert, ja sogar auf Verlangen alles Holz für Gebäude vollständig dem Plane entsprechend verarbeitet wird. (5) Siehe Beker, Handbuch der Ingenieur-Wissenschaft V. 7. 1876.

für die Güter statt 4900 Fl. 6500 Fl. bezahlen mußte. Die Staatscasse hatte daher 167,321 Fl. zu übernehmen. Die neue Straße kam 1875 in den Verband, die alte, mit Holzbrücke, wurde ausgeschieden. Das Eigenthum an dieser, auf Staatskosten erbauten Brücke wurde vorbehalten.

Im Jahre 1874 kamen ferner zur Ausführung: der Neubau der, durch Hochwasser von 1873 zerstörten, gewölbten Brücken über den Michelbach und den Sulzbach, wovon erstere bei Gaggenau 7856 Mark, letztere bei Ottenau 3629 Mark kostete. An dem Aufwand trug der Kreis und die Gemeinden $1/3$, der Staat $2/3$ mit 4467 Mark.

Ein Jahr später zeigte sich eine Hauptreparatur der Brücke bei Hilpertsau nöthig; dabei kam die Frage neuerdings zur Erwägung: ob man statt bedeutender Verwendungen für die Brücke nicht besser die Straße von Gernsbach bis Hilpertsau auf das rechte Ufer verlegen würde. Die Kosten für den Straßenbau waren auf 123,000 Mark, jene für den Bau eines eisernen Oberbaues der Brücke auf 51,000 Mark berechnet, worunter die Kosten für neue Landfesten inbegriffen sind. Nur der Steinpfeiler sollte beibehalten werden, die Fahrbahnbreite war auf 5,82 Meter angenommen, die Länge zu 40,13 Meter, die Lichtweite der Oeffnungen auf 18 Meter. In Betracht, daß die linkseitige Straße doch mindestens bis zum Abgang der Straße auf das Schloß Landstraße bleiben müßte und daß die meisten Bewohner von Gernsbach gegen Verlegung der Landstraße sind, beschränkte man sich auf die Verbesserung der linkseitigen Zufahrt durch Erweiterung des Radius von 21 auf 30 Meter mit 7 Meter Breite und die nöthigste Reparatur der alten Brücke, wozu 9000 Mark erforderlich waren.(1)

Die Ausführung erfolgte 1876.

Zur Abkürzung der Straße in Kuppenheim empfahl es sich, die 1873 von der Gemeinde eröffnete Straße an der Kirche, dem Rath- und Schulhause vorüber auf 330 Meter zu chaussiren und als Landstraße zu behandeln.(2) Der Aufwand hierfür ist 1874 auf 18,800 M., bei Annahme einer Breite von 7 Metern, berechnet worden. Die Ausführung ist nach dem Gesetz von 1868 für 1876/77 bestimmt.

Zur Verbesserung der obersten Abtheilung der Murgthalstraße in dem Wald sind in dem Nachtragsgesetz über Vervollständigung des Landstraßennetzes von 1876 weitere 42,000 M. vorgesehen.

Im Jahre 1875 wurde auch an Württemberg das Ansinnen gestellt, die Straße von der badischen Gränze gegen Freudenstadt, woselbst noch Gegengefälle von 5—8 Procent bestehen, zu verbessern, was auch zugesagt wurde und schon vor langer Zeit geschehen wäre, wenn nicht früher Besorgnisse in maßgebenden Kreisen Württembergs gehegt worden wären, daß bei Begünstigung des Holztransports durch das Murgthal der Holzhandel im obern Enzthal leiden werde. Der oft schon empfundene Mißstand, daß die Straße oberhalb Obertsroth im Orte Ottenau und unterhalb Hörten zu tief liegt, hat sich 1876 im Februar wieder bemerklich gemacht, indem die Straße bei Pegel von Rastatt 5,1, an diesen Stellen überfluthet wurde. 1870 lag der ähnliche Fall vor.

Der nachweisbare Gesammtaufwand für die bereits vollzogenen und zur Ausführung bestimmten Verbesserungen an dieser Straße berechnet sich auf 797,272 Mark. Rechnet man hierzu den Aufwand für die Floßstraße der Murg mit 1,403,611 Mark, so ergiebt sich eine Verwendung von 2,200,883 Mark.

Die Straße ist eine der frequentesten des Landes und der Verkehr fortan im Steigen begriffen. Im Jahre 1856 wurden täglich 125—260 Zugthiere beobachtet, 1864 220—600, 1874 219—700. Am meisten hat sich der Verkehr seit dem Bestehen der Eisenbahn zwischen Gernsbach und der württembergischen Gränze gehoben.

Nr. 23.

Straße von Oos nach Baden.

Länge 3,62 Kilometer = 0,82 Stunden.

Unter den Thälern Badens ist jenes der Oos wohl eines von den in frühester Zeit bewohnten. Abgesehen davon, daß die Bach einen keltischen Namen trägt, ist das Dasein der

(1) Die alte 1825 erbaute Holzbrücke hat einen Steinpfeiler und ist 40 Meter lang und 6 Meter breit. Sie steht rechtwinklig zum Fluß. (2) Die alte Stadtstraße endete früher an dem Stadtgraben, und wurde erst nach dem Brand von 1868 mit dem äußern Feldweg verbunden, nachdem hier einige neue Häuser erbaut waren. An Stelle des 1838 erbauten Schulhauses stund früher das Forsthaus.

Römer hier schon im ersten Jahrhundert nach Christus nachgewiesen. Der Ort Baden war schon unter Kaiser Trajan (98—117) bekannt. Hadrian (117—138) und Marcus Aurelius Antoninus (161—168) bauten hier Bäder und unter Kaiser Caracalla (211—217) erhielt Baden seine erste Blüthe und auch den Namen Civitas Aurelia aquensis. (1) Auch bei Oos war eine römische Station (siehe Nr. 1) und an der Stelle des einstigen sogenannten Jesuiten-Schlößchens an dem linkseitigen Bergabhang soll ein römisches Castell gestanden haben, (2) welches später „Wachburger Hof" hieß. Caracalla hatte Verdienste um den Straßenbau in der Nähe von Baden, und Severus Alexander (222—235) hat bei Baden Straßen angelegt. (3) Die Römer trieben auf der Oos die Flößerei. Der Ort kommt erstmals 675 unter dem Namen „Baden" vor; er wurde von den Alemannen zerstört und 676 von dem Frankenkönig Dagobert III. dem Kloster Weißenburg geschenkt, kam 987 an den Grafen Mangold von Nellenburg, 1000 an die Zähringer und 1330 wird er wie Stollhofen „Stadt" genannt. Seit dem 11. Jahrhundert bestund ein Jahrmarkt hier. (4)

Im 15. Jahrhundert waren hier schon wieder 7 Bäder, im 16. 4 weitere in Benützung. Man zählte damals schon 3000 Gäste. Kaiser Friedrich III. (1473—1485) hielt sich des Bades wegen längere Zeit hier auf. Bis 1479 war das alte, theils auf römischen Grundmauern erbaute Schloß Hohenbaden, dann das neue mehrmals wieder erbaute, die Residenz der Markgrafen von Baden, (5) welche in Folge der 1689 von den Franzosen verübten Zerstörungen 1706 nach Rastatt verlegt wurde.

In Folge des 30jährigen Kriegs war Baden vollständig an den Bettelstab gekommen; gleich einem Dorfe lag vor jedem Hause ein Misthaufen. Erst seit dem Frieden von Aachen (1748) blühte der Ort wieder auf.

In den Jahren 1790—1800 beherbergte Baden jährlich 600 fremde Badegäste, deren Zahl sich 1809 auf 1630, 1825 auf 7700, 1830 auf 10,992, 1865 auf 51,000 und in neuester Zeit auf 62,000 gesteigert hat.

Nach diesen Voraussetzungen mußte zwischen Oos und Baden schon in früher Zeit eine Straße bestanden haben, die ihre Fortsetzung wohl schon im 13. Jahrhundert bis Lichtenthal erhielt, nachdem 1245—1248 das Kloster von der Markgräfin Irmengard erbaut worden war. (6)

Ohne Zweifel folgte die älteste Straße schon der Richtung der jetzigen auf der rechten Thalseite bis Mitte Baden und auf der linken bis Lichtenthal. Nach der Stadtordnung von 1507 war die Stadt Baden ermächtigt, an den Thoren von Baden und Oos Weggeld (7) zu erheben, sie mußte aber die Straßen in ihrer Gemarkung unterhalten. Ueberdies bezog die Stadt 1/3 des Einkommens aus dem Ungeld, Accise von Frucht, Stroh, Wein, Salz, Fleisch zur Unterhaltung der städtischen Bauten und Straßen, sowie zu Bezahlung der Frohnden. Die Flößerei auf der Oos hatte schon im 16. Jahrhundert aufgehört. (8)

Noch im Anfang dieses Jahrhunderts waren die Straßen und Herbergen sehr schlecht.

Von Oos nach Baden war eine Pappelallee gepflanzt. (9) Die Unterhaltung des Weges durch die Gemeinde, welche das Straßengeld verpachtet hatte, war sehr mangelhaft und die Gemeinde hatte schon 1826 um Aufnahme der Straße unter die Landstraßen nachgesucht.

Erst der gesteigerte Fremdenverkehr gab Veranlassung, die Straße von Oos nach Baden im Jahr 1836 unter die Landstraßen aufzunehmen; die Stadt Baden bezog aber dennoch bis zum Jahr 1860 das Weggeld von 6 Xr. für jeden beladenen Wagen, wozu sie im Anfang des vorigen Jahrhunderts von dem Hofraths-Collegium eine erneute Bewilligung erhalten hatte.

Die Straße war noch vor 1840 an manchen Stellen sehr schmal und sowohl die Zugslinie als die Höhenlage ungeregelt. In gedachtem Jahre wurde ihre Verbreiterung, verbunden mit

(1) Caracalla liebte gallische und germanische Sitten und Kleidung, daher sein Name Antoninus Caracallus. Hadrian, Caracalla I., 7. (2) Schriften des Alterthumsvereins. (3) F. Stählin, Württembergische Geschichte I. Man fand bei Baden römische Bäder, Münzen, Schmucksachen, Säulenstücke, Ziegel der 7., 8. und 22. Legion, einen Votivstein, eine Arula und verschiedene Geräthe. Untrügliche Straßenbaureste sind nicht entdeckt. (4) Schöpflein I. alsat. dipl. I. 189. Würdtwein, nova subs. dipl. I. Klöber, Beschreibung von Baden 1810. J. Schreiber, Baden 1805. Bodmer, Beschreibung von Baden 1831. Baden, Badenia 1862. Beker, Zur Urgeschichte des Rhein- und Mainlandes. (Fränk. Archiv.) (5) Krieg, Die Schlösser v. Baden 1851. (6) Sachs, Badische Geschichte I. (7) Das Weggeld ertrug in neuester Zeit jährlich 300 Fl. (8) Mone, Zeitschrift IX. (9) Friederike Brun sagt in ihren Episoden aus Reisen durch Deutschland (1801) mit Bezug auf diese Pappelalleen: „Wo Baden ist, sind Pappeln und der große Markgraf hat Recht, kein Baum eignet sich besser für Straßen." Diese Anschauung hat sich mit dem Geschmack der Neuzeit geändert. Mirza Schaffy sagt 1873 richtig: „Die Pappeln stehn in langer Zeile, als Ausrufungszeichen der Langeweile."

einigen kleineren Correctionen und einem steinernem Brückenbau bei Baden mit einem Aufwand von 6000 Fl. ausgeführt.

Nachdem im Jahr 1844 die Eisenbahn bis Offenburg und Kehl benützbar war, wogegen die Bahn von Oos nach Baden erst am 25. Juli 1845 zum Betriebe kam, wurde wegen des gesteigerten Verkehrs zwischen Oos und Baden abermals an einigen Stellen Verbreiterung vorgenommen, die Fahrbahn einer durchgehenden Verbesserung unterworfen und auf der Südseite der Straße ein 6—9 Fuß breiter erhöhter Fußweg hergestellt. Der desfallsige, theils aus Mitteln des Eisenbahnbaues bestrittene Aufwand beläuft sich einschließlich des Aufwands für die neue Brücke mit Eisenblechträgern im Betrag von 18,744 Fl. auf ca. 23,000 Fl.

Inzwischen sind an mehreren Stellen weitere Verbreiterungen und kleine Regulirungen ausführt worden. Der Bau einer neuen eisernen Brücke bei Oos erfolgte 1862 mit einem Aufwand von 1828 Fl. Im Jahr 1855 wurde die Straße aus dem Staatsstraßenverband ausgeschieden; der Badefonds (1) übernahm aber bis 1870 des großen Fremdenverkehrs wegen alljährlich $^2/_3$ und die Gemeinde $^1/_3$ des Unterhaltungsaufwandes.

Im Jahr 1870 kam die Straße wieder in den Landstraßenverband. Die Alleestraße von Baden bis Lichtenthal wird dagegen wie früher auf Kosten des Badefonds unterhalten. Auch die Straße von der Brücke beim bairischen Hof (2) bis zur Brücke bei Kloster Lichtenthal unterhält die Gemeinde.

Der erweisbare Verbesserungsaufwand für diese Straße beträgt 52,848 Mark.

Der Verkehr ist seit 1856 in Zunahme begriffen. 1856 wurden 409, 1864 480, 1874 512 Zugthiere pro Tag beobachtet.

Ueber die Correction des Oosbach (siehe Nr. 81). Durch den Bau der neuen eisernen Brücke beim badischen Hof an Stelle der viel zu engen alten Steinbrücke ist dem Verkehr durch die Stadt eine große Erleichterung zugegangen.

Nr. 24.

Straße von Renchen nach Oberkirch.

Länge 0,08 Kilometer = 1,82 Stunden.

Nr. 25.

Straße von Sand (über den Roßbühl) nach Freudenstadt.

Renchthalstraße.

Länge 31,26 Kilometer = 7,04 Stunden.

Nr. 26.

Straße von Oppenau über Griesbach nach Freudenstadt.

Länge in Baden 19,54 Kilometer = 4,33 Stunden.

Die gemeinsame Behandlung dieser drei nach demselben Ziele führenden Straßen ist durch die innigen Beziehungen, in denen sie, sowohl bezüglich des Verkehrs als der Geschichte stehen, nothwendig.

---

(1) Das Spiel, welches seit 1873 aufgehoben ist, ertrug in der letzten Zeit einen Pachtzins von 400,000 Fl., wovon ein Theil für Wege in der Nähe der Badeorte verwendet wurde. (2) Die jetzt bestehende schiefe, freitragende eiserne Brücke wurde gelegenheitlich des Eisenbahnbaues an Stelle der alten gewölbten, nach Tulla's Plan erbauten, Steinbrücke auf Staatskosten hergestellt.

Von dem, wahrscheinlich von den Kelten angelegten und von den Römern verbesserten und benützten [1] Straßenzuge, der von Windisch nach Rottenburg am Neckar führte (siehe Nr. 55), ging eine Seitenstraße von der Altstadt bei Unterifflingen (einem nicht mehr bestehenden Orte) über Loßberg und den Kniebis nach Straßburg. Diese Straße wurde im Mittelalter „Heergäßle" und „alte Straße" genannt. [2]

Auch in das Renchthal führte eine wahrscheinlich römische Straße von Urloffen über Zimmern, Sand, Zusenhofen gegen Oberkirch, dann auf dem rechten Ufer hin bis zur Ausmündung des Lierbachs (bei Oppenau) und von da entweder über den Roßbühl oder über den Bergsattel bei Allerheiligen nach dem Kniebis. [3]

Die Bergfeste Neuenstein am Eingang in das Oppenauer Thal wird für römische Anlage gehalten. [4]

In Gemarkung Zusenhofen heißt die gedachte Straße „Schwabenweg", was anzeigt, daß sie den Handel mit Schwaben vermittelte.

Graf Eberhard von Württemberg schloß auch schon 1464 mit dem Probst zu Allerheiligen und einigen Edelleuten eine Vereinbarung ab, wonach die Straße von Dornstetten über den Kniebis, [5] Oppenau und Oberkirch, namentlich die Roßbühlsteige für die nächsten 12 Jahre zu räumen und sauber zu halten sei. [6]

Dieser Straßenzug wurde auch später in seiner Hauptrichtung für den Handelsverkehr zwischen Stuttgart und Straßburg beibehalten, ja er war ein Glied des kürzesten Verbindungswegs zwischen Wien und Paris. [7] Auch als Heerstraße wurde diese Straße Jahrhunderte hindurch benützt. [8]

Die älteste Nachricht über den baulichen Zustand der „Landstraße" über den Kniebis gibt Zeiler in seinen „Reisen durch Deutschland" von 1618, indem er sagt: „Der Weg ist mehrmals eben, wohl gemacht, gemauert und von Holz gelegt bis zur hohen Steig, von wo er lang abwärts bis Oppenau geht."

Im Jahr 1586 scheint die Straße noch nicht in solchem Zustand gewesen zu sein, denn der Rath Contz des Bischofs von Straßburg, der damals Vormittags zu Pferd die Reise von Oberkirch über den Kniebis machte, bedurfte eines Führers. (Mon.-Zeitschr. 19.)

Herzog Friedrich von Württemberg hatte 1600 die Straße auf seinem Gebiet zu verbessern begonnen und 1603 einen Postcours von Stuttgart nach Straßburg errichtet, und Herzog Friedrich Karl gab 1687 einem Straßburger die Concession, wöchentlich ein Mal eine Fahrt nach Stuttgart und zurück mit Personen und Waaren zu machen. Als Taxe war für eine Person 6 Fl. und per Centner 2 Fl. 30 Xr. bestimmt. [9]

---

(1) Die Namen Rench, Lierbach, Renchen, Ulm, Nußbach, Fernach, Sulzbach, Lautenbach, Dettelbach, Bösenbach, Uebersknie, Kniebis, Breitenberg und Schindelbach bei Oppenau, Freiersbach scheinen aus keltischer Sprache zu stammen. (2) Württembergische Jahrbücher, 1846. S. 164. (3) Mone, Zeitschrift, 19. Vetter, Römische Ansiedlungen. Pauli, Karte der Römerstraßen in Württemberg. (4) Schriften des badischen Alterthumsvereins II. S. 143. (5) Auf dem Kniebis bestund 1271—1513 ein von Reisenden stark besuchtes Kloster regulirter Chorherren. (Cleß, Landesgeschichte von Württemberg und Freib. Diöces. Archiv I.) (6) Württembergische Jahrbücher, 1859. II. (7) Man reiste bis zum 17. Jahrhundert zu Fuß oder zu Pferd. Ein Rath des Bischofs von Straßburg reiste 1582 zu Pferd von Zabern nach Ulm (61½ Wegstunden) in 5, und zurück in 6 Tagen. Mone, Zeitschrift, 19. (8) Bischof Johann von Straßburg hatte schon 1306—1323 den Kniebis und Oberkirch befestigt (Stälin, Geschichte von Württemberg, III.) und die Ueberreste der drei Schanzen auf dem Kniebis zeugen von dem strategischen Werth, den man noch später auf diesen Gebirgsübergang gelegt hatte. Die älteste, im 30jährigen Kriege, wahrscheinlich um 1632/33, aufgeworfene sog. Schwedenschanze, südlich an der Straße, besteht aus einem Viereck mit Bollwerken für 4—500 Mann; sie sollte die Steige von Oppenau her beherrschen, welcher Aufgabe sie aber nicht entsprechen konnte, da eine gedeckte Annäherung fast bis auf 60 Schritt möglich ist. Die gegenüber auf der Nordseite der Straße liegende Schwaben- oder Röschenschanze wurde von dem württembergischen Major Rösch im Jahre 1796 ausgeführt und bildet eine regelmäßige Sternschanze mit Wassergraben zur Aufnahme von 400 Mann. Sie hat 6 Bollwerke. In der Mitte des Werks befand sich als Reduit ein Blockhaus. Die weiter südlich gelegene Alexanderschanze, von Herzog Alexander von Württemberg im Jahre 1734 erbaut, wird durch drei verbundene Redouten gebildet, von denen zwei gleichfalls mit einander verbundene Flanchen in Form eines Hornwerkes gelegt waren. Die vorgelegten Erdwerke waren dem Terrain angepaßt und von unregelmäßiger Form. Diese Schanze war ein Glied der großen verschanzten Linie von Neuburg an der Enz bis Hornberg. 1796 wurden von den Franzosen unter Moreau noch einige Befestigungen beigesetzt. Guillmenot, Militärische Beschreibung des Schwarzwaldes. (9) Württembergische Jahrbücher, 1859. Zeiler reiste 1621 mit fünf anderen Personen in einem Wagen mit drei Pferden von Straßburg über Oberkirch, Oppenau, Freudenstadt, Rottenburg, Reutlingen, Wiesingen, Blaubeuren nach Ulm. Fuhrwerk und Zehrung kostete für alle sechs Personen zusammen 36 Fl. 48 Xr. (Reisen durch Deutschland. 1621.)

Obgleich seit 1709 ein eigentlicher Postwagen und 1754 sogar ein Taxischer „Schnellpostwagen" mit 8 Plätzen wöchentlich einmal von Augsburg über Stuttgart und Oppenau nach Straßburg ging, so war die Straße von Freudenstadt her doch nur 8—12 Fuß breit und ohne Fundament. Dennoch war sie aber auf württembergischem Gebiet noch besser als in der bischöflich-straßburgischen Herrschaft Oberkirch, woselbst alle Straßen und Verkehrsmittel vernachlässigt waren. (1) Im Renchthale lag sie an manchen Stellen zu tief und war darum stets durch den wilden, viel gekrümmten Fluß bedroht, der mittelst Furten und Stegen passirt wurde. Von Oppenau aufwärts bis auf die Kniebishöfe führte der Weg fortan mit wechselnden Gefällen von 7—20 Procent meistens über Felsen und durch Hohlgassen, weshalb nur beschwerlich und mit Gefahr durchzukommen war. Abgesehen von einzelnen kleinen Correctionen war der Straßenzug von Freudenstadt bis Oberkirch im Wesentlichen dem jetzigen gleich. Von Oberkirch abwärts ist insofern eine Aenderung eingetreten, als man jetzt nach Kehl den kürzeren Weg über Appenweier nach Sand und Willstädt einhält, während der alte Weg über Zusenhofen und von da theils über Offenburg, theils über Sand, wo eine Zollstätte war, nach Kehl führte. Zwischen Oberkirch (2) und Appenweier bestund zwar längst eine Vicinalstraße, die zuweilen auch für den Güterverkehr benützt wurde. Da sie aber bei Fernach oft vom Wasser angegriffen (3) und die dortige Brücke nicht selten zerstört war, überdies von Sand nach Appenweier bis zum Jahr 1785 keine eigentliche Straße bestund, wurde der Weg über Renchen vorgezogen.

Die Straße von Freudenstadt nach Kehl durchzog noch im vorigen Jahrhundert bis 1803 und beziehungsweise 1805 verschiedene Hoheitsgebiete, nämlich von Freudenstadt bis in die Nähe der jetzigen Zuflucht Württemberg, von da bis Fernach das Hochstift Straßburg, dann die Landgrafschaft Ortenau, (4) Hessen-Darmstadt (früher Honau-Lichtenberg) (5) und einige reichsritterschaftliche Bezirke. Die jetzt badische Gemarkung Kniebis, an der die Gränze von Württemberg vorüberzieht, stund bis 1806 unter fürstlich fürstenbergischer Hoheit und es scheint, daß die Straße früher auch durch diese Gemarkung, also durch fürstenbergisches Gebiet zog, und erst durch eine Verlegung auf württembergisches Territorium kam. (6) In den Jahren 1742—44 wurde die Straße im Gebiet des Hochstifts Straßburg an verschiedenen Stellen, insbesondere an der Roßbühlsteige, nach dem Plane eines Ingenieurs Kolb fast neu hergestellt und der schon vorhandene Weg durch Sprengung von Felsen erweitert; da aber durch die öfteren Ueberschwemmungen der Thalstraße durch die Kinzig und Rench der Verkehr nicht selten unterbrochen und die Sicherheit gefährdet war, (7) stellten der Bischof von Straßburg und der Herzog von Württemberg im Jahr 1750 bei dem Kreisviertelsconvent das Verlangen auf Verbesserung der „kreisschlußmäßigen Heer- und Handelsstraße" von Kehl bis Freudenstadt in allen Hoheitsgebieten und es wurden hierauf zwischen Oppenau (8) und dem Kniebis abermals mehrere Correctionen, namentlich unterhalb dem interessanten schmalen Gebirgsübergang „Ueber's-Knie" und an dem sogenannten Kohlgräble vorgenommen, um das Gefäll von 20 Procent auf 10—15 Procent zu ermäßigen; dennoch mußte an der Mitte der Steige, beim sogenannten Steighof, gewöhnlich Vorspann genommen werden. Die stärksten Gefälle bis Renchen und Oberkirch kamen durch Ab- und Auftrag mehr zur Ausgleichung und auch auf dem Kniebis, woselbst die Straße früher näher an der Schwabenschanze hinzog, wurde sie zwischen die Schwaben- und Schwedenschanze verlegt, und der sumpfige Theil bis zur Alexanderschanze erhöht und entwässert.

An Stelle des zuweilen angewendeten Prügelholzfundaments trat ein solches von Stein. Auch die Straße vom Kniebis bis Freudenstadt wurde verbessert.

---

(1) G. Fecht, Allerheiligen. (2) Oberkirch, so genannt, weil die Hauptkirche früher in Nußbach war, ist ursprünglich zähringischer Besitz, dann fürstenbergisch gewesen, wurde 1303 an das Domstift Straßburg verkauft, erhielt 1326 die Rechte von Offenburg, kam 1443 an Georg von Bach als Pfand und, von Straßburg wieder ausgelöst, 1604 an Württemberg, dann an den Herzog von Lothringen, 1683 als Reichslehen an Baden, 1697 an das Hochstift Straßburg, 1803 wieder an Baden. Schon 1303 wird Oberkirch Stadt genannt. Oberkirch bezog im 16. Jahrhundert das Weggeld von der Oppenauer Steige und mußte dafür die Renchbrücke und Weg und Steg unterhalten. Die bischöfliche Herrschaft Oberkirch bestund aus den sechs Gerichten: Oberkirch, Kappel, Sasbach, Oppenau, Ulm, Renchen. Diese Herrschaft genoß als Reichslehen alle Rechte der Reichsunmittelbarkeit. Bader, Baden. Scheible, Geschichte des Hanauer Landes. Kolb, lexic. Zentner, das Renchthal. (3) Der letzte Angriff dieser Art fand noch 1851 statt, worauf die Dämme um 5 Fuß erhöht wurden. (4) Die Orte Urloffen, Zimmern, Appenweier, Nußbach (994 urk.), Zusenhofen, Müllen ꝛc. (1805 bad.) (5) Die Orte Sand, Willstädt, Odelshofen, Kork, Neumühl ꝛc. (1803 badisch.) (6) F. F. Arch. Akten. (7) 1750 ging ein Wagen mit vier Pferden zu Grunde. (8) Oppenau wurde im 14. Jahrhundert von Bischof Johann I. von Straßburg zur Stadt erhoben. Hier war wie in Oberkirch eine Mallstätte.

Nachdem in den Jahren 1783—86 unter der bischöflich von Rohan'schen Regierung eine Straße von Sand nach Appenweier hergestellt war, zog sich der Verkehr nach Frankreich von Oberkirch aus größtentheils Appenweier zu und die Straße nach Renchen wurde erst wieder 1810 als Chaussee behandelt. Die Straße von Freudenstadt auf den Kniebis wurde erst 1832—35 neu, aber leider mit Gegensteigung erbaut.

Bis zum Anfang dieses Jahrhunderts bestund von Oppenau nach Griesbach (¹) nur ein Saum- oder Karrenweg, daher die Gäste der schon seit dem 16. Jahrhundert viel besuchten Renchbäder — Männer und Frauen — meistens zu Pferd dahin reisten. (²) Erst im Jahr 1800 wurde dieser Weg auf Anordnung des Landvogts Lassolaye so hergestellt, daß er 1807 vom Großherzog Carl Friedrich mit Familie befahren werden konnte.

Der Weg war öfterer Ueberschwemmung ausgesetzt und wurde darum 1802 zwischen Petersthal und Freiersbach von dem linken auf das rechte Ufer verlegt.

Im Jahr 1806 wurden schon einige Correctionen, namentlich vom Pflug in Löcherberg bis zur Drehermühle, wo die Straße früher unmittelbar am rechten Renchufer lag, sodann zwischen dem Löcherberger Schulhaus und dem sogenannten runden Kreuz von den Gemeinden in der Frohnd ausgeführt. Da der Besuch der Bäder sich fortan steigerte, (³) wurde in den Jahren 1812 und 1813 die Straße von Petersthal nach Griesbach auf Kosten der Chausseecasse bis zu 20 Fuß verbreitert und hierauf auch der Weg von Petersthal bis Oppenau und 1818/19 auch die Straße nach Griesbach verbessert. Von 1819 an kam die Straße von Oppenau nach Griesbach in den Landstraßenverband.

Von Griesbach aufwärts führte ein sehr steiler Holzabfuhrweg mit Steigungen von 18—24 Procent durch das wilde Renchthal auf den Kniebis. (⁴)

Um nun auch von Griesbach aufwärts eine bessere Verbindung mit dem Kniebis und mit Rippoldsau zu erzielen, wurde im Jahr 1821 auf Befehl des Großherzogs Ludwig der Bau einer neuen Straße mit 7 Rampen, einer Breite von 20 Fuß und einem Maximalgefäll von 8 Procent begonnen und 1824 vollendet. Die Kosten waren mit Rücksicht auf die Frohnden nur zu 4000 Fl. angeschlagen. Das Finanzministerium hatte 1800 Fl. beizutragen. Das Uebrige war aus der Chausseecasse zu zahlen. Es war dies die erste Gebirgsstraße, die in Baden mit Rampen ausgeführt wurde. Die Zahl der letzteren hätte sich füglich auf 4 beschränken lassen. Auch die Straße nach Rippoldsau wurde damals gebaut. Da der Gebirgsübergang über den Roßbühl weit ungünstigere Gefällverhältnisse als jener bei Griesbach besitzt, weil die Straße von Oppenau aus 2 Stunden lang ununterbrochen ansteigt und Gefälle von 6—15 Procent enthält, während das Gefäll von Oppenau bis Griesbach nur 1—3 Procent und von da aufwärts höchstens 8 Procent beträgt, zog sich natürlich der größere Theil des Verkehrs von und nach Freudenstadt auf die neue Kniebisstraße, obgleich diese 24,157 Fuß länger und damals auch noch mangelhaft war.

Namentlich hatten die Rampen für Langholz einen zu kleinen Radius und zu starkes Gefäll und von Griesbach abwärts befanden sich noch viele lästige Stiche und schmale Stellen.

In den Jahren 1822—1830 wurden daher Verbreiterungen und sonstige Verbesserungen mit Zuschüssen der Domänen- und Forstcasse an der neuen Straße vorgenommen und 1854 die beiden ersten Rampen, 1856 die dritte, 1857 die vierte und 1860 die fünfte und sechste Rampe mit einem Gesammtaufwand von 3334 Fl. erweitert und in besseres Gefäll gelegt, wie sie jetzt noch bestehen. (⁵)

(¹) Ebenfalls bischöflich Straßburgisches Gebiet. In Griesbach und Petersthal bestunden schon 1568 Bäder. Zentner, Beschreibung des Renchthals. (²) Als die badische Markgräfin Anna im Sommer 1675 von Durlach nach Griesbach zur Brunnencur reiste, benützte sie eine mit sechs Pferden bespannte Hofkutsche. Das erste Nachtquartier wurde in Rastatt, das zweite in Oberkirch genommen. Am dritten Tag früh Morgens ging die Reise weiter durch das Renchthal hinauf. „Der Weg war ungeschlacht und steinig und führte häufig durch Seichtungen (Furten) der Rench, so daß die Hofkutsche schwierig fürbaß ging und in allen Fugen krachte. Die hohe Frau war bald wie geradbrecht und hielt es für gerathen, sich einer bereitgehaltenen Sänfte zu bedienen. Sie kam Abends spät in Griesbach an." Noch Ende des vorigen Jahrhunderts war der Weg nicht viel besser. (³) Im Jahre 1869 waren in Petersthal 1020, in Griesbach 790 Badegäste. (⁴) Ein Pferd konnte hier aufwärts nur eine Last von höchstens 5 Centnern ziehen, während jetzt 15 Centner als Last zulässig sind. (⁵) Das Gefäll der Straße beträgt ober- und unterhalb der Rampen 6—9 Procent. Die Rampen haben Radien von 25, 30, 32, 35, 38, 50 und 75 Fuß und Gefälle von 4—4½, an der obersten von 7½ Procent. Die Breite beträgt 22—30 Fuß.

Aber auch von Griesbach abwärts bis Oppenau wurden allmählich, nachdem die seit langer Zeit zwischen Griesbach und Oberkirch geübte Scheitholzflößerei 1841 eingestellt war, und nun schwere Wagen mit Holz beladen die Straße benützten, bedeutende Verbesserungen vorgenommen, von welchen hervorzuheben sind:

Von 1839—41 Verbreiterungen mit 4200 Fl., von 1843 Straßenverlegung in Petersthal mit 1979 Fl., von 1844 Straßenregulirung bei Petersthal mit 977 Fl., von 1845 Straßenregulirung zwischen Bade- und Pfarrhaus mit 1458 Fl., von 1846 Verbreiterung am Bestenbach mit 800 Fl., von 1847 Verbreiterungen oberhalb dem Bad mit 2050 Fl., von 1848 Verbreiterung bei Bestenbach mit 169 Fl. und Correction bei der Hochbrücke mit 1929 Fl., von 1850 verschiedene Regulirungen mit 1354 Fl., von 1851 mehrere Regulirungen in Löcherberg, Berg und Iberg, Freiersbach mit 1619 Fl., von 1852/53 verschiedene Regulirungen zwischen Oppenau und Griesbach mit 6947 Fl.

Durch alle diese Verbesserungsarbeiten mußte der neue Weg auf den Kniebis den uralten Paß über den Roßbühl überflügeln. (1)

Diese letztere Straße wurde darum auch von Oppenau bis zur württembergischen Gränze im Jahr 1857 aus dem Staatsstraßenverbande ausgeschieden, aber theils aus strategischen Rücksichten, theils wegen des, der kürzeren Weglänge wegen, noch bestehenden Verkehrs in der Richtung von Freudenstadt nach dem Renchthal mit Staatsunterstützung unterhalten. Auch für die Verbesserung der Thalstraße von Oppenau nach Appenweier ist Vieles geschehen. Im Jahr 1813 wurde die Straße von der Projosenbrücke bis zur oberen Finkenbrücke und von der unteren Finkenbrücke bis Oppenau durch größere Neubauten corrigirt. Die alte Straße führte von Oppenau am Gebirge hin und wendet sich dann der Rench zu. Im Jahr 1822 wurde mit dem Abbruch eines Thorthurmes in Appenweier eine Straßenverbreiterung ausgeführt und 1824 in Folge des Hochwassers die Straße oberhalb Lautenbach verlegt. Eine fernere Erweiterung erfolgte 1832 am unteren Eingang von Oberkirch, woselbst beim Amthaus ein Thor von 1586 stund. (2) In derselben Zeit wurden längst der Lierbach oberhalb Oppenau Stützmauern errichtet.

1854 erfolgten verschiedene Regulirungen an der Sulzbachbrücke zu Oberkirch durch die Oppenauer Vorstadt rc. mit 2992 Fl., 1855 von der Sulzbachbrücke abwärts mit 1081 Fl., oberhalb der Hochbrücke mit 601 Fl. und ober- und unterhalb der Hilzenbrücke mit 1009 Fl., 1856 Correction der Oppenauer Vorstadt mit 3747 Fl. und abwärts der unteren Finkenbrücke mit 504 Fl. 1857/58 Correction des Ziegelstichs bei Oppenau auf eine Länge von 3100 Fuß mit 4971 Fl., die Regulirung von Sulzbach aufwärts mit 768 Fl., die Verbreiterung bei der Rose in Ramsbach mit 425 Fl.; 1858 die Correction durch Oberkirch mit 902 Fl.; 1861 die Regulirung bei der Linde in Oppenau mit 621 Fl.; 1863 Stahlbadbrücke in diesem Ort 4217 Fl., Regulirung längs dem Winterbühl mit 426 Fl.; 1864/5 Correction der Bach bei Griesbach 6000 Fl.; 1864 Neubau der Projosenbrücke in Stein 4100 Fl.; 1866 bei der Hoferer Sägemühle mit 222 Fl.; 1867 die Ueberwölbung der Rench bei dem Bad Griesbach mit 2093 Fl., wovon die Badecasse 1493 Fl., die Straßenbaucasse 600 Fl. übernahm. (3) 1869 desgleichen 11,000 Fl., wovon $^1/_3$ der Badfonds, $^1/_3$ die Straßenbaucasse, $^1/_3$ Badeigenthümer; 1868 Steinbrücken oberhalb Oppenau statt 2 Holzbrücken und eiserne Brücke am Eingang nach Petersthal 4500 Fl.

Die alte Renchbrücke bei Fernach wurde 1824 durch Hochwasser zerstört und durch eine

(1) Der Verkehr von Oppenau über den Roßbühl hat sich für Obst- und Weintransport und abwärts für Frucht, Holz, Sandstein und Vieh bisher in einer Weise erhalten, daß daraus hervorgeht, wie sehr kürzere, wenn auch unbequemere Wege den besseren und längeren oft vorgezogen werden. Die Länge der Straße von Oppenau bis Roßbühl beträgt 29,298 Fuß, die Höhendifferenz 2290 Fuß, also die mittlere Steigung 7,8 Procent, die Länge vom Roßbühl bis Kniebis 11,200 Fuß mit 23 Fuß Höhendifferenz, die durchschnittliche Steigung also 0,2 Procent. Dagegen beträgt die Länge von Oppenau bis Griesbach 39,639 Fuß mit 683 Fuß Höhendifferenz, also durchschnittlich 1,7 Procent Steigung, von Griesbach bis Kniebis 25,016 Fuß Länge mit 1630 Fuß Höhendifferenz oder durchschnittlicher Steigung von 6,5 Procent. Der Längenunterschied beträgt also 24,157 Fuß. Die Vorspannkosten betragen von Oppenau bis zur Zuflucht 2 Fl. 20 Xr., von Griesbach bis auf den Kniebis 1 Fl. 12 Xr. für ein Pferd. Leichtes Fuhrwerk braucht von Oppenau bis zur Zuflucht zwei Stunden Fahrzeit. Die Fracht von Oberkirch über den Roßbühl kostete 24 Xr. pro Centner, später über Griesbach dahin 12 Xr.
(2) Am obern Ende der Stadt war das Thor in einem vier Stock hohen Gefängnißthurm. (3) Der Bach lief früher oberhalb dem Gasthofe schief durch die Straße und war mit einer Holzbrücke überdeckt.

Nothbrücke ersetzt. Man beabsichtigte, eine steinerne Brücke auszuführen, deren Kosten aber auf 31,000 Fl. veranschlagt wurden.

Zur möglichsten Beschränkung des Aufwandes wählte man nun eine gedeckte Holzgitterbrücke ohne Joch mit steinernen Widerlagern. Der Aufwand hiefür war veranschlagt auf 13,100 Fl., sodann für die Straßenregulirung auf 2520 Fl. und für die steinerne Mühlbachbrücke auf 2460 Fl., zusammen auf 18,080 Fl.

Der Bau wurde 1855 begonnen und 1856 vollendet. Der wirkliche Aufwand betrug 20,995 Fl. Das Holzwerk ist mit Quecksilbersublimat imprägnirt. Die Brücke hat eine Weite von 110 Fuß.

Zwischen Nußbach und Appenweier befand sich eine kurze Steige mit 8 Procent Gefäll, welche viele Unglücksfälle veranlaßte, weil auf der ganzen übrigen Straße die Gefälle höchstens 3 Procent betrugen, die Fuhrwerke daher auf diese größere Steigung nicht vorbereitet waren.

Im Jahr 1865 wurde diese Steige durch Ab- und Auftrag auf ein Gefäll von 3½ Procent ermäßigt und die Straße verbreitert. Die neue Straße erhielt 24 Fuß Breite mit 16 Fuß Fahrbahn, 4 Zoll Fundament und 3 Zoll Schotter.

Der Aufwand betrug für die Staatscasse nur 2720 Fl., indem die Gemeinde das Gelände im Werth von 480 Fl. unentgeltlich stellte.

Für alle übrigen Correctionen, welche seit 1813 ausgeführt wurden, sind die erforderlichen Grundstücke angekauft worden.

An der Straße von Oberkirch nach Renchen sind die Hohlgassen bei Renchen und Fernach 1835 um 10—15 Fuß tiefer gelegt worden, um die Steigung von 13 auf 7 Procent zu vermindern und im Jahre 1855 wurde eine Verbesserung oberhalb der Renchener Steige mit 777 Fl. vorgenommen.

Den größten Mißstand auf dieser Straße bilden aber noch immer die in der Nähe von Renchen durch eine Hohlgasse führende Steige selbst, sowie der Stich an der Renchen-Erlacher Gemarkungsgränze. Die im Jahr 1864 deshalb an die zweite Kammer gelangte Petition um Beseitigung dieser Mißstände wurde zwar mit Empfehlung überwiesen, der Vollzug mußte aber wegen anderer, dringender Bauten zurückgestellt werden.

Der Aufwand war im Ganzen auf 23,000 Fl. approximativ veranschlagt.

In den Jahren 1873/74 kamen zur Ausführung die Correction bei Ibach nebst Neubau der zwei sog. Finkenbrücken(¹) in Eisen mit 24,876 Mark. Dazu hat die Gemeinde Ibach durch Stellung des zu 800 Fl. taxirten Geländes gegen 400 Fl. = 685 Mark beigetragen.

Die lichte Weite der Brücken beträgt 10,5 m., die Breite 5,4 m. Man bezahlte für Schmiedeisen 12 Fl., für Guß 9 Fl. per Centner. Die Straße wurde auf 320 m. verlegt. Der an der alten Straße weiter gegen den Berg gestandene Bildstock von 1805 wurde an die neue Straße gesetzt, wie dies in ähnlichen Fällen oft geschieht; man kann daher von den Jahreszahlen an Bildstöcken, Kreuzen 2c. nicht immer auf das Alter der Straßen schließen. Die Roßbühlsteige von Oppenau bis zur württembergischen Gränze wurde 1857 aus der Classe der Landstraßen ausgeschieden, aber 1868 wieder aufgenommen, weil sich immer noch ein Theil des ehemaligen Verkehres, namentlich Vieh-, Stein- und Holztransport abwärts, der Kürze wegen, auf der Straße erhalten hat.

Der Verkehr in dem Renchthale war immer bedeutend und der Hauptzug geht wie ehemals nach Straßburg. Die Haupterzeugnisse sind: Wein, Obst, welches durch den Einfluß des Bischofs von Straßburg seit langer Zeit schon zu einem hohen Grade der Veredelung kam, — sodann Hanf, Getreide, Heu, Holz, Rinde, Harz, Honig, Kirschenwasser, Forellen und Fabrikate verschiedener Art. Der lebhafte Besuch der Renchbäder giebt zu Absatz reiche Gelegenheit. Im Jahre 1875 zählte man in den Renchbädern Antogast, Feiersbach, Griesbach, Petersthal, Sulzbach und Oppenau zusammen 4087 Gäste. Nach den Verkehrsbeobachtungen ist der Verkehr seit 1876 im Steigen begriffen; er betrug täglich an Zugthieren:

			1856	1864	1874
von Renchen	nach	Oberkirch	75	95	83
„ Sand	„	Oberkirch	147	163	172
„ Oberkirch	„	Oppenau	166	200	123
„ Oppenau	„	Petersthal	95	96	107
„ Petersthal	„	Kniebis	62	93	88

(¹) Der Name stammt von dem nahen Wirthshaus „zum Finken." Die eisernen Brücken wurden seither auch von Hofbauern und Gemeinden angewendet.

Die nachweisbare resp. genehmigte Verwendung für die Verbesserung dieser 3 Straßen beläuft sich auf 210,429 Mark. Rechnet man hiezu die 1842—1876 für Verbesserung des Renchlaufes verwendeten 737,239 Mark, so ergiebt sich ein Aufwand von 947,668 Mark.

Die wahrscheinlich schon von den Kelten betriebene Flößerei auf der Rench[1] mußte sich bei den vielen Krümmungen des Flusses fast ausschließlich auf Scheitholz und kleines Nutzholz beschränken.[2] Fast jährlich traten Ueberschwemmungen ein, welche die Straße gefährdeten und Güter und Orte stark beschädigten. Tulla brachte 1806 eine planmäßige Correction in Vorschlag, die aber erst nach dem Hochwasser von 1808, im Jahre 1810 durch einige nicht zusammenhängende Durchschnitte beginnen konnte, und auf heftigen Widerstand stieß. Gleichwohl wurden die Arbeiten 1811—1814 fortgesetzt. 1820 kam ein Durchschnitt von der Fernacher Brücke abwärts, 1821 ein solcher unter- und oberhalb Fernach zur Ausführung. Das Hochwasser von 1824 zerstörte aber vieles von diesen Arbeiten wieder; daher man die Ueberzeugung gewann, daß nur durch eine vollständige planmäßige Regulirung des Flusses dauernd zu helfen sei. Der Aufwand wurde hiefür 1739 auf 500,000 Fl. berechnet. Erst in Folge des Hochwassers von 1851 kam die Correction von Lautenbach bis Erlach zur Ausführung.[3]

Nr. 27.

Straße von Oppenau nach Antogast.

Maisachthalstraße.

Länge: 4,24 Kilometer = 0,95 Stunden.

Das Bad Antogast, bis in das 7. oder 8. Jahrhundert nach dem Bischof von Straßburg „St. Arbogast" genannt, ist der älteste Gesundheitsbrunnen jener Gegend. Schon im Jahre 1640 war hier ein Sammelplatz vieler Churgäste.[4] Die Straße, welche oberhalb Oppenau von der Kniebisstraße in das Maisachthal abzweigt, war in früherer Zeit nur ein Karrenweg, der oft mehr oder weniger steil bergauf und bergab führte und nur eine Breite von 8 — 10 Fuß hatte. Steigen und Fallen betrugen abwechselnd zwischen 7 und 18 Procent. Von einem Fundament war keine Rede und an vielen Stellen lagen die Felsen zu Tag. Vom Jahre 1811 bis 1819 wurde diese Straße mit Rücksicht auf den Badeverkehr von dem Domänenetat nothdürftig unterhalten, dann aber in die 3. Classe der Staatsstraßen eingereiht, im Jahre 1857 aber wieder aus dem Straßenverbande ausgeschieden und unter die sog. Badestraßen aufgenommen.[5]

Schon im Jahre 1813 sind einige kleinere Correctionen und Erweiterungen mit einem Aufwande von 1824 Fl. ausgeführt worden und in den Jahren 1852, 53 und 54 wurden zusammen 2632 Fl., 1855 1960 Fl. und 1857/59 1574 Fl. für ähnliche Zwecke angewendet.

Da das Bad sich einer immer mehr wachsenden Frequenz erfreute, wurden im Jahre 1858 Vorarbeiten für eine durchgehende Verbesserung und Correction des Weges gemacht. Es zeigte sich, daß bei Annahme einer Straßenbreite von 18 Fuß ein Bauaufwand von 12,380 Fl. nöthig sei. Im Frühjahre 1860 sind sodann für die Beseitigung des Hauptgebrechens, nämlich für die Umgehung des sog. Erlenstichs auf eine Länge von 2083 Fuß 6000 Fl. aus dem Badefonds bewilligt worden. Die Normalbreite des Wegs wurde auf 22 Fuß vorgeschrieben und für die Fahrbahn eine Breite von 12 Fuß und ein 5zölliges Fundament mit 3 Zoll Schotter bestimmt. Nachdem der Ankauf des Geländes bewirkt war, wurde der Bau im August 1860 begonnen und im Mai 1861 vollendet.

In den Jahren 1861 und 1862 erfolgte sodann die Correction der Straße aufwärts gegen das Badehaus und abwärts von dem Maisacher Schulhaus bis zur zweiten Brücke mit einem Auf-

---

[1] Das keltische Wort Eßel, welches Holzfang bedeutet, war bis zum Schluß der Flößerei 1854 an der Rench üblich. [2] Fürst-Bischof Prinz von Rohan hatte im Anfang des 18. Jahrhunderts einer Holzhandelsgesellschaft gestattet, in seinem Lande Holz zu kaufen und bis in den Rhein auf der Rench zu flößen. Die Schleusen für die Wasserspannung am Mumelsee (lacus mirabilis) wurden bald zerstört und das Thal überfluthet. [3] Siehe Denkschrift über Binnenflußbau von 1863 und Baer, Die Wasser- und Straßenbau-Verwaltung. 1874. [4] Mone, Archiv I. S. 306. [5] D. h. mit Beiträgen aus dem Badefonds, auf Kosten der Gemeinden durch die Straßenbau-Verwaltung unterhalten.

wand von 6700 Fl. aus gleichen Mitteln. Für die noch übrigen Verbesserungen der Straße kamen in den Jahren 1864—1866 weitere 4000 Fl. aus dem Badefonds zur Verwendung. Das Gelände wurde durchgehends angekauft und von den Gemeinden keinerlei Beitrag geleistet. Die Straßenbreite wurde an den schwierigen Stellen nur mit 16 Fuß hergestellt. Das Gefälle beträgt jetzt 5, $5^1/_2$, 6, $6^1/_2$ und auf eine kurze Strecke in der Nähe des Bades noch 9 Procent.

Im Jahre 1860 wurde die Fortsetzung des Weges von Antogast nach Griesbach in Anregung gebracht.

Von Antogast besteht nämlich ein schon früher angelegter Weg auf den sog. Breitenberg, von hier aber in das Renchthal bei Töttelbach in Gemeinde Griesbach kann man nur auf einem Waldweg gelangen, welcher Steigungen von 20 und mehr Procent und nur eine durchschnittliche Breite von 10 Fuß hat, überdies auch schlecht unterhalten ist. Es ließe sich nun vom Breitenberg abwärts mit einer Entwickelung von ungefähr 800 Ruthen Länge und einer Steigung von 8 Procent ein guter Fahrweg herstellen, wodurch die den Badegästen so wünschenswerthe Communication zwischen Griesbach und Antogast erleichtert würde.

Die Ausführung dieses Bauprojectes unterblieb wegen anderer dringenderen Bauausführungen.

Die Unterhaltung der Straße von Oppenau nach Antogast geschah bis 1870 unter Leitung der Straßenbaubehörde mit jährlichen Unterstützungen aus dem Badefonds. Seither wird sie als Landstraße behandelt.

Zur vollständigen Verbesserung der Straße wäre noch ein Aufwand von ca. 4000 Fl. für die Correctionen in der Mühlenbauern-Säge und von den Absätzen bis zur hinteren großen Mühle erforderlich.

Bis jetzt sind erweislich 42,326 Mark zur Verbesserung dieser Straße aufgewendet worden.

Der Verkehr weist täglich 20—25 Zugthiere nach.

Nr. 28.

Straße von Kehl nach Schaffhausen.

Durch das Kinzigthal.

Länge in Baden . .	135,01	Kilometer	= 30,38	Stunden.
„ „ der Schweiz	10,70	„	= 2,41	„
Zusammen	145,71	Kilometer	= 32,79	Stunden.

Die vielen keltischen Namen, welche mit diesem Straßenzuge in Beziehungen stehen, lassen kaum bezweifeln, daß die Kelten es waren, die diesen Verkehrsweg in seiner ursprünglichen Anlage geschaffen haben.

Die Flüssenamen Rhein, Kinzig, Gutach, Brigach, Breg, Donau, Wutach, Neckar, die Wasserscheide am Brogen, die Ortsnamen Straßburg, Kehl, Kork, Biel, Ortenberg, Gengenbach Fußbach, Steinach, Haslach, Hausach, Kremmelsbach, Hornberg, Triberg, Krummschiltach, Dürrheim, Grüningen, Bräunlingen, Marbach, Donaueschingen, Pfohren, Hüfingen, Behla, Randen und Rottweil sind wahrscheinlich keltischen Ursprungs. (1)

Die zum Verkehr dieser Orte absolut erforderlichen Wege werden auch in die Benutzung der Römer übergegangen sein, welche in dieser Gegend viele unzweifelhafte Spuren ihres Daseins hinterlassen haben. (2) Besonders zahlreich sind die auf römische Benutzung hinweisenden Straßennamen, z. B. in Gemarkung Willstädt „Steinweg", in Ortenberg „Heidengaß", zwischen Hausach und Hornberg „hoher Weg", in Sommerau „lange Gaß", in Weiler und Neuhausen

(1) Bei Hüfingen wurden keltische Gräber aufgedeckt, bei Villingen ein keltisches Schwert gefunden. (2) In Offenburg wurde ein römischer Grabstein, und vor dem Schwabenthor auf der Straße nach Gengenbach ein römischer Meilenzeiger gefunden. In Gengenbach fand man einen Altar der Diana Abnoba von 194; in Grüningen römische Gräber, in Hüfingen Mauerreste eines Bades und Tempels, eine 15 Fuß breite gepflasterte Römerstraße, die sich von Hüfingen über Dürrheim, Schwenningen bis Altstadt und Rottweil verfolgen läßt, Ziegel der 11. Legion Claudia pia fidelis; Töpfergeschirr, Handmühlen, Münzen, Broncen, ein Begräbniß. Schriften des Alterthumsvereins. Schöpflin, Alsatia I. Wieland und Schöpflin, Beiträge. Weik und Fecht, Badenia II. Zeitschrift für Geschichte des Oberrheins IV. Kolb, Lexikon.

„Hertgasse", am Oberhof bei Villingen und Marbach „Heerstraße und Wagenstraße", bei Klengen, Kirchdorf, Dürrheim, Schwenningen, Donöschingen und Hüfingen „Hochstraße", bei Donaueschingen „Höchstraß" nach Rottweil, bei Wolterdingen und Sumpfohren „Heerweg", von Hubertshofen nach Bruggen und Donaueschingen „römer Straß", bei Behla „Horstrauß" 2c. Die allgemeine Ansicht, daß die Römer den Straßenzug von Straßburg über Offenburg, Gengenbach, Haslach, Hornberg, Villingen, Geisingen, Engen, Rudolfzell, Constanz, Rheinek, Feldkirch, Bludenz, Arlberg, Tyrol, Meran, Etschthal, nach der Lombardei benutzten, findet hierdurch eine Bestätigung.

Es geht hieraus auch hervor, daß von der römischen Consularstraße von Windisch über Zurzach, Randen und Hechingen nach Donaueschingen, Rottweil und Regensburg eine Abzweigung von Donaueschingen resp. Dürrheim durch das Kinzigthal nach Straßburg (siehe Nr. 55) und eine solche nach Constanz und weiter ging.

Dieselben Straßenzüge wurden aber auch im frühen Mittelalter für den durchgehenden Handelsverkehr benutzt. (1)

Von der Donauöschen-Zurzacher Straße ging ebenfalls im Mittelalter eine Abzweigung von dem Randen in der Richtung nach Schaffhausen. Diese Straße nimmt in Hüfingen den Verkehr von Freiburg nach Schaffhausen auf, seit das Höllenthal geöffnet ist. (2)

Außerdem hatte die Kehl-Schaffhauser Straße noch eine große Bedeutung für den Verkehr zwischen dem Ober- und Unterrhein der nordöstlichen Schweiz, dem badischen und württembergischen Schwarzwald und Schwaben. (3)

Unter den Militärstraßen stand sie stets in erster Linie. Schon Kaiser Adolf zog 1298 mit seinem Heere von Ulm durch das Kinzigthal nach dem Breisgau. Obgleich die Straße von Offenburg resp. Kehl bis Donaueschingen in den Kreisschlüssen von 1734, 1749 und 1750 stets als eine Haupthandels- und Heerstraße anerkannt und ihre Verbesserung durch die Kreisversammlung angestrebt wurde, so dauerte es doch lange Zeit, bis Erhebliches zu diesem Zwecke geschah. Das Haupthinderniß lag hier, wie fast überall, in der großen Zahl der Hoheitsgebiete, welche die Straße von Kehl über Offenburg nach Schaffhausen früher durchzog. (4)

Die vielfach einander entgegenstehenden Interessen der Territorialherren führten nicht allein zu Vernachlässigung der Straße im einzelnen Gebiet, sondern auch zu übermäßig hohen Zöllen, (5) mit deren Hülfe man den Verkehr von der einen Straße auf die andere concurrirende Straße abzuleiten suchte, wenn hier mit im Ganzen ein finanzieller oder volkswirthschaftlicher Vortheil erreicht werden konnte. Diese entgegenstehenden Interessen erhielten natürlich einen lebhaften Ausdruck, als es sich in der Mitte des vorigen Jahrhunderts ernstlich darum handelte, in den Kreis- und Viertelsconventen zu bestimmen, welche Straßen als Hauptlandstraßen, beziehungsweise als Bestandtheile der Haupthandelsstraßen erklärt und demgemäß zunächst gemeinsam verbessert werden sollten?

---

(1) Das alte Sondersiechenhaus (Elendherberge) vor dem Thor in Hüfingen spricht hierfür. (2) Die Straße von Donaueschingen nach Schaffhausen bildet eine Abtheilung des alten Handelswegs, der vom Unterrhein und von Nürnberg über Pforzheim, Calw, Horb, Rottweil und Donaueschingen an den Oberrhein nach Schaffhausen, Zurzach 2c. führte. Diese Straße hieß schon 1366 „offene freie Königsstraße." Stälin, Geschichte von Württemberg III. (3) Der badische Schwarzwald war schon im 15. Jahrh. stark bevölkert und cultivirt. S. Münster, Cosmogr. aus der Mitte des 16. Jahrh. (4) Die Straße ging noch im vorigen Jahrh. durch das Gebiet der Markgrafschaft Baden in der Gemarkung Kehl; von Hessen-Darmstadt (früher Hanau-Lichtenberg) in den Gemarkungen Neumühl, Kork, Odelshofen, Willstett und Sand; der Landvogtei Ortenau (Oesterreich) in den Gemarkungen Griesheim, Bühl, Ortenberg; der Reichsstadt Offenburg (resp. österreichische Oberhoheit); der Reichsstadt Gengenbach (österreichische Oberhoheit) in den dazu gehörigen Gemarkungen Ohlsbach, Reichenbach, Gengenbach, Strohbach; der Reichsstadt Zell (österreichische Oberhoheit) in den Gemarkungen Biberach und Unterentersbach; von Fürstenberg in den Gemarkungen Steinach, Haslach, Eschau, Hausach, Kochdorf, Auffen, Donaueschingen, Allmendshofen, Hüfingen, Behla, Riedböhringen, Blumberg; von Württemberg in den Gemarkungen Gutach, Hornberg, Niederwasser, Gremmelsbach, Nußbach, Sommerau, St. Georgen, Peterzell, Mönchweiler, Villingen mit Marbach, Klengen und Grüningen, welch' letztere vier Orte bis 1805 unter österreichischer Hoheit waren; von Auersberg in den Gemarkungen Kommingen und Wiechs; des Deutschordens in den Gemarkungen Nordhalden und Epfenbach; der Schweiz in dem Canton Schaffhausen. (5) Belastete Güterwagen, welche verordnungsgemäß nicht mehr als 60 Centner laden durften, hatten im Jahre 1785 an Zoll, Brücken- und Weggeld zwischen Kehl und Hüfingen zu bezahlen: in Willstedt 2 Fl., in Griesheim 1 Fl., in Offenburg 1 Fl., in Gengenbach 1 Fl., in Biberach 1 Fl. 6 Xr., in Steinach 6 Xr., in Haslach 1 Fl., in Hausach 1 Fl., in Hornberg 15 Fl. 40 Xr., in Villingen 4 Fl., in Kirchdorf 34 Xr., in Donaueschingen 36 Xr., in Hüfingen 43 Xr., im Ganzen also 29 Fl. 45 Xr. (Gen. Land. Archiv-Acten.) Der Zoll auf der Höllenthalroute betrug bis Hüfingen nur 10 Fl. 38 Xr.

Die verschiedenartigsten Rücksichten kamen hierbei, namentlich auch bezüglich der Route von Kehl nach Schaffhausen zur Geltung und jahrelange Verhandlungen führten leider nur zu kleinen Ergebnissen, weil auch dem Vollzug der Kreisbeschlüsse selbst viele Hindernisse entgegengesetzt wurden.

Zur leichteren Uebersicht werden die Ereignisse, welche auf die Herstellung der fraglichen Straße Bezug haben, getrennt nach 4 Abtheilungen derselben zusammengestellt:

1. Von Kehl bis Offenburg. Diese Straße bildet etwa 200 Ruthen von Kehl eine Abzweigung von der Rheinthalstraße (Nr. 2.).

In frühester Zeit zog die Straße von Kehl direct nach Kork, denn die sog. Kaiserbrücke stund 4000 Fuß oberhalb des Neumühler Wehres und 3000 Fuß unterhalb des neuen Kinzigbettes, in der Mitte des sog. Johanniterdurchstichs, welche Stelle jetzt noch nach der alten Brücke benannt wird. Später ging der Weg, kaum etwas über das natürliche Gelände erhöht, in mehreren Krümmungen nach Neumühl und war daher, weil die Kinzig an 2 Stellen nahe vorüberzog, stets der Ueberschwemmung und selbst den Angriffen des Flusses ausgesetzt.

Die Stadt Straßburg, welche noch im Jahre 1775 die Straße von dem Metzgerthor (Dauphine- oder Austerlitzer Thor) bis Kork (1) unterhielt, (2) legte dieselbe allmählich auf einen Damm, der in der Folge hauptsächlich zum Schutz der rückwärts liegenden Orte und Güter corrigirt, erhöht und verstärkt wurde. Erst durch die im Jahre 1818 ausgeführte Flußcorrection zwischen Neumühl und Kehl konnte die Straße gegen Ueberschwemmung gesichert werden. Von Neumühl bis Offenbung erhielt sie ebenfalls mancherlei Verbesserungen, ihr Zug blieb aber im Wesentlichen der alte. Nur bei Offenburg erhielt die Straße im Jahre 1844 bei Gelegenheit des Eisenbahnbaues eine etwas veränderte Zugslinie. (Siehe Nr. 1.) Da diese Straße später als eine Abtheilung der Kehl-Schaffhauser Straße erklärt, in den Verband aufgenommen, die alte Straße aber, die ein Stück der Frankfurt-Basler Straße war, (3) ausgeschieden wurde, leistete die Straßenbaucasse 1846 der Gemeinde Offenburg einen Beitrag von 3000 Fl. zu den Baukosten im Betrage von 19,360 Fl.

Die Zufahrtstraße vor dem Hauptgebäude und die beiden Abzweigungen sind auf Staatskosten erbaut und das Gelände dazu ist aus Eisenbahnmitteln erworben.

2. V. Offenburg bis Hausach. Die alte Straße, (4) die von der Hauptstraße Nr. 1 durch die Gerbergasse und Langgasse zu dem ehemaligen Schwabenthor, und von hier aus mit Gefäll von 3—4 Procent von dem Hochgestad in das Wiesenthal, am Schindwasen vorbei und in einem Bogen in die Bruchgasse nach Ortenberg führte, (jetzt Feldweg) hatte noch in der Mitte des vorigen Jahrhunderts eine Breite von 12 Fuß, sie zog von dem Ortenberger Schloß (5) an dem Gebirge hin und mit Gegengefällen bis zu 10 Procent durch das Thal, wo sie wegen des ungeregelten, vielgekrümmten Laufs der Kinzig bei jedem Hochwasser der Ueberschwemmung ausgesetzt war. Der Uebergang über die Seitenbäche, wie z. B. den Ohlsbach, Harmersbach, Bollenbach &c. geschah mittelst Furthen, daher bei Hochwasser und Eisgängen, welche auch die später vorhandenen Holzbrücken gewöhnlich zerstörten, die Communication oft lange Zeit unterbrochen blieb.

Als im Jahre 1749 auf Veranlassung Fürstenbergs die Verbesserung der Straße von Offenburg über Villingen nach dem Randen Gegenstand der Erörterung des Kreisviertelconvents in Offenburg wurde, schloß sich Württemberg dem Verlangen Fürstenbergs an, um die Verbesserung der Straße von Offenburg bis Hausach zu erzielen, weil damit auch die Route nach Schramberg gewann, ohne daß Württemberg selbst etwas beizutragen hatte. Auch Baden-Durlach erklärte sich für die beabsichtigte Verbesserung, da man hier großen Werth auf die Erleichterung des Absatzes von Wein, Obst und Hanf nach Schwaben legte.

---

(1) Kork, 717 urkundlich nachgewiesen, kam im 13. Jahrhundert an Hanau-Lichtenberg, 1736 an Hessen-Darmstadt, 1803 an Baden. (2) Silbermann, Geschichte der Stadt Straßburg. S. 179. (3) Die alte Straße führte bei Offenburg durch ein enges Thor. Früher wurde die Frankfurt-Baseler Straße als in Offenburg einmündend angesehen, jetzt führt die Kehler Straße an dem Bahnhof vorüber in die Stadt. (4) Von Offenburg bis Prinzbach, wo eine römische Münzstätte bestanden haben soll, führte, scheint's, eine Römerstraße, die sich bis zu dem Ausfluß der Gutach in die Kinzig, am Thurm, erstreckt haben dürfte. Die gepflasterte Straße oberhalb Prinzbach heißt „Freiburger Weeg". Die alte Stadt Prinzbach soll 1250 von der Stadt Freiburg zerstört worden sein. (5) Auf dem „Stein zu Ortenburg" hatte im 15. Jahrhundert der Reichslandvogt der Ortenau seinen Sitz. Kaiser Adolf II. weilte hier 1293 drei Tage. Das neue Schloß wurde von F. v. Berkholz durch Professor Eisenlohr 1842/3 für 800,000 Fl. erbaut. Zeitschrift für Geschichte des Oberrheins 23.

Oesterreich erhob dagegen verschiedene Anstände, weil man dort mit Recht eine Beeinträchtigung des Verkehrs auf der Frankfurt-Basler Straße von Offenburg bis Freiburg und auf der Höllenthalstraße besorgte. (1) Gleichwohl wurde in dem Receß vom 31. Oct. 1750 bestimmt: daß diese Straße in zweiter Linie nach Anleitung der Kreisinformation von 1737 verbessert, (2) auf 20—36 Fuß verbreitert und von der Stadt Zell eine Brücke bei Biberach über die Kinzig erbaut werden soll.

Fürstenberg und die Städte Offenburg, (3) Gengenbach und Zell legten alsbald Hand an das Werk. Offenburg verlegte die Straße nach Ortenberg, die oft überschwemmt wurde, aus dem Thal auf das Hochgestade, in ihre jetzige Lage; Gengenbach unterzog die Kinzigbrücke 1757 einer Hauptreparatur und Zell erbaute die Biberacher Kinzigbrücke gegen den Bezug eines Brückengeldes. Die Brücke über den Ohlsbach wurde 1767 erbaut, an den Kosten trug das Gericht Ortenberg $^1/_3$, die Stadt Gegenbach $^2/_3$.

Fürstenberg hatte schon 1751 begonnen, die Straße zu corrigiren, zu erweitern und zu erhöhen. Für Privatgüter wurde aus der Haslacher Zollcasse Entschädigung geleistet, der übrige Geldaufwand von der Landschaftscasse getragen.

Im Jahre 1789, nach dem großen Brande in Gengenbach, (4) ist mit dem Brandschutt eine Straße außerhalb der Stadtgräben zur Kinzigbrücke hergestellt worden. Diese Straße wurde 1842 chaussirt und in den Staatsstraßenverband aufgenommen, weil die Stadt Gengenbach sich nicht dazu verstehen wollte, das Pflaster der Hauptstadtstraße in Chaussee umwandeln zu lassen.

In Folge des Eisenbahnbaues verlegte man die äußere Straße 1867 theilweise auf Kosten des Eisenbahnbaufonds. Im Jahre 1816 wurde die Holzbrücke bei Biberach mit 7 Holzjochen, à 10—11 m. Lichtweite, einer Weite von 250 Fuß und 15 Fuß Fahrbahn für 10,500 Fl. auf Staatskosten hergestellt. Hauptreparaturen erfolgten 1835, 1839, 1851 und 1860 mit je 3000—3400 Fl. Diese Brücke war 1875 wieder baufällig und sollte in Eisen mit 3 Fachwerksbogen und 2 Steinpfeilern umgebaut werden. Man beschränkte sich wegen des auf 77,000 Mark berechneten Aufwandes auf eine Reparatur, die nur 10,000 Mark erforderte und 1876/77 ausgeführt wurde.

Zwischen Ortenberg und Ohlsbach wurde die Straße 1817 erheblich verbreitert.

Von 1832—1848 kamen von Offenburg aufwärts allmählich viele kleine Correctionen, Verbreiterungen und Gefällausgleichungen in Ausführung. Namentlich wurde 1839 am Schwabenthor in Offenburg eine Verbreiterung mit 3740 Fl. bewirkt. Am meisten hat aber zur Verbesserung der Straße die Correction der Kinzig beigetragen, (5) indem dadurch die Straße gegen Ueberschwemmung und Angriffe der Kinzig gesichert ist.

Eine Folge dieser Correctionen waren auch Abänderungen und Erweiterungen der Kinzigbrücken. Namentlich veranlaßte das Hochwasser von 1862 die Erweiterung der Brücke bei Gengenbach durch den Anbau einer neuen Brücke über den Wässerungscanal. Diese Brücke hat eine Weite von 72 Fuß, eine Breite von 21 Fuß und ruht auf 2 Steinpfeilern. (6)

Durch die in den Jahren 1866/68 in Verbindung mit dem Eisenbahnbau vorgenommene Correction der Kinzig von der Brücke aufwärts sind die Brücke und die Straße mehr als früher

(1) Es war dies das Vorspiel zu dem Wettstreit, der in unsern Tagen bezüglich der Kinzig- und Höllenthaleisenbahn entbrannte. (2) Baer, der Wasser- und Straßenbau 1870. (3) Offenburg, schon 1148 Stadt, hatte 1504 mit Gengenbach und Zell den Bischof von Straßburg und den Grafen von Fürstenberg als Schutzherrn, wurde 1702 mit der Ortenau dem Markgr. Ludwig v. Baden als Mannslehen gegeben, kam 1771 wieder, jedoch unbeschadet seiner Rechte und Reichsfreiheiten, an Oesterreich und 1802 an Baden. Die Reichsstädte Offenburg, Gengenbach und Zell waren vor 1802 verbündet und hießen die drei Vereinsstädte. Nach dem ersten Organisationsedict von 1803 bildeten sie mit dem Abteigebiet Gegenbach und dem Reichsthal Harmersbach die Grafschaft Gengenbach. (4) Die Abtei Gengenbach wurde schon 736 gestiftet, die Stadt aber erst im 9. oder 10. Jahrh. gegründet. Beide waren reichsunmittelbar und zwar die Stadt schon vor 1240. Von 1771 stund Gengenbach unter österreichischem Schutz. Die Stadt wurde 1689 fast ganz, 1742 und 1789 zum großen Theil durch Brand zerstört. Die Abtei wurde 1806 aufgehoben. (5) Siehe Denkschrift über den Binnenflußbau in Baden. (6) Die alte, 1540 erbaute steinerne Brücke von 306 Fuß Spannweite hatte acht Steinpfeiler, wovon die fünf rechtseitigen später durch Holzjoche ersetzt wurden. 1757 wurde die Brücke einer Hauptreparatur unterworfen. Die 26 Fuß breite Fahrbahn ruht auf je sieben hölzernen Streckbäumen. Fünf Eisbrecher sind zum Schutz angebracht. Weitere Kinzigbrücken wurden:

bei Biberach mit Spannweite von 250 Fuß, 7 Holzjochen, 15 Fuß Fahrbahn 1816 mit 10,500 Fl.
„ Steinach „ „ „ 203 „ 4 „ 16 „ „ 1851 „ 8000 „
„ Haslach „ „ „ 218 „ 5 „ 16 „ „ 1862 „ 5000 „
vom Staat erbaut. Die hölzerne Fluthbrücke bei Gengenbach wurde 1875 mit 4455 Mark in Eisen umgebaut.

gegen Hochwasser geschützt, dennoch traten 1869 abermals erhebliche Beschädigungen ein, indem der sog. Baierwasendamm gebrochen ist.

3. Von Hausach bis Donaueschingen.

Oberhalb Hausach,(1) wo die Straße das Kinzigthal verläßt und in das Gutachthal einlenkt, vereinigen sich mit ihr am sog. Thurm die von Rottweil, Schramberg, Alpiersbach, Schiltach und von Rippoldsau herkommenden Straßenzüge. Bis Hornberg(2) zog die Straße früher wie jetzt längs der Gutach hin, sie war sehr schmal und der Ueberschwemmung ausgesetzt. In Hornberg verließ sie das Gutachthal und zog über Ober- und Unterreichenbach, die Benzebene, Krummschiltach, den Brogen,(3) Peterzell und Mönchweiler nach Villingen. Abgesehen davon, daß diese Straße von Hornberg 1¾ Stunden lang mit 10—15 Procent Steigen aufwärts zog, dann gegen Krummschiltach(4) wieder mit 7—10 Procent abfiel, um mit 9—15 Procent nach dem Brogen anzusteigen, war dieselbe sehr schmal, schwer zu unterhalten, im Winter stark mit Schnee verlegt und führte überdies durch eine wenig bewohnte unwirthliche Gegend. Die Fuhrleute, welche Güter in das Breisgau zu führen hatten, benutzten daher nicht selten den durch das Nußbachthal oder durch das Kirnachthal nach Triberg führenden Vicinalweg und schlugen dann die Route durch das Prechthal(5) ein. Dieser Weg war von Oesterreich begünstigt, wurde aber von Fürstenberg als eine sog. Ausbruchstraße oder Schleichweg betrachtet und daher der Verkehr darauf möglichst gehindert.(6)

Württemberg nahm an der Verbesserung der Gutachthalstraße lange Zeit hindurch nur geringen Antheil, erhob aber in Hornberg zur Begünstigung der Route über Schramenberg und Rottweil einen außerordentlich hohen Zoll, der erst gemindert wurde, als auf der Route Hornberg-Donaueschingen-Tuttlingen-Ulm 1775 ein Schnellpostwagencours eingeführt wurde.

Um so eifriger suchte Fürstenberg die Straße in einen besseren Stand zu bringen und ließ insbesondere 1779 und 1780 seinen Antheil in Donaueschingen und Villingen mit einem Aufwand von 24,103 Fl. in Accord herstellen. Die Kosten wurden auf die Landschaftscasse übernommen. Auch die Zölle wurden von Fürstenberg ermäßigt.(7)

Im Bezirk der Stadt Villingen blieb der Weg auf Oesterreichs Veranlassung sehr mangelhaft, bis das Gebiet unter badische Hoheit kam.

Von Hornberg nach Triberg(8) führte früher nur ein schmaler Karrenweg, der oft von dem angreifenden Bach zerstört wurde, daher sich Oesterreich, Württemberg und Zollern unterm 28. November 1782 vereinbart hatten, auf Verbreiterung und Sicherung hinzuwirken. Es geschah jedoch zu diesem Ende nur Weniges, doch wird der Weg 1803 schon Chaussee genannt.(9)

In den Jahren 1810—1821 sind die dringendsten Verbreiterungen und Verbesserungen auf Staatskosten ausgeführt worden. Das im Jahr 1809 vom Obervogt Huber in Triberg erhobene Project: von Haslach durch das Mühlenbachthal über die Höhe des sog. Hünersadels

---

(1) Hausach und Haslach gehörten früher den Herzogen von Zähringen und kamen dann 1246 an Fürstenberg. Kaiser Heinrich VII. hatte die Grafen von Fürstenberg mit dem Bergbau belehnt, daher 1530 in Hausach 300, in Haslach 500 Bergleute beschäftigt waren. Der Bergbau wurde im Kinzigthal schon 1034 und bis in das 18. Jahrhundert betrieben. Kapf, Bergbau im Kinzigthal. Selb, Geognostische Beschreibung dieses Thals. (2) Hornberg, im 15. Jahrhundert Besitzung von St. Georgen, kam 1648 an Württemberg, 1810 an Baden. Im Jahr 1832 wurde hier eine große Steingutfabrik errichtet, die heute noch mit Schwung betrieben wird. (3) Dieser Punkt ist deshalb interessant, weil im Umkreis von einigen Hundert Schritten von dem dortigen Wirthshaus sich drei Brunnen: der Glasbrunnen, der kalte Brunnen und der Meerbrunnen befinden, von denen das Wasser in den Rhein, die Donau und den Neckar fließt. (4) Hier war eine Post, welche stets 40 und mehr Pferde für Vorspann bereit hielt. (5) Prechthal war eine gemeinschaftliche Besitzung der Markgrafen von Baden-Durlach und Fürstenberg, welche Gemeinschaft bis zum Jahr 1806 dauerte. Von Hornberg ging damals auch eine Fahrstraße über die Rehhalde an dem Hauenstein vorüber auf den Rennsberg nach Oberthal und Schonach nach der Wallfahrts-Capelle bei Triberg. Zeitschrift für Geschichte des Oberrheins, 10. Band. (6) Schon im Jahr 1439 erhob sich wegen dieser Straße zwischen Oesterreich und Fürstenberg ein Streit, der bis in das 18. Jahrhundert fortdauerte. Fürstenberg ließ im Jahr 1540 die Straße durch große Steine und gefällte Bäume unfahrbar machen, wogegen Oesterreich durch sehr hohe Zölle den Verkehr in dem Gutach- und Kinzigthal zu hindern suchte. (7) Man bezahlte an fürstenbergischem Zoll 1783: in Haslach 1 Fl., Hausach 1 Fl., Donaueschingen 30 Xr., Hüfingen 28 Xr., Behla 12 Xr., Blomberg 30 Xr., zusammen 3 Fl. 46 Xr. für eine Güterfuhr; früher sollen über 10 Fl. bezahlt worden sein. (Fürstl. Fürstb. Arch. Akt.) (8) Triberg, früher Besitzung der Dynasten gleichen Namens, dann der Herren von Usenberg und von Hochberg, kam 1355 an Oesterreich, 1396 an die Grafen von Salz, 1493 an Fürstenberg, 1501 an von Landau, 1567 an von Schwendi, 1645 an van der Laien, nachdem 1642 das Schloß von den Bauern abgebrannt war; 1654 an Oesterreich, 1805 an Württemberg, 1806 im Tauschweg an Baden. Triberg ist ein Hauptsitz der schwarzwälder Uhrenfabrikation. (9) Karte von Amann.

und Rensbergs nach Schonach und Triberg eine Landstraße herzustellen, war zur Umgehung des übermäßigen württembergischen Zolls in Hornberg bestimmt, da aber Hornberg 1810 an Baden kam, fiel jener Grund weg. Die 1814 wiederholten Versuche scheiterten an dem Widerspruch der Gemeinden.

Der Holztransport aus der Gegend des Rohrhardberges zu der 1823 in Betrieb gekommenen Saline Dürrheim gab dann im Jahre 1833 die erste Veranlassung zur Erörterung der Frage, in welcher Weise auch eine bessere Verbindung zwischen Villingen und Triberg herzustellen sei? Man beabsichtigte anfangs nur die Vicinalstraße von Villingen(1) durch das Kirnachthal über Nußbach nach Triberg auf Kosten der Salinencasse und der betreffenden Gemeinden zu verbreitern; das Amt Triberg bevorwortete jedoch die Verbesserung des Straßenzugs über St. Georgen(2) und Nußbach nach Triberg. Bei näherer Erörterung kam aber als Fortsetzung der Kirnachthalstraße die Herstellung einer Straße von Furtwangen in das Prechthal durch das Katzensteigthal über das sog. Furtwängle (Wasserscheide zwischen dem Donau- und dem Rheinthal) nebst einer Abzweigung von dem Furtwängle in das Simonswälderthal und eine Verbindung von Schönwald mit dem Kesselberg zur Sprache, weil man durch eine solche Verbindung nach dem Breisgau auch die lästige Kilpensteige zwischen Furtwangen und Simonswald zu umgehen beabsichtigte. Die ersten Vorschläge der technischen Behörden gingen dahin: 1. die Straße zwischen Hornberg und Triberg durchaus zu verbreitern, 2. die Vicinalstraße durch das Kirnachthal von Villingen bis zum Kesselberg zu verbessern und zu corrigiren, 3. vom Kesselberg bis Triberg eine neue Straße zu bauen. Die Kosten waren annähernd auf 72,000 Fl. berechnet. Im Jahre 1836 erfolgte die höchste Entschließung, daß die Straße von Hornberg über Krummschiltach als Staatsstraße aufzugeben, dagegen die Thalstraße von Hornberg nach Triberg zu verbessern und zugleich näher zu untersuchen sei, ob der Straßenzug über die Sommerau, St. Georgen, Peterzell oder jener durch das Nußbachthal über den Kesselberg und durch das Kirnachthal sich mehr zur Ausführung empfehle? (Siehe Nr. 39.)

Die Arbeiten zwischen Hornberg und Triberg wurden im Jahre 1836 begonnen und 1838 vollendet. Hinsichtlich der Fortsetzung der Straße von der Kreuzbrücke(3) bei Triberg ergab sich, daß die Straße über den Kesselberg in das Kirnachthal auf 172,016 Fl., jene über die Sommerau auf 148,962 Fl. zu stehen käme, daß die Gefällsverhältnisse des ersteren Zugs weit ungünstiger als jene über die Sommerau sind, und daß letzterer Zug eine Stunde kürzer wird. Dieser letztere Zug, der von der Kreuzbrücke bis zur Sommerau mit 3—5 Procent steigt und dann mit 1 Procent wieder fällt, erhielt im October 1837 die Genehmigung und der Bau wurde im Jahr 1838 begonnen und im Juli 1839 bis Peterzell dem Verkehr übergeben.

Mit Einschluß der bis zum Jahre 1844 vollzogenen Vollendungsarbeiten stellte sich der Gesammtaufwand für die Verbesserung der Straße von Hornberg nach Villingen auf 419,905 Fl., wovon etwa 122,000 Fl. auf die Abtheilung Hornberg—Triberg entfielen. Für Häuser- und Geländeerwerbung wurden allein 117,416 Fl., für Felsensprengen, Stützmauern und Erdarbeiten 180,000 Fl. verwendet.

Von den weiter ausgeführten kleineren Correctionen und Verbreiterungen sind hervorzuheben: Von 1831—1847 Correction zwischen Hausach und Hornberg, mit 13,957 Fl., von 1836/7 Verbesserungen ober- und unterhalb Triberg mit 7000 Fl., 1847 die Regulirung beim Bodenhaus in Gutach mit 547 Fl., 1850 die Regulirung bei der mittleren Mühle in Hornberg mit 418 Fl., 1852 Correction in Gutach mit 3006 Fl., 1853 und 54 Correction am Schreinerstich im Gutachthal mit 4016, 1854 Verbreiterung im unteren Gutachthal 485 Fl., 1855 Regulirung unterhalb Hornberg 681 Fl., 1856 Verbreiterungen an verschiedenen Stellen mit 1449 Fl., 1857

---

(1) Villingen war 817 noch Dorf. Herzog Berthold III. legte 999 den Grund zur Stadt, welche Berthold IV. 1119 vollendete. Herzog Conrad von Zähringen umgab die Stadt mit Mauern, und beschenkte sie mit dem Rechte der eigenen Verwaltung. 1197 kam die Stadt als Lehen an Fürstenberg. 1326 unter österreichische Hoheit, 1417 von Kaiser Sigismund zur Reichsstadt erklärt, unterwarf sich Villingen aber 1418 freiwillig wieder österreichischer Oberhoheit, kam dann 1802 an Modena, 1805 an Württemberg, 1806 an Baden. (Hugo, Die Reichsstädte; Mone, Quellensammlung II; Schleicher, Beitrag zur Geschichte Villingens 1854.) Villingen besitzt einen bedeutenden Fruchtmarkt, auf dem 1870 102,800, 1872 103,410, 1873 82,703 Ctr. Getreide ausgeboten wurden. Die Stadt hatte im 14. Jahrhundert schon einen starken Tuch- und Kleiderhandel nach dem Breisgau und heute wird hier noch viel Wollentuch fabricirt. Manufactur wird schwunghaft betrieben, und die beiden Jahrmärkte sind stark besucht. (2) St. Georgen, S. 299. (3) Es stund hier früher ein Kreuz, daher der Name.

Verbreiterung bei der großen Thurmbrücke im Gutachthal mit 850 Fl., 1857 Anlage eines Schneewehplatzes bei der Bettelküche im oberen Nußbachthal durch Verbreiterung der Straße 600 Fl., 1858 Correction am Arlenberg mit 1859 Fl., 1860 Correction unterhalb Hornberg mit 2408 Fl., 1870/2 Umbau der oberen hölzernen Gutachbrücke zu Hornberg in Eisen 4000 Fl. (1)

Von Villingen bis Donaueschingen war die Straße zwar schon seit Mitte des vorigen Jahrhunderts für 2 Geleise hergestellt, sie führte aber über mehrere Steigen von 6—16 Procent. Besonders lästig war die 148 Ruthen lange Steige bei Klengen, deren Gefäll 10—16 Procent betrug.

Von dieser Straße führte ein Vicinalweg über den Berg nach Dürrheim, (2) welcher für den Salztransport benützt werden mußte.

Das ungünstige Gefäll dieses Weges und seine sumpfige Lage in der Nähe von Dürrheim machte eine bessere Verbindung zum dringenden Bedürfniß und man beschloß deshalb im Jahre 1823 von Marbach aus eine neue Straße nach Dürrheim herzustellen. Nach dem genehmigten Project hatte diese neue Straße eine Länge von 1744 Ruthen, eine Breite von 30 Fuß, ein 8 Zoll starkes Fundament von gestellten Steinen mit einer Schotterdecke von 6—8 Zoll zu erhalten. Die 4 Fuß breiten Fußwege waren gegen die Fahrbahn mit 14—16 Zoll hohen Liniensteinen abzugränzen. Die 20 Fuß breite Fahrbahn mußte auf beiden Seiten eine Neigung von 6 Zoll erhalten.

Der auf 37,000 Fl. veranschlagte Aufwand steigerte sich bei der Ausführung bis auf 67,143 Fl., weil durch spätere Abänderungen des Bauplanes das Schulhaus und fünf weitere Gebäude in Marbach entfernt werden mußten und sich auch eine kleine Correction bei Marbach an der Donaueschingen-Villinger Straße als nothwendig erwies. Außerdem zeigten sich die dem Ueberschlag zu Grunde gelegten Preise für Arbeit und Material als zu niedrig.

Das Interesse, welches Großherzog Ludwig an diesem Straßenbau nahm, ist aus einem eigenhändigen Schreiben an den Vorstand der Oberdirection des Wasser- und Straßenbaues d. d. Badenweiler, den 3. Juli 1824 zu entnehmen, worin die möglichste Beschleunigung des Baues befohlen wird. Die Arbeiten wurden sofort eingeleitet und im Jahre 1825 vollendet. Die Salinencasse bestritt den ganzen Aufwand und von Frohndleistungen wurde ausnahmsweise Umgang genommen. (3)

Durch diesen Bau war nun zwar die Salzabfuhr über Villingen bedeutend erleichtert, allein der Transport über Donaueschingen nach Schaffhausen war durch die vielen Steigungen zwischen Marbach und Donaueschingen noch bedeutend erschwert. Die General-Salinecommission brachte deshalb im Jahre 1825 den Bau einer directen Straße von Dürrheim nach Donaueschingen sowohl im Interesse der Saline als des allgemeinen Güterverkehrs nach Ludwigshafen und nach Schaffhausen in Antrag. (4) Im Jahre 1828 wurden nähere Untersuchungen über

---

(1) Das Schmiedeisen für diese Brücke wurde mit 11 Fl. 54 Xr. bezahlt. Das Holz wurde cyanisirt. (2) Dürrheim bestund schon im 10. Jahrhundert mit zähringischem Lehenadel. Von Fürstenberg an den Johanniterorden abgetreten, blieb es in dessen Besitz bis zum Jahre 1806. In dem Jahre 1821 wurde die erste Salzquelle hier erbohrt und schon 1823 Salz bereitet. Der Preis betrug anfangs 5 Xr., später 4 und 3 Xr. 1823 wurden 60,000 Centner, 1825 121,000, 1871/2 245,000, 1875 280,000 Centner, seit 1823 bis 1874 über 10 Millionen Centner Koch- und Viehsalz producirt. Es wurden Salzbäder errichtet, die 1872 von 1599 Gästen besucht waren. Der Torf- und Holzverbrauch fordert circa 80,0000 Fl. jährlich. Früher wurde Salz aus dem Ausland bezogen, für 4—500,000 Fl. jährlich, die Salinen in Dürrheim und Rappenau lieferten aber schon 1828 einen Reinertrag von 242,800 Fl. Die Salzquellen bei Sulz (Amts Mahlberg) und bei Sulzburg wurden schon 1729 und 1783 untersucht. Tulla hatte 1797 auf die Salzlager bei Grenzach aufmerksam gemacht. In den Jahren 1823/4 wurden auch die württembergischen Steinsalzlager bei Schwenningen und Rottenmünster erbohrt und Salinen mit 592,700 Fl. angelegt, welche jährlich 100,000 Centner produciren. Das Salz von allen diesen Salinen ging zum großen Theil in die Schweiz, bis im Jahr 1847 auch dort Salinen errichtet wurden. (3) Im J. 1871 wurde Seitens der Salinenverwaltung der Bau einer Eisenbahn von Marbach nach Dürrheim befürwortet. Die Bahn hatte mit einer Länge von 5,6 Kilom. und $^1/_{60}$ Steigung 240,000 Fl. erfordert. Die Ausführung unterblieb, da die Gotthardbahn die Eisenbahnlinie Schwenningen-Dürrheim-Donaueschingen nach sich zieht. (4) Zwischen Rottweil (arae Flaviae), welches schon im 13. Jahrhundert Stadt war und 1401 reichsfrei wurde, und Donaueschingen bestund früher eine sehr alte, wahrscheinlich auf keltisch-römischer Grundlage verbesserte Heer- und Handelsstraße, welche sich von Schwenningen aus auf der Höhe an dem Zollhaus vorüber nach der Ziegelhütte bei Donaueschingen zog. Diese Straßenverbindung sollte nach einem Beschluß des Kreisconvents vom Jahr 1750 auf Anregung von Fürstenberg und der Reichsstadt Rottweil, wenn auch mit Veränderung der Zugslinie, wieder hergestellt werden. Es entspann sich jedoch hierüber zwischen den betreffenden Gebietsherren ein langer Streit. Württem-

dieses Project angeordnet, wobei sich zeigte, daß die Kosten der Verbesserung der Straße über Klengen mittelst Abtragung der Stiche bei Marbach und Kirchdorf und durchgehender Fundamentirung des Weges sich auf 60,000 Fl. belaufen würden, während für eine durchaus ebene, neue Straße von 1¾ Stunden Länge und 20 Fuß Breite 80,000 Fl. erforderlich wären.

Nachdem inzwischen auf höchste Anordnung vom Jahre 1829 die Herstellung der Straße von Dürrheim über Biesingen, Ober- und Unterbaldingen nach Geisingen begonnen war, stellte man im Jahre 1831 für den Bau einer directen Straße von Dürrheim nach Donaueschingen einen neuen Plan und Kostenüberschlag auf. Es wurde dabei angenommen, daß die neue 2707 Ruthen lange Straße in die Ochsengasse in Donaueschingen einmünden und mit einer Kronenbreite von 32 Fuß, einer Fahrbahn von 18 Fuß Breite, aus 6 Zoll Fundament, 3 Zoll grobem und 3 Zoll feinem Schotter bestehend, ausgeführt werden sollte.

Der Aufwand war auf 84,908 Fl. oder bei Hinweglassung der erhöhten Fußwege und bei Einmündung der Straße in die Lehengasse auf 75,000 Fl. veranschlagt. Die für 1835/36 für diesen Zweck bewilligten 85,000 Fl. wurden aber für die Correction der Triberger Straße verwendet, weil dieser Bau für dringender erachtet wurde. Im Jahre 1838 kam sodann die Herstellung einer Straße durch das Brigachthal nach Donaueschingen in Vorschlag. Auf den entschiedenen Widerspruch der Salinenverwaltung ging man auf diesen Plan nicht ein, sondern suchte das Straßenproject durch das Weyherried mit möglichster Verminderung des Aufwandes auszuführen. Bei Beschränkung der Kronenbreite der Straße auf 28 Fuß berechneten sich die Kosten je nach der Einmündung: bei der Kirche in Donaueschingen auf 93,271 Fl., in die Ochsengasse auf 78,900 Fl., in die Lehengasse auf 69,200 Fl.

Da man besorgte, daß der Bau durch das Weyherried wegen des Torfmoors schwierig und die Unterhaltung kostspielig sei, suchte man eine Zugslinie auf dem linken Thalgrunde auf, welche im Jahre 1845 die Genehmigung erhielt.

Da die Gütererwerbung hier auf vielerlei Anstände stieß und die Linie durch das Weyherried 2000 Fuß kürzer war, wurde 1846 dieser Zug gutgeheißen und zunächst nur die Abtheilung von Dürrheim bis zum sog. Weyherdamm in Ausführung genommen, weil über die Frage, welche Richtung von dort nach Donaueschingen eingehalten werden soll, noch nähere Erörterungen vorbehalten blieben. Der Aufwand wurde nun überschlagen: für die Abtheilung von Dürrheim bis Weyherdamm 43,993 Fl., von da bis zur Einmündung bei dem Theater (jetzt Reithaus) auf 21,431 Fl., zusammen auf 65,424 Fl.

---

berg behauptete, daß die Straße von Balingen über Dotternhausen, Schömberg, Frittlingen, Aldingen, Tuttlingen, Engen und Schaffhausen die alte, wiederherzustellende Landstraße sei, wogegen Fürstenberg die Straße von Schömberg über Neukirch, Rottweil, Deißlingen, Schwenningen, Donaueschingen, Randen als alte Landstraße anerkannt wissen wollte. Die Stadt Rottweil gab im Jahr 1778 ein gedrucktes Promemoria an die schwäbische Kreisversammlung, worin auf den Beschluß des Kreisconvents in Offenburg vom 31. Januar 1750 verwiesen wird, weil dort die Straße über Rottweil, Donaueschingen und Randen „als Hauptheer- und Handelsstraße von Frankfurt nach der Schweiz" anerkannt wurde. Zum Beweise dieser Eigenschaft wurden viele vor dem Reichsnotar abgegebene Zeugnisse der ältesten Personen vorgelegt, wonach diese Straße seit längster Zeit für Güterfuhren aus Nürnberg nach der Schweiz benützt wurde und mit dem Namen „Hochgesträß" bezeichnet war. Die Zeugen gaben an: „daß die Straße früher gepflastert gewesen und viel von Calwer und sächsischen Fuhrleuten benützt worden sei. Im Jahr 1740 habe man im Neckar bei Rottweil eine gepflasterte Furth aufgedeckt, die, ehe eine Brücke bestund, zum Flußübergang benutzt wurde. Im Jahr 1737 sei auf diesem Weg zwischen Villingen und Bahlingen ein Landkutschenfuhrwerk eingerichtet worden, welches die Schweizer, besonders Züricher, zur Reise nach Frankfurt benützten. Die Güterfuhren (Gabelfuhrwerke) haben zum Transport über die starke Steige vom Neckar bis Rottweil oft 10—20 Vorspannpferde nehmen müssen. Nach den Urbarien des Spitals Rottweil von 1574 und von Deißlingen und Rothenmünster aus gleicher Zeit werden viele Güter als „an der Landstraße liegend" bezeichnet. Trotz alle diesem wurde österreichischer Seits darauf bestanden, daß die Straße über Horgen oder Schwenningen nach Villingen geleitet werde, wogegen die Deutschordens-Commende in Villingen die Straße über den deutschorden'schen Ort Dürrheim geführt wissen wollte. Markgraf Carl Friedrich ordnete endlich zur Erledigung dieses Streites ein Viertelsconvent an, welches unterm 27. April 1791 in Rottweil stattfand und von Oesterreich, Württemberg, Fürstenberg, Rothenmünster und Rottweil beschickt war. Trotz aller Bemühungen des den Vorsitz führenden Markgrafen war auch hier eine Vereinigung nicht zu erzielen, da Oesterreich nicht einmal die Herstellung eines Vicinalwegs über Dürrheim gestatten wollte. Inzwischen war die alte Straße von Donaueschingen nach Dürrheim und Schwenningen gänzlich zerfallen. Schwenningen hatte aber im Jahr 1788 gegen Deißlingen eine Verbesserung der Straße vorgenommen. (F. F. Arch. Act.) Man wird durch diese Vorgänge an die Verhandlungen über die Anlage einer Eisenbahn von Rottweil nach Donaueschingen erinnert.

Der Bau begann im Sommer 1846 und die erste Abtheilung wurde 1848 mit 45,700 Fl. Aufwand vollendet. Die Fortsetzung des Baues nach Donaueschingen rief weitläufige Verhandlungen hervor, indem sich die Stadt Donaueschingen, unterstützt von der Standesherrschaft, beharrlich um die Führung der Straße durch die Stadt mit Einmündung in die Lehengasse verwendete, während die Staatsbehörden für Ausführung der Linie nach dem Theater stimmten, weil diese Linie allein ohne Steigung nach Donaueschingen führte, für den Verkehr nach dem Bodensee die Schloßsteige umging und 1200 Fuß kürzer als der Zug durch Donaueschingen war, wogegen bei Verbesserung des Ziegelwegs und Einmündung in die Lehengasse Steigungen von 3—4 Procent und die Schloßsteige mit 6 Procent Gefäll sich als Hindernisse für den Verkehr darstellten. Im Februar 1850 entschied man sich höchsten Orts für die Richtung über den Ziegelweg bis zur Sebastianscapelle, welche Abtheilung im October desselben Jahres dem Verkehre eröffnet wurde.

Die Straße von Marbach über Klengen nach Donaueschingen schied man 1851 aus dem Staatsstraßenverbande aus, weil sich der Güterverkehr ganz auf die Dürrheimer Straße gezogen hatte.

Hierauf erfolgte 1852 die Chaussirung der Lehengasse in Donaueschingen (1) selbst auf eine Länge von 980 Fuß mit einer Fahrbahnbreite von 24 Fuß, aus 6 Zoll Fundament und 4 Zoll Schotter bestehend. Der Gesammtaufwand für den ganzen Straßenbau belief sich auf 67,604 Fl.

Nachdem im Jahre 1867/8 von der unteren Brigachmühle bei der Wolterdinger Straßenbrücke eine neue ebene Straße bis an den Bahnhof resp. bis zu der nach Hüfingen führenden Landstraße hergestellt und in den Landstraßenverband aufgenommen wurde, können schwerere Fuhrwerke diesen Weg einhalten, um die Kirch- oder Pfaffensteige in Donaueschingen zu umgehen, deren Gefäll zwar 1824/5 möglichst verbessert wurde, aber immer noch 7—12 Procent stark und daher sehr lästig ist.

Von den weiteren in neuerer Zeit in der Abtheilung zwischen Hausach und Donaueschingen ausgeführten Verbesserungen sind zu erwähnen: die Ueberwölbung des durch die Stadt Villingen ziehenden Baches mit Herstellung neuer Pflasterung und Entfernung der Brunnen aus der Fahrbahn, welche Bauten 1862/8 auf Rechnung der Stadt ausgeführt wurden, und die Verlegung der Straße zwischen Villingen und Marbach in Folge des Eisenbahnbaues von Villingen nach Rottweil von 1868 auf Rechnung Württembergs. Siehe Ende der 4. Abtheilung.

4. Von Donaueschingen nach Schaffhausen.

Die römische Consular- oder Heerstraße zur Verbindung des Oberrheins mit der Donau hatte unzweifelhaft die Richtung der jetzigen Straße über Fützen, den Randen, Behla, Hüfingen, Donaueschingen und Rottweil. (Gok, Die römischen Heerstraßen I. 144, und Oberamtsbeschreibung von Rottweil 1875.) (2)

Diese Route wurde später auch von dem Handelsverkehre eingehalten und darum auch 1703 durch die schwäbische Kreisversammlung als „uralte Handelsstraße" anerkannt, obgleich Oesterreich sich bemüht hatte, die Straße nur als Vicinalstraße zu erklären. Noch im Anfang des vorigen Jahrhunderts ging der Verkehr aus dem Westen von Württemberg nach Schaffhausen theils über Tuttlingen, Möhringen, Geisingen, Hausen, Kirchen, Leipferdingen, Thengenstadt, Heßler, Hof, Wiechs, Schlauch und Mörishausen, theils über Rottweil, (3) Donaueschingen, Hüfingen, Behla, Riedböhringen, Zollhaus bei Blumberg, Randen, Bargen und Mörishausen.

---

(1) Donaueschingen, in Urkunden von 1327 Tuenoveschingen genannt, scheint keltischer Abstammung, und ist schon 889 urkundlich genannt. Der Ort gehörte im 13. Jahrhundert den Herren von Blumeneck und kam 1468 an die Herren von Stein, 1488 durch Kauf an Fürstenberg. Seit 1750 Residenz des fürstlichen Gesammthauses. Siehe Fikler, Die Donauquellen und Dr. Rinzler, Geschichte von Donaueschingen. Bader, Badenia I. (2) Nach Dr. M. Wanner (das Todtenfeld in Schlaitheim 1867) führte die römische Oberdonau-Straße von Windisch über Rheinheim, Dangstetten, Bechtersbohl in das Wuttachthal an Erzingen vorbei nach Gächlingen, Schlaitheim, Fützen, Behla, Hüfingen, Donaueschingen, Rottweil und einerseits nach dem Kinzigthal, anderseits nach Rottenburg. Kaiser Julian reiste auf dieser Straße über den Schwarzwald an die Donau. (3) Rottweil, dessen Altstadt bis gegen Rottenmünster zog, war der Knotenpunkt römischer Heerstraßen und vielbesuchte Mallstätte. Die Stadt wurde in ihrem jetzigen Bestand im Anfang des 13. Jahrhunderts erbaut. Rottweil war Reichsstadt und kam 1803 an Württemberg. (v. Langen, Beiträge zur Geschichte von Rottweil 1821.) Die hier aufgefundenen römischen Gebäudereste und Geräthe weisen auf eine römische Hauptniederlassung hin. Die Stadt hatte im Mittelalter ein Gebiet von 4 □ Meilen mit 25 Ortschaften. Die Fabrikate an Tüchern, Wolle, Leder, Hanf, Kämmen, Sporen, Sicheln fanden weithin Absatz. Jetzt bestehen noch zwei Jahr- und fünf Viehmärkte nebst einem wöchentlichen sehr bedeutenden Fruchtmarkt.

Als sog. Schleichwege wurden angesehen:

1) die Straße von Hüfingen ([1]) über Hausen vor Wald, Opferdingen, Aachdorf, Fützen, Klausen, Randen; obwohl in einem Vergleich von 1435 anerkannt wurde, „daß die Landwägen und sonstige Fuhrleut über Hüfingen und Hausen vor Wald fahren dürfen, wie von Alters her". (v. Schreckenstein, Badenia I.)

2) von Behla ([2]) über Aselfingen, Aachdorf, Fützen, Klausen, Randen.

3) von Riedböhringen über Hondingen, Riedöschingen, Kommingen, Bargen.

4) von Pfohren über Neidingen, Hondingen, Riedöschingen oder Zollhaus nach Bargen.

Als es sich im Jahre 1735 darum handelte, welche dieser Straßen als Haupt-, Land- und Zollstraße zu verbessern sei, entspann sich zwischen den betheiligten Territorialherren ein langer und heftiger Streit über die Frage: welcher Weg als „alter Handelsweg" zu betrachten sei.

Die desfalls gepflogenen Verhandlungen und namentlich die Aussagen der ältesten Leute der Gegend ergaben, daß die uralte Land- und Handelsstraße von Rottweil über Hüfingen, Riedböhringen, Zollhaus und dem Klausenhof (ein St. Blasianisches Wirthshaus) führte und daß die Straße von Schaffhausen durch den sog. Schlauch nach Bargen erst 1704 von der Stadt Schaffhausen für das weite Geleis hergestellt und erst seit dieser Zeit von den Güterfuhren benützt wurde. Oesterreich bestund auf der Abschaffung der sog. Klausenstraße und auf Einhaltung der Route durch den Schlauch, welchem Verlangen denn auch entsprochen wurde.

St. Blasien fand in diesem, seinen Interessen zuwiderlaufenden Vorgang einen neuen Sporn zur Verbesserung der Straßenverbindung zwischen Lenzkirch und Zurzach, um durch diesen kürzeren Weg den Verkehr von Freiburg nach dem Oberrhein von der Randenstraße abzuziehen und dem St. Blasianischen Gebiet zuzuwenden. ([3])

Die Straße zwischen Hüfingen und dem Randen war noch im Jahre 1737 in einem so schlechten Zustande, daß leichte Güterfuhren mit 10 und 12 Pferden kaum fortkommen konnten. Es fehlten zwischen Riedböhringen und Behla allein 3 Brücken und ebenso zwischen Riedböhringen und dem Zollhaus eine größere; die Straße war daher bei jedem starken Regen auf große Strecken unter Wasser und nur mit Gefahr benützbar. Fürstenberg entschloß sich, die ganze Straße auf seinem Gebiete gründlich zu verbessern und zunächst die schlechteste Abtheilung zwischen den unteren Mühlen bei Riedböhringen und dem Randen unter Leitung des damals renommirten Wegbauers Josef Klein von Gottenheim, „nach Breisgauer Manier" zur Probe herstellen zu lassen.

Nachdem 1330 Klafter Straßenlänge auf diese Art hergestellt und 13,156 Fl. verausgabt waren, wurden 1738 die weiteren 8146 Klafter, deren Herstellung auf 47,438 Fl. überschlagen war, ebenfalls in Angriff genommen. ([4])

Die Arbeit wurde durch Beizug der 4 Aemter Möhringen, Loffingen, Blumberg und Hüfingen zwischen Riedböhringen und dem Randen bewirkt.

Die Vollendung erfolgte 1743; aber schon nach kurzer Zeit war die Straße wegen mangelhafter Unterhaltung wieder schlecht, ([5]) daher Fürstenberg in Folge des Kreisviertelrecesses vom 31. Januar 1750 in den Jahren 1752—1754 eine abermalige durchgehende Verbesserung eintreten lassen mußte.

Die nöthigen Erdarbeiten zur Verbreiterung auf 24 Fuß wurden à 40 Xr. per Klafter und die 20 Fuß breite Versteinung ([6]) à 3 Fl. bis 3 Fl. 15 Xr. in Accord gegeben. Die Kosten im ungefähren Betrag von 10,000 Fl. bestritt die Baarer Weggeldcasse.

([1]) Hüfingen (Hofingen) erscheint 1083 in Urkunden und war im 13. Jahrhundert schon Stadt. Im Jahr 1500 bewilligte der Kaiser dem H. v. Schellenberg in Hüfingen fortan einen Pflasterzoll zu erheben. Bader, Badenia II. ([2]) Behla kam 1619 von St. Gallen an Fürstenberg. ([3]) Siehe Nr. 50 und 52. ([4]) Die Frohnden wurden auf die Gemeinden vertheilt und nach billigem Anschlag bezahlt. Für einen Handfröhner wurden zwei Pfund Brod und 10 Xr., für ein Pferd 20 Xr., für einen Ochsen 16 Xr. abgegeben. Die Fuhrknechte wurden wie Handfröhner behandelt. Die hiedurch erwachsenen Kosten wurden durch eine Geldumlage auf die gesammte Baar gedeckt. ([5]) Die Gemeinden, welche die Unterhaltung zu besorgen hatten, bezogen Weggeld und zwar Hüfingen 12 Xr., Donaueschingen 6 Xr., Behla 15 Xr., Riedböhringen 15 Xr., Blomberg 16 Xr., Zollhaus für das Aerar 4 Xr., zusammen 1 Fl. 8 Xr. für einen Güterwagen. Dieses Weggeld reichte nicht für die Unterhaltung, daher das fehlende auf sämmtliche Unterthanen umgelegt wurde. ([6]) $1^1/_2$ bis 2 Fuß hohes Fundament mit 4 Zoll kleinen Steinen und 6—8 Zoll Kies überdeckt.

Weit weniger war in den Gebieten der Herren von Auersberg, des Deutschordens und des Cantons Schaffhausen ([1]) zur Verbesserung des Wegs geschehen und erst in den Jahren 1785—1793 sind auch hier gründliche Verbesserungen vorgenommen worden, welche Fürstenberg veranlaßten, den Weg, der früher den Bargener Höfen zuging, nun in gerader Richtung nach Bargen zu führen. Auch später noch, besonders 1791 wurden auf Fürstlich Fürstenbergischem Gebiet weitere Verbesserungen an dieser Straße bewilligt. ([2])

Seit die Straße bis zur Schweizergränze ganz im badischen Hoheitsgebiete liegt, wurde ebenfalls allmählich Vieles zur besseren Instandstellung derselben gethan; allein die Gefällsverhältnisse blieben fortan ungünstig, indem bei Behla, Riedböhringen und am Randen Steigen von 10—18 Procent vorkommen. Besonderer Erwähnung verdient der Neubau einer steinernen Brücke über die Brigach in Donaueschingen.

Die alte, etwas weiter oberhalb der jetzigen gestandene sog. Schützenbrücke ([3]) bestand aus massiven Quaderlandfesten, einem Quaderpfeiler, zwei Oeffnungen von 57 und 59 Fuß lichter Weite und einem 16 Fuß breiten Holzgedeck, welches 1809 letztmals erneuert war und 1836 abermals neu hergestellt werden sollte. Da die Brücke sehr baufällig war und eine Correction der Brigach längst Donaueschingen nöthig erschien, kam auf persönliche Anregung des Großherzogs Leopold im October 1836 die Frage zur Erwägung, in welcher Weise eine dem regulirten Flußbett entsprechende neue Brücke herzustellen sei?

Nach Feststellung des Plans für die Regulirung der Brigach wurden drei Pläne für den Brückenbau entworfen; einer für eine Holzbrücke mit 8000 Fl. Baukosten, der zweite für eine Breite von gußeisernen Röhren mit 22,500 Fl. Kosten und der dritte für eine steinerne Brücke mit 24,000 Fl. Bauaufwand. Diese letztere Bogenbrücke mit 2 Pfeilern und 3 Oeffnungen von 30 Fuß für die Mitte und je 22 Fuß für die beiden Seiten, also mit einer gesammten Fluthweite von 74 Fuß, wurde zur Ausführung genehmigt. Die Breite der Fahrbahn beträgt 21 Fuß, der Rinnen 0,5 Fuß, der beiden erhöhten Trottoirs je 5 Fuß. Die Pfeiler sind 17,7 Fuß hoch; der höchste Wasserstand vom Januar 1849 stund 1,1 Fuß unter dem Scheitel der Mittelöffnung. Der wirkliche Aufwand für die Brücke betrug 24,200 Fl.

Diese Brücke wurde am 12. September 1841 feierlich eröffnet und „Leopoldsbrücke" genannt.

In den Jahren 1873/74 suchte man die Schloßdurchfahrt in Hüfingen, welche 73 Fuß lang, 14 Fuß breit und 13,7 Fuß hoch ist, für den Verkehr zu verbessern. Da aber die Erweiterung sich als unthunlich erwies, wurde außerhalb des Thores ein 3 Meter breiter Fußweg längs der östlichen Mauerfronte des Spitals hergestellt; die Gemeinde stellte das Gelände und das Dienstbarkeitsrecht auf Nichtgemeindeeigenthum.

Der Aufwand bestund in 400 Fl.

Außerhalb Hüfingen wurden 1871/4 über die Breg und über den Mühlcanal neue eiserne Brücken mit Straßenregulirung erbaut. Die alte Bregbrücke war von Holz mit einem steinernen und zwei hölzernen Jochen 5,6 m. breit. Die jetzige Brücke ist freitragend und hat 21 m. Lichtweite und 6 m. Breite. Auch an Stelle der alten steinernen Mühlcanalbrücke mit 2 Oeffnungen kam eine eiserne von 9 m. Lichtweite. Das Eisen kostete pro Ctr. 17 Fl., die alte Canalbrücke war gewölbt mit 1 Pfeiler. Die Kosten für diese Bauten beliefen sich im Ganzen auf 36,000 Fl.

Die obere Brigachbrücke auf der Nordseite von Villingen mit Wiederlagern, einem Pfeiler und Holzgedeck mußte 1875 weiter aufwärts verlegt, bezw. in Eisen erbaut werden, da die Bach zur Abwehr von Hochwasser und wegen Erweiterung der Stadt auf Kosten der Stadt einer Correction unterzogen wurde. Der Aufwand im Betrage von 27,392 Mark wurde nach dem Gesetz von 1868 zu $\frac{1}{3}$ von Kreis und Gemeinde, zu $\frac{2}{3}$ von der Staatscasse getragen. Gleichzeitig erweiterte man auch die steinerne Brücke über den nahen Canal vor dem Niedereschacher Thor. ([4]) Die Kosten sind unter dem Aufwand für die Brigachbrücke enthalten. Seit der auf

---

([1]) Schaffhausen hinderte 1750 sogar noch den Verkehr durch das Verlangen, daß alle Fuhren, die über den hohen Randen nach Zürich und Rheinau gehen, durch Schaffhausen fahren mußten; wie dies schon 1716 angeordnet, aber wieder aufgehoben war. Nur die Verbesserung der Straße nach Fützen und Stühlingen nöthigte zur Wiederaufhebung des Gebots. Dagegen bestund noch am Ende des vor. Jahrh. die Bestimmung, daß alle Güter, die vom Auslande kamen, nur durch Schaffhauser Fuhrleute in das Innere der Schweiz geführt werden durften. J. Bernoulli, Reisen. ([2]) Fürstl. Fürstenb. Arch.-Akten. ([3]) Wegen des nahen Gasthauses zum Schützen so genannt. ([4]) Dies Thor, welches 1633 bei Belagerung der Stadt durch die Württemberger gute Dienste leistete, hat neun Fuß lichte Weite.

der Nordostseite der Stadt angelegte Bahnhof den Hauptverkehr anzieht, erkannte man nicht allein den Durchgang durch das sog. Bikenthor von 12 Fuß Lichtweite als zu schmal, sondern auch die vor diesem Thor befindliche alte steinerne Brücke mit 4 Bogen dem Verkehre hinderlich. Die Stadt entfernte daher schon 1874 das an das Thor südlich anstoßende Gebäude, und erklärte sich zur unentgeltlichen Entfernung des Thores selbst bereit, sofern die Straße von der Mitte der Stadt nach dem Bahnhof, und von da bis zur Einmündung bei der Altstadt der Landstraße behandelt, verbessert und eine neue Brücke in Eisen gebaut wird; wogegen die Straße von der Stadtmitte bis zum südlichen Ende von der Altstadt der Gemeinde zur Unterhaltung zu überweisen ist. (1) Der Aufwand war auf 50,000 Mark veranschlagt, wovon 37,000 Mark auf die Brücke entfallen. Die Gemeinde übernahm außer der Correction der Brigach für die Trottoirs und Verbreiterung des Canals 10,300 Mark, der Rest wurde nach dem Straßengesetz umgelegt.

Die neue schiefe Brücke hat 16 m. Lichtweite, 9 m. Breite, 6 m. Fahrt und 18,3 m. Länge. Die alte Steinbrücke hatte 3 Pfeiler. (2) Die Ausführung soll 1876/77 erfolgen. Der ganze erweisliche Aufwand für Verbesserung dieses Straßenzugs beläuft sich auf 1,410,387 Mark, sodann sind in der Zeit von 1842—1876 für die Floßstraße der Kinzig 2,902,166 Mark, im Ganzen also 4,362,553 Mark verwendet worden.

Ohne die Correction der Kinzig, die in Baden 18 Kilometer lang ist, war eine gute und gesicherte Straße in diesem Thale nicht herzustellen. Aber auch die Flößerei hätte in Folge der fortdauernden Geschiebsablagerungen ohne die Flußcorrection nicht mehr betrieben werden können.

Diese Flößerei wurde wahrscheinlich schon von den Römern geübt. (3) Urkundlich ist dies Gewerbe hier im 15. Jahrhundert betrieben worden. (4) In den Dienstschriften gehen die Nachweise bis zum Jahre 1507 zurück.

In früherer Zeit wurde die Flößerei von einer geschlossenen Zunft ausgeübt, deren Angehörige auch den Holzhandel betrieben. Aus diesem Vereine bildeten sich die sog. Schifferschaften in Wolfach, Schiltach und Alpirsbach, welche das Monopol haben, andere Geschäftsleute von der Selbstflößerei auszuschließen. Die Wolfacher Schiffer bedienen sich zu dem Floßbetrieb der Arbeiter, welche die eigentlichen Flößer sind, während die sog. Schiffer den Holzhandel und die Frachtflößerei betreiben. Kinzigflößerei.

Die Schifferschaft Schiltach zerfällt in einzelne Gespannschaften von je 11—12 Flößern. An der Flößerei sind die Gemeinden Kaltbrunn, Oberwolfach, Rippoldsau, Schappbach, Schenkenzell, Schiltach und Wolfach betheiligt. Die Kinzig hatte in ihrem ungeregelten Laufe eine Menge von Inseln in dem Thale gebildet, und jeder Cultur ein Hinderniß entgegengestellt. (5)

Tulla hat in seinem Vortrage über die Correction der Kinzig vom 29. October 1809 in dem Gengenbacher und Zeller Bezirk allein 1180 Morgen überflüssiges Flußbett und Sandbänke bezeichnet, durch deren Umwandlung in Wiesen er eine Werthserhöhung von 700,000 Fl. in Aussicht stellte. Den Gewinn an landwirthschaftlichem Boden berechnete er über 1 Mill. Der heutige Stand zeigt, daß seine Berechnung weit zu niedrig war.

Die eigentlichen Correctionsarbeiten begannen 1816. (6) Die neueste Kinzigfloßordnung ist von 1867 R. B. S. 111. Seit dem Betrieb der Eisenbahn hat der Verkehr auf der Straße beträchtlich abgenommen.

Es wurden 1874 beobachtet per Tag:

Zwischen Offenburg und Gengenbach 173, von da bis Hornberg gegen 100, dann bis nach Villingen 80, von hier bis Hüfingen 150 und von da bis Zollhaus 50 Zugthiere.

Auch die Flößerei ist zurückgegangen, doch kamen 1873 noch 173, 1874 149 Flöße nach Kehl im Werth von 954,000 Fl. Außerdem wurden von Rippoldsau und Schappbach 1000 Klaftern Scheitholz geflößt. Auf den Wunsch der Holzhändler wurde 1875/6 ein Floßhafen in Kehl auf Staatskosten hergestellt. Siehe Nr. 2.

---

(1) Am Ende dieser Stadtstraße stund ebenfalls ein Thor, das bei dem Bau des Gerichtsgebäudes 1850 entfernt wurde. (2) Für Schmiedeisen wurde 29 Mark je 100 Kil., für Guß 22 Mark bezahlt. (3) Mone, Quellensammlung 2. 171 und Urgesch. I. (4) Münster, Cosmographie 1598. (5) Ingenieur Rochlitz — späterer Director — hat 1808 für seine Verdienste um Bepflanzung öder Districte des Kinzigthals eine Geldbelohnung aus der Staatscasse erhalten. (R. Bl. 188.) (6) Siehe Denkschrift über Binnenflußbau 1863.

Nr. 29.

Straße von Kehl nach Goldscheuer und Lahr.

Dauphine-Straße.

Länge von Kehl bis Straße Nr. 1 27,9 Kilometer = 6,3 Stunden.

Die Namen der Orte Straßburg, Kehl, Goldscheuer, Dundenheim, Schutterzell sind in ihrer ursprünglichen Form keltisch, daher der erste Verbindungsweg zwischen diesen Orten wohl ebenfalls keltischer Anlage zuzuschreiben ist.

Die Straße bildet einen Theil der uralten „Rheinstraße", die in frühester Zeit von Altbreisach längs des Rheins nach Kehl und Straßburg führte (siehe Nr. 2), also zwei einstige keltische Niederlassungen in Verbindung setzte. Auch die Römer hatten diesen Weg benützt, denn Marlen (maris legio) war ein Hauptübergang derselben über den Rhein für die Straße über Steinbach und Baden nach Pforzheim.(1)

Im 16. Jahrhundert scheint die Straße ganz im Verfall gewesen zu sein, denn die Straßburger hatten 1571 beschlossen, den Weg von Kehl über das Ried auf Altenheim beziehungsweise Lahr zu bauen.

Der Bau, in Erhöhung bestehend, wurde auch bei Kehl begonnen, aber er wurde nicht fortgesetzt, daher man 1576 stets den Weg über Offenburg nach Lahr einhalten mußte. Erst 1582 wurde der Weg wieder in benutzbaren Stand gebracht, und Straßburg erhob an der Zollstätte auf dem linken Rheinufer von Wagen und Karren einen Wegzoll für Unterhaltung der Straße nach Goldscheuer. (Straßb. Chron. v. 1625.)

In der Mitte des vorigen Jahrhunderts hatte sich der Verkehr von Altbreisach nach Kehl größtentheils auf die verbesserte Frankfurt-Basler Straße bis Dinglingen oder Friesenheim und von ersterem Ort über Hugsweier, von letzterem über Schuttern nach Kürzell, Ichenheim, Dundenheim, Altenheim, Goldscheuer, (2) Marlen und Sundheim gezogen.

Die im Jahr 1769 in Aussicht gestellte Reise der österreichischen Prinzessin Marie Antoinette (3) gab Oesterreich Veranlassung auf Verbesserung des Straßenzugs von Meßkirch über Stockach, Engen, Donaueschingen, Neustadt, Freiburg, Friesenheim, Schuttern, Kürzell, Dundenheim, Altenheim, Goldscheuer, Sundheim bis Kehl zu dringen. (4)

Die Verbreiterung, Regulirung und Verbesserung der Fahrbahn dieses Straßenzugs erfolgte auch 1769/70 durch Zusammenwirken der Gemeinden im Frohndwege und die ganze Straße erhielt den Namen „Dauphine-Straße."

Nachdem auch die Straße von Dinglingen über Hugsweier nach Kürzell verbessert war, benützte der durchgehende Verkehr diese Route bis in die neue Zeit. Eine weitere Correction und Verbreiterung erfuhr die Straße von Sundheim über Marlen und Goldscheuer bis Rittersburg durch Aufgebot einer Frohnd-Concurrenzschaft im Herbst 1800 auf Befehl des französischen Generals Klein. Nach erfolgter Zerstörung der Straße und mehrerer Gebäude in Kehl durch das Hochwasser von 1816 wurde dieselbe 1817 in Dorf Kehl corrigirt und verbreitert.

Die Erbauung einer steinernen Brücke in Sundheim erfolgte 1822. Diese Brücke wurde 1871 mit 3000 Fl. in Eisen umgebaut.

Die Straßen von Kehl nach Goldscheuer, Dinglingen und Offenburg waren schon 1811 Staatsstraßen II. Classe. Da sie in Folge der Eisenbahn den durchgehenden Verkehr verloren, wur-

---

(1) Mone, Zeitschrift IV. (2) Goldscheuer lag früher näher am Rhein. Als der Ort und die durch denselben führende Straße im Jahr 1770 durch Hochwasser zerstört war, wurde Dorf und Straße zum dritten Mal weiter von dem Rhein entfernt und an die jetzige Stelle verlegt. Die alte Straße führte von Kehl nach Goldscheuer ohne Marlen zu berühren. Bis die neue Straße gebaut war, ging der Verkehr über Eckartsweier. (3) Die Reise erfolgte 1770 und die feierliche Uebergabe der Dauphine Marie Antoinette in Frankreich fand am 7. Mai auf dem langen Wörth zwischen den Brücken über den großen und kleinen Rhein statt. Silbermann, Straßburg. (4) Gen. Land. Arch. Act. Früher waren Dorf Kehl und Sundheim zu $^1/_8$ badisch, $^1/_8$ nassauisch, $^2/_8$ von Böcklin, $^4/_8$ Stift Frauenhaus Straßburg. Kürzell, Friesenheim, Dundenheim gehörten zur badischen Herrschaft Mahlberg; Schuttern, Marlen und Goldscheuer zur österreichischen Landvogtei Ortenau; Altenheim zur nassauischen Herrschaft Lahr.

den sie 1857 aus dem Verbande ausgeschieden, aus militärischen Rücksichten aber die Abtheilung von Kehl bis Goldscheuer und von hier bis Offenburg mit Staatsbeiträgen unterhalten.

Die Unterhaltung der 3,86 Stunden langen Abtheilung von Goldscheuer bis zur Straße von Dinglingen nach Ottenheim geschah anfangs durch die Gemeinden, allein später auch mit Staatsunterstützung.

Im Jahr 1840 ist die Unditzbrücke bei Kürzell mit einem Aufwand von 7190 Fl. aus Staatsmitteln neu erbaut worden.

Die Abtheilung von Kehl bis Goldscheuer wurde 1868 ebenso wie die Straße von hier nach Hugsweier nach § 21 des Straßengesetzes unter die Landstraßen eingereiht.

Im Jahr 1871 gestattete die großherzogl. Regierung im Einverständniß mit dem Oberpräsidium von Elsaß-Lothringen der Gemeinde Ichenheim auf Widerruf die Errichtung und den Betrieb einer Rheinfähre unter Vorbehalt der jeweiligen Genehmigung des Tarifs durch die beiderseitigen Regierungen. Die hölzerne Schutterbrücke in Dorf Kehl wurde 1872 mit 1572 Mark in Eisen umgebaut. Der erweisbare Aufwand für Verbesserung dieser Straße beträgt 19,040 Mark.

Im Jahr 1874 sind zwischen Kehl und Goldscheuer 161, zwischen hier und Hugsweier 71 Zugthiere pro Tag beobachtet worden.

Nr. 30.

Straße von Offenburg nach Goldscheuer. (1)

Länge von Straße Nr. 1 bis Nr. 29 9,3 Kilometer = 2,10 Stunden.

Um für militärische Zwecke eine directe Verbindung zwischen Offenburg und Kehl zu erhalten, mußte im Jahr 1770 der Vicinalweg von Goldscheuer über Müllen und Schutterwald nach Offenburg auf Anordnung des Commando's der schwäbischen Kreistruppen verbessert werden. Da diese Straße aber dem Bedürfniß nicht entsprach, veranlaßte dasselbe Commando 1793 den Bau einer neuen Straße in beinahe gerader Linie durch den sogenannten Gottswald mit einer Breite von 24 Fuß und mit Zurückhauen des Waldes auf beiden Seiten der Straße. (2)

Die Bauausführung erfolgte erst 1795 durch Frohndconcurrenz der betheiligten Gemeinden (3) unter der Leitung eines Artillerielieutenants des schwäbischen Kreiscontingents. Güterentschädigungen wurden scheint's nicht geleistet. (4)

Im Jahr 1800 wurde die Straße zwischen Goldscheuer und Rittersburg auf Befehl des französischen Generals Klein corrigirt und verbessert. (Siehe Nr. 29.)

Schon 1802 wurde die Straße in der Nähe von Offenburg durch das Kinzighochwasser zerstört und auch bald wieder mittelst Frohnd hergestellt. Erst seit Eröffnung des Kinzigdurchschnitts bei Offenburg ist die Straße gesichert. (5) Da die Straße 1811 unter die Landstraßen aufgenommen wurde, stellte der Staat 1838 von der neuen Offenburger Kinzigbrücke bis gegen den Gottswald eine neue Verbindungsstraße mit 2379 Fl. her.

Durch die im Jahr 1844 zwischen Offenburg und Kehl eröffnete Eisenbahn verlor die Straße ihre Bedeutung für den durchgehenden Verkehr vollständig und wurde deshalb 1856 aus dem Staatsstraßenverband ausgeschieden, jedoch mit Rücksicht auf militärische Zwecke mit Staatsbeiträgen unterhalten, sie kam aber 1868 nach § 21 des Straßengesetzes wieder in die Classe der Landstraßen.

Zur Erhöhung der Straße zwischen der Offenburger Kinzigbrücke und der Ziegelhütte wurden 1876 3000 Mark als nöthig bezeichnet, der Bau jedoch nicht ausgeführt.

(1) Siehe Nr. 29. (2) Durch den Gottswald führte damals nur ein Holzabfuhrweg, der so schlecht war, daß Jeder fuhr, wo er am besten durchkam. Die Abtheilung von der sogenannten Langenbruck oberhalb Offenburg bis zur Offenburger Ziegelhütte wurde von der Kinzig oft überschwemmt. (3) Die Stadt Offenburg, das fürstlich nassauische Oberamt Lahr und die Gemeinde Schutterwald waren dabei hauptsächlich thätig. (4) Gen. Land. Arch. Akten. (5) Dieser Durchschnitt wurde am 27. Aug. 1827 feierlich eröffnet.

Nr. 31.

Straße von Dinglingen nach Biberach.

Ludwigsstraße.

Länge vom Bahnhof in Dinglingen 16,6 Kilometer = 3,74 Stunden.

Die alte und gewerbreiche Stadt Lahr (1) war schon seit Jahrhunderten mit der Frankfurt-Basler Straße durch zwei Wege verbunden, von denen der eine in Dinglingen, der andere in Mietersheim in die Hauptstraße einmündete. Beide Wege waren, wenn auch schmal und theilweise hügelig, doch im Ganzen den Anforderungen entsprechend, die man in früherer Zeit stellte.

Weniger befriedigte die von Lahr über den Schönberg in das Kinzigthal führende Straße. (2) Dieser ebenfalls sehr alte Weg zog von dem Steinbächle aus (Gemarkung Reichenbach) an der, dem neuen Straßenzug gegenüber liegenden etwa 80—100 Ruthen entfernten Thalwand, der sogenannten Winterhalde, fortan steigend bis an die Scheideck, wo die alte und neue Straße in der Nähe des jetzigen Monuments zusammentreffen. Von hier senkte sich der alte Weg, mit der neuen Zugslinie auf 520 Ruthen zusammentreffend, nur weitere 200 Ruthen mit dieser parallel gehend, an der Winterseite des Emmerbachthals hin und theilte sich dann einerseits gegen Biberach, anderseits gegen Steinach. Die Abzweigung nach Biberach blieb an der Winterhalde des Emmerbachthales, durchschnitt die neue Straßenlinie in der Höhe und an dem Ausgang des Thals und zog dann in der Richtung auf die Mitte des Orts Biberach an die Kinzig, woselbst der Flußübergang durch eine Furth vermittelt wurde. Die Abzweigung nach Steinach fiel stark nach dem 180 Ruthen entfernten Prinzbach hinab und ging dann mit mäßigen Gefällen an die Kinzig, dieser entlang an den Lachenhöfen, dem Reigerwald und der noch vorhandenen alten Capelle, genannt „Maria Schnee", vorüber nach Steinach. Der Hauptverkehr ging auf letzterem Wege, welcher auch von Lahr bis Steinach noch im Anfang des vorigen Jahrhunderts als „Landstraße" anerkannt war. (3)

Der Weg war nur für leichte Fuhrwerke mit schmaler Spur benützbar, da er nur 8 bis 10 Fuß breit, von starkem und wechselndem Gefäll und zum Theil in Hohlgassen liegend war.

Dennoch fand hier ein ziemlich lebhafter Verkehr statt, da der Straßenzug 5 Stunden näher als jener über Offenburg war und die Fuhrwerke, die den Verkehr zwischen dem oberen Kinzigthal und dem Rheinthal vermittelten, in Zeiten, wo die unterhalb Steinach befindlichen Kinzigbrücken oder die Kinzigthalstraße selbst durch Hochwasser zerstört waren, sich auf die Route über den Schönberg angewiesen sahen. Schon in der Mitte des vorigen Jahrhunderts erkannte man deshalb das Bedürfniß einer Verbesserung dieses Wegs, allein die Territorialverhältnisse standen hier wie anderwärts den Bauausführungen entgegen.

Fürstenberg war bereit, in der Gemarkung Steinach das Erforderliche zu thun und auch die Herrschaft Lahr (4) wollte das Ihrige beitragen, allein die Grafschaft Hohengeroldseck (5)

---

(1) Der Name „Lahr" deutet auf keltischen Ursprung. Daß Lahr wie Dinglingen in römischem Besitz waren, wird daraus gefolgert, daß die beiden Wege von Dinglingen und von Mietersheim nach Lahr in alten Güterbeschreibungen als „Hör- oder Heerwege" bezeichnet sind. Lahr wurde 1215 zur Stadt erhoben. Im Jahre 1471, als die Straße, die früher unterhalb der Stadt hinzog, durch die Stadt geleitet wurde, ertheilte Kaiser Friedrich III. der Stadt die Befugniß auf eine Stunde Wegs um die Stadt Zoll zu erheben und zwar von einem Wagen mit Kaufmannsgut 12 Pfennige, von einem Karren 6 Pfennige, von einem Pferd 3 Pfennige. Bezüglich der Hoheitsverhältnisse theilte die Stadt das Schicksal der Herrschaft Lahr. (Stein, Geschichte von Lahr 1827.) (2) Von Lahr zog ein von tiefen Hohlgräben durchschnittener, wahrscheinlich dem Mittelalter angehöriger Heerweg über Burgheim, Heiligenzell, Oberweiler, Oberschopfheim und Diersburg nach Gengenbach und von dem Schutterthal über den Schönberg führte, wie es scheint, eine römische Militärstraße in das obere Kinzigthal. Das alte Lahr soll einst nächst Dinglingen gestanden haben, daher der 30 Morgen große Felddistrict „Mauerfeld" seinen Namen führt. Dinglingen kommt schon in Urkunden von 961 vor. (3) Fürstenberg und die Herrschaft Lahr erhoben auf dieser Straße Zölle. (4) Die Herrschaft Lahr, bestehend aus Lahr, Dinglingen, Mietersheim, Hugsweier, Langenwinkel, Altenheim, kam von den Grafen von Geroldseck an jene von Mörs, dann 1442 an Markgraf Jacob von Baden, 1629 in den Besitz von Nassau-Saarbrücken, 1659 pfandweise an Baden-Durlach, 1726 wieder an Nassau-Saarbrücken, 1799 an Nassau-Usingen und 1802 durch Tausch an Baden. Mayer, „Beiträge zur badischen Civilrechtsgeschichte" und Beschreibung des Churfürstenthums Baden I. (5) Diese Grafschaft bestund aus Prinzbach, Emmersbach, Schönberg, Seelbach, Kubach, Schutterthal und Reichenbach. Inhaber waren seit 1697 die Grafen

war nicht zur Mitwirkung zu bestimmen, und da gerade in diesem Gebiet die dringendsten Verbesserungen auszuführen waren, konnte etwas Zusammenhängendes nicht zu Stande kommen. Man beschränkte sich daher in dem Fürstenbergischen und Lahrer Gebiet auf eine bessere Unterhaltung und Erweiterung des Wegs bis zu einer Breite von 12—16 Fuß.

Da die Kinzig früher in der Nähe des Reigerwaldes mittelst einer starken Krümmung fast rechtwinklich auf diese Straße zog und dieselbe im Jahr 1767 stark angegriffen und 1771 fast ganz zerstört hatte, auch die Lachenhöfe dadurch gefährdet erschienen, wurde durch Fürstenberg alsbald die Wiederherstellung und Sicherung des Wegs mittelst Frohndleistung der gesammten Haslacher Landschaft ausgeführt; auch Lahr verbesserte den Weg auf seinem Gebiet; in dem Geroldsecker Bezirk aber blieb fortan der mangelhafte Zustand.([1])

Nachdem gegen Ende des vorigen und im Anfang dieses Jahrhunderts sich bedeutende Fabriken in Lahr gebildet und Gewerbe und Handel überhaupt hier einen sichtbaren Aufschwung genommen hatten, ([2]) mußte sich natürlich das Bedürfniß eines besseren Verbindungsweges mit dem Kinzigthale immer mehr geltend machen und es wurden zu diesem Ende in den Jahren 1811 bis 1813 verschiedene Projecte aufgestellt, deren Ausführung jedoch in den folgenden Jahren durch das österreichisch fürstlich von der Laien'sche Oberamt Geroldseck abermals verhindert wurde.

Nachdem das Gebiet dieser Herrschaft endlich im Jahre 1819 an Baden abgetreten war, wurde alsbald die Ausführung einer Kunststraße von Lahr bis Biberach beschlossen und auf persönlichen Befehl des Großherzogs Ludwig im Jahr 1821 angeordnet: daß für diesen Bau jährlich 3000 Fl. aus dem Straßenbauetat verwendet und überdies Hand- und Fuhrfrohnden in Angriff genommen werden sollten.([3])

Der Bauplan ist von Baudirector von Tulla selbst aufgestellt worden und die Bauarbeiten, welche für die Abtheilung von Biberach bis zum Schönberger Wirthshaus auf 22,143 Fl. überschlagen waren, wurden auch alsbald begonnen. Die Straße sollte eine Fahrbahn von 18 Fuß und eine $1\frac{1}{2}$ Fuß starke Versteinung erhalten. Die Dossirung war $1\frac{1}{2}$füßig und das sogenannte Bergprofil vorgeschrieben. Auf der Thalseite war ein 4 Fuß breites, mit Liniensteinen begränztes Trottoir herzustellen und das Gefäll sollte nicht über 4 Procent betragen, erhielt aber bis zu 5,8 Procent, weil einige Ruhestellen eingefügt wurden. Die Straße erhielt eine Breite von 24 Fuß. Die Rampe hat einen Radius von 50 und eine Breite von 50 Fuß. Ober- und unterhalb beträgt das Gefäll 5,8 Fuß, in der Rampe selbst 2,5 Fuß.

Da bei den geringen Mitteln und den mit Widerstreben geleisteten Frohnden der Bau nur sehr langsam fortschritt, leistete die Stadt Lahr einen unverzinslichen Vorschuß von 12,000 Fl. Der inzwischen aufgestellte Kostenüberschlag verlangte für die Abtheilung von der Biberacher Brücke bis zum Schönberger Wirthshaus 24,000 Fl., von da bis zur Schutterthalstraße 3000 Fl., für Verbesserung dieser Straße bis Lahr 12,000 Fl.,([4]) zusammen also für eine Länge von 4346 Ruthen 66,000 Fl. einschließlich der Güterentschädigung.

Im Jahr 1823 leistete die Stadt Lahr abermals einen für 2 Jahre unverzinslichen Vorschuß von 20,000 Fl., womit bis zum Jahr 1824 die Brücke über den Emmerbach und die Straße bis zum Schwaibacher Wirthshaus fahrbar gemacht war. Der Bau auf der Schutterseite ging bei der ständigen Renitenz der Frohndpflichtigen, besonders der Fuhrfröhner, noch langsamer vor sich.

Nachdem inzwischen auf Grund der gemachten Erfahrungen der Gesammtkostenaufwand auf 112,598 Fl. berechnet war, leistete die Stadt Lahr weitere Vorschüsse und zwar: im Jahr 1824 einen solchen von 8000 Fl., und im Jahr 1825 einen weiteren von 50,000 Fl. gegen 5 Procent Zins. Bei Beginn des Jahres berechnete man, daß außer den damals schon verwendeten 45,228 Fl. und den bis dahin in Anspruch genommenen 8721 Fuhr- und 3942

---

von der Laien, welche 1806 den Fürstentitel erhielten. Diese Reichsgrafschaft verlor durch Art. 51 der Wiener Congreßacte vom 9. Juni 1815 die Souveränität und kam an Oesterreich, von welchem sie durch Art. 8 des Frankfurter Territorialrecesses vom 20. Juli 1819 an Baden abgetreten wurde. Das Schloß, wie vielseitig behauptet wird, römischen Ursprungs, wurde 1697 von dem französischen Marschall Crequi zerstört. Reinhard, Geschichte von Geroldseck. ([1]) Fürstl. Fürstenb. Arch. Akt. ([2]) 1774 wurde die erste Tabacksfabrik, 1798 die erste Cichorienfabrik errichtet, denen im Jahr 1781, 1807, 1808, 1817 weitere Fabriken gleicher und anderer Art nachfolgten. ([3]) In dieselbe Zeit fällt die Errichtung eines Hafens am Rhein bei Ottenheim, ebenfalls im besonderen Interesse der Stadt Lahr. Siehe Nr. 123. ([4]) Und zwar für Correction und Brückenbau in Reichenbach, Umgehung des Stichs am Walkenbuk, Neubau des Lahrer Pflasters rc.

Handfrohnden noch weiter erforderlich werden, ohne fernere Frohnden 100,642 Fl. und mit Frohndbeiziehung 69,446 Fl.

Von Mai 1826 an wurde für die Spannfrohnden eine mäßige Entschädigung geleistet. Mit den, im Jahr 1827 aus der Staatscasse flüssig gemachten, 13,500 Fl. und den weiteren 12—13,000 Fl., die allmählich aus dem ordentlichen Straßenbau entnommen wurden, stellte sich der Gesammtaufwand einschließlich der Kosten für Güter auf etwa 125,000 Fl.

Da Großherzog Ludwig sich persönlich für diesen Straßenbau sehr interessirt hatte, wurde die Straße mit höchster Genehmigung „Ludwigsstraße" genannt und am 25. August 1827 feierlich eröffnet. Das im Jahr 1828 auf Staatskosten an der Wasserscheide (1) errichtete steinerne Monument enthält die Aufschrift:

„Unter der Regierung Ludwigs, Großherzogs zu Baden, wurde diese Straße erbaut 1827."

Im Jahre 1828 kam diese Straße in den allgemeinen Staatsstraßenverband.

Das Gefäll beträgt vom Schutterthal aufwärts 4—5 Procent, abwärts gegen Biberach auf 1162 Ruthen 5—5,8 Procent. Die Straße bildet nun die nächste Verbindung der Stadt Lahr mit dem Kinzigthal, denn ihre Länge beträgt von Lahr über den Schönberg nach Steinach 4,44 Stunden, während die Route über Schweighausen 7,61 Stunden, und jene über Offenburg 9,79 Stunden lang ist.

Um auf der rechten Seite der, schon 1810 in die II. Classe der Landstraßen eingereihten, Straße von Lahr nach Dinglingen Fußwege mit gepflasterten Rinnen anzulegen, wurden 1858/59 3500 Fl. aufgewendet, wovon die Gemeinde Lahr 800 Fl., Dinglingen 1300 Fl. und die Staatscasse 1400 Fl. übernahmen. Schon 1847 war eine kleine Correction mit 1880 Fl. ausgeführt worden.

Im Jahr 1860 wurde auch die Correction des Stichs bei Dinglingen, der Gefälle von 5—6 Procent besaß, angeregt, und im Jahre 1863 mit 9950 Fl. aus Mitteln des ordentlichen Etats ausgeführt.

Die hier neu angelegte Straße hat eine Länge von 870 Fuß, eine Breite von 28 Fuß mit 18 Fuß Fahrbahn aus 5 Zoll Gestück und 3 Zoll Schotter und Liniensteine. Die Grundstücke wurden von der Bauverwaltung angekauft und die alte Straße, soweit sie nicht für den Ortsverkehr erforderlich ist, der Gemeinde Dinglingen zu Eigenthum überwiesen. Durch diese Straßenverbesserungen ist dem Verkehr eine große Erleichterung geworden. Während die Fracht von Villingen nach Lahr 1814 noch 1 Fl. 20 Xr. pro Centner betrug, kostet sie nach Vollendung der Straßen 33 Xr. Von Lahr nach Haslach betrug die Fracht bis 1818 1 Fl., später 48 Xr. und 1860 noch 24 Xr. per Centner. Im Jahr 1862 ist die Zufahrtstraße zu dem Eisenbahnschuppen in einer Länge von 1160 Fuß ebenfalls in den Staatsstraßenverband aufgenommen worden.

Wenn die Stadt Lahr, trotz dieser verbesserten Communicationsmittel und der Thätigkeit ihrer Bewohner, einen Aufschwung als Fabrik- und Handelsstadt nicht in dem Grade nahm, wie dies erwartet werden durfte, so lag der Grund in dem Zusammenwirken unabwendbarer Verhältnisse. Lahr, seit mehr als 100 Jahren Fabrikstadt, beschäftigte sich hauptsächlich mit Herstellung von Schnupftabak und Cichorienkaffee, mit Gerberei und Leineweberei und Handel mit Colonialwaaren, Hanf, französischen und Landweinen. Später kam auch die Baumwollenweberei, Cigarrenfabrikation, Cartonagenarbeit und Hutfabrikation dazu. (2)

Schon der Mangel an Wasserkraft erschwerte die Concurrenz mit anderen Fabriken, die Leineweberei litt durch die mechanischen Spinnereien und Webereien, und durch den Zollverein kam der Handel mit französischen Weinen völlig in Stockung; die Concurrenz Italiens schädigte den Leinwandhandel und bezüglich der Colonialwaaren siegte Mannheim seiner günstigen Lage wegen über Lahr.

Am meisten aber hinderte den Aufschwung Lahrs die Rheinthalbahn, weil sie in einer Entfernung von etwa $1/2$ Stunde von Lahr vorüberzieht. Nachdem die im Jahr 1861 von der Gemeinde Lahr gestellte Bitte: die Rheinthalbahn zu verlegen und an Lahr vorüberzuführen, mit

(1) Die Höhe dieses Punkts über dem höchsten Wasserspiegel der Kinzig beträgt 583 Fuß, über dem Pflaster in Lahr 640 Fuß. (2) Lahr versendete früher jährlich 30—40,000 Centner Güter über die Ludwigstraße.

Rücksicht auf die Verlängerung dieser Bahn um 2 Stunden, auf die ungünstigen Gefällsverhältnisse und auf $1^1/_2$ Million veranschlagten Aufwand, abgelehnt war, bildete sich eine Actiengesellschaft, welche zu dem Bau einer Seitenbahn von Dinglingen nach Lahr die Concession erhielt (Regbl. 1864, S. 723). Die Staatseisenbahnverwaltung übernahm den Betrieb gegen Vergütung der Betriebskosten. Diese Bahn wurde 1865 eröffnet. Die beabsichtigte Verbindung dieser Bahn mittelst einer Pferdebahn nach dem städtischen Steinbruch, aus dem die Sandsteine auf große Entfernungen versendet werden, ist bis jetzt nicht zur Ausführung gekommen.

Der nachweisbare Aufwand für Verbesserung dieses Straßenzugs beträgt 240,565 Mark.

Der Verkehr von Dinglingen nach Lahr hat seit dem Betrieb der Eisenbahn abgenommen. Während er 1864 noch in 386 Zugthieren bestund, sind 1874 nur 214 pro Tag beobachtet worden. Aber auch von Lahr bis Biberach ist der durchgehende Verkehr zurückgegangen; er beträgt nur 34 Zugthiere pro Tag. Es ist dies der Eisenbahnverbindung durch das Kinzigthal zuzuschreiben, da die meisten Güter von und nach Lahr über Dinglingen versendet werden. Von Lahr bis Reichenbach, wo die Schutterthalstraße einmündet, besteht der Verkehr in 110 Zugthieren.

Nr. 32.

Straße von Lahr nach Mietersheim.

Der von der Frankfurt-Baseler Straße bei Mietersheim nach Lahr führende Vicinalweg (1) wurde im Jahr 1814 in die II. Classe der Landstraßen eingereiht, da auf diesem Wege der Verkehr aus dem Breisgau nach Lahr und in das Kinzigthal vermittelt wurde, während die von Dinglingen nach Lahr führende Straße dem Verkehr mit Straßburg und dem badischen Unterland diente. Auf der Mietersheimer Straße wurden noch in neuer Zeit hauptsächlich die Weine des Kaiserstuhles nach Schwaben abgeführt, weil, abgesehen von einer circa 300 Ruthen kürzeren Linie, die Mietersheimer Straße günstigere Gefällsverhältnisse als die Dinglinger Straße besaß, indem auf letzterer eine Steigung von 5—6 Procent zu überwinden war.

Durch die Eisenbahn von Offenburg resp. Kehl nach Freiburg (2) zog sich der Verkehr aus dem Oberland größtentheils auf die Station Denzlingen, weshalb die Straße über Mietersheim 1857 aus dem Staatsstraßenverbande ausgeschieden und die Straße von Dinglingen nach Lahr verbreitert und durch Umgehung der Steige bei Dinglingen verbessert wurde. (Siehe Nr. 31.)

Da die Straße über Mietersheim gleichwohl in jener Zeit noch einigen durchgehenden Verkehr behielt, war die Regierung 1858 bereit, zu ihrer Unterhaltung einen angemessenen Beitrag zu leisten. Allein es konnte eine Vereinbarung hiewegen mit den Gemeinden Mietersheim und Lahr nicht erzielt werden, daher die Straße fortan von dieser allein unterhalten wurde.

Die Gemeinde Lahr erbaute hierauf eine eiserne Brücke über den Gewerbecanal.

Im Jahr 1874 wurde die Wiederaufnahme dieser Straße in den Landstraßenverband von den Gemeinden nachgesucht. Die Regierung war bereit, diesem Gesuche zu entsprechen, sofern die Straße vorher in guten Stand gebracht wird.

Die desfallsigen Kosten sind 1875 auf 43,053 Mark überschlagen worden, um eine Normalbreite von 6 Metern, Dohlen, Baumpflanzungen, Pflastersteine und Erweiterung der Canalbrücke zu bewirken. Die Gemeinde Lahr war bereit, für Trottoir und Rinnenpflaster einen Vorausbeitrag von 11,000 Mark zu leisten; der Rest mit 32,053 Mark sollte nach dem Gesetz von 1868 zu $^2/_3$ von der Staatscasse, zu $^1/_6$ von der Gemeinde und $^1/_6$ von dem Kreis aufgebracht werden. — Die Gemeinde Lahr hatte die Liegenschaften, darunter 2 Gebäude, anzukaufen, und Mietersheim war bereit für Rinnenpflasterung 500 Mark zu übernehmen. Die Bauausführung wurde für 1878/79 verschoben.

---

(1) Dieser Weg ist wahrscheinlich römischen Ursprungs, da er mit jenem von Mietersheim über Kippenheim, Altdorf und Ettenheim „Heerweg" genannt wird. (2) Eröffnet am 1. August 1845.

Nr. 33.

Straße von Ettenheim nach Haslach.

Länge vom Zoll- und Posthause an der Straße Nr. 1 bis zur Straße Nr. 28 bei Steinach 28,17 Kilometer = 6,34 Stunden.

Von Ettenheim (1) bis zu dem früheren Kloster Ettenheimmünster (2) bestund in früherer Zeit ein schmaler Weg in derselben Richtung, welche die jetzige Straße verfolgt. Vom Gasthaus zur Sonne in Ettenheimmünster bis zum Fuße des Streitberges wurde das Bachbett als Weg benützt und von hier bis auf die Wasserscheide, sowie von da bis zum Schutterthal zog ein Waldweg, der jetzt noch theilweise benützt und wie ehemals Saumweg genannt wird.

Von der jetzigen Schutterbrücke gegen Schweighausen diente wieder das Bachbett als Weg, dann wurde auf kurze Strecke ein vorhandener Feldweg in der Richtung der jetzigen Straße benützt, worauf das Bett der Schutter wieder bis zur Quelle der letzteren die Straße ersetzte. Von der Schutterquelle bis auf die Höhe des Geißbergs war kein eigentlicher Weg vorhanden. Auf dem nordöstlichen Abhange des Geißbergs bis in das Kinzigthal wurden verschiedene Waldwege je nach ihrem fahrbaren Stand gebraucht. Der Verkehr zwischen dem Schutterthal und dem Kinzigthal über Schweighausen beschränkte sich meist auf Fußgänger und leichte Karren.

Im Jahr 1781 beabsichtigte der Fürstbischof von Straßburg eine Verbindung von Steinach über Ettenheim nach Kappel herzustellen, woselbst der Rheinübergang durch eine große Nähe vermittelt wurde. Da jedoch Fürstenberg, welches bei diesem Straßenzug mitzuwirken hatte, (3) seine Theilnahme ablehnte, unterblieb die Bauausführung und man beschränkte sich darauf, von Seiten des Klosters unter- und oberhalb Münsterthal 3 Brücken zu erbauen und im Uebrigen kleinere Verbesserungen an dem Wege vorzunehmen.

Im Jahr 1805, als die Straße kaum noch fahrbar war, wurde sodann ein eigentlicher Plan für die Straße bearbeitet und im Jahr 1806/7 die Abtheilung von Ettenheim nach St. Landolin mit einem Aufwand von 9226 Fl. fast neu mit Beizug von Hand- und Spannfrohnden hergestellt, doch war die neue Straße schmal und hatte viele starke Gegengefälle. Die Baarauslagen wurden aus der Herrschaftscasse vorgeschossen und nebst Zinsen allmählich durch das Chausseegeld ersetzt. In den Jahren 1810/12 erhielt der Bau aufwärts bis oberhalb des Klosters seine Fortsetzung und von hier bis Schweighausen wurde er im Jahr 1813 mit Verbesserung des alten Saumweges begonnen und im Jahr 1814 in der Hauptsache vollendet. Gleichzeitig kam auch die Abtheilung von Welschsteinach bis zum Bildstöckle in Ausführung, die Fortsetzung von hier bis Schweighausen wurde erst in den Jahren 1815—1818 in der Frohnd hergestellt. Die Arbeiter erhielten einen mäßigen Lohn aus der Staatscasse.

Für die Güter wurde Entschädigung geleistet, welche jedoch nach der Volksstimme zum kleineren Theil den Gütereigenthümern zuflossen, da der mit der Gütererwerbung beauftragte Vogt von Schweighausen den größeren Theil für sich in Anspruch genommen haben soll. In Münsterthal sollen die Eigenthümer keine Entschädigung erhalten haben, und sie behaupten, daß sie ihr Eigenthum jetzt in demselben Maße versteuern müssen, wie vor dem Bau. Zu den Arbeiten in Gemarkung Schweighausen (4) wurden auch die Gemeinden Dörlinsbach und Wittelbach beigezogen.

Die Kirchensteige in Welschsteinach wurde im Jahr 1850/51 und verschiedene kleinere Correctionen zwischen dem Geißberg und Steinach in den Jahren 1851 und 1852 mit einem Auf-

---

(1) Die Stadt Ettenheim ist sehr alt; die Pfarrkirche daselbst wird schon im Jahr 763 genannt. Der letzte Bischof von Straßburg, Fürst Rohan, hatte in der Zeit von 1790—1803 hier seine Residenz. Das ehemalige Fürstenthum Ettenheim kam durch den Reichsdeputationshauptschluß von 1803 an Baden. Altdorf war eine keltisch-römische Niederlassung, man fand hier keltisch-römische Geräthe. (2) Die schon im siebenten Jahrhundert gegründete Benedictiner-Manns-Abtei Ettenheimmünster (Etonis monasterium oder Cella monachorum) stund unter der Landeshoheit des Hochstifts Straßburg, sie übte jedoch die niedere Gerichtsbarkeit aus. 1803 kam dieselbe an Baden und 1807 wurde sie aufgehoben. (Mayer, Beiträge zur Geschichte des badischen Civilrechts.) Das neue Klostergebäude wurde 1720/6 erbaut und 1829—1868 abgebrochen. Das zu dem Kloster gehörige Bad St. Landolin war früher als Wunderbad sehr stark besucht. An Stelle einer an der Wunderquelle gestandenen Capelle wurde 1764 die Kirche St. Landolin erbaut. (3) Die Orte Steinach und Welschsteinach gehörten Fürstenberg; Ettenheim, Ettenheimmünster, Münsterthal, Münchweier, Schweighausen, Steig dem Hochstifte Straßburg. (4) Schweighausen gehörte schon 926 zu Ettenheimmünster.

wand von 3233 Fl. aus Staatsmitteln ausgeführt. Nach Aussage der Ortseinwohner ist es wahrscheinlich, daß für das Gelände hier wie allerwärts von Fürstenberg üblich Entschädigung geleistet wurde.

Die Breite der Straße wechselt zwischen 14 und 26 Fuß; bei Ettenheim hat sie eine Breite von 24—26 Fuß, über den Streitberg von 20—22 Fuß, und von der neuen Brücke bei Schweighausen, sowie über den Geißberg wechselnde Breiten von 14—16 Fuß.

Von Ettenheim bis Münsterthal betrug das Gefäll 2—4 Procent, an einzelnen kurzen Stellen auch 5—8 Procent. Von Münsterthal bis auf den höchsten Punkt des Streitbergs wechselte das Gefälle zwischen 3 und 13½ Procent, sodann fällt die Straße gegen Schweighausen in das Schutterthal mit 3—15 Procent. Von Schweighausen bis auf den höchsten Punkt des Geißbergs steigt die Straße mit 3—11½ Procent und sie fällt sodann mit 4 bis 12 Procent. Von Welschsteinach bis Steinach beträgt das verglichene Gefäll 1—1½ Procent.(1)

Die Straße kam im Jahr 1821 in den Staatsstraßenverband, obgleich sie sich ihrer lästigen Gefälle wegen für den durchgehenden Verkehr zwischen dem Münster- und Kinzigthal dazu nicht eignet.

Bei Welschsteinach befindet sich ein Porphyrsteinbruch neben der Straße, aus welchem die Steine zur Unterhaltung der Straßen im Kinzigthal über Steinach abgeführt werden. Nach dem Schutterthal wird hauptsächlich Holz, dagegen Frucht, Obst und Wein aus dem Schutterthal in das Kinzigthal verführt.

Von Schweighausen abwärts nach Ettenheim und Kappel wird viel Holz, Sandsteine und hydraulischer Kalk von Mönchweiler transportirt. Da jedoch der Verkehr im Ganzen, namentlich zwischen Steinach und Schweighausen nicht bedeutend ist, wurde die Straße im Jahr 1856 aus dem Staatsstraßenverbande ausgeschieden, jedoch die Abtheilung von Ettenheim bis Schweighausen, woselbst mehr Verkehr ist, in die Classe der unterstützten Vicinalwege aufgenommen. Dasselbe geschah im Jahr 1859 auch bezüglich der Abtheilung von Schweighausen bis Steinach mit besonderer Rücksicht darauf, daß auf dieser Straße bedeutende Quantitäten von Unterhaltungsmaterial für die Staatsstraßen abgeführt werden. Von den später aus der Staatscasse für Verbesserung dieser Straße verwendeten Beträgen sind hervorzuheben: 1500 Fl. für Straßenregulirung beim ehemaligen Ettenheimer Zollhaus, 3233 Fl. für die 1850/51 ausgeführte Umgehung des Stichs bei der Welschsteinacher Kirche, 1288 Fl. für den Brückenbau bei der Welschsteinacher Mühle, 866 Fl. für den Bau einer steinernen Brücke über den Ellerbach bei Münchweier,(2) 1701 Fl. als Hälfte der Baukosten der steinernen Schutterbrücke bei Schweighausen; die andere Hälfte bezahlte die Gemeinde.

Nachdem diese Straße im Jahr 1821 als Staatsstraße erklärt war, wurde im Jahr 1823 auch die von Kenzingen nach Schweighausen über Bleichheim führende Vicinalstraße im Interesse der Holzabfuhr von den Gemeinden und Waldbesitzern hergestellt. Die alte Straße bis zum Fuß des Hirzhörnle wurde verbessert und von da bis zum Streitberg eine neue Straße mit einem Gefäll von 4—10 Procent hergestellt. Die Gemeinden machten für diesen Bau ein Anlehen von 1451 Fl., zu dessen Abzahlung denselben im Jahr 1824 für 4 Jahre der Bezug eines Straßengeldes bewilligt wurde.

Im Jahr 1868 kam die Straße von Ettenheim nach Haslach wieder in die Classe der Landstraßen.

Um den zunehmenden Verkehr zwischen Ettenheim und Schweighausen zu erleichtern, wurde im Jahr 1873 die Ausführung folgender Correctionen mit 6 Meter Breite und 4,8 Metern Fahrbahn beschlossen und 1874/75 ausgeführt: beim Michelskapellenbuck in Ettenheim durch Verlegung der Straße mit 5300 Fl.; am Bannsteinbuck zur Beseitigung einer Hohlgasse und eines Gegengefälles 4600 Fl.; durch den Ort Münchweier zur Umgehung eines Stiches, mit Benützung der unteren Dorfstraße, 9500 Fl.; beim Klosterbuck durch Umgehung des bei der Brücke in St. Landolin beginnenden Stiches mit 8920 Fl., zusammen 25,600 Fl. = 43,885 Mark. An diesen Kosten haben der Kreis und die Gemeinden den gesetzlichen Antheil zu bezahlen, und zwar: Ettenheim 4547 Mark, Münchweier 1519 und Ettenheimmünster 1219 Mark. Der kleinste Radius wurde mit Rücksicht auf Bauholztransport auf 70 Fuß bestimmt. Die Gefälle sind von 5 bis 8 Procent auf 1,1—2,4 Procent ermäßigt worden. Die Straße erhielt 6 Meter Breite mit

(1) Die Correction der Abtheilung von dem Zusammentreffen der Straße mit jener von Kenzingen bis Schweighausen ist 1874 auf 18,000 Fl. veranschlagt worden. Das Gefäll ist zu 5 Proz. angenommen. (2) Die steinerne Brücke in Mönchweier mit zwei Bogen, 3,15 Meter Lichtweite wurde 1861 auf Staatskosten erbaut.

4,8 Meter Fahrbahn und 0,09 Meter Schotter und 0,15 Meter Gestück. Die Verbesserung der rechtseitigen Auffahrt auf die Brücke ist im Interesse des Verkehrs noch zu wünschen. Der Aufwand dafür ist 1875 auf 7200 Mark überschlagen.

Der nachweisbare Aufwand für Verbesserung dieses Straßenzugs beträgt 82,452 Mark.

Der Verkehr von Ettenheim bis Ettenheimmünster stieg seit 1864—1874 von 214 bis auf 325 Zugthiere täglich. Von Ettenheimmünster bis Steinach wurden seit 1864 nur 47 Zugthiere täglich beobachtet.

Nr. 34.

Straße von Gutach nach Freudenstadt.

Länge in Baden . .	33,05	Kilometer	=	7,4	Stunden
„ in Württemberg	11,60	„	=	2,6	„
zusammen	44,65	Kilometer	=	10,0	Stunden.

Die römische Consularstraße von Windisch nach Rottenburg hatte, wie es scheint, von Rottweil aus nach dem Schwarzwald und gegen das Rheinthal mehrere unter dem Namen: Hochstraß, Hochsträß, Heerstraß bekannte Verzweigungen, welche einen Hauptknotenpunkt auf dem sog. Schänzle bei Röthenberg zwischen Schiltach und Alpirsbach fanden.

Von hier führte auch eine Straße auf dem Kamme des oberen Kinzigthales nach dem Vereinigungspunkt der Wolf mit der Kinzig, wo schon frühe, wahrscheinlich ehe Wolfach bestund, ein Holzstapelplatz der Römer war, welche die Flößerei auf der Kinzig betrieben. (Mone, Urgeschichte I. und Memminger „Oberamt Oberndorf.")

Im Mittelalter waren die Straßen von Gutach bis Schiltach und die beiden Zweige nach Schramberg und Alpirsbach Verkehrswege aus Schwaben nach dem Rheinthal und stunden daher mit anderen Straßen, welche dem gleichen Zwecke dienten, mehr oder weniger in Concurrenz.

Besonders war dies der Fall bei der Schramberg-Hausacher Straße, die als ein Theil der Route von Stockach über Rottweil nach Hausach mit der über Villingen und Hornberg in das Kinzigthal führenden Straße wetteiferte.

Die sog. Wolf- oder Schappbacherthalstraße dagegen, obgleich ebenfalls ein sehr alter Verbindungsweg vieler Orte unter sich und mit dem Kinzigthal, hatte vor 1824 von Rippoldsau (1) aus nach dem Kniebis beziehungsweise Freudenstadt nur eine höchst mangelhafte Fortsetzung und konnte deshalb für den durchgehenden Verkehr nach Schwaben nicht benützt werden.

Die Straße von Hausach bis Alpirsbach lag früher theils im württembergischen, theils im fürstenbergischen Gebiet. (2)

Der ganze Weg von Schiltach bis Schramberg stund unter württembergischer Hoheit und das ganze Thal von Wolfach bis Rippoldsau und die Fortsetzung bis auf den Kniebis gehörte ausschließlich Fürstenberg.

Alle diese Wege waren im vorigen Jahrhundert noch Karrenwege und, nur für die schmale Spur benützbar, führten sie meistens zur Vermeidung von Ueberschwemmungen auf dem Fuße des Gebirges über eine Menge von Hügeln und Bergvorsprüngen hin, überschritten oft die viel gekrümmten Flußläufe mit schlechten Holzbrückchen, waren aber dort, wo sie die Thalsohle berührten, fortan Ueberschwemmungen und vielfacher Zerstörung ausgesetzt.

Da diese Mißstände sich nur mittelst vieler Kunstbauten, Brücken, Felsensprengungen, Flußcorrectionen und Stützmauern beseitigen ließen, und daher einen beträchtlichen Geldaufwand erforderten, wogegen mit Frohndleistungen nur wenig erzielt werden konnte, suchte Württemberg

---

(1) In Rippoldsau bestund schon im 12. Jahrhundert ein zu St. Georgen gehöriges Kloster, welches von 1549 an durch die aus St. Georgen geflüchteten Mönche (Benedictiner) bewohnt war. Das Bad war schon 1490 bekannt und wird 1579 „gefreites Bad von Fürstenberg" genannt. Dasselbe wurde aber 1670 an den Abt in Gengenbach verkauft und 1686 wieder an Fürstenberg abgetreten. 1705 versiegte die Quelle und 1752 abermals, 1753 wurden drei neue Quellen entdeckt. Das Kloster wurde 1806 aufgehoben. 1824 kam das Bad von Fürstenberg in den Privatbesitz der Familie Göhringer und damit in Aufschwung. Damals belief sich die Zahl der Badegäste jährlich auf 240, im Jahre 1869 auf 1633. (2) Gutach, Niederlehengericht, Schiltach, Reichenbach, Alpirsbach waren württembergisch, die übrigen Gemarkungen fürstenbergisch.

von Schramberg aus eine directe Verbindung von Hornberg und von da die Fortsetzung des Weges durch das Brechthal. (1)

Oesterreich und die Ritterschaft unterstützten diesen Plan im Interesse einer directen Verbindung des westlichen Theiles von Württemberg mit Freiburg. (2)

In der Bahlinger Kreisviertelsconferenz von 1779 wurde darum auch beschlossen, daß eine Verbindungsstraße von Tübingen durch das Neckarthal über Bühl und Rottenburg, Kalchweil, Stadt Obernau, Horb, Glatt, Sulz, Waldmössingen, Schramberg, Hornberg und Elzach nach Freiburg erbaut werden soll. Da dieser Beschluß aber die Interessen Fürstenbergs wegen Umgehung der Städte Wolfach und Hausach (3) und insbesondere wegen Schmälerung des bedeutenden Hausacher Zolls wesentlich beeinträchtigte, wurde auf eine von Baden unterstützte Beschwerde von der schwäbischen Kreisversammlung unterm 7. Mai 1781 erkannt:

1. daß die bezeichnete Straße in ihrer Hauptrichtung zwar zu bauen, jedoch
2. die Ausführung der Abtheilung von Hornberg über den Berg in das Brechthal unterbleiben und dagegen von Hornberg durch das Gutachthal über Hausach und Haslach und von da durch das Hofstetter Thal nach Elzach zu bauen und
3. die Straße, auf 18 Fuß Breite chaussirt, in 4 Jahren herzustellen und gegen den Bezug eines billigen Chausseegeldes gehörig zu unterhalten sei.

Der Bau zwischen Elzach und Freiburg wurde noch in demselben Jahre in Angriff genommen und bis 1784 vollendet, jedoch größtentheils nur 14 Fuß breit chaussirt. Auch die Abtheilung von Elzach aufwärts kam 1784—1786 zur Ausführung. (4)

Von Haslach bis zur Elzacher Gränze wurde der Bau der sog. Hofstetter Straße im Jahre 1786 von Fürstenberg ebenfalls in Ausführung gebracht und zwar im Accord, indem für Erdarbeiten, Steinsatz und Stützmauern 7400 Fl., für Brücken und Dohlen 900 Fl. bezahlt und außerdem für die Güter Entschädigung nach der Taxation geleistet wurde. Der alte Weg erhielt eine Breite von 18—22 Fuß, das Gefäll wurde theilweise ausgeglichen und durch Abhebung des Gebirgssattels etwas vermindert.

Württemberg hatte ebenfalls die Straße von Tübingen nach Schramberg und von da über Lautenbach nach Hornberg und Gutach zum größten Theile vorschriftsmäßig hergestellt und zur Begünstigung dieser Route auf der Hornberg-Villinger Straße einen sehr hohen Zoll angelegt.

Nach Vollendung dieses Straßenzugs zog sich der Verkehr von Schramberg nach dem Kinzigthal großentheils von Schiltach ab und die Schiltach-Schramberger Straße kam immer mehr in Zerfall.

So blieben die Zustände bis die Verkehrsverhältnisse die Verbesserung der Wege überhaupt zum dringenden Bedürfnisse gestalteten und Baden, dem inzwischen 1806 das fürstlich Fürstenbergische Gebiet und ein Theil der betheiligten württembergischen Gemarkungen untergeordnet wurden, war es vorbehalten, diesem Bedürfnisse Befriedigung zu verschaffen. Was in dieser Hinsicht geschah, wird nun getrennt nach den einzelnen Straßenabtheilungen zusammengestellt.

Die Straße von Wolfach nach Rippoldsau, größtentheils ein schmaler Karrenweg, wurde 1813 unter Leitung der Straßenbaubehörde von den Gemeinden verbessert, sie erhielt aber von letzterem Orte an erst im Jahre 1824 eine eigentliche Fortsetzung auf den Kniebis und konnte darum erst von jener Zeit an für den Verkehr nach Freudenstadt benützt werden. Als nämlich die Straße von Griesbach auf den Kniebis hergestellt wurde, suchte man auch durch Anlage einer besseren Straße vom Kniebis nach Rippoldsau eine leichtere Verbindung mit diesem Bade herzustellen, weil die Straße durch das Wolfthal beschwerlich und nach Hochwassern oft lange Zeit gar nicht zu befahren war. Es wurde deshalb 1821 höchsten Orts die Anordnung getroffen, daß eine Straße für leichte Fuhrwerke, 18 Fuß breit mit 12 Fuß Fahrbahn und 8 Procent Gefäll, in der Frohnd hergestellt werden soll. Für die Frohndleistungen wurde eine Concurrenz der Ge-

(1) Die Länge des Wegs von Schramberg über Hornberg nach Elzach beträgt 7,3 St., über Hornberg, Haslach 10,1, über Schiltach, Offenburg, Freiberg 27,5, über Haslach, Elzach, Freiberg 16,6 St. (2) Hornberg und Lautenbach waren württembergisch, Oberbrechthal gehörte Baden und Fürstenberg gemeinschaftlich. Niederwasser kam von Oesterreich an Württemberg, Elzach und Oberwinden waren ritterschaftlich, Bleibach, Gutach, Kollnau, Waldkirch österreichisch, Siensbach schwarzenbergisch, Suggenthal halb österreichisch, halb schwarzenbergisch. (3) Wolfach und Hausach kamen schon im 13. Jahrhundert an Fürstenberg. Das Schloß in Hausach wurde 1643 von den Franzosen zerstört. (4) Die Elzacher Straße bestund als einspuriger Weg mit Ausweichplätzen schon seit Jahrhunderten und wurde von der Stadt Waldkirch gegen den Bezug des Brücken-, Straßengeldes und Pfundzolls, wofür Kaiser Karl VI. ein Privilegium ertheilt hatte, unterhalten.

meinden bestimmt und der Geldaufwand im Betrag von 1900 Fl. aus der Straßenbaucasse bestritten.

Der Weg wurde mit Anlage von 2 Rampen und mit Gefällen von 6—12 Procent ausgeführt(1) und 1824 vollendet. Ober und unter den Rampen beträgt das Gefäll 8—9 Procent, in denselben, welche nur 18 Fuß Radius, aber eine Breite von 64—95 Fuß haben, 2 Fuß. So lange jedoch die Straße im Wolfthal nicht verbessert war, beschränkte sich der Verkehr hauptsächlich auf das Bad und auf Holzfuhren und auch jetzt ist der durchgehende Verkehr nicht von Bedeutung. Die Straße ist auch von Rippoldsau aufwärts bis zu dem Beginn der neuen Rampenstraße noch weit zu eng und fast in dem ursprünglichen Zustande.

Der erste Uebergang der Straße von Hausach nach Wolfach über die Kinzig fand noch am Ende des vorigen Jahrhunderts, 400 Ruthen unterhalb der jetzigen sog. Hagenbuchbrücke(2) bei Gutach statt. Die Straße ging 300 Schritt oberhalb der jetzigen Bahnhofrestauration von der Hauptstraße nach der Kinzig, zog sich dann wie jetzt auf der rechten Seite der Kinzig an dem Fuße des Gebirges hin und überschritt wie jetzt unterhalb Wolfach in der Nähe des Siechenhauses zum zweiten Male mit einer Holzbrücke den Fluß.(3) So oft die beiden Kinzigbrücken zerstört waren, mußte der Verkehr jeweils den von Gutach auf dem linken Ufer der Kinzig hinziehenden schmalen und ungenügend fundamentirten Vicinalweg nach Wolfach benützen, wie dies heute noch geschieht, wenn größere Reparaturen an einer der Brücken vorgenommen werden.(4)

Da die Gefällsverhältnisse dieses Vicinalweges aber weit günstiger als die der jenseitigen Straße sind und namentlich die dortige sog. Hagenbuchsteige (mit 7 Procent Gefäll) den Verkehr sehr belästigt, beschäftigte man sich schon öfter mit dem Project, die Straße ganz auf die linke Thalseite zu verlegen, um zugleich die kostspielige Unterhaltung und Erneuerung der beiden Kinzigbrücken zu umgehen.(5) Nach dem neuesten Plane von 1875 würde diese Straßenverlegung 5600 Fl., dagegen der Umbau der beiden Brücken in Eisen 50,000 Fl. kosten.

Der beträchtliche Aufwand für diese neue Weganlage führte stets dazu, an der vorhandenen Straße Verbesserungen vorzunehmen und so wurden insbesondere im Jahr 1846 2009 Fl. für Verbesserungen des Weges von der Hagenbuchbrücke aufwärts und 1850 vom Schloßthor in Wolfach abwärts 1327 Fl. aufgewendet. Der Aufwand für die Tieferlegung der Straße am Hagenbuch zu Ermäßigung der Steigung von 4 Procent auf 2 Procent auf eine Länge von 286 Ruthen bei 20 Fuß Breite wurde auf ca. 7000 Fl. veranschlagt. Bei Gelegenheit des Eisenbahnbaues von Hausach nach Wolfach (1867/68) wurde die Landstraße neben die Bahn auf die linke Thalseite gelegt. Das Gesetz von 1876 bewilligte dafür 89,200 Mark. Die Breite beträgt 6 Meter, das Gefäll 0,8 Procent.

Die Beseitigung des auf dem rechten Kinzigufer gestandenen Thores beim Engel in Wolfach wurde 1847 mit 2028 Fl. bewirkt und 1850 auch das äußere Thor unterhalb Wolfach entfernt.

Der Verkehr über die Kinzig zwischen Wolfach und der Wolfacher Vorstadt wurde bis in die neue Zeit ebenfalls durch eine hölzerne Jochbrücke vermittelt, die oft zerstört wurde. Als daher im Jahre 1862 wieder eine Hauptreparatur nöthig war, entschloß man sich eine neue Brücke ohne Joch mit Eisenconstruction in einer lichten Weite von 91,4 Fuß herzustellen.

Man wählte für die Construction des Oberbaues parabolische eiserne Bogenträger mit Fachwerk. Der Kostenaufwand belief sich für die Herstellung des Widerlagers auf 9350 Fl., für den Oberbau auf 10,650 Fl., zusammen auf 20,000 Fl. Für die Correction in der Wolfacher Vorstadt kamen im Jahr 1849 1409 Fl. zur Verwendung.

Von Wolfach aufwärts der Wolf entlang bis oberhalb Rippoldsau wurde die Wolf früher 21 Mal durch Holzbrücken überschritten, von denen bei jedem Hochwasser immer eine größere

---

(1) Wolfach liegt 884 Fuß, Bad Rippoldsau 1856 Fuß, der Kniebis 3145 Fuß hoch. Hier wird Holz- und Fruchthandel betrieben und die fünf Jahrmärkte und die Wochenmärkte sind stark besucht, daher Graf Friedr. v. Fürstenberg schon 1545 ein stattliches Kauf- und Rathhaus erbauen ließ, das noch heute im Gebrauche ist. Siehe Nr. 35.
(2) Diese Holzbrücke hat drei Pfeiler und eine Lichtweite von 176 Fuß. Die Lichtweite der Oeffnungen beträgt 44 Fuß, die Höhe über dem höchsten Wasserstand 4 Fuß; sie wurde 1851 mit 6400 Fl. erbaut. (3) Diese Brücke, Siechenbrücke genannt, hat eine Lichtweite von 151 Fuß und drei Pfeiler; die Lichtweite der Oeffnungen beträgt 37,7 Fuß, die Höhe über dem höchsten Wasserstand 3 Fuß; sie wurde 1851 mit 6000 Fl. erbaut. (4) Der linkseitige Weg scheint der älteste zu sein und vielleicht mit der Stadt Venau in Verbindung gestanden zu haben, die zwischen Hausach und Wolfach einst von Bergleuten bewohnt worden sein soll. An dieser Straße stund früher ein thurmartiges Gebäude, welches zur Erhebung des Zolls diente, daher die Bezeichnung „am Thurm".
(5) Der Unterhaltungsaufwand betrug 1857—1866 6554 Fl., also jährlich im Durchschnitt 655 Fl. für beide Brücken.

Anzahl zerstört wurde.(¹) Es war darum eine Hauptaufgabe, bei Verbesserung der zwischen 11 und 16 Fuß breiten Straße mittelst Correctionen die Flußübergänge möglichst zu vermindern, was denn auch bisher durch Beseitigung von 16 Holzbrücken geschehen ist, so daß jetzt nur noch 5 Brücken über die Wolf und 3 Brücken über Seitenbäche, nämlich über den Wildschappbach, den Tollenbach und Reichenbach in der Straße liegen.

Die Verbesserungen, welche an der Straße von Wolfach aufwärts durch kleinere Correctionen, Erweiterungen und Gefällsausgleichungen bis zum Jahr 1861 vorgenommen wurden, sind allmählich theils aus den Mitteln des ordentlichen Straßenbauetats, theils mit außerordentlichen Dotationen bestritten worden. Es sind hier besonders hervorzuheben:

1834 Verbreiterung im Holzwald mit 328 Fl., Regulirung beim Hafenbauer 1959 Fl.; 1836 Straßenverlegung zu Oberwolfach 1929 Fl. und Correction beim Rippoldsauerbad 1696 Fl.; 1837 Correction beim Hüttenhaus und von der Badbrücke bis zum Grafenbächle 1708 Fl. und Bau der Rippoldsauer Badbrücke mit Correction 8500 Fl.; 1838 Correction von des Schmidtbauern Kohlplatz bis Bad 1450 Fl.; Verbreiterung beim Klösterle in Rippoldsau 2245 Fl.; 1838/39 Correction zu Oberwolfach 800 Fl.; 1842/43 Correction bei der Schappbacher Kirche 3000 Fl., Correction vom Hafenbauer abwärts 2360 Fl., desgl. vom Klösterle abwärts 5700 Fl.; 1843 Correction unterhalb der Kniebisstraße 4416 Fl., Umgehung der Steige bei der rothen Mühle 706 Fl.; 1844 Correction von Winklersgrund bis Klösterle 2200 Fl.; 1846 Verbesserung am Hagenbuch 900 Fl.; 1846/47 Correction durch die krumme Waag 14,874 Fl.; 1846/47 Correction am Rinken zu Schappbach und am Toes 4195 Fl.; 1848/49 Verbesserung unter dem Wolfacher Schloß mit Abbruch des Zollhauses 4200 Fl.; 1852 Bau der Schwanenbrücke mit Correction 1485 Fl., Correction vom Kiefer aufwärts 1355 Fl., Correction von Rippoldsau aufwärts 946 Fl.; 1853 Correction von Burgbach bis Kiefer 2026 Fl., Correction beim Toes 1077 Fl.; 1854 Correction beim Pfarrhaus in Oberwolfach 1850 Fl., Correction am Zierle 1550 Fl., Correction bei der Oberwolfacher Kirche 596 Fl.; 1855 Correction bei der Bühlerbauerbrücke 4905 Fl., Correction am Zierle 1458 Fl.; 1856 Correction bei der rothen Mühle 847 Fl.; 1860 Correction vom Ochsen bis Wildschappbach 10,900 Fl.; 1861 Correction zwischen Seebach und Burgzell 17,778 Fl.

Diese letzteren Kosten wurden von dem Badefonds vorgeschossen und von dem ordentlichen Straßenbauetat allmählich ersetzt.

Im Jahre 1864/65 wurden für Correction beim Ochsen in Schappbach 12,000 Fl. verausgabt und gleichzeitig auch für den Neubau der Walkenbrücke in Oberwolfach 8600 Fl. aufgewendet.

Während die alte Holzjochbrücke 1,5 unter dem höchsten Wasser lag, wurde die neue über Hochwasser hergestellt, daher die beiderseitigen Brückenauffahrten ein Gefäll von 3 Procent erhielten.

Im Jahr 1868 kam sodann in Gemarkung Oberwolfach die neue sog. Buchersbrücke mit einer Lichtweite von 50 Fuß und zwei 54 Fuß langen eisernen Gitterträgern an Stelle einer freitragenden 50 Fuß weiten Holzbrücke zur Ausführung. Der Aufwand betrug 9837 Fl., wovon für 448 Centner Eisen à 13 Fl. 5827 Fl. in Rechnung kommen.

Hierauf folgten:

1871/72 die Correction zwischen Wolfach und Oberwolfach mit neuer 18,6 Meter weiter eiserner Fachwerkbrücke für 17,505 Fl. Dazu gaben Oberwolfach 400 Fl. und Gemeindegut taxirt auf 84 Fl., ferner Schappbach 300 Fl., Rippoldsau 200 Fl., zusammen 984 Fl.; 1872/73 die Correction unterhalb Seebach durch Verlegung der Straße auf das linke Ufer mit 18,507 Fl., Rippoldsau gab 200 Fl., Schappbach-Breitach 300 Fl.; 1872/73 der Neubau der Wiesenfranzenbrücke mit 9500 Fl., der Neubau der Winkelbauernbrücke mit Correction für 10,999 Fl., Correction bei Börsig mit 2400 Fl.; ein Gutsbesitzer gab Gelände, taxirt auf 300 Fl., gegen Ueberlassung der alten Straße; 1872/73 Correction beim Adler mit 4515 Fl., die Correction beim Künstlerbauer 1909 Fl. und Correction ober der Zanger'schen Mühle 8000 Fl.; 1873/75 Verlegung der Straße in Schappbach auf die rechte Seite des Flusses 400 Meter lang mit 16,500 Fl., Gemeinde und Privaten trugen 1910 Fl. bei.

Die alte Straße hatte hier Steigungen bis zu 11 Procent, 3 Meter Breite und 2 hölzerne Brücken, letztere sind nun umgangen, die Breite auf 6 Meter erhöht und die Steigung auf 1,5 Procent vermindert.

(¹) Unter Fürstenberg waren den Gemeinden verschiedene Districte zur Unterhaltung der Straße zugewiesen und die Wolfacher Landschaftscasse leistete Zuschüsse.

Schon 1846 wurden zu Ausführung einer neuen Straße von Rippoldsau gegen Freudenstadt Vorarbeiten ausgeführt. Der projectirte Zug ging vom Klösterle mit 4,3 Procent in das obere Kestelbachthal, wendet dann und kommt ohne Rampe mit 5 Procent auf den Uebergangspunkt in das württembergische Gebiet. Bei 20 Fuß Breite war der Aufwand auf 54,800 Fl. überschlagen.

Nach einem Project von 1849 wurde der Aufwand zu 49,700 Fl. angeschlagen. Württemberg hätte 7200 Fl. aufzuwenden.

Da der durchgehende Verkehr zur Zeit eine solche Ausgabe nicht rechtfertigt, wird es genügen die vorhandene Straße von Rippoldsaubad bis an den Berg zu verbessern.

Im Jahre 1876 wurde die Ausgleichung des Gegengefälls von 4 Procent der Straße zwischen dem alten Mayer- oder Armenhaus und dem Klösterle mit Verbreiterung auf 6 Meter ausgeführt, da an Stelle des Armenhauses ein Schul- und Rathhaus erbaut werden soll. Der Aufwand ist auf 1900 Mark berechnet. Die Gemeinde gab 275 Meter Beitrag. Die bisherigen nachweisbaren Kosten für Verbesserung dieser Straße belaufen sich auf 543,972 Mark.

Früher konnten 2 Pferde 1 Klafter Holz thalabwärts fahren, jetzt 4—5 Klaftern oder 150—200 Centner, daher kommt es, daß während früher jährlich 2000—3000 Klaftern Scheitholz auf der Wolf geflößt wurden, jetzt die Scheitholzflößerei aufgehört hat und neue Sägmühlen errichtet werden. Der Verkehr auf der Straße ist deshalb auch im Steigen. Man beobachtete 1874 pro Tag von Gutach nach Wolfach 205, von Wolfach bis Schappbach 106, von da bis Rippoldsau 45 und auf dem Kniebis 25 Zugthiere.

Nr. 35.

Straße von Wolfach nach Alpirsbach.

Länge auf badischem Gebiet	16,64	Kilometer	= 3,74	Stunden,
„ „ württemb. „	3,10	„	= 0,70	„
zusammen	19,74	Kilometer	= 4,44	Stunden.

Wie bereits unter Nr. 34 erwähnt, bestund schon zur Zeit der Römerherrschaft eine Straße von dem Schänzle bei Röthenberg in der Richtung nach Gutach. Von Alpirsbach führte eine gepflasterte römische Straße nach Romishorn und Laßberg.

Im Mittelalter scheint die erste Straßenverbesserung in dem oberen Kinzigthal von der Benedictiner-Abtei Alpirsbach ausgegangen zu sein, welche 1095 von den Grafen von Zollern und Sulz gestiftet wurde und 1259 und 1423 von Fürstenberg, 1431 von dem Bischof von Straßburg und 1456 von Friedrich III. Zoll- und Mauthfreiheit erhalten hatte.

Nachdem der Abt zur Beförderung des Handels eine gangbare Straße im Thal hergestellt hatte, erlaubte Kaiser Maximilian 1504 dem Kloster, einen eigenen Zoll zu erheben.(1)

Im Anfang dieses Jahrhunderts bestund auf württembergischen Gebiet von Alpirsbach nach Loßberg und Freudenstadt schon eine Fahrstraße, während nach Schiltach(2) nur ein Karrenweg führte.

Auch von Schiltach bis Wolfach(3) war die Straße noch in der zweiten Hälfte des vorigen Jahrhunderts in einem sehr traurigen Zustande. Ungünstige Steigungsverhältnisse, häufige Ueberschwemmung, fast alljährliche Zerstörung der Holzbrücken und Breiten von nur 10—14 Fuß erschwerten den Verkehr außerordentlich. Besonders lästig waren die Steigen am großen und kleinen Hohenstein unterhalb Schiltach, woselbst thalauf- und abwärts Vorspann von vielen Pferden

(1) Cleß, Culturgeschichte. Steinhofer, Württembergische Chronik 1744. Der Ort Alpirsbach bestund schon vor dem Kloster. Sattler, Geschichte von Württemberg. (2) Schiltach kam 1810 von Württemberg an Baden. In Folge des 30jährigen Krieges war der Ort vollständig verödet und erholte sich erst langsam wieder. (3) Wolfach bestund zur Römerzeit noch nicht, wohl aber wurde von den Römern auf der Kinzig Flößerei betrieben. Am Zusammenfluß der Kinzig und Wolf gelegen, war Wolfach schon früh Stapelplatz. 1304 schon Stadt mit Verfassung von Freiburg. Fürstenbergisch bis 1806. Im 15., 16. und 17. Jahrhundert wurde hier Bergbau auf Kupfer, Blei, Silber und Eisen betrieben. Die Flößerei ist leider auf der Kinzig und Wolf noch immer, wenn auch vermindert, im Betrieb. Seit dem 16. Jahrhundert wird hier ein Bad, einst „Funkenbad" genannt, betrieben, welches 1856 als Kiefernadelbad neuen Aufschwung erhielt. Siehe Nr. 34.

nöthig war. Der schmale Durchgang durch den Ort Schiltach war noch durch eine steile gepflasterte Steige erschwert und von Schiltach nach Alpirsbach führte der hügelige Weg über den steilen Schenkenzeller Schloßberg nördlich an dem Schloß vorüber, sodann wieder in dem Ueberschwemmungsgebiet nach Alpirsbach.

Der Hauptgrund, warum bis Ende des vorigen Jahrhunderts für die Verbesserung dieser Straße fast nichts geschah, lag außer den nur mit großem Aufwande zu beseitigenden Terrainschwierigkeiten in der von Württemberg Oesterreich gegenüber im Jahr 1778 eingegangenen Verpflichtung, den Handelsverkehr aus Schwaben nach dem oberen Rheinthale über Schramberg und Hornberg in der kürzesten Richtung nach dem österreichischen Breisgau zu leiten (1) und keine andere concurrirende Route zu begünstigen. Erst nachdem die Straße auf württembergischem Gebiet fast gar nicht mehr zu gebrauchen war, begann man wenigstens die allerdringendsten Verbesserungen auszuführen.

Im Jahr 1785 wurden das Gefäll der Hohensteinsteige durch etwas tiefere Anlage der Straße einigermaßen vermindert, die äußerst schadhaften Brücken reparirt und auch württembergischer Seits kamen 1797 endlich einige Verbesserungen zu Stande.

Im Jahr 1805 kamen zwischen Schiltach und Alpirsbach mehrere Erweiterungen auf 18 Fuß, 1810/12 mehrere Correctionen an der Hohensteinsteige im Frohndwege zur Ausführung und 1813 ist durch Ab- und Auftrag das Gefäll der gefährlichen Schenkenzeller (2) Schloßsteige durch Concurrenzschaft der Gemeinden mit einem baaren Aufwand von 2129 Fl. und mit Frohndleistung etwas vermindert worden.

In den folgenden Jahren wendete man zur Verbesserung der Straße von Wolfach bis Alpirsbach weitere 6000 Fl. auf, wovon die Chausseecasse 2000 Fl., die Wolfacher Amtscasse 1500 Fl., Privatpersonen 1000 Fl. und die Gemeinden 1500 Fl. übernahmen. Eine weitere, aber allerdings wieder unzureichende Tieferlegung der Hohensteinsteige erfolgte in den Jahren 1818 und 1819.

Nachdem in Folge des preußischen Zollvereins der Verkehr auf dieser Straße einen bedeutenden Aufschwung nahm und insbesondere viele Güter, die früher durch das Neckarthal nach Rottenburg, Hechingen, Balingen, Ebingen und Sigmaringen verbracht wurden, sich mehr der Kinzigthalroute zuwendeten, beschäftigte man sich in den Jahren 1841—1844 mit dem Gedanken, die Straße von Wolfach aufwärts gründlich zu verbessern.

Außer dem Abbruch des Wolfacher Thores in Schiltach mit 2000 Fl. und kleiner Regulirungen, worunter zu nennen sind: 1846 die Correction an der Lutherischen Schmelze mit 3753 Fl., 1849 eine solche oberhalb der Brücke in Wolfach mit 2028 Fl., 1851 Umgehung des Biedemer Rains mit 2056 Fl., 1856 Correction zwischen Rappenfels und Halbmeil mit 1088 Fl., geschah nicht viel zur Ausführung der nöthigen Verbesserungen. Erst nachdem Württemberg 1860/62 den Bau einer Straße von Freudenstadt über Lauterbad durch das Ellenbogerthal nach Alpirsbach mit einem Aufwand von ca. 100,000 Fl. bewirkt und auch zu Verbesserung der Straßen in der Richtung gegen Oberndorf und Schiltach entschlossen war, (3) begannen auch auf badischem Gebiet die größeren Bauausführungen.

Im Jahr 1862 wurde die Schloßbrücke unterhalb Schenkenzell mit einer Lichtweite von 83 Fuß und einem Pfeiler, 4 Fuß über dem höchsten Wasserstand, mit 4000 Fl. provisorisch ausgeführt.

Während diese Brücke noch aus Holz mit steinernen Widerlagern erstellt wurde, entschloß man sich, im Hinblick auf die im Jahr 1862 durch Hochwasser erfolgte Beschädigung der meisten Brücken an der Kinzig, die ebenfalls zerstörte hölzerne sog. Halbmeilbrücke durch eine, 460 Fuß weiter oberhalb herzustellende eiserne Fachwerksbrücke ohne Joch zu ersetzen. Diese Brücke, welche in schiefer Richtung über den Fluß führt, hat, senkrecht gemessen, eine lichte Weite von 84,1 Fuß, schief gemessen eine solche von 99,25 Fuß. Die Breite beträgt zwischen den Trägern 18 Fuß. Die steinernen Widerlager mit Flügeln erhielten Ecken aus Sandsteinquadern und eine Füllung aus Cyclopenmauerwerk von Granit. Der Aufwand für das Eisenwerk (à 12 Fl. 45 Xr. per Centner Schmiedeisen und 7 Fl. 45 Xr. per Centner Gußeisen) betrug 10,189 Fl., der

(1) Fürstl. Fürstenb. Arch.-Act. (2) Schenkenzell, schon 1299 urkundlich genannt, kam 1498 an Fürstenberg. Das Schloß stund schon im 11. Jahrh. Der Ort hatte drei Jahrmärkte. (3) Württemberg baute 1858/70 von der badischen Gränze bei Alpirsbach bis nach Freudenstadt. Von Alpirsbach-Loßberg steigt die Straße mit 4 Procent, dann führt sie theils eben theils mit Fallen von 2 Procent gegen Freudenstadt und steigt dann in gleichem Maaße bis zur Stadt.

Aufwand für die Widerlager 7811 Fl. Die mit diesem Bau verbundene Straßenbaucorrection von 800 Fuß Länge erforderte bei Einhaltung eines Einlenkungsbogens von 90 Fuß Radius bei einer Breite von 20 Fuß und einer Fahrbahn von 16 Fuß 2654 Fl., so daß der ganze Aufwand für diesen im Jahr 1863 vollendeten Bau in 20,654 Fl. besteht.

Auch die Correction der gefährlichen Schloßsteige bei Schenkenzell, welche aufwärts 5—10 Procent Steigung, abwärts 10—15 Procent Gefäll hatte, und zur Winterszeit zu vielen Unglücksfällen Veranlassung gab, wurde in den Jahren 1862/63 durch eine neue, 298 Ruthen lange und 20 Fuß breite Straße umgangen, deren Kosten sich auf 10,000 Fl. beliefen.

Im Jahr 1864 schritt man sodann auch zur Correction der Hohensteinsteige von Eulersbach bis zur Kirche in Schiltach. Die Straße überschritt nämlich auf eine Länge von 9000 Fuß, 275 Fuß über der Thalsohle, den in das Thal vorspringenden sog. Hohenstein mit einem Gefälle von 5—10 Procent, hatte nur eine Breite von 15—18 Fuß und einige kurze Wendungen, daher sie bei Glatteis nur mit Gefahr zu benützen war. Um nun diese Steige zu umgehen, war eine 9000 Fuß lange neue Straße auf dem linken Ufer des Flusses an dem Hohensteinfels vorüber herzustellen und zu diesem Ende für die Kinzig, welche dort eine Sohlenbreite von 16 Fuß besitzt, ein neues Bett von 400 Fuß Länge herzustellen. Die neue Straße erhielt eine Kronenbreite von 20 Fuß und eine Fahrbahn von 16 Fuß aus 5 Zoll Gestück und 3 Zoll Schotter. Der Aufwand belief sich auf 46,000 Fl., jener für die Kinzigcorrection auf 2000 Fl., daher der Gesammtaufwand einschließlich der Kosten für Entfernung des alten Schulhauses im Betrag von 3000 Fl. sich auf 48,000 Fl. belief.

Der Gemeinde Schiltach konnte, ihrer Unvermöglichkeit wegen, nur zugemuthet werden, die erforderlichen Güter für eine Bauschsumme von 10,700 Fl. Namens der Bauverwaltung anzukaufen.

Die neue Straße wurde 1865 dem Verkehr übergeben. In demselben Jahre kam auch in der Nähe der württembergischen Gränze eine Straßencorrection mit 1550 Fl. zur Ausführung. Württemberg baute 1866 von Röthenbach bis zur badischen Gränze mit einem Aufwand von 16,200 Fl.

Im Jahre 1867 erfolgte sodann die auf 14,000 Fl. veranschlagte Correction am kleinen Hohenstein. Während die alte Straße hier nur eine Breite von 14 Fuß und Gefälle von 4—6 Procent hatte, wurde die neue Straße in einer Breite von 20 Fuß auf eine Länge von 3000 Fuß und mit Gefäll von 1 Procent ausgeführt. Für die Güter entschädigte man die Eigenthümer. Die 16 Fuß breite Fahrbahn erhielt ein Gestück von 5 Zoll.

Zur Verbesserung der Straße von Schiltach nach Schenkenzell wurden 1865 Pläne und Ueberschläge aufgestellt und zwar für eine Linie durch Schiltach auf dem linken Ufer der Kinzig und für eine solche auf dem rechten Ufer.

Erstere, 8000 Fuß lang, erforderte einen Aufwand von 62,700 Fl., letztere von ca. 9000 Fuß Länge einen solchen von 82,000 Fl. Man wählte die billigere Linie. Es waren danach erforderlich: bei Schiltach 17,000 Fl., von Schiltach bis Schenkenzell 45,000 Fl., zur Verbindung der neuen Straße mit der alten durch Schiltach 700 Fl. Außerdem werden noch als nöthig erkannt: eine Correction der Straße von Käppelisfelsen durch Schenkenzell bis zur Teufelsküche mit 15,000 Fl. und der Neubau der Schiltachbrücke mit 12,000 Fl.

Im Jahr 1868 wurde die Ausführung der Correction von Schiltach bis Schenkenzell genehmigt und die Arbeiten im Herbst eingeleitet.

Die neue Straße geht in Schiltach von dem alten Weg ab gegen den Fluß, zu welchem Ende 3 Wohnhäuser zu entfernen waren; sie wendet sich dann wieder rechts und kommt im sog. Gründle an den Fluß, der dort zur Umgehung von 2 Ueberbrückungen corrigirt wurde.

Eine weitere Flußregulirung war unterhalb der oberen Kinzigbrücke im sog. Schloßgarten erforderlich. Die neue Straße geht meist längs des Flusses, also tiefer als die alte — jetzt Feldweg. — Das Gefälle beträgt meistens 1 Procent, höchstens 2,25 Procent auf kurze Erstreckung. Die Verbindung der neuen Straße mit der alten bei Schiltach wurde ebenfalls hergestellt. Die Kosten waren auf 62,000 Fl. veranschlagt, die Gemeinde leistete keinen Beitrag, besorgte aber die Erwerbung der Güter und Gebäude gegen Aversum. Da die provisorische Schloßbrücke bei Schenkenzell im Jahr 1869 baufällig wurde, erbaute man 1870/73 in Verbindung mit einer Correction der Straße eine neue Brücke in Eisen (à 15 Fl. per 50 Kilo) mit 23,000 Fl., wovon der Kreis 3833 Fl., die Gemeinde Bergzell 600 Fl. und die Staatscasse 18,567 Fl. übernahmen.

Im Jahr 1873 folgte sodann die Straßencorrection von Schenkenzell abwärts zwischen der Reinerzaubrücke und dem Tannensteg nebst eiserner Fachwerkbrücke (17 Fl. 24 Xr. pr. Centner Schmiedeisen, 11 Fl. 30 Xr. pr. Centner Gußeisen) mit 16,602 Fl. in einer Länge von 546 Meter 6 Meter breit; die Güter wurden für 1100 Fl. angekauft.

Beiträge wurden hierzu nicht geleistet, sodann die Kosten aus Mitteln des Gesetzes von 1870 bestritten.

Die Verbesserung der oberen Abtheilung, welche auf 42,000 Fl. veranschlagt war, wurde wegen des in Aussicht stehenden Eisenbahnbaues von Hausach bis an die württembergische Neckarthalbahn bei Sulz, eventuell bei Freudenstadt verschoben.

Auf Andringen der badischen Gemeinden und Württembergs, welches die Straße auf seinem Gebiet in guten Stand gesetzt hat, entschloß man sich 1874 nun auch diesen Bau ausführen zu lassen.

Während die alte, theils unter Hochwasser liegende Straße von Schenkenzell aus aufwärts mit einer Steige von 13 Procent und kleinen Gegengefällen auf dem linken Ufer hinzieht, bleibt die neue auf dem rechten bis zum Grubersgrund, überschreitet dort den Fluß, durchschneidet die alte Straße und zieht südlich neben derselben hin. Ihr Gefälle beträgt nur 2,6 Procent. Die eiserne Brücke hat 15 Meter lichte Weite (schief gemessen) und 480 Centner Eisen. Die Straße ist 2002 Meter lang, 6 Meter breit, Fahrbahn 4,8 Meter. Die Kosten betrugen 81,600 Mark mit den Kosten für die Brücke.

Beiträge wurden hierzu nicht geleistet, sondern der ganze Aufwand aus Staatsmitteln (Gesetz von 1870) bestritten. Der nachweisliche Aufwand für diesen Straßenzug beträgt 496,877 Mark.

Der Verkehr von Wolfach nach Schiltach ergab 1856 105, 1864 139, 1874 150 Zugthiere täglich, wogegen der Verkehr von Schiltach bis Alpirsbach sich nur von 76 auf 86 Zugthiere gehoben hat.

Nr. 36.

Straße von Emmendingen über Elzach nach Haslach.

Elzthalstraße.

Länge 36,24 Kilometer = 8,15 Stunden.

Nr. 288.

Straße von Elzach über Mühlenbach nach Haslach.

Frischnauthalstraße.

Siehe Nr. 34.

Die Namen: Elz, Gutach, Glotter, Aubach, Kandel, Kolnau, Kilpan, Sexau, Windneureuth, Kolmarsreuthe, Haslach, Frischnau, Dietenthal, Hornau, Heidburg, Rehalde, Rostuk, Fannes, Illenberg, Pfunß, Katzenmoos, Jach, Schonach, Hauenstein, lassen sich auf keltischen Ursprung zurückführen, daher wohl im Elzthal und seiner Umgebung auf keltische Einwohner und Verbindungswege geschlossen werden darf.

Die römische Straße ging, wahrscheinlich der keltischen folgend, unter dem Namen „Heerstraße" über die Gemarkungen Gundelfingen, Denzlingen, Heuweiler, Buchholz nach dem Kastelberg bei Waldkirch. Auf dem linken Ufer der Elz führte damals noch keine Straße. Auch über Mühlenbach durch das Dietenthal führte ein uralter Fahrweg in das Prechthal, der wahrscheinlich keltisch-römischen Ursprungs ist, wie jener, der aus dem Breisgau durch das Elz- und Prechthal führt. Bei der Ueberschwemmung von 1778 fand man bei Mühlenbach einen Opferstein der Diana abnoba von 194 nach Christi (Abt Gerbert, Geschichte des Schwarzwaldes). Der Kastelberg bei Waldkirch (1) soll seinen Namen von einem römischen Castell führen.

---

(1) Mone, Zeitschrift 14.

Die mittelalterliche Straße, welche zwischen Emmendingen und Waldkirch „Lerchenstraße“ hieß, (1) wurde lange Zeit von der Stadt Waldkirch (2) gegen den Bezug von Brücken-, Straßengeld und Pfundzoll unterhalten, zu deren Bezug die Stadt von Kaiser Karl VI. ermächtigt war. Bis über die Mitte des vorigen Jahrhunderts hatte die Straße noch die schmale Spur, kein Fundament, schlechte Gefälle und war oft der Ueberschwemmung ausgesetzt. (3) Auf Veranlassung von Württemberg und unterstützt von Oesterreich hatte die Kreisviertelsconferenz in Balingen 1779 beschlossen, daß für den größeren Verkehr eine Verbindungsstraße von Tübingen durch das Neckarthal über Rottenburg, Horb, Sulz, Oberndorf, Schramberg, Hornberg, Prechthal, Elzach, Waldkirch und Freiburg chausseemäßig herzustellen sei.

Da durch diesen Straßenzug die fürstenbergischen Städte Wolfach, Hausach und Haslach wegen Verminderung des Verkehrs auf der Kinzigthalstraße beeinträchtigt erscheinen, wurde auf Fürstenbergs Beschwerde auf der schwäbischen Kreisversammlung in Ulm unterm 5. Juni 1781 erkannt: daß die gedachte Straße bis Hornberg resp. Freiburg zwar zu bauen, jedoch die Ausführung einer directen Verbindung von Hornberg nach Freiburg über Prechthal zu unterbleiben habe, dafür aber von Hornberg durch das Gutachthal über Hausach nach Haslach und von da durch das Hofstetter Thal nach Elzach zu bauen, daß diese Straße 18 Fuß breit zu chaussiren und gegen ein billiges Chausseegeld gut zu unterhalten sei. (4)

Die von Wolfach und Schiltach hiergegen erhobenen Proteste blieben ohne Erfolg.

Oesterreich ließ nun 1781/84 die Straße von Freiburg nach Waldkirch auf dem linken Ufer der Elz, sowie die Abtheilung von Waldkirch bis Elzach 14 Fuß breit, jedoch ohne Fundament herstellen. In den fürstenbergischen Gemarkungen Haslach und Hofstetten wurden bis 1786 ebenfalls Verbreiterungen auf 18 Fuß und Gefällausgleichungen mit 7400 Fl. vorgenommen. Die Arbeit geschah im Accord und für das Gelände wurde Entschädigung aus der Landschaftscasse geleistet. Man hatte den alten Weg möglichst beibehalten. Abgesehen von vielen starken und wechselnden Gefällen von 5—12 Procent blieb auch die Steige oberhalb Elzach mit 10—24 Procent und eine in diesem Gefälle liegende kurze Wendung. Württemberg baute gleichzeitig auch die Straße von Hornberg nach Schramberg über Lautenbach und von Schramberg über Sulgau, Waldmössingen und Oberndorf. Namentlich wurde die Schramberger Steige mit 7—9 Procent Gefäll und vielen kurzen Wendungen ausgeführt.

Im Jahr 1803 erfolgte sodann eine durchgehende Verbesserung der Straße bis Elzach aus der Waldkircher und Elzacher Weggeldcasse. Die Straße von Emmendingen nach Waldkirch wurde wie jene von Gundelfingen dahin schon 1811 unter die Landstraßen aufgenommen, daher 1812 eine tiefe 400 Ruthen lange Abtheilung unterhalb Buchholz um mehrere Fuß aus Staatsmitteln erhöht und chaussirt und 1818—1821 die Abtheilung vom Elzacher Eck bis Haslach großentheils neu gebaut und auf 20 Fuß verbreitert, sodann die ganze Straße von Waldkirch bis Haslach unter die Staatsstraßen eingereiht wurde. Im Jahr 1857 ist die Abtheilung von Elzach bis Haslach wieder aus dem Verband ausgeschieden und als unterstützter Vicinalweg behandelt worden, wogegen die Abtheilung von Emmendingen bis Elzach im Verbande blieb. Im Jahr 1819 stellte man die Holzbrücke bei Kolnau mit 7000 Fl. und 1839 die Galgenbrücke bei Waldkirch nebst Correction mit 10,040 Fl. neu her. Für Güter wurden 2000 Fl. bezahlt.

Die Straße zieht jetzt von Haslach bis Hofstetten ziemlich eben und steigt dann mit 6—12 Procent $^3/_4$ Stunden lang, dann folgen viele kurze Gegensteigen von 2—7 Procent. An der Hauptsteige ist das sog. Bergprofil angewendet. Gegen Elzach hinab besteht eine lange Steige, die auf dem untern Theil sehr gefährlich ist, weil das Gefälle von 8—20 Procent auch in der kurzen Wendung beibehalten ist. Im Ganzen ist der Verkehr von Haslach nach Elzach mehr

(1) Von dem keltischen Orte „Lörch“. Siehe Original-Plan von 1766. (2) Waldkirch verdankt seine Entstehung dem 920 gegründeten Frauenstift, welches 1434 in ein Chorherrenstift umgewandelt wurde. Der Ort erhielt 1300 von dem Herrn von Schwarzenberg Stadtrechte. 1489 kam das Stift mit der Stadt an Oesterreich und 1805 wurde das Stift aufgelöst. Waldkirch hatte die Freiburger Stadtrechte und vier Jahrmärkte. Im 16. Jahrh. war die Granatschleiferei in großer Blüthe. Schreiber, Urkundenbuch v. Freiburg 1828. I. 1815 wurde hier eine Baumwollenweberei errichtet. (3) Waldkirchs Freiheitsbrief von Carl V. von 1530 bestimmte: daß wenn die Landstraße durch Ueberschwemmung der Elz zerstört werde, die Stadt in Suckenthal, Niederwinden und Kolnau von Feld, Acker, Wiese und andern Gütern das Nöthige unentgeltlich zur Wiederherstellung nehmen darf, wie von Alters her. Die Stadt hatte die Verpflichtung, Weg und Steg, Brücken über Wasser und Landstraßen auf eigene Kosten zu unterhalten. Hirz, Beschreibung des Amts Waldkirch. 1864. (4) Die Straße über Hofstetten ist wahrscheinlich römisch; sie wird „Hohestraß“, „Hirtensteig“ und „alte Weinstraße“ genannt.

als von hier in das Kinzigthal begünstigt. In früherer Zeit, als die Straße von Haslach aufwärts noch nicht corrigirt war, konnte man von Haslach nur 30—40 Centner auf eine Fuhre laden, später schon 140 Centner. Dagegen ist der Vorspann von Elzach aufwärts theuer. Ein Pferd kostet 30 Xr. und bei 3spännigem Fuhrwerk sind 8 Vorspannpferde nöthig. Da zudem die Straße gegen Elzach und auf der Höhe im Winter bei Schnee und Eis kaum zu befahren ist, hat die Gemeinde Elzach im Jahr 1866 um den Bau einer neuen Straße durch das Frischnau- und Mühlenbachthal nachgesucht, (1) es konnte aber damals wegen dringenderer Bauten nicht entsprochen werden.

Dagegen ist 1870 eine Correction am sog. Bürgle bei Emmendingen und 1871 die Correction einer Gegensteige von 4 Procent am sog. hohen Rain bei Gutach oberhalb Waldkirch auf 1500 Fuß Länge mit 13 Fuß breiter Fahrbahn und einem Aufwand von 4393 Fl. ausgeführt worden, wozu die Gemeinde Gutach einen Beitrag von 100 Fl. geleistet hat.

Im Jahre 1873 hat sodann die Straßenbaucasse einen Beitrag von 600 Fl. zu dem Neubau der Kollnauer Canalbrücke geleistet. Inzwischen kam der Bau einer Straße von Elzach durch das Frischnauthal wieder in Anregung.

Das Gesetz von 1870 über Vervollständigung des Landstraßennetzes hatte für diesen Zweck 52,000 Fl. und für Verbesserung der Straße von Elzach nach Gutach 30,000 Fl. vorgesehen, welch' letzterer Betrag aber nur in dem Falle zur Verwendung kommen sollte, wenn die Straße durch das Frischnauthal nicht zur Ausführung käme.

Eingehende Untersuchungen ergaben, daß, wenn man durch das Frischnauthal bis auf die Eck bauen und die bestehende Straße von da über Hofstetten nach Haslach beibehalten wollte, ein Aufwand von 123,000 Mark erforderlich wäre. Da aber in diesem Fall immer noch die Hofstettersteige mit einem Gefällsmaximum von 8—10 Procent beibehalten würde, zog man den Bau über Mühlenbach vor, dessen Aufwand sich auf 170,400 Mark belief.

An Beiträgen waren zu leisten von Elzach 7026 Mark, von Prechthal 4684 Mark, Biederbach 2342 Mark, von Mühlenbach 4684 Mark, von Haslach 4684 Mark, zusammen 23,420 Mark. Elzach übernahm auch den Beitrag für Biederbach.

Der Bau wurde 1876 begonnen und 1877 vollendet. Die Breite der Straße ist auf 5,4 Meter, der kleinste Radius auf 22,5 Meter bestimmt und die Fahrbahn mit 12 Centimeter Gestück und 9 Centimeter Schotter herzustellen.

Die neue eiserne Brücke über die Elz mit 5,4 Meter Länge und 10,5 Meter Lichtweite kostet 11,000 Mark.

Das Maximalgefälle beträgt auf der Seite gegen Elzach 4,9, jenseits 6,8 Procent. Von Mühlbach wird die gute Vicinalstraße beibehalten.

Von Waldkirch nach Elzach bedarf die Straße an mehreren Stellen der Verbreiterung. Der nachweisbare Aufwand für diesen Straßenzug beträgt 219,771 Mark.

Der Verkehr ist von Emmendingen bis Elzach im Zunehmen begriffen. Von 1856—1864 gingen zwischen Emmendingen und Beidach 139, von da bis Haslach 43 Zugthiere, 1874 dagegen bis Bleibach 370, von da bis Elzach 115, dagegen bis Haslach nur circa 30 Zugthiere täglich. Die Verkehrssteigerung rührt daher hauptsächlich von der Route nach Simonswald her.

Nr. 37.

Straße von Freiburg nach Waldkirch.

Länge von Gundelfingen bis Waldkirch 7,97 Kilometer = 1,79 Stunden.

Die Geschichte dieser Straße steht in inniger Beziehung mit den Straßenzügen: Nr. 1 von Frankfurt nach Basel, Nr. 36 von Waldkirch nach Elzach, Hornberg und Schramberg, Nr. 38 von Bleibach nach Villingen und Nr. 102 von Elzach nach Gutach, daher auf die dort mitgetheilten Notizen verwiesen wird.

---

(1) Obervogt Huber in Triberg hatte schon 1809 die Anlage einer Straße von Haslach über Mühlenbach und Schonach in das Triberger Thal angestrebt, und auch die Straßenverbesserung im Dietenthal bewirkt, die Fortsetzung scheiterte an Wirths- und Vorspanninteressen.

Die Verbindung von Gundelfingen mit Waldkirch wurde in früherer Zeit durch einen Vicinalweg vermittelt, der an dem Mauracher Hof vorüber nach Buchholz führte. Erst im vorigen Jahrhundert wurde die Straße auf dem linken Elzufer nach Suggenthal und weiter über den Fuß des Gebirges geführt. (¹)

Im Jahr 1828 wurde diese Straße an manchen Stellen tiefer gelegt; und 1839 erbaute man an Stelle der 1767 hergestellten 13 Fuß breiten Holzbrücke bei Suggenthal eine steinerne Brücke mit 3167 Fl. Verbreiterungen und kleine Correctionen kamen in der sog. Enge', in der Fischnau, ober= und unterhalb Suggenthal in den Jahren 1840—1855 mit einem Aufwand von 8300 Fl. zur Ausführung. Die Grundstücke dazu wurden überall angekauft und auch der sonstige Aufwand von der Staatscasse getragen.

Im Jahr 1870 wurde der Neubau der steinernen sog. Loselbrücke unterhalb Suggenthal mit 2400 Fl. ausgeführt. Die alte Brücke hatte Auffahrten von 4 Procent, wodurch der Verkehr belästigt war. Durch Anwendung einer Eisenconstruction wird die Fahrbahn, welche 21,8 Fuß breit ist, um 3½ Fuß niederer. Die Lichtweite beträgt 21 Fuß. Die ganze Straße ist schon 1811 unter die Staatsstraßen aufgenommen worden. Der nachweisbare Aufwand für Verbesserungen beträgt 23,771 Mark.

Der Verkehr von Waldkirch nach Denzlingen ist größer als jener von Waldkirch nach Emmendingen, weil mehr geschäftliche Beziehungen mit Freiburg und den oberhalb liegenden Orten als mit dem Unterlande bestehen. Die Postomnibusverbindung betrug 1872 auf ersterer Route 9670, auf letzterer nur 3580 Personen. Der Güterverkehr des Elzthales mit der Eisenbahnstation Denzlingen beträgt 138,000 Centner, mit Station Emmendingen 59,000 Centner, daher 1872 der Bau einer Eisenbahn zwischen Denzlingen und Waldkirch concessionirt wurde. (Ges.= und Verordn.=Bl. 1872, S. 201 und Staats=Anzeiger Nr. 32.) Die Eröffnung dieser Bahn erfolgte 1873.

Nr. 38.

Straße von Bleybach nach Villingen.

Simonswälder= oder Kilpenstraße.

Länge 50,13 Kilometer = 11,28 Stunden.

Die von Villingen über Furtwangen durch das Simonswälder Thal nach Waldkirch und von hier einseits nach Emmendingen, anderseits nach Freiburg führende Straße trifft bei Bleibach mit der über Elzach nach Haslach ziehenden Straße Nr. 36 zusammen und wird daher Straße von Bleibach nach Villingen genannt, welche schon im 14. Jahrhundert als Saumpfad oder schmaler Karrenweg einen Theil des Handelsverkehrs zwischen dem Breisgau, Württemberg und der Baar vermittelte. Die erste Anlage dieses Weges erfolgte ohne Zweifel durch die Kelten, denn alle Orte, welche er verbindet, besitzen Namen, die wie Kollnau, Eschbach, Elzach, Bleibach, Grün, Kilpen, Gütenbach, Bregenbach, Furtwangen, Schönenbach, Vöhrenbach, Heubühl, Kirnach ꝛc. aus keltischer Sprache erklärt werden können. Mit dieser Straße stund im Mittelalter wie heute die Straße von Freiburg über die Wagensteige nach Villingen in Concurrenz und da die Stadt Freiburg wie natürlich den ganzen Verkehr aus Württemberg auf diesen Weg zu lenken wünschte, trat sie jeder Verbesserung der Simonswälder Straße hindernd entgegen und schloß sogar im Jahr 1316 mit Heinrich von Schwarzenberg, dem damaligen Herrn über Waldkirch und den Simonswald einen Vertrag ab, wonach er die Verbesserung der Simonswälder Straße und das Befahren derselben „mit Karrengut oder Waaren" gänzlich verboten hatte. Freiburg bezahlte hierfür 50 Mark Silber. (²) Da aber dies Verbot allmählich keine Beachtung mehr fand, bestätigte Erzherzog Sigismund von Oesterreich im Jahr 1485 den erwähnten Vertrag vom Jahr 1316 in der Art: „daß in Simonswald keine Landstraße, sondern nur ein Saumweg bestehen soll, auf dem keine Kaufmannswaare transportirt werden darf."

Dennoch suchten die Simonswälder die Straße allmählich zu verbessern, bis im Jahr 1577 Landvogt Wilhelm von Rappoldstein mit allem Ernste dagegen einschritt. Als aber in Folge des

(¹) Wahrscheinlich war dies nur die Wiederherstellung einer früher schon bestandenen, durch den Fluß zerstörten Straße. Siehe Nr. 34. Waldkirch, Stadtordnung von 1588. (²) Hirz, Beschreibung von Waldkirch.

dreißigjährigen Krieges die Wagensteigstraße von Freiburg nach Villingen vollständig in Zerfall gekommen war, suchten die Simonswälder durch weitere Verbesserung ihrer Straße den Verkehr aus Schwaben ganz an sich zu ziehen, was auch größtentheils gelang, so daß im Jahr 1718 sich das Bedürfniß zur Erbauung eines Wirthshauses auf dem Kilpen geltend machte.

Die Beschwerden der Stadt Freiburg gegen Verbesserung der Simonswälderstraße wurden erst im Jahr 1776 durch eine Generalverordnung der vorderösterreichischen Regierung, welche die Verbesserung aller Vicinalwege anordnet, vollständig niedergeschlagen und zugleich auf Veranlassung gedachter Regierung der Weg vom Engelwirthshause in Simonswald bis auf die Höhe des Kilpens für die breite Spur erweitert und verbessert.

Hierdurch und durch den Neubau oder Verbesserung der meisten Brücken zwischen Furtwangen und Waldkirch wurde die Straße auch für den größeren Handelsverkehr benützbar, welcher sich auch alsbald in so erfreulichem Maße einstellte und so vermehrte, daß die Straße über Vöhrenbach nach Donaueschingen im Jahr 1813 in die erste Classe der Commercialstraßen eingereiht werden konnte.

So wie sich einseits durch Belebung des Handels mit Getreide, Holz und Schwarzwälder Industrieerzeugnissen (1) nach dem Rheinthale, Frankreich und der Schweiz und durch vermehrte Zufuhr von Wein und Obst nach dem Schwarzwalde und nach Schwaben der Verkehr immer mehr steigerte, so traten anderseits auch die Mängel der Straße immer fühlbarer hervor, als welche sich hauptsächlich die unzureichende Breite von nur 12—16 Fuß nebst vielen kleinen Stichen und Gegengefällen im Simonswälder Thal, ganz besonders aber die sehr beschwerlichen Steigen zwischen Obersimonswald und Furtwangen — die Kilpensteige — und zwischen Vöhrenbach und Villingen — die Vöhrenbachersteige — bemerklich machten. (2) Die Straße von Vöhrenbach nach Villingen war 1817 unter die Landstraßen aufgenommen, 1818 aber wieder aus dem Landstraßenverband ausgeschieden und von der Gemeinde Villingen gegen den Bezug von Straßengeld unterhalten worden, welche Gemeinde, solange Villingen österreichisch war, ebenfalls Straßengeld bezogen hatte.

Auf Andringen der Salinenverwaltung in Dürrheim kam die Straße 1832 wieder in den Verband und das Straßengeld wurde aufgehoben (R.-B. S. 248 von 1872).

Die kleinen Verbesserungen, für welche von 1831—1847 18,779 Fl. aufgewendet waren, konnten natürlich in der Hauptsache nicht helfen, sondern es handelte sich um die Correction der gedachten Steigen und zunächst der Kilpensteige, welche vom Engel in Obersimonswald bis zum Eckwirthshaus auf eine Länge von 2060 Ruthen mit 8—25 Procent anstieg und gegen Furtwangen mit 8—9 Procent abfiel, also dem Verkehr das größte Hinderniß entgegenstellte. Ganze Reihen von Pferden mußten beim Engel vorgespannt werden, um Fuhrwerke von nur mittlerer Ladung auf die sog. Eck zu bringen. Schon im Jahr 1833 war die Frage zur Erörterung gekommen, ob nicht bei der Wahl der Zugslinie für eine neue Straße von Villingen in das Kinzigthal auch auf die Umgehung der Kilpensteige Bedacht zu nehmen sei? (3) Bei dem großen in Aussicht gestellten Aufwand sah man jedoch von einem solchen Projecte ab. Da aber durch den allmählichen Stillstand der Hüttenwerke und den verminderten Holzverbrauch der Saline Dürrheim die Holzpreise so sehr sanken, daß an manchen Orten nur 1 Fl. pro Klafter auf dem Stock erlöst wurde, daher entferntere Absatzorte gesucht werden mußten, ließ sich die Verbesserung dieser Straße nicht mehr verschieben.

Auf empfehlende Ueberweisung der im Jahr 1844 an die Stände gelangten Petitionen um Correction der Kilpenstraße wurden in dem Budget für 1846/47, ehe noch Plan und Ueberschlag vorlag, eine Summe von 20,000 Fl. zum Beginn der Vorarbeiten bewilligt. Nach einem Ueberschlag von 1848 wurde der Aufwand für die neue Straße vom Engel in Obersimonswald bis Furtwangen bei einer Länge von $3^3/_{10}$ Stunden auf 258,000 Fl. oder auf 80,000 Fl. für die Stunde veranschlagt.

Die Maximalsteigung war auf $6^1/_2$ Procent, die Breite der Straße auf 20 Fuß, der Fahrbahn auf 16 Fuß mit 1 Fuß Versteinung, jene des Grabens an der Bergwand auf 3 Fuß

(1) Die 1680 auf dem Schwarzwald begonnene Uhrenfabrikation hat sich bis in die neueste Zeit so sehr gehoben, daß schon 1838 554,000 Stück im Werthe von $1^1/_2$ Millionen Fl. in alle Welt versendet wurden. Durch die im Jahre 1849 in Furtwangen gegründete Uhrenmacherschule ist dieser Industriezweig noch weiter gediehen. In Vöhrenbach und Kirnach werden hauptsächlich Spieluhren gemacht. 1872 sind 1,800,000 gefertigt worden. (2) Tulla sagt 1824: Die Straße ist in kläglichstem Zustand, man braucht für geladene Wagen mit 4 Pferden 10—12, bei nassem Wetter 14—15 Pferde Vorspann. (3) Siehe Straße Nr. 28.

und die Böschung anderthalbfüßig vorgeschrieben. In Entfernungen von 250—300 Fuß sind Materiallagerplätze vorgesehen.(1) Die Arbeiten wurden im Mai 1847 zwischen Obersimonswald und Güttenbach, mit Verwendung der im Steinsprengen geübten Italiener, begonnen.(2) Man nahm dabei besondere Rücksicht darauf, daß zuerst diejenigen Straßentheile hergestellt werden, auf denen der Baumaterialtransport bewirkt werden konnte.

Die Abtheilung von Obersimonswald bis Güttenbach war 1854 fahrbar und es wurde von hier aufwärts einstweilen der Vicinalweg über die Gschwendhöhe und den Staatsberg nach Furtwangen(3) benützt, so daß schon von 1855 an der Verkehr größtentheils die alte Kilpenstraße verlassen hatte.

Der Aufwand stellte sich einschließlich der Kosten für einige Verbesserungsarbeiten an dem Vicinalwege auf 163,071 Fl.

Die Kosten für eine neue Straße von Güttenbach bis Furtwangen, $1^{7}/_{10}$ Stunden lang, wurden 1855 auf 93,000 Fl. überschlagen und zwar von Güttenbach bis zur Gschwendhöhe auf 53,000 Fl., von da bis Furtwangen auf 40,000 Fl.

Die Straßenbreite war hier auf 20 Fuß, das innere Bankett auf 2 Fuß, das äußere auf 3 Fuß, der Graben im Einschnitt 1 Fuß tief, oben 3 Fuß, unten 1 Fuß breit und in der Auffüllung $^{5}/_{4}$füßige Böschung angenommen. Für die 15 Fuß breite Steinbahn waren 6 Zoll Gestück und 4 Zoll Schotter und als Schutzvorrichtungen rohe Felsenstücke vorgeschrieben. Zur Abwehr gegen Schneeverwehungen wurden auf der Bergseite der Straße an mehreren Stellen Schneeweheplätze ausgehoben und an der Thalseite Schutzdämmchen vorgesehen, welche Vorkehrungen, hier zum ersten Mal in Anwendung gebracht, sich als sehr zweckmäßig erwiesen haben.

Der Bau von Güttenbach bis Gschwendhöhe wurde im Frühjahr 1856 begonnen und war im Herbst desselben Jahres benützbar.

Im Jahr 1858 wurde auch die Abtheilung von der Höhe bis Furtwangen dem Verkehr eröffnet und die neue Straße in den Verband aufgenommen, die alte Straße über den Kilpen aber aus der Reihe der Staatsstraßen ausgeschieden.

Der gesammte Aufwand für diesen Straßenbau von Obersimonswald bis Furtwangen stellte sich auf 256,844 Fl. Die Steigung beträgt 5—$5^{1}/_{2}$ Procent, der Fall nach Furtwangen $4^{1}/_{2}$ Procent. Die Frequenz der Straße vermehrte sich namhaft, insbesondere nahm der Transport von Scheitholz thalabwärts großen Umfang an, da seit 1861 die Flößerei auf der Aubach im Simonswald aufhörte. Auch die schönen weißen Granitsteine, die an der Straße gebrochen werden, finden jetzt großen Absatz.

In den Jahren 1860—1863 wurden daher für mehrere kleine Correctionen an der Simonswälder Straße und für Brückenbauten weitere 42,966 Fl. zur Verwendung gebracht, worunter insbesondere die Correction am grünen Baum, an der Oswald'schen Brauerei, sowie der Neubau der Bären- und Rebstockbrücken enthalten sind, von denen die erstere 17,142 Fl., die letztere 12,000 Fl. Aufwand erforderten. Die Bärenbrücke mit einer lichten Weite von 64,5 Fuß erhielt 12 zwei Fuß hohe eiserne Träger aus Brückschienen. Der Aufwand für die Eisenconstruction betrug 3961 Fl.

Um den für diese Straßenverbesserungen bestrittenen Aufwand mehr nutzbringend zu machen, konnte auch die Correction der Vöhrenbacher Straße, welche von diesem Ort(4) mit 20 Procent Steigung auf eine unwirthliche und unbewohnte Hochebene und von da nach Villingen mit wechselndem Gefäll von 5—7 Procent nach Villingen hinabführte, nicht länger verschoben werden.

Da von Villingen bis Unterkirnach(5) wegen des Holz- und Torftransportes zur Saline in Dürrheim schon ein ziemlich guter Weg von 18—20 Fuß Breite angelegt war, wozu die Salinencasse Beiträge leistete und insbesondere für den Ankauf der Grundstücke 772 Fl. bestritten

---

(1) Diese Straße hat zwischen Obersimonswald und Guttenbach drei Rampen, wovon jene in Langenbach 110, beide andern 66 Fuß Radius besitzen, alle 30 Fuß breit sind und Gefälle von 2—3,7 Proc. haben. Ober- und unterhalb der Rampen beträgt das Gefäll 3,8—5,5 Proc. (2) Der bei Götenbach ausgeführte Tunnel von 94 Metern Länge wurde 1875 durch Aussprengen von 890 Cubikmetern Felsmasse mit 1600 Fl. beseitigt, weil er gefährlich war. (3) Furtwangen wurde 1873 zur Stadt erhoben. Ges.- u. Verordn.-Bl. S. 60. (4) Vöhrenbach kam von dem Herzog von Zähringen an Fürstenberg. In den Jahren 1544 und 1639 ist der Ort fast ganz abgebrannt. 1802—1811 war hier ein Amt. Seit Anfang dieses Jahrhunderts bestund hier eine große Weinhandlung von Hepting, die 1874 nach Freiburg verlegt wurde. (5) Kirn heißt keltisch Mühlenbachwasser. In Unterkirnach, Vöhrenbach und in Simonswald wurde im 17. und 18. Jahrhundert Bergbau auf Silber betrieben Das Schloß Kirnek bestund schon 1341.

hatte, sah man sich naturgemäß darauf hingewiesen, von Vöhrenbach in der Richtung nach Unterkirnach über Langenbach durch das sog. Schlegelthälchen zu bauen. Der Aufwand für diesen Bau wurde in Verbindung mit der Verbreiterung des inzwischen auf 10—12 Fuß eingeengten Vicinalwegs von Kirnach nach Villingen auf 130,000 Fl. veranschlagt. Gegen diese Zugslinie erhoben sich aber mehrfache Bedenken und Einwendungen. Die fürstlich fürstenbergische Domänenkanzlei und die Gemeinde Vöhrenbach, im Verein mit 9 anderen Gemeinden, wünschten die Führung der Straße über Herzogenweiler und Pfaffenweiler, indem sie anführten, daß dieser Weg mit günstigerem Gefäll und in sommerlicher Lage ausgeführt werden könne, daß die Straße weniger den Schneeverwehungen ausgesetzt und billiger zu erstellen sei, weil das Gelände, meistens aus Wald bestehend, unentgeltlich abgetreten werde. Die Gemeinde Vöhrenbach hatte schon früher die Führung des Wegs dem Wiesenthal entlang gewünscht und diese Linie damit befürwortet, daß der Gebirgsübergang 100 Fuß tiefer als zwischen Vöhrenbach und dem Kirnachthal liege. Dieser Vorschlag kam deshalb nicht weiter in Betracht, weil die Straße auf 3 Stunden Länge ohne Berührung eines Orts durch Wald geführt hätte. So sehr auch anerkannt wurde, daß der Zug über Herzogenweiler und Pfaffenweiler nicht allein für diese Orte, sondern auch für die Holzabfuhr aus den fürstlich fürstenbergischen und den Vöhrenbacher Gemeindewaldungen besonders vortheilhaft wäre, entschied man sich doch für die Kirnacher Linie, da diese von Mitte Vöhrenbach bis Mitte Villingen 5350 Ruthen oder 3,61 Stunden lang, jene über Herzogenweiler aber 75 Ruthen länger würde.

Die Steigungen waren auf der Herzogenweiler Linie 3,8—4 Procent, wogegen von Vöhrenbach nach Kirnach ein Steigen von 3,8—7,4 Procent und ein Fallen von 2,74 bis 4,6 Procent erforderlich war. Obgleich der Gebirgssattel der Pfaffenweiler Linie niederer als jener der Kirnacher Linie ist, so erschien der Uebergang über die Höhe der ersteren doch ungünstiger, weil die ganze Strecke von unterhalb Glaserbühl bis Herzogenweiler eine winterliche Hochebene durchzieht.

Was man bei dem Glaserbühl an Höhe ersparen würde, müßte zwischen Pfaffenweiler und Villingen zugesetzt werden, weil man, um von Pfaffenweiler nach Villingen zu gelangen, das nach Riedheim und Marbach führende Thalgefäll verlassen und eine weitere Höhe, den sog. Magdalenenberg übersteigen mußte.

Diese Zugsrichtung wäre aber so naturwidrig, daß schon mit Rücksicht auf den Verkehr mit der Saline Dürrheim auch die Abtheilung zwischen Pfaffenweiler und Marbach hergestellt werden müßte, was unzweifelhaft die Folge gehabt hätte, daß Villingen neben dem Hauptverkehrsweg aus Simonswald nach Schwaben zu liegen käme, was um so weniger wünschenswerth erschien, als bei Bildung des Eisenbahnnetzes Villingen als Knotenpunkt für die Kinzigthal- und Oberneckarthalbahn bestimmt wurde. Ueberdies war der Aufwand für die Straße über Pfaffenweiler auf 115,000 Fl. veranschlagt, während für die Kirnacher Linie nur 65,000 Fl. beansprucht wurden. Man entschied sich darum für die Kirnachthallinie und es wurden für die 2850 Ruthen lange, neu zu erbauende Straße von Vöhrenbach bis Unterkirnach in dem Budget von 1862/63 60,000 Fl. bewilligt. Die Straße war 20 Fuß breit mit 15 Fuß Fahrbahn, aus 5 Zoll Gestück und 4 Zoll Schotter herzustellen. Der Bau wurde im Frühjahr 1863 begonnen und in demselben Jahre in der Hauptsache mit 58,709 Fl. vollendet. Vom 1. Januar 1864 an ging die neue Straße in den Staatsstraßenverband über und die alte wurde ausgeschieden. Um nun auch noch den 2444 Ruthen langen Vicinalweg zwischen Unterkirnach und Villingen,(1) den die Gemeinden 1833 mit einem Beitrag der Salinencasse von 550 Fl. auf 18 Fuß verbreitert hatten, auf 20 Fuß Breite herzustellen, mit einer 16 Fuß breiten Fahrbahn zu versehen und eine neue Brücke über die Kirnach zu bauen, wurden für die Jahre 1864/65 weitere 8000 Fl. bewilligt und einschließlich des Restes der früheren Bewilligung 9191 Fl. verwendet.

Außer den genannten Verbesserungen an dieser Straße verdienen noch erwähnt zu werden: 1854 die Brücke beim Engel in Simonswald mit 9518 Fl., 1856/60 3 Correctionen zwischen Vöhrenbach und dem Eisenbachthal mit 5750 Fl., 1857 die Correction in Vöhrenbach mit 1500 Fl., 1858/59 die Correction zwischen Furtwangen und Vöhrenbach im Schönenbacherthal mit 3560 Fl., 1857/63 mehrere Erweiterungen durch Felsenabsprengen mit 2574 Fl., 1864 Brücke und Correction beim Bären in Simonswald mit 12,334 Fl.

---

(1) Dieser Weg vermittelte früher den Verkehr mit Triberg, so lange die neue Straße von Triberg nach St. Georgen nicht bestund. Siehe Nr. 39. Der Weg war sehr belebt durch Salzfuhren von Dürrheim.

Der günstige Erfolg dieser Straßenverbesserungen läßt sich aus den Vorspann- und Frachtkosten entnehmen. Vor 1864 betrug die Güterfracht von Waldkirch bis Villingen 48 Xr., nach Herstellung der neuen Straße 30 Xr. pro Centner, oder vom Engel in Simonswald bis Villingen früher 36—42 Xr., später 20 Xr. per Centner. Vor der Correction der Straße hatten schwere Fuhrwerke von 90 Centner Fracht mit 8 Pferden Bespannung vom Engel in Simonswald bis auf den Kilpen 6—8 Vorspannpferde nöthig, welche à 1 Fl. 24 Xr. 11 Fl. 12 Xr. kosteten; nach den genannten Bauausführungen wurde dieselbe Ladung bis zum Engel mit 4 Pferden und von da bis zur Gschwendcapelle mit 4 Vorspannpferden à 1 Fl. 12 Xr. oder 4 Fl. 48 Xr. Vorspannauslage befördert.

Von Vöhrenbach bis Villingen kostete die Fracht auf der alten Straße 18 Xr., auf der neuen 12 Xr. per Centner; auf der alten Straße waren bei 100 Centner Ladung und 6 Pferden 8 Pferde Vorspann nöthig; auf der neuen Straße sind nur noch 2 Vorspannpferde erforderlich. 1 Pferd kostete früher 1 Fl., nachher 40 Xr.

Ferner wurden hergestellt im Jahr 1867/68 der Neubau der eisernen Stegenbrücke mit 470 Fuß langer Straßencorrection für 11,973 Fl., im Jahr 1872/74 der Neubau der sog. Niederbrücke über den Aubach in Untersimonswald an Stelle einer alten schmalen Holzbrücke in Eisen (à 11 Fl. 45 Xr. per Centner) mit 17,018 Fl., sodann der Neubau einer gewölbten Brücke über den Mühlbach bei Niedermühle statt der alten Holzbrücke mit 3500 Fl., alle auf Staatskosten; ferner 4 Correctionen zwischen Furtwangen und Vöhrenbach, nämlich: zwischen der Furtwanger Gemarkungsgränze und Schönenbach 281 Ruthen lang, ober der Sonne in Schönenbach 375 Ruthen lang, unter der Sonne 328 Ruthen lang und oberhalb Vöhrenbach 324 Ruthen lang, zusammen mit 43,400 Fl.

Die Straße ist 20 Fuß breit, mit 16 Fuß Fahrbahn, 5 Zoll Gestück und 4 Zoll Schotter ausgeführt. Beigetragen haben: Gemeinde Furtwangen 1000 Fl., Vöhrenbach durch Stellung des auf 2300 Fl. taxirten Geländes gegen 800—1500 Fl., Schönenbach durch Geländestellung gegen die Ueberschlagssumme. Die Staatscasse hatte also 40,000 Fl. zu leisten; dadurch sind Gefälle bis zu 12 Procent auf 1,5—3,5 ermäßigt und die Straße von 4,5 Meter auf 6 Meter verbreitert worden.

Die Gemeinde Rohrbach hatte die Gemeindestraßen von der untern Linde dem linken Bahnufer entlang bis zur Schönenbacher Gemarkungsgränze mit 1400 Fl. zu corrigiren.

Im Jahr 1875 kamen dann einige kleine Correctionen und Verbreiterungen in den Gemeinden Ober-, Alt- und Untersimonswald zur Ausführung, wofür 80,571 Mark in dem Gesetz von 1872 bewilligt waren, aber nur der Aufwand, 50,000 Mark, verwendet worden sind. Beiträge wurden nicht geleistet.

Im Ganzen sind für Verbesserung dieses Straßenzugs nachweisbar 890,100 Mark verwendet worden. — Der Verkehr hat sich bedeutend gehoben. Er betrug:

zwischen Bleibach und Furtwangen	1856 47,	1864 129,	1874 230	Zugthiere,
„ Furtwangen und Vöhrenbach	„ 82,	„ 129,	„ 99	„
„ Vöhrenbach und Villingen	„ 65,	„ 116,	„ 128	„

täglich.

Nr. 39.

Straße von Triberg nach Furtwangen.

Länge 16,49 Kilometer = 3,71 Stunden.

Die Straße von Triberg nach Furtwangen verbindet die beiden Hauptstraßen des Kinzig- resp. Gutachthales und des Simonswälderthales und vermittelt den Verkehr zwischen dem Rheinthal und der Baar von einer dieser Straßen zur andern; sie ist aber zugleich ein Glied des mit dem Rheinthal parallel laufenden Straßenzuges, der in der Höhe des Schwarzwaldgebirges von Triberg über Neustadt, Schluchsen und durch das Albthal nach Albbruck zieht.

Die ganze Straße, welche unterhalb Triberg in dem Niederwasserthal von der Offenburg-Villinger Straße (Nr. 28) abgeht und in Furtwangen in die Bleibach-Villinger Straße (Nr. 38) einmündet, liegt ausschließlich in dem Gebiete der ehemaligen Herrschaft Triberg.(1)

(1) Die Herrschaft Triberg, wozu Triberg, Niederwasser, Gremmelsbach, Nußbach, Rohrbach, Furtwangen, Schönwald, Schonach, Rohrhardsberg und Gütenbach gehörten, bildete einen Theil der Landgrafschaft Breisgau

Die nur 10—12 Fuß breite alte Straße, welche fast an derselben Stelle, wo die jetzige, im Jahr 1817 erbaute steinerne sog. Kreuzbrücke steht, den Nußbach mittelst einer schmalen Holzbrücke überschritt, führte im Gutachthal bis zu dem alten Spital in Triberg neben der jetzigen Straße hin, zog sich dann mehr links, dem Berg an der sog. Sommerhalde folgend, unregelmäßig zwischen den Gebäuden des alten Ortes(1) bis in die Nähe der früheren Kirche, welcher gegenüber sie den Fallbach überschritt und auf dem linken Ufer desselben mit einer kurzen Wendung an dem Fuß des Calvarienbergs ankam, von wo ein Fußweg bis zur alten Wallfahrtscapelle auf dem Berg führte. Zum Verkehr zwischen Triberg und Furtwangen wurde der jetzt noch bestehende Weg benützt, der über die Geitsche und den Höchstenberg am Hochgericht und Galgenhof vorüber nach Fürsatz, Vorderschützenbach und Furtwangen führt. Der Verkehr nach Villingen wurde, solange die neue Straße über die Sommerau nicht bestund, durch die alte über den Kastelberg, Rohrbach und Schönenbach nach Kirnach vermittelt. Diese Straße hat bis auf den Kastelberg circa $^5/_4$ Stunden lang ein Steigen von 7—8 Procent, dann aber 6 Procent Fall.

Die jetzige über die Wallfahrtscapelle(2) und Schönwald(3) gehende Straße ist, wie die meisten Straßen des Schwarzwaldes, allmählich aus einem Fuß- und Saumpfad in einen Karrenweg umgewandelt und endlich für das weite Geleise nothdürftig eingerichtet worden; ihre Bedeutung für den durchgehenden Verkehr war aber bis zum Anfang dieses Jahrhunderts sehr gering, weshalb auch die ursprüngliche sehr steile Anlage unverändert geblieben ist, bis in den Jahren 1810—1813 der Beamte in Triberg(4) erstmals die wesentlichsten Verbesserungen ausführen ließ, indem er durch bedeutende Verlängerung der Straße von Triberg aufwärts bis auf die Höhe die steilsten und gefährlichsten Strecken des Weges, deren Gefäll 25,30 und 35 Procent betrug, umging, das Gefäll auf 8—13 Procent ermäßigte(5) und überdies den Weg zwischen der Höhe und Schönwald mehr nach Süden, oberhalb Schönwald aber in nördlicher Richtung verlegte und zur Verminderung des Gefälls verlängerte. Alle diese Arbeiten wurden im Frohndwege ausgeführt. Die Straße von Triberg nach Furtwangen wurde sodann 1820 in die Classe der Landstraßen aufgenommen und zwar zunächst die Abtheilung bis Schönwald, später jene bis Furtwangen.

Nachdem am 1. Juli 1826 der Ort Triberg bis auf 12 Häuser niedergebrannt war(6) und es sich nun um die Bestimmung eines neuen Bauplans handelte, suchte man auch der Straße von der Kreuzbrücke nach Triberg eine zweckmäßige Richtung zu geben, und man wählte eine in kurzer Entfernung von dieser Brücke direct auf den Triberger Wasserfall ziehende Linie. Die Straßenbreite wurde innerhalb Orts auf 48 Fuß, außerhalb auf 32 Fuß mit 24 Fuß Fahrbahn bestimmt. Die Versteinung war mit 6 Zoll hohen Rammsteinen und 5 Zoll starker Beschotterung zu bewirken und eine Wölbung der Straße von 4 Zoll herzustellen. Die erforderlichen Grundstücke wurden für 1839 Fl. aus der Straßenbaucasse erworben.

Weitere Verbesserungen an dieser Straße kamen in den Jahren 1836 und 1837 mit 7988 Fl. zur Ausführung.

Da die Straße von der Krone in Triberg bis zur Wallfahrtscapelle nur 15—18 Fuß, ja an einzelnen Stellen nur 10—12 Fuß breit war und zwei gefährliche Stiche enthielt, wurden in den Jahren 1842 und 1843 weitere 11,000 Fl. für Beseitigung der Hauptmißstände verwendet. Auch in den Jahren 1847—1854 wurde die Verbreiterung der Straße mit 2348 Fl. fortgesetzt und 1857—1860 mehrere kleinere Regulirungen, namentlich auch eine solche in Furtwangen selbst, mit 1217 Fl. ausgeführt.(7)

---

und kam 1654 an Oesterreich, 1805 an Württemberg und 1806 durch Tausch an Baden. Die Burg der 1325 ausgestorbenen Dynasten von Triberg wurde 1642 zerstört; sie stund an der Stelle des jetzigen Amtshauses. Triberg hatte 1474 erst 22 Häuser, aber doch schon 8 Jahrmärkte. 1667 wurden in Triberg die ersten Uhren, 1716 die ersten Strohhüte gemacht. Jetzt ist Triberg einer der gewerbthätigsten Orte des Schwarzwaldes, der seit dem Bestehen der Eisenbahn von zahlreichen Reisenden besucht wird. (1) Der alte Ort Triberg war früher quer in das Gutachthal gebaut. (2) Die Wallfahrt entstund 1680. Die Kirche mit Pfarrhaus wurde 1709—1715 erbaut. (3) Schönwald wird die „Mutter der Strohhut-Industrie des Schwarzwaldes" genannt. (4) Obervogt Huber. (5) Die beiden Rampen bei Triberg hatten Radien von 9 und 11 Meter, eine Breite von 35 und 48 Fuß und ein Gefäll von $8^1/_2$ Procent, während das Gefäll ober- und unterhalb 5,8—7,8 Procent beträgt. (6) Die Zahl der abgebrannten Gebäude betrug außer der Kirche 98; es blieben nur übrig das Amthaus und 11 Privatgebäude. (7) Nach dem Brande sollte mit Umgehung der sogenannten Hafnergasse in Furtwangen eine neue Straße im Thal eröffnet werden; die Ausführung unterblieb leider auf den Wunsch der Gemeinde.

Durch den mächtigen Aufschwung der Industrie des Schwarzwaldes, die Verbesserung der Straße durch das Simonswälder Thal und den zahlreichen Besuch des Wasserfalles hob sich der Verkehr von und nach Triberg fortan und das Bedürfniß einer geregelten Postverbindung veranlaßte die betreffenden Gemeinden zu dringenden Petitionen in diesem Betreff.(1) Im Jahr 1862 wurde eine Carriolpost auf dieser Route eingerichtet, was zunächst Veranlassung gab, die Verbesserung des ganzen Straßenzugs von Triberg bis Albbruck in das Auge zu fassen. Zwischen Triberg und Furtwangen erschienen vor Allem die Umgehung der gefährlichen sog. Rombensteige oberhalb Furtwangen, die Correction der Abtheilung zwischen der Deschech und Schönwald und die Beseitigung mehrerer kleinen Steigen und schmalen Stellen von 10—12 Fuß Breite nothwendig, um dem Verkehr eine wesentliche Erleichterung zu gewähren. Für Verbreiterungen und kleinere Correctionen wurden sofort 2000 Fl. verwendet und in den Jahren 1865/67 auch die Umgehung der Rombensteige, die von der Deschech bis an den Schützenbach 12—15 Procent Gefäll hatte, mit einem Aufwand von 23,000 Fl. ausgeführt. Die neue Straße erhielt eine Maximalsteigung von $5^1/_2$ Procent und eine Breite von 20 Fuß, in den Wendeplätzen aber von 28 Fuß.(2) Außerdem wurden Schneewehplätze von 5—10 Fuß Breite angelegt. Die Fahrbahn besitzt eine Breite von 16—18 Fuß, der Steinsatz eine Höhe von 4—5 Zoll, bestehend aus 2—3 Zoll grobem und 2 Zoll feinem Schotter. Das Gelände wurde für 8400 Fl. aus der Straßenbaucasse angekauft und die Gemeinden Triberg, Schönwald und Furtwangen leisteten baare Beiträge von je 600 Fl., im Ganzen also 1800 Fl. Es waren nun noch kleinere Correctionen und Gefällausgleichungen bei Furtwangen, Schönwald und Triberg auszuführen. Im Jahr 1867/68 kam die Correction der Straße von der neuen Rombensteige auf Deschech bis zum Hirsch in Schönwald auf eine Länge von 9700 Fuß zur Ausführung. Der alte Weg hatte Gefälle von 7—10 Procent, wogegen die neue Straße 2,4, 3,7, 4,35—5,5 Procent Steigung und eine Breite von 20 Fuß mit 16 Fuß Fahrbahn aus 5 Zoll Fundament, 2 Zoll grobem und 2 Zoll feinem Schotter erhielt. Auch hier wurden mit Erfolg Schneewehplätze etwa 10 Fuß breit angelegt.

Der Aufwand betrug, einschließlich der Güterentschädigung im Betrag von 6000 Fl., 17,952 Fl. Wegen Einsprache der Gemeinde konnte die Straße nicht eben hinter dem Ort durchgeführt werden. Der Zug durch den Ort wurde provisorisch auf 20 Fuß erweitert und der Rest der Dotation für die Straße Nr. 41 bei Neustadt verwendet. Im Jahr 1868 erhielt auch die Fallbachbrücke in Triberg, welche 1843 von Holz hergestellt war, eiserne Träger, wozu 550 Fl. erforderlich waren. (Lichtweite 6,9 Meter.) Hierauf folgte 1871/72 der Umbau der Fallbachbrücke am oberen Ende des Triberger Stadtwaldes mit 1944 Fl. durch Anwendung von Eisenträgern. (Lichtweite 6 Meter.)

Der starke Verkehr nach und von der Eisenbahnstation Triberg ließ die gründliche Verbesserung der Abtheilung in Schönwald nicht länger verschieben. Man suchte darum das Gefäll der Straße am Ort möglichst auszugleichen, was mit 5,2 Procent Maximum geschehen konnte.

Die Ausführung erfolgte auf 438 Meter Länge 1874 mit 15,836 Mark. Die Gemeinde übernahm 928 Mark und der Staat 14,908 Mark. Das Gesetz von 1870 und 1876 hatten hierfür und für die folgenden Correctionen 67,807 Mark bewilligt. Nun kam endlich 1875 die Correction der Wallfahrtssteige an die Reihe. Man wählte die rechte Thalseite, legte die Straße mehr nördlich neben die alte und erstellte ober dem Pfarrhaus eine Rampe von 24—25 Meter Radius und 2 Procent Gefäll. Die Länge des neuen resp. verbesserten Wegs beträgt 855 Meter, das Maximalgefäll wurde von 12 Procent auf 6,3 Procent ermäßigt, die Breite auf 6 Meter mit 4,8 Meter Fahrbahn, aus 14 Centimeter Fundament und 11 Centimeter Schotter bestehend, hergestellt.

Der Aufwand betrug 40,481 Mark, wovon die Gemeinde Triberg 1543 Mark, die Staatscasse 38,938 Mark übernahmen. Der Bau wurde 1875 vollendet.

Hierauf folgte in der Zeit von 1875/76 die Straßencorrection vom Ende der Wallfahrtsteige bis zur oberen Fallbachbrücke, 2000 Meter lang. Die alte Straße hatte hier 7—9 Procent, eine Breite von 4—5 Meter und Radien von 9—12 Meter. Die neue Straße hat Radien von

---

(1) 1862 hatte ein Poststück von Furtwangen nach Triberg über Villingen einen Weg von 11 Stunden zurückzulegen, von Furtwangen nach Lenzkirch über Villingen, Donaueschingen und Freiburg aber 28 Stunden.
(2) Die Rampe hat 85 Fuß Radius, 28 Fuß Breite und 3 Procent Gefäll, während das Gefäll ober und unter derselben $5^1/_2$ Procent beträgt.

20 Meter, eine Breite von 6 Meter (in den Rampen 7 Meter), Fahrbahn 4,8 Meter, Breite von 0,15 Centimeter Fundament und 0,11 Centimeter Schotter. Der Aufwand betrug 11,000 Mark.

Als weitere Bedürfnisse erschienen nun: die Straßenverbreiterung am Schützenbach mit 18,500 Mark und die Correction der Hafnergasse in Furtwangen, welche nur 3,7 Meter breit ist und Gegengefälle bis zu 5 Procent besitzt. Die Kosten hierfür wurden, je nachdem eine kürzere oder längere Linie gewählt wurde, auf 25,000, 29,000, 39,000 und 69,000 Mark berechnet. Man beschränkte sich auf eine Gefällsverminderung in der Hafnergasse.

Der bisherige, noch erweisbare Aufwand für die Verbesserung dieser Straße beträgt 235,123 Mark.

Der Verkehr hatte sich von 1856—1866 in Folge der Eisenbahn Offenburg=Hausach von 39 auf 132 Zugthiere pro Tag gehoben, während im Jahre 1872 nur 77 und 1875 nur 70 Thiere verzeichnet wurden, obgleich die Bahn von Hausach=Triberg nach Donöschingen seit 1873 eröffnet ist.

Die Zufuhrstraße zur Station Triberg ist 1872/73 aus Eisenbahnbaumitteln ohne Beiträge erbaut worden. Dieselbe führt über eine 16,7 Meter weite eiserne Fachwerksbrücke.

Diese Straße soll 1878 unter die Landstraßen aufgenommen werden.

Nr. 40.

Straße von Vöhrenbach nach Donaueschingen.

Bregthalstraße.

Länge 22,2 Kilometer = 4,99 Stunden.

Die Straße von Donaueschingen nach Vöhrenbach, welche bis zum Jahr 1806 in dem Hoheitsgebiet von Fürstenberg lag, bildet eine Abtheilung des Straßenzugs von Tuttlingen nach Furtwangen und steht daher bezüglich des durchgehenden Verkehrs aus Schwaben und der Baar nach dem Breisgau mit der von Rottweil oder von Geisingen über Villingen nach Furtwangen führenden Straße, sowie mit dem über Donaueschingen und Neustadt nach Freiburg ziehenden Handelsweg in Mitbewerbung. (¹) Außerdem vermittelt die Straße einen Theil des Verkehrs in der Richtung nach Neustadt und Triberg und die Abtheilung von Bregenbach bis Furtwangen bildet ein Glied des Straßenzugs von Albbruck über Neustadt in das Kinzigthal. Da die Ortsnamen Donaueschingen, Wolterdingen, Bräunlingen, Bregenbach auf keltische Zeit zurückführen, wird wohl die römische Straße, die man in der Gemarkung Wolterdingen unter dem Namen „Hertweg, Herweg, Hercheg" kennt (Mone, Urgeschichte S. 141) im Wesentlichen auf keltischer Grundlage ruhen.

Die seit Jahrhunderten bis in die neueste Zeit benützte, auf dem linken Bregufer hinziehende Straße war schon von Fürstenberg als Landstraße behandelt, daher in den Jahren 1751—1763 erhebliche Verbesserungen daran auf Kosten der Baarer Weggeldcasse vorgenommen wurden, worunter die 1751—1762 erbaute neue Abtheilung im Wald gegen Zindelstein, die 1763 ausgeführte Verbreiterung, Chaussirung und Verbesserung des Längenprofils zwischen Donaueschingen und Wolterdingen auf eine Länge von 1762 Klafter (à 6 Fuß) mit 5728 Fl. und ähnliche Arbeiten (von 1751—1762) zwischen Wolterdingen und dem Zindelstein auf 1000 Klafter Länge mit 3000 Fl. hervorzuheben sind.

Die Normalbreite wurde damals auf 30 Fuß, der Steinsatz auf 22 Fuß Breite, $1^1/_2$—2 Fuß Höhe mit $^1/_2$ Fuß Schotterbedeckung vorgeschrieben und die Arbeit durch Entreprenneurs ausgeführt.

(¹) Die Entfernung von Geisingen bis Furtwangen beträgt 10,6 Stunden, jene über Donaueschingen nach Furtwangen 9,2 Stunden, daher Unterschied 1,4 Stunden. Rechnet man zu diesen Straßenlängen jene von Furtwangen nach Emmendingen mit 9,4 Stunden, so betragen die Längen zwischen Geisingen und Emmendingen über Villingen 20 Stunden, über Donaueschingen 18,6 Stunden. Die Entfernung von Geisingen über Neustadt nach Freiburg beträgt 17,1 Stunden, wogegen der Weg von Geisingen über Donaueschingen und Emmendingen nach Freiburg 22 Stunden lang ist.

Ueber den Mühlenbach bei Donaueschingen bestund bis zum Jahr 1778 keine Brücke, sondern der Uebergang wurde durch eine Furt vermittelt und die Straße daselbst bei höherem Wasserstand oft zerstört. Zu dem Brückenbau mit 4 Holzjochen lieferte die Herrschaft das Holz, die Gemeinden führten aber das Material bei und besorgten soweit möglich die Arbeiten. (1) Auch die Steige am Zindelstein (2) wurde im Jahr 1780 durch die Gemeinde Vöhrenbach mit einem Zuschuß aus der Baarer Landschaftscasse durch Abheben und Erweiterung verbessert. Da jedoch immer noch viele, sehr schmale Stellen und starke Gegengefälle auf dieser Straße vorhanden waren, ließ das Kaiserl. Königl. Oberlandes-Commissariat in Freiburg im Jahr 1796 auf Weisung des Generalcommando's und unter Leitung zweier österreichischer Ingenieurofficiere an verschiedenen Stellen und zwar bis Furtwangen Verbreiterung vornehmen und dort, wo dies besonders schwierig war, Ausweicheplätze anlegen. Auch das Gefäll wurde etwas mehr regulirt. Die Arbeiten geschahen in der Frohnd; dagegen wurden die Kosten für die gleichzeitig vorgenommene Verstärkung und Reparatur der Brücken aus Mitteln der Landschaftscasse bestritten. (3) Diese Straße kam 1819 wieder in den Verband, nachdem sie einige Jahre ausgeschieden war. Auf die in den Jahren 1852 und 1857 an die Stände gelangten Petitionen um weitere Verbesserung dieser Straße, wovon die letztere empfehlend an die Regierung überwiesen wurde, ist im Jahr 1857 bei Wolterdingen eine neue Brücke nebst Straßenregulirung mit 2799 Fl. und die Correction der Steige zwischen dem Fischerwirthshaus und dem Rumbenhof mit 4770 Fl. ausgeführt worden. Diesen Bauten folgten im Jahr 1858 eine Correction in Bregenbach mit 3279 Fl. und 1860 die Umgehung einiger kleiner Steigen mit 4145 Fl. Obgleich die Straße hierdurch und durch eine sorgfältige Unterhaltung bedeutend gewonnen hatte, stellten sich doch dem Verkehre immer noch die beiden Steigen bei der Schleifmühle und der Sägmühle zwischen Vöhrenbach und Bregenbach, die Zindelsteinsteige zwischen Bregenbach und Wolterdingen und die Wolterdinger Steige zwischen Wolterdingen und Donaueschingen hindernd entgegen. Die Gemeinde Vöhrenbach hatte zwar im Jahr 1855 die sog. Schleifmühlensteige mit einer neuen Straßenanlage von 218 Ruthen Länge und einem Aufwande von 1500 Fl. umgangen; da diese neue Straße aber für schwereres Fuhrwerk nicht angelegt war, der Hauptverkehr sich aber dennoch auf ihr bewegte, so wurden in dem Budget für 1862/63 10,000 Fl. bewilligt, um diese neue Straße für den größeren Verkehr entsprechend herzustellen und auch die Correction der Steige bei der Sägmühle auszuführen. Die Gemeinde Vöhrenbach stellte das Gelände unentgeltlich und der Bau wurde noch im Jahr 1862 mit den bewilligten Mitteln vollendet.

Auf dringende Empfehlung der Petitionen vieler Gemeinden um Correction der Zindelsteinsteige (welche bis zu 15 Procent Gefäll hatte) wurden auch hierfür in dem Budget für 1864/65 33,000 Fl. bewilligt. Die Länge dieser Correction betrug 1460 Ruthen, das Gefäll auf 7000 Fuß $1/2$ Procent. Für die Straße war eine Breite von 20 Fuß mit 16 Fuß Fahrbahn aus 5 Zoll Gestück und 4 Zoll Schotter vorgeschrieben und die Böschungen $5/4$füßig angenommen. Das auf 7000 Fl. veranschlagte Gelände wurde in Zindelsteiner Gemarkung von der fürstlich fürstenbergischen Standesherrschaft unentgeltlich und von der Gemeinde Wolterdingen gegen ein Aversum von 1000 Fl. gestellt.

Die Bauausführung geschah in den Jahren 1865 und 1866 mit einem Aufwand von 27,000 Fl. (4)

Auch die Correction zwischen Wolterdingen und Donaueschingen wurde nun in Aussicht genommen. Die Vorarbeiten ergaben, daß der 1730 Ruthen lange Neubau 30,000 Fl., nämlich von Wolterdingen bis zur Mühlbrücke 25,000 Fl. und von da bis zum Bahnhof längs der Eisenbahn 5000 Fl. kosten werde und daß das Gefäll, welches auf der alten Straße 8—12 Procent beträgt, sich auf $2^1/_2$—5 Procent ermäßigen läßt.

Die Straßenbreite war auf 20 Fuß, in starken Krümmungen auf 24 Fuß, die Fahrbahn auf 16 resp. 20 Fuß, aus 5 Zoll Fundament und 2 Zoll Schotter bestehend, festgesetzt. Für die Zufuhrstraße zum Bahnhof wurde nur eine Breite von 18 Fuß mit 16 Fuß Fahrbahn vorgeschrieben. Die Straße wurde in der Art gegen die Breg geführt, daß sie auf die projectirte

---

(1) Das rechte Widerlager dieser Brücke wurde 1867 auf Rechnung des Eisenbahnbaufonds neu hergestellt. (2) Das Schloß Zindelstein unterhalb des großen Thürsteines — eines Felsenpasses im Bregthal — wird schon im Jahr 1225 in Urkunden genannt; seine Zerstörung erfolgte im Jahr 1525 durch die Bauern. Hier hatte Graf Egon II. von Urach und Freiburg — † 1236 — seinen Sitz. (Mone, Zeitschrift 8. 364.) (3) Fürstl. Fürstenb. Arch.-Acten. (4) In Folge dieser Correctionen haben sich die Frachtkosten zwischen Vöhrenbach und Wolterdingen von 24 Xr. auf 15—18 Xr. pro Centner ermäßigt.

neue Brücke führt. Die Gemeinden Hüfingen, Bräunlingen und Bruggen wünschten die Ausführung der Straße durch das Bregthal über Bräunlingen nach Hüfingen; da aber dieser Weg nach Donaueschingen eine Stunde länger würde und der Aufwand weit höher zu stehen käme, weil das noch untergeordnete Gebiet der Breg bei Wolterdingen und Bräunlingen überschritten werden müßte, also bedeutende Brückenbauten und Bachcorrectionen erforderlich wären, so konnte diesem Wunsche nicht entsprochen werden, so sehr auch anerkannt wurde, daß die Straße durch das Bregthal, sowohl des günstigen Gefälls wegen, als im Interesse der Orte Bräunlingen und Hüfingen namhafte Vortheile bieten würde.

Die fürstlich fürstenbergische Standesherrschaft und die Gemeinde Donaueschingen gaben das Gelände im Werth von ca. 2000 Fl. unentgeltlich und Wolterdingen leistete für den Ankauf der auf 1500 Fl. geschätzten Grundstücke in dortiger Gemarkung einen baaren Beitrag von 500 Fl.(1) Der wirkliche Aufwand betrug 28,700 Fl., wovon die Staatscasse 25,700 Fl. übernahm.

Die neue 1503 Ruthen lange Straße vom Fuß der Wolterdinger Steige bis zur Mühlbrücke bei Donaueschingen hat ein Gefälle von 2—5 Procent, sie wurde wie ihre Fortsetzung zu dem Bahnhof 1867/68 ausgeführt und sogleich in den Landstraßenverband aufgenommen und die alte Straße ausgeschieden. Die frühere Steige hatte Gefälle bis zu 14 Procent. Die Zufahrtsstraße zum Bahnhof, die 250 Ruthen lang ist, sowie die auf der Nordseite des Bahnhofs bis zu der Hüfingerstraße ziehende auf Eisenbahnbaukosten erbaute Straße von 197 Ruthen Länge wurden mit 5000 Fl. aus Eisenbahnbaumitteln hergestellt. Die alte hölzerne sog. Mühlenbrücke bei Donaueschingen hatte, wie schon erwähnt, 4 Holzjoche, eine Länge von 145 Fuß, eine Breite von 14 Fuß. Dieselbe bildete die Fortsetzung der alten Straße von Wolterdingen. Seit Correction dieser Straße war die Stellung der Brücke nicht mehr passend und da solche außerdem baufällig war, wurde 1872/73 eine neue eiserne Brücke in Verbindung mit einer Straßencorrection auf dem linken Ufer hergestellt. Die neue Brücke hat eine Lichtweite von 61 Fuß und eine 18 Fuß breite Fahrbahn. Der Aufwand betrug incl. der Correction der Straße 28,000 Fl., wovon die Gemeinde Donaueschingen durch Geländestellung 300 Fl. und baar 2000 Fl. übernahm und der Staat 25,700 Fl. tragen mußte.

In den Jahren 1871/73 corrigirte man endlich auch die Steigen am sog. Meßmerstich bei Vöhrenbach, beim Linacher Weg und ober dem Langenbacher Kreuzweg in einer Breite von 6 Meter mit 4,8 Meter Fahrbahn, 14 Centimeter Gestück, 7 Centimeter grobem und 5 Centimeter feinem Schotter mit 1 Procent Gefällmaximum.

An den Kosten für die beiden Correctionen im Betrag von 26,300 Fl. übernahm die Staatscasse 24,449 Fl., die Gemeinde Vöhrenbach durch Geländestellung 1651 Fl. und Bregenbach durch Abgabe des zu 3300 Fl. taxirten Geländes gegen ein Aversum von 3100 Fl., mithin 200 Fl. An den Kosten für die 1874/75 ausgeführten, vom Bregenbacher Kreuzweg bis Fischer und bis Schwarzenbuben 2 Correctionen im Betrag von 16,000 Fl. trug die Gemeinde Bregenbach durch Geländestellung im Werth von 5087 Fl. gegen 4800 Fl. 28 Xr. bei, daher die Staatscasse 15,713 Fl. zu leisten hatte.

Auf dieser Straße werden hauptsächlich Holz, Glas, Mühlsteine und Kieselsand für die Glasfabrik in Wolterdingen transportirt.

Der Verkehr hat sich seit 1856 von 71 auf 188 Zugthiere pro Tag gehoben.

Der erweisliche Gesammtaufwand für Verbesserung dieser Straße beläuft sich auf 284,950 Mark.

Nr. 41.

Straße von Neustadt nach Bregenbach.

Länge 15,6 Kilometer = 3,51 Stunden.

So lange das Höllenthal durch Felsen verschlossen war und der Verkehr aus Schwaben nach dem Breisgau, insbesondere nach Freiburg, die uralte, der keltisch-römischen Zeit entstammende

(1) Diese Beiträge bezogen sich nur auf die Straße von Wolterdingen bis zur Mühlbrücke. Für die Zufahrtsstraße zum Eisenbahnhof wurden keine Beiträge geleistet.

Straße von Rottweil über Villingen, Vöhrenbach, Bregenbach, Urach, (1) Hohlengraben, Wagensteig, Zarten, oder den späteren, aber auch sehr alten Weg über den Kilpen durch das Simonswälder Thal nach Waldkirch, Freiburg oder Emmendingen benützte, hatte die Straße von Neustadt nach Bregenbrach lediglich Bedeutung für den nachbarlichen Verkehr mit den Orten des Schwarzwaldes und der Baar und insbesondere mit dem fürstlich fürstenbergischen Eisenwerk in Hammereisenbach, (2) welches das Roheisen meistens von Bachzimmern bei Immendingen bezog, die Erzeugnisse an Stab-, Werk- und Zaineisen im Betrag von ca. 11—12,000 Centner jährlich aber großentheils in die Schweiz versendete. — Die Rücksicht auf den Ertrag dieses Werkes veranlaßte, daß diese Straße, sowie jene von Bregenbach nach Donaueschingen, schon Ende des vorigen Jahrhunderts, also früher als andere Wege des Schwarzwaldes wenigstens nothdürftig für das Deichselfuhrwerk hergestellt und mit einiger Aufmerksamkeit unterhalten wurden. Dieselben Rücksichten in Verbindung mit den Interessen für die Holzabfuhr veranlaßten auch später die Herstellung der Straße von Bräunlingen nach Höchsteisenbach. Nachdem die fürstlich fürstenbergische Standesherrschaft 1806 unter badische Hoheit gekommen war, wurde die Straße von Neustadt über Bregenbach nach Villingen und nach Donaueschingen 1812 unter die Staatsstraßen aufgenommen und von jener Zeit einigemal wieder, namentlich 1818, aus dem Verband geschieden und 1824 wieder aufgenommen.

Die Straße zog bis in die neue Zeit von Neustadt durch das Reichenbachthälchen hinauf mit wechselnden Gefällen bis zu 10 und 14 Procent auf 0,7 Stunden Länge, ging dann über die Höhe von Höchsteisenbach wellenförmig hinweg, um anderseits durch das Eisenbachthal hinab mit 10—18 Procent auf 0,6 Stunden zu fallen.

Zur Erleichterung des Verkehrs der industriellen Schwarzwaldorte mit dem Rheinthale wurden bekanntlich seit 1836 durch den Bau guter Verbindungsstraßen aus dem Kinzigthal über die Sommerau nach Villingen, aus dem Dreisamthale über die Hölle nach Neustadt und Lenzkirch, aus dem mittleren Breisgau über die Wieden in das obere Wiesenthal und von hier über die Wacht nach St. Blasien und über Todtnau und Oberried in das Höllenthal ꝛc. die ersten Grundlagen geschaffen, es fehlte aber noch an guten Wegen zur Verbindung der Schwarzwaldorte unter sich und mit den genannten Hauptstraßen.

Als eine der wichtigsten dieser Querverbindungen wurde die Straße von Albbruck über St. Blasien, Lenzkirch, Neustadt, Furtwangen nach Triberg anerkannt. Die Bauten, welche zu diesem Ende zwischen Albbruck und St. Blasien, zwischen Schluchsen und Lenzkirch, zwischen Bregenbach, Furtwangen und Triberg ausgeführt wurden, sind unter Nr. 112, 50, 44, 39, 28 näher bezeichnet. Zu gründlicher Verbesserung des Zwischengliedes von Neustadt nach Bregenbach und zur besseren Verbindung mit Villingen wurde 1858 ebenfalls Hand ans Werk gelegt. Man corrigirte in den Jahren 1858—1862 mehrere kleine Stiche mit 4144 Fl. und ging dann 1864 zu der Hauptsache über. Am dringendsten erschien die Correction der sog. Hasenwaldsteige zwischen Neustadt und Höchsteisenbach, weil diese Verbesserung auch günstig auf den Verkehr über Oberbränd nach Bräunlingen (3) wirkte.

Die nun 6530 Ruthen lange Straße beginnt $^1/_2$ Stunde oberhalb Neustadt im sog. Reichenbachthal, schließt sich an eine in früheren Jahren ausgeführte Correction von 5 Procent Gefäll an, geht mit $5^1/_2$ Procent und in den Wendeplätzen mit $4^1/_2$ Procent bis zum ersten Durchkreuzungspunkt, dann von $2-2^1/_2$ Procent allmählich in horizontale Lage über. Sodann senkt sich die Straße nach Höchsteisenbach mit 0,6 Procent. Die Straße hat 20 Fuß Breite und 16 Fuß Fahrbahn und ist in den Wendeplätzen mit 24 resp. 20 Fuß in der 100 Fuß Radius enthaltenden Rampe von 2,5 Procent Gefäll mit 30 Fuß Breite und 4 Zoll Gestück, 2 Zoll grobem und 2 Zoll feinem Schotter ausgeführt. (4) An einzelnen Stellen sind 10 Fuß breite Schneewehplätze hergestellt.

(1) Nahe an der Straße befindet sich die Burgruine Altfürstenberg mit einer Spur der einstigen Stadt „Laubenhausen" in dem vorhandenen Brunnen. (2) Der Bergbau hatte hier seit ältester Zeit seinen Sitz; schon 1525 ist die Rede von uralten Bergbauten. Mitte des 17. Jahrhunderts wurden Eisengruben bei Urach eröffnet auf Roth- und Schwarzeisenstein, erst 1713 kamen die Braunsteingruben in Uebung; 1810—1817 wurden 2100 Centner Braunstein aufgebracht, also jährlich nur circa 300 Centner. (3) Die Straße von Neustadt über Höchsteisenbach, Oberbränd und Bräunlingen bildet die kürzeste und in den Gefällsverhältnissen beste Verbindung mit Donaueschingen; leider führt die Straße fast nur durch Wald, ohne weitere Orte zu berühren. Schon in den 20er Jahren soll die Herstellung einer guten Straße von Bräunlingen, dem Thal von Unter- und Oberbränd folgend, bei Friedenweiler vorüber nach Neustadt projectirt gewesen sein, allein die Stadt Bräunlingen habe aus Furcht vor Einquartierung in Kriegszeiten dagegen Einsprache erhoben. (Oberdirect.-Acten v. 1834.) (4) Die Rampe am sogenannten Sonnenstich hat 45 Fuß Radius, 26 Fuß Breite und 3,75 Procent Gefäll.

Die Kosten wurden approximativ auf 35,000 Fl. überschlagen. Die fürstlich fürstenbergische Standesherrschaft stellte etwa 5 Morgen Gelände im Werth von 1075 Fl. unentgeltlich und die Gemeinde Neustadt gab die übrigen Grundstücke für ein Aversum von 1553 Fl. Der Bau begann Juli 1865 und war August 1866 vollendet. Der ganze Aufwand der Staatscasse betrug 31,275 Fl. Die an der Bewilligung erübrigten 2000 Fl. wurden zu Verbesserungen im Eisenbachthal verwendet.

1865 wurde eine weitere kleine Correction von 270 Ruthen mit 2000 Fl. aus dem ordentlichen Etat ausgeführt.

Im Jahr 1867 begann sodann die Verbesserung und Correction der weiteren Abtheilung von der Ganter'schen Mühle oberhalb dem Bad bis zum schwarzen Kreuz in Hammereisenbach mit Herstellung von Gefällen von 0,2—6,5 Procent. Die Vollendung erfolgte Herbst 1868 mit einem Aufwand von 32,700 Fl.

Fürstenberg gab das Gelände im Werth von 767 Fl. und die Gemeinde Bubenbach den Gemeindewald im Werth von 279 Fl. unentgeltlich, das Allmendfeld aber gegen 100 Fl. pro Morgen. Die übrigen Güter wurden von der Straßenbaucasse angekauft, und die Gemeinden Schwerzenbach, Schollenbach, Urach, Eisenbach und Hammereisenbach haben keine Beiträge geleistet.

Im Jahr 1869/70 wurde mit einem Dotationsrest der Deschecorrection (Straße Nr. 39) im Betrag von 6548 Fl. die 280 Fuß lange Correction des Pulverthurmstichs bei Neustadt in einer Breite von 20 Fuß mit 16 Fuß Fahrbahnbreite ausgeführt.

Im Jahre 1875 ist die Correction des sog. Bärenstichs in Neustadt durch Gefällermäßigung von 10 Procent auf 7 Procent und die Verbesserung der Straße bis zur Hasenwaldsteige mit 27,100 Mark hergestellt worden. Die Breite ist auf 7 Meter mit 6 Meter Fahrbahn bestimmt, bestehend aus 15 Centimeter Fundament und 6 Centimeter Schotter. Die Gemeinde Neustadt stellte das auf 2142 Mark taxirte Gelände unentgeltlich, daher die Staatscasse noch 14,959 Mark zu übernehmen hatte. Der gesammte erweisliche Verbesserungsaufwand beträgt 184,479 Mark. Der Verkehr hat sich seit 1856—1874 von 28 auf 77 Zugthiere täglich gehoben.

Nr. 42.

Straße von Dürrheim nach Geisingen.

Länge 14,4 Kilometer = 3,24 Stunden.

Der seit ältester Zeit bestandene, wahrscheinlich aus keltisch-römischer Zeit stammende Vicinalweg,(1) welcher Dürrheim mit Biesingen, Ober- und Unterbaldingen und Geisingen verband, sollte im Jahre 1819 auf eine Breite von 12 Fuß erweitert, mit Graben und einem Steinsatz versehen werden. Die Ausführung unterblieb jedoch in Folge des Widerstands der betheiligten Gemeinden gegen die Frohndarbeiten.

Der vermehrte Absatz des Salzes der 1823 in Betrieb gesetzten Saline Dürrheim (2) nach der Schweiz und dem Bodensee ließ aber die Verbesserung dieses Weges auch nach Erstellung der neuen Straße von Dürrheim nach Marbach (1825) noch als dringendes Bedürfniß erscheinen, weil der große Umweg über Marbach und Donaueschingen und die vielen Steigen auf dieser Straße bedeutende Summen für Frachtvergütung in Anspruch nahmen.

Nachdem Großherzog Ludwig im Jahr 1829 den schlechten Vicinalweg zwischen Geisingen und Dürrheim selber besichtigt hatte, traf Höchstderselbe mittelst eigenhändigen Schreibens vom 14. November desselben Jahres die Anordnung, daß der Weg bis April 1830 durch die betreffenden Gemeinden in guten Stand zu setzen sei. Die Arbeit begann hierauf alsbald durch Abtragung der sog. Hirschhalde zwischen Dürrheim und Biesingen, wozu die Salinencasse einen Zuschuß von 4000 Fl. leistete.

Das unterm 30. März 1830 erfolgte Ableben des Großherzogs Ludwig gab den betreffenden Gemeinden Veranlassung, sich wegen der ihnen auferlegten Frohndlast zu beschweren, indem sie behaupteten, daß der Weg von Dürrheim über Hochemmingen und Sunthausen nach Biesingen

(1) Man fand bei Oefingen Baureste, Ziegel und Geräthe römischer Abkunft. Schriften des Alterth.-Vereins. 1846. (2) Siehe Nr. 28.

in solchem Stande sei, daß er auch für schwere Fuhrwerke nach Geisingen benützt werden könne und daß es nur auf einem Versehen beruhe, daß Großherzog Ludwig im Jahr 1829 über die Hirschhalde nach Biesingen gefahren worden sei!? Die Arbeiten wurden hierauf eingestellt und in Folge einer technischen Untersuchung angeordnet, daß 1) die Abtheilung von Dürrheim bis auf die Höhe der Hirschhalde zu vollenden, 2) von diesem Punkt bis Biesingen der Vicinalweg in einer Breite von 20 Fuß zu reguliren und 3) der Weg von Biesingen über Ober- und Unterbaldingen vorläufig in bisherigem Stand beizubehalten, jedoch gut zu unterhalten sei. Die Beifuhr der Steine hatte von den Gemeinden Dürrheim, Biesingen, Sunthausen, Oeffingen, Aasen, Heidenhofen, Hochemmingen, Ober- und Unterbaldingen und Geisingen in der Frohnd zu geschehen.

Die Abtheilung von Dürrheim bis Biesingen wurde im Spätjahr 1834 vollendet, nachdem im Jahr 1833 ein weiterer Staatszuschuß von 5600 Fl. bewilligt war. (1) Zur Herstellung der Abtheilung von Biesingen nach Geisingen wurden sodann 1835 und 1836 weitere 16,100 Fl. flüssig gemacht, zu dem Bau aber die Naturalleistungen der Gemeinden Biesingen, Ober- und Unterbaldingen und Geisingen in Anspruch genommen. Im Jahr 1839 war die Straße benützbar und sie wurde sofort auch in den Staatsstraßenverband aufgenommen. Die Vollendung aller Arbeiten erfolgte aber erst 1842. Abgesehen von den Naturalleistungen der Gemeinden stellte sich der Gesammtaufwand der Staatscasse im Ganzen auf 27,712 Fl.

Im Jahr 1855 wurde die Köthachbrücke bei Biesingen (2) mit 1272 Fl. hergestellt.

Der ganze erweisliche Aufwand für Verbesserung dieser Straße beträgt 49,687 Mark.

Der Verkehr bestund 1856 in 40, 1864 in 56, 1874 in 70 Zugthieren täglich.

Nr. 43.

Straße von Breisach nach Donaueschingen.

Höllthalstraße.

Länge 80,59 Kilometer = 18,05 Stunden.

Daß die Kelten in den von dieser Straße durchzogenen Gegenden ansässig waren, ist bei den vielen auf keltischen Ursprung zurückzuführenden Namen der Flüsse, Bäche, Berge und Orte, wie z. B.: Dreisam, Donau, Breg, Brieg, Wuttach, Feldberg, Tuniberg, Breisach, Munzingen, Thiengen, Wasenweiler, Wühre, Zarten (3), Furtwangen, Vöhrenbach, Urach, Röthenbach, Bachheim, Löffingen, Bräunlingen, Bonndorf, Hüfingen, Donaueschingen u. s. w., kaum zu bezweifeln; und man wird deshalb auch zu der Annahme berechtigt sein, daß damals schon hier Verbindungswege bestunden. Die heute noch bekannten alten Wege, aus deren Namen man auf Benützung oder Anlage durch die Römer schließt, sind in diesen Gebieten zahlreich und da sie ebenfalls die genannten Flüsse und Orte verbinden, so darf man wohl nicht ohne Grund in denselben, theilweise wenigstens, schon keltische Anlagen vermuthen.

Die dem mittelalterlichen Straßenzuge am nächsten liegenden oder mit ihm zusammenfallenden Wege dieser Art sind: „der Herdtweg, Heerweg, Hochweg und alter Postweg" in Gemarkung Gündlingen, die „Hochstraß" in Gemarkung Rimsingen und Hausen, der „Heerweg" in Gemarkung Neuershausen, der „Hertweg" in Gemarkung Waltershofen und Kirchzarten, der „Heerweg" in Gemarkung Mördingen, die „Hochstraß" in Gemarkung Wagensteig, die „Heerstraß und Hertweg" in Gemarkung Löffingen und Bachheim, die „Hochstraß" in Gemarkung Donaueschingen, „Hertgasse" in Gemarkung Weiler, „Hochstraß" bei Villingen und Klengen.

Zur Verbindung der römischen Feste Breisach mit der von Windisch über Hüfingen, Donaueschingen und Rottweil ziehenden sog. Consularstraße, führte eine Straße von Wühre bei Frei-

(1) Die Gemeinden Dürrheim und Schwenningen haben in den Jahren 1830—1835 den Vicinalweg von Dürrheim nach Schwenningen hergestellt. (2) Biesingen, schon 759 in Urkunden genannt, war 1444 bis 1810 württembergisch. Grundherren waren die Junker von Imthurm. Auch Oefingen und Oberbaldingen kamen 1810 von Württemberg an Baden. Heidenhofen, wahrscheinlich keltischen Ursprungs war ebenfalls schon 760 bekannt. Hochemmingen 819. Unterbaldingen 769. (3) Tarodunum scheint aus den keltischen Worten: Torat = Durchgang und Dunum = Höhe gebildet zu sein. Bei Unadingen fand man keltische Erzschlacken und unvollendete Erzspangen keltischer Arbeit.

burg durch das Dreisamthal nach Kirchzarten und, weil das Höllenthal noch durch Felsen verschlossen war, über die Wagensteige auf die Höhe des Schwarzwaldes nach Donaueschingen und Rottweil. Dieser Zug wurde im Wesentlichen auch im Mittelalter beibehalten, denn die älteste bekannte Handels- und Landstraße in dieser Richtung zog von Breisach nach Villingen und Donaueschingen über Gündlingen, Mördingen, Umkirch und Mundenhof nach Freiburg und von hier über Ebnet, Zarten, Wagensteig, Turner, (1) Hohlengraben, (2) Urach, Hammereisenbach und dann einerseits über Vöhrenbach nach Villingen, anderseits nach Donaueschingen. (3)

Zur leichteren Uebersicht wird nun der heute bestehende Straßenzug in 3 Abtheilungen besprochen.

Breisach, keltischen Ursprungs, war unter der Römerherrschaft eine Münzstätte und ein wichtiger befestigter Ort am gallischen (linken) Ufer des Rheins, woselbst Kaiser Valentinian 369 n. Chr. eine seiner Constitutionen erließ. (4) Nach Urkunde von 1185 war Breisach der Sitz der Harlungen und ihres Pflegers Ekehard, daher der Name: Eggehartberg (siehe M. Haupt, Zeitschrift für deutsche Alterthümer, 6, Seite 15). Im Jahre 843 lag Breisach auf dem linken Rheinufer, 950 auf einer Rhein-Insel, 1295 auf dem rechten, 1424 wieder auf dem linken Rheinufer, und der linke Rheinarm war so seicht, daß man durchgehen konnte. (5) Von Breisach nach Freiburg.

Im Jahre 1146 wurde Breisach Eigenthum des Domstifts Basel, kam dann an Zähringen und nach Aussterben des Mannsstammes dieses Hauses 1218 an das Reich; 1273 erhielt der Ort Stadtrechte und 1298 die Rechte einer freien Reichsstadt. 1389 an den Herzog von Oesterreich verpfändet, verlor die Stadt diese Rechte und wurde Oesterreich als freie Stadt untergeordnet. 1633 kam Breisach an Weimar, 1639 an Frankreich, dann durch den Ryswicker Frieden wieder an Oesterreich, 1703 bis zum Rastatter Frieden an Frankreich, dann nochmals an Oesterreich und 1805 an Baden. (6)

In Breisach trafen im Mittelalter Landstraßen von Osten, Westen, Süden und Norden zusammen. (7)

Von größter Wichtigkeit für den Verkehr war darum zu allen Zeiten der Rheinübergang bei Breisach. Schon Gratian ging hier mit dem Heere über den Rhein gegen die Alemanen.

Man weiß, daß der Flußübergang bei Breisach von dem alten Rheinthor aus 1212 bis 1283 mittelst einer Holz-Jochbrücke vermittelt wurde, die der Rhein zerstörte. (8) Ihre Wiederherstellung erfolgte jedoch bald wieder, denn König Adolf von Nassau zog im Jahre 1296 über die Brücke bei Breisach nach Offenburg, Steinbach und Speier. (9) In den Jahren 1302, 1424, 1480 und 1566 wurden jeweils einzelne Joche von der Brücke abgerissen. (10) Im Jahre 1620 bestund noch eine Holzbrücke. (11) Dagegen ging der baierische General Johann von Werth am 31. October 1637 mit 2000 Reitern und 1500 Fußknechten „über die Schiffbrücke" bei Breisach gegen Rheinau auf dem linken Ufer.

Die in der zweiten Hälfte des 17. Jahrhunderts erbauten zwei Brücken, die eine Rheininsel mit beiden Ufern verband, mußte in Folge des Ryswicker Friedens von 1697 zerstört werden und sollten nicht mehr zum Aufbau kommen. (12) Diese Brücken stunden alle in der Nähe der Stelle, wo das im Jahr 1653 durch Marschall Vauban erbaute, noch vorhandenen 13 Fuß hohe und 14 Fuß breite Rheinthor gegenüber dem Fort Mortier steht, auf welchem durch französischen Uebermuth der Rhein und die Donau figürlich als gefesselt dargestellt sind.

Der Wiederaufbau der Jochbrücken erfolgte 1776; (13) ihre Dauer ist nicht nachzuweisen. (14)

---

(1) Der Name kommt von einer Adelsfamilie Turner, die hier ein Schloß besaß (1293) und die Schirmvogtei über das Kloster St. Märgen (St. Maria) übte. (2) Am Hohlengraben sind Reste einer Schwedenschanze von 1638 (Mone, Quellen II.), die 1705/6 erweitert wurde (Zeitschrift 18). (3) Bundesbrief der Städte Freiburg und Villingen von 1379. — Schriften des Alterthumsvereins II. Mone, Urgeschichte II. (4) Codex Theod. Nr. 38. Wielandt, Beiträge zur Geschichte des rechten Rheinufers 1811. (5) In den Jahren 1714, 1750 und 1778 drohte der Rhein sich wieder auf die nördliche Seite von Breisach zu werfen, indem er oberhalb des Ekartsberges einbrach. (Acten über Rheinbau 1701—1778; Bericht des kaiserl. Geniedirectors Generals v. Bohn von 1752. L.-Arch.-Act. 1714—1730. Die bedeutenden Kosten trugen die Stände und das Aerar.) (6) Rosmann, Geschichte von Breisach. — Mone, Quellensammlung III. — Strobel, Geschichte des Elsasses. Mone, Quellensammlung IV. und Urg. I. (7) Mone, Zeitschrift 4 und Urgesch. II. 337. (8) Mone, Quellensammlung III., I. und II. (9) Closener, Chronik von Straßburg S. 45. Bibliothek des Alterthumsvereins I. (10) Vischer, Chronik von Basel 1872, S. 222. (11) Zeiler, Reise durch Deutschland von 1620. (12) Lünig, Reichsarchiv. (13) Wampe, Gesch. Breisachs. Manuscript in der Ueberlinger Bibliothek. (14) Im Jahr 1862 wurden 20, im Jahr 1874 23 Jochpfähle dieser Brücke unter Wasser abgesägt.

Die Landstraße ging von dem Rheinthor an der sog. Fischhalde hin ziemlich eben durch die Unterstadt. Die Gasse hieß 1565 die „Basler Gasse“. Gegen Ende des 18. Jahrhunderts mußte man sich wieder mit einer Ruderfähre begnügen, welche von der Stadt Breisach in Pacht gegeben war. (1)

Der Verkehr zog sich darum allmählich größtentheils nach Kehl oder nach Basel, um dort den Rhein zu überschreiten. Von 1805—1813 stund wieder eine französische Schiffbrücke bei Breisach, die in Folge des Kriegs entfernt wurde. Das Fahrrecht wurde dann von Frankreich und der Stadt Breisach gemeinschaftlich geübt. Breisach stützte sein Recht auf ein Kaiserliches Privilegium.

Nachdem 1826 das Project aufgetaucht war, bei Hüningen eine Schiffbrücke zu errichten, brachte im Jahr 1828 der französische Präfect des Oberrheins den Bau solcher Verkehrsmittel bei Hüningen und Breisach förmlich in Vorschlag. Die Bauausführung sollte einer Gesellschaft gegen Verleihung eines Zollerhebungsrechts überlassen werden.

Von badischer Seite hielt man aber mit Rücksicht auf den Wechsel der Flußtiefe und auf die sich häufig bildenden Kiesbänke die Herstellung fliegender Fähren in Verbindung mit Zufuhrschiffbrücken und die Ausführung auf gemeinschaftliche Kosten für zweckmäßiger, daher denn auch unterm 23. Juli 1838 in diesem Sinne ein Uebereinkommen bezüglich beider Brücken abgeschlossen wurde, das hinsichtlich der Breisacher Brücke 1845 zum Vollzuge kam.

Die Einrichtung der am 8. Mai 1845 feierlich eröffneten Breisacher Brücke war folgende: die Breite des Rheins von Ufer zu Ufer betrug 676 Fuß; zu beiden Seiten waren, von den Ufern ausgehend, Schiffbrücken von je 205 Fuß Länge auf je 10 Pontons aufgestellt. Der zwischen diesen Brücken freie, 266 Fuß breite Raum des Flußbetts wurde durch ein fliegendes Fahrzeug durchlaufen.

Die Kosten, welche Baden für diese Brücke zu übernehmen hatte, betrugen (einschließlich der Inventarstücke) 43,698 Fl. und mit Einschluß der Zufuhrstraße im Betrag von 6512 Fl. zusammen 50,210 Fl.

Da zuweilen theilweise Verschüttungen des Flußbetts mit Kies vorkommen, wodurch der Gang der fliegenden Fähre gehindert war, hatte man im Jahr 1866 mit Verwendung weiterer Pontons von der in Abgang gekommenen Knielinger Schiffbrücke die Mittelöffnung für die fliegende Fähre versuchsweise ebenfalls durch eine Schiffbrücke geschlossen. (2)

Nach einem unterm 22. Januar 1867 zwischen Baden und Frankreich abgeschlossenen Uebereinkommen wurde die Brücke nun definitiv in eine geschlossene Schiffbrücke umgewandelt und die Pontons der Knielinger Brücke für 12,074 Fl. übernommen.

Die 205 Meter lange Brücke besteht aus 32 Pontons und 3 Durchlässen von ca. 9—6 Meter. Die Kosten waren im Ganzen (incl. obiger 12,074 Fl.) auf 19,025 Fl. berechnet.

Baden führte den Bau 1868/69 auf gemeinschaftliche Kosten aus. In dem Krieg von 1870 wurde die Brücke entfernt und nachher provisorisch wieder eine Schiffbrücke aufgestellt. Das Brückengeld hörte vom 1. Januar 1874 auf.

Unterhalb der Brücke war 1844 zur Ueberwinterung der Pontons und zum Landen sonstiger Schiffe ein $2^1/_4$ Morgen großes Hafenbassin angelegt.

Die Verbindung von Breisach mit Freiburg wurde bis zum Jahr 1770 durch mehrere Straßen vermittelt, (3) von denen bald jene über Betzenhausen, Lehen, Umkirch, Gottenheim, Wasenweiler und Ihringen, bald die andere über Uffhausen, St. Georgen, Thiengen, Munzingen, Oberrimsingen und Hugstetten oder selbst die längere über Hugstetten, Neuershausen, Eichstetten, Oberschaffhausen, Wasenweiler und Ihringen benützt wurde, je nachdem auf der einen oder der anderen besser durchzukommen war. (4)

(1) Breisach bezog damals 1807 Fl. Pachtgeld. Die im Jahr 1845 eröffnete Brücke verlangte dagegen zu dem Ertrag einen jährlichen Staatszuschuß von 2500 Fl. (2) Die Frequenz betrug 1866 92,618; 1867 63,607; 1869 85,348; 1872 132,000; 1874 190,760; 1875 182,590 Personen. (3) Im 14. Jahrhundert wird der Weg zu Gündlingen und Mördingen „Landstraße“ und „Rinstraße“ genannt. Die nördlich um den Duniberg ziehende Straße scheint aber noch älter zu sein; sie wird 1543 in Neuershausen „alte Landstraße“ genannt. Mone, Zeitschrift IV. Die älteste Landstraße scheint jene über Uffhausen-Wendlingen-St. Georgen durch den obern Mooswald nach Thiengen, Munzingen, Nieder- und Oberbreisach zu sein, denn an dieser „Landstraße“ zwischen Munzingen und Oberrinsingen stund das Benedictinerkloster „Grüningen“, welches schon 1072 nach St. Ulrich verlegt wurde. (4) Die Straßenlänge betrug über Munzingen 5,84 Stunden, über Umkirch 5,56 Stunden, über Eichstetten 7 Stunden.

Nachdem die Straße von Freiburg durch das Höllenthal nach Hüfingen bedeutend verbessert war, beschloß Oesterreich im Jahr 1768, auch von Freiburg nach Breisach eine gute 50 Fuß breite Landstraße durch Verbesserung des alten Weges von St. Georgen über Thiengen, Munzingen und Oberrimsingen zu bauen (1) und gleichzeitig auch die Kaiserstuhlstraße von Oberschaffhausen über Vogtsburg, Oberbergen, Oberrottweil und Jechtingen nach Burkheim als Vicinalweg herzustellen.

Da Oesterreich mit Berufung auf kaiserliche Privilegien alle Insassen des Breisgaues als landsässig behandelte, (2) konnten sich die Städte der Deutschorden und die Breisgauische Ritterschaft dem Ansinnen zu Mitwirkung bei dem fraglichen Straßenbau nicht widersetzen; Baden-Durlach aber erklärte sich mit dem Bauvorhaben nur in der Voraussetzung einverstanden, daß die Straße nur in einer Breite von höchstens 30 Fuß erstellt werde und daß auch die Wege von Riegel nach Endingen bis Königsschaffhausen und von Riegel nach Weisweil in brauchbaren Stand gesetzt werden.

Der Bau der Landstraße über Munzingen (schon 720 urkundlich) nach Breisach wurde hierauf 1769 begonnen und mit Rücksicht auf die zu erwartende Durchreise der Erzherzogin Marie Antonie als künftige Dauphine von Frankreich schon im Frühjahr 1770 vollendet. (3) Sämmtliche Arbeiten, mit Ausnahme der Kunstbauten, wurden in der Frohnd ausgeführt. (4) Die Straße erhielt aber nur eine Breite von 18—24 Fuß.

In den Jahren 1805, 1807 und 1810 wurden weitere Verbesserungen an diesem 1811 in die zweite Classe der Staatsstraßen eingereihten Wege mittelst Frohnden vorgenommen und 1812 der Thiengener Wald längs der Straße auf 20 Fuß Entfernung ausgehauen. (5) Im Jahre 1877 ist in dem Ort Munzingen am östlichen Theil eine Correction resp. Geradeleitung der Ortsstraße auf 1600 Meter ausgeführt worden. Die Gemeinde stellte das Gelände und übernahm die Hälfte der Rinnenpflasterung.

Von Freiburg bis zum Titisee.

Die im Anfang des 12. Jahrhunderts durch Herzog Berthold III. erfolgte Erhebung des Dorfes Villingen zu einer Stadt geschah vorzugsweise in der Absicht, auf Grund der alten Römerstraße von Freiburg über Villingen nach Rottweil die Handelsbeziehungen zwischen Schwaben und der Rheingegend zu fördern.

Da die alte Straße über die Wagensteige, die in dem Weisthum von Zarten 1395 „Reichsstraß" genannt ist, ganz zerfallen und der Weg durch die enge Schlucht in der Falkensteige (6) nur für Saumpferde benützbar war, vereinigten sich im Jahr 1340 die Städte Freiburg, Villingen und Rottweil zur Verbesserung der Straße über die Wagensteige (7) und in einem Vertrag vom Jahr 1379 übernahmen Villingen und Freiburg gegenseitig die Pflicht, diese, kurz zuvor vollendete, Straße bis Villingen gut zu unterhalten. So kam denn der uralte Straßenzug von Freiburg über Ebnet, Zarten, Stegen, Burg, Wagensteig, Turner, Hohlengraben, Urach, (8) Hammereisenbach, Bregenbach, Herzogenweiler, Pfaffenweiler nach Villingen wieder in einen wenigstens für Fuhrwerke mit schmaler Spur benützbaren Zustand.

---

(1) Bei diesem Straßenbau waren außer den österreichischen Städten Freiburg und Breisach Baden-Durlach wegen Thiengen, das Großpriorat Heitersheim wegen Gündlingen und St. Georgen und die Ritterschaft wegen Oberrimsingen und Munzingen betheiligt. (2) Schrötter, Oesterreichisch. Staatsrecht I. Seite 28. (3) Maria Antoinette kam am 4. Mai 1770 nach Freiburg. (4) Von Oberrimsingen an zieht auf der Westseite neben der Straße ein 10—12 Fuß breiter Canal bis in den Rhein bei Breisach, welcher unter König Ludwig XIV. bei Erweiterung der Festungswerke zur Beifuhr von Holz aus dem Münsterthal in der Mitte des 17. Jahrhunderts angelegt wurde. Das Wasser erhielt der Canal aus der Möhlin bei Hausen und aus dem Augraben bei Hochstetten. Ein ähnlicher Canal (Canal Schlittweg) war gleichzeitig vom Fahrenberg in Ihringer Gemarkung bis Breisach zum Steintransport angelegt, der Canal de Vauban hieß und von Nordost in gerader Linie auf die Mitte der Stadt zog. Auch der linksrheinische Floßcanal von Rufach nach Breisach, der 1699—1700 von Vauban für den Steintransport angelegt wurde und nach ihm benannt ist, hatte die gleiche Bestimmung. (5) Generall. Archiv-Acten. Bader, Der Zähringer Löwe. (6) Der Name Falkensteige kommt von der Burg Falkenstein her, die 1389—1391 durch die Freiburger zerstört wurde. Schreiber, Urkundenbuch der Stadt Freiburg 1829, II. S. 31. (7) Abt Berchtold vom St. Märgen, der diesen Straßenbau förderte und Klostergut dazu abgab, wurde hierauf 1385 von seinen Chorherren ermordet. Freiburg. Diöces.-Arch. 2, S. 242. (8) Nach Urkunde vom 19. December 1380 kommt Graf Johann von Fürstenberg mit den Städten Villingen und Freiburg überein: „daß die Bewohner Villingens und Freiburgs die Straße über Urach fahren dürfen gegen einen ermäßigten Zoll; andere müssen höhere Zölle bezahlen. Fürstenberg unterhält die „Brugg" bei der Burg Neufürstenberg und die Straße von der Brägemer Steig und an der Uracher Steig. Die Straße soll so weit sein, daß ein Karren dem anderen ausweichen kann." Einen ähnlichen Vertrag schlossen die Herren von Falkenstein mit Freiburg und den benachbarten Orten ab, als der Saumweg im Falkensteiner Thal durch Hochwasser zerstört war. Falke, „Zollwesen".

Bevor Freiburg in den Besitz der Klöstergüter von St. Märgen kam, hatte Villingen die Unterhaltungslast bis Zarten zu tragen. Nach einer Urkunde von 1408 wird der Weg durch den Falkensteig nach Neustadt „Straße“ genannt, und eine Urkunde von 1399 spricht von Karren mit Wein, die im Thale zollen mußten. Wahrscheinlich ging der Karrenweg durch Hochwasser von Zeit zu Zeit zu Grunde und konnte zeitweise nur noch für Saumpferde benutzt werden.

Als in den Jahren 1522 und 1545 „der Saumweg“ in der Falkensteige wieder gänzlich zerstört war, suchte man bei Gelegenheit seiner Wiederherstellung die schmale Schlucht in der sog. Hölle zur Benützung für schmale Fuhrwerke zu erweitern; es scheint jedoch damals noch sehr Weniges für diesen Zweck geschehen zu sein.

Erst im Jahr 1638 wurde der Paß in der Falkensteige von den Franzosen erweitert,(1) der Weg war aber oft durch Hochwasser zerstört und folglich sehr schwierig zu unterhalten, konnte daher nur zeitweise benützt werden und verlor deshalb bis zur Beendigung des 30jährigen Krieges den Verkehr fast ganz, indem sich derselbe auf die inzwischen verbesserte Simonswälder Thalstraße hinüberzog (siehe Nr. 38). Von der Beschaffenheit der Straße von Villingen nach Freiburg kann man sich einen Begriff machen, wenn man bedenkt, daß 1705 bei Hafer-Transporten für das Militär von Villingen nach Freiburg auf jeden sechsspännigen Wagen nur 15 Centner geladen wurden und 72 solcher Wagen erforderlich waren, während heute 10 Wagen für eine Last von 1066 Centnern genügen würden. (Zeitschrift 18, Seite 290.)(2)

Als nun in der ersten Hälfte des vorigen Jahrhunderts an die Verbesserung der Straßen überhaupt ernstlich gedacht wurde, kam natürlich auch die Verbesserung der Straße von Freiburg nach Villingen und Donaueschingen in Betracht und es sollte 1734 auf Andringen der Stadt Freiburg die Höllenthalschlucht durch Felsensprengungen für das weite Geleise eingerichtet werden.(3)

Die Breisgauischen Stände waren diesem Unternehmen zugethan, allein die österreichische Regierung(4) suchte in erster Linie eine directe Verbindung der Frankfurt-Basler Straße mit Rheinfelden zu erzielen, indem sie durch Umgehen des Basler Gebietes eine Abkürzung des Wegs und eine Ermäßigung des Aufwandes für Zölle und Weggelder herbeizuführen(5) und damit sowohl die Erhöhung der Frequenz der Straße zwischen Offenburg und Freiburg, als auch eine bessere Verbindung mit den österreichischen Waldstädten am Oberrhein zu bewirken trachtete.

Die Markgrafschaft Baden, die dem letzteren Projecte ebenfalls zugethan war, bot bereitwillig die Hand zu seiner Ausführung, konnte sich aber nicht entschließen, nach dem Wunsche Oesterreichs zugleich gegen Verbesserung der Höllenthalstraße mitzuwirken, da dieser Weg für den Absatz der Weine und des Obstes aus der badischen Markgrafschaft nach Schwaben eine sehr günstige Aussicht eröffnete. Gleichwohl mußten die von der Stadt Freiburg zur Verbesserung der Straße durch das Höllenthal eingeleiteten Arbeiten im Jahr 1750 auf Befehl der österreichischen Regierung eingestellt werden, ja, es wurde die Erweiterung der Straße in der Hölle sogar förmlich verboten; obgleich durch Kreisviertelsreceß vom 31. Januar 1750 die Herstellung der Straße von Freiburg durch das Höllenthal sowohl nach Neustadt, Unadingen und Hausen vor Wald, als auch über Bonndorf nach Stühlingen mit einer Breite von 24 Fuß angeordnet war. Bezüglich des Höllenthals war ausdrücklich vorgeschrieben: „daß das Flußbett von Felsblöcken gereinigt werde, einige Correctionen desselben auszuführen oder 3 Brücken zu bauen seien, und die Straße so verbreitert werde, daß 2 Fuhrwerke sich ausweichen können.“(6)

Nachdem nun aber auf Fürstlich Fürstenbergischem Gebiet die Straßenverbesserung eifrig betrieben wurde, und die von Seiten des schwäbischen Kreises ebenfalls beschlossene, aber dem

---

(1) 2000 Mann Soldaten wurden zu diesem Ende abgeschickt. Mone, Quellensammlung II. 587. Daß die Straße über die Wagensteig 1628 noch Hauptstraße war, geht daraus hervor, daß die zahlreiche Begleitung der nach Rom reisenden Professoren von Freiburg damals auf der Wagensteige Abschied nahm. Quellensammlung II. (2) 2000 Metzen à 0,41 badische Malter à 130 Pfund giebt pro Metze 53,3 Pfund, also für 2000 Metzen 1066 Ctr. (3) Betheiligt bei dem Straßenbau von Freiburg bis Hüfingen waren im vor. Jahrh. die österr. Stadt Freiburg mit den dazu gehörigen Orten Zarten, Kirchzarten und Burg; die Ritterschaft wegen Littenweiler, Ebnet, Falkensteig, Breitnau, Fahrenberg und Hinterzarten; Fürstenberg wegen Altenegg, Neustadt, Röthenbach, Löffingen, Unadingen, Döggingen und Hüfingen. (4) Unter dem Präsidenten von Rammschwag. (5) Ein Güterwagen bezahlte damals 15—20 Fl. Zoll und Pflastergeld in Basel. (6) An der Höllensteige mußten damals gewöhnliche Weinfuhren 8—10 Pferde Vorspann nehmen und brauchten doch oft einen halben Tag, um die Höhe zu gewinnen, daher schon damals viele Weinfuhren aus dem Breisgau lieber den Weg durch das Kinzigthal einschlugen. L. A. A.

österreichischen Interesse zuwiderlaufende Verbesserung der Straße von Offenburg nach Villingen auch in Ausführung begriffen war, glaubte die vorderösterreichische Regierung dem Beschlusse, den die Breisgauischen Stände unterm 20. März 1753 dahin gefaßt hatten, „daß die Höllenthalstraße zu einem guten und wandelbaren Güter- und Postweg gemacht werden solle", sich nicht länger widersetzen zu können, daher sie die Fortsetzung nicht allein gestattete, sondern die Bauten in den Jahren 1754 und 1755 möglichst zu fördern suchte, um die Straße allmählich auf eine Breite von 30 Fuß zu bringen. In diese Zeit fällt auch der Bau der Straße zwischen Freiburg und Ebnet auf dem linken Dreisam-Ufer, während die alte Straße dem heute noch bestehenden Wege an dem Fuße des rechtseitigen Gebirges folgte.

Weitere und umfassende Verbesserungen, insbesondere die Erweiterung der Felsenschlucht erfolgte erst in den Jahren 1769 und 1770 auf Veranlassung der Reise der Erzherzogin Marie Antonie von Oesterreich nach Frankreich.

Dadurch war es möglich, daß schon 1787 alle 14 Tage eine Landkutsche von Constanz nach Freiburg fahren konnte, die acht Tage zur Hin- und Rückreise bedurfte! Der Weinhandel aus dem Breisgau nach Schwaben hob sich dadurch sehr.

Die Verbesserung der Straße geschah in ausgedehnterem Maße, erst nachdem das Gebiet, durch welches sie zieht, unter badischer Hoheit stund und die Straße über Lenzkirch und Stühlingen von Schaffhausen 1812 als Extrapoststraße erklärt war. Es wurde in den Jahren 1833 bis 1836 die Straße durch Ebnet, insbesondere durch Felsensprengen am westlichen Eingang mit 7365 Fl. erweitert und corrigirt; im Jahr 1841 eine neue Brücke bei Ebnet mit 10,606 Fl.; (1) 1842 eine Brücke in Zarten mit 4459 Fl. und eine solche in Ebnet mit 998 Fl. hergestellt und 1851—1858 4 Correctionen im Höllenthal mit 7748 Fl. ausgeführt.

Das größte Hinderniß für den Verkehr auf der ganzen Route bildete aber immer noch die Höllensteige, welche Steigungen von 7, 10 und 19—22 % und sehr gefährliche Wendungen enthielt und darum nöthig machte, daß von dem Postwirthshause zum Sternen aufwärts bei Frachtfuhren auf 7 Centner Ladung je ein Vorspannpferd, bei gewöhnlichen zweispännigen Fuhren 4 Vorspannpferde und bei leichtem Fuhrwerk 2 Vorspannpferde verwendet werden mußten, wofür für jedes Pferd bis ober der Schanze (2) 39 Xr. und bis zur sogenannten Laffette 59 Xr. zu bezahlen war. Aber auch abwärts gehende schwere Fuhren hatten je auf 4 Pferde zwei Vorspannpferde nöthig, weil die Straße durch das fortwährende Rauhsperren stets so tief aufgerissen wurde, daß an den weniger steilen Stellen nur mit verstärkter Zugkraft durchzukommen war. Für Vorspann abwärts wurden 33 Xr. per Pferd bezahlt. Die Zahl der Vorspannpferde überhaupt belief sich durchschnittlich in einer Woche auf 200.

Nachdem sich der Verkehr zwischen Freiburg und Schaffhausen durch das Höllenthal über Lenzkirch, Bonndorf, Stühlingen nach Schaffhausen und über Neustadt nach Donaueschingen und Tuttlingen allmählich so beträchtlich gehoben hatte, daß diese Straße den wichtigsten des Landes beigezählt werden mußte, hielt man im Jahr 1846 die allmähliche Beseitigung der größten Verkehrshindernisse auf dieser Route für unabweisbar, und man nahm nicht nur die Correction der Höllensteige, sondern auch die Umgehung der Steigen beim Titisee und bei Lenzkirch und Stühlingen, sowie die Neustädter Steige in Aussicht.

Am meisten dringend erschien aber immer die Correction der Höllensteige, weshalb auch, bevor noch ein Plan für diese Correction vorlag, zu dem Beginn der Arbeiten 1846 eine Summe von 25,000 Fl. bewilligt wurde.

Auf Grund der alsbald vorgenommenen Untersuchung brachte die Straßenbau-Direction 1846 im Wesentlichen diejenige Zugslinie in Antrag, welche ausgeführt ist und deren Kosten auf 140,000 Fl. überschlagen waren. Bei Aufstellung des Planes ging man von der Voraussetzung aus, daß die neue Straße eine Breite von 26 Fuß und ein Maximalgefäll von 5 Procent erhalten soll.

---

(1) Die Brücke bei Ebnet erhielt eine Construction von Holz mit steinernen Landfesten, eine Lichtweite von 60 Fuß und zwei Pfeilern mit 19 und 20 Fuß Oeffnung, eine Fahrbahnbreite von 24 Fuß. Die Höhe über der Flußsohle beträgt 15 Fuß. Die Brücke bei Freiburg wurde 1740 von der Gemeinde mit 12,000 Fl. erbaut; sie hat Gewölbe von Stein, zwei Pfeiler von 27,5, 28,2 und 21,4 Fuß Oeffnung; eine Lichtweite von 96 Fuß; Fahrbahnbreite von 21,5 Fuß. Die Fahrbahn liegt 17 Fuß über der Flußsohle. Die Unterhaltung besorgt die Gemeinde gegen Erhebung des Brückengeldes. Daß die älteste Straße, die auf dem rechten Ufer am Fuß des Schloßberges liegt, die Dreisam nicht überschritt, und wegen öfterer Ueberschwemmungen verlassen wurde, ist urkundlich erwiesen. (2) Die Schanze wurde 1813 von österreichischen Ingenieuren gegen die Franzosen erbaut.

Die Steigung sollte auf der unteren Abtheilung mit 3 Procent beginnen und allmählich auf 5 Procent übergehen.

Dieses Project fand jedoch viele Gegner, da die Ansicht in Petitionen geltend gemacht werden wollte, daß es geeigneter wäre, den neuen Straßenzug durch das sog. Löffelschmiedthälchen (1) zu führen, welches bei dem Posthause zum Sternen beginnt und bei Hinterzarten endet. Diese Richtung wurde vielfach, insbesondere auch von der Stadt Neustadt (2) als die naturgemäße und zweckmäßigste bezeichnet.

Die technische Behörde wies jedoch nach, daß dieser Zug in jeder Hinsicht ungünstig wäre, daher dem vorgeschlagenen die Genehmigung ertheilt wurde. Die Bauarbeiten wurden hier auch im Jahr 1847 begonnen und an Italiener in Accord gegeben, welche in derartigen Bauten sich schon geübt erwiesen. Schon am 29. October 1851 wurde die Abtheilung nächst ober und unter der Schanze und im November 1851 die Abtheilung von der Schanze bis zur Schmiede dem Verkehr übergeben. (3) Der in der Nähe des Ravennathales projectirte und bereits ausgesprengte Tunnel zeigte sich ohne Ausmauerung nicht haltbar, daher dessen vollständige Aussprengung angeordnet werden mußte. Die unterste Abtheilung vom Stern bis zum finstern Rank wurde im Jahr 1856 begonnen und am 22. November 1857 dem Verkehre übergeben. Der Gesammtaufwand stellte sich auf 146,409 Fl. (4)

Zu gleicher Zeit wurden kleine Correctionen bei der Faller'schen Sägemühle mit 3300 Fl. ausgeführt.

Die im Jahr 1842 über die Dreisam in Zarten erbaute Bohlenbogenbrücke von Eichenholz war 1867 in sehr schadhaftem Zustande. Man entschloß sich unter theilweiser Verwendung der steinernen Widerlager eine Brücke mit eisernen Blechbogen herzustellen. Die Brückenweite wurde auf 44 Fuß 6 Zoll, die Breite auf 24 Fuß, die Höhe der Fahrbahn über der Sohle auf 17 Fuß bestimmt. Da die Lasten, welche die Brücke passiren, durchschnittlich 400, zuweilen aber 700 Centner (5) betragen, so wurde den Trägern eine sechsfache Sicherheit gegeben.

Die Kosten betrugen 8857 Fl. Das Eisen, in 557 Centnern bestehend, wurde zu 11 Fl. 29 Xr. geliefert. Die Vollendung erfolgte 1867.

Da bei den großen Lasten, die thalabwärts gehen, kleine Steigen sehr lästig sind, wurde für 1876 die Correction bei der sog. Kehri auf Gem. Breitnau zur Minderung einer scharfen Wendung und des Gefälls von $6^1/_2$—9 Procent auf 4,2 und 3,4 Procent 720 Meter lang und 7,8 Meter breit mit 5,4 Fahrbahn und 36 Centimeter Versteinung mit 16,500 Mark zur Ausführung bestimmt, wovon Kreis-Gemeinden $^1/_3$ zu tragen haben. Ferner ist die schadhafte Dreisambrücke unterhalb Ebnet 18 Meter weit mit 16,000 Mark in Eisen umzubauen. Die Kosten werden nach dem Gesetz von 1868 von Staat, Gemeinden und Kreis bestritten. Der Bau wird 1876/7 ausgeführt. Das Eisen kostet 27,1 Mark pro 100 Kilo.

Zur vollständigen Ordnung des Gefälls, das fast allgemein $3^1/_2$ Procent beträgt, wäre noch erforderlich: eine Correction bei dem Falkensteiger Eisenwerk mit 3000 Fl. und eine Ausgleichung zwischen Schmied Schwörer und dem Rößle ober der Steige mit 4000 Fl.

Vom Titisee bis Hüfingen.

Von der ritterschaftlichen Gemarkungsgränze Hinterzarten bis Hüfingen im fürstenbergischen Gebiet fallen die Hauptverbesserungen der Straße in die Periode von 1751—1770.

Der größte Mißstand bestund hier in der sog. Kirchsteige zwischen Neustadt (6) und Röthenbach, welche nur 12 Fuß breit und mit einem Holzfundament versehen war. Die Verbreiterung auf 20 Fuß mittelst Felsensprengungen und die Herstellung eines Steinsatzes von 2 Zoll Höhe mit 6—8 Zoll Ueberkiesung wurde in den Jahren 1751/54 auf Kosten der Baarer Weggeld-

---

(1) Es bestunden damals hier wie in den meisten Schwarzwaldthälern noch kleine Schmieden für Anfertigung von Eisenblechlöffeln, die verzinnt wurden. (2) Neustadt interessirte sich ganz besonders für diese Correction, weil der Gewerbebetrieb, insbesondere Tuchfabrikation, Uhrenfabrikation, Strohflechten, Glaswaarenhandel, Kunstmühlen ꝛc. in freudigem Aufblühen begriffen waren. (3) Die Rampe am sogenannten Ravennafelsen hat einen Radius von 66 Fuß, Breite 38 Fuß und liegt horizontal, während der Fall ober- und unterhalb $4^1/_2$ Procent beträgt. (4) Die alte Steige hatte eine Länge von 600 Ruthen und Gefälle von 19—22 Procent. Die neue Steige erhielt eine Länge von 1200 Ruthen und ein Gefäll von $5^1/_2$ Procent. Die Fracht ermäßigte sich seit der Correction der Steige um 6 Xr. per Centner. Die Leistungen eines Zugpferdes wurden vor Correction der Steige auf 8 Centner, nachher auf 16—17 Centner angenommen. (5) Man fährt zuweilen abwärts 8 Klafter Holz auf einem Wagen. Gewöhnlich rechnet man jetzt thalabwärts 80—100 Centner für ein Pferd. (6) Neustadt urkundlich im 13. Jahrhundert — alte Zollstätte von Fürstenberg. Hier wurden früher Holzwaaren, im 13. Jahrhundert Glas, Ende des 17. Jahrhunderts Uhren, dann Strohgeflechte gefertigt.

casse in Accord ausgeführt. In den Jahren 1761—1767 erfolgte sodann die Verbesserung des Weges von dem sogenannten Grafenwäldle in der Nähe des Titisee's bis Neustadt auf ähnliche Weise. Im Jahr 1763 wurde die Straße im Röttenbacher Bann(1) und von dem Göschweiler Thor zu Löffingen(2) neben der St. Antonicapelle vorbei dem Weiher zu nach Röthenbach hergestellt und dafür 4241 Fl. aus der Baarer Chausseecasse bestritten. Die neuen Straßenstrecken erhielten eine Breite von 26 Fuß, 22 Fuß Fahrbahn, mit 2 Fuß Fundament und $^1/_2$ Fuß Kies. Der Aufwand einschließlich der Güterentschädigung wurde aus der Landschaftscasse bestritten.

In den Jahren 1765 und 1766 erweiterte man die an der Lorettocapelle bei Hüfingen befindliche Hohlgasse auf 19 Fuß und suchte das Gefälle gegen Döggingen hin auszugleichen. Die Baukosten mit 1066 Fl. übernahm die Landschaftscasse.

Als im Jahr 1769 die Verbesserung der Straße von Stockach über Engen, Donaueschingen, Hüfingen, Löffingen, Neustadt, Freiburg wegen der bevorstehenden Reise der künftigen Dauphine Marie Antoinette angeordnet wurde, fand man Veranlassung, die Straße von der Gauchbrücke bei Döggingen nicht wie seither über Unadingen, sondern direct nach Löffingen herzustellen. Die Ausführung erfolgte in einer Breite von 20—24 Fuß im Accord; die Gemeinden hatten jedoch eine bestimmte Anzahl Arbeiter und Fuhren zu stellen. Da die Orte damals durch Hagel und Mißwachs stark heimgesucht waren, wurde genehmigt, daß die Baarer Landschaftscasse ein Capital von 32,000 Fl. zu 4 Procent aufnahm. Für die Straße von Döggingen bis Löffingen war ein Aufwand von 9000 Fl. zu bestreiten. Die Gemeinden übernahmen die Herstellung im Accord für 3 Fl. 40 Xr. per Klafter und die Herrschaftscasse leistete einen Beitrag von 200 Fl. zu den Kosten für Felsensprengen.

So war denn die Straße allmählich in einen ziemlich guten Stand gebracht, und sie erhielt seit 1806, unter badischer Hoheit, durch viele kleinere Regulirungen noch weitere Verbesserung.

Unter den größeren Bauausführungen ist die im Jahr 1845 ausgeführte Straßenverbreiterung in Neustadt, welche einen Aufwand von 2224 Fl. erforderte, zu erwähnen.

Lästig für den Verkehr waren aber nun immer noch die 4 Steigen, bei Neustadt auf 892 Ruthen mit 4—20 Procent, bei Röthenbach auf 740 Ruthen mit 6—11 Procent, bei Unadingen auf 148 Ruthen mit 7—12 Procent und bei Döggingen auf 296 Ruthen mit 6—12 Procent.

Eine vollständige Correction konnte hier nur mit sehr großen Verlängerungen der Straße und mit großen Kosten bewirkt werden.

Trotz der vielen Zölle und Weggelder(3) und dem mangelhaften Zustand der Straße war der Verkehr doch sehr bedeutend, bis durch Verbesserung des Weges über Lenzkirch, Bonndorf und Stühlingen und später durch die Rheinthal-Eisenbahn eine empfindliche Abnahme eintrat, die sich nach Eröffnung der Kinzigthal-Eisenbahn noch gesteigert hat. Da nun dem berechtigten Wunsche der Bewohner dieser Gegend um Gewährung einer Eisenbahnverbindung mit Breisach resp. Colmar bis jetzt nicht entsprochen werden konnte, so kam man einstweilen wieder auf die Verbesserung der Straße zurück und beschloß im Jahr 1872 zunächst die Correction der Kirchsteige bei Neustadt. Der Bau zur Umgehung der steilsten Abtheilung wurde auch 1872 mit 25,590 Fl. ausgeführt. Die Gemeinde Neustadt stellte das auf 2500 Fl. taxirte Gelände, Röthenbach gab 1500 Fl., Löffingen 1200 Fl. Beitrag, daher die Staatscasse noch 20,390 Fl. zu übernehmen hatte. Statt 20 Procent hat die Straße jetzt 3—6 Procent Steigung, eine

---

(1) Früher gingen die Güterfuhren auch von Röttenbach über Reiselfingen, Dietfurt, Boll, Münchingen, Lembach, Weizen, Schleitheim, Siblingen, Löhningen nach Schaffhausen. (2) Löffingen, schon im 9. Jahrhundert bekannt, wurde im 14. Jahrhundert zur Stadt erhoben. Schon in alter Zeit war Löffingen eine Kornkammer der fruchtreichen Baar und des nahen Schwarzwaldes. Im Jahr 1873 kamen 21,000 Ctr. Frucht hier zum Verkauf. Bis 1813 war hier ein Bezirksamt. (3) Im Jahr 1785 erhob Oesterreich an Zoll: in Freiburg 1 Fl., in Ebnet, Zarten und Falkensteig je 12 Xr.; Fürstenberg am schwarzen Bären 20 Xr., in Neustadt 21 Xr., in Röthenbach 14 Xr., in Löffingen 21 Xr., in Döggingen 15 Xr., in Hüfingen 43 Xr., so daß die Gesammtauslagen zwischen Freiburg und Hüfingen sich für einen Wagen mit 60 Centner Last und mit 6 Pferden auf 3 Fl. 50 Xr. beliefen. Von Kehl aus bis Freiburg wurden erhoben: von Baden in Kehl 6 Xr., in Ichenheim 24 Xr.; von Oesterreich in Marlen 1 Fl., Herbolzheim 4 Fl., in Kenzingen 15 Xr., in Emmendingen 30 Xr.; von Nassau in Hugsweier 4 Xr., in Dinglingen 17 Xr., vom Bischof zu Straßburg in Ettenheim 16 Xr., zusammen 6 Fl. 47 Xr., daher die Ausgabe für Zoll von Kehl bis Hüfingen 10 Fl. 37 Xr. betrug, während auf der Route durch das Kinzigthal 29 Fl. 45 Xr. bezahlt werden mußten.

Breite von 6 Meter mit 4,8 Meter Fahrbahn.(1) Hierauf folgte 1876 Correction der Abtheilung bis Röthenbach mit 24,500 Fl. = 42,000 Mark, wozu Neustadt durch Geländestellung 170 Mark beitrug.

Im Jahr 1873/74 war eine Bach- und Straßencorrection vor dem Hüfinger Thor nebst dem Bau neuer Brücken über die Breg und den Mühlcanal ausgeführt worden. Die Kosten betrugen 36,000 Fl., wovon die Gemeinde Hüfingen 2450 Fl., der Staat 33,550 Fl. übernahmen.

Die alten Brücken hatten eine schiefe Stellung und die steinerne Mühlcanalbrücke Steigung von 8,6 Procent.

Die jetzigen Brücken sind von Eisenfachwerk. Die Lichtweite beträgt bei der Bregbrücke 21 Meter, bei der Mühlcanalbrücke 6,27 Meter.

Ferner wurde 1874 die Pfauenbrücke in Neustadt verbreitert und an der Straße ein Fußweg mit Eisengeländer von der Gemeinde hergestellt. Der Staat leistete einen Beitrag von 200 Fl.

In den Jahren 1876/77 sind in Ausführung genommen:

1. Die Correction am Hirschbühl unterhalb Neustadt mit einer Verbindungsstraße nach Lenzkirch mit 18,000 Fl., 6 Meter breit. Die Gemeinde Vierthäler stellte Gelände im Werth von 1010 Fl. gegen Entschädigung von 733 Fl. Lenzkirch giebt 100 Fl., Neustadt 1900 Fl., daher die Staatscasse noch 15,723 Fl. zu tragen hatte.

2. Die Correction der Röthenbacher Steige zur Ermäßigung des Maximalgefälls von 12,5 Procent auf 5,3 Procent durch Verlegung der Straße in den Ort. Der Neubau ist 366 Meter lang, 6 Meter breit mit 4,8 Meter Fahrbahn, und diese mit 15 Centimeter Gestück und 12 Centimeter Schotter hergestellt. Die Kosten, welche gemeinsam von Staat, Kreis und Gemeinde zu tragen sind, belaufen sich auf 15,300 Mark. Man benutzte theilweise die von der Gemeinde 1846 erbaute Straße durch den Ort.

Auch die Dögginger Steige sollte corrigirt werden, um das Maximalgefäll von 15 Procent auf 5,9 Procent zu ermäßigen. Der Aufwand war auf 79,200 Mark berechnet, bei Annahme einer Breite von 6 Meter mit 4,8 Meter Fahrbahn. Unter diesen Kosten sind 17,000 Mark für die neue Gauchbachbrücke enthalten. Da der Kreisausschuß sich gegen diesen Bau erklärte, unterblieb er.

Die bereits erweisbar bestrittenen und zur Verwendung bewilligten Kosten für Verbesserung dieses Straßenzugs belaufen sich auf 1,785,938 Mark.

Die Straße ist sehr frequent. Im Durchschnitt sind beobachtet worden: 1856 = 578, 1864 = 622, 1874 = 791 Zugthiere täglich.

Die Frequenz ist übrigens durch die Eisenbahn von Donöschingen über St. Georgen nach Offenburg sehr beeinträchtigt worden.

Schifffahrt und Hafenverkehr in Breisach.

Was endlich die Bedeutung Breisachs als Schifffahrts- und Hafen-Platz betrifft, so ist in Kürze zu bemerken:

Rudolf I. von Habsburg (1273—91) schenkte oder bestätigte der Stadt das alleinige Ueberfahrtsrecht und erhob sie zum Stapelplatz; Heinrich VII. verlieh ihr 1309 das Recht, daß zwischen Breisach und Straßburg keine Ladestelle am Rhein bestehen soll und daß die Breisacher Bürger im Reiche Zollfreiheit genießen dürfen. (Mone, Urgeschichte 4.) Im Jahr 1469 erhielten die Breisacher von Friedrich III. das Recht, Personen bis unterhalb Straßburg zu fördern, dagegen hatten sie sich der Handelsschifffahrt zu enthalten. Vor dem Bestehen des Rhein-Marne-Canals (1852) war der Verkehr von Breisach zu Berg noch nennenswerth und jener zu Thal ziemlich bedeutend. Später, und nach dem Bestehen der rechts- und linksrheinischen Eisenbahnen hörte der Bergverkehr fast ganz auf und der Thalverkehr minderte sich fortan.

Der Thalverkehr bestund in Brennholz, Gyps, Wein und Steinen, der Bergverkehr in Eisen, Kohlen 2c.

---

(1) In Folge dieser Correction bezahlt man jetzt 1 Fl. 12 Xr. pro Pferd, also wegen des längern Wegs 24 Xr. mehr als früher, dagegen sind jetzt bei einem 4spännigen Güterwagen nur 2—3 Pferde zum Vorspann nöthig, während man früher 6 Pferde vorspannen mußte.

Während 1837 noch 132,055 Centner zu Thal, und 17,711 Centner zu Berg verschifft wurden, minderte sich der Gesammtverkehr bis 1845 auf 48,317 und bis 1868 auf 13,780 Centner. Im Jahr 1867 bestund er nur in 784 Klaftern Brennholz.

Nr. 44.

Straße von Niederweiler nach Badenweiler.

Länge 3,06 Kilometer = 0,69 Stunden.

Nr. 192.

Straße von Müllheim über Oberweiler nach Badenweiler.

Länge 6,92 Kilometer = 1,56 Stunden.

Nr. 294.

Straße von Oberweiler nach Heubronn.

Sirnitzstraße.

Die der keltischen Sprache entsprungenen alten, zum Theil jetzt noch üblichen Bezeichnungen der Berge Belchen und Sirnitz, der Bäche Neumagen, Kander, Klemm und wahrscheinlich der Orte Schliengen, Feldberg, Krotzingen, Hügelheim, Heitersheim, Ebringen ꝛc. setzen nebst den bei Heitersheim aufgedeckten Hünengräbern den Aufenthalt der Kelten in dieser Gegend außer Zweifel.

Ebenso weisen die vielen römischen Gebäudereste und Funde verschiedener Art (1) in und in der Umgegend von Badenweiler, sowie die Namen vieler Wege auch das spätere Dasein der Römer nach. So wird z. B. in den Gemarkungen: Neuenburg, Hügelheim, Müllheim, Buggingen und Schliengen eine „Hochstraß", in den Gemarkungen Zunzingen, Dottingen ein „Heerweg" und in Gemarkung Britzingen ein „Altweg" genannt. Aehnliche Straßennamen finden sich auch auf weiter entfernten Markungen. Aber selbst auf der Höhe der Sirnitz besteht ein Weg unter dem Namen „Hohe Straße". Siehe Karte von 1808. Man schließt daraus auf zusammenhängende durch die Römer benutzte Straßen von Neuenburg über Müllheim nach Badenweiler und von Schliengen über Auggen, Müllheim nach Hügelheim, sowie auf deren weitere Verzweigung; auch hier ist der Vermuthung Raum gegeben, daß die Römer den keltisch-germanischen Wegen folgten.

Die Wegverbindungen von Neuenburg mit Badenweiler und jene von Oberweiler über den Sirnitz in das kleine und große Wiesenthal wurden das ganze Mittelalter hindurch und bis in die neueste Zeit benützt, obgleich sie von Müllheim aufwärts zu allen Zeiten höchst beschwerlich und seit Jahrhunderten für den Verkehr völlig ungenügend waren.

Bis in die Mitte des vorigen Jahrhunderts bestund zwischen Müllheim (2) und Oberweiler, woselbst ein herrschaftliches Hüttenwerk betrieben wurde, nur ein 10—14 Fuß breiter, oft durch tiefe Hohlgassen führender Weg mit vielen Gegengefällen von 4—16 Procent und kurzen Wendungen. Von diesem Weg aus führte nach Badenweiler (3) eine sehr steile Abzweigung. Von Oberweiler

(1) Römische Bäder, Votivsteine, Münzen ꝛc. (2) Das urkundliche Alter der Stadt Mühlheim geht in den Anfang des 8. Jahrhunderts zurück. 785 gehörte der Ort dem Abte von St. Gallen, 1048 dem Hochstift Basel. Im Jahre 1725 wurde das Oberamt Bodenweiler hierher verlegt. Durch den hierauf entstandenen Betrieb verschiedener Fabriken und den ausgedehnten Weinhandel wurde Müllheim einer der bedeutenderen Orte des Breisgaues. (3) Ursprünglich römische Niederlassung, kam Badenweiler aus zähringischem Besitz 1157 an Herzog Heinrich den Löwen und von diesem an Kaiser Friedrich I.; 1272 Eigenthum der Grafen von Freiburg, wurde es 1337 an den Markgrafen von Hochberg verpfändet. 1474 kam

auf die Sirnitz, von dort hinab nach dem Orte Neuenweg und von hier über die Wasserscheide nach Wambach unterhalb Zell im Wiesenthal bestund nur ein Saumpfad.

Als die Abtei St. Blasien im Jahr 1761 zwischen St. Blasien und Riggenbach im Bernauer Thal eine Straße von 18 Fuß Breite hergestellt und die Fortsetzung in der Richtung von Gschwend (von wo ein Karrenweg nach Todtnau führte) beschlossen hatte, entstund die Frage: in welcher Richtung eine zeitgemäße Verbindung aus dem Wiesenthal mit dem Breisgau zu erzielen sei?

Das erste Project: über Todtnau, St. Ullrich, Horben und die Wiehre bei Freiburg eine Verbindung zu suchen, stieß wegen der Kosten, mehr aber noch wegen der Territorialverhältnisse auf Anstände, weil das dabei am meisten betheiligte Oesterreich von diesem Wege für den Verkehr aus dem Breisgau nach der Schweiz eine gefährliche Concurrenz für die Höllenthalstraße und für die damals schon projectirte Straße von Lörrach nach Rheinfelden, beziehungsweise für die Straße von Freiburg dahin besorgte.

Die Richtung nach Oberried empfahl sich für St. Blasien nicht wegen der hohen Zölle, die auf der Straße von Freiburg nach Neustadt erhoben wurden und deren weitere Erhöhung für die Route nach St. Blasien zu verwerthen war.

Den von der Markgrafschaft gemachten Vorschlag, von Schönau über die Sirnitz nach Müllheim zu bauen, hielt St. Blasien seinen Interessen zuwiderlaufend, weil man befürchtete, daß der Wochenmarkt in dem damals St. Blasianischen Ort Staufen zu Gunsten des Marktes in Müllheim an Bedeutung verlieren werde. Der einzige Weg nach Freiburg ging damals über Todtnau und Horben, er war aber von Güntersthal aufwärts 2 Stunden lang sehr steil und nur für Saumpferde zu benützen.

Oesterreich wollte nur den Bau über die Wieden nach Staufen unterstützen.

Da bei diesen verschiedenen Gebietsinteressen eine Vereinigung nicht zu erzielen und sehr viel geschrieben, aber nichts ausgeführt wurde, entschloß sich Markgraf Carl Friedrich von Baden (der, wie Abt Gerber von St. Blasien in seiner silva nigra sagt, zu Badenweiler ein tusculum suchte, bei dieser Gelegenheit im Jahr 1784 die römischen Bäder entdeckt und durch Ausgrabung zugänglich gemacht hatte) den Bau einer Fahrstraße von Schweighof bei Oberweiler über den Sirnitz bis zu der Schönauer Gränze ausführen zu lassen, da die Rücksicht auf den erleichterten Transport der Kohlen und des Holzes zu den Oberweiler Eisenwerken(¹) dies schon allein rechtfertigte. Die Kosten eines 15 Fuß breiten Wegs von Schweighof durch das Klemmthal auf die Sirnitz waren neben den Frohnden auf 7876 Fl. veranschlagt.

Die Ausführung wurde 1789 stückweise versteigert, von den Kosten sollten das Eisenwerk Oberweiler $^1/_4$ und die Landeskostencasse Badenweiler $^3/_4$ übernehmen. Die Herstellung des Wegs bis zum Schweighof wurde von dem Eisenwerk mit 820 Fl. bewirkt. Der Bau kam 1790 zur Vollendung. Obgleich diese Straße von Schweighof bis zu dem höchsten Punkte ein Steigen von 8—22 Procent und dann gegen Mittelheubronn ein Gefälle von 18 Procent erhielt und großentheils über Felsen führt, wurde sie in jener Zeit doch als ein „sehr nützliches“ Werk betrachtet.

Sagt ja doch Kolb in seinem Lexikon, 3. Band von 1816, Seite 234, „der Weg, der durch das enge Klemmthal heraufführt und zum Verführen des Holzes und der Kohlen für die herrschaftlichen Werke in Oberweiler gebraucht wird, ist sehr gut angelegt.“ Heute ist er einer der beschwerlichsten des Landes.

Im Jahr 1791 sollte die Straße von der Sirnitz durch den Neuenweger Bann mit Umgehung dieses Ortes ausgeführt werden; da aber die Gemeinde sich hiergegen beschwerte, verzögerte sich der Beginn der Arbeit bis 1792, in welchem Jahr die Ausführung allmählich durch Verwendung von Sträflingen und durch die Frohnd bis Mittelheubronn bewirkt wurde. An den baaren Auslagen im Betrag von 563 Fl. hatte die Landeskostencasse von Rötteln $^2/_3$, jene von Badenweiler $^1/_3$ zu übernehmen. Die Arbeit wurde durch den Krieg unterbrochen und erst

---

dasselbe durch Schenkung an Markgraf Ludwig IV. von Hochberg, 1503 an Markgraf Christoph von Baden, 1535 an Baden-Durlach, als Lehen, welches 1746 von Markgraf Carl Friedrich abgelöst wurde. Das alte Schloß, schon im 12. Jahrhundert Besitzung der Grafen von Urach, wurde 1678 von den Franzosen zerstört. Das römische Bad soll 124 nach Chr. erbaut sein, in den Jahren 277—337 geblüht haben, aber nach Constantins Zeit zerstört worden sein. Schneider, Das badische Oberland. Die Zahl der Badegäste betrug 1869 3228; 1875 3513; im Jahr 1876 schätzte man den Fremdenverkehr auf 3700 Personen, und den Güterverkehr auf 20,000 Centner. (¹) Früher wurde auch Bergbau auf Silber stark betrieben.

vor ungefähr 10 Jahren hat die Gemeinde Neuenweg von ihrem Orte nach Mittelheubronn einen Weg mit mäßiger Steigung angelegt.

Von Neuenweg nach dem Wiesenthal führt jetzt eine Vicinalstraße über Oberböllen nach Wembach, die früher Landstraße war und 1818 aus dem Verbande ausgeschieden wurde. Auch dieser Weg hat im Laufe der Zeit, namentlich 1811 manche Verbesserungen erhalten, allein die Gefällsverhältnisse sind immer noch sehr ungünstig.(1) Die ganze Straße von Oberweiler nach Wembach genügt deshalb dermalen selbst dem localen Verkehr nur nothdürftig.

Der durchgehende Verkehr muß darum den Umweg über die Wieden nach Staufen einschlagen.

Zur Erleichterung des Absatzes der Producte aus der Gegend von Müllheim nach dem Schwarzwald, hauptsächlich in Wein, Obst und Mehl bestehend, und der Holz- und Steinabfuhr aus letzterem in das Breisgau wird die Herstellung der sog. Sirnitz- oder Klemmthalstraße von den Bewohnern des Amts Müllheim ebensosehr als von jenen des Amts Schönau gewünscht und es sind auch zu diesem Bau bereits mehrere Projecte bearbeitet worden, bei welchen insbesondere auch eine Verbindung mit Sulzburg(2) und dem Sulzburger Bad mit in Betracht gezogen wurde.

Nachdem im Anfang dieses Jahrhunderts das Bad in Badenweiler allmählich eine größere Frequenz von Badegästen erhielt, machte sich das Bedürfniß einer besseren Wegverbindung zwischen Müllheim und Badenweiler immer fühlbarer, denn die Straßenbau-Direction sagte von diesem Wege im Jahr 1822 selbst, „daß er bei trockener Witterung nur mit großen Schwierigkeiten, bei nassem Wetter nur mit Lebensgefahr benützbar sei.“ Besonders war Letzteres der Fall an der Steige nächst Badenweiler, welche nur 13 Fuß breit war und Gefälle bis zu 16 Procent hatte. Auch in den tiefen und schmalen Einschnitten, wo sich das Wasser ansammelte, konnte man oft kaum durchkommen.

Nachdem nun die Straße von Müllheim nach Badenweiler im Jahr 1824 in den Staatsstraßenverband aufgenommen war, hielt man zunächst die Verbesserung der Abtheilung von dem hintern Kirchweg zu Untermüllheim bis zum Blankenhorn'schen Haus in Obermüllheim und die Erweiterung des Wegs bei der Mühle in Niederweiler Gemarkung auf die Normalbreite von 24 Fuß für das Dringendste, welche Arbeiten auch, soweit möglich durch Verwendung eines Theils des Kassenrestes der im Jahr 1824 aufgehobenen Schliengener Bergstraßencasse mit 3064 Fl. 43 Xr. in den Jahren 1825/26 zur Ausführung kam. (Siehe Nr. 1.)

Im Jahr 1827 fand sich die Stadt Müllheim veranlaßt, den Weg von der Frankfurt-Basler Straße bis Müllheim längs des Bachs zu corrigiren und mit Pappeln zu besetzen. Diese nothdürftigen Verbesserungen konnten aber dem in raschem Aufschwung begriffenen Bad-Verkehre nicht entsprechen, weshalb in den Jahren 1833 bis 1837 zunächst Entwürfe zu dem Neubau einer Straße von Niederweiler bis Badenweiler gefertigt wurden. Die Meinungsverschiedenheiten über die Wahl der Zugslinie und die Befriedigung anderer noch dringenderer Bedürfnisse verzögerten den Bau.

Auf Grund eines annähernden Ueberschlags wurden endlich zur Verminderung des Straßengefälls auf 5 Procent in dem Budget für 1845/46 24,000 Fl. bewilligt. Allein auch diese Verwendung fand abermals in der Wahl der Zugslinie ein Hinderniß, da von Seiten der technischen Oberbehörde die Correction der Badenweiler Steige durch einen Neubau von Oberweiler aus mit Einmündung der Straße bei dem Gasthaus zur Stadt Carlsruhe nebst Verbesserung des Wegs von Müllheim bis Oberweiler in Vorschlag kam, wogegen die technische Bezirksbehörde im Verein mit der Badecommission die Anlage einer neuen Straße von Niederweiler auf der linken Thalseite über den Oelberg und den oberen Kißling mit Einmündung bei dem Römerbade befürwortete. Zu Gunsten des ersteren Projectes wurde die Beibehaltung des bestehenden Weges bis Oberweiler, dessen Nutzen für diesen Ort und die Annehmlichkeit, daß auch der Verkehr der Badegäste zwischen Badenweiler und Oberweiler erleichtert werde, hervorgehoben.

---

(1) Von Unterheubronn steigt die Straße mit 7—8 Procent und fällt dann ebenso; ihre Breite beträgt nur 10—12 Fuß. Von Neuenweg steigt sie mit 16—22 Procent und fällt ebenso bis Oberböllen; von da bis Wembach ist das Gefälle günstig. (2) Sulzburg, früher Besitz der Grafen von Usenberg kam 1371 an den Grafen Egon IV. von Freiburg, 1388 von Markgraf Hasso I. durch Kauf an Otto von Staufen. 1442 erhielt Sulzburg von Kaiser Friedrich III. zwei Jahrmärkte. Markgraf Ernst wählte Sulzburg zur Residenz und baute dort ein Schloß, welches 1599 von Markgraf Georg Friedrich erweitert wurde.

Für den letzteren Zug sprach die um 220 Ruthen kürzere Linie, die schöne Lage mit Aussicht in das Rheinthal und die Gelegenheit zur Erweiterung Badenweilers über den Vorkopf am oberen Kißling.

Die Regierung entschied sich im Mai 1856 für den Straßenzug vom Römerbadhotel ausgehend auf der linken Thalseite, mit dessen Einmündung beim Gasthof zum Schwanen in Niederweiler. Die Länge dieses Zugs war auf 10,383 Fuß bemessen, die Straßenbreite auf 20 bis 24 Fuß, die Fahrbahn auf 16 Fuß, mit 4 Zoll Fundament und 3 Zoll Schotter bestimmt und das Gefäll von 2—5 Procent festgesetzt. Die Rampe hinter dem Oelberg war mit einem Radius von 80 Fuß mit Gefäll von 2,5 Fuß und einer Breite von 20 Fuß herzustellen. Die untere Rampe erhielt 115 Fuß Radius, 24 Fuß Breite und 3 Procent Fall. Am oberen Kißling waren mit Rücksicht auf künftige Häuseranlage beiderseits 8 Fuß breite Fußwege anzulegen. Der Bau wurde im Jahr 1857 begonnen und im Mai 1858 vollendet.

Den Aufwand, der einschließlich der Güterentschädigung 48,464 Fl. betrug, bestritt der Badfond, der auch mit Beiträgen der Gemeinde bis 1868 die Unterhaltung besorgte. In letzterem Jahre wurde die Straße Landstraße.

Die Verbesserung der Straße von Niederweiler bis Müllheim wurde 1861 mit 15,290 Fl. bewirkt, welche Kosten ebenfalls dem Badfonds entnommen sind. Da sich aber, wie vorher zu sehen war, auch das Bedürfniß einer Straßenverbindung von Badenweiler mit Oberweiler und die Verbesserung des Wegs von hier bis Niederweiler bald geltend machte und sich der Ort Badenweiler zu einem Beitrag von 1000 Fl., Oberweiler zu einem solchen von 600 Fl. zu den Baukosten eines Weges bereit erklärten und auch Privatpersonen 1328 Fl. zu bezahlen sich erboten, wurde im Jahr 1862 die 362 Ruthen lange neue Straße in einer Breite von 20 Fuß hergestellt. Der Badfonds leistete die zu dem Aufwand von 11,600 Fl. weiter nöthigen Zuschüsse.

Hierauf erfolgte sodann in den Jahren 1864/65 die Verbesserung des Wegs durch Oberweiler mit 1200 Fl. und durch Niederweiler mit 4100 Fl., nachdem die Gemeinden das auf 2460 Fl. geschätzte Gelände unentgeltlich gestellt hatten.

Im Jahr 1865 wurde die Brücke beim Kreuz an der Straße Nr. 1 mit 2440 Fl. neu erbaut, wovon der Staat und die Stadt Müllheim die Hälfte übernahmen.

In den Jahren 1866/67 erfolgte die Verbreiterung der Straße am oberen Ende der Stadt Müllheim und die angränzenden Gärten wurden aus dem Baufonds mit einem eisernen Geländer versehen. Zu den Kosten im Betrag von 3370 Fl. leistete Müllheim einen Beitrag von 1000 Fl.

Auch die Straße Nr. 44 wurde 1872 Landstraße.

Im Jahr 1871/73 ist zunächst im Interesse der Badegäste, aber auch zur künftigen Benützung für den durchgehenden Verkehr von Badenweiler bis zum Schweighof (gegen die Sirnitz) eine 16 Fuß breite Straße an der linken Bergwand mit $3^1/_2$ % Maximalgefäll hingeführt worden. Der Aufwand betrug 14,300 Fl. Die Gemeinde stellte das Gelände und gab einen baaren Beitrag von 3000 Fl. Private gaben weiter 2500 Fl. Der Badfonds übernahm weitere 8800 Fl. und 1200 Fl. für den Verbindungsweg.

Im Jahr 1873 erfolgte der Neubau der Klemmbachbrücke in Schweighof mit 1500 Fl., wovon die Gemeinde 300 Fl., die Amtscasse 1200 Fl. übernahmen. Nachdem die Straße von Gündenhausen nach Neuenweg (Nr. 109) und von Neuenweg nach St. Trudbert im Münsterthal (Nr. 245) verbessert und also die Sirnitz sowohl mit diesem Thale als mit dem Wiesenthal in gute Verbindung gebracht war, trat das Bedürfniß nach einer guten Straße für den Verkehr von der Sirnitz mit Badenweiler resp. Müllheim lebhafter als je zu Tage, und die Stände wollten auch die sog. Klemmstraße als künftiges Glied des Landstraßennetzes behandelt und zu diesem Ende verbessert wissen, sofern die in dem Gesetz von 1870 über Vervollständigung des Landstraßennetzes bewilligten Mittel dazu ausreichen.

Nach einem 1874/75 bearbeiteten Plane und Ueberschlag erfordert die Correction der Straße vom Schweighof bis zum sog. Haldenhaus 221,000 Mark oder 19,8 Mark für den laufenden Meter. Um das Gefälle auf beiden Seiten der Heubronner Eck auf ein Maximum von 7—7,8 Procent zu ermäßigen, müßte der Straßenzug bedeutend verlängert werden, zu welchem Ende 10 Rampen erforderlich sind. (1)

(1) Schweighof liegt 1454 Fuß, Sirnitzhöhe 3574 Fuß, Neuenweg 2478 Fuß, Wembach 1713 Fuß über dem Meere. — Das Maximal-Gefäll der alten Straße beträgt gegen Schweighof 15—22 Proc., gegen Heubronn 18 Proc.

Für die Breite der Straße waren 5 Meter, in den Rampen 6 Meter, für die Fahrbahn 4 Meter angenommen. Die Länge des neuen Zuges betrug 11,495 Meter. Der Zug führt durch die Gemarkungen Münsterthal, Heubronn, Müllheim, Sirnitz (Domäne) und Hügelheim. Der Bau wurde wegen des großen Aufwandes verschoben.

Seit dem Bestehen der Eisenbahnstation Müllheim und der Schiffbrücke bei Neuenburg hat sich der Verkehr zwischen Badenweiler, Station Müllheim und dem Rhein bedeutend vermehrt. Abgesehen vom größern Personenverkehr, ist auch die Abfuhr von Wein nach Elsaß,(1) von Steinen nach dem Rhein(2) und von Holz gestiegen.

Die Straße zwischen dem Wirthshaus zum Kreuz bis zur sog. Wässerbrücke unterhalb der Station, die wegen dem Bergprofil und der angränzenden Bach schwer zu unterhalten war, ist 1876/77 auf eine Länge von 465 Meter verbessert worden. Der Aufwand betrug 8500 Mark, wovon die Staatscasse $^2/_3$ übernahm.

In den Jahren 1868/69 ist auch ein Fahrweg von Badenweiler auf den Hochblauen hergestellt worden. Der Aufwand der Staatscasse (Badfonds) betrug 12,000 Fl. Die Waldeigenthümer stellten das Gelände unentgeltlich und gaben noch baar ca. 6000 Fl.

Für die Verbesserung der im Eingange benannten 3 Straßenzüge sind erweislich 207,869 Mark verwendet, resp. zur Verwendung bewilligt worden.

Rechnet man hierzu den Aufwand für den Weg auf dem Hochblauen, so ergiebt sich eine Verwendung von 238,726 Mark.

Auch der Weg von Oberweiler nach Britzingen wurde 1876/77 mit 22,223 Mark hergestellt, wozu die Gemeinden 13,200 Mark, die Amtscasse 9023 Mark beitrugen.

Mit Berechnung dieses Aufwands betragen die Gesammtkosten 260,949 Mark.

Der Verkehr zu Müllheim und Badenweiler hat sich sehr gehoben. 1856 wurden 23, 1864 53, 1874 82 Zugthiere täglich beobachtet. Die directe Straße von Niederweiler nach Badenweiler wird weit weniger als jene über Oberweiler benutzt, auf welcher der Omnibus fährt.

Nr. 45.

Straße von Schliengen über Kandern und Wollbach nach Binzen.

Länge 20,6 Kilometer = 4,64 Stunden.

Diese Straße zerfällt in zwei, ihrer Bestimmung nach verschiedene Abtheilungen, nämlich 1. in den Theil von Schliengen nach Kandern, der seit 1810 als Staatsstraße behandelt wird, und seine Fortsetzung über Schlächtenhaus und Weitenau in das Wiesenthal bei Steinen findet (Nr. 191) und 2. in die Abtheilung von Kandern nach Binzen, welche in der Nähe des letzteren Ortes sich einseits nach Hüningen beziehungsweise Basel, anderseits nach Lörrach abzweigt.

Wenn man bedenkt, daß die Namen Schliengen, Liel, Kandern, Wollbach, Röthenberg, Binzen, Rötteln, Lörrach, Weil, Tüllingen, Grenzach rc. keltischer Sprache zu entstammen scheinen und daß hier auch die Römer angesessen waren, wie die vielen „Hochstraßen" in dieser Gegend, namentlich auch jene von Rötteln über den Heuberg (keltisch) nach Scheidegg andeuten, ja, daß unter ihrer Herrschaft die Kelten noch Bergbau bei Kandern betrieben haben, (H. Schreiber, Die Hunnengräber), so ist kaum zu bezweifeln, daß die von den Römern benützten Wege größtentheils ihre erste Entstehung den Kelten verdanken.

Der Ort Kandern(3) war bis in die neuere Zeit sowohl mit dem Rheinthal als mit dem Wiesenthal durch sehr mangelhafte Straßen verbunden, deren Verbesserung

(1) Aus dem Amtsbezirk Müllheim wurden 1871 18,070 Ohm = 2,830,453 und 1872 3 Millionen Litter Wein nach der Schweiz, Elsaß und Deutschland versendet. (2) Der Kalksteinbruch, der 700 Fuß über dem Rhein unter dem Römerbad liegt, liefert sogenannte Rogensteine zur Straßenunterhaltung und für den Rheinbau. Dieser Stein besteht aus einem Conglomerat von Süßwasser-Schalthieren: Daphne und Cypris von $^1/_2$—1 Millimeter Größe. In derselben Höhe des linkseitigen Gebirges im Elsaß findet sich der gleiche Stein, woraus auf den ehemaligen Wasserspiegel im Rheinthal zu schließen ist. Zeitschrift Pollichia 1871. (3) Kandern erscheint schon im 6. Jahrhundert unter dem Namen Chandro; es wurden dort im 9. Jahrhundert Eisenwerke betrieben, welche für die ältesten in Baden gelten. Auch die Römer sollen hier Eisenindustrie betrieben haben. (Mone, Zeitschrift XII. S. 386.) Im 15. Jahrhundert war Kandern bereits ein bedeutender Flecken, der aber erst im Jahr 1810 Stadtrechte erhielt. Bis 1820 war hier der Sitz

zwar längst als nöthig anerkannt war, aber einseits in dem bedeutenden Bauaufwand, anderseits in der Verschiedenheit der Ansichten der Staatsbehörden und der Gemeinden über die größere oder geringere Wichtigkeit der einen oder der anderen Wegverbindung Hindernisse fand.

Die Gemeinden legten nämlich in Uebereinstimmung mit der Hüttenverwaltung besonderen Werth auf die Herstellung eines Verbindungswegs von Kandern über die Scheidegg nach Schlächtenhaus und Hausen, weil diese Wegverbindung nach Schopfheim etwa 2 Stunden kürzer als jene über Lörrach ist (siehe Nr. 191), und weil dieser Weg zugleich für die Erz- und Holzabfuhr nach dem ärarischen Eisenwerke in Hausen und zum erleichterten Verkehr in das hintere Wiesenthal benützt werden wollte. Da jedoch die Herstellung einer 18 Fuß breiten Straße mit Einhaltung eines Gefälls von 5 Procent auf 46,000 Fl. überschlagen war und die Staatsbehörden die Herstellung einer guten Verbindung in der Richtung nach Lörrach, beziehungsweise Basel für nöthiger hielten, und auch die längst im Verband befindliche, in die 3. Classe eingereihte Straße von Kandern nach Schliengen zur Verbindung mit der Rheinthalbahn sich mehr zur Verbesserung zu empfehlen schien, unterblieb die Bauausführung. Außer einer im Jahr 1820 im Frohndweg ausgeführten Verbesserung der Straße von Schliengen nach Kandern durch Vornahme einiger Verbreiterungen und Gefällsausgleichungen, besonders im Orte Riedlingen, war in längster Zeit für diesen an manchen Stellen nur 15—18 Fuß breiten Weg nur äußerst wenig geschehen. Die lästigen Gegengefälle von 6—12 Procent, worunter besonders das starke Fallen nach Riedlingen, dann wieder ein bedeutendes, in kurzer Wendung liegendes Steigen oberhalb der Brücke gegen Kandern sich bemerklich machten, ja zum Theil gefährlich waren, blieben in der Hauptsache fortan ein großes Hinderniß für den Verkehr mit dem Rheinthale.

Ein im Jahr 1830 aufgestellter Kostenüberschlag für Ausführung der nöthigsten Correctionen und Verbreiterungen stellte einen Aufwand von 19,363 Fl. in Aussicht. Die Ausführung unterblieb, weil man an dem Nutzen einer theilweisen Correction zweifelte und die auf 148,800 Fl. überschlagenen Kosten für einen vollständigen Neubau allzugroß fand.

Als nun im Jahr 1838 die Postdirection beabsichtigte, die Poststraße von Schliengen über Kaltenherberg und Eimeldingen wegen der beträchtlichen Steigen über den Schliengener Berg, Kaltenherberg und den Pritschenberg zu verlassen und den Postcours über Liel, Riedlingen, Kandern und Hammerstein nach Lörrach einzurichten, wurde neuerdings die dringendste Verbesserung der Straße zwischen Schliengen und Kandern verlangt. Obgleich Seitens der technischen Behörde wiederholt hervorgehoben wurde, daß eine dem Verkehre vollständig entsprechende Verbindung von Schliengen mit Kandern nur durch einen Straßenneubau erzielt werden könne, wurde doch im Jahre 1839 zu den dringendsten Verbesserungen ein Beitrag von 4500 Fl. geleistet, nachdem sich die Gemeinden Kandern und Riedlingen verpflichtet hatten, die bezeichneten Verbreiterungen und Gefällsausgleichungen planmäßig auszuführen, was denn auch in demselben Jahre geschehen ist. Die später eingekommenen Petitionen um Correction der größeren Steigen blieben unberücksichtigt, weil zunächst die Verbesserung der Straße von Kandern nach Lörrach nöthig erschien. Die alte 16—20 Fuß breite Straße von Kandern nach Basel führte auf dem linken Ufer des Bachs am südwestlichen Bergabhange hin über Hammerstein, Wollbach, Wittlingen und Rümmingen. Da diese letzteren Gemeinden durch die Kriegspräftentationen viel zu dulden hatten und die Straße zuweilen überschwemmt wurde, verlegte man sie im Jahr 1759 bei Hammerstein auf das rechte Ufer, wo sie mit öfterem Gegengefäll über einen 170 Fuß über der Thalsohle liegenden Bergrücken bis in die Gemarkung von Wittlingen zog und alsdann rasch gegen Binzen abfiel, abermals die Kander überschritt und auf ihrem linken Ufer den Ort Binzen erreichte, woselbst sie sich einseits über Thumringen nach Lörrach, anderseits nach Friedlingen (Leopoldshöhe) und nach Basel verzweigte. Die Länge der Straße betrug von Kandern bis Binzen 3525 Ruthen. Zwischen Kandern und Hammerstein bestunden Gegengefälle von 7 bis 8 Procent, von Hammerstein bis Binzen solche von 7, 10, 12 und 15 Procent, während eine

---

eines Bezirksamtes. Das Eisenwerk, welches 1512 von den Markgrafen von Baden erkauft wurde, bezog die Erze von Hertingen, Liel, Auggen, Kleinkems, producirte jährlich 12,000 Centner Roheisen und versah die Werke Hausen, Wehr, Albbruck und Oberweiler mit Erz. Dasselbe wurde 1866 aufgehoben (R.-Bl. S. 8) und für 35,000 Fl. verkauft.

Straße im Thal mit einem verglichenen Gefäll von $1^1/_2$—1 Procent hergestellt werden konnte. Die Steigen befanden sich auf der Winterseite und waren deshalb im Winter gefährlich.

In den Jahren 1760 und 1761 war der Weg durch Herstellung von drei Brücken über die Kander und den Mühlbach auf Rechnung der Rötteler Landeskostencasse verbessert worden, die Hauptgebrechen blieben aber fortan bis in die neuere Zeit bestehen, obgleich die Straße zwischen Schliengen, Kandern und Lörrach im Jahr 1840 zur Poststraße erhoben war. Die Verkehrsverhältnisse ließen den bestehenden Straßenzug immer weniger entsprechend erscheinen. Man berechnete schon 1859, daß von Kandern in der Richtung nach Lörrach jährlich 1800 Klafter Holz abgeführt und 2—3000 Ohm Wein beigebracht werden. Die Eisenerze waren auf 50—60,000 Centner angegeben.

Auch der Fabrikbetrieb, Ziegelbrennerei, Bleichen, Vieh- und Fruchthandel hatten sich gehoben.

Nach einem im Jahr 1862 aufgestellten Bauprojecte, wonach die Straße wieder in das Thal und zwar auf das linke Kanderufer von Hammerstein abwärts verlegt und über Wollbach, Wittlingen und Rümmingen mit einem durchschnittlichen Gefäll von 1 Procent, in einer Breite von 20 Fuß mit 16 Fuß Fahrbahn, bestehend aus 4 Zoll Gestück und 4 Zoll Schotter, hergestellt werden sollte, wurde der Aufwand auf 54,200 Fl. überschlagen. Die Arbeiten wurden im August 1863 zwischen Kandern und Hammerstein begonnen und im Juli 1864 vollendet. Die Abtheilung zwischen Hammerstein und Binzen wurde im Jahre 1865 in Angriff genommen und im September 1866 dem Verkehre übergeben. Die neue Straße von Kandern nach Binzen kam nach ihrer Vollendung in die Classe der Staatsstraßen; die alte Straße von Hammerstein nach Binzen wurde aber den Gemeinden zur Unterhaltung überlassen. Der wirkliche Aufwand betrug 55,000 Fl., wovon die Staatscasse 50,900 Fl., die Gemeinden 4100 Fl. übernahmen. Es leisteten nämlich die Gemeinden folgende Beiträge:

Kandern durch Geländestellung 500 Fl., Wollbach baar 2000 Fl., Wittlingen und Rümmingen je 700 Fl., zusammen 1400 Fl., Binzen 200 Fl.

Die letzteren 3 Gemeinden stellten das Gelände zu Eigenthum des Staats, erhielten aber aus der Staatscasse dazu Beiträge und zwar die Gemeinde Wittlingen 620 Fl., die Gemeinde Rümmingen 1220 Fl., die Gemeinde Binzen 270 Fl., so daß die Gemeinden für den Ankauf der Güter nur noch obige 1600 Fl. aufzuwenden hatten. Eine weitere Verbesserung erhielt die Straße durch den im Jahr 1866 erfolgten Umbau der hölzernen Brücke über den Sitzenkircher Bach bei der Krone in Kandern. Die Brücke hat eine Lichtweite von 17 Fuß, 9 vollgewälzte eiserne Träger von 22 Fuß Länge nebst eisernem Geländer mit steinernen Pilastern. Die Träger erhielten eine Höhe von 7,75 Zoll. Die 20 Fuß breite Fahrbahn ist mit einer Schotterdecke versehen. Das Eisenwerk kostete 919 Fl., die übrigen Arbeiten 764 Fl., also der ganze Aufwand 1683 Fl.

Nachdem in den Jahren 1866/67 auch die Straße von Kandern über Schlächtenhaus nach Steinen verbessert war (Siehe Nr. 191) und außer der Ab- und Zufuhr von land- und forstwirthschaftlichen Producten auch immer größere Quantitäten von Gewerbe-Erzeugnissen nach und von der Eisenbahn zu transportiren waren, stellte sich das Bedürfniß einer vollständig guten Herstellung der Straße zwischen Schliengen und Kandern um so dringender dar, als hier noch Gefälle von 11—12 Procent zu überwinden waren, welche die Transportkosten namhaft erhöhten.

Für die Ermäßigung der Steigen auf ein Maximum von 5 Procent wurde der Aufwand jetzt auf 27,000 Fl. berechnet. Der Bau kam 1871/72 mit 47,485 Mark zur Ausführung.

Von den Kosten übernahmen: Kandern durch Geländestellung 400 Fl. und baaren Beitrag 2190 Fl., Riedlingen durch Stellung des auf 3080 Fl. geschätzten Areals gegen Entschädigung von 1353 Fl. 1727 Fl.; Liel durch Geländeabgabe im Werth von 1700 Fl. gegen Aversalentschädigung von 837 Fl. 863 Fl.

Der gesammte erweisliche Aufwand für die Verbesserung dieser Straße beträgt 154,656 Fl.

Der Verkehr ist fortan im Steigen begriffen. Man beobachtete zwischen Schliengen und Kandern 1856 56, 1874 96 Zugthiere; von Kandern nach Binzen 1856 61, 1874 92 Zugthiere täglich.

Nr. 46.

Straße von Binzen nach Beuggen.

Länge von der Straße Nr. 45 bis zur Straße von Basel nach Waldshut bei Beuggen 19,78 Kilometer = 4,45 Stunden.

Nr. 47.

Straße von Degerfelden bis Rheinfelden.

Länge bis an die Brücke 3,41 Kilometer = 0,76 Stunden. einschließlich der Abzweigung vom Zollhaus bis Nr. 48.

Abgesehen von den Namen der Flüsse Rhein, Wiese, Kander, Hasel und Wehra sind auch sehr viele Ortsnamen dieser Gegend mit Wahrscheinlichkeit aus keltischer Sprache abzuleiten, wie z. B. Kandern, Wollbach, Binzen, Rötteln, Thumringen, Lörrach, Herthen, Degerfelden, Dossenbach und Wiechs. Diese Orte waren gewiß unter sich mit Wegen verbunden, als die Römer in die Gegend kamen.

Von den ältesten, bis jetzt erhaltenen Straßennamen, die auf römische Zeit hinweisen, sind hier zu nennen: die „Hochstraße", welche von der Lücke durch den Rötteler Wald nach der Scheidegg zog; sodann die unter dem Namen „Heerweg" am Fuß des Tüllinger Berges von Weil nach Haltingen führende Straße, endlich die „Heerstraße" von Wehr über Dossenbach und Wiechs in das Wiesenthal. Das Alter der genannten Orte ist bis auf das 8. und 9. Jahrhundert urkundlich nachgewiesen.

Bis in das 18. Jahrhundert bestunden zur directen Verbindung des Wiesenthales mit dem Rheinthal über das Gebirge nur Saum- oder Karrenwege.

In der Absicht, den hohen Basler Zoll zu umgehen (¹) und die vorderösterreichischen Waldstädte mit dem Breisgau in nähere, von der Schweiz unabhängige Verbindung zu setzen, beschäftigte sich Oesterreich schon 1749 mit dem Gedanken, zur Vermeidung des Basler Gebiets eine directe Fahrstraße von Lörrach nach Rheinfelden resp. Beuggen über den Hünerberg (Hünnenberg) herzustellen, zu welchem Ende auch die Markgrafschaft Baden-Durlach mitzuwirken hatte, was sie auch im Interesse des badischen Oberlandes gern that. Als aber die Stadt Basel Kenntniß von diesem Projecte erhielt, protestirte sie sowohl bei Oesterreich als bei Baden dagegen. Letzteres erwiderte 1750, „daß durch Kreisviertelsbeschluß desselben Jahres die Verbesserung der Straßen überhaupt beschlossen worden sei, daher man badischerseits dem Vorhaben Oesterreichs sich nicht widersetzen könne". Der erwähnte Kreisviertelsreceß hatte zugleich die Verbesserung der Straße von Offenburg über Villingen nach Schaffhausen beschlossen und alsbald auch in Angriff genommen. Ebenso wurden in den Jahren 1754/55 auch bedeutende Bauten zur bessern Herstellung der Straße von Freiburg über Neustadt nach Hüfingen und dem Randen ausgeführt, was bei Vorderösterreich die Besorgniß hervorrief, daß der Verkehr auf der Straße von Offenburg nach Basel und von da nach Schaffhausen sehr beeinträchtigt werde. Zur möglichsten Abwehr dieser drohenden Nachtheile hielt die österreichische Regierung daher vor Allem die Verbesserung der Frankfurt-Basler Straße von Offenburg aufwärts, dann aber auch den Bau einer besseren Fahrstraße von Lörrach über Degerfelden nach Rheinfelden für nothwendig. Zu letzterem Zweck wurden am 22. März 1757 die Arbeiten mit 3000 Frohndarbeitern begonnen. (²)

Die obere badische Markgrafschaft, durch deren Gebiet der fragliche Straßenzug großentheils führte, schloß sich diesem Projecte mit Vergnügen an, ließ die Bauten auch alsbald beginnen und namentlich die Hauptstraße in Lörrach 208 Klafter lang und 4 Klafter breit (³) pflastern, indem Material, Handfröhner und Geschirr gestellt, per Klafter Pflasterungsarbeit aber 12 Xr. bezahlt wurden. Die eigentliche Straße über Degerfelden (⁴) wurde aber im Verein mit Oester-

(¹) Der Basler Zoll belief sich 1749 für einen Güterwagen auf 15—20 Fl. (²) General-Land.-Arch.-Acten. (³) Ein Klafter 6 Fuß lang, 6 Fuß breit. (⁴) Zu der österreichischen Landgrafschaft Breisgau gehörte die Herrschaft Rheinfelden und zu dieser die Orte Nollingen, Degerfelden, Hagenbach, Warmbach rc.

reich erst in den Jahren 1764—1766 ausgeführt. An Stelle des alten kaum benützbaren Karrenwegs war nun eine größtentheils neue Straße zwischen Lörrach(1) und Rheinfelden(2) getreten, woselbst seit Jahrhunderten eine stehende Brücke über den Rhein führt.(3)

Nach Vollendung dieses Straßenbaues machte die markgräflich badische Regierung unterm 13. Februar 1766 durch das Carlsruher Wochenblatt folgende Anzeige:

„Nachdem die Landstraße von Lörrach bis Rheinfelden in brauchbaren Stand gestellt, „somit die sehr bequeme Passage und kürzeste von der Frankfurter Route und zwar 4 Stunden „unterhalb Basel von der Kaltenherberg aus über Loerrach, Rheinfelden nach Schwaben und „in der Schweiz wiederum eröffnet worden, wird dies bekannt gemacht.“(4)

Die Straße wurde 1817 unter die Staatsstraßen aufgenommen.

Um für den Verkehr von und nach Schaffhausen und nach Schwaben eine weitere Abkürzung des Weges zu gewinnen, wurde im Jahr 1823 auch der alte, aber sehr schlechte Vicinalweg von Degerfelden über Nollingen nach Beuggen(5) von den Gemeinden ebenfalls in guten Stand gesetzt.

Da dieser Straßenzug von Lörrach nach Beuggen der ungünstigen Gefällsverhältnisse wegen die Concurrenz mit der längs des Rheins hinziehenden ziemlich ebenen Straße nicht mehr auszuhalten vermochte, nachdem der Basler Zoll sehr ermäßigt war, knüpfte sich an das im Jahr 1826 entstandene Project, bei Hüningen eine Schiffbrücke zu bauen, der weitere Gedanke, schon von Schusterinsel aus mit völliger Umgehung des Basler Gebiets ausschließlich auf badischem Territorium eine gute directe und kunstgerecht angelegte Straßenverbindung in der Richtung nach Rheinfelden herzustellen, um die Güterverzollung auf Basler Gebiet ganz zu umgehen und den Verkehr überhaupt, namentlich aber jenen von und nach Frankreich unabhängig von Basel zu machen. Es handelte sich darum, die bestehenden, zum Theil mangelhaften Wege von Schusterinsel über Friedlingen (Leopoldshöhe), Binzen durch die sog. Lücke nach Thumringen und Lörrach größtentheils neu herzustellen, die Straße von Lörrach über Degerfelden nach Nollingen und Beuggen zu verbessern. Der Ueberschlag vom Jahr 1826 verlangte für die ganze Route einen Bauaufwand von 109,367 Fl., wovon im Jahr 1828 durch das Budget die Summe von 100,000 Fl. genehmigt wurde.

Die Arbeiten wurden in den Jahren 1827—1832 ausgeführt; der Aufwand stellte sich aber theils wegen zu niedrig überschlagener Kosten für Gütererwerbung, theils wegen zu gering angenommener Arbeits- und Materialspreise auf 149,643 Fl. Frohnden wurden nicht beansprucht und für die Güter Entschädigung geleistet. (Verh. d. II. Kammer 1843, 10. Heft.)

Nach dem Bauprojecte war der Straßenkörper aus Kies oder Klopfsteinen ohne künstliche Fundamentirung herzustellen und zwar mit 7 Zoll hohen rauhen Steinen und einer 3 Zoll starken Decke von Schotter. Die Wölbung sollte $1/_{30}$ der Straße betragen, welche von Bord zu Bord auf 28 Fuß bestimmt wurde. An dem Gebirgsabhange war ein 5 Fuß breites, 7 Zoll erhöhtes Trottoir mit Liniensteinen auszuführen, von welchem aus die Straße zum Abfluß des Wassers in eine an der Bergwand hergestellte, theilweise ausgepflasterte, 3 Fuß breite Rinne entsprechendes Gefäll erhielt.

---

(1) Das zur Herrschaft Rötteln gehörige Dorf Lörrach erhielt 1403 von König Rupprecht die Marktfreiheit, welche Kaiser Friedrich III. 1452 bestätigte. Durch Markgraf Friedrich Magnus wurde der Marktflecken 1682 zur Stadt erhoben und ihm neben anderen Privilegien auch die Erlaubniß zu Abhaltung von zwei freien Jahr- und Viehmärkten und zu Herstellung von Thürmen und Ringmauern ertheilt. Das Stadtrecht wurde 1755 von Carl Friedrich erneuert und durch Privilegien vermehrt und 1756 der Stadt die Freiheit von der Leibeigenschaft und von allen Herrschafts- und Landfrohnden bewilligt. Hierdurch und durch Beförderung der Niederlassung kam die Gewerbthätigkeit der Stadt Lörrach rasch zum Aufblühen. (2) Rheinfelden, ursprünglich der Sitz eines Grafen gleichen Namens, war 1236 noch Dorf und wurde unter den Herzogen von Zähringen zur Stadt erhoben, welche 1328 an Oesterreich verpfändet wurde. (Wursteisen, Chronik von Basel 1765.) (3) Stumpf nennt die Brücke eine „zierliche“. Chronik. 1638. Die jetzige gedeckte Holzbrücke, welche ganz der Stadt Rheinfelden gehört, ist durch eine Insel, auf der bis 1446 eine Burg, „Stein“ genannt, stund und jetzt sich ein öffentlicher Garten befindet, in zwei Theile getheilt, von denen jeder auf zwei Pfeilern ruht. Die rechtseitige dritte und ungedeckte Brücke, die ebenfalls zwei Pfeiler besitzt, war früher Zugbrücke. Die Fahrbahn ist 10 Fuß, zwei Trottoirs je 4 Fuß breit. Das Brückengeld ist seit 1866 aufgehoben. Sieh Staatsvertrag von 1808 (R.-Bl. 1809, S. 290). Der hölzerne Oberbau der Brücke wurde 1808/9 mit 16,536 Fl. einer Hauptreparatur unterzogen, wozu jede Landschaft hülflich beitrug. A.-A. (4) Man ersieht aus der Form dieser Bekanntmachung, daß Baden dem Vorwurfe ausweichen wollte, daß eine neue Landstraße errichtet wurde. (5) Beuggen, bis Ende des 13. Jahrhunderts in Urkunden „Buchen“ geschrieben, kam 1246 von Ulrich von Liebenberg an den Deutschorden und war bis 1807 Sitz eines Commenthurs. Im Jahre 1739 hatte Oesterreich die hohe Gerichtsbarkeit an den Deutschorden käuflich abgetreten.

Dieses sog. Bergprofil wurde zwischen Binzen und Thumringen in den Jahren 1852/53 mit einem Aufwand von 1386 Fl. abgeändert und an Stelle des erhöhten Trottoirs ein gewöhnlicher Fußweg angelegt. Die Straße kam 1832 in den Staatsstraßenverband und es wurden 1837—1839 für Regulirung der Straße bei Lörrach weitere 3368 Fl. aufgewendet. Die Steigungen an der Straße von Binzen nach Beuggen betragen nun zwischen 4 und 6 Procent. An Stelle der schadhaften Wiesenbrücke bei Thumringen wurde in den Jahren 1845—46 eine neue Brücke mit Straßencorrection ausgeführt. Der Ueberschlag für diesen Bau verlangte: Für die Brücke nach zerlegbarem System mit einer Länge von 140 Fuß von Widerlager zu Widerlager, mit einer Fahrbahnbreite von 24 Fuß, mit 4 Holzjochen und 5 Oeffnungen à 28 Fuß eine Beschotterung von 6 Zoll nebst Quaderlandfesten und Eisbrechern 19,550 Fl.; für Dohlen 2400 Fl., für die Straßencorrection 11,336 Fl. und für Schutzdämme und Faschinenbauten 6660 Fl., zusammen 39,946 Fl.

Da jedoch durch Hochwasser vom Januar 1846 an den bereits erstellten Arbeiten vieles zerstört wurde, stellte sich der wirkliche Aufwand auf 45,017 Fl. Die für die Straßencorrection und für die Schutzdämme erforderlichen Grundstücke wurden aus Staatsmitteln erworben.

Im Jahr 1867 wollte man die Straße von Lörrach nach Rheinfelden, die damals nur einen Verkehr von 14—20 Zugthieren täglich hatte, aus dem Verband ausscheiden. Der Kreis Lörrach war dagegen aus militärischen Rücksichten und im Interesse der Unabhängigkeit von der Schweiz. Seither hat sich der Verkehr gehoben; man beobachtete 1874 zwischen Binzen und Lörrach 76, zwischen Lörrach und Rheinfelden 67 Zugthiere täglich.

Der nachweisliche Aufwand für Verbesserung dieser Straße besteht in 413,852 Mark.

Nr. 48.

Straße von Basel über Waldshut nach Schaffhausen.

Länge in Baden	89,51	Kilometer	=	20,10	Stunden,
„ im Canton Basel . .	3,50	„	=	0,79	„
„ „ „ Schaffhausen	4,40	„	=	1,00	„
zusammen	97,41	Kilometer	=	21,89	Stunden.

Nr. 82.

Straße von Riedern nach Eglisau.

Länge in Baden . .	1,08	Kilometer	=	0,24	Stunden
„ „ der Schweiz	6,70	„	=	1,50	„
zusammen	7,78	Kilometer	=	1,74	Stunden.

Die Geschichte des Baues dieser beiden Straßen muß zur Vermeidung von Wiederholungen im Zusammenhang gegeben werden.

Daß die Niederlassungen der Menschen überall und zu allen Zeiten zunächst an den Ufern der Flüsse, und zwar vorzugsweise dort stattgefunden haben, wo ein Seitenfluß oder ein Bach in den Hauptfluß einmündet, oder wo der Flußlauf durch Stromschnellen behindert wird, ist eine allgemein anerkannte, aus Verkehrs- und Erwerbsverhältnissen leicht zu erklärende Thatsache. (1)

Schon hieraus darf auf ein sehr hohes Alter der Orte Schaffhausen, Eglisau, Kaiserstuhl, Zurzach, Gurtweil, Thiengen, Alb, Laufenburg, Murg, Säckingen, Brennet, Rheinfelden, Augst und Basel geschlossen werden. Die ursprüngliche Anlage der meisten dieser Orte wird in der That auch den Kelten zugeschrieben, da ihre Benennung aus keltischer Sprache abzuleiten ist. (2)

(1) Nach der neuesten Erforschung des Flusses Madeira in Südamerika durch den badischen Ingenieur Keller haben auch die Caripunas-Indianer überall an Stromschnellen ihre Wohnung aufgeschlagen. (2) Siehe Fickler, Quellen und Forschungen, und Schriften des Alterthumsvereins I, 227 und II.

Bei Gurtweil, Weilheim und im Eschenheimer Thal sind auch keltische Gräber aufgefunden worden. An allen diesen Orten haben aber später auch die Römer Wohnsitze genommen und die, aller Wahrscheinlichkeit nach, schon damals vorhandenen Wege, welche die alten Niederlassungen unter einander verbanden, auch für ihre Zwecke benützt.

Von Basel über Grenzach, Herten, Obersäckingen, Laufenburg, Hauenstein, Dogern, Waldshut, Gurtweil, Thiengen, Unterlauchringen, Grießen, Altenburg und Schaffhausen kommen fast in allen Gemarkungen die Namen: Hörweg, Hochstraße, Hochsträßle, Hochstraßäcker, Steinweg, Reutersträßli vor und den alten Burgen bei Laufenburg, Hauenstein, Küßnach wird römischer Ursprung unterlegt. (1)

Nach Ortsbenennungen zu schließen, ging eine keltisch-römische Straße von Bechtersbohl auf der Südseite von Kießenberg und von Heidenstadt über den Eichelbuk, Bergscheuer, Kaltwangen, Hohenstich, Lottstellen, Römerbrücke über den Volkenbach nach Altenburg. Auch auf dem linken Rheinufer ging eine römische Straße von Zurzach bis Basel und weiter rheinabwärts. Diese Straße folgte ebenso wie die rechtseitige den ursprünglich keltischen Orten nämlich: Ragaz, Wallenstadt, Wesen, Rappersweil, Zürich, Baden, Königsfeld, Rheinfelden, Augst, Basel. Im Mittelalter wurde die durch das Klattgau führende Straße „freie Königsstraße" genannt. (Bader, Zeitschr. 22, S. 165.)

Aber auch der Straßenzug von Zurzach nach Basel führte bei Coblenz mittelst Fähre von dem linken auf das rechte Rheinufer und ging wie heute über Waldshut und Säckingen, von welch' letzterem Orte eine Abzweigung über Wehr nach Schopfheim zog. (2) Von Säckingen aus wurde im 16. Jahrhundert theils die linke, theils die rechte Rheinstraße benützt, je nachdem eine oder die andere weniger schlecht war. In Weil bei Basel heißt die Straße 1475 „Landstraß" und bei Waldshut 1536 „Landstraß gegen Säckingen zu".

Kaiser Friedrich III. reiste 1442 von Breisach über Freiburg, Neuenburg und Waldshut nach Constanz; und Kaiser Ferdinand I. hielt 1563 mit 600 Pferden die Straße von Frankfurt über Basel, Rheinfelden, Waldshut und Schaffhausen nach Constanz ein. Nach einer Urkunde von 1674 lag das, im 15. Jahrhundert erbaute, noch bestehende Wirthshaus (Post) in Unterlauchringen, welches den Grafen von Sulz gehörte, „an der freien kaiserlichen Reichsstraße". Es wurde hier der Sulzische Zoll erhoben. (Zeitschr. für Gesch. des Oberrheins, 320.)

Von der rechtsrheinischen Straße bestunden schon in früher Zeit verschiedene Verbindungen mit dem linkseitigen Ufer. Bei Säckingen und Laufenburg sollen schon zu Römerzeiten Brücken bestanden haben. Jedenfalls waren solche im 13. Jahrhundert vorhanden. Ueber die Rheinfähre bei Dogern besteht ein Kaufbrief der Herren von Gutenburg von 1329. (3) Bezüglich der Rheinübergänge bei Basel, Rheinfelden, Zurzach, Kaiserstuhl, Eglisau und Schaffhausen wird auf Nr. 1, 47, 55, 243, 82 verwiesen. (4)

Noch im vorigen Jahrhundert waren die links- und rechtsrheinischen Straßen zwischen Schaffhausen und Basel sehr schlecht. Von Basel aufwärts war auf dem rechten Rheinufer nur die Straße bis Rheinfelden als Landstraße benützbar, dagegen ging eine Hauptstraße auf der linken Seite bis Großlaufenburg. Von da zog der Verkehr ausschließlich auf der rechten Seite bis Coblenz, dann wieder linkerseits bis Kaiserstuhl. Auf der rechten Seite war die Straße von Waldshut bis Schaffhausen und Constanz zwar Hauptverbindungsweg, der 1763/64 von Schwarzenberg bis an die Schweizergränze verbessert worden ist, allein zeitweise kaum benützbar, so daß die im Jahr 1780 errichtete Landkutsche, welche alle 14 Tage von Constanz nach Basel und zurückfuhr, oft 8 Tage und mehr für Hin- und Rückreise verwenden mußte. (5)

---

(1) Mone sagt in seiner Urgeschichte I: „die gehauene Straße bei Dogern und der Name des Städtchens Hauenstein deuten auf römischen Ursprung." Jestetten wurde 1059 noch „Heidenstadt" genannt. Bei Coblenz fand man Baureste eines römischen Standquartiers, und einer römischen Rheinbrücke (Zeitschrift 17. Band Seite 393) bei Thiengen, Ziegel der XI. Legion, bei Oberlauchringen römische Münzen und Schmucksachen. Auch bei Waldshut und Altenburg wurden römische Funde gemacht. Zeitschrift des Alterth.-Vereins II. (2) Mone, Zeitschrift 4 und 12. (3) Mone, Zeitschrift 13, Mone, Zeitschrift 10. (4) Sebastian Münster spricht in seiner Cosmographie von 1550 von 13 Brücken über den Rhein, nämlich bei Stein, Diessenhofen, Schaffhausen, Rheinau, Eglisau, Kaiserstuhl, Waldshut, Laufenburg, Säckingen, Rheinfelden, Basel, Breisach und Straßburg; er bemerkt aber „zu unserer Zeit ist keine mehr bei Waldshut". S. Franck sagt in seiner Chronik der Deutschen: Die letzte Brücke am Oberrhein ist die Straßburger. (Vom Bodensee abwärts.) (5) Nicolai sagt in seinen Reisen 12. Band von 1781: „daß die Straße von Oberlauchringen nach Schaffhausen durch mit Laubholz bewachsene Hohlwege und durch Felder führe".

Das größte Hinderniß für den Verkehr auf der rechten Rheinseite bildete der Mangel an gesicherten Flußübergängen, indem von den jetzt vorhandenen 24 Brücken der größere Theil, ja selbst jene über die Schlücht, Steinach und Wutach ganz fehlten, folglich der Uebergang durch Furten und Stege für Fußgänger vermittelt wurde, so daß während und nach jedem Hochwasser der Verkehr oft für längere Zeit ganz unterbrochen war und noch bis zum Jahr 1775 alljährlich an verschiedenen Stellen, namentlich aber in der Schlücht, wo der Durchgang „Roßfurt" genannt wurde, (1) alljährlich Postillone, Reisende, Pferde und Fuhrwerke zu Grunde gingen. (2)

Daß der Verkehr unter solchen Verhältnissen bald da, bald dort auf das linke Ufer überging, um den Hindernissen auszuweichen, ist natürlich. Auch die Straße nach Erzingen und von da über Neuenkirch nach Schaffhausen war sehr mangelhaft, immerhin aber noch besser, als jene über Instetten, welche für Güterfuhren gar nicht benützt werden konnte. Dieser traurige Zustand der Straßen erklärt sich wie überall aus jener Zeit zum Theil aus den vielen Territorialherrschaften, welche sie durchzog. (3)

Nachdem im Jahr 1750 die rechtsrheinische Straße von Basel nach Schaffhausen von der Kreisversammlung als Haupt-, Land- und Commercialstraße anerkannt war, begann Oesterreich die fehlenden Brücken auf seinem Gebiete herzustellen und verlangte, daß ein Gleiches auch von Schwarzenberg geschehe. In einem zwischen Schwarzenberg und Fürstenberg, welch' letzteres wegen der Wutachthalstraße betheiligt war, im Jahr 1765 abgeschlossenen Receß wurde von Seiten Schwarzenbergs der Bau der Brücken zugesagt, allein die Besorgnisse, daß bei dem ständigen Wechsel der Flußbette der ungeregelten Flüsse die Brücken schon nach dem ersten Hochwasser neben die Flüsse ins Trockene zu stehen kommen könnten, hielt von der Ausführung dieser, für die damalige Zeit großartigen und kostspieligen Unternehmungen zurück und man kam zunächst überein, einen Sachverständigen aus dem Kinzigthal zu berufen. (4) Der Bau der steinernen Steinachbrücke wurde endlich 1767 in Angriff genommen und 1768 vollendet. Die baaren Ausgaben dafür im Betrage von 1657 Fl. wurden nach langen bis zum Jahr 1781 ausgedehnten Verhandlungen erst auf persönliche Vermittelung des Kreisviertelsdirectors, Markgrafen Carl Friedrich, in der Art vertheilt, daß Fürstenberg 500 Fl., St. Blasien 300 Fl. und Schwarzenberg 857 Fl. übernahmen.

In Betreff der zu der Brücke herzustellenden Zufahrtsstraße von 36 Fuß Breite suchte man sich dahin zu einigen, daß die auf 3 Stunden Entfernung von der Baustelle liegenden Orte, mit Ausnahme der schweizerischen und österreichischen in der Art beitragen sollen, daß, sofern der laufende Fuß 10 Fl. kostet, die Orte je nach der Entfernung von 1 Stunde 3 Fl., von anderthalb Stunden 2 Fl. 30 Xr., von 2 Stunden 2 Fl., von zweieinhalb Stunden 1 Fl. 30 Xr. und von 3 Stunden 1 Fl. beitragen sollen. Da die Gotteshäuser St. Blasien und Riedern sich bei diesem Aufwande nicht betheiligen wollten, so wurden die Straßen allein von Fürstenberg und Schwarzenberg ausgeführt. Im Jahre 1770 hatte sich endlich die Gemeinde Oberlauchringen zu dem Bau der Wutachbrücke gegen Brückengeld verstanden. Allein Fürstenberg protestirte und verbot sogar Pfähle am rechten Ufer einzuschlagen; Gleichwohl wurde die Brücke noch in demselben Jahre vollendet. Die Kosten betrugen 3500 Fl., wovon die Gemeinde 2 und die Regierung 1 Drittel übernahmen. (Zeitschr. für G. d. O. 228. 327.) In den Jahren 1779—1783 kam sodann auch die Brücke über die Schlücht (5) zur Ausführung.

---

(1) Mone, Zeitschrift XIII, S. 241. (2) Bad. L.-A.-A. u. f. f. Arch.-Act. Die vielen Unglücksfälle veranlaßten die Fuhrleute bei jedem höheren Wasserstand oder Nachts von Waldshut über Gurtweil nach Thiengen und zurückzufahren, weil dort seit dem 16. Jahrh. fortan eine solide auf Felsen gegründete Brücke steht, die von der Gemeinde erbaut wurde, wogegen dieselbe von Kaiser Rudolf II. 1599 das Recht des Brückengeldbezugs erhielt. Die Brücke wird seither „Zollbrücke" genannt. An der Roßfurt stund 1681 ein Steg, der von Waldshut und Thiengen zu gleichen Theilen unterhalten wurde. Nach Errichtung des Rheinheimer Fruchtmarktes (1700) verweigerte Waldshut die Unterhaltung. Siehe Nr. 203. (3) Grenzach gehörte zur Markgrafschaft Baden; Wyhlen, Herthen, Warmbach, Nollingen, Murg, Rhina, Kleinlaufenburg, Hauenstein, Albert, Kiesenbach, Dogern und Waldshut zu Vorderösterreich, Gurtweil zu St. Blasien, Beuggen dem Deutschorden, Ober- und Niederschwörstadt, Oeflingen, Brennet, Wollbach der Ritterschaft, Säckingen und Obersäckingen dem gefürsteten Damenstift daselbst; Thiengen, Unter- und Oberlauchringen, Geißlingen, Grießen und Erzingen zur Herrschaft Schwarzenberg. (4) F. F. Arch.-Acten. In der Zeit von 1750—1764 waren mehrere Brücken im Kinzigthal ausgeführt worden, die als gut gepriesen wurden. (5) Die jetzige Schlüchtbrücke hatte steinerne Landfesten und drei Steinpfeiler, wovon einer später durch ein Holzjoch ersetzt wurde. Die lichte Weite beträgt 197 Fuß, die Höhe 6 Fuß über dem 1852er Hochwasser; Breite 17,3 Fuß. — Die Wuttachbrücke wurde 1833 umgebaut mit zwei Holzjochen und Lichtweite von 102 Fuß. Die Baukosten betrugen 6594 Fl.

Schon in kurzer Zeit lief die Schlücht nicht mehr unter, sondern neben der Brücke durch und die Wiederherstellung des normalen Flußbettes wurde auf Grund eines Vertrags von 1779 nach Anordnung der österreichischen Landstände durch die Waldvogtei Waldshut bewirkt, da Schwarzenberg und Fürstenberg jede Betheiligung ablehnten.(1)

Die Besorgnisse, daß die Rheinstraße von Laufenburg aufwärts auf Schweizergebiet verbessert und theilweise neu hergestellt werde, wodurch der Verkehr auf der ganzen Route von Basel nach Schaffhausen zum Nachtheil Badens sich auf das linke Rheinufer zu ziehen drohte, führte 1812 zu dem Entschlusse, zwischen Kleinlaufenburg und Warmbach resp. Rheinfelden eine dem Verkehr entsprechende Straße herzustellen. Von Warmbach aus war die Straße sowohl in der Richtung nach Basel als nach Lörrach(2) in ordentlichem Stande.

Nach höchster Anordnung vom Juli 1812 war „unter möglichster Beibehaltung des alten Wegs eine Hauptstraße von Warmbach bis Kleinlaufenburg herzustellen." Die Kosten wurden Anfangs nur auf 34,688 Fl., bald hierauf aber auf 60,000 Fl. veranschlagt, wovon $^2/_5$ die Zollcasse, $^2/_5$ die allgemeine Landeschausseecasse und $^1/_5$ die betreffenden Amtscassen bezahlen sollten.

An dem letzten $^1/_5$ hatten Theil zu nehmen: Kleinlaufenburg 4547 Fl., Säckingen 3874 Fl., das Amt Wehr 1726 Fl., die Gemeinden Wyhlen, Degerfelden, Herthen 982 Fl., die Gemeinden Adelhausen, Nordschwaben, Minseln, Eichsel und Dossenbach 871 Fl. Diese Vertheilung der Kosten geschah nach der Kopfzahl der Gemeindeeinwohner. Zu den Spann- und Fuhrfrohnden wurden die Amtsdistricte Kleinlaufenburg, Säckingen, Wehr, Schopfheim und Lörrach nach Maßgabe der frohndfähigen Mannschaft und Zugthiere und mit Rücksicht auf die Interessen der Aemter Schopfheim und Lörrach beigezogen. Als Belohnung für die Frohnddienste wurden bestimmt: für einen Mann 20 Xr., für eine zweispännige Fuhre 1 Fl. 30 Xr., für eine dreispännige Fuhre 2 Fl., für eine vierspännige Fuhre 3 Fl. per Tag, die aus der Chausseecasse zu bezahlen waren. Für die Güter mußte Entschädigung geleistet werden. Die Kunstbauten wurden im Accord ausgeführt. Die Straßenbreite setzte man auf 24 Fuß, den Steinsatz für die Fahrbahn auf 4—6 Zoll, die Schotterdecke auf 10 Zoll fest. Die Arbeit begann am 5. August 1812, wurde aber der Kriegsereignisse wegen nicht ganz, aber doch zum großen Theil bis 1814 vollendet,(3) worauf die Straße von Basel bis Erzingen in den Staatsstraßenverband kam. Zu den schwierigsten und kostspieligsten Arbeiten gehörte das Abheben der Schanze und die Felsensprengarbeiten bei Kleinlaufenburg (wozu Bergleute aus den ärarischen Erzgruben verwendet wurden) und der Bau einer steinernen Brücke bei Brennet, welche 44 Fuß Höhe und 31 Fuß Länge erhielt.

Der bis 1814 bestrittene Aufwand betrug 90,655 Fl., zu dessen Deckung im Jahr 1813 in Basel ein Anlehen von 30,000 Fl. aufgenommen wurde.

Nach Vollendung dieser Bauten wurde 1815 zwischen Laufenburg(4) und Schaffhausen auf dem rechten Rheinufer eine Postwagenverbindung eingeführt, während die Postwagen- und Güterfuhren von Basel bis Laufenburg noch die Straße auf dem linken Rheinufer einhielten, weil Basel zur Förderung des Verkehrs durch die Stadt auf die von Kleinbasel am rechten Rhein-

(1) Bei einem reißenden Flusse wie die Schlücht, die bei Hochwasser die größten Geschiebe bringt, war es schwer, ohne Kenntniß der Hochwassermassen und der Geschwindigkeit ein normales Flußbett zu bestimmen, welches dauernd erhalten werden konnte. (2) Siehe Nr. 46. (3) Die obere Leitung des Baues geschah durch Tulla. (4) Seit dem 13. Jahrhundert wurde der Uebergang über den Rhein bei Laufenburg durch eine feste Brücke vermittelt. Wie lange dieselbe bestund, ist nicht bekannt; man weiß nur, daß General Götz 1630 die neue Rheinbrücke zerstörte. Stumpf sagt in seiner Schweizer-Chronik von 1638: „es geht eine gar zierliche Bruck" hier über den Rhein. Die gedeckte Brücke ist öfter und letztes Mal 1816 abgebrannt, worauf der linkseitige Theil nicht mehr bedacht wurde. Die jetzige Brücke besteht daher aus einem gedeckten und einem offenen Theil. Der erstere rechtseitige, badische, 114 Fuß lang, ruht auf einem steinernen Widerlager und einem steinernen Pfeiler, der ungedeckte, schweizerische, linkseitige, 294 Fuß lang, auf zwei Holzjochen. Die Breite beträgt 17 Fuß. Bei der Theilung von Groß- und Kleinlaufenburg wurde bestimmt, daß an den Unterhaltungskosten Großlaufenburg $^2/_3$, Kleinlaufenburg $^1/_3$ zu tragen, dagegen auch das Brückengeld in gleichem Verhältniß zu theilen sei. (Siehe R.-Bl. von 1809, Nr. 45, S. 289.) Großlaufenburg verzichtete auf diesen Bezug und Kleinlaufenburg erhält nach Uebereinkommen vom 15.—17. Sept. 1865, solange die Brücke besteht und von der Stadt unterhalten wird, eine jährliche Rente von 350 Fl. aus der Wasser- und Straßenbaucasse als Ersatz für das Brückengeld, welches 1865 1353 Fl. 48 Xr. ertrug. Die Straße von der Brücke bis zur Straße Nr. 48, sowie den badischen Theil der Brücke unterhält die Gemeinde. Die Mitte des steinernen Pfeilers der Brücke, worauf die St. Antonicapelle stund, bildet die Eigenthums- und Hoheitsgränze. Das Brückengeld wurde 1866 aufgehoben. Das Hochwasser von 1852 stund $1^1/_2$ Fuß unter dem Gedeck, jenes von 1876 3 Zoll niedriger.

ufer hinziehende Straße nicht viel verwendete und die Abtheilung von Warmbach nach Kleinlaufenburg noch nicht vollendet war. (1)

Nach beendigtem Kriege sind sodann in den Jahren 1817—1820 die noch fehlenden Verbesserungen zwischen Kleinlaufenburg und Warmbach hergestellt, insbesondere auch eine steinerne Brücke mit Stichbogen über die Murg und eine weitere über die Steinach oberhalb Thiengen erbaut worden. Der Aufwand der Staatscasse hierfür läßt sich nicht genau angeben, da durch den Receß des Verrechners ein Theil des Aufwandes nicht zur verlässigen Nachweisung kam; es wird übrigens angenommen, daß die Staatscasse in den Jahren 1819/20 112,260 Fl. aufgewendet habe. (Oberd.-Acten v. 1820.)

Einschließlich der später noch bezahlten Güter- und Bodenzinsentschädigungen berechnet sich der ganze Aufwand für diese Straße von 1812/20 etwa auf 203,900 Fl. (2)

Nach diesen Bauausführungen, welche auch auf Schweizergebiet zwischen Erzingen und Schaffhausen über Neukirch ihre Fortsetzung fanden, zog sich der Verkehr zwischen Basel und Schaffhausen zum größeren Theil auf die rechtsrheinische Straße, daher in den badischen Gemeinden Geißlingen, Grießen, Riedern, Dettighofen, Berwangen und Jestetten der Wunsch rege wurde, durch Verbesserung des ihre Orte durchziehenden Vicinalweges den Verkehr nach Schaffhausen, wenigstens theilweise auf badischem Gebiete fortzuleiten. Zu diesem Ende wurde auch von Seiten der Finanzverwaltung die Herstellung des Wegs durch das sog. Steingäßle in der Gemarkung des herrschaftlichen Reutehofes mit 843 Fl. genehmigt.

Die Arbeiten, in Verbreiterung, Gefällsausgleichung, kleinen Correctionen und Versteinung bestehend, wurden 1823 und 1824 im Frohndwege mit Beschränkung auf das Allerdringendste ausgeführt.

Deshalb und wegen mangelhafter Unterhaltung war diese Straße schon im Jahre 1828 an manchen Stellen wieder kaum fahrbar, durch die im Jahre 1829 zur Beförderung des Verkehrs zwischen Basel und Laufenburg eingetretene Befreiung der Fuhren, die bei Laufenburg und Grenzach nach Baden eingehen, und an einem dieser Orte wieder ausgehen, vom Transitzoll und der Hälfte des Straßengeldes erhielt sich der Verkehr auf der rechtsseitigen Rheinstraße, er zog sich aber ganz über Erzingen und Neuenkirch nach Schaffhausen, weil die Straße über Jnstetten zu schlecht war. Der Kanton Zürich strebte nun in dieser Zeit eine bessere Verbindung von Eglisau mit dem Wutachthale an, da die damals bestehende Straße von Eglisau über Wyhl nach Bühl, Riedern und Erzingen den Anforderungen des Verkehrs nicht entsprach. Für Baden konnte diese Straßenverbesserung nur erwünscht sein, da der Verkehr aus Württemberg und dem badischen Schwarzwald nach Zürich vom Zollhaus am Randen die Route über Bargen oder über Stühlingen und Sieblingen nach Schaffhausen und von da über Winterthur einschlagen mußte, folglich das badische Gebiet vom Randen aus nur wenig berührt wurde, während durch Herstellung einer möglichst kurzen und guten Straßenverbindung aus dem unteren Wutachthale mit Eglisau, (3) woselbst eine stehende Brücke über den Rhein führt, man hoffen durfte, den größeren Verkehr nach Zürich auf eine längere Erstreckung durch badisches Gebiet leiten zu können. Die großherzogl. Regierung beschloß deshalb unterm 26. November 1835: 1) daß von Stühlingen über Ofteringen, Vogelhaag, Erzingen, Riedern und Bühl nach Eglisau eine Handelsstraße anzulegen, 2) eine gleiche Straße in der Richtung nach Jnstetten von Lauchringen über Grießen, Riedern, Dettighofen und Berwangen herzustellen sei.

Nach näherer Erörterung der Verhältnisse ging man jedoch von dem Straßenzug über Vogelhaag wieder ab und wählte den schon früher von der Bauverwaltung vorgeschlagenen Zug über Willmendingen, da der letztere mit 5 Procent Gefäll ausgeführt werden konnte, während bei dem ersteren ein Gefäll von 8 Procent einzuhalten war. Zunächst wurde im Jahr 1836 der Straßenbau von Riedern bis Jnstetten in Angriff genommen und am 1. August 1839 dem Verkehre übergeben. Die Zollstelle wurde von Erzingen nach Riedern verlegt. Auch die Fortsetzung der Straße von Jnstetten bis zur Landesgränze kam in dem folgenden Jahre zur Ausführung und der ganze Aufwand für die Straße vom Abgang der Wutachthalstraße bis zur

---

(1) General Guilleminot sagt in einem Schreiben aus jener Zeit: „Man kann auch auf dem rechten Ufer von Basel nach Lauffenburg mit Wagen und Geschütz fahren, allein der Weg ist sehr schlecht." (2) In wie weit die Gemeinden durch Beiträge in die Amtscassen wirklich beigezogen wurden, konnte nicht ermittelt werden. (3) Eglisau, früher Sitz des Grafen von Thengen, kam 1496 durch Kauf an Zürich. Der Ort war schon im Jahr 912 bekannt.

Landesgränze belief sich auf 141,514 Fl. Im Hinblick auf die großen Kosten sah man sich veranlaßt, von dem Straßenbau aus dem Wutachthale über Willmendingen nach Grießen, dessen Kosten auf 80,000 Fl. überschlagen waren, Umgang zu nehmen und dagegen die Wutachthalstraße nach Unterlauchringen zu verbessern.

Auch die Straße von Riedern über Bühl (Nr. 82) wurde in derselben Zeit bis zur Landesgränze mit einem Aufwand von 47,183 Fl. hergestellt, nachdem auch auf Schweizergebiet zwischen Eglisau (1) und der Landesgränze die nöthige Correction der zwei Steigen auf ein Gefällmaximum von 6 Procent zugesichert war. (2)

Sowohl die Straße über Jnstetten nach Schaffhausen als jene über Bühl nach Eglisau wurden nach ihrer Herstellung in den Staatsstraßenverband aufgenommen, dagegen die Straße über Erzingen aus dem Verbande ausgeschieden. Ihre Wiederaufnahme in den Verband erfolgte im Jahre 1843 im Hinblick auf den noch immer nicht unbedeutenden Verkehr. Nachdem aber die am 13. Juni 1863 von Waldshut nach Constanz eröffnete Eisenbahn den Hauptverkehr in jener Richtung aufgenommen hatte, wurde diese Straße abermals ausgeschieden und den Gemeinden zur Unterhaltung überlassen.

Von den seit 1835 an der Straße von Basel nach Schaffhausen ausgeführten kleineren Verbesserungen sind hervorzuheben:
1833/36 Umbau der Wutachbrücke bei Oberlauchringen mit 9800 Fl., 1836 Straßenneubau zwischen der Siechenbrücke und der Wutachbrücke bei Oberlauchringen mit 1000 Fl., Chaussirung durch Grenzach 600 Fl., 1836/38 Neubau der Brücke bei Brennet 8500 Fl., 1836/37 Neubau der Siechenbrücke zu Oberlauchringen mit 5200 Fl.,. Entfernung des unteren Stadtthores in Thiengen durch Ankauf und Abbruch 3700 Fl., 1837 Straßencorrection in Oberlauchringen 1031 Fl., 1839 Erweiterung der Straße in Hauenstein 700 Fl., 1842 Hauptreparatur der Schlüchtbrücke 2450 Fl., Wegräumung des oberen Thores in Thiengen nebst Straßenregulirung 3800 Fl., 1846 Correction oberhalb Waldshut (3) 610 Fl., bei Oberlauchringen 5649 Fl. und zwischen Waldshut und Thiengen 420 Fl., 1847 Umbau der Brücke in Gemarkung Gurtweil 6206 Fl. und Verbreiterungen der Ochsensteige bei Waldshut 2000 Fl., 1850 Verbreiterung bei Hauenstein (4) 3156 Fl., 1852 Bau einer neuen Brücke über die Wutach bei Oberlauchringen in Verbindung mit der Correction der Wutach und Verlegung der Kothbach 6594 Fl., 1857 Verbreiterung zwischen Rheinfelden und Waldshut 764 Fl., 1860 Umbau der Brücke über das Rothenbächle bei Murg 1025 Fl.

Gelegenheitlich des Eisenbahnbaues in den Jahren 1861 und 1862 wurde die Straße von Waldshut nach dem Bahnhofe erhöht und von dort gegen dem Fahrhaus näher an den Rhein gelegt, wodurch das früher bestandene sehr starke Gefäll der Straße von 10 Procent auf 5 Procent ermäßigt und ausgeglichen wurde.

Die jetzt noch bestehenden bedeutenden Steigen an dieser Straße, welche Gefälle von 12 bis 15 Procent besitzen, sollten schon 1844 corrigirt werden, als der Canton Aargau 1843 beschlossen hatte, eine neue Straße von Großlaufenburg nach Coblenz längs des Rheines zu bauen und der Bau selbst 1844 in Angriff genommen wurde.

Bei näherem Eingehen zeigte es sich, daß die Correction der Steigen bei Kleinlaufenburg 100,000 Fl., bei Hauenstein 34,000 Fl., bei Albbruck 11,250 Fl., der Ochsensteige bei Waldshut 12,500 Fl., beim Herthauer Loch 4000 Fl. kosten würde, welche Ausgaben man in Aussicht auf eine Eisenbahn (5) unterlassen zu müssen glaubte, obgleich zu besorgen war, daß nach Vollendung der jenseitigen Straße ein Theil der Güter, die damals zwischen Basel und Kleinlaufenburg gingen und auf 130,000 Centner jährlich geschätzt wurden, die linksrheinische Route einhalten würde. Da der Verkehr auf dieser Straße durch die Eisenbahn bedeutend abgenommen hat, wurde die Abtheilung von Basel bis Waldshut aus dem Staatsstraßenverband ausgeschieden und unter die unterstützten Vicinalwege aufgenommen. Die Abtheilung von Waldshut bis Schaff-

(1) Siehe Nr. 56. (2) Diese Correctionen wurden 1842 ausgeführt. (3) Waldshut wurde im 13. Jahrhundert durch Rudolf von Habsburg, der sich oft auf der Burg Hauenstein wie in Todtmoos und Rikenbach aufhielt, gegründet. Der Mühlsteinbruch in dem sogenannten Schmitzinger Thälchen wird schon über 300 Jahre betrieben. Die Steine finden Absatz nach Oesterreich, Ungarn, Elsaß, Champagne und im ganzen Zollvereinsgebiet. Auf dem Fruchtmarkt kamen 1873 13,000 Centner zum Verkauf. (4) Die Straße durch Hauenstein war früher durch Misthaufen und Schweinstallungen auf 10 Fuß eingeengt. (5) Die Eisenbahn von Basel bis Säckingen wurde am 4. Februar, jene von Säckingen nach Waldshut am 30. Oct. 1856 und die Seitenlinie von Waldshut nach Thurgi am 18. August 1859 eröffnet.

hausen und jene nach Eglisau bleiben Staatsstraße, weil sie die Zufuhr zur Eisenbahn und theilweise den Verkehr nach Zürich vermitteln.

Seit 1868 wird die ganze Straße von der Gränze bei Instetten bis Basel resp. Grenzach wieder als Landstraße behandelt.

Statt der sehr baufälligen hölzernen Schlüchtbrücke bei Thiengen mit 2 Jochen wurde 1864 eine neue eiserne oberhalb der alten erbaut. Die Kosten betrugen für die Straßencorrection 1408 Fl., für die Brücke und für Ordnen des Flußprofiles und Schutz der Fundamente 23,521 Fl., zusammen auf 24,929 Fl.

Die mittlere Oeffnung hat eine lichte Weite von 61,2 Fuß und wird von zwei eisernen Fachwerkträgern von 6,5 Fuß Höhe überspannt. Die beiden Seitenöffnungen haben je 30 Fuß Spannweite und 5 Längsträger von Fachwerk. Die Breite beträgt von Mitte zu Mitte der Hauptträger 18 Fuß.

Das Eisengewicht bestund in 670 Centnern und kostete 11 Fl. 15 Xr. per Centner. Die Fahrbahn ist beschottert.

Die Stadt Waldshut, welche auf Grund einer Berechtigung aus dem 15. Jahrhundert bis in die neue Zeit Pflastergeld erhob, hatte das Pflaster dafür zu unterhalten. Als nun im Jahr 1872 eine Hauptreparatur bevorstund, kam zwischen der Regierung und der Stadt eine Uebereinkunft zu Stande, wonach die Hauptstraße der Stadt künftig als Landstraße zu behandeln, die Fahrbahn zu chaussiren, die Bach aus der Mitte der Straße auf die nördliche Seite zu verlegen und zwei Streifen längs der Fahrbahn neu zu pflastern sind, wogegen die Gemeinde auf den Pflastergeldbezug (1) verzichtet.

Von dem Aufwand im Betrage von 21,900 Fl. hatte die Gemeinde voraus zu tragen 3400 Fl. und der Rest mit 18,500 Fl. war nach dem Straßengesetz zu $^1/_3$ mit 6166 Fl. von dem Kreis und den Gemeinden und zu $^2/_3$ mit 12,232 Fl. von der Staatscasse zu bestreiten.

Die Ausführung erfolgte 1873 und die Stadtstraße kam in den Verband.

Die Länge der Stadtstraße betrug 412 Meter. Der Canal wurde aus der Mitte der Straße an das Trottoir verlegt; die drei in der Mitte der Straße befindlichen großen Röhrenbrunnen wurden entfernt und dafür sechs kleine eiserne Brunnen errichtet und beiderseits der Straße Trottoire angelegt.

Die Aussicht auf die Verbesserung der Straße nach Waldkirch Nr. 50, gab 1874 Anlaß zur Erörterung über Herstellung einer neuen Brücke über den Seltenbach vor dem oberen Thor, mit Entfernung des letzteren. Nach Ueberschlag sollte bei einer Brücke von 10 Meter 6 Meter Fahrbahn und 2 Meter Trottoir incl. des Thorabbruches und Entfernung eines Wohnhauses ein Aufwand von 37,800 Fl. erforderlich sein.

Die Gemeinde wünschte Verschiebung. Nach Uebereinkunft mit dem Canton Aargau vom 21. und 30. März 1872 wurde der Fährgenossenschaft Etzgen der Betrieb einer Drahtseilfähre für Personen und Vieh gestattet, wie dies 1865 bezüglich der Drahtseilfähre bei Grenzach geschehen ist.

Im Interesse der Salzwerke in Wyhlen (2) und Schweizerhall wurde unterm 1. resp. 19. August 1874 von Baden und der Schweiz die Concession auf Widerruf zum Betriebe von Drahtseilen über den Rhein daselbst für den allgemeinen Verkehr ertheilt. Der Bau mußte nach Anleitung der beiderseitigen Flußbaubehörden geschehen.

Im Jahr 1876 wurde eine weitere Concession zum Betrieb einer Spannseilfähre zwischen Albbruk und Schwaderloch für Personenverkehr ertheilt. (Ges. und Verordn.-Bl. S. 19.)

Die im Jahr 1875 beabsichtigte Correction der Straße bei Hörthen im sog. Hörthener Loch, wo Gegensteigen von 10—11 Procent vorkommen, sollte auf eine Länge von 325 Meter mit 33,00 Mark 6 Meter breit ausgeführt werden. Das Gefäll war durch Auf- und Abtrag auf 2,05 Procent zu ermäßigen. — Wegen anderer dringenden Bauten wurde diese Ausführung verschoben.

Der nachweisliche Aufwand für Verbesserung dieser Straßen beträgt 883,356 Mark.

Die Frequenz hat von 1856 abgenommen, sie ist aber seit 1864 wieder im Zunehmen begriffen.

---

(1) Das Pflastergeld betrug circa 14—1500 Fl. jährlich. Waldshut hatte früher eine Ausdehnung bis Dogern und Schmitzingen. Die ehemalige Rheinbrücke stund vor dem Rheinthor, wozu die noch bestehende gepflasterte steile Straße führte. (2) Das Steinsalzwerk in Wyhlen wurde 1874 errichtet, jenes bei Schweizerhall besteht seit 1844.

Es gingen zwischen	Basel	und	Wyhlen	1856	126.	1864	515.	1874	456.
„	Wyhlen	„	Säckingen	„	50.	„	33.	„	53.
„	Säckingen	„	Waldshut	„	106.	„	20.	„	42.
„	Waldshut	„	Thiengen	„	178.	„	44.	„	50.
„	Thiengen	„	Jnstetten	„	46.	„	18.	„	22.
„	Jnstetten	„	Schaffhausen	„	175.	„	64.	„	55.

Zugthiere täglich.

Im Jahre 1872 wurde von der Schweiz der Bau einer Landstraße von Osterfingen über Baltersweil nach Rafz angeregt. Zürich baute 1873 eine neue Brücke über den Rhein bei Rüdlingen unterhalb Eglisau wegen Verkehr mit Früchten, Holz, Stroh aus dem Wangenthal und mit Bruchsteinen aus Baltersweil. Der jetzige Weg ist sehr steil und schlecht. Baden muß zur Erzielung einer Maximalsteigung von 6½ Procent 12,200 Fl. aufwenden. Verhandlungen sind noch im Lauf.

Nr. 49.

Straße von Basel nach St. Blasien resp. Häusern.

Wiesenthalstraße.

Länge in Baden . .	64,81	Kilometer	= 14,58	Stunden,
„ „ der Schweiz	7,10	„	= 1,60	„
zusammen	71,91	Kilometer	= 16,18	Stunden.

Die Länge ist bis zur Einmündung in Straße Nr. 50 gemessen.

Die Wiesenthalstraße beginnt bei Basel und endet am Fuße des Feldbergs in Todtnau. Zu der unteren Abtheilung wird aber seit langer Zeit auch die Abzweigung von Gschwend über Bernau und St. Blasien bis Häusern gerechnet, weil dieser Zug früher, als die Abtheilung von Gschwend nach Todtnau Landstraße geworden ist. Diese letztere Straße wird in neuerer Zeit der Straße Nr. 116 von Zarten nach Todtnau beigezählt.

Das Wiesenthal und seine Umgebung waren, scheint's, von den Kelten bewohnt, da die Namen: Feldberg, Wiese, Wiesleth, Weil, Rötteln, Lörrach, Wiechs, Minseln, Herten, Dossenbach, Raidbach, Mambach, Wembach, Gschwend, Bräg, Todtnau mit vieler Wahrscheinlichkeit aus der keltischen Sprache abzuleiten sind. Auch die in den Gemarkungen Wiechs und Adelshausen genannten „Heidengräber" deuten auf keltische Einwohner.

Die Straßen, deren Namen römischen Verkehr vermuthen lassen, verbanden die genannten Orte ebenfalls und bestunden daher wie die Orte selbst lange schon vor der Römerherrschaft. Als solche Wege sind noch bekannt: „der steinerne Weg" von Lörrach über Inzlingen, die „hohe Straße" bei Weil, von Inzlingen über Hüsingen gegen Steinen, bei Raidbach, Schopfheim, Schönau und Zell. Von Riehen über Stetten und Brommbach nach Steinen soll eine römische Straße bestanden haben. (¹) Die Geschichte der meisten Orte im Wiesenthal geht urkundlich in das 9. Jahrhundert zurück.

Der Ort Todtnau verdankt seine Entstehung dem Bergbau, der hier schon sehr frühe, vielleicht schon von den Römern auf Silber betrieben (²) und bis in die neuere Zeit (1801) fortgesetzt wurde.

Die ersten urkundlichen Nachrichten über das Schönauer Thal beginnen mit dem 12. Jahrhundert, indem dies Thal aus den Dynastenfamilien von Grenchen, Werrach, Waldeck und Eichstett 1113—1156 an das Stift St. Blasien, das Zellerthal aber an das Stift Säckingen vergabt wurde. (³) Später kam das Schönauer Thal an die vorderösterreichische Grafschaft Breisgau; St. Blasien behielt aber die Rechte der Grundherrlichkeit und ein St. Blasianischer Amman führte darum bis 1786 die Aufsicht über Wege und Stege in den Vogteien Todtnau und Schönau. Nachher ging diese Aufgabe an einen von den Thalvogteien gewählten Beamten über. Die Orte von Lörrach bis Hausen, wo ein Eisenwerk betrieben wurde, waren markgräflich badisch; Zell, Atzenbach, Mambach ritterschaftlich. Der ungeregelte Flußlauf erschwerte in dem

(¹) Mone, Urgeschichte I. (²) Mone, Quellensammlung II. (³) Mone, Zeitschrift I.

ganzen Thale den Straßenbau, am meisten aber in dem Theile von Fahrnau abwärts, indem dort, wo das Gefälle abnimmt, durch Ablagerung der Geschiebe der Fluß in viele Arme getheilt war, fortan Inseln bildete und die Straße stets durch Ueberschwemmung bedrohte und oft zerstörte.(1) Im obern Laufe war der Fluß an vielen Stellen durch vorspringende Felsen eingeengt, über welche die Straße mit lästigen Steigen bald auf dem linken, bald auf dem rechten Ufer hinzog.

Das Thal war nach allen Seiten nahezu abgeschlossen, denn von Todtnau in das Dreisamthal, von Gschwend über die Wacht nach St. Blasien, von Utzenfeld über die Weiden nach Staufen, von Schönau resp. Wembach über die Sirnitz nach Müllheim bestunden nur steile Saumpfade und von Schopfheim über Hasel nach Wehr nur ein schmaler und steiler Karrenweg wahrscheinlich aus keltisch-römischer Zeit.

Die lästigste Steige der Thalstraße war am sogenannten Kastelberg zwischen Mambach und Wembach mit Gefällen von 16 Procent, bei Breiten von 12—14 Fuß.

Die ersten namhaften Verbesserungen der Straße erfolgten in dem markgräflichen Gebiete, indem man in der Mitte des vorigen Jahrhunderts eine Erweiterung auf 18 Fuß zur Benützung der breiten Spur ausführte. Noch im Jahre 1803 wurde deshalb nur die Abtheilung von Lörrach bis Schopfheim „Straße", jene von Schopfheim aufwärts nur „Weg" genannt.(2) Erst 1807 erhielt der Weg bis Schönau den Namen „Landstraße".(3)

Zur Verbindung der gefürsteten Abtei St. Blasien(4) und der dazu gehörigen zahlreichen Orte(5) des Schwarzwaldes mit dem Wiesenthal und Rheinthal hatte Abt Franz II. (der erste mit fürstlichen Stand und Rechten) in den Jahren 1760—1764 von St. Blasien aus durch das Bernauthal auf die 3253 Fuß hohe sogenannte Wacht eine Fahrstraße in mittlerer Breite von 18 Fuß hergestellt, um dem Holze und den Kohlen Absatz zu verschaffen und den Transport der Holzschnefler Arbeiten, welche das Kloster in Bernau und andern Orten ins Leben gerufen hatte, zu erleichtern. Die Gemeinde Bernau bezahlte dazu baar 2300 Fl., für die Güter wurde Entschädigung geleistet. Dieser Weg wurde bis 1801 mit wechselnden starken Gefällen bis zu 20 Procent in das Thal bis Bräg fortgesetzt und bis Gschwend erweitert. Da die Gemeinden die Frohndlast abgelöst hatten, wurden die Baukosten von der Stiftscasse getragen.

Durch diese Bauten erhielt die Wiesenthalstraße erstmals einige Bedeutung für den durchgehenden Verkehr zwischen dem Rheinthal und dem Schwarzwalde.

Die weiteren Anschlüsse von Seitenstraßen an das Wiesenthal konnten wegen der Territorialverhältnisse des vorigen Jahrhunderts nicht leicht bewirkt werden und auch die Verbesserung der Wiesenthalstraße selbst war hiedurch wesentlich gehindert, denn in dem österreichischen und ritterschaftlichen Gebiet geschah für die Verbesserung der Straße fast gar nichts, während man in dem markgräflichen Gebiete fortan bemüht war, die den Ueberschwemmungen des oberhalb

(1) In den Jahren 1845—1877 kamen 15 Ueberschwemmungen vor, und zwar 1845—1865 7, und 1865—1877 8. Große Zerstörungen traten 1845, 1846, 1849, 1851, 1867, 1875.1876 u. 1877 ein. Die Straße wurde 1845, 1846, 1849 u. 1851 durchbrochen, Wehre 1846, 1849, 1851, 1852, 1867, 1869, 1875, 1876 u. 1877 zerstört. Die Wiese ist von Fahrnau abwärts seit 1775 aus Staatsmitteln mit Frohndleistungen unterhalten und verbessert, 1823 aber den Gemeinden zur Unterhaltung überlassen worden. In der Zeit von 1823—1846 haben die Gemeinden für die Abtheilung von Hausen bis Weil 58,000 Fl. nebst Frohnden aufgewendet. Die Zahl der Wehre hat sich hier auf 15 vermehrt, wodurch das Hochwasser 1877 große Zerstörungen veranlaßte, die vollständige Correction nebst Aenderung der Wehre ist auf $2^1/_2$ Millionen Mark veranschagt. (2) Siehe Karte von Amann. (3) Noch 1823 bestunden zwischen Lörrach und Schopfheim nur Botengänger, von Schopfheim aufwärts aber war gar keine Posteinrichtung. (4) Aus der im 8. Jahrhundert gegründeten Zelle an der Alb entstund im 10. Jahrhundert das Benedictiner-Männerkloster St. Blasien, welches 1322, 1525 und 1768 durch Brand zerstört und in jetziger Gestalt sammt Kirche von Abt Martin Gerbert 1770—1783 mit 700,000 Fl. nach einem Plan des berühmten französischen Baumeisters M. Dixnard unter der Leitung des Paters Franz Kreutler — eines guten Naturforschers, Mathematikers und Bauverständigen — neu erbaut wurde. Von demselben französischen Architekten sind auch die Pläne für das Schloß und die Kirche in Hechingen, für den churtrier'schen Palast in Coblenz, das Carlsthor in Heidelberg, das Jagdschloß in Brandenburg, die Peterskirche in Straßburg, das Colleg royal in Colmar, das Sickingen'sche Haus (jetziges Palais des Großherzogs) in Freiburg und das Schloß in Königseck-Aulendorf. Das Kloster, dessen Vermögen circa 5 Millionen Gulden betrug, wurde 1806 aufgehoben und in eine Fabrik umgewandelt. Siehe Nicolai, Reisen 12. — W. Zapf, Reisen 1781. Die zur Zeit in den Klostergebäuden betriebene Spinnerei beschäftigt circa 30,000 Spindeln. Am 7. Februar 1874 brannte das Dach und der Innbau der Kirche und eines Theils der Fabrik ab. Der Wiederaufbau erfolgte 1877 (5) St. Blasien mit den zu Zwing und Bann gehörigen Orten kam 1805 mit der unter der Landeshoheit von St. Blasien gestandenen Grafschaft Bonndorf 1806 an Baden. Im Jahr 1638 hatte der Abt erstmals Sitz und Stimme auf dem Kreistage geübt. Siehe Mayer, Beitrag zur Geschichte des badischen Civilrechts 1844.

Maulburg bei Fahrnau und bei Höllstein in mehrere Arme getheilten Flusses häufig ausgesetzte sogenannte „Waldstraße“ in einen besseren Stand zu bringen und durch Correction des Flusses zu sichern.(1)

Nachdem endlich die ganze Straße von der Schweizergränze an unter badische Hoheit gekommen war, suchte man auch in dem oberen Theile des Wiesenthals, sowie an der Straße nach St. Blasien allmählich Verbesserungen auszuführen.

Zur Beseitigung der Hauptverkehrshindernisse aber, welche bedeutende Mittel erforderte, gab erst der Aufschwung der Industrie Veranlassung.

Nach Aufhebung des Klosters St. Blasien etablirte sich daselbst 1813 eine Kanonenfabrik, die 1821 in eine Maschinenspinnerei und Gewehrfabrik umgewandelt wurde. In Lörrach, Zell und Schopfheim waren schon auf Carl Friedrichs Veranlassung 1760—90 eine Baumwollenspinnerei und Weberei gegründet, und vom Jahr 1770 an wurde in Todtnau die Fabrication der Bürsten betrieben.(2) In Folge des Zollvereins entstunden aber sowohl in Todtnau als in dem unteren Wiesenthal von 1835 an zahlreiche weitere Etablissements für industrielle Zwecke, namentlich Baumwollen- und Seiden-Spinnereien und Webereien, Papier- und Maschinenfabriken ꝛc.(3) Der ungehinderte Betrieb dieser Fabriken mit Verwendung der bedeutenden Wasserkraft war an dem Wiesenflusse dadurch ermöglicht, daß schon 1808 die seit unvordenklicher Zeit betriebene Flösserei aufgehört hatte.

Diese Verhältnisse und die Absicht zwischen Lörrach und Schönau eine Fahrpostverbindung herzustellen, gaben 1837 Veranlassung, eine allgemeine Untersuchung über den Zustand der Straße und über die nöthigen Bauausführungen anzuordnen. Es zeigte sich dabei, daß mit den bisher vorgenommenen kleineren Verbesserungen zwar die Straße von Lörrach bis Fahrnau auf eine mittlere Breite von 22 Fuß gebracht war, daß aber von da aufwärts den Anforderungen an einen guten Weg noch in keiner Weise entsprochen sei.

Auch die Straße auf die Wacht, welche in den Jahren 1809, 1811 und 1812 einzelne Verbreiterungen und Verbesserungen erhielt, hatte nach ihrer 1817 erfolgten Aufnahme in den Staatsstraßenverband noch viele schmale Stellen von 12 Fuß Breite und bis auf die Wasserscheide Gefälle bis zu 20 Procent neben kurzen Wendungen, so daß dieser Weg zu den steilsten und gefährlichsten des Landes gezählt werden konnte.

Die erforderlichen Bauausführungen, nämlich Verbreiterung der Straße beim Hammerwerk Hausen(4) und bei der Zeller Oelmühle, Umgehung des Botterfelsens und des Kastelbergs, Verbreiterung und Correction bei der Brückenwaage zu Zell, beim gehauenen Stein unterhalb Gschwend und beim dürren Acker oberhalb Gschwend, Verlegung der Straße zwischen der Brombacher und Steiner Wiesenbrücke, Verbreiterung der Straße von Lörrach bis Fahrnau und Correction der Wachtsteige erforderten nach aufgestellten Ueberschlägen einen Aufwand von 288,400 Fl.

Vor Allem schien die Umgehung des Kastelbergs durch Herstellung einer ganz neuen $1^1/_2$ Stunden langen Straße zwischen Mambach und Wembach auf der Sommerseite des Thales nothwendig. Der Bau kam im Juni 1845 in Angriff; er wurde größtentheils durch Italiener ausgeführt und am 29. October 1846 feierlich eröffnet.(5) Der wirkliche Aufwand der Staatscasse betrug 94,665 Fl.

Das Gelände für diese Straße mußte theilweise mit Hülfe des Expropriationsgesetzes erworben werden. Den Aufwand dafür leistete die Straßenbaucasse.

Im Jahr 1854 wurde sodann die Straßen-Verbesserung im Ort Atzenbach mit einem Aufwand von 1500 Fl. vorgenommen, nachdem die Gemeinde das auf 2000 Fl. überschlagene

(1) Seither haben die Gemeinden Vieles für die Correction des Flusses gethan, allein durch die vielen hohen Wehre, die der Industriebetrieb hervorrief, ist das Thal bei jedem Hochwasser gefährdet. Nur durch Herstellung von Vorländern und Dämmen und durch Aenderung der Wehre kann dem Mißstand dauernd begegnet werden. Das Hochwasser vom Jahre 1877 gab hiefür Beweise. (2) Die Einnahme aus Bürsten wurde in neuester Zeit im Amtsbezirk Schönau jährlich auf 900,000 Fl. berechnet. 869 Personen waren mit diesem Gewerbe beschäftigt. (3) Schon 1680—1690 war die Handbaumwollspinnerei durch Züricher im Wiesenthal betrieben worden. (4) Dieses seit dem 16. Jahrhundert bestandene ärarische Werk wurde 1865—66 für 125,500 Fl. verkauft. Dasselbe hatte jährlich 8—10,000 Centner Eisen producirt und solches meist in die Schweiz und nach Schopfheim verkauft, das Roheisen wurde von Kandern bezogen. (5) Die Gemeinde Zell ließ zur Erinnerung an diese Bauausführung und an die dabei beschäftigten Ingenieure in dem oberen Kastelfelsen einen Denkstein einsetzen, in welchem die Namen: Sauerbeck, Obermüller, Sexauer und Speirer eingegraben sind. Der erste war oberster Bauleiter, der zweite Inspector, der dritte bauführender Ingenieur, der vierte Baupraktikant.

Areal unentgeltlich gestellt hatte. Hierauf erfolgte im Jahr 1856 die Straßen-Correction vom Gasthof zum Ochsen bis oberhalb dem Hammerwerk in Zell. Die Gemeinde stellte das nöthige, auf 2050 Fl. veranschlagte Gelände gegen ein Aversum von 1200 Fl. Der Aufwand der Staatscasse betrug 7625 Fl. Im Jahr 1857 erfolgte die Correction am Kirchhof in Schopfheim (1) mit 900 Fl. Für 1864/65 wurden ferner bewilligt: für Correction der Straße durch den Ort Mambach, einschließlich der Kosten von 3200 Fl. für eine schiefe Brücke mit eisernen Trägern 6000 Fl. und für die Correction zwischen Utzenfeld und Gschwend 9400 Fl. Die Gemeinden Mambach und Gschwend stellten das Gelände gegen Aversen von 700 Fl. resp. 3250 Fl. Eine erzielte Erübrigung von 1000 Fl. wurde für eine 210 Ruthen lange Correction zwischen Schönau und Schönenbuchen verwendet, wozu die Gemeinde Schönau das Gelände im Werth von 412 Fl. unentgeltlich abgab. Gleichzeitig kam auch zwischen Atzenbach und Zell eine Correction mit 900 Fl. zur Ausführung, wozu die Gemeinden das Gelände zu billigem Preise stellten. Für die Correction der Wachtsteige, die 10—20 Procent Gefäll hatte, wurde im Jahr 1861 Plan und Kostenüberschlag entworfen. (2) Man suchte der neuen Straße eine Richtung zu geben, welche theilweise auch zu der längst gewünschten Verbindung nach Todtmoos benützt werden konnte.

Die Länge des mit Steigungen von 2—5½ Procent herzustellenden Neubaues war vorerst auf 1968 Ruthen bestimmt und die Straße in einer Breite von 20 Fuß mit 16 Fuß Fahrbahn und mit 8 Zoll hoher Versteinung angenommen. Der Kostenüberschlag forderte 50,000 Fl. Zur Minderung dieses großen Aufwandes ermittelte man im Jahre 1863 eine neue Zugslinie, die bei einem Maximalgefäll von 7 Procent eine Länge von 1648 Ruthen hatte und bei einer Straßenbreite von 18 Fuß mit 14 Fuß Fahrbahn einen Aufwand von 28,600 Fl. in Anspruch nahm. Auch dieser Aufwand erschien damals für den vorliegenden Zweck zu hoch, weil in Folge der in den Jahren 1855/60 erbauten Albthalstraße von St. Blasien bis Albbruck ein großer Theil des Verkehrs sich dieser Straße zugewendet hatte. Man suchte sich daher zunächst nur auf die Correction der oberen steilsten und gefährlichsten Abtheilung der Wachtsteige zwischen der Wasserscheide und dem Prägbach in einer Länge von 5955 Fuß zu beschränken, wofür bei einer Breite von 18 Fuß und einer Fahrbahn von 14 Fuß, aus 4 Zoll Gestück und 3 Zoll Schotter bestehend 14,700 Fl. erforderlich waren. Dieser Bau wurde in den Jahren 1865/67 ausgeführt. Die Gemeinden gaben durch Geländestellung einen Beitrag von 730 Fl., wovon Bernau 80 Fl., Schönau 375 Fl. und Präg 275 Fl. übernahmen.

Mit Zuschlag dieser Beiträge berechnet sich der Gesammtaufwand auf 15,430 Fl.

Von den kleineren Verbesserungen an dieser Straße sind zu erwähnen:

von 1844 Verbreiterung bei Gündenhausen 1805 Fl., von 1845 Felsensprengen bei der Brückenwaage in Zell 451 Fl., von 1846 Correction bei Bernau 287 Fl., von 1846 Verbreiterungen im hintern Wiesenthal 540 Fl. und verschiedene kleine Correctionen 2054 Fl., von 1848/49 Correction durch Schönau 2157 Fl., von 1850/51 verschiedene Verbreiterungen 906 Fl., von 1852 Verbreiterung von Schönau aufwärts 1284 Fl., von 1853 Verbreiterung unterhalb Schönau 1826 Fl., von 1854 Verbreiterung in Atzenbach 2199 Fl., von 1855 Verbreiterung in Atzenfeld 424 Fl., von 1856 Correction in Bernau und Riggenbach 1126 Fl., von 1857 Correction zwischen Schönau und Schönenbuchen 899 Fl. und Correction abwärts der Wacht 1534 Fl., von 1858/59 Verbreiterung von Gschwend auf die Wacht 459 Fl., von 1862 Correction beim kleinen Zoll unterhalb Lörrach 511 Fl., von 1863 Herstellung einer eisernen Brücke bei Steinen 19,966 Fl., (3) Correction zwischen Utzenfeld und Gschwend mit Brückenbau 9400 Fl., die Gemeinde leistete dazu einen Beitrag von 1250 Fl., Correction durch Mambach 7483 Fl., wozu die Gemeinde 1183 Fl. beitrug. Im Jahr 1867/69 kamen weiter zur Ausführung: eine 1400 Ruthen lange Correction durch Utzenfeld mit 2800 Fl., wovon die Gemeinde 300 Fl., die Staatscasse 2700 Fl. übernahmen. Die neue Straße wurde 23 Fuß breit und mit 20 Fuß Fahrbahn hergestellt. Gleichzeitig wurde auch eine Abtheilung bei Aitrach, von Wiedenbach abwärts gegen Schönenbuchen, 160 Ruthen lang mit 20 Fuß

(1) Schopfheim erscheint 807 in Urkunden. Schon 1813 bestunden hier Fabriken und viele Handwerke. (2) Die Dringlichkeit dieser Correction war schon dadurch nachgewiesen, daß schon 1844 ein Straßenwärter an der gefährlichsten Stelle mit Zustimmung der Waldeigenthümer für sich eine kurze Correction als Privatunternehmen ausgeführt hatte und von den Fuhrwerken, welche sie benützten, Weggeld erhob. (3) Die Brücke mit Blechträgern hat 18 Fuß Breite, zwei Joche und 110 Fuß Lichtweite. Alte Holzbrücke stund schief oberhalb der neuen.

Breite und 16 Fuß Fahrbahn mit 5150 Fl. hergestellt, wovon die Gemeinde durch Stellung der Güter 550 Fl., die Staatscasse 4600 Fl. übernahmen.

Hierauf folgte 1869/70 der Neubau einer eisernen Brücke nebst Straßencorrection bei Brombach mit 39,000 Fl. (1)

Durch diese Straßenverbesserungen hatten sich die Fahrkosten von Lörrach nach Todtnau von 42 Xr. auf 24 Xr. pro Centner vermindert.

Auch die Zugänge zu dem Wiesenthal wurden allmählich eröffnet, indem 1855 die Straße von Todtnau nach Oberried, 1857 die Straße von Utzenfeld über die Wieden nach Staufen und die Straße von Schopfheim nach Wehr vollendet wurde.

Der im Jahr 1689 von den Franzosen fast ganz zerstörte Ort Todtnau hatte sich seit seinem Anfall an Baden (1805) durch fleißigen und umsichtigen Betrieb der Industrie rasch empor gehoben, so daß er 1809 Stadt-Rechte erhielt. Der 1827 gegründeten Papierfabrik folgte 1826 eine Feuerschwammfabrik und Maschinenspinnerei, 1832 eine Zwirnerei, die sich ebenso wie die Bürstenfabrication bis in die neue Zeit immer weiter ausdehnten. Die Verbesserung des alten schmalen und hügeligen Weges von Gschwend bis Todtnau war deshalb dringend geboten. Zunächst wurden in den Jahren 1847 und 48 von der Papiermühle bis zur sogenannten Kindermatt und zwischen der Gschwender Mühle und der Schlechtenauer Banngränze Correctionen mit 20,018 Fl. auf Staatskosten ausgeführt. Sodann folgte 1862 die Verbesserung des Wegs zwischen Schlechtenau und Todtnau mit 9384 Fl., wovon Todtnau durch Geländestellung 443 Fl., die Gemeinde Schlechtenau 700 Fl., ferner Todtnau und Schlechtenau zusammen 241 Fl. und die Staatscasse 8000 Fl. übernahmen.

Endlich wurde 1870/71 das letzte Straßenstück zwischen der Thoma'schen Papierfabrik und dem Rathhaus neu und in gerader Linie über die sogenannte Hirschmatt auf eine Länge von 144 Ruthen (432 Metern) mit 18,000 Fl. ausgeführt. Diese Straße erhält 20 Fuß Breite mit 16 Fuß Fahrbahn. Unter dem Aufwand sind 6000 Fl. für eine Eisenblechbrücke enthalten, die an Stelle einer Holzbrücke mit 41,6 Fuß Spannweite und 21,8 Fuß breiter Fahrbahn, mit 0,6 Meter Versteinung erbaut wurde. (Eisenpreis 10 Fl. 45 Xr.) Die Stadt gab das Gelände nebst 3 Wohnhäusern taxirt zu 7100 Fl. für 3000 Fl., daher die Staatscasse noch 13,900 Fl. zu leisten hatte.

Die ganze Straße bis und durch Todtnau kam hierauf 1872 in den Landstraßenverband.

Zu gleicher Zeit kam auch an Stelle einer Holzfachbrücke die neue eiserne Brücke bei Atzenbach nebst Straßencorrection mit 14,997 Fl. ohne Beiträge zur Ausführung. (Walzeisen à 12 Fl. pro Centner, Spannweite 80 Fuß.)

Die im Jahr 1862 eröffnete Eisenbahn von Basel nach Schopfheim äußerte natürlich den besten Einfluß auf die Förderung der Industrie, namentlich auch des oberen Wiesenthals (2) und auf die Verwerthung der Erzeugnisse des holzreichen angränzenden Schwarzwaldes. Ebenso hob sich von Jahr zu Jahr der Fremdenverkehr nach den von der Natur so reich geschmückten Thälern der Wiese, Werra und Alb. (3)

Die noch vorhandenen Mängel der Wiesenthalstraße und der Verbindungsstraße zwischen dem Wiesen- und Albthale stellten sich immer fühlbarer dar, daher in den Gesetzen über die Vervollständigung des Landstraßennetzes (von 1870/76) die Mittel zu deren Beseitigung vorgesehen wurden und zwar für die Abtheilung von St. Blasien nach Todtnau 120,714 Mark und für die Vollendung der Correction der Wachtsteige und namentlich für kleine Verbesserungen im obern Wiesenthal 135,771 Mark.

Man corrigirte 1870/72 zwischen Gschwend und dem Präger Wirthshaus mit 16,000 Fl., wovon die Gemeinden Schönau 1267 Fl., Präg 1167 Fl., Gschwend 633 Fl., zusammen 3167 Fl. theils durch baare Beiträge, theils durch Geländestellung übernahmen.

Im Jahr 1873 kam sodann die Verbreiterung der Straße zwischen Mambach und Atzenbach

(1) Diese eiserne Fachwerkbrücke hat 120 Fuß Spannweite und enthält 1172 Centner Eisen à 13 Fl. per Centner. Alte Holzbrücke stund unmittelbar unterhalb der neuen. (2) Schon 1863 waren in Zell, Fahrnau, Rohmatt und Schönau 1070 Webstühle mit einem Umsatz von 1,700,000 Fl. an Rohmaterial und 2,400,000 Fl. fertigen Waaren im Betrieb. Die Maschinenfabrik in Zell hatte einen Umsatz von 50,000 Fl. und die Papierfabrik in Todtnau von 70,000 Fl. Der Versand an Küblerwaaren aus dem Bezirk St. Blasien durch das Wiesenthal wurde auf 20,000 Centner jährlich berechnet. Seither hat die Fabrikation sehr zugenommen. (3) Im Jahr 1869 betrug der Omnibusverkehr zwischen Schopfheim und Todtnau 20,200 Personen. Vor dem Betrieb der Eisenbahn betrug der Omnibusverkehr zwischen Basel und Schopfheim täglich 50 Personen; der Eisenbahnverkehr weist von 1863 an bis 1869 täglich 882 Personen im Durchschnitt nach.

mit 5500 Fl. ohne Beitrag und die Correction unterhalb Schönau bis zur Iselin'schen Fabrik mit 4000 Fl. incl. 800 Fl. Gemeindebeitrag zur Ausführung.

Endlich wurde 1872 auch Hand an die Vollendung der in den Jahren 1864/69 begonnenen Correction der Wachtsteige gelegt, indem die noch zu verbessernden 3 Abtheilungen bis 1875 mit 35,400 Fl. hergestellt wurden, worunter sich 500 Fl. Beiträge der Gemeinden Schönau und Präg befinden.(1)

Damit war nun der Straßenzug von Lörrach bis Todtnau und von Gschwend bis auf die Wacht in guten Stand gesetzt, so daß nur noch eine Correction zwischen St. Blasien und Berau fehlt, zu deren Ausführung die Mittel auch im Betrage von 20,714 Fl. vorgesehen sind.

Dringender als dieser Bau erschien aber die Correction der Steige zwischen St. Blasien und Häusern, der Doctor-Stich genannt,(2) welche Gefälle bis zu 10 Procent hatte. Die 2157 Meter lange Correction, wodurch das Gefäll auf 3—5,745 Procent ermäßigt wurde, ist in der Breite von 20 Fuß mit 28,900 Fl. in den Jahren 1871/73 ausgeführt worden. An Beiträgen leisteten St. Blasien baar 200 Fl., Häusern durch Geländestellung 370 Fl. und das Domänenärar durch Waldabgabe im Werth von 458 Fl. und baare 1500 Fl. 1958 Fl.

Zur Einmündung dieser Straße in die Albstraße ist 1875 ein für Langholztransport tauglicher Bogen mit 5143 Metern ausgeführt worden. Der Kreis, das Forstärar und Kutterau bezahlten 1/3. In den Jahren 1874/75 wurde die Brücke bei Fahrnau auf Gemarkung Hausen(2) verbreitert und mit eisernem Oberbau versehen. Der Aufwand von 1696 Fl. wurde hier zum ersten Mal nach dem Gesetz von 1868 umgelegt, wonach der Kreis und die Gemeinde 423 Fl. und der Staat 1273 Fl. zu übernehmen hatten. Für 100 Kilogramm Walzeisen wurden 16 Fl. 20 Xr. bezahlt. Als weitere Verbesserungen, die in naher Zeit zur Ausführung kommen dürften, sind zu erwähnen: 1. eine 315 Meter lange Correction unterhalb Utzenfeld mit neuem Brückenbau von Eisen über den Wiedenbach mit ca. 11,500 Mark. 2. Herstellung eines soliden Fundaments auf der Abtheilung von Hausen nach Zell, und Verbesserung der schmalen und hügeligen Einfahrt in diesen Ort. 3. Verbesserung des Gefälls an der Straße zwischen Bernau, Riggenbach bis zum Marzenschwender Vicinalweg, wozu 1875 Vorarbeiten gefertigt wurden. Die Gegengefälle von 8—9 Procent können auf 0,8—2,2 Procent vermindert werden. Das Gesetz von 1876 bewilligte hierfür 120,714 Mark.

Der zur Verbesserung der Wiesenthalstraße bis Todtnau und der Straße von Gschwend nach St. Blasien erweisliche Aufwand beträgt bis 1876 689,092 Mark.

Der Verkehr hat von 1856 bedeutend zugenommen. Es wurden beobachtet:

von	Basel	bis	Lörrach	1856	271;	1869	315;	1874	355,
„	Lörrach	„	Schopfheim	1836	228;	„	203;	„	251,
„	Schopfheim	„	Schönau	„	113;	„	165;	„	164,
„	Schönau	„	Todtnau	„	24;	„	126;	„	60,
„	Gschwend	„	St. Blasien	„	48;	„	69;	„	64

Zugthiere pro Tag.

Nr. 50.

Straße von Neustadt nach Waldshut.

Länge 40,56 Kilometer = 9,18 Stunden.

Nr. 52.

Straße von Rothhaus nach Thiengen.

Länge 23,72 Kilometer = 5,34 Stunden.

Diese beiden, von jeher mit einander concurrirenden, Straßen durchziehen eine Gegend, die, nach den Namen der Gewässer: Schluchsen, Wutach, Alb, Steinach, Schwarzach und der Orte:

(1) Schönau hatte 1757 Fl., Präg 706 Fl., zusammen 2463 Fl. beigetragen; davon wurden 1963 Fl. an Gschwend als Entschädigung gegeben, somit blieben 500 Fl. für den Bau. Die Straße erhielt 5,4 Meter Breite und eine 15 Centimeter starke Fahrbahn von 4,2 Meter Breite, die Rampe 22,5 Meter Krümmungshalbmesser und 7,5 Procent Maximalgefäll. (2) Als Abt Gerbert 1766 eine gute Straße von St. Blasien nach Häusern anlegen wollte, erhob der Klosterarzt dagegen siegreich Widerstand, daher der Name der Steige. Marmor, St. Blasien 1872, S. 27.

Lenzkirch, Höhenschwand, Heppenschwand, Uihlingen, Buggenrind, Kränkingen, Achdorf, Weilheim, Gurtweil, Thiengen, Zurzach, Stühlingen, Wutöschingen etc. einst von den Kelten bewohnt war.

Ebenso ist es wahrscheinlich, daß später die Römer hier weilten und daß die Straßenzüge des Mittelalters auf keltisch-römischer Grundlage ruhen.(1) Die Orte Dillendorf, Achdorf, Uehlingen, Dezeln, Kränkingen, Thiengen, Ewattingen, Häusern, Waldkirch sind schon im 9. Jahrh. urkundlich genannt. Thiengen war in jener Zeit schon Münz- und Gerichtsstätte.(2)

Die alte Marktstätte Zurzach verlangte naturgemäß directe Verbindungsstraßen mit dem westlichen Schwarzwalde. (Siehe Nr. 55.)

Der älteste Fahrweg für diesen Zweck zog von Neustadt über Saig nach Lenzkirch und von hier über Dresselbach, Buggenried, Hürlingen, Riederer, Steegmühle, Breitenfeld, Unterlauchringen und Kadelburg nach Zurzach.(3)

Da diese Straße in sehr schlechtem Stande und nur für Gabelfuhrwerk zu brauchen war, schlugen die Fuhrleute noch im vorigen Jahrhundert oft die Wege über Bonndorf, Wellendingen, Stühlingen, Osteringen, Wutöschingen, Willmendingen, Bechtersbohl und Dangstetten oder über Grafenhausen,(4) Birkendorf, Uihlingen, Aichen (Capelle) und Gurtweil(5) und theils über Faulenfürst, Seebruck, Häusern, Hohenschwand, Waldkirch und Waldshut nach Thiengen ein.

Als es sich nun im Jahr 1750 in der Kreisviertelsconferenz zu Offenburg darum handelte, welche Straße für den Verkehr aus dem Schwarzwald nach Schaffhausen und Zurzach als Landstraße herzustellen sei? wurde die Verbesserung der Route über Saig, Lenzkirch, Bonndorf und Stühlingen beschlossen, da dieser Weg sowohl nach Schaffhausen als nach Zurzach benützt werden könnte. St. Blasien hatte den Zug von Lenzkirch über Dresselbach, Rothhaus, Grafenhausen und Uihlingen nach Thiengen vorgeschlagen, weil diese Linie für den Verkehr nach Zurzach die kürzeste war und zum größten Theil durch das Gebiet der Abtei zog,(6) mithin den Interessen St. Blasiens weit mehr als jede andere Route entsprach. Auch Fürstenberg war dem Zuge über Bonndorf, aber ebenso auch jenem über Uihlingen entgegen, weil durch beide Straßen der Verkehr in fürstenbergischem Gebiet von Neustadt über Hüfingen und den Randen bedroht war.(7) Da sich jedoch voraussehen ließ, daß es schwierig sein werde, bei den verschiedenen sich kreuzenden Projecten den Kreisviertelsbeschluß zu ändern, suchte St. Blasien 1760 Oesterreich zu bewegen, an Verbesserung der uralten Straße über Höhenschwand, Waldkirch und Waldshut Theil zu nehmen, da dieser Weg damals nur von Saumpferden benützt werden konnte. Die österreichischen Gemeinden Waldshut und Waldkirch waren aber aus Besorgniß vor Durchmärschen des Militärs gegen diesen Straßenbau und es wurde deshalb in der Conferenz in Tiefenhäusern am 7. Juli 1761 vorgeschlagen, über Häusern, Amrigschwand, Strittberg, Nöggenschwiel und Gurtweil zu bauen, worauf St. Blasien nicht einging, sondern 1761 den Bau von St. Blasien über Häusern,(8) Höchenschwand auf eigene Verantwortung und trotz heftiger Einsprache der übrigen Interessenten begann(9) und bis 1764 vollendete.

Wie erwartet, wiederholte die Viertelsconferenz zu Ulm im Jahr 1766 und jene in St. Blasien 1767 den früheren Beschluß, und da Oesterreich an der Straßenverbesserung nach Waldshut nicht theilnahm, verband sich nun St. Blasien mit Schwarzenberg, um auch die Straße über Rothhaus,(10) Uihlingen, Thiengen nach Zurzach in einer mittleren Breite von

---

(1) An der Gemarkungsgränze von Faulenfürst und Balzhausen zieht eine Gewann „Höchstraße" hin, die nach Lenzkirch führt. Katasterplan Faulenfürst. Von Buggenried direct nach Amerzfeld geht eine „Hochstraße" durch den Wald mit guten Gefällen. (2) Schriften des badischen Alterthums-Vereins. (3) Land.-Arch.-Acten und fürstl. fürstenb. Arch.-Act. (4) Grafenhausen führte 1341, nach dem Uebergang an das Kloster Allerheiligen in Schaffhausen, den Namen „Stadt". 1256 bestund hier ein Frauenkloster. (5) Im 15. Jahrhundert ging die Straße von Thiengen nach Uihlingen von dem oberen Thor rechts aufwärts (jetzt dem Schloßgarten entlang) nach dem Letten, wo das Dorf (jetzt Gottesacker) lag und dann nach Aichen und Uihlingen. Mone, Zeitschrift IV. 379. 490. (6) Die Gemarkungen Dresselbach, Faulenfürst, Grafenhausen, Birkendorf, Uihlingen, Kränkingen und Gurtweil gehörten zu St. Blasien, Saig, Lenzkirch und Löhningen zu Fürstenberg, Thiengen zu Schwarzenberg. (7) Fürstenberg erhob damals an Zoll und Weggeld: in Neustadt 24 Xr., in Löffingen 4 Xr., in Röthenbach 14 Xr., in Deggingen 12 Xr., in Hüfingen 38 Xr., in Behla 15 Xr., in Riedböhringen 15 Xr., am Zollhaus 36 Xr., zusammen 2 Fl. 38 Xr. von jedem Güterwagen. Dagegen würde, wenn die Straße durch St. Blasianisches Gebiet über Bonndorf führte, Fürstenberg nur bezogen haben: beim schwarzen Bären 24 Xr., in Lenzkirch 24 Xr., in Stühlingen 12 Xr., mithin 1 Fl. und bei dem Straßenzug über Uihlingen nur 48 Xr. (F. F. Arch.-Acten.) (8) Häusern hieß früher „Hasenhäusern". (9) Gen.-Land.-Arch.-Acten und F. F. Arch.-Acten. Daß der alte Saumweg größtentheils beibehalten wurde, beweist die noch vorhandene Capelle von 1656, die am Ende des Waldes oberhalb Waldshut steht. (10) Das rothe Haus war eine alte Weinschenke, welche 1766 dem J. Iselin für 3000 Fl. von St. Blasien abgekauft wurde, das hier eine Bannbrauerei

20 Fuß herzustellen. Bis zum Jahr 1768 hatte St. Blasien bereits 10,460 Fl. für Accordarbeit an dieser Straße auszugeben.

Nun fehlte noch der Bau im schwarzenbergischen und fürstenbergischen Gebiete.

Die Gemeinden des Amts Lenzkirch hatten zwar in den Jahren 1756/62 die Straße über Saig bis gegen Grünwald verbessert, allein es konnte ohne die Unterstützung der fürstlich fürstenbergischen Regierung nur das Allernöthigste und insbesondere nur Weniges für Kunstbauten geschehen.

Fürstenberg suchte fortan mit der Behauptung, daß die Neustadt-Hüfinger Straße „die alte und rechte Landstraße", Lenzkirch-Bonndorf aber nur eine „neue Ausbruchstraße" sei, die Theilnahme an dem Straßenbau über Saig und Lenzkirch zu umgehen; als aber 1769 von dem Directorium des schwäbischen Kreises mit vielen Zeugen nachgewiesen war, daß die Straße über Saig nach Lenzkirch eine „uralte Landstraße" sei, wurde Fürstenberg abermals an seine Pflicht erinnert, obgleich sich inzwischen auch Württemberg auf seine Seite gestellt hatte.

Als nun 1776 auch zwischen Thiengen und Uihlingen von Schwarzenberg der Bau einer neuen Straße mit Umgehung von Kränkingen durch den sogenannten Hüller Wald, wo früher nur ein Holzabfuhrweg bestund, begonnen wurde, (1) protestirte Oesterreich förmlich gegen diesen Straßenbau, indem es behauptete: 1. die längst bestandene Ueberfahrt bei Fahrhaus werde beeinträchtigt, 2. der Verkehr nach Zurzach werde der Breisgauer Straße entzogen, 3. St. Blasien habe zu diesem Zwecke das Wirthshaus zum „rothen Haus" und ein weiteres in Grafenhausen errichtet, 4. man könne von Saig über die Wagensteig nach Seebrugg und von da über Höhenschwand nach Waldkirch oder über Uihlingen nach Gurtweil und 5. eine Straße von Freiburg über Todtnau, St. Blasien, Höhenschwand, Waldshut, Fahrhaus sei jedenfalls der Straße über Bonndorf und Stühlingen vorzuziehen!

Trotz der beigefügten, aber nicht ernstlich gemeinten Androhung Oesterreichs: von Staufen durch das Münsterthal in das Wiesenthal und von hier gegen St. Blasien zu bauen und trotz der nachdrücklichen Ermahnung des Kreisvierteldirectoriums von 1773 (Markgrafen Carl Friedrich) die Beschlüsse von 1750, 1766 und 1767 zu vollziehen, erklärte sich Fürstenberg doch erst im Jahr 1784 zur Herstellung der Straßen über Saig nach Lenzkirch, Dresselbach und Gündelwangen bereit, nachdem St. Blasien auch die Chaussirung der Straße vom Zollhaus am Randen bis Stühlingen und die Uebernahme der Hälfte der Kosten für den Bau der Reiselfinger Brücke zugesagt hatte.

Die Ausführung erfolgte aber erst 1786 und zwar durch die Gemeinden Saig, Ober- und Unterlenzkirch mit einem, erst nach längerer Weigerung geleisteten Zuschuß der Gemeinden Neustadt, Koppel, Raithebuch und Fischbach in dem kleinen Betrag von 250 Fl.

Nachdem die Straße 1806 unter badische Hoheit gekommen und sowohl in ihrer Fortsetzung nach Waldshut als nach Thiengen unter die Landstraßen aufgenommen war, verbesserte man 1808 im Frohndweg die Abtheilung vom schwarzen Bären bis auf die Saiger Höhe und 1810 jene bis Lenzkirch, bei welcher Gelegenheit auch die Brücke in der Nähe der Schloßruine Urach (2) neu erbaut wurde. Auch die Straße von Dresselbach über Seebrück durch den Blasiwald nach Tiefenhäusern und von da bis an die österreichische Gränze bei Gemarkung Heppenschwand (3) ist von St. Blasien 1780 mit einem Aufwand von 60,000 Fl. ohne Frohnden (4) im Accord hergestellt und die Kosten auf die St. Blasianischen Gemeinden umgelegt worden. Im österreichischen Gebiet war diese Straße aber noch immer schlecht und namentlich sehr schmal, und erst 1781 wurde mit Erweiterung der Steige zwischen Waldshut und Waldkirch begonnen und 1807 erhebliche weitere Verbesserungen ausgeführt. Gleichwohl behielt die eine

---

mit Bannrecht errichtete, die aber erst 1793 den ersten Sud Bier lieferte. Das Bannrecht wurde 1835 aufgehoben. Mit dieser Brauerei war der Dürrenbuhler Hof in Verbindung gesetzt. Der Reinertrag betrug damals 3330 Fl. bei einem Preis von 6 Xr. pro Maaß. Kürzel, Der Amtsbezirk Bonndorf 1861. 1870 wurden 759, 1871 432 Fuder Bier hier gebraut. 1872 wurde die Brauerei verpachtet, 1874 wieder in Selbstadministration genommen. (1) Die Vollendung bis Zurzach erfolgte 1780. (2) Urach hatte im 12. Jahrhundert einen eigenen Adel, dem die Herrschaft Lenzkirch, bestehend aus dem Lenzkircher Thal und den Nebenthälern des Raithenbuchs und der Haslach, gehörte; später kam diese Herrschaft an von Blumeneck, die Vasallen von Fürstenberg, sodann durch die Landgrafschaft Stühlingen an Fürstenberg. (3) Dresselbach, Schluchsee, Seebrugg, Häusern und Höhenschwand gehörten zu St. Blasien, Heppenschwand, Frohndschwand, Oberweschnegg, Tiefenhäusern, Brunadern, Banholz, Waldkirch und Waldshut zu Oesterreich. (4) Die Frohnden waren schon seit 1775 in dem Hoheitsgebiet von St. Blasien abgelöst. In keinem anderen Landestheile war dies schon in jener Zeit der Fall.

Stunde lange Steige durch den schönen Buchenwald bei Waldshut ein Gefäll von 7—12 Procent, und außerdem blieben diese lästigen aber kürzeren Gegengefälle von 8—15 Procent bestehn.

Da die Straße bei Seebrugg oft der Ueberschwemmung des Schluchsee's ausgesetzt war, wurde im Jahre 1811 eine Tieferlegung des Wasserspiegels dieses See's durch Aussprengen von Felsen an seiner Ausmündung bei Seebrugg(1) bewirkt. Im Jahr 1816 erfolgte eine Hauptreparatur und 1822 eine durchgehende Verbreiterung auf 14—16 Fuß. Auch die Straße vom schwarzen Bären bis auf die Saiger Höhe war 1809 und die Abtheilung von da bis Lenzkirch mit einem Neubau der Schloßbrücke verbessert worden.

Nachdem im Anfange dieses Jahrhunderts auch die längst angeordnete Straßenverbesserung von Lenzkirch über Bonndorf und die hohe Alp nach Stühlingen bewirkt war (siehe Nr. 53), zog sich der Verkehr von Freiburg nach Schaffhausen allmählich von der so ungünstig tracirten Neustadt-Hüfinger Straße ab und, als an Stelle der gefährlichen Höllensteige eine großartige Kunststraße erbaut war, nahm der fortan wachsende Fremdenverkehr zwischen Freiburg und Schaffhausen um so lieber den Weg über Lenzkirch, weil diese Route an dem interessanten Titisee vorüber durch das romantische Lenzkircher Thal führt, dessen weitbekannte Uhren- und Strohhutfabrication dem Fremden manchfaches Interesse bieten.(2) Zudem ist der Weg über Lenzkirch und Stühlingen nach Schaffhausen um 13 Stunden kürzer als jener über Neustadt, Hüfingen und den Randen. Es wurde darum auch 1812 die Straße über Lenzkirch und Bonndorf nach Schaffhausen als Poststraße erklärt.

In Betracht des bedeutenden Verkehrs entschloß man sich nun, die noch vorhandenen Mängel dieser Straße allmählich zu beseitigen, wobei man zunächst in das Auge faßte: 1. die zum Theil in tiefem Einschnitt liegende, den Schneeverwehungen ausgesetzte Titiseesteige mit einem Steigen von 12—20 Procent gegen den Ort Saig und einem Fallen von 12 Procent gegen Lenzkirch, 2. den sogenannten Schloßstich in der Nähe der Burgruine Urach mit Gefäll von 11—17 Procent, 3. die Steige bei Wellendingen mit 9—15 Procent Gefäll, jene bei Stühlingen mit 14—16 Procent und 4. mehrere kleinere, aber ebenfalls beschwerliche Steigen zwischen Lenzkirch und Bonndorf.(3)

Die Beseitigung der unter Ziffer 1 und 2 genannten Hindernisse wird hier, jene der übrigen unter Nr. 53 besprochen.

Als man sich im Jahr 1847 mit Bearbeitung eines Projectes mit der Umgehung der See- oder Saigersteige beschäftigte, wurde von Neustadt um dem Bau einer neuen Straße nachgesucht, welche von Neustadt durch das Wutachthal nach Gündelwangen führen, die Correction der Seesteige und der weiteren Steigen zwischen dem See und Gündelwangen überflüssig machen, und den Verkehr dem ebenfalls gewerbsreichen Amtsorte Neustadt, der zugleich den Knotenpunkt verschiedener Schwarzwaldstraßen bildet, erhalten sollte. Neustadt erbot sich sogar, mit einem Zuschuß von 22,600 Fl. eine Vicinalstraße in dieser Richtung herzustellen.

Obgleich nun die Bedeutung Neustadts für Gewerbe und Handel in vollem Maße anerkannt und auch der Aufwand für die Verbesserung der Straße bis Neustadt und für den Neubau einer Wutachthalstraße bis Gündelwangen nicht höher in Rechnung genommen wurde(4) als jener für die Verbesserung der über Lenzkirch nach Gündelwangen führenden Straße, so entschied man sich doch für letztere Route, weil man die in lebhaftem Aufschwung befindliche Industrie des Lenzkircher Thals unterstützen und der neuen Straße eine Richtung geben wollte, in der sie zugleich als ein Glied der Straßenverbindung zwischen Triberg, Neustadt, Falkau, Schluchsee, St. Blasien und Albbruck benützbar ist und durch den längs des Titisees hinführenden Zug den Reisenden einen erhöhten Reiz bietet.

Die neu zu erbauende Straße zur Umgehung der Seesteige sollte eine Länge von 1,6 Stunden erhalten. Die Breite war auf 20 Fuß mit 16 Fuß Fahrbahn aus 5 Zoll Gestück, 2 Zoll grobem und 2 Zoll feinem Schotter bestehend, und die Gefälle in der Art angenommen, daß vom See bis zur Wasserscheide beim rothen Kreuz ein Steigen von 5 Procent und von da abwärts ein Fallen von 3—5 Procent eingehalten wurde.

---

(1) Hier befindet sich ein ehemaliges Lustschloß der Aebte von St. Blasien. Die Brücke wurde 1741 erbaut. (2) Die Lenzkircher Uhren gehen nach England, Holland, Ungarn, Rußland, Norddeutschland, Amerika und Australien. 1826 wurde auch eine Strohhutfabrik hier errichtet, beziehungsweise eine Fabrik von Florenz durch Faller und Tritschler hierher verlegt. (3) Wegen 3 siehe Nr. 218, wegen 4 Nr. 53. (4) Er wurde auf 180,000 Fl. berechnet.

Die Breite des inneren Banketts wurde auf 1 Fuß, jene des äußeren auf 2 Fuß bestimmt. An der Bergseite wurden Schneeweheplätze vorgesehen.

Die Rampe hat einen Radius von 75 Fuß, 30 Fuß Breite und 2,8 Procent Fall, während das Gefäll oben und unten 5 Procent beträgt. Die Kosten waren auf 85,000 Fl. veranschlagt. Die Herstellung der Abtheilung vom Ausfluß des Seebachs bis zum rothen Kreuz wurde Herbst 1860 begonnen, 1861 vollendet. Der Aufwand betrug 45,190 Fl. Die fürstlich fürstenbergische Standesherrschaft hatte den Waldboden zu dem billigen Preis von 40 Fl. per Morgen unter der Bedingung abgetreten, daß, im Falle die Straße später wieder eingehen sollte, solche mit ihren beiderseitigen Böschungen der Standesherrschaft wieder eigenthümlich zufällt. Ueber die Bestimmung des seinerzeitigen Kaufwerths wurde besondere Vereinbarung auf Grund einer Taxation in der Art vorbehalten, daß die Kaufsumme von 40 Fl. pro Morgen als höchster Werth für das wieder abzutretende Straßengebiet zu betrachten sei.

Der Bau vom rothen Kreuz bis zur Mühlinger Brücke wurde im Frühjahr 1862 begonnen und 1863 vollendet. Der Aufwand betrug 32,810 Fl., daher die Gesammtkosten 78,000 Fl.

Die neue Straße wurde unterm 1. Januar 1864 in den Landstraßenverband aufgenommen.

Im Jahr 1866 wurden sodann auch die Mittel im Betrag von 15,000 Fl. für die Correction der Schloßsteige oder Mühlinger Steige bewilligt.

Diese Steige hatte Gefälle von 11—17 Procent.

Die neue 1868 vollendete Straße führt mit Gefällen von 3—4,7 Procent auf der Sommerseite des Haslachthales hinter der Schloßruine durch.

Die Standesherrschaft und die Gemeinde Lenzkirch stellten das ihnen gehörige Gelände unentgeltlich und letztere gab noch einen baaren Beitrag von 200 Fl. zum Ankauf der Privatgüter. Der Bau wurde 1867/68 ausgeführt; die Kosten für die Staatscasse betrugen 14,999 Fl.

Durch die Correction der Seesteige hat sich die Fracht von Freiburg nach Lenzkirch von 42—48 Xr. auf 30—36 Xr. vermindert.

Außer den erwähnten Verbesserungen sind an den beiden Straßen auch noch kleinere Correctionen und Verbreiterungen mit einem Aufwand von ca. 3000 Fl. vorgenommen worden.

Im Jahre 1857 wurde die Straße von Dresselbach nach Thiengen aus dem Staatsstraßenverbande ausgeschieden und in die Classe der unterstützten Vicinalwege eingereiht, hierauf 1868 wieder als Landstraße aufgenommen.

Die Straße von Waldshut nach Neustadt, welche früher von Seebrugg über Faulenfürst nach Dresselbach führte, erhielt dadurch eine Aenderung in der Zugslinie, daß 1856 der Vicinalweg von Seebrugg über Schluchsee nach Dresselbach, den seiner Kürze wegen in neuerer Zeit die Fuhrwerke meistens benutzten, zur Staatsstraße erklärt, der Weg über Faulenfürst nach Dresselbach aber aus dem Verbande ausgeschieden wurde.

Die sogenannte Dresselbacher Steige, welche auf eine Länge von 740 Ruthen 9—14 Procent Gefäll besitzt, bildete auf den Straßenzügen nach Waldshut, Thiengen und Albbrugg ein wesentliches Hinderniß, weshalb schon 1865 in Vorschlag kam, von Schluchsee über Unter- und Oberfischbach nach Oberlenzkirch eine directe Verbindungsstraße auszuführen. Solange jedoch die Herstellung der Straße von Schluchsee über Altglashütte und Falkau noch nicht vollendet war, glaubte man zunächst von einem weiteren Straßenbau in jener Gegend Umgang nehmen zu sollen.

Auch die Umgehung der Steige bei Waldshut, welche Gefälle bis zu 12 Procent hat, war schon 1834 Gegenstand der Prüfung. Man glaubte damals durch Herstellung einer Straße von Waldshut über Unteralpfen und dann durch das Albthal nach St. Blasien die Steige bei Waldshut umgehen zu müssen. Die großen, auf 40,000 Fl. veranschlagten Kosten schreckten von der Ausführung ab.

Das außerordentliche Budget von 1870/71 hatte schon 30,857 Mark für den Bau einer neuen 20 Fuß breiten Straße von dem Lenzkircher Thal bis Oberfischbach bewilligt und die Gesetze von 1870 und 1871 genehmigten eine weitere Verwendung von 208,785 Mark für die Fortsetzung dieses Baues einseits nach Schluchsee anderseits über Lenzkirch nach Neustadt und ferner für die Correctionen der Steigen zwischen Waldshut und Waldkirch und zwischen Häusern und Seebrugg (Theil der Schwarzathalstraße) 94,000 Mark. Die Gesammtbewilligung für diesen Straßenzug Nr. 50 betrug also 453,213 Mark.

Die Straße war in einer Breite von 6 Meter mit 5 Meter Fahrbahn mit Maximalgefäll von 6 Procent herzustellen.

Die Ausführung erfolgte: 1870/74 zwischen Lenzkirch und Schluchsee, und zwischen Höhenschwand und Häusern; 1873/76 zwischen Häusern und Seebruck (Klemmsteig) und durch Schluchsee und 1876/78 zwischen Lenzkirch und Neustadt. Die neue Steige bei Lenzkirch nach Kappel erhielt ein Maximalgefäll von 5,7 Procent und eine Rampe von 24,6 Meter Radius und 7 Meter Breite, während die Straße sonst 5,4 Meter breit ist.

Die Correction der Steige zwischen Waldshut und Waldkirch wurde 1876 begonnen. Die neue Straße beginnt vor dem untern Thor in Waldshut, während die alte von der Mitte der Stadt an dem Kirchhof vorüber zieht. An Beiträgen wurden von den betheiligten Gemeinden, theils durch Geländeabgaben, theils durch baare Zahlungen bis jetzt 13,263 Mark geleistet.

Vorausgesetzt daß die bewilligten Mittel zur Verwendung kommen, wird der erweisliche Aufwand für Verbesserung dieser Straßenzüge sich auf 694,926 Mark berechnen.

Der Verkehr von Lenzkirch nach Waldshut betrug 1856 89; 1864 63; 1874 84 Zugthiere täglich. Durch die Albthalstraße hat sich der Verkehr theilweise nach Albbruck gezogen.

Nr. 51.

Straße von Schluchsee nach Löffingen.

Länge 23,70 Kilometer = 5,34 Stunden.

Da die Namen Bonndorf, Lindenbuck, Boll, Dietfurt, Löffingen, Unadingen, Bräunlingen, Steinach, Wutach, Saubach, Leimbach keltischer Abkunft zu sein scheinen und auf dem Lindenbuck bei Bonndorf, sowie bei Unadingen keltische Gräber und Geräthe entdeckt wurden, ist wohl anzunehmen, daß zwischen den Orten dies- und jenseits der Wutach schon in frühester Zeit ein Verkehr bestund. Bedeutet ja doch der keltische Name Dietfurt „Volksübergang". Auf römischen Verkehr deuten die „Heerstraße", der „Herdweg" und die „Hertgasse" bei Löffingen und der „Heerweg" bei Bachheim und Hausen hin. (1)

Daß im 16. Jahrhundert schon zwischen Bonndorf und Löffingen eine Straße bestund, auf der die Früchte von dem Löffinger Fruchtmarkt (2) nach der Schweiz, namentlich nach Schaffhausen und Zurzach gebracht wurden, ist durch verschiedene Urkunden erwiesen. (3)

Der eigentliche Handelsverkehr bediente sich aber dieses Weges nur ausnahmsweise, weil der Uebergang über das tief eingeschnittene schmale Wutachthal dem Transporte schwerer Lasten hindernd entgegenstund. Im 16. Jahrhundert scheint noch keine Brücke hier bestanden zu haben, denn es ist überall nur von einer Furt — Dietfurt — die Rede.

Die im Jahr 1614 erwähnte Brücke zwischen Boll und Reiselfingen wurde 1632 von den Bonndorfer Bauern zur Hinderung des Uebergangs der, von dem „Blutbad in Hüfingen" heranziehenden Württemberger zerstört, (4) sodann nach ihrer Wiederherstellung 1648 von den Löffingern zum Schutz gegen die nikolaitischen Ritter abgebrannt und 1649 auf Kosten des Löffinger Amtes wieder neu erbaut, obgleich sie, von Alters her zu $^2/_3$ von dem Amt Löffingen und $^1/_3$ von St. Blasien unterhalten wurde."

Fürst Abt Martin III. von St. Blasien hatte bald nach Antritt seiner Regierung — 1762 bis 1764 — von Bonndorf nach St. Blasien und von da nach Bettmaringen Straßen durch den Pater Columban Leithner — einen im Bauwesen unterrichteten Capitularen — im Accord mit 8751 Fl. erbauen lassen. Die Unterthanen hatten nach der Schatzung beizutragen, oder sie konnten gegen 1 Fl. pr. Klafter selbst arbeiten. Man hielt dies Unternehmen damals für die größte Wohlthat der ganzen Gegend.

Da die Wutach bei Boll die Hoheitsgränze zwischen den Gebieten von Fürstenberg und der Grafschaft Bonndorf (5) bildete, entstunden nach der 1778 erfolgten abermaligen Zerstörung der Wutachbrücke langwierige Verhandlungen über die Baupflicht.

(1) Mone, Urgeschichte 141. (2) Der Löffinger Fruchtmarkt besteht jetzt noch. 1867 kamen hier 30,000 Centner Getreide zum Verkauf, in Bonndorf nur 16,000 Centner. (3) Fürstlich Fürstenbergische Archiv-Acten. (4) von Schreckenstein, Zeitschrift für Geschichte in Freiburg 2c. 1869. Seite 74. (5) Die Reichsdynastie Bonndorf bestund aus 5 Flecken: Bonndorf, Münchingen, Wellendingen, Gündelwangen und Boll nebst dazu

Fürstenberg war bereit die Hälfte der Baukosten gegen den hälftigen Bezug des Brückengeldes zu übernehmen, verlangte aber aus Besorgniß, daß der Handelsverkehr sich zum Nachtheil der Straße über Hüfingen und den Randen hieher ziehen könnte, daß die Straße zwischen Löffingen und Bonndorf nur als Vicinalweg hergestellt und unterhalten, lediglich für Fruchtfuhren benützt und den eigentlichen Frachtfuhren verschlossen werde.

St. Blasien wollte hierauf nicht eingehen und die Baupflicht Fürstenberg allein zuweisen, weil die alte Brücke 1649 von den fünf fürstenbergischen Löffinger Gemeinden erbaut worden ist. —

Erst im Jahre 1784 erklärte sich St. Blasien zu Tragung der hälftigen Baukosten bereit, da Fürstenberg den Straßenbau vom schwarzen Bären über Lenzkirch nach Dresselbach und nach Gündelwangen hiervon abhängig gemacht hatte. Man hatte inzwischen für den Flußübergang einen hölzernen Steg benützt, zu welchem auf fürstenbergischer Seite ein tiefer Hohlweg voll von Steinen, Wurzeln und herabgestürzter Tannen mit starkem Gefälle, jenseits aber ein steiler ebenfalls schlechter Weg nach Boll führte.(1) Nach Schlichtung des Baustreites wurde sofort gemeinsam eine Baustelle an einem Fels ermittelt, wo eine Brücke mit 60 Fuß Lichtweite genügte. Als Breite für die Brücke wurden 16 Fuß bestimmt und die Bedeckung mit einem Dach vereinbart. Die Kosten waren ohne den Holzwerth auf 3000 Fl. veranschlagt; sie betrugen aber nur 2350 Fl. Der Bau wurde 1785 begonnen und im folgenden Jahre vollendet. Die hälftigen Kosten, sowie der Aufwand für die linkseitige Zufahrtsstraße im Betrag von 550 Fl. wurde von Löffingen übernommen und das Material in der Frohnd beigeführt.

Die Kosten der rechtseitigen Zufahrtsstraße und die andere Hälfte der Brückenbaukosten wurden auf die Gemeinden der Herrschaft Bonndorf umgelegt. Schon 1790/93 mußten wieder Hauptreparaturen an der Brücke ausgeführt werden. In den Jahren 1812—1818 wurde die Straße zwischen Bonndorf und Löffingen, welche nur 14—18 Fuß breit war und kein Fundament hatte, allmählich verbreitert und mit einer besseren Steindecke versehen. Auch wurden an einigen Stellen Regulirungen vorgenommen. Die Hauptgebrechen der Straße aber, in den bedeutenden Gefällen bestehend, welche an der Reiselfinger Höhe abwärts auf 296 Ruthen Länge 13—24 Procent und von der Wutachbrücke gegen Boll auf 294 Ruthen Länge 16—18 Procent, sodann gegen Bonndorf auf 148 Ruthen Länge 11—12 Procent betragen, blieben fortan bestehen. Die 3 Rampen sind sehr schlecht angelegt. Die obere hat 30 Fuß Radius, 24 Fuß Breite, oben 15, unten 24 Procent und in sich selbst 24 Procent Fall. Die mittlere hat 25 Fuß Radius, 25 Fuß Breite, 10 Procent Gefäll, während oben 17, unten 8 Procent Fall bestehen. Die untere hat 35 Fuß Radius, 25 Fuß Breite, 21 Fuß Gefäll, wogegen das Straßengefäll oben 12, unten $11^1/_2$ Procent beträgt.

Als nun im Jahr 1857 die Wutachbrücke einer Hauptreparatur bedurfte, kam die Frage zur Sprache, ob es nicht geeigneter sei, eine neue Brücke an jener Stelle zu erbauen, wo dies mit Rücksicht auf die nöthige Straßencorrection am geeignetsten erscheint?

Es wurde ein Project bearbeitet, welches von der sogenannten Lottenbrücke aus, wo die Straße höher gelegt werden sollte, 40—50 Ruthen horizontal ging, alsdann mit $4^1/_2$ bis $5^1/_2$ Procent bis zum Wendeplatz beim Oberhalder Hof führte, von wo bis zur Schattenmühle der neue Holzabfuhrweg, der nicht über $4^1/_2$ Procent Gefäll hat, benützt werden sollte.

Von dem Wutachübergang bei der Schattenmühle bis zum Zusammentreffen mit der alten Straße vor Reiselfingen war ein Gefäll von $5^1/_2$ Procent angenommen. Der Bau sollte in 2 Perioden ausgeführt werden und zwar zunächst die Strecke von der Lottenbrücke bis zum Oberhalder Hof und der Wutachübergang bei der Schattenmühle mit den Anschlußstücken an den Holzabfuhrweg und an den Weg gegen Göschweiler, sodann später die neue Straße von der Lottenbrücke bis Reiselfingen. Die Gemeinden von Bonndorf und Boll waren mit der Straßencorrection von Reiselfingen an der Schattenmühle vorüber bis zum Oberhalder Hof einverstanden,

---

gehörigen Höfen. Diese Herrschaft kam 1609 unter Abt Martin I. von den Freiherren von Mörsberg durch Kauf für 151,000 Fl. an das Stift St. Blasien. Im Jahr 1699 kamen dazu die Herrschaften Blumenegg nud Guttenburg, die zusammen mit der Herrschaft Bonndorf den Namen Grafschaft oder St. Blasianische Reichsherrschaft erhielten. Abt Franz II. erhielt 1746 die Reichsfürstenwürde. Die Reichsherrschaft Bonndorf kam 1803 an den Johanniterorden, 1805 an Württemberg und 1806 an Baden. (1) Nicolai beschreibt 1781 in seinen „Reisen" diesen Weg „als höchst gefährlich".

sie wünschten aber die Richtung von hier über Boll nach Bonndorf, weil, wenn die Staatsstraße nicht mehr über Boll geht, die alte Straße von Bonndorf dahin und der Anschluß an den Oberhalder Hof Vicinalweg würde, da der Verkehr zwischen Reiselfingen und Gündelwangen nicht mehr durch Bonndorf ginge, sondern zwischen Bonndorf und Gündelwangen in die Straße nach Lenzkirch (Nr. 53) einmünden würde.

Da nun aber die von den Gemeinden Bonndorf und Boll gewünschte Linie 30,000 Fl. mehr als die projectirte gekostet hätte, die Gefällsverhältnisse ungünstiger sind und der projectirte Zug für die Verbindung mit Lenzkirch geeigneter als jener über Boll ist, wurde von dieser Straßencorrection Umgang genommen und die Wutachbrücke wieder reparirt.

Im Jahr 1866 suchte die Gemeinde Löffingen zur besseren Verbindung der Baar mit Lenzkirch um Herstellung einer Straße von Röthenbach, dem Röthenbächlein entlang bis zur Wutach, dann im Wutachthal bis zur Einmündung des Haslachbaches führend und sofort dem letzteren bis unterhalb Lenzkirch folgend, nach.

Da bei diesem Projecte aber lediglich die Interessen von Löffingen und Lenzkirch, nicht aber jene des seither bestandenen Verkehrs zwischen Löffingen und der Schweiz bedacht wurden, konnte auch diesem Wunsche nicht entsprochen werden.

Endlich einigte man sich 1873 über das Bauproject und die Tragung des 160,256 Mark veranschlagten Aufwandes für die Straße von der Reiselfinger Höhe bis zur Lottenbrücke.

Die Straßenlänge beträgt 5455 Meter.

Als Breite wurde 5,4 Meter, für die Fahrbahn 4,2 Meter mit 8,15 Centimeter Gestück und 0,9 Centimeter Schotter angenommen.

Das Maximalgefäll war auf 6,05 Procent festgesetzt. Die Brücke sollte in eisernem Oberbau mit 18 Meter Lichtweite und 14,000 Fl. Kosten ausgeführt werden. (Für das Walzeisen wurden 11 Fl. 45 Xr. pro Centner bezahlt.)

An Beiträgen wurden geleistet von Bonndorf baar 400 Fl., Joh. Rösch von Oberhalden 380 Fl., Gemeinde Göschweiler durch Gelände 230 Fl., Schattenmühle 350 Fl., Reiselfingen 800 Fl., Gündelwangen 400 Fl., zusammen 2560 Fl.

Der Bau wurde 1872 begonnen und 1876 vollendet nachdem 1875 und 1876 mehrere bedeutende Rutschungen eingetreten und wiederhergestellt waren. Die alte Straße vom Rathhaus in Bonndorf über Boll bis zur Straße bei Reiselfingen wurde ausgeschieden und die neue in den Verband aufgenommen.

Der Gesammtaufwand für diesen Bau von der Lottenbrücke bis zur alten Straße auf der Reiselfinger Höhe beträgt 142,256 Mark. Im Jahre 1876/77 kam auch die Abtheilung von der Gündelwanger Ziegelhütte bis zur Lottenbrücke durch Höherlegung der Straße mit 18,000 Mark zur Ausführung. Der letztere Bau steht in Zusammenhang mit Verbesserung der Straße Nr. 53 von Lenzkirch nach Bonndorf.

An der Straße von Seebruck über Rothhaus wurde seit der Aufhebung der Abtei Kotlesern keine wesentliche Aenderung vorgenommen. Ueber Verbesserung des Straßenzuges von Lenzkirch nach Bonndorf siehe Nr. 53, — für den Neubau des ganzen Straßenzuges Nr. 51 sind erweislich bis jetzt 165,230 Mark verwendet worden.

Zwischen Bonndorf und Rothhaus ist der Verkehr seit 1856/74 von 29 auf 47 Zugthiere gestiegen; von Bonndorf nach Löffingen hat er sich von 48 auf 23 Zugthiere vermindert. In dieser Zeit ist noch die alte schlechte Straße benützt worden.

In den Jahren 1875/76 wurde auch der Verbindungsweg zwischen Oberhalden und Boll durch eine 1218 Meter lange Correction mit 9942 Mark Kosten verbessert. Die Gemeinden stellten das Gelände im Werth von 857 Mark und gaben 2600 Mark baar, die Staatscasse leistete 6485 Mark Beitrag.

Nr. 52.

Straße von Dresselbach nach Thiengen.

Siehe Nr. 50.

Nr. 53.

Straße von Lenzkirch nach Stühlingen.

Länge von Straße Nr. 43 bei Titisee bis Nr. 54 bei Waizen 37,23 Kilom. = 8,38 St.

Nr. 270.

Straße von Stühlingen nach Schaffhausen.

Länge 0,14 Kilometer = 0,03 Stunden.

Auf die Bitte einer Deputation der vorderösterreichischen Landstände hatte die Kreisviertels-Versammlung im Jahr 1750 beschlossen: „daß eine gute Straße von Freiburg durch die Höll über Lenzkirch, Bonndorf und Stühlingen nach Schaffhausen herzustellen sei". Eine hierauf erfolgte Untersuchung über den Zustand des damaligen Weges ergab, daß vor Allem nöthig werde: 1) das Flußbett im Höllenthal von Felsblöcken zu reinigen, einige Correctionen desselben vorzunehmen oder 3 Brücken zu bauen und die Straße selbst so zu verbreitern, daß zwei Fuhrwerke sich ausweichen können,(1) 2) die schmale und steile Straße vom schwarzen Bären über Saig nach Lenzkirch zu verbessern, 3) von Lenzkirch über Gündelwangen nach Bonndorf an Stelle eines schlechten Holzabfuhrweges eine neue Straße zu bauen, 4) die in den Jahren 1737/38 hergestellte Straße von Wellendingen über die Alp nach Stühlingen zu chaussiren, 5) bei Stühlingen eine Brücke über die Wutach zu erbauen, weil der damals bestandene hölzerne Steg nur für Fußgänger und nur ganz leichte Fuhren benützt werden konnte, daher die Güterfuhren sich einer Furt bedienen mußten, 6) die schmale und steile Hohlgasse zwischen der Wutach und Siblingen zu beseitigen. (2)

Die Verbesserungen im Höllenthal kamen alsbald, wenn auch in beschränktem Maße zur Ausführung (siehe Nr. 43); auch St. Blasien ließ die Straße in seinem Gebiete verbessern, Fürstenberg aber weigerte sich beharrlich mitzuwirken, weil durch diese Straße der Verkehr und mithin auch der Zollertrag der Route über Neustadt, Hüfingen und den Randen bedroht war. (3)

Nach vielen Verhandlungen und nachdem St. Blasien sich auch zur Verbesserung der Straße von Randen bis Stühlingen bereit erklärt hatte, sicherte Fürstenberg endlich 1784 seine Mitwirkung zu Verbesserung des Wegs über Lenzkirch nach Stühlingen zu; (4) die Ausführung selbst begann aber erst 1788 mit Erweiterung und Chaussirung der Steige bei Stühlingen, indem der Straßenzug über den sehr steilen sogenannten Grafenbuck mittelst eines Rankes um diesen Buck zur Verminderung des Gefälles verlängert wurde. Die Baukosten bestritt zum Theil die Herrschaftscasse, theils die Stadt Stühlingen.

Im Jahr 1793 erfolgte sodann die Verbreiterung und Chaussirung der Straße zwischen Lenzkirch und dem Reichenbächle bei Gundelwangen — der St. Blasianischen Gränze. Nach einer

---

(1) Die Namen: Lenzkirch, Bonndorf, Lindenbuk, Boll, Alp, Randen, Enge, Wanne, Stühlingen, Schleitheim, Beringen, Hohentengen, Beggingen, Schlauch scheinen keltischen Ursprungs. Man entdeckte auch bei Schleitheim und Beringen und Dörflingen keltische Gräber. An denselben Orten und in Stühlingen, Schleitheim, Beggingen, Hohentengen, Hohenlupfen wurden aber auch römische Baureste, Münzen und Geräthe gefunden. Wanner, Geschichte des Klettgaus 1757. Schriften des Alterthums-Vereins II. Stühlingen gehörte 1083 den Grafen dieses Namens, im 13. Jahrhundert den Grafen von Lupfen, 1606 den Grafen von Pappenheim und kam dann 1659 an Fürstenberg. Von der Mitte des 17. Jahrhunderts hatte eine im Jahr 1805 ausgestorbene Linie des fürstenbergischen Hauses hier die Residenz. Bei der sogenannten Stubeneich — der stühlingenschen Malstätte, am Graben beim niedern Thor (wo jetzt das Gasthaus zum Adler steht) wurde im 13. Jahrhundert von dem Herrn von Lupfen Gericht gehalten „auf offener Kaiserlicher Straß". Siehe Schriften des Alterthumsvereins II. (2) Noch 1770 bestund von Schleitheim nach Schaffhausen keine Straße, man fuhr bis zur Hohen Bruck im Bachbett, und von da ging ein Wagengeleis nach Siblingen. Auch die später hergestellte Straße ging von Schleitheim über Hügel und Höhen neben der Ebene hin. Ueber den Zug der keltisch-römischen Straße siehe Wanner „Das allemanische Todtenfeld bei Schleitheim." (3) Die Gemarkungen Saig, Ober- und Unterlenzkirch, Oberwangen, Mauchen und Stühlingen waren fürstenbergisch, Holzschlag, Gündelwangen, Bonndorf und Wellendingen St. Blasianisch. (4) Eine zur Besichtigung des Wegs zwischen Lenzkirch und Bonndorf abgesendete Commission war nicht im Stande, mit leichtem Fuhrwerk zwischen Lenzkirch und Gündelwangen durchzukommen. F. F. Arch.-Acten.

Vereinbarung zwischen Fürstenberg und St. Blasien von 1802 wurde die Wellendinger Steige 1806/08 in einer Breite von 17—20 Fuß mit Gräben und einem gewölbten Steinbesatz hergestellt, sodann 1809, nachdem das St. Blasianische Gebiet unter badische Hoheit gekommen war, die Straße, welche in Bonndorf in directer Fortsetzung der Lenzkircher Straße unmittelbar an der Nordseite des Schlosses (1) (Amthauses) vorüberzog, in die Stadt selbst verlegt und gleichzeitig auch die kurzen Wendungen an dem oberen und unteren Stadtthor beseitigt. (2) Zu gleicher Zeit lag die Absicht vor, die ganze Straße, die in die III. Classe der Staatsstraßen eingereiht war, durchgehends auf 24 Fuß zu verbreitern; da der Aufwand hierfür aber auf 42,000 Fl. überschlagen war, beschränkte man sich auf eine Breite von 18 Fuß mit besserer Fundamentirung, welche Arbeiten im Jahr 1809 zur Ausführung kamen.

Seither sind gelegenheitlich der Unterhaltung viele kleinere Verbesserungen und Gefällsausgleichungen vorgenommen worden, wovon zu erwähnen sind: vom Jahr 1852 die Verbreiterung bei Gündelwangen mit 834 Fl., 1853 die Regulirung zwischen Wellendingen und Bonndorf mit 376 Fl.

Die Geschichte des Wutachübergangs bei Stühlingen ist in Kürze folgende:

Vor 1756 wurde der Uebergang für Personen und leichte Fuhrwerke durch einen Steg vermittelt, der bei der Stadt Stühlingen, in Nähe der Wasenmeisterei oberhalb der Ziegelhütte und etwa 500 Ruthen unterhalb der jetzigen Brücke an der Stelle stund, wo jetzt die zur Ziegelhütte und nach Unterhallau führende sogenannte untere Brücke steht. Von diesem Steg ging die Straße flußabwärts am Berge hin mit 18—24 Procent steigend über den sogenannten Stubengarten bis zum Soldstück (2684 Fuß hoch) theilweise durch Schluchten, dann auf der Höhe hin und gegen Sieblingen fallend bis zu der jetzigen Straße nach Schleitheim, wo der Weg von Gächlingen, etwa 460 Ruthen von Sieblingen entfernt, einmündet. Schwere Fuhrwerke benützten eine Furt in der Nähe des Stegs, welcher 1747 wieder neu hergestellt wurde. Da die Benützung der Furt viele Unglücksfälle veranlaßte und den Verkehr oft längere Zeit unterbrach, beschloß man 1755 dort eine hölzerne Brücke zu bauen, wie eine solche noch vor einigen Jahren stund. Zu diesem Brückenbau gab Schleitheim nach einer Uebereinkunft 10 Eichen, stellte jedes Zuggespann der Bürger viermal zur Materialbeifuhr, bezahlte 160 Fl. für Güterentschädigung und führte die linkseitige Straße von der Brücke gegen Schleitheim aus. Für die Beifuhr des Materials wurde ausnahmsweise die Benützung des Gabelfuhrwerks gestattet und den Schleitheimer Bürgern als Gegenleistung die Brückengeldfreiheit durch Decret vom 14. Januar 1756 zugestanden.

Die Brücke, deren Kosten auf 1119 Fl. veranschlagt waren, wurde in demselben Jahre erbaut und die Gemeinde Stühlingen, welche die Pflicht der Unterhaltung übernahm, erhielt dafür den Bezug des Brückengeldes, welches für Güterfuhren auf 12 Xr., für Wein- und Fruchtfuhren auf 8 Xr., für Karren auf 4 Xr. festgesetzt war.

Nach Vollendung der Brücke wurde mit 273 Fl. noch ein Dach darüber hergestellt, dasselbe aber bei einer späteren Reparatur der Brücke wieder entfernt. Sowohl die Brücke als die dazu führende 44,17 Ruthen lange Zufahrtsstraße wurde von der Gemeinde Stühlingen unterhalten. Die Straße hatte eine Breite von 15 Fuß und 5 Procent Gefäll. Auch die Brücke, deren Fahrbahn 13 Fuß breit war, hatte ein Gefäll von 4 Procent, da die linke Landfeste 229 Linien tiefer als die rechte liegt.

Auf Schweizer Gebiet, dessen Gränze das linke Wutachufer bildet, bestund eine über Schleitheim, Sieblingen, Löhningen und Böhringen mit vielen bedeutenden Gegensteigen nach Schaffhausen führende Staatsstraße I. Classe. Die Cantonsregierung wünschte darum schon lange, daß eine mehr Sicherheit gewährende, höher über den Fluß gestellte horizontale Brücke mit entsprechenden Zufuhrstraßen von geringem Gefäll hergestellt werde, und die badische Regierung erklärte sich auch 1861 zu Aufnahme der Straße und Brücke in den allgemeinen Staatsstraßenverband und zu dem Bau einer neuen Holzbrücke (3) und der rechtsseitigen, 460 Fuß langen Zufahrtsstraße von 20 Fuß Breite und 16 Fuß Fahrbahn, wofür die Kosten auf 15,000 Fl. berechnet wurden, bereit. Da aber die Gemeinde Stühlingen eine Entschädigung von 3800 Fl. für die alte Brücke und für den Verlust des Brückengeldes (4) in Anspruch nahm, unterblieb der Bau.

(1) Das Schloß wurde 1592—94 von Joachim von Mörsperg erbaut. (2) Das untere Stadtthor war 11 Fuß breit, $13\frac{1}{2}$ Fuß hoch, das obere $11\frac{1}{2}$ Fuß breit, 12 Fuß hoch. Das Schloßthor 11 Fuß breit und 11 Fuß hoch. (3) Die Lichtweite wurde auf 70 Fuß bestimmt. (4) Der Pachtzins für das Brückengeld betrug 1857—1859 durchschnittlich 342 Fl. fürs Jahr.

Die Gemeinde hatte endlich 1866 auf diese Entschädigungsansprüche verzichtet und sich bereit erklärt, den Brückengeldbezug einzustellen, sobald die Regierung die Unterhaltung der Brücke übernimmt. Es entspannen sich wegen Uebernahme der Baukosten für eine neue Brücke langwierige Erörterungen. Die Beseitigung der höchst lästigen Steigen bei Wellendingen und Stühlingen, wovon erstere auf 296 Ruthen Länge 9—15 Procent, letztere auf 250 Fuß Länge 14—16 Procent Gefäll besitzt, konnte nur durch Verlegung der Straße in das Waizener Thal bewirkt werden, in welchem längst ein schmaler, zuweilen nur 10—15 Fuß breiter Vicinalweg bestund, der viele Steigen und Gegensteigen bis zu 15 Procent Gefäll besaß und deshalb nur theilweise beibehalten werden konnte.

Insbesondere mußte der zwischen Wellendingen und Brunnadern bestehende, über den Berg führende Weg umgangen und die neue Straße in die nach Unterwangen führende Felsschlucht des Marienbaches verlegt und hier mittelst bedeutender Felsensprengungen ein ganz neuer Weg hergestellt werden.

Der Aufwand für die ganze 3885 Ruthen lange Straße vom Abgang bei Wellendingen bis zum Zollhäusle zwischen Grimmelshofen und Stühlingen wurde approximativ auf 96,000 Fl. oder für die Stunde auf 36,000 Fl. überschlagen und zur Ausführung der ersten Abtheilung von Wellendingen bis zur Dillendorfer Sägemühle, unfern Brunnadern, in dem Budget für 1864/65 = 45,000 Fl. bewilligt.

Die Abtheilung von der Dillendorfer Sägemühle bis Schwaningen war zu 14,000 Fl., jene von Schwaningen bis Waizen auf 28,000 Fl. und die Verbesserung des Wegs von Waizen bis zur Wutachthalstraße auf 9000 Fl. überschlagen. Der detaillirte Ueberschlag für die erste, 1432 Ruthen lange Abtheilung verlangte 43,000 Fl. einschließlich von 6073 Fl. für Güterentschädigung. Nach dem Bauprogramm war das Gefäll der neuen Straße auf 2, $2^1/_2$, 3 und $4^1/_2$ Procent, die Straßenbreite auf 20 Fuß mit 16 Fuß Fahrbahn festgesetzt; das 5 Zoll hohe Gestück war als regelmäßiges Pflaster einzusetzen und mit 2 Zoll grobem und 2 Zoll feinem Schotter zu bedecken. Für die Ueberhöhung der Fahrbahn wurde 5 Zoll vorgeschrieben. Die Böschungen sollten am Berge 1—$1^1/_4$füßig, gegen das Thal 1—$1^1/_2$füßig hergestellt werden. Die Gemeinden leisteten folgende Beiträge: Bonndorf 500 Fl., Wellendingen 500 Fl., Brunnadern 300 Fl. nebst unentgeltlicher Abgabe von Allmendfeld im Werthe von 330 Fl., Dillendorf 200 Fl. und Stellung von Allmendgut im Werth von 11 Fl., im Ganzen also 1841 Fl. Der Bau wurde im November 1865 begonnen und am 20. Januar 1867 durch solenne Schlittenfahrt eröffnet. Der wirkliche Aufwand betrug 47,442 Fl. Für die zweite Abtheilung bis Schwaningen waren für 1866/67 weitere 15,000 Fl. bewilligt und damit die Straße bis Schwaningen vollendet. Der Aufwand betrug nur 11,447 Fl., wozu die Gemeinde Schwaningen 500 Fl., Dillendorf 200 Fl., Unterwangen 200 Fl., zusammen 900 Fl. beitrugen.

Die Abtheilung von Waizen bis zum Zollhäusle kam 1870/71 zur Verbesserung mit 11,060 Fl., wovon die Gemeinde Waizen 880 Fl. übernahm.

Die alte Straße über die Alp wurde 1872 aus dem Landstraßenverband ausgeschieden und die Straße im Marienbachthal aufgenommen, auf welcher jetzt auch der Postomnibus geht.

Im Jahr 1868 wurde nun der Bau einer neuen Wutachbrücke bei Stühlingen oberhalb der alten beschlossen. Man wählte aber zur Ueberspannung der 70 Fuß weiten Oeffnung nicht Holz, sondern 4 eiserne Längsträger von Fachwerksconstruction. Die Fahrbahn der Brücke wurde 18 Fuß breit, die beiderseitigen Zufahrten 22 Fuß breit mit 17 Fuß Fahrbahn und 2 Procent Gefäll bestimmt.

Der Bau begann im August 1868 und wurde 1870 mit 20,900 Fl. vollendet. (Schmiedeisen 11 Fl. 24 Xr., Guß 8 Fl. 30 Xr. pro Centner.)

Gleichzeitig corrigirte auch Schaffhausen die Straße zwischen Schleitheim und Siblingen, wo die alte Straße Gefälle bis zu 10 Procent besaß.

In Folge dieser Verbesserungen können jetzt Lasten, die früher 6 und 7 Pferde zur Förderung beanspruchten, mit 3—4 Zugthieren transportirt werden. Früher hörte man an der Post in Stühlingen stündlich: „Hans, 4 Roß auf die Alp, 4 Roß auf die Fluhalde, 3 Roß nach Schaffhausen" ꝛc.(1) Dies hat aufgehört, seit die neue Straße besteht. Dennoch sehnte sich der Verkehr schon 1862 nach Eisenbahnverbindungen zwischen Stühlingen und Lauchringen einseits und nach Schaffhausen über Schleitheim andrerseits. Die letztere Route wird besonders wegen Versendung des Gypses gewünscht, der nebst dem Schleitheimer Sandstein, dem Stühlinger Tuf-

(1) 1836 ging von Stühlingen nach Schaffhausen nur ein Postbote.

stein und dem Waizener Cement in mehreren hunderttausend Centnern jährlich verschickt wird, und dessen Absatzgebiet sich noch erheblich erweitern kann.

Unter den jetzt noch wünschenswerthen Straßenverbesserungen stehen in erster Linie jene zwischen Lenzkirch und der Lotterbrücke, wo die Straße mehrere, in den Haslachbach sich ergießende tief gebettete Waldbäche mit Gegengefällen von 8—13 Procent überschreitet; ferner die Correction der Steige zwischen Bonndorf und Wellendingen, welche den Verkehr nach der Wutachthalbahn erschwert, endlich die Correction der Abtheilung der Wutachthalstraße zwischen Stühlingen und Waizen. In dem Gesetz von 1876 sind weiter genehmigt: für die Abtheilung von der Lottenbrücke bis Lenzkirch 139,000 Mark, und für die Correction zwischen Bonndorf und Wellendingen 31,500 Mark. Die Ausführung dieser Bauten wird in den Jahren 1878/79 erfolgen. Werden diese Summen den früheren Verwendungen beigezählt, so ergiebt sich ein Aufwand von 330,975 Mark.

Der Verkehr hat sich seit 1856 nicht viel vermehrt, was wohl den Eisenbahnen durch das Rheinthal und Kinzigthal zuzuschreiben ist.

Es werden zwischen Lenzkirch und Bonndorf circa 90, zwischen Bonndorf und Stühlingen circa 40 Zugthiere täglich beobachtet.

Nr. 54.

Straße von Randen nach Kadelburg.

Wutachthalstraße.

Länge vom Zollhaus bis zur Straße Nr. 48 und von da bis Kadelburg 35,7 Kilom. = 8,04 St.

Die aus dem Titisee abfließende Neustadter Gutach nimmt nach ihrer Vereinigung mit der Röthenbach, in der Nähe von Göschweiler, in einer Höhe von 2367 Fuß über dem Meer, den Namen „Wutach" an und setzt, tief in das Gebirge eingebettet, in engem, von steilen Abhängen eingeschlossenem Thal ihren Lauf über Achdorf und Grimmelshofen nach Stühlingen und dann in erweitertem Thale nach Oberlauchringen fort, um sich oberhalb Coblenz, in einer Höhe von 1062 Fuß, in den Rhein zu ergießen.

Der Höhenunterschied des Flusses beträgt danach von dem Vereinigungspunkt mit dem Röthenbach bis zum Einfluß in den Rhein 1305 Fuß, also bei einer Länge des Flußbettes von circa 19 Stunden 68,7 Fuß pro Stunde. Das Gefälle ist jedoch oberhalb Grimmelshofen viermal so groß als von da abwärts. Das tief eingeschnittene Thal oberhalb Grimmelshofen und der in Folge der Geschiebsablagerungen abwärts stets veränderliche Flußlauf wirkten von jeher erschwerend auf den Bau und die Unterhaltung der Straßen. Schon in Urkunden von 1622 wird der Fluß „ein gefährlicher" genannt, „der bei Regen austritt und die Brücken zerstört. (1) Die ersten Straßen in dieser Gegend wurden ohne Zweifel von den Kelten hergestellt, die hier ihre Wohnsitze hatten, denn die Namen Aitrach, Gutach, Wutach, Löfflingen, Döggingen, Unadingen, Mundelfingen, Aselfingen, Reiselfingen, Münchingen, Ewattingen, Achdorf, Bonndorf, Boll, Behla, Stühlingen, Wutöschen, Randen, Bergen, Beggingen ꝛc. scheinen keltischen Ursprungs, und bei Bonndorf, Unadingen, Schleitheim, Beringen, Dörflingen, Bräunlingen wurden keltische Gräber mit verschiedenen Geräthen aufgefunden. (2)

Eine Anzahl der Verbindungswege, welche später auch von den Römern benützt wurden, führten im Mittelalter und zum Theil heute noch die Namen Heerenstraße, Herdweg, Heerweg, wie z. B. in Gemarkung Löffingen, Bachheim, Hausen, Behla, Döggingen, Hüfingen, Bräunlingen, Schleitheim, Beggingen, an der Clause ꝛc. Eine römische Straße führte parallel mit dem Wutachthal an der südwestlichen Abdachung des Randengebirges nach Fützen und von da über Behla nach Hüfingen und Donaueschingen. (3) Es war dies wohl die Hauptstraße von Windisch nach Regensburg. (Siehe Nr. 55.)

Zur Verbindung des südlichen Schwarzwaldes und der Baar mit der berühmten alten

---

(1) In der vorgeschichtlichen Zeit nahm der Fluß seinen Ablauf auf der Höhe von Göschweiler über Reiselfingen, Bachheim, Neuenburg und die Hardt nach dem Thalabschluß von Blumberg und von da durch das Aitrachthal hinab bis Kirchen und Hausen in die Donau. Der ganze Lauf ist durch Gerölle erkennbar. Dr. Schill, Vortrag in der 34. Stzg. d. naturhistorischen Vereins Carlsruhe. (2) Dr. Wanner, Das Klettgau. (3) Brambach, Baden unter der Römerherrschaft. Paulus, Erklärung der Peutinger Tafel, S. 18 und Nr. 55. — In Stühlingen entdeckte man einen Fußboden von römischer Mosaik. Schriften des Alterthumsvereins II.

Marktstätte Zurzach und dem am Ende des 17. Jahrhunderts errichteten bedeutenden Fruchtmarkt zu Rheinheim führte die kürzeste Straße ehemals vom Zollhaus am Randen durch den Schlauch über Epfenhofen, Fützen, Grimmelshofen, Stühlingen, Eberfingen, Untereggingen, sodann, um dem gefährlichen Felsenvorsprung — zwischen Ofterdingen und Wutöschingen „Fluhhalde" genannt — auszuweichen, durch eine Furt auf das jenseitige Ufer nach Degernau, Wutöschingen und von hier mittelst einer zweiten Furt wieder auf das rechte Ufer nach Horheim und Oberlauchringen, [1] sodann über Bechtersbohl und Dangstetten nach Rheinheim. So lange in Oberlauchringen keine Brücke bestund, schlugen die Marktfuhren häufig den beschwerlichen Weg von Ofteringen über den Berg nach Ober- und Untererzingen, später aber und bis in die neuere Zeit die verbesserte Straße von Horheim über Schwerzen und Willmendingen nach Bechtersbohl und Dangstetten ein.

Die genannten Straßen waren alle noch im Jahr 1749 nur für Gabelfuhren benützbar und meistens ohne Brücken über die Wutach, da der beständige Wechsel des Flußlaufs den Bau und die Erhaltung solcher Bauwerke erschwerte. Die Benützung der Furten war bei jedem Anschwellen des Flusses mit Gefahr verbunden. Am meisten war dies der Fall bei der Furt vor der sogenannten Fluhhalde, wo der Fluß durch den vorspringenden Fels bei höherem Wasser Aufstauungen erlitt und die schwarzenberg'sche Gemarkung Wutöschingen beschädigte. [2] Der Verkehr war deshalb genöthigt, entweder den sehr steilen Weg über den Fels selbst einzuschlagen oder bei Ofteringen und Horheim die Wutach zu durchschreiten oder aber den bedeutenden Umweg über Schaffhausen zu nehmen, was seit 1756 mehr als früher geschah, weil in gedachtem Jahre eine solide Brücke bei Stühlingen über die Wutach erbaut und die Straße auf Schaffhauser Gebiet nach Zurzach überhaupt besser als jene durch das Wutachthal dahin in Stand gesetzt war.

Den ersten Anlaß zu Verbesserung der letzteren Straße gab das Gebot der Stadt Schaffhausen, wonach alle vom Randen durch Schaffhauser Gebiet kommenden Fuhrwerke den Weg durch die schlecht gepflasterte Stadt nehmen und einen sehr hohen Zoll und Pflastergeld bezahlen mußten, [3] daher die Route über den Randen allmählich zum großen Nachtheil der Zolleinnahme Fürstenbergs gemieden wurde.

Da nun im Jahr 1750 der schwäbische Kreisconvent die Straße vom Zollhaus über Stühlingen, Thiengen, Waldshut und Basel trotz aller Einsprachen Schaffhausens als eine uralte kreisschlußmäßige Landstraße anerkannt hatte, suchte Fürstenberg die Mitwirkung der betheiligten Territorialherren für die Verbesserung der Wutachthalstraße und ihrer Fortsetzung nach dem Zollhaus bei Blumberg in Anspruch zu nehmen [4] und ließ selbst noch im Jahre 1750 den Bau zwischen Grimmelshofen und Ofteringen beginnen. St. Blasien, Schwarzenberg und der Deutschorden sagten ihre Mitwirkung im Jahr 1751 zu. Die Kosten für Herstellung des Wegs in den fürstenbergischen Gemarkungen waren auf 31,482 Fl. überschlagen.

Bezüglich der Ausführung wurde unter Zustimmung des landschaftlichen Ausschusses unterm 12. Juli 1751 beschlossen:

1) daß jede Gemeinde in ihrem Bann baut, 2) daß bei ungewöhnlich großer Arbeit die Mithülfe der nächstgelegenen Orte nach einem bestimmten Austheiler in Anspruch genommen werden soll, 3) daß die Hand- und Fuhrdienste zu taxiren sind, 4) daß für Privatgüter Entschädigung aus der Landschaftscasse geleistet wird, 5) daß der wirkliche Aufwand in Geld ausgeschlagen und auf Grund der wirklichen Leistungen abgerechnet wird, 6) daß in Stühlingen eine besondere Wegbaucasse zu errichten sei. Der Bau wurde sofort begonnen und 1756 in der Hauptsache vollendet.

Zu gleicher Zeit (1751—1753) stellte Fürstenberg unter Mitwirkung des Deutschordens die Straße vom Zollhaus nach Fützen durch die sogenannte Wanne mit Umgehung des Orts

---

[1] Im Jahr 1497 wurde in Oberlauchringen der landgräflich Stühling'sche Zoll erhoben, weil hier die Hauptstraße aus dem Klettgau in das Alpgau zog. Zeitschrift für Geschichte des Oberrheins XXII. [2] Die Wutöschinger suchten sich durch eingerammte Pfähle bis zu 14 Fuß Länge mit Eisenschuhen und geflochtenen Zäunen (Faschinaden) zu schützen und nöthigten damit den Fluß zur Ueberfluthung der jenseitigen Horheimer Straße, daher öfters Streit zwischen Schwarzenberg und Fürstenberg. Bader, Zeitschrift für Geschichte des Oberrheins 22. [3] Die Fuhren suchten deshalb trotz bestehenden Verbots über Beggingen, Schleitheim und Neunkirch nach Zurzach zu kommen. [4] Die von der Straße durchzogenen Gemarkungen: Blumberg, Weizen, Stühlingen, Eberfingen, Untereggingen, Ofteringen und Horheim gehörten zu Fürstenberg; Epfenhofen zum Deutschorden; Fützen und Grimmelshofen zu St. Blasien; Wutöschingen, Ober- und Unterlauchringen, Bechtersbohl, Dangstetten, Rheinheim und Kadelburg zu Schwarzenberg.

Epfenhofen und der gefährlichen Steige am Ottilienberg durch Concurrenz der frohndpflichtigen Gemeinden her.

Auch das Reichsstift St. Blasien hatte die Straße in den Gemarkungen Fützen und Grimmelshofen verbessert, sich dabei aber auf das Allernothwendigste beschränkt, weil seine Interessen mehr durch die Straße von Lenzkirch nach Thiengen befördert wurden. Leider wurde bei allen diesen Bauten zu wenig Rücksicht auf die Gefälle genommen, denn die Steigen zwischen dem Zollhaus und Stühlingen haben Gefälle bis zu 17 Procent.

Schwarzenberg hatte sich inzwischen mit dem Project beschäftigt, eine neue Straße von Oberlauchringen auf dem linken Ufer der Wutach durch die schwarzenbergischen Orte Willmendingen, (1) Schwärzen, Wutöschingen und Degernau mit Umgehung des fürstenbergischen Ortes Horheim bis Osterdingen herzustellen, weil diese Route nach Rheinheim etwas näher ist und die rechtsseitige Straße oft überschwemmt war. (2) Fürstenberg dagegen wollte die Straße auf dem rechten Ufer erbaut wissen und entschloß sich daher im Jahr 1781 ohne weitere Rücksicht auf die Einsprachen Schwarzenbergs, die Verbesserung der steilen Fluhhaldensteige, die theilweise im fürstenbergischen, theils im schwarzenbergischen Gebiet lag, allein und auf eigene Rechnung vorzunehmen, da der unter der Halde befindliche Fluß kaum noch 4 Fuß von dem Felsen entfernt war. Die Kosten für die Verbesserung der Steige waren auf 9716 Fl. überschlagen.

Zu den Frohnden wurden die fürstenbergischen Gemeinden auf 2 Stunden Entfernung beigezogen. Die Güterentschädigung und der Aufwand für Felsensprengen, Dohlen, Aufsicht ꝛc. übernahm die Landschaftscasse. Die Gemeinden hätten lieber zu dem Bau einer Brücke an dieser Stelle mitgewirkt, weil sie ganz richtig besorgten, daß die Steige auch nach ihrer Verbesserung immer noch zu starke Gefälle besitzen und schwer zu unterhalten sein werde, da die Felsen nicht dauerhaft sind. (3) Allein in Aussicht einer künftigen Aenderung des Flußlaufes hielt man von technischer Seite einen Brückenbau hier nicht für räthlich, und die Verbreiterung und Tieferlegung der Steige wurde deshalb trotz aller Protestationen noch im Jahr 1781 ausgeführt. Schwarzenberg ließ hierauf die Straße auf dem linken Wutachufer am Mittelberg vorbei neben einer Brücke in Wutöschingen, wo früher eine Furt war, seit 1710 aber schon eine schwache Brücke bestund, 18 Fuß breit auf Kosten der Landschaft herstellen. (4) Wutöschingen erhielt 1783 das Recht Brückengeld zu erheben.

Die Verbesserungen, welche von Seiten Schwarzenbergs auf der Route nach Zurzach vorgenommen wurden, beschränkten sich hauptsächlich auf den im Jahr 1765/68 ausgeführten Vicinalweg zwischen Thiengen und Kadelburg mit 20 Fuß Breite und einem Holzfundament. Der untere Theil der Wutachthalstraße dagegen blieb in ganz schlechtem Stande. Auch die von St. Blasien hergestellten Straßentheile kamen bald wieder gänzlich in Verfall und wurden erst 1784 verbessert, nachdem Fürstenberg die Zusicherung gegeben hatte, den Bau der Lenzkircher Straße auszuführen. Diese Zusage war an die Voraussetzung geknüpft, daß St. Blasien die Grimmelshofer Brücke auf 15 Fuß verbreitert und auf 11 Fuß erhöht und der Straße eine Breite von 18 Fuß giebt.

Diese Bauausführungen wurden auch sogleich begonnen, aber bald wieder eingestellt, da Fürstenberg bei Lenzkirch nicht arbeiten ließ. Ihre Vollendung erfolgte erst 1788. Der Brückenbau in Grimmelshofen war auf 10,000 Fl. überschlagen und wurde, wie die Straße, ohne Frohnd in Accord ausgeführt. (5)

Da durch diese Verbesserungen die alte Straße über den Randen nach Schaffhausen einen Theil des Verkehrs verlieren mußte, hatte die vorderösterreichische Grafschaft Nellenburg, die Herrschaft Auersberg und die Stadt Schaffhausen im Jahr 1788 gemeinsame Beschwerde dagegen bei dem Kreisviertelsdirector Markgrafen Carl Friedrich von Baden erhoben, und Schaffhausen den Zwang, wonach die Güterfuhren durch die Stadt gehen mußten, wieder beseitigt und auch den Zoll ermäßigt. Alles dies hatte aber nur den Erfolg, daß 1790 auf kurze Zeit Ein-

---

(1) In Willmendingen befindet sich das, von dem Klettgauischen Landvogt v. Beck 1609 erbaute Schloß mit Capelle und Oekonomiegebäuden. Siehe Zeitschr. 22, S. 334. (2) Zeitschr., 22 Bd. 4. Heft v. 1869. (3) Die neue Steige sollte auf 130 Ruthen Länge $1/_{12}$ Fall auf die Ruthe erhalten. (4) Siehe Zeitschrift für Geschichte des Oberrheins, 22. Band, 4. Heft von 1869. (5) Der Wutachübergang bei Grimmelshofen wurde schon in frühester Zeit durch eine Brücke vermittelt, welche ebenso wie jene bei Gurtweil Malstätte war. An Stelle der 1770 durch Wasser zerstörten Holzjochbrücke wurde 1786 eine neue gedeckte erbaut, welche aber schon 1799 bei einem Gefecht zwischen Franzosen und Oesterreichern abgebrannt wurde. Der hierauf 1811 wieder neu erbauten Brücke mit Dach wurde 1849 durch die fliehenden Aufständischen das gleiche Schicksal bereitet.

halt in den der Vollendung nahe gerückten Arbeiten geboten wurde, bis die Verhältnisse näher erörtert waren. Fürstenberg wollte nun der Verbesserung dieser Straße durch deren Verlegung zwischen Eberfingen und Untereggingen in das Thal eine weitere Ausdehnung geben. Allein die Ausführung unterblieb auf den Wunsch der Gemeinden, welche den Verlust an Gütern und die Kosten scheuten. Man beschränkte sich daher auf die Verbesserung des alten Weges auf Kosten der Landschaftscasse.

Nachdem in Folge des preußischen Zollvereins von 1834 zur Belebung des Verkehrs des Schwarzwaldes, der Baar und Schwabens mit Zurzach, Basel und der West-Schweiz die Verbesserung der Wutachthalroute in Aussicht genommen und, in der Hoffnung auf neue Belebung des Marktortes Zurzach, Kadelburg als Hauptübergang über den Rhein nach Zürich bestimmt und deshalb auch die Errichtung eines Hauptzollamts daselbst beschlossen war, (1) wurde von den schweizerischen Eigenthümern der Rheinüberfahrten bei Zurzach und Coblenz die Genehmigung zur Errichtung fliegender Fähren und die Herstellung der Zufahrtsstraßen dazu auf badischem und schweizerischem Gebiet nachgesucht, und es kam hierauf unterm 13. October 1836 zwischen Baden und der Regierung des Cantons Aargau eine Vereinbarung zu Stande, wonach die Errichtung von fliegenden Fähren oder die Ueberspannung mit Schiffstau bei Coblenz und Zurzach genehmigt und badischer Seits die Herstellung der Landungsplätze und Zufahrten auf dem rechten Rheinufer zugesichert wurde, wogegen die Cantonsregierung Baden auch die Errichtung einer fliegenden Fähre in Kadelburg (2) gestattete und die Herstellung des Landungsplatzes und der Zufahrtsstraße hierzu auf der linken Rheinseite zusicherte. Da nun seit dem Bestehen der Hauptzollstätte Kadelburg alle Güterfuhren den Rhein hier übersetzen mußten, und durch die bewilligte Transitzollfreiheit für Güter, die in Kadelburg ein- und ausgehen, der Güterverkehr überhaupt hier zunahm, so mußte in den Jahren 1837/39 bei der Laufenmühle eine neue Brücke, eine neue rechtsseitige Zufahrtstraße und eine 22 Ruthen lange Correction der Pritschensteige, welche 14—15 Procent Gefäll hatte, hergestellt werden.

Die alte Straße von Kadelburg nach Thiengen zog von der Laufenmühle (3) auf dem linken Ufer der Wutach bis zu einer Furt, die 15 Ruthen unterhalb der Einmündung der Steinach in die Wutach lag und auf die alte Rheinheimer Straße führte. Später wurde unterhalb der Mühle eine 54 Fuß weite gesprengte Holzbrücke mit steinernen Widerlagern errichtet, deren Baureste noch sichtbar sind. Die zu dieser Brücke führende Straße wurde auf beiden Ufern nur 12—14 Fuß breit. Die rechtsseitige ging unmittelbar von der Brücke aus mit kurzer Wendung flußaufwärts und dann westlich der neuen Straße bis an den sogenannten Weinbrenner-Buck (Nr. 48).

Noch zur Zeit, als die alte Brücke stund, fuhren viele Fuhrwerke aus dem Rheinthal bei niederem Wasser lieber durch die Furt auf das linke Ufer und dann über die alte Brücke auf das rechte Ufer, weil sie dadurch den Weinbrenner Buck, eine Steige von 10—14 Procent, umgehen konnten.

Die neue Brücke bei der Laufenmühle, ein hölzernes Sprengwerk aus verzahnten Holzbogen ohne Joch mit 105 Fuß Spannweite, 20 Fuß Fahrbahn, Ueberdachung und Verschaalung des Sprengwerks, hat einen Aufwand von 11,800 Fl. und die dazu führenden Straßen einen solchen 1837—39 von 7600 Fl. veranlaßt. (4) Die Güter zu dem Straßenbau wurden angekauft. Die Kosten für die Zufahrtsstraße zu dem Fahr bei Kadelburg betrugen im Ganzen 9589 Fl. Die Fähre wurde auf Kosten des Domänenärars mit 4000 Fl. hergestellt. (5)

Um den Verkehr zu diesem Rheinübergang zu erleichtern, wünschte die Zollverwaltung 1839, daß die sogenannte Pritschenstraße zwischen Laufenmühle und Kadelburg, welche 2 Steigen von 14 und 15 Procent Gefäll auf 395 Ruthen Länge besitzt, corrigirt und fundamentirt werde.

---

(1) Das hierauf in Kadelburg erbaute große Hauptzollamtsgebäude zeugt für die Bedeutung, welche man diesem Rheinübergang beilegte. (2) Bei Kadelburg bestund wie bei Coblenz seit unvordenklicher Zeit eine Ueberfahrt. (3) Die Laufenmühle bestund schon im 15. Jahrhundert als Lehen der Grafen von Sulz; sie führt den Namen von einem oberhalb derselben bestandenen sehr interessanten Wasserfall, welcher der Industrie geopfert wurde. Mone, Zeitschrift 14, S. 480; v. Schreckenstein, Zeitschrift 22, S. 167. Ein kleiner Fall bei der Brücke wurde 1848 beseitigt, weil der Wasserstaub der Brücke nachtheilig war. Oberd.-Acten. (4) Plan von Oberbaurath Keller. (5) Diese Fähre wird heute noch für Rechnung des Zollärars betrieben. Die Roheinnahme betrug 1870—73 zwischen 612 Fl. und 791 Fl., die Kosten 559 Fl. bis 1824 Fl. jährlich. Der Verkehr ist im Zunehmen begriffen. Das Hauptzollamt wurde nach Thiengen verlegt, da sich der erwartete Verkehr zollpflichtiger Waaren bei Kadelburg nicht einstellte.

Da aber die Kosten auf 30,000 Fl. überschlagen waren, um mit einem 9066 Fuß langen und 24 Fuß breiten Neubau die Gefälle auf $5^1/_2$ Procent zu ermäßigen, unterblieb dieser Bau. Dagegen erkannte man die Verbesserung der Wutachthalstraße für dringend. Schon im Jahr 1834 bestund die Absicht, den von Ofteringen bei der sogenannten Rauhenthaler Mühle mittelst einer Furt auf das linksseitige Wutachufer und von da über den Berg nach Erzingen führenden Vicinalweg, der viel von den Güterfuhren benutzt wurde, in eine Staatsstraße umzuwandeln; allein bei den großen Kosten und den ungünstigen Gefällsverhältnissen dieses Wegs schien es besser, die Wutachthalstraße von Ofteringen abwärts bis Oberlauchringen allmählich zu verbessern. Das Dringendste, was hier geschehen mußte, war die gänzliche Umgehung der lästigen und gefährlichen Fluhhaldensteige, welche wegen ständigen Ablösens der Felsen nur äußerst schwer zu unterhalten war. Die Correction dieser Steige war durch die inzwischen erfolgte Regulirung der Wutach (1) wesentlich erleichtert; sie konnte entweder dadurch bewirkt werden, daß man längs der corrigirten Wutach hin eine Dammstraße anlegte, die zugleich als Wutachdamm dient, oder daß man durch Verlegung der Straße an den Fuß der Halde die Steige umgeht. Man entschied sich für das Letztere, faßte aber zugleich auch die Correction der Straße bis Stühlingen in das Auge, um die verschiedenen Gegengefälle, besonders aber auch die beschwerliche Steige in die Oberstadt von Stühlingen und von da in die Unterstadt zu beseitigen. (2) Die 1862/63 mit 13,420 Fl. ausgeführte neue Straße zur Umgehung der Fluhhaldensteige erhielt eine Länge von 5015 Fuß, eine Breite von 20 Fuß mit 16 Fuß Fahrbahn. Für die 13,100 Fuß lange Correction zwischen Eberfingen und Untereggingen waren 43,000 Fl. und für die 8700 Fuß lange Correction zwischen Eberfingen und Stühlingen 32,400 Fl., zusammen 75,400 Fl. erforderlich. Man verlangte, daß die zum Behuf der zunächst auszuführenden Correction zwischen Eberfingen und Stühlingen nöthigen Grundstücke, welche für Eberfingen auf 19,000 Fl., für Stühlingen auf 6700 Fl. veranschlagt waren, gegen Aversen von 1000 Fl. resp. 4000 Fl. zur Verfügung gestellt werden sollen. Da aber nur Eberfingen hierzu bereit war, Stühlingen aber dem Ansinnen nicht entsprach, weil der Oberstadt durch Verlegung der Straße in das Thal eine Beeinträchtigung der gewerblichen Verhältnisse besorgte, unterblieb die Ausführung.

Von weiteren Verbesserungen, welche an dieser Straße zur Ausführung kamen, sind hervorzuheben: 1833/34 Umbau der Brücke in Oberlauchringen mit 6594 Fl.; 1837 Neubau der Brücke in Gemarkung Unterlauchringen mit 9570 Fl.; 1845 Correction in Horheim mit 1231 Fl.; 1846 verschiedene Correctionen mit 1001 Fl., 1847 Correction in Ofteringen und an der Kappelhalde 999 Fl.; 1850/51 mehrere kleinere Correctionen 1518 Fl., 1852 Verbreiterung in Horheimer und Stühlinger Gemarkung 1776 Fl.; 1853 Regulirung bei Horheim 2165 Fl.; (3) 1868/69 Verbesserung der Straße gegen Fützen mit 3500 Fl. und Brückenbau bei Grimmelshofen mit 16,500 Fl. (4) Gelegenheitlich des Eisenbahnbaues von Waldshut nach Constanz wurde die Straße im Jahr 1862 in dem Wald oberhalb Oberlauchringen auf eine kurze Strecke mehr nördlich zu dem Stationsgebäude verlegt. Zur vollständigen Verbesserung der Wutachthalstraße wäre außer den Correctionen zwischen Untereggingen und Stühlingen durch Verlegung der Straße in das Thal, wofür 1863 50,000 Fl. beansprucht waren, noch die Umgehung der Grimmelshofer Steige, die Gefälle bis zu 17 Procent besitzt, durch einen Neubau von Grimmelshofen bis hinter Fützen erforderlich, was 45,000 Mark kosten wird. Die kleineren Steigen von 6 bis 14 Procent könnten später allmählich beseitigt werden.

Die Straße vom Abgang der Waldshut-Schaffhauser Straße über Laufenmühle nach Kadelburg hatte nach Herstellung der linksrheinischen Straße von Basel bis Laufenburg (1850) ebenso wie die Bannschacher Straße (Nr. 237) allmählich alle Bedeutung für den durchgehenden Ver-

---

(1) Nachdem die schwarzenbergische Landgrafschaft Klettgau 1812 durch Kauf an Baden gekommen war, wurde die Wutach im Jahr 1816 von Degernau abwärts, sodann im Jahr 1821 auch in Gemarkung Ofteringen und 1848 in Gemarkung Untereggingen in den Flußbauverband aufgenommen. Von 1842—1876 wurden für Regulirungs- und Unterhaltungsarbeiten an diesem Fluß 832,630 Mark aufgewendet. Siehe Baer, Die Wasser- und Straßenbau-Verwaltung, S. 634. (2) Auch die Weggelder, welche Untereggingen, Eberfingen und Wutöschingen seit 1773, 1784 und 1785 bezogen, wurden 1858 aufgehoben. Ihr Ertrag war zusammen nur 23 Fl. jährlich. (3) Auch die Gemeinden Horheim, Wutöschingen, Eberfingen, Untereggingen und Ofteringen haben inzwischen Brücken über die Wutach für ihre Vicinalwege erbaut. (4) Die alte hölzerne Grimmelshofer Brücke mit zwei Holzjochen, welche 1849 reparirt und 1864 durch Eisgang wieder stark beschädigt wurde, so daß eine dauernde Wiederherstellung nicht mehr zulässig war, wurde 1868—69 durch eine neue (300 Fuß unterhalb der alten befindlichen) Brücke mit Eisenbogenträgern ersetzt, deren Lichtweite 70 Fuß beträgt. Für das Schmiedeisen wurden 11 Fl. 30 Xr. per Centner bezahlt.

kehr verloren und wurde deshalb im Jahr 1862 aus der Classe der Landstraßen ausgeschieden, dann bis zum Jahr 1868 mit Staatsunterstützung unterhalten und hierauf in Folge des Straßengesetzes wieder unter die Landstraßen eingereiht.

In dem Gesetz vom 16. April 1870 wurden 137,143 Mark für Correction der Straße von Stühlingen nach Untereggingen mit dem Anfügen bewilligt, daß der Bau zu unterbleiben habe, wenn in gleicher Richtung eine Eisenbahn gebaut werde. Da dieser Fall eingetreten, ist 1876 die Bewilligung zurückgezogen worden. Der Aufwand für Verbesserung dieser Straße von 5000 Mark muß deshalb aus der Dotation für die Straße Wutachthal-Donöschingen entnommen werden. Der gesammte nachweisbare Aufwand für die Verbesserung dieser Straße beträgt 373,476 Mark. Der größte Theil des Verkehrs, bestehend in Transporten von Gyps, Alabaster und Marmor aus Grimmelshofen und Fützen, Salz, Holz, Sägewaaren und Früchten, geht zu Thal. Zwischen Zollhaus und Stühlingen hat sich der tägliche Verkehr in der Zeit von 1856—1874 von 37 auf 70 Zugthiere, von Stühlingen nach Oberlauchringen von 38 auf 81 Zugthiere gesteigert; dagegen wurde zwischen letzterem Orte und Kadelburg eine Abnahme von 34 auf 8 Zugthiere täglich beobachtet.

Nr. 55.

Straße von Bechtersbohl nach Rheinheim.

Durch die sog. Peutinger Tafel (¹) hat diese Straße, als Theil der einstigen römischen Consularstraße, auch in weiteren Kreisen eine geschichtliche Bedeutung erhalten. Mag die Reichsstraße auch, wie Einige glauben, über Kaiserstuhl geführt haben, so ist doch außer Zweifel, daß zwischen Zurzach und Rheinheim schon zur Römerzeit ein Rheinübergang bestund.

Unmittelbar oberhalb dem jetzigen Pfarrhause wurden in neuer Zeit Holzjoche einer Brücke entdeckt, welche oberhalb des Schlößchens bei Zurzach auf das linke Rheinufer führte und wenn auch nicht für römische Arbeit, doch aus sehr früher Zeit stammend gehalten wird (Bericht des Alterthumsvereins von 1858 und Mone, Zeitschrift 13). Daß Abtheilungen der 11., 13. und 21. Legion in Zurzach ihr Standlager hatten, ist aus verschiedenen Funden, namentlich aus Ziegeln, erwiesen. (Mommsen, inscript. Helv. 267—69.) Bei Rheinheim wurden auch Säulen aus weißem Marmor im Rhein gefunden, die römischen Bauten zugeschrieben werden. (Schreiber, Taschenb. 4.)

Die erste Anlage dieser Straße nach Rottweil wird nach Einigen in die Zeit Vespasians, 69—70 n. Ch., nach Anderen schon in die ersten Jahre nach Christus gesetzt. Allein die neueren Sprachforschungen zeigen mit Wahrscheinlichkeit, daß die meisten Orte, welche diese Straße verbindet, wie z. B. Windisch, Zurzach, Rheinheim, Erzingen, Stühlingen, Randen, Hüfingen, Donaueschingen, Rottweil ꝛc. keltischen Ursprungs sind, und daß diese daher schon zur Keltenzeit durch eine Straße verbunden waren, welche wohl durch die Römer im Wesentlichen eingehalten und nur verbessert worden sein mag. Das, den Grafen von Sulz gehörige Schloß Küssenberg, welches durch die Bauern und später durch die Schweden zerstört wurde, soll aus einem römischen Castell hervorgegangen sein. Beweise hiefür fehlen.

(¹) Mit diesem Namen wird eine von Konrad Celtes, Professor in Wien, in Colmar entdeckte und von Peutinger in Augsburg (1518—1527) mit Privilegium des Kaisers Maximilian I. bekannt gemachte, 20 Fuß lange, römische Straßenkarte bezeichnet, welche aus der Zeit von 232—271 herstammen soll, (siehe Müllenhof, „Weltkarte des Kaiser Augustus"; und Mannert, Tab. Peut. 1783) und in fünf Abschnitten römische Straßenzüge, unter diesen auch die Straße von Windisch nach Regensburg an die Donau bezeichnet, deren Zug nach Erklärung der in der Karte angeführten Ortsnamen wahrscheinlich über Zurzach, Rheinheim, Bechtersbohl, Erzingen, Stühlingen, Fützen, Randen, Behla, Hüfingen, Donaueschingen, Schwenningen, Altstadt bei Rottweil, Waldmössingen, Unterifflingen, Eutingen nach Rottenburg und weiter bis Regensburg geführt haben soll. Mone (Zeitschrift 13) hält, abweichend von der allgemeinen Ansicht, die Straße über Kaiserstuhl für die römische Reichsstraße. Näheres hierüber bei Leichtlen, Forschungen I, Mommsen, Die Schweiz in römischer Zeit. Archäologische Karte und Erklärung der Peutinger Tafel, S. 18 von Paulus; Brambach, Baden unter den Römern; v. Jaumann, Colonia Sumlocene 1840; Wanner, Geschichte des Klettgaues; Ocken, Weg von Vinonissa nach Reginum 1825; Fecht, Das Amt Waldshut; Schreiber, Taschenbuch von 1844 IV., Württembergische Jahrbücher 1837 und 1843; Mone, Urg. I. 161 und II.; A. B. Wilhelm, Germanien 1823; Grimm, Geschichte der deutschen Sprache. Windisch war eine blühende Stadt, die im Jahr 70 vor Chr. von den Alemannen und später von den Hunnen zerstört wurde. Jetzt Dorf bei Bruck im Canton Aargau. Ueber verschiedene Auslegungen s. Jaumann.

Zurzach ist in der ältesten Geschichte als Villa der Carolinger bekannt,(1) welche einen großen Einfluß auf den Obst- und Gartenbau geübt haben sollen. Es entstand hier, wo schon im 4. Jahrhundert fromme Pilger zum Grabe der heiligen Verona wallfahrteten, sehr frühe eine Messe, denn Kaiser Sigismund hatte 1433 und Kaiser Friedrich III. 1442 „die alten Meßprivilegien“ erneuert.

Die Messe, welche jährlich zweimal, am Pfingstmontag und an Bartholomäi begann, hatte sich im Laufe der Zeit vorzugsweise zum Leder-, Tuch- und Pelzmarkt ausgebildet, der von Gerbern, Schustern und Kaufleuten aus großer Ferne zahlreich besucht wurde.

Fast jedes Haus hatte, wie heute noch sichtbar, im ersten Stock einen Laden und im dritten Stock Räume für Beherbergung der fremden Verkäufer, die bei dem Haus- resp. Ladeneigenthümer Kost und Wohnung hatten, obgleich im Anfang des 17. Jahrhunderts schon 16 Gasthäuser vorhanden waren.(2) In Folge des Zollvereins und der bei Kadelburg geschaffenen Zollstätte (siehe Nr. 54) hörte der Güterverkehr bei Rheinheim auf und es bildeten sich in den verschiedenen deutschen Städten, namentlich in Ulm, Heilbronn, Frankfurt und Leipzig, sowie in der Schweiz, besonders in Zürich, Ledermessen, daher die Messe in Zurzach allmählich abnahm und 1855 letztmals abgehalten wurde.(3) Auch der am Ende des 17. Jahrhunderts, wahrscheinlich 1697 errichtete Fruchtmarkt in Rheinheim, der den Absatz der Frucht aus dem Klettgau, der Baar und aus dem westlichen Württemberg nach der Schweiz vermittelte, hatte eine große Bedeutung erlangt, wie schon aus der, im Jahr 1698 erbauten, sehr geräumigen Fruchthalle zu entnehmen ist. Die Straße über Dangstetten und Bechtersbohl wurde dieses Marktes wegen 1760 im Frohndweg für die breite Spur erweitert und verbessert, zur Landstraße erhoben und auch die Straße durch das Frikthal nach Zurzach kam 1770/75 in besseren Stand. Der Straßenzug von Bruck über Zurzach, Rheinheim, Bechtersbohl erscheint gegen Ende des vorigen Jahrhunderts überall als Hauptlandstraße von Bruck über Zurzach, Neunkirch, Böringen nach Schaffhausen.

Im Jahr 1811 wurde die Straße in die zweite Classe der Landstraßen eingetheilt, wie dies auch bezüglich der auf 16 Fuß erweiterten Straße von Horheim über Schwärzen und Willmendingen geschah. Zur Vermittlung des Uebergangs über den Rhein wurde seit langer Zeit eine schweizerische Ruderfähre benützt, die mit Genehmigung Badens im Jahr 1837 in eine fliegende Fähre umgewandelt wurde. Siehe Nr. 54.

Auch der Fruchtmarkt in Rheinheim(4) hörte 1862 in Folge der Concurrenz vieler anderer Fruchtmärkte auf und die 1698 von Schwarzenberg erbaute geräumige Markthalle wurde, wie das anstoßende Lagerhaus, an Private verkauft.

Schon im Jahr 1852, als die Zurzacher Ledermesse und damit auch der Straßenverkehr schon sehr im Abnehmen begriffen war, suchten die betheiligten Gemeinden um Verbesserung der in den Gefällen sehr ungünstigen Straße über Bechtersbohl nach, um durch die Beseitigung der Steigen die Frachtkosten zu ermäßigen und den Verkehr neu zu beleben. Der Aufwand war für Verminderung des Gefälles von 10—15 Procent auf 5 Procent auf 10,000 Fl. veranschlagt, wovon die Gemeinden 4000 Fl. durch Geländestellung und Fuhrleistungen übernehmen wollten. Die nahe Aussicht auf eine Eisenbahn von Basel nach Schaffhausen und von Waldshut nach Thurgi und die Ueberzeugung, daß die Zurzacher Messe und der Rheinheimer Fruchtmarkt die Concurrenz anderer Märkte nicht auszuhalten vermögen, vereitelte die Ausführung und die Straße wurde vom 1. Januar 1863 aus der Classe der Landstraßen ausgeschieden.

Am hinderlichsten für den Verkehr mit der Schweiz ist der Uebergang über den Rhein mittelst einer Fähre, welche durch Zurzacher Schiffer zeitweise mangelhaft betrieben war.(5)

---

(1) Zurzach kam 831 an das Kloster Reichenau, 1265 an das Hochstift Constanz, dann an den Canton Aargau. (2) Von vielen Seiten wird behauptet, daß die Gastwirthe Anlaß zum Aufhören der Messe gegeben haben, weil sie nicht mehr gestatteten, daß die fremden Käufer und Verkäufer in Privathäusern verpflegt werden. (3) Wie bedeutend die Messe im 16. Jahrh. noch gewesen sein mag, geht aus A. Cohns „Briefen eines deutschen Kaufmanns“ hervor, der 1573 während der Zurzacher Messe in Baden in der Schweiz kein einziges Pferd finden konnte, weil alle in Zurzach waren. Die Städte Bern und Freiburg in der Schweiz hatten zwei besondere Kaufhäuser für Tuch und Leder hier errichtet. Zurzach ist wohl die einzige Stadt, deren meiste Häuser im ersten und dritten Stock zur Zeit unbewohnt sind. (4) Der noch in den 50er Jahren wöchentlich einen Fruchterlös von 6000 Fl. vermittelte. Der Widerstand der Verkäufer gegen den Kauf nach Gewicht statt nach Maß soll viel zum Rückgang des Fruchtmarktes beigetragen haben. Die Frucht aus der Baar und dem Klettgau ist leichter als die Schwäbenfrucht. (5) Der Verkehr auf dieser Fähre betrug 1870 21,754, 1874 23,078 Personen, der Waarenaus- und Eingang 1874 1422 Centner, 1822 Centner; 1875 4074 Centner. An Vieh gingen 1874 1295, 1875 1469 Stück über den Rhein.

Es kam daher schon 1866 der Bau einer stehenden Brücke bei Rheinheim (1) von den betheiligten Orten der Schweiz und Badens, sowie die Wiederaufnahme der Bechtersbohler Straße unter die Landstraßen in Anregung und im Jahr 1870 wurde die Correction der sog. Burgsteige bei Bechtersbohl durch Ermäßigung des Gefälls von 16 Procent auf 7 Procent mit 14 Fuß Breite und 4000 Fl. Kosten beantragt. Da aber außerdem noch erhebliche weitere Verbesserungen und anderwärts noch wichtigere Correctionen nöthig sind, unterblieb die Ausführung dieses Projectes.

Ist auch kaum zu erwarten, daß, so lange nicht eine stehende Brücke den Rheinübergang nach Zurzach vermittelt, der Verkehr von und nach dieser Stadt sich namhaft heben werde, so wird doch eine Verbesserung der Straße auf badischem Gebiet schon mit Rücksicht auf die nicht unbedeutenden Orte Dangstetten und Bechtersbohl, und auf die Erleichterung des Verkehrs der Schweizerorte mit der badischen Eisenbahn sehr gewünscht. Die bestehende Straße besitzt von Oberlauchringen nach Bechtersbohl Steigen von 8, 12, 13 und 18 Procent, von Bechtersbohl bis Rheinheim wechselnde Gefälle von 5, 6, 7, 10 und 12 Procent, daher der Gütertransport nicht nur sehr erschwert, sondern im Winter sogar gefährlich ist, und die Straße mit größter Mühe nicht gut erhalten werden kann. Wenn man hier für die Verkehrserleichterung sorgen will, dann muß die ganze Straße einer Correction unterzogen und jedenfalls eine stehende Rheinbrücke erbaut werden. (2)

Zur Zeit werden auf dieser Straße in die Schweiz ausgeführt: Frucht, Stroh, Kartoffeln, Holz und Vieh.

Im Jahr 1856, wo der Verkehr letztmals beobachtet wurde, ergab sich eine tägliche Frequenz von nur 18 Zugthieren.

Nr. 56.

Straße von Schaffhausen nach Zürich.

Länge in Baden	4,4	Kilometer	= 1,0	Stunden,
„ „ der Schweiz bis Eglisau	7,1	„	= 1,6	„
zusammen	11,5	Kilometer	= 2,6	Stunden.

Die Ortsnamen: Hinterwangen, Rheinau, Sulgen, Wyl, Lottstetten, Eglisau, Küssenberg ꝛc. weisen nicht ohne Wahrscheinlichkeit auf ursprünglich keltische Bevölkerung hin. Auch der als Römerstraße bezeichnete alte Weg, der über Altenburg zog und die Römerbrücke bei Rheinau über den Volkenbach schreitend nach Lottstetten, zwischen Buchenloh und Wyl, nördlich an Bergöschingen, südlich an den Reutehöfen und an Haidenstadt vorüber nach Küssenberg führte, dürfte keltischen Ursprungs sein. (3)

Die im Mittelalter von Schaffhausen (4) nach Lottstetten (5) und Rafz nach Eglisau zu dem sehr alten Rheinübergang (6) führende Straße bildet eine Abtheilung der sogenannten „Fruchtstraße", welche den Getreidetransport aus der Baar und aus dem südwestlichen Theile von Schwaben, insbesondere von Ulm nach Zürich vermittelte und auch „Hauptstraße" genannt wurde. Die Beschaffenheit dieses Weges muß noch im vorigen Jahrhundert sehr schlecht gewesen sein, da man von Zürich über Eglisau nach Rheinau mit leichterem Fuhrwerk einen vollen Tag brauchte. (7) Noch im Jahr 1834 war diese Straße hinsichtlich der Frequenz eine der ersten, vielleicht die erste in Baden, da auf ihr auch das in großen Quantitäten nach dem nördlichen Theil des Cantons Thurgau und nach dem Canton Zürich bestimmte Salz von Dürrheim versendet wurde. Sie war ihrer Bedeutung wegen schon 1810 in die I. Classe der Staatsstraßen eingereiht worden.

Von Schaffhausen bis Jnstetten und von Lottstetten bis Eglisau ist die Straße ziemlich eben, zwischen Jnstetten und Lottstetten führt sie aber über einen Bergrücken, der einerseits 100 Ruthen lang, 8—10 Procent, anderseits 200 Ruthen lang, 4—7 Procent Gefäll besitzt.

(1) Nach Merians Topographie der Schweiz von 1642 „bestunden vor Zeiten bei dem sehr alten Ort Zurzach drei Brücken über den Rhein". (2) Die Regierung des Cantons Aargau hat 1876 ein Brückenbauprojekt (in Eisen) vorgeschlagen, dessen Ausführung 337—400,000 Francs kosten soll, wovon Baden die Hälfte zu tragen hätte. (3) Schriften des Alterthums-Vereins II. S. 135. (4) Schaffhausen siehe Nr. 58. (5) Der Ort Lottstetten wird schon 827 in Urkunden genannt, er kam 1812 von Schwarzenberg durch Kauf an Baden. (6) Nach Sebastian Münster's Cosmographie stund schon im Anfang des 16. Jahrhunderts eine feste Brücke über den Rhein bei Eglisau, die beiderseits befestigt war. Die dermalige Brücke ist von Holz und gedeckt; sie wird von steinernen Pfeilern getragen. (7) Wilh. Zapf Reisen 1786.

Als nun in den Jahren 1840—1845 in Folge des Baues einer neuen Straße von Schaffhausen über Andelfingen nach Winterthur der Verkehr nach Zürich sich mehr dieser, zwar eine Stunde längeren, aber nahezu ebenen Straße zuwandte, hoffte man durch Correction der Steige zwischen Jnstetten und Lottstetten den Verkehr wieder anziehen zu können, da für eine Ladung von 100 Centnern 2 Fl. 46 Xr., also per Centner circa $1^1/_2$ Xr. Vorspannkosten gespart würden. Die Verkehrsmenge wurde damals auf 200,000 Centner geschätzt.

Man entwarf 1844 für diese Correction einen Plan und Ueberschlag, welch' letzterer für eine 674 Ruthen lange Correction von 28 Fuß Breite, mit 22 Fuß Fahrbahn aus 6 Zoll Fundament und 3 Zoll Schotter 17,779 Fl. forderte.

Die Ausführung unterblieb und man entschloß sich in den Jahren 1845/46 eine Straße von Jnstetten nach Rheinau (Nr. 85) herzustellen, da dieser Zug günstigeres Gefäll und selbst nach der auf Schweizer Gebiet beabsichtigten, inzwischen ausgeführten Correction nur eine Länge von $9^1/_2$ Stunden zwischen Schaffhausen und Zürich besitzt, während die Straße von Schaffhausen über Andelfingen und Winterthur nach Zürich $10^1/_2$ Stunden lang ist.

Die Straße Nr. 56 blieb fortan Landstraße. Im Jahr 1841 wurden 1670 Fl. für eine Correction in Jnstetten aufgewendet. Für den Verkehr der auf dem linken Ufer der Thur liegenden Schweizerorte mit Lottstetten und Jnstetten bestund seit 1864 bei Rüdlingen eine Wagenfuhre mit Drahtseil. Im Jahr 1873 wurde an deren Stelle eine stehende Brücke mit Steinpfeilern und eisernem Oberbau errichtet.

Hierdurch verminderte sich die Frequenz des Rheinübergangs bei Eglisau. Im Jahr 1856 wurden zwischen Schaffhausen und Eglisau noch 142 Zugthiere täglich beobachtet, 1864 nur 49 und 1874 nur 45.

Nr. 57.

Straße von Donaueschingen nach Ludwigshafen.

Länge 54,19 Kilometer = 12,19 Stunden.

Der Aufenthalt der Römer längs dieses Straßenzuges wird durch die römischen Baureste in Orsingen, eine arula in Eigeltingen, und viele Münzen von Trajan in Stockach als erwiesen betrachtet. (1)

Die Straße von Donaueschingen über Pfohren, Geisingen, Hausen, Engen, (2) Aach, (3) Eigeltingen und Nenzingen nach Stockach (4) bildet eine Abtheilung der sehr alten Landstraße, welche den Verkehr zwischen dem Breisgau und der Ortenau nach Württemberg vermittelte. Wein, Obst und Colonialwaaren wurden auf diesem Wege in großen Quantitäten nach Schwaben gebracht und Getreide zur Rückfracht verwendet. (Siehe Württemb. Jahrbücher 1850.)

Zwischen Stockach und Sernatingen (Ludwigshafen) bestund bis zu Anfang dieses Jahrhunderts nur ein gewöhnlicher, 10 Fuß breiter Vicinalweg für den Localverkehr. Der größere Theil der Straße, der jetzt die Gemarkungen Donaueschingen, Pfohren, Geisingen, Hausen, Stetten, Zimmerholz, Engen, Ehingen und Aach durchzieht, lag früher unter fürstenbergischer Hoheit. Die Gemarkung Eigeltingen war reichsritterschaftlich, die Nenzinger und Stockacher Gemarkung österreichisch und die Gemarkung Sernatingen stund bis zu Anfang dieses Jahrhunderts unter der Hoheit der Reichsstadt Ueberlingen. Die Straße von Stockach nach Donau-

---

(1) Schriften des Alterthums-Vereins 1850. (2) Das Schloß (der Hof) in Engen ist 1537—1550 von Bischof Johann v. Constanz, Landgraf v. Lupfen Herr v. Höwen erbaut. (3) Bei Aach führte eine Hochstraße vorbei, 1296 wird der Ort als Stadt bezeichnet, 1330 den Herzogen von Oesterreich gehörig wurde Aach öfter verpfändet und kam mit Nellenburg aus der Hand Württembergs 1810 an Baden. (4) Stockach, einst Malstätte des hegauischen Landgerichts, war 1287 schon Stadt, die 1465 an Oesterreich kam und 1458 das Recht zur Erhebung von Zoll und Weggeld erhielt. Durch die Kreuzung der Straßen aus dem Breisgau und der Schweiz war Stockach schon frühe ein bedeutender Ort und Hauptdurchgangspunkt für Militärzüge. In der Zeit von 1790—1815 lagen hier über 1 Million Soldaten in Quartier. (Kräuter, Geschichte von Vorderösterreich I. 1790.) Als Hauptstadt der Landgrafschaft Nellenburg kam Stockach mit dieser durch den Preßburger Frieden an Württemberg und in Folge des Wiener Friedens vom 14. October 1809 durch Vertrag vom 2. October 1810 (Reg.-Bl. Nr. 47) unter badische Hoheit. Stockach hatte früher wöchentlich einen bedeutenden Fruchtmarkt, der, wie die meisten dieser Märkte, in neuerer Zeit stark abgenommen hat. Im Jahre 1867 wurden noch 66,854 Centner Getreide hier verkauft.

eschingen befand sich ebenfalls bis in die Mitte des vorigen Jahrhunderts in einem sehr mangelhaften Zustand und ihre Breite betrug größtentheils nur 8—12 Fuß.

Fürstenberg begann im Jahr 1750 zwischen Donaueschingen und Geisingen Correctionen und Verbreiterungen bis auf 20 Fuß vorzunehmen. Insbesondere wurde damals die Straße in den sog. untern Hölzern neu ausgeführt. Sodann wurde 1751 und 1752 die Abtheilung von Donaueschingen nach Pfohren und jene zwischen Wartenberg und Geisingen chaussirt und 1753 bis 1754 diese Bauten bis Engen fortgesetzt. Der Steinsatz war 20 Fuß breit, 2 Fuß hoch, mit Ueberdeckung von 1/2 Fuß Schotter und 6 Zoll Kies vorgeschrieben.

Die Ausführung, welche übrigens dieser Vorschrift nur zum Theil und namentlich hinsichtlich der Breite nur selten entsprach, geschah im Accord und die Kosten wurden aus der Weggeldcasse bestritten. Für die Güter wurde Entschädigung geleistet.

Im Jahr 1761 war die Straße zwischen Geisingen und Engen wieder in sehr schlechtem Zustand, namentlich die Steigen bei Engen fast unfahrbar,(1) und das Pflaster in dem Ort Geisingen lebensgefährlich. Unterhalb Geisingen war die Straße oft überschwemmt, so daß hier viel Unglück vorkam. Auch in dem Gebiet von Nellenburg und in der ritterschaftlichen Gemarkung Nenzingen war die Straße viel zu schmal und in ganz schlechtem Zustand. Obgleich Seitens der fürstenbergischen Regierung unablässig auf bessere Unterhaltung des Weges hingewirkt wurde, blieb derselbe doch fortan Gegenstand der Klage aller Fuhrleute. (2)

Als nun im Jahr 1769 das Kreisviertels-Directorium und die betheiligten Gebietsherren von der vorderösterreichischen Regierung dringend aufgefordert wurden, die Straße von Stockach nach Donaueschingen unverzüglich in guten Stand zu bringen, weil die kaiserlich österreichische Prinzessin Maria Antoinette im Frühjahr 1770 von Wien über Ulm, Ehingen, Riedlingen, Mengen, Meßkirch, Stockach, Engen, Donaueschingen, Neustadt, Freiburg, Emmendingen, Kenzingen, Schuttern und Kehl nach Straßburg zur Vermählung mit dem Dauphin von Frankreich zu reisen beabsichtigte, kam plötzlich eine größere Regsamkeit in das Straßenbauwesen, da die Territorialherren sich gegenüber Oesterreich gefällig zeigen wollten. Nach Kreisviertelsbeschluß sollten alle Orte auf 2 Stunden Entfernung von der Straße zur Mitwirkung beigezogen werden und Fürstenberg kam in Folge dessen mit dem ebenfalls in Betheiligung gezogenen Deutschorden(3) und mit dem Directorium der Ritterschaft des Cantons Höhgau überein, daß die Straße mit 20 Fuß breitem und 1 1/2 Fuß starkem Fundament und 2 Zoll Kiesdeckung herzustellen sei. Der Vollzug stieß bei den Gemeinden auf viele Anstände, weil einige mehr als 2 Stunden von der Straße entfernt zu liegen behaupteten und zunächst eine genaue Abmessung der Entfernung verlangten, andere aber die Frohndleistung verweigerten, weil Gemeinden, welche die Straße hauptsächlich benützen, aber etwas weiter als 2 Stunden davon entfernt liegen, von der Mitwirkung befreit waren. Ueberdies behaupteten die ritterschaftlichen Orte, unterstützt von ihren Herrschaften, von derartigen allgemeinen Frohndleistungen außerhalb des ritterschaftlichen Gebiets allgemein befreit zu sein. Nur dem energischen Einschreiten des Kreisviertels-Directoriums gelang es endlich, den vielseitigen Widerstand zu beseitigen.(4) Bei dieser Gelegenheit wurde die Landstraße von Aach nach Engen über Altdorf geleitet, obgleich die Stadt Engen hiergegen protestirte, und die Verbesserung der sog. oberen Straße,(5) welche durch Engen führte, verlangte. Auch die Steige bei Aach, die ein Gefäll von 10—12 Procent hatte, ist tiefer gelegt und die Steigung auf 5,4 Procent vermindert worden. Das Längenprofil, wie die Höhenlage der Straße wurde an vielen Stellen geregelt und verbessert. Die Steige bei Engen wurde in der Art verbessert, daß die alte Straße von Altdorf über Zimmerholz nach Geisingen von dem durchgehenden Verkehr ganz verlassen wurde.

Die Vollendung dieser Arbeiten erfolgte in der Hauptsache erst im Jahr 1774, nachdem die Reise der österreichischen Prinzessin schon am 2. Mai 1770 erfolgt war. Die Straße erhielt den Namen „Devotions- oder Dauphine-Straße."

---

(1) Die Fuhrwerke hielten zu solcher Zeit die älteste Straße von Hausen über Kirchen, Aulfingen, Stetten und Zimmerholz nach Engen ein. (2) Fürstl. fürstenb. Arch.-Act. (3) Die Deutschordensorte Blumenfeld, Beuren, Weil, Watterdingen und Leipferdingen, sowie das fürstlich Auerspergische Dorf Thengen hatten mitzuwirken. (4) Gegen die Orte Aulfingen, Engen und Blumenfeld wurde mit militärischer Execution eingeschritten, anderen Orten wurde sie mit Erfolg angedroht. (5) Die obere Straße war der jetzige Vicinalweg von Engen nach Bittelbronn, der in der Nähe des sog. Hohensteins die jetzige Straße durchkreuzt. Der Weg von hier nach Altdorf war sehr schmal und kaum fahrbar, daher er jetzt verbreitert und chaussirt wurde. Engen war noch 1374 Filial von Altdorf, das schon 830 urkundlich erwähnt ist.

Obgleich durch Kreisviertelsbeschluß bestimmt war, daß die Straße zwei Jahre lang nach ihrer Erstellung von den bei dem Bau betheiligten Concurrenten und erst nachher von den betreffenden Zollherren fortan in gutem Stande zu erhalten sei, war dieselbe doch schon 1798 zwischen Pfohren und Engen größtentheils wieder unbrauchbar, (1) und sie wurde auch von Baden (1806 resp. 1810) in sehr mangelhaftem Zustande übernommen.

Mit der Straße von Altbreisach über Freiburg nach Donaueschingen in die zweite Classe der Staatsstraßen eingetheilt, kam dieselbe allmählich in bessern Zustand und es wurde namentlich 1811 eine neue Donaubrücke bei Geisingen erbaut, (2) und im Jahr 1813 die Abtheilung von Engen nach Aach einer durchgehenden Reparatur unterzogen, um auch den Verkehr in der Richtung nach Radolfzell zu erleichtern.

Zwischen Stockach und Sernatingen hielten die schweren Fuhren früher den Vicinalweg über Espasingen ein. (3) Zur Erleichterung des Verkehrs hatten aber die Gemeinden in den Jahren 1802, 1809 und 1812 den directen Vicinalweg für die breite Spur benützbar hergestellt.

Nachdem durch vermehrten Fruchttransport nach Sernatingen (4) der Verkehr auf der ganzen Straße von Donaueschingen her sich belebte, wurde im Jahr 1816 die Vicinalstraße von Stockach nach Sernatingen ebenfalls in die zweite Classe der Staatsstraßen aufgenommen und 1817 die Hohlgasse zwischen Stockach und der Lorettocapelle auf 750 Fuß Länge corrigirt und auf 24 Fuß Breite erweitert. Die Ausführung der Arbeiten geschah in der Frohnd. In den Jahren 1825 und 1826 wurde sodann die Straße durch den Ort Sernatingen durch Abbruch einiger Gebäude corrigirt und bis zu dem Lagerhause chausseemäßig hergestellt.

Auch die Steige oberhalb Sernatingen bei der sog. Bildföhre, welche 8—10 Procent Gefäll hatte, erhielt durch Tieferlegung der Straße 5 Procent Gefäll. (5)

Die Brücke bei der Weißmühle in Stockach wurde 1826 mit 5929 Fl. neu erbaut und die Abtheilung bei der Lorettocapelle in den Jahren 1827 und 1828 abermals erweitert und das Gefäll mehr ausgeglichen. Die zu diesen Bauten erforderlichen Gebäude und Grundstücke wurden aus der Staatscasse erworben. Der Aufwand für die genannten Bauten belief sich einschließlich der Brücke auf 23,693 Fl. Auch an der Straße von Donaueschingen nach

---

(1) Fürstlich fürstenbergische Archiv-Acten (2) Diese noch bestehende Brücke, ein Sprengwerk ohne Joch ist gedeckt; sie war aber für das Hochwasser nicht weit genug, daher bald nach dem Hochwasser von 1824 noch eine ungedeckte Holzbrücke mit fünf Jochen über das linkseitige Vorland hergestellt wurde. (3) Unfern von dieser Straße befindet sich im Wald Bogenthal eine Gewann „Römerbrunnen". (4) Das Dorf Sernatingen kam 1294 von Ulrich von Bodmann durch Kauf an das Spital Ueberlingen, 1808 an Württemberg, 1810 an Baden. In den Jahren 1816 und 1817 ließ ein österreichischer Fouragelieferant große Fouragequantitäten nach Sernatingen bringen, um solche von da nach Bregenz zu verschiffen. Dies gab die erste Veranlassung zu Gründung eines Speditionsgeschäftes unter der Firma: B. V. H. U. (Beuter, Vanotti, Hamma, Ummenhofen). Schon 1821 etablirte sich ein weiteres Speditionshaus von Gisselbrecht & Comp., welches veranlaßte, daß das Haus Hummel in Straßburg ein großartig eingerichtetes Eilgüterfuhrwerk von Kehl nach Sernatingen mit Pferdewechsel an bestimmten Stationen einführte. (Siehe I. S. 27.) Das Quantum der in Sernatingen zu spedirenden Güter steigerte sich hierdurch bald auf 200,000 Centner im Jahre. Von Frankreich und Frankfurt gingen Zucker, Kaffe ꝛc. über Sernatingen nach der Schweiz, und Leinwand, Baumwollenwaaren, italienische Wetzsteine ꝛc. bildeten die Rückfracht. Nach Einführung der Dampfschifffahrt in den Jahren 1824—1825 erweiterte sich das Speditionsgeschäft so sehr, daß 1824—1826 ein Hafen mit Lagerhaus erbaut und dem Orte zur Erinnerung an das persönliche Interesse, welches Großherzog Ludwig an dem Aufblühen desselben nahm, bei Gelegenheit der feierlichen Einweihung am 25. August 1826, — dem Geburtstage des Landesherrn — der Name Ludwigshafen gegeben wurde. (Reg.-Bl. 1826 S. 194.) Durch Gesetz vom 6. Februar 1826 wurden alle Güter, welche in Ludwigshafen zu Wasser eingehen und transitiren, für zollfrei erklärt. Dies war Folge davon, daß Württemberg den Transitzoll von Heilbronn nach Friedrichshafen von 20 Xr. per Centner um die Hälfte ermäßigte, um die Güter diesem Zug zuzuwenden. Die im Jahre 1831 ausgedehnte und regelmäßige Dampfschifffahrt auf dem Bodensee gab dem Speditionsgeschäft einen weiteren Aufschwung, sodaß die Summe der Güter auf 300,000 Centner jährlich stieg und die Zahl der Spediteure sich vermehrte. Nach Abschluß des Zollvereins wurde im Jahre 1835 in Ludwigshafen ein Hauptzollamt mit Niederlage errichtet und der Hafen 1838, 1841 und 1845 erweitert. Durch die in den Jahren 1847—1853 eröffnete Eisenbahn von Bruchsal nach Friedrichshafen und durch die 1840—1858 in Betrieb gesetzte linksrheinische Eisenbahn zog sich ein großer Theil des Verkehrs von Straßburg nach Frankfurt auf diese neuen Verkehrswege und der Güterverkehr in Ludwigshafen verminderte sich. Es bestunden aber immer noch 2 Speditionshäuser, und die in dem Hafen ankommenden und abgehenden Güter sollen 1866 noch gegen 60,000 Centner betragen haben. 1867 sind eingegangen 14,375, ausgegangen 42,973 Centner. 1872 angekommen 4336 abgegangen 31,807, zusammen 35,343 Centner. Außerdem wurde von Ludwigshafen auch viel Stammholz mittelst der Dampfschiffe in der Form von Flößen verschifft. Die Zahl der Stämme soll 1865 4700, 1866 4500 betragen haben. Seit dem Bestehen der Eisenbahn von Stockach nach Radolfzell hat auch dieser Verkehr größtentheils aufgehört. Das Hauptzollamt wurde 1863 nach Ueberlingen verlegt. (5) Die alte Straße wird jetzt noch als Feldweg benutzt.

Stockach sind verschiedene mehr oder weniger bedeutende Verbesserungen ausgeführt worden. In den Jahren 1829—1834 wurde die Steige im Wasserburger Thal mit 3085 Fl. verlegt; 1839 bis 1841 erhöhte man die Straße in Pfohren mit 1050 Fl. Die größte Erleichterung ging dem Verkehr auf dieser Straße durch die Correction der Steige bei Engen zu. Die frühere sog. rothe Steige (2288 Fuß hoch) zwischen Altdorf und Hausen im sog. Kirchthal hatte Gefälle von 9, 10, 12 und 14 Procent. Die vielen Unglücksfälle, welche hier vorkamen und wobei selbst Menschen ihr Leben verloren, gaben schon im Jahr 1837 Veranlassung, eine Gefällsermäßigung auf 5 Procent in nähere Erwägung zu nehmen. Genauere Untersuchungen erfolgten aber erst im Jahr 1839, wobei es sich zeigte, daß durch eine Verlängerung des Weges um 2700 Fuß ein Gefäll von $4^1/_2$ Procent erreicht werden könne und daß der Aufwand für diese Correction etwa 50,000 Fl. kosten wird. Gleichzeitig kam auch die Correction der beiden Steigen in der Stadt Engen durch Verlegung der Straße außerhalb des Orts in das Katzbachthal bis an die sog. Steigemühle zur Untersuchung. Da aber die Gemeinde Engen gegen diese letztere Correction Protest erhob, beschränkte man sich auf die Correction der Steige zwischen Altdorf und Hausen und zwar auf die dringendsten Ausführungen, deren Aufwand im Jahr 1841 auf 60,000 Fl. berechnet wurde. Der Bau wurde im Jahr 1844 angeordnet und in der Abtheilung an dem sog. Ziegelspitz bei Hausen bis zu dem Durchschnitt der alten und neuen Straße auf der Höhe begonnen. Diese Abtheilung wurde im Jahr 1846 vollendet und gleichzeitig die untere Abtheilung in Angriff genommen, deren Vollendung 1847 erfolgte. Der Straßenbau wurde in einer Breite von 24 Fuß mit einer 20 Fuß breiten Fahrbahn, 1 Fuß hohem Steinsatz, 5 Zoll Schotter und $1^1/_2$füßiger Böschung ausgeführt und auf Entfernungen von 250 Fuß je ein 40 Fuß langer und 6 Fuß breiter Materiallagerplatz angelegt. Zur Beschränkung des Aufwandes ermäßigte man das Gefälle nur auf 4 und 5 Procent. Die Grundstücke und 3 Gebäude in Altdorf wurden aus dem Straßenbaufonds angekauft; die Gemeinden haben keine Zuschüsse geleistet. Der Gesammtaufwand für den $2^1/_2$ Stunden langen Bau belief sich auf 64,981 Fl. 1857 ist sodann die Kothbachbrücke bei Geisingen mit einem Aufwand von 2100 Fl. neu erbaut worden. Im Jahr 1875 wurde der Neubau der Aachbrücke bei Rißdorf und der sog. Zollbrücke für nöthig erachtet, an beiden Holzbrücken waren die Widerlager schadhaft. Die Rißdorfer Brücke mit einer Lichtweite von 13,2 Meter sollte eiserne Fachwerkträger über der Brücke, die Zollbrücke mit einer Lichtweite von 10,7 Meter sollte solche unter der Brücke erhalten. Man beschränkte sich auf den Umbau der Zollbrücke mit 13,000 Mark, wogegen die Rißdorfer Brücke reparirt wurde. Die Kosten werden nach dem Gesetz von 1868 getheilt. Die Ausführung erfolgte 1876/77. Der erweisliche Aufwand für Verbesserung dieser Straße beträgt 175,701 Mark.

Der Verkehr hat sich in Folge der Eisenbahn seit 1856—1874, zwischen Donöschingen und Geisingen von 96 auf 56, zwischen Geisingen und Stockach um nichts, zwischen Stockach und Ludwigshafen aber von 208 auf 64 Zugthiere täglich vermindert.

Nr. 58.

Straße von Geisingen nach Tuttlingen.

Länge in Baden . .	15,68	Kilometer	= 3,53	Stunden,
„ „ Württemberg	2,70	„	= 0,61	„
zusammen	18,38	Kilometer	= 4,14	Stunden.

Nr. 59.

Straße von Schaffhausen nach Tuttlingen.

Länge in Baden . .	15,85	Kilometer	= 3,57	Stunden.
„ „ Württemberg	5,80	„	= 1,30	„

Die Länge von Schaffhausen bis zur badischen Gränze beträgt 0,4 Stunde, die Länge im Schweizergebiet zwischen Büsingen und Randegg 0,6 Stunde.

Nr. 84.

Straße von Hilzingen nach Thaingen.

Die Gegend, welche diese 3 Straßen durchziehen, war einst von den Kelten bewohnt, denn die Namen „Hegau, Aach, Wiex, Beuren, Hohentwiel, Schlatt“ und wohl auch Tuttlingen, Möhringen, Hattingen und Hilzingen scheinen keltischer Abkunft zu sein. Bei Hohentwiel und bei Singen wurden keltische Gräber mit Frauenschmuck von Bronze gefunden. Auch bei dem sehr niederen Wasserstand von 1783 fand man in den Felsen am Rheinfall Eisenerz und Geräthe, die keltische Arbeit sind.

Auf späteren Wohnsitz der Römer deuten die Bezeichnungen „Römerberg“ bei Hilzingen, „Hochgesträß und Hertweg“ bei Duchtlingen, „Heidenlöcher“ bei Eigeltingen, „Heerweg“ bei Mühlhausen, „Hochstrauß“ bei Aach. Bei Orsingen fand man römische Gebäudereste und Waffen.

Die ersten Straßen werden danach ebenfalls keltisch-germanischen Ursprungs sein. (1)

Die urkundliche Geschichte Tuttlingens weist auf das 8. Jahrhundert zurück, in welchem der Ort an das Kloster Reichenau kam. Schaffhausens Geschichte beginnt mit dem 9. Jahrhundert. Im Jahr 1047 wird dieser Ort Flecken und Stapelplatz genannt und 1369 eines schon lange bestehenden bedeutenden Fruchtmarktes daselbst erwähnt. 1379 wurde die Stadt reichsfrei.

Tuttlingen erhielt in der Zeit von 1334—1372 Stadtrechte und 1413 Marktrecht. Anfangs des 15. Jahrhunderts kam die Stadt an Württemberg. Das Schloß Homberg wurde im 30jährigen Krieg zerstört. Tuttlingen betrieb schon im 16. Jahrhundert die Tuch- und Zeugweberei in großer Ausdehnung; später erweiterte sich der Gewerbebetrieb auf Wollspinnerei und Strickerei, Gerberei, Schuh- und Messerfabrication. Die Frucht- und Wollmärkte wurden immer ausgedehnter. (2)

Der große Brand von 1804 konnte nur einen kurzen Stillstand veranlassen, bald hob sich der Gewerbebetrieb auf's Neue zu einer noch reicheren Blüthe. (3)

Der Hauptabsatz der gewerblichen und landwirthschaftlichen Erzeugnisse von Tuttlingen und Umgegend ging seit dem Mittelalter bis in die neue Zeit nach der Schweiz über Schaffhausen (4) und in das badische Gebiet über Donaueschingen und Engen. Aber nicht nur dieser locale Verkehr, sondern auch der durchgehende Verkehr von Schaffhausen resp. Donaueschingen über Tuttlingen, Bahlingen, Tübingen, Stuttgart einseits und Mößkirch, Mengen anderseits erhöhte die Lebhaftigkeit auf der Straße zwischen Schaffhausen und Tuttlingen.

Die Straße von Donaueschingen über Geisingen, Möhringen und Tuttlingen nach Mößkirch wird in verschiedenen Dienstschriften aus der ersten Hälfte des vorigen Jahrhunderts als „uralte Heer-, Land- und Poststraße“ bezeichnet. (5) Auch der Straßenzug von Tuttlingen über Möhringen, Immendingen, Zimmern, Hausen, Kirchen, Leipferdingen, Blumberger Zollhaus, Mörishausen ist zu gleicher Zeit „ein uralter von jeher mit der Straße über Biesendorf, Engen, Welschingen, Weiterdingen, Hilzingen, Ebringen, Thaingen, Herblingen nach Schaffhausen concurrirender Handelsweg“ genannt. Alle diese Straßen waren damals noch für die schmale Spur

(1) Siehe Leichtlen, Forschungen I. 4. Auch über Bankhozen, Aach, Neuhausen, Buchheim, Filsingen, Tuttlingen und Rottweil ging eine von den Römern benutzte Straße, die bei Tuttlingen die Donau überschritt. (2) Die Fruchtmärkte setzten 1868 45,300, die Wollmärkte 826 Centner um. (3) Württemb. Jahrb. 1842. (4) Schaffhausen hatte sich durch den natürlichen Stapel und durch den in frühester Zeit schon vermittelten Rheinübergang zu einer bedeutenden Stadt erhoben, welche schon 1045 von Kaiser Heinrich III. Markt- und Münzrechte erhielt, im 15. Jahrh. freie Reichsstadt und 1501 ein Canton der Eidgenossenschaft wurde. Im 8. und 9. Jahrh. war Schaffhausen eine Schifferstation mit Fähre. Die erste urkundlich nachgewiesene Rheinbrücke war von Holz und wurde 1480 durch Hochwasser zerstört. 1550 baute man ein Steinjoch und 1585—1611 die ganze Brücke von Stein. Merian sagt in seiner Topographie der Schweiz von 1642, „daß dergleichen (Brücken) am ganzen Rhein nicht zu finden sind“. Diese Brücke stürzte im Mai 1754 bis auf einen Pfeiler zusammen. Die hierauf 1756 begonnene und 1759 vollendete neue Brücke, aus 2 Sprengwerken mit einem steinernen Mittelpfeiler der alten Brücke und einem Dach à la mansard bestehend, hatte Baumeister H. Ulrich Grubenmann aus Teuffen, Canton Appenzell, gegen Tagesgebühren von 8 Fl. erbaut. Der steinerne Pfeiler der alten Brücke, der 171 Fuß von der Stadt, und 193 Fuß von Feuerthalen entfernt war, wurde zur Auflage des Spreng- und Hängewerkes verwendet. Die Fahrbahnbreite betrug 27 Fuß neben Trottoirs. Diese Brücke wurde 1779 von Oudinot abgebrannt. (Siehe Beschreibung von Professor Jezler 1876.) Schaffhauser Jahrbücher und allgemeine deutsche Bibliothek 38. 177. Chronik von 1844. Schaffhauser Chronik III. 223. V. Die jetzige Brücke, die acht steinerne Pfeiler besitzt ist 1815 mit 30,000 Fl. erbaut worden. (5) Fürstl. fürstenb. Archiv-Acten.

bemessen; sie führten durch viele Hohlwege, hatten ungünstige Gefälle und befanden sich in einem Zustand, daß mit Güterwagen kaum durchzukommen war. (1) Die Kreis- und Viertelsconvente von 1750, 1753, 1756 hatten sich übereinstimmend für die chausseemäßige Herstellung des alten Handelsweges von Cannstatt über Tübingen, Hechingen, Bahlingen und Tuttlingen nach Schaffhausen — der sog. Cannstatter oder Schweizerstraße — ausgesprochen, aber darüber, welche Richtung diese Straße zwischen Tuttlingen und Schaffhausen einhalten soll, war bei den sich entgegenstehenden Interessen der Territorialherren eine Vereinigung schwer zu erzielen. Württemberg, unterstützt von Oesterreich, suchte den Zug über Biesendorf, Engen und Weiterdingen durchzusetzen, Fürstenberg und St. Blasien waren für die Richtung über Möhringen, Hausen und Blumberg; Auersberg und Schaffhausen verwendeten sich für die Straße über Thengen und den Schlauch (Engpaß) nach Mörishausen. Während hierüber vieljährige Verhandlungen gepflogen wurden, verbesserte Schaffhausen die Straßen auf seinem Gebiet und ließ insbesondere die sog. Hochstraße vom Schwabenthor bis auf den Grafenbuck 1765 durch einen Zurzacher Baumeister für die breite Spur herstellen, ohne für Güter Entschädigung zu geben, obgleich Schaffhausen schon 1380 ein Zwangsabtretungsgesetz hatte (Chronik von Imthurn); auch Fürstenberg ließ im Jahr 1773 vom Spital in Geisingen bis gegen Zimmern die Straße neu herstellen und auf mehreren Abtheilungen zwischen Zimmern und Möhringen Verbesserungen auf Kosten der Landschaftscasse vornehmen. Die Kosten für eine neue Donaubrücke bei Möhringen wurden hälftig von der Gemeinde bezahlt.

Die Straße zwischen Tuttlingen und Engen, obgleich 1752 durchgehends reparirt, war bald wieder in einen fast unfahrbaren Zustand gekommen. Die Fuhrleute nahmen darum ihren Weg von Tuttlingen durch den Seltenbach über das Tuttlinger Thal, an dem Großholz hin über den Emminger Weidgang nächst Emmingen vorüber bis an die Emminger Steig, dann in das Kriegerthal nach Altdorf (Engen). In den engen Hohlgassen war im Winter wegen des Eises oftmals nicht durchzukommen. Württemberg ließ nun im Jahr 1778 die Steige zwischen Tuttlingen und Biesendorf neu chaussiren, da aber sonst für Verbesserung dieser Straße nichts geschah, beschloß die Kreisviertelsconferenz in Bahlingen im Jahr 1780, daß die Straße binnen 3 Jahren gut herzustellen sei. Fürstenberg erklärte sich aber erst auf Andringen Oesterreichs und Württembergs im Jahr 1782 unter der Bedingung zu dem Straßenbau nach Engen und Weiterdingen bereit, daß die neue Straße nicht über Biesendorf, sondern über Hattingen geführt werde. Da man hierin die Absicht zu erkennen glaubte, den Straßenzug von Hattingen nach dem Donauthale zu leiten, wurde die Straßenrichtung über Hattingen erst gestattet, nachdem Fürstenberg unterm 23. September 1782 einen Revers ausgestellt hatte: „daß dieser Straße durch keine andere Chaussee, weder durch jene bei Möhringen, noch jene im Kinzigthal Eintrag geschehen soll.“ Der Bau wurde in demselben Jahre noch begonnen und bis 1787 vollendet. Die Landschaftscasse Hohenhöwen erhielt im Jahr 1783 die Ermächtigung, zu dem Bau von Engen über Welschingen, Weiterdingen, Hilzingen, Ebringen ein Capital von 11,000 Fl. aufzunehmen, dessen Abzahlung den betreffenden Gemeinden später große Sorgen bereitete. Bezüglich der Zugsrichtung der Straße bei Engen waren 1780 3 Projecte aufgestellt worden, nämlich: 1) die Richtung durch die Stadt Engen aus dem oberen Thor nach der oberen Straße, 2) die Richtung über Altdorf und durch das untere Thor in die Stadt, 3) der Zug von Altdorf in der Richtung eines noch bestehenden steilen, über Felsen führenden Feldwegs, hinter dem Kapuzinerkloster vorüber nach Anselfingen, dann nach Welschingen durch den Wald Ertenhag und durch eine 200 Klafter lange Hohlgasse an den Binninger See. Das letztere Project kam wegen großer Kosten und der Protestation von Engen nicht weiter in Betracht. Die Kosten für die Straße durch das Petersthor bis zum Otilienberg wurden auf 5870 Fl., jene für die Straße durch Altdorf nach dem unteren Thor wegen Herstellung zweier Brücken und Entfernung von 2 Häusern auf 5088 Fl. veranschlagt. Dieser letztere Zug kam sofort zur Ausführung und auch die übrigen Theile der Straße über Ebringen nach Thaingen wurden bis zum Jahr 1787 für die weite Geleise hergestellt, nachdem eine, im Interesse des Zolls am sog. Schlauch, erhobene Protestation der Herrschaft Auersberg gegen diesen Straßenzug von den schwäbischen Kreisständen abgewiesen war, da allseits erwiesen wurde, daß der regelmäßige Handelsweg zwischen Tuttlingen und Schaffhausen niemals die Richtung über Thengen und den Schlauch eingehalten hatte, wie Auersberg

(1) Als Kaiser Friedrich III. (1439—1493) seinen Einzug in die Stadt Tuttlingen hielt, sollen die Pferde vor dem Thore bis an den Bauch in den Koth eingesunken sein.

behaupten wollte. Trotz der mit vielen Opfern bewirkten Verbesserung der Straße zwischen Tuttlingen und Engen gingen schon im Jahr 1787 der Postwagen (1) und die Güterfuhren sehr oft, besonders im Winter über Möhringen, um der gefährlichen Tuttlinger Steige auszuweichen. (2)

In den Jahren 1810/11, nachdem die Straße von Tuttlingen über Engen nach Schaffhausen als Landstraße I. Classe erklärt war, wurde die Tuttlingen-Geisinger Straße durch die Gemeinden im Frohndwege hergestellt. Die baaren Kosten für Planiren, Steinbrechen und Steinsatz wurden nach der laufenden Ruthe ausgeschlagen, die Kunstbauten, Aufsichtskosten aber aus allgemeinen Mitteln bestritten. — Bei dieser Gelegenheit ist die alte Hohlgasse bei der Immendinger Steige, welche den Wegelagerern zum Aufenthalt diente und die Straße unsicher machte, zugeworfen worden. (3)

Die in neuerer Zeit ausgeführten Bauten werden nun, nach den beiden Straßen getrennt, angeführt:

1. Straße von Geisingen nach Tuttlingen.

In den Jahren 1831/33 wurde die Donaubrücke bei Möhringen mit 15,382 Fl. hergestellt; hierauf folgte 1836 eine Correction in Möhringen; das Thor gegen Immendingen beim Ochsen daselbst, welches sehr eng war und nicht in der Häuserflucht stund, wurde mit einem Staatszuschuß von 135 Fl. entfernt. Im Jahr 1838 entfernte man das vorspringende Wachthaus an der Ecke des Allmendweges und der Hauptstraße.

Bis gegen Ende des vorigen Jahrhunderts wurde der Verkehr zwischen Möhringen und Tuttlingen durch eine im Jahr 1773 erbaute gedeckte Brücke mit hölzernem Häng- und Sprengwerk vermittelt. An Stelle dieser durch das Hochwasser zerstörten Brücke kam dann eine ungedeckte Holzbrücke mit steinernen Landfesten, welche eine Fluthöffnung von 124 Fuß hatte. Nachdem auch dieser Bau im Jahr 1844 durch Eisgang zerstört war, beabsichtigte man eine neue Brücke in der Nähe der Stadt Möhringen zu errichten, um dieselbe sowohl für die Landstraße nach Tuttlingen als für die Straße nach Hattingen zu benützen und die für letztere Straße bestehende städtische Brücke, welche lästiges Gefäll besitzt und theilweise unter Hochwasser liegt, entbehrlich zu machen. Da aber zu diesem Ende eine Flußcorrection von 3600 Fuß Länge und eine Verlegung der Straße vom linken auf das rechte Ufer nöthig geworden wäre, (4) entschloß man sich, zur Ermäßigung des Aufwandes die neue Brücke wieder in die Nähe der früheren Baustelle in Verbindung mit einer kleinen Fluß- und Straßencorrection auszuführen.

Der Aufwand für eine hölzerne Brücke von 5 Oeffnungen à 40 Fuß mit 4 Pfahljochen, 2 steinernen Landfesten und Eisbrechern war auf 18,308 Fl. überschlagen. Die Breite für die Straße und Brücke wurde auf 24 Fuß festgesetzt. Der Bau begann im Jahr 1846 und wurde 1848 vollendet. Der Gesammtaufwand stellte sich auf 21,867 Fl. Im Jahr 1852 kam die Correction der Steige zwischen Immendingen und Möhringen in nähere Erwägung. Die Straße, welche hier über einen 350 Fuß hohen Berg von Jurakalk führte, hatte von Möhringen aufwärts auf 200 Ruthen Länge 10—11 Procent und auf 300 Ruthen Länge 5 Procent Gefäll.

---

(1) Der Postwagencours zwischen Schaffhausen und Tuttlingen, Tübingen und Stuttgart wurde 1709 eingeführt, nachdem schon 1706 eine Privat-Landkutsche bestund. (2) Goethe sagt in seinem Reisebericht von 1797 bezüglich seiner Reise von Tübingen über Bahlingen nach Schaffhausen: „Wo man aus dem Württembergischen kommt, hören die guten Wege auf." (3) Der Herzog von Württemberg hatte sich schon in der Mitte des vorigen Jahrhunderts öfter an Fürstenberg mit dem Ersuchen gewendet, diese „dem Raubgesindel so förderliche Hohlgasse" von Gebüsch zu reinigen oder aufzufüllen. Fürstlich fürstenbergische Archiv-Acten. (4) Man scheute sich damals schon wie später bei Ausführung des Eisenbahnbaues an dem Lauf der Donau eine Aenderung vorzunehmen, weil die Donau an mehreren Stellen durch das zerklüftete Gestein (weißer Jura) Wasser abgiebt, welches zusammen die Aach bilden soll, die verschiedene Wasserwerke treibt. Am 30. September 1874 verschwand das Donauwasser Immendingen gegenüber auf dem rechten Ufer am sog. Degenhardtwald so, daß man schon 1/2 Kilometer weiter unten gegen Möhringen trockenen Fußes durch das Donaubett gehen konnte. Die Oeffnung, in der das Wasser versank, hatte einen Durchmesser von 0,4 Meter und eine Tiefe von 3—4 Meter, gleichzeitig war bei dem Immendinger Werk eine Wasserabflußmenge von 2 Cubikmeter. Aehnliche Versenkungen waren 1711 und 1713 vor dem oberen Thor bei Tuttlingen vorgekommen. (Siehe Sattler, Beschreibung des Herzogthums Württemberg. 1752.) Da die Donau auch 1875 an derselben Stelle wieder versank, wurde eine Commission von Fachmännern zur näheren Untersuchung von der Regierung abgesendet. Es ergab sich, daß im Jahre 1874 die Aach 3000 Liter Wasser in der Secunde führte, während die Donau damals oberhalb der Versenkungsstelle nur 1500 Liter Wasser pro Secunde führte, folglich höchstens die Hälfte des Aachwassers von dieser Stelle der Donau herrühren konnte, wenn überhaupt das Donauwasser zur Bildung der Aachquelle beiträgt, was noch nicht erwiesen ist. Siehe Jahrbuch für Mineralogie 1875. Die directe Entfernung der Aachquelle von der Versinkungsstelle beträgt 11 Kilometer.

Auf der Seite gegen Immendingen betrug das Gefäll auf 400 Ruthen Länge 8—10 Procent. Da bei jedem heftigen Regen das Straßenmaterial abgeschwemmt wurde und der glatte Fels zu Tage trat, war die Passage äußerst gefährlich und die Zahl der Unglücksfälle häufig. Nach dem ersten Correctionsproject sollte die neue Zugslinie von Immendingen aus auf die Höhe des dortigen Steinbruchs steigen und an der Halde hin nach Möhringen hinabgeführt werden. Die Länge des neuen Weges war auf 1540 Ruthen bemessen und der Aufwand auf 30,000 Fl. überschlagen. Nach einem zweiten Project sollte die Straße nahezu horizontal an dem Fuß des Berges im Donauthal mit einer Länge von 1630 Ruthen hinziehen. Der Aufwand hierfür wurde auf 47,000 Fl. berechnet. Nähere Untersuchungen zeigten, daß man bei Beschränkung der Uferdeckungen an der Donau auf das dringendste Maß und bei möglichster Umgehung von Stützmauern mit einem Aufwand von 38,000 Fl. ausreichen werde, um die 16,240 Fuß lange Straße im Donauthal mit 20 Fuß Kronenbreite, 15 Fuß Fahrbahn, aus 5 Zoll Gestück und 5 Zoll Schotter nebst den nöthigen Materiallagerplätzen von 40 Fuß Länge und 6 Fuß Breite herzustellen.

Nachdem die Gemeinden Möhringen (1) und Immendingen (2) sich verpflichtet hatten, das auf 4300 Fl. veranschlagte Gelände gegen eine Entschädigung von 4000 Fl. anzukaufen, (3) wurde der Bau im Jahr 1854 begonnen und am 20. November 1857 dem Verkehr überlassen. Der gesammte Aufwand stellte sich auf 38,086 Fl.

Zwischen Möhringen und Tuttlingen hatte die Straße auf dem rechten Ufer der Donau mehrere lästige Steigen und ihre Breite entsprach nicht durchgehends den Verkehrsverhältnissen, daher in einem mit Württemberg unterm 26. Mai 1857 abgeschlossenen Uebereinkommen, die Herstellung verschiedener Straßen betreffend, unter Anderem bestimmt wurde, daß diese Straße bis Ende 1860 auf badischem und württembergischem Gebiet bis zu einem Maximalgefäll von $3\frac{1}{2}$ Procent zu corrigiren und in einer Breite von 20 Fuß herzustellen sei. Die badischer Seits auszuführende Correction erhielt eine Länge von 4000 Fuß. Die Kosten waren auf 7940 Fl. überschlagen. Die Gemeinde Möhringen stellte das auf 2034 Fl. überschlagene Gelände gegen eine Aversalentschädigung aus der Staatscasse im Betrag von 2000 Fl.

Der Bau wurde badischer und württembergischer Seits im Jahr 1860 vollendet. Der Aufwand für Baden betrug 6990 Fl. Bald hierauf baute Württemberg von dem Bahnhof eine gerade Straße im Thal nach Tuttlingen, welche ebenfalls für den durchgehenden Verkehr benützt wird. Der Umbau der Weißenbachbrücke bei Immendingen in Eisen wurde 1876 beschlossen. Die Kosten im Betrag von 3500 Mark werden nach dem Gesetz von 1868 getheilt.

2. Straße von Schaffhausen nach Tuttlingen.

Die Straße von Mößkirch nach Schaffhausen führt über Stockach, Singen und Gottmadingen, jene von Tuttlingen nach Schaffhausen nahm früher ihre Richtung über Engen, Welschingen, Weiterdingen, Hilzingen, (4) Ebringen und Thaingen, weshalb es nach Abschluß des Zollvereins nöthig war, in Singen ein Hauptzollamt und in Ebringen ein Nebenzollamt zu errichten. Man hielt es nun zur Vereinfachung der Zollbehandlung für angemessen, diese beiden Straßen in Gottmadingen zu vereinigen und die Zollbehandlung für die beiden Straßen gemeinsam eintreten zu lassen. Zu diesem Ende war aber zwischen Hilzingen und Gottmadingen eine directe Verbindungsstraße herzustellen. Der im Jahr 1836 aufgestellte Ueberschlag verlangte für eine 24 Fuß breite Straße mit 20 Fuß Fahrbahn aus 5 Zoll Gestück und 4 Zoll Schotter 21,600 Fl. Der Bau wurde Ende 1837 begonnen und 1839 vollendet. Der Aufwand stellte sich einschließlich der Güterentschädigung auf 22,895 Fl.

Nach Vollendung dieser Straße wurde das Hauptzollamt von Singen nach Randegg (5) ver-

(1) Möhringen ist eine sehr alte Stadt, die 1520 von den Herren von Klingenstein durch Kauf an Fürstenberg kam. Auf dem Schafmarkt in Möhringen kommen nach einem 10jährigen Durchschnitt jährlich ca. 16,000 Stück Schafe zum Verkauf; im Jahre 1872 wurden aber 33,534 Stück ausgeboten. Bis 1813 war hier der Sitz eines Amtes. Siehe Carl Pfaff, Gesch. von Möhringen. (2) In Immendingen hatten die Freiherren von Reischach und Roth von Schreckenstein die niedere Gerichtsbarkeit gemeinschaftlich, von 1807 aber nur noch von Reischach. Jetzt wird hier ein fürstl. fürstenb. Eisenwerk betrieben. (3) Für die Gemeinde Immendingen stund die fürstlich fürstenbergische Standesherrschaft ein. (4) Hilzingen, sehr alter Ort, gehörte im 17. Jahrhundert zum Kloster Petershausen und kam mit diesem an Baden. Der Fruchtmarkt war hier bedeutend. Noch 1869 kamen 67,585, 1872 64,134, 1873 53,000, 1874 56,721, 1876 61,711 Centner Getreide zum Verkauf. (5) Randegg kam im 16. Jahrhundert von den Herren von Randegg an Hans von Schellenberg, dann an die Abtei Petershausen und von dieser an Baden.

legt und das Nebenzollamt Ebringen aufgehoben. Die neue Straße von Hilzingen nach Gottmadingen kam in den Straßenverband, jene von Hilzingen über Ebringen nach Thaingen, deren Länge in Baden 0,96 Stunden beträgt, wurde aus dem Verbande ausgeschieden. Zu gleicher Zeit wurde auch außerhalb Welschingen (¹) eine neue Brücke mit 1078 Fl. hergestellt. Im Jahr 1857 ist die Straße von Schaffhausen über Gottmadingen, Hilzingen und Welschingen bis zu dem Punkte, wo sie mit jener von Singen nach Engen zusammentrifft, aus dem Staatsstraßenverbande ausgeschieden, jedoch in die Classe der unterstützten Vicinalwege aufgenommen und 1869/72 auch der Feldweg, der Engen auf der Westseite umgeht, verbreitert und als Landstraße hergestellt worden. Die Straße durch die Stadt Engen kam hierauf aus dem Landstraßenverband. Die Kosten für die neue Straße nebst der Katzbachbrücke, welche theilweise aus Eisenbahnbaumitteln, theils aus Mitteln des Gesetzes von 1870/76 bestritten wurden, betrugen 9500 Fl. Für die Güter wurde Entschädigung geleistet. Im Jahr 1870 ist die alte Straße von Altdorf über Thalmühle und Hattingen bis zur württembergischen Gränze aus der Classe der Landstraßen ausgeschieden worden, da ihr Verkehr in Folge der Eisenbahn von Immendingen nach Tuttlingen sehr herabgekommen war. (²) Der erweisbare Aufwand für Verbesserung dieser Straßenzüge beträgt 202,259 Mark.

Nr. 60.

Straße von Stockach nach Tuttlingen.

Länge in Baden . .	16,73	Kilometer	=	3,77	Stunden,
„ „ Württemberg	5,30	„	=	1,20	„
zusammen	22,03	Kilometer	=	4,97	Stunden.

Im Jahr 1782 wurde zwischen Oesterreich, Württemberg und Zollern vereinbart, daß diese, damals sehr schmale und schlechte Straße bis zum Jahr 1785 chausseemäßig hergestellt werden soll. Diese Vereinbarung kam jedoch nur theilweise zum Vollzug, indem namentlich in der Gemarkung Lipptingen (³) die Straße nicht fundamentirt und an manchen Stellen nur eine Breite von 16 Fuß eingehalten war. Erst 1789/90 erfolgte auch die Correction und Chaussirung der Straße in Lipptinger Gemarkung.

Nachdem diese Straße im Jahr 1816 in die 2. Classe der Staatsstraßen eingereiht war, wurden allmählich Verbreiterungen auf 18, 22 und 24 Fuß ausgeführt. Namentlich erweiterte man im Jahr 1818 die Hohlgasse bei Stockach von 16 auf 24 Fuß. Eine Regulirung der Straße außerhalb Stockach wurde 1853 mit 1042 Fl. ausgeführt.

Da früher viel Salz aus den Salinen bei Rottweil über Tuttlingen und Stockach nach Ludwigshafen ging, (⁴) ließ König Wilhelm auf württembergischen Gebiet die Straße in guten Stand setzen; auf badischer Seite bestehen aber jetzt noch 10 Steigen von 4—12 Procent Gefälle, deren Länge zusammen 2027 Ruthen beträgt.

Die lästigsten davon sind jene bei Hindelwangen mit 5—11 Procent, bei Windeck mit 9—12, auf der Hochebene mit 8—10, in Lipptingen mit 10, außerhalb mit 10—11, in dem Kohlthal mit 3—7 Procent.

Die Kosten für die Correction der Hindelwanger und Lipptinger Steigen sind 1857 auf 40,000 Fl. veranschlagt worden.

In neuer Zeit sind vorzugsweise zur Ausführung empfohlen: 3 kleinere Correctionen zwischen der württembergischen Gränze und Lipptingen mit einem Aufwand von 10,400 Fl.,

---

(¹) An Stelle der Kirche in Welschingen, welche keltischen Ursprungs ist, stund einst ein heidnischer Tempel. Welschingen wird in Urkunden von 758 „Walasischinga" genannt. (²) Der Transitverkehr aus Schwaben nach der Schweiz 2c., welcher im Mittelalter Schaffhausen durchzog, war sehr bedeutend, er bestund hauptsächlich aus Lasten von Eisen, Stahl, Sensen, Nürnberger, Augsburger und Ulmer Industriegegenständen, Wachs und Leinwand. Der heutige Straßenverkehr beschränkt sich auf Bausteine, Gyps, Getreide, Kartoffeln, Reps und Vieh. Auch der Verkehr auf dem Rhein, der einst bedeutend war und besonders Producte aus der Lombardei und aus Italien nach dem untern Rhein bis Schaffhausen beförderte, hat sich fast ganz verloren, so daß selbst die Dampfschifffahrt zwischen Schaffhausen und Constanz nicht mehr bestehen kann. (³) Lipptingen kommt schon 761 vor, in welcher Zeit es ein Marktflecken war. General Jourdan wurde am 24. März 1799 vom Erzherzog Karl hier geschlagen. Auf der Straße zwischen Lipptingen und Raithaslach blieb Feldmarschmall Fürst von Fürstenberg. Von den Franzosen fielen 7—8000 Mann. (⁴) 1834 wurden ca. 50,000 Centner auf diesem Wege abgeführt.

Gefällsausgleichungen zwischen Lipptingen und der sog. Schweingrube mit 6240 Fl., Umgehung der Hindelwanger und Windecker Steige mit 27,160 Fl.

Nachdem das Eisenwerk in Zizenhausen 1867 geschlossen war, welches jährlich ca. 40,000 Centner Eisenerz von Lipptingen bezogen hatte und der Salztransport von Rottweil nach Ludwigshafen aufhörte, verlor die Straße sehr an Verkehr. Gleichwohl wurden in dem Gesetz von 1870 über Vervollständigung des Landstraßennetzes von 1870 35,000 Fl. für die dringendsten Verbesserungen dieser Straße bewilligt.

Bei näherer Prüfung der Verkehrsinteressen im Jahr 1873 ergab sich aber, daß von Tuttlingen nach Stockach nur noch Gyps und Gußwaaren von Ludwigshall nach Stockach gebracht werden:

Von Liptingen geht viel Brennholz, Frucht und Mehl nach der Station dieses letzteren Ortes. Auch nach Tuttlingen wird Brennholz abgeführt. Bei Windeck, wo die Gemeindestraße von Mahlspüren einmündet, fließt weiterer Verkehr von Feldproducten aus Raithaslach, Münchhof, Homberg ꝛc. zu, und es gehen dahin auch Kaufmannswaaren von Stockach.

Auch Heudorf liefert Holz und Steine zur Eisenbahnstation Stockach. Lipptingen besucht allein die Märkte in Tuttlingen, die übrigen Orte jene in Stockach. Hiernach handelt es sich bei dieser Straße hauptsächlich um den Localverkehr der badischen Orte mit der Amts- und Marktstadt Stockach und der Eisenbahnstation daselbst.

Man faßte daher die bessere Verbindung zwischen Stockach und Lipptingen über Hindelwangen, Mahlspüren, Raithaslach, Münchhof und Heudorf in das Auge. Die Kosten für einen 3920 Ruthen langen Neubau von Hindelwangen bis Heudorf wurden auf 100,000 Mark, jene von Heudorf bis zur Landesgränze auf 53,000 Mark veranschlagt. Zunächst schien es nöthig von Hindelwangen bis zur Station Stockach eine directe Straße zu bauen, welche für den Verkehr gegen Tuttlingen und Mößkirch gleich nützlich ist. (Siehe Nr. 62.)

In dem Gesetzentwurf für Vervollständigung des Landstraßennetzes von 1875 wurden 153,000 Mark in Anforderung gebracht, um zwischen Hindelwangen und Lipptingen über Mahlspüren, Raithaslach und Heudorf mit theilweiser Benutzung der Gemeindewege eine neue Straße herzustellen.

Dieser Bau soll nur dann zur Ausführung kommen, wenn der Aufwand mit Sicherheit festgestellt ist und die Gemeinden namhafte Beiträge leisten. (Siehe Beilage 3. Protokoll der 31. Sitzung der 2. Kammer 1876.)

Der seitherige erweisliche Aufwand für Verbesserung dieser Straße beträgt nur 1736 Mark.

Der Verkehr ist in Folge der Eisenbahn im Abnehmen begriffen. 1852 wurden 87, 1864 56, 1874 nur 45 Zugthiere täglich beobachtet.

Nr. 61.

Straße von Singen nach Constanz.

Nr. 64.

Straße von Stockach nach Radolfzell.

Wenn Cäsar das Zehntland als einen ununterbrochenen Wald voll von Sümpfen schildert und Tacitus von Germanien sagt, daß das Land schauerlich durch seine Wälder, abscheulich durch seine Sümpfe und für Obstbau nicht geeignet sei, so ersieht man daraus, daß sie das Land durch eigene Anschauung nicht kannten, und wenn Ammian Marcellinus — ein Zeitgenosse des Kaisers Julian (361—364 n. Chr.) — in seiner römischen Geschichte XV. 4 schreibt, „daß die Ufer des Bodensees durch die Schauer finsterer Wälder, durch Boden und Klima unzugänglich gewesen wären, wenn nicht der alte kriegerische Hochsinn der Römer trotz der Ungunst der Barbaren und des Himmels einen breiten Heerweg an denselben gebaut hätte," so beruht dies ebenso auf Unkenntniß der Verhältnisse oder auf Uebertreibung wie seine Angabe, daß der Rhein in reißendem Strom nach der Richtschnur den See durchzieht, ohne daß sein Wasser sich mit dem schlammigen Seewasser vermischt, sondern am Ausfluß das Gleiche ist wie am Einfluß.

Als das römische Heer in den ersten Jahren nach Christus unter Tiberius' Führung erstmals in die Nähe des Bodensee's kam, war dessen Umgegend schon Jahrhunderte hindurch von Kelten und Germanen bewohnt.(1)

Die Helvetier hatten damals an dem südlichen, die Rhätier an dem östlichen und die Vindelizier an dem nördlichen Ufer ihre zahlreichen Wohnsitze in Städten und Dörfern.

Diesen in der Cultur schon weit vorangeschrittenen Volksstämmen waren Verbindungswege zwischen ihren Wohnorten und dem fischreichen, für die Schifffahrt sehr geeigneten See ein absolutes Bedürfniß.

Nach den neuen Sprachforschungen sind aber auch die ursprünglichen Namen der Orte: Lindau, Rorschach, Steinach, Constanz, Ueberlingen, Uhldingen, Sipplingen, Immenstadt, Hagnau, Diessenhofen 2c. wahrscheinlich keltischer Abkunft. Diese Orte haben sich bis jetzt erhalten, und es ist nicht denkbar, daß die dazu führenden Wege allein zu Grunde gegangen waren, als die Römer hier Besitz nahmen.

Daß die Ufer des See's damals noch zum Theil bewaldet und an den Ausflüssen der ungeregelten Flüsse und Bäche versumpft waren — dafür liegen aus den Zeiten des Mittelalters, ja sogar aus neuer Zeit, z. B. bei Mererau, Langenargen, bei der Höri, unterhalb Constanz 2c., viele Nachweise vor.(2) Allein dies beweist nicht, daß der See unzugänglich war.

Daß die Römer hier wie anderwärts Wege vorfanden und sie nach ihrer Weise verbesserten, auch wohl theilweise zu Heerstraßen umgestalteten und daß insbesondere die Keltenstraße von Kempten über Bregenz, Arbon, Pfin, Constanz, Windisch, Basel(3) 2c. in die letztere Classe gezählt werden darf, ist schon an anderem Ort näher besprochen. Aber auch auf dem nördlichen Ufer des See's befanden sich von den Römern benützte Straßen, die, wie die jenseitige noch im Mittelalter, ja selbst zum Theil in neuester Zeit noch dem Verkehre dienen.

Die uralte Straße von Ueberlingen nach Meersburg scheint an den Ufern des See's hingezogen zu sein, bis die Versumpfung an der Ausmündung der sog. Seefelder Aach zu dem Uebergang über die Höhe nöthigte.(4) In den Gemarkungen Oberuhldingen, Seefelden und Gebhardsweiler führt die Straße den Namen „Heerweg und Hörweg". Auch die keltisch-römischen Orte: Aach, Wiechs, Beuren, Allensbach, Wollmatingen einseits und Winterthur und Degerweilen anderseits des Rheins waren durch sog. „Heer- oder Hochstraßen", die vormals den Kelten als Verkehrswege dienten, mit Constanz verbunden.(5) Die Straße, auf der Tiberus von der Nordspitze des Bodensees (Ludwigshafen) in einem Tag zu den Quellen der Donau gereist sein soll, war gewiß keine von den Römern angelegte, sondern eine längst bestandene.

Fast alle Ortschaften am See und in dessen Nähe sind in Urkunden aus dem 8., 9. und 10. Jahrhundert genannt, sie sind aber viel älter. Die älteste Urkunde über den Bodensee ist vom Jahr 890.(6)

---

(1) Ammian Marcellinus schrieb über 300 Jahre nach der Ankunft des Tiberius in der Bodenseegegend, also nicht auf Grund eigener Wahrnehmung, daher seine Angaben unzuverlässig sind. Siehe Büsching, Nachrichten 1775. Man nimmt an, daß der größte Theil der keltischen Bewohner der bei Constanz und anderwärts entdeckten Pfahlbauten auf festem Lande gelebt haben und daß der Platz, worauf Constanz steht, von ihnen überbaut war. Schriften für die Geschichte des Bodensees 3, S. 11. Bei Constanz und Singen fand man keltische Armringe aus Bronze, bei Allensbach und Singen keltische Gräber mit Bronzeschmuck, Schädel und vielen Schmuck und Waffen. (2) Siehe von Aufseß, Schriften für Geschichte des Bodensees II. 1870. Nach Gabriel Buccelin's, Constantiae Descriptio floß ein Arm des Rheins im Süden um die Stadt Constanz, wodurch diese zur Insel gestaltet war. Schon bei Fundamentirung des Kreuzlinger Thores 1452 und als 1632 der schwedische General Horn Minen gegen die Stadt grub, stieß man vor dem Kreuzlinger Thor auf sehr große Brückenbogen, die man für römisch und für einen Theil der Rheinbrücke hielt. Der Argenbach verursachte bei seiner Einmündung in den See eine große Versumpfung zwischen Langenagren und Nonnenhorn. Strabo (40 Jahre n. Chr.) spricht von dem See und „den Sümpfen, in die sich der Rhein ergießt." Hierunter ist wahrscheinlich das Ried verstanden, welches noch bis in die Neuzeit westlich von Constanz zu beiden Seiten des Rheins in großer Ausdehnung bestund. Mone und Clüver setzen diese Sümpfe auch im Untersee bei Höri, Nicolai dagegen im oberen Rheinthal. Cäsar gedenkt nur der Quellen des Rheins und seines langen Laufes, aber nicht eines Sees, in den er fließt. (3) Gock, „Die römischen Heeresstraßen I."; von Raiser, „Der Straßenzug von Kempten nach Basel". (4) Mone, Zeitschrift I. und Urgeschichte I. (5) Walchner, Geschichte von Radolfzell. 1825. (6) Der Bodensee hat einen Flächeninhalt von $9\frac{1}{2}$ □Meilen; seine größte Breite zwischen Friedrichshafen und Rorschach beträgt $5\frac{1}{10}$ Stunden, die größte Tiefe dort 849 Fuß, die anderen Stellen bis zu 1800 Fuß, die Länge von Bregenz bis Ludwigshafen $8\frac{1}{2}$ bis Ende des Zeller Sees 9 Meilen, von Bregenz bis Constanz $6\frac{1}{2}$ Meilen. In vorgeschichtlicher Zeit lag der Wasserspiegel 5—600 Fuß höher als jetzt. Die größten Hochwasserstände sind 1343, 1511, 1640, 1770, 1785, 1816—1817, 1821, 1824, 1825, 1854, 1866 und 1876 verzeichnet. 1817 lag der Seespiegel 395 Meter über dem Meer. Siehe Schwab, Der Bodensee. Schnars, Bodensee und Umgebung.

Die Schifffahrt auf dem Bodensee wurde ohne Zweifel schon von den Kelten betrieben. Die Römer sollen dieselbe unter Tiberius (9—7 v. Chr. und 2—4 n. Chr.) in dem Kampfe mit den Vindeliziern benützt haben, während sie zum Transport ihrer Waaren sich in der Regel der Landstraßen bedienten. Nach der Notitia Dignitatum — einem römischen Staatshausbuch aus der 1. Hälfte des 5. Jahrhunderts — erhielten die Römer eine Flotille auf dem Bodensee.(1)

Unter den Alemannen war die Ueberfahrt über den See von den verschiedenen Landungsplätzen schon etwas Gewöhnliches und unter den fränkischen Kaisern war die Schifffahrt ein Kronregale. Später wurde der Bodensee als zum Deutschen Reiche und schwäbischen Kreise gehörig betrachtet, da seiner Zeit auch die Schweizerufer zu Schwaben gehörten. In dieser Zeit bildeten sich Schifferinnungen. Der schwäbische Kreis übte das imperium universale, im Gegensatz zum imperium particulare der einzelnen angränzenden Territorien. Oesterreich, welches in der ersten Hälfte des 16. Jahrhunderts im Besitz von Bregenz und Constanz war, machte dies Recht vergebens streitig. Die Patrimonialhoheit hat auch zu vielem Streit über die Hoheitsgränze im See Anlaß gegeben.

Man kam allmählich durch Uebung zu der Theilung nach der Mitte, (Siehe Dissertatio de Dominis maris suevici, vulgo lacus bodamici von Wegelin 1742).(2)

Unter den uralten Landungsplätzen Lindau, Bregenz, Arbon, Rorschach, Romanshorn, Ueberlingen, Meersburg, Langmorgen,(3) Buchhorn, Constanz hatte der letztere sich zu besonderer Bedeutung emporgeschwungen,(4) so daß Constanz das Geleite zu Wasser bis Lindau(5) zu geben und damit ein gewisses Schutzrecht zu üben berechtigt war.(6)

In dem Bunde, den die Seestädte in den Jahren 1327 und 1384 zur gegenseitigen Unterstützung abgeschlossen hatten, sowie in späteren zum Schutz des Verkehrs und Handels getroffenen Städtebündnissen war Constanz Vorort, daher diese Stadt „civitas“ genannt wurde, während die anderen Bundesstädte nur „oppida“ hießen.

Der auswärtige Handel, an dem sich Constanz seit dem 12. Jahrhundert vorzugsweise mit Leinwand betheiligte, ging hauptsächlich nach dem Orient, zunächst nach Venedig und zwar direct, indem die Kaufleute am Bodensee nicht nur selbst Frachtführer waren, sondern auch Handelshäuser in Venedig hatten.(7)

Diesseits der Alpen erstreckte sich der Handel durch die Schweiz nach Savoyen und Burgund, sowie über Straßburg nach Lothringen und Frankreich, ferner den Rhein hinab nach Belgien und über die rauhe Alp nach Württemberg und Franken.(8)

Die meisten Frachtgüter, die das Kinzig- und Dreisamthal herauf nach Italien gingen, wurden in Constanz auf Schiffe geladen und über Bregenz oder Lindau nach Chur und Tirol versendet. Dagegen kamen Tiroler Weine und Südfrüchte, wie nach allen Orten Schwabens, auch in großen Mengen nach Constanz. Die Bozener Weine waren im 12., 13. und 14. Jahrhundert berühmt.(9) Auch Salz von Hall in Tirol kam in großen Quantitäten auf dem Bodensee nach Constanz.

Aber auch der Handel mit Landesproducten nahm die Schifffahrt stark in Anspruch.

Wein, Obst und Most gingen von den Seeufern in großen Massen nach Württemberg und Bayern; Getreide wurde von dort nach der Schweiz versendet; Vieh, Käse und Butter lieferte die Schweiz für Schwaben und den Unterrhein; Holzwaaren, namentlich viele Fässer, Züber,

---

(1) Im Jahre 1445 ließ Herzog Albert von Oesterreich zwei Kriegsschiffe für 400 Soldaten bauen. 1523 baute Max von Kirchen eine Galeere, die wegen Tiefgang nicht benutzbar war. 1634 bauten die Schweden unter Horn eine Galeere für 20 Kanonen, die Anwendnng fand. (2) Württemberg. Jahrbücher 1840. (3) Das Kloster St. Gallen hatte urkundlich 847 eine Schiffslicende bei Steinach, um die Gefälle von den Gütern in Schwaben zu holen. A. Schilling, Langenarchen. 1870. (4) Constanz (Gaunodurum), keltisch-römischen Ursprungs, war ehemals eine villa regia der Carolinger. Markt, Münze und Gericht in Constanz war schon 999 Muster für andere Städte. Damals fuhren schon Schiffe von 30 Städten, worunter auch Constanz, rheinab und -auf, und der Handel von Constanz über den Splügen nach Venedig ist 1022 erwiesen. Des Leinwandhandels ist urkundlich im 13. Jahrhundert erwähnt. Schon 1192 von Kaiser Heinrich VI. völlig frei erklärt, gab Kaiser Sigismund der Stadt 1416 das Recht einer vierzehntägigen Messe. 1548 unterwarf sich die Stadt freiwillig österreichischer Hoheit, und kam 1805 an Baden. Von 561—1827 war hier der Sitz eines Bisthums. Eiselein, Geschichte von Constanz. Schultheiß, chronica von Constanz. Marmor, Constanz. Leiner, Heimatbilder. (5) Lindau wurde unter Constantius Clorus römischer Waffenplatz und später freie Reichsstadt, die 1802 an Brezenheim, 1804 an Oesterreich und 1806 an Baiern kam. (6) Constanz war auch Münzstätte für Ueberlingen, Lindau, Wangen, Buchhorn und Radolfzell. (7) Schon im 10. Jahrhundert besaß Constanz mehrere Handelshäuser dort. Hüllmann, Städtewesen. (8) Mone, Beitrag zur Handelsgeschichte und Zeitschrift 4. (9) Jäger, Ulm im Mittelalter und Zeitschrift für Culturgeschichte 1873.

Kübel, Rebstecken kamen aus dem Bregenzer Wald auf die Märkte der Städte am Bodensee, besonders zahlreich nach Constanz; Gemüse ging wie jetzt von hier in die Schweiz, nach Schwaben und nach Vorarlberg. (1)

Die Segelschiffe, deren man sich vor Jahrhunderten auf dem Bodensee bediente, hatten denselben Bau und die gleiche Einrichtung wie jene, die jetzt noch gebraucht werden. Sie waren von Eichenholz mit flachem Boden ohne Verdeck und benützten ein großes viereckiges Segel. Die größten sog. Lädinen waren 110 Fuß lang, 14 Fuß breit am Boden, 4—5 Fuß tief, ihre Ladfähigkeit betrug 1500—2500 Centner. Die sog. Halblädinen oder Segner waren 60 Fuß lang, $8^1/_2$ Fuß breit und für Ladung von 100 Faß Salz oder 200 Malter Korn geeignet. (2)

Mit dem 30jährigen Krieg ging der Verkehr und die Schifffahrt auf dem Bodensee zurück. Die Segelschiffe verminderten sich an Zahl und Größe. Erst mit Einführung der Dampfboote im Jahr 1824 begann neues Leben. (3)

Wenn man sich den großen Schifffahrtsverkehr im Mittelalter vergegenwärtigt, so denkt man auch an großartige Landungsstellen. Allein diese Einrichtungen waren äußerst mangelhaft.

Die älteste Landungsstelle in Constanz war an der sog. Niederburg am Gänsbühl beim Kloster St. Peter am Rhein angelegt, zu einer Zeit, wo die jetzige sog. Schreibergasse noch Hauptstraße der Stadt war.

Später und zwar bis 1542 war die St. Conrads- oder Fischbrücke ein in der directen Fortsetzung der Fischmarktstraße befindlicher 120 Fuß langer, 16 Fuß breiter Weg mit schiefer Ebene der Hauptlandungsplatz. (4) Außerdem wurden die größeren Schiffe auch beim sog. Käntle (Diminutiv von Kanne, die den Schild eines Wirthshauses bildete), an einer Reihe von Pfählen geborgen. Als Lagerhaus wurde damals der spätere Salemerhof benützt. Das auf der Südseite der Schiffbrücke längs dem See befindliche, noch vorhandene Kaufhaus wurde schon 1388/90 erbaut. (Der steinerne südöstliche Anbau ist 1837 für die Zollbehörde errichtet worden.)

In den Jahren 1445—1449 rammte man, zunächst zum Schutz der Stadt gegen feindlichen Ueberfall, Pallisaden in den Rhein und See ein, welche vom Paradies längs der Stadtmauer herauf unter der Rheinbrücke durch, außerhalb der Dominicanerinsel hinzogen und etwa 100 Ruthen oberhalb dem Kaufhause in der sog. rauhen Eck sich wieder an die Stadtmauern anschlossen.

Hierdurch wurde zugleich eine Art von Hafen gebildet, da die Pfähle den Wellen einigen Widerstand entgegensetzten.

Zur Durchfahrt der Schiffe war in einer Entfernung von 500 Fuß von dem Kaufhause eine Lücke von 145 Fuß Weite in der Pallisadenreihe gelassen, welche mit Ketten verschlossen werden konnte. (5)

Die südliche Seite der Einfahrt, da wo jetzt ein Leuchtthurm steht, war durch ein auf Quaderunterbau ruhendes hölzernes Häuschen begränzt, in dessen Reiterthurm sich eine kleine sog. Nebelglocke befand, die beim Nebel ständig geläutet wurde, um den Schiffen den Hafeneingang (die Lücke) zu bezeichnen.

Man nannte dieses Häuschen daher „Lückenhäuschen", oder wie die Constanzer sagten: „Lukenhäusle".

Im 16. Jahrhundert bestunden oberhalb der Fischbrücke noch zwei weitere Landungsbrücken, die eine, etwa 120 Fuß lang, unmittelbar oberhalb des Kaufhauses, die andere, kürzere, an der Mitte dieses Hauses.

Da diese Brücken nur mit großen Kosten zu unterhalten waren, wurde in den Jahren 1540—1544 vor dem Kaufhause ein 300 Fuß langer, mit Mauern umfaßter Damm als Lan-

---

(1) Münster, Cosmographie und Schleh, das Rheinthal. 1816. (2) Das erste Dampfschiff hatte 98 Fuß Länge, 16 Fuß Breite, $6^1/_4$ Fuß Tiefe und 800 Ctr. Ladfähigkeit. (3) Jetzt haben die Segelschiffe eine Tragfähigkeit bis zu 5000 Ctr.; die gewöhnlichen Schiffe tragen 800 Ctr., die Dampfschiffe bis zu 6000 Ctr. (4) Die Fischbrücke ist schon in der Constanzer Weltchronik aus dem 14. Jahrhundert genannt. Hier landete am Weihnachtsmorgen 1414 Kaiser Sigismund mit Gemahlin und Gefolge, als er, aus Württemberg kommend, in offenem Schiff von Ueberlingen herübergefahren war. Marmor, Topographie von Constanz und Justinger, Berner Chronik. S. 290. Zeitschrift für Geschichte von Freiburg ꝛc. I. S. 229. Im Jahre 1871 wurde die Brücke in einen Erddamm umgewandelt. Auch der See zwischen der Insel und dem Damm wurde 1875—1876 ausgefüllt bis gegen die Pfähle. (5) Diese Lücke befand sich in derselben Richtung der jetzigen Hafeneinfahrt, aber etwa 160 Fuß näher bei der Stadt. Die Ableitung des Lukenhauses von Lugen (Schauen) ist irrig.

dungs- und Lagerplatz hergerichtet, der nächst der Stadt eine Breite von 230 Fuß hatte und sich in den See hinaus bis auf 100 Fuß Breite verengte.

Am Ende dieses Dammes befand sich eine 220 Fuß lange und 20 Fuß breite Holzbrücke als schiefe Ebene, um auch bei niederen Wasserständen leichter aus- und einladen zu können. Im vorigen Jahrhundert wurde hier auch ein Krahn errichtet.

Nachdem im Jahr 1820 das erste Dampfschiff von Savannah nach Liverpool fuhr und 1824 auch die Dampfschifffahrt auf dem Bodensee eingeführt und 1830 eine Actiengesellschaft zu dem Betrieb für 25 Jahre privilegirt war, kam die Herstellung eines neuen Hafens im Jahr 1831 in Anregung und es ergab sich bei näherer Erörterung der Verhältnisse, daß der alte Hafen so versandet war, daß bei 10,2 Fuß Pegel (1) kein Dampfschiff mehr einlaufen konnte, obgleich sie bei voller Last nur 4 Fuß tief gingen. Noch übler ging es den großen Segelschiffen, welche einen Tiefgang von $4^1/_2$ Fuß haben und daher häufig in die Lage kommen, in der Nähe des mehr geschützten östlichen Seeufers (beim Käntle) an den dortigen, letztmals im Jahr 1704 zum Hinterhalt der Schiffe geschlagenen Pfählen anzulegen und ihre Fracht in kleine Schiffe umzuladen, was jedoch bei stürmischem See ebenfalls unausführbar war.

Zur Erleichterung des Verkehrs mit dem Hafen wurde 1828 das überbaute Dammthor abgebrochen und der Damm (Quai) von den dort befindlichen Steinmetzenhütten, Stallungen der Holzfuhrleute, der Capelle des heiligen Nepomuk und dem überdachten Krahnen geräumt.

Die Dampfschifffahrtsgesellschaft und der Handelsstand wünschten, daß ein Hafen unterhalb des alten Dammes gegen die Dominicanerinsel hin angelegt werde, weil man dort besseren Schutz und weniger Verlandung unterstellte. Als der gefährlichste Wind für das Einlaufen der Schiffe wurde Ost-Süd-Ost bezeichnet.

Die Zahl der Schiffe, welche damals an Markttagen sich in Constanz sammelten, wurde auf 100 angegeben und es kamen zweimal wöchentlich 2 Dampfschiffe gleichzeitig in den Hafen. Ein im Jahr 1832 aufgestellter Plan und Ueberschlag forderte für die dringendsten Herstellungen an dem Landungsplatze einen Aufwand von 40—60,000 Fl.

Da sich aber bezüglich des Bauplanes viele von einander abweichende Ansichten kund gaben, welche zu längeren Erörterungen führten, glaubte man im Jahr 1835 vor Allem eine Baggermaschine anschaffen zu sollen, um wenigstens dem dringendsten Bedürfniß, der Vertiefung der Hafensohle, zu entsprechen.

Gleichzeitig wurde ein neuer Plan und Kostenüberschlag aufgestellt. Man ging dabei von folgenden Annahmen aus: 1) der Hafenraum soll 5—6 Morgen groß sein; 2) die Sohle des Hafens soll 6 Fuß unter dem niedersten Wasserstand oder 18 Fuß unter Null des Pegels (höchster Wasserstand) gelegt werden; 3) der Schirmbau soll nicht aus Pfählen, sondern aus einer festen, wohlverwahrten Wand bestehen; 4) der Damm oder Lagerplatz ist entsprechend zu erweitern; 5) durch den Seedamm soll längs des Kauf- oder Lagerhauses ein 30 Fuß breiter Canal zur Communication der Schiffe zwischen dem oberen und unteren Hafenraum errichtet werden, eine Einrichtung, welche auch in früherer Zeit schon einmal bestanden hat. Der Canal sollte mit einer Zugbrücke versehen werden; 6) für die Schirmmauer war eine Dicke von 8 Fuß unten und 6 Fuß oben angenommen. Die Fundation sollte in einem Pfahlrost bis 5 Zoll unter dem niedersten Seestand bestehen; 7) die Quaimauern waren zu 3 Fuß unter dem höchsten und 2 Fuß über dem gewöhnlichen hohen Seestand projectirt und deren Dicke oben zu 3 Fuß, unten zu 5 Fuß vorgesehen. Der Aufwand war auf 100,000 Fl. überschlagen.

Im Hinblick auf diese großen Kosten glaubte man sich zunächst auf die Ausführung des oberen Theiles des Hafens beschränken zu sollen, wofür der Aufwand auf 68,900 Fl. berechnet war. Die Baggerarbeiten wurden im Jahr 1837 begonnen. Wegen Abtretung des Hafenterrains an den Staat wurde unterm 21. October 1837 beziehungsweise 23. Januar 1838 eine Vereinbarung mit der Stadt getroffen, wonach der städtische Seedamm, der nach dem Bauplane für den Hafen erforderliche Raum des Seebettes und ein Theil der rauen Eck behufs des Hafenbaues und der Bauten für die Zollverwaltung unentgeltlich abgetreten wurden. Die eigentlichen Hafenarbeiten begannen im Februar 1838. Die Fundation der Schirmmauer wurde mit Senkkästen und die Hafentiefe auf 19 Fuß unter Null angeordnet. Der Schirmbau wurde auf Ansuchen der Schiffleute um 50 Fuß verlängert. Die Bausteine kamen meistens aus den Nenzinger und Zimmerhofer Steinbrüchen. Nachdem sich die Entfernung des „Lückenhäuschens" für das

(1) 10 Fuß unter dem bekannten höchsten Wasserstand.

Einfahren der Dampfschiffe in den Hafen absolut nöthig gezeigt hatte, wurde statt dessen am Ende der Schirmmauer ein Leuchtthurm errichtet. (¹) Der auf diese veränderten Verhältnisse und auf Grund der bisherigen Erfahrungen im Jahr 1838 neu aufgestellte Ueberschlag forderte 112,837 Fl., womit auch die Seedammmauer umgebaut und 3 Krahnen aufgestellt werden sollten. (²)

Am 21. Mai 1839 erfolgte die feierliche Grundsteinlegung, da die eigentlichen Mauerarbeiten jetzt erst begannen. Im Jahr 1839 wurde der Gesammtaufwand des Hafens einschließlich eines nördlichen Schutzvorwerkes ohne den Leuchtthurm auf 196,460 Fl. berechnet. Da jedoch das Vorwerk unterblieb, dagegen aber weitere Ausbaggerungen für nöthig erachtet wurden, stellte sich der Aufwand im Ganzen auf 172,102 Fl.

Als im Jahr 1864/65 der Eisenbahnhof in unmittelbarer Verbindung mit dem Hafen angelegt wurde, ist das Hafenbassin gegen die Stadt durch Anschüttung etwas verkleinert worden, (³) um vor dem neuen Lagergebäude den nöthigen Raum zu gewinnen; dagegen wurde außerhalb des Hafenbassins längs des Sees hin durch Ausbaggerung das nöthige Terrain für den Bahnhof hergestellt und solches gegen den See mit einer Quaimauer abgegränzt, so daß nun ein Quai zum Aus- und Einladen von 110 Ruthen Länge außerhalb dem Hafen bestund. Auch der Seedamm wurde längs des Hafens mit einer neuen Mauer versehen.

Die Kosten der Quaimauer und der Anschüttung des Bahnhofgeländes wurden aus Eisenbahnbaumitteln bestritten. Auch dieser Hafen genügte schon nach kurzer Zeit nicht mehr, er erfuhr 1870/74 gegen Süden eine Erweiterung von 67 Ruthen Breite gegen die Schweizergränze, mit einer Länge in den See von 72 Ruthen. Innerhalb dieses Hafens befindet sich die Trajectanstalt längs der Landesgränze.

Württemberg hatte im Verein mit der schweizerischen Nordostbahn 1868 eine Trajectanstalt zum Gütertransport von Friedrichshafen nach Romanshorn und zurück errichtet. Das für diesen Zweck mit 540,000 Francs erbaute 245 Fuß lange, 40 Fuß breite Dampfschiff besitzt 2 Dampfmaschinen von je 100 Pferdekraft. Das Verdeck, das mit Schienengeländе versehen ist, kann 14—15 Eisenbahngüterwagen aufnehmen. Die Ladfähigkeit beträgt 4000 Centner. Der Tiefgang bei voller Last 6 Fuß, die Entfernung von Friedrichshafen nach Rorschach, 12 Kilometer, wird in 1 Stunde zurückgelegt. Da Bayern ebenfalls eine Anstalt dieser Art besitzt, wurde auch in Constanz eine solche 1872 für die Fahrt nach Lindau errichtet. Die internationale Schifffahrtshafenordnung für den Bodensee ist von 1868, R.-Bl. S. 215. Der Hafenverkehr ist im Aufschwung begriffen. Ab- und Zufuhr betrugen 1866 659,559 Centner, 1872 834,575 Centner. Der Zugang ist erheblich größer als der Abgang. Das Anlagecapital für die badische Dampfschifffahrt im Betrag von 1,015,781 Mark verzinste sich 1875 zu 0,16 Procent.

Der einst soweit verzweigte Handel der Stadt Constanz bedingte natürlich auch neben den Wasserstraßen des Bodensees und Rheins Landstraßen. Von Letzteren war unzweifelhaft eine der ältesten und wichtigsten jene über Wollmatingen, Allensbach, (⁴) Markelfingen nach Radolfzell, (⁵) von wo sie ihre Fortsetzung über Stockach nach dem Breisgau, der Ortenau und nach Schwaben fand.

Daß die Straße von Constanz nach Radolfzell und von Stockach dahin im 16. Jahrhundert als Landstraße diente, geht aus verschiedenen Urkunden hervor. (⁶)

Der nächst Constanz liegende Theil dieser Straße bildete zugleich eine Abtheilung der alten Landstraße nach Staad und Dingelsdorf. (Siehe Nr. 163.)

Von größter Bedeutung für den Verkehr auf dieser Straße war natürlich von jeher der Uebergang über den Rhein.

Die erste Rheinbrücke bei Constanz soll 923 (nach Einigen 960) von Graf Eberhard von

---

(¹) Der Leuchtthurm erwies sich als unbrauchbar, weil das Licht den dichten Nebel am See nicht auf größere Ferne durchdringt. (²) In dem Ueberschlag war für das Quadermauerwerk mit Versetzen 40 Xr. pro Cubikfuß, für das rauhe Mauerwerk 1½ Xr. Arbeitslohn enthalten. (³) Dasselbe hat gegen die Stadt eine Breite von 35 Ruthen und eine südliche Schirmwand. (⁴) Allensbach, 724 urkundlich genannt, war durch Kaiser Otto's III. Gunst im 10. Jahrhundert Markt- und im 11. Jahrhundert Münzstätte und hatte noch vor dem 30jährigen Kriege 2 Thore, obgleich es nur Dorf war. Reg. badensia. 1836. (⁵) Radolfzell erhielt 1267 Stadtrechte und kam 1300 an Oesterreich. In Folge der Achterklärung des Herzogs Friedrich von Oesterreich wurde die Stadt 1415 durch Kaiser Sigismund für frei erklärt und 1418 zur Reichsstadt erhoben, kam aber schon 1454 wieder freiwillig unter österreichische Hoheit. 1805 kam die Stadt mit dem Höhgau an Württemberg, 1810 an Baden. (⁶) Mone, Zeitschrift IV. Seite 12. Walchner, Geschichte von Radolfzell. Kaiser Ferdinand I. ritt 1562 von Frankfurt über Freiburg, Basel und von Radolfzell nach Constanz.

Rohrdorf wahrscheinlich zwischen dem Lohner Hof und dem Rheingarten, dem Paradies gegenüber, wo sich jetzt noch steinerne Baureste zeigen, erbaut worden sein.

Später wurde der Uebergang bei der „Niederburg“ mit einer Fähre bewirkt, zu deren Betrieb Graf Mangold von Rohrdorf ein Zwangsrecht hatte, auf welches er aber in einem mit Bischof Diethelm von Krenkingen abgeschlossenen Vertrag zwischen 1198—1205 zu Gunsten einer von der Stadt neu erbauten stehenden Brücke, unmittelbar unterhalb der jetzigen Brücke befindlich, verzichtete. Nach von Schrenkstein sollten Fähre und Brücke damals nebeneinander bestanden haben. ([1]) (Schriften des Vereins für Geschichte des Bodensees.) Damals war das Haus zum Leoparden am Ende der Rheinstraße städtisches Kaufhaus.

Diese und die folgenden an derselben Stelle erbauten Holzbrücken wurden theils durch Hochwasser, ([2]) theils durch Brand ([3]) zerstört; die letzte derselben, eine gedeckte Holzbrücke nebst städtischer Mühle, traf dasselbe Loos im Jahr 1856. ([4])

Durch Aufsätze auf die theilweise abgebrannten Joche und durch Herstellung eines neuen Gedecks wurde hierauf eine provisorische offene Brücke hergestellt, welche bis zur Eröffnung der jetzt bestehenden, auf Staatskosten erbauten eisernen Blechbogenbrücke — im Jahre 1863 — dem Verkehre diente. ([5])

Nach einer Vereinbarung mit der Gemeinde Constanz vom 13. September 1858 hatte die Gemeinde gegen die Summe von 24,000 Fl. die alte Brücke abzubrechen, sie verzichtete auf Entschädigung für Brückengeld und für die Rheinschifffahrtsrecognitionsgebühr, sofern kein Brückengeld von der neuen Brücke bezogen wird. Die Gemeinde stellt ferner das für den Eisenbahnbau nöthige städtische Gelände mit darauf befindlichen Bauten unentgeltlich und erhält für das zum Bahnhof gehörige Gelände, Pulverthurm und Werkhof, 5300 Fl. Entschädigung aus der Staatscasse. Von obigen 24,000 Fl. und den 1000 Fl. für Entfernung der Stauzeilen ober der Brücke übernahm Baden 7000 Fl., die übrigen 18,000 Fl. trugen die anderen Uferstaaten des Bodensees, Bayern, Oesterreich, Schweiz und Württemberg, im Interesse der Regulirung des Wasserabflusses laut Vereinbarung vom 31. August 1857.

In Urkunden von 1730 wird die von Petershausen durch Constanz führende Straße „offene Landstraße des Reichs“ genannt.

Ueber die Bauausführungen an der Straße sind aus der früheren Zeit bis über die des vorigen Jahrhunderts nur wenige Aufzeichnungen vorhanden.

Im Jahr 1592 wurde den Orten Wollmatingen, Hegne, Allensbach und Kaltenbronn, welche zu dem Gebiet des Hochstifts Constanz gehörten, befohlen, die viel gekrümmte mit lästigen Steigen

---

([1]) Nach der Sage wurde dem Bischof von Constanz Meersburg für diese Concession gegeben. Siehe Zeitschr. für Geschichte des Oberrheins 27. und 28. Band. Kaiser Karl IV. gab der Stadt am 13. October 1353 zum Zweck der Reparatur der Brücke einen dreijährigen Brückenzoll. — Mone, Zeitschrift IV. 22. — Seit jener Zeit erhob die Stadt fortan Brückengeld. 1297 wird die Rheinstraße schon „als die zur Brücke führende Gasse nach Petershausen“ genannt. ([2]) 1343, Chronik von Schaffhausen I. 40. ([3]) 1548, 1675. ([4]) Die erste Mühle wurde 1427, die letzte 1792 erbaut. Der jetzt noch stehende Thorthurm ist aus dem Anfang des 13. Jahrhunderts, zu welcher Zeit also die Brücke schon an Stelle der letzten hölzernen stund. Marmor, Topographie von Constanz. Ueber die großartige Einrichtung des Wasserwerkes siehe Joh. Bernoulli, Reisen. 1781. ([5]) Die neue Rheinbrücke ist für zwei Eisenbahngeleise, eine Fahrstraße und zwei Fußwege angelegt. Sie ist zwischen Saumschwellen der Geländer, welche die Fußwege begränzen, 60 Fuß breit. Die Fahrbahn liegt 36 Fuß über der normalen Flußsohle. Die Brücke hat 3 Oeffnungen, welche mit Eisenblechbogen überdeckt sind. Die Eisenconstruction ist 426 Fuß lang. Jeder Bogen hat $133\frac{1}{3}$ Fuß Weite und 11 Fuß Pfeilhöhe. Die Höhenlage ist der Art getroffen, daß die Dampfboote wie früher unter der alten Brücke mit umgelegtem Kamin durchfahren können. Die Fundation der Pfeiler und Widerlager erfolgte auf Pfahlroste mit Senkkasten. An Guß- und Schmiedeeisen sind etwa 16,000 Centner zum Oberbau verwendet. An den Pfeilern sind vier Standbilder aus weißem Sandstein von Königsbach bei Neustadt in der Pfalz errichtet. Auf den Pfeilern befinden sich die Standbilder 1) des Großherzogs Leopold, unter dessen Regierung durch Beförderung der Schifffahrt, des Handels und der Gewerbe die Grundlage für das Wiederaufblühen der Stadt Constanz und der übrigen Bodenseestädte gelegt wurde; 2) des Herzogs Berthold I., des „Bärtigen“ von Zähringen, des anerkannten Stammvaters des badischen Hauses, der als Landgraf von Thurgau auch Herr und Wohlthäter von Constanz war; 3) des Bischofs Gebhard III., des Heiligen, des Gründers von Petershausen, aus dem Geschlechte der Zähringer ababstammend († 1110); 4) des Bischofs Konrad des Heiligen aus dem Hause der Welfen, der als Domprobst für Stadt und Bisthum im Laufe einer 40jährigen Regierung viel Nützliches geschaffen und sich durch Gerechtigkeit und Wohlthätigkeit auszeichnete. Er ist insbesondere der Stifter des Armenspitals († 972.) Siehe Bernold, Chronik. Die ersteren zwei Bilder sind von Hans Bauer von Constanz, die beiden letzteren von Xaver Reich in Hüfingen gegen je 1400 Fl. für ein Bild gefertigt. Die Kosten der Brücke, deren Plan von Oberbaurath Gerwig entworfen ist, belaufen sich einschließlich der Ufer- und Flußsohlenregulirungen in der Nähe der Baustelle auf 520,000 Fl.

behaftete Straße von Constanz nach Allensbach für Fußgänger und Fuhrwerke herzustellen. Der Obervogt von Reichenau leistete dazu nach altem Herkommen Hülfe.(1) Eine weitere Verbesserung erfuhr der Theil des Weges, der zugleich nach Staad führt, im Jahr 1681 (siehe Nr. 163).

Als sodann im Jahr 1771 die Herstellung einer Straße von Constanz nach Reichenau in Absicht lag, kam die Frage zur Erwägung, ob es nicht zweckmäßig wäre, diese Straße in der Richtung des sog. „Bettelgäßle" nach Wollmatingen chausseemäßig herzustellen und sie zugleich als Landstraße nach Radolfzell zu benützen? Da der Aufwand aber auf 5648 Fl. berechnet war, und der Weg nach Reichenau durch diesen Straßenzug bedeutend verlängert worden wäre, entschloß man sich 1774 die alte „Hochstraße" (jetzige Straße) nach Wollmatingen auf 24 Fuß zu verbreitern und zu chaussiren, nach Reichenau aber eine besondere Straße zu bauen.(2)

In Folge der im Jahr 1681 beschlossenen und ausgeführten Fortification bei Petershausen(3) war die Straße nach Radolfzell durch ein zwischen den Wällen befindliches steinernes Thorgebäude (das obere Petershauser Thor) über eine Fallbrücke und von da in einem Halbkreis bis zu der Stelle geführt worden, wo die Straße nach Dingelsdorf abgeht.

Gelegenheitlich der Straßenverbesserung vom Jahr 1774 verlegte man nun die Straße bei Petershausen mehr nördlich, indem man den Wall durchbrach, den Graben überdammte und die Straße selbst gerade leitete und mit Pappeln bepflanzte.(4)

Der Straßenbau bis Wollmatingen war 1776 zur Vollendung gekommen. Schon ein Jahr zuvor (1775) hatte der Kreisconvent die Chaussirung der Straße von Constanz resp. Wollmatingen nach Radolfzell und Stockach angeordnet.

In einer am 25. October 1776 stattgefundenen Conferenz der Gesandten der betheiligten Territorialherren(5) wurde deshalb beschlossen: 1) daß die Straße in einer Normalbreite von 22 Fuß mit 20 Fuß Fahrbahn (durch gute Felder nur mit 20 resp. 18 Fuß Breite), mit 3 Fuß breiten, $2^1/_2$ Fuß tiefen Gräben, einem Fundament von grobem Kies mit feiner Kiesdecke herzustellen sei; 2) daß die Herstellung der Brücken, Dohlen 2c. von den Jurisdictionsherren oder von jeder Gemeinde, wenn sie dazu verpflichtet ist, besorgt werden soll. Die Gemeinden liefern womöglich das Bauholz, die Herrschaft bezahlt die Arbeit. Die Kosten der Vermessung, Güterentschädigung und Aufsicht trägt ebenfalls die Herrschaftscasse; 3) daß diejenigen, welche Zoll und Weggeld beziehen, höher zu belasten seien.

Ueber die Frage, welche Zugsrichtung die Straße erhalten soll, waren die Ansichten sehr verschieden. Die Ritterschaft wollte die directe Straßenführung von Markelfingen nach Stahringen;(6) Mainau und Radolfzell wünschten den Zug über Böhringen, und die Herrschaft Steißlingen bevorwortete den Zug durch diesen Ort.

Man beschloß endlich über Radolfzell und den Reuther Hof nach Stahringen und Wahlwies zu bauen. Die Orte auf 2 Stunden Entfernung sollten beigezogen werden. Der Austheiler für die herzustellenden 17,396 Klafter war nach der Kopfzahl zu bewirken. An der Concurrenz hatten sich zu betheiligen: das Hochstift Constanz mit Hegne,(7) Reichenau, Kaltbronn, Markelfingen, Allensbach, Stahringen; die Commende Mainau mit Allmannsdorf, Litzelstetten, Dingelsdorf, Dettingen, Wallhausen; die Ritterschaft mit Langenrain, Röhrnang, Güttingen, Meggingen, Liggeringen, Bodmann, Espasingen, Wahlwies, Steißlingen, Orsingen und Wiex; die Stadt Radolfzell mit Böhringen und Ueberlingen am Ried; die Stadt Ueberlingen mit Sernatingen.

Oesterreich übernahm ein Präcipuum von 500 Klafter wegen der Höfe zu Reuthe.

---

(1) Mone, Zeitschrift 19. Seite 131. (2) Gen. Land. Arch.-Acten. — Die Verbreiterung stieß auf Hindernisse, weil damals noch die Straße von Wollmetingen bis auf $^1/_4$ von Constanz beiderseits mit Reben bepflanzt war, die meisten Orte dieser Gegend hatten früher viel mehr Reben als jetzt, und Wollmetingen lebte im 14. und 15. Jahrhundert hauptsächlich von Rebbau. (3) Die schon 983 gegründete und später zur Reichsunmittelbarkeit gelangte Benedictiner-Abtei Petershausen wurde 1803 aufgehoben und nebst der Reichsprälatur Salem unter dem Namen einer Grafschaft, mit Vorbehalt der Oberhoheitsrechte für den regierenden Fürsten, zur Entschädigung der nachgeborenen badischen Prinzen bestimmt. — 1. Organisationsedict von 1803. — (4) Das nun verlassene Thorgebäude wurde zu einer Caserne verwendet und später veräußert, dann als Militärbäckerei benutzt und 1876 abgebrochen. (5) Oesterreich, Commende Mainau, Stadt Ueberlingen, Ritterschaft Höhgau, Herrschaft Steißlingen und Stadt Radolfzell. (6) Auf dieser Linie befand sich nämlich zu jener Zeit ein Postweg nach Stockach. (7) Hegne wurde im 16. Jahrhundert von der Familie von Reichlin an das Hochstift Constanz verkauft und das Schloß als Jagdschloß benutzt. Zwischen Hegne und Allensbach wurden einige 100 Schritt nördlich von der Straße viele keltische Gräber mit demselben Inhalt an Geräthen aufgefunden, wie sie in den Pfahlbauten vorkommen.

Die Aufsicht für den Bau von Radolfzell bis Constanz wurde dem Hochstift Constanz, für den Bau von Radolfzell nach Stockach dem Oberamt Nellenburg übertragen.

Die Arbeiten wurden alsbald eingeleitet.

Bei Markelfingen baute man über den Mühlbach, wo früher Furten waren, 2 Brücken, bei Allensbach eine solche von Stein und verband damit Erhöhungen und Correctionen. Von dem Wirthshaus bis Hegne wurde die alte Straße, die gegen den See hinzog, zum Theil verlassen und mehr in gerader Richtung durch den Allensbacher Gemeindewald geführt, der damals bis an den See reichte. Der Wald wurde auf 56 Fuß Breite ausgehauen.

Die ritterschaftlichen Orte verzögerten den Bau und führten ihn zum Theil nur nothdürftig aus, so daß die Vollendung erst auf Beschwerde Oesterreichs im Jahre 1782 erfolgte. (1) Schon damals lag es im Plane, die Steige zwischen Radolfzell und Stahringen am sog. Brandbühl tiefer zu legen, allein dies unterblieb in Folge der Weigerung Seitens der Ritterschaft. Wahlwies erhielt 1783 wegen des Brückenbaues daselbst die Befugniß, ein kleines Chausseegeld zu erheben. Da kurz zuvor (1768—1771) die Straße von Stockach über Rißdorf, Nenzingen, Orsingen, Steißlingen nach Singen und von hier nach Schaffhausen hergestellt war, fehlte zur guten Verbindung von Radolfzell mit Schaffhausen nur noch die Verbesserung des Vicinalweges von Singen über Böhringen bis zur Straße von Radolfzell nach Stahringen. Dieser Bau wurde erst 1808/9 sowohl in badischem als württembergischem Gebiet im Frohndwege ausgeführt und die Straße von Stockach und von Singen über Radolfzell nach Constanz im Jahr 1811 in die I. Classe der Staatsstraßen aufgenommen. (2)

Von den seither vorgenommenen bedeutenden Verbesserungen sind folgende erwähnenswerth. Als 1831 die Petershauser Klosterkirche (von 1180) abgebrochen wurde, konnte durch Verwendung eines Theils des zwischen Kirche und Straße befindlichen Kirchhofes die Straße erweitert werden.

Gelegentlich des Eisenbahnbaues in den Jahren 1861/63 verlegte man die Abtheilung außerhalb Petershausen abermals etwas weiter nördlich und stellte eine neue Zufahrtsstraße zur Rheinbrücke her. Die Wälle, die Petershausen umschlossen, wurden abgetragen und zur Ausfüllung der Befestigungsgräben und des Jesuitengrabens in Constanz verwendet, um an dessen Stelle die Eisenbahn und eine Fahrstraße daneben herzustellen.

Auch an der Einmündung in den Ort Allensbach und durch denselben erhielt die Straße eine Correction und Verbreiterung. Alle weiteren, früher beabsichtigten Verbesserungen, namentlich die Correction am Brandbühl, die Verbreiterung und Correction am oberen Thor in Radolfzell (wofür schon 1841 7218 Fl. bewilligt waren, die aber wegen erschwerter Gebäude-Erwerbung nicht zur Verwendung kamen), die Umgehung der Steigen bei Hegne und Wollmatingen, wofür 18,000 Fl. erforderlich schienen, mußten unterbleiben, da die Straße von Radolfzell nach Constanz durch die Eisenbahn an Frequenz sehr verloren hat.

Es erfolgte deshalb auch im Jahr 1864 die Ausscheidung der Straße von Singen bis Constanz aus dem Staatsstraßenverband. Diejenigen Abtheilungen jedoch, welche von dieser Straße zum Verkehr von Singen und von Radolfzell nach Stockach dienen, kamen in die Classe der unterstützten Vicinalwege.

Nachdem aber nun auch die Eisenbahn von Singen nach Engen und von Radolfzell nach Stockach besteht, so haben auch die Straßen über Steißlingen und Stahringen nach Stockach ihre frühere Bedeutung verloren.

Hinsichtlich der Unterhaltung der neuen Rheinbrücke bei Constanz, die ebenso wie die Straße von der Brücke längs der Eisenbahn und dem Bahnhofe bis zur Schweizergränze unter Nr. 163 enthalten ist, seit diese Straße Landstraße geworden, wurde am 31. März 1865 zwischen der Bau- und Betriebsverwaltung vereinbart, daß die Unterhaltung der Straßenfahrbahn, der beiderseitigen Trottoirs, sowie der zum Schutz der Landfesten und Pfeiler in dem Fluß befindlichen Steinvorwürfe und der übrigen in der Nähe der Brücke hergestellten Flußbauten durch die Straßenbauverwaltung; dagegen aber die Unterhaltung des Schienenweges, des gesammten eisernen Oberbaues, des Mauerwerks an Landfesten und Pfeilern, sowie der oberhalb der Brücke befindlichen beiderseitigen Anschlußmauern und Böschungsabpflasterungen von der Eisenbahnbetriebsverwaltung besorgt wird.

---

(1) Gen. Land. Arch.-Act. (2) Auf dieser Route fuhr schon von 1796 an zwei Mal wöchentlich eine Postkutsche. Die Briefe wurden durch Reiter besorgt.

Die Stadt Constanz, welche gegen den Bezug des Pflastergeldes verpflichtet war die Landstraße durch die Stadt zu unterhalten, hatte auch die Unterhaltung der neu hergestellten Straße längs der Eisenbahn übernommen, dagegen aber zum nachahmenswerthen Beispiel für andere Städte vom 1. Januar 1867 an, den Bezug des Pflastergeldes freiwillig aufgehoben. Seit 1878 wird diese Straße bis an die Schweizergränze bei Kreuzlingen als Landstraße behandelt. Zu Verbesserungen wurden 1871/74 4312 Fl. aus der Staatscasse verwendet.

Die nach dem 30jährigen Krieg verödete Stadt hatte den ersten Keim zu neuer Verkehrs- und Gewerbethätigkeit durch Kaiser Josef II. erhalten, der in Folge seines Besuches im Jahr 1777 den eingewanderten Genfern 1785 Privilegien zum Betrieb von Indien-Uhren- und Bijouteriefabriken und der Stadt das Recht zu 4 Jahrmärkten und einem Wochenmarkt ertheilte. Weitere Privilegien erhielt Constanz unter badischer Regierung im Jahr 1813. (R.-Bl. XIX.) Hierdurch und in Folge der verbesserten Verkehrsmittel, namentlich durch die Dampfschifffahrt, die seit 1863 als Staatsanstalt betrieben wird, den Eisenbahnbetrieb, und endlich durch die Aufhebung der Schifferinnungen und Zünfte, in Verbindung mit einer einsichtsvollen Gemeindeverwaltung, hoben sich der Handel und die Gewerbe in erfreulichster Weise. (1) Während die Stadt 1417 5500, 1755 4178, 1813 4503, 1864 8417 Seelen zählte, hat sich deren Zahl bis 1875 auf 12,030 gesteigert. Die Zunahme betrug in letzterem Jahre allein 2030. Mit Rücksicht hierauf hatte die Stadt schon 1872 die Gründung der Vorstadt Neuhausen oberhalb Petershausen begonnen und 1874 den Bau eines Badehotells daselbst durch eine Actiengesellschaft veranlaßt. (2) Auch der Bau einer Personen- und Güterstation wurde gleichzeitig bei Petershausen in Aussicht genommen.

In Folge dessen erschien es nothwendig die längs der Eisenbahn hinziehende Straße in der Nähe des Jesuitengartens auf 8 Meter zu verbreitern und mit eisernem Geländer zu versehen, die enge und scharf gebogene Stelle bei Petershausen zu corrigiren und die Straße zwischen Petershausen und Neuhausen, 570 Meter lang, auf 6,6 Meter zu verbreitern.

Die Kosten waren auf 34,000 Mark veranschlagt, wovon Gemeinde und Kreis ein Drittel, die Staatscasse zwei Drittel zu tragen hatten. Außerdem hatte die Stadt laut Vertrag vom 16. November 1875 2800 Mark für Trottoir zu übernehmen und die Güter, bestehend in 244 Quadratmeter Garten und dem Hausabschnitt des Stiftungsverw.-Gebäudes, gegen ein Aversum von 7300 Mark zu erwerben. —

Hafen in Radolfzell.

Es ist hier noch des Hafens in Radolfzell an dem sog. Zellersee (Venetus lacus) zu erwähnen. (3)

Schon im 12. Jahrhundert ist hier ein Landungsplatz für Güterschiffe urkundlich erwiesen und im Anfange des 15. Jahrhunderts bestund eine regelmäßige Marktschifffahrt.

Im Jahre 1435 verunglückte ein Radolfzeller Marktschiff bei Reichenau. (4) König Maximilian I. bestätigte 1493 der Stadt das Fahrrecht über den See.

Nach den ältesten Plänen bestund für das Landen und Laden der Schiffe in der Verlängerung der von der Hauptkirche zu dem ehemaligen Seethor führenden Stadtstraße ein etwa 110 Fuß von dem Thore in den See hinaus gehender, mit Steinen gedeckter Damm, an dessen Ende eine zum Schutze gegen Westwind erbaute halbkreisförmige Pfahlwand stund, deren Reste jetzt noch bestehen.

Der Damm wurde in den Jahren 1780/90 „mit großen Kosten" reparirt und westlich mit einer Schutzmauer, östlich mit Flechtwerk verwahrt. Das Kauf- resp. Lagerhaus stund in der Mitte der nach dem See führenden Straße innerhalb des Stadtthores und der an dieses sich anschließenden Stadtmauern. (5) Um das Landen der Dampfboote zu erleichtern stellte die Gemeinde im Jahre 1857 einen neuen hölzernen Landungssteg bis gegen den Beginn der sog. Seehalde mit 20,000 Fl. her. Diese Einrichtung wurde bald durch Hochwasser zerstört. Der Verkehr hatte sich aber fortan gehoben und es zeigten insbesondere die Frucht- und Viehmärkte eine erfreuliche Zunahme. Als man nun bei Anlage der Eisenbahn im Interesse der Baukostenermäßigung die Bahn auf der Nordseite der Stadt führen und den Bahnhof in die dortigen Gärten legen wollte, erhob die Stadt dagegen Einsprache, weil nur bei Vereinigung des Bahnhofes mit dem Hafen ein lebhafter Aufschwung des Verkehres in Aussicht stund. Dem desfallsigen Wunsche

(1) Während 1865 erst 18,000 Fremde in den Gasthäusern waren, steigerte sich ihre Zahl 1871 auf 41,000, 1874 auf 46,407. (2) Auch das ehemalige Dominicanerkloster auf der Insel ist 1874—1875 in einen Gasthof umgewandelt worden. (3) Ueber Radolfzell siehe oben. (4) Mone, Quellen-Sammlung II. 337. (5) Das Kaufhaus wurde später als Zollbureau und Eisenbahnbureau verwendet.

der Stadt wurde auch entsprochen, nachdem dieselbe sich bereit erklärt hatte, zur Deckung des auf 80,000 Fl. berechneten Mehraufwandes einen baaren Beitrag von 50,000 Fl. zu leisten. (¹)

Durch die Anlage des Bahnhofes vor den Stadtmauern am Seethor wurde der alte Landungsplatz theilweise zu dem Bahnhofe verwendet und man beschränkte sich Anfangs darauf, die alte Hafenschirmmauer bis auf 1 Fuß über den höchsten bekannten Wasserstand (Pegel) zu erhöhen und durch Ausbaggerung der Landestelle den Zugang der Schiffe zu erleichtern und den Nothhafen auf der Südostseite zu verbessern.

Mit Eröffnung der Bahn von Schaffhausen nach Constanz hob sich der Verkehr und die spätere Einmündung der Eisenbahn von Mengen, Sigmaringen, Mößkirch brachte neues Leben. Man mußte dafür sorgen, daß die Dampfboote bei allen Wasserständen landen können.

Zu diesem Ende erschien es nöthig, den alten Landungsdamm zu verbreitern und auf 155 Meter zu verlängern, so daß er von dem Festlande aus Anfangs 32, am Ende 24 Meter breit wurde; dann war ein Holzsteg vom Ende des Dammes bis gegen die alte Pfahlschirmwand herzustellen und zur Bewirkung der nöthigen Fahrwassertiefe längs der beiden Seiten des Dammes weitere Baggerungen vorzunehmen, endlich ein Schienengeleise auf den Damm zu legen und ein Laufkrahnen anzubringen.

Die Stadt hatte nach Vertrag vom 10. Januar 1873 den 35 Are haltenden alten Landungsplatz unentgeltlich an den Staat abzutreten und die Entschädigung der Pächter und Nutznießer der Lagerplätze sowie der etwaigen Fahrrechtseigenthümer zu übernehmen.

Diese Arbeiten, welche für einen vollständigen Hafen auf 100,000 Fl. überschlagen waren, wurden 1873 begonnen. Man beschränkte sich aber auf einen 133 Meter breiten, 175 Meter langen Landungsdamm, der auf der Westseite mit Mauern geschützt und auf der Ostseite mit einem Schienengeleise versehen wurde. Der Aufwand betrug 57,537 Fl.

Den Aufwand bestritt zum Theil die Eisenbahnbaucasse. Der Verkehr in dem Hafen betrug 1866/68 durchschnittlich für 1 Jahr 14,800 Centner zollpflichtiger Güter. Dazu kamen aber noch an Obst, Gemüse, Schnittwaaren, Holz, Rorschacher Steinen, Torf ꝛc. 46,000 Centner, so daß der Gesammtverkehr den Betrag von 60,000 Centner überstieg.

Im Jahre 1870 betrug der Ein- und Ausgang 52,720, 1872 62,018 Centner. An Getreide kamen 1869 58,928 Centner, 1873 51,322 Centner, 1874 43,251 Centner, 1875 43,341 Centner auf den Markt; es zeigt sich also auch hier wie auf den meisten Fruchtmärkten ein Rückgang. Dagegen hebt sich die Fabrikation sichtlich.

Die Segelschiffe, welche hier landen, besitzen eine Ladfähigkeit von 200—2000 Centner, die meisten halten 200—400 Centner. Die Hafenordnung ist von 1875, Gesetz- und Verordnungsblatt S. 240.

Der erweisliche Aufwand für Verbesserung der beiden Straßen Nr. 61 und 64 beträgt mit den Brücken- und Hafenbauten 1,326,775 Mark.

Nr. 62.

Straße von Schaffhausen nach Ulm.

Zur Zeit befindet sich nur noch im Landstraßenverband die Abtheilung von Aach bei Stockach bis Göggingen in einer Länge von 31 Kilometer = 7,11 Stunden.

Die frühere Länge dieser Straße betrug in Baden nämlich von Gottmadingen bis Straße Nr. 61, von dieser bis Nenzingen und von Hindelwangen bis zur Gränze bei Göggingen.	15,20	Stunden,
Länge in der Schweiz	1,00	„
„ „ Württemberg . . . . nämlich von der Gränze bei Göggingen bis Ulm. Bei Göggingen liegt eine Strecke von nur 2 St. auf Sigmaringer Gebiet, welche bei dieser Längenangabe nicht mitgerechnet ist.	17,00	„
Dazu von Stockach bis Schwakenreuther Ried . .	2,00	„
zusammen	35,20	Stunden.

(¹) Keine Gemeinde des Landes hat ein ähnliches Opfer für Eisenbahnzwecke gebracht.

Die alten Gewerbe- und Handelsstädte Nürnberg, Regensburg, Augsburg und Ulm benützten fast ausschließlich den Rheinübergang bei Schaffhausen (1) zur Versendung ihrer Erzeugnisse und Güter für die mittlere und westliche Schweiz, für Sardinien, das südliche Frankreich und Spanien.

Die meisten Gütersendungen kamen von Ulm, (2) woselbst im 13., 14. und 15. Jahrhundert der berühmteste Weinmarkt im Süden von Deutschland bestund. Felix Fabri sagt in der historia Suevorum 1490, daß wöchentlich 300 Weinwagen auf den Markt kommen. Es wurden hier Neckar-, Rhein- und Mainweine, sowie spanische, italienische, Schweizer, Elsässer, Breisgauer, Ortenauer und namentlich auch Schaffhauser Weine zum Verkauf gebracht. (Württembergische Jahrbücher 1850 und 1854.) Nach einem Zollrodell von 1434 galten die Breisgauer und Schaffhauser Weine zweimal, die Elsässer fünf bis sechsmal soviel als die Neckarweine. Außerdem waren im 14.—17. Jahrhundert die Leinwandmärkte bedeutend, indem jährlich circa 40 bis 50,000 Stück Leinwand nach Italien, Frankreich und Spanien verschickt wurden. Auch Baumwollenzeuge wurden jährlich in großen Mengen abgesetzt. Ulmer Spielkarten gingen in Fässern in die ganze Welt. Endlich war der Fruchtmarkt von jeher und bis in die neue Zeit der bedeutendste in Württemberg. Es werden jetzt gegen 400,000 Centner Früchte jährlich verkauft.

Außer dem Getreide gehen in neuer Zeit hauptsächlich Wollwaaren, Mehl, Gerste, Sämereien, Gartengewächse, Bier, Vieh, Zunder, Schnecken, Tabak, Pfeifen, Leim, Leder und Eisenwaaren nach der Schweiz. —

Die Straßenroute zwischen Ulm und Schaffhausen war deshalb seit Jahrhunderten für den durchgehenden Handelsverkehr von Bedeutung und auch in militärischer Hinsicht von Wichtigkeit, weil sie die Punkte Ulm und Stockach verbindet. (3) Als Poststraße war sie im vorigen Jahrhundert Gegenstand des besondern kaiserlichen Interesses. (4)

Nach dem Namen der Orte zu schließen, welche an der Straße oder in deren Nähe liegen, vermittelte diese schon den Verkehr der keltischen Niederlassung zwischen dem Oberrhein und der Donau, denn die Namen: Ulm, Ehingen, Riedlingen, Wangen, Aach, Stockach, Heudorf, Beuren, Randegg, Zoznegg, Mahlspüren, Nenzingen, Hindelwangen, Schwakenreuthe, Reuthe, Roth, Rißdorf, Zizenhausen, scheinen aus keltischer Sprache abzustammen.

Auch die Römer benutzten in dieser Gegend verschiedene Straßen, die noch unter der Benennung: Hochstraßen, Hartwege, Steinstraße bekannt sind. (5) Auf einer Anhöhe bei Mößkirch „Altstadt" wurden römische Gebäudereste, Münzen, Ziegel und Backsteine gefunden, und bei dem Dorfe Altheim römische Lagerreste. (Eutenberg, Römische Niederlassung zu Mößkirch 1836.) Auch die Straße von Singen über Hausen, durch das Weilerried gegen Orsingen, Volkertshausen, Bietingen, Hötzle, wird für römisch gehalten, da sie an mehreren Orten „Hartweg" heißt. So

---

(1) Siehe Nr. 28, 58 und 59. (2) Ulm wie Nürnberg, Regensburg und Augsburg keltischen Ursprungs, wurde von den Römern zur Villa regia erklärt. Schon 600 nach Chr. führte bei Ulm eine Brücke über die Donau nach Schweighofen. Karl der Große schenkte Ulm 805 dem Kloster Reichenau. Das im Jahr 1858 aufgedeckte Leichenfeld wird in die Zeit des 4. und 6. Jahrhunderts zurückversetzt. Die Stadt wurde 1027 befestigt, erhielt 1140 Reichsfreiheit und 1274 die Rechte von Eßlingen. Unter Herzog Konrad von Schwaben 1139 wurde die Stadt um das Doppelte erweitert. Ulm hatte das größte Gebiet von allen Reichsstädten. 1423 wurde Ulm Münzstätte für Rottweil, Gmünd, Pfullendorf, Kempten, Kaufbeuern, Isni, Gingen und Aalen. Im 15. Jahrhundert war hier eine Hauptniederlage des Leinwandhandels. Die Kaufleute hatten in England, Frankreich, Italien, Spanien eigene Häuser. Wein, Eisen, Salz, Leinwand, Barchent, Wollwaaren, Spielkarten waren Haupthandelsartikel. Die größte Blüthe fällt in die Zeit vom 14.—16. Jahrhundert. Man sagte damals: „Ulmer Geld regiert die Welt". Das Aufblühen Ulms wurde durch die Wasserstraße der Donau wesentlich befördert. Seit mehrecen Jahrhunderten vermitteln die Ulmer Schiffe die Hauptverbindung Schwabens mit Wien, Ungarn und der Türkei. Von Ungarn und Passau kamen Getreide und Salz aufwärts. 1839 gingen erstmals Dampfschiffe zwischen Ulm und Regensburg; 1857 wurden die Schifffahrtsverhältnisse zwischen Oesterreich und Baiern durch Vertrag geregelt. Baiern hat 1837—74 2,800,000 Fl. für Regulirung der Donau aufgewendet. 1869 fuhr das erste Dampfschiff von Ulm nach Belgrad. Ulm kam 1803 an Baiern, 1810 an Württemberg. Siehe Sebastian Franck, Chronik 1538. — Stälin, Geschichte von Württemberg III. — Kaiser, Donaukreis 1831, II. — Memminger, Ulm 1836. Württembergische Jahrbücher 1854. — Pfister, Geschichte von Schwaben. — Jäger, Schwäbische Städte. (3) Siehe Deutsche Vierteljahrschrift 1843. (4) Salem. Arch.-Acten. Schon 1710 ging ein württembergischer Postwagen auf dieser Straße von Ulm über Stockach und Engen nach Schaffhausen; 1775 fuhren hier sogenannte Landkutschen neben den taxischen Geschwindkutschen. Die böhmischen Gesandten reisten 1433 mit Wagen von Ulm über Stockach nach Schaffhausen und Basel. (Wursteisen, Chronik von Basel.) (5) Siehe Buchner, Reise auf der Teufelsmauer 1821, II. — Raiser, Donaukreis 1831, II. — Leichtlen, Schwaben unter den Römern 1825 und Nr. 63 Straße von Meßkirch nach Sigmaringen. — Memminger, Saulgau. — Gok, Die Römerstraßen. Bei Orsingen, wo römische Gebäudereste gefunden wurden, lief eine „Hochstraße" durch. — Schriften des Alterthumsvereins III. — Mone, Anzeiger 1836.

lange die Wege schlecht und stark mit Zöllen belastet waren, wechselte der Verkehr und die Benützung derselben je nach den zeitweise eingetretenen Erleichterungen, daher schwer zu bestimmen war, welcher Weg als Hauptverkehrsstraße anzusehen sei. So kam es auch, daß sich, nachdem in dem Convent des schwäbischen Kreises von 1737 beschlossen war, daß die hier in Betracht kommende Straße nach Anleitung der Kreisinformation über Straßenbau von demselben Jahre, herzustellen sei, wie in den meisten ähnlichen Fällen, ein Streit unter den betheiligten Territorialherren über die einzuhaltende Zugslinie und zwar vorzugsweise darüber erhob, ob die Straße von Riedlingen über Sigmaringen und Mößkirch oder jene von Riedlingen über Mengen und Mößkirch, oder aber die dritte von Mengen über Pfullendorf nach Stockach „als alte Güter- und Landstraße" anzuerkennen sei? Oesterreich, Fürstenberg und Hohenzollern behaupteten, daß der alte Handelsweg über Riedlingen, Sigmaringen und Mößkirch nach Stockach gegangen sei, und daß erst seit 1732 die Straße über Neufra, Ertingen, Herbadingen, Mengen durch den Weithardtwald nach Pfullendorf und Stockach von den Güterfuhren benützt werde; die Reichsstadt Pfullendorf, unterstützt von der Reichsstadt Ueberlingen, dem Deutschorden, den Abteien Salem und Petershausen und der Reichsritterschaft, suchte nachzuweisen, daß der alte Handelsweg von Ulm allerdings durch Pfullendorf einerseits nach Stockach und Schaffhausen, anderseits nach Ueberlingen und Constanz geführt habe. (1)

Durch Kreisbeschluß vom 4. Januar 1750 wurde die Herstellung der Straße von Ulm über Ehingen, Riedlingen, Mengen (2) und Mößkirch (3) nach Stockach angeordnet, dabei aber bestimmt, daß auch die Straße von Riedlingen über Sigmaringen nach Mößkirch offen bleiben soll, da durch Urkunden von 1536, 1546 und 1576 erwiesen wurde, daß die Straße von Riedlingen über Sigmaringen, Laiz, Vilsingen, Engelswies, Langenhart, Leibertingen, Lipptingen und Engen nach Schaffhausen schon damals als „uralte, frei kaiserliche Güter- und Landstraße" bezeichnet wurde und später unter dem Namen „Post-, Wein- und Salzstraße" bekannt war. (4)

Nach Beschluß des Kreisconvents in Offenburg vom 31. Januar 1750 war die Straße von Mengen durch die Gebiete von Zollern, Fürstenberg und Schaffhausen nach Basel in erster Linie mit einer Breite von 24 Fuß herzustellen. Die Straße war damals so schlecht, daß beladene Wagen täglich nur 3 Stunden zurücklegen konnten, weil sie oft versanken.

Fürstenberg begann sogleich mit dem Bau zwischen Stockach und Mößkirch und forderte die übrigen Betheiligten, die österreichische Grafschaft Nellenburg (wegen der Gemarkungen Zoznegg, Ursaul, Stockach, Nenzingen, Friedingen, Singen und Büsingen), das Hochstift Constanz (wegen Nielasingen), die Abtei Salem (wegen Mainwangen) und die Ritterschaft (wegen Krumbach, Orsingen, Steißlingen, Gottmadingen und Randegg) zur Mitwirkung auf. In Mößkirch ging unter dem Namen „Königstraße" eine alte, direct nach Mengen führende Straße von der Brücke bei der Liebfrauenkirche, rechtseits der Ablach, neben dem Hochgericht hin über den Sandberg

---

(1) Nach Jäger, „Schwäbisches Städtewesen" ging der uralte Straßenzug von Ulm über Göglingen, Biberach, Ostrach, Pfullendorf, Stockach, Höhgau einseits nach Radolfzell oder Ueberlingen, Constanz und Zürich, anderseits nach Schaffhausen, Rafzerfeld, Kaiserstuhl, dann auf und neben dem Rhein nach Basel. Nach einem Vertrag zwischen Ulm und Ueberlingen von 1407 mußten die Ueberlinger jeden Freitag ein Marktschiff nach Constanz schicken, um den Verkehr mit Ulm zu vermitteln. (2) Mengen, schon 819 Stadt und königliche Villa, lag seit Römer-Zeiten an der Völkerstraße, die neben der Donau nach Osten führte. 1276 erhielt die Stadt die Rechte von Freiburg. Tschudi sagt: Mengen sei bis in das 13. Jahrhundert Reichsstadt gewesen und dann österreichisch geworden. 1806 kam Mengen an Württemberg. (Memminger, Saulgau.) Mengen hat einen bedeutenden Fruchtmarkt, wo 1867 80,432, 1868 74,273 Centner umgesetzt wurden. (3) Meßkirch war schon im 13 Jahrhundert Stadt. Es kam 1340 an die Herrn von Zimmern, 1636 an die fürstenberg'sche Linie Blumberg oder Meßkirch genannt. Der Fruchtmarkt in Meßkirch ist wieder lebhafter. 1857 wurden 50,128 Centner, 1869 57,400, 1872 64,000, 1873 102,400, 1874 75,000 Centner verkauft. (4) Nach Aufzeichnungen vom Jahr 1749 ging in früherer Zeit ein großer Theil der Frachtfuhren von Ulm über Ehingen, Riedlingen (österreichisch), Neufra (fürstenbergisch), Mengen (österreichisch), Weithardtwald (sigmaringisch), Pfullendorf (Reichsstadt), Aach (fürstenbergisch), Ruhstetten (Klosterwald), Scherneck (Hohenfels), Stockach (österreichisch), Wahlwies, Steißlingen (Ritterschaft), Friedingen (österreichisch), Randegg (Ritterschaft), Dörflingen (österreichisch), Schaffhausen (F. F. Arch.-Acten). Denselben Weg hatten auch schon im 17. Jahrhundert die für die West-Schweiz bestimmten Salzfuhren von Reichenhall (Baiern) eingehalten. Nachdem die alte Pfullendorfer Straße in Verfall kam, wurde die Straße von Riedlingen über Sigmaringen, Enzighofen, Vilsingen, Buchheim über den Schäferhof, die Mönchssteig hinab nach Neuhausen, Lipptingen, Emmingen ob Egg, Biesendorf, Engen und von da einseits nach Welschingen und Binningen nach Schaffhausen, anderseits über Leipferdingen, Hondingen, Unadingen und Löffingen nach Freiburg benützt, daher sie auch Breisgaustraße genannt wurde. Württemberg zog den Verkehr später von Neuhausen über Tuttlingen nach Möhringen (Stockacher Amtsacten). Dieser Straßenzug scheint aus einer römischen Heerstraße hervorgegangen zu sein. (Mone, Urgeschichte I. S. 159.)

bis Leitishofen und von hier über die Ablach nach Menningen, dann durch die berüchtigte Haselgasse, durch den Ort Ablach, nach Krauchenwies und links an Ruolfingen vorüber nach Mengen. (1) Diese Straße wurde um 1751 zwischen Mößkirch und Leitishofen gerade geleitet und 1765—1770 mit großen Kosten über das Gögginger Ried nach Göggingen und von hier nach Krauchenwies und Ruolfingen geführt und chaussirt. Im Jahr 1764 wurde die Straße von Zoznegg bis an das fürstenbergische Gebiet durch die salem'schen Orte neu hergestellt und 1765 bei Krumbach eine Brücke erbaut und die Straße dazu durch Aussprengen von Felsen in der Hohlgasse verbessert. Auf diese Weise war die Straße zwischen Mengen und Stockach in einen, den damaligen Ansprüchen entsprechenden Zustand gebracht. Dagegen hatte sich an der Straße von Stockach über Nenzingen, Orsingen, Steißlingen, Gottmadingen, Randegg und Dörflingen nicht viel an dem schlechten alten Zustande geändert. (2) An der Straße von Stockach gegen Rißdorf fehlte eine Brücke, von der Rißdorfer Brücke bis zur Höhe bestund ein schmaler, kaum zwölf Fuß breiter Hohlweg, dem zwei weitere von ähnlicher Beschaffenheit folgten, von der Zollbrücke bis zu dem Weg nach Nenzingen war ein Sumpf und von Orsingen an wieder eine tiefe zehn Fuß breite Hohlgasse, wie bei Gottmadingen und Randegg; in Orsinger, Steißlinger, Singener und Gottmadinger Gemarkung hatte die Straße meistens nur eine Breite von zehn bis zwölf Fuß, auch gegen Schaffhausen bestund ein tiefer schmaler Hohlweg.

Diese vielen Mängel konnten nur durch Zusammenwirken der betheiligten Territorialherrschaften beseitigt werden, daher in Aussicht auf die Durchreise der österreichischen Prinzessin Marie Antoinette nach Frankreich auf Veranlassung Oesterreichs und Fürstenbergs unterm 10. Juni 1767 zwischen letzterem, dem Gotteshaus Salem, der Stadt Radolfzell, der Statthalterei Hilzingen, der Reichsritterschaft und den Herrschaften Singen und Müllhausen eine Vereinbarung getroffen wurde, wonach 1. die Straße in die fünf Abtheilungen: Stockach-Orsingen, Orsingen-Steißlingen, Steißlingen-Singen, Singen-Randegg, Randegg-Linde (Gränze der Schweiz) getheilt und zu Herstellung jeder Abtheilung die nahe liegenden Gemeinden zur Frohndleistung beigezogen werden sollten; 2. die Straße nach der Information von 1737 mit einer Breite von 24 Fuß und 2 Fuß Ueberhöhung nebst 5—6 Fuß breitem Graben herzustellen; 3. die Grundentschädigungen in natura zu leisten; 4. die Kunstbauten auf Kosten der Districtsherrschaft auszuführen und 5. der alte Straßenzug möglichst beizubehalten war.

Die Ausführung erfolgte in den Jahren 1768—1775 jedoch nicht überall in der vorgeschriebenen Breite. In den ritterschaftlichen Bezirken war nur das Allerdringendste hergestellt. (3)

Auf fortwährendes Ansuchen der Stadt Pfullendorf um Anordnung zu gemeinsamer Verbesserung der von Mengen durch diese Stadt nach Stockach führenden Straße bestimmte der Kreisconvent in Ulm am 28. Juni 1769, daß ebenso wie die Straße über Mößkirch auch jene über Pfullendorf auf 24 Fuß Breite mit beiderseitig 3 Fuß breiten Gräben durch Concurrenz der betheiligten Gebiete (4) herzustellen sei und die Gemeinden auf zwei Stunden Entfernung beigezogen werden sollen.

Der Bau wurde nun auch an dieser Straße begonnen, allein er nahm einen sehr langsamen Fortgang, weil man nun von allen Seiten auf schleunige Verbesserung der Straße von Ulm über Marchthal, Riedlingen, Mengen, Mößkirch und Stockach hinwirkte und daher von Oesterreich und von Fürstenberg dieser Straße alle Aufmerksamkeit zugewendet wurde. (5) Hiedurch überflügelte die Mößkircher Straße die Route über Pfullendorf, (6) da sich der Verkehr nun größtentheils der erstern nnd bessern Straße zuwendete.

Um die Nachhaltigkeit dieses Verlusts für Pfullendorf möglichst abzuwenden, veranlaßte diese Stadt im Jahr 1763 eine Concurrenz der betheiligten Herrschaften Sigmaringen, Fürstenberg, der Abteien Salem, Petershausen, Habsthal und Klosterwald zu Herstellung der Straße

(1) Urkunden hierüber von 1664, 1667 und 1680 in f. f. Arch.-Acten. (2) Schaffhausen hatte die Straße bis zur Landesgränze zuerst in Stand gestellt. Die alte Straße, welche noch 1551 von Nellenburg, Schaffhausen, Stoffeln und Schellenberg als die „rechte Landstraße nach und von Schaffhausen" anerkannt wurde, ging von Thaingen unter den Reben über die Hochstraß durch den Ebringer Bann auf Gottmadingen. Sie wurde damals wieder eröffnet und mit Ausweichplätzen versehen. L. A.-A. (3) F. f. Arch.-Acten und L. A.-A. (4) Betheiligt waren außer Sigmaringen und Pfullendorf Fürstenberg wegen Aach, Klosterwald wegen Ruhestetten, der Deutschorden wegen Selgersweiler und Scherneck, Oesterreich wegen Mahlspüren, Winterspüren und Stockach. (5) Diese Straße erhielt, wie die Fortsetzung über Freiburg nach Kehl, von der Reise der Erzherzogin den Namen „Devotions-" oder Dauphine-Straße. (6) Siehe Walchner, Geschichte von Pfullendorf, 1825.

von Mengen durch den Weithardtwald (1) über Mattschies nach Pfullendorf und Stockach, welcher Bau 1774—1776 ausgeführt wurde.

Im Jahr 1780 baute der Fürst von Hohenzollern eine Straße von Sigmaringen nach Krauchenwies unter dem Namen einer „Jagdstraße". Da dieselbe aber chaussemäßig sehr gut und ebenfalls 24 Fuß breit angelegt ist, wurde sie allmählich auch von Frachtfuhren nach Mößkirch benützt und sie erhielt, nachdem später auch die Vicinalstraße von Krauchenwies über Hausen und Schwäblishausen von den Gemeinden verbessert war, auch Bedeutung für den Verkehr von Sigmaringen nach Pfullendorf und an den Bodensee. (2)

Im Jahr 1784 ist an der Straße von Mößkirch nach Stockach bei Krumbach eine gedeckte Holzbrücke erbaut worden, die man später durch eine gewölbte Steinbrücke ersetzte. Durch den Rückzug Moreaus, im Juli bis October 1796 und durch die Truppenmärsche in den Jahren 1799 und 1800 kam diese Straße wieder fast bis zur Unfahrbarkeit herunter, so daß man in den ersten zehn Jahren fortan mit Verbesserungen im Frohndweg beschäftigt war. Im Jahr 1802 wurde die sog. Frauenbrücke über die Ablach in Mößkirch von der Stadt neu erbaut und 1808 von Mößkirch durch das Wiesenthal bis zur sog. Bullensteig die Straße um 8 Fuß erhöht. Eine ähnliche Erhöhung um 4 Fuß erfolgte 1811 durch Göggingen.

Die Straße von Mengen über Mößkirch nach Stockach und Radolfzell wurde in einem Vertrag zwischen Baden und Württemberg vom 2. October 1810 als Hauptcommercialstraße anerkannt, zu deren Benutzung beide Staaten gleichberechtigt sind.

Die ganze Straße von der württembergischen Gränze über Mößkirch, Boll, Schwakenreuthe, Zizenhausen, Stockach, Steißlingen, Singen, Gottmadingen, Randegg bis zur Schweizergränze bei Schaffhausen kam 1816 in die zweite Classe, jene über Pfullendorf nach Stockach aber in die dritte Classe der Staatsstraßen.

Im Jahr 1825 ist eine Correction bei Randegg, 1829 eine solche bei Büsingen ausgeführt worden.

Im Jahr 1839 wurde am obern Thor bei Stockach eine Verbreiterung mit Abbruch des Thores vorgenommen und hierfür 765 Fl. aufgewendet. Hierauf schritt man zu der Correction der Steige bei der westlichen Einfahrt in die Stadt Stockach, der sog. Kirchhalde, welche auf eine Erstreckung von 540 Fuß ein Gefäll von 11—15 Procent hatte und dabei in einer stark gekrümmten Linie hinzog, so daß für jedes zu Berg fahrende Fuhrwerk Vorspann nöthig wurde; bei der Thalfahrt aber alljährlich Unglücksfälle vorkamen.

Schon im Jahr 1835 beschäftigte man sich deshalb mit dem Project, diese Steige zu corrigiren und es wurden zu diesem Ende sieben Vorschläge in Betracht gezogen, und zwar 1. die Ausgleichung der dermaligen Steige zur Ermäßigung der Steigung auf 6 Procent mit einem Aufwand von 25,000 Fl., 2. Ausführung der Straße von der Aachbrücke mittelst Auffüllung zwischen Stützmauern, Herstellung einer Bogenstellung und Führung durch Aecker- und Wiesengelände mit Steigung von 6,2 Procent und einem Aufwand von 51,000 Fl., 3. Umgehung der Steige mittelst einer in der Richtung der sog. Tillstraße auf der Südseite der Stadt und bei der Kirche wieder in dieselbe führende Rampe mit einem Steigen von 5 Procent und einem Aufwand von 45,000 Fl., 4. Führung der Straße über den unteren Theil des Gottesackers auf der Nordseite der Stadt, in die Tuttlinger Straße mit einem Steigen von 4 Procent und 18,000 Fl. Aufwand, 5. Neue Straße von der Aachbrücke mittelst Bogens durch die Aacher Vorstadt und Einmündung am obern Theil des Gottesackers bei der Kirche in der Stadt mit einem Aufwand von 62,000 Fl., 6. Beibehaltung der alten Straße bis in die Vorstadt und von da neue Straße wie unter 5 mit einem Aufwand von 45,000 Fl., 7. Neue Straße von der Aachbrücke durch Gärten und Wiesen und Einmündung auf der Südseite der Stadt mit 4,5 Procent Steigung, mit einem Aufwand von 23,000 Fl. Nach längeren Erörterungen über die Wahl dieser Verbesserungsvorschläge wurde das dritte Project genehmigt und der Bau selbst im Jahr 1843 begonnen. Die Stadtgemeinde hatte sich bereit erklärt, einen Beitrag von 1600 Fl. in Baumaterialien und Fuhren zu leisten. Die neue Straße erhielt eine Länge von 2500 Fuß, eine Breite von 20 Fuß. Die Fahrbahn wurde 16 Fuß breit mit 4 Zoll Gestück

---

(1) Siehe Nr. 72. (2) Die Straße von Sigmaringen nach Krauchenwies hat eine starke Steige bei Sigmaringen, von Krauchenwies bis Hausen Gefälle von 5—8 Procent, von Hausen bis Schwäblishausen auf kurze Strecken 10 Procent und im badischen Gebiet 8—10 Procent. Diese Straße ist jetzt auf preußischem Gebiet Staatsstraße, in Baden nur Vicinalstraße.

und 4 Zoll Kies hergestellt. Die Grundstücke und Gebäude kaufte die Straßenbaucasse für 19,000 Fl. an. Das Gefäll beträgt bis zu der Rampe 6 Procent, in der Rampe 1 Procent und geht dann auf 4, später auf 6 Procent über. Die Rampe ist 71,5 Fuß breit und hat einen Radius von 46 Fuß. Der Gesammtaufwand der Staatscasse für diesen Bau, der im December 1844 vollendet war, betrug 44,997 Fl.

Da die Frequenz der Straße von Ulm nach Stockach sich fortan mehrte durch die 1844/45 erfolgte Verbesserung der Straße von Krauchenwies nach Klosterwald und von Scherneck nach Neumühle — im Sigmaringschen Gebiet — der Verkehr nach Stockach sich aber allmählich dieser Route zuzuwenden drohte, weil hier die Vorspannkosten geringer als auf dem Zug über Mößkirch waren,(1) erschien es nothwendig, zu Verbesserung der ungünstigen Gefälle zwischen Mößkirch und Stockach, welche zwischen 7, 8, 10 und 13 Procent wechselten, Hand anzulegen.

Nach einem im Jahr 1846 entworfenen Projecte sollte zu diesem Ende ein Aufwand von 180,000 Fl. erforderlich sein. In Rücksicht auf diese großen Kosten unterblieb die Ausführung und erst im Jahr 1859 wurde ein neuer Plan aufgestellt, wonach der vorhandene Vicinalweg von Stockach resp. von der Stockach-Tuttlinger Straße über Zizenhausen,(2) Hoppetenzell, bis oberhalb Schwakenreuthe corrigirt, von dort aber bis Mößkirch durch das Ablachthal eine neue Straße hergestellt werden sollte. Bei diesem Zug war von Stockach bis zur Wasserscheide bei Schwakenreuthe ein Gefäll von $1^1/_2$ Procent zulässig, wogegen von dort bis Mößkirch die Straße fast horizontal geführt werden konnte. Die Kosten für die Abtheilung von Stockach bis oberhalb Schwakenreuthe, wo die alte Straße die neue durchschneidet, wurden auf 72,690 Fl., der Aufwand für die ganze, $4^1/_2$ Stunden lange Straße von Stockach bis Mößkirch auf 150,000 Fl. berechnet. Zum Beginn der Arbeiten bewilligte das Budget für 1860/61 40,000 Fl. Der Bau wurde zwischen Stockach und Schwakenreuthe im Herbst 1860 begonnen. Die Straße erhielt eine Breite von 20 Fuß, eine Fahrbahn von 16 Fuß. Zu dem Fundament wurden pro laufende Ruthe 7,5 Cubikfuß grobe Steine und 4,5 Cubikfuß Kiesschotter verwendet. Dem Bau stellten sich auf der Strecke Hindelwangen bis Schwakenreuthe unvorhergesehene Hindernisse entgegen, indem die auf der Nordseite des Weges angeschnittenen Bergabhänge eine Beweglichkeit kundgaben, wie solche bei Straßenbauten in Baden noch nicht vorgekommen war.(3) Der Fuß der Böschung mußte theilweise mit liegenden Mauern verwahrt werden.

Hierdurch und durch den Mangel an Arbeitern erhöhte sich der Aufwand auf 91,646 Fl.

Die Straße wurde am 1. Juni 1863 in den Verband aufgenommen und die alte Straße über Zoznegg ausgeschieden. Die Gemeinden Hoppetenzell, Schwakenreuthe und Mühlingen hatten das nöthige Gemeindeeigenthum unentgeltlich abgetreten. Ein Gleiches geschah auch von dem Grundherrn von Buol bezüglich des für den Bau nöthigen Waldes in Bärenberger Gemarkung. Die übrigen Grundstücke wurden angekauft. Die neue Straße von Stockach nach Mößkirch ist 5 Stunden lang, also $^2/_{10}$ Stunden länger als die alte über Zoznegg.

Da inzwischen sich die Aussicht auf eine Eisenbahnverbindung zwischen Stockach, Mößkirch, Sigmaringen und Mengen eröffnete,(4) mußte Fortsetzung des Baues von Schwakenreuthe bis Mößkirch unterbleiben. Als Bedürfniß erscheint nun zwischen Stockach und Mößkirch zunächst die Herstellung eines Brückenneubaues über die Ablach zum Ersatz der baufälligen Brücke in Krumbach, mit welchem Neubau eine Straßencorrection zu verbinden war, da die Straße daselbst einseits $11^1/_2$, anderseits 13 Procent Gefäll und für den Langholztransport zu kurze Wendungen hatte. Eine neue Brücke von 20 Fuß Lichtweite und 30 Fuß Länge nebst einer Correction des Bachs und einer 2100 Fuß langen Straßencorrection von 20 Fuß Breite und 16 Fuß Fahrbahn, womit das Gefäll auf 5—$5^1/_4$ Procent ermäßigt werden kann, wurde 1867 auf 11,000 Fl. überschlagen. Die Gemeinde Krumbach stellte das Gelände im Werth von 1181 Fl. gegen Aversum von 200 Fl., daher der Staatsaufwand in 10,019 Fl. bestund. Die Vollendung erfolgte 1869. Es blieb jetzt noch zwischen Stockach und Mößkirch die Correction der Steige bei Mößkirch zu wünschen, welche auf 2530 Fuß 11 Procent Gefäll besitzt.

---

(1) Die Gefälle auf der Krauchenwieser-Klosterwaldstraße betragen nur auf kurze Strecken von 650 Ruthen zusammen 7—8 Proc., sonst 3—6 Proc. Die Länge beider Straßen ist gleich. (2) Der Ort wird in Urkunden von 760 Zozihuhus genannt. Das Hüttenwerk in Zizenhausen wurde 1866 aufgehoben (Reg.-Bl. S. 8) und für 28,000 Fl. verkauft. (3) Mit ähnlicher aber noch viel größerer Terrainschwierigkeit hatte der 1868—69 ausgeführte Eisenbahnbau auf der linken Thalseite zu kämpfen. (4) Der Eisenbahnbau zwischen Stockach und Meßkirch wurde 1866 begonnen, konnte aber bei der Ungunst der Bodenverhältnisse erst im Herbst 1869 dem Betriebe eröffnet werden.

Im Jahr 1868/69 wurde die Mühlcanalbrücke in Mößkirch mit 15 Fuß Lichtweite und 27,6 Fuß Breite und einem Eisengedeck von 9 Trägern für 2500 Fl. auf Staatskosten neu hergestellt. Die alte Brücke war von Holz. Zwischen Mößkirch und Krauchenwies besteht bei Leitishofen noch ein Stich von 7—12 Procent und zwischen Krauchenwies und Ruolfingen Gefälle von 9—10 Procent. Die Correction des Stichs bei Göggingen würde 4800 Fl., jene zwischen Leitishofen und Mößkirch 27,500 Fl. erfordern. Die Correction im preußischen Gebiet wurde bei Annahme eines Gefällmaximums von 4 Procent auf 38,000 Fl. überschlagen. Die Entfernung der Stiche zwischen Gottmadingen und Randegg würde 10,000 Fl., jene des Stichs in den Reben von Steißlingen 2750 Fl. und jene des Stichs zwischen Orsingen und Menzingen 4300 Fl. kosten.

Die Straßenabtheilung zwischen Singen und Gottmadingen wurde im Jahr 1863 aus dem Staatsstraßenverband ausgeschieden, da sie mit der am 13. Juni 1863 eröffneten Eisenbahn von Waldshut nach Constanz parallel zieht.

Auch die Straße von Nenzingen bis zur Einmündung in Straße Nr. 61 wurde 1866 aus dem Verband ausgeschieden, weil von Stockach aus eine kürzere Straße über Stahringen nach Radolfzell zu der Eisenbahn führt, welche den größeren Theil des Verkehrs aufgenommen hat.

Im Jahr 1872/73 wurde die hölzerne sog. Glockerbrücke bei Hoppetenzell (5,3 Meter Lichtweite und 6 Meter Fahrbahn) mit 2185 Fl. in Eisen umgebaut. Kreis und Gemeinde bezahlten die gesetzlichen Beiträge. Nachdem der Ort Sauldorf im Jahre 1873 einen großen Theil der Zufuhrstraße zur Station Krumbach verbessert hatte, wurde zur vollständigen Herstellung des Wegs 1874 eine Summe von 12,000 Fl. aus der Staatscasse bewilligt.

Der unverschiebliche Umbau der schadhaften Grabenbachbrücke in Mößkirch gab 1876 Anlaß zu einer Correction der Ablach, Verbesserung der Zufahrt zu dem Holzlagerplatz der Eisenbahnstation, Neubau einer eisernen Brücke, Ueberwölbung des Grabenbachcanals, Ableitung des Kandelwassers und der Anlage von Trottoirs. Die Gesammtkosten sind auf 65,000 Mark berechnet, wovon 15,000 Mark für die Trottoir- und andere Gemeindeanlagen von der Gemeinde neben dem gesetzlichen Beitrag bestritten wurden. Von den weiteren 50,000 Mark trugen die Gemeinden und der Kreis $^1/_3$.

Um den Verkehr von Tuttlingen und Mößkirch nach der Eisenbahnstation Stockach zu erleichtern, beschloß man 1870, zur Umgehung des Umweges durch die Stadt eine directe 930 Meter lange, 6 Meter breite Straße in der Fortsetzung der Straße Nr. 62 zur Personenstation zu erbauen, wozu in dem Gesetz von 1876 über Vervollständigung des Landstraßennetzes 17,200 Mark bewilligt wurden, vorausgesetzt daß die Gemeinde Stockach gleichzeitig die Aach corrigirt. Die Ausführung erfolgte 1877.

Der ganze nachweisbare, theils verausgabte, theils genehmigte Aufwand für Verbesserung dieser Straße beträgt 360,931 Mark.

Der Verkehr von Stockach nach Mößkirch hatte sich von 1856—1864 von 30 auf 55 Zugthiere gehoben, er sank aber in Folge der Eisenbahn bis 1874 auf 35 herab.

Von Mößkirch nach Mengen stieg der Verkehr seit 1856—1874 von 22 auf 40 Zugthiere täglich.

Nr. 63.

Straße von Mößkirch nach Sigmaringen.

Länge in Baden	7,57	Kilom.	=	1,70	St.
„ „ Preußen	8,00	„	=	1,80	„
zusammen	15,57	Kilom.	=	3,50	St.

Unter Nr. 62 ist bereits erwähnt, daß diese Straße in früherer Zeit einen Theil des Handelsweges zwischen Ulm und Schaffhausen vermittelte.(1) Nachdem in Folge der Kreis-

(1) Eine römische Straße soll von Vilsingen über Langenhard, Kreenheinstetten, Leibertingen, Buchheim, Neuhausen (als Ochsenstraße bekannt), Lipptingen, Emmingen, Honstetten, Aach (wo eine Hochstraße im Güterbuch von Constanz 1464 genannt wird), Mühlhausen, Duchtlingen, an Hohenstoffeln und Hohentwiel vorbei nach Singen, Worblingen und Bahlingen geführt haben. Gok I. S. 132. Auch von Laiz ging eine Römerstraße „als Hochstraß" über die Höhe nach Winterlingen und Strasberg.

beschlüsse von 1750 die Straße von Ulm über Riedlingen, Mengen und Mößkirch nach Stockach als Hauptroute für den Handelsweg zwischen Ulm und Schaffhausen erklärt und nur zugestanden wurde, daß die Straße von Riedlingen über Sigmaringen nach Mößkirch als offene Straße zu behandeln sei, wurde auch dieser Weg, der damals mehr die Eigenschaften eines Feldwegs als einer Landstraße besaß, in den Jahren 1769 und 1770 mit einem Kalksteinfundament chausseemäßig hergestellt und auf 18—24 Fuß verbreitert.

Die Straße enthält 6 Stiche von 7—10 Procent.

Am dringendsten wäre die Verbesserung des Längenprofils zwischen Engelswies und Rohrdorf mit ca. 21,000 Mark und die Umgehung der Ziegelbühlsteige vor Mößkirch mit 50,000 Mark.

Auf preußischem Gebiet befindet sich ein Stich bei Vilsingen von 8—9 Procent und zwischen Laiz und Inzigkofen Gefälle von 2—11 Procent.

Die Straße im badischen Gebiet wurde 1816 in die dritte Classe der Staatsstraßen eingereiht. Wenn die Straße von Rohrdorf nach Hardheim resp. Ehingen vollendet ist, wird die Correction der Ziegelbühlsteige, da sie für diesen Zug und für den Verkehr nach Stetten und Sigmaringen nützlich ist, nicht länger zu verschieben sein, wenn auch ein Theil der Bewohner von Mößkirch, deren Besitzungen durch Verlegung der Straße außer Orts an Werth verlieren, sich gegen dies Bauproject aussprechen sollten. Das Gesetz von 1876 bewilligt die Mittel hierfür. Der Verkehr nach Sigmaringen hat sich von 1856—1874 von 17 auf 187 Zugthiere pro Tag gesteigert.

Nr. 64.

Straße von Stockach nach Radolfzell.

Siehe Nr. 61.

Nr. 65.

Straße von Stockach nach Ostrach.

Länge in Baden	17,54 Kilometer	=	3,95 Stunden,
„ „ Preußen	16,60 „	=	3,60 „
zusammen	34,14 Kilometer	=	7,55 Stunden.

Nr. 129.

Straße zum Bahnhof in Pfullendorf.

Die von Stockach(¹) über Pfullendorf(²) nach Ostrach(³) führende Straße vermittelt hauptsächlich den Verkehr mit den württembergischen Städten Saulgau,(⁴) Buchau, Biberach(⁵) und Ulm.(⁶) Alle diese Städte und viele in ihrer Nähe liegenden Dörfer besitzen Namen, die sich auf die keltische Sprache zurückführen lassen. Auch der Aufenthalt der Römer ist in dieser Gegend durch Namen und aufgefundene Alterthümer nachgewiesen.(⁷)

---

(1) Stockach siehe Nr. 57. (2) Pfullendorf (Bracodurum) erhielt von Kaiser Friedrich II. 1220 Freiheit und Stadtrechte; 1415 wurde Pfullendorf Reichsstadt, die 1493 als eine der meist begünstigten Städte das Recht des Blutbanns erhielt. Friedrich III. gab der Stadt das Recht Waarenzoll an den Thoren zu erheben. Durch den 30jährigen Krieg litt Pfullendorf sehr. 144 Wohnhäuser waren unbewohnt. Die Jahr- und Fruchtmärkte sind stark besucht. 1872 kamen 65,107 Centner, 1873 65,460 Centner, 1874 56,322 Centner Getreide zum Verkauf. 1802 kam Pfullendorf unter badische Hoheit. (3) Osterach gehörte bis 1804 zur Reichsabtei Salem, kam dann an Taxis und 1806 an Hohenzollern-Sigmaringen. (4) Saulgau, erstmals 819 in Urkunden genannt, kam 1806 an Württemberg. (5) Biberach war schon 752 ein großer Flecken, der später die Rechte einer Reichsstadt erhielt. Im Jahr 1802 kam Biberach mit 27 dazu gehörigen Dörfern an Baden, aber schon 1806 an Württemberg. Wegen der bedeutenden Frucht-, Vieh- und Jahrmärkte und des ausgedehnten Gewerbebetriebs wurde Biberach im Mittelalter „Schmalzgrube" genannt. Wechsler, Nachrichten von Biberach 1792 und Memminger, Ober-Amt Biberach 1837. (6) Ulm siehe Nr. 62. (7) Insbesondere sind auch in der Nähe von Pfullendorf Spuren römischer Thätigkeit gefunden worden.

Die Geschichte der Städte geht bis in das 8. und 9. Jahrhundert zurück. Auch die Straße ist sehr alt. Sie wurde im Mittelalter „Königsstraße" genannt.

Die Abtheilung von Stockach über Winterspüren, Mahlspüren, Selgetsweiler, Ruhestetten, Aach und Pfullendorf bildete, wie bereits unter Nr. 62 erwähnt wurde, in früherer Zeit einen mit der Mößkircher Straße bis Mengen concurrirenden Theil des Handelsweges zwischen Ulm und Schaffhausen und auch der Weg von Pfullendorf über Ostrach, Biberach, Laupheim nach Ulm wurde als Handelsweg zwischen Schaffhausen und Schwaben benützt.

Schon im Jahr 1752 schlossen Fürstenberg, Hohenzollern und Nellenburg ein Uebereinkommen mit Pfullendorf, wonach die Straße von Pfullendorf nach Stockach in einer Breite von 24 Fuß chaussirt und bei Ruhestetten eine Correction vom sog. Hokstein bis zur Letze mit Umgehung des Orts hergestellt werden soll. Die auf $1^1/_2$ Stunden von der Straße entfernten Orte hatten bei der Frohndleistung zu concurriren. Es scheint jedoch damals nur Weniges zur Ausführung gekommen zu sein, weil die betheiligten Bezirke sich hauptsächlich mit Verbesserung der Straße von Mengen über Mößkirch nach Stockach beschäftigen mußten.(¹) Erst auf Grund des Kreisconventbeschlusses vom 28. Juni 1769 wurden in den Jahren 1770—1778 erhebliche Verbesserungen durch Verbreiterung, Einwerfen der Hohlwege, Beschotterung, Gräbenöffnen und dergl. ausgeführt. Namentlich stellte Pfullendorf die Straße vom obern Thor bis Mariaschrei und von da bis zur Mühle beim Junghof 1772 chausseemäßig her.

Im Jahr 1810 wurde die Straße in die 1. Classe, 1835 in die 3. Classe der Staatsstraßen aufgenommen. Der 1840/41 ausgeführte Neubau der Aachbrücke bei Stockach hat 7500 Fl. Kosten veranlaßt. Die Gefälle der Straße zwischen Ostrach und Pfullendorf sind nicht günstig, da hier Steigen von 10—12 Procent vorkommen. Zwischen Pfullendorf und Stockach bestehen wie zwischen Ruhestetten und Selgetsweiler Gegensteigen von 9—10 Procent. Von Kalkofen bis badische Gränze beträgt das Maximalgefäll 7 Procent. Im badischen Gebiete, zwischen Stockach und Mahlspüren bestehen minder erhebliche Steigungen, doch wäre am meisten eine Correction bei Stockach mit 4000 Fl. und die Umgehung einiger Stiche zwischen Stockach und Mahlspüren mit 4500 Fl. zu wünschen. Die Correctionen auf preußischem Gebiet dürften 25,000—30,000 Fl. erfordern.

Seit dem Bestehen des Zollvereins 1835 und der Verbesserung der Straße über Krauchenwies hat der durchgehende Verkehr auf dieser Straße abgenommen; er beschränkte sich in neuer Zeit noch größtentheils auf Getreideabfuhr von den großen Fruchtmärkten in Biberach und Pfullendorf nach dem Schwarzwald und der Schweiz, wovon der erstere jährlich ca. 200,000 Centner, der letztere gegen 60,000 Centner absetzt. Seit dem Bestehen der Eisenbahnen hat aber auch dieser Verkehr abgenommen. Namentlich hat durch die Eisenbahn von Pfullendorf nach Memmingen resp. Aulendorf die Getreideversendung nach der Schweiz über Friedrichshafen und von da mit Benützung der Trajectanstalt über den Bodensee zum Nachtheil des Verkehrs in der Richtung nach Constanz und Schaffhausen sehr zugenommen. Der Verkehr ist seit 1836—1874 ziemlich gleich geblieben, er beträgt 35 Zugthiere täglich.

Zufuhrstraße zum Bahnhof in Pfullendorf.

Bei dem Bau der Eisenbahnstation Pfullendorf hatte man unterstellt, daß die außerhalb der Stadt von der Straße Nr. 65 abgehende, auf Kosten des Eisenbahnbaues neu angelegte Fahrstraße zu dem Holzlagerplatz und dem Stationsgebäude auch für den Verkehr von Pfullendorf mit dem Bahnhofe benützt werden könne und nur ein directer Fußweg nach dem westlichen Ende der Stadt erforderlich sei.

Da aber die Fuhrwerke hierbei einen beträchtlichen Umweg zu machen hatten, stellte man nach dem Wunsche der Gemeinde auf Staatskosten auch eine directe Fahrstraße zwischen der Locomotiv-Remise und dem Gasthause zum grünen Baum mit 6000 Fl. her, deren Unterhaltung der Gemeinde überlassen wurde. Die Stadt hatte für den Neubau das Gelände unentgeltlich gestellt und einen baaren Beitrag von 1000 Fl. gegeben.

Weil aber diese Straße auch dem Verkehr diente, der sich auf den Straßen Nr. 72, 65 und 187 von und zu dem Bahnhofe durch Pfullendorf bewegt, so beabsichtigte man dieselbe 1876 in den Landstraßenverband aufzunehmen.

Die Stadtgemeinde Pfullendorf hatte aber inzwischen mit Rücksicht auf die Schwierigkeit des Langholztransportes durch die Stadt vorgeschlagen, daß die Aufnahme dieser neuen Straße

(¹) Die betheiligten Jurisdictionsherrschaften waren: Fürstenberg wegen Aach, Klosterwald wegen Ruhestetten, Deutschorden wegen Selgetsweiler, Hohenfels wegen Schernegg, Oesterreich wegen Stockach.

in den Landstraßenverband unterbleiben möge, indem es in der Absicht der Gemeinde liege, die Parallelstraße neben der Eisenbahn an ihrem östlichen Ende mit der Landstraße Nr. 187 durch eine neue Straße zu verbinden und ebenso von der Ziegelhütte nach dem Aufnahmsgebäude am westlichen Ende der Stadt eine neue Verbindungsstraße zu bauen.

Hierdurch werde der durch die Steigungen und kurzen Wendungen erschwerte Verkehr durch die Stadt erleichtert und es geeigneter sein, diese neuen Straßen in Verbindung mit der neben der Eisenbahn hinziehenden Parallelstraße, sowie die Stadtstraße von dem Rathhaus nach der Sonne in den Landstraßenverband aufzunehmen, dagegen die bisherigen Theile der Landstraße Nr. 187 vom Abgang der neuen östlichen Straße bis zur Krone und den Theil der Straße Nr. 65 vom Rathhaus bis zur Ziegelhütte aus dem Verbande auszuscheiden.

Dieser Antrag wurde 1876 unter den zugesagten Bedingungen genehmigt:

1. daß die aufzunehmenden Straßen auf alleinige Kosten der Gemeinde kunstgerecht und vollständig hergestellt werden,
2. daß die Straße als innerhalb Ortsetter liegend anerkannt wird, daher § 8 Abs. 2 des Straßengesetzes von 1868 Anwendung findet, und
3. daß die Gemeinde das, die Einmündung der verlängerten Straße Nr. 65 in die Parallelstraße hindernde Haus auf der westlichen Seite auf Kosten der Gemeinde zu entfernen hat, sobald die Verkehrsverhältnisse dies fordern.

Sobald die neuen Straßen vollendet sind, findet der Vollzug dieser Vereinbarung statt.

Die bis jetzt für diese Straßen erweislich aufgewendeten Kosten betrugen: 23,143 Mark.

Nr. 66.

Straße von Ueberlingen nach Mößkirch. (1)

Länge in Baden	23,77	Kilom.	= 5,35	St.
„ „ Preußen	8,70	„	= 1,96	„
zusammen	32,47	Kilom.	= 7,31	St.

Ueberlingen, wie die meisten Orte an den Ufern des Bodensee's keltischen Ursprungs (Iburinga), war auch Wohnsitz der Römer, welche von hier Straßen in verschiedenen Richtungen benützten (siehe Nr. 67, 68, 71). Im 7. Jahrhundert wohnte hier ein Herzog von Alemanien. 1078 Stadt, (2) 1268 freie Stadt genannt, gehörte Ueberlingen noch zur Pfarrei Aufkirch. (3) Der Ort hatte wahrscheinlich seine Gründung, jedenfalls sein rasches Aufblühen der geschützten, für die Landung günstigen Lage zu danken, da hier die sog. Seehalde nächst dem Orte liegt, (4) folglich bei Niederwasser die Landung möglich ist.

Kaiser Friedrich I. stellte die ursprünglich freie, von ihm aber inzwischen dem Grafen Rudolph von Pfullendorf verliehene Schifffahrt in Ueberlingen mit der Bedingung wieder her, daß die Schiffleute den herkömmlichen Frachtlohn nicht überschreiten. (5)

Daß Ueberlingen schon frühe ein angesehener Platz am See war, geht daraus hervor, daß die Kaiser Rudolph von Habsburg 1282, Adolf von Nassau 1293, Albrecht I. 1304, Ludwig IV. 1334, Sigismund mit Gemahlin 1414 und Friedrich III. 1485 hier weilten. Der letztere hatte die Stadt zur Zollerhebung an den Thoren ermächtigt.

Im 14. Jahrhundert stund Ueberlingen mit den Städten Constanz, Ravensburg, Lindau, Wangen, Buchhorn und Arbon in lebhaftem Verkehr. (6) Im Jahre 1397 erhielt Ueberlingen die Rechte einer freien Reichsstadt, (7) deren Gebiet sich über die Orte: Goldbach, Brunnensbach, Aufkirch, Zwingenburg, Altbeuren, Hödingen, Andelshofen erstreckte. Das Landschaftsgebiet theilte sich in die Vogtei Ueberlingen und in das Spitalamt.

In erstere gehörten: Hohenbodmann, Ramsberg, Altheim und Kaisersdorf; in das letztere:

---

(1) Siehe Nr. 62. (2) Riccius, Stadtgesetze 1740. (3) Fikler, Quellen 1859. (4) 1512 sanken einige Häuser an der Halde in den See und ebenso vor etwa 20 Jahren ein Stück Garten unterhalb des Bades. (5) Reg. Bad. 1836. (6) Bader, Fahrten I. — X. Staiger, Ueberlingen. — B. Widder, Memorabilia urbis Ueberlinganae 1780. — Stumpf, Schweizer Chronik II. 1606. — Merian, Topogr. Sueviae. (7) Nach Lugo „Reichsstädte" wäre Ueberlingen schon 1384 reichsfrei gewesen.

Denkingen, Sohl, Ebratsweiler, Mahlspüren, Nesselwangen, Seelfingen und Sernatingen. Wenige Reichsstädte hatten solch umfangreiches Gebiet.

Nach einem Privilegium Carls V. von 1547 durften auch zwei Meilen im Umkreis von Ueberlingen keine Jahrmärkte, Korn-, Vieh- und Salzmärkte stattfinden, daher der Fruchtmarkt einen großen Aufschwung nahm, und auch sofort das „Grädhaus" (Fruchthalle) am See erbaut wurde. Die Früchte kamen aus der Baar, dem Linz- und Hegau und gingen zu Schiff nach Thurgau, in das Rheinthal und nach Chur. Auch Wein und Obst wurden in großen Mengen nach Schwaben, zahlreiche Rinder und Schweine nach der Schweiz und Frankreich verkauft. (1)

Der Fruchtmarkt hat in Folge der Aufhebung des Marktes in Meersburg (siehe Nr. 71) bedeutend zugenommen und er ist heute noch der größte des Landes. (2) Durch den 30-jährigen Krieg hatte Ueberlingen empfindlich gelitten, — Handel und Verkehr waren fast ganz vernichtet. Der Einfluß eines überreichen Spitals wirkte hindernd auf Belebung einer neuen Thätigkeit. Die französischen Revolutionskriege brachten abermalige Verluste.

Als die Stadt in Folge des Luneviller Friedens von 1801 resp. des Reichsdeputations-Hauptschlusses von 1803 die Reichsfreiheit verloren hatte und unter badische Hoheit gekommen war, begannen sich die Erwerbsverhältnisse langsam aber mit ständigem Fortschritt zu bessern.

Im Interesse einer freien Schifffahrt, insbesondere aber zu Hebung der 1824 eingeführten Dampfschifffahrt verkaufte Ueberlingen 1852 die uralte Schifffahrtsgerechtigkeit für 20,000 Fl. an den Staat.

Die seit dem 16. Jahrhundert bestehende heilkräftige Badeanstalt wurde 1832 verbessert und erweitert, sodann mit Staatsunterstützung und Beiträgen aus dem Spitalfonds in der Art ausgestattet, daß die Frequenz sich fortan mehrte. (3)

Handel, Gewerbe und Landwirthschaft hoben sich in erfreulichem Maße. Die nächste Folge hiervon war die Verbesserung der Verkehrswege, die nach allen Richtungen der lästigen Gefälle wegen dem Bedürfnisse nicht mehr entsprechen.

Sehr nützlich für Ueberlingen war die in den Jahren 1847/50 erbaute Straße nach Ludwigshafen, in deren Folge sich das Speditionsgeschäft allmählich von diesem Orte nach Ueberlingen zog (siehe Nr. 67). Für die Beifuhr des Getreides aus dem fruchtreichen Mößkircher Bezirke war die alte Straße ebenfalls ungenügend.

Wie schon unter Nr. 62 erwähnt, ging im Mittelalter ein Theil des Handelsverkehrs von Ulm über Pfullendorf, Ueberlingen und Constanz nach Zürich und Italien. Dieser Verkehr verminderte sich, nachdem in der zweiten Hälfte des vorigen Jahrhunderts die Straße von Ulm über Mößkirch nach Schaffhausen verbessert war. Immer blieb aber der Getreidetransport nach Ueberlingen aus den Bezirken Stockach, Pfullendorf, Mößkirch, Salem, Sigmaringen von Bedeutung, obgleich sich die Fruchtmärkte in Pfullendorf, Hilzingen und Radolfzell als beachtenswerthe Concurrentinnen kund gaben. Auch die Eisenbahnverbindungen nach Pfullendorf und Mößkirch erleichterten zum Nachtheil des Ueberlinger Marktes den directen Absatz der Früchte auf größere Entfernungen.

Der Straßenzug von Ueberlingen über Lugen, Owingen, Herdwangen, Ebratsweiler, Aach, Hippertweiler, Klosterwald und Woldbertsweiler nach Mößkirch hatte sehr ungünstige Gefällsverhältnisse, indem 14 Steigen in einer Gesammtlänge von 1736 Ruthen mit Gefällen von 5—17 Procent vorhanden waren. Zudem hatte die Straße früher viele tiefe und schmale Einschnitte, sumpfige Stellen und meistens nur Breiten von 12—15 Fuß.

Erst in der zweiten Hälfte des vorigen Jahrhunderts begann man durch Ausfüllen und Umgehen der meisten Hohlwege durch Verbreiterung auf 16 und 24 Fuß und durch theilweise Chaussirung die Straße in einen besseren Stand zu bringen, allein die verschiedenen Territorien waren auch hier dem Fortgang der Bauarbeiten hinderlich. (4)

---

(1) Reitlinger, Chronik in Zeitschr. 22. S. Münster, Cosmogr. 1550. Lünig, Reichsarch. 14. Häberlin, Deutsche Reichsgesch. I. (2) 1870 sind 133,063, 1872 129,852, 1873 120,194, 1874 117,404, 1875 115,608 Ctr. Getreide zum Verkauf gekommen. Im Durchschnitt von 20 Jahren wurden jährlich 140,000 Ctr. Getreide dem Verkauf ausgesetzt. An Obst wurden jährlich im Durchschnitt 19,000 Ctr. verwerthet. — Auch der Weinhandel ist bedeutend. (3) 1869 waren 1401, 1871 1225 Badgäste hier. 1876 wurden 2325 Mineralbäder hier gebraucht. (4) Die Straße führte nämlich außer dem Gebiet von Hohenzollern durch jenes von Fürstenberg in den Gemarkungen Aach und Meßkirch, des Hochstifts Salem in Gemarkung Owingen, des Hochstifts Petershausen in den Gemarkungen Herdwangen und Mühlhausen, des Hochstifts Constanz in der Gemarkung Riedetsweiler, von Oesterreich in Gemarkung Linz, der Stadt Ueberlingen in Gemarkung Ueberlingen und Ebertsweiler.

Fürstenberg und Ueberlingen hatten gemäß der Aufforderungen der Kreisconvente zu Verbesserung der Landstraßen überhaupt schon in der Zeit von 1770—1773 erhebliche Arbeiten vorgenommen, insbesondere Ueberlingen die Straße bei Ebertsweiler von der früheren tiefen und nassen Lage auf die Höhe über das Ebertsweiler Oeschle verlegt. (1) Die Kreisstände gaben der Stadt dafür die Erlaubniß, ein Straßengeld zu erheben und zwar pro Stunde und Pferd von beladenen Wagen $1/2$ Xr., von unbeladenen $1/4$ Xr. und von 1 Chaisenpferd $1/2$ Xr. In den übrigen bei dieser Straße weniger interessirten Herrschaften geschah aber fast gar nichts für Verbesserung, so daß der Kreisconvent sich veranlaßt sah, im Jahr 1788 die allgemeine Erweiterung und Verbesserung der Straße förmlich und nachdrücklich anzuordnen.

Der Vollzug erfolgte im Wesentlichen bis 1791.

Nachdem durch Vertrag zwischen Baden und Württemberg vom 13. November 1806 (2) die Straße von Ueberlingen nach Herdwangen, Albertsweiler, Sentenhart, Roth, Mainwangen, Hecheln, Münchhöf, Schweingruben als Militärstraße bestimmt war, wurden im Jahre 1807 zwischen Ueberlingen und Herdwangen weitere Verbesserungen vorgenommen und in der Zeit von 1808—1811 auch die übrigen Abtheilungen auf badischem Gebiet chausseemäßig hergestellt und insbesondere die Owinger Steige aus der Hohlgasse in die jetzt noch bestehende Lage gebracht.

Als im Jahre 1816 die Straße in die 3. Classe der Staatsstraßen eingereiht war, kam in den Jahren 1820 und 1821 die Umgehung der zwei weiteren bedeutendsten Hohlgassen zur Ausführung.

Von den Bauten der neueren Zeit ist zunächst die Wiederherstellung der Stützmauer zwischen dem Wißthor und Baarfüßerthor (3) in Ueberlingen zu erwähnen, wo die Straße längs des Stadtgrabens hinzieht.

Im Jahr 1814 stürzte nämlich ein großer Theil der zwanzig Fuß hohen Stützmauer ein und der Rest war ebenfalls so baufällig, daß eine Reparatur um so weniger angezeigt erschien, als die Straße ohnedies an jener Stelle für den Verkehr zu schmal war und man daher als nöthig erkannte, mit Rücksicht auf den localen Verkehr neben einer 24 Fuß breiten Fahrbahn noch einen 6 Fuß breiten Fußweg anzulegen. Wegen schlechten Baugrunds mußte die neue gegen den Graben hinausgerückte Stützmauer auf einen Rost gestellt werden.

Das zur Straßenerweiterung nöthige Gelände wurde angekauft. Die Bauausführung geschah in den Jahren 1844—1847 mit einem Gesammtaufwande von 20,539 Fl. aus Staatsmitteln.

Zur Verbesserung des Straßenzugs wurden im Jahre 1860 detaillirte Kostenüberschläge aufgestellt, welche für die Correction zwischen Ueberlingen und Herdwangen 82,000—92,000 Fl. verlangten.

Bei Beschränkung der Arbeiten auf das dringendste Bedürfniß schien eine Summe von 80,000 Fl. für die nöthigsten Correctionen bei Owingen und Herdwangen, woselbst Gefälle bis 17 Procent vorkommen, zu genügen.

Im Jahr 1865 wurde eine kleine Correction oberhalb der Stadt Ueberlingen mit 277 Fl. ausgeführt. Die übrigen Verbesserungen mußten einstweilen unterbleiben, weil man zunächst die frequentere Straße von Pfullendorf über Heiligenberg in das Salemer Thal in guten Stand zu bringen beschloß, bei dem großen Aufwand hierfür aber von gleichzeitiger Herstellung der Straße von Pfullendorf, bezw. Mößkirch nach Ueberlingen Umgang nehmen mußte.

Als sodann das Gesetz über die Vervollständigung des Landstraßennetzes im Jahre 1869 bearbeitet wurde, sind für Verbesserung des Straßenzuges zwischen Ueberlingen, Owingen und Herdwangen 57,000 Fl. und für Herstellung einer guten Straße von Owingen nach Heiligenberg 90,000 Fl. beansprucht und bewilligt worden. Man unterstellte, daß diese beiden Straßen eine größere Strecke weit gemeinschaftlich angelegt werden können, was sich in der Folge nur bis Rogenbach ausführbar erwies.

Die Arbeiten begannen 1872 zur Correction der eigentlichen Owinger Steige zwischen Owingen und Hedertsweiler, ihre Vollendung erfolgte 1873. Das Gefälle wurde durch Verlegung der Straße gegen Nordosten auf 5,4 Proc. max. ermäßigt.

---

(1) Zu den Baukosten gab das Gotteshaus Petershausen 100 Fl., das Hochstift Constanz 66 Fl., die deutsche Ordens-Commende Altshausen 60 fl. baaren Beitrag, wogegen die Stadt Ueberlingen den Angestellten derselben Freiheit von Weg- und Pflastergeld zusicherte. Handarbeit und Fuhren wurden frohndweise geleistet. (2) Reg.-Bl. v. 1807. S. 31. (3) Das noch stehende Barfüßer Thor ist von 1424. Das äußere Wißthor ist abgebrochen.

Sodann folgte 1873/74 die Correction von Ueberlingen über Kogenbach nach Owingen und endlich 1875 die Verbesserung der Abtheilung von Hedertsweiler bis zum sog. Glaserhäusle bei Herdwangen. Als Straßenbreite waren 6 Meter = 20 Fuß mit 16 Fuß Fahrbahn, bestehend aus 5 Zoll Versteinung vorgeschrieben. Das Maximal-Gefäll beträgt 5,4 Fuß. Der Gesammtaufwand betrug 75,900 Fl.

An Beiträgen leisteten: Ueberlingen baar 2000 Fl. und durch Geländestellung im Werth von 6036 Fl. gegen Vergütung von 4500 Fl. = 1536 Fl., also zusammen 3536 Fl., Herdwangen 500 Fl. baar, Owingen baar 400 Fl., Andelshofen mit Güterabgaben 41 Fl.

Die Straße wurde 1875 vollendet. Die ersteren beiden Abtheilungen kamen schon 1873 und 1874 in den Verband. Die alte Straße zwischen Owingen und der Höhe wurde der Gemeinde unter der Bedingung überlassen, daß dieselbe von den Angränzern unterhalten wird.

Hafen in Ueberlingen. Für das Landen, Ein- und Ausladen und Bergen der Schiffe war in früher Zeit in Ueberlingen ebensowenig wie an anderen Orten des Bodensees Vorsorge getroffen. Unmittelbar vor der Kornhalle,(1) 32 Fuß gegen den See, stund die ehemalige gedeckte sogenannte „Gred-Laube", 32 Fuß lang und 25 Fuß breit auf Pfählen in dem See.

Von dieser Laube ging ein 25 Fuß langer, 10 Fuß breiter Holzsteg in den See hinaus.

Unmittelbar oberhalb der Laube bestund ein 50 Fuß langer, 15 Fuß breiter Damm in dem See. Ein weiterer Holzsteg war unterhalb der Laube 55 Fuß lang, 8 Fuß breit. In einer Entfernung von 50 Fuß oberhalb der Spitalcanzlei führte wieder ein Damm von 50 Fuß Länge und 18 Fuß Breite in den See. Zwischen diesen Landungsstegen waren Pfähle zum Einbinden der Schiffe eingerammt.

Außerdem befand sich in dem östlichen Ende der Stadt, innerhalb der Befestigung und gedeckt durch eine Schanze mit Thurm ein kleiner Hafen mit Quaimauern zum Bergen der Schiffe gegen Sturm und zum Ueberwintern.

Diese Einrichtungen konnten in der Neuzeit nicht mehr entsprechen, da bei stark bewegtem See die Dampfschiffe nicht landen konnten.

Man entschloß sich daher 1862/63, den alten Hafen — Höllgraben genannt — zu erweitern, zu vertiefen, mit einer durch Schirmmauer geschützten Einfahrt zu versehen und überdies durch Anlage eines breiten 400 Fuß langen Quais von dem Kornhaus bis zu der Spitalcanzlei, eine bequeme Landungsstelle zu gewinnen.

Die Kosten betrugen für den Hafen mit 19 Fuß Ueberlinger Pegel 22,000 Fl., für den Quai 20,000 Fl., im Ganzen 42,000 Fl.

Der Hafen hat ohne die Quaimauer eine Länge von 350 Fuß und Breiten von 80 Fuß nördlich und 85 Fuß südlich. Die westliche Schirmwand ist 75 Fuß, die östliche 50 Fuß lang. Die Weite der Einfahrt beträgt 75 Fuß. Zum Landen der Segelschiffe ist eine gepflasterte Pritsche, 16 Fuß breit, 40 Fuß lang, angebracht. Für das Landen der Dampfboote ist eine Holzbrücke von 35 Fuß Länge und 10 Fuß Breite hergestellt. Von der Quaimauer einwärts ist eine Fläche von 338 Fuß Länge und 30 Fuß Breite als Staatseigenthum ausgesteint.

Auch der Hafen mit Steigweg und 20 Fuß breitem Geländestreifen westlich und südlich sind Staatseigenthum.

Der Ein- und Ausgang beträgt an den Landungsstellen zwischen 160,000 und 230,000 Ctr. jährlich; der Ausgang ist beträchtlich größer als der Eingang. 1872/77 betrug der Eingang ca. 1/3 des Ausgangs.

Die in neuester Zeit nach Ueberlingen gekommenen Segelschiffe hatten eine Ladfähigkeit von 200—5000 Ctr., die meisten aber von 200—1000 Ctr. Der erweisliche Aufwand für Verbesserung dieser Straße und des Hafens beträgt 235,399 Mark. Der Verkehr hat auf dieser Straße seit 1856—1874 eher ab- als zugenommen, er beträgt ca. 43 Zugthiere täglich.

---

(1) Die Güterhallen am See hießen früher „Grädhäuser", von den Treppen oder Staffeln (gradus), die zum Ein- und Ausladen nöthig waren. (Mone, Zeitschr. 4.)

Nr. 67.

Straße von Ludwigshafen nach Friedrichshafen.

Seestraße.

Länge in Baden . .	34,65	Kilometer	= 7,80	Stunden,
„ in Württemberg	6,70	„	= 1,51	„
zusammen	41,35	Kilometer	= 9,31	Stunden.

Fast alle Namen der Bäche und Berge und jene der meisten Orte, die mit diesem Straßenzuge in Verbindung stehen, scheinen keltischen Ursprungs zu sein, wie Stockach, Sernatingen (Ludwigshafen), Bonndorf, Nesselwangen, Goldbach, Ueberlingen, Nußbach, Nußdorf, Andelshofen, Maurach, Seefelden, Uhldingen, Daisendorf, Meersburg, Stetten, Hagnau, Kippenhausen, Immenstadt, Reuthe, Berg, Bergheim, Buchhorn, Langenargen, Lindau und Bregenz. Es muß hier also schon lange vor dem Erscheinen der Römer an den Gestaden des Bodensees ein Verkehr der genannten Orte unter sich und mit dem rückliegenden Lande, sowie mit den vielen keltischen Orten jenseits des Sees bestanden haben. Wenn nun mit Grund behauptet wird, daß nicht allein auf der Südseite des Sees, sondern auch auf der Nordostseite Straßen bestanden haben, welche die Römer benützten, so ist wohl anzunehmen, daß diese meistens dem Zuge der früher schon bestandenen uralten Wege folgten.

Bei Seefelden, Oberuhldingen und Gebhardsweiler wird ein Höweg und „Hörweg", bei Bruckfelden eine „Heerstraße", bei Denkingen eine „Hersteig", in Gemarkung Buchhorn ein „Hochgesträß" genannt, welches nach Frohnhofen und östlich von Tettnang unter dem Namen „Hochsträß" weiter zieht. Bei Buchhorn und Langenargen sollen römische Landungsplätze bestanden haben. (1) Auch nach Urkunden sind die Orte an dem nördlichen Ufer des Bodensees sehr alt, und z. B. nachgewiesen: Buchhorn 773, Fischbach 764, Manzell 767, Oberndorf 769, Heinkofen 813, Markdorf 857, Stetten 752, Meersburg im 7. Jahrhundert ꝛc.

Der im Mittelalter benützte Straßenzug folgte im Wesentlichen der jetzt noch in Gebrauch befindlichen Linie. Erhebliche Aenderungen sind nur zwischen Stockach, Ludwigshafen und Ueberlingen und zwischen Oberuhldingen und Meersburg eingetreten. Von Stockach benützte man in früherer Zeit meistens die Straße über Rißdorf und Espasingen nach Sernatingen, von hier über den Nägelhof und Haldenhof nach Sipplingen (Oberdorf), dann über Hödingen und Goldbach nach Ueberlingen.

Dieser Weg war bei Hödingen und Goldbach in die noch vorhandenen, in die Molassefelsen eingehauenen tiefen Hohlgassen von 8—10 Fuß Breite gelegt. An dem Ufer des Sees befand sich von Sernatingen bis Ueberlingen nur ein Feldweg, der bei hohem Seestand unter Wasser kam. Von Oberuhldingen ging die Straße Anfangs über Unteruhldingen und längs des Sees hin, später aber der vielen Ueberschwemmungen wegen über Oberrieden und Daisendorf nach Meersburg. (2)

In der Mitte des 16. Jahrhunderts wurde der Weg von Stockach über Winterspüren, Bonndorf, Nesselwangen und Aufkirch nach Ueberlingen etwas verbessert, daher sich der Hauptverkehr hierher zog. — Auch die Straße von Oberuhldingen über Mühlhofen und Gebhardsweiler wurde in besseren Stand gesetzt. Bis gegen Ende des 16. Jahrhunderts war dieser Straßenzug aber wieder so schlecht, daß oft die reitenden Postboten nicht durchkommen konnten und deshalb für den Postverkehr zwischen Ravensburg, Lindau, Friedrichshafen und Stockach die alte Poststraße von Markdorf über Salem, Bruckfelden, Owingen, Billafingen und Mahlspüren benützt wurde. (3)

Da sich das bischöflich Constanzische Gebiet hierdurch beeinträchtigt sah, regte der Bischof von Constanz, der bekanntlich seit 1527 in Meersburg residirte, (4) im Jahr 1600 bei den benachbarten Territorialherren die bessere Herstellung des Weges von Meersburg in der Richtung nach Salem an, um den Absatz des Weines nach Schwaben zu erleichtern. Der Krieg hinderte

---

(1) Gock, Die römischen Heerstraßen I. — Mone, Urgeschichte I und Zeitschr. I. — Raiser, Oberdonaukreis I und Straßenzug von Augusta rauracorum nach Campodunum. (2) Dieser letztere Weg heißt jetzt noch alte Poststraße. (3) Archiv-Acten von Salem. (4) Siehe Nr. 71.

jedoch die Ausführung. Nach erfolgtem Friedensschluß in Osnabrück und Münster am 13. August 1692 wurde aber endlich zwischen dem Hochstift Constanz, Fürstenberg-Heiligenberg und Salmannsweiler(1) ein Vertrag über den Bau der Straße von Meersburg nach Heiligenberg durch Salemer Gebiet in der Art abgeschlossen, daß „1. jeder der 3 Contrahenten ein Drittel der Kosten des Wegbaues im Salemer Territorium übernimmt, 2. daß Salem hierfür und für die Wegunterhaltung ein Weggeld erhebt, von dessen Entrichtung für unverkauften Wein und Frucht die contribuirenden Fürsten und Städte ganz, deren Unterthanen aber zur Hälfte befreit sind." Dieser Vertrag sollte für die Dauer von 20 Jahren bindend sein.(2) Da Salem diesem Vertrage nur mit Widerstreben beitrat, war von dem Vollzug in seinem Gebiet trotz des zugestandenen Weggeldes nicht viel zu erwarten.

Die Straße wurde alsbald von Meersburg über Daisendorf, Gebhardsweiler, Mühlhofen,(3) Mimmenhausen und Leustetten nach Heiligenberg für die schmale Spur hergestellt; allein sie kam wegen mangelhafter Unterhaltung bald wieder in Verfall. Fürstenberg blieb nämlich mit Bezahlung seines Baukostenantheils längere Zeit im Rückstand und Salem unterließ darum mit Vergnügen auch die Unterhaltung in seinem Gebiet.

Hierwegen entspann sich ein längerer Streit, der auch durch den öftern Hader zwischen Salem und Ueberlingen reichliche Nahrung fand(4) und auf den Verkehr sehr nachtheilig wirkte; die Territorialherren schlossen hierauf im Jahr 1720 ein weiteres Uebereinkommen ab, wonach ihren Unterthanen der freie Handel und Wandel in Allem, jedoch ohne Beeinträchtigung der hergebrachten Zölle, Pflaster-, Weg-, Brücken- und Standgelder zustehen soll.(5)

Im Jahr 1737 wurde sodann gemeinsam die Verbreiterung der Straße für das Lannenfuhrwerk auf 24 Fuß beschlossen und im folgenden Jahr das Gabelfuhrwerk auf der ganzen Straße von Meersburg nach Heiligenberg verboten. Die Straße scheint jedoch fortan in sehr mangelhaftem Zustande geblieben zu sein.

Auf Veranlassung des Reichspostmeisters, Fürsten von Taxis, der eine regelmäßige Postroute von Bregenz über Lindau, Buchhorn(6) und Ueberlingen nach Stockach einrichten wollte, wurde in Folge Kreisviertelbeschlusses von 1776 die Straße von Bregenz bis Meersburg in den Jahren 1777—80 chausseemäßig hergestellt.(7)

Man war übereingekommen, daß Salem die sehr schlechte Straße in der Herrschaft Kirchberg allein herstellte, aber von aller Concurrenz befreit bleibe. Brücken sollte jeder Gebietsherr auf eigene Kosten ausführen, die Vermessungskosten wurden gemeinschaftlich getragen.

Abt Anselm II. von Salem († 1778) hatte, wenn auch mit Widerstreben, bereits 1775 die Straße von Mimmenhausen nach Mühlhofen und von Gebhardsweiler nach der Information von 1737 hergestellt. Nun handelte es sich noch um die chausseemäßige Herstellung der Straße nach Ueberlingen und Stockach.

---

(1) Die reichsunmittelbare Cistercienser-Abtei Salmansweiler kam nebst dem Reichsstift Petershausen durch den Reichsdeputationshauptschluß vom 25. Februar 1803 an Baden, und beide Herrschaften wurden unter dem Namen zweier Grafschaften mit Vorbehalt der Hoheitsrechte für den regierenden Fürsten zur Entschädigung für die nachgeborenen Prinzen bestimmt. I. Org.-Edict vom 4. Februar 1803. I. (2) Dieses Weggeld bestund in 4 Xr. von jedem durchgehenden Wagen, in 2 Xr. in einem Karren und in 1 Xr. von einem beladenen Roß. Salem. Arch.-Acten. (3) Mühlhofen, früher den Herren gleichen Namens gehörig, kam 1280 an die von Sonnenberg und 1284 durch Kauf an Salem. (4) Zu dieser Streitigkeit war die Verlegung der Wallfahrt von Altbirnau nach Salem resp. Neubirnau der erste Anlaß. (5) Zeitschr. 22, S. 289. (6) Der Ort Buchhorn ist keltischen Ursprungs und seiner Lage nach zum Schifflandungsplatze sehr geeignet, daher er auch für diesen Zweck von den Römern benützt wurde. In Urkunden wird Buchhorn erstmals 773 genannt. Im Jahr 925 war der Ort schon befestigt und 1275—1802 Reichsstadt, welche dann zuerst unter baierische und 1810 unter württembergische Hoheit kam. König Friedrich vereinigte im Jahr 1811 die Landungsstelle in Hofen mit jener in Buchhorn unter dem Namen „Friedrichshafen". Um die Stadt neu zu beleben, gab er Allen, die sich hier neue Wohngebäude errichteten, das Privilegium der Abgaben- und Militärfreiheit für 10 Jahre. Die Militärfreiheit war damals, als noch kein Conscriptionsgesetz bestund, umso werthvoller, als eine Stellvertretung für Geld sehr erschwert wurde. Es bildete sich darum bald eine Vorstadt gegen Hofen. Von den mit Rücksicht auf Militärfreiheit erbauten Häusern war noch 1832 eine Anzahl unbewohnt. Nachdem 1824 die Dampfschifffahrt eingeführt war, verbesserte König Wilhelm die Hafenanlage (Memminger, Tettnang). Im Jahr 1838 gingen schon vier Schiffe regelmäßig zwischen Romanshorn, Rheineck und Constanz. Eilfuhren zu Land gingen wöchentlich eine nach Frankfurt, zwei nach Cannstatt, drei nach Heilbronn, zwei nach Ulm. Es wurden jährlich circa 100,000 Centner Güter, namentlich Baumwollengarn, Tücher, Leder, Tabak, Oel, Colonialwaaren, Eisen, Stahl, Messingwaaren nach der Schweiz versendet. Dagegen kamen zu Wasser an: Seide, Seidenwaaren, Südfrüchte, Reis, Käse, Felle, Wetzsteine, Wein, Salz, Gyps, Kalk rc. (7) Es wirkten dabei mit: Fürstenberg wegen Immenstadt, das Stift Weingarten wegen Kippenhausen und Hagnau, das Stift Salm wegen Kirchberg.

Ueber die Richtung des einzuhaltenden Straßenzugs gaben sich aber verschiedene Ansichten kund; namentlich wünschten Salem und Fürstenberg zunächst die Herstellung der Straße über Daisendorf, den Lugen, Nesselwangen und Bonndorf nach Stockach, auf welcher Route bereits die Reichspost ging, wogegen das Hochstift Constanz und Oesterreich die möglichst directe Verbindung von Meersburg nach Ueberlingen und von da über Aufkirch nach Nesselwangen anstrebten.

Man beschloß endlich, die Route von Meersburg über Ueberlingen nach Stockach einzuhalten, setzte dabei aber weiter fest, daß 1. jede Obrigkeit in ihrem Gebiet den Weg herstellt, 2. daß zwischen Meersburg und Ueberlingen das Hochstift Constanz ohne Concurrenz in seinem Gebiet, Salem aber wegen Nußdorf mit Concurrenz von Unteruhldingen und Schiggendorf zu bauen hat, 3. daß Ueberlingen an dem Antheil von Salem ein Präcipuum von 400 Klafter zu leisten, 4. daß jeder Gebietsherr die Kosten für Brücken und Güterentschädigung zu tragen hat und daß 5. die Straße auf Verlangen Salems nicht über Neubirnau, sondern durch den Hof Maurach, welcher dem Verkehre stets geöffnet bleiben soll, geführt werde. Als Straßenbreite wurden 24 Fuß oder, wo Gebäude hindernd entgegenstehen, 22 Fuß bestimmt. Der Bau sollte im Herbst 1780 beginnen. Diesen Bestimmungen wurde im Wesentlichen entsprochen und die Straße in allen Gebieten bis zum Jahr 1785 im Frohndwege hergestellt.(1) Da der Ertrag des in dem Vertrag von 1692 festgesetzten Weggeldes Salem in 15 Jahren, 1784—1798, nur eine Einnahme von 2075 Fl. lieferte,(2) wogegen der Aufwand für Brücken und Dohlen 2272 Fl. betrug, kam die Straße bis zum Jahr 1802 in dem Gebiet der Abtei wieder gänzlich in Verfall.

Bis 1816 wurde die Straße von Stockach über Winterspüren, Lugen, Stefansfeld, Markdorf und Ravensburg für die Postbeförderung benützt. Erst im Jahr 1816 kam die Straße von Stockach über Ueberlingen und Meersburg bis zur württembergischen Gränze in die 3. Classe der Staatsstraßen und wurde auch Poststraße.

Die Gefällsverhältnisse dieses Wegs waren im Ganzen nicht günstig. Es bestanden zwischen Stockach und Ueberlingen 10, zwischen Ueberlingen und der württembergischen Gränze 5 Steigen, welche Gefälle von 6—10 Procent besitzen. Die vielen und lästigsten Steigen zwischen Stockach und Ueberlingen, welche den Gütertransport vertheuerten, bestimmten die Fuhren, welche Güter zur Verschiffung an den Bodensee zu bringen hatten, den kürzeren, wenn auch schlechteren Weg von Stockach nach Sernatingen einzuhalten, daher diese Straße im Jahr 1816 in den Staatsstraßenverband aufgenommen und sodann allmählich verbessert wurde. (Siehe Nr. 57.)

Hierdurch und durch zweckmäßigere Einrichtung der Hafenanstalt in Ludwigshafen,(3) welche eine im Jahre 1824 eingerichtete regelmäßige Dampfschifffahrt an diesem Speditionsplatze ermöglichte, verlor sich der größere Theil des Verkehrs auf der Straße von Stockach nach Ueberlingen, wodurch dieser Stadt ein um so empfindlicherer Verlust zuging, als auch durch die Errichtung einer Hafenanstalt in Friedrichshafen ein Theil der Güter, die früher in Ueberlingen verschifft wurden, sich nun nach Friedrichshafen zog.

Die Stadt Ueberlingen petitionirte deshalb schon im Jahr 1825 um Herstellung einer directen Straße zwischen Sernatingen und Ueberlingen. Die hierauf erfolgte höchste Entschließung vom 4. October desselben Jahres ordnete den Bau einer Commercialstraße von Sernatingen über Sipplingen nach Ueberlingen in der Art an, daß diese Straße allmählich im Frohndwege herzustellen sei. Der zu diesem Ende entworfene Plan für die Zugslinie verfolgte möglichst die schon bestehenden Feld- und Vicinalstraßen, indem der projectirte Zug meistens am Fuß des Gebirges in dem sogenannten Bärenthal durch den oberen Theil des Ortes Sipplingen und von da dem alten Wege von Goldbach nach Ueberlingen folgte. Da bei diesem Projecte zu viel auf den unbedeutenden Localverkehr und zu wenig auf den durchgehenden Güterverkehr Bedacht genommen war und man anderseits die großen Kosten für die Herstellung einer ganz neuen Straße scheute, unterblieb der Bau.

Neuerliche Petitionen von Ueberlingen und Sipplingen erfolgten im Jahr 1832, worin insbesondere der Mißstand hervorgehoben wurde, daß Sipplingen mit den Nachbargemeinden

(1) Der Straßenzug ging durch die salemischen Gemarkungen Oberuhldingen, Maurach, Nußdorf, durch die österreichischen Gemarkungen Winterspüren und Stockach, im Uebrigen aber durch die Gebiete des Hochstifts Constanz und der Reichsstadt Ueberlingen. (2) Der geringe Weggeldertrag, der durchschnittlich per Jahr nur 138 Fl. abwarf, läßt auf einen Verkehr von etwa 4—5 durchgehenden Wagen für den Tag schließen. (3) Sernatingen erhielt im Jahr 1826 den Namen „Ludwigshafen".

nur durch steile über die Anhöhen hinziehende Fahrwege verbunden und deshalb darauf beschränkt sei, im Winter auf dem Eise des Sees oder an dem Seeufer hin in dem angeschwemmten Kies und Sand den Weg nach der Amts- und Marktstadt Ueberlingen zu suchen oder aber bei höherem Wasserstand sich der Schiffe zu bedienen. Selbst der zwischen Goldbach und Sipplingen zwischen dem See und den Felsen hinführende schmale Fußpfad war nur bei niederem Wasserstand und dann nur mit Gefahr zu begehen, weil sich oft Felsstücke ablösten, die den Wanderer bedrohten. Diese Mißstände mußten um so schmerzlicher empfunden werden, als das damals verarmte Sipplingen, dessen Wein einst sprüchwörtlich der schlechteste in weitem Umkreise war, begünstigt durch seine vortreffliche Lage für Obst- und Weinbau, allmählich die besten Erzeugnisse dieser Art lieferte,(1) deren immer mehr verbreiteter Absatz eine Straße unumgänglich nöthig machte. Obgleich diese Verhältnisse vollständige Anerkennung fanden und die Stadt Ueberlingen sich zu Stellung von 8000 Handfrohnden für einen neuen Straßenbau bereit erklärte, stellten sich dem Unternehmen doch verschiedene Umstände hindernd entgegen. Abgesehen von den großen Kosten eines Neubaues längs des Sees hin, besorgte man, das aufblühende Ludwigshafen, wo aus Staatsmitteln für den Hafen, für Zoll- und Lagergebäude beträchtlicher Aufwand gemacht war, zu Gunsten Ueberlingens zu benachtheiligen, die bis Ludwigshafen ausgedehnte Dampfschifffahrt zu beeinträchtigen und zudem die Nothwendigkeit einer kostspieligen Hafenanlage in Ueberlingen hervorzurufen.

Es wurden deshalb erst im Jahr 1843 Vorarbeiten für einen neuen Straßenbau angeordnet. Der damals aufgestellte Kostenüberschlag, der eine 2,13 Stunden lange, 24 Fuß breite neue Straße mit bedeutenden Schutzanstalten gegen den Wellenschlag längs des Sees unterstellte, verlangte einen Aufwand von 144,000 Fl.

Dieser Aufwand wurde im Jahr 1845 auf 110,000 Fl. ermäßigt, indem man zur Vermeidung der kostspieligen Schutzvorrichtungen die Straße mehr von dem Seeufer zu entfernen und durch einen 1600 Fuß langen Tunnel unter den Felsen durchzuführen beabsichtigte. Gegen diese Tunnelausführung erhoben sich jedoch im Interesse der Sicherheit, der Annehmlichkeit und Gesundheit der Reisenden so viele Bedenken, daß man es vorzog, das Straßenlager durch Absprengen der in den See hineinziehenden Felsen zu gewinnen, obgleich man sich nicht verhehlte, daß die dadurch gebildete steile Felswand zu mancherlei Nacharbeiten Veranlassung geben werde.(2) Die Straßenbreite wurde auf 20 Fuß ermäßigt.

Das Budget für 1846/47 bewilligte erstmals für diesen Bau eine Summe von 36,000 Fl., womit die Arbeit im Herbst 1847 in Angriff kam. Die Straße wurde 1850 dem Verkehr übergeben und in den Staatsstraßenverband aufgenommen, dagegen der alte Weg über Nesselwangen, Bonndorf und Winterspüren aus dem Staatsstraßenverbande ausgeschieden. Der durch weitere Bewilligungen gedeckte Gesammtaufwand stellte sich für den neuen Straßenbau auf 108,725 Fl. Für die Güter wurde Entschädigung geleistet; die Gemeinden gaben keine Beiträge.

Leider mußte durch diesen Bau ein Theil der interessirten Heidenhöhlen abgesprengt werden. Die Höhlen wurden jedoch zuvor noch aufgenommen.(3) Die alte Capelle bei Goldbach, welche

---

(1) Die Weine am Bodensee waren vor dem 30jährigen Kriege viel besser als später. Da man nach dem Kriege mit Rücksicht auf die hohen Preise überall nur große Mengen erzielen wollte, wurden die besseren Rebsorten durch schlechtere, aber ergiebigere, namentlich den Weiß-Elbling ersetzt. Daß der Wein auch in Sipplingen im 16. Jahrhundert sehr gut war, geht aus der Chronik von Ueberlingen hervor, welche erzählt: „daß dem Kaiser Ferdinand I., als er 1562 Ueberlingen besuchte, nebst Anderem auch drei Wagen vortrefflichen Weins von der Stadt verehrt wurde. Der Wein war eines der besten Gewächse am See, gezogen im Rebgarten zu Sipplingen am Waffenthall." Schriften des Vereins für Geschichte des Bodensees II. 223. Erst im Anfang dieses Jahrhunderts, namentlich von 1820 an hob sich die Rebcultur wieder am See. Die vielen Reben in der Ebene wurden in Ackerfeld umgewandelt, jene in den besseren Lagen erhielten guten Satz von Burgunder, blauem Silvaner und Klevner, und die Zucht wurde nach dem Beispiel der Staats- und markgräflichen Domänen-Canzlei rationell betrieben. Sipplingen war noch in den 30er Jahren einer der ärmsten Orte am See; jetzt gehört er den wohlhabenden an. Das hier bestandene Nebenzollamt wurde 1875 aufgehoben. (2) Schon 1859 mußten die ausgewitterten Horizontalschichten der Felsen mit einem Aufwand von 300 Fl. ausgemauert werden. Aehnliches wird auch noch in der Folge nöthig sein. (3) Die Zeichnungen hiervon beruhen in der Planregistratur der Oberdirection. Ein Theil dieser Höhlen war schon 1750 demolirt worden, um dem Gesindel keinen Aufenthalt zu gewähren. Steiger, Geschichte der Stadt Ueberlingen, S. 92. Nach den Schriften des Alterthumsvereins II. sollen diese Höhlen im 12. und 13. Jahrhundert von Seeräubern bewohnt worden sein.

in die projectirte Straßenanlage fiel, konnte durch Verlegung der Straßenlinie gegen den Berg, mit etwas erhöhter Güter-Entschädigung vor dem Abbruche gerettet werden.

Von den Bauten, welche zu Verbesserung der Straße zwischen Ueberlingen und der württembergischen Gränze ausgeführt wurden, sind zu erwähnen:
von 1840 Neubau der Brücke bei Kirchberg mit 5050 Fl., von 1845 Straßenregulirung nebst Geländer bei Maurach mit 2105 Fl., 1846 desgl. bei Oberuhldingen 1081 Fl. und Immenstadt 1348 Fl., 1847 Straßenerweiterung oberhalb Ueberlingen mit 1616 Fl., 1861 Bau der Lippbachbrücke in Gemeinschaft mit Württemberg 2412 Fl., 1867 Straßenverbreiterung in Oberuhldingen mit 2400 Fl. Die Gemeinde Oberuhldingen stellte das für diesen Bau erforderliche, auf 1402 Fl. überschlagene Gelände gegen eine Aversalentschädigung von 1000 Fl., (1) 1872 Correction der Thorbühlsteige vor dem obern Thor in Meersburg 1844 Fl.

Um die Steigen zwischen Oberuhldingen und Meersburg zu umgehen, wurde schon im Jahr 1856 von den Gemeinden Meersburg, Unteruhldingen und Hagnau um Herstellung einer Straße längs des Sees von Unteruhldingen über Meersburg nach Hagnau gebeten und hierauf auch für eine 20 Fuß breite Straße mit 15 Fuß Fahrbahn von 8 Zoll Stärke Plan und Kostenüberschlag aufgestellt. Der Aufwand wurde damals auf 68,780 Fl. berechnet.

Durch eine im Jahr 1860 erfolgte Revision dieses Ueberschlags steigerte sich der Aufwand auf 74,400 Fl. und der weitere Ueberschlag vom Jahr 1863 verlangt für die Abtheilung von Unteruhldingen bis Meersburg, 1681 Ruthen lang, 33,300 Fl., von Meersburg bis Hagnau, 1358 Ruthen lang, 36,980 Fl., bis zur alten Straße nach Kirchberg, 440 Ruthen lang, 8540 Fl., zusammen 78,820 Fl., unter welcher Summe 32,240 Fl. für Güterentschädigung enthalten sind. Im Jahr 1875 berechnete man die Kosten von Uhldingen längs des Sees bis Meersburg auf 63,428 Mark und bei Fortsetzung bis Immenstadt auf 144,000 Mark. Das Gesetz von 1871 resp. 1876 über Vervollständigung des Landstraßennetzes bewilligt zwar jene 63,428 Mark, hielt aber diesen Bau nicht für dringend, wenn die Eisenbahn längs des Sees erbaut wird.

Da inzwischen das längst aufgetauchte Project des Baues einer Eisenbahn von Stockach nach Friedrichshafen sich mehr in den Vordergrund stellte, und man noch andere dringende, unzweifelhaft unter allen Verhältnissen nothwendige, Bauten auszuführen hatte, konnte die fragliche Straßenanlage längs des Sees bisher nicht zur Ausführung kommen.

Ueberfahrt bei Hagnau.

Das an dieser Straße liegende Dorf Hagnau — einer der bedeutendsten obst- und weinbauenden Orte am Bodensee — gehörte früher dem Kloster Weingarten, welches 1804 an Oesterreich und 1806 an Württemberg kam. Im Jahre 1809 ging Hagnau an Nassau-Oranien und 1810 an Baden über. Die in Hagnau wohnenden Schiffer gehörten in früherer Zeit der Zunft in Meersburg an. Seit Hagnau badisch ist, erhob die Gemeinde von fremden Schiffern ein Abfuhrgeld, nämlich vom alten Fuder Wein 12 Xr., 1 Pferd 6 Xr., 1 Ochs 4 Xr., 1 Kuh 3 Xr., Kleinvieh 1—2 Xr., Sackfrucht 1 Xr., Korb Obst 1 Xr., Wagen Holz 4 Xr. Diese Abfuhrgebühr war nebst dem Lagergeld für 82 Fl. verpachtet. Das Schifffahrtsrecht wurde 1872 auf 400 Fl., das Einkommen der beiden Schiffer auf 6000 Fl. und die Einnahmen an Abfuhr und Lagergeld capitalisirt auf 1720 Fl. geschätzt. (Amt.-Act.). Mit Rücksicht auf den bedeutenden Wein- und Obsthandel war schon lange zu wünschen, daß die Dampfboote bei Hagnau landen können. Der Aufwand für einen hölzernen Landungssteg von 15 Jochen war auf 4200 Fl. berechnet. Die Staatscasse gab einen Beitrag von 2500 Fl. und ließ 1874 den Weg herstellen. Die Gemeinde übernahm den übrigen Aufwand, und verzichtete für alle Zeiten auf die Abfuhrgebühren. Die Unterhaltung des Weges nebst dazu gehörigen Anlagen besorgt die Gemeinde, so lange das Bedürfniß diese Einrichtung fordert. Die Ordnung für diese Landestelle ist in dem Ges.- u. Verordn.-Bl. v. 1875, S. 250 publicirt. (2) Ueber die Landestellen bei Immenstadt siehe Nr. 238. Der nachweisbare Aufwand für Verbesserung dieser Verkehrsmittel beträgt 228,090 Mark. Der Verkehr hat sich seit 1856—1875 im Durchschnitt zwischen Ludwigshafen und Immenstadt von 86 auf 250 Zugthiere täglich gehoben. Am frequentesten ist die Abtheilung von Ueberlingen nach Mühlhofen.

---

(1) Diese Correction erforderte den Abbruch eines Hauses und das Gefäll der Straße wurde damit von 7 Procent auf 5 Procent ermäßigt. (2) 1875 kamen an 1189 Personen und 189,465 Centner Güter, abgingen 2288 Personen und 446,095 Centner Güter.

Nr. 68.

Straße von Ueberlingen nach Straß.

Länge von Straße Nr. 66 bis Nr. 187 15,21 Kilometer = 3,42 Stunden.

Siehe Nr. 187 und 73, 232 und 69.

Nr. 260.

Straße von Ueberlingen nach Heiligenberg.

Der von Ueberlingen über Lippertsreuthe, Altheim, Heiligenholz und Straß führende, dem Verkehr nach Pfullendorf, Ostrach, Riedlingen, (1) Biberach, (2) und Ulm gewidmete Straßenzug ist, wie die Orte, die er berührt, sehr alt, und wurde nach vorliegenden Urkunden an mehreren Stellen „Heerstraße", „Reichs freie Straße" und „Hauptstraße" genannt.

In den Jahren 1770/71 wurde diese Straße verbreitert und chausseemäßig hergestellt und 1820/21 durch Beseitigung von 2 Hohlgassen verbessert. In den Jahren 1873/74 verbesserte man die Straße von Ueberlingen nach Koggenbach, um sie zugleich für die Routen nach Mößkirch, Pfullendorf, Ostrach und Heiligenberg zu benützen, wogegen die alte Straße von Ueberlingen nach Lugen aus dem Landstraßenverband ausgeschieden wurde. (Siehe Nr. 66.) In den Gesetzen von 1870 und 1876 über die Vervollständigung des Landstraßennetzes sind die Mittel bewilligt worden, um von Koggenbach bis Lippertsreuthe eine neue Straße mit Umgehung von Bambergen herzustellen.

Der neue Straßenzug erhält vom Abgang der Straße Nr. 66 bis zur Höhe bei Andelshofen eine Steige von 3,1 Procent und überschreitet das Otterbachthal mit Gegengefällen von 3,2 Procent. —

Hätte man den Straßenzug östlich von Lippertsreuthe vorübergeführt, so wäre ein Maximalgefäll von 1,4 Procent eingehalten worden, um aber nach dem Wunsch der Gemeinde diesen Ort auf der Westseite der Länge nach zu durchziehen, müssen Gegengefälle von 2,38 und 5 Procent eingehalten und 2700 Mark Mehrkosten übernommen werden. — Dieser Mehraufwand wird von den betheiligten Ortseinwohnern bestritten.

Da mit dieser Straßencorrection auch die Herstellung einer guten Straße von Lippertsreuthe nach Leustetten verbunden wird, um auch den Verkehr von Ueberlingen nach Heiligenberg zu erleichtern, so ist der Aufwand für beide Straßenverbesserungen im Zusammenhange berechnet.

Er beträgt im Ganzen bei Einhaltung einer Straßenbreite von 5,4 Meter 186,000 Mark.

An Beiträgen wurden geleistet: von Ueberlingen für Gelände in dortiger und Bamberger Gemarkung 19,983 Mark und baar 2800 Mark, von Tüfingen Gelände im Werthe von 4080 Mark gegen Aversum von 4000 Mark, von Lippertsreuthe Gelände im Werth von 5197 Mark gegen 4800 Mark, von Privaten baar 2700 Mark, für Rinnen 414 Mark, von Frickingen Geländewerth 9380 Mark gegen 7500 Mark, von Leustetten Geländewerth 3170 Mark gegen 2500 Mark. Zusammen 28,924 Mark. Die Ausführung erfolgte 1876/77.

Nr. 69.

Straße von Unteruhldingen nach Altshausen.

Länge in Baden . .	26,62 Kilom.	=	5,99 St.,
„ „ Württemberg	17,30 „	=	3,90 „
zusammen	43,92 Kilom.	=	9,89 St.

(1) Bei Riedlingen und Salgau wird sehr viel Getreide, Reps und Flachs gebaut, wovon früher große Quantitäten nach Ueberlingen und in die Schweiz abgeführt wurden. (2) Biberach hatte schon 1278 verschiedene Privilegien erhalten und war längere Zeit hindurch reichsfrei. 1508 wurde hier die Leinwandfabrikation in großem Maße betrieben und bis 1854 bestund in Biberach der zweitgrößte Fruchtmarkt Württembergs. Die Stadt kam 1803 an Baden, 1806 an Württemberg.

Die wahrscheinlich aus keltischer Sprache stammenden Namen der Orte: Uhldingen, Seefelden, Maurach, Grasbeuren, Buggensegel, Leustetten, Beuren, Tegerbach, Echbeck, Röhrenbach, Rhena, Illmensee, Pfrungen und Ostrach lassen hier schon auf Verbindungswege in keltischer Zeit schließen und zur Verbindung des Bodensees mit der römischen Donaustraße scheint zur Römerzeit eine von Günzburg über Rißdissen, Ertingen, Ostrach, Denkingen, Bruckfelden und von da über die Anhöhen der Aach nach Seefelden (1) ziehende Straße geführt zu haben; (2) gewiß ist aber, daß im Mittelalter eine sogenannte Frucht- oder Marktstraße von Ostrach über Heiligenberg und Leustetten (3) in das Salemer Thal (4) ging, welche in Unteruhldingen ausgemündet und von da anfänglich längs des Sees, später aber über das Hochgestade nach Meersburg geführt hat. (5) Uhldingen ist im 12. Jahrhundert schon urkundlich als Stapelplatz bezeichnet. (6)

Der seit Jahrhunderten bestandene, in neuer Zeit erweiterte Absatz von Wein und Obst aus der Gegend von Meersburg und aus dem Aachthal nach Sigmaringen, Mößkirch, Pfullendorf, Ostrach und Altshausen, sowie der im 17. Jahrhundert zum großen Verdrusse von Ueberlingen in Meersburg errichtete Fruchtmarkt veranlaßten den Bischof von Constanz mit Fürstenberg-Heiligenberg (7) und der Abtei Salem sich unterm 13. August 1692 über die Herstellung einer besseren Straße von Meersburg nach Heiligenberg zu vereinbaren (siehe Nr. 67), welche Straße sodann ihre Fortsetzung nach Ostrach über den Gampenhof und Burgweiler fand. Diese Straße durchzog das Gebiet der Stadt Ueberlingen in Gemarkung Waldbeuren, jenes von Salem in den Gemarkungen Unteruhldingen, Mühlhofen, Mimmenhausen, Weildorf, Bolzen, von Fürstenberg in den Gemarkungen Leustetten, Heiligenberg, Echbeck, Gampenhof, Neubrunn, Zoznegg, Ochsenbach und Burgweiler.

Die Straße war nur für das schmale Geleise benützbar, ihre Erweiterung auf 24 Fuß wurde erst im Jahre 1737 von den Gebietsherren beschlossen, aber nur theilweise ausgeführt. An der erstmaligen Herstellung der Straße von Meersburg nach Heiligenberg und Ostrach (1692—1703) hatte die fürstbischöfliche Obervogtei Meersburg (8) 6000 Fl. für Güterankäufe übernommen und die Ausführung der Erdarbeiten wurde den betreffenden, unfern von der Straße gelegenen Gemeinden der Herrschaften Heiligenberg, Salem und Meersburg im Frohndwege, nach bestimmten zugemessenen Straßenabtheilungen, überlassen. Auch die Reichsstadt Pfullendorf übernahm die Herstellung einer Abtheilung von 400 Klaftern (à 6 Fuß).

Da die neu erbaute Abtheilung der Straße von Heiligenberg durch den Thiergarten bald wieder in so schlechtem Stande war, daß die Fuhrwerke nach allen Richtungen hin durch den Wald zogen, (9) wurde die Wiederherstellung dieses Weges in den Jahren 1722/24 von Fürstenberg auf Kosten der Herrschaftscasse im Taglohn ausgeführt. (10)

Das Hochstift Constanz, zur Mithülfe aufgefordert, weigerte sich, an diesem Aufwand Theil zu nehmen, weil sich inzwischen zum Nachtheil von Meersburg und zu Gunsten Fürstenbergs ein Theil des Frucht- und Weintransportes nach dem fürstenbergischen Ort Unteruhldingen (11) gezogen hatte, woselbst die Verladung zu Schiff leicht bewirkt werden konnte. Als jedoch im Jahr 1750 eine abermalige Verbesserung dieser Straße im fürstenbergischen Gebiet mit einem Aufwand von 3021 Fl. erforderlich war, leistete Meersburg wieder einen Beitrag zu den

---

(1) In Seefelden hatte Abt Eberhard von Salem schon 1227 ein Cisterzienser Frauenkloster errichtet, das 1238 nach Baindt verlegt wurde. (2) Gock, Die römischen Heerstraßen I. S. 120. Auch bei Oberuhldingen wird 1464 ein „Hörweg" genannt und von Aulendorf in der Richtung von Estenhausen, Zusendorf soll eine römische Straße an den Ueberlinger See geführt haben. (3) In Leustetten war die alte Münzstätte des Linzgaues. (4) Archiv-Acten von Salem. (5) Mone, Zeitschrift I. S. 348. (6) v. Schreckenstein, Zeitschrift, Band 27, S. 10. (7) Heiligenberg hat seinen Namen von dem heiligen Felix und der heiligen Regula, die hier beerdigt sind. Crusius, Schwäbische Chronik II. 22. Die Geschichte der Grafen von Heiligenberg geht in das 10. Jahrhundert zurück, dieselben erscheinen im Jahr 1069 als Schirmvögte des Bisthums Constanz. Das Schloß wird erstmals 1276 urkundlich genannt. Die Grafschaft kam 1277 durch Kauf an Hugo von Werdenberg und 1534 an Fürstenberg. Heiligenberg war bis 1716 Residenz einer Linie von Fürstenberg. Nach Vereinigung der Mößkircher und Stühlinger Linien wurde die Residenz nach Donaueschingen verlegt. J. Martin, Heiligenberg einst und jetzt. 1876. Die alte Schloßbrücke wurde 1738 von C. Bagnato v. Altshausen erbaut; 1847 die neue. (8) In das Obervogteiamt Meersburg gehörten: Meersburg, Stetten, Harlachen, Kutzenhausen, Baitenhausen, Riedetsweiler und Daisendorf. (9) Fürstl. fürstenbergische Archiv-Acten. (10) Man bezahlte für eine Fuhre mit 2—3 Pferden 45 Xr., für einen Mann 18 Xr. pro Tag. (11) Unteruhldingen wird schon im 8. Jahrhundert in Urkunden genannt. 1094 bestunden hier drei Schenken mit Mühle. Die günstige Landungsstelle bei Unteruhldingen, welche sich im 12. Jahrhundert noch im Besitz des Hochstifts Constanz befand, gab schon in frühester Zeit Veranlassung, von hier aus durch die Schifffahrt den Verkehr aus Oberschwaben nach Constanz und der Schweiz zu vermitteln. Die im Jahr 1175 durch Kaiser Friedrich I. verfügte Befreiung des Schifferrechts auf dem Bodensee scheint

Baukosten. Seitens der Abtei Salem geschah für die Verbesserung der Straße unter Abt Anselm († 1778) nichts, weil derselbe mit Cardinal Conrad von Roth (1750—1775) auf feindseligem Fuße stund.

Gegen das im Jahr 1781 aufgetauchte Project, auch die Straße von Ilmensee über das Pfrungener Ried nach Altshausen zu chaussiren, erhob die Reichsstadt Ueberlingen, von Oesterreich unterstützt, heftige Einsprache, „weil die alte Straße von Sulgau über Altshausen nach Ostrach, Denkingen, Altheim und Lippertsreuthe nach Ueberlingen geführt habe und daher die alten Zollstätten in Ostrach und Ueberlingen durch Herstellung einer directen Verbindung von Altshausen nach Heiligenberg beeinträchtigt schienen und überdies das tiefe Ried in der Gegend von Pfrungen sich zu Herstellung einer Straße für schwereres Fuhrwerk nicht eigne.

Diese Beschwerde wurde nach langen Erörterungen durch Kreisschluß als unbegründet abgewiesen, nachdem im Jahr 1787 Fürstenberg, Altshausen, Königsegg und Aulendorf sich über den Bau der Straße durch Vertrag geeinigt und in einer Conferenz vom 7. Mai 1789 sich zu der sofortigen Ausführung in einer Breite von 24 Fuß verpflichtet hatten. (1) In derselben Zeit beabsichtigte Fürstenberg auch die Verbesserung der Heiligenberger Steige durch Aussprengen einer Straße an dem sogenannten Hilleleberg oder Hohenstein. (2)

Der damalige fürstenbergische Forstbeamte, der die Straßenbauten zu leiten hatte, rieth jedoch von der Ausführung dieses Projectes ab, weil es ihm nach seinen Erfahrungen gefährlich schien, diesen Berg, an welchem öftere Rutschungen bemerkbar waren, anzuschneiden. (3)

Die Correction unterblieb in der Hauptsache und das Gefäll der Steige erhielt nur durch Ausgleichung einige Ermäßigung. Dagegen wurden die Straße, welche damals den Ort Leustetten auf der Westseite umging, durch den Ort geführt (4) und zu diesem Ende einige Gebäude entfernt.

Nachdem sich der Verkehr aus Schwaben nach Ueberlingen und Meersburg in Folge der durch die Dampfboote erleichterten Verbindung mit der Schweiz bedeutend gesteigert hatte, trat das Bedürfniß besserer Zufuhrstraßen zu den genannten Hafenplätzen mehr als je in den Vordergrund. Die erste Frage, die sich dabei aufwarf, handelte davon: welche der vorhandenen Straßen zuerst in besseren Stand zu bringen sei, nämlich 1. jene von Ueberlingen über Owingen und Aach nach Pfullendorf und Mößkirch, oder 2. jene von Ueberlingen über Lippertsreuthe, Altheim, Denkingen nach Ostrach oder aber 3. jene von Meersburg über Unteruhldingen, Mimmenhausen, Leustetten, Heiligenberg nach Pfullendorf. Der Wettkampf der bei diesen Straßen interessirten Gemeinden entbrannte am heftigsten und dauernd bezüglich der unter Ziffer 1 und 3 genannten Routen, daher diese auch zunächst in Betracht gezogen wurden. Die hierwegen im Jahr 1861 gepflogenen Untersuchungen ergaben im Wesentlichen, daß für

---

sich nicht so fest auf Ueberlingen als auf Unteruhldingen bezogen zu haben. (Steiger, „Die Reichsabtei Salem".) Als sich aber der Frucht- und Weinabstoß in Unteruhldingen zum Nachtheil von Ueberlingen und Meersburg immer mehrte, erhob sich ein langer Streit zwischen der Reichsstadt Ueberlingen und Fürstenberg, in dessen Besitz Uhldingen gekommen war, über das Abfahrtsrecht bei diesem Ort, welcher endlich am 30. Dec. 1733 dahin verglichen wurde, daß wöchentlich in Unteruhldingen nur 150 Malter Frucht verladen werden durften, wogegen Meersburg und Ueberlingen in jeder Woche einen unbeschränkten Fruchtmarkt zu halten berechtigt waren. Die gedachte Beschränkung wurde jedoch in Unteruhldingen später nicht mehr eingehalten und im Jahr 1770 wurden die Schifferlehen neu von Fürstenberg vergeben. 1844 wurde dies Lehen um 1000 Fl. allodificirt, wodurch die Mitglieder der Schiffergilde Eigenthümer des Fahrrechts wurden und dagegen die Schiffslände zu unterhalten hatten. Die jetzt noch zum Theil vorhandene alte Schiffslände aus Pfählen wurde 1730 von der Schiffergilde in der Richtung von Nordost nach Südwest erbaut. Das Fahrwasser betrug hier bei mittlerem Seestand 8 Fuß. Diese Tiefe ist seither durch Versandung auf 6 Fuß zurückgegangen. Da sich allmählich ein Fruchtmarkt in Unteruhldingen gebildet hatte, baute Fürstenberg gegen Ende des vorigen Jahrhunderts daselbst ein Kornhaus, welches 1806 an Baden kam und 1845, nachdem der Fruchtmarkt in Folge der Dampfschifffahrt nach Ueberlingen wieder aufgehört hatte, der Schifferschaft für 1525 Fl. käuflich überlassen wurde. Dieses Lagerhaus stund früher bei Sommerwasser unmittelbar am See. Jetzt wird von Unteruhldingen aus hauptsächlich noch Bau- und Brennholz verschifft. Die Flöße werden meistens nach Steckborn mit Segelschiffen verbracht. Im Jahr 1867 sind 77,905 Centner Holz von hier abgeführt worden. 1873 bestunden noch vier sogenannte Lädinen (Güterschiffe) in Uhldingen. Im Jahr 1866 gingen 64,524, 1867 77,994 Centner Güter in dem Hafen ein und aus. Der Eingang beträgt kaum 100 Centner. (1) Dieser Verpflichtung wurde nicht entsprochen, denn die Straße über Pfrungen und Königsegg bis zur Osterach-Aulendorfer Straße ist bis in die neueste Zeit ein schlechter Vicinalweg von 10—13 Fuß Breite, der Gefälle von 10—15 Procent besitzt. (2) An derselben Stelle, wo die Straßencorrection im Jahr 1866 ausgeführt wurde und wo wirklich bedeutende Rutsche vorkamen. (3) Fürstl. fürstenb. Arch.-Acten. (4) Die alte Straße wird jetzt noch als Feldweg benützt, mit ihr parallel, aber weiter westlich, zieht die neueste, zur Gefällverminderung 1868 erstellte Straße.

vollständig entsprechende Verbesserung der Straße von Ueberlingen über Owingen erforderlich wären, nämlich: für die Abtheilung von Herdwangen bis zur Wasserscheide 23,490 Fl., von da bis Pfaffenhofen 58,750 Fl., von hier bis Owingen 69,860 Fl., zusammen 152,100 Fl., ferner 2. für vollständige Herstellung der Straße von Pfullendorf über Heiligenberg nach Meersburg und zwar: für Correction der Heiligenberger Steige, welche Gefälle von 14, 15 und 20 Procent besaß, 87,254 Fl., für Neubau durch das Malaienthal zur Umgehung der Kohlbühlsteige von 18 Procent Gefäll 13,000 Fl., für die Straße von Unteruhldingen nach Meersburg 31,400 Fl., zusammen 131,654 Fl.

Um den großen Aufwand für diese beiden Straßen zu umgehen, lag der Gedanke nahe, von Pfullendorf eine gute Straße herzustellen, welche zur Vermittelung des Verkehrs nach Ueberlingen und nach Meersburg zugleich benützt werden konnte. Zu diesem Ende kam die Route von Pfullendorf über Straß bis auf die Höhe von Altheim und von hier über Frickingen und einerseits nach Leustetten gegen Meersburg, andererseits an Rückenbach, Laufnang, Reutehöfen und Andelshofen vorbei nach Ueberlingen in Vorschlag. Die Erwägung, daß bei Ausführung dieses Projectes hauptsächlich nur Pfullendorf befriedigt, die Verbesserung der beiden Straßen über Owingen und über Heiligenberg aber immer noch von den angränzenden Gemeinden angestrebt würde, man somit nur eine 3. Straße erhielt, deren Unterhaltung der Staatscasse zur Last fiele, fand man für besser, von diesem Projecte abzusehen und zunächst die Verbesserung der Straße über Heiligenberg in Angriff zu nehmen, da der Verkehr auf derselben größer als jener über Owingen ist.

Für die vor allem Andern dringende Correction der Heiligenberger Steige wurde 1865 eine Zugslinie ermittelt, welche in Heiligenberg bei der Post die alte Straße verläßt, an dem Hohenstein hinzieht, dann in einer mit Anschüttung erzielten Rampe wendet und durch Ueberschreitung der alten Straße die Richtung gegen Beuren verfolgt, dort abermals wendet, Leustetten auf der Westseite umgeht und unterhalb in diesen Ort, beziehungsweise in die alte Straße einmündet. Das Gefäll wurde für diesen Zug auf 4—5 Procent, in beiden Rampen aber auf 3 Procent bestimmt. Die Rampe am Hohenstein hat 80 Fuß Radius, eine Breite von 24 Fuß, ein Gefäll von 3 Procent, oben und unten 5 Procent Fall.

Die neue Straße hat eine Länge von 20,500 Fuß, eine Breite von 20 und in den Rampen eine solche von 24 Fuß und 16 Fuß Fahrbahn, aus 5 Zoll Gestück und 3 Zoll Schotter.

Der Bau begann 1866 und die obere Abtheilung wurde am 9. Juni 1867, die ganze Straße bis unterhalb Leustetten aber 1870 dem Verkehr eröffnet. Der Bauaufwand betrug incl. der Güterentschädigung 83,798 Fl. Von der Güterentschädigung für die ganze Correction von Heiligenberg bis Leustetten im Betrag von 11,254 Fl. übernahmen die Standesherrschaft Fürstenberg: 1. durch unentgeltliche Stellung der herrschaftlichen Güter 3791 Fl., sodann 2. für Gemeinde Heiligenberg 1500 Fl., für Beuren 827 Fl., für Leustetten 5116 Fl., zusammen 11,254 Fl.

Da der neue Straßenzug am Hohenstein durch Molasse-Gebirge zieht, welches mit Nagelflüh- und Lettenschichten durchzogen ist, so kam der neue Straßenkörper, in Folge außerordentlicher Regengüsse, in Bewegung und es bildeten sich im März, August und September Abrutschungen und Senkungen, welche veranlaßten, daß ein Theil der Straße von der ersten Rampe abwärts im Jahr 1867 etwas weiter gegen das Thal verlegt werden mußte, wodurch die Eröffnung der Straße verzögert wurde. (1)

Nachdem 1870 auch die Straße von Denkingen nach Echbeck (Nr. 232) durch das Malaienthal neu hergestellt war, hatte sich der Verkehr über Heiligenberg nach Unteruhldingen so sehr vermehrt, daß man die Errichtung einer Dampfbootstation hier für nöthig hielt. (2)

Nach einer mit den 6 Mitgliedern der Schiffergilde abgeschlossenen Vereinbarung vom 2. und 3. Juni 1872 wurde das Abfuhrrecht dem Staate für 5000 Fl. abgetreten, wovon die Gemeinde Unteruhldingen 3500 Fl., nämlich 1300 Fl. baar und 2200 Fl. durch Abtretung von Liegenschaften als Lagerplätze für die Dauer von 6 Jahren, und die übrigen interessirten Gemeinden 1500 Fl. übernahmen. Sollten die fraglichen Liegenschaften von dem Staat gebraucht

(1) Aehnliche Rutschungen kamen in derselben Zeit an den durch Molasse führenden Straßen auch im Canton St. Gallen vor. (2) Im Jahr 1870 waren 44,500 Centner eingegangene und 51,361 Centner abgegangene Güter in dem Hafen verzeichnet.

werden, so hat sie die Schifferschaft abzutreten. Man beschränkte sich zunächst darauf, unterhalb des bestehenden Holzverladedammes einen Schirmdamm mit Zufuhrstraße von 180 Meter Länge und 5 Meter Kronenbreite mit einem 40 Meter langen und 12 Meter breiten horizontalen Verladeplatz mit 50 Meter schiefer Ebene herzustellen und von dem Verladequai bis an die Halde einen 147 Meter langen, 3 Meter breiten Landungssteg zu bauen, wofür 23,000 Fl. bewilligt wurden. Diese Bauten sind 1872/73 ausgeführt und die Landestelle ist im Juli 1873 eröffnet worden.(1) Der Fahrdamm liegt auf dem 2-Fuß-Pegel, der Verladequai auf dem 3-Fuß-Pegel. Die Baggerung wurde auf 6 Fuß unter Mittelwasser ausgeführt. Für 1874/75 erfolgte eine weitere Bewilligung von 20,000 Fl., wovon 8000 Fl. für Ausbildung des Stegs zu einer geschlossenen Pfahlwand auf ca. 80 Meter Länge, 9000 Fl. zu Ausbildung des Fahrwassers durch Vertiefung der Halde und 3000 Fl. zu Fixirung der am Ufer abzulagernden Baggermasse behufs der Herstellung von Lagerräumen für Brennholz &c. bestimmt waren. Diese Arbeiten kamen 1875 zur Vollendung. Der Gesammtaufwand betrug 43,000 Fl.(2)

Im Jahr 1873/74 kam sodann auch die Correction der Steige am Ursprung der Deggenhauser Aach,(3) in der Nähe von Echbeck, auf eine Länge von 1050 Meter mit 6 Meter Breite und 4,8 Meter Fahrbahn und Gefäll von 0,2 Procent zur Ausführung.

Der Aufwand betrug 13,916 Fl., wovon übernahmen: Wintersulgen 250 Fl., Heiligenberg 468 Fl., Ilmensee 60 Fl., Ruschweiler 100 Fl., Denkingen 37 Fl., Waldbeuren 25 Fl., Illwangen 50 Fl., Pfullendorf 150 Fl., Burgweiler 40 Fl., zusammen 1180 Fl., daher der Staat noch 12,736 Fl. zu leisten hatte. Die Standesherrschaft Fürstenberg gab das Gelände unentgeltlich gegen Ueberlassung der alten Straße.

Die Straße von Mühlhofen nach Salem besitzt mehrere Steigen und Gegensteigen von 5—7 Procent. Zur Correction derselben wurden in den Gesetzen von 1870/76 über Vervollständigung des Landstraßennetzes 90,000 Mark bewilligt. Die Ausführung dieser Bauten steht mit dem Eisenbahnbau längs des Bodensees in Zusammenhang, da die Zugslinie sich nach der künftigen Station bemißt. Die erweislichen für Verbesserung dieser Straße aufgewendeten und zur weitern Verwendung bestimmten Kosten betragen 323,481 Mark.

Der Verkehr von Unteruhldingen bis Straße Nr. 67 ist in neuerer Zeit auf 68 Zugthiere gestiegen; von Mühlhofen bis Stefansfeld beträgt er 74 Zugthiere, und von da nach Heiligenberg 58 Zugthiere, dann bis zur Gränze 30 Zugthiere. Seit 1856 ist der Verkehr fortan im Steigen begriffen.

Nr. 70.

Straße von Maurach nach Markdorf.

Seefelder Aachthalstraße.

Länge: 17,64 Kilometer = 4,06 Stunden.

Die Landstraße von Salem nach Markdorf ist 11,07 Kilometer = 2,49 Stunden lang.

Zwischen dem Reichsstift Salem(4) und Maurach(5) bestund schon früh, wahrscheinlich

(1) Der alte Verladeplatz liegt in der Fortsetzung der Heiligenberger Straße, der neue liegt weiter westlich gegen Seefelden. Zwischen beiden war der alte Schiffshalt aus Pfählen von 1730. Der alte Damm ist 90 Meter lang und geht dann in einem 85 Meter nach Osten gebogenen Haken über. (2) 1874 ergab sich an aus- und eingegangenen Gütern ein Verkehr von 554,350 Kilogr., im Jahr 1875 in 11 Monaten ein solcher von 881,000 Kilogr. und zwar an Ausgangsgütern: Kaufmannswaaren 11,622 Kilogr., sodann Ziegel, Steine, Schwellen, Langholz; an Eingangsgütern: Gyps, Steinkohlen, Mauersteine und Kaufmannsgüter. Die Hafenordnung ist von 1875 Ges. u. Verordn.-Bl. 243. 1876 bewirkte das Hochwasser hier einen Schaden an dem Hafen von 6000 Mark. (3) Die Seefelder Aach wird gebildet aus der Linzer Aach, Deggenhauser Aach und Bermatinger Aach. (4) Die 1134 von Guntram v. Adelsreuthe gegründete Cistercienser-Abtei Salem oder Salmansweiler wurde durch Kaiser Otto IV. zum Reichsstift erhoben. Mone, Quellensammlung III. und Zeitschrift I. Diese Abtei war dem Rang nach die erste in Schwaben, sie besaß seit ihrem Ursprung Reichsunmittelbarkeit mit landesherrlicher Gerichtsbarkeit. Ihr Einkommen aus Grund und Boden wurde auf 150,000 Fl. jährlich geschätzt. Salem betrieb von jeher ausgedehnten Wein- und Obstbau. Die Weine waren und sind vortrefflich. Man sagte von dieser Abtei: „Wer Schwelgerei des Gaumens verschmäht, der komme hieher sich zu bekehren, denn hier wird es begreiflich, warum unsere Sprache den Sinn für das Schöne ‚Geschmack‘ nennt.“ Rhein. Antiq. 10. Bd. S. 686. Siehe Nr. 67. (5) Der ursprünglich keltische Ort Maurach wird schon in einer Urkunde von 1155 genannt. Mone, Zeitschrift I. S. 318. Die Wirthschaftsgebäude des Salemischen Kloster-

schon im 13. Jahrhundert eine Straße, die stets von der Abtei unterhalten, aber bis in das 18. Jahrhundert nur den salemischen Fuhrwerken geöffnet war. (1)

Da die Straße eine geringe Breite und zu starkes Gefälle hatte, stellte die Abtei im Jahr 1783 eine fast neue Straße über Mendlishausen (2) und Neubirnau (3) nach Maurach her, um eine bessere Verbindung mit Neubirnau und dem Maierhofe Maurach zu erlangen, hauptsächlich aber um den der Abtei angehörigen, mit dem fürstenbergischen Unteruhldingen in Concurrenz getretenen Landungs- und Verladeplatz Maurach zu heben. Die Frohndarbeit wurde bezahlt und die Güter angekauft.

Von Salem über Stephansfeld, Neufrach und Bermatingen nach Markdorf (4) bestund ebenfalls frühe schon eine alte sog. „Post- und Marktstraße", deren Fundament aber nur aus Faschinen bestund.

Es war dies ein Glied der alten Heer-, Land- und Poststraße, die von Stockach über Bonndorf, Nesselwangen, Lugenhof, Andelshofen, Daisendorf, Tüfingen, Salem, Markdorf und Heppach nach Ravensburg zog.

Als Herzog Ulrich von Württemberg im sog. Schwabenkrieg 1499 diese Straße zum Marsch nach Schaffhausen benützte, konnte die Reiterei in Gliedern zu 3 Pferden marschiren, was etwa 8 Fuß Breite voraussetzt. Siehe Zeiler, Reisen und Schriften des Vereins für Geschichte des Bodensees I. Seite 63.

Abt Anselm II., der Prachtliebende, ließ 1775 diesen Weg, der früher über Mösbach an dem Berge hin durch Hohlgassen zog, hauptsächlich im Interesse des Weinabsatzes nach Württemberg, corrigiren, verbreitern und von Neufrach direct nach Salem leiten, während er zuvor in der Nähe des Fischerhauses nach Salem abging (siehe Nr. 71). Diese Wegverbesserung hatte die Folge, daß auf Veranlassung des Cardinals Roth in Meersburg die im Jahr 1776 von dem Kreisviertel beschlossene Poststraße von Buchhorn nach Stockach ihre Richtung über Meersburg erhielt, weil Roth die Concurrenz der Salem-Marktdorfer Straße zum Nachtheil des Weinhandels in Meersburg besorgte. Das ohnedies feindselige Verhältniß zwischen Abt Anselm und Roth wurde damit noch gesteigert. Siehe Nr. 67 und 71.

Auch von Salem über Rickenbach nach Owingen und von hier über Billafingen, Seelfingen, Winterspüren vermittelte ein alter Vicinalweg den Verkehr mit Stockach.

Da dieser letztere Weg durch die Ueberlingen'schen Gemarkungen Rickenbach, Ernatsreuthe, Seelfingen und Mahlspüren, durch die Deutschordensgemarkung Lippertsreuthe, durch die salemische Gemarkung Owingen und durch die ritterschaftliche Gemarkung Billafingen zog, ist es erklärbar, daß für seine Verbesserung nur Weniges geschah, weil die Stadt Ueberlingen den Verkehr hauptsächlich durch Ueberlingen zu leiten bestrebt war und der Deutschorden und die Ritterschaft solchen Verbesserungen ohnedies nicht geneigt waren.

---

hofes (villa inferior) wurden 1727, das Gebäude über der Straße 1780 erbaut. Oberhalb Maurach an der Straße liegt der Oberhof (villa superior), der 1211 durch Kauf an Salem kam. In Maurach wurde 1836 wegen des Landungsplatzes ein Nebenzollamt II. Classe errichtet. 1874 erfolgte seine Aufhebung. Das Schifffahrtsrecht nebst Fischerhaus wurde 1804 von dem Markgrafen von Baden — als Rechtsnachfolger des Reichsstifts Salem — verkauft. Das Abfuhrgeld im Betrag von 8 Xr. per Klafter und 4 Xr. per Sack (uralter) Frucht ertrug durchschnittlich 2—300 Fl. jährlich. Die Ein- und Ausfuhr in dem Hafen betrug: 1866 42,167, 1867 33,842 Centner. (1) Salem. Arch.-Acten. (2) Mendlishausen, salemischer Kameralhof, 1770 erbaut. Schon im 12. Jahrhundert bestund hier ein Hofgut der Herren von Mendlishausen. (Staiger, Die Abtei Salem.) (3) Altbirnau, Maierhof mit Capelle bei Ueberlingen, kam 1230 an Salem. Die Capelle, welche ein Wallfahrtsort wurde, ist 1643 durch die Franzosen abgebrannt und die Wallfahrt wurde 1746 nach Salem verlegt. 1746 bis 1750 ist Neubirnau unter Abt Anselm II. durch Baumeister Peter Thumb von Constanz für 150,000 Fl. erbaut und die Wallfahrt hierher verlegt, damit aber auch die Grundlage für die späteren Zerwürfnisse mit Ueberlingen geschaffen worden. Am 20. September 1750 fand die feierliche Einweihung statt. Später bestund hier eine Expositur von Salem, die 1807 geschlossen wurde. (4) Markdorf erscheint in Urkunden von 817. Die Herren von Markdorf waren schon unter Otto III. (983—1802) Reichsmarschalle des Herzogs von Schwaben. Die Weingärten in Markdorf werden 1293 genannt. Carl IV. belehnte den Bischof Johann III. 1354 mit Markdorf, sammt Münze, Markt und Zoll, daher dieser 1356 wie man glaubt auf Geheiß von Conrad von Homburg in Constanz ermordet wurde. Im Jahr 1334 galt Markdorf schon als eine alte Stadt. Sie erhielt 1399 von Kaiser Wenzel den Blutbann. Die fünf Jahrmärkte und der Wochenmarkt für Vieh und Frucht sind stark besucht. 1871 kamen 5800 Stück Großvieh zum Verkauf, auf dem seit 1857 bestehenden eigentlichen Fruchtmarkt wurden 1873 2800 Centner Getreide verwerthet. 1842 ist ein großer Theil der Stadt bei der Kirche abgebrannt.

Nachdem nun die zu dem Reichsstift Salem gehörige sog. „Unterbergische Herrschaft“ (1) durch den Reichsdeputationshauptschluß vom 25. Februar 1803 dem Markgrafen von Baden zugefallen war, wurde die Straße von Maurach über Salem nach Markdorf auf Grund der Chausseeordnung von 1810 unter die Staatsstraßen 3. Classe eingereiht und allmählich in besseren Stand gebracht.

Auch für Verbesserung und Unterhaltung der Vicinalstraße von Salem nach Stockach suchte man dadurch zu sorgen, daß den Gemeinden im Jahr 1825 der Bezug eines Weggelds nach dem Tarif von 1810 unter der Bedingung bewilligt wurde, daß die Straße im Frohndwege auf 20 Fuß verbreitert, chaussirt und durch besondere Wegknechte unterhalten werde. (2) Da das Weggeld jedoch kaum für Herstellung und Unterhaltung der Brücken und Dohlen zureichte, wurde nur das Allernöthigste für diese Wegverbesserung aufgenommen.

Der Straßengeldbezug wurde im Jahr 1835 für die Abtheilung von Winterspüren bis Neumühle den Gemeinden wieder entzogen, nachdem dieser Theil der Straße zu jener Zeit in den Straßenverband aufgenommen war.

Da die Straße von Maurach nach Salem 4 Steigen von 8—10 Procent Gefäll besitzt, wogegen jene über Mühlhofen und Oberuhldingen nur Gefälle bis zu 6 Procent enthält, zog sich der Verkehr allmählich ganz auf letzteren Weg, obgleich derselbe $^3/_4$ Stunden länger als der über Birnau ist.

Auch die $2^1/_2$ Stunden lange Straße von Salem nach Markdorf hatte seit dem Bestehen der Straße über Meersburg nur geringen Verkehr, weshalb im Jahr 1855 die ganze Abtheilung von Maurach über Salem und Markdorf aus dem Verbande ausgeschieden wurde. Die Folge hiervon war, daß die Straße von Salem nach Markdorf in kurzer Zeit in Verfall kam. Da aber nachgewiesen wurde, daß auf diesem Wege in neuerer Zeit viele Früchte von Pfullendorf nach Markdorf und Friedrichshafen und Obst und Wein (3) zurückgeführt werden, ja, daß noch zuweilen Güterfuhren von Tuttlingen und Stockach nach Ravensburg die Straße benützten, wurde die Abtheilung von Salem nach Markdorf, welche 11,07 Kilometer = 2,49 Stunden lang ist, im Jahr 1862 in die Classe der unterstützten Vicinalwege aufgenommen und unter Leitung der Straßenbaubehörde wieder verbessert. Im Jahr 1865 leistete die Staatscasse 300 Fl. Beitrag zu Herstellung der Brücke in Neufrach. Durch das Straßengesetz von 1868 kam diese Straße von Salem nach Markdorf wieder in die Classe der Landstraßen und wurde allmählich in guten Stand gestellt.

Um den Weg von Salem über Rickenbach, Owingen, Billafingen und Seelfingen in guten Stand zu bringen, wäre ein Aufwand von ca. 8—10,000 Fl. erforderlich.

Eine Hauptverbesserung kam 1874 durch Umgehung der Steige und des Ortes Wangen zwischen Markdorf und Bermatingen zur Ausführung, indem das frühere Gegengefäll von 6—10 Procent durch Verlegung der Straße in ein Seitenthal beseitigt und ein gleichmäßiges Gefäll von 10 Procent hergestellt wurde. Der desfallsige Aufwand betrug 12,557 Fl. —

Markdorf und Bermatingen (4) stellten das auf 5600 Fl. taxirte Gelände gegen eine Entschädigung von 4000 Fl., daher die Staatscasse noch 8577 Fl. zu bestreiten hatte.

Die Länge der neuen Straße beträgt 1850 Meter, die Breite 5,4 Meter und in stärkern Curven 6 Meter.

Der Bau wurde 1874 vollendet und in den Verband aufgenommen. Der erweisliche Aufwand für Verbesserung dieser Straße beträgt 22,075 Mark.

Der Verkehr ist nicht im Zunehmen begriffen; er betrug 1874 29 Zugthiere täglich.

---

(1) Bestehend aus Salem, Stephansfeld, Kirchberg, Bermatingen, Buggensegel, Grasbeuren, Mimmenhausen, Unter-, Mittel- und Oberweiler, Mühlhofen, Gebhardsweiler, Oberrieden, Neufrach, Leutkirch, Nußdorf, Oberuhldingen, Seefelden, Maurach, Birnau, Oefingen, Tüfingen und Weildorf. (2) Land. Arch.-Acten. (3) Markdorf hatte im Anfang des 17. Jahrhunderts einen viel ausgedehnteren Rebbau als jetzt und der Wein war besser. 1620 durfte der Wein von 1616 zu 8 Xr., von 1677 zu 5, $6^1/_2$—18 Xr. pr. Maß verkauft werden. Nach dem 30jährigen Krieg bestunden nur noch wenige Rebgärten, die allmählich mit schlechten Rebsorten bepflanzt wurden. Erst in den letzten 40 Jahren hat sich der Weinbau wieder gehoben. (4) Bei Bermatingen befinden sich Höhlen und Gänge angeblich aus der Zeit der Christenverfolgung unter Diocletian 284—305 n. Chr.

Nr. 71.

Straße von Meersburg nach Ravensburg.

Länge in Baden . . . . vom Abgang vom rothen Thor in der Unterstadt bis zur Straße Nr. 67 und von Stetten (1) bis zur Gränze bei Stadel gemessen;	15,4 Kilometer	= 3,48 Stunden,
„ in Württemberg	13,3 „	= 3,00 „
zusammen	28,7 Kilometer	= 6,48 Stunden.

Die zahlreichen, wahrscheinlich aus keltischer Sprache stammenden Namen, wie Stetten, (1) Hagnau, Fischbach, Wirrensegel, Buggensegel, Daisendorf, Tepfenhart, Roggenbeuren, Göhrenberg, Argenbach, Wuppach, Autenweiler, Eschau, Reuthe, Weissenau, Wangen, Buchhorn ꝛc. lassen auf einen langen Aufenthalt der Kelten in dieser Gegend schließen. Das spätere Dasein der Römer wird durch Baureste in Ravensburg, Aulendorf, Meersburg und durch alte Straßennamen bestätigt. Insbesondere wird eine von Ravensburg in der Richtung von Essenhausen und Zusdorf an den Ueberlingersee führende Straße „Hochgesträß" genannt.

Ravensburg, schon in der Mitte des 12. Jahrhunderts ein bedeutender Marktort, (2) wurde 1276 von Rudolf von Habsburg zur Reichsstadt erklärt (3) und kam 1803 an Bayern, 1810 an Württemberg. Die Handelsgesellschaft in Ravensburg betrieb schon im 14. Jahrhundert einen bedeutenden Leinwandhandel nach Venedig und Mailand, der sich allmählich auch nach Valencia, Alicante, Saragossa und Genua ausdehnte. Auch die Jahrmärkte, Frucht- und Viehmärkte (4) waren stets besucht und der Absatz von Getreide, Vieh und Holz nach dem Bodensee, resp. in die Schweiz so bedeutend, daß König Wenzel 1400 der Stadt das Recht gab: „das Wasser, das von Ravensburg in den Bodensee fließt (den Schussen) solchergestalt zu bauen und zu machen, daß es ein geladenes Schiff bis in den See tragen möge nach allen Städten." (5) Die von Meersburg nach Ravensburg führende Straße ist uralt, sie wird in einer Urkunde von 1256 „Strata publica" genannt. (Stumpf, Schweizer Chronik II.)

Die Güter, welche von Augsburg, Nürnberg und Ulm nach der Westschweiz, Frankreich ꝛc. bestimmt waren, nahmen auch noch in den letzten 4 Jahrhunderten ihren Weg großentheils über Ravensburg und Meersburg (6) nach Constanz. Auch die Reisenden hielten die Straße von Augsburg über Mindelheim, Memmingen, Wurzach, Ravensburg, Buchhorn und Meersburg nach Constanz ein. (7)

Sowohl dieser Waarendurchgangsverkehr als der bedeutende Handel mit Wein, Obst und Frucht führte schon 1494 zur Errichtung eines geräumigen Kornlager- oder Grädhauses an dem Landungsplatz der Schiffe. Dieses Haus wurde 1678 einer Hauptreparatur unterzogen. Hier war auch die Hauptsalzniederlage für das Bisthum Constanz. Nachdem Cardinal Conrad Roth

---

(1) Stetten wird 752 „Altstadi" genannt. Mone, Urgeschichte I. 209. Auch Ittendorf ist sehr alt, wahrscheinlich keltischen Ursprungs. (2) Der Stifter des Klosters Weißenau kam 1153 auf dem Ravensburger Marktplatz in einem Menschengedränge ums Leben. (3) Eben, Geschichte Ravensburgs und Memminger, Ravensburg 1836. (4) An Getreide wird in neuerer Zeit noch über 100,000 Centner, an Großvieh bis zu 14,000 Stück jährlich umgesetzt. Der Absatz geht meistens in die Schweiz. (5) Die erste Idee der Schiffbarmachung des Schussen ging von Juden aus, die den Handel hauptsächlich inne hatten. Die Ausführung kam nicht zu Stande. (6) Mörspurg (später Meersburg) ist ein sehr alter Ort. Dagobert I., König von Austrasien (622—638), soll das alte Schloß erbaut haben, welches später aber noch mit runden Thürmen versehen worden ist. 400 Bergknappen sprengten den Fels zwischen Schloß und Stadt unter Bischof Nikolaus I. Die angeblich von Dagobert errichtete Schifflände wurde unter dem Grafen von Rohrdorf, der 925—930 hier wohnte, verbessert. Siehe Zeitschrift für Geschichte des Oberrheins, 27. Bd. Kaiser Albrecht I. verlieh der Stadt 1299 die Freiheiten und Rechte von Ulm, und Ludwig IV., der Baier, gab ihr 1333 ein Wochenmarktrecht. In Folge der Reformation verlegte Bischof Hugo von Hohenlandenberg 1527 seine Residenz in das alte Schloß. Auch die folgenden Bischöfe wohnten in Meersburg, wo 1743—1750 Bischof Anton von Siggingen das neue Schloß erbaut hatte. Bis 1760 hatte Meersburg die hohe und niedere Gerichtsbarkeit mit Blutbann. Meersburg kam mit den Besitzungen des Bischofs von Constanz durch den Lüneviller Frieden, resp. Reichsdeput.-Hauptschluß von 1803 an Baden und war bis 1836 Sitz des Hofgerichts. Siehe Crusius, Schwäbische Chronik II.; Stumpf, Schweizer Chronik 1548, II.; Mone, Zeitschrift I. u. XI.; und Quellensammlung. (7) Zeiler, Reisen S. 487; Caspar Augustini, Reichstafel.

1762 das bis dahin bestandene Vorkaufrecht der Thurgauer aufgehoben hatte, zog sich der Fruchtmarkt nach Ueberlingen und hörte in Meersburg ganz auf; um so lebhafter entwickelte sich der Weinhandel(1) und der Personenverkehr. Noch im Jahre 1789 ging die Landkutsche (Diligence) aus dem Reich nach Augsburg alle 14 Tage in Constanz ab per Schiff nach Meersburg und auf gedachter Route weiter; der Wagen war in der Regel ganz besetzt, was in jener Zeit nur von wenigen Verkehrsmitteln dieser Art gesagt werden konnte und daher die Bedeutung dieser Straße kennzeichnet.

Die Straße wurde darum auch im vorigen Jahrhundert stets „Hauptstraße" genannt. Sie war aber, wie alle in früherer Zeit, schmal und mit vielen und starken Gegengefällen behaftet, zudem noch mangelhaft unterhalten. Es wurde deshalb schon in dem Kreisconvent von 1737 beschlossen, daß die „alte Land- und Poststraße" von Ulm über Biberach nach Ravensburg und von da einerseits nach Lindau, anderseits über Markdorf nach Meersburg herzustellen sei.

Die Ausführung dieses Beschlusses fand in der großen Zahl der betheiligten Gebietsherren ein kaum zu überwindendes Hinderniß. Es hatten nämlich bei dem Bau von Ravensburg bis Meersburg mitzuwirken: Vorderösterreich, Fürstenberg, die Grafschaft Wolfegg, das Hochstift Constanz, die Reichsabtei Salem, die Gotteshäuser Weingarten und Weissenau, die Prälatur Kreuzlingen im Thurgau, der Deutschorden und die Reichsstadt Ravensburg.

Die meisten Betheiligten suchten sich der Mitwirkung zu dieser Straßenverbesserung zu entziehen, daher bis zum Jahr 1750 fast nichts zu dem Vollzuge des gedachten Kreisbeschlusses geschah.

Cardinal Conrad v. Roth, ein sehr aufgeklärter Fürst, gab sich viele Mühe die Straßen in besseren Stand zu bringen. Er veranlaßte, daß auf Grund eines, von einem österreichischen Ingenieur entworfenen Plans für eine 24 Fuß breite Straße, Meersburg den schmalen und schlechten Weg von der Stadt bis zum Galgenbühl 1751 corrigiren, beziehungsweise neu herstellen ließ und die Reichsstadt Ravensburg führte bis 1756 ihren Antheil mit einem Aufwand von 4475 Fl. ebenfalls aus.

Als nun 1769 die Reise der Prinzessin Marie Antoinette von Oesterreich von Kempten über Stockach und Freiburg nach Kehl in Aussicht gestellt wurde und möglicherweise die Route über Markdorf genommen werden konnte, glaubten die Gebietsherren mit Verbesserung der Straße nicht länger zögern zu dürfen und es kam deshalb auch eine Vereinbarung derselben über die Herstellung der Straße von Ravensburg über Markdorf, Salem nach Stockach zu Stande, wonach alle Orte auf 2 Stunden Entfernung von der Straße bei dem Bau mit der Hälfte, jene auf $1^1/_2$ Stunden Entfernung mit zwei Drittel und jene bis zu 1 Stunde Entfernung mit der ganzen frohndbaren Kraft in Concurrenz zu treten hatten.

Der Ausschlag mußte nach der Zahl der vorhandenen Fuhrwerke (Züge) und der Handfröhner geschehen. Die Breite für die Straße von Ravensburg bis Markdorf wurde auf 24 Fuß festgesetzt. Für die Straße von Markdorf nach Salem blieb die Bestimmung hierüber den Betheiligten überlassen, weil man diesem Zuge keinen bleibenden Werth beilegte und Cardinal Roth im Interesse von Meersburg gegen die Aufnahme der Markdorf-Salemer Straße unter die Landstraßen mit Erfolg protestirt hatte.

Der Geldaufwand für Brücken ꝛc. wurde für die Straße von Markdorf bis Neuhaus nach der Zahl der Zugthiere und Handfröhner auf die Concurrenten umgelegt, die Landvogtei und Fürstenberg mußten aber des Weggelds wegen 150 Fl. beitragen.

Von Neuhaus bis Ravensburg hatte wegen des Zolls die Landvogtei ein Drittel, Ravensburg ein Drittel und den Rest die übrigen Concurrenten zu tragen.

Zwischen Markdorf und Salem hatte Markdorf und die Abtei mit Beihülfe von Fürstenberg zu bauen. Die Arbeiten kamen nun zwischen Ravensburg und Markdorf in Ausführung und wurden bis 1772 vollendet.

Da Salem mit Bezahlung seines Geldbeitrages von 1500 Fl. im Rückstande blieb, wurde durch Kreisbeschluß von 1771 Beschlag auf die Salemer Gefälle gelegt und die Abtei endlich 1777 zur Bezahlung gezwungen.

(1) Meersburg hatte 1874 360 Morgen Reben. In Folge des guten Beispiels, welches die Staatsdomaine und die markgräflich salemische Domaine seit 1830 in Behandlung der Reben gab, wird hier der beste Wein am Bodensee erzielt. Bader, Fahrten I.

Die Straße von Markdorf bis Salem wurde erst 1775 in einer Breite von 24 Fuß gerade geleitet, beziehungsweise corrigirt.

In Folge Kreisviertelsbeschlusses von 1776 sollte nun auf Betreiben des Bischofs von Constanz (Max Roth 1775—1800) auch die Straße von Markdorf nach Meersburg vollständig verbessert werden, und es wurde bestimmt, daß Salem die Herstellung der besonders schlechten Straße in der Herrschaft Kirchberg ganz überlassen werde, wogegen diese Herrschaft von aller Concurrenz frei bleiben, die Brücken und Dohlen von jedem Gebietsherrn hergestellt, die Vermessungskosten aber von allen Herrschaften gemeinschaftlich getragen werden sollten.

Abt Amselm von Salem, der sowohl mit Bischof Roth als mit der Stadt Ueberlingen in keinem freundnachbarlichen Verhältniß stund, wollte dieser Anordnung nur in der Voraussetzung entsprechen, daß die Fortsetzung der Straße von Meersburg nicht nach Ueberlingen, sondern nach Mimmenhausen erfolge, weil durch die Verbindung mit Ueberlingen das Salem'sche Gebiet umgangen würde. Man ging aber hierauf nicht ein und Salem war genöthigt wenigstens das Allerdringendste zu thun. (Siehe Nr. 67.)

Die so ausgeführte Straße besitzt in badischem Gebiet 5 Steigen von 75—200 Ruthen Länge mit Gefällen von 5, 6, 7 und 10 Procent; sie wurde 1810 in die zweite, 1816 in die dritte Classe der Staatsstraßen eingereiht.

Von den bedeutenden Verbesserungen der neueren Zeit sind zu erwähnen: von 1830/31 Correction in Markdorf und Herstellung der Brücke beim Kloster 1532 Fl., von 1838 Correction beim Letzehof mit 466 Fl. und 1861/62 Umbau der Ochsenbrücke und Verlegung des Brunnens in Markdorf mit 1750 Fl. (1) Von weiteren Verbesserungen waren noch besonders zu wünschen: die Ausgleichung der Stiche zwischen Meersburg, Markdorf und Leimbach und ähnliche Gefällsausgleichungen bis zu der württembergischen Gränze bei Stadel. Die Kosten der Verbesserung der Straße von Meersburg bis zur württembergischen Gränze sind 1875 auf 170,000 Mark geschätzt worden. Vor Allem aber erschien die Correction der Steigen in und außerhalb der Stadt Meersburg nöthig.

Obgleich die Nothwendigkeit dieser Straßenverbesserungen von keiner Seite bezweifelt war, so schien es doch noch dringender für eine bessere Landungsstelle zu sorgen. — Hierdurch und durch das Project, gleichzeitig eine neue Straße längs des See's anzulegen, verzögerte sich die Verbesserung der alten Straße.

Erst in den Jahren 1869/72 wurde eine neue, 3500 Fuß lange, 20 Fuß breite Straße von der Unterstadt durch die Reben bis zur Stadtkirche in der Oberstadt mit einem Aufwand von 45,298 Fl. erbaut, wozu die Stadt einen Beitrag von 6500 Fl. leistete. Diese neue Straße besitzt Gefälle von 5—6 Procent. Die Rampe ist mit einem Radius von 60 Fuß und 3 Procent Gefälle angelegt. Für die Güter wurden 14,400 Fl. bezahlt. (2) Gleichzeitig wurde auch das Gefäll der Straße außerhalb der Stadt ermäßigt. Siehe Nr. 67.

Von Seiten Württembergs wurden zwischen Markdorf und Ravensburg 1874 Correctionen an dieser Straße ausgeführt.

Der Uebergang über den Bodensee bei Meersburg war seit ältester Zeit insbesondere für den Personenverkehr beliebt, weil die Entfernung zwischen Meersburg und dem jenseitigen Seeufer bei Staad nur ungefähr 1 Stunde beträgt, während der Uebergang von Friedrichshafen aus direct nach Constanz über den See 5 Stunden Länge hat. *Hafen in Meersburg.*

Die Landungsstätte bei Meersburg für die Seeschiffe war daher von jeher immer von Bedeutung und wenn der Verkehr dahin sich in der Neuzeit nicht in dem Maße entwickelte, wie dies die günstige Lage ermöglichte, so lag der Grund einerseits in den mangelhaften Landzufuhrwegen, anderseits aber und hauptsächlich in der sehr beschränkten Hafenanlage, welche den größeren Schiffen die Landung und die Sicherung bei Sturm unmöglich machte und darum dem Verkehr die Richtung nach Friedrichshafen gab.

Der alte Hafen von 1736, unmittelbar oberhalb des städtischen Lagerhauses (Grädhauses) befindlich, war nur 90 Fuß breit und 160 Fuß lang; er war gegen Osten durch eine 195 Fuß

---

(1) Die Quadermauer am Bach abwärts von der Brücke kam theils 1862, theils 1875 durch die Gemeinde zur Ausführung. (2) Der Bauaufwand wurde hauptsächlich durch die Stützmauern vertheuert, da dieselben sehr stark construirt werden mußten, um dem Nachschub der Molassefelsen und dem Wasserdruck zu widerstehen. Man wollte die fragliche Correction auf den Marktplatz in Meersburg leiten, wenn die Gemeinde die nöthigen Gebäude ankauft, allein dieser Voraussetzung glaubte die Stadt nicht entsprechen zu können.

lange Mauer und die 40 Fuß weite Einfahrt auf der Südseite mit einem an das Lagerhaus sich anschließenden, durch Mauern eingefaßten Damm von 90 Fuß Länge gegen Westen geschützt.

Dieser Hafen, dem auch bei mittlerem Wasser die nöthige Tiefe fehlte, eignete sich demnach weder für große, noch für viele Schiffe und das Aus- und Einladen der Waaren mußte entweder an dem vor dem Lagerhaus befindlichen kleinen Damm, oder aber am westlichen Ende der Stadt an einer gepflasterten Landungspritsche bewirkt werden, was nur bei ruhigem See und höherem Wasserstand ausführbar war. Von der letzteren Landungsstelle, welche in der Verlängerung der Steigstraße liegt, wurde der gewöhnliche Personenverkehr zwischen Meersburg, Staad und Constanz befördert. Man mußte durch das Wasser oder auf Brettern gehen.(1)

Als im Jahre 1824 die Dampfschifffahrt auf dem Bodensee eingeführt war mußte für diese Schiffe ein Steg auf der Seehalde hergestellt werden; die Landung an diesem Stege war aber bei stark bewegtem See unthunlich, daher der Fahrtenplan nach und von Meersburg oft nicht eingehalten werden konnte und darum der Verkehr zwischen Schwaben und der westlichen Schweiz sich von Meersburg ab nach Friedrichshafen oder Ueberlingen zu ziehen drohte.

Die Gemeinde Meersburg petitionirte deshalb schon im Jahr 1837 um die Herstellung eines entsprechenden Hafens, indem sie nachwies, daß im Jahr 1836 1229 Schiffe mit 11,122 Personen in Meersburg angekommen und 2233 Schiffe mit 12,401 Personen von da abgegangen sind.

Bei dem Umstande, daß die Dampfboote bei unruhigem See oder niederem Wasser in einiger Entfernung von der Seehalde anhalten mußten, sah man sich genöthigt die Reisenden und deren Gepäck mittelst Nachen an das Dampfboot zu bringen, was oft mit Gefahr und Unglücksfällen verbunden war.

Die Regierung ordnete deshalb im Jahr 1839 die Aufstellung eines Plans und Kostenüberschlags für einen Hafen an; da sich aber hierbei ergab, daß ein Aufwand von 131,940 Fl. erforderlich wäre und überdies für eine neue Straße von Uhldingen bis Hagnau dem See entlang eine weitere Ausgabe von 100,000 Fl. in Aussicht stund, so wurde die Ausführung verschoben.

Im Jahr 1845 suchte man durch Aenderung des Plans den Aufwand möglichst zu vermindern, indem das auszusprengende Hafenbecken von $2^1/_2$ auf 2 Morgen Flächeninhalt ermäßigt, an Stelle gemauerter Schirmwände solche von Holz mit ausgesprengten Massen gefüllt, angenommen und an Stelle einer Quaimauer eine Uferabpflasterung einstweilen als genügend angesehen wurde. Hiernach berechnete sich der Aufwand nur auf 57,000 Fl. Im Herbst 1846 wurde mit der Vertiefung des Hafenbeckens auf 6 Fuß unter dem niedersten Wasserstand durch Aussprengen unter dem Schutz von Fangdämmen begonnen.

Im Jahr 1848 mußte die Arbeit wegen der bekannten politischen Ereignisse eingestellt werden.

Nachdem sich inzwischen ergeben hatte, daß der Hafenraum nur mit einer Fläche von $2^1/_2$ Morgen dem Bedürfniß genügt, daß die ausgesprengte Masse sich nicht zur Ausfüllung der Schirmdämme eignet, daß die südliche Schirmmauer einer Quaderverkleidung bedarf und daß die Ufer des Hafenbeckens dauernd nicht durch Pflasterung, sondern mit soliden Quaimauern geschützt werden müssen, verlangte der im Jahr 1853 neu aufgestellte Ueberschlag einen Aufwand von 77,148 Fl.

Mit diesen Mitteln wurde der Hafen im Jahr 1855 vollendet und 1856 an die Zollverwaltung überwiesen. Dieser Hafen, der sich wie der frühere oberhalb des Lagerhauses befindet, hat auf der westlichen Seite eine Länge von 190 Fuß, auf der nördlichen eine Breite von 450 Fuß. Längs dieser beiden Seiten befinden sich Quais. Die Länge des südwestlichen Schirmdammes beträgt 340 Fuß, jene des östlichen 220 Fuß. Die gegen Süden angebrachte Hafenanfahrt hat eine Weite von 120 Fuß.

Nach Herstellung des Hafens wurde das am östlichen Ende der Unterstadt gestandene Thor entfernt und die Stadtstraße chaussirt, wodurch die Zufuhr zu dem Hafen wesentlich erleichtert ist.

In den Jahren 1865, 1866 und 1867 betrug der Aus- und Eingang in dem Hafen durchschnittlich 33,000 Centner, der Eingang etwa ein Drittel des Ausgangs; 1870 betrug der Zugang in den Hafen 25,901 Centner, der Abgang 21,146 Centner Güter. Seit Einführung der

---

(1) Als Kaiser Josef II. im Jahr 1777 in Meersburg landete, soll er sich dem zum Empfange anwesenden Cardinal Roth gegenüber mißbilligend über die Landungsstelle ausgesprochen, das Anerbieten bei Roth zu speisen abgelehnt, und eine Erfrischung im Gasthaus zum Löwen genommen haben.

Dampfschifffahrt hat der Personen- und Güterverkehr mit Segelschiffen zwischen Staad und Constanz fast ganz aufgehört.

Die Hafenordnung ist von 1859.

In den Jahren 1874/75 wurde auf Rechnung der Zollverwaltung eine steinerne Landungsstelle für Dampfboote mit einem Aufwand von 11,455 Mark ausgeführt, nachdem die Stadt in den Jahren 1872/73 von den Häfen längs des Sees einen Quai hatte herstellen lassen. Die alte steinerne Landungsstelle beim Grädhause lag unter Mittelwasser und war zu schmal; für Straße und Landungsstelle sind erweislich 226,833 Mark aufgewendet worden.

Der Straßenverkehr hat sich seit 1856 von 36 auf 56 Zugthiere pro Tag gehoben.

Nr. 72.

Straße von Pfullendorf nach Mengen.

Die Bedeutung, welche diese Straße in früherer Zeit für den größeren Verkehr hatte, wurde bereits unter Nr. 62 angeführt.

Nachdem der Kreisconvent im Ulm am 28. Juni 1769 beschlossen hatte, daß diese Straße auf 24 Fuß Breite durch Concurrenz der betheiligten Gebiete herzustellen sei und die Gemeinden auf 2 Stunden Entfernung zu dem Bau beigezogen werden sollen, wurden die Arbeiten zwar begonnen, allein in Folge des Einflusses von Oesterreich, welches die Mößkircherstraße begünstigte, (1) nur langsam betrieben und in den Jahren 1770 und 1771 wegen Theuerung der Lebensmittel wieder eingestellt. Erst im Jahre 1772 kamen die Arbeiten wieder in Aufnahme und 1773 wurde eine Concurrenz der Herrschaften Sigmaringen und Fürstenberg, Salem, Petershausen, Habsthal und Klosterwald zu der vollständigen Herstellung der Straße von Mengen durch den Weithardtwald (2) über Mattschieß nach Pfullendorf (3) und Stockach, welcher Bau 1774—1776 zur Ausführung kam.

Die Straße hat in Baden Steigungen von 9—10 Procent, in Preußen 5,6 und 7 Procent, in Württemberg unfern der Gränze von 10, 12 und 15 Procent. Am lästigsten sind die Steigen bei Mengen zu beiden Seiten des Adelsbachs und die Pflastersteige in Pfullendorf.

Der badische Theil der Straße wurde 1816 in die dritte Classe der Staatsstraßen eingereiht, aber 1870 wieder ausgeschieden und wird jetzt von den Gemeinden unterhalten.

Nr. 73.

Straße von Heiligenberg nach Osterach.

Länge vom Abgang der Straße Nr. 69 beim Thiergarten über Hilpensberg, Straß und Denkingen bis zur Landesgränze	13,04	Kilometer	= 2,93	Stunden,
von da bis Osterach	4,00	„	= 0,90	„
zusammen	17,04	Kilometer	= 3,83	Stunden.

Die Straße von Thiergarten-Hof bis Hilpensberg ist 1821 aus einem Feldwege zur Landstraße hergestellt worden. Die alte Straße von Heiligenberg nach Osterach ging über Echbeck,

(1) Die meisten Orte, welche diese Straße durchzog, wie Ehingen, Riedlingen, Scherneck, Stockach waren österreichisch. (2) Der Weithardtwald zwischen Mengen und Pfullendorf lag theils im Gebiet von Sigmaringen, theils in jenem von Salem. Verschiedene Herrschaften und Orte, darunter auch die Reichsgraffschaft Heiligenberg hatten Theil an dem Ertrag des Waldes. In früherer Zeit wurde der Wald von sämmtlichen Weithardtgenossen gemeinschaftlich benützt, so daß jeder Holz holen konnte, wo er wollte. Die hierauf festgesetzte Holzordnung war nicht genügend, um den übermäßigen Holzhieben einzelner Ortschaften, besonders jener von Sigmaringen, Pfullendorf und Mengen wirksam zu begegnen, daher einer jeden ein bestimmter District zugeschieden wurde. Zu dem Bau und zur Unterhaltung der durch diesen Wald ziehenden Straße wurden zunächst die Weithardtgenossen und im Nothfall auch die auf 2—3 Stunden entfernten Gemeinden beigezogen (f. f. Arch.-Acten). Ueber die Pflicht der Straßenunterhaltung erhob sich unter den Weithardtgenossen: Pfüllendorf, Mengen, Mattschieß, Schwäblinhausen, Hausen, Krauchenwies, Ruolfingen, Rasina, Lausheim und Magenbuch ein langer Streit. (3) Siehe Straße Nr. 65.

Bolzen, Gampenhof, Neubronn, Zoznegg, Waldbeuren, Burgweiler und Spöck. Sie wird in der Karte von Moreau von 1801 als Chaussee bezeichnet. Wollte man von dieser Straße nach Pfullendorf gelangen, so wurde die Straße über Oberrhena und Hattenweiler benützt. Der Zug von Heiligenberg nach Osterach über Echbeck und Denkingen ist durch die sog. Mordsteige bei Ochsenbach mit 10 Procent, die Buschorensteige bei Denkingen mit Gegengefäll von 10—13 Procent und durch die Gegengefälle im Kronwald zwischen Denkingen und Straß sehr erschwert. Der Aufwand für die Correction dieser Straßentheile war 1863 auf 15,400 Fl. veranschlagt.

Nachdem die Straßenabtheilung von Denkingen nach Osterach durch die Eisenbahnstation Burgweiler an Bedeutung für den Verkehr gewonnen hat, ist 1876 der Wunsch, die Correction der beiden Steigen auszuführen, neuerdings laut geworden. Man beobachtete 1873 20 Zugthiere, 1874 wegen des Eisenbahnbaues 106 Zugthiere täglich.

Die Correction der Buschorensteige auf 5 Procent ist jetzt zu 21,000 Mark, jene der Mordsteige auf 6000 Mark überschlagen.

Die Nothwendigkeit dieser Bauten ist anerkannt, aber nicht für sehr dringend erachtet.

Nr. 73.

Straße von Constanz nach Frauenfeld.

Länge vom Bahnübergang bei dem Concilgebäude durch die Stadt bis Schweizer Gränze 1,54 Kilometer = 0,35 Stunden,
Länge von da bis Frauenfeld 26,20 „ = 5,90 „
zusammen 27,74 Kilometer = 6,25 Stunden.

Die Namen der Flüsse: Rhein, Thur, Sitter, und der Orte Constanz, Tägerwylen, Tägermoos, Brühl, Triboldingen, Ermattingen, Stein, Diessenhofen, Schlatt, Winterthur, Altnau ꝛc. lassen sich aus keltischer Sprache ableiten und es ist nicht unwahrscheinlich, daß diese Orte schon lange vor der Römerherrschaft durch Wege mit einander verbunden waren. Die vielen Funde von keltischen und etruscischen Münzen und Broncegegenständen, die man an der, schon von den Etruscern benützten Straße über den Gotthardt nach Zürich, Winterthur, Frauenfeld und Constanz gemacht hat, lassen kaum noch einen Zweifel, daß die von den Römern in dieser Richtung benutzte Straße auf einer keltischen oder etruscischen Grundlage errichtet sei. (J. Genthe, Der Tauschhandel der Etruscer, 1874.) Siehe Abtheilung I.

Die römische Consularstraße von Arbon nach Pfyn, wie die, ebenfalls von den Römern benützte Straße an dem linken Rheinufer über Gottlieben, Tägerwylen, Triboldingen, Ermattingen berührt meistens die ältesten Orte der Gegend, von denen viele unzweifelhaft keltische Namen besitzen.(1) Diese uralten Straßenzüge erhielten sich in ihrer Hauptrichtung durch das ganze Mittelalter bis in die neueste Zeit. Der Handelsverkehr aus Schwaben nach Zürich und Bern ging schon im 13. Jahrhundert über Constanz, Frauenfeld und Winterthur (2) und die Straße nach Emishofen und Frauenfeld ist in Urkunden von 1391 als „Heerstraße" bezeichnet.

Da die Gegend zwischen Constanz und Gottlieben ehemals ein Sumpf war und deshalb den Namen Tägermoos besitzt, nach welchem auch der Ort Tägerwylen benannt ist, (3) so bestund hier in alter Zeit keine Straßenverbindung, sondern der Verkehr bewegte sich aus der Vorstadt Stadelhofen durch das Emishoferthor (4) längs des Gerber- und Mühlbachs nach Emishofen und von da auf der „Hochstraße" nach Tägerwylen, dann einerseits gegen Pfyn, andererseits am linken Rheinufer hin nach Stein und Schaffhausen. In den Rechten des Dorfes Ermattingen aus dem 14. Jahrhundert wird der durchziehenden „Landstraße" erwähnt. (5) Bischof Heinrich von Höven zog 1436 mit seinem Gefolge von Gottlieben „über die Hochstraße" und die Chronik sagt

(1) Triboldingen und Ermattingen sind 724, Berlingen 768, Steckborn 782 in Urkunden genannt. An der Straße nach Ermattingen wurden römische Gräber entdeckt. Stumpf sagt in seiner Schweizer Chronik: Die Straße von Winterthur führt über das grundlose Moos oder Ried auf Frauenfeld zu, fest zusammengegossen von Steinen, Sand und Grien (Kalk), was auf römischen Bau hindeutet. (2) Chronik der fränkischen Städte I. 103 und A. Henne, Schweizer Chronik. H. Holz, Geschichte von Winterthur 1860. (3) Das keltische Wort „Teagar" heißt Schilfbedeckung, Tägermoos Schilfmoos, Tägerweilen Schilfdorf. Mone, Urg. S. 126. Auch Brüel — Pruohil — heißt Sumpfboden. (4) Abgebrochen 1857. (5) Grimm, Weisthümer I 241.

dabei (wahrscheinlich in Rücksicht auf die in der Zeit von 560—580 erfolgte Verlegung des Bischofssitzes von Windisch nach Constanz) „es soll auch ein Bischof nit anders inritten als über die Hochstroß". Auch Friedrich III. ritt 1442 von Stein über Triboldingen mit 700 Pferden und 300 Wagen über die Hochstraße nach Constanz.(1)

Erst nach dem Bau des Kreuzlingerthors, also nach 1452, zog sich der Verkehr von der Emmishoferstraße auf die Kreuzlingerstraße. Beide Straßen waren aber eigentlich nur schmale Karrenwege, von denen die letztere an mehreren Stellen tief eingeschnitten und noch im Anfang dieses Jahrhunderts mit Tannenästen fundamentirt war. Beide führten vor dem Thor über Holzbrücken, die den Wallgraben überspannten.(2)

Der Verkehr suchte deshalb so lange als möglich die Wasserstraße einzuhalten und die über den See kommenden Güter aus Schwaben und aus Italien, welche für die Westschweiz, Frankreich und Elsaß-Lothringen bestimmt waren, wurden größtentheils bei Gottlieben(3) ausgeladen und auf der Axe weiter geführt, oder bis Schaffhausen auf dem Rheine verbracht.(4)

Seit mit der Brücke bei Constanz eine Mühle verbunden und die Wasserstraße nur auf 3 Oeffnungen beschränkt war, litt die Schifffahrt sehr unter den Schwierigkeiten und Kosten, mit denen die größeren Schiffe zu Thal und zu Berg unter der Brücke durchfahren konnten. Abgesehen davon, daß die Oeffnungen sehr schmal waren, wurde das Wasser durch die Stauzeilen und Schützen der Mühle mit Gewalt in die Schifffahrtsöffnungen gedrängt, wodurch die Thalfahrt ebenso wie die Bergfahrt beschwerlich und gefährlich wurde. Es bestund deshalb oberhalb der Brücke, an der nordöstlichen Spitze der Dominicanerinsel, ein, in ein Häuschen eingebauter Krahn, mit dessen Hülfe die Schiffe an einer starken Leine sicher zu Thal fahren konnten, während die aufwärts gehenden Schiffe durch Winden, die auf der Brücke aufgestellt waren, bergan gezogen werden mußten. Diese Hülfe war kostspielig und zeitraubend.

Die Entfernung der Mühle und der Stauzeilen brachte der Schifffahrt eine große Erleichterung, allein die Segelschifffahrt ging doch in Folge der besseren Landstraßen, Dampfboote und Eisenbahnen für den durchgehenden Güterverkehr allmählich fast ganz ein.

Die Landstraße von Gottlieben nach Frauenfeld war, wie alle Straßen im Thurgau, bis zu Anfang dieses Jahrhunderts durch viele schmale Hohlwege, die, beiderseits mit Gesträuch an den Böschungen überdeckt, des Lichtes und der Luft entbehrten, ausgezeichnet. Von 1415—1499 war Thurgau ein pfandweiser Besitz der Stadt Constanz, welche in Frauenfeld einen Vogt setzte, der an Kaisersstatt den Blutbann übte und auch für Erhaltung der Verkehrswege zu sorgen hatte.(5)

Erst im 18. Jahrhundert geschah Nennenswerthes für die Verbesserung der Straße nach Frauenfeld.

Zwischen Pfyn und Felwen wurde die Communication über die Thur mit einer Fähre bewirkt, welche zu ein Viertel Erblehen des Bischofs von Constanz war. Als Ueberfahrtsgebühr waren gewöhnlich 6 Xr., bei hohem Wasserstand aber 8—15 Xr. für jedes Stück Vieh zu bezahlen. Da bei niederem Wasserstand die Fähre nicht gebraucht werden konnte, mußte der Uebergang durch eine Furt bewirkt werden, was ebenso gefährlich als die Ueberfahrt bei hohem Wasserstande war.

In der Richtung der jetzigen Straße von Constanz durch das sog. Paradies und das Außenfeld oder Tägermoos, welch Letzteres zwischen der Stadt, dem Bischof, dem Kloster Kreuzlingen

---

(1) Marmor, Constanz. (2) Am 13. Juli 1499 zog Maximilian I. mit seiner Ritterschaft in Stahl und Helmbusch über die Brücke am Kreuzlinger Thor gegen Schwaderloch. Ranke, Gesch. d. Mittelalters. (3) Im Jahre 1250 erbaute Bischof Eberhard von Constanz hier ein Schloß im Unmuth über die Stadt und verlegte seinen Wohnsitz hierher; ja er erbaute sogar eine Rheinbrücke hier, um die Stadt an Zoll und Gewerbe zu schädigen. Die Brücke ging durch Hochwasser bald zu Grunde. Friedrich III. (1440—1477) verlieh dem Bisthum Constanz „wegen Ueberschuldung" einen neuen Zoll zu Gottlieben für den Rhein und für den See. Lünig, Grafen und Herrn IV. 410. Noch 1808 war ein bischöflicher Obervogt in dem Schlosse. (4) Schon 1368 ging wöchentlich ein Marktschiff von Constanz nach Stein. (5) Kaiser Friedrich III. hatte 1468 dem Rath in Constanz gestattet: das Landgericht im Thurgau dem Reichsvogt in Constanz zu übergeben, und 1469 wurde das Landgericht, das nach einer Urkunde von 1423 „an des heiligen Reichs freier Straße in der Stadt" gehalten wurde, mit Genehmigung des Kaisers in das Rathhaus in Constanz verlegt. In Folge vieler Streitigkeiten zwischen Constanz und Thurgau fiel letzteres durch den Frieden von Basel 1499 an die Eidgenossen. (Zeitschrift für Geschichte des Oberrheins. 28. Band.) Nach einer Uebereinkunft vom 26. Christmonat 1552 hatten die Gerichtsherrn des Thurgaues in ihren Gerichten und Gemeinden anzuordnen, was zu Besserung und Unterhaltung der freien Landstraßen geschehen soll. Dagegen blieb ihnen überlassen Zölle zu erheben, zu mindern und aufzuheben. Lünig, Grundfeste II. S. 810.

und der Gemeinde Tägerwylen getheiltes Eigenthum war, bestund bis zum Jahr 1799 nur ein sog. Wiesenweg. (¹)

Als im Jahr 1777 die in der Landgrafschaft Thurgau regierenden sog. alten Stände die Frage in Betracht zogen, welche Straße für den Güterverkehr aus Schwaben nach der Schweiz und für den Postwagen zwischen Augsburg und Zürich (²) zunächst besser herzustellen sei, einigten sie sich mit Constanz und Zürich auf die Constanz-Frauenfelder Straße „als die älteste und nützlichste". Da jedoch seit dem Bestehen einer Brücke über die Thur bei Wyl der Güterverkehr schon längere Zeit über Rorschach und St. Gallen (³) ging, obgleich hierdurch ein Umweg von 5 Stunden gemacht wurde, um den gefährlichen Flußübergang bei Pfyn zu meiden, war vor Allem der Bau einer Brücke hier nothwendig, deren Kosten sammt Zollhaus und Ueberfahrtsentschädigung auf 22,000 Fl. veranschlagt wurden.

Während der desfallsigen Verhandlungen suchte die Stadt Constanz die Straße nach Frauenfeld durch Geradeleitung und Verbesserung des oben erwähnten Wiesenwegs über das Tägermoos zwischen Constanz und Gottlieben abzukürzen, daher dieser Weg in den Jahren 1779—1781 etwas regulirt, erhöht, nothdürftig verkiest und mit Gräben versehen wurde. (⁴)

Im Jahr 1790 schlossen die Thurgauer Stände mit Constanz und Zürich eine Vereinbarung über chausseemäßige Herstellung der Straße von Constanz über Frauenfeld und Winterthur nach Zürich ab. Auf schweizerischem Gebiet wurde die schmale, oft in tiefen Einschnitten liegende, fast überall mit Prügeln und Tannenästen fundamentirte Straße verbreitert und mit Steinunterlage versehen. Hotz, Geschichte der Stadt Winterthur und Ot. d. a.

Die Bauausführung auf Constanzer Gebiet verzögerte sich jedoch bis zum Jahr 1792, weil Oesterreich im Interesse des Nellenburgischen und Bregenzer Zolls Bedenken trug seine Zustimmung zu ertheilen und auch die Höhgauer Ritterschaft über das Project gehört werden sollte.

Nachdem die Straße im Thurgau auf Grund des Straßengesetzes von 1805 wesentlich verbessert war, erfolgte auch 1810 die chausseemäßige Herstellung des Wiesenweges und 1816 wurde diese Straße vom innern Paradieserthor (⁵) zu Constanz bis zur Cantonsgränze in die III. Classe der Staatsstraßen eingereiht und seither als solche unterhalten.

Im Jahr 1837 ist die Brücke am innern Paradieserthor mit 2559 Fl. neu hergestellt worden und 1838/39 erfolgte eine Correction vor dem zum Abbruch bestimmten Paradieser- oder Göltingerthor.

Die Stadt Constanz, welche seither Pflastergeld bezog und dafür die Straße durch die Stadt zu unterhalten hatte, hob vom 1. Januar 1867 an das Pflastergeld für immer auf.

Der Verkehr auf dieser Straße mehrte sich mit der Ausbildung der Dampfschifffahrt auf dem Bodensee fortan; er sank aber wieder bezüglich des Gütertransports in Folge der Eisenbahnverbindung von Frauenfeld über Schaffhausen nach Constanz.

Die Straße vom Hafen durch die Stadt bis an die Schweizergränze vor dem ehemaligen Kreuzlingerthor wird seit 1. Januar 1870 als Landstraße behandelt; ihre Fortsetzung gegen Kreuzlingen ist Cantonalstraße des Thurgaus. Erhebliche Correctionen erfolgten im Thurgau im Jahre 1841. (Häberlein, Geschichte des Thurgaus, 1872.)

(¹) Siehe Marmor, Topographie von Constanz S. 115, 129, 142 und General-Land. Archiv-Acten. (²) Noch 1780 ging von Constanz aus keine Fahrpost nach der Schweiz. Von Luzern kam ein Bote zu Fuß wöchentlich ein Mal, und von Wyl eine Bötin mit einem Esel. (Reich, Die Mainau.) Erst 1789 ging eine Landkutsche alle Mittwoch von Constanz nach Zürich, die Samstag Abends wieder in Constanz eintraf. (³) St. Gallen war für den Handel ein bedeutender Platz, der im 13. Jahrhundert mit Constanz in Verbindung, später in Wettbewerbung stund. Es bestunden dort Haupt-Rinder- und Schmalzmärkte und viele Leinwandbleichen. Im vorigen Jahrhundert wurden Musselin, Halstücher, Zeuge in Menge fabricirt. Selbe gingen in Massen auf die Zurzacher Messe. (Geschichte der Stadt St. Gallen 1781.) (⁴) Wie gering damals noch der Chaisenverkehr war, geht daraus hervor, daß 1787 nur 10 Kutschen in Constanz vorhanden waren, wovon zwei der Gemeinde, zwei vermöglichen Einwohnern und sechs dem Bischof gehörten. (⁵) Damals waren drei Thore zu passiren, nämlich das eigentliche Stadt- oder Göltinger Thor, dann das innere Paradieser Thor mit Brücke über den äußeren Stadtgraben, endlich am Ende des Paradieses das äußere Paradieser Thor mit zwei Holzbrücken über die äußeren Festungsgräben in Nähe der jetzigen Schweizer Gränze. Das letztere Thor ist 1833 abgebrochen worden. Die Verbreiterung der Brücke war eine Folge hiervon. 1818—1822 wurde auch die Straße von Gottlieben und Dießenhofen verbessert.

Nr. 75.

Straße von Hornberg nach Schramberg.

Schonachthalstraße.

Länge in Baden . .	6,30 Kilometer	=	1,42	Stunden,
„ „ Württemberg	8,00 „	=	1,80	„
zusammen	14,30 Kilometer	=	3,22	Stunden.

Von Schramberg führte eine von den Römern benützte Straße unter dem Namen „Hochsteig" über die Burg Schiltegg und durch den sog. Brunnenstubenwald nach Straßburg. Dieser Weg scheint noch benützt worden zu sein, als Württemberg im Jahr 1446 durch Kauf in den Besitz des, früher den Herren von Falkenstein gehörigen, Ortes Schramberg gekommen war. Nachdem aber 1745 auch der Ort Hornberg aus dem Besitz des Klosters St. Georgen käuflich an Württemberg überging und letzterer Ort schon als Militärpaß von besonderer Wichtigkeit war, (1) suchte man die Verbindung von Sulz mit Hornberg allmählich zu verbessern und zugleich eine möglichst directe Straßenroute nach dem Breisgau anzustreben.

Die Straße über Laudenbach durch das Schonachthal wurde deshalb soweit hergestellt, als dies in jener Zeit überhaupt möglich war.

Die jetzt noch bestehende Straße, welche in ihrer Hauptrichtung dem alten Zuge folgt, ist, wie bereits unter Nr. 34 und 36 erwähnt wurde, auf Grund eines Beschlusses der schwäbischen Kreisversammlung vom 5. Juni 1781 in den Jahren 1783 und 1784 von Württemberg erbaut worden.

Gleichzeitig wurde auch die Steige von Schramberg nach Oberndorf hergestellt.

Als Württemberg im Jahr 1804 auch eine Straße von Sulz über Dornhan nach Alpirsbach bauen wollte, wurde von Oesterreich wegen Benachtheiligung der Route Hornberg-Elzach Beschwerde erhoben.

Der ganze Straßenzug von Hornberg nach Schramberg ist eine über den sog. Fahrenbühl führende Gebirgsstraße. Von Hornberg bis zur Gränze steigt die Straße fast durchgehends mit 5—8 Procent und fällt dann bis Schramberg mit 6—7, ja stellenweis mit 10—15 Procent.

Die Steige von Schramberg nach Oberndorf, welche 1784 vollendet wurde, hatte Gefälle von 7—9 Procent und kurze Wendungen, daher dieselbe im Jahr 1865 verlassen und durch einen Neubau mit Gefäll von 5—6 Procent ersetzt wurde.

Die Straße in Baden war früher in die III. Classe der Staatsstraßen eingereiht, wurde aber im Jahr 1856 aus dem Staatsstraßenverband ausgeschieden und 1860 in die Classe der unterstützten Vicinalwege aufgenommen.

Durch den Bau der Straße von Schramberg nach Schiltach (Nr. 121) hatte diese Straße den größten Theil des Verkehrs verloren; sie wurde aber doch 1868 wieder unter die Landstraßen aufgenommen.

In Württemberg ist die Straße „Vicinalweg". Wegen Baufälligkeit der hölzernen sog. Kirchenbrücke in Hornberg, welche 15,4 Meter Weite und 4,8 Meter Breite hatte, wurde 1872 mit Reparatur der Widerlager eine neue Eisenblechbrücke mit einer auf den Verkehr zur Eisenbahnstation berechneten Breite von 5,6 Meter und einer Weite von 16,7 Meter erbaut.

Die Kosten betrugen 8229 Mark, die aus der Staatscasse bestritten wurden.

Das Holz wurde chanisirt. Der Eisenpreis betrug 11 Fl. 54 Xr. pro Centner.

Der Straßenverkehr hat sich seit 1864—1874 von 77 auf 158 Zugthiere pro Tag gehoben.

Nr. 76.

Straße von Birkendorf nach Bettmaringen.

Der alte keltisch-germanische Ort Bettmaringen(2) war bis 1721 St. blasianischer und von 1807—1812 badischer Amtssitz, wodurch diese Straße, welche die beiden Straßen von Lenz-

(1) Sattler, Herzoge von Württemberg 12. S. 230. Die 1457—1459 von Hans von Rechberg wieder erbaute Burg wurde 1689 von den Franzosen abgebrannt. (2) Hier stund ein angeblich römischer Wartthurm. Vor alter Zeit soll hier ein Bergwerk betrieben worden sein.

kirch nach Thiengen und von Bonndorf nach Stühlingen verbindet, einige Bedeutung erhielt und darum 1812 in die III. Classe der Landstraßen eingereiht wurde. Später hatte sie nur noch Wichtigkeit für die Holzabfuhr.

Es erfolgte deshalb auch im Jahr 1856 ihre Ausscheidung aus dem Staatsstraßenverband und nur die Rücksicht auf den Holztransport gab Veranlassung, zu der Unterhaltung so lange eine Unterstützung aus Staatsmitteln zu gewähren, bis die damals in Ausführung begriffene Holzabfuhrstraße von Birkendorf nach der Steinachsäge vollendet war.

Da dies Ende 1857 erfolgte, wurde von da an die Straße den Gemeinden ausschließlich zur Unterhaltung überlassen.

Obgleich die Straße von Birkendorf in das Schlüchtthal gelegenheitlich des Neubaues einer Holzabfuhrstraße in diesem Thale 1850/57 verbessert wurde (siehe Nr. 209), so entspricht sie doch ihrer starken Neigung und winterlichen Lage wegen dem Bedürfnisse unserer Zeit nicht. Ebenso besitzt die Straße aus dem Steinachthal nach Bettmaringen und von da auf die sog. Alpstraße (Nr. 53) höchst lästige Gefälle von 6—12 Procent. Die Länge der Straße beträgt von Birkendorf über Bettmaringen bis Alp 6320 Meter, von da bis Stühlingen auf dem alten Weg 5630 Meter, zusammen 11,951 Meter. Die Maximalgefälle betragen: zwischen Birkendorf und dem Steinachthal, 1500 Meter lang, 10—13, in Bettmaringen auf 800 Meter 12, an der Schloßsteige bei Stühlingen 12—14 Procent.

Nach einem 1875 aufgestellten Plan wäre 1) von Birkendorf bis Bettmaringer Mühle fast neu zu bauen mit Gefällen von 4,5—8,2 Procent, sodann 2) vom westlichen Ende von Bettmaringen nördlich hinter dem Ort durch ebenfalls neu zu bauen. Die alte, aber gerade Straße auf der Alp wurde durchkreuzt und die Gefälle auf 0—7,3 Procent ermäßigt. Die dritte Abtheilung beginnt bei Landstraße Nr. 53 und zieht sich nach dem Weilerthal auf der Nordseite am Weiler Hof vorbei bis zur Post in Stühlingen. Die Gesammtlänge beträgt 10,824 Meter. Der Aufwand für die erste Abtheilung ist auf 27,300 Mark, für die zweite auf 38,500 Mark, für die dritte auf 62,200 Mark, zusammen auf 128,000 Mark überschlagen.

Nr. 77.

Straße von Langenbrücken nach Aglasterhausen.

Länge 27,9 Kilometer = 6,28 Stunden,
einschließlich der Abzweigung zur Station Waibstadt.

Noch im Anfang dieses Jahrhunderts konnte der Handelsverkehr von Franken, insbesondere von Würzburg und dem badischen Odenwald nach dem Mittelrhein nur auf der Neckar- und Rheinthalstraße, also über Heidelberg oder mit Einhaltung der alten Handelsroute über Heilbronn, Bretten oder Pforzheim, also auf weiten Umwegen rheinaufwärts stattfinden, weil alle übrigen von Osten nach Westen ziehenden Straßen sowohl hinsichtlich ihrer Anlage, als ihrer Unterhaltung, die meist den Gemeinden oblag, bis in die neueste Zeit kaum dem localen Verkehre entsprachen.

Es ist darum natürlich, daß der Wunsch nach einer directen Verbindung, beziehungsweise nach Fortsetzung der Würzburg-Mosbacher Straße in möglichst directer Linie, also in der Richtung nach Bruchsal immer lauter wurde, je mehr sich die Ansprüche an die Verkehrsmittel steigerten.

Das Neckarkreisdirectorium ordnete darum schon im Jahre 1818 die Verbesserung des Vicinalweges zwischen Aglasterhausen und Waibstadt (1) an.

Der alte Weg, der nur eine Breite von 14—16 Fuß hatte und eine Strecke weit mit starkem Gefäll auf der Mörtelsteiner Höhe hinzog, wurde 1819—1822 auf eine Breite von 22 Fuß erweitert und in das Thal verlegt. Die gewöhnlichen Handarbeiten, das Brechen und Beiführen der Steine wurde von den concurrirenden Gemeinden: Aglasterhausen, Breitenbronn, Daudenzell, Mörtelstein, Kälbertshausen, Flinsbach, Bargen, Schwanheim und Reichardshausen, auf den, einer jeden Gemeinde nach der Seelenzahl und dem Viehstand zugewiesenen Straßen-

(1) Waibstadt war schon im 13. Jahrhundert Reichsstadt und wurde 1331 an den Bischof von Speyer verpfändet. Die Stadt hatte 1347 Rechte wie Wimpfen und 1544 von Bischof Philipp II. von Speyer das Recht für zwei Jahrmärkte erhalten. Mone, Archiv I. Die Stadt entsagte 1774 freiwillig der Reichsunmittelbarkeit, welch' letztere übrigens 1795 noch einmal von Kaiser Franz II. anerkannt aber nicht mehr ausgeübt wurde.

abtheilungen im Frohndweg, das Steinschlagen, Steinsetzen und die Kunstbauten aber im Accord bewirkt und die Kosten hierfür, sowie für die Aufsicht, aus der Concurrenzcasse bestritten.

Auch die Straße von Sinsheim nach Waibstadt bis Helmstadt und von Sinsheim auf die Dührener Höhe war gleichzeitig verbessert worden; nur Helmstadt, Aglasterhausen fehlte noch.

Die Fortsetzung der Arbeiten nach der Rheinstraße hin unterblieb aber, weil sich die Directorien des Neckar-, Pfinz- und Enzkreises über die Richtung, welche die Straße von Sinsheim aus in das Rheinthal erhalten sollte, und zwar namentlich darüber nicht einigen konnten, ob der Straßenzug über Michelfeld, Zeuthern nach Ubstadt, (1) oder über Eichtersheim und Oestringen nach Mingolsheim oder Langenbrücken geführt werden soll?

Da ohne eine solche Fortsetzung von Sinsheim die von den Gemeinden bereits gebrachten Opfer nur von beschränktem, localen Werthe waren, überdies aber auch selbst die neu hergestellten Straßenstrecken theilweise ganz fehlerhaft in ihrer Richtung und Ausdehnung erschienen, so wurde im Jahre 1819 von den höchsten Staatsbehörden eine eingehende technische Erörterung über die Art und Weise der zweckmäßigsten Ausführung einer, dem größeren Verkehre gewidmeten Straße zwischen Aglasterhausen, Sinsheim und dem Rheinthale angeordnet. Es zeigte sich dabei, daß die bestehende Vicinalstraße zwischen Aglasterhausen und Sinsheim im Wesentlichen beibehalten werden konnte und nur einige Correctionen, Verbreiterungen und bessere Fundamentirung erforderlich werden.

Auch die Abtheilung von Sinsheim bis Dühren stellte sich in der Hauptsache als brauchbar dar, wogegen von hier größtentheils Neubauten erforderlich schienen, um sowohl über Michelfeld nach Zeuthern als über Eichtersheim und Oestringen auf die Rheinstraße zu gelangen. Die technische Oberbehörde sprach sich für die Richtung über Eichtersheim (2) und Oestringen nach Langenbrücken (3) mit einer Abzweigung von Oestringen nach Mingolsheim aus, um hierdurch sowohl den Verkehr von hier nach Carlsruhe als nach Speyer zu befördern.

Es wurden bezüglich der Ausführung selbst zwei Projecte entworfen, wovon das eine eine Straßenbreite von 28 Fuß, das andere eine fundamentirte Fahrbahn von 16 Fuß neben einem 16 Fuß breiten sog. Sommerweg und 4 Fuß breiten Fußwegen verlangte.

Für die Fahrbahn war ein Fundament von 7 Zoll gestellter Steine, 3—4 Zoll grober Schotter, 2 Zoll feiner Kies bestimmt und die Bahn sollte von den 4 Fuß breiten Fußwegen durch 8 Zoll dicke, 13 Zoll hohe und 18 Zoll lange Liniensteine abgetrennt werden. Der Aufwand wurde, falls Fuhrfrohnden beigezogen werden, auf 95,657 Fl., ohne Beizug der Frohnden aber auf 134,341 Fl. überschlagen. Da die Gemeinden sich an einer Concurrenz zur Beschaffung des Baufonds nicht verstunden, die Staatscasse aber im Hinblick auf andere dringendere Ausgaben den Aufwand nicht übernehmen konnte, unterblieb die Ausführung des Projects und die Verhandlungen darüber wurden erst im Jahre 1832 wieder aufgenommen. Auf Grund einer in diesem Jahr von den betreffenden Inspectionsvorständen gepflogenen Conferenz wurde vorgeschlagen, daß die betheiligten Gemeinden das für den Straßenbau erforderliche Gelände zum Theil ganz, zum Theil hälftig stellen und überdies Frohnden leisten sollten; der weitere Aufwand aber theils aus Staatsmitteln, theils durch Concurrenzschaft aller betheiligten Gemeinden zu decken sei.

Der Aufwand wurde approximativ auf 123,000 Fl. berechnet. Zu Ausführung detaillirter Vorarbeiten und zu Einleitung des Baues zwischen Eichtersheim und der Dührener Höhe wurden 1832—1835 je 10,000 Fl. bewilligt.

Der detaillirte Ueberschlag vom Jahr 1836 verlangte aber eine Summe von 235,000 Fl.

Da sich nun die Gemeinden fortan weigerten diesen bedeutenden Aufwand zu übernehmen, sich aber zu Materiallieferungen bereit erklärten, wurde im April 1837 durch höchste Entschließung bestimmt, daß 1) zwischen Mingolsheim und Aglasterhausen eine Staatsstraße hergestellt und dazu vorläufig eine weitere Summe von 20,000 Fl. bewilligt werden soll; 2) daß von Concurrenz der Gemeinden Umgang zu nehmen, dagegen die angebotenen Materiallieferungen

(1) Also in der Richtung des „alten Bruchsaler" Wegs, der auch „Heerweg" genannt, und deshalb mit seiner Fortsetzung über Odenheim, Eichelberg und Weiler für eine römische Straße gehalten wird. Bei Neidenstein und Reihen wurden römische Funde gemacht. (2) Eichtersheim erscheint in Urkunde von 858 als „Uhtratesheim". (3) Bischof von Hutten errichtete 1766 eine Badeanstalt hier, welche nach dessen Tod, 1770, bis 1808 eingestellt war, nun aber, im Privatbesitze befindlich, wieder viel besucht wird. 1874 waren 326 Curgäste hier. Die Badeanstalten wurden in neuerer Zeit bedeutend verbessert, und die Schwefelquelle gilt als eine der wirksamsten in Deutschland.

in Anspruch zu nehmen seien; 3) daß der alte Weg, soweit er in die neue Straßenanlage fällt, von den Gemeinden unentgeltlich abzutreten sei, die neue Straße aber bis zu ihrer gänzlichen Vollendung von den betreffenden Gemeinden in gutem Stande erhalten werden müsse.

Die Abtheilung von Eichtersheim bis Dühren, beziehungsweise Sinsheim, wurde hierauf in Angriff genommen und bald auch die Strecke zwischen Eichtersheim und der Oestringer Gemarkungsgränze ausgeführt und im Jahre 1838 vollendet. Da der Aufwand für den ganzen Straßenbau, nach den inzwischen gemachten Erfahrungen, nun auf 250,000 Fl. berechnet war, suchte man durch Ermäßigung der Straßenbreite auf 24 Fuß eine Kostenminderung herbeizuführen. Die angeordnete Einmündung der Straße bei Mingolsheim wurde aufgegeben und dagegen die Einmündung in Langenbrücken beschlossen, weil die Führung der Straße durch Mingolsheim auf Hindernisse stieß und man sich überzeugte, daß der Hauptverkehr in der Richtung nach Bruchsal ziehe, während der Verkehr nach Philippsburg und Speyer sich als untergeordnet erwies.

Im Jahr 1841 schritt man nun auch zur Verbesserung der Straße zwischen Sinsheim und Aglasterhausen, wofür der Aufwand auf 139,000 Fl. berechnet wurde.

Die Abtheilung von Sinsheim bis auf die Wasserscheide zwischen dem Elsenz- und dem Schwarzbachthal wurde im Jahre 1842 vollendet und die weitere neue, mehr nach Osten gerückte Abtheilung bis Waibstadt und durch die Stadt sofort ausgeführt, nachdem die Gemeinde Waibstadt sich zur Stellung der nöthigen Gebäude in dem Ort(1) bereit erklärt hatte. Das Opfer, welches Waibstadt zu diesem Ende brachte, ist auf 22,000 Fl. angeschlagen.

Im Jahre 1845 kam sodann auch die Strecke von der Weilerhofmühle bei Aglasterhausen bis zu den Steinbrüchen bei Helmstadt in Angriff und im Jahre 1847 zur Vollendung.(2) Gleichzeitig erfolgte eine Rectification durch Waibstadt mit 426 Fl.

Der Aufwand für den ganzen Bau stellte sich auf 262,524 Fl. Für die Grundstücke wurde Entschädigung im Betrage von 38,390 Fl. geleistet.

Da schon im Jahre 1847 ein großer Theil der mit einem Aufwande von 6500 Fl. hergestellten Liniensteine zerstört war, wurden diese Steine allmählich fast ganz entfernt und ihre Anwendung für die Folge überhaupt unterlassen.

Im Jahre 1857 ist die Straße durch den Ort Helmstadt mit einem Aufwande von 1088 Fl. corrigirt worden.

Die gesammten Kosten, welche die Staatscasse für Verbesserung dieser Straße aufgewendet hat, berechnet sich daher auf 263,612 Fl.

Wegen der am 22. October 1862 erfolgten Eröffnung der Eisenbahn von Waibstadt nach Aglasterhausen wurde die Straße zwischen diesen beiden Orten im Jahr 1865 aus dem Staatsstraßenverband ausgeschieden, aber 1876 nach erfolgter Verbesserung der Fahrbahn mit 1800 Mark wieder in den Verband aufgenommen.

Seit der Verkehr von Waibstadt nach der Station lebhaft geworden ist, wurde die zeitweise Unterbrechung der Communication der Station mit der Stadt durch Wasser schwer empfunden, da nur Personen mit Benützung des hölzernen Steges das Schwarzbachthal bei hohem Wasserstande passiren konnten.

Die Erbauung eines Viaductes würde 33—40,000 Fl. gekostet haben, es wäre aber dem Mißstand nicht begegnet worden, daß das Thalgelände überfluthet, die Straße Nr. 188 durch Ueberschwemmung gefährdet und die Stadt selbst zum Theil unter Wasser gesetzt wird.

Man entschloß sich darum 1874 den Schwarzbach zu corrigiren, eine eiserne Brücke mit 2 Oeffnungen von je 4 Meter Lichtweite, 6 Meter Fahrbahn und 2 Hochwasserschleußen über den Schwarzbach und eine 3 Meter breite eiserne Brücke über den Mühlbach zu erbauen, den Schwarz- und Krebsbach aber zu vereinigen und eine über Hochwasser liegende Straße von Waibstadt an den Bahnhof zu bauen. Außerdem würde auch die Straße vom Bahnhof längs der Eisenbahn bis zum Viaduct zu regeln sein. Die Kosten für diese Bauten incl. jener von 3353 Fl. für eine eiserne Feldwegbrücke wurden auf 48,500 Fl. veranschlagt. Mit dieser Summe waren auch die Straße von der Brücke bis zur Station und die Straße Nr. 188 zu erhöhen.(3)

Der Bau wurde 1874 begonnen und 1876 vollendet. An den Kosten, im Betrage von

---

(1) Außer dem Stadtthor waren noch sechs Gebäude zu entfernen. Die Straße von Sinsheim nach Waibstadt ist erst 1812—1813 chausseewürdig hergestellt worden. (2) Die alte Landstraße von Sinsheim nach Mosbach zog von Helmstadt durch den Ort Aßbach, nicht nach Aglasterhausen wie jetzt. (3) Die Brücke hat zwei Oeffnungen von 4 Meter Weite, 6 Meter Fahrbahnbreite und 5,2 Meter Höhe über der Sohle.

85,643 Mark, hatte die Gemeinde Waibstadt und der Kreis Heidelberg je ein Sechstel, die Staatscasse zwei Drittel zu tragen.

Die Gemeinde Waibstadt gab sämmtliches Gelände im Werth von 5618 Fl. für 4000 Fl. ab. Die alte Straße wurde der Gemeinde zu Bauplätzen überlassen. Zur Ausführung im Jahr 1877 ist der Umbau der hölzernen Elsenzbrücke bei Sinsheim, die 11,5 Meter Weite besitzt, in eisernen Oberbau von 2 Fachwerkträgern bestimmt. Die Kosten sind auf 8000 Mark veranschlagt.

Der gesammte nachweisbare Aufwand für Verbesserung dieses Straßenzugs beträgt 539,349 Mark. Dazu kommen die in dem Budget für 1866/67 bewilligten 1800 Mark für Verbesserung der Straße vom Eisenbahnviaduct bei Waibstadt bis Aglasterhausen, daher die gesammte Verwendung in 541,349 Mark besteht.

Der Verkehr ist im Zunehmen begriffen. Zwischen Langenbrücken und Sinsheim wurden 1856 105, 1864 137, 1874 197, zwischen Sinsheim und Waibstadt 1864 80, 1874 92 Zugthiere täglich beobachtet.

Nr. 78.

Straße von Hockenheim nach Speyer.

Länge vom Abgang der Rheinstraße Nr. 2 bis Landesgränze 5,93 Kilometer =	1,33	Stunden,
„ von da bis Speyer	0,60	„
zusammen	1,93	Stunden.

Die Verbindung der alten Stadt Speyer (1) mit den auf dem rechten Rheinufer liegenden Städten Ladenburg, Heidelberg und Bruchsal wurde nachweisbar schon im 13. Jahrhundert durch regelmäßige Rheinüberfahrten bei Altlußheim und Rheinhausen vermittelt. (2)

Von der Ueberfahrt an dem sog. „Speirer Grün“, welche bei Altlußheim schon seit ältester Zeit (3) mittelst einer Ruderfähre betrieben wurde, führte eine schmale Straße über Alt- und Neulußheim nach Hockenheim und von hier, der alten sog. Römerstraße folgend, über Kirchheim nach

---

(1) Speyer, ursprünglich wie Hockenheim, Lußheim, Udenheim, Ladenburg, Blankstatt, Edingen, Walldorf, Wiesloch ꝛc. keltische Niederlassung, behielt auch unter der Römerherrschaft den Namen: Nemete Noviomagus oder Augusta Nemetum und war nach Tacitus die stärkste Festung am Rhein. Sie wurde durch zwei Straßen mit den Hauptniederlassungen auf dem rechten Rheinufer verbunden; die eine derselben führte über Hockenheim und Schwetzingen nach Ladenburg, die andere über Hockenheim durch die Schwetzinger Hardt zwischen Kirchheim und dem Pleikartsförster-Hof durch nach Heidelberg. Auch nach Wiesloch und Bruchsal führten minder wichtige Straßen. (Siehe Mone, Urgeschichte I. und II.) Kaiser Valentinian (369 nach Chr.) hatte hier eine Hafenanlage und eine Schiffbrücke herstellen lassen. Die Stadt Speyer oder Spira nach dem Flüßchen genannt, war schon im Anfang des 7. Jahrhunderts Bischofssitz, erhielt 624 das Münzrecht und blieb nach dem Vertrag von Verdun von 843 mit seinem Gau bei dem deutschen Reich „des Weines wegen“. Der Name Speyer statt nemeta erscheint erstmals in der zweiten Hälfte des 9. Jahrhunderts, nachdem der Speierbach durch die Franken künstlich von Neustadt an der Hardt hergeleitet war. Mone, Arch. I. 41. Durch die salischen Kaiser (1024—1025) hob sich die Stadt in dem Maße, daß sie im 12. Jahrhundert zur freien Reichsstadt erklärt wurde. Kaiser Conrad III. hielt hier 1145 den ersten Reichstag. Kaiser Friedrich II. gab Speyer 1214 das Recht eines großen Jahrmarktes von 14 Tagen und 1233 die Befreiung von dem Zoll bei Oppenheim und seit Heinrich V. durften die Speyerer an den Stapelplätzen Mainz und Cöln nicht mehr umschlagen, wodurch die Bedeutung der Stadt für Schifffahrt und Handel sich namhaft erhöhte. Von 838 an wurden in Speyer 29 Reichstage abgehalten, und von 1039—1308 hier acht Kaiser begraben. Die Speyerer führten im 13. Jahrhundert Holz, Färberröthe, Wein und Getreide rheinabwärts und nahmen Salz, Häringe und Eisen zurück. In der Periode von 1526—1689 war Speyer der Sitz des Reichskammergerichts. Im Jahre 1720 verlegte der Bischof (Damian) seinen Wohnsitz nach Bruchsal. Durch den Lüneviller Frieden kam Speyer mit der linksrheinischen Pfalz an Baiern. (Siehe Zeiler, Topographie der Pfalz und Chronik von Simonis 1608; Remling, Geschichte der Bischöfe von Speyer; Lehmann, Geschichte von Speyer; Caspar Beusch, Chronik der Bischöfe von Speyer; Merian, Topographie der Pfalz; Frei, Beschreibung des bayerischen Rheinkreises II.) (2) Die beiden Ueberfahrten waren damals verpachtet; jene bei Lußheim ertrug im Jahre 1420 1020 Fl.; im Jahre 1625 aber nur noch 141 Fl., weil Rheinhausen Hauptüberfahrtstelle wurde. Der Bischof von Speyer kaufte 1230 das Ketscher Fahr, um es zu Gunsten der Lußheimer eingehen zu lassen. Das Fahr bei Lußheim besaßen die Bischöfe als Reichslehen; Bischof Friedrich verkaufte es 1290 an das Domcapitel. König Albrecht verlieh das Fahr auf's Neue dem Bischof. Auch bei Altripp bestund im 14. Jahrhundert ein pfälzisches Fahr, da der nächste Weg für die Pfalzgrafen nach Speyer über Altripp ging. Ketsch gehörte zu Speyer. Mone, Zeitschrift 9. S. 420 und Quellensammlung I. 521. Später kam das Fahr in den Besitz der Stadt Speyer. (3) Nach dem Weisthum von Lußheim von 1516 hatte der Fürchermeister vierthalb Schiff und einen Nachen zu halten. Grimm, Weisth. I. S. 452.

Heidelberg; sodann ging eine Abzweigung von diesem Weg in nördlicher Richtung durch die Schwetzinger Hardt über Ostersheim nach Schwetzingen. Von hier zog die Landstraße nach Frankfurt über Friedrichsfeld und Ladenburg auf die Bergstraße.

Da der Uebergang über den Neckar bei dem Mangel einer stehenden Brücke bei Ladenburg mit Schwierigkeiten verbunden war, zog sich der Verkehr nach Verbesserung der Frankfurt-Basler Straße von Speyer über Reilingen nach Wislach, daher die Straße über Friedrichsfeld und Ladenburg schon vor 1786 „alte Speyerer Straße" genannt wurde,(1) welchen Namen sie jetzt noch führt. Im Jahr 1812 wurde die Dammstraße zwischen Altlußheim und dem Rhein, die sog. Kaiserstraße, unter Tulla's Oberleitung im Frohndwege hergestellt.

Seit die Eisenbahn zwischen Mannheim und Heidelberg besteht,(2) bildet die alte Straße von Schwetzingen nach Friedrichsfeld den Zufuhrweg zu der Eisenbahnstation daselbst und an Stelle der Verkehrsstraße von Friedrichsfeld nach Ladenburg ist die von Heidelberg über Friedrichsfeld nach Frankfurt ziehende Eisenbahn getreten.(3) Von Speyer nach Bruchsal ging der Hauptverkehr in früherer Zeit fast ausschließlich über Rheinhausen. (Siehe Nr. 171.)

Als im Jahr 1839 gleichzeitig mit der Knielinger Schiffbrücke die Herstellung einer fliegenden Fähre bei Altlußheim mit Bayern vereinbart wurde, ist in dem desfallsigen Uebereinkommen vom 1. September 1839 in Artikel 22 bestimmt worden: „Die großherzogliche Regierung verpflichtet sich, zum Behufe der Brückenverbindung von dem Anlandepunkt in möglichst kurzer Richtung gegen Hockenheim zu eine Straße zur Verbindung mit der nach Schwetzingen führenden Hauptstraße in einer Breite von wenigstens 24 Fuß bis zum Mai 1840 auf ihre Kosten kunstmäßig herzustellen und künftig in gutem Stande zu erhalten.(4) Auch sollen die zu dem Uebersfahrtspunkte bei Rheinhausen führenden Wege von den beiderseitigen Regierungen in fahrbarem Stand erhalten werden."

Nach dem Ueberschlag sollte diese Straße mit 24 Fuß Breite, 1755 Ruthen Länge und einer Fahrbahn von 16 Fuß, aus 5 Zoll ungeworfenem und 5 Zoll geworfenem Kies 24,000 Fl. kosten. Der Bau wurde im Jahr 1840 begonnen und im Juli 1841 vollendet und die Straße in die Classe der Landstraßen aufgenommen. Der wirkliche Aufwand betrug 23,130 Fl.(5)

Da in Folge der Rheincorrection, welche eine Einengung des Flußbettes bei Speyer erforderte, eine Verlängerung der Straße bis zum Normalufer nöthig geworden wäre, kam im Jahr 1862 die Herstellung einer längst gewünschten Schiffbrücke sowohl von den betheiligten badischen Gemeinden als von der Stadt Speyer in Anregung und es wurde nach längeren Erörterungen hierüber zwischen der badischen und bayerischen Regierung unterm 10. Mai 1864 ein Uebereinkommen dahin abgeschlossen, daß 1) der Stadt die Errichtung einer stehenden Schiffbrücke in einiger Entfernung unterhalb der bisher bestandenen fliegenden Fähre gestattet wird; 2) daß die badische Regierung die Sorge für die kunstmäßige Herstellung und Unterhaltung einer bei möglichst directer Richtung von Hockenheim bis zum Uebergangspunkt der Brücke (Normallinie) führenden Straße in der für die badischen Staatsstraßen angenommenen Breite übernimmt. Die Straßenrampe vor der Brücke erhält 7 Procent Steigung. Der Anfang der Rampe am Ufer kommt 3,20 Meter und das Ende derselben 5,70 Meter über den Nullpunkt des Speyerer Pegels zu liegen. Vom Ende der Rampe steigt die Straße bis zur Krone des Hauptrheindammes gleichmäßig an. Sollte zur Sicherung der Brücke eine Erhöhung des badischen Parallelwerkes in der Nähe der Brücke nöthig werden, so wird die Stadt Speyer die Kosten tragen; 3) die Straße auf bayerischer Seite wird nach specieller Bestimmung der bayerischen Regierung ausgeführt. Die Straßenrampe erhält dieselbe Höhenlage und Steigung wie jene auf badischer Seite. Zwischen dem Ende der Rampe und der Stadt Speyer soll die Steigung der Straße an keinem Punkt mehr als $3^1/_2$ Procent betragen. 4) Nach Vollendung der stehenden Schiffbrücke bei Speyer(6) soll die den beiden Regierungen gemeinschaftliche fliegende Brücke von Speyer nach Rheinhausen verlegt werden.

Die Kosten der Zufuhrstraße wurden auf 14,000 Fl. veranschlagt. Die Kronenbreite der Straße ist, soweit sie auf den Damm führt, 18 Fuß und an der Brücke 22 Fuß, die Fahrbahn

(1) Widder, Beschreibung der Pfalz. (2) Die Eröffnung dieser Bahn erfolgte den 1. September 1840. (3) Diese Eisenbahn wurde 1846 eröffnet. (4) Der Handelsstand in Mannheim war gegen die Ausführung dieser Straße. (5) Zu diesem Bau ist theilweise der alte Rheindamm verwendet worden, auf dem sich die mittelalterliche sog. „Kaiserstraße" befand, daher dieser Name auch auf die neue Straße überging. (6) Die Brücke, welche unterhalb der Ueberfahrt erbaut wurde, bestund aus 34 Pontons.

14—20 Fuß. Der Aufwand wurde durch das Budget für 1864/65 genehmigt, der Bau selbst im November 1864 begonnen und im August 1865 vollendet. Die Dotation kam vollständig zur Verausgabung.

Die Brücke erhielt eine Länge von 260 Meter, eine Breite von 6,4 Meter und eine Tragfähigkeit von 100 Centnern. Die Straße von Neulußheim über Altlußheim wurde nun als Vicinalstraße behandelt. Siehe Nr. 147.

Der Hauptverkehr bestund von jeher in dem Transport von Wein und anderen Landesproducten. Namentlich hat sich der Absatz von Wein aus der bayerischen Pfalz nach Baden, Hessen und Württemberg seit dem Zollverein sehr vermehrt.(1) Im Jahr 1862 wurde die Masse der Güter, welche die Schiffbrücke jährlich passiren, auf 3,200,000 Centner geschätzt.

Die im Jahr 1872 vereinbarte Eisenbahnverbindung von Schwetzingen nach Speyer veranlaßte den Bau einer Schiffbrücke, die zugleich dem Eisenbahn- und Straßenverkehr dient, ähnlich wie bei Maxau. Das 5,2 Meter breite, vertiefte Schienengeleise liegt in der Mitte. Am Lande sind beiderseits 4 Meter breite Fahrwege angelegt, im Uebrigen dient die ganze Brückenbreite als Straßenfahrbahn. Die Verbindung dieser Brücke mit der Straße ist von Bayern hergestellt. Die Abfahrt hat bei Niederwasser 3 Procent Fall, bei Hochwasser 1,5 Procent Steigung. Die Tragfähigkeit ist für 350 Centner bestimmt. Die Brücke ist 240 Meter lang und ruht auf 43 eisernen Pontons von 24 Meter Länge und 4,5 Meter Breite und hat 3 Durchlasse, einen à 14, zwei à 21 Meter Breite. Das Eigenthum ist getheilt zwischen Baden und der bayerischen Ludwigsbahn, die Brücke steht unterhalb der früheren Fähre an Stelle der früheren Schiffbrücke. Die neue Straße auf dem linken Ufer führt auf den Domplatz, während die Straße zur fliegenden Fähre von dem Fischerthor resp. der Steinstraße ausging. Die Brückenordnung findet sich in dem Gesetz- und Verordnungsblatt von 1874, Nr. 11. Nach Vereinbarung mit der Direction der pfälzischen Bahnen wird als Brückengeld erhoben: von einem Pferd 6 Xr., einer Person 1 Xr., von Reiter mit Pferd 4 Xr., Durchlaß der Schiffe und Flöße ist frei.

Der Verkehr in dem Speyerer Hafen weist in neuerer Zeit eine Gütermasse von 515,630 Centnern nach, und zwar hauptsächlich: Steinkohlen, Backsteine abgehend und Bauholz, Backsteine, Kalksteine und Bruchsteine zugehend.

Der von Baden für Verbesserung dieser Straßen bestrittene erweisliche Aufwand betrug 63,651 Mark. Der Verkehr hat sich seit 1864 von 359 auf 335 Zugthiere täglich vermindert; 1856 betrug er nur 138.

Nr. 79.

Straße von Mühlburg nach Knielingen und an den Rhein.

Länge 4,73 Kilometer = 1,07 Stunden.

In der Nähe der Orte Knielingen und Daxlanden bestunden schon in früher Zeit Rheinüberfahrten. Beide Orte gehören zu den ältesten in Baden. Knielingen wird im 9. Jahrhundert „Cnutlingen und Cnodelingen" genannt. (Codex laur. ham.) Siehe Nr. 13 und 17.

Nach einer Karte von 1758 bestund zwar zwischen Mühlburg und Knielingen damals ein schmaler ungeregelter Feld- oder Vicinalweg; zur Verbindung von Knielingen mit Carlsruhe aber wurde hauptsächlich die jetzt noch bestehende direct von Knielingen durch den Hardtwald nach Carlsruhe führende Straße benützt, die auch in den Knielinger Grundbüchern, „Carlsruher Straße" genannt ist. Erst im Jahr 1812 wurde der Weg zwischen Mühlburg und Knielingen durch die Gemeinden etwas verbreitert und in seinem Zuge regulirt.

Nach derselben Karte war das Ufer des Rheins, der früher und zwar noch im Anfang des 18. Jahrhunderts unmittelbar an Knielingen vorüberzog, schon 300 Ruthen von dem Orte entfernt, dagegen führte im Jahr 1800 noch kein Weg direct von Knielingen an diesen Fluß, wohl aber zog ein solcher längs des Rheins in nördlicher Richtung bis gegenüber dem Orte Wörth, wo die Ueberfahrt mit Nachen stattfand, weil sich dort ein, wenn auch mangelhafter, Winterhalt für die Schiffe darbot.(2) Der arme Fischerort Knielingen bildete daher früher keinen Rhein-

(1) Der berühmt gewordene sog. Ruländer Wein hat seinen Namen von einem Speyerer Bürger Ruland, der ihn zuerst pflanzte. Derselbe wird auch „Speyrer" genannt. (2) In früherer Zeit vermittelte die Straße von Mörsch nach Neuburg den Hauptverkehr von Mühlburg auf das linkseitige Rheinufer, denn diese Straße war

übergangspunkt für den größeren Verkehr; wohl aber hatte der Ort viel durch den Rhein zu leiden, und stund bezüglich der Mittel zur Abwehr der Stromangriffe in öfterem Kampf mit den linksrheinischen Nachbarn, daher Baden-Durlach und Pfalz hierwegen 1699 ein Uebereinkommen trafen. Gleichwohl suchte man sich fortan den Fluß zum Nachtheil des Nachbars vom Leibe zu halten, so daß, als 1765 der Damm am Abtsgrund von den Knielingern erstellt werden wollte, am 11. Nov. 600 Mann pfälzische Soldaten mit Kanonen erschienen, um die Dammzerstörung durch die Pfälzer zu schützen. Das von Carlsruhe abgesendete markgräfliche Militär mußte der Zerstörung zusehen. (L.-A.-A.)

Durch die in Folge der Uebereinkunft zwischen Baden und Baiern am 7. Mai 1817 ausgeführten Rheindurchschnitte bei Pforz und Knielingen, wovon der erstere im Jahr 1824, der letztere im Jahr 1818 den Thalweg aufgenommen hat, entfernte sich der Rhein bis zu der vereinbarten Correctionslinie auf eine directe Entfernung von circa 520 Ruthen von dem Orte Knielingen, und da die Altrheine allmählich verlandeten,(1) kam schon im Jahr 1826 die Herstellung einer Straße von Knielingen an den vollen Rhein und die Errichtung einer fliegenden Fähre daselbst von Baiern in Anregung. Da jedoch die Herstellung einer Dammstraße durch den Altrhein bedeutende Kosten in Aussicht stellte, und für das Fortschreiten der Verlandung hinderlich war, unterblieb die Ausführung, bis unterm 1. September 1839 zwischen Baden und Baiern über die Errichtung einer Schiffbrücke zwischen Knielingen und Wörth, einer fliegenden Brücke bei Speyer und einer Ueberfahrt bei Rheinhausen ein Vertrag zu Stande kam. Die Knielinger Brücke mußte nach diesem Vertrag auf eine doppelte Fahrbahn eingerichtet und ihre Tragfähigkeit mindestens auf 80 Centner bemessen werden.

Sodann war weiter bestimmt: 1) Daß die Kosten der ersten Herstellung der Brücke sammt Eisbrecher, Landbrücken, Nachen und Fähren von den beiderseitigen Regierungen zu gleichen Theilen zu tragen sind. 2) Daß die Unterhaltung der Brücke mit Zubehör von jedem Theil zur Hälfte d. h. von seinem Ufer bis in die Mitte der Brücke zu besorgen ist. 3) Daß die nöthigen Hochbauten, wie Magazine, Wohnungen für das Brückenpersonal und den Brückengeldeinnehmer jeder Theil auf eigene Kosten herstellt. 4) Daß Baden in dem Altrhein zwischen dem rechten Rheinufer und der Maximiliansau den nöthigen Raum zur Ueberwinterung der Brückenschiffe abgiebt. 5) Daß die Kosten für die Abdammung des Altrheins an dieser Stelle und für die übrige Einrichtung des Winterhalts, sowie jene für dessen künftige Unterhaltung gemeinschaftlich getragen werden. 6) Daß jede Regierung die zur Benützung der Brücke auf ihrem Territorium erforderlichen Arbeiten auf eigene Kosten besorgt und auf badischer Seite eine nicht unter 24 Fuß breite Straße von Mühlburg über Knielingen und die Maximiliansau bis an den Uebergangspunkt, baierischer Seits aber die Straße von diesem Punkt nach Pforz und Wörth und von Wörth auf die Rheinstraße hergestellt und gut erhalten werde. Die weiteren Vertragsbestimmungen betreffen das Brückengeld und die Brückenpolizei. Plan und Kostenüberschlag für die Brücke wurden durch die badischen und baierischen Behörden gemeinsam festgesetzt. Die Ausführung geschah unter unmittelbarer Leitung der badischen Flußbaubehörde.

Der Straßenbau wurde im Jahr 1840 auf badischem und baierischem Gebiet begonnen und badischer Seits eine Kronenbreite von 26 Fuß und eine Fahrbahnbreite von 20 Fuß bestimmt. Auch der Brückenbau wurde gleichzeitig in Accord gegeben. Die Aufstellung der Brücke selbst verzögerte sich durch längere Verhandlungen mit Baiern über die Anbringung der Durchlaßglieder bis zum Jahr 1842.

An dem wirklichen Aufwand hatte Baiern zu bestreiten: für die Brücke 39,642 Fl., für die Zufahrtsstraße 32,903 Fl., für Rheinabdammung 10,075 Fl., für Hochbauten 14,073 Fl., zusammen 96,693 Fl. Dagegen hatte Baden zu tragen: die Hälfte der Brückenkosten mit 39,642 Fl., der Rheinabdammung 10,075 Fl., für die Zufahrtsstraße 36,993 Fl., für Hochbauten circa 10,000 Fl., zusammen 96,710 Fl. Die Brücke wurde am 25. August 1840 mit einem Volksfest dem Verkehr eröffnet, die Straße aber erst 1842 vollendet.(2)

---

ein Handelsweg. Der Markgraf von Baden ließ 1413 die Straße zwischen Mörsch und dem Rhein abgraben, weil er sich mit dem Pfalzgrafen wegen des Fährgeldes nicht einigen konnte. Mone, Zeitschrift IX. Schon 1814 war die Rheinüberfahrt stark besucht. (1) Durch die Rheincorrection wurde die sog. Abtsgrundinsel gebildet, die 1838 den Namen „Maximiliansau“ erhielt, weil sie in das Eigenthum des Markgrafen Max von Baden überging. (2) Die Baumpflanzung auf der Straße zwischen Mühlburg und Knielingen wurde von den Angränzern nur unter der Bedingung gestattet, daß der Obstertrag denselben überlassen wird, wogegen sie die abgehenden Bäume zu ersetzen haben.

Nachdem die Stadtgemeinde Carlsruhe auf Grund des Gesetzes vom 6. September 1860 (Reg.=Bl. S. 305) eine Eisenbahn nach Maxau erbaut und am 4. August 1862 dem Verkehre eröffnet hatte, gab sich bald das Bedürfniß einer unmittelbaren Verbindung dieser Bahn mit jener auf dem linken Rheinufer kund und die Gemeinde Carlsruhe vereinbarte sich mit der Gesellschaft der pfälzischen Maximiliansbahn unterm 9. Mai 1861 über den gemeinschaftlichen Bau einer neuen, sowohl für den Eisenbahn= als für den Straßenverkehr bestimmten Schiffbrücke über den Rhein bei Maxau, welche Vereinbarung nebst den dazu gehörigen Vollzugsbestimmungen im Jahr 1864 die Genehmigung der beiderseitigen Regierungen erhielt.

Nach diesem Uebereinkommen mußte nach Erstellung der neuen Brücke die ältere entfernt werden, und die Regierungen verpflichteten sich, auch die Zufuhrstraßen zu der neuen Brücke fortan in gutem Stande zu erhalten.

Mit der am 8. Mai 1865 erfolgten Eröffnung der neuen, etwas weiter rheinabwärts hergestellten Brücke wurde die Uebereinkunft vom 1. December 1839 bezüglich der alten Brücke außer Wirksamkeit gesetzt. Die neue Brücke mit einer Länge von 240 Meter auf 34 Schiffen von Eichenholz ruhend, hat 6 Durchlaßjoche von 12,50 und 21 Meter Weite, in der Mitte eine Fahrbahn für Eisenbahnfahrzeuge von 4,00 Meter Breite und seitlich 2 Fahrbahnen für den Straßenverkehr von je 3,75 Meter Breite. Die Straßenrampen haben eine Maximalsteigung von 5 Procent, jene der Eisenbahn von 3 Procent. Die Größe der hölzernen Pontons ist so angenommen, daß bei horizontaler Lage der Brückenbahn eine Locomotive von 300 Centnern Gewicht mit 5 Waggons à 320 Centner Gewicht übergesetzt werden können, während gleichzeitig auch noch Lastwagen von je 60 Centnern auf der Straßenfahrbahn passiren können.

Die Herstellungskosten dieser Brücke belaufen sich einschließlich der Bauanlagen auf beiden Ufern auf 163,183 Fl., wovon zwei Drittel die pfälzische Maxbahn, ein Drittel die Stadt Carlsruhe bestritten hatten.

Die Brücke wurde am 8. Mai 1865 dem Verkehre übergeben und sie hat sich seither als ganz zweckmäßig erwiesen, was um so mehr von Bedeutung ist, als dies die erste Schiffbrücke ist, die zur Vermittelung des Eisenbahnverkehrs über einen großen schiff= und floßbaren Fluß benützt wird. (1)

Da sich in Folge der Eisenbahn von Carlsruhe nach Maxau wegen des Kohlentransportes ein bedeutender Schiffsverkehr in dem Hafen bei Maxau gebildet hat, und der größere Theil der Kohlen, welche für Carlsruhe bestimmt sind, mit gewöhnlichen Fuhrwerken hierher geführt werden, hat sich der Verkehr auf der Straße von Carlsruhe an den Rhein nicht nur nicht vermindert, sondern eher vermehrt, daher die Straße, welche seit 1842 auch zwischen Knielingen und dem Rhein auf Staatskosten unterhalten wird, auch nach Erstellung der Eisenbahn nicht aus dem Staatsstraßenverbande ausgeschieden werden konnte.

Im Jahr 1871 gingen 6,773,991 Centner, darunter 4,455,406 Centner Kohlen über die Brücke.

Wie schon oben bemerkt wurde, ist in dem mit Baiern abgeschlossenen Schiffbrücken=Vertrag von 1839 unter Anderem bestimmt worden, daß der westliche Theil des Altrheins, der durch die Ausführung der Dammstraße zu einem natürlichen Hafen gestaltet wurde, für Ueberwinterung der Brückenschiffe zu bestimmen sei. Hafen in Maxau.

Die nöthigsten Herstellungen zu diesem Zweck, hauptsächlich in Befestigung der Dammköpfe an der Ausmündung des Altrheins bestehend, wurden auch hergestellt und zwischen dem Hafen und dem vollen Rhein Landungsplätze zum Aus= und Einladen der Schiffe hergestellt. Da jedoch der Schifffahrtsverkehr sich rheinaufwärts zu jener Zeit größtentheils nur bis Leopoldshafen ausdehnte, so konnte man sich damals auf das Allerdringendste beschränken.

Der Hafen erhielt längs der Straße eine Breite von 110 Ruthen, längs des Rheindammes eine Länge von 150 Ruthen und auf der gegenüberliegenden Seite eine solche von 160 Ruthen.

Um den Hafenverkehr zu fördern, wurde Knielingen 1842 als Freihafen erklärt (Reg.=Bl. X.), und diese Rechte 1867 aufs neue bestätigt. (Hafenordnung vom 5. Juni 1867. C. V. Bl. Nr. 13.)

Als in den Jahren 1861/62 durch die Stadtgemeinde Carlsruhe eine Eisenbahn an den Rhein bei Maxau zur Ausführung kam, war es eine Hauptaufgabe, diese Bahn mit dem Hafen

(1) Der Plan ist von einem badischen Ingenieur Basler gefertigt. Siehe Eisenbahn=Zeitung von 1865. S. 454 und Becker, „Die Eisenbahnschiffsbrücke bei Maxau" 1865. Die alte Brücke ist zum Durchlaß der Schiffe und Flöße im Jahre 1860 891, 1863 1020, 1864 916 mal geöffnet worden.

in innige Verbindung zu bringen und den letzteren so einzurichten, daß größere Schiffe jederzeit in demselben zu landen vermögen.

Zu diesem Ende war vor Allem nothwendig, längs der Hafenseiten die nöthige Wassertiefe durch Ausbaggerung herzustellen. Dies geschah an der südlichen Seite in einer Breite von 150 Fuß und an der östlichen Seite in einer solchen von 100 Fuß und zwar in einer Tiefe von 6 Fuß unter dem gewöhnlichen Mittelwasser. Sodann mußte zur möglichsten Offenhaltung der Hafenmündung der längs des Rheins hinziehende Uferbau soweit verlängert werden, daß die Hafenmündung nur noch eine Breite von 100 Fuß besitzt. Die Hafenwände wurden längs der Landungsplätze 1½füßig abgeböscht und vom 7. Fuß abwärts abgepflastert und am Fuß mit Senkstücken und Kies gedeckt. Von dem Pflaster aufwärts wurde ein Rasenbesatz hergestellt. Die zu dem Hafen führende Eisenbahn sowie der Hafendamm wurden nahezu 1 Fuß über das nach erfolgter Rheincorrection noch zu erwartende höchste Wasser, nämlich 2 Fuß 6 Zoll unter 0 des Knielinger Pegels (Hochwasser von 1824) angelegt, die Landungsplätze aber in einer Höhe von 7 Fuß unter 0 ausgeführt, um das Aus- und Einladen der Wagen möglichst zu erleichtern. Der Landungsplatz längs der Straße beziehungsweise Eisenbahn an der Südostseite des Hafens hat eine Länge von 1100 Fuß mit 2 Spuren; es können auf dieser Seite 8 Schiffe von 140 Fuß Länge im Durchschnitt und etwa 36 Eisenbahnwagen Platz finden. In der Mitte der östlichen Seite ist der Platz für Aufstellung eines Krahnes vorgesehen und in einer Länge von 200 Fuß nach Niederwasserlinie gemessen, auf Dammhöhe aufgefüllt. Der südlich vom Krahnenplatz projectirte Landeplatz wurde auf 22 Fuß Breite mit einem auf 40 Fuß verbreiterten Wendeplatz von 250 Fuß Länge ausgeführt. Gegen den Krahnenplatz führt eine sog. Stufe von 22 Fuß Breite mit 7 Procent Gefäll bis auf Niederwasser, und zwei Rampen führen mit 7 Procent Steigung vom Wendeplatz auf den Hafendamm, der als Zufuhrstraße dient. Die nördlich vom Krahnenplatz projectirte Landestelle wurde vorerst nur auf Mittelwasserhöhe aufgeführt.

Die Kosten für Herstellung dieser Anlagen betrugen 75,495 Fl., wovon die Staatscasse 5060 Fl. und die Gemeinde Carlsruhe 70,435 Fl. übernahmen.

Im Jahr 1868 ging der Hafen gegen Ersatz des von der Gemeinde bestrittenen Aufwandes vollständig in das Eigenthum des Staates über.

Der Hafenverkehr ist in erfreulichem Aufschwung begriffen. Während der Ab- und Zugang im Jahr 1846 nur in 3287 Centnern bestund, hatte sich derselbe 1853 auf 18,334, 1858 auf 81,652, 1861 auf 137,239, 1863 auf 228,756, 1866 auf 572,844 gehoben. In den Jahren 1871/73 betrug der Verkehrsdurchschnitt 478,790 Centner per Jahr. Außer Holz, Backsteinen, Getreide, Mehl, Kartoffeln, bilden die Steinkohlen den Hauptverkehrsgegenstand. 1874 betrug der Verkehr 414,000 Centner.

Im Jahr 1853 liefen nur 3421 Centner Steinkohlen ein, 1867 293,360 Centner, 1872 449,290 Centner. Im Jahr 1873 wurde Maxau wieder eine Dampfbootstation, da die Kölner und Düsseldorfer Boote ihre Fahrten wieder bis Straßburg ausdehnten. Im Jahr 1873 wurden allein an Steinkohlen 402,980 Centner beigeführt.

Der für diesen Straßenzug und Hafen von Baden bestrittene erweisbare Aufwand beträgt 388,455 Mark.

Der Straßenverkehr betrug 1856 210, 1864 589, 1874 1511 Zugthiere pro Tag. Die Steinkohlen werden großentheils mit Pferdefuhrwerk nach Mühlburg und Carlsruhe gebracht, um das Umladen an dem Bahnhof zu umgehen.

Nr. 80.

Straße von Baden resp. Müllenbild nach Ebersteinschloß und Gernsbach.

Länge von Nr. 81 bis Schloß und von da nach Gernsbach 6,74 Kilometer = 1,52 Stunden.

Nr. 81.

Straße von Baden nach Gernsbach.

Länge von der Oosbrücke in Lichtenthal 8,31 Kilometer = 1,87 Stunden, von Oos bis Baden siehe Nr. 23, von Baden bis Lichtenthaler Brücke Vicinalstraße.

Die jetzige Vicinalstraße, welche von Baden durch die sogenannte Lichtenthaler Vorstadt, auf dem rechten Ufer der Oos nach Beuren und von da nach Gerhardsau (Geroldsau) zieht, verband schon im 12. Jahrhundert diese beiden Dörfer mit Baden, welche bis 1809 ein gemeinschaftliches Kirchspiel bildeten. (1)

Die Promenade von Baden bis in die Nähe der jetzigen Kettenbrücke, (2) auf dem linken Ufer des Oosbachs, wurde erst von Markgraf Ludwig Wilhelm, „dem badischen Helden" gegen Ende des 17. Jahrhunderts, wie man sagt nach Anleitung und auf den Rath seines Freundes, des Prinzen Eugen, angelegt und beiderseits mit Eichbäumen bepflanzt, von denen die meisten jetzt noch stehen. Manche Bäume sind viel älter. (3)

Die Fortsetzung dieser letzten Straße längs der Oos bis zum Kloster Lichtenthal (4) kam im vorigen Jahrhundert durch die Klosteramtsgemeinden in der Frohnd zur Ausführung. Das Kloster stellte dazu das Gelände. Dieser Weg durfte nur von solchen beladenen Wagen benützt werden, welche Gegenstände von und nach dem Kloster und den dazu gehörigen Höfen führten. Erst im Jahr 1806 wurde dieser Weg dem allgemeinen Verkehr geöffnet und hierauf von den Gemeinden im Frohndweg verbreitert, regulirt und mit Bäumen bepflanzt. (5) So lange die Oos noch nicht corrigirt war, ist die Lichtenthaler Straße oft durch Hochwasser zerstört worden. Letztmals war dies in hohem Maße 1824 der Fall, wo sich der Bach ein neues Bett geschaffen hatte. (6)

Zwischen Oberbeuren und Geisbach ging seit ältester Zeit ein Reitweg durch das Müllenbacher Thal über den Wahlhof nach Schloß Eberstein. (7)

---

(1) Bader, „Markgraf Rudolph von Baden." (2) Diese Brücke ist 1826 in Folge höchster Cabinetsordre von dem Atelier der Saline Rappenau gefertigt worden. Die Kosten im Betrag von 4331 Fl. sind aus der Wasser- nnd Straßenbaucasse bezahlt worden. (3) Nach anderen Angaben soll die Eichenallee schon 1655 von Moritz von Lassolaye aus Savoyen, der mit der Gemahlin des Markgrafen Ferdinand Maximilian, einer Prinzessin von Savoyen-Carrignan an den badischen Hof gekommen war, angelegt worden sein. Geschichte der Grafen von Eberstein 1855. S. 50. (4) Das Cisterzienser-Kloster Lichtenthal wurde 1245 von Irmengard, der Gemahlin des Markgrafen Hermann V. gegründet. (Siehe Schöpflin V. 207—216). Zu dem ehemaligen Klosteramt gehörten die Orte Beuren, Müllenbach, Geisbach, Eck, Geroldsau, Malschbach und Schmalbach. Karl Friedrich wird als zweiter Gründer des Klosters genannt, da er, nachdem dasselbe ihm durch den Lüneviller Frieden als Entschädigung zugetheilt war, das Gotteshaus auf's Neue stiftete. Bader, Die Stifter des Klosters Lichtenthal 1845. (5) In neuerer Zeit wird dieser Promenadeweg von dem Badfond unterhalten und das Befahren desselben mit Lastwagen ist polizeilich untersagt. (6) Der Oehlbach, der früher erst von Oos abwärts Oosbach genannt wurde, lief noch 1824 in vielen Krümmungen zwischen Lichtenthal und Baden, so daß sie dreimal sich der Lichtenthaler Allee näherte. Der Bach hatte verschiedene Breiten und darum an vielen Stellen eine erhöhte Sohle, daher sie bei höherem Wasserstande austrat und viele Zerstörungen an Wegen, Brücken und Grundstücken veranlaßte. Das Hochwasser von 1824 hatte die Alleestraße an drei Stellen abgebrochen. Da die Geradeleitung nach Tulla's Plan zu kostspielig erschien, beschränkte man sich 1825 auf einige Durchstiche und auf Herstellung der Straße mit 3000 Fl. Erst nach den Hochwasserzerstörungen von 1851 entschloß man sich zu einer planmäßigen Correction nach einem von Baurath Keller entworfenen Projecte, dessen Ausführung auf 30,000 Fl. überschlagen war, wovon die Gemeinde 1/2, die Anstößer 1/4 und die sonst betheiligten Eigenthümer 1/4 übernahmen. Von dem badischen Hof bis zur Ooser Gemarkungsgränze wurde die Correction großentheils auf Kosten des Eisenbahnbaufonds mit 24,000 Fl. 1853—54 ausgeführt, Im Jahre 1865 erfolgte die Canalisirung vom englischen Hof bis unterhalb dem Bahnhof mit ca. 30,000 Fl. Seit 1870 wird die Lichtenthaler Allee von der Straßenbaubehörde aus Mitteln des Badefonds erhalten. (Insp.-Acten.) (7) Das Schloß Neueberstein stund 1219 noch nicht. Erst in der Mitte des 13. Jahrh. verlegten die Grafen von Eberstein ihren Wohnsitz von Alteberstein hierher. 1272 wird das neue Schloß erstmals in Urkunden erwähnt. Die alte, auf den Trümmern eines römischen Castells stehende Burg blieb aber noch bis in die Mitte des 15. Jahrh. bewohnt. Nach dem Erlöschen des Ebersteinischen Mannesstammes kam die Hälfte dieses Schlosses an die Markgrafschaft Baden-Baden, die andere Hälfte 1679 an Württemberg. Erst 1753 erhielt Baden den vollständigen Besitz des Schlosses, welches aber allmählich eine verlassene Ruine geworden war. Markgraf Friedrich, der zweite Sohn des Markgrafen Carl Friedrich, ein Freund der Natur und sinniger Verehrer des Alterthums stellte die Burg, die ihm 1798 von seinem Vater geschenkt wurde, im Jahre 1804 wieder in bewohnbaren Stand und nahm hier mit seiner Gemahlin während der Sommermonate den Aufenthalt. 1829 brachte sodann Großherzog Leopold diese schöne Familienbesitzung durch Kauf an sich. Krieg von Hochfelden, Geschichte der Grafen von Eberstein 1836 und von Schreckenstein,

Wichtiger als dieser Weg war aber für die Bewohner des Schlosses Eberstein die Verbindung mit dem nahen Gernsbach. Dennoch bestund auch hier in früherer Zeit nur ein schmaler Weg, der in alten Urkunden „der Karrenweg" genannt wird. Auch dieser Weg war 1790 nicht mehr fahrbar, daher Prinz Friedrich denselben 1800 nach einem Plan des Ingenieurdepartements mit einem Aufwand von 1745 Fl. wieder herstellen ließ. An diesem Aufwande bezahlte die Renteicasse des Prinzen ein Drittel und die Herrschaftscasse zwei Drittel.

Großherzog Leopold ließ 1829 die Straße von der Klingelcapelle aufwärts abermals verbessern und zum Theil corrigiren. Die Gefällsverhältnisse blieben aber immer noch so bedeutend, daß ein Neubau längst als Bedürfniß anerkannt war. Zur nächsten Verbindung der beiden Orte Gernsbach und Baden diente schon vor Jahrhunderten ein schmaler und steiler Vicinalweg, der von Gernsbach nach Staufenberg und von hier über die Höhe durch den Wald am sog. Eichkopf vorüber nach Baden führte und unterhalb des neuen Schlosses bei dem alten Kirchhof in diese Stadt einmündet.(1) Obgleich dieser Weg 1705 und auch später zu verschiedenen Zeiten verbessert, insbesondere 1773—1775 die steilste Abtheilung durch Umgehung des Orts Staufenberg verlassen und eine Hauptreparatur mit Verbreiterung vorgenommen wurde, besitzt die Straße doch immer noch Gefälle von 10 und mehr Procent.

Als nun die Zahl der Badegäste in Baden bis zum Jahr 1830 zu der nie geahnten Größe von 11,000 angewachsen war und das Schloß Eberstein von den Fremden immer mehr besucht wurde, ist unterm 6. November 1834 der Bau einer neuen Straße durch das Mühlenbachthal nach Schloß Eberstein und eine Abzweigung von dem Müllenbild nach Gernsbach höchsten Orts angeordnet worden.

Der alte, im Laufe der Zeit verbreiterte und verbesserte Weg von Gernsbach nach Eberstein-Schloß hatte Gefälle von 8—15 Procent, und war wegen der kurzen Wendungen und des Mangels aller Schutzvorrichtungen nur mit Gefahr zu benützen. Von Beuren führte nur ein steiler Reitweg auf das Schloß. Für die neue Straße von Beuren wurde eine Breite von 18 Fuß, nämlich eine Fahrbahn von 12 Fuß, ein 3½ Fuß breiter Fußweg und ein 2½ Fuß breiter Graben auf der Bergseite vorgeschrieben und das Maximalgefäll auf 6 Procent, das Steinbeschlag 5 Zoll hoch bestimmt. Die Rampe bei Müllenbach sollte 35 Fuß Radius, 36 Fuß Breite, 0,7 Procent Gefäll, die Straße oben 6 Fuß, unten 4,8 Fuß Fall haben.

Der Aufwand sollte durch eine Concurrenz der Städte Baden und Gernsbach, der Badanstaltencasse, der Forstcasse und der Staatscasse aufgebracht werden. Baden sicherte einen baaren Beitrag von 1600 Fl. und die unentgeltliche Stellung des nöthigen Gemeindeguts zu. Gernsbach wollte 1400 Fl. beitragen und das Gemeindeeigenthum unentgeltlich abtreten; die hieran geknüpften Bedingungen erschienen aber als nicht annehmbar.

Der Forstfiscus verstund sich zur unentgeltlichen Abgabe des ärarischen Waldes und zu einem baaren Beitrag von 1000 Fl., und der Badanstaltenfonds zu einem Beitrag von 2000 Fl.

Nachdem auch die Staatscasse zu einem Beitrag von 4000 Fl. ermächtigt war, begann im Jahr 1835 der Bau zwischen Müllenbach und dem Ebersteinschloß. Nach längeren Erörterungen über die einzuhaltende Zugslinie beanspruchte ein detaillirter Kostenüberschlag von 1836 die Summe von 67,700 Fl., wovon auf die Straßenabtheilung von Müllenbach über das Müllenbild gegen Gernsbach und Schloß Eberstein 38,382 Fl., von Müllenbach bis zur Einmündung in die Beurer Thalstraße 8810 Fl., von Gernsbach bis zum Einschnitt in die Schloßstraße 6593 Fl., von der Eckwies durch Warenthal bis Gernsbach 8000 Fl., für Verbesserung des Wegs durch das Beurer Thal bis Lichtenthal 2700 Fl., für Unvorhergesehenes 3515 Fl. vorgesehen waren.

Nach höchster Entschließung vom 7. Juli 1837 war der bezeichnete Aufwand aus allgemeinen Straßenmitteln zu bestreiten, die Kosten der Straße von der Einmündung der Gernsbacher Straße bis auf Schloß Eberstein aber mit 9537 Fl. auf den Badfonds zu übernehmen; die Städte Baden und Gernsbach, sowie die Gemeinde Beuren sollten den Vicinalweg in ihren Gemarkungen solid ausbessern und in gutem Stande erhalten.

Der gesammte Aufwand der Staatscasse betrug einschließlich nachträglicher Entschädigungen

---

die Ritterschaft I. Den Großherzogen Leopold und Friedrich verdankt das Schloß seine geschmackvolle Wiederherstellung in dem ursprünglichen Baustyl und eine diesem entsprechende fürstliche Einrichtung. (1) Von dem Verkehr auf dieser Straße erhob Baden schon im 16. Jahrhundert ein Weggeld, welcher Bezug noch bis 1859 fortdauerte.

und Arbeiten: für die Straße von Beuren bis Schloß Eberstein 63,600 Fl., von Müllenbild bis Gernsbach 21,241 Fl., zusammen 84,841 Fl., für den Wald wurde keine Entschädigung geleistet, Privatgüter aber mit 13,190 Fl. entschädigt.

Der Weg durch Lichtenthal und von da bis zum Abgang in das Müllenbachthal wurde im Jahr 1837 verbessert und von den desfallsigen Kosten ein Drittel durch Baden, zwei Drittel durch Beuren getragen.

Weitere Verbesserungen erfolgten auf dieser Wegabtheilung 1841 mit 1415 Fl. aus Mitteln des Badfonds.

Die Straße von Oberbeuren, nämlich von dem sog. Schlauch, wo der Weg in das Müllenbachthal abgeht, bis Gernsbach und Schloß Eberstein wurde nach der Vollendung in den Staatsstraßenverband aufgenommen; an der Unterhaltung der Beurer Thalstraße bis Lichtenthal trug Beuren und Baden je die Hälfte.

Im Jahr 1857 wurde die Staatsstraße von Oberbeuren nach Gernsbach und Eberstein-Schloß aus dem Staatsstraßenverband ausgeschieden und von dieser Zeit an bis zum Jahr 1868 die Abtheilung vom Müllenbild bis zum Schloß g a n z, die Straße von Oberbeuren bis Gernsbach aber zu zwei Drittheilen aus dem Badfonds und zu einem Drittheil von den Gemeinden unterhalten. Auch die Promenadenstraße von Baden nach Lichtenthal unterhielt der Badfonds. In Folge des neuen Straßengesetzes von 1868 kam die Straße wieder in den Landstraßenverband.

In den Jahren 1871/72 wurde endlich auch eine neue Straße vom Gernsbacher Bad bis an das Schloß Eberstein mit 20 Fuß = 6 Meter Breite in einer Länge von 5800 Fuß = 1740 Meter mit einem Gefällmaximum von 8,6 Procent aus Mitteln des Badfonds ausgeführt. Der Aufwand betrug 24,000 Fl. Beiträge werden nicht geleistet, aber der Waldboden unentgeltlich gestellt.

Der nachweisbare Gesammtaufwand für die Verbesserung dieser beiden Straßenzüge beträgt 370,288 Meter.

Auf der Straße von Lichtenthal bis Gernsbach wurden 1856 122, 1864 109 und 1874 112 Zugthiere; von Müllenbild nach Schloß Eberstein 1864 89, 1874 88 Zugthiere täglich im Durchschnitt beobachtet. Den Hauptverkehr bilden im Sommer die Badegäste.

Nr. 82.

Straße von Riedern nach Eglisau.

Siehe Nr. 48.

Nr. 83.

Straße von Griesen nach Schaffhausen.

Die von Schaffhausen bis Coblenz dem alten Laufe des Rheins folgende, durch das Klettgau(¹) ziehende alte Straße war im 14. Jahrhundert ein Karrenweg mit schmaler Spur, der sich bei Neuhausen mit sehr starkem Gefäll in das Rheinthal senkte. Zu theilweiser Beseitigung dieses Mißstandes ließ Schaffhausen die Felsen am sog. Fesenstaub 1379 sprengen und die Straße tiefer legen. Daß der Weg schon in jener Zeit durch den ehemaligen Rhein-Ablauf — die Enge genannt — führte, geht daraus hervor, daß Kaiser Ferdinand I. 1563 „auf der Straße durch die Enge" nach Schaffhausen kam. — Im Thurn und Harder, Chronik von Schaffhausen. — Im Jahr 1561 hatte die Stadt Schaffhausen die Straße über Gundmadingen, Hallau und Neunkirch 18 Fuß breit hergestellt(²) und in demselben Jahrhundert wurde sie auch bis Rheinheim verbessert.

(¹) Der Rhein lief, so lange er bei Neuhausen durch Felsen abgeschlossen war, durch die sog. Enge und das Klettgau bis Coblenz. Die „Enge" wird 806 in Urkunden genannt. Der Name ist aber keltisch. Die das Klettgauthal bildenden Geschiebsmassen alpinischen Ursprungs liegen bis zu 30 Meter Tiefe. Joh. Müller sagt in seiner Geschichte der Schweiz: „Noch weiß das Volk aus der Väter Munde, wie ein Jahrhunderte lang ausgefressener Fels (in dem Rhein bei Schaffhausen) in den Abgrund stürzte." (²) Chronik von Schaffhausen III. 226. — Neukirch und Hallau gehörten bis Ende des 15. Jahrhunderts dem Bischof von Constanz.

Gegen Ende des vorigen Jahrhunderts wurde die Straße von Zürich über Rheinheim, Oberlauchringen, Erzingen, Neunkirch und Beringen nach Schaffhausen allgemein „Hauptstraße“ genannt. (¹) Vor Herstellung der Straße über Jestetten nach Schaffhausen (siehe Nr. 48), also vor 1840 wurde sie hauptsächlich für den durchgehenden Verkehr zwischen Basel und Schaffhausen benützt und war deshalb sowohl auf badischem als auf schweizerischem Gebiet Staatsstraße.

Nachdem die Route über Jestetten eröffnet war, zog sich alsbald ein großer Theil des Verkehrs auf diese Straße und man schied darum die Straße von Griesen bis zur Landesgränze bis Erzingen aus dem Staatsstraßenverband aus.

Da es sich aber zeigte, daß immer noch ein Theil des durchgehenden Verkehrs der Erzinger Straße verblieb, wurde sie 1843 neuerdings in den Verband aufgenommen, in welchem sie bis nach Eröffnung der Eisenbahn von Waldshut nach Schaffhausen im Jahr 1863 verblieb, dann aber wieder den Gemeinden zur Unterhaltung überwiesen wurde.

Nr. 84.

Straße von Hilzingen nach Thaingen.

Siehe Nr. 58.

Nr. 85.

Straße von Jestetten nach Rheinau.

Der Ort Rheinau, welcher älter als das Kloster ist, liegt auf einer durch den Rhein gebildeten Halbinsel; das im Jahr 778 von den Welfen gegründete Benedictiner-Kloster dagegen auf einer Insel in dem Rhein. Der Ort — keltischen Ursprungs — soll schon im 2. Jahrhundert Stadt gewesen und hier von Julian im 4. Jahrhundert eine Schlacht gegen die Alemannen geschlagen worden sein. Eine Stelle in der Nähe des Volkenbachs führt den Namen „Römerbrücke“. (²)

Der Ort Rheinau hatte, wahrscheinlich durch das Kloster veranlaßt, schon 1332 das Recht, einen Wochenmarkt zu halten und er erhielt 1442 die Befugniß „die mit der Reichsacht Belegten aufzunehmen“.

Im Jahr 1444 bestund eine gedeckte Brücke über den Rhein, die damals zerstört wurde. (³)

Die hölzerne Klosterbrücke wurde 1566 in eine gewölbte mit steinernen Pfeilern umgewandelt.

Die dem Straßenverkehr dienende Brücke heißt die „untere“. Im Jahre 1490 ist auf dieser Brücke das Landgericht abgehalten worden.

Nachdem im Jahr 1835 der Bau der Straße von Oberlauchringen nach Jestetten genehmigt war, hielt die großherzogl. Finanzverwaltung auch die Verbesserung des Vicinalwegs zwischen Jestetten und Rheinau für nothwendig, um den Verkehr, der sich damals über Schaffhausen, Winterthur und St. Gallen bewegte und theilweise die linksrheinische Straße nach Basel benützte, auf die rechte Rheinseite zu leiten. Der damals bestandene sehr alte Weg war nur 16 Fuß breit, hatte in Jestetten eine zu kurze Wendung und ein Gefäll von 8 Procent, außerhalb Jestetten von 7 Procent und vom Hochgestade bis zur Brücke selbst 12—15 Procent.

Der Weg wurde von den Gemeinden Jestetten und Altenburg unterhalten, Rheinau war aber verpflichtet, auf Altenburger Gemarkung einen Straßentheil von 30 Ruthen Länge zu unterhalten. Altenburg bezog hauptsächlich von den Salzfuhren ein Weggeld von ca. 80 Fl. per Jahr. Die 1845/46 erfolgte Herstellung dieser 1001 Ruthen langen Straße kostete

(¹) Siehe Atlas von Mallet von 1781. In Moreau's Karte von 1801 wird sie von Oberlauchringen bis Schaffhausen Chaussee genannt. (²) Man fand hier römische Münzen und Mauerreste, aus denen man auf ein römisches Lager schließt. Zapf, Reisen 1781. (³) Rheinau's Geschichte von Van der Meer III. 347, Quellensammlung II. Stumpf, Schweizer Chronik I. In den Rechten des Orts Rheinau aus dem 15. Jahrhundert wird ebenfalls einer Brücke erwähnt. Grimm, Weisth. I.

32,735 Fl., worunter 11,349 Fl. für Güterentschädigung enthalten sind. Die Straße war 20—22 Fuß breit, mit 18 Fuß Fahrbahn aus 5 Zoll Fundament und 3 Zoll Schotter herzustellen. Der Bau wurde im Jahr 1845 begonnen und 1846 dem Verkehr übergeben. Im Jahr 1848 wurde auch die Fortsetzung der Straße von Rheinau innerhalb des Cantons Zürich beschlossen und in Angriff genommen.

In Folge heftigen Regens ergaben sich im Jahr 1860 an der neu hergestellten Straße wiederholte bedeutende Abrutschungen, welche es nöthig machten, die Straße weiter in den Berg einzuschneiden. Der desfallsige Aufwand betrug 1350 Fl. Seit 1846 wurde diese Straße als Landstraße behandelt, im Jahr 1870 aber wieder den Gemeinden überlassen. Der nachzuweisende Aufwand für Verbesserung dieser Straße betrug 58,431 Mark.

Nr. 86.

Straße von Achern nach Illenau.

Länge 0,84 Kilometer = 0,19 Stunden.

Als im Jahr 1839 der Bau einer neuen Heil- und Pflegeanstalt für Geisteskranke bei Achern begonnen wurde, stellte man sofort zur Beifuhr der Baumaterialien eine Zufahrtstraße zu der künftigen Anstalt her, indem man die alte von Achern nach Oberachern führende Vicinalstraße, welche vormals den Verkehr von Achern in das Kapplerthal vermittelte, auf eine Länge von 125 Ruthen erhöhte und verbreiterte und sodann eine neue 55 Ruthen lange Abzweigung bis zu der Anstalt erbaute.(1)

Diese Straße wurde in die Classe der Staatsstraßen eingereiht.

Im Jahr 1861 kam sodann auch der Weg in dem äußeren Vorhof und 1862 jener in dem innern Hof der Anstalt in den Staatsstraßenverband, da die Unterhaltung durch die Straßenbau-Behörden leichter und besser als durch die Bediensteten der Anstalt zu bewirken ist.

Nr. 87.

Straße von Miltenberg nach Würzburg.

Mainthalstraße.

Länge in Baden	39,8 Kilom. =	8,96	St.
„ „ Baiern		5,90	„
zusammen		14,86	St.,

einschließlich der Zufahrtstraße zum Bahnhof in Wertheim.

Der Main und ein großer Theil der in seiner Nähe befindlichen Orte führen wahrscheinlich keltische Namen, woraus hervorgeht, daß das Mainthal schon in ältester Zeit bewohnt war.(2)

Auch die Römer hatten sich hier niedergelassen. Es ist nämlich wahrscheinlich, daß die 22. Legion, die unter Commodus (180—192) im Odenwald die Besatzung hatte, bei dem Vordringen von Mainz aus, die Vorposten den Main hinaufschob, nachdem sie 6 Stunden unterhalb Wertheim zwischen Biberich und Eltville — bei Walluf — den Rhein überschritten hatten. Der Main mündete zu jener Zeit noch nicht bei Mainz, sondern bei Ginsheim zwischen Trebur und Mainz in den Rhein. (Mone, die keltische Sprache S. 193.)

Man behauptet auch, aber ohne Begründung, daß das Castell bei Würzburg auf römischer Grundlage erbaut worden, ja sogar, daß der viereckige Thurm in dem Wertheimer Schloß römische Arbeit sei.

---

(1) Die im Herbst 1842 bezogene Anstalt erhielt nach dem vorbeifließenden Illenbach den Namen „Illenau." Die Staatskosten für den Bau dieser Anstalt betrugen 537,366 Fl. jene der Einrichtung 42,062 Fl., zusammen 579,428 Fl. (2) Pomponius Mela, Plinius, Tacitus, Ptolemäus, Aurelius Victor, Amm. Marcellinus und Eumenius berichten schon über den Main (Moenus).

Die von den Römern benützte Straße im Mainthal zog jedenfalls von Walluf aufwärts auf dem rechten Ufer des Mains, weil damals das Thal auf der linken Seite, in der Gegend von Burgstadt, mit Felsen und einem Wehrgraben abgeschlossen war.(1)

Hatten auch die sehr alten Orte am Main unter sich Verbindungswege, so scheint doch für den größeren Verkehr noch im frühen Mittelalter der Fluß als Hauptstraße gedient zu haben.

Carl der Große reiste 790 von Worms zu Schiff den Main herauf nach dem in der Nähe von Neustadt, 9 Meilen von Würzburg, auf dem linken Ufer der fränkischen Saale gestandenen Salzpalast. (Württembergische Chronik 1750 und Mone, Anzeiger 1837.) Allerdings war auch dieser Weg wegen mangelnder Wassertiefe nicht immer oder nur mit kleinen Fahrzeugen benützbar.

Dennoch war der Main schon im Anfang des 12. Jahrhunderts von Bamberg abwärts bis Frankfurt und Mainz eine Wasserstraße ersten Rangs. Auch Würzburger Handelsschiffe kamen damals den Main herunter, meistens mit Frankenwein, der damals schon Handelsartikel war.(2) In Folge einer im Jahr 1157 bei Kaiser Friedrich I. auf dem Hoftag zu Worms vorgetragenen Beschwerde vieler Bürger und Kaufleute über ungesetzliche Zölle auf dem Main von Bamberg bis Frankfurt wurden alle sowohl längst bestandene als neue Mainzölle bis auf die 3 zu Neustadt, Aschaffenburg und Frankfurt abgeschafft.(3)

Diese Erleichterung dauerte aber nicht fort, die Zölle wurden bald wieder in noch größerem Maße erhoben, so daß schon im Jahre 1521 zwischen Bamberg und Frankfurt 26 Zollstellen in Thätigkeit waren;(4) aber auch die Unsicherheit war groß, da die Schiffe oft beraubt wurden. Die Streitigkeiten über das Gebiet verzögerten die Reise oft um 14 Tage.(5) Die Klagen der fränkischen Städte über die Mißstände dauerten bis zum 18. Jahrhundert und man hielt Anfangs die directe Straße von Würzburg über Waldbittelbrunn und Neubrunn nach Wertheim ein. Nach Frankfurt aber wurde die Landstraße von Würzburg über Roßbrunn, Remmlingen, Lengfurt, Eßelbach, Eschau benützt. Das Posthaus in Eßelbach war berühmt. Der Landstraßenverkehr mit Würzburg war dadurch sehr befördert, daß schon frühe eine Mainbrücke hier bestand, die der Dombaumeister Enzelin ausführte. (M. Wegele, Zeitschrift für Culturgeschichte 1873, 68.)

Da aber der linkseitige Weg von Freudenberg aufwärts längs des Mains schwieriger als der rechtseitige zu erweitern und zu unterhalten war, ging der Landverkehr nach Wertheim bis in das 16. Jahrhundert größtentheils auf dem rechten Ufer. Zudem war die Unsicherheit auf der Straße des linken Ufers zeitweise eben so groß als auf der Wasserstraße.

Philipp Fürstenberg, den die Stadt Frankfurt 1522 zu den Verhandlungen des Reichstages nach Augsburg schickte, fand die Straße von Miltenberg über Freudenberg nach Wertheim so unsicher, daß er seinen Wagen verließ und auf Nebenwegen gehen mußte.(6) Beraubungen waren hier nicht selten.

Sicherer war die Landstraße zwischen Frankfurt, Miltenberg und Tauberbischofsheim, weil sich hier von der Mitte des 16. Jahrhunderts an der Haupthandelszug von und nach Nürnberg und Augsburg bewegte und für sicheres Geleit besser als irgendwo gesorgt war.

Die Stadt Miltenberg war vom 12. Jahrhundert bis in die neue Zeit eine Hauptstation für Fürsten und Kaufleute; hier benützten z. B. die alte berühmte Herberge zum Riesen: die Kaiser Friedrich I. 1158, Ludwig der Baier 1314, Carl IV. 1368, die Churfürsten von Mainz Theodorich 1448, Berthold 1501, Jakob 1508, Pfalzgraf Friedrich, der Herzog von Württemberg und der Bischof von Bamberg 1504, die Markgrafen Albrecht 1531, Friedrich 1358, Joachim 1539, Gustav Adolf von Schweden, Königin Christine von Schweden 1650, Herzog von Lothringen 1680, Carl VI. 1711, der Erzbischof von Cöln 1716, Prinz Eugen 1734 und Andere. Das Gasthaus hatte Stallung für 100 Pferde.(7)

---

(1) Mone, Urgeschichte II. und Stein, Das Maingebiet unter den Römern. Hinter dem natürlichen Abschluß der Straße begannen die römischen Festungswerke an Stelle des Dorfes Burgstadt. Von hier nach Freudenberg zieht auf der Höhe eine gepflasterte Straße aus ältester Zeit. (2) In den ersten beiden Orten wurde der Wasserzoll nur 14 Tage lang im Jahre entrichtet, in Frankfurt aber immer. Mone, Zeitschrift IV. Floß- oder Holzzoll wurde zu Würzburg schon 1302 erhoben. Mone, Zeitschrift XI. Beyer, Mittelrhein. Urkundenbuch I. 467. Lacomblet, Urkundenbuch für Geschichte des Mittelrheins I. 523. (3) Bis 1816 hatten sich die Zollstellen von Bamberg bis Höchst auf 32 vermehrt. (Okard, Der Rhein, Main und Neckar.) (4) Alex. Kaufmann, Archiv für Niederfranken 1867 und v. Schreckenstein, Die Ritterschaft II. (5) Archiv des Histor. Vereins für Unterfranken 1867. (6) Ranke, Deutsche Geschichte II. (7) Dieses Gasthaus, wiedererbaut 1590, ist jetzt noch in Betrieb.

Im 18. Jahrhundert wurde von den Reisenden höherer Stände wieder die Wasserstraße für den Verkehr von Würzburg nach Bonn, Cöln und Rotterdam benützt. Manchmal gingen 40 Schiffe zugleich zur Beförderung der Reisenden in Wertheim ab. Bei Hochwasser konnte man an keinem Zwischenorte halten. Die Reise nach Cöln dauerte manchmal 14 Tage.

Da es in Wertheim an Gasthöfen fehlte, wurden die vornehmen Reisenden, selbst Fürsten und Grafen, z. B. Pfalzgraf Ludwig 1718 von den Schiffseigenthümern beherbergt. (Archiv für Unterfranken 19, S. 107.)

Im Jahr 1732 wurde die Fürstin von Lichtenstein — Gemahlin des Grafen von Harrach — auf der Reise nach Brüssel bei Kaub in dem Schiffe von 2 Söhnen entbunden.

Von Frankfurt nach Mainz ging 1784 täglich ein überbautes Marktschiff; die Fahrt dauerte 1 Tag, in Höchst wurde zu Mittag gegessen. Die Person bezahlte 16 Xr. für 4 Meilen. Aufwärts benutzte man den Landweg. (J. Bernoulli, Reisen 13.) Stromaufwärts dauerte die Reise zu Schiff im Sommer von Cöln bis Wertheim 3 Wochen, im Winter bis zu 3 Monaten.

Von Miltenberg(1) über Freudenberg(2) nach Wertheim bestund nur ein schlechter Vicinalweg, der insbesondere in dem Freudenberger Wald und beim Tremhof noch im Jahr 1825 kaum fahrbar war. Die Breite betrug nur 10—12 Fuß und die Straße zog sich in vielen Krümmungen wellenförmig dahin.

In besserem, wenn auch sehr mangelhaften Zustande war die Straße von Wertheim über Eichel, Urphar und Lindelbach nach Oertingen, welche schon im vorigen Jahrhundert als Landstraße behandelt und in Folge Beschlusses des fränkischen Kreisconventes von 1764 in diesem und den folgenden Jahre durch Frohndconcurrenz verbessert wurde. Die größte Schwierigkeit auf letzterer Route bot die Lindelbacher Steige, daher es schon im Jahr 1792 im Projecte lag, die Straße von Urphar über Bettingen längs des Aalbachs nach Oertingen, Wüstenzell, Holzkirchen und Remlingen zu führen. Der Bau unterblieb jedoch der Kosten wegen.

Nachdem die linksmainischen Besitzungen der Grafschaft Wertheim unter badische Hoheit gekommen waren, wurde die Straße von Wertheim über Lindelbach nach Oertingen, in Folge des Chausseegesetzes von 1810 als eine sog. Concurrenzstraße behandelt und durch Zusammenwirken der betreffenden Gemeinden des Amts Wertheim in den Jahren 1812 und 1813 verbreitert. Die gewölbte Brücke bei Urphar ist 1817 mit $17\frac{1}{2}$ Fuß Lichtweite neu erbaut worden. Auch die Strecke von Oertingen bis an die baierische Gränze erhielt 1828 durch Concurrenz der Gemeinden eine Verbesserung. Obgleich die Straße hierdurch nur eine Breite von 15 Fuß erhalten hatte und der Durchgang durch Urphar noch viel schmaler war, entsprach sie doch noch weit mehr als deren Fortsetzung auf baierischem Gebiet über Holzkirchen,(3) Uittingen und Roßbrunn nach Würzburg, denn hier war die Breite meistens nur 10—12 Fuß, die Gegengefälle zahlreich und ungünstig und überdies fehlte es an Brücken über den Aalbach.

So lange die Zollschranken an den Gränzen aller Hoheitsgebiete bestunden, hielt Baiern es nicht im Interesse, Würzburg mit Wertheim und Miltenberg durch Verbesserung der Mainthalstraße in directe Verbindung zu setzen, weil man besorgte, daß unter der Begünstigung Wertheims die Stadt Miltenberg leiden könnte und man es daher vorzog, die Route über Tauberbischofsheim, Hundheim und Neukirchen einzuhalten, obgleich damit ein bedeutender Umweg und das Uebersetzen vieler Steigen verbunden war.

Erst im Jahr 1835 wurde die Straße von Miltenberg bis zur badischen Gränze bis Freudenberg durchgehends auf 18 Fuß chaussirt und die Gemeinden verbesserten hierauf auch die Vicinalstraße von Freudenberg bis Wertheim durch Herstellung einer Steinbahn und einiger Verbreiterungen von 10 auf 15—18 Fuß. Auf Veranlassung der baierischen Gemeinden gab die baierische Regierung im Jahr 1836 die Absicht zu erkennen, die Vicinalstraße von Urphar über Kembach, Holzkirchhausen und Uittingen gegen Roßbrunn zu verbessern, sofern badischer Seits die Straße bis Urphar in guten Stand gesetzt werde. Der Aufwand war für Baiern auf 60,000 Fl., für Baden auf 38,000 Fl. veranschlagt. Im Hinblick auf diese großen Kosten

(1) Beim Einfluß des Mudbach in den Main (unterhalb Miltenberg) stund eine Stadt, Namens Bachhausen, die 910 von den Hungarn zerstört wurde; die Bewohner sollen sodann Miltenberg erbaut haben, welche Stadt nebst Amorbach 1810 von Baden an Hessen-Darmstadt und später an Baiern kam. (2) Freudenberg, dessen Burg im 12. Jahrhundert, wie es scheint, auf römischen Grundmauern ausgeführt ist, wurde 1333 von Kaiser Ludwig gefreit und kam 1803 von Würzburg an Löwenstein-Wertheim. (3) Das Kloster Holzkirchen wurde 776 dem Kloster zu Fulda übergeben und war 1750 eine fulda'sche Propstei.

entschloß sich Baiern, den Vicinalweg zwischen Dertingen und Uittingen zu corrigiren, sofern Baden ein Gleiches, bezüglich der Straße zwischen Urphar und Dertingen, zusichert. Zu diesem Ende war es nöthig von Bettingen bis Dertingen eine neue Straße herzustellen, den Weg zwischen Urphar und Bettingen im Gefäll zu reguliren, Urphar nördlich zu umgehen und zwischen Dertingen und der Gränze Verbreiterungen vorzunehmen. Die Kosten hierfür waren auf 33,000 Fl. veranschlagt.

Das im Jahr 1837 aufgetauchte Project, bei Marktheidenfeld eine Brücke über den Main herzustellen, rief in Wertheim die Besorgniß hervor, daß die Spessartstraße, welche etwas kürzer, aber viel beschwerlicher als die Mainstraße war, mit letzterer in Concurrenz treten könnte, wogegen durch Verbesserung der linksmainischen Straße von dem durchgehenden Verkehr für Wertheim bedeutende Vortheile gehofft wurden.

Nachdem nun baierischer Seits im Jahr 1838 die Correction der Straße von Roßbrunn über Uittingen nach Dertingen mit einem Maximalgefäll von je $6^2/_3$ Zoll Steigung auf 10 Fuß Länge zugesichert war, wurde auch badischer Seits die Correction der Straße von Dertingen bis Wertheim und von da bis unterhalb Freudenberg mit Einhaltung eines Maximalgefälles von 5 Procent beschlossen. Nach einem damals aufgestellten Plan für Regulirung und Verbreiterung der Straße auf 24 Fuß war der Aufwand auf 90,000 Fl. berechnet. Der Vollzug stieß jedoch wegen der Wahl der Zugslinie auf Anstände, weil die Gemeinde Dertingen die Führung der neuen Straße durch den Ort bevorwortete. Dies Hinderniß wurde endlich gehoben. Die Gemeinde verstund sich zu einem baaren Beitrag von 1000 Fl. und zu dem Bau einer neuen Brücke über den Aalbach mit einem Kostenaufwand von 3700 Fl. Der Neubau der Straße zwischen Dertingen und Bettingen, sowie die Verlegung der Straße bei Urphar und Lindelbach wurde 1842 begonnen und 1844 mit einem Aufwand von 40,496 Fl. vollendet. Die Straße erhielt eine Breite von 24 Fuß mit 18 Fuß Fahrbahn aus 4 Zoll Gestück und 4 Zoll Schotter. Die ganze Straße von Wertheim auf- und abwärts, welche bisher durch eine Vicinalconcurrenzschafts-Casse unterhalten wurden, kam hierauf in den Staatsstraßenverband.

Auch die Straße von Wüstenzell über Holzkirchen und Roßbrunn kam in den Jahren 1848 und 1849 zur Ausführung, worauf auch zwischen Wertheim und Miltenberg allmählich kleinere Regulirungen und Verbreiterungen vorgenommen wurden. Der ganze Aufwand der Staatscasse für die Verbesserung der Mainthalstraße berechnete sich auf 90,989 Fl.

Die erforderlichen Grundstücke wurden überall vom Staat erworben.

In Bestenheid(1) und Freudenberg entfernte man später mehrere Wohngebäude, allein die Straße konnte dennoch hier nicht überall die normalmäßige Breite erhalten. Auch der schmale Durchgang durch die Eichelgasse in Wertheim war nicht zu beseitigen, nur oberhalb der Stadt ließ sich durch Entfernung einiger Gebäude eine etwas größere Breite gewinnen.

Da die Straße in der Nähe von Grünenwörth bei hohem Wasserstand öfter(2) überschwemmt wird, ist der Verkehr zuweilen genöthigt, den Vicinalweg über Boxthal, Wössenthal, Nassig und Bockenroth nach Wertheim einzuhalten, daher diese Straße seit 1857 mit Staatszuschüssen unterhalten wurde und seit 1868 unter die Landstraßen aufgenommen ist.

Durch Erhöhung der Straße bei Grünenwörth und Verlegung in das Dorf, welche etwa 10,000 Fl. erfordern würde, könnte diesem Mißstand begegnet werden, die Gemeinde setzt aber der Kosten wegen diesem Bau Hindernisse entgegen.

In neuerer Zeit wurde auch die Straße auf baierischem Gebiet gegen Würzburg noch weiter verbessert, allein die Steigen von Roßbrunn gegen Hettstadt und bei Würzburg belästigen den Verkehr noch immer.

Die in der Vorstadt von Wertheim zur Tauberbrücke führende gepflasterte Straße, sog. Krummgasse, hat ein starkes Gefäll, ungenügende Breite und eine rechtwinkelige Wendung, welche gefährlich und für Langholz hinderlich ist. Man hat deshalb die zu dem Bahnhof führende, durch Abbruch einer Reihe von Gebäuden und eines Theils des Spitals ermöglichte neu angelegte Straße, längs der Tauber unter die Landstraßen aufgenommen, dagegen die genannte Vorstadtstraße der Gemeinde zur Unterhaltung überlassen.

---

(1) Bei dem Bau der Straße in der Nähe von Bestenheid entdeckte man viele Gebäudereste, welche zu der Vermuthung Veranlassung gaben, daß Bestenheid seiner Zeit mit Wertheim verbunden war. (2) Die Straße kommt bei einer Pegelhöhe von 12 Fuß bei Grünenwörth ca. $^1/_8$ Stunde auf- und abwärts 1—3 Fuß auf 2–3 Tage unter Wasser und zwar durchschnittlich alle drei Jahre einmal. Anschüttung auf 9 Fuß Pegel ist nöthig. Im Jahre 1634 wurde die Straße hier gänzlich zerstört.

Zu der Landstraße im Mainthal gehört auch die Tauberbrücke und die gepflasterte Straße durch die Stadt Wertheim.

Die alte im Jahr 1873 abgebrochene gedeckte Holzbrücke (Hängwerk) mit 1 Steinpfeiler, 5 Holzjochen, 120 Fuß Länge und 18 Fuß Breite, war 1785 neu erbaut worden.(1)

Die Kosten sind jeweils von der Gemeinde Wertheim bestritten worden, welche nach dem mit der Landesobrigkeit im 16. Jahrhundert abgeschlossenen sog. Königsteiner Contract gegen den Bezug der jährlichen bürgerlichen Bed verpflichtet war: „für Wege in und außer der Stadt zu sorgen, Stadtgebäude und Brücken aufzurichten und zu erhalten ꝛc." Dieses Verhältniß hatte, nachdem Wertheim an Baden kam, aufgehört, indem die Landstraßen und die Tauberbrücke nun vom Staate unterhalten wurden.

Nach Eröffnung der Eisenbahn war die 12 Fuß breite Fahrbahn der Tauberbrücke dem Verkehre nicht mehr entsprechend. Auch die rechtseitige Anfahrt, welche 9 Procent Steigung hatte, war störend. Die Regierung entschloß sich daher zu einem eisernen Neubau an der Stelle der alten Brücke aus Mitteln des Eisenbahnbaufonds und zu Entfernung des für Gefängnisse benützten steinernen Stadtthors(2) und zweier anstoßenden Privathäuser.

Die Kosten waren für eine eiserne, 24 Fuß breite Fachwerkbrücke mit 1 Steinpfeiler und neuen auf Pfähle gesetzten Widerlagern auf 72,000 Fl. und für die Gebäude auf 18,000 Fl. geschätzt. Die Stadt übernahm nach Vereinbarung den Ankauf und Abbruch der Gebäude für ein Aversum von 13,000 Fl. und verzichtete auf den Bezug des Pflastergeldes. Die Ausführung erfolgte 1873/75. Die wirklichen Kosten für die Brücke beliefen sich auf 117,450 Mark, worunter 33,860 Mark für den eisernen Oberbau enthalten sind, für Schmiedeeisen wurden 30,17 Mark pro 50 Kilogramm und 18,55 Mark für Gußeisen bezahlt. Die Staatscasse bestritt 109,393 Mark, die Gemeinde 8057 Mark. Die Brücke liegt 7,12 Meter über Niederwasser, sie hat 5,40 Meter Fahrbahnbreite und beiderseits Trottoir von 1,50 Meter. Das Fundament liegt 3,5 Meter unter Niederwasser. Die Abfahrt hat 5 Procent Gefäll. Die Brücke selbst 0,9 Procent gegen die Stadt. Die Verbindung zwischen Wertheim und dem über dem Main liegenden Ort Kreuzwertheim wurde bis 1870 mittelst einer Ruderfähre bewirkt. Das Fahrrecht gehörte zu $^7/_{16}$ Löwenstein-Rosenberg, $^5/_{16}$ Löwenstein-Freudenberg und $^4/_{16}$ dem Spital.

Baden erkaufte dieses Recht im Jahr 1869 für 6500 Fl. und stellte 1871 etwas unterhalb der früheren Fahrstelle eine Drahtseilfähre mit 4320 Fl. her. Da die Mitte des Mains schon seit ältester Zeit die Hoheitsgränze bildet,(3) war Baierns Zustimmung erforderlich.

Obgleich nun in Folge der erwähnten namhaften Verbesserungen die Landstraße auf dem linken Mainufer nicht mehr viel zu wünschen läßt und auch die rechtseitige baierische Bezirksstraße sich in gutem Stande befindet, so hat doch trotz der seit 1. October 1855 eröffneten Spessartbahn von Frankfurt bis Würzburg auch die Wasserstraße des Mains ihre uralten Rechte an den Verkehr behauptet.

Bekanntlich fließt der Main in einem vielgekrümmten geschlossenen Bett mit geringer Geschwindigkeit ab und führt bei Hochwasser nur Sand mit sich, der sich an zu breiten Stellen des Flusses ablagerte und Untiefen erzeugte, die der Schifffahrt und Flößerei, welche von der Regnitz abwärts betrieben werden, hinderlich waren.

Die Fahrwassertiefe betrug deshalb, obgleich schon 1834/35 Baiern viele Felsenbänke, Kiesablagerungen und Mühlwehre beseitigt hatte, noch 1837 kaum 12 Zoll unter Niederwasser. Baiern suchte damals schon eine größere Wassertiefe durch Anlage von sog. Buhnen zu erreichen,

(1) Da Altwertheim auf dem linken Tauberufer an Stelle der jetzigen Vorstadt lag, ist anzunehmen, daß hier schon frühe eine Brückenverbindung bestund. Nach der, in dem alten rechtseitigen Widerlager eingegrabenen Jahrzahl 1537 bestund damals eine Brücke. Im Jahre 1654 wurde mit 11,500 Fl. eine neue Holzbrücke erbaut. Das Holz lieferten benachbarte Gemeinden umsonst. Diese Brücke ist 1732 nebst 32 Häusern und drei Menschenleben durch Hochwasser zerstört worden. Man konnte damals an der Brücke die Flußsohle mit einem 4,5 Meter langen Fahrbaum nicht erreichen. Die letzte Holzbrücke ist 1785—1786 von Baumeister Wißler in W. erbaut worden, nachdem 1784 die kurz zuvor erbaute steinerne Brücke durch Eisgang zerstört war. Die vielen Ueberschwemmungen veranlaßten Lutter zu sagen: „Von Feuer hat Wertheim nichts zu besahn, im Wasser wird es untergahn." Siehe topogr.-statist. Nachrichten von J. F. Neidhart. S. 14. — Main- und Tauberbote von 1846 Nr. 28. — Archiv des Histor. Vereins für Unterfranken 1868. 19. 3. — und Beschreibung der Wasserfluth von 1732 bei Brönner in Frankfurt. Alle Brücken stunden an derselben Stelle. Das Tauberbett ist hier 36 Meter breit. (2) Dieses Thor, welches Centhaus hieß, wurde im 17. Jahrhundert als städtisches Archiv und in neuerer Zeit als Amtsgefängniß benutzt, bis das neue Gefängniß erbaut war. Im 17. Jahrhundert war der Spitzthurm an der Mainspitze Gefängniß. (3) Mone, Zeitschrift 8. 389.

allein wegen langsamen Erfolges ging man zu Zeilenbauten über, womit bis 1867, also in 30 Jahren, mit Verwendung von $3^1/_2$ Millionen Gulden 24 Zoll Tiefe unter dem niedersten Wasserstand gewonnen wurde. (1) Auch Hessen und Frankfurt haben zur Verbesserung der Wassertiefe mitgewirkt. Baden trat erst im Jahr 1843 hülfreich in dieses Unternehmen ein, nachdem Wertheim 1831 als Freihafen erklärt und 1842 eine regelmäßige Dampfschifffahrt zwischen Bamberg und Frankfurt eröffnet war und die Ausführung des 23 Meilen langen Donau-Main-Canals (Ludwigs-Canal) von Kehlheim bis Bamberg gesichert erschien, wodurch hauptsächlich der Holzabsatz aus Baiern nach dem Niederrhein und dem südlichen Frankreich befördert und der Transport von Getreide und Handelswaaren aller Art erleichtert werden sollte. (2)

Dem gemeinsamen Vorgehen gelang es auch die Fahrwassertiefe auf 3 Fuß zu vermehren. (3)

Die Leinpfade wurden überall ergänzt und an der Straße, die dazu benützt war, entfernt. Baden hat seit 1842—76 für den Main 381,691 Mark aufgewendet. Durch diese Verbesserungen hat sich die Wasserfracht von Frankfurt bis Wertheim von 30—36 Xr. auf 12 Xr. pro Centner ermäßigt.

Zur Ueberwinterung der Schiffe, wozu früher die Tauberausmündung benützt wurde, errichtete man 1866/68 bei Bestenheid in Verbindung mit dem Eisenbahnhofe einen 4 Morgen großen Hafen mit 17,900 Fl. Aufwand aus Staatsmitteln.

Die Fischer- und Schifferzunft stellte das zu 5000 Fl. taxirte Gelände unter der Bedingung, daß der Hafen Eigenthum der Gemeinde bleibe, wogegen der Regierung das Recht der Aufsicht und der Feststellung der Hafenordnung vorbehalten wurde. (4)

Die Dampfschifffahrt wurde zwar wegen der Concurrenz der Spessartbahn zwischen Würzburg und Wertheim 1855, zwischen Wertheim und Mainz 1857 eingestellt, allein die Segelschifffahrt erhielt sich trotz der ermäßigten Fahrpreise und der gestiegenen Pferdelöhne für den Transport von Getreide, Steinen, (5) Schwellen und anderem Scheitholz, Faßreifen, Rinden 2c.

Der Fruchtmarkt in Wertheim hatte im Jahr 1869 noch einem Umsatz von 121,000 Centner, der aber bis 1874 auf 39,673 Centner, 1875 auf 21,934 Centner zurückgegangen ist. Obgleich der Gütertransport von Frankfurt bis Nürnberg bei Benützung der Wasserstraße 2—3 Wochen Zeit braucht, während für den Transport auf der Landstraße nur 8 Tage erforderlich sind, und der Eisenbahntransport eine noch kürzere Zeit verlangt, so hat sich doch der Wassertransport auf dem Main bisher, allerdings mit wechselndem Glück, erhalten. Während 1835 auf- und abwärts 600,000 Centner transportirt wurden, war der Verkehr bis 1856 auf 5,375,000 Centner gestiegen; auf welcher Höhe er sich bis 1866 erhielt, dann aber allmählich herabsank. Daß er sich trotz der Eisenbahn überhaupt noch halten konnte, ist einerseits der Verbesserung der Wasserstraße, andererseits der Aufhebung der die Schifffahrt belästigenden Abgaben zuzuschreiben, (6) der Main ist in der Zeit nur 270 Tage lang im Jahre schiffbar. Man beabsichtigt hier, wie bei dem Neckar die Kettenschleppschifffahrt einzuführen. (7)

---

(1) Die schiffbare baierische Mainstrecke beträgt 87 St., wovon mit Baden $10^1/_8$ St., mit Hessen $2^6/_8$ St. gemeinschaftlich sind. Jedem Zoll Mehrtiefe entsprechen 100 Ctr. Mehrladung. Das durchschnittliche Gefälle beträgt 1:3183. Von Mitte December bis Mitte Februar ist die Schifffahrt gewöhnlich eingestellt. (2) Der Canal wurde 1846 nach zehnjährigem Bau eröffnet. Die Kosten betrugen 17 Millionen Fl. Ein Pferd zieht 2000 Centner im Schiff. Pechmann, Der Ludwigscanal. Der Verkehr betrug 1854 2,348,000 Centner. (3) Die größten Schiffe sind 36 Meter lang, 480 Centimeter breit, der Tiefgang beträgt bei voller Ladung 120 Centimeter, leer 42 Centimeter. Bei Niederwasser fahren die Schiffe mit 50 Centimeter Tiefgang. Bisher war die Tiefe 60 Centimeter auf 18 Fuß breites Fahrwasser. Baiern wünscht 70 Centimeter. Im Jahre 1873 gingen noch 42 badische Schiffe von 200—3000 Centner Ladfähigkeit auf dem Main. Wertheim hat 28 Schiffe mit 28,361 Centner, Freudenberg 13 Schiffe mit 16,231 Centner Ladfähigkeit. (4) Die neueste Hafenordnung ist vom 3. August 1868. (5) Sandsteine gehen viele vom Boxthal und Wesenthal nach Frankfurt und Würzburg. In Wertheim werden viele Mainsandsteine für Kirchen und andere Bauten am Unterrhein verarbeitet, namentlich Säulen und die Mühlsteine von Miltenberg gehen mainab- und aufwärts. (6) Durch Uebereinkunft zwischen Baiern, Hessen, Frankfurt, Baden und Nassau von 1846 sind die Zollstellen auf fünf reducirt und die Gebühren durch einen Tarif festgestellt worden. Von 1847—1860 sind bei den Zollstellen Wertheim, Steinheim, Hanau, Frankfurt und Höchst 2,188,623 Fl. an Zöllen und Schifffahrtsgebühren erhoben worden. In Wertheim wurden 756,384 Fl. vereinnahmt. Seit 1862 wurden die Abgaben in Folge des Mannheimer Rheinbrückenvertrages vom 28. Januar 1862 (Rb. S. 304) auf die Hälfte vermindert, und endlich 1867 ganz aufgehoben. Rb. S. 198. Baiern hatte schon 1869 alle Abgaben für Schifffahrt und Flößerei, mit Ausnahme der Hafengebühren aufgehoben. (7) Die Kettenschiffiahrt ist bereits eingeführt auf der Elbe, Donau, Seine, Wolga.

Auf dem Ludwigscanal ist der Verkehr von 1850—70 ziemlich gleich geblieben; er betrug stets zwischen 2 und 3 Millionen Centner, nur 1863 3,646,000 Centner. Die Hauptgüter bestehen zu Thal in Holz, Steinen, Erzen, Getreide, Mehl, Topfwaaren, Schwefel, Obst, Salz, Oel, Wein, Wolle und zu Berg in Steinkohlen, Erzen, Farbhölzern, Wein, Harz, Colonialwaaren.

Von Wertheim nach Miltenberg und Aschaffenburg geht ein Personen-Postwagen.

Im Jahre 1864 wurde den Freudenberger Schiffern die Anlage eines Winterhafens von der Lorenzkirche abwärts gegen den Dörnbach auf ärarischem Eigenthum gestattet. Die Kosten betrugen 2900 Fl., wovon der Staat 546 Fl. übernahm.

Die Wiederherstellung dieses Hafens kostete 1875 700 Mark, wovon die Staatscasse 300 Mark übernahm. Im Jahr 1876 ist dieser Hafen der allgemeinen Benutzung eröffnet worden. Die Freudenberger Schiffer haben aber das Vorrecht. Für die Bergung der Schiffe ist eine Hafengebühr zu bezahlen, die alle 5 Jahre neu geregelt wird. Die Schifferschaft bezahlt jährlich eine Recognitions-Gebühr von 5 Mark an die Staatscasse.

Die Hafenordnung ist vom 12. Mai 1876. Gesetz- und Verordnungsblatt S. 116.

Für die Verbesserung der Landstraßen und der Häfen sind nachweislich 421,301 Mark verwendet worden. Ferner hat Baden für Verbesserung der Wasserstraße des Mains 1842—76 381,695 Mark aufgewendet.

Der Straßenverkehr ist nicht bedeutend. Von 1856—74 hob sich derselbe von 20 auf 41 Zugthiere täglich im Durchschnitt.

Nr. 88.

Straße vom Breisgau ins obere Wiesenthal.

Länge vom Krotzinger Bahnhof bis Utzenfeld 35,7 Kilometer = 8,03 Stunden.

Die, wie es scheint, aus keltischer Sprache abstammenden Namen: Neumagen, Belchen, Sirnitz, Samba, Britznach, Wiese, Krotzingen, Staufen, Wieden, Aitern, Schönau, Wembach, Ittenschwand, Elbenschwand, Gschwend, Schlechtenau, Präg ꝛc. weisen auf einstige keltische Bevölkerung in den Landestheilen hin, welche diese Straße durchzieht. Auch von dem Aufenthalte der Römer in dieser Gegend sind Spuren vorhanden.(1) Zwei uralte Straßen gingen über die Wasserscheide nach dem Wiesenthal. Rödelsburg, Burgeck und Scharfenstein werden als ehemals römisch angesehen. Beweise dafür liegen nicht vor.

Da das obere Wiesenthal von dem Breisgau durch hohe Gebirge des Schwarzwaldes getrennt ist, so war der Verkehr bis in die neuere Zeit auf Fuß- und Saumwege beschränkt. Von Staufen bis Münsterthal führte schon seit Jahrhunderten ein Fahrweg, auf welchem die Güter, die von Mühlhausen oder Colmar in das obere Wiesenthal bestimmt waren, ihren Zug nahmen; doch gingen sie nicht über die Wieden, sondern über die Sirnitz nach Neuenweg in das kleine Wiesenthal oder über die beiden Böllen, woselbst Saumwege benützt wurden.

Das schon im Jahr 642 gestiftete Benedictinerkloster St. Trudbert hatte zwar die christliche Religion in einem großen Theil des Schwarzwaldes verbreitet, allein sein Einfluß auf die Landescultur im Allgemeinen scheint sich vorzugsweise nur in dem Münsterthal und dem angränzenden Rheinthal bemerkbar gemacht zu haben.

Abgesehen von der Schwierigkeit, das hohe Gebirge durch eine gute Fahrstraße beiderseits zugänglich zu machen, stellt auch der Neumagenbach im Münsterthal große Hindernisse entgegen. Die von den hohen und steilen Bergabhängen rasch in das Thal sich ergießenden Niederschläge haben von jeher Ueberfluthungen des Thals und große Zerstörungen veranlaßt, wie dies die massenhaften groben Geschiebe zeigen, aus denen die Thalsohle gebildet ist. Nur eine Regulirung des Bachs konnte diese Mißstände dauernd beseitigen, allein dazu fehlten theils die technischen Kenntnisse, theils das Interesse und vor Allem das Geld. So blieb es denn mit Ausnahme

(1) Bei Krotzingen wird „eine hohe Straße und Hertweg", bei Gallenweiler, Eschbach und Ballrechten ein „Heerweg", bei Wettelbrunn ein „hoher Weg" genannt. In Staufen machte man römische Funde. Wahrscheinlich haben die Römer in dem Münsterthal Bergbau betrieben. Mone, Zeitschr. 21 und Urgeschichte I. und Arch. I. Urkundlich ist der Bergbau auf Silber und Blei 828 nachgewiesen. Herrgott XI. 109. Im 16. Jahrhundert ist der Bergbau schwunghaft betrieben worden.

kleinerer Regulirungen in der Hauptsache beim Alten, daher selbst in neuester Zeit noch (1872) die Straßen und Brücken, ja sogar Gebäude in Staufen zerstört wurden. (1)

Unter diesen Verhältnissen litt die Marktstadt Staufen (2) am meisten, weil sie seit Aufhebung der Johanniterherrschaft Heitersheim gegen ein kleines Pflaster- und Brückengeld die Straßen und Brücken um Staufen allein unterhalten mußte, und weil die öfteren und lange andauernden Verkehrsunterbrechungen mit dem Schwarzwald Handel und Gewerbe empfindlich schädigten. Staufen bewarb sich deshalb dringend um den Neubau einer Landstraße durch das Münsterthal in das Wiesenthal, während die oberen Wiesenthäler eine Straßenverbindung nach Freiburg anstrebten, weil sie, wie schon unter Nr. 46 ausgeführt wurde, genöthigt waren, zu einem directen Verkehr mit Freiburg oder mit Staufen und Müllheim sich steiler Fußwege zu bedienen und zu dem Waarentransport Saumpferde zu verwenden; Fuhrwerke konnten nur auf der höchst mangelhaften Straße nach Schopfheim benützt werden, weshalb der Güterverkehr nach Müllheim oder Freiburg den großen Umweg über Lörrach nehmen mußte.

Einige im Jahr 1823 an die Stände gelangten Petitionen um Herstellung guter Straßen von Todtnau über Horben oder über Oberried nach Freiburg und von Wembach über Heubronn nach Staufen gaben erstmals zu technischen Untersuchungen der verschiedenen möglichen Straßenlinien Veranlassung, wobei hauptsächlich die Linien von Schönau über die Sirnitz in die Rammelsbacher Eck nach Sulzburg, beziehungsweise Staufen, ins Auge gefaßt wurden. Dazu kam sodann im Jahr 1827 das weitere Project eines Straßenbaues von Utzenfeld über die Wiedener Eck durch das Münsterthal nach Staufen. (3) Nachdem sich sowohl die technischen als die Verwaltungsbehörden in erster Linie für das letzte Project ausgesprochen hatten, weil diese Straßenverbindung ebensowohl für den Verkehr nach Freiburg als nach den Bezirken Staufen und Müllheim zu dienen schien, so wurden im Jahr 1831 für diesen approximativ auf 85,000 Fl. überschlagenen Straßenbau von den Ständen 10,000 Fl. bewilligt und die Vorarbeiten eingeleitet. Um aber auch die übrigen vorgeschlagenen und damals schon als nützlich anerkannten Straßenlinien, von welchen 1) jene über den Steppweg nach Oberried auf 15,000 Fl., 2) jene von Sulzburg über die Rammelsbacher Eck auf 31,000 Fl. und 3) jene über die Heubronner Eck auf 22,000 Fl. veranschlagt waren, zur Ausführung zu bringen, wurden im Jahr 1843 20,000 Fl. Staatszuschuß in der Unterstellung bewilligt, daß das weitere Bedürfniß von 48,000 Fl. durch Concurrenz der betheiligten Gemeinden gedeckt werde.

Eine solche Concurrenz war jedoch durch freie Vereinbarung nicht zu erzielen und das von dem Kreisdirectorium erlassene Erkenntniß, wonach die betheiligten Gemeinden mit Zwang zur Beitragsleistung angehalten werden sollten, wurde im Recurswege wieder aufgehoben, weil sich ergab, daß die veranschlagten 68,000 Fl. nur für die neu zu erbauenden Straßenstrecken, nicht aber für durchgehende Verbesserung gedachter Wege zureichen und weil der größte Theil der Gemeinden sich nicht mit noch größeren Beiträgen bethätigen wollte.

Man kam nun wieder auf den schon früher vielseits bevorworteten Bau einer Straße über die Wieden (4) zurück, welcher auf Grund näherer Untersuchungen im Jahr 1838 bei Annahme einer Breite von 20 Fuß mit 16 Fuß Fahrbahn approximativ auf 280,000 Fl. überschlagen wurde, nämlich

von Krotzingen bis Spielweg	3,48	Stunden auf	52,200 Fl.
von Spielweg bis Eck	2,59	„ „	124,320 „
von Eck bis Utzenfeld	2,17	„ „	104,160 „
zusammen	8,24	Stunden auf	280,680 Fl.

Da viele Gemeinden des hinteren Wiesenthals unter Anführung von Todtnau sich fortan dafür verwendeten, daß statt der Straße über die Wieden die Steppwegstraße nach Oberried zur Ausführung kommen möge, weil der Verkehr nach Freiburg, als der Hauptstadt und dem Vereinigungspunkte des ganzen Schwarzwaldes, viel wichtiger als jener nach Staufen und Umgegend

(1) Die größten Hochwasser der Neuzeit erfolgten: 1801, 1828, 1845, 1851, 1860, 1872. Sie waren in letzter Zeit immer verheerender in Folge der Culturen und Wasserableitungen. Die Fläche des Ueberschwemmungsgebiets betrug 1872 93,240 Are im Werth von 1,878,000 Fl. (2) Auf dem Fruchtmarkt wurden 1869 47,000, 1871 41,039, 1873 30,000, 1874 32,710 Centner Frucht verkauft, der Umsatz steht ziemlich gleich mit jenem in Freiburg. (3) Nach Inhalt der fürstl. fürstenb. Archiv-Acten bestund schon 1761 von Staufen bis St. Trutpert 14—18 Fuß breiter Weg, von St. Trutpert über die Wieden aber nur ein enger, für Saumpferde benützbarer, im Winter unzugänglicher Felsenpaß, der Gefälle bis zu 20 Procent hatte. (4) In Wieden bestund noch 1816 ein Silberbergwerk.

sei, so wurden neuerdings vergleichende Erörterungen bezüglich der Wahl beider Wege vorgenommen, wobei sich ergab, daß zwar die Länge der Straße von Freiburg über Staufen, (1) Spielweg nach Gschwend $11\frac{3}{4}$ Stunden, jene der Straße von Freiburg über Oberried, Todtnau, Utzenfeld aber nur $9\frac{1}{2}$ Stunden betrage, daß dagegen der letztere Zug ein 7 Stunden langes Steigen erhalte, während der Zug über die Wieden nur ein Steigen von $4\frac{3}{4}$ Stunden erhält, daß überdies bei der Steppwegstraße die zu erstellenden Neubauten $6\frac{1}{2}$ Stunden Länge, jene über den Spielweg aber nur $4\frac{3}{5}$ Stunden Länge erhalten.

Die endgültige Entscheidung erfolgte deshalb zu Gunsten der Wiedener Straße, und es wurde im Jahr 1845 zur Vollendung der schon früher in Angriff genommenen Vorarbeiten geschritten.

Der Bau selbst begann zunächst zwischen dem Spielweg und der Wiedener Eck.

Der im Jahr 1845 aufgestellte detaillirte Kostenüberschlag verlangte für diese Abtheilung 136,500 Fl. und für die Abtheilung von der Eck bis Utzenfeld 131,500 Fl., zusammen 268,000 Fl. Die erste Abtheilung wurde am 16. Juli 1847 dem Verkehr übergeben. (2)

Der Bau der zweiten Abtheilung von der Eck bis Utzenfeld, der im Jahre 1848 auf 133,600 Fl. überschlagen war, wurde in demselben Jahre von der Wiedener Mühle bis zur Königshütte in Angriff genommen und nach einer durch die Ereignisse der Jahre 1848 und 1849 eingetretenen kurzen Unterbrechung im Jahre 1850 vollendet.

Es fehlte nun noch die Abtheilung zwischen der Eck und Wieden und zwischen der Königshütte und Utzenfeld, wovon die letztere Abtheilung im Jahr 1852, jene von der Wiedener Eck bis Wieden aber erst in den Jahren 1855 und 1856 zur Ausführung kam. Die Gemeinden hatten überall das zur Straße nöthige Gemeindeeigenthum unentgeltlich und das Privateigenthum gegen mäßige Entschädigung gestellt. Der Aufwand, welcher für den Bau dieser im Jahr 1857 in den Verband aufgenommenen Straße von Spielweg bis Utzenfeld bestritten wurde, beträgt 244,037 Fl.

Die Verbesserung der Straße vom Spielweg durch das Münsterthal bis Staufen, welche hauptsächlich in einer durchgehenden Verbreiterung des Wegs auf 18 Fuß und in den nöthigsten Gefällsausgleichungen bestund, wurde in den Jahren 1862 und 1863 mit einem Staatsbeitrag von 9000 Fl. ausgeführt; das erforderliche Gelände stellten die Gemeinden. Auch diese Straßenabtheilung wurde im Jahr 1864 in den Straßenverband aufgenommen. Die bessere Herstellung des Wegs von Staufen bis Krotzingen, welche auf 8000 Fl. veranschlagt war, blieb bis zum Jahr 1867 verschoben, weil die Gemeinden sich jetzt erst bereit erklärten, das auf 3320 Fl. geschätzte Gelände unentgeltlich zu stellen. Diese Abtheilung wurde in einer Breite von 18 Fuß hergestellt. Einschließlich des letzteren Aufwandes von 4680 Fl. hat die Staatscasse für den Bau der Straße von Krotzingen bis Utzenfeld 257,717 Fl. verausgabt. Obgleich durch diese Neubauten und Verbesserungen das Maximalgefäll der Hauptsteigen zwischen Spielweg und Utzenfeld von 30 Procent auf 6 Procent ermäßigt und die Straße, die früher im Gebirge nur 6 — 8 Fuß breit war, auf 20 Fuß Breite kunstgerecht hergestellt wurde, obgleich dadurch die Fracht von Staufen nach Schönau und nach Todtnau pro Centner sich um 10 Procent minderte, so stellte sich doch keine den Erwartungen entsprechende Frequenz auf dieser Straße ein. (3)

In den Jahren 1853—1855 wurde nämlich auch die Steppwegstraße von Todtnau über Oberried hergestellt, welche, wenn gleich die Maximalsteigung 9 Procent und die Breite nur 18 Fuß beträgt, dennoch als der directeste Weg nach Freiburg den größten Theil des Verkehrs aus dem oberen Wiesenthal in das Breisgau aufgenommen hat. (Siehe Straße Nr. 116.) Im Jahre 1868 wurde die Landstraße durch die Stadt Staufen, an Stelle des alten Pflasters chaussirt.

---

(1) Staufen wird 1337 erstmals „Stadt" genannt und ist wahrscheinlich aus der zwischen St. Trutpert und dem Dorf Staufen bestandenen, durch Feuer zerstörten Stadt „Münster" entstanden. (Kräuter, Gesch. Vorderösterreichs und Merian, Topogr. alsatia 1663. Die Stadt Staufen war österreichisches Lehen der Reichsfreiherren von Staufen und wurde 1602 als ledig von Oesterreich eingezogen. Im 17. Jahrhundert kam Staufen an St. Blasien und erhielt das Recht Pflastergeld zu erheben, 1806 kam Staufen an Baden. (2) Zur Erinnerung an diese große und schwierige Bauausführung wurde in den steilen Granitfelsen, „Scharfenstein" genannt, eine Gedenktafel aus Cement eingefügt, welche die Inschrift enthält: „Regnante Leopoldo, principe optimo, populi amico, MDCCCXXXXVI" (1846). Auf dem Scharfenstein stund 1627 eine Veste gleichen Namens und ihr gegenüber eine zweite, „Rottelsburg" genannt. Die Rampe im Rütti bei Wieden erhielt 62 Fuß Radius, 20 Fuß Breite, 1—$3\frac{1}{2}$ Procent Fall; die Rampe bei Neuhof erhielt 55 Fuß Radius, 28 Fuß Breite, 2,33 Proc. Fall; die Rampe im Placidus-Tobel erhielt 50 Fuß Radius, 28 Fuß Breite, 3,11 Procent Fall, während das Gefäll ober- und unterhalb 4—6 Procent beträgt. (3) 1854/60 gingen 50, 1861/67 65, 1867 90, 1874 87 Zugthiere täglich.

In Folge der Ueberfluthung des Neumagens sind 1870 die Brücken großentheils zerstört worden. Die Brücke bei Staufen wurde 1871 unter Benützung der von der Eisenbahnbrücke bei Heklingen und Sexau disponibel gewordenen Eisenblechträgern mit 6475 Fl. neu erbaut. (1)

Sodann folgte 1874 der Brückenbau im Münsterthal bei Rottehof mit einer 2106 Meter langen Straßencorrection von 5 Meter breiter Fahrbahn. Die Kosten betrugen für die eiserne Brücke und für die Straße zusammen 9941 Fl. = 17,042 Mark, wovon der Kreis und die Gemeinden ein Drittel, die Staatscasse zwei Drittel übernahmen. (2)

Die im Jahre 1872 erfolgten Hochwasserzerstörungen hatten einen Schaden von 407,000 Fl. veranlaßt, daher die Gemeinden sich entschlossen, den Neumagenbach einer Correction zu unterwerfen. Der Aufwand, den die Gemeinden Grunern, Staufen und Krotzingen in den Jahren 1873/75 für diesen Zweck bestritten haben, beträgt 109,000 Fl. = 186,900 Mark. Die Staatscasse leistete einen Beitrag von 20,000 Mark mit Rücksicht auf die durch die Correction gesicherten Landstraßen. Der ganze Aufwand ist auf 300,000 Fl. veranschlagt worden. Die Summe der für Verbesserung dieser Straße aufgewendeten Kosten beträgt 429,948 Mark.

Nr. 89.

Straße von Klepsau nach Winzenhofen.

Länge 10,16 Kilometer = 2,29 Stunden.

Nr. 153.

Straße von Ruchsen über Siglingen nach Untergriesheim.

Jaxtthalstraße.

Länge 9,99 Kilometer = 2,25 Stunden.

Von dem Eintritt der Jaxt in das badische Gebiet bei Klepsau durchzieht sie bis zur Einmündung in den Neckar bei Jaxtfeld abwechselnd württembergisches und badisches Territorium. Die Länge des Thals beträgt vom Neckar bis zur württembergischen Gränze oberhalb Klepsau circa 12,9 Stunden, wovon 4,5 Stunden in Baden und 8,4 Stunden in Württemberg liegen. Das Thal war ursprünglich von den Kelten und später von den Römern bewohnt. Die Namen: Jaxt (Aalbach), Jaxtfeld, Jaxthausen, Griesheim, Ruchsen und Klepsau stammen aus keltischer Sprache. Zwischen Jaxthausen und Olnhausen hatten die 8. und 22. Legion der Römer ihr Standquartier, und von da zog der römische Gränzwall über Osterburken an den Main. Reste einer angeblich römischen Straße finden sich am Neustetter Wald, durch den Ziegelwald gegen Ballenberg, Aschhausen und Widdern. Eine andere Straße dieser Art geht von Boxberg nach Ballenberg (30 Fuß breit), wahrscheinlich nach Krautheim oder Neunstetten. Nach einer Karte von 1774 führt die „hohe Landstraße“ von Krautheim über Neuhof (südlich von Schönthal) über den Pfitzhof nach Neuzweiflingen, zwischen Kocher und Jaxt in der Richtung nach Wimpfen.

Bei der Ziegelhütte in Neudenau(3) finden sich Baureste eines römischen Castells. (Siehe Schriften des badischen Alterthums-Vereins II. 148.) Auch bei Jaxthausen fand man römische Gebäudereste, Denksteine, Münzen, Röhren einer Wasserleitung und Legionsziegel.

Im 8. Jahrhundert wurde in dem Jaxtthal schon Wein gebaut, und in dieselbe Zeit fällt auch die jetzt noch benützte Gangolph-Capelle oberhalb Neudenau, wohl die älteste Kirche in Baden. (4)

---

(1) Die bekannte älteste Brücke bei Staufen war von Holz und gedeckt; sie wurde 1823 abgebrochen. Es folgte dann eine Holzbrücke mit Hängwerk. Die jetzige Brücke hat 12 Meter Lichtweite und 76 Fuß Breite. (2) Die alte Brücke, ein hölzernes Sprengwerk, stund 9 Meter unterhalb der neuen. Letztere besitzt eine Weite von 12,8 Meter oder Senke 9,5 Meter. Für das Walzeisen wurde pro Centner 12 Fl. bezahlt. Die Straße ist 6 Meter breit mit 5 Meter Fahrbahn und besitzt ein Gefäll von 1,7 Procent. (3) Neudenau erhielt 1236 Stadtrechte, der Ort hieß damals Busingen. (4) Der heilige Gangolph war ein Edelmann aus Burgund, dem viele Wunder zugeschrieben werden. Er starb 760. Nach ihm sind viele Capellen, z. B. auch jene in Kluftern,

Als Bewohner der Burg in Krautheim wird schon 1144 ein Krutheim genannt, und die Gründung des Klosters Schönthal, wo sich die interessante Grabstätte der Schirmherren von Berlichingen befindet, fällt in das Jahr 1157. (1)

Aus allem dem geht hervor, daß das Jaxtthal schon frühe bevölkert war. Gleichwohl waren die Straßen bis in die neuere Zeit größtentheils noch in ganz ursprünglichem Zustande, was wohl zum Theil dem erforderlichen Aufwande, hauptsächlich aber der großen Zahl und dem Besitzwechsel der betheiligten Territorien zuzuschreiben ist. Herbolzheim, Neudenau, Ruchsen, Gommersdorf, Assamstadt, Horrenbach, Krautheim, (2) Klepsau, Ballenberg und Winzenhofen waren churmainzisch und erstere drei kamen 1803 an Leiningen, letztere an Salm-Reiferscheid und sämmtliche erst 1806 unter badische Hoheit.

Eine Verbindungsstraße von dem Neckar- mit dem Jaxtthal bestund früher nur von Heilbronn resp. Neckarsulm über Neuenstadt nach Herbolzheim und Neudenau. Von hier ging ein Vicinalweg auf dem rechtseitigen Hochgestade nach Assumstadt und Möckmühl, (3) mit starkem Steigen und Fallen über Ruchsen und Widdern nach Jaxthausen und auf dem linken Ufer nach Schönthal und Bieringen, von hier aber wieder auf dem rechten Ufer nach Krautheim und Klepsau. Das größte Hinderniß für den Verkehr bildete die in einem tiefen engen Einschnitt liegende Steige bei Ruchsen.

Von Verbesserungen aus früherer Zeit ist nicht viel zu sagen. Im Jahr 1806 wurde die Straße von Krautheim bis Gommersdorf verbreitert und 1814 stellten die Gemeinden die Straße von Gommersdorf bis Schönthal nothdürftig her. (4) Dasselbe geschah 1824/26 zwischen Krautheim und Klepsau und zwischen Gommersdorf und Winzenhofen abermals durch Frohndconcurrenz der Gemeinden und die Güter wurden angekauft. Der Geldaufwand betrug 5200 Fl.

Im Jahr 1828 wurde den Gemeinden der Bezug eines Weggeldes bewilligt.

Um den Verkehr zwischen Mergentheim und Heilbronn zu beleben, hatte sich Württemberg im Jahre 1846 entschlossen, die Straße von Möckmühl bis Schönthal zu verbessern und als Landstraße zu behandeln. Der Straßenzug von Heilbronn über Neuenstadt, Möckmühl, Widdern, Jaxthausen, Krautheim, Mergentheim, Würzburg war nämlich günstiger in den Gefällsverhältnissen und um 1,6 Stunden kürzer als die alte Handelsstraße über Möckmühl, Adelsheim, Osterburken und Tauberbischofsheim nach Würzburg. Durch weitere Verbesserungen des Straßenzugs im Jaxtthale mußte daher eine wesentliche Benachtheiligung für den Verkehr auf der Linie Adelsheim-Tauberbischofsheim-Würzburg erwachsen, wenn man nicht ebenfalls die Steigen auf dieser Route mit großen Kosten corrigiren wollte.

Das im Jahr 1846 von Württemberg an Baden gestellte Ansinnen, die Steige bei Ruchsen (mit einem Aufwand von circa 20,000 Fl.) durch Verlegung der Straße in das Thal zu umgehen, fand darum umsoweniger Geneigtheit, als die Gemeinde Ruchsen wegen Abtretung der Wiesen gegen die Ausführung Einsprache erhob und Baden sich von dieser Straße überhaupt wenig Nutzen versprach.

Württemberg baute nun gleichwohl auf seinem Gebiet von Neuenstadt über Züttlingen nach Möckmühl und von Widdern aufwärts und brachte sein Ansinnen im Jahr 1853 in Baden neuerdings und um so dringender in Anregung, da im Wesentlichen nur noch die Abtheilung Möckmühl-Widdern zu corrigiren war, und König Wilhelm sich persönlich für diesen Straßenzug interessirte. Baden hatte 1853 bereits eine Correction unterhalb Klepsau mit 3405 Fl. ausgeführt und war nun geneigt, den Bau bei Ruchsen auszuführen, sofern Württemberg auch ander-

---

benannt. Meistens stehen diese Capellen in der Nähe von Heilquellen, so auch jene von Neudenau. Die dortige Quelle wurde zur Heilung der Pferde benützt, daher die vielen, jetzt noch sichtbaren Hufeisen, die vor alter Zeit ex voto an die Thüre der Capelle angenagelt wurden. Aehnliches findet man bei den Capellen in Tirol und an dem Münster in Thann im Elsaß. (1) Schönthal war eine Tochter des Cisterzienser Klosters Maulbronn. Die Einkünfte wurden auf 72,000 Fl. jährlich berechnet. Von Seite dieses Klosters soll im 13. u. 14. Jahrhundert viel für die Cultur im Jaxtthal geschehen sein. Die an den Thüren des jetzigen, 1708—22 erbauten Klosters vielfach angebrachten Verse sollen von dem Abt Benedikt Knüttel von Lauda (1683—1732) herrühren und in Verbindung mit einem Bande schlechter Verse Anlaß zur Bezeichnung der Knüttelverse gegeben haben. Rhein. Antiq. 8, 304. Das Kloster kam 1803 an Württemberg. Mone, Quellen S. 4; Schönhut, Chronik von Schönthal 1850; Stälin, Württembergische Geschichte 2. (2) Krautheim kam im 14. Jahrhundert an die Dynastie von Eberstein und 1359 an Churmainz. 1330 wird der Ort erstmals Stadt genannt, die schon drei Märkte hatte. (3) Möckmühl kam von den Grafen von Düren 1339 an Hohenlohe, 1444 an Churpfalz, 1504 an Württemberg. Der Ort erhielt 1467 Stadtrechte. (4) In demselben Jahre wurde auch bei Krautheim eine steinerne Brücke über die Jaxt erbaut.

weitige Straßenverbesserungen vollzieht, die mehr im Interesse Badens lagen und bisher vergeblich angeregt wurden.

Dieser Anlaß führte zu dem mit Württemberg getroffenen Uebereinkommen vom 26. Mai 1857, welches bezüglich der Jaxtthalstraße bestimmte: daß Württemberg die Verbesserung der Straße im Etter von Möckmühl bis zur Gränze auf Gemarkung Ruchsen, sowie von der Gränze oberhalb Ruchsen bis zum Etter von Widdern im Jahr 1858 vollendet, wogegen badischer Seits im Anschluß an diesen Bau die Correction auf Gemarkung Ruchsen gleichzeitig ausgeführt wird. Die Maximalsteigung wurde bei Möckmühl auf 4 Procent, im Uebrigen auf 2 Procent, die Breite auf 20 Fuß festgesetzt. Außerdem wurde bestimmt, daß Baden von der württembergischen Gränze bei der Bachmühle bis zur Gränze bei Siglingen mit höchstens $5^1/_2$ Procent Gefälle 20 Fuß breit baut, Württemberg aber von der Gränze bis Siglingen die Straße über Hochwasser legt und den Stich zwischen Assumstadt und Siglingen mit höchstens $5^1/_2$ Procent Gefäll corrigirt. Württemberg hatte demgemäß bis Ende 1859 nicht allein die Straße von Dörzbach bis unterhalb Neuenstadt in seinem Gebiet in guten Stand gesetzt, sondern auch zwischen Dörzbach und Mergentheim zwei Correctionen ausgeführt und die Straße von der Bachmühle bis Jaxtfeld verbessert.

In Baden wurde 1858/59 die Straße in Gemarkung Ruchsen mit einem Aufwande von 16,718 Fl. in das Thal verlegt. Der Neubau erhielt eine Länge von 840 Ruthen, eine Breite von 20 Fuß mit 16 Fuß Fahrbahn. Die gewölbte Diebachbrücke in Ruchsen wurde neu erbaut.

Die Gemeinde erwarb das Gelände im Werth von 5605 Fl., daher dem Staat noch zur Last blieben 11,113 Fl. Diese Abtheilung wurde 1859 vollendet, worauf sofort der Eilwagen auf dieser Route in Thätigkeit kam. In den Jahren 1858—1861 kamen dann weiter zur Ausführung: 1) die neue Straße von der württembergischen Gränze bei Untergriesheim bis zur Herbolzheimer Brücke; 2) die Regulirung des Wegs von da bis Neudenau; 3) die neue Straße von Neudenau bis zur Gränze bei Siglingen.

An Kosten übernahmen: Die Gemeinde Herbolzheim 971 Fl., Neudenau 4928 Fl., zusammen 5499 Fl. und die Staatscasse 19,284 Fl., im Ganzen 24,783 Fl.

Nun fehlten noch kleine Correctionen und die Ueberbrückung des Kreßbachs in Herbolzheim, die Erweiterung der Straße in der Neudenauer Vorstadt durch Entfernung einiger Häuser und die Verbreiterung der Jaxtbrücke bei Neudenau wegen Zunahme des Verkehrs in Folge der im Jahr 1869 errichteten Eisenbahnstation.

Die vorhandene 1735 auf Gemeindekosten erbaute steinerne Brücke hat 6 Bogen und ist 100 Meter lang. Ihre fahrbare Breite betrug nur 3 Meter. Durch Entfernung der steinernen Brüstungen und Herstellung $2^1/_2$ Fuß breiter auf eisernen Trägern ruhender Fußwege konnte die Fahrbahn auf 4,8 Meter verbreitert werden.

In Folge langwieriger Verhandlungen über die Beitragsleistungen und Erwerbung der Gebäude konnten diese Ausführungen erst 1873/74 bewirkt werden. Der Aufwand betrug 16,556 Fl., wovon Neudenau 2500 Fl., Herbolzheim 147 Fl. übernahmen und die Staatscasse noch 13,902 Fl. zu tragen hatte.

Die Straße, welche bis 1868 mit Staatsbeiträgen unterhalten wurde, kam in diesem Jahre in die Classe der Landstraßen.

Der ganze von Baden bestrittene Aufwand für diese Straße beträgt 114,278 Mark.

Der Straßenverkehr hat durch die 1869 eröffnete Eisenbahn von Jaxtfeld nach Osterburken abgenommen. Im Jahr 1864 sind beobachtet worden: zwischen Griesheim und Siglingen 87, zwischen Winzenhofen und Klepsau 63 Zugthiere, 1874 nur noch 29 resp. 52 pro Tag.

Nr. 90.

Straße von Buchen nach Mudau und Schlossau.

Länge vom Abgang der Straße Nr. 4 bis Mudau 8,65 Kilometer = 1,95 Stunden.

Der Verkehr zwischen den alten Orten Buchen und Mudau (1) benützte in früherer Zeit den directen Weg über Oberneudorf und Rumpfen; da derselbe aber 3 Thäler überschreitet und

(1) Mudau gehörte früher den Herren von Dühren, kam dann an Mainz, 1803 an Leiningen und 1806 an Baden. In Mudau und Buchen war Jahrhunderte lang der Sitz mainzischer, dem Ober-

8 Steigen besitzt, bediente man sich später der Straße über Hollerbach, obgleich auch hier eine Steige von 10 Procent Gefäll zu überwinden war.(1)

Die Herstellung einer besseren Verbindungsstraße wurde 1838 Gegenstand näherer Erwägung; die Bauausführung verzögerte sich aber, weil die Projecte der Straßenverbesserung von Eberbach nach Miltenberg, von Mudau über Schlossau nach Kailbach und von Adelsheim über Buchen nach Hettingenbeuren damit in Verbindung kamen.

Nachdem die Straße zwischen Eberbach und Amorbach in den Jahren 1840—1844 in guten Stand gebracht war, wurde von Seiten Hessens von der neuen Beerfelden-Eberbacher Straße ein guter Weg nach Schöllenbach hergestellt und die Fortsetzung desselben bis Kailbach theilweise auf dem linken Ufer des Itterbachs, also über badisches Gebiet angeregt, da der vorhandene Weg lediglich für Holzabfuhr bestimmt, sehr ungünstige Gefälle und kein Fundament besaß. Der Aufwand wurde bei Annahme einer Breite von 18 Fuß mit 14 Fuß Fahrbahn auf 17,000 Fl. veranschlagt.

Auf vielfach eingekommene Petitionen entschloß man sich im Jahr 1845 von Buchen über Mudau, Schlossau bis zur Straße Nr. 149 von Eberbach nach Miltenberg und von da nach Schöllenbach eine gute Straße zur Verbindung zwischen Buchen und dem hessischen Odenwald herzustellen. Der Aufwand war von Buchen bis Mudau auf 95,000 Fl., von Mudau bis an die Eberbach-Amorbacher Straße auf 62,000 Fl. überschlagen.

Um den Straßenzug von Buchen bis Mudau auch für die Einmündung der Straße von Adelsheim nach Buchen benützbar zu machen, wurde die alte Straße von Buchen gegen Oberndorf verlassen und die neue Straße mehr in der Richtung gegen Bödigheim verlegt, sodann der Ort Langenelz so nahe als möglich berührt.

Die erste Bewilligung für diesen Bau mit 25,000 Fl. erfolgte im Jahr 1846 und die Arbeiten begannen im Jahr 1847 fast gleichzeitig mit jenen zwischen Buchen und Seckach.

Die Ereignisse des Jahres 1848 geboten, sich auf das Dringendste zu beschränken, daher zur Ausführung der Straße von Buchen bis Muldau nur 54,905 Fl. zur Verwendung kamen, worunter auch die Kosten für Correction der Straße in Mudau selbst inbegriffen sind, welche Ausführung in Folge des vom 13. Juli 1849 stattgefundenen großen Brandes und dadurch veranlaßten neuen Stadtplans nöthig war.

Der früher projectirte Verbindungsbogen zwischen Straße Nr. 4 und Nr. 90 kam erst im Jahr 1864 mit einem Aufwand von 2200 Fl. zur Ausführung.

Die Straße nach Mudau wurde im Jahr 1850 in den Staatsstraßenverband aufgenommen.

Die Fortsetzung des Baues von Mudau über Schlossau unterblieb, dagegen wurde der Weg von Kailbach nach Schöllenbach in den Jahren 1856 und 1857 auf dem rechten Ufer des Itterbachs von Hessen corrigirt.

Seither hat die Gemeinde Mudau, welche inzwischen eine Straßenverbindung über Oberscheidenthal und Strümpfelbronn nach Eberbach erhielt, wiederholt um Herstellung einer directen Straße nach Amorbach durch das sog. Mudthal, dem Englertsgrund entlang, nachgesucht, da der Weg von Mudau über Schlossau und Ernstthal $4^3/_4$ Stunden lang ist, während die directe Straße durch das Mudthal nach Buch und Amorbach nicht ganz 3 Stunden lang wäre. Diese Straße könnte mit 2—3 Procent Steigung angelegt werden, sie führt aber 1378 Ruthen über badisches und 1762 Ruthen über baierisches Gebiet. Die Kosten wurden für Baden einschließlich der Güterentschädigung zwischen 16,000 und 17,000 Fl. veranschlagt.(2) Obgleich diese directe Verbindung im Interesse des Getreide- und Holzhandels an den Main für Mudau und Umgegend wünschenswerth erschien, so war doch damals die erforderliche Mitwirkung Baierns

---

amt Amorbach untergeordneter Amtsvogteien. Noch im Jahr 1840 wurde ein Gefängniß in Mudau von dem Bezirksamt Buchen benützt. (1) Zwischen Langenelz und Schlossau befinden sich Reste einer römischen Straße und die sogenannte hohe Straße ging von Mudau über Schlossau nach Obernburg. Auch von Oberscheidenthal nach Schlossau führt eine gepflasterte. wahrscheinlich römische Straße. Knapp, Römische Denkmale des Odenwalds 1854. Bei Schlossau, wo römische Funde gemacht wurden (Schriften des Alterthumsvereins 1846) stund ein römisches Castell, daher der Name des Orts. Siehe topographische Karte, Archäologische Karte von Paulus und Steiner „das Maingebiet“. An der Hochstraße wurden viele römisch-gemauerte Gräber von 145—222 nach Chr. entdeckt, die 10—15 Minuten von einander entfernt sind. Auch Reste von Bädern und Cohortenzeichen mit XXIII wurden hier nebst römischen Legionsziegeln gefunden. Auch nordwestlich von Schlossau zwischen den nach Schöllenbach und Hesselbach führenden Wegen fanden sich römische Gräber. (2) Zwischen Mudau und Amorbach besteht noch ein in der Höhe neben der Römerstraße hinziehender Weg, der zwei sehr lange und steile Steigen besitzt und daher für Lastfuhren nicht geeignet ist.

nicht zu erwarten, nachdem die Straße von Amorbach nach Walldürn auf baierischem Gebiet 1867 unter die Staatsstraßen aufgenommen wurde, ein weiterer Verbindungsweg mit Amorbach aber mit Staatsunterstützung zur Zeit nicht hergestellt werden wollte und deshalb auch bis jetzt nicht einmal die Straßenverbindung von Amorbach bis Hettingenbeuren hergestellt wurde, obgleich diese Linie bis zur Eisenbahnstation Seckach eine halbe Stunde kürzer als die projectirte Linie über Mudau ist.

Das Project, den Weg von Mudau nach Schlossau zu verbessern und von da durch den sog. Höllgrund nach Ernstthal zu bauen, fand in dem bedeutenden Aufwand von 20,700 Fl. ein Hinderniß.

Die 1200 Ruthen lange Straße von Mudau bis Schlossau hat mit Ausnahme von 300 Ruthen Länge bei Mudau, wo ein Gefäll von 8 Procent vorkommt, nur Gefälle von 2—3 Procent und könnte daher in der Hauptsache beibehalten werden.

Die Straße durch den Höllgrund würde aber bei einer Länge von 1100 Ruthen 6½ Procent Gefäll erhalten. Man glaubte darum wieder auf die Verbesserung der Route Schlossau bis Eberbach-Miltenberger Straße Bedacht nehmen zu sollen.

Die Kosten waren 1847 veranschlagt: für die Abtheilung von Mudau bis Schlossau auf 25,000 Fl. und für Schlossau bis zur Miltenberg-Eberbacher Straße auf 23,000 Fl. Auch dies Project blieb mit Rücksicht auf dringendere Bauten unausgeführt. Dagegen wurde in den Jahren 1871/72 eine neue Straße von Mudau nach Amorbach durch das Mudthal hergestellt. Siehe Nr. 295.

Im Jahr 1874 kam die Verbesserung des Weges von Mudau nach Schlossau und bis zur Straße Nr. 149 neuerdings in Anregung.

Die Kosten für eine Correction in Schlossau, für Gefällausgleichungen bei Mudau und in dem fürstlich leiningenschen Park wurden bei Annahme einer Straßenbreite von 5,4 Meter auf 29,300 Mark veranschlagt. Die Ausführung ist auf die Periode 1878/79 verschoben.

Der erweisliche, bisher bestrittene Aufwand für Verbesserung dieser Straße betrug 97,894 Mark. Der Verkehr besteht seit 1864 ungefähr in 43 Zugthieren pro Tag.

Nr. 91.

Straße von Buchen nach Adelsheim.

Länge vom Abgang von der Straße Nr. 4 bis Adelsheim 15,47 Kilometer = 3,48 Stunden, einschließlich der Zufahrt zur Eisenbahnstation an der Heidelberg-Würzburger Bahn.

Nr. 157.

Straße von Buchen nach Hettingenbeuren.

Länge 8,03 Kilometer = 1,81 Stunden.

Nr. 159.

Straße von Adelsheim nach Möckmühl.

Länge in Baden . .	5,37 Kilometer =	1,21 Stunden
„ „ Württemberg		1,63 „
zusammen		2,84 Stunden.

Die hier genannten drei Straßen, welche in ihrem Zusammenhang die Gegend des mittleren Neckars mit dem mittleren Main verbinden, hatten bis in die neuere Zeit lediglich die Bedeutung von Ortsverbindungswegen. Die alte Straße von Buchen nach Adelsheim führte über den Wartberg nach Eberstadt und von da über Schlierstadt nach Zimmern. Sie war noch im Jahr 1817 an vielen Stellen nur 5—5½ Fuß breit und besaß äußerst ungünstige Gefällsverhältnisse.

In den Jahren 1829—1831 wurde die Straße zwischen Adelsheim und Zimmern von den Gemeinden corrigirt und auch an den übrigen Theilen des Weges sind in der Zeit von 1826 bis 1835 verschiedene Verbesserungen ausgeführt worden.

Auch der Weg zwischen Seckach und Zimmern wurde im Jahr 1831 von den Gemeinden auf 12—17 Fuß erweitert und theilweise corrigirt. Die Straße von Buchen nach Hettingenbeuren hatte bis in die neuere Zeit mehr den Charakter eines Wald- und Feldweges, wie letzteres heute noch von Hettingen abwärts der Fall ist. In etwas besserem, wenn auch mangelhaftem Zustande befand sich der Weg von Adelsheim nach Sennfeld. Von letzterem Ort bis Möckmühl hatte die Straße mehrere starke Steigen, von denen jene bei Roigheim besonders lästig war.(¹) Die Verbesserung der Straßen zur Erleichterung des durchgehenden Verkehrs zwischen dem Neckar und dem Main beschränkte sich ursprünglich auf die Postrouten zwischen Mosbach und Würzburg und auf einige minder wichtige Seitenstraßen. Das Bedürfniß einer directen Straßenverbindung in der Richtung von Süden nach Norden, also von Heilbronn nach Miltenberg, kam erst in den Jahren 1843 und 1844 durch eine von den betreffenden Gemeinden an die zweite Kammer gerichtete Petition (siehe Verhandlungen der zweiten Kammer von 1844, zwölftes Beilagenheft Seite 340; achtes Protokollheft Seite 238 und neuntes Protokollheft Seite 250) zur Geltung, nachdem schon früher, vom Jahr 1835 an, sich Wünsche zur Verbesserung einzelner Straßen in der erwähnten Richtung kundgegeben hatten. Ueber die Frage, welche Zugslinie zur directen Verbindung von Heilbronn mit Miltenberg die geeignetste sei, wurden im Jahr 1845 Untersuchungen angeordnet, wobei im Wesentlichen vier Projecte in Betracht gezogen wurden, nämlich: 1) die Linie von Heilbronn durch das Schefflenzthal und das Mudthal über Amorbach nach Miltenberg; 2) die Linie über Möckmühl, Adelsheim, Seckach, Buchen, Hettingenbeuren und Miltenberg; 3) die Linie von Heilbronn über Krautheim, Ballenberg, Merchingen und Rosenberg nach Walldürn und Miltenberg; 4) die Linie von Mergentheim über Boxberg durch das Umpferthal und das Erfthal über Hardheim nach Miltenberg.

Sämmtliche Behörden entschieden sich für den unter Ziffer 2 genannten Zug von Möckmühl über Adelsheim, Buchen und Hettingenbeuren und auch die Stände gaben dieser Zugslinie vor den übrigen den Vorzug. Vor Allem war daher eine Vereinbarung mit Baiern zu wünschen, damit der nur 8—10 Fuß breite Weg von Buchen nach Schneeberg durch Correction und Verbreiterung in guten Stand gebracht und die Gegengefälle von 10—12 Procent ermäßigt werden. Da sich aber voraussichtlich die Verhandlungen hierwegen mit Baiern in die Länge ziehen konnten, hielt man für angemessen, einstweilen zwischen Adelsheim und Buchen durch Correction des vorhandenen Vicinalwegs bis Bödigheim und durch Neubau von da bis Buchen eine gute Straße mit 22 Fuß Breite und 15 Fuß Fahrbahn herzustellen, wofür die Kosten ursprünglich auf 146,000 Fl. veranschlagt waren. Obgleich zu diesem Ende in dem Budget für 1846/47 vorläufig 50,000 Fl. bewilligt waren, konnten die Bauarbeiten selbst doch erst im April 1847 beginnen, weil gegen die Wahl der Zugslinie von verschiedenen Seiten, insbesondere von der Gemeinde Bödigheim, Einsprachen erhoben wurden. Im Jahr 1848 war der Bau von Buchen bis in die Nähe von Seckach mit Ausnahme der Abtheilung durch den Ort Bödigheim hergestellt. Die Ereignisse der Jahre 1848 und 1849 veranlaßten, daß die Fortsetzung der Bauarbeiten theilweise eingestellt wurde. Nachdem am Schlusse des Jahres 1850 die Straße bis Seckach mit einem Aufwand von 95,500 Fl. hergestellt war und nur noch ein Aufwand von 4400 Fl. für die Abtheilung durch Bödigheim erforderlich schien, schritt man auch zur Verbesserung der Abtheilung zwischen Seckach und Adelsheim und zwar zunächst der Strecke von Seckach bis Zimmern, wofür 27,000 Fl. beansprucht und bewilligt wurden. Auch dieser Weg sollte 20 Fuß breit, mit 16 Fuß Fahrbahn, aus 4 Zoll hohem Gestück, 3 Zoll Sandsteinschotter und 3 Zoll Kalksteinschotter ausgeführt werden. Diese Arbeit wurde schon im Frühjahr 1852 wegen des damaligen Nothstandes der Gegend begonnen und Ende 1853 vollendet. Da die Gemeinde Buchen schon im Jahr 1850 die Anlage eines Holzabfuhrweges durch den Stadtwald in der Richtung nach Hettingenbeuren herzustellen beabsichtigte, schien es gerechtfertigt, diesen Weg sogleich in der Art auszuführen, daß er als Theil des ganzen Straßenzugs zwischen Heilbronn und Miltenberg benützbar werde.

(¹) Von Möckmühl über den sogenannten Römerberg bei Leibenstadt führte eine sogenannte römische Straße (hohe Straße) nach Osterburken.

Der Aufwand für eine 20 Fuß breite Straße mit 15 Fuß Fahrbahn war im Jahr 1850 auf 46,300 Fl. überschlagen.

Nachdem sich die Gemeinde Buchen im Jahr 1851 bereit erklärt hatte, für den Bau durch den Wald einen baaren Zuschuß von 8000 Fl. zu leisten und das auf 3—4000 Fl. gewerthete Gelände unentgeltlich zu stellen, wurde durch das Budget für 1852/53 für diesen Zweck 8000 Fl. aus der Staatscasse bewilligt. Der Bau durch den Wald wurde im März 1853 begonnen und 1854 vollendet.

Ein in diesem Jahre für die Vollendung der Straße zwischen Buchen und Hettingenbeuren aufgestellter neuer Ueberschlag forderte bei 18 Fuß Straßenbreite 28,000 Fl. Die Ausführung dieses Baues unterblieb damals, weil noch immer keine Aussicht vorlag, daß der Weg auf baierischem Gebiet ebenfalls verbessert werde. Im Jahr 1854 entschloß man sich, auch die Abtheilung zwischen Hofzimmern und Adelsheim zu corrigiren, wofür die Kosten auf 14,000 Fl. veranschlagt waren. Da die Gütererwerbung aber in der Gemarkung Adelsheim auf Hindernisse stieß, blieben zwei 842 Ruthen lange Abtheilungen ausgesetzt, wovon im Jahr 1864 500 Ruthen auf Kosten des mit der Straße zusammenfallenden Eisenbahnbaues corrigirt wurden. Die noch restirende Correction, welche auf 5350 Fl. überschlagen war, wurde im Jahr 1865 vollendet, nachdem die Gemeinde Adelsheim sich zu unentgeltlicher Lieferung der Schottersteine im Werth von 508 Fl. bereit erklärt hatte. Auf fortwährendes Andringen der Gemeinden Buchen und Hettingenbeuren bewilligte das Budget für 1864/65 endlich auch die Mittel zur Vollendung der Straße zwischen Buchen und dem Ort Hettingenbeuren im Betrag von 20,600 Fl., wovon auf die Abtheilung zwischen Buchen und dem Wald 10,700 Fl., zwischen dem Wald und Hettingenbeuren 9900 Fl. entfielen. Die Gemeinde Buchen stellte das auf 1500 Fl. gewerthete Gelände gegen ein Aversum von 1000 Fl., die Gemeinde Hettingenbeuren das auf 2700 Fl. geschätzte Gelände gegen Aversum von 2200 Fl. Der Bau wurde im Jahr 1865 in der Unterstellung begonnen und 1866 vollendet, daß baierischer Seits endlich auch die Fortsetzung der Straße bis Schneeberg ausgeführt werde, indem der bestehende Feldweg für den Verkehr nicht zu benützen ist. Der ganze Aufwand für die Straße von Hettingenbeuren bis Adelsheim betrug 164,793 Fl. Bezüglich der Abtheilung von Adelsheim über Sennfeld bis zur württembergischen Gränze wurden im Jahr 1855 ebenfalls Vorarbeiten angeordnet, um den Vicinalweg, welcher vielfach nur 14—16 Fuß breit war und mehrere Steigen enthielt, durch Erweiterung und Gefällsausgleichung zu verbessern. Der Ueberschlag forderte 20,000 Fl.

Um die dringendsten Verbesserungen einzuleiten, wurde im Jahr 1856 die Verwendung des von dem Buchen-Adelsheimer Straßenbau erübrigten Creditrestes von 9657 Fl. genehmigt.

Da dieser Weg aber als Vicinalweg fortbestehen sollte, während die Straße von Buchen bis Seckach in den Straßenverband aufgenommen war, nahm man die Breite der Straße nur zu 18 Fuß an. Es erfolgte aber nun unterm 26. Mai 1857 das schon erwähnte Uebereinkommen mit Württemberg,(1) welches bezüglich dieser Straße bestimmt: daß die Straße in der Breite von 20 Fuß mit höchstens 5 Procent Gefäll in den Jahren 1858 und 1859 auszubauen, württembergischer Seits dagegen die Steigen zwischen Roigheim und der Gränze bis 1860 auf ein Maximalgefäll von $5^1/_2$ Procent zu corrigiren sei. Der Bau wurde badischer Seits im Jahr 1857 ausgeführt und sodann auch die Straße zwischen Adelsheim und Roigheim in den Straßenverband aufgenommen. Die weiteren Straßentheile von Roigheim über Möckmühl und Zittlingen nach Neuenstadt wurden von Württemberg ebenfalls entsprechend verbessert, namentlich auch die bedeutende Steige bei Zittlingen corrigirt.

Der ganze Aufwand, den die Staatscasse für die Straße bei der württembergischen Gränze bei Roigheim bis Hettingenbeuren aufgewendet hat, beträgt 174,450 Fl.

Von den Gemeinden hatten beigetragen: Buchen 12,500 Fl., Adelsheim 508 Fl. und Hettingenbeuren 500 Fl.

Leider fehlt jetzt noch die Abtheilung von Hettingenbeuren bis an die baierische Gränze und von dort bis Schneeberg, so daß zur Verbindung von Heilbronn mit Miltenberg für den durchgehenden Verkehr der Weg von Buchen über Walldürn und Amorbach oder über Hardheim nach Miltenberg eingeschlagen werden muß. Der von Baiern zu bestreitende Aufwand ist auf

(1) Siehe S. 37.

22,094 Fl. berechnet. Die Ausführung dieses Baues ist durch die neue Straße von Mudau nach Amorbach (Nr. 295) neuerdings in die Ferne gerückt. Man sieht hieraus, daß man ohne Gewißheit über die Fortsetzung eines Straßenbaues auf benachbartem Gebiet den Bau nicht ausführen sollte. Die Straße von Buchen über Adelsheim an die württembergische Gränze ist seit ihrer Vollendung in die Classe der Staatsstraßen eingereiht, jene von Buchen nach Hettingenbeuren wurde aber bis 1868 als Vicinalstraße mit Staatsunterstützung unterhalten, da sie für den durchgehenden Verkehr an den Main noch nicht benützbar ist. Von 1868 an wurde auch diese Straße als Landstraße behandelt.

Die, auf dem Vertrag mit Württemberg vom März 1864 beruhende, Eisenbahn von Jaxtfeld nach Osterburken, welche im October 1869 mit der Bahn von Königshofen nach Mergentheim und Krailsheim eröffnet wurde, hat den Verkehr auf der Straße von Adelsheim nach Möckmühl wieder vermindert. Dagegen hat sich der Verkehr zwischen Adelsheim und Buchen seit 1856 von 30 auf 70 Zugthiere pro Tag gehoben. Der Verkehr von Buchen nach Hettingenbeuren besteht nur in 15 Zugthieren täglich. Der nachweisbare Aufwand für Verbesserung dieser Straßenzüge besteht in 322,214 Mark.

Nr. 92.

Straße von Muggensturm nach Rothenfels.

Länge 5,68 Kilometer = 1,28 Stunden.

Im Jahr 1830 wurde von Seite der betheiligten Gemeinden und Behörden der Antrag gestellt, die an dem Gebirge hinziehende alte Vicinalstraße von Muggensturm über Bischweier nach Rothenfels in den Staatsstraßenverband aufzunehmen, da dieselbe für die unterhalb Rastatt liegenden Bewohner zum Verkehr mit dem oberen Murgthal eine Stunde näher als die Staatsstraße über Kuppenheim ist und deshalb schon früher eine starke Frequenz hatte, obgleich sie sich größtentheils in einem sehr mangelhaften Zustand befand.

Von Rothenfels bis Bischweier besaß die alte Straße auf eine Länge von 679 Ruthen eine Breite von 20—24 Fuß und durchschnittlich ein zweckmäßiges Längenprofil.

Durch den Ort Bischweier und von da bis zur Landstraße oberhalb Muggensturm auf eine Länge von 1420 Ruthen war der Weg größtentheils nur 14—16 Fuß breit, die Zugslinie schlecht, vielfach hügelig, und der ganze Weg hatte ein unzureichendes Fundament. Der Aufwand für die nothdürftigste Verbesserung wurde im Jahr 1831 auf 5050 Fl. oder, falls Fuhr- und Handfrohnden geleistet werden, auf 2933 Fl. veranschlagt; die Ausführung unterblieb.

Die im Jahr 1837 bei der zweiten Kammer der Stände eingereichten Petitionen der Gemeinden um Aufnahme des Weges in den Staatsstraßenverband wurde der Regierung mit *dringender* Empfehlung überwiesen. Die Gesuche blieben ohne Erfolg, weil damals ein neues Straßengesetz in Aussicht stund.

Als aber die Hoffnung, ein solches Gesetz zu Stande zu bringen, in die Ferne gerückt war und durch die am 1. Mai 1844 erfolgte Eröffnung der Eisenbahn von Carlsruhe nach Rastatt die Frequenz zwischen Muggensturm und Rothenfels sich bedeutend erhöht hatte, entschloß sich die Regierung im Jahr 1851 diesen Weg in vollständig guten Stand bringen zu lassen. Die Kosten für die ca. 2000 Ruthen lange und 20 Fuß breite Straße wurden auf 10,000 Fl. überschlagen.

Die Genehmigung dieser Ausgabe erfolgte durch das Budget von 1852/53 und der Bau selbst wurde, nachdem das erforderliche Gelände im Werthe von 235 Fl. von den Gemeinden Muggensturm, Bischweier und Rothenfels unentgeltlich gestellt war, schon im Frühjahr 1852, also vor Genehmigung des Budgets, begonnen, um den dürftigen Bewohnern der Umgegend Gelegenheit zum Verdienst zu geben. Die Vollendung erfolgte in demselben Jahre und die Straße wurde 1853 in die Classe der Staatsstraßen aufgenommen. Der wirkliche Bauaufwand belief sich auf 17,840 Mark.

Der Verkehr ist in fortwährendem Zunehmen begriffen. 1856 wurden 105, 1864 240, 1874 263 Zugthiere täglich beobachtet.

Nr. 93.

Straße von Bruchsal nach Germersheim.

Länge in Baden	18,34 Kilometer	= 4,13	Stunden,
„ „ Baiern		0,61	„
zusammen		4,74	Stunden.

Die Länge ist gerechnet von Straße Nr. 142 bis zu Nr. 2 und von hier bis zur Gränze des Festungsrayons, sodann von dieser Gränze bis Germersheim.

Die Namen der Gewässer Rhein, Pfinz und Salbach, sowie der Orte Bruchsal, Knaudenheim, Rheinsheim, Rußheim und Germersheim sind keltischen Ursprungs, daher die ältesten bekannten Wege, welche zur Verbindung dieser Orte dienten und auch von den Römern benützt wurden, wahrscheinlich gleicher Abstammung sind.[1] Die von Rheinsheim nach Germersheim führende alte Straße wurde 1297 „Heerstraße" genannt, was auf einen römischen Rheinübergang bei Germersheim schließen läßt. (Mone, Zeitschrift 141.) Bei Rußheim befindet sich eine, ehemals dem Merkur, jetzt dem Michael gewidmete Kirche. Zwischen Bruchsal und Germersheim[2] bestund seit unvordenklichen Zeiten eine Straße, welche die Orte Altenburg,[3] Neudorf und Knaudenheim[4] berührte und die Communication mit der linksrheinischen alten Straße von Mannheim nach Speyer vermittelte, welche durch die jetzige Hauptstraße der Stadt Germersheim zog. Der Rheinübergang war wahrscheinlich in der Nähe von Knaudenheim.

Der Neubau des Bruchsaler Residenzschlosses gab gegen die Mitte des vorigen Jahrhunderts dem Bischof Freiherrn von Schönborn (1710—1743) Veranlassung, von dem Schlosse in gerader

---

[1] Bei Bruchsal und Huttenheim wurden Funde aus keltischen und römischen Gräbern gemacht, namentlich auch ein keltisches Schwert und eine Lanzenspitze gefunden. Die alte Straße von Rheinsheim nach Philippsburg heißt „Der hohe Weg" (Plan 1819). [2] Germersheim (vicus Julii) wird in Urkunden erstmals 1175 mit dem jetzigen Namen genannt. Kaiser Rudolf I. von Habsburg, der 1291 hier starb, hatte 1276 die Stadt gegründet und ihr die Freiheiten und Rechte von Speyer, namentlich den Zoll gegeben. Durch die im Jahr 1330 erfolgte Verpfändung an die Pfalzgrafen Rudolf und Ruppert verlor Germersheim die Reichsfreiheit (Lampadius, Beiträge). Die Stadt war schon im 16. Jahrhundert befestigt; die im 17. Jahrhundert weiter ausgedehnten Festungswerke wurden aber 1674 von den Franzosen zerstört. Im Jahr 1688 kam Germersheim an Frankreich, welches 1792 den Queichbach in einem tiefen Graben um die Stadt führen ließ. 1816 wurde Germersheim baierisch. Schon im Jahr 1815 waren die Festungswerke durch die Alliirten wieder ausgebessert worden. Der Bau der jetzt bestehenden neuen Festung wurde erst im Jahr 1834 begonnen (die Grundsteinlegung erfolgte 18. October 1834) und 1840 vollendet. Die Kosten bestritt Baiern mit Verwendung der französischen Kriegsentschädigung. Siehe Widder, Beschreibung der Pfalz 1786; Hugo, die Reichsstädte; Strobel, Geschichte des Elsasses; Frei, Beschreibung des baierischen Rheinkreises. [3] Altenburg, wie man glaubt, aus dem römischen „Castellum vetus" entstanden (Mone, Zeitschrift 7, 281), kam von dem Bischof von Speyer 1466 an die Familie von Venningen, dann wieder an das Hochstift Speyer. Im Jahr 1813 wurde der früher pfälzische Ort Dettenheim, der ¾ Stunden oberhalb Germersheim auf dem jetzigen linken Rheinufer lag, in Folge starker Beschädigung durch den Rhein nach Altenburg verlegt und die vereinigten Orte erhielten zur Erinnerung an Großherzog Carl den Namen „Carlsdorf". Widder, Beschr. der Pfalz 1786—88. [4] Der uralte Ort Knaudenheim, dessen Kirche die Jahreszahl 795 trug, lag vor der Rheincorrection unmittelbar an dem rechten Ufer des Rheines oberhalb Germersheim und wurde, seit Jahrhunderten von dem Rheine bedroht, 1758 in Folge einer durch Dammbruch veranlaßten, 9 Wochen dauernden Ueberschwemmung zerstört, sodann in den Jahren 1758—59 weiter aufwärts auf das Hochgestade verlegt und nach dem damaligen Fürstbischof Cardinal Chr. von Hutten, der dort eine neue Kirche und Schule bauen ließ, und der Gemeinde die Bauplätze für den Ort schenkte, Huttenheim genannt. Die Rheinbaugeschichte des Dorfes Knaudenheim giebt eines der traurigsten Bilder des Vertheidigungskrieges, der Jahrhunderte lang zur Abwehr von Beschädigungen des Stromes zwischen den beiderseitigen Uferbewohnern geführt wurde. Obgleich von den Gebietsherren der Pfalz, des Fürstenthums Speyer, der Markgrafschaft Baden, und der Stadt Germersheim schon im 15. u. 16. Jahrhundert Vereinbarungen darüber getroffen waren, daß keiner den andern in Vorkehr für Uferschutz beschränken soll, so fand doch jeder Bau, der zur Vertheidigung an einem Ufer ausgeführt wurde, Widerspruch. — Nachdem Knaudenheim in den Jahren 1550, 1651, 1655, 1740, 1747 durch Hochwasser schwer gelitten hatte, und abermals bedroht 1750 die Rheinufer durch eine starke Faschinade befestigen wollte, zerstörten am 18. Februar 2—300 Germersheimer unter Anführung des Bürgermeisters das geschaffene Werk. Der Rhein hatte damals in den abgelaufenen 25 Jahren über 100 Morgen Feld der Knaudenheimer Gemarkung verschlungen. Nachdem 1756 dem Orte wieder die größte Gefahr drohte und die zum Schutze beabsichtigten Bauten eine starke Protestation der linksrheinischen Bewohner hervorgerufen hatten, so entschloß sich Fürstbischof Hutten den Ort zu verlegen. Im Jahr 1750 war der Rhein nur noch 6 Schritte von dem Orte entfernt. Land. Arch.-Acten. Siehe Nr. 79 und 254.

Linie einen sog. Alleeweg in der Richtung gegen Graben anzulegen. Dieser Weg sowie die Straße durch den Kammerforst durfte aber bis 1809 von Privaten nicht befahren werden, man mußte den Weg über Neuthard und Carlsdorf nach Graben einhalten.

Nachdem die rechtsrheinischen Besitzungen des Hochstifts Speyer im Jahr 1803 unter badische Hoheit gekommen waren, wollte die Herrschaft die von dem Fürstbischof Schönborn hergestellte Grabener Allee den Gemeinden überlassen. Da dieselben aber die Uebernahme verweigerten, und eine durchgehende Verbesserung der Fahrbahn durch Chaussirung nöthig erschien, wurde die Straße 1808 in der Art in den Chausseeverband aufgenommen, daß die gewöhnlichen Arbeiten, wie Beifuhr der Steine, Steinklopfen und Ausbreiten nach Verhältniß der frohndbaren Mannschaft und des Zugviehes auf die Gemeinden ausgetheilt, die übrigen Auslagen, wie Anschaffung des Materials und Arbeitsgeschirrs auf die Chausseecasse übernommen wurden. Zu den Frohnden waren zunächst die nahegelegenen und betheiligten Gemeinden beizuziehen.

Als im Jahr 1815 die Festung Germersheim wieder ausgebessert und an Stelle der früheren Fähre oberhalb Germersheim eine Schiffbrücke errichtet war,(1) hielt man aus militärischen Rücksichten auch die Verbesserung der Straße bis dahin für nöthig, daher zunächst der neben dem Huttenheimer Rheindamm hinziehende, aber der Ueberschwemmung ausgesetzte Weg theilweise erhöht und auf den neuen Damm gelegt wurde. Hierauf folgte 1817—1820 die Verbreiterung der alten Straße von Neudorf bis zur Engelbrücke unterhalb Huttenheim, wozu die Chausseecasse baare Beiträge von 3000 Fl. leistete. Im Jahr 1820 erfolgte eine weitere Verbreiterung und der Bau der Engelbrücke mit 1118 Fl.

Obgleich die Straße damals schon von Huttenheim aus gegen Germersheim „Colonnenstraße" genannt wurde und ihre militärische Bedeutung damit anerkannt war, mußte sie doch vom Jahr 1822 an ausschließlich von den Gemeinden unterhalten werden, daher sie auch bald unfahrbar wurde.

Der Zug ging damals bis zu dem ehemaligen Knaudenheim wie jetzt, dann auf dem Rheindamm und von der Stelle, wo sich der alte Damm nördlich wendet, am Rhein hin bis zur ehemaligen Schiffbrücke. Auch jenseits zog die Straße auf dem Damm nach Germersheim.

Im Jahr 1825 verbesserte die Gemeinde Bruchsal den sog. Zieglerweg, der vor dem jetzigen Bahnhof auf die Alleestraße führte. In Folge des Hochwassers von 1824 wurde sodann der Rheindamm erhöht, die Straße darauf aber nur nothdürftig hergestellt, so daß meistens der schlechte Feldweg hinter dem Damm benützt werden mußte. Nachdem im Jahr 1829 eine neue Schiffbrücke in der Nähe von Rheinsheim (ca. 620 Ruthen unter der alten Brücke) erbaut war, stellte Rheinsheim eine neue gerade Zufahrtsstraße dazu her, und man benützte von jetzt an für den Verkehr zwischen Bruchsal und Germersheim die über Rheinsheim führende Vicinalstraße.

Im Jahr 1832 begannen nun auch die Vorarbeiten zu dem Bau eines Brückenkopfes auf dem rechten Rheinufer, und durch Staatsvertrag vom 25. April 1840 wurde die Hoheit über das hierfür erforderliche Terrain diesseits des Rheins an Baiern abgetreten, welches im Jahr 1845 auch die badischen Rheindämme, 2 Morgen 120 Ruthen enthaltend, käuflich übernahm, da der ganze Rheindurchschnitt innerhalb des Festungsrayons nun von Baiern unterhalten werden muß. (R.-Bl. 1843, S. 17.) Die Schiffbrücke, aus 32 Pontons bestehend, wurde 1848 bei dem Brückenkopf erbaut.

Diese Versetzung der Schiffbrücke(2) zu dem Brückenkopf gab der königlich baierischen Regierung im Jahr 1850 zu dem Wunsche Veranlassung, daß die von der Rheinbrücke innerhalb des Festungsrayons durch die Festungsbaudirection in einer Breite von 27 Fuß erbaute Straße bis zu dem von Rheinsheim nach Huttenheim führenden Vicinalweg fortgesetzt werde, um mit Umgehung des Ortes Rheinsheim direct auf die Rheinstraße zu gelangen.

Bei der strategischen Wichtigkeit, welche Germersheim als frühere, einzig befestigte, deutsche Uebergangsstelle am Oberrhein auch für Baden hatte, wurden in dem Budget für 1850/51 5000 Fl. für den Straßenbau genehmigt. Man behielt den alten Weg von Huttenheim bis gegen den Rheindamm im Wesentlichen bei und legte die neue Straße auf den Rheindamm. Da der letztere aber nur eine Breite von 18 Fuß hatte, die Straße aber nach dem Verlangen der Militärbehörde 22 Fuß breit mit 17 Fuß Fahrbahn anzulegen war, so wurde der 3 Fuß

(1) Diese Brücke stund 320 Ruthen oberhalb der neuesten Brücke am sogenannten Rauschenbügelwald in schiefer Stellung zum Rhein. (2) An Stelle der Schiffbrücke errichtete die Gemeinde Rheinsheim eine fliegende Fähre.

über das höchste Wasser ausgeführte Damm um 15 Zoll abgehoben und damit dessen Verbreiterung auf 22 Fuß bewirkt.

Die Fahrbahn wurde mit einer Wölbung von $1/_{40}$ der Breite mit 8—10 Zoll Kies hergestellt und die Auffahrt zu dem Damm mit einem Gefäll von 3 Procent erstellt. Der wirkliche Aufwand betrug 4179 Fl.

Da sich die Gemeinde Rheinsheim weigerte die Unterhaltung dieser Straße zu übernehmen, weil sie die alte directe Verbindung nach Germersheim beibehalten mußte, wurde die neue hergestellte sog. Colonnenstraße mit einer Länge von 1018 Ruthen im Jahr 1853 unter die Staatsstraßen aufgenommen. Die betheiligten Gemeinden und der Forstfiscus hatten schon damals die Aufnahme der ganzen Straße von Bruchsal-Germersheim in den Landstraßenverband angestrebt, da der Verkehr der Rheinorte nach dem Bruchsaler Wochenmarkt und der Eisenbahn bedeutend war und viel Baumaterial, Ziegel, Steine, Holz, Steinkohlen, Eisen und Zuckerrüben auf dieser Straße transportirt wurde.

Mit der Gemeinde Huttenheim schloß man am 2. October 1854 eine Vereinbarung ab, wornach dieselbe der Regierung das Recht einräumt, die Colonnenstraße von dem Huttenheim-Rheinsheimer Vicinalweg bis an die baierische Hoheitsgränze so lange nöthig zu benützen, wogegen sie sich das Eigenthumsrecht an die überbaute Fläche, sowie dem Genusse des Geländes, soweit solches nicht zu der Fahrbahn und dem Fußweg oder für Straßenmaterialablagerung erforderlich ist, vorbehielt. Die Straße von Bruchsal bis zur Colonnenstraße wurde in den Jahren 1857 und 1858 nur in der Gemarkung Carlsdorf mit Staatsunterstützung unterhalten, dann wurden aber auch für die übrigen Gemarkungen Staatsbeiträge geleistet.

Im Jahr 1859 wendete man für Verbesserungsarbeiten weitere 2478 Fl. aus der Staatscasse auf.

Um in dringenden Fällen die Festung schleunigst armiren zu können, verlangte Baiern im Jahr 1861, daß die Straße von Bruchsal bis zur Landesgränze in der Art hergestellt werde, daß sie, wenn nöthig, sogleich mit Schwellen und Schienen belegt und als Eisenbahn verwendet werden kann.

Demzufolge wurde bei Gelegenheit einer Vereinbarung zwischen Baden und Baiern über die Herstellung einer Eisenbahnverbindung von Carlsruhe nach Winden unterm 11. April 1862 auch ein Uebereinkommen über die Verbindung zwischen Bruchsal und Germersheim getroffen, welches im Wesentlichen bestimmt, daß „1) die königlich baierische Regierung auf Erstellung einer Eisenbahn für den gewöhnlichen Verkehr zwischen Bruchsal und Germersheim verzichtet, 2) die großherzogliche Regierung keinen Anstand erheben wird, wenn in Zeiten des Kriegs oder der Kriegsbedrohung eine Schienenverbindung zwischen Germersheim und den bei Bruchsal zusammentreffenden Communicationswegen aus militärischen Rücksichten auf Anordnung der zuständigen Militärbehörde hergestellt werden will.

Diese Schienenverbindung darf aber nur für militärische Zwecke benützt und nur so lange, als der Krieg oder Kriegsbedrohung dauert, belassen werden. 3) die großherzogliche Regierung verpflichtet sich, von Bruchsal bis zur Landesgränze beim Germersheimer Brückenkopf eine allen militärischen Anforderungen entsprechende Heerstraße, soweit dies noch nicht geschehen, binnen 2 Jahren anzulegen und in gutem Stand zu erhalten. Für diese Straße wird die seitherige Vicinalstraße, soweit nöthig, benützt und es wird insbesondere die Zugsrichtung durch Neudorf und Huttenheim aus Rücksicht für den Verkehr mit diesen Orten unverändert beibehalten. Im Uebrigen soll die Heerstraße von Bruchsal bis zum Anschluß an die sog. Colonnenstraße in der Art projectirt werden, daß die eventuelle Belegung derselben im Krieg oder bei Kriegsbedrohung mit Schienen in möglichst kurzer Zeit erfolgen kann. Die an der neu anzulegenden Straße vorkommenden Brücken und Durchlässe sollen sogleich diesem Zweck entsprechend angelegt werden. Bei Ausführung der übrigen zur Herstellung erforderlichen Arbeiten wird, soweit solches ohne unverhältnißmäßigen Mehraufwand geschehen kann, darauf Bedacht genommen werden, daß dieselbe im Falle eines Kriegs und auf dessen Dauer in möglichst kurzer Zeit von dem Befehlshaber zu militärischen Zwecken in einen Schienenweg umgewandelt und benützt werden kann."

Diesen Bestimmungen gemäß wurde 1863—1865 die Straße von Bruchsal durch die Grabener Allee, die eine Breite von 25 Fuß hat, mit einer Fahrbahn von 16 Fuß Breite aus 5 Zoll Fundament und 3 Zoll Schotter und auch die Straße von Neudorf bis zur Colonnenstraße 22 Fuß breit mit 16 Fuß Fahrbahn erstellt und das Gefäll auf 2 Procent ausgeglichen. Der Aufwand im Betrag von 28,900 Fl. wurde aus dem Eisenbahnbaufonds bestritten.

Die beiden Brücken über den Saalbach und den Saugraben wurden mit eisernen Blechträgern neu hergestellt. Die erstere hat eine lichte Weite von 16 Fuß, die letztere von 12 Fuß, die erstere eine Breite von 22 Fuß, die letztere von 21 Fuß. Der Aufwand betrug für erstere 3030 Fl., für letztere 1615 Fl. Schon 1862 wurden Staatsbeiträge zur Unterhaltung der Straße gegeben.

Nachdem man baierischer Seits im Jahr 1868 auf Vertragserfüllung drang, wurden Pläne und Ueberschläge für die vollständige Herstellung der Straße zum Behufe der Verwendung als Körper für eine Pferdebahn und für eine Locomotivbahn aufgestellt. Die Kosten für die Correctionen zu einer Pferdebahn, bei welcher Radien von 600 Fuß und 2 Procent Maximalsteigung einzuhalten wären, wurden auf 46,500 Fl., jene für eine Locomotivbahn mit 1 Procent Maximalsteigung auf 65,000 Fl. veranschlagt.

In Folge des Straßengesetzes von 1868 kam die ganze Straße in die Classe der Landstraßen.

Im Jahr 1869 wurde bei Huttenheim zur Minderung des Gefälles von 4 Procent auf 1,6 Procent am westlichen Ende des Orts eine Correction durch Verlegung der Straße in südlicher Richtung mit 7465 Fl. ausgeführt, die übrigen Correctionen unterblieben in Folge der Einsprachen der Gemeinden.

Da bei Ausbruch des Krieges mit Frankreich im Jahr 1870 die Rheinbahn von Mannheim nach Graben bereits betriebsfähig war, verlangte die Militärverwaltung den unverzüglichen Bau einer provisorischen Bahnverbindung von Graben nach Germersheim für Militärtransporte. Der Bau wurde von der badischen Straßen- und Eisenbahnbauverwaltung am 20. Juli 1870 begonnen und am 2. August, also innerhalb 13 Tagen mit Tag- und Nachtarbeit, vollendet.

Am 2. August wurde sodann auch der Bahnbau von Bruchsal bis Graben militärischer Seits angeordnet, dessen Vollendung am 15. August erfolgte. (1) Man verwendete großentheils die vorhandenen Vorräthe von Baumaterial; soweit diese nicht zureichten, wurden Ankäufe gemacht. Der Aufwand betrug für Germersheim (Landesgränze) bis Graben 158,047 Fl., von da bis Bruchsal 138,647 Fl., also die ganze Bahn 296,704 Fl. Innerhalb des Brückenkopfes baute Baiern. Unter den Kosten waren für Verbreiterung der Straße von Graben bis Germersheim 10,541 Fl. verwendet. Da der Krieg einen für die deutschen Waffen günstigen Verlauf nahm, gingen vom 1. August bis 13. September nur 25 Züge auf dieser Bahn.

Sie wurde, weil sie sich nicht für den allgemeinen Verkehr verwenden ließ, 1871/73 abgebrochen und die Straße wieder hergestellt.

War durch diese Vorgänge die Nothwendigkeit einer Bahnverbindung für militärische Zwecke thatsächlich anerkannt, so konnte dem von Baiern und Württemberg gestellten Verlangen in Betreff des Baues und Betriebes einer definitiven Bahn umsoweniger länger Widerstand geleistet werden, als von diesem Bau andere nützliche Concessionen an Baden abhängig gemacht waren. Auf Grund eines mit Baiern unterm 23. November 1871 abgeschlossenen Staatsvertrags wurde daher die definitive Bahn in den Jahren 1872/73 von Baden ausgeführt und im December 1874 bis zum Rhein in Betrieb genommen. (R.-Bl. 1872, S. 176.)

Wenn man sich hierbei erinnert, daß in dem Regierungsvertrag vom 4. December 1850 über den Bau der Bruchsal-Bietigheimer Bahn zur Widerlegung der vielfach geäußerten Besorgnisse, daß die Fortsetzung der Bahn von Bruchsal nach Germersheim in das Gebiet des Undenkbaren gehöre, und daß man auch bei Abschluß des Vertrags über den Bau der Main-Neckar-Bahn von der Ansicht ausging, „daß damit eine Concurrenzbahn auf der linken Rheinseite zwischen Mainz und Straßburg für immer beseitigt sei", so findet man hierin sprechende Belege dafür, daß naturgemäße Verbindungen sich dauernd nicht hindern lassen.

In den Jahren 1874/77 wurde 200 Meter oberhalb der militärischen Schiffbrücke eine stehende Eisenbahnbrücke von Eisen mit 3 Oeffnungen, von 87,33 Meter Lichtweite, 14 Meter über Pegel 0, 9,20 Meter über dem höchsten und 12,6 Meter über Mittelwasser erbaut.

Im Jahr 1876 ist der Straßendamm 400 Meter oberhalb der Rayongränze am Sandwald vom Hochwasser durchbrochen und dadurch Rheinsheim überschwemmt worden. An derselben Stelle war der Damm 1795 gebrochen und 1852 durch Hochwasser verschoben. 1795 war, wie 1876 in Rheinsheim, nur noch der Kirchhof über Wasser. Die Kosten für Dammherstellung betrugen 1876 33,500 Mark.

---

(1) Die einspurige Bahn wurde auf die Südseite der Straße gelegt, für die Straße blieben noch 12 Fuß Breite.

Der nachweisbare Aufwand für Verbesserung dieser Straße beläuft sich auf 105,130 Mark und mit Einschluß der Kosten für Wiederherstellung des Dammes 138,600 Mark.

Der Verkehr hat sich seit 1864 sehr vermehrt. In diesem Jahre wurden beobachtet: zwischen Bruchsal und Neudorf 159 Zugthiere, zwischen Neudorf und Germersheim 47; dagegen im Jahr 1874 auf erster Abtheilung 302, auf letzterer 218 Zugthiere.

Nr. 94.

Straße von Gersbach in das Wiesenthal.

Als im Jahre 1875 der Bau einer Eisenbahn von Schopfheim nach Zell beschlossen und bei Fahrnau eine Bahnstation zu errichten war, kam die Herstellung einer Zufuhrstraße von Gersbach zu dieser Station in Anregung. Dieser Ort besitzt nämlich nur einen ordentlichen Weg in das Werrathal, wogegen die bestehenden Wege über Schwangmatt und Raitbach nach Hausen und über Glashütten und Kürnberg nach Fahrnau schlecht und für den Transport schwerer Lasten und Langholz nicht zu gebrauchen sind. (1) Für die Verwerthung des großen Holzreichthums der genannten Gemeinden und benachbarten Höfe ist daher schon lange die Herstellung eines guten Holzabfuhrweges in das Wiesenthal in Aussicht genommen und dies Bedürfniß erscheint jetzt um so dringender, da durch Benützung der Eisenbahn das Absatzgebiet für Nutz- und Brennholz sich namhaft erweitert hat.

Nach einem im Jahre 1875 aufgestellten Bauplane und Ueberschlag würde die Herstellung einer guten 5,4 Meter breiten Straße, die zwischen Glashütte und dem Sattelhof über Kürnberg nach Fahrnau zieht und meistens 4—5, höchstens aber und nur auf kurze Erstreckung 5,5 Procent Gefäll besitzt, auf 53,000 Fl. zu stehen kommen.

Die Regierung war bereit zur Ausführung dieses Baues mitzuwirken, sofern die betreffenden Gemeinden, welche der Straße hauptsächlich als Holzabfuhrweg bedürfen, neben den gesetzlichen Beiträgen noch entsprechende Vorausbeiträge leisten. Da aber das meist betheiligte Gersbach nur 34,285 Mark im Ganzen und der Kreis nur 7728 Mark beitragen wollten, nahm man z. Zt. von der Ausführung Umgang.

Bei dem Bau dieser Straße sind interessirt außer Gersbach, welches einen Vorausbeitrag von 20,000 Fl. in Aussicht stellte: der Domänenfiscus wegen des Superioratswalds, Schopfheim, Fahrnau, Kürnberg und Sattelhof.

In der Gemeinde Gersbach sind hauptsächlich die sog. Mähnebauern (2) betheiligt, da sie die Haupteigenthümer der Waldungen in der Gemarkung sind. Die Mähne-Genossenschaft hat schon früher nach dem Bau der Werrathalstraße einen Weg in dieses Thal hergestellt, der nur auf eine kurze Strecke 10 Procent Gefäll besitzt, während die alte Straße 24 Procent hatte.

Gerasbach hat in der Neuzeit ca. 48,000 Fl. für Gemeindewege aufgewendet.

Nach einem Plan und Ueberschlag von 1876 wurde der Bauaufwand nun auf 160,000 Mark berechnet. In Gemarkung Gersbach soll ein Theil des neuen 5 Meter breiten Vicinalweges auf 1400 Meter Länge beibehalten werden. Die neue projectirte Straße folgt anfangs dem jetzigen Wege nach Kürnberg, dann kommt ein Neubau bis zur Selterbrücke mit 0,7—5 Procent Gefäll, statt wie jetzt mit 12 Procent. Von Kürnberg erhält die Straße 1,9 und durch den Hasler Wald $4^1/_2$ Procent. In Gersbach wird das Gefäll von 12 Procent auf 5—$6^1/_2$ ermäßigt. Als Breite sind 5 Meter und Radien von 20—18 Fuß angenommen.

Die Ausführung wurde im Hinblick auf die Finanzlage verschoben.

Ob der Bau dieser Straße nach dem Gesetz von 1868 mittelst der bestimmten Beiträge des Staats, des Kreises und der Gemeinden, und mit Vorausbeiträgen der letzteren gerechtfertigt erscheint, ist zweifelhaft.

Diese Beiträge sind nur für den Neubau von Landstraßen bestimmt, welche auch als solche unterhalten werden sollen. Ob nun dieser, zunächst nur für Holzabfuhr und für die Verbindung der Orte Gersbach, Glashütte und Kürnberg mit der Eisenbahnstation bestimmte Weg die in dem Gesetze bezeichnete Eigenschaft der Landstraße besitzt, ob er mithin eine über

---

(1) Nach einem Plan von 1761 führte eine „hohe Straße". Durch die Gemarkung Gersbach. (2) Unter Mähnebauern versteht man jene, die mit Pferde- oder Ochsengespann pflügen, also Großgrundbesitzer.

den örtlichen und nachbarlichen Verkehr hinausgehende Bedeutung für die Verkehrsinteressen besitzt: darüber kann man verschiedener Ansicht sein. Immerhin erfüllt die Straße Zwecke, die nicht allein den Gemeinden, sondern auch der Steuercasse und der Domainencasse wesentlichen Nutzen zuführen, indem die Steuerkräfte gehoben, der Werth der ärarischen Waldproducte erhöht und die Benützung der Eisenbahnen für die Holzabfuhr auf größere Entfernungen erleichtert wird. Sofern nun der Staatsaufwand, durch die Vorausbeiträge der Gemeinden, mit dem zu erwartenden Nutzen in richtiges Verhältniß gebracht ist, dürfte die Aufnahme dieser und ähnlicher Straßen unter die Landstraßen sich im öffentlichen Interesse wohl gesetzlich rechtfertigen lassen.

Die Entscheidung dieser Fragen wird aber immer von der jeweiligen Anschauung darüber beeinflußt sein, ob eine Verminderung oder eine Vermehrung der Landstraßen überhaupt für wünschenswerth erachtet wird.

Nr. 95.

Straße von Schopfheim über Wehr nach Brennet.

Länge 13,41 Kilometer = 3,02 Stunden.

Die auf keltische Abstammung hindeutende Namen der Flüsse Wiese und Werra und der Orte Wehr, Hasel und Schopfheim, sowie die bei Dossenbach in uralten Verschanzungen gefundenen keltischen Waffen lassen auf ursprünglich keltische Bevölkerung schließen, und die Bezeichnung einer alten, von Schopfheim über Eichen nach Wehr und Brennet führende Straße mit dem Namen „Hohe Straße“ weist auf späteren Verkehr der Römer in dieser Gegend hin. (Siehe Plan v. 1779.)

Aber auch im Mittelalter wurde die von Schopfheim(1) über Eichen,(2) Hasel(3) nach Wehr(4) und Brennet führende Straße für den Handelsverkehr zwischen Basel und Waldshut benützt.(5) Der Weg, der im Jahr 1766 noch „Landstraße“ genannt wurde, zog zwischen Schopfheim und Wehr durch mehrere tiefe, schmale und steile Hohlgassen, die man im Winter wegen Eis und Schnee nur mit Lebensgefahr passiren konnte. Das Gefäll wechselte beständig bis zum Maximum von 25 Procent. Am schwierigsten war die Passage bei Hasel und bei Eichen, welche beide Orte ebenfalls der badischen Markgrafschaft angehörten. Im Jahr 1778 ordnete die markgräfliche Regierung die Verbesserung dieses Weges an, allein bei dem Widerstreben der betheiligten Gemeinden gegen die ihnen zugemutheten Frohndleistungen und Kostenbeiträge nahm die Arbeit nur einen sehr langsamen Fortgang, denn erst 1782 wurde die Abtheilung durch den Eichener Wald hergestellt und die ganze auf das Nothdürftigste beschränkte Verbesserung kam erst 1788 zur Vollendung. Da man nur die Hohlgassen etwas erweitert und die stärksten Steigungen durch Auf- und Abtrag gemindert hatte, war dem Bedürfniß des Verkehrs natürlich nicht entsprochen, daher die Fuhren, welche Güter aus dem Wiesenthal nach dem oberen Rheinthal zu bringen hatten, genöthigt waren, den großen Umweg über Lörrach einzuschlagen, weil die Straße dahin ziemlich eben und besser hergestellt war.

Je mehr sich die Industrie in dem Wiesenthale ausdehnte, um so dringender kam das Bedürfniß einer directen Verbindung nach dem Oberrhein zur Geltung und man beabsichtigte darum schon im Jahr 1831 die Vicinalstraße über Dossenbach nach Niederschwörstadt in guten Stand zu bringen. Der bestehende Weg sollte möglichst beibehalten und der Straße eine Breite von mindestens 15 Fuß gegeben werden.

Zur Bestreitung der Kosten, welche approximativ auf 26,000 Fl. veranschlagt waren, wollte man eine Concurrenz der Betheiligten in der Art bilden, daß 16,000 Fl. auf die Gemeinden

(1) Schopfheim, keltischen Ursprungs und in Urkunden vom 8. Jahrh. genannt, gehörte 1179 der Abtei St. Georgen bei Villingen, kam 1260 an St. Blasien, dann an die Herren von Rötteln und durch diese an die Markgrafen von Baden. (2) In der Nähe dieses Ortes befindet sich der Eichener See, der sich aus noch nicht genau bekannter Veranlassung zeitweise bildet und dann wieder für längere Zeit ganz verschwindet. (3) Die nahe gelegenen Tropfsteinhöhlen sind nach diesem Orte genannt. (4) Wehr gehörte 1113 den Herren von Werr, dann folgten im 13. Jahrhundert als Eigenthümer die Herren von Klingen, das Hochstift Straßburg, die Grafen von Habsburg, Oesterreich, als Pfandinhaber der Markgraf Otto von Baden, sodann 1365 durch Auslösung des Pfandes die Herren von Schönau, hierauf der Baseler Zittel und 1374 wieder die Herren von Schönau. (5) Mone, Zeitschrift IV. 5.

ausgeschlagen und 10,000 Fl. von der Staatscasse übernommen werden. Zu letzterem Zwecke wurden auch die Mittel von den Ständen bewilligt, die Gemeinden aber waren größtentheils außer Stand, den ihnen zugemutheten Beitrag zu leisten. Aus diesem Grund und da sich viele Stimmen für die Zugslinie über Wehr und Brennet erhoben, wurden auch hierwegen technische Untersuchungen angeordnet, welche einen Bauaufwand von 40,000 Fl. in Aussicht stellten. Auch zu Aufbringung dieser Kosten waren die Gemeinden weder bereit noch fähig; die Stadt Schopfheim aber erklärte sich bereit, die Straße mit einem Staatszuschuß von 10,000 Fl. auszuführen, wenn sie nicht an einen Bauplan der technischen Behörde gebunden werde. Da man hierauf nicht einging, unterblieb der Bau.

Auf einen von der zweiten Kammer der Stände im Jahr 1844 ausgesprochenen Wunsch wurde diese Angelegenheit neuerdings aufgegriffen und ein detaillirter Plan und Kostenüberschlag für eine 21 Fuß breite Straße aufgestellt, wonach sich die Kosten auf 70,000 Fl. berechneten. Hiervon wurden im Jahr 1847 10,000 Fl. aus der Staatscasse flüssig gemacht, deren Verwendung aber in Folge der Ereignisse von 1848/49 unterblieb.

Nachdem in den Jahren 1846/48 die Straße von Wehr bis Todtmoos von den Waldbesitzern hergestellt und dadurch der Bezug des Holzes aus dem Werrathal erleichtert war, gab im Jahr 1852 die Rücksicht auf den Fabrikbetrieb im Wiesenthal und auf die damalige Verdienstlosigkeit der ärmeren Bewohner Anlaß, die Arbeiten mit Beschleunigung einzuleiten. Weil aber in der Ueberschlagssumme 10,600 Fl. zum Ankauf von 23½ Morgen Güter enthalten waren, wurde der Baubeginn von der Bedingung abhängig gemacht, daß die zu dem Bau nöthigen Grundstücke gegen ein Aversum der Bauverwaltung zu Eigenthum abgetreten werden.

In einem desfallsigen Uebereinkommen von 1852 übernahm die Stadt Schopfheim den Ankauf aller Güter Namens der Bauverwaltung gegen ein Aversum von 6000 Fl. und die Gemeinden Hasel und Wehr leisteten 1266 Fl. baaren Beitrag. Das war seit 1810 der erste Fall, wo eine Gemeinde die Güter gegen ein Aversum zu dem Bau einer Landstraße ankaufte.

Der Bau selbst begann noch im Jahr 1852 von Wehr aufwärts bis zu dem Haseler Wege auf eine Länge von 12,500 Fuß. Die Kosten für diese Abtheilung waren bei Feststellung einer Breite von 21 Fuß, einer Fahrbreite von 15 Fuß, aus 4 Zoll Fundament und 3 Zoll Schotter bestehend, auf 36,000 Fl. veranschlagt. Da diese Summe zwar für den bestimmten Zweck zureichte, aber zur Fortsetzung der Bauten keine Mittel vorhanden waren, verwendete man im Jahr 1853 mit höchster Ermächtigung die für die Brombacher Wiesenbrücke in dem Budget bestimmten 20,000 Fl. für die Fortsetzung des Baues bis zum Haseler Stich nächst oberhalb Eichen, bis wohin im Jahr 1855 die neue Straße fahrbar war.

Die Ausführung der Abtheilung vom Haseler Stich bis Schopfheim erfolgte in den Jahren 1856 und 1857 mit 36,000 Fl.

Die einzelnen vollendeten Straßenabtheilungen wurden auf Staatskosten unterhalten und die ganze Straße von Schopfheim bis Wehr in den Straßenverband aufgenommen. Die Gesammtausgabe der Staatscasse für diesen Bau bestund in 78,003 Fl. Die starke Holzabfuhr und der lebhafte Betrieb einer Kattundruckerei in Wehr, sowie der bedeutende Fremdenverkehr, den das durch Naturschönheit ausgezeichnete, wildromantische Werrathal veranlaßte, machte es nöthig, auch den 1846/47 nur nothdürftig verbesserten Vicinalweg von Wehr bis Brennet in guten Stand zu setzen, da derselbe mehrere lästige Stiche enthielt und an manchen Stellen, insbesondere in Gemarkung Oeflingen, nur eine Breite von 12—14 Fuß hatte.

Die Arbeiten für Correction und Verbreiterung dieses Weges auf 18 Fuß wurden in den Jahren 1858 und 1859 ausgeführt. Die Gemeinden Oeflingen und Wehr stellten das Gelände gegen Aversalbeiträge, wodurch der ersteren Gemeinde ein Aufwand von 477 Fl., der letzteren ein solcher von 1451 Fl. zuging.

Der Staatsaufwand für die Verbesserung dieser 1600 Ruthen langen Straße von Wehr bis Brennet belief sich auf 16,597 Fl. Auch diese Straße kam im Jahr 1860 in den Staatsstraßenverband.

Es handelte sich nun noch um Verbesserung des Straßenzugs durch den Ort Wehr mittelst kleiner Correctionen, Entfernung einiger kleinen Gebäude und Herstellung von Straßenrinnen.

Da die Gemeinde Wehr hierbei mitwirkte, war für die Staatscasse nur ein Aufwand von 5402 Fl. erforderlich.

Zur Verbindung der Schweizer Orte mit dem Wiesenthal besteht bei Wollbach schon lange eine, von den schweizerischen Rheingenossen (Schiffern und Flößern) mit Nachen betriebene Rhein=

überfahrt, zu deren Verbesserung mittelst einer Drahtseilfähre Baden 1869 die Genehmigung ertheilte, da der Verkehr sich durch die Station Brennet sehr gehoben hat.

Im Jahr 1876 sollte die alte Holzbrücke (Sprengwerk) in Wehr in Eisen umgebaut werden. Die Spannweite beträgt 12,8 Meter. Die alten Widerlager konnten beibehalten werden. Der Aufwand war auf 10,700 Mark berechnet. Die Gesammtkosten betrugen, soweit nachweisbar, für die Verbesserung dieser Straße 185,793 Mark. Der Verkehr ist in Abnahme begriffen, was mit zufälliger Minderung der Holzhiebe erklärt wird. Es wurden beobachtet:

1864 von Schopfheim nach Wehr 83, von Wehr nach Brennet 39 Zugthiere. 1874 auf 1. Abth. 52, auf 2. Abth. 65 Zugthiere täglich.

Im Jahr 1869 ist auch der Gemeindeweg von Hasel nach Glashütte mit 13,790 Mark verbessert worden, wovon die Gemeinden 9848, die Amtscasse 2571 und die Domänencasse 1371 Mark bezahlten.

Nr. 96.

Straße von Renchen nach Rheinbischofsheim.

Länge 12,47 Kilometer = 2,80 Stunden.

Diese Straße war im Anfang dieses Jahrhunderts Landstraße,(1) wurde aber in Folge des Straßengesetzes von 1810 im Jahr 1818 in die Classe der Vicinalwege zurückversetzt. Da seit Eröffnung der Eisenbahn im Jahr 1844 viele Landesproducte auf die Station Renchen verbracht, bedeutende Mengen von Holz- und Sägwaaren auf derselben an den Rhein verführt und bei dem sog. Diersheimer Kälberkopf aufgestapelt oder in Flöße gesetzt werden, hob sich die Frequenz dieser Straße von Jahr zu Jahr. Am meisten Verkehr hatte die Straßenstrecke von Renchen bis zu der Eisenbahn und von da bis Wagshurst wegen der ca. 4000 Morgen betragenden Güter des sog. Maiwaldes. Auf letzterer Strecke gingen zuweilen in einem Tag 600—700 Fuhrwerke. Die Straße wurde deshalb seit 1859 mit Beiträgen aus der Staatscasse unterhalten und kam 1868 wieder in die Classe der Landstraßen. Im Jahr 1869 wurde die 4,2 Meter weite Stahlachbrücke mit 3388 Fl. oder 2380 Mark in Eisen umgebaut.

Nr. 97.

Straße von Walldürn nach Amorbach.

Länge in Baden	10,11 Kilometer	= 2,28	Stunden,
„ „ Baiern		1,00	„
zusammen		3,28	Stunden.

Der Vicinalweg von Walldürn nach Amorbach zog früher zwischen Walldürn und Rippberg auf der linken Seite des Marsbachs in der Höhe durch einen Wald. Bei Rippberg ging der Weg auf das rechte Ufer des Bachs bis in die Nähe von Amorbach, woselbst der Bach wieder überschritten wurde. Der Weg hatte zwischen Walldürn und Rippberg namhafte Steigungen und auch von Rippberg abwärts ein stets wechselndes Gefäll. Nur auf Amorbacher Gemarkung war die Straße in gutem Stand. Der ganze Weg hatte meistens und insbesondere dort, wo er auf der Thalseite durch Stützmauern begränzt wurde, nur eine Breite von 10—12 Fuß und nirgends Schutzvorrichtungen, so daß die Passage sehr gefährlich war. Da nun die verschiedenen Straßen, welche in Amorbach zusammenlaufen und unter diesen die bedeutende von Worms über Fürth und Erbach kommende, mit den badischen Hauptlandstraßen von Mosbach nach Wertheim und Tauberbischofsheim in Verbindung gebracht werden wollten, sah man sich im Jahr 1846 um so mehr veranlaßt, die Verbesserung des Wegs zwischen Walldürn und Amorbach zu bewirken, als die damals beschlossene Verbindungsstraße zwischen Heilbronn und Miltenberg die beabsichtigte Fortsetzung von Buchen über Hettingenbeuren nach Amorbach wegen Widerstreben Baierns nicht finden konnte. Es wurde deshalb in dem Budget für 1846/47 erstmals

(1) Siehe Moreau's Karte von 1808.

eine Anforderung für diesen Bau gestellt und auch zum Beginn der beiden Straßen von Buchen nach Adelsheim und von Walldürn nach Rippberg eine Summe von 50,000 Fl. bewilligt. Die Kosten für eine 22 Fuß breite Straße mit 15 Fuß Fahrbahn, aus 4 Zoll Fundament und 6 Zoll Schotter bestehend, wurden für die 2560 Ruthen lange Straße auf badischem Gebiet auf 55,000 Fl. veranschlagt. Die Detailvorarbeiten kamen alsbald in Ausführung und für die dringendsten Bauten wurde zunächst ein Credit von 18,000 Fl. eröffnet. Um mit dieser Summe von der unteren Mühle bei Rippberg bis zum Gerolzahner Weg die Straße bauen zu können, mußten die Kosten durch Ermäßigung der Straßenbreite auf 20 Fuß und 14 Fuß Fahrbahn vermindert werden. Die Arbeiten begannen im Sommer 1847 zunächst von dem nach Miltenberg führenden Weg auf dem rechten Ufer der Mars bis zur Mühle auf 950 Ruthen Länge. Die Ereignisse der Jahre 1848 und 1849 brachten auch diesen Bau in Stillstand und er wurde erst wieder 1852 mit Rücksicht auf den damaligen Nothstand jener Gegend in Angriff genommen. Noch in demselben Jahre konnte die Abtheilung bis zum Gerolzahner Weg dem Verkehr übergeben werden.

Im Jahr 1853 wurde der Bau bis Rippberg auf dem rechten Ufer der Mars fortgesetzt und im September desselben Jahres für den Verkehr benützbar. Der von 1847—1853 bestrittene Aufwand betrug 36,791 Fl.

Zu Anfang des Jahres 1854 wurde noch eine kleine Strecke unterhalb Rippberg hergestellt, der Bau aber dann sistirt, weil Baiern sich entschieden dahin ausgesprochen hatte, daß der Weg von Amorbach bis zur Gränze nur dann verbessert werden soll, wenn badischerseits die Erfthalstraße gebaut wird. Die Einstellung der Arbeiten auf badischer Seite war zulässig, weil der Weg von Walldürn bis zur unteren Mühle und die Abtheilung von Rippberg bis zur Gränze immerhin noch besser als die Straße auf baierischem Gebiete waren.

Nachdem nun aber durch Artikel 21 des Staatsvertrags über den Bau einer Eisenbahn zwischen Heidelberg und Würzburg vom 27. Januar 1862 (Regierungsblatt Nr. XXXVI. Seite 308) bestimmt war:

„Die königlich baierische Regierung verpflichtet sich dagegen zum Anschlusse an die auf badischem Gebiet bereits hergestellte Straße von Walldürn über Rippberg nach Schneeberg auf baierischem Gebiet die Herstellung einer Districtsstraße von der Gränze bei Schneeberg bis Amorbach einzuleiten und deren Ausführung soweit möglich durch Beiträge aus Staats- oder Kreismitteln zu unterstützen; auch späterhin falls die Herstellung dieser Straße aus Districtsmitteln sich als unausführbar darstellen sollte, diese Straße in die Kategorie der Staatsstraßen einzustellen und sodann aus Staatsmitteln auszuführen," so erfolgte in dem Budget für 1862/63 die Bewilligung von 8500 Fl., um die Abtheilung von Walldürn bis zur unteren Mühle mit 4000 Fl., und die Vollendung der Correction unterhalb Rippberg mit 4500 Fl. auszuführen, was auch im Jahr 1863 geschehen ist, worauf 1864 die Straße in den Staatsstraßenverband aufgenommen wurde. Der Gesammtaufwand für diesen Straßenbau betrug 49,279 Fl. oder 84,509 Mark.

Auf königlich baierischem Gebiet ist nun inzwischen die Straße von der badischen Gränze bis Amorbach ebenfalls an mehreren Stellen auf 20 Fuß mit 14 Fuß Fahrbahn verbreitert und corrigirt worden, allein es bestehen immer noch Gefälle und Gegengefälle von 4—6 Procent, und selbst, wie bei den kurzen Anfahrten zur Brücke über die Mars, von 10 Procent und schmale Strecken von 14—17 Fuß Breite. Der Weg ist namentlich im Orte Schneeberg sehr eng und von ungünstigem Gefäll und überdies schlecht gepflastert. Die Vertragsbestimmung konnte demnach nicht als erfüllt angesehen werden. Auf Andringen Badens zu vollständiger Verbesserung sind 1866/67 einige weitere Herstellungen bewirkt worden und die Straße kam 1867 auch baierischer Seits in die Classe der Staatsstraßen, so daß die vollständige Verbesserung nun zu erwarten ist.

Der Verkehr besteht per Tag in ca. 50 Zugthieren.

Nr. 98.

Herenthalstraße.

Länge von Straße Nr. 1 bis Vollschweil 6,05 Kilometer = 1,36 Stunden.

Die in dem sog. Herenthal (früher Hagsenthal) befindlichen Orte sind sehr alt. Ohne Zweifel gingen sie wie die Orte in nächster Umgebung größtentheils aus keltischen

Niederlassungen hervor, denn die Namen Wiehre, Au, Wittnau, Ehrenstätten, Ebringen, Uffhausen, Möhlin, Dreisam, Geisbühl, Schlierberg, Oelberg, sowie die Bergspitzen, die mit dem Worte Kopf enden, weisen auf keltische Sprache hin. Man entdeckte hier Keltengräber (1) und die Gewann-Namen „Heiden- und Schelmenäcker" werden ebenfalls für ursprünglich keltische Bezeichnungen gehalten. Geschichtlich sind die Orte Merzhausen, Wittnau, Sölden, Ebringen schon 786, 816 und 861 bekannt und es ist urkundlich erwiesen, daß in diesem Thale schon 716 Weinbau getrieben wurde. In derselben Gegend kommen auch Straßennamen vor, aus denen man auf römische Anlage oder Benützung folgert, wie z. B. „Hertweg" bei Au, Wiehre, Ebringen, Krotzingen, Staufen, Gallenweiler, Eschbach; „alter Weg" bei Merzhausen; „Steinenweg" bei Uffhausen; „Hochstraß" bei Krotzingen, Norsingen, Bingen ꝛc. Man darf aus allen diesen Thatsachen auf ein hohes Alter der jetzt noch vorhandenen Ortsverbindungswege schließen. Als durchgehende Verkehrsstraße ist in alten Karten und selbst noch in der Karte von Moreau der Weg bezeichnet, der von Au direct nach Bollschweil, Ehrenstetten und Staufen führt und durch einen Seitenweg mit Wittnau, Bitzighofen und Sölden (2) verbunden ist.

Die Wege alle waren bis in die neue Zeit in einem höchst primitiven Zustande, schmal mit starken, häufig wechselnden Gefällen, oft durch tiefe Einschnitte führend und an manchen Stellen dem Abbruch durch angränzende fließende Wasser ausgesetzt.

Der Verkehr der Orte mit den Amts- und Marktorten Freiburg und Staufen war dadurch sehr erschwert und nur mit Benützung von Karren möglich. Erst im Jahr 1813 wurde zwischen Ehrenstetten und Bollschweil ein ordentlicher Fahrweg mit einem Aufwand von 1800 Fl. durch Concurrenz der Gemeinden und Waldbesitzer hergestellt. Die in den Jahren 1840—1847 zwischen Mannheim und Schliengen in Betrieb gekommene Eisenbahn gab durch Steigerung der Preise land- und forstwirthschaftlicher Producte allen in der Nähe des Schienenweges liegenden Orten eine Anregung zu Verbesserung der Zufuhrwege; auch einige Gemeinden des Hexenthales suchten diesem Bedürfnisse zu entsprechen, allein die Mittel fehlten, um einen guten Weg für den durchgehenden Verkehr herzustellen, daher die Mithülfe des Staats erforderlich war. Es zeigte sich, daß zwischen Au und Bitzighofen und zwischen Sölden und Bollschweil durchgehends neu gebaut, zwischen Bitzighofen und Sölden aber der Weg verbreitert und regulirt werden mußte; für die Straßenbreite sind 16—18 Fuß mit 14 Fuß breiter Fahrbahn angenommen. In den Jahren 1863/64 erfolgte die Ausführung zwischen Au und Sölden in einer Länge von 1,07 Stunden mit 11,258 Fl. Die Gemeinden stellten das Gelände im Werth von 3758 Fl., wovon auf Au 1460 Fl., Bitzighofen 1885 Fl. und Sölden 413 Fl. entfielen; die Staatscasse hatte also noch 7500 Fl. beizutragen. Dieser Beitrag wurde aus dem Fonds für Verbesserung der wichtigen Vicinalwege bestritten.

Die Abtheilung von Sölden nach Bollschweil (3) kam erst 1874 zur Ausführung, nachdem das Gesetz von 1870 über Vervollständigung des Landstraßennetzes 17,143 Mark für diesen Zweck bewilligt hatte.

An dem wirklichen Aufwand im Betrag von 19,500 Fl., übernahmen das Forstärar 500 Fl., Freiburg 500 Fl., von Berstett 200 Fl., Sölden 1000 Fl., Bollschweil 2200 Fl., daher der Staatsbeitrag in 15,100 Fl. bestund. Die Straße wurde von Au bis Bollschweil 1875 unter die Landstraßen aufgenommen.

Für die Verbesserung von der Straße Nr. 1 über Merzhausen bis Au sind die Kosten im Jahr 1875 auf 56,000 Mark veranschlagt worden. Darunter befinden sich 4200 Mark für eine 5 Meter breite Brücke mit eisernem Oberbau.

Der Aufwand war nach dem Gesetz von 1876 zu bestreiten. Die neue Straße führt, zur Umgehung der Steige durch Merzhausen, westlich durch das Wiesenthal und vereinigt sich mit der alten Straße erst wieder in der Nähe des sog. Bergle. Die Gefälle der ganzen Straße wechseln zwischen 2, 3, 4, 5 und 7 Procent. Das Gefäll der alten Straße betrug 5—9 Procent

Die Straße erhält eine Länge von 3395 Meter, eine Breite von 5,4 Meter mit

---

(1) Die bei Ebringen gefundenen Keltengräber enthielten Waffen und Geräthe von solcher Tüchtigkeit und Metallkenntniß, daß sie in Erstaunen setzen. Mone, Arch. II. 343. (2) Sölden 805 urkundlich wurde früher Serdona oder Seldona genannt. Von 1115 bis Anfang des 16. Jahrhunderts bestund hier ein von Bollschweil hieher verlegtes Frauenkloster St. Fides, später Probstei des Abts von St. Gallen, welche bis 1598 dem Kloster Petershausen bei Constanz gehörte. Dann an St. Peter kam. 1807 wurde die Probstei aufgehoben. Kräuter, Geschichte Vorderösterreichs I. und Arx, Gesch. von Ebringen. (3) Bollschweil 837, Merzhausen 786 urkundlich.

4,2 Meter Fahrbahn aus 0,15 Centimeter Gestück und 0,06 Centimeter Schotter; die Radien betragen mindestens 80 Meter. Die Ausführung erfolgte 1877. Vorausgesetzt, daß die bewilligten Mittel ausreichen, beträgt der Gesammtaufwand 108,727 Mark. An Beiträgen wurden beansprucht: von Freiburg Gelände, taxirt zu 5100 gegen Aversum von 700 Mark; von St. Georgen Gelände, taxirt 3100, gegen 1100 Mark; von Au Gelände, taxirt 924, gegen 224 Mark; von Privaten baar 845 Mark.

Nr. 99.

Straße von Mößkirch nach Tuttlingen.

Länge in Baden . .	12,59 Kilometer	—	2,83 Stunden,
„ „ Württemberg			2,70 „
			5,53 Stunden.

Der Vicinalweg, welcher von Mößkirch durch die Gemarkungen Heudorf, Altheim mit Hölzle und Worndorf an die württembergische Gränze bei Thuningen, sodann durch den württembergischen Ort Neuhausen ob Eck, dann auf kurze Erstreckung durch die badische Gemarkung Lipptingen und von hier auf württembergischem Gebiet bis Tuttlingen zieht, ist ein alter Verbindungsweg für die genannten Orte, der übrigens in der zweiten Hälfte des vorigen Jahrhunderts auch als „wenig frequentirte Poststraße" bezeichnet wird.(1) Obgleich dieser Weg die kürzeste Verbindung zwischen Mößkirch und Tuttlingen vermittelt und deshalb schon im Jahr 1787 seine Verbesserung beabsichtigt war, scheiterten damals doch die zu diesem Ende gemachten Versuche Fürstenbergs an den sich widerstreitenden Interessen der Territorial-Herrschaften. Es waren nämlich bei dieser Straße betheiligt: Fürstenberg wegen Mößkirch, Heudorf und Hölzle, die Ritterschaft wegen dem Orte Worndorf, und die Grafschaft Nollenburg, beziehungsweise Oesterreich wegen Lipptingen, sodann Württemberg wegen Neuhausen und Tuttlingen. Oesterreich suchte damals den Verkehr von Osten nach Westen über Stockach nach Freiburg zu leiten und Württemberg sah in der fraglichen Straße eine Concurrenzlinie mit dem von Sigmaringen über Fridingen und Mühlheim nach Tuttlingen führenden Weg. Es kam deshalb im Jahr 1790 zwischen Nollenburg und Württemberg ein Uebereinkommen zu Stande, wonach durch Neuhauser und Lipptinger Gemarkung keinerlei Straßenverbesserung mit Neubau vorgenommen werden soll. Abgesehen davon, daß der Weg zu schmal und ohne Fundament war, bildeten die auf württembergischem Gebiet zwischen Tuttlingen und Neuhausen befindliche sogenannte Semersteige und Mattsteige bedeutende Hindernisse für den Verkehr.

Als im Jahr 1814 das erste Armeecorps der alliirten Truppen unter dem k. k. Feldzeugmeister Grafen Colloredo-Mannsfeld den Marsch von Mößkirch nach Tuttlingen einschlagen wollte, die Artillerie aber auf dem schlechten Weg nicht durchkommen konnte, wurden die nahegelegenen Gemeinden zu Leistung von Fuhr- und Handfrohnden für Verbesserung der Straße aufgeboten. Die Arbeiten verzögerten sich aber, so daß der Artilleriepark den Weg über Stockach einzuschlagen genöthigt war.

Im Jahr 1815 sollte sodann der Transport der Magazins- und Naturalvorräthe der Truppen von Neuburg an der Donau über Ulm, Mößkirch und Tuttlingen nach Freiburg bewirkt werden, daher die im vorangegangenen Jahre begonnenen Verbesserungsarbeiten auf Rechnung der Kreiskriegscasse fortgesetzt werden mußten, obgleich Württemberg den Truppen- und Trainzug zur Schonung der Stadt Tuttlingen über Stockach und Engen zu leiten suchte.

Für die Frohnden wurden kleine Vergütungen geleistet.(2) Die Verbesserungen erstreckten sich auf kleinere Gefällsausgleichungen, Verbreiterungen auf 18 Fuß und auf Fundamentirung. Hierdurch war der 1800 Ruthen lange Weg zwischen Mößkirch und Hölzle in ziemlich guten

(1) Siehe Stockacher Amts-Acten. Nach der archäologischen Karte von Paulus (1859) zog eine römische Hauptstraße von Günzburg in ziemlich gerader Richtung über Mengen nach Mößkirch und eine minder bedeutende Heerstraße von Mößkirch über Hölzle, Worndorf und Neuhausen nach Tuttlingen. Die Straße von Neuhausen gegen Tuttlingen ist auch auf der württembergischen topographischen Karte als „Hochstraße" bezeichnet und die spätere Vicinalstraße scheint im Wesentlichen dem Zug der Römerstraße zu folgen. (2) Jeder Handfröhner erhielt täglich 1/2 Maaß Bier und für 4 Xr. Brod und die Fuhren 1/2 Ration Heu pro Pferd.

Stand gebracht. Auf der 1770 Ruthen langen Abtheilung zwischen Hölzle und der württembergischen Gränze blieb die Straße aber ungeregelt, nur 15 Fuß breit und führte fortan bei Hölzle und Worndorf über Steigen von 8—10 Procent Gefäll. Eine weitere 28 Ruthen lange Steige von 10 Procent Gefäll befand sich in einer Hohlgasse auf Gemarkung Lipptingen. Auch die Steigen auf württembergischem Gebiet zwischen Neuhausen und Tuttlingen bestunden fort.

In diesem Zustande blieb die Straße, welche von den Gemeinden gegen den Bezug eines Straßengelds mehr oder weniger gut unterhalten wurde, bis in die neue Zeit, obgleich seit 1835 wiederholte Gesuche um Aufnahme der Straße in die Classe der Landstraßen gestellt wurden.

In der unterm 26. Mai 1857 zwischen Baden und Württemberg abgeschlossenen Uebereinkunft über gemeinsame Verbesserung der Straßen([1]) wurde bezüglich dieses Wegs bestimmt: „daß bis Ende 1859 badischer Seits und bis Ende 1860 württembergischer Seits die Straße „mindestens auf 20 Fuß Breite zu erweitern und in der Art zu corrigiren sei, daß das „Gefäll nirgends 6 Procent übersteigt." Demzufolge wurden im Jahr 1858 die Steigen bei Hölzle, Worndorf und Mößkirch corrigirt und die Straße auf 20 Fuß verbreitert. Die Staatscasse leistete einen Zuschuß von 7741 Fl., die Gemeinde Mößkirch einen solchen von 250 Fl. Ueberdies stellten die Gemeinden Mößkirch, Heudorf und Worndorf das Gelände unentgeltlich.

Da die Semersteige zwischen dem Hof Altenthal und Neuhausen theils über badisches, theils über württembergisches Gebiet führte, eine Correction aber zweckmäßig nur durch die badische Gemarkung Lipptingen zu bewirken war, so wurde unter dem 26. October 1858 eine besondere Vereinbarung mit Württemberg sowohl über die einzuhaltende Zuglinie als über die Art der Ausführung dieser Correction abgeschlossen, wonach das Gefäll der Semersteige von 10 auf 5 Procent ermäßigt wurde.

Der Aufwand für Baden war approximativ auf 12,000 Fl., jener für Württemberg einschließlich der Gesammtkosten für die Correction auf Neuhauser und Tuttlinger Gemarkung auf 40,000 Fl. veranschlagt. Nach der Vereinbarung hatte jeder Staat die Kosten auf seinem Gebiet zu tragen. Der detaillirte Kostenanschlag für den badischen Theil, welcher 20 Fuß Kronenbreite, 15 Fuß Fahrbahn, 5 Zoll Fundament und 5 Zoll Schotter und alle 300 Fuß einen Materiallagerplatz von 40 Fuß Länge und 5 Fuß Breite bestimmt, beanspruchte einschließlich des Aufwandes für Güterankauf eine Summe von 8000 Fl., nachdem die Forstbehörde sich zur unentgeltlichen Benützung des forstärarischen Geländes bereit erklärt hatte. Die Bauarbeiten wurden badischer Seits im Jahr 1859, württembergischer Seits im Jahre 1860 vollendet. Der Aufwand für Baden betrug 7776 Fl. Seit 1857 wurde die Straße auf badischem Gebiet als unterstützter Vicinalweg, in Württemberg aber als Staatsstraße in gutem Stand erhalten. Das Straßengeld, welches die Gemeinden erhoben, wurde schon 1857 aufgehoben. Seit 1868 wird diese Straße auch in Baden als Landstraße behandelt. Der nachweisbare Aufwand für Verbesserung dieser Straße beträgt 27,029 Mark. Der tägliche Verkehr bestund 1874 in 102 Zugthieren, während 1864 119 Zugthiere beobachtet wurden. Die Eisenbahn von Tuttlingen nach Mößkirch scheint an der Verkehrsminderung Ursache zu sein.

Nr. 100.

Straße von Constanz nach Reichenau.

Länge von Schopflen bis Kapelle bei Station Reichenau 1,42 Kilometer = 0,32 Stunden.

Die Insel Reichenau([2]) war in früherer Zeit nur bei sehr niederem Wasserstande oder im Winter mit Benützung der Eisdecke des Sees zugänglich. Während man bei Niederwasser von Osten her auf einem schmalen, durch Anschwemmung entstandenen Landstreifen zu Fuß oder zu

([1]) Siehe S. 37. ([2]) Die 1233 Morgen große Insel Reichenau — früher (724) Sintlazau nach dem in Sandegg wohnhaften austrasischen Landvogt Sintlaz genannt — war ursprünglich ein keltisch-römischer Wohnsitz. Die Fundamente der Burg Schopflen werden für römisches, der Hauptbau für fränkisches Mauerwerk gehalten. Manche glauben, Reichenau sei jene Insel, der sich nach Strabo (7. Buch) Tiberius mit Vortheil zum Angriff der Vindelicier (Kelten) bediente. Siehe Verhandl. des Vereins für Gesch. des Bodensees 1872. Mannert, Geogr. der Griechen und Römer und Nicolai, Beiträge zur Geschichte der Insel Reichenau 1843. Die Benedictiner-Abtei wurde 727 von Bischof Pirnim mit Unterstützung des fränkischen Hausmeiers Carl Martell gegründet, welcher demselben die Orte

Pferd auf die Insel gelangen konnte, war dies auf der ganzen nordöstlichen Seite, zuweilen auch von dem südwestlichen Ufer des Rheines nur im Winter auf der Eisdecke möglich. Zum gewöhnlichen Verkehr mit der Insel bediente man sich der Schiffe oder auch von der südöstlichen Seite her der Reitpferde,(¹) wie dies 1414 Kaiser Sigismund nebst Gemahlin und großem Gefolge gethan haben.(²) Den Hauptverkehr hatten die Bewohner der Insel mit Constanz, allein der Landweg dahin war noch in der Mitte des vorigen Jahrhunderts sehr schlecht. Von dem Beginn des östlich von der Insel liegenden Festlandes bis zur Gemarkungsgränze von Constanz (bei dem sog. Josuäk oder Rheingarten) zog sich nämlich längs des Rheins ein für die Wasserjagd vortrefflich geeignetes Torfmoor — das sog. Wollmatinger Ried — welches schon bei mittlerem Rheinstande theilweise unter Wasser kam, daher man in kürzester Linie sich dem Hochgestade zuwenden und den Umweg über Wollmatingen einschlagen mußte. Allmählich entstund aber doch in kurzer Entfernung von dem Rhein ein 5—8 Fuß breiter Fuß- und Reitpfad durch das Ried, der noch bei Mittelwasser benützbar war und auch zu Beförderung der Brief- und Packetpost diente und darum „Poststraße" genannt wurde.

Im Jahr 1867 ist dieser Weg auf den Gemarkungen Constanz und Wollmatingen von dem untern Petershauser Thor bis zur Gemarkung Reichenau durch Erhöhung und Fundamentirung mit Faschinen verbessert worden. Die Straße entsprach aber immer noch nicht dem Bedürfnisse, daher schon im Jahre 1771 eine chausseemäßige Anlage mit 24 Fuß Breite beabsichtigt war.

Der Aufwand hierfür wurde auf 15,391 Fl. veranschlagt. Dieser Bau wurde nur auf Constanzer Gemarkung ausgeführt, in Wollmatinger Gemarkung aber auf nothdürftige Verbreiterung beschränkt, daher 1774 die Fortsetzung der Straße vom Josuäk über die Constanzer Spitalwiesen bis an den Lerchenbühl an der oberen Straße und von da an die Capelle vor Wollmatingen projectirt war. Man beschloß aber, die obere alte Straße von Constanz nach Wollmatingen chausseemäßig auf 24 Fuß Breite herzustellen, welcher Bau 1774 begonnen und 1776 vollendet wurde.

Nachdem das Wollmatinger Ried allmählich ausgeebnet und durch Gräben entwässert, größtentheils zum Wiesenbau, theilweise auch zum Ackerbau fähig gemacht war, verwendete man auch auf den Weg nach Reichenau schon deshalb größere Sorge, weil auf ihm ein Theil der landwirthschaftlichen Erzeugnisse aus dem Ried abgeführt werden mußte, und so kam denn dieser Vicinalweg bis zum Jahr 1832 nach und nach in einen geordneten Zustand. Nun fehlte aber noch eine ununterbrochene Communication zwischen dem Festland und der Insel. Die Gemeinde Reichenau versuchte deshalb im Jahr 1833 durch Erd- und Kiesanschüttung eine Straße durch den See herzustellen, um wenigstens eine nothdürftige Verbindung mit dem Festlande während des mittleren Seestandes zu erlangen. Die Anschüttungen wurden aber immer wieder mehr oder weniger durch das Wasser zerstört, daher die Gemeinde im Jahr 1844 ein Gesuch um Herstellung einer Faschinenbefestigung auf Staatskosten stellte.

Nach einem im Jahr 1846 aufgestellten Kostenüberschlag war der Aufwand hierfür auf 5000 Fl. berechnet, welcher Betrag auch im Jahr 1849 bewilligt wurde. Es lag im Plan, die Straße, welche mit $1\frac{1}{2}$—2 füßiger Dossirung angelegt war und eine Breite von 18 Fuß besaß, um etwa $2\frac{1}{2}$ Fuß zu erhöhen, da sie um 4 Fuß unter dem höchsten Wasserstande lag.

Markelfingen, Allensbach und Ermattingen schenkte. Nachdem Carl der Große mit Gemahlin Hildegard 781 die Abtei von Constanz aus besucht hatte, schenkte er ihr den königlichen Flecken Ulm. Die Abtei übte gleich jener in St. Gallen schon im 9. Jahrhundert einen großen Einfluß auf die Cultur der Gegend, besonders auf Reb- und Obstbau. Abt Strabo beschreibt den von ihm (843—849) angelegten Garten, der hauptsächlich Heilpflanzen enthielt. Neben Hirschau und Fulda war hier eine der ersten Akademien Deutschlands. Es weilten hier 878 der im Jahre 887 abgesetzte, 888 in Neudingen bei Donaueschingen verstorbene und zu Reichenau beigesetzte Kaiser Karl der Dicke, Heinrich IV. 1065, Karl IV. 1352, Sigismund 1414, Friedrich III. 1485. Durch viele Schenkungen zu großem Reichthum gelangt, hatte die reichsunmittelbare Abtei in der Mitte des 13. Jahrhunderts schon eine jährliche Einnahme von 50—60,000 Fl. Im 14. Jahrhundert wurden nur Adelige als Mönche aufgenommen. Im Laufe des 15. und 16. Jahrhunderts verarmte das Kloster in Folge von Luxus und Wohlleben der Mönche und wurde 1540 dem Stift Constanz einverleibt. Gallus Oheim, Chronik der Reichenau aus dem 15. Jahrhundert. Fickler, Quellen und Forschungen. Constanzer Chronik in Mone's Quellensammlung. Württembergische Jahrbücher 1844. Mone, Bad. Archiv. II. Schönhut, Geschichte von Reichenau. Steiger, Beschreibung von Reichenau. Schnars, Der Bodensee. Im Jahre 1757 erfolgte dessen Auflösung und 1803 kamen seine Besitzungen an Baden. Freiburger Diözes.-Arch. 4. (¹) Tschudi sagt in seinem Werke „Gallia comata" V. Theil von 1758. „Der Untersee gefriert Winterzeit allweg, daß man mit Wagen darüber fahren, zudem daß er an der germanischen Seiten so dünn ist, daß man auch viel Zeit im Sommer allda in die Insel (Reichenau) reiten mag." (²) Schönhut, Chronik von Reichenau.

Die Ausführung des Faschinenbaues gerieth aber insofern auf Anstände, als man technischer Seits zu der Ansicht gelangte, daß neben der Berauhwehrung auch ein Steinfuß erforderlich sei und die Straße mindestens eine Dossirung von 4 Fuß erhalten und mit Schilf- und Weidenpflanzung geschützt werden müsse. Der Aufwand hierfür war ohne die Erdarbeit auf 6350 Fl. überschlagen. Von anderer Seite kam eine Abpflasterung der Böschung mit einem Steinfuß in Vorschlag, wofür der Aufwand auf 14,650 Fl. überschlagen war.

In den Jahren 1851/52 wurde sodann die 4400 Fuß lange Straße mit einer Kronenbreite von 18 Fuß, einer vierfüßigen Dossirung und einer Erhöhung um etwa 2 Fuß hergestellt, durch einen 4 Fuß breiten, 2 Fuß starken Steinfuß und eine Berauhwehrung der Böschungen geschützt und überdies eine 19 Fuß breite Schilfpflanzung angelegt. Die Gemeinde gab einen Beitrag von 1000 Fl. zur Ausführung der Erdarbeiten und die frühere Dotation aus der Staatscasse im Betrag von 5000 Fl. wurde auf 7000 Fl. erhöht.

Die Vollendung der so ausgeführten Straße erfolgte im Mai 1852. Schon im Juli desselben Jahres war die Straße wieder stark beschädigt worden, indem Auswaschungen und Abspülungen das Einsinken der Berauhwehrung veranlaßt hatten. Die Reparatur durch Unterstopfung mittelst Wacken und rohen Kieses veranlaßte einen weiteren Aufwand von ca. 2100 Fl. Aber auch diese Vorkehrung hatte keinen günstigen Erfolg, daher man sich im Jahr 1857 entschloß, der Straße, welche auf den 3. Fuß des Constanzer Pegels — also 3 Fuß unter das höchste Wasser von 1817 aufgedammt war, auf der südlichen Seite eine 5—10 füßige Dossirung und auf der nördlichen Seite eine solche von 5—8 Fuß zu geben und die Böschung mit 1 Fuß grobem Kies zu überlegen. Hierzu war ein Aufwand von 16,218 Fl. erforderlich, welcher Betrag dem Fonds für Verbesserung der Vicinalstraßen entnommen wurde. Die Vollendung der letzteren Arbeiten erfolgte im Jahr 1858 und der Erfolg war ein durchaus günstiger, woraus hervorgeht, daß die dem Wellenschlag ausgesetzten Aufdammungen an dem See nur dann von Dauer sind, wenn die Böschungen soweit abgeflächt werden, daß die Wellen sich auf denselben vollständig entrollen können, ohne auf einen Widerstand zu stoßen. Auch die künstliche Nachzucht von Schilf mit Setzlingen zeigte sich ohne Erfolg, weil die Wellen die Setzlinge hinwegschwemmen. Nur auf natürlichem Wege mehrte sich das Schilf. Der für diesen Straßenbau aus der Staatscasse bestrittene Aufwand beträgt im Ganzen 26,318 Fl. oder 45,117 Mark, wovon die Gemeinde 1000 Fl. übernahm.

Die 0,3 Stunden lange Straße vom Festland bis auf die Insel wurde seit 1857 mit Staatsbeiträgen unterhalten, die Straße auf dem Festland bis Constanz dagegen unterhalten die betreffenden Gemarkungsgemeinden allein auf ihre Kosten.

Seit 1870 ist die Straße vom Festland auf die Insel Landstraße, da sie den 3 Pfarrgemeinden der Insel und Ober-, Mittel- und Unterzell, sowie Denjenigen, welche mittelst des Dampfboots oder sonstiger Schiffe aus der Schweiz nach Reichenau kommen, als Zufahrtstraße zur Eisenbahnstation „Wollmatingen-Reichenau" dient. Seit 1872 ist auf der Südseite von Reichenau am Rhein eine Dampfbootstation errichtet. Der Verkehr mit der Eisenbahnstation Allensbach wird durch gewöhnliche Nachen vermittelt.

Der Weinbau bildet seit ältester Zeit die Hauptnahrungsquelle der Bewohner Reichenaus. Schon im 9. Jahrhundert wurden hier Weinberge gepflegt, und das Kloster betrieb, wie Petershausen und Salem, schon früh den Weinhandel. Die Weinberge nehmen mehr als $^1/_3$ der ganzen Insel in Anspruch, sie haben einen Flächeninhalt von ca. 396 Morgen.(1)

Der Wein war hier vor dem dreißigjährigen Kriege viel besser als im vorigen Jahrhundert, weil die bessern Rebsorten allmählich durch Elblinge und grüne Silvaner ersetzt wurden, um größere Mengen Wein zu erzielen. Erst in diesem Jahrhundert kam der blaue Silvaner in größerer Ausdehnung zum Anbau, daher auch der Wein wieder einen höheren Werth besitzt und den besten Seeweinen beigezählt wird. Den Hauptverkehr bildet die Abfuhr von Wein und Obst und die Beifuhr von Getreide, Holz und Nahrungsmitteln.

Zur Landung und Bergung der Schiffe bestund früher ein Hafendamm auf der Südseite der Insel, der östlich mit einer Mauer, südlich durch eine flache Böschung gegen den Wellenschlag geschützt war. Im Jahr 1870 hat die Gemeinde neben dem alten zerfallenen Damm einen

(1) Der Weinbau am Bodensee ist schon 724 nachgewiesen. Württemb. Jahrbuch 1850.

hölzernen Landungssteg mit 1371 Mark, 62 Meter lang, hergestellt. Schon das erste Hochwasser beschädigte diese Anlage so stark, daß man wieder auf die Verbesserung des alten Hafens bedacht ist.

Der erweisliche Gesammtaufwand für die gedachten Verkehrsmittel beträgt 46,487 Mark.

Nr. 101.

Straße von Gottmadingen nach Diessenhofen.

Länge in Baden 8,76 Kilom. = 1,97 St.

Ein in Gottmadingen aufgedecktes keltisches Grab, in dem sich eine Kette von Bronce fand, weist auf keltische Bewohner hin. Die Straße von Gottmadingen über Randegg und Gailingen nach Diessenhofen ist sehr alt und vermittelte im Mittelalter einen Theil des Verkehrs aus dem Höhgau nach der Schweiz und insbesondere nach Diessenhofen, (1) indem schon im 14. Jahrhundert bei diesem Orte eine stehende Brücke über den Rhein führte, welche nach einer Zeichnung von 1642 aus 8 hölzernen Jochen mit Holzgedeck und einer Zugbrücke an dem linken Ufer bestund. (2)

Die alte Straße führte zwischen Randegg und Gailingen über einen Berg. Die Gefälle waren sehr ungünstig, indem man von Randegg aus durch den Wald mit 15—20 Procent ansteigen und gegen Gailingen mit 10—15 Procent niedersteigen mußte. Ueberdies führte der theilweise nur 8 Fuß breite Weg durch eine tiefe Hohlgasse. Da man früher durch die Verbesserung dieser Straße für den durchgehenden Verkehr die kürzeste Verbindung zwischen Tuttlingen und Frauenfeld herzustellen hoffte, wurden schon im Jahr 1846 Pläne zur Umgehung der Steige und zur Verbreiterung der Straße entworfen.

Man suchte damals die Correction der Straße zwischen Randegg und Gailingen mit einer ebenfalls wünschenswerthen Correction der Straße von Randegg nach Schaffhausen in Verbindung zu bringen. Der Aufwand für dieses Project war auf 16,000 Fl. veranschlagt. Da sich aber bei näherer Erörterung der Verkehrsverhältnisse ergab, daß der Werth dieser Straße für den durchgehenden Verkehr im Hinblick auf die damals schon in Aussicht gestandenen Eisenbahnbauten für die Folge nicht hoch anzuschlagen sei, kam der beabsichtigte Bau nicht zur Ausführung; wohl aber zeigte sich die Regierung bereit, zur Verbesserung der bestehenden Vicinalstraße mitzuwirken.

Nachdem zu diesem Ende im Jahr 1856 ein neuer Plan für die Correction der Steige und für Verbreiterung des Weges entworfen war, welcher einen Aufwand von 14,400 Fl. in der Voraussetzung beanspruchte, daß das auf 3850 Fl. geschätzte Gelände angekauft werden müsse, erklärte sich die Regierung zur Leistung eines Zuschusses von 3000 Fl. zu dem Bauaufwande bereit. Da die Gemeinden aber im Laufe von zwei Jahren im Ganzen nur 7000 Fl. aufwenden wollten, wurde der Bau abermals verschoben. Als nun unterm 13. Juni 1863 die Eisenbahn von Waldshut nach Constanz eröffnet war und der fragliche Weg mithin die Bedeutung einer Zufuhrstraße zu der Eisenbahnstation Gottmadingen erlangt hatte, entschloß man sich, die Wegbaukosten ganz auf die Staatscasse zu übernehmen, sofern die Gemeinden das erforderliche Gelände unentgeltlich stellen. Da diese Bedingung erfüllt wurde, kam der Bau noch im Jahr 1863 in Angriff und im Frühjahr 1864 zur Vollendung.

Die Straße erhielt eine Normalbreite von 18 Fuß mit 15 Fuß Fahrbahn, bestehend aus 7 Zoll Versteinung. Das Gefäll wurde auf 3—6 Procent und im Ort Gailingen auf 7 Procent ermäßigt. Der Gesammtaufwand betrug 13,198 Fl., wovon die Gemeinden 3355 Fl. und die Staatscasse 9843 Fl. übernahmen. Das Eigenthumsrecht an das verwendete Gelände blieb der Gemeinde vorbehalten. Zur Unterhaltung des Weges leistete die Staatscasse 1864—1868 alljährlich Zuschüsse.

Als im Jahr 1865 die Diessenhofer Rheinbrücke auf Kosten der schweizerischen Dampfschifffahrt um 26 Zoll höher gelegt wurde, ist zur Abänderung der Auffahrt auf die Brücke ein Beitrag von 213 Fl. aus Staatsmitteln geleistet worden.

---

(1) Diessenhofen, ein alter Ort mit ehemaligem Münzrecht, und von Kaiser Sigmund 1415 mit Reichsfreiheit begabt, war einst kyburgisch, dann habsburgisch und wurde sodann eidgenössisch. Das alte Schloß gehörte zur Zeit Karls V. den Herren von Schellenberg. (2) Merian, Topographie der Schweiz von 1642.

Im Jahr 1868 kam die Straße in den Landstraßenverband. Da die Abtheilung im Ort Gailingen eine scharfe Biegung mit 10 Procent Gefäll, und außerhalb gegen Diessenhofen kurze Wendungen und Gefälle von 6—10 Procent besitzt, welche auf 4—6 Procent vermindert werden könnten, sind in dem Gesetz von 1870 8000 Fl. für Verbreiterung und Correction bewilligt worden. Diese Summe wurde in dem Gesetz von 1876 auf 18,000 Mark erhöht. Die Ausführung soll in den nächsten Jahren erfolgen, sofern die Gemeinden sich mit entsprechenden Beiträgen betheiligen.

Mit Beirechnung dieser letzten Bewilligung würde sich der Gesammtaufwand für diese Straße soweit nachweisbar auf 42,704 Mark belaufen. Der Verkehr bestund 1874 in 34 Zugthieren täglich.

Nr. 102.

Straße von Elzach nach Gutach.

Rothaldenstraße.

Länge 14,85 Kilometer = 3,28 Stunden.

Zur Verbindung des Elzthales mit dem Kinzig- resp. Gutachthale bestunden seit ältester Zeit steile Karrenwege von Elzach nach Haslach und Gutach resp. Hornberg. (¹) Territoriale Verhältnisse stunden der Verbesserung der letzteren Straßenverbindung entgegen, veranlaßten aber, daß die Verbindung nach Haslach Ende vorigen Jahrhunderts als Landstraße erklärt wurde. (Nr. 36.) Da diese Straße aber für den Verkehr aus Schwaben nach dem Breisgau, verglichen mit der directen Verbindungslinie von Hornberg nach Elzach, einen Umweg von circa 3 Stunden verlangt, glaubte die Gemeinde Hornberg durch Verbesserung des Vicinalweges von Gutach über die sogenannte Hirsch- oder Rothhalde nach Prechthal, welcher Weg Gefälle bis zu 20 Procent hatte, den Verkehr aus dem Breisgau direct nach Hornberg leiten zu können und stellte darum im Jahr 1823 diese Straße in einer mittleren Breite von 16 Fuß mit Steigungen von 9—12 Fuß auf eigene Rechnung durch die Gemarkungen Gutach und Mühlenbach bis zur Prechthaler Gemarkung bei Landwasser auf eine Länge von 2231 Ruthen mit einem Aufwand von 5026 Fl. her. Die Gemeinde Hornberg erhielt hierauf mit besonderer Rücksicht auf die Unterhaltung der Brücken die Befugniß, ein Straßengeld zu erheben, wogegen sie die Straße auch in den Gemarkungen Gutach und Mühlenbach zu unterhalten hatte. Auch die Gemeinde Prechthal verbesserte 1828/29 die Straße durch ihre Gemarkung und wurde auch zum Bezug eines Straßengeldes ermächtigt. Da der Ertrag desselben aber die Unterhaltungskosten nicht deckte, suchten die Gemeinden schon im Jahr 1833 um Aufnahme der Straße in. den Staatsstraßenverband nach. Man glaubte aber bei der geringen Frequenz des Weges dem Gesuch um so weniger entsprechen zu können, als damals zwischen Emmendingen und Altbreisach noch keine gute Verbindungsstraße bestund und man sich bei einer durchgehenden Verbindung von Hornberg an den Kaiserstuhl und an den Rhein bei Breisach keine Erhöhung des Verkehrs versprach. Die Gemeinde Hornberg verlangte im Jahr 1843, daß die Straße durch die Gemarkungen Gutach und Mühlenbach von den Gemarkungsgemeinden unterhalten werde, welchem Ansinnen aber erst im Jahr 1850 entsprochen wurde. Da die Gemeinden Gutach und Mühlenbach, durch deren Gemarkung die Straße auf eine Länge von 1 resp. ½ Stunde zieht, im Verhältniß zum Nutzen einen allzugroßen Aufwand für die Unterhaltung der Straße zu bestreiten hatten und die Gemeinde Mühlenbach diese Straße gar nicht benützt, sah man sich veranlaßt, im Jahr 1857 zur Unterhaltung innerhalb der gedachten beiden Gemarkungen einen Beitrag aus Staatsmitteln zu bewilligen und die ganze Straße in die Classe der unterstützten Vicinalwege einzureihen. Der Bezug des Weggelds wurde den Gemeinden 1858 entzogen.

Als es sich nun im Jahr 1865 um die Frage handelte, welche Verbesserungen an dieser Straße nöthig wären, um dieselbe für den Postverkehr benützbar zu machen, wurde der nöthige Aufwand auf 16,000 Fl. berechnet, dabei aber unterstellt, daß nur das Allerdringendste her-

(¹) Nach den wahrscheinlich aus keltischer Sprache stammenden Namen Elzach, Haslach, Gutach, Sulzbach, Wolfach, Heidenhöfe, Hauenstein, Katzenmoos, Katzenstein zu schließen, war diese Gegend von den Kelten bewohnt.

gestellt und das nöthige Gelände unentgeltlich abgegeben wird, indem die Kosten einer durchgehenden Verbesserung auf 42,358 Fl. berechnet waren.

Zu den dringendsten Verbesserungen rechnete man 1. die Correction der Steige vom sogenannten Landwasser abwärts bis in den Ort Oberprechtthal, um das vorhandene Gefäll von 8–14 Procent auf höchstens 8 Procent zu ermäßigen und die Straße von 10 auf 16 Fuß zu erweitern. 2. Die Beseitigung der in der Thalstraße vorkommenden Gegengefälle, welche über 7 Procent betragen, und Verbreiterung von 13 auf 16 Fuß. 3. Umbau, beziehungsweise Reparatur der schadhaften hölzernen Brücke.

Bei dem unverhältnißmäßig großen Aufwande unterblieb die Ausführung, dagegen wurde zur Reparatur der Brücken, die einen Aufwand von 890 Fl. erforderten, im Jahr 1865 ein Staatsbeitrag von 400 Fl. geleistet.

Seit 1868 wird diese Straße als Landstraße behandelt. Die nachweisbare Verwendung für Verbesserung beträgt nur 10,096 Mark. Der Verkehr besteht seit 10 Jahren in ca. 60 Zugthieren pro Tag.

Nr. 103.

Straße von Blumberg nach Ewattingen.

Siehe Nr. 242.

Nr. 104.

Straße von Tiefenstein nach Görwihl und Schachen.

Nachdem in den Jahren 1855—58 die Straße von St. Blasien bis Tiefenstein (Nr. 112) erbaut war, machte sich sofort auch das Bedürfniß einer Verbesserung des Vicinalweges zwischen Tiefenstein (1) und Görwihl geltend, indem die hier bestehende Steige ein Gefäll bis zu 14 Procent hatte. Die zur Umgehung dieser Steige herzustellende neue Straße von 5110 Fuß Länge sollte mit einem Maximalgefäll von 8 Procent, einer Breite von 18 Fuß mit 16 Fuß Fahrbahn für die Summe von 3150 Fl. hergestellt werden. Der wirkliche Aufwand betrug jedoch 3608 Fl., wovon übernahmen: die Staatscasse 2200 Fl., Gemeinde Görwihl 872 Fl., Engelschwand 22 Fl., Strittmatt 116 Fl., Rotzingen 77 Fl., Burg 75 Fl., Hartschwand 50 Fl., Segeten 60 Fl., Tiefenstein 16 Fl., die Besitzer des Görwihler Kirchspielwaldes 120 Fl.

Die Vollendung dieses Baues erfolgte im Jahr 1859. Die Unterhaltung wurde den Gemeinden überlassen. Die im Jahr 1843 zum letzten Male reparirte gedeckte hölzerne Brücke bei Tiefenstein, welche den Uebergang über die Alb zu der Straße nach Görwihl vermittelte, war schon im Jahr 1859 so baufällig, daß es verboten werden mußte, schwerere Lasten als 40 Centner überzusetzen. Zudem betrug die Steigung bei der Brücke 8,5 Procent und die lichte Weite 55 Fuß. Nach einem im Jahr 1859 aufgestellten Bauplan und Kostenüberschlag sollte die neue Brücke 34 Fuß hoch über dem gewöhnlichen Wasserstande und zur Verminderung des Straßengefälls weiter oben an dem Flusse ausgeführt werden. Der Aufwand war auf 11,500 Fl. berechnet. Die Ausführung selbst wurde bis zur Vollendung der Albthalstraße verschoben. Der im Jahr 1861 revidirte Kostenüberschlag forderte mit Rücksicht auf die gestiegenen Preise 12,530 Fl. Die Staatscasse war zu einem Beitrag für Deckung der Kosten bereit, allein die Gemeinden konnten sich über die Vertheilung des übrigen Aufwandes nicht einigen. Da der Neubau immer dringender wurde und die Holzpreise im Steigen, die Eisenpreise aber im Fallen begriffen waren, entwarf man im Jahr 1864 einen neuen Bauplan, wonach, statt hölzerner Streckbäume, eiserne Träger in Anwendung kamen und der Aufwand sich auf 15,500 Fl. berechnete, wovon für den eisernen Oberbau sammt Zimmerung 3600 Fl., für die Steintheile 9400 Fl. und für die Auffahrten 2500 Fl. in Ansatz kamen. Von diesen Kosten haben nach Erkenntniß des Bezirksamts Waldshut vom 22. August 1864 übernommen:

(1) Tiefenstein gehörte früher einer adeligen Familie gleichen Namens: das Schloß wurde im 13. Jahrhundert von Rudolf von Habsburg zerstört. Tiefenstein und Görwihl gehörten später zu der österreichischen Waldvogtei Hauenstein.

Die Gemeinde Görwihl 982 Fl. 6 Xr., Strittmatt 405 Fl. 1 Xr., Hartschwand 158 Fl. 19 Xr., Rotzingen 257 Fl. 30 Xr., Burg 166 Fl. 22 Xr., Rüßwihl 308 Fl. 35 Xr., Tiefenstein 101 Fl. 58 Xr., Schachen 574 Fl. 14 Xr., Etzwihl und Haide 193 Fl. 12 Xr., Engelschwand 44 Fl. 48 Xr., Segeten 65 Fl. 36 Xr., Oberwihl 134 Fl. 24 Xr., Niederwihl 108 Fl. 24 Xr., Albbruck 116 Fl., Kirchspielswald 108 Fl., Freiwald 65 Fl. 36 Xr., Steinbach (mit Hochwihl) 53 Fl. 36 Xr., Unteralpfen 105 Fl., Birkingen 44 Fl. 20 Xr., Birndorf 68 Fl., Schadenbirndorf 12 Fl. 20 Xr., Buch 34 Fl. 20 Xr., Hochsal 84 Fl. 20 Xr., zusammen 4192 Fl.

Den Rest des Aufwandes mit 11,308 Fl. übernahm die Staatscasse.

Der Bau begann im Spätjahre 1864 und die Brücke wurde am 15. März 1866 dem Verkehr übergeben. Die Brücke hat eine Spannweite von 54 Fuß, ihre Fahrbahn ist 17 Fuß breit. Die Brückenbahn wird von vier eisernen Trägern getragen. Die Längsbalken sind aus T Eisen, 4,91 Zoll hoch und 4,16 Zoll breit; die Kreuzstreben aus alten Brückschienen hergestellt. Die steinernen Widerlager haben divergirende Flügel. Die hölzernen Querträger sind 6 Zoll, die Langträger 8 Zoll stark aus chanisirtem Tannenholz gefertigt. Bei der Belastungsprobe hat ein 200 Centner schwerer Wagen auf der Mitte der Fahrbahn nur ein Einsinken von 11 Punkten veranlaßt, welche Senkung beim Abfahren wieder verschwand.

Während des Baues der Eisenbahnbrücke in Albbruck wurde die Vicinalstraße zwischen Tiefenstein und Schachen durch den Transport der großen Granitbausteine, welche in dem Albthal gewonnen wurden, sehr ausgefahren, so daß deren Verbesserung im Jahr 1857 um so dringender erschien, da, so lang die Albthalstraße von Tiefenstein bis Albbruck nicht ausgeführt war, der Verkehr seinen Ausgang in das Rheinthal über Schachen und Albert finden mußte. Man sah sich deshalb veranlaßt, zur Verbesserung dieses Weges einen Staatsbeitrag von 250 Fl. zu geben; der übrige Aufwand mit 210 Fl. wurde von der Gemeinde Schachen getragen.

Der für Verbesserung dieser Straße bestrittene erweisliche Aufwand betrug 26,573 Mark. In den Jahren 1876/77 wurde auch die Gemeindestraße von Strittmatt, Hartschwand und Rotzingen nach Görwihl corrigirt. An dem Aufwand von 47,336 Mark bezahlten Strittmatt, Burg und Rotzingen 1065 Fl., Görwihl stellte das Gelände gegen ein Aversum von 1000 Fl., das Uebrige bezahlte die Staatscasse.

Nr. 105.

Straße von Untereggingen nach Mauchen.

Der Verkehr von Bonndorf nach dem Wutachthal theilt sich in drei Richtungen, nämlich in die Fortsetzung von Stühlingen nach Schaffhausen, sodann von Stühlingen aufwärts nach dem Randen und von Stühlingen abwärts in der Richtung nach Thiengen. Der letztere Verkehr, hauptsächlich in Langholzfuhren bestehend, ist durch die starke Steige bei Stühlingen und ganz besonders durch die an dieser Steige befindlichen kurzen Wendungen in hohem Grade belästigt, daher der Vicinalweg von Unteralb über Mauchen, Ober- und Untereggingen vielfach und umsomehr eingehalten wurde, als derselbe 0,6 Stunden kürzer als der Weg über Stühlingen ist. Die Gemeinde Mauchen hatte deshalb auf ihrer Gemarkung die Straße auf 16 Fuß Breite hergestellt und auch auf Unteregginger Gemarkung war die Straße in ziemlich gutem Stand, in Gemarkung Obereggingen dagegen sehr schlecht. Eine Verbreiterung auf 16 Fuß und die Herstellung einer Fahrbahn von 14 Fuß, bestehend aus 4 Zoll hohem Fundament und 3 Zoll Schotter, sowie die Regulirung des Längenprofils erschien darum sehr wünschenswerth, damit, so lange die projectirte Straße durch das Steinathal noch nicht ausgeführt ist, dem Verkehr wenigstens eine Erleichterung geschaffen wird. Man begnügte sich ausnahmsweise mit einer Breite von 16 Fuß, weil man in dieser Straßenverbesserung nur eine provisorische Vorsorge für den Verkehr in das Wutachthal betrachtete. Die Bauausführungen erfolgten in den Jahren 1860/62. An dem Aufwande von 4841 Fl. übernahmen die Gemeinde Obereggingen 1158 Fl., Mauchen 216 Fl. und die Staatscasse 3467 Fl. Die Straße wurde hierauf mit Staatsunterstützung unterhalten. Seit 1870 wird sie ausschließlich von den Gemeinden unterhalten, da der Hauptverkehr von Bonndorf nach Stühlingen jetzt durch das Weizener Thal geht. (Siehe Nr. 53.) Die Verbesserung dieser Straße hat einen erweislichen Aufwand von 8329 Mark erfordert.

Nr. 106.

Straße von Murg nach Todtmoos.

Obere Murgthalstraße.

Länge 27,18 Kilometer = 6,12 Stunden.

Der größere Theil der zu der ehemaligen Herrschaft Hauenstein (1) gehörigen Orte liegt auf dem Schwarzwaldgebirge zwischen den Thälern der Werra und der Alb, in dem sogenannten „Hotzenwalde".

So wie die beiden genannten Bergwasser mit keltischen Namen bezeichnet sind, so weisen auch die Namen des Baches und des Ortes Murg, ebenso wie die Namen Säckingen, Höhenschwand, Hochsal, Engelschwand, Altenschwand, Rickenbach, Herrischried, Egg, Hochschür, Hänner, Rütte, Wieladingen ꝛc. auf keltischen Ursprung hin. Auch das heute noch vorhandene sogenannte Heidenwuhr — eine künstliche, theils in Felsen eingehauene Bachleitung — zwischen Hütten und Egg scheint keltische, aber vielleicht erst zur Zeit der Römerherrschaft ausgeführte Arbeit zu sein. (2)

Da die Bewohner dieser Waldgegend außer der Zeugweberei nur wenig gewerbliche Industrie betreiben und daher meist auf Wald- und Landwirthschaft angewiesen sind, war der Mangel guter Verbindungswege nach dem Rheinthale um so empfindlicher als bei dem unzureichenden Viehstande der Rheinschlamm zu Düngung der Felder vielfach benützt werden muß, (3) dessen Beifuhr aber ebenso sehr wie die Abfuhr der Erzeugnisse erschwert war. Bei dem kümmerlichen Betriebe der Landwirthschaft mußte sich mit der Zunahme der Bevölkerung der Nothstand vermehren, so daß in jedem Mißjahre Unterstützungen aus der Staatscasse erforderlich waren. Zur Verbindung mit dem Rheinthale wurden seit ältester Zeit hauptsächlich zwei Vicinalwege benützt, von denen der eine über Herrischried, Altenschwand, Rickenbach, Willaringen und Egg nach Säckingen, der andere über Girspach, Segeten, Hochschür, Hottingen und Hänner nach Kleinlaufenburg führte. Der erstere Weg war nur von Säckingen bis Egg in einem ordentlichen Zustande, von Egg aufwärts aber wegen ungünstigen Gefällsverhältnissen und mangelhafter Unterhaltung durchaus unbefriedigend. Da man den Weg nach Kleinlaufenburg für wichtiger als jenen nach Säckingen hielt, wurde im Jahr 1841 eine Concurrenz der Gemeinden und Waldbesitzer zu seiner Verbesserung und Unterhaltung gebildet, durch welche im Jahr 1844 die Abtheilung von Laufenburg bis Hottingen in einer mittleren Breite von 18 Fuß mit Gefällen von 3—9 Procent hergestellt und auch zwischen Hottingen und Segeten Verbesserungen und Verbreiterungen auf 18 Fuß bewirkt wurden. Da die Gemeinden nach ihrer Angabe für diese Bauten schon einen Aufwand von 40,000 Fl. zu bestreiten hatten, blieb auf eine Länge von 1/2 Stunde eine Steige von 10—12 Procent Gefäll fortbestehen, obgleich dieselbe mit Fallen von 3 Procent hätte umgangen werden können.

Die Concurrenzschaft wurde 1854 aufgelöst und den betreffenden, meistens armen Gemeinden die Unterhaltung der Straße innerhalb ihrer Gemarkung überlassen, daher die Straße bald wieder so schlecht war, daß 1854/55 zur Unterhaltung ein Beitrag von 808 Fl. aus der Staatscasse geleistet werden mußte.

Die noch immer mangelhafte Wegverbindung gab sich nach Eröffnung der Eisenbahn von Säckingen nach Waldshut (30. October 1856) als besonders nachtheilig zu erkennen, daher die Gemeinden in demselben Jahre, in einer der Regierung mit Empfehlung überwiesenen Petition an die Stände, um Staatshülfe zu Verbesserung des Weges nachsuchten. Die hierauf ein-

(1) Die Grafschaft Hauenstein, welche 1215—1392 in Urkunden genannt ist, gehörte später zu dem oberen Rheinviertel der österreichischen Landgrafschaft Breisgau und zwar zu der sog. Waldvogtei, welche aus den acht Einigungen Dogern, Birndorf, Wolpadingen, Höhenschwand, Görwihl, Rickenbach, Hochsal und Murg nebst einigen Theilen der Vogteien Schönau, Todtnau und Todtmoos und des Zwing und Bann von St. Blasien bestund und mit dem Breisgau 1805 unter badische Hoheit kam. Mayer, Beitrag zur Geschichte des badischen Civilrechts. (2) Siehe J. Vetter, „Das Heidenwuhr bei Säckingen" 1866. (3) Die Aare bringt vielen kohlensauren Kalk, phosphorsaure und salzsaure Salze, die besonders Düngkraft besitzen. Man baut daher mit dem Rheinschlamm, der sich bei Säckingen und Laufenburg ablagert, Korn, Roggen, Hafer und Kartoffeln in jährlicher Folge. Siehe Schill, „Geologische Beschreibung Waldshuts in den Beiträgen zur Statistik." 23. Heft S. 22.

geleiteten Erörterungen ergaben, daß die Ausführung eines 2246 Ruthen langen, 18 Fuß breiten Neubaues zwischen Hottingen und Giersbach 23,500 Fl. kosten würde. Die Gemeinden verpflichteten sich zu baaren Beiträgen, beziehungsweise zur Ausführung der vorgeschriebenen Arbeiten in ihren Gemarkungen gegen billige Aversen, so daß an Beiträgen zu leisten hatten: Kleinlaufenburg 239 Fl., Binzgen 511 Fl., Hänner 2570 Fl., Niederhof 515 Fl., Hottingen 515 Fl., Herrischried 1090 Fl., Segeten 310 Fl., Wehrhalden 1250 Fl., Großherrischried 610 Fl., Rütte 100 Fl., Engelschwand 125 Fl. und Hochschür 375 Fl., zusammen 8485 Fl. Der Bau wurde im Jahr 1861 begonnen und im Jahr 1863 vollendet und die Straße von Kleinlaufenburg bis Todtmoos in die Classe der unterstützten Vicinalwege aufgenommen.

Da man sich entschloß auch noch mehrere Verbesserungen an der Straße zwischen Kleinlaufenburg und Hottingen auszuführen und die Kosten für Felsensprengen sich höher beliefen, als man unterstellt hatte, steigerte sich der wirkliche Aufwand auf 36,190 Fl., wovon die Staatscasse 27,328 Fl. übernahm. Unter dem Gesammtaufwande sind auch die Kosten für Gütererwerbung inbegriffen.

Der Zustand der Straße ist nun zwar bezüglich der Gefällsverhältnisse nicht günstig, aber doch den Verkehrsverhältnissen nothdürftig entsprechend. Von Kleinlaufenburg bis Hänner steigt die Straße mit einigem Gefällswechsel von 3—9 Procent; von Hänner bis Hottingen führt sie ziemlich eben, auf der Höhe hin, meistens durch Wald. Von Hottingen abwärts in das Murgthal, woselbst eine neue Brücke errichtet wurde, hat die Straße ein ziemlich starkes Gefäll; von da bis gegen Hochschür ist sie neu angelegt mit 20 Fuß Breite und 18 Fuß Fahrbahn.

Diese Abtheilung hat 3—6 Procent Steigung.

Von Hochschür bis Girspach ist die Straße ebenfalls neu und besitzt ein verglichenes Gefälle bis zu 6 Procent. Von Girspach bis Wehrhalden wurde der alte Weg verbessert; er ist wellenförmig, aber nicht steil und die Fahrbahnbreite entsprechend. Von Wehrhalden führt der Weg mit ziemlich starkem, aber kurzem Steigen in den Staatswald, sodann mit ständigem Fallen von 3—9 Procent in mehreren Krümmungen nach Todtmoos. Zur Verbesserung der stärksten Gefälle wäre noch ein Aufwand von etwa 5000 Fl. erforderlich.

Die Fortsetzung dieser Straße über den sog. Weissenbach nach Bräg auf die Straße Nr. 49 lag schon im Jahr 1851 im Project. Der damalige Weg besitzt auf eine Erstreckung von $1\frac{1}{2}$ Stunden Gefälle bis zu 25 Procent, so daß eine Verbindung nach dem Breisgau und dem Wiesenthal eigentlich nicht besteht.

Nach einem im Jahr 1853 aufgestellten approximativen Kostenanschlage sollten für diese Straßenverbindung einschließlich der Gütererwerbung ein Aufwand von ca. 28,000 Fl. erforderlich sein, wenn man eine Maximalsteigung von 8 Procent, eine Straßenbreite von 12 Fuß mit Ausweichplätzen von 16 Fuß Breite in Aussicht nimmt.

Diese Bauausführung wurde verschoben, weil man es für nützlicher für die Bewohner des Hotzenwaldes hielt, von Hottingen aus eine kurze Verbindung an den Rhein durch den Bau einer Straße im Murgthale bis gegen Hottingen herzustellen.

Die Straße von Laufenburg bis Todtmoos wurde 1856 in die Classe der unterstützten Vicinalwege aufgenommen.

Schon im Jahr 1856, als es sich um die Verbesserung der Straße von Kleinlaufenburg nach Todtmoos(1) handelte, wurde der Wunsch laut, von Hottingen aus nach dem Rhein den Straßenzug durch das Murgthal nach Murg zu wählen, statt von Hottingen die Höhe zu ersteigen und mit bedeutendem Gefälle wieder die Rheinthalebene zu gewinnen. Man verkannte nicht, daß der Zug durch das Murgthal hinsichtlich der Gefällsverhältnisse weit günstiger als jener über Hänner wäre, allein man scheute die großen Kosten für einen Neubau durch das enge, mit hohen Felswänden eingeschlossene Murgthal, durch welches bisher kein Weg führte. Man hielt deshalb wie schon erwähnt die Richtung nach Kleinlaufenburg ein.

Kaum war diese Straße aber verbessert, so wurde schon wieder von vielen Seiten um die Herstellung einer Murgthalstraße nachgesucht und die großherzogliche Regierung ordnete im Jahr 1864 für diesen Bau Vorarbeiten an, welche zu dem Ergebnisse führten, daß eine neue, auf dem linken Ufer der Murg bis zur sog. Pfaffensteige bei Hottingen herzustellende 3620 Ruthen lange Straße einen Aufwand von 122,875 Fl. erfordern wird, wenn man dieselbe in

---

(1) Todtmoos hat seinen Namen von dem Todtenbach. Schon 1255 wurde hier eine Capelle erbaut, welche Wallfahrer anzog, daher hier von St. Blasien ein Superiorat, wie zu Bürgeln errichtet wurde.

einer Normalbreite von 18 Fuß mit 14 Fuß Fahrbahn aus 4 Zoll Gestück und 4 Zoll Schotter herstellt und ein Gefälle von 2—3,8 Procent und auf kurze Strecke von 5,46 Procent einhält, mindestens 10 Fuß über der Bachsohle bleibt und für die Radien mindestens 120 Fuß einhält. Wo viele Felsen zu sprengen sind, wurde ausnahmsweise nur eine Breite von 12 Fuß angenommen.

Bei der Größe des Aufwandes glaubte man sich zunächst auf diejenigen Bauausführungen beschränken zu sollen, welche absolut erforderlich schienen, um den Weg nutzbar zu machen.

Hierfür waren ohne Geländeentschädigung 94,000 Fl. nöthig. Die erforderlichen Güter wurden auf 12,475 Fl. geschätzt.

An Beiträgen wurden zugesagt: von dem Forstärar 6000 Fl., von der Gemeinde Murg 5000 Fl. nebst unentgeltlicher Geländestellung, von Hottingen 1400 Fl. nebst theilweiser Geländestellung, von Herrischried 433 Fl., von Niedergebisbach 600 Fl., von Rickenbach 200 Fl., Willaringen 100 Fl., Wieladingen 200 Fl., Wickertsmühle 100 Fl., Segeten 300 Fl., Altenschwand 400 Fl., Hornberg 50 Fl., zusammen 15,083 Fl.; es waren daher von der Staatscasse zuzuschießen 78,917 Fl., und ferner für die Geländeentschädigung auf den Gemarkungen Niederhof, Oberhof und Hänner 1915 Fl., daher einschließlich einer nachträglichen Accordaufbesserung der Gesammtaufwand 100,000 Fl. betrug. Der Beginn des Baues wurde im Juli 1867 unter der Bedingung genehmigt, daß die Gemeinden die zugesicherten Beiträge leisten und die Güter, die zugesagt, unentgeltlich stellen. Ueberdies wurde von der Gemeinde Murg die Zusicherung verlangt, den Rheinschlamm, der sich in der Gemarkung ablagert, an die Bewohner des Hotzenwaldes unentgeltlich abzugeben.

Der Bau wurde im September 1869 dem Verkehre übergeben. Die neue Straße besitzt vier Tunnel, nämlich zwei oberhalb des Seebacher Wasserfalles am sog. Strahl, einen am Steg, einen oberhalb des Harpolinger Schlosses. Diese, durch die steilen Felswände von rothem Gneis durchbrochenen Kunstbauten geben in Verbindung mit 3 Wasserfällen der Straße einen um so höheren Reiz, als die angränzenden Waldungen abwechselnd mit Nadel- und Laubholz bestellt sind.

In den Jahren 1871/72 ist sodann von Murg bis zu der Fabrik auf der rechten Thalseite eine neue Straße mit 18 Fuß Breite und einem Gefällmaximum von 4 Procent ausgeführt worden.

Die neue Brücke am Hammerwerk erhielt eine lichte Weite von 6 Fuß. Die Kosten betrugen 18,039 Fl. Sodann wurden an vielen Stellen, namentlich oberhalb gegen Hottingen Verbreiterungen mit 4061 Fl. ausgeführt, daher die Gesammtverwendung 1871/72 22,100 Fl. betrug.

Murg stellte sämmtliche Güter unentgeltlich, Hottingen die Hälfte und gab 700 Fl. baaren Beitrag. Diese Straße wurde unter die Landstraßen aufgenommen, jene von Kleinlaufenburg bis Hottingen aber wieder ausgeschieden.

Um die Verbindung der Orte mit der neuen Straße zu erleichtern, wurde 1872 der Vicinalweg von Niedergebisbach bis in das Murgthal mit 2850 Fl. verbessert, wozu die Staatscasse 1850 Fl. beitrug. Gleichzeitig erfolgte die Correction der Vicinalstraße von Segeten nach Herrischried, durch Gefällsverminderung von 15 auf 8 Procent.

Die Straße erhielt 16 Fuß Breite mit 12 Fuß Fahrbahn; die Kosten beliefen sich auf 1829 Fl., wozu die Staatscasse 800 Fl. beitrug.

Im Jahr 1873 erfolgte dann der Bau einer guten Vicinalstraße von Rickenbach und Willaringen über Wickertsmühle in das Murgthal mit 25,870 Fl., wozu die Gemeinden das Gelände stellten und 2575 Fl. baar beitrugen, der Staat aber 23,295 Fl. leistete. Das Maximalgefäll beträgt 5 Procent.

Von den Baarbeiträgen haben geleistet: Rickenbach 1000 Fl., Wickertsmühle 250 Fl., Wieladingen 275 Fl., Schweighof 100 Fl., Altenschwand 400 Fl., Bergalingen 150 Fl. und Willaringen 400 Fl.

Diese Straße ist für die genannten Orte von großem Werth, sie bietet aber auch, der schönen, durch den Wasserfall „Strahlbrusch“ gezierten, Umgegend wegen, einen Anziehungspunkt. Für die Jahre 1876/77 war 1. die Verbreiterung von der Fabrik bei Murg bis zum Pfaffensteg, und die Erweiterung der Tunnel in Aussicht genommen. Der Aufwand ist auf 9000 Mark berechnet, welche nach Gesetz von 1868 aufgebracht werden. 2. Die Verbesserung der Straße durch 2 Correctionen auf Gemarkung Wehrhalden von der Brücke in Giersbach bis zum Großfreiwald auf 451 Meter Länge, 5,5 Meter Breite mit 4,5 Meter Fahrbahn, mit 13,714 Mark, wovon die Gemeinde Wehrhalden durch Stellung des Privatgeländes im Werth von 1470 Mark gegen 970 Mark 500 Mark übernimmt und das Gemeindegelände unentgeltlich abgiebt. Das Gefälle wird von $8\frac{1}{2}$—$10\frac{1}{2}$ auf $5\frac{1}{2}$—$6\frac{1}{2}$ Procent ermäßigt. Diese Kosten werden nach dem Gesetz von 1870 resp. 1876 bestritten.

Im Mai 1876 ist die neuangelegte Straße bei Murg in der Nähe des ersten Wehres vom Hochwasser durchbrochen und die Brücke bei Hochschür zerstört worden. Die Kosten der Wiederherstellung und Verstärkung belaufen sich auf 23,800 Mark.

Der Gesammtaufwand für die Wegverbindungen in dem Murgthal und dessen Nähe beträgt, soweit er nachweisbar ist, 438,306 Mark. Es gehen hier täglich im Durchschnitt 39 Zugthiere.

Zur Verbindung von Engelschwand mit der Murgthalstraße bei Giersbach bestund ein schlechter Feldweg von 8 Fuß Breite und 12—16 Procent Gefäll, daher in der Regel der 2 Stunden lange Umweg über Strittmatt und Segeten eingehalten werden mußte.

Der Aufwand zur Verbesserung dieser Wegverbindung ist auf 3000 Fl. veranschlagt bei Einhaltung eines Maximalgefäll von 6 Procent und 14 Fuß Breite mit 10 Fuß Fahrbahn. Die neueste Petition in diesem Betreff von 1876 ist noch unerledigt.

Nr. 107.

Straße von Altenburg nach Rheinau.

Nach Eröffnung der Saline in Dürrheim wurde der alte Vicinalweg von Schaffhausen über Altenburg(¹) nach Rheinau häufig von Salzfuhren benützt und dadurch die Unterhaltung des Weges vertheuert, daher die Gemeinde im Jahr 1830 das Recht erhielt, ein Weggeld nach dem Tarif von 1820 zu erheben, soferne sie den Weg verbreitert und die Fahrbahn verbessert.

Um aber den Salztransport nach dem Kanton Zürich noch weiter zu erleichtern, brachte die Salinenverwaltung im Jahr 1853 eine weitere Verbesserung dieser Vicinalstraße auf Staatskosten in Anregung.

Das Haupthinderniß für den Verkehr lag nämlich in einem von der Rheinauer Rheinbrücke gegen Altenburg führenden 166 Ruthen langen Stich von 15—18 Procent Gefäll. Die Straßenbreite war gelegenheitlich einer im Jahr 1830 vorgenommenen Verbesserung des Wegs bereits auf 18 Fuß erweitert worden.

Die Kosten wurden auf 1600 Fl. veranschlagt. Die Ausführung unterblieb. Dagegen wurde im Jahr 1855 zur Unterhaltung ein Staatsbeitrag bewilligt, weil damals jährlich ungefähr 20,800 Centner Salz auf diesem Weg nach der Schweiz verführt wurden. Durch die im Jahr 1857 eröffnete sog. Rheinfallbahn von Schaffhausen nach Winterthur hörte der Salztransport über Altenburg allmählich auf, daher der Staatsbeitrag zur Straßenunterhaltung im Jahr 1859 wieder zurückgezogen und die Straße der Gemeinde allein zur Unterhaltung überlassen wurde.

Nr. 108.

Straße von Müllheim nach Neuenburg an den Rhein.

Länge von Straße Nr. 1 bis Mitte Rheinschiffbrücke 4,80 Kilometer = 1,08 Stunden.

Die Orte Neuenburg und Müllheim sind sehr frühen Ursprungs und waren deshalb gewiß in ältester Zeit schon durch einen Weg verbunden. Die in Gemarkung Neuenburg mit dem

(¹) Das Dorf Altenburg war schon 871 bekannt, indem das Kloster Rheinau damals die niedere Gerichtsbarkeit über diesen Ort erhielt. Später kam Altenburg als Bestandtheil der Landgrafschaft Klettgau an den Fürsten von Schwarzenberg, welcher 1803 auch die niedere Gerichtsbarkeit erhielt. 1812 kam die Landgrafschaft durch Kauf an Baden. Bei Altenburg wurden viele römische Münzen, Lanzen-Spitzen und zwei Bilder aus Erz gefunden.

Namen „Hochstraße zu Rin“ und „hohes Sträßle“ benannten alten Wege dürfen wohl als keltisch-römische Anlagen betrachtet werden. (1)

Daß die Zugslinie der jetzigen Straße zwischen Neuenburg (2) und Müllheim mit jener der Römerstraße zusammenfällt, ist nicht wahrscheinlich, da Neuenburg im 15. Jahrhundert durch Wasser, 1649 von den Schweden und 1678, 1702 und 1704 von den Franzosen größtentheils zerstört, jedesmal aber wieder neu erbaut wurde. Nach einem Originalplan der Gemarkung Neuenburg von 1784 ging der alte Weg von der Frankfurt-Basler Straße über die sog. Klostermette nördlich von der jetzigen Straße, die damals schon als „Feldweg an der sog. Neuenburger Runz“ bestund. Nach der letzten Zerstörung suchten die Einwohner meistens in anderen Orten unterzukommen und kehrten erst allmählich wieder in ihren Heimathsort zurück. Bei Gelegenheit des letzten Wiederaufbaues der Stadt dürfte wohl auch die Straße dahin abermals eine veränderte Richtung erhalten haben. (3)

Nachdem durch die Rheincorrection der Thalweg des Rheins, der früher in einem Bogen unmittelbar an Neuenburg vorüberzog, 280 Ruthen weiter von dem Ort entfernt wurde, war es nöthig, zur Vermittelung des Verkehrs über das normale Rheinbett, eine Zufahrtsstraße herzustellen.

Der bis zum Jahr 1857 zur Zufuhr an den Rhein benützte Weg, der in südlicher Richtung am Hochgestade hinunter mit 8 Procent in die Rheinniederung über die sog. obere Bleiche und von da auf den Rheindamm an den sog. Fahrkopf zur Fähre führte, konnte wegen der tiefen Lage und der großen Länge nicht benützt werden; man suchte vielmehr die neue Straße von Neuenburg an den Rhein in möglichst gerader und kurzer Richtung herzustellen. Diese in den Jahren 1856/62 erbaute Straße besitzt eine Kronenbreite von 18 Fuß und liegt zwischen dem Hochgestade und dem Ufer 2 Fuß über dem höchsten Rheinstand. Die Steigung von der Rheinebene an dem Hochgestade hin bis zu der Hauptstraße von Neuenburg beträgt 6,9 Fuß auf 100 Fuß. An dem Aufwand für diese Straße haben bestritten:

1. die Staatscasse	
für eine 12 Fuß breite Aufdammung über den Altrhein in den Jahren 1855 und 1856	3731 Fl.,
für Verlängerung der 18 Fuß breiten Straße an das Rheinufer im Jahr 1862 die Hälfte der Kosten mit	2234 „
zusammen	5965 Fl.

---

(1) Mone, Urgesch. I. S. 167 142. Plan v. 1771 u. Karte v. 1780. (2) Die Gesch. Neuenburgs geht bis auf das Jahr 794 zurück. Ein Grafengeschlecht gleichen Namens ist aus dem 12. u. 13. Jahrh. bekannt. Im Jahr 1212 wurde Neuenburg mit Mauern umgeben und 1248 wird der Ort schon Stadt genannt. — Kaiser Adolf von Nassau ertheilte Neuenburg am 21. December 1292 ein Privilegium, wonach zwischen Breisach und Rheinweiler keine andere „Rheinfart“ als zu Neuenburg sein soll, daß alle Inseln zwischen Griesheim und Bellingen der Stadt Neuenburg gehören und eine Meile um Neuenburg kein Wochenmarkt stattfinden darf. Im 13. Jahrhundert war die Stadt schon reichsunmittelbar; Kaiser Sigismund ertheilte ihr 1418 das Recht, zwei Jahrmärkte zu halten und Kaiser Friedrich III. verlieh ihr 1442 den Rheinzoll. Nachdem die Stadt durch den Rhein großentheils weggeschwemmt war, erlaubte Kaiser Maximilian 1496 eine neue Stadt in größerer Entfernung vom Rhein zu erbauen und erhöhte ihren Zoll. Im Jahr 1527 wurde die Kirche durch den Rhein zerstört. Auch der unterhalb Müllheim liegende früher viel größere Ort Zienken wurde 1716 vom Rhein verschlungen. Hier wurde 1779 der erste Pegel gesetzt mit Nullpunkt von 669 Fuß über Meer. Schon 1801 stund der ganze Pegel unter Wasser. Kräuter, Geschichte Vorderösterreichs und Zeiler, Reisen 1622. Ob. d. A. Im Jahr 1649 wurden die Festungswerke zerstört. Die Oberherrschaft über Neuenburg führte seit dem 14. Jahrhundert Oesterreich, daher österreichische Landtage hier gehalten wurden. (3) Der Verkehr von Neuenburg über den Rhein muß im 15. Jahrhundert bedeutend gewesen sein, da König Rupprecht im Jahr 1403 das Privilegium zum Rheinbau, Zoll, Umgelderhebung und zur Vollendung der Rheinbrücke ertheilte. Diese Brücke bestund jedoch schon von 1413 nicht mehr, indem nach Aufzeichnungen von diesem Jahr schon jahrelang eine regelmäßige Ueberfahrt über den Rhein in Betrieb war, für deren Benutzung der durchgehende Handelsverkehr Zoll bezahlen mußte, wogegen der locale und landwirthschaftliche Verkehr frei passiren durfte. (Mone, Zeitschrift IX. Seite 401). Da behauptet wird, daß man ehemals die alten Brückenpfeiler, sowie die Fundamente der ehemaligen Münsterkirche im Rhein gesehen habe, scheint die Brücke mit der Zerstörung der Stadt durch Hochwasser zu Grunde gegangen zu sein. Im Jahr 1683 bestund wieder eine Brücke bei Neuenburg. (Rosmann, Geschichte von Breisach, S. 368). Wie lange sie dauerte, war nicht zu ermitteln. Mone, Zeitschrift 12. Schreiber, Urkundenbuch der Stadt Freiburg II.

		Uebertrag 5,965 Fl.
2. die Gemeinde Neuenburg		
im Jahr 1856 für die Verbreiterung der 12 Fuß breiten Aufdammung über den Altrhein auf 18 Fuß	900 Fl.,	
im Jahr 1857 für Fortsetzung der Straße vom Altrhein am Hochgestad hinauf in die Ortsstraße	1200 „	
für eine Jochbrücke über den Altrhein	2200 „	
im Jahr 1862 für Verlängerung der 18 Fuß breiten Straße an das Rheinufer die Hälfte der Kosten mit	2234 „	
	—	6,534 „
		12,499 Fl.

Die Abtheilung der Straße von Müllheim nach Neuenburg zieht von Müllheim auf dem rechten Klemmbachufer bis an die Frankfurt-Basler Straße, übersetzt dort mittelst einer Brücke den Bach, zieht auf dem linken Ufer derselben an der Station Müllheim vorüber und geht weiter unten abermals auf das rechte Ufer über, welches sie bis Neuenburg einhält. Dieser Weg wurde seit 1856 als unterstützte Vicinalstraße behandelt. Er hat eine Länge von der ersten Brücke bei der Frankfurt-Basler Straße bis zur Station Müllheim von 220 Ruthen und von da bis an den Ortsetter von Neuenburg von 960 Ruthen. Im Jahr 1859 wurde auch die Abtheilung durch Neuenburg bis an den Rhein erstmals mit Staatsunterstützung bedacht. Zur Verbesserung der Abtheilung zwischen Station Müllheim und Neuenburg ist sodann 1860 eine Straßenregulirung in Ausführung gekommen, wofür die Gemeinde Neuenburg das Gelände und die Hälfte der Baukosten zusammen mit 426 Fl. und die Staatscasse 154 Fl. aufgewendet haben.

Im Jahr 1866 stellte die Gemeinde Neuenburg, die seit vielen Jahrhunderten das Fahrrecht ausübte,(1) auf ihre Kosten eine fliegende Fähre auf dem Rhein mittelst eines Drahtseils her. Das Seil hatte eine Länge von 1000 Fuß und lag 5 Fuß über dem höchsten Wasserstand. Die Ständer, welche das Seil trugen, waren 69,7 Ruthen von einander entfernt. Diese Fähre, auf der Lasten von 80—110 Centner übergesetzt werden konnten, hat im Ganzen einen Aufwand von 4610 Fl. veranlaßt.

Die Fähre wurde am 28. Juli 1866 dem Verkehr übergeben. Die Fahrzeit betrug je nach dem Wasserstand 2—4 Minuten.(2) Seit 1868 ist die ganze Straße Landstraße

Nach dem Kriege mit Frankreich wurde 1873 zwischen Baden und Elsaß-Lothringen eine Vereinbarung über Ausführung mehrerer Schiffbrücken über den Rhein abgeschlossen (Gesetz- und Verordnungsblatt 1873, Seite 148), worunter sich die Brücke bei Neuenburg befindet, die von Baden herzustellen war. Die Baustelle wurde auf dem rechten Ufer 3 Meter, auf dem linken 7,5 Meter stromaufwärts von der Mitte der Ständer der Drahtseilfähre vereinbart. Die Gemeinde Neuenburg verzichtete laut Urkunde vom 16. Juli 1872 auf das Rheinüberfahrtsrecht für so lange als eine Schiff- oder andere Brücke für den allgemeinen Verkehr mit freier Benützung besteht.(3)

Die 200 Meter lange Schiffbrücke wurde 1872/73 erbaut und am 18. Mai 1873 feierlich eröffnet. Sie besitzt 30 hölzerne Pontons, 17 Meter lang, 3 Meter breit mit 3 Durchlaßgliedern à 12 Meter und ist durch 6 Eisbrecher geschützt.

Die Breite beträgt zwischen den Geländern 5,6 Meter, die Tragfähigkeit 6000 Kilogramm.

Die Kosten betrugen 80,577 Fl. einschließlich des Aufwandes von 11,318 Fl. für Gebäude, sowie für den Hafen und Remise. Das Wachthaus wurde der Gemeinde abgekauft.

Zum Oeffnen und Schließen der Durchlaßglieder sind 20 Minuten erforderlich.(4) Sie wurden 1874 26 Mal geöffnet.

(1) Das Fahrrecht wurde stets mit einer großen Fähre und mit Nachen ausgeübt. Der Pacht ertrug 1841 2190 Fl. Im Jahr 1829 wollte Frankreich auch eine Fähre betreiben, was aber in Folge der Einsprache Seitens Baden unterblieb. (2) Im Jahr 1867 soll die Fähre eine Bruttoeinnahme von 3834 Fl. und nach Abzug der Kosten mit 1219 Fl. 2615 Fl. Reinertrag veranlaßt haben. Der Tarif für die Ueberfahrtsgebühren erforderte für eine Person 3—4 Xr., für ein Stück Vieh 20 Xr., für eine einspännige Fuhre 28—36 Xr. (leer) für eine zweispännige 42—56 Xr. Im Jahr 1869 wurden 35,607 Personen übergesetzt. (3) Das Fahrgeld lieferte der Gemeinde in letzter Zeit einen Ertrag von 2000 Fl. jährlich. (4) Die Brückenordnung ist vom 31. Juli 1873. Gesetz- und Verordnungsblatt S. 148. Im Jahr 1874 passirten 79,437 Personen, 11,321 Wagen, 3400 Thiere, die Oeffnung war 26 Mal nöthig.

Schon 1865 hatten die Stadt Müllheim und weitere 67 Gemeinden des badischen Oberlandes um Herstellung einer Eisenbahn von Müllheim nach Neuenburg und an den Rhein nachgesucht, und 1872 Vorarbeiten für diesen Zweck bearbeiten lassen. Dasselbe Gesuch wurde 1872 wiederholt. In Anerkennung der Wichtigkeit einer Eisenbahnverbindung zwischen Müllheim und der elsässischen Fabrikstadt Mülhausen ist das Gesetz vom Jahr 1872 (Gesetz- und Verordnungsblatt, Seite 203) über den vorläufigen Bau einer Eisenbahn von Müllheim an den Rhein zu Stande gekommen. Bezüglich der Brücke bestimmte die Schifffahrts-Centralcommission 1874, daß außer dem 200 Meter breiten Flußbett beiderseits auf den Vorländen zwei Fluthbrücken von 27 Meter Lichtweite hergestellt werden und die Brückenhöhe 7,92 Meter über Pegel 0 einzuhalten sei. Der Bau begann 1876.

Da die Straße zwischen dem Gasthaus zum Kreuz bei Müllheim (an Straße Nr. 1) und dem Bahnhofe oft von der angränzenden Klembach überfluthet und aufgeweicht wird, erkannte man für nöthig das Profil der Straße auf eine Länge von 855 Meter zu ändern und für bessern Wasserabfluß zu sorgen.

Der desfallsige Aufwand war auf 8500 Mark berechnet, und nach dem Gesetz von 1868 zu decken. Die Ausführung erfolgte 1877. Für Verbesserung der nicht fundamentirten Fahrbahn vom Bahnhof bis Neuenburg sind weitere 25,000 Mark zur Verwendung für 1878/79 in Aussicht genommen. Die Straße wird auf eine Länge von 1850 Meter erhöht und die Fahrbahn 4,2 Meter breit mit 15 Centimeter Gestück und 9 Centimeter Schotter hergestellt.

Der erweisliche Aufwand für Verbesserung dieser Straße beträgt 178,670 Mark.

Der Verkehr hat sich seit 1864/74 von 81 auf 158 Zugthiere täglich gehoben.

Der Wasserschaden betrug 1876 18,080 Mark. Man setzte 1877 eine Holzbrücke in die Straße, um dem Hochwasser Abzug zu verschaffen.

Nr. 109.

Straße von Gündenhausen nach Neuenweg.

Kleines Wiesenthal.

Länge 19,56 Kilometer = 4,40 Stunden.

Die Namen Wiese, Steinen, Tegernau, Niedertegernau, Wiesleth, Langenau, Bürchau, Enkenstein, Schwand, Elbenschwand, Röthenberg lassen sich mit Wahrscheinlichkeit auf die keltische Sprache zurückführen, daher anzunehmen ist, daß die Römer, als sie in dieser Gegend erschienen, auch Wege zur Verbindung gedachter Orte getroffen haben werden. In den Aufzeichnungen vom Jahr 1752 wird der Weg von Steinen über Weitenau und Tegernau nach Neuenweg „Landstraße“ genannt, woraus zu entnehmen ist, daß damals die Hauptverbindung mit Neuenweg nicht von Gündenhausen über Wiesleth führte. Später scheint sich der Holz- und Steintransport mehr auf den letztern Weg gezogen zu haben, obgleich auch dieser Weg viele Gebrechen hatte, namentlich war derselbe nur 10—14 Fuß breit, und die vielen rechtwinkelig über die kleine Wiese führenden steinernen Brückchen mit steilen Auffahrten und kurzen Wendungen auf die dem Fluß entlang ziehende Straße waren für die Abfuhr der Walderzeugnisse, insbesondere des Langholzes, sehr hindernd. Außerdem führte dieser Weg, wie jener von Neuenweg und Tegernau nach Steinen über zwei bedeutende Steigen bei Bürchau und Elbenschwand mit Gefällen von 8—10 Procent.

Die Correction und Verbesserung des Wegs zwischen Gündenhausen und Neuenweg war deshalb schon im Jahr 1853 in Aussicht genommen, allein der für die dringendsten Verbesserungen damals auf 12,000 Fl. berechnete Aufwand überstieg die Kräfte der armen Gemeinden. Der alte Zustand des Wegs blieb und die Folge davon war, daß noch im Jahr 1856 das Klafter Buchen-Scheitholz in Neuenweg für 6 Fl. verkauft werden mußte. Die Regierung sah sich darum veranlaßt, im Jahr 1857 Plan und Ueberschlag für die allmähliche Verbesserung dieser Straße aufstellen zu lassen.

Der Weg sollte 16 Fuß breit mit einer Fahrbahn von 14 Fuß, aus 4 Zoll Gestück und 3 Zoll Schotter bestehend, hergestellt werden.

Die Arbeiten wurden im Jahr 1857 begonnen und im Jahr 1864 in der Hauptsache vollendet.

Der Gesammtaufwand betrug 34,699 Fl., wovon die Gemeinden 9658 Fl., die Staatscasse 25,041 Fl. übernahmen.

Von den Gemeinden haben geleistet baar und mit Geländestellung Neuenweg 1619 Fl., Bürchau 1765 Fl., Elbenschwand 341 Fl., Langensee 479 Fl., Holl 1707 Fl., Obertegernau 1770 Fl., Niedertegernau 635 Fl., Wiesleth 387 Fl., Enkenstein 574 Fl., Schopfheim 380 Fl.

Die verbesserten Abtheilungen wurden sodann mit Staatsunterstützung unterhalten.

Es fehlte nun noch die Verbreiterung des Wegs von Obertegernau abwärts, eine Correction oberhalb Bürchau, welche auf 2300 Fl. überschlagen war und die Verbesserung zwischen Langenau und Bürchau mit einem approximativ berechneten Aufwand von 15,000 Fl.

Im Jahr 1870 wurden für Verbesserungen zwischen Tegernau und Wies 8,050 Fl. verwendet. Wies gab 2500 Fl., Damberg 500 Fl. und Schwend 50 Fl., daher die Staatscasse 5000 Fl. beizutragen hatte; 1872 wurden sodann oberhalb Bürchau und unterhalb Tegernau 6000 Fl. verwendet, um das Gefäll auf 5 Procent zu ermäßigen und die Straße von 10—12 Fuß auf 16 Fuß zu erweitern. Bürchau stellte das Gelände im Werth von 570 Fl. für 170 Fl., Tegernau erhielt 130 Fl. für das auf 730 Fl. geschätzte Gelände, so daß der Beitrag der Gemeinden sich auf 1000 Fl. berechnet und der Staat noch 5000 Fl. zu übernehmen hatte. Der Rest der bewilligten 6000 Fl. wurde zu kleineren Verbesserungen benützt.

Die baufällige Holz-Jochbrücke über die Wiese bei Gündenhausen wurde 1870—73 in Eisen umgebaut. Der Aufwand betrug einschließlich einer kleinen Flußregulirung und der Verbreiterung zweier kleiner Brücken über den Gewerbscanal 16,000 Fl. Für das Walzeisen im Betrag von 643 Centnern wurden 11 Fl. pro Centner bezahlt. Die Brücke hat eine Weite von 27 Metern und eine Fahrbahn von 4,8 Metern, eine Tragfähigkeit von 200 Centnern. Die neuen Widerlager sind aus Sandstein, der Oberbau Fachwerk mit gekrümmter Obergurt. Die Kosten sind allein aus der Staatscasse bestritten. Um die schmalen, nur 3—4 Meter breiten Stellen der Straße zwischen Tegernau und Langensee und von Wiesleth bis Tegernau zu erweitern, sind bei einer Länge von 4600 Metern noch 23,000 Mark erforderlich. Auch die in diese Straße einmündenden Vicinalwege von Tegernau nach Wies und von Hohnegg nach Raich wurden mit Staatsunterstützung verbessert.

Die erstere Straße kam 1869—71 mit 16,734 Mark, wovon die Ortscasse 8571 Mark und die Gemeinden 8163 Mark bezahlten, sodann die zweite Straße 1870/74 mit 12,000 Mark zur Ausführung, wovon die Ortscasse 3429 Mark und die Gemeinden 8571 Mark übernahmen.

Die erweisliche Ausgabe für Verbesserung dieser Wege beträgt im Ganzen 109,483 Mark.

Der Verkehr thalabwärts ist größer als -aufwärts. Im Jahr 1864 wurden zwischen Gündenhausen und Tegernau 52, zwischen Tegerau und Neuenweg 38 Zugthiere beobachtet, 1874 dagegen 102 resp. 22 Zugthiere täglich. Die Abnahme des Verkehrs wird dem Umstand zugeschrieben, daß ein großer Theil des Holzes seit dem Bestehen der Straße von Neuenweg über Heubronn in das Münsterthal auf diesem Wege abgeführt wird. Siehe Nr. 245.

Nr. 110.

Straße von Schliengen bis zur Eisenbahnstation.

Länge 1,02 Kilometer = 0,23 Stunden.

Nachdem die Eisenbahn, welche von Mannheim bis Carlsruhe schon im Jahr 1843 erstellt war, unterm 6. Juni 1844 auch bis Offenburg und Kehl dem Betriebe übergeben wurde, kam erstmals die Frage zur allgemeinen Erörterung: ob der Staat, der die Eisenbahnen baut und betreibt, oder die Gemeinden, durch deren Gemarkung eine Verbindung mit den Stationsplätzen herzustellen ist, die Verpflichtung haben, die Zufuhrstraßen zu den Eisenbahnstationen zu bauen und zu unterhalten?

Bis dahin hatte nämlich die Eisenbahnbauverwaltung in der Regel diese Zufuhrwege erbaut, und unterhalten, soferne dieselben zur Verbindung der Stationen mit bereits vorhandenen Staatsstraßen oder Vicinalwegen neu geschaffen werden mußten. Das großherzogliche Ministerium des Innern entschied diese Frage unterm 20. Mai 1845 mit Nr. 5684 dahin: „daß die Unterhaltung der Zufuhrstraßen zu den Stationsplätzen der Eisenbahn dort, wo jene bloß dem örtlichen Bedürfniß dienen, der betreffenden Gemeindecasse zur Last fällt, dagegen in allen Fällen, in welchen nachgewiesen ist, daß diese Wege im Interesse des allgemeinen Verkehrs liegen, der Staatscasse obliegt."

Eine weitere Entschließung desselben Ministeriums vom 12. August 1845 Nr. 8905 bestimmte ferner: „daß die künftige Unterhaltung der Zufahrtsstraßen zu den Stationsplätzen der Eisenbahn in der Regel derjenigen Gemeinde zu überweisen ist, auf deren Gemarkung diese Straßen sich befinden. Sollten in einzelnen Fällen besondere Verhältnisse eine Ausnahme begründen, so erwartet man specielle Anträge. Dagegen gestattet man, daß die Kosten für den Neubau der noch anzulegenden Zufahrtsstraßen, ebenso wie jene für den Neubau der bereits angelegten, aus dem Eisenbahnbaufonds bestritten werden."

Was nun die Zufahrtsstraße zu dem Stationsplatz in Schliengen betrifft, so besteht dieselbe aus einem Theil des von Schliengen nach Steinenstadt führenden Vicinalwegs, welcher in der Höhe des natürlichen Geländes lag, nur 16 Fuß breit war, und unregelmäßige Gefälle hatte.

Dieser Weg wurde von Schliengen bis zum Stationsplatz im Jahr 1847 mit Rücksicht auf die Lage der Eisenbahnstation erhöht und mit verglichenem Gefäll und einer Kronenbreite von 24 Fuß auf Staatskosten in einer Länge von 200 Ruthen ausgeführt, zu welchem Ende die Gemeinde den früheren Weg zur Verfügung gestellt hatte. Zur Verbreiterung der Straße wurde das nöthige Gelände für 696 Fl. von der Eisenbahnbaucasse erworben und von ihr auch die Baukosten mit 2511 Fl. bestritten, so daß der ganze Aufwand aus Staatsmitteln 3207 Fl. oder 5498 Mark betrug.

Die Gemeinde leistete keinen Beitrag. Da die alte Straße als Gemeindeeigenthum ausgesteint war, wurde die neue Straße in gleicher Weise als Gemeindeeigenthum vermarkt.

Von 1857—1868 wurde diese Straße mit Staatsunterstützung unterhalten, dann aber als Landstraße behandelt.

Im Jahr 1877 wurde der Grundsatz aufgestellt, daß nur jene Zufuhrwege zu den Eisenbahnstationen als Landstraßen zu behandeln sind, welche von Landstraßen abzweigen, einer größeren Zahl von Ortschaften zum Verkehr mit der Station dienen und stark frequentirt sind.

Nr. 111.

Straße von Engen nach Singen.

Aachthalstraße.

Siehe Nr. 160 und 179.

Daß in dem Aachthal und seiner Umgebung lange Zeit die Kelten angesessen waren, wird wahrscheinlich aus den Namen: Höhgau, Aach, Biber, Altdorf, Engen, Singen, Hohenkrähen, Mühlberg, Hohenhöwen, Stoffeln, Mägdeberg, Beuren, Schlatt, Mühlhausen, Ehingen, Welschingen, Hausen, Wiex, Twiel, Rickelshausen, Moos, Horn, Bankholz, Wangen, Kattenhorn, Stein 2c., welche aus keltischer Sprache abzuleiten sind. Noch in Urkunden von 787 wird Singen Sisinga, Mühlhausen Mulinasa, Ehingen Hegingas, Welschingen Walasingas, Hausen Usa geschrieben. Es wurden aber auch bei Hohenhöwen, Engen, Orsingen, Eigeltingen, Singen und Hohentwiel keltische Waffen, Geräthe und Schmuck von Bronze aufgefunden, welche Aehnlichkeit mit jenen in Gräbern und Pfahlbauten vorkommenden Gegenständen besitzen, welche von einer schon weit fortgeschrittenen Kunstfertigkeit zeugen. Die genannten Orte waren unzweifelhaft durch Wege unter sich verbunden, und da erstere sich bis heute erhalten haben, ist wohl anzunehmen, daß auch die Wegverbindungen wenigstens in ihren Hauptzügen fortbestunden, und von den Römern bei ihrer Ankunft vorgefunden wurden.

Als römische oder von den Römern benützte Wege werden bezeichnet: ein alter sogenannter „Rennweg" zwischen Hohentwiel und Hilzingen, ein „Hochgesträß" zwischen Wiex und Aach, eine „Hochstraß" bei Duchtlingen und ein „Heerweg" bei Mühlhausen, Hochsträß bei Mägdeberg, Rennweg bei Hohenstoffeln, ein Herrenweg bei Worblingen, Hartweg bei Bolingen.

Man glaubt, daß der römische Straßenzug von der Donau (bei Laiz) an den Rhein (bei Stein) über Leibertingen, Buchheim, Neuhausen, Lipptingen, Emmingen, Aach, Mühlhausen, Singen, Worblingen und Bohlingen ging.

Auch der mittelalterliche Straßenzug von Aach über Wiex, Steißlingen, Böhringen und Oehningen nach Stein wird als römischer Weg bezeichnet. (1)

Der sehr alte Fruchtmarkt in Stein, welcher den Absatz des Getreides aus dem Höhgau, der Baar und dem westlichen Schwaben nach der Schweiz vermittelte, hatte schon früh einen nicht unbedeutenden Verkehr zwischen dem Höhgau und der Stadt Stein veranlaßt.

Als in der Mitte des 15. Jahrhunderts Herzog Eberhard von Württemberg in Folge der Beraubung seiner Landesangehörigen (2) durch die damals als Wegelagerer bekannten Herren von Friedingen auf Hohenkrähen, seinen Lehensleuten verbot, Früchte auf die Märkte in Stein und Schaffhausen oder nach der Schweiz zu führen, empfanden die Eidgenossen großen Mangel an Getreide, so daß sie Unterhandlungen über Aufhebung dieses Verbotes einzuleiten genöthigt waren. Nach alten Aufzeichnungen wurde damals der Straßenzug von Engen über Aach, Wiex, Steißlingen, Böhringen, Moos, Bankholz, Schienen und Oehningen nach Stein benützt.

Im 16. und 17. Jahrhundert wird als „Land- und Poststraße" der Weg bezeichnet, der von Engen an der Dreifaltigkeitskirche vorüber direct nach Ehingen durch das Ehinger oder Wasserburger Thal über Mühlhausen, Schlatt unter Krähen, Beuren, Friedingen nach Böhringen und Radolfzell führte. (3) Dieser Weg wurde bei Engen die „Steiner Straße" oder „Ehinger Todtenweg" (4) genannt und in Mühlhausen und Schlatt war derselbe 1583, beziehungsweise 1564 mit dem Namen „Landstraß gen Zell", „Straß gen Aach" und „Landstraß gen Stein" bezeichnet.

Diese Straße wurde 1813 im Frohndwege wieder in fahrbaren Stand gesetzt, nachdem sie fast ganz zerfallen war. Zwischen Engen und Singen führte an den Burgen von Hohentwiel, Hohenkrähen, Mägdeberg (5) vorüber durch Mühlhausen und Ehingen über Neuhausen ein sehr schmaler und hügeliger Karrenweg.

Als in den Jahren 1784—87 die Straße von Tuttlingen nach Schaffhausen über Engen, Neuhausen, Welschingen, Weiterdingen, Hilzingen und Thaingen durch Concurrenz der Gemeinden des Höhgaues verbessert wurde, kam auch die Straße von Engen bis Neuhausen in einen fahrbaren Stand; der übrige Theil des Weges nach Singen blieb aber unverbessert. Schon damals lag es in dem Project, von Altdorf mit Umgehung von Engen über Anselfingen nach Welschingen zu bauen, um die zwei Steigen in der Stadt Engen, welche 138 Ruthen lang sind und einerseits 7,7 Procent, anderseits bis 14 Procent Gefäll besitzen, zu umgehen. Da aber auch bei dieser Route die Höhe hinter dem ehemaligen Kapuzinerkloster erstiegen und gegen Anselfingen wieder das Thal mit starkem Fall gewonnen werden mußte, unterblieb die Ausführung.

Als in neuerer Zeit durch die schweren Güterfuhren größere Ansprüche als früher an die Straßen gemacht wurden und der Güterverkehr aus dem Kinzig- und Höllenthal nach dem Bodensee und insbesondere nach Constanz genöthigt war, die Straße von Engen über Stockach nach Radolfzell einzuschlagen, mithin einen Umweg von circa 3 Stunden einzuhalten, so kam im Jahr 1844 die Verbesserung der Vicinalstraße zwischen Altdorf (Engen) und Singen durch die Stände in Antrag. Da auf dieser Straße bereits der Postwagen ging, war Geneigtheit der Regierung vorhanden, dieselbe zu verbessern. Nach dem damals aufgestellten Bauprojecte sollte von Engen bis gegen Welschingen die alte Straße beibehalten und nur verbreitert, dann aber auf der rechten Thalseite eine größtentheils neue Straße erbaut werden. Der Aufwand für diese 2,6

(1) Zeitschrift für Geschichte des Breisgaues I. Viele dieser Orte sind im 8. Jahrh. urkundlich. Mone, Urgeschichte I. Walchner, Geschichte von Radolfzell. Gock, Röm. Straßen. (2) Hohentwiel, in der zweiten Hälfte des 11. Jahrhunderts Wohnung der Herzogin Hadwig von Schwaben, wurde 1520 den Herren von Klingsberg durch Herzog Ulrich von Württemberg abgekauft; auch Mägdeberg, das ehemals Reichenau gehörte, war lange Zeit württembergische Besitzung und kam dann an die Familien von Reischach und Enzenberg. Steinhofer, Chron. von Württemberg 1744. Auch Mühlhausen und Tuttlingen waren im 16. Jahrhundert württembergisch. (3) L. Arch.-Act. (4) Die Bezeichnung „Todtenweg" kommt zu Neuershausen, Buchheim und Sasbach, bei Rottenberg am Neckar und anderwärts vor. Man glaubt, daß an diesen Wegen einst römische Gräber waren. (5) Die Burgen von Hohenkrähen und Mägdeberg wurden 1634 durch den Commandanten der Festung Hohentwiel — Wiederhold — zerstört; Hohentwiel zerstörten 1800 die Franzosen unter General Vendome. C. Dietrich: Wiederhold von Hohentwiel.

Stunden lange Straße war bei Annahme einer Breite von 24 Fuß auf 82,970 Fl. veranschlagt. Die Ausführung wurde Anfangs bis nach Vollendung der Correction der Engener Steige, dann aber bis zur Entscheidung über den Bau einer Eisenbahn durch das Kinzigthal verschoben. Als aber dies Project in weitere Ferne gerückt war, kam 1847 dieser Straßenbau neuerdings zur Erörterung, und es wurde dabei die schon im Jahr 1842 bei Gelegenheit der Correction der Engener Steige in Frage gekommene Umgehung der Stadt Engen mit Anlage einer neuen Straße durch das Katzbachthal bis zur Trotte in Engen(1) in das beabsichtigte Bauunternehmen gezogen. Der Ueberschlag verlangte nun für die ganze Straße von Altdorf bis Singen bei einer Straßenbreite von 24 Fuß mit 18 Fuß Fahrbahn 113,550 Fl. Man glaubte sich aber bei dem Widerspruch der Gemeinde Engen gegen die Verlegung der Straße außerhalb der Stadt vorerst auf die Herstellung der Straße von Engen nach Singen beschränken zu sollen und der im Jahr 1854 aufgestellte neue Ueberschlag verlangte für die Abtheilung von der Thalmühle bis zur Brücke an der Riedmühle 27,300 Fl., von der Riedmühle bis zum Durchschnitt der alten und neuen Straße auf Gemarkung Singen 33,400 Fl., von hier bis zur Straße von Schaffhausen nach Ulm 32,300 Fl., im Ganzen also 93,000 Fl. Die Kronenbreite der Straße war auf 22 Fuß, die Fahrbahn auf 17 Fuß, aus 4 Zoll Fundament und 4 Zoll Schotter bestehend, angenommen. Durch das Budget von 1854—55 wurden die schon im Jahr 1852 abschläglich bewilligten 15,000 Fl. neuerdings zur Einleitung der Bauten flüssig gemacht. Da die Gemeinden mit Ausnahme von Singen die unentgeltliche Stellung des Geländes an nicht annehmbare Bedingungen knüpften, und insbesondere Mühlhausen sich auf das Entschiedenste gegen Verlegung der Straße außer dem Ort aussprach, beschränkte man sich einstweilen darauf, die Abtheilung auf Gemarkung Singen auszuführen, indem diese Gemeinde das auf 7834 Fl. geschätzte Gelände gegen ein Aversum von 2800 Fl. unter der Bedingung zur Verfügung stellte, daß die alte Straße und Brücke der Gemeinde überlassen werde. Dieser Bau wurde im Jahre 1854/55 von Singen über die Aach bis zum Zusammentreffen der neuen Straße mit der alten ausgeführt und am 1. December 1855 dem Verkehre übergeben. Der Aufwand für die Abtheilung betrug einschließlich des Zuschusses zur Güterentschädigung von 2800 Fl. und der Brückenbaukosten mit 7780 Fl. = 28,400 Fl. Der Beitrag, den die Gemeinde Singen für Geländestellung leistete, beträgt circa 4500 Fl., wenn man die wirkliche Ausgabe für Entschädigung in Rechnung nimmt; die Staatscasse hatte mithin 23,900 Fl. zu verausgaben. Die neu hergestellte Straßenstrecke wurde sofort in den Staatsstraßenverband aufgenommen. Die inzwischen wieder nähergerückte Aussicht auf den Bau der Kinzigthalbahn hinderte die Fortsetzung des Baues dieser Straße abermals, daher es auch kam, daß von den in dem Budget für 1858 und 1859 weiter bewilligten 35,000 Fl. nur 5000 Fl., und diese erst im Jahr 1861 zur Verwendung kamen, nachdem die Gemeinden sich zu angemessenen Beiträgen verpflichtet hatten. Es sollten nämlich von der Gemarkungsgränze Singen aufwärts bis Engen nur noch die dringendsten Verbesserungen ausgeführt werden, wohin man rechnete: die Entfernung einer Steige bei der Singen-Mühlhauser Gemarkungsgränze mit 1100 Fl., die Umgehung der Steige beim Krähenberg mit 1700 Fl., Verbesserung durch Mühlhausen mit 1150 Fl., Verbesserung des Gefälls oberhalb und innerhalb Mühlhausen mit 1375 Fl., Verbesserung durch Neuhausen und Ehingen mit 630 Fl., durchgehende Verstärkung der Schotterdecke mit 750 Fl. Von diesem Aufwande im Betrag von 6705 Fl. übernahmen: die Gemeinde Mühlhausen 620 Fl., Singen 300 Fl., die Grundherrschaft Schlatt durch Geländestellung 667 Fl., die Gemeinde Ehingen 86 Fl., zusammen 1673 Fl.; daher die Staatscasse 5032 Fl. oder rund 5000 Fl. aufzuwenden hatte. Der Rest der budgetmäßigen Dotation wurde für den Straßenbau von Stockach nach Mößkirch verwendet. Die Abtheilung der Straße von der Singener Gemarkungsgränze bis Engen, in einer Länge von 1,72 Stunden wurde im Jahr 1858 in die Classe der unterstützten Vicinalwege aufgenommen, die 0,85 Stunden lange Abtheilung in Singener Gemarkung aber fortan als Staatsstraße behandelt.

Der 1864/66 ausgeführte Bau der Eisenbahn durch das Katzbachthälchen machte die Verlegung des dortigen Feldweges nöthig. Man stellte nun den neuen Weg, längs der Eisenbahn in einer Breite von 16 Fuß, mit 14 Fuß Fahrbahn, und in der Art her, daß derselbe auch für den Verkehr von Altdorf nach Singen benützt werden kann, und der lästige und gefährliche Zug durch die Stadt Engen damit umgangen ist.

---

(1) Der Aufwand für eine 4400 Fuß lange, 24 Fuß breite Straße wurde damals auf 19,713 Fuß berechnet.

Der Aufwand betrug für Güterankauf 3336 Fl., für Baukosten 2870 Fl., zusammen 6206 Fl. Diese Parallelstraße wurde in dem ersten Jahre nach ihrer Eröffnung noch aus disponiblen Materialvorräthen des Eisenbahnbaues und mit Verwendung des an der Straße durch Engen beschäftigten Straßenwartes unterhalten. Durch die am 1. September 1866 eröffnete Eisenbahn hat diese Straße einen großen Theil ihres Verkehrs verloren. Seit 1868 wird die ganze Straße als Vicinalstraße unterhalten. Der erweisbare Aufwand für Verbesserung dieser Straße beläuft sich auf 70,819 Mark.

Nr. 112.

Straße von Albbruck nach St. Blasien.

Obere Albthalstraße.

Länge 24,71 Kilometer = 5,56 Stunden.

Bis über die Mitte unseres Jahrhunderts war das obere Rheinthal von Säckingen bis Waldshut mit dem angränzenden Schwarzwald nur durch die einzige Landstraße von Waldshut über Höhenschwand nach St. Blasien und Lenzkirch verbunden; die anderen Wege waren, wie der größte Theil im Schwarzwald, tief eingeschnitten und Bachbetten gleich, daher auch nur mit Karren benützbar. Diese Unzugänglichkeit wirkte nicht allein auf die Industrie und den Absatz der Waldproducte des Schwarzwaldes hindernd, sondern sie war auch eine Hauptursache, daß die Orte der ehemaligen Hauenstein'schen Herrschaft — der sogenannte Hotzenwald — immer mehr verarmte.

In letzterer Beziehung wurde zur Eröffnung besserer Wege der erste Schritt 1844 durch Verbesserung der Straße von Kleinlaufenburg bis Todtmoos gethan. (Siehe 106.) Bezüglich der eigentlichen Schwarzwaldverbindung aber entschloß man sich erst 1854 mit Staatshülfe einzutreten. Den nächsten Anlaß dazu gab das ärarische Eisenwerk in Albbruck,(1) welches, wie alle badischen Werke dieser Art die Concurrenz des niederrheinischen, belgischen und englischen Steinkohleneisens schon 1845 schwer empfand, und durch den 1851 errichteten eidgenössischen Eingangszoll auf geschmiedetes und gewalztes Eisen noch weiter geschädigt wurde, und daher auf möglichst billigen Holzkohlenbezug hinwirkte. Ueberdies lag die Erleichterung der Holzabfuhr aus den St. blasianischen Domäne-Waldungen an sich im Staatsinteresse.

Der nächste und, wenn auch schlechte, doch verhältnißmäßig beste Verbindungsweg von Albbruck nach St. Blasien führte nämlich über Schadenbirndorf, Birndorf, Unteralpfen nach Niedermühle im Albthal, von hier bis Immeneich im Thale fort und dann über den Berg nach Kutterau. Schwere Fuhren, die von St. Blasien in das obere Rheinthal oder von da zurück zu befördern waren, mußten die Straße über Häusern, Höchenschwand und Waldkirch nach Waldshut einschlagen. In dem Albthale selbst bestund zwischen Albbruck und Tiefenstein kein Weg, von Tiefenstein nach St. Blasien nur unzusammenhängende Feld- und Waldwege.

Da die Straße über Waldkirch ebenfalls bedeutende Steigen besaß, lag der Gedanke nahe, wenigstens für die Abfuhr des Holzes aus den ausgedehnten Herrschaftswaldungen einen besseren Abfuhrweg längs der Alb in der Richtung nach Albbruck herzustellen.

Die Ausführung dieses schon 1807 zur Erörterung gekommenen Projectes scheiterte jedoch lange Zeit hindurch immer an den auf 250,000 Fl. geschätzten Kosten. Nachdem aber der Forstfiscus im Jahr 1853 die Geneigtheit ausgesprochen hatte, zur Herstellung einer solchen Holzabfuhrstraße namhafte Zuschüsse zu leisten, wurde auch in dem außerordentlichen Budget für 1854/55 ein Staatszuschuß von 6000 Fl. bewilligt. Eine eingehende Untersuchung des Baubedürfnisses zeigte, daß 1) der bestehende, von den Gemeinden fahrbar gemachte Weg von der nach Häusern führenden Staatsstraße bis Unterkutterau zwar nur 15 Fuß breit und mit Gegen-

(1) Das Hüttenwerk Albbruck wurde 1686 durch eine Privatgesellschaft, an deren Spitze der Landvogt Chemilleret aus dem Aargau stund, errichtet, 1778 für 60,000 Fl. von St. Blasien angekauft und ging mit diesem 1805 an Baden über, welches den Betrieb auf Staatskosten fortsetzte und erweiterte. Im Jahr 1850 wurden noch 27,000 Centner Roheisen hier producirt. Das Hüttenwerk wurde 1866 aufgehoben (Reg.-Bl. 1866 S. 444) und verkauft. Jetzt wird eine großartige Fabrik zur Bereitung von Sägspähnen aus Aspen- und Tannenholz für die Papierfabrikation hier betrieben.

gefällen von 6—9 Procent behaftet war, immerhin aber als Holzwegfuhr vorläufig genügte; 2) daß zwischen Unterkutterau und Immeneich der bestehende, ebenfalls nothdürftig verbesserte Vicinalweg in drei Abtheilungen auf eine Länge von 450 Ruthen zu corrigiren sei; 3) daß zwischen Immeneich und Niedermühle eine Correction von 350 Ruthen erforderlich sein werde; 4) daß von der Niedermühle bis zum Ende eines kurz zuvor angelegten Holzabfuhrweges weitere 1000 Ruthen durch Correction zu verbessern und 5) daß vom unteren Ende dieses Holzabfuhrweges bis zur Tiefensteiner Albbrücke, in welcher Richtung kein Weg besteht, ein Neubau von 1600 Ruthen auszuführen und ebenso 6) von der Tiefensteiner Albbrücke bis Albbruck auf dem linken Ufer eine neue Straße auf 1700 Ruthen Länge angelegt werden müsse. Die nöthigen Bauarbeiten erstreckten sich deshalb im Ganzen auf eine Länge von 5700 Ruthen, und es könnten hiermit nur 3000 Ruthen der bestehenden Verbindungsstraße beibehalten werden, da die ganze Länge des Wegs von St. Blasien bis Albbruck auf 8100 Ruthen bemessen war. Die Arbeiten sollten auf ein Minimum beschränkt werden, da es sich damals noch nicht um Erstellung einer Staatsstraße, sondern nur eines vorzugsweise zur Holzabfuhr bestimmten Vicinalweges handelte.

Die Straßenbreite wurde deshalb auf 20 Fuß, die Fahrbahn auf 14 Fuß festgesetzt und ein Steingestück von 3 Zoll Höhe und eine 3 Zoll hohe Beschotterung vorgeschrieben.

Der Aufwand für die zunächst zur Ausführung bestimmten Abtheilungen 1) von der Tiefensteiner Brücke bis zur Riehburg(¹) mit einer Länge von 426 Ruthen, 2) von der Riehburg bis zum Görwihler Felsen, 385,5 Ruthen lang, 3) vom Görwihler Felsen bis zum Forstweg 780 Ruthen lang, mithin im Ganzen 1591,5 Ruthen lang, wurde auf 40,000 Fl. veranschlagt.

Mit den von der Forstcasse für 1854/55 zugeschossenen 10,000 Fl. und dem Staatszuschuß von 6000 Fl. begann nun der Bau im Mai 1855, nachdem zuvor die unentgeltliche Stellung des auf 1036 Fl. veranschlagten Geländes von den betheiligten Gemeinden Etzwihl, Steinbach und Unteralpfen zugesichert war. Im Jahr 1856 leistete die Forstbehörde einen weiteren Zuschuß von 10,000 Fl., und in dem Budget für 1856 und 1857 wurden ferner 14,000 Fl. aus der Staatscasse genehmigt. Mit den hiernach flüssig gemachten Mitteln von 40,000 Fl. und einem nachträglichen Credit von 1000 Fl. ist die Straße in den obengenannten 3 Abtheilungen auf eine Länge von 1,1 Stunden ausgeführt und im Herbst 1856 dem Verkehre übergeben worden. Bei der Wichtigkeit, welche diese Straße für die Holzabfuhr in immer höherem Maße erhielt, wurde schon im Jahr 1857 der 9500 Ruthen lange Bau von Niedermühle bis zu dem unteren Ende eines bestehenden Holzabfuhrweges durch den sogenannten Haagwald begonnen, nachdem hierfür ein Administrationscredit von 15,000 Fl. und ein Beitrag des Forstärars von 10,000 Fl. gegeben waren. Diese Abtheilung wurde im Jahr 1858 in fahrbaren Stand gebracht und damit die Straße von St. Blasien bis Tiefenstein(²) in der Hauptsache für Lastfuhrwerke benützbar gemacht. Bevor die letzte Correction ausgeführt wurde, mußte ein nach Unteralpfen führender steiler Vicinalweg und ein herrschaftlicher Holzabfuhrweg von 8—10 Fuß Breite und einem Maximalgefäll von 13 Procent benützt werden.

Die Güter wurden theils von den Gemarkungsgemeinden mit einem Werth von 1050 Fl., theils von dem Forstärar unentgeltlich gestellt.

Nun handelte es sich zunächst um die Fortsetzung des Neubaues von Tiefenstein nach Albbruck. Der vorhandene Vicinalweg von Tiefenstein über Schachen nach Hauenstein hatte, abgesehen von seiner unpassenden Richtung, ein so fehlerhaftes, dem Verkehr lästiges Längenprofil, daß mit einer Correction nicht zu helfen war und nichts erübrigte, als eine neue Straße dem Albthal entlang nach Albbruck herzustellen. Da die Alb jedoch hier von steilen Gneis- und Porphyrfelsen eng begränzt ist, stellten sich dem Baue ungewöhnliche Schwierigkeiten entgegen. Eine Straße mit dem durchschnittlichen Gefälle des Thales von etwa 3 Procent neben dem schäumenden Flusse durch die sogenannte Klemme ziehend, erwies sich der übermäßigen Kosten wegen als durchaus unräthlich. Auch eine von Tiefenstein horizontal abgehende und später mit circa $5^1/_2$ Procent gegen Albbruck fallende Trace stieß auf große Schwierigkeiten, daher man im Interesse einer bedeutenden Kostenersparniß von der Tiefensteiner Brücke ein Gegengefäll von 1 Procent auf 1000 Fuß annehmen mußte, so daß ein verkehrtes Steigen von circa 70 Fuß vorkommt. Das Gefälle gegen Albbruck mußte mit 5,2 Procent eingehalten werden, damit man

(¹) Diese Burg ist 1272 von Rudolf von Habsburg zerstört worden. Marmor, St. Blasien. (²) Tiefenstein war einst der Sitz eines der reichsten Dynasten des Albgaues. Der letzte Freiherr von Tiefenstein starb 1317, nachdem seine Besitzungen 1265 schon an den Bischof von Basel verkauft waren.

über den Köpfen der Felsen in die untere Hälfte des Thales hinweg kam. So ungerne man Seitens der technischen Behörde auf ein solches, den theoretisch-technischen Grundsätzen entgegenlaufendes Längenprofil einging, so war dies doch bei dem Umstande, daß es sich damals nur um eine Holzabfuhrstraße handelte und der Aufwand daher möglichst beschränkt werden mußte, nicht zu umgehen. Die Kosten für diese 18,966 Fuß lange Straße wurden auf 60,000 Fl. überschlagen.

Es war dabei vorgeschrieben: eine Breite von 20 Fuß mit einem Graben an der Bergseite, $^5/_4$füßige Böschung in den Auffüllungen und einfüßige in den Abgrabungen; 14 Fuß breite Fahrbahn mit 6 Zoll starker Versteinung; 2 Fuß starke Stützmauern mit einem Anzug von $^1/_4$ der Höhe und auf je 5 Fuß Höhe eine Verstärkung von 1 Fuß. Das Gelände wurde von den Gemeinden unentgeltlich gestellt. In der Voraussetzung, daß der Forstfiscus an diesen Kosten 20,000 Fl. übernehme, wurde in dem Budget für 1858/59 der Rest mit 40,000 Fl. bewilligt. Der wirkliche Beitrag des Forstärars betrug jedoch nur 16,000 Fl. Der Bau kam im Mai 1858 in Angriff; es zeigte sich aber bald, daß die Felsensprengarbeiten eine größere Ausdehnung erhalten mußten, als ursprünglich angenommen war. Man stellte deshalb einen neuen Kostenüberschlag auf, wonach der Aufwand auf 74,000 Fl. berechnet war. Als Preise waren angenommen: für 1675 Cubikruthen offen auszusprengende Felsen durchschnittlich 21 Fl. 5 Xr. per Cubikruthe; für die in den Tunnels auszusprengenden Felsmassen im Betrag von 87 Cubikruthen, je nach der Härte des Gesteins 60—160 Fl. per Cubikruthe; für Stützmauern 20 Fl. per Cubikruthe.

Die Straße wurde am 1. Juli 1859 dem Verkehr übergeben. Man kam nun wieder auf die Verbesserung der $2^1/_2$ Stunden langen Strecke von der Landstraße bei St. Blasien bis Niedermühle zurück. Der Aufwand wurde für die in einzelnen Abtheilungen auszuführenden Correctionen auf 30,000 Fl. veranschlagt und diese Mittel auch 1860/61 bewilligt.

Die Gemeinden St. Blasien und Immeneich stellten das nöthige Gelände unentgeltlich, die Gemeinde Kutterau weigerte sich aber, ein Gleiches zu thun, obwohl der Werth des in ihrer Gemarkung erforderlichen Grundeigenthums nur auf 573 Fl. geschätzt war. Die Arbeiten wurden deshalb innerhalb der Gemarkung Kutterau nicht ausgeführt, das übrige aber mit einem Aufwand von 24,000 Fl. im Jahr 1861 vollendet.

Nachdem die Straße mit Ausnahme der Abtheilung in Gemarkung Kutterau im Jahr 1863 in den allgemeinen Staatsstraßenverband aufgenommen war, zeigte sich auch die Gemeinde Kutterau bereit, durch unentgeltliche Geländestellung zur Vollendung des Straßenbaues mitzuwirken und es wurde darum im Jahr 1865 mit einem Aufwand von 6000 Fl. die Correction in Kutterauer Gemarkung ebenfalls ausgeführt. Die Länge der Straße beträgt nun von St. Blasien bis Albbruck $5^3/_4$ Stunden. Von Albbruck bis Tiefenstein betragen die Gefälle 4—5,2 Procent; von Tiefenstein bis Immeneich 2—5,5 Procent, von Immeneich bis Kutterau 1—4 Procent, und von da bis zur Einmündung in die Straße von Basel nach St. Blasien 1—2,8 Procent.

Der Nutzen dieser Straße stellte sich in kurzer Zeit so unzweifelhaft dar, daß man von Seite der Regierung nun die vollständige Verbesserung der ganzen, von Albbruck bis Triberg ziehenden Straßenroute in das Auge faßte und zur Ausführung dieses Projectes auch alsbald Hand anlegte.

Da das nun erschlossene romantische Albthal durch seine vielartigen Reize eine Menge von Vergnügungsreisenden herbeizieht, vermehrte sich der Verkehr hier der Art, daß ein Postomnibus zwischen Albbruck und Triberg eingerichtet werden mußte, wodurch die Straße also zur Poststraße erhoben wurde. Aus diesem Grunde war es Bedürfniß, auch an jenen Stellen, wo man mit Rücksicht auf den Kostenaufwand die kostspieligen Felsensprengungen thunlichst beschränkt und nur eine Straßenbreite von 16 Fuß hergestellt hatte, Verbreiterungen auf 18—20 Fuß auszuführen, zu welchem Ende in dem Budget für 1868/69 weitere 20,000 Fl. bewilligt und in derselben Zeit verwendet worden sind. Da einer der Tunnel (1) wegen drohenden Einsturzes des ausgesprengten Gewölbes im Jahr 1866 entfernt werden mußte, erfolgte, veranlaßt durch ungewöhnlich nasse Witterung, im Jahr 1867 an derselben Stelle ein kleiner Bergabsturz von circa 200 Cubikruthen, durch welchen die Straße auf kurze Zeit unbenützbar wurde.

Im Jahr 1874 wurde unterhalb Kutterau durch Abtrag der Bergwand eine 690 Meter lange Verbreiterung mit 3000 Fl. ausgeführt. Der Aufwand wurde zu $^1/_3$ von St. Blasien

(1) Der nächste bei Tiefenstein.

und dem Kreis, zu $^2/_3$ vom Staat übernommen. In Folge der Correction des Doctorstichs an der Straße von St. Blasien nach Häusern (Nr. 49) mußte die Einmündung in die Albthalstraße geändert werden. Dies macht auch eine kleine Correction der Albthalstraße nächst dem ehemaligen Eisenwerk, zur Ermäßigung eines Gegengefälles von 10,5 Procent auf 0,9 Procent, erforderlich. Die Länge dieser Correction beträgt 345 Meter. Der Aufwand ist bei einer Breite von 6 Meter mit 4,8 Meter breiter Fahrbahn auf 3900 Mark überschlagen. Die Kosten werden nach dem Gesetz von 1868 aufgebracht.

Zur Verbindung der Albthalstraße mit Görwihl ist 1865 bei Tiefenstein eine neue Albbrücke mit 15,155 Fl. erbaut worden.

Der nachweisbare Aufwand für die Verbesserung dieser Straße und ihrer Abzweigung nach Görwihl beträgt 305,486 Mark.

Der Verkehr ist in Folge des großen fremden Besuches auf dem Schwarzwald in starkem Steigen begriffen. Im Jahr 1864 wurden durchschnittlich pro Tag 61, im Jahr 1874 134 Zugthiere verzeichnet.

Nr. 113.

Straße von Malterdingen nach Breisach.

Länge 25,81 Kilometer = 5,81 Stunden.

Die bei Malterdingen von der Frankfurt-Basler Straße abgehende, über Riegel, (1) Endingen, (2) Königschaffhausen, (3) Leiselheim an Burkheim (4) vorüber nach Altbreisach ziehende Vicinalstraße stammt, wie schon aus dem Alter der genannten Orte hervorgeht, aus sehr früher Zeit. Der erste, von Breisach über Rottweil, Burkheim, Jechtingen, Königschaffhausen nach Endingen und Riegel führende Straßenzug soll schon von den Römern erbaut worden sein und in einer Abzweigung von Königschaffhausen seine Fortsetzung unter dem Namen „Königsweg" zwischen Forchheim und Wyhl gegen Mahlberg gefunden haben. (Mone, Urgeschichte I. S. 169). Von Riegel nach Endingen heißt die Straße „Hochstraße", von Riegel nach Häklingen „kleine Heerstraße", die unten am Dorf in den großen Heerweg einmündet und vom Schloß Häklingen am Ufer der Elz gerade südwestlich der Landstraße nach Kördringen in die jetzige Landstraße führt. (H. Schreiber, Zeitschrift.)

Aus den noch vorhandenen Acten des vorigen Jahrhunderts ist nur zu entnehmen, daß das Haupthinderniß der Verbesserung und guten Unterhaltung der Straße in dem mangelnden Zusammenwirken der verschiedenen Territorialherrschaften lag. (5) Da die Elz noch nicht corrigirt war, forderte die Unterhaltung einer Brücke bei Riegel (6) beträchtliche Kosten, zu deren Bestreitung sich die Gemarkungsinhaber allein nicht verstunden und eine Mitwirkung der übrigen Betheiligten zuweilen gar nicht, oder erst nach langen Verhandlungen zu erzielen war. (7) Die Gemeinden haben zwar allmählich Vieles an der Straße verbessert, allein die nur mit größeren Kosten zu beseitigenden Gebrechen blieben fortan bestehen. Hierher gehören zunächst eine Hohl-

(1) Der Ort Riegel ist keltischen Ursprungs; die Römer hatten sich hier später ebenfalls niedergelassen. (Schriften des Alterthumsvereins 1846 und Schreiber „Die römische Niederlassung in Riegel" 1825). Die Michelscapelle steht auf der Stelle eines Merkurtempels. Man hat viele römische Töpferarbeit, Geräthe und Münzen aufgefunden. Im 9. Jahrhundert war Riegel ein königliches Kammergut, welches 972 an das Kloster Einsiedeln kam. Riegel war 1004 schon Stadt. Noch im vorigen Jahrhundert war die Herrschaft über Riegel getheilt, $^{22}/_{42}$ gehörten den Fürsten von Schwarzenberg, $^{11}/_{42}$ dem Kloster Ettenheimmünster, $^{9}/_{42}$ dem Grafen von Sipplingen. Der Antheil von Ettenheimmünster kam durch Säcularisation, die anderen Theile durch Kauf an Baden. (Siehe Schaffner, Beiträge zur Geschichte Riegels 1843). (2) Endingen, 763 urkundlich, wurde im 12. Jahrhundert Stadt, kam 1387 an Oesterreich und wurde 1415 reichsunmittelbar, kam aber bald wieder, wahrscheinlich 1427, unter österreichische Hoheit. Die Stadt hat drei besuchte Jahrmärkte und einen Wochenmarkt. (3) Königschaffhausen war eine alte Königspfalz, die den Namen von der Schiffslände am alten Rhein erhalten haben soll. Der Ort kam 1455 an Baden. (4) Burkheim war schon 972 bekannt, hatte mehrere Herren als österreichische Lehenträger. Siehe Nr. 115. (5) Die Orte Malterdingen, Königschaffhausen, Leiselheim gehörten zur Markgrafschaft, Riegel war getheiltes Eigenthum, Endingen und Burkheim stunden unter österreichischer Hoheit. (6) Die im Jahre 1842 über den Leopoldscanal erbaute neue Brücke hat eine Spannweite von 208 Fuß, eine Breite von 22 Fuß und vier steinerne Pfeiler. Die Baukosten, welche von der Canalconcurrenzschaft bestritten wurden, betrugen 24,000 Fl. (7) L.-A.-A. Die Regierung der Markgrafschaft interessirte sich für die Straße über Eichstetten nach Breisach, weil diese mehr durch markgräfliches Gebiet zog.

gasse bei Königschaffhausen, welche $5^1/_2$—7 Procent Gefäll besaß und sehr schmal war, sodann ein Hohlweg bei Leiselheim, der ebenfalls mit Gefäll bis zu 10 Procent anstieg, und die enge Passage durch den Thorthurm in Endingen. Die Beseitigung der Hohlgasse bei Königschaffhausen sollte im Jahr 1856 bewirkt, das Gefäll auf 3,4 Procent ermäßigt und die Straße auf 18 Fuß erweitert und mit 14 Fuß Fahrbahn angelegt werden. An dem Aufwand von 1800 Fl. wollte die Staatscasse die Hälfte tragen, die Gemeinde verweigerte aber jede Betheiligung an dem Aufwande. Der Stich bei Leiselheim wurde dadurch geschaffen, daß die Straße, welche früher mit mäßigem Steigen an dem Ort vorüberführte, auf Kosten der Gemeinden durch diesen geleitet wurde. Zur Umgehung dieses Stichs mit Einhaltung von 4—5 Procent Gefäll wurden schon im Jahr 1833 vier Projecte entworfen, von denen jenes, bei welchem die Straße durch den Ort führt, auf 8000 Fl. überschlagen wurde. Die Wiedereröffnung des alten Weges außerhalb des Orts mit entsprechender Verbesserung würde 7000 Fl. kosten. Die Gemeinde wollte sich weder zu Stellung der für den Zug durch den Ort auf 3000 Fl. veranschlagten Güter noch zu einem andern entsprechenden Beitrage verstehen.

Seit der im Jahr 1845 erfolgten Eröffnung der Eisenbahn von Offenburg nach Freiburg hat diese Straße als Zufuhrstraße zur Station Riegel eine bedeutende Frequenz, besonders ist dies der Fall zwischen Endingen und Malterdingen. Die Straße wurde deshalb seit 1856 mit Staatsunterstützung unterhalten. Im Jahr 1849 wurde zu der Hauptreparatur der Dreisambrücke bei Riegel ein Beitrag von 3558 Fl. aus Staatsmitteln geleistet. Von 1868 an wird die Straße als Landstraße behandelt.

Der Umbau der Brettenbrücke bei Riegel in Eisen erfolgte 1872 mit 2200 Fl. Im Jahre 1874 kam endlich die Correction des Leiselheimer Bucks zur Ausführung. Die neue Straße, 18 Fuß = 5,4 Meter breit, beginnt am Ende des Orts mit einer Rampe von 18 Meter Radius, steigt dann mit 5 Procent in dem alten Hohlweg und mündet in die alte Straße. Die Länge des Neubaues beträgt 475,8 Meter, die Breite 5,4 Meter mit 4,5 Meter Fahrbahn von 0,15 Fundament von Waken und 0,9 Kies. Der Aufwand betrug 7814 Fl. Die Gemeinde stellte das Gelände im Werth von 1800 Fl., sie erhielt aber von Kichlinsbergen 50 Fl., Burkheim und Jechtingen je 75 Fl., Oberbergen 25 Fl., Rothweil 250 Fl., Breisach und Bischofingen je 100 Fl., Königschaffhausen 200 Fl., Riegel 100 Fl., zusammen 1000 Fl. ersetzt. Der Aufwand des Staates betrug 5413 Fl., jener der Gemeinden 2401 Fl. Da dieser Bau erst dann völlig nutzbringend ist, wenn die beiden Hohlgassen bei Königschaffhausen und Endingen beseitigt sind, so wurde 1876 ein Beitrag von 6800 Mark hierfür bewilligt, der nach dem Gesetz von 1868 aufgebracht wird. Durch diese Bauten werden die Maximalgefälle von 7 Procent auf 4 Procent ermäßigt. Der nachweisbare Aufwand für Verbesserung dieser Straße berechnet sich auf 71,209 Mark.

Der Verkehr ist in Zunahme begriffen. Zwischen Malterdingen und Endingen sind 1864 216, 1876 398 Zugthiere täglich beobachtet worden. Zwischen Endingen und Altbreisach wurden 1864 112, 1874 137 Zugthiere verzeichnet.

Der Mangel einer Querverbindung über den Kaiserstuhl von Endingen nach Schallingen und Oberbergen wird von den Bewohnern Endingens schon lange beklagt. Diese Stadt hat im Jahr 1865 einen Waldweg bis zur Katharina-Capelle herstellen lassen und 1869 Vorarbeiten auf ihre Kosten bewirkt. Der Aufwand für eine Wegverbindung mit 8—9 Procent Steigung wurde auf 5000 Fl. veranschlagt.

Im Jahr 1870 ließ die Regierung ebenfalls Vorarbeiten für eine Straße von 8 Procent Maximalgefäll und 16 Fuß Breite herstellen, wofür 649 Fl. verwendet wurden. Durch den Krieg kam das Project in Stockung. Der Aufwand würde mindestens 7000 Fl. betragen.

Nr. 114.

Straße von Emmendingen nach Breisach.

Länge 23,27 Kilometer = 5,24 Stunden.

Diese von Altbreisach über Ihringen, Wasenweiler, Oberschaffhausen, Bötzingen, Eichstetten, Nimburg und Theningen auf die Frankfurt-Basler Straße führende Straße ist, wie die daran liegenden Orte, sehr alt, (1) ja, die Abtheilung von Breisach bis Eichstetten und die Fortsetzung von hier über Bahlingen nach Riegel soll römischen Ursprungs sein. (2) In einem Plane von 1772 wird diese Straße in Gemeinde Oberschaffhausen „Herrenweg" genannt.

In Acten vom Jahr 1750 wird dieser Weg noch als „Landstraße" bezeichnet und es geht aus den damaligen Aufzeichnungen hervor, daß die Straße wegen oftmaliger Ueberschwemmungen und Zerstörung der Brücken schwierig zu unterhalten und zeitweise der Verkehr gänzlich unterbrochen war.

Da die Elz und Dreisam in ihrem nicht corrigirten Zustand ein sehr breites wechselndes Bett hatten, veranlaßten die Brückenbauten jeweils bedeutende Kosten.

Im Jahr 1748 beabsichtigte deshalb die Regierung der badischen Markgrafschaft (3) die damals großentheils zerstörte, 300 Fuß lange, hölzerne Elzbrücke bei Theningen, welche 18 Joche hatte, in eine steinerne Brücke von 9 Bogen à 24 Fuß Weite auf Rechnung der Landeskostencasse umzuwandeln. Da der Aufwand aber auf 8000 Fl. (ohne die Frohndleistungen) überschlagen war, wurde ein weiterer Plan über eine gedeckte Brücke von Holz mit Hängwerk, 3 steinernen Pfeilern und 2 steinernen Landfesten gefertigt. Der Ueberschlag kam jenem für die steinernen Brücken ziemlich gleich, daher man sich entschloß, die Brücke in ihrem früheren Stand wieder herzustellen.

Nach Canalisirung der Elz wurde über diesen Fluß eine hölzerne Brücke mit 3 Jochen und steinernen Landfesten mit einer lichten Weite von 123,2 Fuß und einer Breite von 16 Fuß von den Gemeinden mit 7000 Fl. erbaut. In den Jahren 1869/71 wurde diese Brücke mit 4700 Fl. einer Hauptreparatur unterworfen.

Die Straße kam im Jahr 1857 unter die unterstützten Vicinalwege und wurde mit Staatsbeiträgen unterhalten und verbessert; namentlich ist im Jahr 1857 in der Nähe von Bötzingen eine kurze Steige von 6 Procent Gefäll durch Ausführung einer Correction von 1200 Fuß Länge mit Einhaltung eines Maximalgefälles von 4 Procent umgangen worden. Von dem Aufwand von 655 Fl. übernahm die Gemeinde Bötzingen durch Erwerbung des Geländes 114 Fl., die Staatscasse 541 Fl. Im Jahr 1868 wurde die Straße wieder in die Classe der Landstraßen eingetheilt. Nach vorliegenden Aufzeichnungen sind für Verbesserung dieser Straße 21,180 Mark verwendet worden. Im Jahr 1864 sind auf dieser Straße durchschnittlich per Tag 69, 1874 88 Zugthiere verzeichnet worden.

Nr. 115.

Straße von Freiburg an den Kaiserstuhl.

Länge 17,22 Kilometer = 3,88 Stunden.

Nr. 174.

Straße von Oberschaffhausen nach Burkheim.

Länge 11,66 Kilometer = 2,63 Stunden.

Die von Burkheim (4) quer über den Kaiserstuhl nach Oberschaffhausen führende Straße, welche die Orte Oberrothweil, Oberbergen und Vogtsburg durchzieht, wird schon im Jahr 1528

---

(1) Die Orte Bötzingen, Oberschaffhausen, Eichstetten waren im 11. Jahrhundert bekannt. (2) Mone, Urgeschichte I. Seite 169. Bei Ihringen fand man ein römisches Plattengrab mit Broncegeräthen. (3) Sämmtliche an der Straße liegende Orte gehörten der badischen Markgrafschaft mit Ausnahme von Breisach und Wasenweiler, welch letzteres dem Deutschorden unterstund. (4) Burkheim; keltisch-germanischen Ursprungs, kam im 10. Jahrhundert als geschenktes Königsgut an das Kloster Einsiedeln; im 14. Jahrhundert war es Lehensitz des Grafen von Fürstenberg-Haslach, dann der Herren von Malterer in Freiburg, der Herren von Staufen, von Hallweil, von Schwendi, von Leuen, von Hornußbern-Kastel und zuletzt der Herren von Fahnenberg. Zu dem österreichischen Breisgau gehörend, kam Burkheim mit diesem an Baden. Kaiser Karl IV. kam am 26. December 1347 zu Schiff von Basel nach Burkheim und blieb hier über Nacht um nach Speyer weiter zu fahren.

als „Landstraße" bezeichnet, welche ihre Fortsetzung über Gottenheim, Umkirch, Lehen und Betzenhausen nach Freiburg findet und in Oberschaffhausen die Straße von Breisach nach Eichstetten und Emmendingen durchkreuzt.

Die im vorigen Jahrhundert angestrebte Verbesserung dieser für den Kaiserstuhl so wichtigen Straße fand jeweils das größte Hinderniß in dem mangelnden Zusammenwirken der betheiligten Territorialherren,(1) daher es auch kam, daß selbst in der Zeit, wo die Straße kaum mehr zu benützen war, dennoch Jahrelang für ihre Herstellung nichts geschah. Als nämlich im Jahr 1767 die unumgänglich nöthige Verbesserung des Weges zwischen Betzingen und Oberschaffhausen, die Entwässerung der sogenannten Wassergasse bei letzterem Ort, durch Herstellung von Dohlen und Gräben und die Verbesserung der Hohlgasse zwischen Oberschaffhausen und Vogtsburg Gegenstand gemeinsamer Ausführung der betheiligten Herrschaften werden sollte und dabei auch die Verbesserung der ganzen Straße in Absicht lag, kam trotz vieler Verhandlungen eine Vereinbarung über die Vertheilung des nöthigen Geldaufwandes von nur 231 Fl. und der erforderlichen 1252 Handfrohnden doch nicht zu Stande, weil die badische Markgrafschaft verlangte, daß gleichzeitig auch die schlechte Straße über Riegel und Endingen verbessert werde. Erst nachdem die Straße völlig unbrauchbar geworden, einigte man sich endlich unterm 3. Juli 1769 dahin, daß an den Kosten für die Dohlen die Hälfte von Betzingen und Oberschaffhausen, die andere Hälfte von Jechtingen, Oberbergen, Rottweil und Burkheim übernommen werde und die Orte Betzingen, Oberschaffhausen, Oberbergen, Jechtingen, Rottweil, Burkheim, Bischoffingen, Bickensohl und Schelingen(2) den Weg von Oberschaffhausen bis zur Oberberger Gemarkungsgränze auf 20 Fuß Breite in guten Stand zu stellen haben.

Auch der Weg von Gottenheim nach Freiburg wurde 1770 verbessert. Diese Herstellungen scheinen sich aber nur auf das dringendste Maß beschränkt zu haben, denn die Verbesserung von Oberschaffhausen bis Oberbergen kam 1819 abermals in Frage und der erforderliche Geldaufwand wurde jetzt auf 1800 Fl. und die Zahl der Frohnden auf 2348 Hand- und 138 Spannfrohnden veranschlagt.

Die Ausführung erfolgte 1820—1823 durch die betheiligten Gemeinden, auf welche auch der Geldaufwand ausgeschlagen wurde.

Im Jahr 1834 ist sodann eine Gefällsverbesserung zwischen Oberschaffhausen und Rottweil für nöthig erachtet worden, deren Ausführung aber erst in den Jahren 1836—1838 mit einem Aufwand von 5500 Fl. erfolgte, der zu $^1/_5$ von Betzingen und Oberschaffhausen, $^1/_5$ von Jechtingen und Bischoffingen, $^1/_5$ von Burkheim und Bickensohl, $^1/_5$ von Schelingen und Rothweil und zu $^1/_5$ von Oberbergen und Vogtsburg getragen wurde.

Im Jahr 1856 wurde die Straße von Freiburg bis an den Kaiserstuhl, mit Ausnahme der 0,61 Stunden langen Strecke in Gemarkung Freiburg, welche die Stadt allein zu unterhalten wünschte, in die Classe der unterstützten Vicinalwege aufgenommen und zwar von Gottenheim aus nicht allein der Weg nach Oberschaffhausen, sondern auch jener, der oberhalb Wasenweiler in die Straße von Altbreisach nach Eichstetten einmündet und dessen Länge der Straße Nr. 15 beigeschlagen ist.(3)

Auch die Straße von Oberschaffhausen über Oberbergen und Rottweil nach Burkheim wurde im Jahr 1861 unter die unterstützten Vicinalwege aufgenommen und allmählich verbessert. Eine Hauptverbesserung erfolgte in den Jahren 1863 und 1864 durch die Tieferlegung des sogenannten Vogtsburger Stichs, der Gefälle von 9, 10 und 12 Procent hatte.

Der Aufwand hierfür und für die Regulirung des Längenprofils an anderen Stellen betrug 3568 Fl., wovon die Staatscasse 1635 Fl., die Gemeinde Betzingen 703 Fl., Oberbergen 335 Fl. und diese beiden Gemeinden zusammen für Gelände 320 Fl.; ferner die Gemeinde Rothweil 455 Fl. und Burkheim, Bickensohl und Schelingen je 40 Fl. übernahmen.

Seit 1868 werden diese Straßen bis Freiburg als Landstraßen behandelt. Die baufällige Holzbrücke über die Falterbach bei Gottenheim soll 40 Fuß abwärts in Eisen erbaut werden,

(1) Die Orte Burkheim, Jechtingen, Oberrothweil, Oberbergen und Vogtsburg gehörten der ritterschaftlichen Familie von Fahnenberg, Oberschaffhausen mit Betzingen theilweise und Eichstetten ganz der Markgrafschaft Baden-Durlach; Gottenheim und Betzingen, letzteres zum Theil der ritterschaftlichen Familie von Wittenbach, Umkirch, der ritterschaftlichen Familie von Kageneck, Lehen und Betzenhausen der Stadt Freiburg resp. Oesterreich. (Mayer, Beiträge zur Geschichte des badischen Civilrechts. (2) Bischoffingen, Bickensohl und Schelingen gehörten zur Markgrafschaft. (3) Das Brückengeld in Lehen, welches jährlich ca. 100 Fl. betrug, wurde aufgehoben.

mit 12 Meter Lichtweite und 5 Meter Fahrbahn; die Kosten sind auf 34,000 Mark veranschlagt, wovon 10,800 Mark für die mit horizontalen Eisenfachwerkträgern herzustellende Brücke entfallen.

Wegen Ueberfahrt bei Sponek siehe Nr. 262. Der nachweisbare Aufwand für Verbesserung dieser Straße betrug 18,631 Mark. Der Verkehr hat sich seit 1864—1874 von 80 auf 122 Zugthiere täglich gehoben.

Nr. 116.

Straße von Zarten nach Todtnau und Gschwend.

Steppwegstraße.

Länge 26,27 Kilometer = 5,91 Stunden.

Todtnau Gschwend siehe Nr. 49.

Die Bewohner der Stadt Todtnau, (1) deren Gewerbethätigkeit sich vom Jahr 1827 an in seltenem Maße entwickelte, mußten sich zum Verkehr mit Freiburg eines steilen und lebensgefährlichen Weges über Aftersteg, Muggenbrunn, die sogenannte Halde, Horben und Güntersthal bedienen, der im Winter wegen des Schnees oft ganz unbenützbar war. Von Todtnau über Aftersteg bis zur Halden waren 1662 Fuß Höhe zu ersteigen, und von da bis Horben mußte man 1800 Fuß Fall einhalten. (2) Der Gütertransport wurde meistens mit Saumpferden oder mit kleinen zweirädrigen Handkarren bewirkt. (3) Getreide, Victualien, Wein, Rohstoffe für Industrie, Vieh und Baumaterial mußten auf diesem Wege von Freiburg und Umgegend in das obere Wiesenthal verbracht werden. Das schönste Nutzholz war gar nicht zu verwerthen, und selbst das Brennholz mußte zum großen Theil als Kohle zur Verwendung kommen.

Schon im Jahr 1819, auf dem ersten Landtage, war deshalb durch Eingabe einer Petition an die Stände, der Bau einer guten Fahrstraße von Todtnau über Muggenbrunn, Steppweg, St. Wilhelm nach Oberried (4) angestrebt worden, von wo aus über Kirchzarten bereits ein ordentlicher Vicinalweg auf die Höllenthalstraße führte. Aehnliche Gesuche wurden später, namentlich im Jahr 1823 Gegenstand eingehender Erörterung, wobei es sich hauptsächlich um die Frage handelte: in welcher Richtung das obere Wiesenthal mit Freiburg durch eine neue Straße in Verbindung zu setzen sei?

Die Gemeinde Todtnau und die nahe liegenden übrigen Gemeinden waren entschieden für die nächste Richtung über den Steppweg nach Oberried. (5) Die Stadt Freiburg wünschte mit Rücksicht auf ihre Gemeindewaldungen einen Straßenzug über Hofsgrund, (6) Staufen verwendete sich für den Straßenzug durch das Münsterthal; Schönau, Sulzburg, Heitersheim und Seefelden für die Linie über Neuenweg durch das Sulzbacher Thal und Müllheim wünschte die Straßenführung über die Sirnitz durch das Klemmthal nach Oberweiler; Kirchzarten war gegen die Straße über Oberried, weil es die Nachtheile einer Militärstraße besorgte. Nach langen Untersuchungen und Verhandlungen entschied sich die Regierung im Jahr 1844 für Ausführung einer neuen Straße von Utzenfeld über die Wieden durch das Münsterthal nach Staufen, weil man mit dieser Verkehrslinie allen concurrirenden Interessen Befriedigung zu verschaffen hoffte. (7)

---

(1) Der Ort Todtnau scheint seine Entstehung dem Bergbau auf Silber zu danken, der hier seit unvordenklicher Zeit betrieben wurde und im 16. Jahrhundert sehr im Schwunge war. Im Jahre 1350 hatte der Ort nur zwölf Häuser. Seit 1114 gehörte Todtnau zu St. Blasien. 1765 wurde eine Bürstenfabrik, 1826 eine Zuckerfabrik, Papierfabrik und Spinnerei errichtet. 1805 an Baden gefallen wurde Todtnau 1809 zur Stadt erhoben. 1876 sind 88 Gebäude abgebrannt. Rombach, Todtnau 1855. Schaubinger, Geschichte von Schönau 1834. Zeitschrift für Geschichte des Alterthums I. (2) Nach Oberried führte kein Weg. (3) An den Wochenmarkttagen (Samstag) gingen lange Reihen kleiner, hochbepackter Saumpferde von Freiburg über Güntersthal, Horben und weiter nach Todtnau ꝛc. (4) Oberried, woselbst sich seit 1252 ein Kloster des Wilhelmiterordens befand, gehörte früher zu dem Stift St. Gallen. 1727 wurde dasselbe dem Stift St. Blasien einverleibt. In Folge des Preßburger Friedens vom 24. Februar 1806 kam das Priorat Oberried in den Besitz von Baden. (5) Der im Jahre 1867 verstorbene Fabrikant und Gemeinderath Martin Thoma, der mit vieler Einsicht und Aufopferungsfähigkeit die Interessen von Todtnau vertrat, verwendete sich insbesondere für diesen Straßenzug. (6) In Hofsgrund bestund früher und noch im Anfang dieses Jahrhunderts ein Silberbergwerk, welches durch die Eisenindustrie zu Grunde ging, indem die Holzkohlen theurer wurden. 1747 kostete der Centner 5 Fl. bis 6 Fl. 40 Xr., der Lohn eines Bergknappen betrug 1 Fl. 30 Xr. bis 3 Fl. wöchentlich. (7) Siehe Nr. 88.

Die Bewohner des obern Wiesenthals, insbesondere die Gewerbtreibenden in Todtnau, konnten sich aber bei dieser Entscheidung nicht beruhigen, da ihre Interessen sie direct nach Freiburg, der Hauptstadt des Schwarzwaldes, hinzogen, wo die Fabrikate verwerthet und Rohstoffe nebst Kleidungsstoffen, Getreide, Wein und dergl. dagegen erworben wurden. Der bedeutende Umweg über Staufen, mit welcher Stadt sie in keinen Verkehrsbeziehungen stunden, erschien als allzulästig. Da auch die Herstellung eines Weges von dem sog. Steppweg herab bis Oberried zum Behufe der Holzabfuhr aus 1200 Morgen ärarischen Waldungen von der großherzogl. Forstbehörde gewünscht wurde, sah sich die Regierung im Hinblick auf den damaligen Nothstand der ärmeren Bevölkerung jener Gegend unterm 23. April 1847 veranlaßt zu bestimmen: daß von der Holzbrücke bei Oberried in der Richtung gegen Muggenbrunn bis auf den Gebirgssattel bei dem sog. Steppweg eine Straße auf Rechnung des Forstdomänenfiscus ausgeführt werde. Die betheiligten Gemeinden hatten nur das nöthige Gelände unentgeltlich zu stellen.

Diese Straße wurde auch in den Jahren 1848—1849 in einer Länge von 2220 Ruthen, 18 Fuß breit, mit Steigungen von 5—11 Procent durch die Forstbehörde ausgeführt. Der Aufwand belief sich auf 36,000 Fl.

In dankbarer Anerkennung der Staatshülfe für diesen Straßenbau errichteten die Gemeinden der ehemaligen Thalvogtei Todtnau bei dem Steppweg ein 6 Fuß hohes steinernes Denkmal. (1)

Wenn nun auch die Steigungsverhältnisse dieser neuen Straße mit 5—11 Procent nicht günstig, die Wendungen mit zu kleinen Radien und mit zu starkem Gefäll (2) und die Uebergangswerke nur spärlich ausgeführt sind, so muß man zur richtigen Beurtheilung in Rücksicht nehmen, daß die Forstverwaltung zunächst den Zweck der Straße als Holzabfuhrweg im Auge hatte.

Die gedachte Straße war aber noch nicht vollendet, als auch schon ihre Fortsetzung von Steppweg bis Todtnau von den Gemeinden angeregt wurde, weil der vorhandene alte Vicinalweg sich in einem äußerst schlechten Zustande befand und Gefälle bis zu 30 Procent hatte, der Verkehr sich aber gleichwohl auf 17,160 Ctr. pro Jahr gesteigert hatte.

In Anerkennung des Bedürfnisses, die ganze Straße zwischen Oberried und Todtnau in einen den Verkehrsverhältnissen entsprechenden Stand zu bringen, wurde 1848 für den Fortbau ein Staatszuschuß von 12,000 Fl. bewilligt. Da aber wegen der damaligen politischen Ereignisse das Budget nicht zum Vollzug kam, so unterblieb die Ausführung bis zum Jahr 1852, in welcher Zeit die betheiligten Gemeinden und die Gewerbetreibenden ebenfalls einen Zuschuß von 10,000 Fl. zur Bestreitung der Baukosten zusicherten.

Der Aufwand für die 2300 Ruthen lange Straße von Steppweg bis Todtnau war auf 34,000 Fl. überschlagen und die Mittel 1852 aus der Staatscasse bewilligt. (3)

Die Straße wurde in einer Breite von 18 Fuß und mit einer Maximalsteigung von 8 Procent erbaut und im Jahre 1855 vollendet. Die Gesammtkosten beliefen sich nach dem Abschluß von 1856 auf 37,814 Fl. Das Gelände wurde von den betreffenden Eigenthümern unentgeltlich abgegeben. Von dem Aufwand haben übernommen: die Staatscasse 26,800 Fl., die Gemeinde Freiburg 6000 Fl., die Gemeinde Todtnau 1000 Fl., die Gemeinde Todtnauberg

---

(1) Dieser Denkstein enthält auf der vorderen Seite die Inschrift: „Seiner königlichen Hoheit dem Großherzog Leopold in tiefster Ehrfurcht gewidmet von den Gemeinden der ehemaligen Thalvogtei Todtnau." Auf der Rückseite stehen die Worte: „Nach 30jährigem erfolglosen Bitten bei der hohen Regierung und allen Landtagen um diese Straße, wurde endlich auf den, im Hungerjahre 1847 erfolgten Nothschrei der Gemeinden, dem tiefgefühlten Bedürfniß dadurch abgeholfen, daß S. K. H. der Großherzog die Sache an die Direction der Forstdomainen und Bergwerke überwies, deren Director (Ziegler) das Bedürfniß sogleich in seiner ganzen Größe erkennend, die Ausführung der Straße dem Bezirksförster Gerwig übertrug, welcher die Einleitung dazu traf und sie nachher zweckmäßig ausführte. Daher den beiden Männern tiefen Dank." Auf der Westseite des Sockelsteins sind die Worte eingegraben: „Errichtet am Tage der Eröffnung der neuen Straße, den 13. November 1848." Die Stelle, wo dieser Denkstein steht, wird im Volksmund der „Nothschrei" genannt.
(2) Die zuletzt erbaute Rampe bei Aftersteg hat einen Radius von 45 Fuß, Breite 30 Fuß, und nur Gefälle von 3 und 4%. Die Straße aber fällt oben $3^1/_2$ unten 6%, während die Rampe im Holderschlag bei 49 Fuß Radius, 33 Fuß Breite ein Gefäll von 7,3% hat, oberhalb aber 8,2 unten 7,3% besitzt. Die Rampe in Steinwasen hat 54 Fuß Radius, 31 Fuß Breite, Gefälle 5,8%, oben 9,8, unten 6,3%. Die Rampe am Schmelzplatz hat 40 Fuß Radius, $28^1/_2$ Fuß Breite, 5,6% Fall, die Straße fällt oben mit 5,7, unten 9,2%. Die Rampe am Fußboden hat nur 28 Fuß Radius, eine Breite von 50 Fuß und Gefäll von 5,6%, wogegen die Straße oben mit 10, unten mit 8,6% fällt. (3) Dies veranlaßte die Gemeinden, auf der Rückseite des Denksteins die weitere Inschrift beizufügen: „Seiner königlichen Hoheit dem Prinz-Regenten in tiefster Ehrfurcht 1852."

150 Fl., die Gemeinde Muggenbrunn 80 Fl., die Gemeinde Schlechtenau 60 Fl., verschiedene Industrielle und Bürger Todtnau's 3716 Fl., zusammen 37,814 Fl.

Die Kosten der Fracht von Todtnau nach Freiburg, welche früher 36—40 Xr. per Centner betrugen, sind durch diese Straßenverbesserung um 18 Xr. per Centner ermäßigt worden. Die Gewerbe hoben sich nun in erfreulicher Weise, die Waldproducte fanden ein weites Absatzgebiet und der Viehstand, der hier sehr bedeutend ist, fand in dem ungehinderten und billigen Bezug des Salzes von Dürrheim eine erhebliche Unterstützung, weil das Salz im Winter über St. Blasien oft gar nicht bezogen werden konnte.

Für die Unterhaltung der neuen Straße wurden die früher gebildeten Concurrenzverhältnisse bis zum Jahre 1858 beibehalten und zwar wurden die Kosten für Unterhaltung getragen: 1. von der Einmündung der Straße in die Chaussee im Dorf Zarten wie auf Kirchzarter Gemarkung bis zur Hafnerbrücke durch die Gemarkungsgemeinden. 2. Von dieser Brücke bis zur Oberrieder Gemarkungsgränze durch die Gemeinde Kirchzarten auf 94 Fuß Länge, durch die Gemeinde Burg auf 1176 Fuß Länge und durch die Waldbesitzer auf 6118 Fuß Länge nach der Morgenzahl ihrer Waldungen. 3. Von der Oberrieder Gemarkungsgränze bis zum Dorf Oberried durch diese Gemeinde. 4. Von da bis zum sog. Tiefenbach auf 3/4 Stunden Länge zu 1/3 von dem Forstfiscus, zu 2/3 von der Gemeinde Oberried. 5. Von Tiefenbach bis zur Holzbrücke durch die Gemeinde St. Wilhelm auf 17 Ruthen, durch die Gemeinde Oberried auf 84 Ruthen, durch den Forstfiscus auf 125 Ruthen Länge. 6. Von der Holzbrücke bis zum Steppweg auf der Wasserscheide durch den Forstfiscus 1/3, durch den Todtnauer Handelsstand 1/3, durch die Gemeinden 1/3 und zwar von den letztern: Todtnau 5/12, Todtnauberg 3/12, Muggenbrunn, Schlechtenau und Aftersteg, Brandenberg und Fahl zusammen 4/12. 7. Vom Steppweg bis Todtnau durch die Gemarkungsgemeinden Muggenbrunn, Aftersteg und Todtnau.

Diese Concurrenz, eine der wenigen, welche auf Grund des Straßengesetzes von 1810 gebildet, in neuerer Zeit noch bestunden,(1) wurde wegen der vielen Beschwerden der Concurrenten über das Maß der Vertheilung der Unterhaltungslast vom 1. Januar 1859 an aufgehoben und die Unterhaltungslast den Gemarkungsgemeinden überwiesen. Da die Straße jedoch für den durchgehenden Verkehr von Bedeutung ist, wurde dieselbe sofort in die Classe der unterstützten Vicinalwege aufgenommen und seither auch mit Staatsbeiträgen unterhalten. Mit dem Jahr 1868 wurde die Straße Landstraße. Auch für die Verbesserung der zu dieser Straße führenden Seitenwege ist vieles geschehen. Im Jahr 1869/70 wurde der Weg nach Todtnauberg verbessert. Der Aufwand betrug ohne die Gütererwerbungskosten 8000 Fl., wovon die Staatscasse 2080 Fl. übernahm. Gleichzeitig kam die Verbesserung des Weges von Afterberg nach Haslach auf 1397 Meter Länge, 3,6 Meter Breite mit 3100 Fl. zur Ausführung. Die Staatscasse trug 600 Fl. bei. Das Gefäll beträgt jetzt 5—9 Procent. Im Jahr 1873 trat die Verbesserung des Weges im Oberthal bei Oberried mit 3031 Fl. auf Kosten der Gemeinde und eines Begüterten ein. In Folge des großen Brandes von 1876, der sämmtliche Gebäude auf der Nordostseite der Wiese, insbesondere auch die Kirche und alle Gasthöfe zerstörte, war die Festsetzung eines neuen Bauplans nöthig, um die scharfe Wendung der Straße bei dem alten Kirchthurm und das Gefälle zu beseitigen. Der bisherige Radius von 11,5 Meter wurde auf 22 Meter erweitert und das Gefäll von 6—8 Procent auf 2 Procent ermäßigt. Als Breite wurden 6 Meter bis 6,6 Meter bestimmt. Die auf 6400 Mark veranschlagten Kosten wurden nach Gesetz von 1868 bestritten, die Gemeinde Todtnau ist aber beitragsfrei. Die Ausführung erfolgte 1876/77.

Die Straße von Todtnau abwärts im Wiesenthal bis Gschwend befand sich noch in der Mitte dieses Jahrhunderts in sehr mangelhaftem Zustande.

Da diese Straßenabtheilung früher zu der Straße Nr. 49 gerechnet wurde, wird bezüglich ihrer Verbesserung auf die Nachweisung unter dieser Nr. verwiesen.

Die für Herstellung dieser Straßen aufgewendeten Kosten betrugen im Ganzen 157,163 Mark. Der Verkehr besteht im Durchschnitt täglich in 56 Zugthieren.

Die Geschichte dieser Straße ist in vielen Beziehungen lehrreich, sie zeigt 1., daß der Verkehr in der Regel dem alten Zuge folgt und sich nicht leicht in eine neue Bahn lenken läßt,(2)

(1) Alle Concurrentschaften zur Straßenunterhaltung haben sich als unpraktisch erwiesen, sie waren fortan Gegenstand des Streites und der Beschwerde. (2) Die Straße über die Wieden hat fast keinen Verkehr. Siehe Nr. 88.

2., daß frequente Verkehrswege mit großen Gefällen und kleinen Radien in dem Gebirge kaum in gutem Stande erhalten werden können, und daß der erhöhte Unterhaltungsaufwand einem Capital entspricht, das viel größer als der Mehraufwand ist, der für eine gute erstmalige Anlage hätte aufgewendet werden müssen. 3., daß Wege, die mit vorzugsweiser Rücksicht auf Holzabfuhr erbaut werden, meistens den Ansprüchen eines lebhaften ständigen Verkehrs nicht entsprechen (siehe Nr. 193, 245, 215, 229.), was schon daraus erklärbar ist, daß der Holztransport in der Regel nur zu Thal geht, mithin stärkere Gefälle leichter als der allgemeine Verkehr erträgt, der sich zu Thal und zu Berg bewegt. Außerdem werden die Wege für Holzabfuhr nur zeitweise stark benützt, während der allgemeine Verkehr ein ständiger ist.

Nr. 117.

Straße von Freiburg über Neuershausen nach Eichstetten.

Die oberhalb des Freiburger Bahnhofs beginnende, über Hugstetten, Buchheim(¹) und Neuershausen nach Eichstetten führende Vicinalstraße besteht schon seit alter Zeit. Sie zieht jetzt noch 2610 Meter lang durch den Moswald und überschreitet mittelst einer Holzjochbrücke zwischen Neuershausen und Eichstetten den Dreisam-Canal. Diese Brücke hat 3 Oeffnungen von je 1,4 Meter. Das Gedeck wurde 1871 erneuert. Die Fahrbahn ist ziemlich gut, die Straße ist aber an einigen Stellen zu schmal und wegen zu großer Nähe des Waldes schwer zu unterhalten. Außer den an der Straße selbst liegenden Dörfern haben auch die Orte Hochdorf, Bötzingen, Oberschaffhausen und Bahlingen ein Interesse an dem guten Zustande dieses Weges, um ihre Erzeugnisse auf den Markt in Freiburg zu bringen. Besonders betheiligt sind Eichstetten und Bötzingen, welche auch Industrie treiben. Im Jahr 1872 wurde deshalb um Aufnahme der Straße in den Landstraßenverband nachgesucht und die hierauf erfolgten Untersuchungen zeigten, daß 13,500 Mark zur guten Instandstellung des Weges erforderlich wären, und der Wald beiderseits auf 12 Meter Breite abgeholzt werden müßte. Die Gemeinden und der Kreis waren bereit, ihre Antheile an den Kosten nach Maßgabe des Gesetzes von 1868 zu übernehmen. Da jedoch andere dringendere Bauausführungen die disponiblen Mittel der Staatscasse in Anspruch nahmen, mußte die Verbesserung und Aufnahme der Straße unter die Landstraßen verschoben werden. Die Kreisversammlung hatte sich 1875 dahin ausgesprochen, daß die Behandlung dieser Straße als Landstraße, die Ausscheidung der Straße von Freiburg nach Gottenheim (Nr. 115) nicht zur Folge haben dürfe, da diese Straße anderen Zwecken diene und namentlich auch als Militärstraße benützt werde.

Nr. 118.

Straße von Kenzingen über Weisweil an den Rhein.

Länge von Straße Nr. 1 bis Mitte Rheinbrücke 9,64 Kilometer = 2,17 Stunden.

Bei dem alten Orte Weisweil(²) war schon im 14. Jahrhundert ein Landungsplatz, wo Rheinzoll erhoben wurde.(³) Nach Urkunden von 1341 und 1409 wird in Weisweil eine Salzstraße genannt, wie auch in Freiburg und Zarten, woraus man schließt, daß das Salz, welches in jener Zeit aus Lothringen von Dieuze nach der Baar und dem Bodensee ging, bei Weisweil über den Rhein gesetzt wurde.

Wahrscheinlich bestund auch damals hier schon eine regelmäßige Ueberfahrt nach Schönau. Urkundlich wird einer solchen 1698 erwähnt. Vor 1807 wurde die Ueberfahrt von Frankreich allein, dann durch Schiffer von Baden und Frankreich gemeinschaftlich betrieben. Badischerseits war bis 1869 der Domänenetat im Besitz des Fahrrechts. Schönau hatte bis 1807 ein großes Fahrschiff.

(¹) Buchheim ist im 7. Jahrhundert, Neuershausen 866, Eichstetten 1052. Bahlingen 763 in Urkunden genannt. (²) Weisweil 774 urkundlich. (³) Sachs, Geschichte von Baden 4. Seite 666.

Durch den Staatsvertrag vom 30. September 1860 (siehe Nr. 14) wurde bestimmt, daß die Fähre künftig ausschließlich von Baden zu betreiben sei. (1)

Die Zufuhrstraße zu dieser Rheinüberfahrt zieht von Kenzingen durch den herrschaftlichen Pechthaler Hochwald und mittelst einer hölzernen Brücke in Gemarkung Kenzingen über den Leopolds-Canal. Die Brücke hat eine lichte Weite von 208 Fuß, 4 Joche von je 41,5 Fuß Oeffnung, eine Fahrbahnbreite von 16 Fuß. Sie wurde 1838 mit 14,000 Fl. erbaut und gehört der Gemeinde Kenzingen.

Da die Straße zu der Rheinüberfahrt durch die Holzabfuhr aus dem Glotterthal und dem Waldkircher Thal nach Frankreich stark benützt wird, wurde seit 1856 zur Unterhaltung ein Beitrag aus der Staatscasse geleistet und auch im Jahr 1838 die Straße bis an den Lagerplatz erhöht und geregelt, sodann 1862 an den Kosten einer Reparatur der Brücke ein Drittel von 1606 Fl. vom Staat übernommen.

In Folge der Rheincorrection war die Straße von Weisweil bis zu der neuen Ueberfahrtsstelle am sog. Kälbergrund beim vollen Rhein zu verlängern. Die Kosten dafür wurden im Jahr 1863 auf 3900 Fl. veranschlagt, wovon 1700 Fl. für den Abschluß des sog. Zollgießen und 2200 Fl. für Herstellung einer 20 Fuß breiten Straße mit 16 Fuß Fahrbahn erforderlich waren.

Die 435 Fuß lange Straße durch den Gießen wurde auf den 8. Fuß Pegel gelegt und mit 24 Fuß Breite 1865 ausgeführt. An den Straßenbaukosten übernahmen die Staatscasse 2397 Fl. und die Gemeinde Weisweil und der Forstfiscus je ein Viertel des Ueberschlags mit 550 Fl., und letzterer trat überdies noch die Faschinen zu dem Abschluß des Gießens unentgeltlich ab. Obgleich der Gemeinde Weisweil nach Vertrag vom 5. November 1864 die Unterhaltungspflicht der neu hergestellten Straße oblag, wurden doch die Kosten für die Wiederherstellung des im Jahr 1866 durch Hochwasser beschädigten Neubaues in demselben Verhältniß wie die Neubaukosten selbst zwischen der Staatscasse, dem Forstfiscus, und der Gemeinde getheilt; die Straße selbst aber von Weisweil bis an den Rhein auf Grund des Straßengesetzes von 1868 als Landstraße behandelt. Auf französischer Seite besteht schon längere Zeit eine Straße von Schönau (2) an den Rhein.

Im Jahr 1870 errichtete die Gemeinde eine fliegende Drahtseilfähre von 15,000 Kilogramm Ladfähigkeit mit einem Aufwand von 5983 Fl. Der Betrieb war für jährlich 400 Fl. verpachtet.

Nach einer Vereinbarung mit der Regierung von Elsaß-Lothringen von 1871 wurde 1872/73 eine Schiffbrücke auf gemeinschaftliche Rechnung durch die elsässische Baubehörde ausgeführt und am 31. August 1873 feierlich eröffnet. (3) Die Baukosten betrugen 140,568 Mark, wovon Baden die Hälfte übernahm. Die Brücke ruht auf 29 Holzpontons. Es befindet sich dabei ein Magazin und ein Wohnhaus für den Brückenmeister und drei Brückenwärter. Jeder benutzt drei Zimmer, Küche und Stallung. Auf elsässischer Seite führt eine neue Holzbrücke von 9 Joch 91 Schritt lang über den Altrhein. In den Jahren 1872/73 wurde die, durch Hochwasser beschädigte rechtseitige Zufuhrstraße mit 7700 Fl., die nach den gesetzlichen Bestimmungen getragen werden, wieder hergestellt und theilweise verlegt. Ihre Erhöhung um 3 Fuß wäre am sog. Zollgrund noch erforderlich.

Als Hafen für die Brücke wird ein Altrhein auf badischem Gebiet benützt. Die Brücke wird in zwei Monaten kaum einmal geöffnet, da die Steinnachen durch die am Lande befindlichen Oeffnungen fahren. (4)

Die nachweisbar für Verbesserung dieses Verkehrsweges von Baden aufgewendeten Kosten betrugen 188,883 Mark. Der Verkehr hat sich von 1864—1874 einschließlich von 141 auf 291 Zugthiere pro Tag erhöht. Die Wiederherstellung der 1076 eingetretenen Hochwasserbeschädigungen hatte 18,000 Mark gekostet.

---

(1) Die Ueberfahrt wurde damals mit einem Langwaidling von 180 Ctr., einer Nähe von 70 Ctr. und zwei Nachen von je 25 Centner Tragkraft betrieben. Die folgende Nähe trug 300 Centner, ein weiteres Schiff 250 Centner. — Die Ueberfahrt war für 251 Fl. verpachtet, wurde aber 1869 von dem Staat an die Gemeinde Weisweil für 2200 Fl. verkauft. Die alte Ueberfahrtsstelle war gegenüber dem sog. Dreherskopfle. (2) Schönau ist der Stammsitz der Familie von Schönau-Wehr und Schwerstadt. Mone, Zeitschrift 6. 372. (3) Die Brückenordnung ist in dem Gesetz- und Verordnungsblatt von 1873. S. 148 verkündet. (4) Die Frequenz über die Brücke betrug 1874 43,494 Personen, 12,101 Wagen, 1876 täglich durchschnittlich 107 Personen, 16 Wagen.

Nr. 119.

Zufuhrstraße zu der Kenzinger Eisenbahnstation.

Soweit das zu der Station Kenzingen von der Eisenbahnbaucasse erworbene Gelände als Zufuhrstraße benützt wird, ist diese Straße Eigenthum der Bahnverwaltung; derjenige Theil der Straße aber, der von dem Staatseigenthum bis zur Straße Nr. 1 von Frankfurt nach Basel führt, wurde s. Zt. von der Gemeinde Kenzingen hergestellt, beziehungsweise verbessert, wozu die Gemeinde im Jahr 1846 durch Ankauf von Gebäuden und dergl. einen Aufwand von ca. 3000 Fl. bestritten hat.

Im Jahr 1866 wurde diese Straße behufs der Ableitung des Wassers umgebaut, welches Unternehmen der Gemeinde neuerdings eine Ausgabe von 5000 Fl. verursachte. Soweit das Straßengelände nicht s. Zt. von dem Staat erworben wurde, gehört solches der Gemeinde. Die Länge dieser Zufahrtsstraße beträgt 110 Ruthen. Zur guten Unterhaltung dieses Weges beabsichtigte man im Jahr 1857 einen Beitrag aus der Staatscasse zu leisten und die Straße unter die Aufsicht der Straßenbaubehörde zu stellen. Es konnte jedoch über die Vertheilung des Aufwandes mit der Gemeinde kein Uebereinkommen erzielt werden, daher die Straße bisher von der Gemeinde allein unterhalten worden ist.

Der erweisbare Verbesserungsaufwand für diese Straße beträgt 13,714 Mark.

Nr. 120.

Straße von Denzlingen an die Eisenbahnstation.

Länge 9,44 Kilometer = 0,21 Stunden.

Diese Straße wurde im Jahr 1845 nur von dem Bahnhofe bis zu der längst bestandenen Ortsstraße innerhalb des für den Stationsplatz angekauften Eigenthums auf Staatskosten hergestellt.

Von diesem Staatseigenthum bis zur Straße Nr. 37 ist der Zufuhrweg Eigenthum der Gemeinde Denzlingen, welche für Verbesserung keinen Aufwand bestritten hat.

Seit 1857 wurde dieser Vicinalweg, welcher nicht allein von dem Postomnibus und dem gewöhnlichen Verkehr von und zu der Eisenbahn, sondern auch von schweren Holzfuhren aus dem herrschaftlichen Kandelwald benützt wird, mit Staatsunterstützung unterhalten.

Durch die im Jahr 1865 hergestellte Güterhalle hat der Verkehr auf dieser Straße bedeutend zugenommen, daher dieselbe seit 1868 als Landstraße behandelt wird.

Nr. 121.

Straße von Schiltach nach Schramberg.

Siehe Nr. 34 und 75.

Länge in Baden . .	7,19 Kilometer	=	1,62 Stunden,
„ „ Württemberg			0,61 „
zusammen			2,23 Stunden.

Die Namen Schiltach, Brogen, Röhmsbach, Kirnbach, Sulgen, Sulgau, Aichhalden, Röthenberg, Fluorn, Winzeln, Röthenbach, Alpirsbach ꝛc. weisen auf ursprünglich keltische Bevölkerung dieser Gegend zurück.

Der spätere Aufenthalt der Römer ist durch die, von ihnen benützte Straße nachgewiesen, welche von der Consularstraße von Windisch über Rottweil nach Rottenburg bei Wald-Mössingen abgeht und über das sog. Schänzle und die Brennsteige in das Kinzigthal bei Schiltach hinabführte. (1)

Die mittelalterliche Straße folgte im Wesentlichen diesem Zug. Die heute noch als alte Landstraße bekannte Route von Schramberg nach Schiltach führte nämlich über Sulgau, Aichhalden (2) bis an das österreichische Zollhaus und ging dann südwestlich mit einer steilen und gefährlichen, theilweise gepflasterten Steige von 12—25 Procent Fall in den Ort Schiltach hinab. Zur Ueberwindung der starken Steigung der Stadtstraße war noch in den achtziger Jahren des vorigen Jahrhunderts oben an der Steige in der Nähe des Schlosses, eine stehende Welle in den Granitfels eingelassen, mit deren Hülfe die bespannten Wagen aufgezogen und an etwaigem Rücklauf gehindert wurden. Die Welle wurde von vier Mann gedreht. Das Loch, in welchem die Welle stund, ist heute noch sichtbar, 10 Centim. weit und 15 Centim. tief.

Zur Umgehung dieses äußerst beschwerlichen Weges suchte man schon in früher Zeit wenigstens einen Karrenweg durch das Schiltachthal herzustellen. Da dieser Weg aber wegen des zu häufigen Austritts der Schiltach größtentheils auf dem linken Flußufer an dem Gebirgsfuß über viele Vorsprünge und Felsmassen geführt werden mußte, und die mehrmaligen Flußübergänge nur durch Furthen und Stege für Fußgänger zu bewirken waren, (3) entschloß man sich im Jahre 1822 wenigstens die dringendsten Verbesserungen an dieser Straße auf Kosten der Gemeinden herzustellen. Die Straße sollte an manchen Stellen verbreitert, theilweise auf die rechte Thalseite verlegt und beim Bühlerhof, bei der Papiermühle am Oberbach und bei der Einmündung des Erlenbach corrigirt werden. Nach einem damals aufgestellten Plan und Kostenüberschlag sollte die Gemeinde Schiltach 4919 Fl. und die Gemeinde Lehengericht 2078 Fl. an dem Aufwande übernehmen, der Plan kam aber nur theilweise zur Ausführung. Nachdem im Jahre 1824 der Weg durch Hochwasser zerstört war, wurde derselbe im Jahr 1825 im Frohndwege und mit einem baaren Aufwand von 2078 Fl. wieder hergestellt und im Jahre 1833 den Gemeinden Schiltach und Lehengericht zur Unterhaltung ein Weggeld von 2 Xr. von jedem Zugthiere an beladenen Wagen und 1 Xr. an unbeladenen Wagen bewilligt. Da die Straße aber viel zu schmal war, indem sie nur eine Breite von 8—12 Fuß hatte, viele Gegengefälle von 8—10 Procent besaß und die 1823 hergestellten leichten Holzbrücken für schwerere Fuhrwerke nicht benützt werden konnten, so daß das Maximum der Last, polizeilich auf 40 Centner bestimmt war, sah sich der Verkehr genöthigt, nach dem Kinzigthal die Straße über Hornberg einzuhalten.

Durch zunehmenden Holztransport auf der Axe (4) und den Aufschwung der Gewerbethätigkeit in Schramberg, namentlich der Spinnerei, Strohhut-, Uhren-, Leder-, Papier-, Porzellan- und Steingutfabrication, der Mahl-, Gyps- und Oelmühlen, Stahl- und Eisenwerk, Messinggießerei und Stickerei, der Gewehrfabrik in Oberndorf und durch den immer steigenden und durch erleichterten Transport auf der im Jahr 1844 bis Offenburg und Kehl eröffneten Eisenbahn, (5) beförderten Absatz von Reps und Getreide aus Württemberg an den Rhein und von Wein, Obst, Rinde, Colonialwaaren und Steinkohlen nach Württemberg stellte sich das Bedürfniß einer gründlichen Verbesserung dieser Straße immer dringender dar, so daß schon im Jahr 1846 eine dahin abzielende Petition von der II. Kammer der Stände mit Empfehlung an die Regierung überwiesen wurde. Auf der andern Seite erhoben sich aber aus dem Seekreis, insbesondere von Constanz viele Stimmen gegen Verbesserung dieses Weges, weil man besorgte, daß der Güterverkehr aus dem Kinzigthal über Schramberg, Rottweil und Tuttlingen nach Friedrichshafen an den Bodensee geleitet und daher die Route über Triberg, Donaueschingen, Stockach und Ludwigshafen beeinträchtigt werde.

---

(1) Die Consularstraße ging direct von Seedorf auf die Burghalde und nordöstlich von Waldmössingen zwischen Fluren und Hochmössingen durch, östlich am Hardtwald vorüber nach Dornhan u. s. w. Beschreibung des Oberamts Oberndorf. (2) Aichhalden, in früherer Zeit zähringische Besitzung, gehörte dann zur österreichischen obern Grafschaft Hohenberg und kam mit Schramberg 1805 an Württemberg. Der Ort hatte Stadtgerechtigkeit und war mit Mauern umgeben. (3) Unterhalb der sog. Eselbrücke (eigentlich Esselbrücke von dem daselbst bestandenen Floßscheitholzfang, der überall den keltischen Namen „Essel“ führt) bei Schiltach bestund eine Furt, und von der Sommerwiesenbrücke ging der alte Karrenweg unmittelbar am Flußufer hin bis zum Bekemer Hof; später wurde er auf das rechte Ufer verlegt. Früher bestunden 13 Stege für Fußgänger, im Jahr 1822 noch 8, daneben aber Furten für Karren und Saumthiere. (4) Im Jahr 1874 kamen noch 1270 Klafter Scheitholz und 149 Langholzflöße auf der Kinzig nach Schiltach wovon ein großer Theil per Achse nach Schramberg ging. (5) Die Eisenbahn bis Kehl und Offenburg wurde am 6. Juni 1844 eröffnet.

Gleichwohl wurde 1856 die Verbesserung dieser Straße beschlossen und die nöthigen Vorarbeiten angeordnet.

In dem unterm 26. Mai 1857 zwischen Baden und Württemberg getroffenen Uebereinkommen über gemeinsame Verbesserung mehrerer Straßen (siehe S. 37) war auch diese Straße bedacht, indem dort bestimmt ist, daß der Bau im Jahr 1857 auf badischem und württembergischem Gebiet begonnen, 1858 vollendet und die Straße durchaus in einer Breite von 20 Fuß und in Baden mit einem Maximalgefäll von 6 Procent, in Württemberg mit einem solchen von $2^1/_2$ Procent hergestellt werden soll. Der auf der Gränze liegende gemeinschaftlich auszuführende gewölbte Durchlaß soll auf gemeinschaftliche Kosten unterhalten, die Bau- und Unterhaltungsarbeiten aber von Baden ausgeführt werden. Der Aufwand für die dringendsten Verbesserungen auf badischem Gebiet war im Jahr 1856 auf ca. 23,800 Fl. veranschlagt, und es wurde genehmigt, daß hiezu einstweilen aus dem ordentlichen Straßenbau-Etat 20,000 Fl. verwendet werden. Diese Arbeiten wurden 1857 begonnen und mit einem Aufwande von 35,083 Fl. 1858 vollendet. Die hergestellten Arbeiten beschränkten sich auf die Abtheilung vom Hofwirthshaus bis zur württembergischen Gränze. Auch Württemberg hatte den Bau auf seinem Gebiet gleichzeitig ausgeführt. Mit den badischer Seits hergestellten drei Correctionen war jedoch dem Vertrag mit Württemberg noch nicht genügt, indem an den noch nicht verbesserten Stellen Gefälle von 8—9 Procent und Breiten von 14—15 Fuß vorkamen. Insbesondere fehlten noch: 1. Eine Correction zwischen dem Hofbauern und dem Hofwirthshaus; 2. die Correction an der Kesselhalde von der sog. Eselbrücke am südlichen Ende von Schiltach bis zur obern Brücke unter dem Wehr, Sommerwiesenbrücke genannt, durch Verlegung der Straße auf das rechte Ufer und theilweiser Verlegung der Schiltach; 3. Verbreiterung und Correction der Straße in Schiltach.

Die erste dieser Correctionen kam im Jahr 1865 mit einem Aufwande von 5000 Fl. zur Ausführung. Die Correction an der Kesselhalde mit Erweiterung der Straße durch Felsensprengung bei der Eselbrücke, deren Aufwand auf 39,000 Fl. veranschlagt war, worunter 7300 Fl. für Güter und 5000 Fl. für Brücken und Dohlen enthalten sind, wurde in den Jahren 1866—68 ausgeführt. Der wirkliche Aufwand betrug 26,977 Fl. Das Maximalsteigen beträgt hier 1,66 Procent und die Fahrbahn wurde, wie überall auf dieser Straße, in einer Breite von 16 Fuß mit 5 Zoll Fundament und 3 Zoll Schotter hergestellt. Durch diesen Bau wurden zwei Brücken überflüssig. Den Gemeinden konnte bei ihrer Unvermöglichkeit nicht mehr zugemuthet werden, als die Bewirkung des Geländeankaufs gegen die in dem Ueberschlag vorgesehene Entschädigung; der Aufwand der Staatscasse bis zum Jahr 1868 belief sich auf 79,083 Fl. Mit den an der Kesselhalde erzielten Erübrigungen im Betrage von 12,023 Fl. wurde nämlich die Straße von der Sommerwiesen-Brücke aufwärts 1869 verbreitert und zugleich eine 600 Fuß lange Correction bei der sog. Zunger'schen Mühle mit 865 Fl. ausgeführt, wozu der Müller 40 Fl. beitrug. Für die oben unter Ziffer 3 genannte Verbreiterung und Correction der Straße in Schiltach selbst war ein Aufwand von 24,000 Fl. berechnet. Diese Ausführung mußte wegen Renitenz der Gemeinde verschoben werden. Die Straße wurde von Schiltach bis zur württembergischen Gränze im Jahr 1858 in den Staatsstraßenverband aufgenommen, wodurch der Bezug des Weggelds durch die Gemeinde aufhörte.

In Folge der Verbesserung der Straße zwischen Hausach und Schramberg hat sich die Fracht von 18 Xr. auf 6 Xr. per Centner ermäßigt.

In den Jahren 1871/72 wurde die alte Holzjochbrücke beim Hinterbauern mit 6008 Fl. und Eisengitter, 12,87 Meter lang, umgebaut mit Beibehaltung der alten Widerlager.

Auch die Correction der, zum Theil nur 11 Fuß breiten, mit starkem Gegengefäll behafteten Stadtstraße längs der Schiltach kam 1875/76 in Ausführung. An Stelle der alten Holzjochbrücke wurde eine solche mit eisernem Fachwerke mit 7 Meter Lichtweite und 8 Meter Fahrbahn ausgeführt. Drei Häuser mußten entfernt werden. Das alte Gemeinde-Spitalgebäude, welches auf 1000 Fl. taxirt war, wurde gegen 500 Fl. abgetreten. Der Gesammtaufwand im Betrag von 71,000 Mark wurde in den Gesetzen von 1870 und 1876 dotirt. Beiträge wurden nicht geleistet. Für die Jahre 1876/77 kam der Neubau der Schiltachbrücke beim Einfluß des sog. Erdlinsbach mit einer kleinen Straßencorrection in Aussicht. An Stelle der alten Holzbrücke (Sprengwerk) soll eine 13,6 Meter lange neue Brücke, 4,8 Meter Fahrbahn mit eisernem Oberbau (Gitter), und 12 Meter Lichtweite ausgeführt werden. Der Aufwand im Betrag von 13,000 Mark ist nach dem Gesetz von 1868 zu decken. Die alten Widerlager blieben.

Der Gesammtaufwand für Verbesserung dieser Straße berechnet sich danach auf 242,915 Mark. Der Verkehr hat sich seit 1864—1874 incl. von 76 auf 154 Zugthiere täglich gehoben. Der Wunsch nach einer Eisenbahnverbindung scheint vollkommen begründet. Die Steingutfabrik berechnet die Fracht per Eisenbahn gegenüber gewöhnlichem Fuhrwerk, für ihr Gewerbe allein um 10,000 Fl. niedriger. Württemb. Jahrb. 1867.

Nr. 122.

Straße von Lahr nach Schweighausen.

Schutterthalstraße.

Länge vom Abgang der Straße Nr. 31 bei Steinbach bis zur Straße Nr. 33 bei Schweighausen 12,69 Kilometer = 2,86 Stunden.

Der alte Vicinalweg, welcher die in dem Schutterthal liegenden Orte unter sich und mit der Stadt Lahr verband, hatte, so lange die Straße von Ettenheim über Schweighausen nach Steinach nicht bestund (siehe Nr. 33), lediglich die Eigenschaft eines Ortsverbindungsweges. (1) Die Straße war sehr schmal, zog meistens unmittelbar neben der ungeregelten Schutter hin und lag so tief, daß bei jedem Hochwasser ihre Ueberschwemmung und theilweise Zerstörung erfolgte. Von Seiten des Hochstifts Straßburg geschah zur Verbesserung des Wegs nichts und Seitens der Grafschaft von der Leyen resp. Oesterreichs wenig. Auch die Gemeinden selbst, größtentheils unvermögend, sahen sich außer Stand, eine Regulirung des Bachs, welche vor Allem zur Verbesserung der Straße nöthig war, auszuführen. Erst im Jahr 1828 wurden die allerdringendsten Verbesserungen durch die Gemeinden ausgeführt. Als nun im Jahr 1851 der Weg durch den Austritt der Schutter abermals und zwar größtentheils zerstört und außerdem an Gebäuden und Grundstücken großer Schaden entstanden war, (2) entschloß man sich zur Abwehr künftiger ähnlicher Beschädigungen, die Schutter soweit nöthig zu corrigiren, die Wehreinrichtungen zu verbessern und zugleich die Straße zu erhöhen, zu reguliren und auf 18 Fuß zu verbreitern. Der desfallsige Aufwand wurde auf 6524 Fl. überschlagen, wovon mit Rücksicht auf die Unvermöglichkeit der Gemeinden 6000 Fl. unter der Bedingung auf die Staatscasse übernommen wurden, daß die betheiligten Gemeinden das Gelände unentgeltlich stellen, die nöthigen Fuhrdienste ohne Bezahlung leisten und die Wehreinrichtungen nach Vorschrift der technischen Behörden verbessern. Die Arbeiten wurden 1853 begonnen und vollendet. Die Straße kam dann 1856 in die Classe der unterstützten Vicinalwege und wurde bis zum Jahr 1864 mit einem Aufwand von 2174 Fl. weiter verbessert. An diesen Kosten trug die Staatscasse 1000 Fl., die Gemeinden und sonstigen Interessenten, wie die Stiftschaffnerei Lahr und das von der Leyen'sche Rentamt Seelbach zusammen 1174 Fl.

Die Gemeinde Seelbach verzichtete auf den lange geübten Bezug des Pflastergeldes.

Im Jahr 1865 ergaben sich abermals Hochwasserbeschädigungen an der Straße, deren Wiederherstellung 1450 Fl. kosteten, welche die Amtscasse bezahlte. Die gleichzeitig erbaute steinerne Brücke bei Schwaibach am Hohrein erforderte einen Aufwand von 2300 Fl., wovon die Hälfte mit 1150 Fl. ebenfalls von der Amtscasse übernommen wurde. Im Jahr 1868 wurde die Straße unter die Landstraßen eingereiht. Sie besitzt an mehreren Stellen, insbesondere in Seelbach und bei Wiltenbach Gegensteigen bis zu 6 Procent. Der erweisliche Aufwand für Verbesserung dieser Straße betrug 20,448 Mark.

Nach den Beobachtungen von 1864 und 1874 hat sich der Verkehr von 92 auf 60 Zugthiere vermindert.

---

(1) Von den Gemarkungen, welche die Straße durchzieht, waren Steinbach und Seelbach Theile der ehemaligen Grafschaft Geroldseck, eine reichsunmittelbare Besitzung der Grafen von der Leyen, welche 1815 unter österreichische Hoheit, 1819 an Baden kam. Die übrigen Gemarkungen Wittelbach, Schutterthal, Dörlinbach und Schweighausen dagegen stunden unter Hoheit des Hochstifts Straßburg und kamen nebst den übrigen dahin gehörigen Ortschaften auf dem rechten Rheinufer, als zum Fürstenthum Ettenheim gehörig, 1803 an Baden. Erstes Organisationsedict vom 4. Februar 1803. I. (2) Die Schutter war früher floßbar; im Jahr 1478 wurde zwischen Straßburg, Offenburg, Schuttern, Ettenheim und den Herrschaften Geroldseck, Lahr, Mahlberg und Lichtenberg eine Floßordnung vereinbart. In Folge der Errichtung von Mühlen hörte die Flößerei 1703 auf. Die öfteren Ueberschwemmungen veranlaßten fortan Fieberkrankheiten und eine große Sterblichkeit, welche Uebel durch die Correction großentheils beseitigt sind.

Nr. 123.

Straße von Dinglingen über Ottenheim an den Rhein.

Länge 8,87 Kilometer = 2 Stunden.

Zu dem Betriebe des lebhaften Holzhandels aus dem Schutterthal nach Frankreich, sowie für den Personenverkehr wurde zwischen Ottenheim und Gerstheim(1) und zwischen Meisenheim und Erstein seit unvordenklichen Zeiten Fähren von beiden Ufern aus betrieben, deren Dienst jedoch nicht geregelt war, so daß die beiderseitigen Schiffer weder an einen Ort, noch an bestimmte Zeit und Fahrpreise gebunden waren.

Die Ottenheimer Schiffer vermittelten aber nicht allein den Rheinübergang, sondern sie führten auch Holz und Handelsgüter nach Straßburg.

Nachdem diesen Schiffern 1820 die Schifffahrt bis Freistett gestattet war, um die Güter von Lahr an den Unterrhein und rheinbaierische Producte für Lahr rheinauf zu transportiren, ließ Großherzog Ludwig 1821 gleichzeitig mit der Kunststraße über den Schönberg (Nr. 31) bei Ottenheim einen Hafen und 1826 auch eine Hauptzollstätte errichten, als das Fahrrecht der Ottenheimer Schiffer bis Mainz ausgedehnt war. Hierdurch fiel die Wasserfracht um 10—16 Xr. per Centner und es gewann auch die Ueberfahrt zwischen Ottenheim und Gerstheim allmählich die größere Frequenz zum Nachtheil der Ueberfahrt bei Rheinau, daher Frankreich schon in den vierziger Jahren eine Zollstelle in Grafft errichtete und mit Unterstützung von Lahr die Herstellung einer fliegenden Fähre bevorwortete.

Obgleich man den Mißstand anerkannte, daß die Güter von Lahr nach Gerstheim einen Umweg von 14 Stunden über Straßburg nehmen mußten, so konnte doch bei dem damaligen Zustand des Rheins der Betrieb einer solchen Fähre nicht für räthlich erachtet werden. Die Ausführung unterblieb daher; Frankreich hatte aber 1854 eine Zufuhrstraße an den Rhein hergestellt.

Durch den Staatsvertrag vom 30. September 1860 (siehe Nr. 14) wurde sodann das Ueberfahrtsrecht in Ottenheim ausschließlich Baden zuerkannt.(2) Das Domänen-Aerar verpachtete die Ueberfahrt gegen 22 Fl. jährlich. Der Pächter mußte die Fahrzeuge stellen, als Fahrtaxe war bestimmt für eine Person 12 Xr., für Großvieh 1 Fl. 30 Xr., bei drei und mehr Stücken 1 Fl. Großvieh mußte nur Dienstag und Freitag wöchentlich übergefahren werden. Nachdem im Jahr 1867 die Herstellung einer Zufahrtsstraße zu dem vereinbarten Uebergangspunkte an dem Rhein französischer Seits zugesichert war, schritt man in demselben Jahre auch badischer Seits zur Herstellung der Straße bis an den Rhein.

Der Vicinalweg von Dinglingen über Hugsweier und Ottenheim bis zum alten Holzlagerplatz am Altrhein beim Thomas-Schollen war schon im Jahr 1856 in die Classe der mit Staatsbeiträgen unterhaltenen Vicinalwege eingereiht und es handelte sich nun nur um die Anlage eines neuen Wegs über den sog. Dornkopf und den äußeren Langgrund bis zum vollen Rhein, wofür schon im Jahr 1845 ein Project aufgestellt war. Die Kosten wurden auf 4600 Fl. veranschlagt. Die Straße war mit einer Kronenbreite von 20 Fuß und einer Fahrbahn von 17 Fuß herzustellen. Die Ausführung erfolgte bis zum Schluß des Jahres 1867. Der wirkliche Aufwand betrug 4581 Fl. 27 Xr. An den Kosten übernahmen die Staatscasse 2331 Fl. 27 X., der Forstfiscus 750 Fl. und die Gemeinde Ottenheim 1500 Fl. Letztere trat außerdem das Gemeindeeigenthum und die erforderliche Füllmasse unentgeltlich ab, wobei bedungen wurde, daß ein Platzgeld für Benützung der Straße und der Abfahrt nicht erhoben werden darf und daß die Verlegung des Holzplatzes auf das ärarische Rheinvorland auf Widerruf gestattet werde.

In Folge des Straßengesetzes von 1868 kam die Straße in die Classe der Landstraßen. Im Jahr 1871 wurde auch die Straße auf dem linkseitigen Ufer gut hergestellt. Die Straße auf badischem Gebiet wurde 1872 durch Hochwasser zerstört und 1873 mit 3000 Fl. aus

(1) Gerstheim, Dorf an der Straße von Straßburg nach Basel, Geburtsort des Theologen J. J. Reuchlin, † 1788. Ottenheim (Othenhan) ist schon 785 urkundlich genannt und war 1070 ein bedeutender Ort, der 1629 an Baden kam. Die Römer sollen hier schon eine Rheinüberfahrt betrieben haben. Zeitschrift 17. 404. Ueber die Rheinfähre bei Ottenheim bestehen Urkunden von 1487. Seit früher Zeit war hier ein Verladungsplatz für Brennholz nach Straßburg. (2) 1861 wurde hier ein Nebenzollamt errichtet.

Staatsmitteln wieder reparirt. Gleichzeitig kam auch auf Grund der Vereinbarung mit Elsaß-Lothringen vom 15. April 1873 der Bau einer Schiffbrücke durch die elsässische Regierung zur Ausführung. Diese Brücke hat eine Tragfähigkeit von 150 Centner, Fahrbahn von 6,20 Meter, eine Länge von 240 Meter, ruht auf 35 Schiffen von 15 Meter Länge und 3 Meter oberer Breite. Beiderseits befindet sich ein Durchlaßglied von drei Schiffen und oberhalb fünf Eisbrecher. Die Eröffnung erfolgte am 25. Mai 1873.(1) Der Aufwand betrug im Ganzen 163,713 Mark, wovon Baden die Hälfte trug. Die Brückenordnung ist vom 31. Juli 1873. (Ges.- u. Verordn.-Bl. S. 148.)

Im Jahr 1873/74 wurde von der Schiffbrücke bis Erstein eine directe Straße hergestellt, wodurch der frühere Weg (über Gerstheim) um 1800 Meter abgekürzt ist. Die schon 1872 angeregte Aufnahme des über Langenwinkel und Allmansweier führenden Vicinalwegs unter die Landstraßen, und dagegen die Ausscheidung der über Hugsweier gehenden Landstraße kam 1874 neuerdings zur Erörterung. Die Länge der Wege beträgt von Lahr über Allmansweier 13,980 Meter, über Hugsweier 14,415 Meter bis zur Brücke.

Der Zug über Allmansweier bedarf zweier Correctionen, welche 48,000 Mark kosten, wenn die Straße 5,4 Meter breit und mit Fahrbahn von 4,8 Meter Breite versehen werden soll. Die Gemeinden waren bereit, das Gelände im Werth von 14,321 Mark unentgeltlich zu stellen, daher die Kosten nur noch 33,679 Mark betrugen, die nach dem Gesetz zu theilen wären. Der Kreis hatte seine Zustimmung zu Verbesserung und Behandlung dieser Straße als Landstraße 1875 ertheilt, sich aber gegen die Ausscheidung der Straße über Hugsweier ausgesprochen, obgleich diese Straße ihrer tieferen Lage wegen zuweilen unter Wasser kommt und schwieriger als jene über Allmansweier zu unterhalten ist. Vor wenigen Jahren bestund bei Allmansweier noch die sog. „Seelache", ein Altwasser. Wegen dringender anderer Bauten mußte die Verbesserung des Allmansweier Weges verschoben werden.

Der nachweisbare bisherige Aufwand Badens für Verbesserung dieses Straßenzugs beträgt 94,852 Mark. Der Verkehr hat sich seit 1864—1874 von 84 auf 115 Zugthiere erhöht.

Nr. 124.

Straße von Ettenheim an die Eisenbahnstation Orschweier und an die Rheinüberfahrt bei Kappel.

Länge von Straße Nr. 1 bis zur Ueberfahrt 9,27 Kilometer = 2,09 Stunden, von Nr. 1 bis Mitte Rheinbrücke.

Bei Rheinau(2) war, scheints schon in römischer Zeit,(3) jedenfalls aber im Mittelalter, ein Uebergang über den Rhein.(4) Bei dem öfteren Wechsel des Strombetts und den dadurch veranlaßten Rheininseln änderte sich natürlich auch die Ueberfahrtsstelle, wie schon die Gewannbezeichnung „unterer" und „oberer Fahrkopf" andeutet.

Noch im Jahr 1838 war die Ueberfahrtsstelle unterhalb Kappel, und der Weg dazu führte an dem rechten Ufer der alten Elz hin bis zum sog. Ruhwald, dann rheinaufwärts bis an die linkseitigen neuen Gärten unterhalb Rheinau.

Die Ueberfahrt wurde auf dem rechten Rheinufer seit unvordenklicher Zeit durch die Kappler Schifferzunft, jenseits aber durch Rheinau, und seit 1806 das Recht an den französischen Staat übergegangen war, durch Staatspächter ausgeübt.(5) In früherer Zeit ging Sommers 3 mal, Winters 2 mal täglich ein großes Schiff von Rheinau nach Kappel zur Beförderung von Personen, Fuhren und Vieh.

---

(1) Der Brückenverkehr betrug 1874 93,271 Personen, 21,859 Wagen; 1876 täglich 57 Personen und 22 Wagen. (2) Rheinau, keltischen Ursprungs, lag früher auf dem rechten Rheinufer bei Kappel, wurde aber im 16. Jahrhundert durch den Rhein zerstört und auf dem linken Ufer wieder erbaut. 1749, 1858 und 1874 stieß man bei niederem Wasserstand auf die Trümmer des alten Orts, namentlich konnte man die Treppen der ehemaligen Kirche erkennen. Jetzt ist Rheinau eine Stadt an der Departementsstraße von Barr nach Weißenburg und hat zwei starkbesuchte Jahrmärkte. Aufschlager, „Das Elsaß" III. (3) Zeitschrift, 17. Band. (4) In einem Zinsbuch von 1564 wird die durch Grafenhausen an den Rhein führende Straße „Rheinstraße" genannt, was damals eine Straße zu einem Rheinübergang bezeichnete. Mone, Zeitschrift 4. S. 13. (5) Die französische Staatscasse bezog im Jahr 1859 einen Pachtzins von 93 Fl. 20 Xr.

Das Hauptfahr wurde in neuer Zeit von Frankreich geführt, während die Kappler nur Personen mit Waidlingen beförderten. Hierüber entstund 1840 ein Streit, der auf diplomatischem Wege beigelegt wurde. Der Pachtzins für die Fähre betrug damals nur 150 Francs. (D. D. a.)

In den Jahren 1847/48 haben die Gemeinden Kappel und Rheinau eine nahezu gerade Straße von Kappel bis Rheinau mit einem Aufwand von 14,000 Fl. hergestellt. Auch jenseits des Rheins besteht eine schöne Departementsstraße nach Rheinau, Benfeld, St. Pierre und Barr.

Durch die Uebereinkunft zwischen Baden und Frankreich vom 30. September 1860 (¹) wurde bestimmt, daß die Ueberfahrt zwischen Kappel und Rheinau ausschließlich von Frankreich zu betreiben sei. Die Ueberfahrt wurde früher mit einer Ruderfähre, später mit einer Giernachenfähreeinrichtung betrieben; da letztere aber wegen der Stromverhältnisse nicht mehr zu gebrauchen war, stellte die Gemeinde Rheinau im Jahr 1867 eine Drahtseilfähre nach dem Vorbild jener bei Neuenburg (²) mit 15,000 Fl. her. Das Eigenthumsrecht an diese Ueberfahrt blieb übrigens dem französischen Staat; der Reinertrag der Fähre war aber der Gemeinde bis zur Deckung der Anlagekosten überlassen. (³)

Die ganze Straße von der Station Orschweier bis an den Rhein wurde früher von den Gemeinden unterhalten. Von der Station bis zum alten Zollhaus an der Straße Nr. 1 wurde der Weg von 1857/68 als unterstützter Vicinalweg behandelt, da derselbe die Fortsetzung der Straße über Ettenheim und Schweighausen nach Steinach bildet. Mit dem Jahr 1868 wurde die ganze Straße von Ettenheim bis an den Rhein Landstraße.

Die auf Grund der Vereinbarung mit Elsaß-Lothringen 1872/73 auf gemeinsame Rechnung von Elsaß hergestellte Schiffbrücke von 222 Meter Länge mit 150 Centner Tragkraft, 3 Durchlässen von 11,40 Meter Weite und 5 Eisbrechern ruht auf 32 Pontons. Ihre Eröffnung erfolgte in feierlicher Weise am 25. Mai 1873. Der Aufwand betrug 138,779 Mark, wovon Baden die Hälfte übernahm.

Die Zufuhrstraße zu dieser etwas oberhalb der bisherigen Ueberfahrtstelle angelegten Brücke wurde mit 2400 Fl. aus Staatsmitteln hergestellt. Das Hochwasser von 1876 veranlaßte einen Aufwand von 8000 Mark zu Wiederherstellung des Schadens.

Die Brückenordnung ist vom 31. Juli 1873. (Gesetz- und Verordnungsblatt Seite 148.) Brückengeld wird nicht erhoben. Der Brückenverkehr betrug 1874 im Durchschnitt pro Tag 242 Fußgänger und 73 Fuhren, 1876 329 Personen und 75 Fuhrwerke, welche hauptsächlich Steine und Holz in das Elsaß befördern.

Der Verkehr auf der Straße bestund 1874 in täglich 143 Zugthieren.

Der erweisbare Aufwand Badens für Verbesserung dieses Straßenzugs betrug 137,232 Mark.

Nr. 125.

Zufuhrstraße zu dem Bahnhof in Dinglingen.

Länge 0,8 Stunden.

Der Bahnhof bei Dinglingen liegt zwischen zwei Vicinalstraßen, wovon die eine, von der Frankfurt-Basler Straße in der Nähe der Schutterbrücke in Dinglingen abgehend, nach Langenwinkel, Allmannsweier und einseits nach Ottenheim, anderseits nach Nonnenweier und Wittenweier führt. Der zweite Vicinalweg von Kippenheimweiler mündet zunächst des Bahnhofs in ersteren Weg ein. Der nach Langenwinkel führende Weg begränzt den Bahnhof an der Nordseite in der Nähe der Güterhalle und hat vom Abgang der Frankfurt-Basler Straße eine Länge von 133 Ruthen. Von dieser eigentlichen Zufuhrstraße zu dem Bahnhofe zieht ein weiterer, 41 Ruthen langer Weg direct auf das Personenaufnahmsgebäude. Der letztere Weg hat eine Breite von 18 Fuß, der erstere von 22 Fuß. Bis zum Jahr 1862 wurde die Zufuhrstraße nach dem Güterschuppen zur Hälfte von der Gemeinde unterhalten. Im Jahr

(¹) Regierungsblatt 1860. S. 426. (²) Die Fähre hatte eine Tragkraft von 250 Centner. (³) Die Fahrtaxe betrug für eine Person 2 Sous, für ein Pferd oder Vieh 6 Sous, für Kleinvieh 3 Sous, für zwei Pferde und Wagen 28 Sous, für Waaren pro Centner 2 Sous. Rheinau nahm bis 1870 durchschnittlich 3000 Fl. Fährgeld jährlich ein.

1862 aber ist die Zufuhrstraße zur Güterhalle beziehungsweise der Vicinalstraße von der Frankfurt-Basler Straße bis zur Eisenbahn unter der Bedingung in den Staatsstraßenverband aufgenommen worden, daß die Gemeinde Dinglingen den für den Personenverkehr bestimmten Weg zu dem Stationsgebäude in gutem Stand erhält. Beide Zufuhrwege sind bis zu dem Bahnhofgebiete als Eigenthum der Gemeinde Dinglingen vermarkt. Die Straße nach dem Güterschuppen wird als ein Theil der Straße nach Biberach behandelt.

Wegen Fortsetzung dieser Straße über Allmannsweier siehe Nr. 123.

Nr. 126.

Zufuhrstraße zu der Eisenbahnstation Appenweier.

Länge 0,91 Kilometer = 0,20 Stunden.

Von der Zufuhrstraße an die Station Appenweier wurde der Theil des alten Vicinalweges nach Kehl und Urloffen von der Straße Nr. 1 bis gegen Ende des Orts im Jahr 1844 verbessert, der übrige Theil aber neu hergestellt. Das Gleiche geschah bezüglich der Fortsetzung der Zufuhrstraße vom alten Bahnhofe bis zu dem im Jahr 1866 weiter abwärts an der Eisenbahn neu errichteten Aufnahmsgebäude. Die Gemeinde Appenweier leistete zu den im Jahr 1844 erforderlichen Kosten einen Beitrag von 5000 Fl. Von Anfang der Zufahrtsstraße bei Straße Nr. 1 bis zum Abgang des mit der Eisenbahn parallel laufenden Theils ist die Straße Eigenthum der Gemeinde, die Parallelstraße aber Staatseigenthum. Seit 1856 wurde die Zufuhrstraße mit Staatsunterstützung unterhalten. 1868 wurde sie Landstraße. Die Gemeindestraße ist 25 Fuß, die Parallelstraße bis zum alten Bahnhof 36 Fuß und die Verlängerung bis zu dem neuen Bahnhofsgebäude 25 Fuß breit.

Nr. 127.

Straße von Achern nach Memprechtshofen.

Länge von der Frankfurt-Basler Straße bis Memprechtshofen 9,7 Kilometer = 2,19 Stunden.

Die zwischen Achern und Fautenbach unterhalb des letzteren Ortes von der Frankfurt-Basler Straße abgehende Straße, welche über Gamshurst nach Memprechtshofen auf die Rheinstraße führt, bildet die Fortsetzung der Kapplerthalstraße Nr. 164. Um von Memprechtshofen mittelst einer Straße an den Rhein zu gelangen, muß man entweder über Neufreistett oder über Helmlingen.

Die Straße hat sich im vorigen Jahrhundert allmählich aus einem Feldweg gebildet. Da sie ziemlich eben liegt und in neuer Zeit von den Gemeinden auch gut unterhalten wurde, benützte man dieselbe für den Verkehr nach Achern von Rheinbischofsheim aus lieber als die Vicinalstraße über Wagshurst und Renchen, da letztere mehr Krümmungen besitzt, öfter überschwemmt wurde und im Allgemeinen weniger gut unterhalten war.

Nach Eröffnung der Eisenbahn von Rastatt nach Offenburg im Jahr 1844 hob sich der Verkehr zwischen Achern und Memprechtshofen immer mehr, daher die Gemeinden schon damals Versuche machten, die Aufnahme dieses Wegs in den Staatsstraßenverband zu erwirken. In der Voraussicht, daß nach Verbesserung des Wegs von Bischofsheim nach Renchen der größere Verkehr dieser Straße zu gehen werde und da überdies das Project auftauchte, von Neufreistett direct nach Gonnshurst und von hier ebenfalls in gerader Linie, also mit Umgehung von Fautenbach eine directe Wegverbindung nach Achern herzustellen, letzteres aber mit der längst gewünschten Correction der Acher innig zusammen hing, wurde dem Gesuch keine Folge gegeben. Eine im Jahr 1856 bei den Ständen eingereichte Petition um Aufnahme der Straße von der württembergischen Gränze beim Ruhstein über Seebach, Ottenhöfen, Kappel, Achern, Memprechtshofen in den Staatsstraßenverband wurde zwar dem Staats-Ministerium empfehlend überwiesen, allein die Folge war nur, daß der Staat vom Jahr 1856 an, einen Zuschuß zur Unterhaltung des Weges leistete, um denselben, der allmählich in ziemlich schlechten Zustand gekommen war, dem Verkehr entsprechend zu erhalten. Auch zu dem Umbau der Brücken wurden Staatsbeiträge bis zu ein Drittel der Kosten geleistet. Seit der im Jahr 1860 verbesserten Straße von Baiersbronn über den Ruhstein nach Achern hat sich der Verkehr auf der Straße nach Memprechtshofen vermehrt, namentlich werden viele Stangen, Rinde ꝛc. auf diesem Wege nach Neufreistett und Helmlingen gebracht, um sie dort über den Rhein zu setzen.

Im Jahr 1868 wurde diese Straße unter die Landstraßen aufgenommen und in Folge dessen 1869 die Hasenschollenbrücke, 1870 die Rükgrabenbrücke mit 1442 Fl. und 1872 die Renchbrücke mit 1700 Fl. in Eisen umgebaut. Hierauf folgte in Verbindung mit der Achercorrection 1874 der Neubau der 12 Meter weiten Acherbrücke, sog. Schmierbrücke bei Fautenbach, mit eisernem Oberbau, und einer Straßencorrection; weil die alte Holzbrücke viel zu eng und baufällig war. Der Aufwand betrug 6198 Fl., wovon der Kreis 1033 Fl., die Gemeinde 344 Fl. und die Staatscasse 4821 Fl. übernahmen.

Der Gemeindebeitrag wurde mit Rücksicht auf die Kosten der Bachcorrection um 689 Fl. ermäßigt.

1875 folgte der Bau der Anzenbachbrücke bei Gamshurst mit 1479 Mark.

Der erweisliche Gesammtaufwand für Verbesserung der Straße beträgt 19,694 Mark.

Der Verkehr stieg von 1864/74 von 86 auf 149 Zugthiere täglich.

Nr. 128.

Straße von Bühl nach Greffern und an den Rhein.

Länge 16,38 Kilometer = 3,69 Stunden.

Der schon 826 genannte Ort Greffern lag früher eine halbe Stunde von dem Rhein entfernt. Ende des 15. bis Mitte des 17. Jahrhunderts näherte sich der Fluß dem Orte immer mehr, so daß dieser 4 mal in 200 Jahren weiter nach Osten verlegt wurde. Seit der Rheincorrection liegt der Ort 3000 Ruthen vom Rhein entfernt. Die seit ältester Zeit bestandene Ueberfahrt über den Rhein bei Greffern war zwischen Baden und Frankreich gemeinschaftlich.

Die badische Domänenverwaltung verpachtete das badische Fahrrecht wie Frankreich das jenseitige, die Schiffer in Greffern hatten, wie jene in Hügelsheim, eine beschränkte Ladebefugniß, indem sie die Thalgüter, meist Landesproducte nur für Rastatt, Baden, Bühl und Steinbach aufnehmen, und Berggüter nur in Schröck und Freistett laden durften.

Die Ueberfahrt wurde mit einem großen Kahn von 250 Centner Tragkraft und einigen kleinen Nachen vermittelt.

Das 1835 errichtete Nebenzollamt 1. Classe wurde 1871 aufgehoben.

Durch Vertrag mit Frankreich vom 30. September 1860 wurde das Ueberfahrtsrecht ausschließlich Baden eingeräumt. (Regierungsblatt 58.)

Von Bühl nach Greffern führten zwei Vicinalstraßen, die eine über Vimbuch und Schwarzach, (1) die andere über Oberweier, Balzhofen, Moos, Ulm und Lichtenau. Auf der ersteren, welche im Wesentlichen der Römerstraße folgt, die von Vimbuch über Kinzhurst nach Schwarzach zog, bewegten sich schon seit langer Zeit fast alle Fuhren mit Schnittholz, Nutz- und Brennholz, Bausteine ꝛc., welche in dieser Gegend auf dem Rhein verladen oder über den Rhein nach Drusenheim (2) und weiter in das Elsaß verbracht werden. Den zweiten Weg benützten hauptsächlich Ulm, Lichtenau, Scherzheim, Helmlingen für Beschaffung von Wein, Brenn- und Nutzholz. Da der erstere Weg für wichtiger erkannt wurde, beabsichtigte man denselben schon im Jahr 1856 in die Classe der unterstützten Vicinalwege einzureihen und ihn in den Gemarkungen Greffern, Schwarzach und Vimbuch, wo er nur 12—16 Fuß breit war,

(1) Das Kloster Arnulfsau wurde 815 von Bischof Haddo von Straßburg, der früher Abt in Reichenau war, von dem Rheine entfernt und in die jetzige geschützte Lage versetzt. Das Kloster, Schwarzach genannt, erhielt schon 994 von Otto III. Jahrmarkt- Münz- und Zollrecht. Im 13. Jahrhundert erhob das Gotteshaus von jedem Schiff mit gestelltem Ruder 1 Pfd. Pfeffer, 2 Brod und $1/4$ Wein. Grimm, Weisthümer I. 434. (2) Drusenheim ist ein Marktflecken an der französischen Rheinstraße.

zu erweitern. Da die Gemeinde Greffern aber hierzu nicht mitwirken wollte, blieb die Straßenunterhaltung bis zum Jahr 1864 den Gemeinden allein überlassen.

Bei der fortwährenden Zunahme des Verkehrs auf diesem Wege sah man sich aber veranlaßt, von 1864 an von Bühl bis zur Rheinstraße einen Staatsbeitrag zur Unterhaltung zu leisten, die Erhaltung des Wegs von da bis Greffern und an den Rhein aber der Gemeinde Greffern zu überlassen.

Im Jahr 1866 wurde zu den Kosten des Neubaues der Schwarzbachbrücke (1) in Schwarzach im Betrag von 2000 Fl. ein Staatsbeitrag von 500 Fl. geleistet, den Rest übernahm die Gemeinde.

Die Brücke hat eine lichte Weite von 24 Fuß und besteht aus gewalzten 10 Zoll hohen eisernen Trägern und einem Wellenblechgedeck mit Ueberschotterung.

Die Zufuhrstraße zu der Ueberfahrt ist auf französischer Seite 24 Fuß breit 1862 hergestellt worden. Auf badischer Seite mußte man durch einen Altrhein in den vollen Rhein fahren, daher die Straße nur bis an den Altrhein ging. Man wollte nun 1868 die Straße jenseits des Altrheins bis zum vollen Rhein herstellen und die Ueberfahrt über den 400 Fuß breiten Altrhein so lange noch mit Nachen bewirken, bis die Verlandung, welche das Befahren des Altrheins an manchen Stellen erschwerte, soweit fortgeschritten, daß eine Abdammung gerechtfertigt erschien. Der Aufwand für eine Dammstraße von 20 Fuß Kronenbreite war auf 7000 Fl. veranschlagt, wovon die Baucasse die Hälfte, die Domänencasse und die Gemeindecasse je ein Viertel übernehmen sollten, die beiden letztern verweigerten aber die Mitwirkung, indem sie den doppelten Fahrdienst über den Altrhein und den vollen Rhein scheuten und die weitere Verlandung erwarten wollen, da, solange der Altrhein nur bei hohem Wasser schiffbar war, kein Ertrag zu erwarten stund.

Im Jahr 1868 suchten nun die Gemeinden Lichtenau und Ulm um die Herstellung einer Zufuhrstraße zur Ueberfahrt bei Drusenheim nach; Lichtenau wollte 700 Fl., Ulm aber nichts beitragen. Die Domänendirection war erbötig, das Fahrrecht an die Gemeinde Greffern unentgeltlich abzutreten, diese lehnte aber das Geschenk ab. (2)

Im Jahr 1870 wurde sodann das Fahrrecht von dem Domänenfiscus vertragsmäßig an die Wasser- und Straßenbauverwaltung abgetreten. Nach Vertrag vom 23. November 1869 hatte die Gemeinde Greffern an dem Aufwand für den Straßenbau zur Fähre im Betrag von 12,000 Fl. einen baaren Beitrag von 3000 Fl. und unentgeltliche Stellung des Gemeindeeigenthums für die Straße und Füllmasse übernommen. Die Straße von Greffern nach Bühl kam 1868 als unterstützter Vicinalweg unter die Landstraßen, und die Gemeinde blieb Eigenthümerin der Böschungen.

Diese Straße, welche 1870/71 zum Theil 2 Fuß über 0, auf 90 Meter aber nur in Geländehöhe ausgeführt wurde, kam 1872 in die Classe der Landstraßen, und ist, nachdem sie 1872 durch Hochwasser auf 200 Meter zerstört war, mit 4000 Fl. wieder hergestellt worden.

Die 6,8 Meter weite Salzbachbrücke wurde 1873 mit 1152 Fl. in Eisen umgebaut.

Im Jahr 1835 wurde auf Grund der Vereinbarung mit Elsaß bei Greffern eine Schiffbrücke auf gemeinsame Kosten durch Baden erbaut, welche am 8. August 1876 feierlich eröffnet wurde. Die Kosten betrugen für die Brücke 137,860 Mark, wovon Elsaß die Hälfte übernahm, für Gebäude 52,100 Mark, die Baden allein trug. Baden hatte also im Ganzen 121,030 Mark zu bezahlen. Diese Brücke hat 35 Pontons und 2 Landpontons und 250 Meter Länge und hängt an 11 Grundpfählen.

Die Brückenordnung ist von 1875. (Gesetz- und Verordnungsblatt Seite 256.)

Im Jahr 1875 passirten 11,613 Personen und 2848 Wagen die Brücke.

Der Rheindamm, auf dem die Straße ruht, ist nur 18 Fuß breit; er wurde 1876 an derselben Stelle wie 1872 auf 420 Meter Länge nächst den Brückengebäuden durch das Hochwasser durchbrochen, und 8 Pontons der Brücke abgetrieben; um ähnlichen Beschädigungen vorzubeugen soll eine 300 Meter lange Jochbrücke in den Damm eingesetzt werden. Für

---

(1) Auf dem Schwarzbach wurde im 13. Jahrhundert geflößt. Grimm, Weisthümer I. S. 427. (2) Der Pachtzins betrug im Durchschnitt von 30 Jahren nur 24 Fl., die Einnahme des Pächters wurde auf 650 Fl., die Ausgabe auf 80 Fl., folglich sein Reinertrag oder Verdienst auf 570 Fl. jährlich angeschlagen. In neuer Zeit mußte für eine Person 10 Xr., für ein Vieh 1 Fl., für einen Zweispänner 1 Fl. 12 Xr. Fahrgeld bezahlt werden.

Wiederherstellung der Brücken sind 17,428 Mark vom Staat aufgewendet worden. Die Jochbrücke wird ca. 50,000 Mark, die Straße 12,000 Mark kosten.

Auf Ansuchen der Gemeinden Grauelsbaum, Lichtenau und Ulm wurde 1876 die Benützung des Rheindammes zwischen Grauelsbaum und der Zufuhrstraße zur Schiffbrücke als Fahrweg unter der Bedingung gestattet, daß der Damm auf 0,3 Meter erhöht, von $^1/_2$ auf 4,5 Meter verbreitert und die Fahrbahn auf 21 Centimeter breiter hergestellt und gut unterhalten werde.

Zufuhrstraße zur Station Bühl.

Als im Jahr 1843 die Eisenbahn zwischen Oos und Offenburg im Bau war, ist der Bahnhof in Bühl an einen der Gemeinde Bühl gehörigen Güterweg gelegt und mit einer vor dem Aufnahmsgebäude hinziehenden, auf Kosten des Eisenbahnbaues hergestellten neuen Straße in Verbindung gesetzt worden. Diese letztere Bahnhofstraße ist wie das übrige Bahnhofterrain Staatseigenthum und auch der Güterweg, so weit er in das Bahnhofgelände fällt, ist als Staatseigenthum ausgesteint.

Von dieser Eigenthumsgränze bis Bühl ist der frühere Güterweg, die jetzige Zufuhrstraße, Eigenthum der Gemeinde Bühl, welche in den Jahren 1863/67 die Straße verbreitern und Fußwege anlegen ließ. Der desfallsige Aufwand im Betrag von 3400 Fl. wurde von der Gemeinde bestritten. Dieser Zufuhrweg wurde von der Gemeinde Bühl unterhalten, weil die im Jahr 1856 mit der Gemeinde gepflogenen Verhandlungen über die Vertheilung des Unterhaltungsaufwandes zwischen der Gemeinde und dem Staat zu keinem entsprechenden Ergebniß führten. Im Jahr 1862 entschied die competente Staatsbehörde, daß die in der Straße zum Stationsgebäude liegende Büllotbrücke von der Gemeinde zu unterhalten sei. Die damals erwachsenen Kosten für Reparatur der Brücke wurden übrigens aus Billigkeitsgründen zur Hälfte auf die Eisenbahnbetriebscasse übernommen.

Im Jahr 1873 wurde diese Straße mit jener von Bühlerthal nach Bühl in die Classe der Landstraßen aufgenommen. Siehe Nr. 282.

Der erweisbare Gesammtaufwand für Verbesserung dieser Verkehrswege beträgt 183,318 Mark.

Nr. 129.

Straße zum Bahnhof in Pfullendorf.

Siehe Nr. 65.

Nr. 130.

Zufuhrstraße zur Eisenbahnstation Achern.

Länge 0,57 Kilometer = 0,13 Stunden.

Die Eigenthumsverhältnisse an dieser Straße sind ähnlich wie jene bei der Station Bühl.

Der für die Zufuhrstraße benützte alte Güterweg ist bis zu der Bahnhofsgränze Eigenthum der Gemeinde, die Straße längs des Bahnhofs aber Staatseigenthum.

Die Gemeinde hat für Verbesserung des Güterwegs in den Jahren 1865 und 1867 800 Fl. aufgewendet und die Zufuhrstraße bis 1874 allein unterhalten. Von dieser Zeit an wird die Straße als Landstraße behandelt, da dieselbe eine Fortsetzung der nun ebenfalls im Verband befindlichen Kappler Thalstraße bildet, die den Uebergang in das württembergische Murgthal vermittelt.

Nr. 131.

Straße von Loffenau nach Gernsbach.

Länge in Baden . . 3,03 Kilometer = 0,68 Stunden,
„ „ Württemberg 0,20 „

Die Länge von Loffenau bis Herrenalb im württembergischen Gebiet beträgt 1,23 Stunden.

Nr. 136.

Straße von Ettlingen nach Herrenalb.

Untere Albthalstraße.

Länge in Baden . . 12,92 Kilometer = 2,91 Stunden,
„ „ Württemberg 0,68 „
Abgang von der Straße Nr. 20.

Wie der Name der Flüsse Alb und Murg, so lassen sich auch die Bezeichnungen der Orte: Spessart, Busenbach, Etzenroth, Spielberg, Schlutenbach, Schöllbronn, Burbach, Schillberg, Rothensohl, Loffenau, Sulzbach, Gernsbach, Ottenau, Eberstein aus keltischer Sprache ableiten. Daß die Römer in dem Albthale weilten, beweisen verschiedene aufgefundene Weihesteine.

Bei Ettlingen wurde ein solcher dem Mercur gewidmeter, und ein Standbild des Neptun, oberhalb Mühlberg ein solches der Diana abnoba gefunden. Pforz und Neupforz weisen auf römische Häfen hin.

Die Wege zur Verbindung obengenannter Orte unter sich müssen daher wahrscheinlich schon in frühester Zeit bestanden haben, und es konnte sich im Laufe der Zeit nur um kleine Aenderungen in ihren Zugslinien handeln.

Dem Albthal entlang führte nur ein im Anfang des vorigen Jahrhunderts angelegter Waldweg, der im Jahr 1741 etwas verbessert wurde, nachdem allmählich die Holzflößerei auf der Alb, die seit der Römerherrschaft bis 1813 betrieben wurde, durch die Holzabfuhr zu Land, in Abgang kam. (1)

Im Jahr 1780 wünschte die Markgrafschaft Baden-Durlach, (2) mit der seit 1771 die baden-badischen Herrschaften vereinigt waren, eine allgemeine Verbesserung der sogenannten Thalstraße; allein das Project kam nicht zur Ausführung, weil das Kloster Frauenalb (3) seine Mitwirkung versagte.

Im Jahr 1793 wurde die Thalstraße oberhalb Ettlingen mit 1450 Fl. verbessert, welchen Aufwand man auf die betheiligten badischen Gemeinden repartirte.

In den Jahren 1812/18 erfolgte eine weitere Verbesserung bis Frauenalb, deren Kosten auf 12,025 Fl. veranschlagt waren; die Arbeiten wurden in der Frohnd ausgeführt und der Aufwand für die Kunstbauten von der Herrschaftscasse bestritten.

Auch in dem württembergischen Gebiet wurde die Straße bis Herrenalb und von da über Loffenau gegen Gernsbach (4) im Jahr 1834 in bessern Stand gebracht, was auch Baden Veranlassung gab, eine chausseemäßige Verbesserung des ganzen Wegs auf 24 Fuß Breite in Aussicht zu nehmen. Der zu diesem Ende im Jahr 1836 aufgestellte Kostenüberschlag verlangte eine Summe von 8978 Fl. Die Ausführung scheiterte an dem Mangel der nöthigen Fonds, und man beschränkte sich darauf, im Jahr 1838 an einigen Stellen Gefällsausgleichungen und Verbreiterungen vorzunehmen. Um die Holzabfuhr aus den ärarischen Waldungen zu erleichtern, baute der Forstfiscus in den Jahren 1842 und 1843 seinen Theil bei den Staatswaldungen,

---

(1) Mone, Zeitschr. 23. S. 334 u. 299. Es scheint, daß Markgr. Jacob I. die Alb 1440 neuerdings zur Flößerei herstellen ließ. (2) Die Gemarkungen Ettlingen, Busenbach, Etzenroth gehörten früher zur Markgrafsch. Baden-Baden. Spielberg zur Markgrafschaft Baden-Durlach. Pfaffenroth und Schillberg nebst Marxzell gehörten zu Frauenalb, welches hier die niedere Gerichtsbarkeit übte, während die höhere Gerichtsbarkeit der früheren Grafschaft Eberstein, beziehungsweise Baden-Baden zustund. (3) Das Benedictiner-Frauenkloster Frauenalb wurde im Jahre 1148—1193 von Graf Berthold III. von Eberstein gegründet. Im 14. Jahrhundert kam das Kloster mit einem Theile der Eberstein'schen Besitzungen unter die Oberherrschaft der Markgrafen von Baden-Baden und durch den Lüneviller Frieden als Entschädigung an Baden und wurde sodann aufgehoben. Es gehörten zum Kloster Ersingen Billfingen, Völkersbach, Burbach, Spessart, Pfaffenroth, Spielberg, Sulzbach, Unterniebelsbach, Marxzell. Später zu gewerblichen Zwecken von Privaten verwendet, brannten die Klostergebäude zum größern Theile ab. v. Werch, Zeitschr. f. bad. Gesch. 23. (4) Die alte Straße von Herrenalb über die Wasserscheide des Alb- und Murgthales (wo eine Capelle stund) nach Loffenau soll römischen Ursprungs sein, sie bildete einen Theil der Straße, die von Pforzheim unter dem Namen „alte Pforzheimer Straße" in der Nähe des Katzensteigs nördlich an Birkenfeld, südlich an Obernhausen vorüber nach Schwann, durch den Gräfenhauser Wald „Hardberg" über Neusatz nach Herrenalb, Gernsbach und Baden führte. Statistik des Oberamts Neuenburg, 1860.

jedoch nur als Holzabfuhrweg. Da die Straße namentlich in Gemarkung Spielberg im Jahr 1846 völlig unfahrbar war, wendeten sich die Gemeinden mit einer Petition an die Stände, worin sie um Verbesserung des Wegs aus Staatsmitteln nachsuchten. Diese Petition wurde der Regierung empfehlend überwiesen. Da die Gemeinden jedoch seit 1829 zum Bezug eines Straßengeldes ermächtigt waren, welches ca. 200 Fl. ertrug, die nach Verhältniß der Straßenlänge in jeder Gemarkung vertheilt wurden, aber seit mehreren Jahren bis zum Betrag von 800 Fl. angesammelt war und dem Wege damals noch keine Bedeutung für den durchgehenden Verkehr beigelegt wurde, glaubte man die Verbesserung und Unterhaltung der Straße lediglich den betheiligten Gemarkungsinhabern überlassen zu müssen.

So blieb denn die Straße fortan in einem sehr schlechten Zustande, da sie über viele Hügel mit beträchtlichen Gegengefällen hinzog, zu schmal und ohne alles Fundament war und nur mit Sandsteinen spärlich unterhalten wurde. (1) Die Gemeinden, welche die Straße gar nicht oder nur wenig benützten, waren natürlich nur schwer zu bewegen, für deren Verbesserung erhebliche Opfer zu bringen, sie wendeten sich daher im Jahre 1853 abermals mit einer Bitte um Aufnahme der Straße in den Staatsstraßenverband oder aber um Bildung einer auf Grund des Nutzens festzustellenden Concurrenz an Regierung und Stände, indem das Straßengeld, welches damals ungefähr 365 Fl. jährlich ertrug, für die gute Unterhaltung nicht zureichte. Die Regierung sah sich nun im Jahr 1856 veranlaßt, die allgemeine Verbesserung des Wegs mit Staatsunterstützung anzuordnen. In der Voraussetzung, daß der bestehende Weg durch einzelne Correctionen, Gefällsausgleichungen und gute Fundamentirung dem Verkehre entsprechend hergestellt werden könne, wurde der erforderliche Aufwand einschließlich der Güterentschädigung auf 29,500 Fl., ohne diese Entschädigung auf 23,360 Fl. veranschlagt.

Das Forstärar hatte einen Beitrag von 10,000 Fl. zugesagt. Der Bau wurde im Frühjahr 1857 begonnen und in demselben Jahr mit Ausnahme einer Correction nächst der württembergischen Gränze vollendet, sofort das Straßengeld vom 1. April 1858 an aufgehoben. Das inzwischen unterm 26. Mai 1857 mit Württemberg abgeschlossene Uebereinkommen über die Verbesserung verschiedener, theils auf badischem, theils auf württembergischem Gebiet liegenden Straßen bestimmte bezüglich der Straße von Ettlingen über Herrenalb nach Gernsbach: daß der Weg von Ettlingen bis zur württembergischen Gränze im Jahr 1858 20 Fuß breit mit höchstens 6 Procent Steigung auszuführen, und auch die Straße von Gernsbach bis zur württembergischen Gränze gegen Loffenau (2) hin in gleicher Weise bis zum Schlusse des Jahres 1859 herzustellen sei. Dagegen verpflichtete sich Württemberg, die Straße von der badischen Gränze bis Herrenalb (3) in gleicher Breite und mit demselben Maximalgefäll bis Ende 1858 in guten Stand zu setzen und in derselben Zeit die Straße von der badischen Gränze zwischen Gernsbach und Loffenau zu verbessern, ferner die Steige von Herrenalb aufwärts bis zur Capelle (Wasserscheide) bis Ende 1859 und von da abwärts bis Loffenau 1860 mit höchstens 7 Procent Gefäll und 18 Fuß Breite herzustellen. — Württemberg wünschte diesen Bau vorzugsweise zur Verbindung von Baden mit der von Herrenalb über den Dobel nach Wildbad führenden Straße. Die Arbeiten wurden sofort beiderseits in Angriff genommen. Nur der Straßenbau zwischen Loffenau und Gernsbach stieß auf Schwierigkeiten. Um nämlich die bedeutenden Steigen bei Loffenau und Gernsbach, welche Gefälle von 10—12 Procent hatten, vollständig zu umgehen, lag es im Plane, von Loffenau bis Gernsbach eine neue Straße durch das Igelbachthal auf eine Länge von 10,313 Fuß, in einer Breite von 20 Fuß, mit 15 Fuß Fahrbahnbreite herzustellen. Die Kosten waren für Baden auf 23,000 Fl., für Württemberg auf 13,300 Fl., zusammen auf 36,300 Fl. veranschlagt. Da aber die Gemeinde Gernsbach

(1) An der Unterhaltung waren betheiligt bis zur württembergischen Gränze: Ettlingen mit 12 Ruthen, Busenbach mit 522 Ruthen, Etzenroth mit 563 Ruthen, Spielberg mit 766 Ruthen, Pfaffenroth mit 312 Ruthen, Schillberg mit 306 Ruthen und das Forstärar mit 1830 Ruthen. (2) Loffenau wird schon in Urkunden von 1266 genannt und wurde 1297 von Heinrich I. von Eberstein an das Kloster Herrenalb verkauft. (Mone Zeitschrift XI und XII.) 1616 soll bei Loffenau viel Wein gebaut worden sein. (Württembergische Jahrbücher 1850). (3) Das Cystercienser-Kloster Herrenalb wurde bald nach dem Kloster Frauenalb, 1150 durch Graf Berthold III. von Eberstein gegründet. — 1291 kam das Kloster durch Vertrag unter die Schutzherrschaft der Markgrafen von Baden. 1403 wurde dasselbe mit Thürmen, Mauern und Gräben befestigt. 1497 ging die Schirmvogtei an den Herzog von Württemberg über. Im 16. Jahrhundert wurde eine lutherische sog. Pflanzschule unter einem Abt in dem Klostergebäude errichtet. Das Kloster wurde im dreißigjährigen Kriege zerstört. Die noch stehende Vorhalle (Paradies) der alten Klosterkirche ist aus dem 12., der Ueberbau des Giebels aus dem 15. Jahrhundert. Krieg, Geschichte der Grafen von Eberstein.

die Führung der Straße auf der rechten Seite des Leutersbachthales wünschte, so wurde auch für diesen Straßenzug eine Linie von 10,722 Fuß Länge ermittelt und der Aufwand für Baden auf 55,000 Fl., für Württemberg auf 12,500 Fl., zusammen auf 67,500 Fl. veranschlagt. In Anbetracht dieses unverhältnißmäßig großen Aufwandes und der Schwierigkeiten, welche auf württembergischem und badischem Gebiet der Gütererwerbung entgegengestellt wurden, einigte man sich endlich dahin, den vorhandenen Weg durch Ermäßigung des Gefälles, Verbreiterung und gute Fundamentirung zu verbessern. Der desfallsige Aufwand war für Baden auf 20,000 Fl., für Württemberg auf 8600 Fl. berechnet. Der Bau wurde beiderseits im Mai 1862 begonnen und 1863 vollendet.

An dem Aufwande für die Straße von Ettlingen nach Herrenalb in badischem Gebiet mit 45,526 Fl. (worunter die im Jahr 1861 nachträglich vorgenommene Verbesserung der Fahrbahn mit Kalkstein inbegriffen ist) haben die Staatscasse 25,957 Fl., die Gemarkungsinhaber 19,569 Fl. übernommen und zwar: die Gemeinde Ettlingen 249 Fl., Busenbach 850 Fl., Etzenroth 938 Fl., Pfaffenroth 1430 Fl., Spielberg 1466 Fl., Schillberg 1683 Fl., das Forstärar 12,952 Fl. einschließlich der abgegebenen Güter.

Der Aufwand der badischen Staatscasse für die Straße von Gernsbach nach Loffenau betrug 19,998 Fl. Die Gemeinde Gernsbach hat hierzu keinen Beitrag geleistet. Seither wurde die Straße von Ettlingen bis Gernsbach mit Staatsunterstützung, von 1868 an aber als Landstraße unterhalten.

Der von Baden bestrittene nachweisbare Aufwand für Verbesserung dieser Straße betrug 114,816 Mark.

Seit 1864/74 hat sich der Verkehr von 77 auf 127 Zugthiere pro Tag erhöht.

Im Jahr 1876 wurde die Correction der Etzenrother Steige vom Abgang der Albthalstraße bis Etzenroth und Spielberg mit 8 Procent Maximalsteigung statt 14 Procent beschlossen, und der Aufwand auf 11,300 Mark berechnet. Der Staat gab 5000 Mark Beitrag. Dadurch soll der Transport von Steinen, Holz und Küblerwaaren thalabwärts und von Kalk, Ziegeln, Sand und Dünger =aufwärts begünstigt werden. Die Frequenz der Albthalstraße wird dadurch gewinnen.

Nr. 132.

Straße von Rastatt über Plittersdorf nach Selz.

Länge von Rastatt bis Mitte Schiffbrücke	7,25 Kilometer	=	1,63 Stunden,
„ vom Rhein bis Selz			0,50 „
	zusammen		2,13 Stunden.

Selz scheint aus einer keltischen, Rastatt aus einer altgermanischen Niederlassung entstanden zu sein. Zwischen beiden Orten bestund ohne Zweifel schon in frühester Zeit Verkehr. Unter der Römerherrschaft war Selz(1) der Sitz eines Präfecten und der Ort lag an der römischen Heerstraße von Straßburg nach Mainz. Von Rastatt, wo die Römer sich ebenfalls niedergelassen hatten, ging eine Straße abwärts nach Au und aufwärts nach Sandweier. Wahrscheinlich bestund auch eine directe Verbindung mit Selz.(2)

Die Wege von Rastatt über Rheinau und Plittersdorf an den Rhein und von dem linkseitigen Rheinufer bis Selz waren noch in der Mitte dieses Jahrhunderts in sehr schlechtem

(1) Bei Selz, wo einst die Pfalz der französischen Könige stund und wo 803 der Vergleich mit den Sachsen wegen Annahme des Christenthums abgeschlossen wurde, zog sich die alte Gränze von Deutschfranken über den Rhein. Am Oosbach bestund eine marca antiquitus constituta, welche mit der Vogtei über das Selzer Stift an das zähringer Haus kam. Dümge, Regesta Bad. 1836 und 1840, Adelheid, die Gemahlin des Kaisers Otto I., erhob den Ort Selz zur Stadt. 1309 wurde die dortige, schon 1139 bestandene Benedictiner=Abtei gefürstet. Seit der im Jahre 1357 wegen Beraubung der Rheinreisenden auf Befehl Kaiser Karl IV. erfolgten Zerstörung der Stadt durch die Straßburger mit Unterstützung anderer Reichsstädte, schwang sich der Ort nicht mehr zu größerer Bedeutung auf. 1408 kam Selz an die Pfalz und später an Frankreich, 1870 an das deutsche Reich. Im 16. Jahrhundert war Selz eine Rheinzollstation, da der Fluß den Ort berührte. Ueber Selz siehe Mone, Zeitschrift II. 42 und IV. 147; Lampadius, „Beiträge zur Vaterlandsgeschichte" und Strobel, Der Elsaß.
(2) Mone (Archiv I.) glaubt, daß eine directe Straße von Selz nach Rastatt geführt habe, weil der Abt von Selz im Mittelalter ein großes Hofgut in Rastatt besaß. Diese Straße wurde scheints von dem Rhein zerstört.

Zustande und der dazwischen liegende, in mehrere Arme getheilte Rhein, wovon ein Arm nahe an Plittersdorf vorüberzog, erschwerte überdies die Communication bedeutend, daher die Ueberfahrt bei Steinmauren oft benützt wurde. (1)

Bis zum Ende des Jahres 1845 lag die badisch-französische Landesgränze in dem unmittelbar an Plittersdorf vorbeiführenden Thalweg des Rheins; durch die Ausführung des schon 1821 mit Frankreich vereinbarten, aber erst 1843/45 ausgeführten Rheindurchschnitts wurde die Hoheitsgränze (der Thalweg) um etwa 360 Ruthen weiter von Plittersdorf gegen Frankreich vorgerückt, wodurch eine große Rheininsel, das sog. Binsenfeld, unter badische Hoheit kam.

Die Communication mit Selz mußte daher in Folge dessen von Plittersdorf aus zunächst durch eine Ruderfähre über den Altrhein, sodann durch Benützung eines schlechten Weges über die Insel und dann mittelst der im Jahr 1844 von Frankreich errichteten fliegenden Fähre (2) über den Rheindurchschnitt erfolgen. War schon das zweimalige Uebersetzen über den Rhein sehr lästig und kostspielig, so bildete auch der Weg über das Binsenfeld, welcher oft überschwemmt wurde und schlecht unterhalten war, für den Verkehr ein weiteres Hinderniß. Die Abdammung des Altrheins und die Herstellung einer aufgedammten guten Straße über das Binsenfeld wurde deshalb schon im Jahre 1846 sowohl von Rastatt als von Selz angeregt und eine damals an die zweite Kammer der Stände hierwegen eingereichte Petition der Regierung empfehlend überwiesen. Der Aufwand für die erforderlichen Bauten war auf 16,000 Fl. überschlagen. Da die Gemeinde Rastatt sich zu einem Beitrage von 4000 Fl. bereit erklärt hatte, wurde schon im Jahr 1847 ein Credit von 6000 Fl. zum Beginn der Bauausführung eröffnet. Die gegen das Straßenproject über die Insel und gegen die Abdammung des Altrheins sowohl von der Straßenbauverwaltung als von den Eigenthümern der Insel erhobenen Einsprachen und Bedenken und die politischen Ereignisse der Jahre 1848 und 1849 verzögerten den Bau bis zum Jahr 1851. Der Straßenbau wurde nun auf eine Länge von 1000 Fuß mit einer Kronenbreite von 20 Fuß, 12 Fuß breiter Fahrbahn und einer Höhe von 0,3 unter Pegel 0 im December 1851 begonnen und bis 1853 vollendet; der Abschluß des Altrheins aber kam wegen Einsprache der Plittersdorfer, die von dem stehenden Wasser des Altrheins Krankheiten besorgten, und im Interesse der weitern Verlandung des Altrheins erst in den Jahren 1854 und 1855 zur Ausführung.

Der gesammte Bauaufwand betrug 17,525 Fl., wovon die Staatscasse 13,525 Fl. übernahm.

Die Straße von Plittersdorf nach Selz, wovon 2500 Fuß auf Gemarkung Plittersdorf, 1300 Fuß auf Gemarkung Selz liegen, wurde sogleich ganz von dem Staate unterhalten, dagegen wurde der Weg von Rastatt bis Plittersdorf 1857 in die Classe der unterstützten Vicinalwege aufgenommen. Zur Verbesserung dieses letzteren Weges sind in den Jahren 1857 und 1858 von dem Staate 1883 Fl. und von der Gemeinde Rastatt 489 Fl. aufgewendet worden. (3) Zwischen Selz und der fliegenden Fähre wurde französischer Seits ebenfalls eine

---

(1) Der Ort Plittersdorf war bei 'jedem Hochwasser auf das gefährlichste bedroht, daher in der Zeit von 1790—1806 28,113 Fl. 54 Xr. für Rheinschutz dort aufgewendet wurden. Der Damm mußte bis in die Nähe des Orts zurückverlegt und mehrere Gebäude versetzt werden. In der Zeit von 1720—1750 ging $1/3$ der Gemarkung durch den Rhein verloren; die Bürger wollten darum großentheils nach Polen auswandern. Im Jahre 1817 hatte Tulla den Aufwand für vollständigen Schutz des Ortes auf 150,000 Fl. berechnet, daher sogar die Verlegung des ganzen Ortes in Frage kam. Der Durchstich -- das einzige dauernde Schutzmittel und schon seit 1760 im Project — konnte erst 1843—1845 mit Zustimmung Frankreichs zur Ausführung kommen. (L.-A.-A.) (2) Die fliegende Fähre hatte eine Länge von 53 Fuß, eine Breite von 16 Fuß, sie war durch einen Drahtstrang von 12 Linien Durchmesser und 1080 Fuß Länge an einem Eisbrecher (Ankerpunkt) aus fünf Pfählen bestehend, befestigt. Das Seil wird durch 13 Nachen von 30 Fuß Länge, 4,5 Fuß Breite und 16 Zoll Höhe getragen. Die Tiefe des Fahrzeuges beträgt 3,5 Fuß, die Tragkraft 400 Centner, der Aufwand belief sich auf 18,000 Francs. Das Eigenthum und der Betrieb stund Frankreich zu. Die Fähre war 1864—1869 gegen 920 Francs jährlichen Zins verpachtet. Die Einnahme betrug 1866 4100 Francs, 1867 5315 Francs, die Ausgaben 2000 Francs, daher der Rheinertrag 3000 Francs. Die Fahrtaxen waren für eine Person 10 Centimes, für einen einspännigen leeren Wagen 30 Centimes, für einen einspännigen beladenen Wagen 40 Centimes, für einen zweispännigen leeren Wagen 60 Centimes, für einen zweispännigen beladenen Wagen 80 Centimes, für ein Pferd weitere 40 Centimes, für ein Stück Vieh mit Führer 30 Centimes, für Kleinvieh 5 Centimes. (3) Die alte Straße nach Plittersdorf führte durch den noch aus wenigen Häusern bestehenden Rest des alten Ortes Rheinau, welcher bekanntlich mit Rastatt vereinigt wurde. (Mone, Arch. I.) Die neue Straße wurde auf einen zum Schutz des Ortes erstellten Damm gelegt. Auf der alten Straße wurden am 28. April 1799 die französischen Gesandten ermordet. Die Stelle des Mordes liegt in dem Festungsgraben, der vor dem Thore an die Murg zieht.

gute gerade Straße hergestellt und auch von Selz bis zur linksrheinischen Hauptstraße besteht ein guter Weg. Von 1868 an kam die Straße von dem Murgübergang bis an den Rhein ganz in den Landstraßenverband und es wurden 1868/69 für Verbesserung des Weges 4106 Fl. aufgewendet. Ein weiterer Aufwand dieser Art erfolgte 1872 mit 3500 Fl. Die Abtheilung von der Murg incl. der Brücke (1) bis Rastatt unterhielt die Gemeinde Rastatt bis 1874 allein.

Auf Grund des 1872 mit Elsaß-Lothringen über den Bau von 8 Schiffbrücken über den Rhein abgeschlossenen Vertrages (Seite 54) wurde an Stelle der fliegenden Fähre 1872/73 eine Schiffbrücke mit 38 Pontons zwischen Selz und Plittersdorf von Baden erbaut. Die Brücke erhielt eine Länge von 250 Meter, eine Fahrbahnbreite von 5,6 Meter. Der von Baden bestrittene Aufwand betrug für die Brücke 154,800 Mark, für Gelände 38,500 Mark, zusammen 193,300 Mark. Dazu kamen noch weitere 24,800 Mark für Entfernung der Eisbrecher im Interesse der Dampfschifffahrt, und für Herstellung weiterer Durchlässe.

Die feierliche Eröffnung erfolgte im Mai 1873.

Die Brückenordnung ist vom 31. Juli 1873 (Gesetz- und Verordnungsblatt Seite 148). (2)

Im Jahr 1873 erhielt Plittersdorf eine Nachenstation für die Rheindampfschiffe, welche von Mannheim nach Straßburg fahren.

Nachdem sich 1873 die hölzerne Murgbrücke als baufällig erwiesen hatte, und die Gemeinde Rastatt, welche die Unterhaltung dieser Brücke sowie der Straße von da bis in die Stadt zu besorgen verpflichtet war, um Aufnahme dieses Straßentheils unter die Landstraßen nachgesucht hatte, vereinbarte man sich dahin, daß dem Gesuche entsprochen und die Straße bis zu der Poststraße in Rastatt als Landstraße behandelt werden soll, wogegen Rastatt vom 1. Juni 1876 auf den Bezug der Pflaster- und Brückengelder verzichtet und sich verbindlich macht, die Straße zu dem Rheinthore zu corrigiren. Da ein Brückenneubau in Eisen Seitens des Festungsgouvernements nur unter sehr lästigen Bedingungen gestattet werden sollte, baute man die Brücke wieder neu von Holz mit Oeffnungen von 8,5 Meter Weite und 5 Jochen. Die Brückenlänge beträgt 54,5 Meter, die Breite 5,5 Meter. Der Aufwand betrug 33,327 Mark, das Holz wurde chanisirt. Mit diesem Bau wurde eine Correction der Straße in einer Länge von 650 Meter, 6 Meter breit mit Bordsteinen vorgenommen, welche 4519 Mark erforderte. Der Aufwand für Brücke und Straße wurde nach dem Gesetz von 1868 aufgebracht. Brücke und Straße werden seit Herbst 1875 als Landstraße behandelt und zwar, da das Brücken- und Pflastergeld in Rastatt vom 1. Januar 1876 aufhörte, mit der Fortsetzung bis zu der Poststraße resp. dem Marktplatz in der Stadt laut Uebereinkunft vom 13. Januar 1876.

Im Juni 1876 zerstörte das Hochwasser die Straße auf dem Binsenfeld, so daß eine Holzjochbrücke in die Straße, über den nächst dem Ort bestehenden Altrhein, eingesetzt werden soll (3) als Flutdurchlaß bei Hochwasser. Die Kosten sind auf 60,000 Mark veranschlagt.

Der erweisliche Aufwand für Verbesserung dieser Straße beträgt 373,377 Mark.

Der Verkehr hat sich seit 1864/74 von 54 auf 289 Zugthiere gehoben, wozu hauptsächlich der Steinkohlentransport nach den Fabriken in dem Murgthal viel beigetragen hat.

Nr. 133.

Straße zur Eisenbahnstation Muggensturm.

Länge 0,94 Kilometer = 0,21 Stunden.

Die Zufuhrstraße von Muggensturm zu der Eisenbahnstation bildet einen Theil des alten, nach Durmersheim führenden Vicinalwegs, dessen Verbesserung 1856 mit einem Aufwand von 945 Fl. in der Nähe von Muggensturm vorgenommen wurde. Der Weg erhielt dadurch eine Breite von 40 Fuß. Von diesem Vicinalweg bis zu dem Bahnhofsgebäude wurde eine neue

(1) Diese im Jahre 1834 von Rastatt mit 6000 Fl. erbaute Brücke besaß steinerne Widerlager, fünf Holzjoche, sie war 173 Fuß weit, 19 Fuß breit, und lag drei Fuß über Hochwasser. (2) 1874 passirten 49,545 Personen, 17,176 Wagen, 6313 Stück Vieh; 1875 62,122 Personen und 26,364 Wagen. Die Durchlasse wurden 473 mal geöffnet. (3) Außerdem wurde ein Theil der Straße gegen den Rhein nicht mehr auf die frühere Höhe hergestellt, aber durch Abpflasterung gegen die Zerstörung des Hochwassers geschützt. Dadurch ist ein Gegengefäll in der Straße entstanden.

Straße aus dem Eisenbahnbaufonds gebaut, die jedoch ebenfalls wie die Vicinalstraße als Eigenthum der Gemeinde ausgesteint ist.

Nachdem im Jahr 1852 die Straße von Rothenfels bis Muggensturm corrigirt und in den Straßenverband aufgenommen war (siehe Nr. 92), wurde auch 1857 die Zufuhrstraße zu dem Bahnhof in die Classe der unterstützten Vicinalwege und 1868 unter die Landstraßen eingereiht.

Der erweisliche Aufwand für Verbesserung des Weges beträgt 1620 Mark.

Nr. 134.

Zufuhrstraße zur Eisenbahnstation in Rastatt.

Länge 0,37 Kilometer = 0,09 Stunden.

Mit dem Bau der Eisenbahnstation Rastatt im sog. Lohfeld und Beinlewald östlich von Rastatt wurde 1842/43 auch eine von dem Güterschuppen des Bahnhofes in gerader Linie westlich auf den Rauenthaler Gemeindeweg und mit diesem auf die Frankfurt-Basler Straße führende Zufuhrstraße auf Rechnung der Eisenbahnbaucasse erbaut und die Güter dazu angekauft. Die Breite dieser Straße betrug 36 Fuß.

In Folge des Festungsbaues mußte die früher unmittelbar an dem Schloßgarten hinziehende Frankfurt-Basler Straße mehr gegen Osten gerückt werden. Nachdem die Eisenbahn einige Zeit im Betriebe war, wünschte die Gemeinde, daß statt der bisherigen Bahnhofsstraße der an dem alten Laufe der Murg gegen den Bahnhof führende ungeregelte Feldweg, den die Fußgänger zur Station benützten, in eine gerade geleitete Fahrstraße umgewandelt und dadurch der Weg zu dem Bahnhof abgekürzt werde. Diese Straße wurde auch 1848 in einer Breite von 60 Fuß hergestellt.

Die Kosten betrugen 6198 Fl., wovon die Eisenbahnbaucasse 2635 Fl. und die Stadt 3563 Fl. übernahmen. Die Straße ist als Eigenthum der Gemeinde vermarkt und von 1857 bis 1868 als Gemeindeweg mit Staatsunterstützung, seit 1868 aber als Landstraße unterhalten. Unter den Baukosten ist nur der Aufwand für die Fahrstraße und den linkseitigen Fußweg inbegriffen, die Kosten für den rechtseitigen Fußweg bestritt die Gemeinde allein.

Die erste Zufuhrstraße wird jetzt nur noch für den Verkehr von dem Güterschuppen benützt und von der Eisenbahnbetriebsverwaltung unterhalten. Es ist inzwischen ein Geleise über diese Straße und ein weiteres auf der Südseite zur Aufstellung von Wagen hergestellt worden, so daß sich die Straße eigentlich innerhalb des Bahnhofes befindet.

Der Haupt-Güterverkehr benützt diesen Weg fortan von und zu dem Güterschuppen. Der Verkehr ist erheblich. Der erweisbare Verbesserungsaufwand beträgt 10,626 Mark.

Nr. 135.

Straße von Wilferdingen nach Ellmendingen.

Länge 5,71 Kilometer = 1,29 Stunden.

Die kürzeste Straße aus dem Pfinzigthal in das obere Enzthal, im vorigen Jahrhundert unter dem Namen „Remchinger Weg" bekannt, führte von jeher von Wilferdingen über Nöttingen, Ellmendingen und Gräfenhausen nach Neuenbürg.

Der alte Vicinalweg war bis in die Mitte dieses Jahrhunderts höchst mangelhaft; oft nur 10—12 Fuß breit, führte er über viele Hügel mit Gefällen bis zu 7 Procent.(1)

Da er an manchen Stellen der Ueberschwemmung der Pfinz ausgesetzt, ohne Fundament

(1) Dieser Weg ist wahrscheinlich römischen Ursprungs. (Siehe Leichtlen, Forschungen I. S. 59.) Bei Nöttingen wurde ein Leugenzeiger von 213—222 nach Chr. gefunden. Die alte Straße ging unter dem Namen „Beerweg" durch den ganzen Ort Nöttingen auf dem linken Bachufer. Die neue zieht auf dem rechten Ufer an Nöttingen vorüber und mündet erst im unteren Theil des Ortes ein. Von Nöttingen nach Pforzheim führte ein besonderer Weg ohne Ellmendingen zu berühren, von welchem der sogenannte Klosterweg abging.

und mangelhaft unterhalten war, bewegte sich der Verkehr zwischen Carlsruhe und Wildbad meistens auf der Staatsstraße über Ettlingen, Ellmendingen und Dietlingen, um zwischen diesem Orte und Brötzingen am sog. Schönbügel über württembergisches Gebiet auf die Staatsstraße von Pforzheim nach Neuenbürg zu gelangen. Hierdurch sahen sich die Pfinzthalgemeinden um so mehr benachtheiligt, als mit dem Aufschwung des Wildbads und mit dem sich mehrenden Holztransport aus dem Enzthal an den Rhein der Verkehr sich immer mehr hob. Die Gemeinden Wilferdingen, Nöttingen, Ellmendingen, Singen, Kleinsteinbach, Sollingen, Berghausen, Grötzingen und Durlach baten deshalb im Jahr 1851 um Aufnahme dieser Straße in den Verband, da der Straßengeldbezug in Nöttingen und Ellmendingen zur Verbesserung und guten Unterhaltung des Weges nicht zureichte. Man leitete zunächst Unterhandlungen mit Württemberg ein, um auch die Verbesserung des Weges von Ellmendingen über Gräfenhausen zu erzielen. Württemberg lehnte aber die Herstellung damals ab. Bei näherer Erörterung über die zweckmäßigste Art dieser Wegverbesserung bis Ellmendingen ergab sich, daß bei kunstgerechter Herstellung der Straße auf der rechten Thalseite der Pfinz mit Umgehung des Orts Nöttingen und möglichster Einhaltung des Thalgefälls von 0,5 Procent ein Aufwand von 13,000 Fl. erforderlich wäre. Bei diesen bedeutenden Kosten fand man es für angemessener den vorhandenen Weg in der Hauptsache beizubehalten, ihn auf 20 Fuß zu verbreitern, das Gefälle auszugleichen und die Fahrbahn zu verbessern. Zu diesem Ende wurde der Aufwand auf 8700 Fl. berechnet und davon 3000 Fl. in dem Budget für 1854/55 als Staatszuschuß bewilligt. Da die Gemeinden aber die fehlenden 5700 Fl. nicht aufzubringen vermochten, sah man sich genöthigt, die Bauten noch weiter zu beschränken, so daß nur noch ein Aufwand von 6000 Fl. nöthig erschien, worunter 525 Fl. für Güter-Erwerbung enthalten waren. Die Gemeinden übernahmen nun 3000 Fl. und zwar Ellmendingen 900 Fl., Nöttingen 1400 Fl., Wilferdingen 700 Fl. Die Bauten wurden 1855 ausgeführt und das Brücken- und Straßengeld aufgehoben. (1)

In den Jahren 1857/58 folgten sodann weitere Verbesserungen mit einem Staatszuschuß von 3195 Fl., Wilferdingen und Nöttingen stellten dazu das Gelände unentgeltlich, Ellmendingen aber gegen eine Aversal-Entschädigung von 1500 Fl. An baaren Beiträgen leisteten: Wilferdingen 366 Fl., Nöttingen 1021 Fl., Ellmendingen 620 Fl., zusammen 2007 Fl. Der ganze Aufwand für die Verbesserung dieser Straße stellte sich daher auf 11,202 Fl. oder 19,202 Mark, wovon die Staatscasse 6195 Fl., die Gemeinden 5007 Fl. bezahlten.

Bis 1868 wurde die Straße mit Staatsunterstützung unterhalten, dann unter die Landstraßen aufgenommen.

Nr. 136.

Straße von Ettlingen nach Herrenalb.

Siehe Nr. 131.

Nr. 137.

Straße von Ettlingen zur Eisenbahnstation und von da an den Rhein bei Neuburgweier.

Länge von Ettlingen bis zum Bahnhof 1,62 Kilometer = 0,37 Stunden.

Der Ort Mörsch scheint, ebenso wie Ettlingen, keltischen Ursprungs zu sein und beide wurden auch von den Römern bewohnt. (2) Es bestund daher zwischen beiden Orten ohne Zweifel schon in ältester Zeit eine Straßenverbindung, die auch in das Mittelalter überging, weil Mörsch damals ein Hauptübergangspunkt über den Rhein war.

Die Station Ettlingen ist in der Nähe des von Ettlingen nach Mörsch führenden alten

(1) Das Brückengeld in Nöttingen lieferte einen durchschnittlichen Ertrag von 243 Fl. 30 Xr. per Jahr, das Weggeld in Ellmendingen einen solchen von 78 Fl. (2) Bei Mörsch wurden Spuren römischen Mauerwerkes, und ein Opfertisch mit Töpferarbeit aus terra sigill. gefunden. Schriften des Alterthumsvereins 1846.

Vicinalweges erbaut und durch eine aus dem Eisenbahnbaufonds neu erbaute Zufuhrstraße zu den Stationsgebäuden mit diesem Vicinalweg in Verbindung gebracht.

Von 1857—1860 gab die Staatscasse Beiträge zur Unterhaltung der Vicinalstraße, die von der gepflasterten Stadtstraße bis zur Eisenbahn eine Länge von 378 Ruthen besitzt.

Im Jahr 1864/65 verbesserte die Gemeinde den Weg mit 1561 Fl. und 1867 legte sie einen erhöhten Fußweg mit 900 Fl. an. Die Straße hat sehr verschiedene Breiten, aber eine Fahrbahn von 18—30 Fuß. Zur vollständigen Verbesserung mittelst Erneuerung der Rinnen und Wasserabzüge und für bessere Wölbung waren 1868 3200 Fl. als nöthig bezeichnet, welche Bauherstellungen allmählich bewirkt worden sind. Seit 1868 ist diese Straße Landstraße. Der Vicinalweg von der Eisenbahn nach Mörsch und von hier nach Neuburgweier an die Rheinüberfahrt beim sog. Fruchtkopf besitzt im Allgemeinen günstige Gefällverhältnisse, er hat aber kein Fundament, mehrere sehr schmale Stellen und eine schwache Holzbrücke über den Federbach bei Neuburgweier. Da dieser Weg zum Transport von Rheinbausteinen, von Holz(1) aus dem Albthal, von Kartoffeln für die Stärkmehlfabrik in Ettlingen und von anderen landwirthschaftlichen Erzeugnissen aus den Orten Mörsch, Durmersheim, Forchheim, Au, Würmersheim rc., sowie für den Verkehr nach Neuburg(2) viel benützt wird, suchten die Gemeinden 1872 um deren Aufnahme unter die Landstraßen nach, welche aber unterblieb, weil die Kreisversammlung das Gesuch nicht unterstützte. Auf Grund weiteren Ansuchens der Gemeinden ließ die Regierung 1874 Pläne und Ueberschläge für die gute Herstellung der Straße bearbeiten. Um den 2,31 Stunden langen Weg 6 Meter breit mit einer Fahrbahn von 4,8 Meter Breite, einem Fundament von 10 Centimeter und einer Schotterdecke von 5 Centimeter zu versehen, über den Federbach eine Brücke mit 6 Meter Dammweite und eisernem Oberbau herzustellen und die Straße in der Richtung eines Feldwegs von Neuburgweier in gerader Linie an die Ueberfahrtsstelle zu leiten, wurde ein Aufwand von 20,570 Mark als nöthig berechnet.

Die seit dem vorigen Jahrhundert bestehende Ruderfähre am Rhein, welche 130 Centner Tragfähigkeit besitzt, ist Eigenthum der baierischen Regierung, die deren Betrieb in Pacht gegeben hat. Die Anfahrt hat beiderseits 6 Procent Gefäll.

Der Straßenbau wurde auf 1878/79 verschoben. Der bisherige nachweisbare Aufwand für Verbesserung der Straße bestund in 9705 Mark. Im Jahr 1864 wurden 284, 1874 432 Zugthiere pro Tag zwischen Ettlingen und dem Bahnhof beobachtet.

Nr. 138.

Straße von Pforzheim nach Wildbad.

Länge von der Pforzheim-Ettlinger Straße Nr. 20 bis zur württembergischen Gränze 1,73 Kilometer = 0,39 Stunden,
von der Gränze bis Wildbad 4,60 „
zusammen 4,99 Stunden.

Abgesehen von der Flößerei, die urkundlich schon im 14. Jahrhundert von Wildbad auf der Enz nach Pforzheim und von da nach Heilbronn betrieben wurde, stunden die Städte Wildbad, Neuenbürg und Pforzheim seit unvordenklicher Zeit mit einander in Verkehrsbeziehungen. Namentlich waren die Städte Pforzheim und Neuenbürg(3) in stetem Wettstreit wegen des Fruchtmarktes.

(1) 1873 wurden bei Neuburgweier am Rhein mehrere tausend Baustämme Holz gelagert. (2) In Neuburg ist ein Rheinhafen, der früher einen bedeutenderen Verkehr hatte, und auch günstig auf den Verkehr mit der rechtsrheinischen Rheinstraße einwirkte. Im Jahr 1852 betrug der Verkehr zu Thal, in Pech, Steinen, Krapp und Backsteinen bestehend, 59,283 Centner. Der Bergverkehr, bestehend in Steinkohlen, Eisen, Colonialwaaren, Baumwollenwaaren, 300,185 Centner. — Seither hat der Verkehr ständig abgenommen. Er betrug 1856—59 zwischen 2 und 300,000, 1860—69 1—200,000, und 1870 nur gegen 60,000 Centner. (3) Neuenbürg, im 12. Jahrhundert Reichsburg, war im Anfang des 13. Jahrhunderts schon Stadt, welche ursprünglich den Grafen von Calw, und 1272 den von Eberstein, dann den Grafen von Vaihingen, Ende des 13. Jahrhunderts den Markgrafen von Baden, dann 1320 dem Grafen Eberhard von Württemberg gehörte. (Mone, Zeitschr. II.) Im Jahr 1431 erhielt die Stadt von Kaiser Sigismund zwei Jahrmärkte und einen Wochenmarkt gestattet. Ueber die Enz führte 1643 eine gedeckte Holzbrücke mit Thorthurm, die Stadt war mit Mauern umgeben. Als

Die alte einspurige Straße von Pforzheim nach Neuenbürg ging außerhalb Brötzingen von der Pforzheim-Ettlinger Straße ab und zog mit langem Steigen über das linkseitige Hochgestade der Enz oberhalb Birkenfeld vorüber, senkte sich dann wieder und fiel in Neuenbürg mit sehr starkem Gefäll nach der Thalsohle hinab. Württemberg war schon in der Mitte des vorigen Jahrhunderts bestrebt, die Straße auf seinem Gebiete zu verbessern und suchte auch im Jahr 1758 die Markgrafschaft Baden-Durlach zu bewegen, die damals kaum benützbare Straße von Pforzheim bis Brötzingen und von da an die württembergische Gränze in guten Stand zu setzen. Die markgräfliche Regierung glaubte aber diesem Ansinnen nicht entsprechen zu dürfen, weil sie besorgte durch Verbesserung des Wegs nach Brötzingen den Verkehr nach dem Rheinthale in der Richtung nach Ettlingen, also durch baden-badisches Gebiet, zum Nachtheil der nach Durlach führenden Straße zu begünstigen, und weil sie es für Pflicht hielt, dem Bestreben der Stadt Neuenbürg, den Pforzheimer Fruchtmarkt ganz dorthin zu verlegen, in jeder Weise entgegenzuwirken. Nach Wiedervereinigung der beiden Markgrafschaften im Jahr 1771 kam auch bald die Straßenabtheilung auf badischem Gebiet in einen besseren Stand und die Straße von Pforzheim über Büchenbronn nach Neuenbürg wurde schon 1802 als Landstraße behandelt. Württemberg führte im Jahr 1811 eine Verlegung der Straße in der Gemarkung Birkenfeld aus; die starken Steigen blieben aber fortan bestehen. So lange nun der größte Theil des Holzes aus dem oberen Enzthale nach Pforzheim und weiter geflößt wurde, erschienen die Mängel der Straße weniger fühlbar. Als aber in Folge des Steigens der Holzpreise und durch Verbesserung und Ausdehnung des Sägemühlenbetriebs in Wildbad, Calmbach und Neuenbürg der Transport auf der Axe immer mehr in Uebung kam und auch der Personenverkehr zwischen Pforzheim und dem immer zahlreicher besuchten Badeort Wildbad (1) sich bedeutend steigerte, verschaffte sich das Bestreben: zur Erleichterung des Verkehrs eine möglichst ebene Straße zu erlangen, bald allgemein Geltung, und Württemberg, welches schon längere Zeit mit Verbesserung der Straße zwischen Neuenbürg und Wildbad beschäftigt war und insbesondere 1847 die Straße von Calmbach nach Neuenbürg von einer lästigen Steige befreit hatte, brachte, unterstützt von Pforzheim, im Jahr 1857 den gemeinsamen Bau einer ganz neuen Straße von Brötzingen bis Neuenbürg durch das Enzthal in Vorschlag.

Nach einem im Einvernehmen mit Württemberg aufgestellten Bauplan und Kostenüberschlag sollte die außerhalb Brötzingen von dem alten Weg abgehende neue Straße sich an dem Fuße des linkseitigen Hochgestades der Enz hinziehen und vor Neuenbürg den Fluß überschreiten.

Die Straßenbreite war auf $20\frac{1}{2}$ Fuß, mit 16 Fuß breiter Fahrbahn, aus 5 Zoll Gestück und 3 Zoll Schotter bestehend, angenommen und der Aufwand für Baden auf 22,500 Fl. veranschlagt. Diese Summe wurde auch 1858 unter der Bedingung genehmigt, daß die lange gewünschte Vereinbarung mit Württemberg über den Bau einer Eisenbahn von Pforzheim nach Mühlacker zu Stande komme, da die zu jener Zeit bereits im Bau begriffene Bahn von Durlach nach Pforzheim in der Unterstellung einer künftigen Weiterführung bis Mühlacker in Angriff genommen worden war. Ein Staatsvertrag in diesem Betreff kam aber erst unterm 6. November 1860 (R.-Bl. Nr. 67) zu Stande, worauf sich die badische Regierung durch ein Schlußprotokoll verpflichtete: die Arbeiten zur Ausführung dieser Straße alsbald anzuordnen und dieselben gleichzeitig mit den Arbeiten auf württembergischem Gebiet zu vollenden. Der Bauplan wurde nun im Detail gemeinsam festgesetzt und die Straßenbreite auf 21 badische Fuß bestimmt. Die neue Straße zieht von Brötzingen tiefer im Thal hin. Die Länge des neuen Weges auf badischem Gebiete war auf 6686 Fuß bemessen. Mit Rücksicht auf die inzwischen

---

dieselbe 1783 fast ganz abgebrannt war, wurden Thore und Mauern abgebrochen. (Topographische Beschreibung des Amtes Neuenbürg 1860.) Die Stadt Neuenbürg ist sehr gewerbreich, es werden hier seit 1803 Sensen und Sicheln im Großen fabricirt, die nach ganz Deutschland, Schweiz, Italien, Frankreich, England, Holland, Polen und Amerika abgesetzt werden. Ebenso sind Hammerwerke, Lederfabriken, Sägemühlen mit Schwung im Betrieb. Der Ort Birkenfeld gehörte früher theilweise den Markgrafen von Baden (Sattler, Herzogthum Württemberg). In der Umgegend wird sehr viel Flachs gebaut. (1) Die Stadt Wildbad kam 1345 mit Calw von dem Grafen von Schelklingen durch Kauf an den Grafen Eberhard von Württemberg. (Sattler, Geschichte von Württemberg.) Schon 1367, in welche Zeit die Flucht des zur Heilung hier befindlichen Grafen Eberhard auf die Feste Zavelstein fällt, ein besuchter Badeort, wurde die Stadt 1464 fast ganz, 1509 die untere Vorstadt, 1525 die Kirche und 25 Häuser, 1645 Kirche, Amthaus und 63 Häuser, 1743 die ganze Stadt bis auf wenige Häuser, vom Feuer zerstört. 1830 betrug die Zahl der Badegäste nur 470, 1855 schon 3171. Für den 1856—58 ausgeführten Neubau der Bäder hat die Württembergische Staatscasse 500,000 Fl. aufgewendet. Topographische Beschreibung des Amts Neuenbürg.

gesteigerten Preise wurde der neue Ueberschlag nun auf 30,000 Fl. erhöht. Nach vollzogenem Güterankauf für Rechnung der Baucasse wurden die Arbeiten im Frühjahr 1862 begonnen und die Straße bis Neuenbürg am 22. September desselben Jahres dem Verkehr übergeben. Der wirkliche Aufwand entsprach der bewilligten Summe. Die neue Straße kam vom 1. Januar 1864 an, mit Ausnahme der Abtheilung auf Pforzheimer Gemarkung, in den Staatsstraßenverband. Der alte Weg, der seit 1857 als unterstützter Vicinalweg behandelt wurde (wogegen der Weggeldbezug der Gemeinde Brötzingen aufhörte), wurde nun der Gemeinde ausschließlich zur Unterhaltung überlassen.

Auch auf württembergischem Gebiet wurde gleichzeitig die Straße von der Gränze bis Neuenbürg neu erbaut und zwischen Neuenbürg und Wildbad verschiedene größere Correctionen ausgeführt. Der Aufwand betrug ca. 100,000 Fl. (1) Gelegenheitlich des Eisenbahnbaues daselbst sind sodann im Jahr 1866 einige Verlegungen der Straße bewirkt worden, so daß die Straße nun bis Wildbad durchaus in gutem Stand gestellt ist. (2)

Der Verkehr hatte sich durch die im Jahr 1861 eröffnete Eisenbahn von Durlach nach Pforzheim und durch die im Jahr 1863 eröffnete Bahn von Pforzheim nach Mühlacker bedeutend gehoben, namentlich wurden schon 1865 6000 Klafter Scheitholz, statt geflößt, per Achse nach Stuttgart verbracht. Schon 1867 wurden durchschnittlich 415 Zugthiere täglich beobachtet. Durch die 1868 eröffnete, von Württemberg erbaute Eisenbahn von Pforzheim nach Wildbad hat die Straße aber wieder einen größeren Theil des Verkehrs verloren, gleichwohl ist der Verkehr immer noch so bedeutend, daß die ganze Straße seit 1868 als Landstraße behandelt wird.

Der von Baden für Verbesserungen bestrittene nachweisbare Aufwand besteht in 51,424 Mark. Im Jahr 1876 sind 1492 Zugthiere auf dieser Straße pro Tag beobachtet worden.

Nr. 139.

Straße von Bruchsal nach Wiesenthal.

Länge 12,77 Kilometer = 2,87 Stunden.

Nr. 171.

Straße von Waghäusel nach Rheinhausen.

Länge 4,91 Kilometer = 1,11 Stunden.

Da diese beiden Straßen, durch eine Abtheilung der Rheinstraße (Nr. 2) von Wiesenthal nach Waghäusel mit einander verbunden, den Verkehr zwischen Bruchsal und Rheinhausen, beziehungsweise Speyer vermitteln, erscheint es nothwendig, die ganze Route in ihrem Zusammenhang zu betrachten. Fast alle Orte in der Nähe des Oberrheins sind uralten Ursprungs. Daß Speyer und Germersheim aus keltischen Niederlassungen entstanden wird nicht mehr bezweifelt, aber auch die Namen der Orte Udenheim (Philippsburg), Knaudenheim, Dettenheim, Rußheim und Lußheim deuten auf keltischen Ursprung hin. In der Nähe von Huttenheim wurden 1853 keltische Gräber entdeckt und 1845 und 1854 fand man an verschiedenen Stellen keltische Waffen.

Von Cannstatt nach Speyer bestund eine römische Straße, (3) welche wahrscheinlich zwischen Bruchsal und Speyer im Wesentlichen denselben Zug einhielt, den die alte, im 14. Jahrhundert verbesserte jetzige Straße über Forst, Hambrücken, Wiesenthal und Rheinhausen verfolgt. Bei Rheinhausen (4) bestund schon 1405 eine regelmäßige Rheinüberfahrt mittelst größerer Fähren, welche verpachtet war (5) und im Jahr 1419 als Hauptüberfahrt über den Rhein nach Speyer bezeichnet wird. (6)

---

(1) Württembergische Jahrbücher. (2) Zwischen Calmbach und Hirschau, wo früher ein sehr steiler Weg bestund, hatte Württemberg 1838—1841 ebenfalls eine größtentheils neue Straße kunstgerecht auf Staatskosten ausführen lassen, und auch die Straße vom Murgthal über Besenfeld nach Wildbad ist 1828 bis 1830 wesentlich verbessert und zur Poststraße bestimmt worden. (3) Es war dies ein Theil der Straße, welche von Günzburg über Langenau, Osterstetten, Westerstetten, Ulm, Geislingen, Eßlingen, Cannstatt, Vaihingen, Bretten, Bruchsal und Speyer führte. Siehe M. Wanner, Geschichte des Klettgaues und C. F. v. Gock, Die römischen Heerstraßen. (4) Der Ort hieß früher im Gegensatz zu Oberhausen „Unterhausen". (5) Mone, Zeitschrift IX und XII, 129. Anzeiger von 1835. S. 19. 97. 273. (6) Mone, Geschichte des Oberrheins I. 306.

In Urkunden von 1570 wird der von Speyer über die sog. Waide nach Rheinhausen führende Weg „Bruchsaler Straße“ genannt.(1) Die Bischöfe von Speyer zogen im 15., 16. und 17. Jahrhundert jeweils von Udenheim(2) mit fürstlicher Begleitung auf dieser Straße über Oberhausen und Rheinhausen nach Speyer,(3) daher diese Straße in früherer Zeit zuweilen auch „Bischofsstraße“ genannt wurde.

Im Jahr 1543 errichtete Taxis eine beständige reitende Post aus den Niederlanden durch das Bisthum Lüttich und das Erzstift Trier nach Speyer, Rheinhausen, Bruchsal und Bretten und von da durch Württemberg über Knittlingen, Enzwaihingen, Cannstatt, Ebersbach, Augsburg und Tirol nach Venedig, Mailand und Mantua,(4) welches Unternehmen von Kaiser Karl V. bestätigt wurde.(5) Dieser Postcours von Brüssel nach Wien und Italien bildete die Grundlinie für die spätere Reichspost.

Im Jahr 1580 ging vom kaiserlichen Hof in Wien, wie von Rom, Venedig, Mailand und Augsburg wöchentlich einmal eine reitende Post über Rheinhausen nach Brüssel und zurück.(6) Die Poststation in Rheinhausen blieb bis Ende des 17. Jahrhunderts im Gebrauch, weil dort fortan der Hauptübergang über den Rhein von und nach Schwaben bewirkt wurde.(7) Die Poststücke wurden aus größeren Entfernungen durch Postreiter nach Rheinhausen gebracht und hier wieder andere in Empfang genommen. Selbst Straßburg schickte im 16. Jahrhundert einen Postreiter dahin und der Postmeister erhielt für die Postbeförderung jährliche Geschenke. C. Löper, Geschichte des Verkehrs im Elsaß.(8)

Unter Bischof Philipp II. (1529—1552), der viele Wege im Hochstift Speyer herstellen ließ, ist auch die Straße von Speyer nach Bruchsal wesentlich verbessert worden.

Obgleich die Straße ihre frühere Bedeutung als Hauptpost- und Handelsweg allmählich verlor und zu einer Vicinalstraße herabsank, erhielt sich die Ueberfahrt bei Rheinhausen doch bis in die neueste Zeit trotz der Hindernisse, welche die in Folge der Rheincorrection daselbst abgelagerten Geschiebsmassen dem Verkehre entgegenstellten. Seit Rheinhausen badisch ist wurde die Ueberfahrt jeweils von der Domänenadministration verpachtet.

Auf baierischem Gebiet wurde die Straße durch die „Speyerer Waid“ gegenüber von Rheinhausen noch 1822 als „Chaussee“ bezeichnet, der Weg von Rheinhausen nach Altlußheim längs des Rheins aber „Postgasse“ genannt. Siehe Originalplan von Speyer und Umgegend.

Das allmähliche Wiederaufleben des Verkehrs zwischen Bruchsal und Speyer und die Holzabfuhr aus dem ärarischen Lußhardtwald hatten schon im Jahr 1823 den Wunsch hervorgerufen, diese Straße in die Classe der Staatsstraßen aufzunehmen. Da aber damals die Kosten für deren gute Herstellung auf 52,000 Fl. überschlagen wurden (wenn auch alles Fuhrwesen in der Frohnd gestellt wurde), so entschloß man sich, den Weg als Vicinalweg fortbestehen zu lassen.

Um die Holzabfuhr zu erleichtern, verbesserte das Forstärar die Straße in den Jahren 1835/36—1842 wenigstens soweit, als sie den Lußhardtwald durchschneidet, mit einem Aufwand

(1) Mone, Zeitschrift IV. 4. 13. Dieser Weg führte über die sogen. Deichäcker weiter südlich bis zu den Elzwiesen, dann wie jetzt nach Speyer. (2) Das Dorf Udenheim wurde 1338 von Kaiser Ludwig dem Bischof von Speyer vergabt, zur Stadt erhoben und mit Ringmauern und Gräben versehen. Im 14. Jahrhundert erhob der Bischof von Speyer bei Udenheim den Rheinzoll. 1568 baute Bischof von Hattstein ein neues Schloß an Stelle eines alten baufälligen (Rhein. Antiquarius, 15. Bd.), welches aus einer nach Art des Steinberges erbauten römischen Tiefburg hervorgegangen sein soll. Im Jahr 1343 war die Stadt Udenheim schon befestigt worden. Spätere Werke dieser Art wurden 1618 von dem Churfürsten der Pfalz, von dem Herzoge von Württemberg und dem Markgrafen von Baden wieder geschleift. Aber schon 1624 wurde Udenheim abermals befestigt und von Bischof Philipp von Sötern „Philippsburg“ genannt. (Mone, Quellensammlung III. 169.) Die Festung Philippsburg wurde 1801 von den Franzosen vollständig zerstört. (3) Es war üblich, daß der erwählte Bischof zunächst seinen Wohnsitz in Udenheim nahm und von dort mit großem Geleit nach Speyer überziehe. Schon Bischof Reinhard übersetzte am 20. April 1439 zu diesem Ende den Rhein bei Rheinhausen und dasselbe geschah von Bischof Siegfried III. 1456 mit 400 Pferden, von Ludwig 1479, von Georg 1518, von Philipp II. 1530, von Rudolf 1554, von Marquard 1558, von Eberhard 1582, von Philipp Christoph 1611 und zwar von diesem mit 7 Schiffen und 160 Pferden. Siehe Remmling, Geschichte der Bischöfe von Speyer und Mone, Quellensammlung I. (4) Lünig, Grundveste. 1716 II. (5) J. Fischer, Geschichte des deutschen Handels. 1785. II. S. 656. (6) Hartmann, Geschichte der Posten. 1868. (7) Mone, Zeitschrift XII. S. 130 und XI. S. 138. In Lünigs „Grundveste“ S. 220 ist eine Information des Postmeisters in Rheinhausen von 1638 angeführt, und in dem Posthaus dieses Ortes befindet sich jetzt noch das gewöhnliche Posthorn und die Jahreszahl 1552 in Holz und Stein eingeschnitten. (8) Im Jahr 1616 ging der Postcours von Cöln nach Frankfurt und von da zurück zweimal wöchentlich; dieser Cours brachte auch die Briefe nach und von Rheinhausen. Ein Brief brauchte von Cöln nach Speyer 2, nach Frankfurt 1, nach Nürnberg 4, nach Wien 9, nach Berlin 13, nach Zürich 5, nach Basel 6, nach Paris 7 Tage. Zeitschr. für Culturgeschichte 1873. S. 176.

von 19,000 Fl. Auch die übrigen Gemarkungsinhaber bestrebten sich, soweit es ihre schwachen Kräfte erlaubten, den Weg möglichst zu verbessern, da derselbe seit dem Bestehen des Zollvereins an Verkehr namhaft gewonnen hatte. Noch mehr belebte sich die Straße durch ihre Eigenschaft als Zufuhrweg zu der am 10. April 1843 eröffneten Eisenbahn zwischen Heidelberg und Carlsruhe.

Die Aufnahme des Weges unter die Staatsstraßen wurde darum im Jahr 1844 neuerdings Gegenstand der Erörterung, allein auch jetzt bildete der große Aufwand, der für Herstellung der Straße in einer Breite von 28 Fuß mit 18 Fuß Fahrbahn auf 68,000 Fl. berechnet war, wieder das unübersteigliche Hinderniß.

Nachdem inzwischen die Straße von Wiesenthal bis Waghäusel, sowie jene von Wiesenthal nach Neudorf in guten Stand gebracht waren und durch die im Jahr 1841 hergestellte fliegende Fähre bei Altlußheim der Verkehr sich mehr zu diesem Rheinübergang zog, glaubte man die Verbindung zwischen Bruchsal, Speyer und Germersheim durch Benützung der sog. Grabener Allee und durch Verbindung derselben mit Neudorf am wenigsten kostspielig und dem dringendsten Bedürfniß entsprechend bewirken zu können, daher im Jahr 1845 dieser Weg mit einem Staatszuschuß durch das Forstärar nothdürftig verbessert wurde. Die Forstverwaltung übernahm 1000 Fl., die Amtscasse 600 Fl. als Unterstützung der unvermöglichen Gemeinde Karlsdorf.

Die Straße von Bruchsal über Forst und Hambrücken behielt aber gleichwohl, ihrer geringeren Länge wegen, den Hauptverkehr nach Speyer, daher dieselbe im Jahr 1856 von Bruchsal bis Wiesenthal in die Classe der unterstützten Vicinalwege aufgenommen und durch Beiträge aus der Staatscasse allmählich in guten Stand gesetzt wurde.

Auch die Straße von Waghäusel über Oberhausen nach Rheinhausen wurde im Jahr 1862 unter die unterstützten Vicinalwege eingereiht und mit Staatsunterstützung verbessert; nachdem schon 1858 das Brückengeld, welches einen Ertrag von 30 Fl. jährlich ergab, aufgehoben war.

Als im Jahr 1866 an Stelle der fliegenden Kettenfähre bei Altlußheim eine Schiffbrücke errichtet war, benützte man nach einer mit Baiern getroffenen Uebereinkunft vom 10. Mai 1864 die dortige Fähre zur Vermittelung des Verkehrs zwischen Rheinhausen und Speyer.

Die Fähre hat 440 Centner Tragfähigkeit.

Der zweite Uebergang bei Rheinhausen wird mit einer Ruderfähre von 600 Centner Tragkraft vermittelt. Die fliegende Fähre wurde 1871 von der Domäne an die Gemeinde verkauft.

Die Straße ist 1868 auf badischem Gebiet unter die Landstraßen aufgenommen worden.

Nach oben erwähnter Uebereinkunft sind die beiderseitigen Zufuhrstraßen zu der Ueberfahrt in gutem Stande zu erhalten.

Der nachweisbare Aufwand für Verbesserung dieser Straßen beträgt 32,571 Mark.

Der Verkehr ist im Zunehmen begriffen, er stieg 1864—1874 von 206 auf 373 Zugthiere pro Tag.

Nr. 140.

Straße von Stettfeld nach Eppingen.

Katzbach- und Elsenzthalstraße.

Siehe Nr. 172.

Länge 24,46 Kilometer = 5,50 Stunden.

Diese von Stettfeld bis Tiefenbach durch das Katzbachthal und von Elsenz bis Eppingen längs der Elsenzbach hinziehende Straße vermittelte in früherer Zeit, als sie noch über Rohrbach und Landshausen nach Odenheim (1) zog, einen Theil des Verkehrs zwischen Heilbronn und Speyer über Rheinhausen oder Wiesloch, daher sie in dem Volksmunde „Speyerer Straße"

(1) Die Orte Wiesloch, Odenheim, Tiefenbach, Elsenz. Dielheim, Horrenberg und Sinsheim führen wahrscheinlich keltische Namen. Von Odenheim nach Neuenbürg bestund eine „Hochstraße", bei Eichelberg ein „Herdtweg". Bei Stettfeld und Eichelberg wurden viele römische Hausgeräthe gefunden, und unzerstörte Begräbnißplätze aufgedeckt. Die Orte Odenheim und Zeuthern waren schon zur Zeit Karls des Großen bekannt. Odenheim, schon 779 urkundlich genannt, war 843 ein königliches Kammergut. Das Benedictinerkloster, welches 1122 in ein Reichsritterstift (Probstei) verwandelt wurde, war eine Colonie des Klosters Hirschau und wurde 1495 weltlichen Chorherren eingeräumt. Beide Orte stunden von 1335 bis zum Jahr 1803 unter der Hoheit des Hochstifts Speyer, wohin auch Stettfeld und Tiefenbach gehörten.

genannt wurde. Nachdem Speyer den durchgehenden Verkehr verloren hatte, diente dieser Weg sowohl in der Richtung nach Wiesloch als nach Stettfeld lediglich als Vicinalstraße für die nachbarlichen Ortsverbindungen.

Erst durch die Salzabfuhr von Rappenau und durch den stärkeren Besuch der Fruchtmärkte in Bruchsal und Durlach erhielt die Straße nach Stettfeld wieder größere Frequenz.

Von Stettfeld bis Tiefenbach hatte die Straße ein ziemlich gleichförmiges mäßiges Steigen.

Von Tiefenbach bis zu dem von Elsenz(1) nach Eichtersheim führenden Vicinalweg wurde im Jahr 1854 eine neue Straße mit 3—5 Procent Gefäll auf Kosten der Gemeinden angelegt, und damit der alte Weg, welcher Steigungen bis zu 12 Procent hatte, umgangen.

Von Elsenz nach Eppingen führte die Straße über die Anhöhe an Adelshofen vorüber, während man in der Richtung der ehemaligen Straße an der nordöstlichen Thalwand der Elsenz einen nahezu ebenen Weg herstellen konnte. Da nun der Verkehr auf dieser Straße aus dem Amtsbezirk Eppingen nach dem Rheinthale auch in neuester Zeit immer noch von Bedeutung ist, wurde im Jahr 1856 die Abtheilung von Stettfeld bis Elsenz in einer Länge von 3,89 Stunden unter die unterstützten Vicinalwege eingetheilt und in der Absicht, auch die Abtheilung bis Eppingen nach erfolgter Verbesserung ähnlich zu behandeln, kam das Project einer Correction dieser Straße sofort in nähere Erörterung. Nach einem damals aufgestellten Plan und Ueberschlag sollte der Aufwand auf Eppinger Gemarkung 8400 Fl., auf Elsenzer 7400 Fl. betragen, wovon die Staatscasse 6000 Fl. übernehmen wollte. Die Ausführung unterblieb wegen mangelnder Betheiligung der Gemeinden. Dagegen wurde im Jahr 1857 eine 127 Ruthen lange Correction auf Tiefenbacher Gemarkung in einer Breite von 18 Fuß mit 16 Fuß Fahrbahn, aus 6 Zoll Fundament und 3 Zoll Schotter bestehend, ausgeführt, wozu die Gemeinde Tiefenbach das Gelände im Werth von 900 Fl. gegen ein Aversum von 300 Fl. stellte, mithin einen Beitrag von 600 Fl. leistete. Der Aufwand der Staatscasse betrug 2306 Fl., daher für die ganze Correction 2906 Fl. zur Verwendung kamen.

Die Abtheilung von Stettfeld bis Elsenz kam hierauf 1868 in die Classe der Landstraßen, Elsenz-Eppingen blieb Vicinalweg. Nachdem aber der Transport von Bausteinen aus den Brüchen von Mühlenbach und von Kohlen nach den Zuckerrübentrockenanstalten in Eichtersheim und Eppingen den Verkehr zwischen Eppingen und dem Rheinthale immer lebhafter gestaltete, zeigten sich endlich 1872 die Gemeinden Eppingen und Elsenz bereit, an Verbesserung dieses Weges Theil zu nehmen. Die 6,5 Meter weite Katzbachbrücke bei Odenheim wurde 1872 mit 1225 Fl. in Eisen umgebaut.

Zur Umgehung der oberhalb Elsenz befindlichen Steige von 8—10 Procent Gefäll wurde die Straße 1873/74 auf 1440 Meter Länge in das Thal verlegt und auch in Gemarkung Eppingen eine 930 Meter lange Correction ausgeführt. Die Straße erhielt eine Breite von 5,4 Meter mit 4,2 Meter Fahrbahn, aus 0,12 Meter Gestück und 0,09 Meter Schotter und ein Maximalgefäll von 5 Procent. Der Aufwand betrug 11,500 Fl. Die Gemeinde Elsenz stellte das auf 2390 Fl. taxirte Gelände gegen Aversum von 1790 Fl., also mit einem Opfer von 600 Fl. und Eppingen leistete baar 1200 Fl., daher die Staatscasse noch 9700 Fl. tragen mußte. Gleichzeitig wurde die 5,5 Meter weite Katzbachbrücke in Zeutern mit 1500 Fl. in Eisen umgebaut. Diese Straße wurde 1874 in die Classe der Landstraßen aufgenommen. Da die Abtheilung der Straße auf Odenheimer Gemarkung auf eine Länge von 1800 Meter wasserhaltige Stellen und nur ein schwaches Fundament besitzt, war die Unterhaltung hier sehr erschwert, daher man sich entschloß 1876 durch Verstärkung und Entwässerung der Fahrbahn gründliche Abhülfe zu schaffen. Der Aufwand im Betrag von 3000 Mark wurde nach dem Gesetz von 1868 aufgebracht. In gleicher Weise erbaute man 1876/77 die Katzbachbrücke bei Stettfeld mit 4600 Mark in Eisen, mit 5,8 Meter Lichtweite. Die Widerlager sind beibehalten. Der nachweisliche Aufwand für Verbesserung dieser Straße beträgt 36,933 Mark.

Im Jahr 1874 wurden zwischen Stettfeld und Odenheim 356, zwischen Odenheim und Eppingen 201 Zugthiere täglich verzeichnet.

---

(1) Elsenz gehörte zu der pfälzischen Kellerei Hilsbach.

Nr. 141.

Straße von Wiesloch nach Neulußheim.

Länge 14,31 Kilometer = 3,22 Stunden.

Zur Vermittlung des Handelsverkehrs zwischen Speyer und Italien führte im Mittelalter eine Hauptstraße über Wiesloch, Sinsheim, Brackenheim und Cannstatt, deren Zugslinie einer römischen Heerstraße folgte,(1) die, nach den Namen der Orte zu schließen, auf keltischer Grundlage erstellt worden ist. Diese Straße führte nämlich, wie die jetzt noch bestehende, von Sinsheim über Hoffenheim, Horrenberg, Dielheim, Altwiesloch, Walldorf, Reilingen und Altlußheim nach Speyer und wurde im 16. Jahrhundert auch als Hauptstraße zwischen Speyer und Augsburg und Nürnberg benützt, auf welcher Kaiser Karl V. 1545 seine Reise von Speyer nach Regensburg bewirkte. (2)

Der Theil von Wiesloch über Walldorf nach Reilingen bildete zugleich einen Abschnitt der sog. Wormser Straße, die von Reilingen über Hockenheim, Friedrichsfeld und Ladenburg zog. Die alte Straße nach Reilingen ging von Walldorf mehr südlich von der jetzigen Straße.

Nachdem Speyer seine frühere Bedeutung für den Handel verloren hatte, sanken auch die dahin führenden Landstraßen allmählich zu Vicinalstraßen herab und erst durch die im Jahr 1843 zwischen Heidelberg und Carlsruhe eröffnete Eisenbahn belebte sich der Verkehr auf der Route zwischen Speyer und Wiesloch wieder in erfreulicher Weise, daher man im Jahre 1857, als durch Ausscheidung verschiedener Staatsstraßen aus dem Verbande Mittel zur Verbesserung der wichtigeren Vicinalstraßen flüssig wurden, auch die Straße von Altlußheim bis Wiesloch in die Classe der unterstützten Vicinalstraßen aufnahm und zu deren Verbesserung einen Staatsbeitrag von 3000 Fl. leistete.

Hierdurch kam diese, vielfach in der Unterhaltung vernachlässigte Straße wieder in einen besseren Stand und namentlich wurde die Zufuhrstraße von Wiesloch zu der Eisenbahnstation im Jahr 1866 einer gründlichen Verbesserung unterworfen, deren Kosten im Betrag von 2250 Fl. die Staatscasse zur Hälfte übernahm.

Seit 1868 besitzt diese Straße wieder die Eigenschaft einer Landstraße.

Der erweisliche Aufwand für Verbesserung dieser Straße beträgt 9000 Mark.

Der Verkehr hat sich in der Zeit von 1864—1874 von 94 auf 190 Zugthiere pro Tag gehoben.

Nr. 142.

Zufuhrstraße zu der Eisenbahnstation Bruchsal.

Länge 0,74 Kilometer = 0,17 Stunden.

Die Zufuhrstraße zu der Station Bruchsal bildet, von dem Abgang der Frankfurt-Basler Straße in Bruchsal bis zu der Eisenbahn, einen Theil der von Bruchsal nach Germersheim führenden Straße Nr. 93. Diese Straßenabtheilung war von der Stadt an früher Feldweg, der den Namen „Zieglerweg" führte.

Als im Jahr 1842 die Eisenbahn zwischen Heidelberg und Carlsruhe erbaut wurde, ist von

(1) Mone, Urgeschichte I. S. 304, II. 329; Zeitschrift IV. S. 13; Anzeiger von 1835; Quellensammlung d. bad. Landesgesch. I und von Gock, „Der römische Gränzwall" 1847. In Walldorf fand man keltische Gräber und römische Gebäudereste. Schriften des Alterthumsvereins 1846. Der Ort ist schon 638 in Urkunden genannt. Noch 1460 befand sich hier ein westphälisches Vehmgericht. Im 15. Jahrh. wurde der Ort mit Mauern umgeben. (2) Bei Horrenberg finden sich noch Spuren der römischen Straße. Noch im vorigen Jahrhundert, bevor die Straße über Meckesheim hergestellt war (1780—83), ging von Sinsheim über Wiesloch die Reichspost nach Heidelberg und Frankfurt, da dieser Weg immerhin noch besser als jener über Neckargemünd war, obgleich erwiesen ist, daß sich der Postwagen gewöhnlich eines Vorspanns von Ochsen bedienen mußte. Bei Walldorf bestund eine pfälzische Zollstätte, an welcher auch die Landstraße von Schwetzingen nach Bruchsal vorüberzog. Die alte Landstraße zog durch den Ort Reilingen, wo ebenfalls eine Zollstation war, daher eine Brücke daselbst heute noch Zollbrücke heißt. — Um die frühere Bedeutung des Orts möglichst augenfällig zu erhalten, weigert sich die Gemeinde auf das Entschiedenste das Pflaster in Chaussee umwandeln zu lassen.

diesem Weg auf den Bahnhof eine mit der Eisenbahn parallel laufende Straße auf Kosten des Eisenbahnbaues hergestellt und unterhalten worden. Der alte Feldweg blieb der Gemeinde Bruchsal zur Unterhaltung überlassen. Da dieser Weg jedoch schmal und auch hinsichtlich des Längenprofils sehr mangelhaft war, befand er sich fortan in einem den Verkehrsverhältnissen nicht entsprechenden Zustand, was um so bedauerlicher war, als im Jahr 1853 auch die Eisenbahn von Bruchsal nach Bietigheim zur Eröffnung kam. Man sah sich daher im Jahr 1856 veranlaßt, diesen Weg in die Classe der unterstützten Vicinalwege einzureihen und dessen Verbesserung mit Staatszuschüssen herbeizuführen. Die Abtheilung von der Frankfurt-Basler Straße bis zu dem ehemaligen Zieglerweg wurde in den Jahren 1857—1860 mit einem Staatszuschuß von 1700 Fl. und mit Naturalleistungen der Gemeinden im Werth von 1340 Fl. verbessert.

Der Zieglerweg wurde im Jahr 1856 von der Gemeinde Bruchsal gerade geleitet, aber fehlerhaft fundamentirt, so daß die Unterhaltung sehr schwierig war. In den Jahren 1857 bis 1860 regulirte man die Straße deshalb neu und verbesserte sie in ihrem Fundament. Auch wurden Rinnen mit erhöhten Trottoirs hergestellt. Die Hälfte dieser Kosten wurde von dem Staate bestritten. Seit dem Bestehen der Eisenbahnstation ist die Straße auf der Ostseite mit Wohngebäuden begränzt und durch Seitenstraßen mit dem Schloß verbunden worden. Die ganze Straße bis zu der Einmündung in den Bahnhof ist Eigenthum der Gemeinde, die mit der Eisenbahn parallel ziehende Straße aber Staatseigenthum.

Seit 1868 ist die Straße Landstraße.

Der nachweisbare Aufwand für Verbesserung beträgt 5212 Mark.

Nr. 143.

Straße von Langenbrücken zur Eisenbahn.

Länge von Straße Nr. 1 bis zum Bahnhof 0,62 Kilometer = 0,14 Stunden.

Die Zufuhrstraße von Langenbrücken zu dem Bahnhof besteht 1) aus der Ortsstraße und einem Theil des nach dem Lußhardtwalde führenden Feldweges, sodann 2) aus der längs der Eisenbahn bis zu dem Stationsgebäude führenden, 36 Fuß breiten Straße.

Die Ortsstraße war früher schlecht gepflastert, hatte ein ungeregeltes Längenprofil und der nicht chaussirte Feldweg war nur nothdürftig unterhalten. Schon während des Baues der Eisenbahn (1842) wurde die Fahrbahn des Feldwegs zu dem Transport der Baumaterialien durch die Bauverwaltung verbessert, die Abzweigung zu den Stationsgebäuden aber auf Staatskosten neu hergestellt. Von jener Zeit bis zum Jahr 1857 unterhielt die Gemeinde Langenbrücken die Straße allein, dann wurde sie unter die unterstützten Vicinalwege eingereiht und ging nach der Bestimmung des Straßengesetzes von 1868 in die Classe der Landstraßen über.

In den Jahren 1857 und 1858 wurde die Straße durch Entfernung des Pflasters im Ort, durch Regulirung des Längenprofils und durch Anlage eines erhöhten Fußweges mit einem Aufwand von 1543 Mark verbessert, wozu die Staatscasse ungefähr die Hälfte beigetragen hat.

Nr. 144.

Zufuhrstraße von Bretten zur Eisenbahnstation.

Länge 0,38 Kilometer = 0,09 Stunden.

Diese Zufuhrstraße wurde von ihrer Abzweigung von der nach Pforzheim führenden ehemaligen Staatsstraße(1) im Jahr 1852, als die Eisenbahn von Bruchsal nach Bietigheim erbaut wurde, durch die königlich württembergische Bauverwaltung, welche die nöthigen Grundstücke ankaufte, auf Kosten des Eisenbahnbaufonds hergestellt und sodann der Gemeinde Bretten zu Eigenthum überwiesen.

---

(1) Die Straße von Pforzheim nach Bretten wurde 1855 aus dem Landstraßenverband ausgeschieden, 1868 aber wieder in denselben aufgenommen.

Im Jahr 1856 kam die Straße von Bretten bis an den Bahnhof in die Classe der unterstützten Vicinalwege, wurde dann mit Staatsbeiträgen unterhalten und kam 1868 in die Classe der Landstraßen.

Bei dem Ausgang dieser Straße aus der Stadt Bretten befand sich nächst der sog. Spitalmühle am Pforzheimer Thor eine sehr enge Stelle, welche durch Abbruch einiger Gebäulichkeiten und mit Verbreiterung der Brücke erweitert werden mußte. Der desfallsige, von der Gemeinde bestrittene Aufwand betrug 9072 Mark, wovon die Gemeinde 3042 Fl., der Staat 2250 Fl. übernommen hatte.

Die Ausführung erfolgte auf Grund eines mit der Gemeinde abgeschlossenen Vertrags vom 7. December 1859 im Jahr 1860.

Nr. 145.

Straße von Weinheim nach Fürth.

Birkenauer Thalstraße.

Länge in Baden 2,3 Kilometer = 0,52 Stunden.

Die von Weinheim längs der Weschnitz über Birkenau nach Fürth und in den hessischen Odenwald führende Straße ist ebenso wie die Orte, welche sie verbindet, sehr alt. Die Namen Nestenbach, Birkenau, Liebersbach, Breidenbach, Mörlenbach, Hammelbach, Fahrnbach, Weschnitz, Krumbach, Wallbach, Bibern, Rheinheim, Steinbach, Rehbuch, Sandbach, Schönau, Erlenbach, Ebersberg, König, Kinzig ꝛc. stammen wahrscheinlich aus keltischer Sprache. Auch die Römer haben Spuren ihres Daseins in dieser Gegend zurückgelassen, indem bei Weinheim römische Töpferwaaren, Münzen und Ziegel der XXII. Legion gefunden und bei Steinbach Reste des Pfahlhages und einer Römerstraße entdeckt wurden. Auch Spuren eines scheinbar römischen Bergwerkes sind aufgefunden. Die älteste bekannte Landstraße zog durch die Orte Hammelbach und Waldmichelbach nach Weinheim. Neben dieser Straße ging die sog. Hohe Straße vorbei. (1) Im 14. Jahrhundert muß die Straße eine besondere Bedeutung gehabt haben, da in der Nähe von Weinheim bei dem Eingang in das Thal sich ein gothisches Thor befand, welches in Verbindung mit einer über die Weschnitz führenden Mauer zum Abschluß der Straße und des Thales gegen den Odenwald diente. (2)

Der Baustil, in welchem das Thor ausgeführt war, läßt darauf schließen, daß dasselbe im 14. Jahrhundert errichtet wurde. (3) Nachdem in den dreißiger Jahren die Straße auf hessischem Gebiet bis Fürth in einer Breite von $30\frac{1}{2}$ Fuß chausseemäßig hergestellt war, kam im Jahr 1840 auch das Project der Verbesserung auf badischem Gebiet zur Erörterung. Die Straße war nämlich sehr schmal, zuweilen an den Felsen hin nur 10—12 Fuß breit und an manchen Stellen so tief gelegen, daß sie oft von der Weschnitz überschwemmt und zerstört wurde; auch das Längenprofil war sehr unregelmäßig. Der Aufwand für die Erhöhung, Gefällregulirung und Verbreiterung auf 24 Fuß mit 16 Fuß Fahrbahn, aus 5 Zoll Fundament und 5 Zoll Schotter, wurde einschließlich der Kosten für Güterentschädigung auf 21,000 Fl. überschlagen. Der Bau wurde im Frühjahr 1843 begonnen und im Spätherbst darauf vollendet. Die Verwendung betrug 19,897 Fl.

Da der Verkehr auf dieser Straße die Bedeutung eines Handelsweges nicht hatte und damals noch keine Staatsmittel zu Beiträgen für Unterhaltung solcher wichtiger Vicinalwege disponibel waren, überließ man die Unterhaltung der Gemeinde Weinheim, auf deren Gemarkung die Straße liegt. Diese Unterhaltung war aber wegen der längs der Weschnitz hinziehenden Stützmauern kostspielig und verlangte eine Sorgfalt, welche die Gemeinde nicht kundgab, daher ein Theil der Stützmauern in Folge der Angriffe durch Hochwasser bald einstürzte und die Straße bis zum Jahr 1850 großentheils in Verfall kam, so daß die Kosten der Wiederherstellung

---

(1) Widder, Die Pfalz I. 524. (2) Dem Thor gegenüber an Stelle der Sägemühle soll ein Nonnenkloster gestanden haben. (3) Dieses Thor, die „Neumauerpforte“ genannt, stund etwa 416 Schritte von der neuen Weschnitzbrücke der Frankfurt-Basler Straße aufwärts. Dasselbe war aus Quadern in schönen Formen ausgeführt; da es jedoch den Verkehr mit hochbeladenen Wagen hemmte, erfolgte im Jahr 1810 sein Abbruch. Nahe an der Stelle, wo die Pforte stand, befindet sich eine im Felsen eingehauene Brunnenstube, die einst der Stollen eines Bergwerkes war. Siehe Grimm, Die Bergstraße.

auf 4400 Fl. veranschlagt wurden. Die erforderlichen Reparaturen erfolgten erst 1853 auf Kosten der Gemeinde.

Im Jahr 1856 kam die Straße sodann in die Classe der unterstützten Vicinalwege und 1868 in jene der Landstraßen.

Der Verkehr hat sich in Folge der Ab- und Zufuhr von und nach der Eisenbahnstation Weinheim(1) sehr gesteigert, auch werden aus einem in neuer Zeit an der Straße eröffneten Syenitbruch viele und vortreffliche Pflastersteine abgeführt. Dagegen ist aber die Unterhaltung der Straße durch Verwendung der Syenitschottersteine erleichtert worden.

Der erweisbare Aufwand für Verbesserung des badischen Theils der Straße beträgt 41,652 Mark. Der Verkehr hat sich in der Zeit von 1864—1874 von 138 auf 394 Zugthiere täglich gehoben.

Nr. 146.

Straße von Mannheim nach Großsachsen.

Länge 15,16 Kilometer = 3,41 Stunden.

Die aus keltischer Sprache abzuleitenden Namen: Schlierbach, Rohrbach, Käferthal, Ilvesheim, Edingen, Ladenburg, Wallstadt, Walldorf, Schaarhof, Worms, Laudenbach, Oppau, Plankstadt, Schwetzingen, Neckarau, Weinheim, Virnheim, sowie die bei Schwetzingen, Wallstadt, Ilvesheim(2) und Friedrichsfeld aufgefundenen keltischen Geräthe berechtigen zu der Annahme, daß in dieser Gegend schon lange vor der Besitznahme durch die Römer ein Verkehr zwischen den keltischen Niederlassungen bestund und daß die Römer deshalb auch schon Wege vorfanden, welche nicht unwahrscheinlich die Grundlage für das römische Straßennetz bildeten.

Von Ladenburg über den Straßenheimer Hof und Virnheim führte eine angeblich römische Straße nach Worms. Von Neckarau über Feudenheim, Heddesheim und Käferthal, sowie von Großsachsen über Heddesheim und Wallstadt nach Käferthal zogen „hohe Straßen"; von Neckarau und von Friedrichsfeld nach Seckenheim ein „hoher Weg", vom Kirschgartshäuser Hof bis gegen Sanddorf eine „hohe Straße" und von Plankstadt über Grenzhof nach Edingen eine „Heerstraße". Ein sehr alter, von Manchen ebenfalls als Römerstraße angesehener Weg zog auch von Schwetzingen über Friedrichsfeld, Ilvesheim, Feudenheim, Virnheim nach Lorsch. Carl der Große gab dem Abt des Klosters Lorsch 777 das Recht, einen Fahrweg nach Virnheim und über die Weschnitz, oder wo er wollte, Brücken zu bauen. Unter dem Namen „alte", wahrscheinlich ebenfalls römische Straße, ist auch ein Weg vom sog. Stengelhof über den Grenzhof nach Heidelberg bekannt. An der Straße bei Heddesheim fand man ein römisches Begräbniß.(3) Für den Verkehr zwischen Mannheim und Weinheim benützte man im Mittelalter drei Straßen, nämlich jene über Käferthal(4) und Virnheim, die zweite über Wallstadt, Heddesheim und Großsachsen und die dritte über Ladenburg(5) und zwar entweder auf dem linken Neckarufer mit dem Neckarübergang bei Ilvesheim(6) bei Feudenheim(7) oder Neckarhausen.(8) Da auch die alte, ursprünglich römische Straße von Wiesloch und Heidelberg nach Worms den Zug über Ladenburg,(9) Käferthal, Sandhofen nahm, war damals Käferthal Knotenpunkt der sich in jener Gegend kreuzenden Haupt- und Landstraßen, und die Verbindung Mannheims mit diesem Orte war darum von

---

(1) Die Eisenbahn von Heidelberg nach Darmstadt wurde im Jahr 1846 eröffnet. (2) Wallstadt wird 765 urkundlich „Walahastat" genannt. Man fand hier keltische Gräber mit Schmuck und in Ilvesheim keltische Geräthe. (3) Schriften des badischen Alterthumsvereins. Karten von Denis 1780, von Hammer 1805, von Ch. Majer und von Haas. Mone, Archiv I und Urgeschichte I. (4) Käferthal (cheverndal) wird in Urkunden von 1227, Heddesheim (hetensheim) schon im 10. Jahrhundert genannt. In Käferthal war ein jetzt noch bestehendes kurfürstliches Jagdhaus am westlichen Ende des Ortes, woselbst 1747 ein Thiergarten hergestellt wurde. (5) Ladenburg, keltisch-römischen Ursprungs, gehörte 798—970 der Domkirche zu Worms, sodann dem Bischof daselbst, kurze Zeit (1624) Frankreich, 1705—1803 Churpfalz und seither Baden. Kämmerer, Geschichte von Ladenburg 1789. (6) Die Ueberfahrt bei Ilvesheim besteht schon seit dem 8. Jahrhundert. (7) Auch das Fahr in Feudenheim wird schon in einer Urkunde von 767 genannt. (8) Im Anfang des 17. Jahrhunderts war in Neckarhausen für Mannheim die erste Poststation für Briefe von und nach Cöln und Frankfurt. 1663 wurden die Briefe von Neckarhausen nach Mannheim durch den Schullehrer gebracht. (9) Von Heidelberg resp. Bergheim unter Neuenheim führte eine fast ganz gerade, zum Theil jetzt noch sichtbare Straße auf dem rechten Ufer direct nach Ladenburg, welche „Hochstraße" genannt wurde. Stark, Beschreibung Ladenburgs.

Wichtigkeit. (1) König Ludwig VII. ging mit den in Metz gesammelten französischen Kreuzfahrern 1147 bei Worms über den Rhein und über Heidelberg nach Würzburg, Regensburg nach Ungarn.

Noch in einem Plane von 1663 ist eine Schiffbrücke bei Mannheim angeführt, die schon 1607 bestanden haben soll. (2) Dieselbe scheint jedoch bald zerstört worden zu sein, denn 1680 benützte man eine Ruderfähre, (3) und ein Gesuch der Stadt Mannheim von 1682 um Wiederherstellung einer Schiffbrücke auf ihre Kosten wurde von der Regierung abschläglich beschieden. (4) Später scheint die Genehmigung aber erfolgt zu sein, denn im Jahr 1736 bestund wieder eine Schiffbrücke, welche 1762 einen Reinertrag von 3000 Fl. lieferte und 1765 auf städtische Kosten einer Hauptreparatur unterworfen wurde.

Die im Jahr 1786 vorhandene Brücke ruhte auf 20 Nachen und war auf dem rechten Ufer durch eine Schanze gedeckt. Die letzte bis zum Jahr 1845 bestandene Brücke hatte seit 1795, in welchem Jahr der Eisgang 18 Pontons zerstörte, 22 Nachen; sie stund in der Verlängerung der zweiten mit der Schloßstraße parallel laufenden westlichen Stadtstraße, etwa 30 Ruthen unter der jetzigen Kettenbrücke.

Die von dem ehemaligen Neckarthor zu der Schiffbrücke führende schmale Chaussee lag wie die damaligen Neckardämme tiefer als jetzt, da letztere aus Rücksicht auf die Festungswerke nicht erhöht werden durften. Erst im Jahr 1781, also 3 Jahre vor der großen Ueberschwemmung (5) von 1784 wurden die Dämme zwischen dem Rheinthor und Heidelbergerthor um 3—4 Fuß erhöht und dadurch der Straße ein größeres Gefäll nach der Stadt gegeben.

Die Kosten der Unterhaltung dieser Straße von dem Neckarthor bis zu dem Damm bestritt zu zwei Drittel die Stadt, zu ein Drittel die pfälzische Hofkammer. Die Abfahrt von dem Damm bis zur Brücke unterhält die Stadt allein.

In den Jahren 1841/45 ließ die Stadt Mannheim in der Verlängerung der Schloßstraße durch einen Ingenieur Wendelstett von Hannover eine Kettenbrücke erbauen, (6) bei welcher Gelegenheit das überbaute steinerne Neckarthor entfernt und die Straße bis zu der Brücke auf Kosten der Stadt verbreitert und erhöht wurde. Die von der Brücke nach Käferthal führende Straße, welche einen Theil der Straße von Mannheim nach Frankfurt bildete, wurde 1780 von dem sog. Rabenstein bis Käferthal im Accord neu hergestellt und gerade geleitet. Die Stadt erhielt das Recht zum Bezug eines Chausseegeldes. (7) Ueber die Gütererwerbung für die Straße geben die Acten keinen Aufschluß.

Von Käferthal aus benützte der Güter- und Postverkehr nach Frankfurt längere Zeit die im Jahr 1763 im Frohndweg über Neuschloß nach Lorsch erbaute neue Straße. Da dieselbe aber größtentheils durch Wald führt, keinen Ort berührt und schlecht unterhalten war, zog sich der Verkehr bald wieder theils über Heddesheim, theils auf dem linken Neckarufer über Feudenheim, daher sich auch die Stadt Mannheim in der Zeit von 1768/78 nochmals darüber

---

(1) Widder, Beschreibung der Pfalz 1786. I. (2) Theatr. Europ. 1617—29. (3) Die Fähre ertrug 1683 1646 Fl., 1690 108 Fl. 57 Xr. (4) Landes-Archiv-Acten. C. Büttinghausen, Beiträge zur pfälzischen Geschichte 1776—82. A. Götz, Regesten 1876. (5) Das Hochwasser von 1789 stund 0,47 Meter niedriger als jenes von 1824, jenes von 1784 0,62 niederer als 1824, jenes von 1852 0,75 niedriger als 1824. (6) Diese 300 Fuß lange, 450 Fuß oberhalb der früheren Schiffbrücke stehende Brücke hat drei Oeffnungen, wovon die mittlere 287 Fuß, die beiden äußeren je 145 Fuß Spannweite besitzen. Die Dicke der zwei Quaderpfeiler beträgt je 25 Fuß. Die zwei übereinander liegenden Tragketten sind durch Streben versteift. Sämmtliche Constructionstheile des Oberbaues sind von Eisen. Die Fahrbahn ist 18 Fuß breit; die beiden Trottoirs haben eine Breite von je 5 Fuß. Das Gedeck liegt 12 Fuß über dem Hochwasser vom Jahr 1821. Der Bau wurde im Mai 1841 begonnen und am 15. November 1845 feierlich eröffnet. Der Bauaufwand betrug 374,612 Fl. Die Brücke wurde bis 1874 von der Gemeinde gegen den Bezug eines Brückengeldes unterhalten*). Nach einem Uebereinkommen mit der Stadt vom 3. December 1873 wurde diese Brücke vom 1. Juli 1874 an die Straßenbauverwaltung zu Eigenthum abgetreten und das Brückengeld aufgehoben. Von dem ungetilgten Rest des zu dem Bau contrahirten Anlehens im Betrag von 130,000 Fl. ist $^1/_6$ von dem Kreis und $^5/_6$ von der Staatscasse in jährlichen Terminen von 10,000 Fl. nebst $3^1/_2$ Procent Zinsen abzutragen. Die Kosten der Unterhaltung, der Hauptreparatur und des Neubaues dieser Brücke werden nach Maßgabe des Straßengesetzes von 1868 von der Staatscasse, dem Kreis und den Gemeinden getragen. Die Brückenordnung ist von 1875 (Ges. und v. Bl. S. 235). Man glaubt, daß diese Brücke nicht von langer Dauer sei. (7) Von dessen Entrichtung die Käferthaler befreit blieben, da die Straße zu einem kleinen Theil auf deren Gemarkung liegt.

---

*) Der Ertrag des Brückengeldes betrug 1865—69 16,122 Fl. durchschnittlich oder jährlich zwischen 15,000 und 17,000 Fl. Die Unterhaltung incl. des Brückenwärters kostete durchschnittlich 1780 Fl. jährlich.

beschwerte, daß durch die vielen Güterfuhren, die bei Feudenheim über den Neckar gehen, der Ertrag der Schiffbrücke sehr geschmälert werde.(1)

Im Jahr 1842 bei Gelegenheit des Abbruches des alten, von Churfürst Friedrich V. (1610—1632) erbauten, Neckarthores wurde die mit Pappeln besetzte alte Straße verbreitert und im Gefäll neu regulirt.

Nachdem 1803 Mannheim mit den meisten rechtsrheinischen pfälzischen Orten an Baden übergegangen war, kam die von Mannheim nach Käferthal führende Straße, soweit solche chaussirt war, nach Maßgabe der Chausseeordnung von 1810 in die Classe der Staatsstraßen, und der Gemeinde Mannheim wurde der Bezug des Chausseegeldes entzogen. Hatte diese Straße schon durch die in den Jahren 1826 und 1827 erfolgte Verbesserung der Straße von Heidelberg nach Mannheim die zwischen Mannheim und Frankfurt gehenden schweren Güterfuhren verloren, so entging ihr durch die Eröffnung der Eisenbahn von Mannheim nach Heidelberg (1840) und von Frankfurt über Friedrichsfeld nach Mannheim (1846) nun auch der größte Theil des übrigen Verkehrs, und sie sank dadurch gleich den übrigen auf dem rechten Neckarufer liegenden Straßen in die Classe der Vicinalwege herab.

Das Emporblühen des Handels und der Gewerbthätigkeit in Mannheim belebte jedoch den nachbarlichen Verkehr der umliegenden Orte mit dieser Stadt in so erfreulicher Weise, daß man das Bedürfniß einer guten, möglichst directen Verbindungsstraße von Mannheim nach Weinheim umsomehr empfand, da seit 1843 auch die Straße von Weinheim durch das Birkenauerthal und nach Fürth in guten Stand gesetzt war, und sich für den Transport mancher Landesproducte aus nicht sehr ferner Gegend die Benützung der Eisenbahn weniger vortheilhaft als jene der gewöhnlichen Fuhren zeigte. Zudem drohte der Verkehr aus dem hessischen Odenwald sich der neu erbauten Straße von Fürth über Heppenheim nach Worms zuzuwenden. Die in den Jahren 1846 und 1848 an die Stände gelangten Petitionen um Verbesserung der Straße von Mannheim über Käferthal und Virnheim nach Weinheim wurden darum auch der Regierung mit dringender Empfehlung, ähnliche Petitionen von 1851 und 1853 aber zur Kenntnißnahme überwiesen. Bei näherer Erörterung hatte es sich aber gezeigt, daß Baden für den Bau der Straße über Virnheim ca. 20,000 Fl., Hessen aber ca. 3000 Fl. aufzuwenden hätte, wogegen die Straße über Heddesheim(2) mit geringen Kosten gut hergestellt und unterhalten werden konnte und überdies den Vortheil bietet, dem Bedürfnisse einer größeren Anzahl badischer Orte zu genügen, während die Straße über Virnheim hauptsächlich nur für Weinheim, Käferthal und Mannheim von Nutzen wäre. Zudem stellte sich die Weglänge über Großsachsen nur etwa um 20 Minuten größer dar. Die Vicinalstraße über Heddesheim nach Großsachsen wurde deshalb 1856 in die Classe der unterstützten Vicinalwege aufgenommen und für deren Verbesserung durch Reguliren der Breite und des Längenprofils und Verstärkung der Fahrbahn 4817 Fl. aufgewendet, wozu die Staatscasse einen Beitrag von 400 Fl. leistete. — Die Straße hat noch zwei lästige Gefälle, eines in Gemarkung Feudenheim von 4,2 Procent am sog. Sandbuckel und das andere bei den Mannheimer Bierkellern von 4 Procent. Ersteres läßt sich mit 1000 Fl. auf 1,5 Procent ermäßigen.

Vom 1. Januar 1868 an wurde diese Straße Landstraße. Der zur Verbesserung dieses Straßenzuges bestrittene erweisbare Aufwand beläuft sich auf 650,450 Mark.

Der Verkehr hat sich von 1864/74 von 133 auf 192 Zugthiere täglich gesteigert.

Nr. 147.

Straße von Altlußheim nach Neulußheim.(3)

Länge 2,52 Kilometer = 0,57 Stunden.

Nach Eröffnung der Eisenbahn von Mannheim über Heidelberg nach Carlsruhe (1843) hat sich der Hauptverkehr zwischen Speyer und den badischen Orten hauptsächlich in der Richtung

(1) Der Pachtzins des Brückengeldes hatte in der Zeit von 1754—66 jährlich 1900 Fl. Reinertrag abgeworfen, da die Pächter die Unterhaltung besorgen mußten. Noch im Jahr 1807 wurde die Straße über Käferthal und Virnheim nach Weinheim „Landstraße" genannt (Karte von Hammer), während unter Carl Theodor nur die Straße nach Käferthal Landstraße, jene über Virnheim nach Weinheim aber Vicinalweg war. (Karte v. Ch. Majer.) (2) Der frühere Vicinalweg von Mannheim über Wallstadt und Heddesheim nach Großsachsen war 1802 aus einem alten Feldweg hergestellt worden. (3) Der Ort Alt-Lußheim ist schon in einer Urkunde von 1159 „Luzheim" genannt. Alt- und Neu-Lußheim

nach Bruchsal und Wiesloch ausgebildet, daher die Vicinalstraße von Neulußheim bis zu dem Rheinübergang bei Speyer eine weit stärkere Frequenz als die weiter abwärts von der Rheinstraße zu der Brücke führende Landstraße erhielt, die hauptsächlich nur noch dem Marktverkehre diente.

Die über Neulußheim und Altlußheim führende Straße hatte eine Breite von 30—36 Fuß und ein gutes Längenprofil; die Fahrbahn war aber der Verbesserung sehr bedürftig. Nachdem dieselbe im Jahr 1856 unter die unterstützten Vicinalwege aufgenommen war, wurde sie auf 24 Fuß mit 18 Fuß Fahrbahn eingeengt und letztere mit einem Aufwand von 2155 Fl. oder 4150 Mark verbessert, wovon die Staatscasse 1815 Fl., die Gemeinde Altlußheim 260 Fl. und Neulußheim 80 Fl. durch Materialbeischaffung übernahmen.

Seit dem Bestehen der Schiffbrücke bei Speyer (1866) hatte sich der Verkehr durch das Steinkohlenfuhrwerk nach Waghäusel bedeutend vermehrt. Im Jahr 1874 wurden täglich 142 Zugthiere beobachtet.

Nr. 148.

Straße von Neckarelz nach Gundelsheim.

Länge in Baden . .	6,72 Kilometer =	1,51	Stunden,
„ in Württemberg		0,50	„
zusammen		2,01	Stunden.

Nr. 162.

Straße von Neckargemünd nach Eberbach.

Länge in Baden	4,88 Kilometer =	1,09	Stunden,
„ „ Hessen		4,10	„
zusammen		5,19	Stunden.

Nr. 166.

Straße von Eberbach nach Neckarelz.

Länge 22,79 Kilometer = 5,13 Stunden.

Diese 3 Straßen bilden zusammen die rechtseitige Neckarthalstraße, welche von Kleingemünd über Neckarsteinach, Hirschhorn, Eberbach, Zwingenberg, Neckargerach, Binau, Diedesheim, Neckarelz, Neckarzimmern nach Gundelsheim führt und von hier ihre Fortsetzung über Jaxtfeld und Neckarsulm nach Heilbronn findet. Für den Güterverkehr zwischen Heilbronn und Heidelberg wurde in früherer Zeit größtentheils die Wasserstraße des Neckars benützt. Bei dem damaligen ungeregelten Zustande des Flusses fand aber die Schifffahrt oft schon bei mittleren, immer aber bei niederen Wasserständen so viele Schwierigkeiten, daß für den Gütertransport stets auch Landstraßen neben dem Neckar Bedürfniß waren. Solche Straßen bestunden darum auch schon in alter Zeit auf beiden Seiten des Neckars zwischen Heilbronn und Heidelberg. Der eine Zug führte im Mittelalter von Heilbronn über Neckargartach, Ober- und Untereisesheim nach Wimpfen und von hier einerseits über Sinsheim und Wiesloch oder über Meckesheim und Neckargemünd, anderseits mit Ueberschreitung des Neckars bei Wimpfen oder bei Heilbronn (1) nach Offenau, Gundelsheim, Neckarelz, sodann über Reichenbuch nach Neckargerach, Eberbach,

gehörten zum Hochstift Speyer; die niedere Gerichtsbarkeit übte der Herzog von Württemberg als Inhaber des Klosters Maulbronn. (1) Bei Wimpfen bestund damals wahrscheinlich eine stehende Brücke. Seit dem Bestehen der Eisenbahn nach Jaxtfeld wird die oberhalb diesem Orte erbaute eiserne Brücke, die ein Trottoir von 1,44 Meter (5 Fuß) Breite besitzt, auch als Uebergang für Fußgänger verwendet.

Hirschhorn, Kleingemünd, Ziegelhausen oder von Diedesheim über Wimmersbach, Wiesenbach und Neckargemünd nach Heidelberg. (1)

Die rechtsseitige Neckarthalstraße ist darum wie die linksseitige schon sehr alt; die erstere wurde aber durch die in den Jahren 1763—1778 ausgeführten Verbesserungen der Straße über Neckargemünd nach Wiesenbach und Neckarelz und durch den 1780—1789 erstellten Neubau der Straße von Heilbronn über Kirchardt, Sinsheims, Meckesheim, Wiesenbach in der Art überflügelt, daß die in Abgang gekommene Abtheilung von Ziegelhausen bis Kleingemünd nicht wieder hergestellt wurde, (2) die übrigen Theile aber als viel zu schmal, von lästigen fortan wechselnden Gefällen und wegen der Nähe des Neckars oft gefährlich, lediglich in die Classe der schlechten Vicinalwege herabsanken. Württemberg und der Deutschorden hatten zwar 1792—98 die Straße zwischen Jaxtfeld und Gundelsheim corrigirt, allein von hier abwärts war in längster Zeit nichts zur Verbesserung geschehen.

1. Gundelsheim-Neckarelz. Die alte, nur für Gabelfuhrwerke benützbare Straße wurde zwar im Jahr 1800 auf Befehl des französischen Generals Roget unter dem Directorium des ritterschaftlichen Cantons Odenwald an den schmalsten Stellen erweitert und in ihrem Steinbau verbessert; allein sie konnte doch den neuen Anforderungen des Verkehrs umsoweniger entsprechen, als die Unterhaltung durch die Gemeinden größtentheils vernachlässigt war. Bis in die neue Zeit hatte der Weg von Gundelsheim (3) abwärts, wo er unmittelbar an dem Neckar liegt, nur eine Breite von 12—14 Fuß, dann führte er mit kurzer gefährlicher Wendung über zwei starke Steigen von 11—14 Procent Gefäll nach Böttingen. Auf badischem Gebiet zog die Straße sodann mit Gegengefällen von 8—12 Procent und in einer Breite von 10—14 Fuß an dem Hochgestade hin bis Neckarzimmern, wo sie in die Thalsohle eintrat und dieselbe bis Neckarelz (4) benützte, dann aber einen vorspringenden Hügel mit 8—10 Procent Steigung überschreiten mußte, um in den Ort selbst zu gelangen. Auch diese Abtheilung des Weges war sehr schmal.

Schon in den Jahren 1848 und 1849 wurden deshalb Petitionen der Gemeinden um Verbesserung dieser Straße auf Staatskosten an die Regierung und die Stände gerichtet und von letzteren mit Empfehlung an die höchste Behörde überwiesen. Die hierauf in Anspruch genommene Summe von 18,000 Fl. wurde auch genehmigt, allein das Budget kam wegen der damaligen politischen Ereignisse nicht zum Vollzug, und in den folgenden Jahren mußte der Bau wegen anderer dringenden Ausgaben unterbleiben. Erst das zwischen Baden und Württemberg unterm 26. Mai 1857 (Seite 37) getroffene Uebereinkommen wegen Herstellung verschiedener gemeinsamer Straßen gab Anlaß, auch diesen Weg in besseren Stand zu setzen. Es wurde nämlich hinsichtlich dieser Straße bestimmt, daß badischer Seits eine Verbreiterung des Wegs auf 18 Fuß und eine Ermäßigung der Steigen auf 5 Procent bis zum Jahr 1858 zu bewirken seien, wogegen Württemberg die Verbesserung der Straße von der badischen Gränze bis zur Gundelsheimer Ziegelhütte ebenfalls in einer Breite von 18 Fuß mit Ermäßigung der Steigen auf 2½ Procent bis zum Sommer 1858 übernahm. Zugleich stellte Württemberg die Verbesserung der Straße von Kochendorf nach Neckarsulm für den Fall in Aussicht, daß nicht durch die Entwickelung des Eisenbahnnetzes diese Verbesserung entbehrlich wird. (5) Die Baukosten waren für Baden auf 16,000 Fl. veranschlagt. Nachdem die Gemeinden sich zu einem Beitrag von 2989 Fl. und zwar Neckarelz zur Geländestellung im Werth von 1418 Fl., Neckarzimmern zur unentgelt-

(1) Siehe Nr. 3—5. Als 1777 wegen Chaussirung der „unteren Nürnberger Straße" von Heilbronn über Bretten nach Straßburg ein Receß abgeschlossen wurde, ist zugleich von den Gebietsherren die Herstellung der Straße von Hall über Oehringen, Neustadt, Oedheim, Kochendorf, Gundelsheim ꝛc. beschlossen worden. Pfälzischer Seits wurde der Bau einer Brücke über den Neckar aus Schiffen oder Stein zugesagt, die Zusage blieb aber unerfüllt. (2) Die unter dem Namen „Hirschhornstraße" bekannte Straße von Heidelberg über Ziegelhausen, Kleingemünd, Neckarsteinach nach Hirschhorn war schon 1737 durch den Steinbruchbetrieb an vielen Stellen verschüttet und daher für den Verkehr mit Fuhrwerk unbenützbar. (Land. Arch.-Acten.) Diese Straße verließ jenseits des Gumpenthales den Neckar und führte mit Steigen von 11 und mit Fallen von 7 Procent über einen Ausläufer des Gebirges nach Kleingemünd. Die Straße ist jetzt Feldweg. (3) Gundelsheim, 1188 Besitz der Hohenstaufen, dann 1274 des Deutschordens, kam 1805 an Württemberg. Die hinter Horneck befindliche Michaelscapelle mit Opferaltar ist aus einem römischen Tempel entstanden. (4) Neckarelz, schon 976 genannt, kam 1500 an die Pfalz. Es befindet sich hier eine im 12. Jahrhundert von den Templern erbaute Kirche. (5) Zwischen Gundelsheim und Jaxtfeld resp. Kochendorf war die Straße schon 1826 von der Amtscorporation Neckarsulm gegen den Bezug eines Straßengeldes mit Hülfe der Militärsträflinge in guten Stand gesetzt. Dieses Straßengeld wurde Ende der 50er Jahre mit 12,000 Fl. abgelöst, wovon der Staat, die Amtscorporation und die betreffenden Gemeinden je ein Drittel zu übernehmen hatten.

lichen Güterabtretung im Werth von 1094 Fl. und zu einem baaren Beitrag von 50 Fl., Haßmersheim zur Geländestellung im Werth von 307 Fl. und zu einem baaren Beitrag von 120 Fl. bereit erklärt hatten, wurde der Bau in den Jahren 1857 und 1858 ausgeführt, die Arbeiten jedoch auf das Dringendste beschränkt, nämlich auf die Tieferlegung der Straße oberhalb Neckarelz, auf einige weitere kleinere Correctionen und auf die nöthigste Verbreiterung. Die neuen Straßenstücke wurden mit einer Fahrbahn von 15 Fuß Breite aus 5 Zoll Gestück und 3 Zoll Schotter hergestellt. Der Staatsaufwand betrug 13,216 Fl., der ganze Aufwand 16,205 Fl.

Die vollständige Verbesserung der Straße wurde auf die Entscheidung der Frage ausgesetzt, ob in Folge eines Eisenbahnbaues von Heidelberg nach Würzburg auch eine Bahn von Neckarelz nach Heilbronn hergestellt wird. Die desfallsigen Verhandlungen erhielten erst durch den zwischen Baden, Württemberg und Hessen abgeschlossenen Staatsvertrag vom 21. März 1864 ihre einstweilige Erledigung, wonach zur Verbindung der Odenwaldbahn mit Heilbronn eine Verbindungsbahn von Meckesheim über Wimpfen und Jaxtfeld zu bauen war, folglich eine Fortsetzung der Bahn von Neckarelz auf dem rechten Neckarufer, wenigstens zur Zeit, unterblieb. Es lag nun um so weniger Grund vor, mit dem vollständigen Ausbau der Straße länger zu zögern, da auch von Neckarelz abwärts bereits der größere Theil der Neckarthalstraße in einen guten Stand gebracht war. Das Budget für 1866/67 bewilligte daher für die noch nöthige Verbreiterung und Gefällsausgleichung zwischen Neckarelz und Gundelsheim 9803 Fl., nachdem die Gemeinden Haßmersheim (1) und Neckarzimmern (2) sich verpflichtet hatten, das auf 2190 Fl. taxirte Gelände gegen ein Aversum von 994 Fl. zu stellen, wodurch sich der auf 11,000 Fl. berechnete Gesammtaufwand für die Staatscasse um 1206 Fl. ermäßigte. Die Vollendung dieser Arbeiten erfolgte im Jahr 1867.

Auch auf württembergischem Gebiet wurde die Straße inzwischen in guten Stand gebracht und namentlich die gefährliche Steige zwischen Gundelsheim und Böttingen durch Tieferlegung und Correction der Straße verbessert. Die Straße von der württembergischen Gränze bis Neckarelz wurde hierauf in die Classe der unterstützten Vicinalwege eingereiht. In Folge dieser Straßenverbesserung minderten sich sogleich die Frachtkosten von Neckarelz bis Heilbronn von 24 Xr. auf 20 Xr. pro Centner.

Diese Straße wird in Schriften des vorigen Jahrhunderts allgemein „Landstraße" genannt, von welcher 1774 behauptet wurde, daß sie durch den Bau der Straße von Wiesenbach über Waldwimmersbach nach Neckarelz sehr an Frequenz verlieren werde, daher auch die Zent Eberbach (3) sich weigerte, zu den Kosten der letzteren Straße beizutragen. 2. Neckargemünd-Eberbach.

Im pfälzischen Gebiet wurde die Straße von Eberbach abwärts im Jahr 1784 durch einen neuen Brückenbau und durch Chaussirung verbessert. (4) Nachdem das Hochwasser von 1824 die Straße auf hessischem Gebiet an mehreren Stellen zerstört hatte, baute Hessen fast durchgehend neu. Von jener Zeit scheint bis zum Jahr 1840 nur Weniges geschehen zu sein, denn die Straße, die in Baden und in Hessen nur als Vicinalweg behandelt und daher von den Gemeinden spärlich unterhalten wurde, befand sich bis dahin noch in schlechtem Stand.

In Neckargemünd (5) führte ein enger und steiler Weg zu der Ruderfähre (6) an den Neckar,

---

(1) Haßmersheim, schon 774 bekannt, kam 976 an die Abtei Mosbach, 1026 an das Domstift Worms, dann an den Deutschorden und später (1803) an Leiningen, 1806 an Baden. Seit 1867 geht hier eine fliegende Fähre, deren rechtseitige Anfahrt bei Gelegenheit des Straßenbaues auf Staatskosten hergestellt wurde. Die Nähe wurde 1866 mit 1354 Fl. von der Gemeinde angeschafft, sie ertrug 1875 1208 Mark, 1876 1436 Mark. Die Staatscasse bezahlte 1869 500 Fl. Beitrag zu Verbesserung der Zufahrten. Das Fahr ist verpachtet. Der Fährlohn beträgt für Zweispänner 8 Xr., Einspänner 6 Xr., Rindvieh 4 Xr., Fußgänger 1 Xr. (2) Neckarzimmern war ritterschaftlich. Der Ort wurde schon unter Carl dem Großen gegründet. Das Schloß Hornberg gehörte bis 1562 dem Götz von Berlichingen. Ende des 16. Jahrhunderts kam dasselbe an die Familie von Gemmingen. (3) Eberbach ist keltischen Ursprungs; seine Geschichte geht auf das Jahr 626 zurück, in welcher Zeit der Ort von König Dagobert an das Domstift Worms vergabt wurde. Die Stadt war schon im 13. Jahrhundert reichsunmittelbar, wurde aber 1330 an die Pfalzgrafen verpfändet und verlor hierauf die Reichsunmittelbarkeit. In den Jahren 1394 und 1484 erhielt Eberbach Marktrechte. 1500 wurde Churfürst Philipp mit Eberbach belehnt, von welcher Zeit an die Stadt pfälzisch blieb, bis sie 1803 als Entschädigung an den Fürsten von Leiningen und 1806 an Baden kam. Die Eberbacher Zent bestund aus Eberbach, Schollbrunn, Igelsbach, Bleikartsbach, Wimmersbach und Rockenau. (Widder, Die Pfalz.) Die in der Nähe befindlichen Sandsteine, Holz und Rinde, Gyps, Fabrikate und Wein bilden hier die Haupthandelsartikel. (4) Land. Arch.-Acten. (5) Neckargemünd gehörte den Dynasten von Düren und Dilsberg; der Ort war 1302 schon Stadt und kam 1330 an die Pfalzgrafen. Dilsberg siehe Mone, Urgeschichte I. S. 194; Mone, Zeitschrift IV. (6) Carl Theodor bestätigte 1758 der Stadt ihre Privilegien und Freiheiten, insbesondere auch das Neckarfahr und damit verbundene Nutzung „vorbehaltlich deßfalls von unsern Chur Nach-

und ebenso steil war die jenseitige Auffahrt. Von Kleingemünd bis zur hessischen Gränze war die Straße sehr schmal und schlecht erhalten; aber noch schlechter war der Weg auf hessischem Gebiet, besonders unmittelbar unterhalb Hirschhorn, wo er öfter den Ueberschwemmungen des Neckars ausgesetzt war, und weiter abwärts, wo er mit starken Steigen über die vorspringenden Ausläufer der Berge führte.

Im Jahr 1839 errichtete die Gemeinde Neckargemünd eine fliegende Fähre mit 10 Giernachen. Diese Fähre ist 21 Fuß breit, 60 Fuß lang, 4,6 Fuß hoch und besitzt eine Tragfähigkeit von 800 Centnern. (1)

In den Jahren 1840 und 1841 verwandelte Hessen die Vicinalstraße in eine 42 Fuß breite Staatsstraße mit 24 Fuß Fahrbahn und einem Fuß- und Reitweg von je 9 Fuß Breite. Nur in dem Orte Hirschhorn (2) blieb im Wesentlichen der alte, sehr mangelhafte Zustand einer engen und steilen Passage unter- und oberhalb der Kirche. Da sich übrigens durch die ausgeführten Bauten die Frequenz der Straße nach Neckarsteinach (3) und weiter hinauf bis Eberbach bedeutend vermehrte, so fand man auch in Baden um so nöthiger, Hand an die Verbesserung des Weges zu legen, da in den Jahren 1839—45 die Straße zwischen Eberbach und Amorbach in guten Stand gebracht war, und in Folge davon die kürzeste Verbindung zwischen Neckar und Main, beziehungsweise zwischen Heidelberg und Miltenberg über Eberbach von dem durchgehenden Verkehre aufgesucht wurde.

Zunächst schien es nöthig, eine Verbesserung zwischen Neckargemünd und der hessischen Gränze zur Erleichterung des Verkehrs nach Neckarsteinach auszuführen. Das Budget für 1856/57 bewilligte zu diesem Ende eine Summe von 17,300 Fl., wovon a) zur Verbesserung der beiderseitigen Anfahrten zur fliegenden Fähre in Neckargemünd, einschließlich der Erweiterung der Stadtstraße durch Zurücksetzen der Kirchhofmauer 6800 Fl., b) für Verbreiterung und theilweise Verlegung des Weges von Kleingemünd bis zur hessischen Gränze 10,500 Fl. bestimmt waren. Nachdem durch billige Stellung des Geländes von der Gemeinde Kleingemünd ein Beitrag von circa 2000 fl. geleistet war, wurde der Bau im Jahr 1857 mit 14,483 Fl. ausgeführt. Die neue Straße erhielt eine Breite von 18 Fuß mit 16 Fuß Fahrbahn, 4 Zoll Gestück und 2 Zoll Schotter, sie wurde alsbald unter die Staatsstraßen aufgenommen. Die fortwährende Steigerung des Verkehrs führte nun auch zur Verbesserung des Wegs von der oberen hessischen Gränze bis Eberbach. Der Aufwand hierfür war einschließlich der Kosten für die steinerne Brücke über den Gammelsbach im Betrag von 5000 Fl. auf 22,500 Fl. überschlagen. Da sich jedoch die Gemeinde Eberbach zur unentgeltlichen Stellung des Geländes im Werth von 2900 Fl. bereit erklärte, ermäßigte sich der Aufwand auf 19,600 Fl., welche Summe in dem Budget für 1860/61 Genehmigung erhielt. Der Bau wurde im November 1860 begonnen und 1862 vollendet. Auch diese Straße wurde sofort in den Staatsstraßenverband aufgenommen und die Stadt Eberbach verzichtete auf den langjährigen Bezug des Pflastergeldes. Da eine vollständige Correction der Straße in Hirschhorn auf 30,000 Fl. veranschlagt war, beschränkte sich Hessen auf eine Minderung der Gefälle durch Auf- und Abtrag. Im Jahr 1866 wurde nämlich das Gefäll der Straße von der Kirche aufwärts von 9—10 Procent auf 6—7 Procent ermäßigt und eine ähnliche Gefällsverbesserung von der Kirche abwärts von 10 Procent auf 7,5 Procent im Jahr 1867 ausgeführt. Durch die mit dem 1. Januar dieses Jahres erfolgte Aufhebung des Straßengeldes in Hessen ist dem Verkehr eine weitere Erleichterung zugegangen.

3. Eberbach-Neckarelz. Von Eberbach bis Neckargerach bestund die alte Straße in einer Breite von 10—18 Fuß mit häufig wechselnden Gefällen. Die beschwerlichste Abtheilung auf dieser Strecke bildete der

folgern wegen deren das fahrts und sonstige auf dem Neckar habende gerechtsame erlassende nähere landes fürstliche Verordnung." (Heidelberg, Ober-Arch.-Acten.) Der Pacht betrug 1799 300 Fl., später bis 1830 nur 250 Fl., 1830 505 Fl. Der Tarif und der Pachtvertrag wurden stets von der Regierung genehmigt. (1) Diese Fähre mit Einrichtung hat 5900 Fl. gekostet. Der Pachtzins betrug 1867 2135 Fl., 1868 2475 Fl., 1865—66 2870 Fl., 1862—64 2800 Fl. Der Reinertrag wurde 1868 auf 1240 Fl. berechnet, weshalb durch einen neuen Tarif von 1869 der Rohertrag um 22 Procent, nämlich von 5346 Fl. auf 4176 Fl. ermäßigt wurde, indem man den Tarifsatz von 4 Xr. für Fuhrwerke auf 2 Xr. herabsetzte. In neuester Zeit betrug der Pacht 4817 Fl., der Reinertrag 1800 Mark. (2) Hirschhorn kam 1330 durch Lehen von Karl IV. an die Herren von Hirschhorn und als dies Geschlecht 1632 erloschen war, an das Bisthum Mainz, 1803 mit Neckarsteinach an Hessen-Darmstadt. (3) Neckarsteinach, früher im Besitz der Familie Steinach, kam 1328 an die Familie „Landschaden von Neckarsteinach", 1653 an das Stift Mainz, 1653 an Metternich und in der Mitte des 18. Jahrhunderts an das Domstift Speyer, 1803 an Hessen-Darmstadt. Die Burgen wurden 1675 von Markgraf Karl Ludwig zerstört. (Remmling II. S. 552.)

Durchgang durch den Ort Zwingenberg,(1) wo der Weg zuweilen nur 10—12 Fuß breit war und mehrere starke Gegenfälle hatte. (2) Von Neckargerach (3) aufwärts bis Binau bestund längs des Neckars kein Weg, sondern die Straße führte über die Höhe durch Reichenbuch und mündete zwischen Mosbach und Neckarelz in das Elzthal ein. Dieser Weg, obgleich dessen Chaussirung erst 1788/90 durch die Pfalz im Frohndweg erfolgte, hatte sowohl auf Neckargeracher Seite, als auf Seite des Elzthales Gefälle von 7—12 Procent.

Zwischen Binau und Diedesheim vermittelte ein sehr schmaler, unregelmäßiger und nicht fundamentirter Vicinalweg den Ortsverkehr. Dieser Weg, großentheils unmittelbar am Neckar hinziehend, wurde theilweise als Leinpfad benützt, und da er jeder Schutzvorrichtung entbehrte, auch streckenweise unter dem gewöhnlichen Hochwasser lag, war seine Benützung oft mit Gefahr verbunden. Als dringendstes Bedürfniß erschien die Beseitigung der lästigen Reichenbucher Steige, durch Anlage einer neuen Straße längs des Neckars zwischen Neckargerach und Binau auf eine Länge von 5/4 Stunden. Der Aufwand hierfür war auf 40,000 Fl. veranschlagt, wovon 10,800 Fl. für Gütererwerbung nöthig schienen. Die Straße war auf 18 Fuß Breite mit 16 Fuß Fahrbahn aus 4 Zoll Gestück und 2 Zoll Schotter herzustellen und auf 25 Fuß Neckarpegelhöhe zu legen, während 33,8 Fuß den niedersten Wasserstand bezeichnet. Die Führung der Straße über das höchste Wasser schien nicht nothwendig, weil solche Wasserstände selten eintreten und die meisten Dörfer und Städte an dem Neckar ebenfalls weit unter dem höchsten Wasserstand liegen, daher bei außerordentlichen Wasserständen der Verkehr doch auf kurze Dauer unterbrochen wird. In der Voraussetzung, daß die Orte Gerach und Binau (4) die Hälfte der Kosten für Geländeerwerbung übernehmen, wurde in dem Budget für 1860/61 ein Staatsaufwand von 34,600 Fl. bewilligt. Die Gemeinde Binau stellte das Gelände gegen ein Aversum von 3000 Fl., die Gemeinde Gerach gegen ein solches von 1000 Fl. (5) Mit der fürstlich leiningischen Generalverwaltung wurde unterm 21. November 1860 vereinbart, daß dieselbe den zum Steinbruch und zum Straßenbau erforderlichen Wald nebst Waidgelände unentgeltlich abgiebt, wogegen die Bauverwaltung zwei Holzlagerplätze von je 25 Fuß Länge und 10 Fuß Breite herstellt, und gestattet, daß die fürstlich leiningische Verwaltung auf diesen Plätzen und auf so vielen andern, als sie selbst etwa anlegen will, sowie auf dem Neckarvorland zwischen dem Ufer und Leinpfad längs des leiningischen Waldes Holz ablagern, zu Flößen einbinden oder auf Schiffe verladen darf. Auch das Transportiren des Holzes über die Graben und Böschungen der Straße wurde, soweit der Verkehr dadurch nicht gestört oder gefährdet wird, unter der Bedingung gestattet, daß etwaige Beschädigungen durch die leiningische Verwaltung wieder hergestellt werden. Der Bau wurde 1861 begonnen und in demselben Jahre dem Verkehre übergeben, aber erst 1862 vollendet.

Das Budget für 1862/63 genehmigte sodann den Aufwand für die Correction der Straße durch den Ort Gerach auf eine Länge von 417 Ruthen mit 18,000 Fl., welcher Bau 1863 zur Ausführung kam. Die Gemeinde gab einen baaren Beitrag von 1925 Fl., stellte das Gemeindeeigenthum unentgeltlich und das Privateigenthum gegen den Taxationspreis von 2594 Fl. Auch einige Bürger gaben zusammen 425 Fl. Beiträge. Die Verlegung der Straße bei Zwingenberg hatte sich, obgleich solche ganz besonders dringend war, (6) durch den Widerstand der Bewohner verzögert. Die 668,9 Ruthen lange Correction, welche zur Umgehung des Orts an dem Neckar hin auszuführen war, sollte nach dem Ueberschlag 36,000 Fl. kosten, worunter

(1) Die pfälzische Amtsvogtei Zwingenberg gehörte im 15. und 16. Jahrhundert den Herren von Rosenberg und Hirschhorn, kam dann als mainzisches Lehen an den Herrn von Göler, 1696 als pfälzisches Lehen an von Wieser, 1728 wieder an von Göler, 1746 an Churfürst C. Theodor, und 1779 an den Grafen von Brezenheim und wurde 1808 von Baden für die Grafen Hochberg erkauft und zur Standesherrschaft erhoben. H. Krieg, Die Veste von Zwingenberg, 1843. (2) In dem Gebiet der Herrschaft Zwingenberg wurde auf Veranlassung des Reichsgrafen von Brezenheim 1788—89 „Die alte Geleits- und Heerstraße" von Eberbach nach Mosbach in einer Breite von 8, 9, 10, höchstens 16 Fuß chausseemäßig hergestellt. Sämmtliche Unterthanen mußten frohnden, die Kosten für Handwerksleute wurden nach dem Schatzungsfuß umgelegt. Die Orte Strümpfelbronn, Wagenschwend und Balsbach erhielten wegen Verzögerung der Arbeit in ihren Loosen Execution durch Chevauxlegers, von denen jedem Mann täglich 1 Fl. bezahlt werden mußte. (3) Neckargerach kam mit der Abtei Mosbach an das Domstift Worms, dann an die Pfalz. (4) Binau kam 1349 an Pfalzgraf Ruprecht, 1507 an von Auerbach, 1560 wieder an die Pfalz. Der unterhalb Binau auf dem linken Ufer liegende sogenannte Reiherwald, der stets einer großen Zahl von Fischreihern zur Brutstätte diente, wurde 1571 abgeholzt. (5) Vor dem Bestehen der neuen Straße benützte Binau die Straße von Neckargerach nach Mosbach über Reichenbuch, da der Karrenweg längs des Neckars häufig überschwemmt und zerstört wurde. (6) Die Straße hatte zwischen dem Berg und den Dächern der tiefer liegenden Wohnhäuser nur 10 Fuß Breite und Gegengefälle von 4—6 Procent.

11,300 Fl. für Ankauf von Gütern und Gebäuden enthalten waren. Auch die Höherlegung des Leinpfades war dabei in Rechnung genommen. Da aber Letzteres auf Bitten der Schiffer um Beibehaltung und Verbesserung des alten Leinpfads unterblieb, ermäßigte sich der Aufwand auf 32,600 Fl. Der Bau wurde im Juli 1864 begonnen und im Juni 1865 dem Verkehre übergeben. Soweit die Straße durch markgräflich badisches Eigenthum zieht, wurden die Obstbäume von der markgräflichen Verwaltung gepflanzt und ihr für Unterhaltung der Bäume der Obstertrag überlassen. Die an der Bewilligung erübrigte Summe von 3500 Fl. wurde im Jahr 1865 zur Verbreiterung einer 3000 Ruthen langen Abtheilung der Straße unterhalb Gerach verwendet, wozu die Gemeinde das auf 3000 Fl. geschätzte Gelände stellte.

Zur Verbesserung der Straße und zu Verlegung des Leinpfades zwischen Binau und Diedesheim wurden die Kosten 1865 auf 23,500 Fl. veranschlagt, worunter für Güterentschädigung 2611 Fl. enthalten sind.

Da sich die Gemeinden verpflichteten, die Güter gegen ein Aversum von 1891 Fl. zu stellen, so waren aus der Staatscasse noch 21,659 Fl. zu bestreiten. Die Ausführung erfolgte in den Jahren 1866 und 1867. Es fehlten nun noch mehrere Verbreiterungen und Regulirungen der Straße zwischen Gerach und Eberbach, und zwar in Gemarkung Gerach von 303 Ruthen, Zwingenberg von 215 Ruthen, Lindach von 555 Ruthen und Eberbach von 1644 Ruthen Länge, wofür der Aufwand auf 16,000 Fl. berechnet wurde. Nach Genehmigung dieser Summen für 1868/69 kamen auch diese Bauten alsbald zur Ausführung, und es wurde zugleich die Entfernung des Leinpfads von der Straße bewirkt. Eberbach stellte das Gelände gegen Aversum von 870 Fl. = $\frac{1}{3}$ des taxirten Werthes, Lindach desgleichen für 750 Fl. = $\frac{1}{5}$ des taxirten Werthes.

Die neu hergestellten Abtheilungen wurden sofort in den Staatsstraßenverband aufgenommen. Im Jahr 1866/67 wurde bei Haßmersheim statt einer Leinenfähre eine fliegende Fähre von der Gemeinde errichtet und die Zufuhrstraße mit Staatszuschuß von 500 Fl. ausgeführt. Seit dem Bestehen der Hüffenfort-Haßmersheimer Landstraße hat sich der Verkehr vermehrt. (1) Die Luttenbachbrücke bei Neckarzimmern ist 1877 umgebaut und der Aufwand von 2400 Mark nach dem Gesetz getragen worden.

4. Heidelberg-Kleingemünd. Die Straße zwischen Heidelberg und Ziegelhausen, welche auch für den Verkehr nach Schönau, Heiligkreuzsteinach rc. dient, war bis zum Jahr 1815 in dem Staatsstraßenverband, erhielt aber erst in den letzten 20 Jahren allmählich aus den Mitteln des ordentlichen Flußbauetats (2) durch Verbreiterung und Gefällsregulirung die nöthige Verbesserung, und wurde insbesondere von dem Leinpfade befreit. (3) Es fehlt demnach für den durchgehenden Verkehr auf dem rechten Neckarufer zwischen Heidelberg und Heilbronn nur noch die Herstellung einer Straße zwischen Ziegelhausen und Kleingemünd. Dieser Bau wurde seit 1837 wiederholt von den Gemeinden Ziegelhausen, Schönau und Heiligkreuzsteinach angestrebt, und zwar von letzteren in neuerer Zeit besonders deshalb, weil durch Herstellung der neuen Straße in dem Steinachthal der Hauptverkehr nach Heidelberg über Neckarsteinach geht und daher bei Kleingemünd der Neckar überschritten werden muß, was, abgesehen von den Kosten des Fahrgelds, lästig, und zu Zeiten, namentlich bei Eisgang und Hochwasser, unmöglich ist. Obgleich nun außer Zweifel liegt, daß die Herstellung einer Straße zwischen Heidelberg und Ziegelhausen für den Verkehr im Neckarthale nützlich und für die sich in Heidelberg zahlreich aufhaltenden Fremden sehr angenehm wäre, so wurde der Bau doch bisher unterlassen, weil bei dem lebhaften Betrieb der Steinbrüche die Ausführung und Unterhaltung der Straße schwierig und kostspielig ist, die Stadt Neckargemünd dadurch beeinträchtigt würde, und noch dringendere Bauten herzustellen sind. Ueberdies glaubte man, daß durch spätere Verlegung der Schiffbrücke von Neckarelz nach Neckargemünd, welche vielfach angeregt wurde, den Verkehrsverhältnissen ebenfalls in der Hauptsache entsprochen werden könnte. (4)

Als nun 1875 der Bau der Eisenbahn von Neckargemünd über Eberbach nach Neckarelz auf dem rechten Neckarufer begonnen wurde, schien es angemessen, die oberhalb Neckargemünd zu erbauende stehende Eisenbahnbrücke in der Art auch als Straßenbrücke zu benützen, daß die Straßenfahrbahn unter die Eisenbahn gelegt, und beiderseits Zufuhrstraßen erstellt werden.

---

(1) Die Gemeindeangehörigen bezahlen Aversalbeiträge für Benützung der Fähre von 2—300 Mark jährlich. (2) Da die Straße als Leinpfad diente, wurde sie fortan aus Flußbaumitteln unterhalten und verbessert. (3) Seither wird der Weg von den Gemeinden unterhalten. (4) Die Straße von Diedesheim über Kleingemünd hat eine Länge von 11 Stunden. Also 3 Stunden mehr als über Aglasterhausen, aber günstigere Gefälle.

Die Brücke sollte, über Hochwasser von 1824 gelegt, zwei Pfeiler und einen Oberbau von Eisenfachwerk erhalten. Die Breite der Brückenstraße war auf 4,2 Meter, jene der beiden Trottoirs auf je 1 Meter bestimmt. Der Aufwand für die ganze Brücke war auf 500,000 Mark, jener für die Straßenbrücke auf 50,000 Mark berechnet. Die beiden Straßenanschlüsse sollten 60,000 Mark, also der neue Straßenübergang 110,000 Mark kosten.

Die linksseitige Straße mündet in den alten Postweg ein und durchzieht die Neckarstraße der Stadt. Der Aufwand für den Straßenübergang war nach dem Gesetz von 1868 zu decken. Gemeinde und Kreis waren einverstanden, sie wollten aber, daß dennoch von Kleingemünd nach Ziegelhausen und Heidelberg eine gute Straße hergestellt werde. In der Voraussetzung, daß zwischen Kleingemünd und Ziegelhausen das vorhandene Gegengefäll von 11 und 7 Procent auf 4 Procent ermäßigt wurde, war der Aufwand für diese Straße auf 110,900 Mark = 64,692 Fl. berechnet worden. Der Brückenbau wurde 1877/78 ausgeführt. Für den Umbau der baufälligen Holzbrücke über den Luttenbach bei Neckargemünd sind 1876 2600 Mark bewilligt worden. Der Oberbau ist in Eisen herzustellen; Kreis und Gemeinde tragen $^1/_3$ der Kosten.

Zum Uebersetzen über den Neckar werden von Neckargemünd aufwärts auf badischem Gebiete benützt: bei Eberbach eine Kettenfähre für Fuhrwerke, bei Pleuttersbach eine Nachenfahrt; bei Zwingenberg, Gerach und Binau Fähren für Fuhrwerke, in Hochhausen solche für Personen, in Haßmersheim eine fliegende Fähre für Fuhrwerke.

Die Stadt Eberbach, deren Bewohner seit längster Zeit schon einen namhaften Handel mit Holz, Rinde und gewerblichen Erzeugnissen betreiben, war bis in die neuere Zeit fast ausschließlich auf die Wasserstraße des Neckars angewiesen, da die Landwege sich in äußerst mangelhaftem Zustande befanden. Das Schiffergewerbe hatte sich darum in Eberbach schon seit Jahrhunderten mehr als in anderen Neckarorten ausgebildet. Dessenungeachtet waren die Vorkehrungen für das Ein- und Ausladen der Schiffe äußerst mangelhaft, und ein Winterhalt für die Schiffe fehlte ganz, daher dieselben entweder in Heilbronn oder Mannheim überwintern oder aber zum Schutze gegen Eisgang mit vielen Kosten auf einer erhöhten Stelle des Neckarufers geborgen werden mußten. Hafen bei Eberbach.

Bis zum Jahr 1836 bestunden bei Eberbach nur einige Holzpritschen zum Ein- und Ausladen der Schiffe, im gedachten Jahre aber wurde zwischen der Stadt und dem Neckar von dem jetzigen Ueberfahrtsplatze abwärts ein schmaler Quai (Lauer) von 35—40 Fuß Breite und 175 Ruthen Länge nebst einer Auffahrt zur Hochstraße (Poststraße) hergestellt, und mit einer Mauer gesichert. Auch von dem Fahr abwärts wurde auf eine Länge von 50 Ruthen eine Quaimauer hergestellt. Zwischen dem Fahr und der Hochstraße hatte sich schon vor langer Zeit der Neckar in zwei Arme getheilt und dadurch eine Insel von 100 Ruthen Länge und einer durchschnittlichen Breite von 10 Ruthen gebildet, welche als Wiese benützt wurde. Der rechtsseitige Neckararm hatte eine Breite von 22 Ruthen, der linksseitige eine solche von 16 Ruthen. Die Breite des Neckars betrug ober- und unterhalb 480 Fuß und war deshalb, da die Normalbreite nur 250 Fuß betragen soll, viel zu groß, daher sich Versandungen einstellten.

Als in Folge der im Jahr 1839 mit Aufwand größerer Summen begonnenen Neckarcorrection(1) die Schifffahrt sich bedeutend gehoben hatte und allmählich auch größere und werthvollere Schiffe zur Verwendung kommen konnten, stellte sich das Bedürfniß besserer Landungsstellen und eines Winterhalts für die Schiffe immer dringender dar. Die Zahl der patentisirten Schiffer hatte sich auf 62 vermehrt und die Ladfähigkeit ihrer Schiffe zusammen auf 92,000 Centner erhöht. In Folge dringender Petitionen der Eberbacher Gemeinde und Schifferschaft von den Jahren 1858 und 1859 sah sich die Regierung veranlaßt, die Aufstellung eines Plans und Kostenüberschlags für die Ausführung eines Winterhafens und entsprechender Lagerplätze anzuordnen. In der Unterstellung, daß der Hafen zu Aufnahme von 150 Schiffen einen Flächengehalt von $4^1/_2$ Morgen und eine Tiefe von 2 Fuß unter dem niedersten Wasser erhalten werde, da der Tiefgang der Schiffe in belastetem Zustande 2 Fuß beträgt, daß der Hafendamm eine Höhe von 43 Fuß über Niederwasser oder 15 Fuß über der Flußsohle erhalten und die Einfahrtsweite bei Niederwasser 20 Fuß betragen soll, daß ferner mittelst der Hafen-Aushubmasse und der durch die Entfernung der sogenannten Wörthinsel sich ergebenden Füllmasse zur Einengung des Neckars auf die Normalbreite von 250 Fuß, an dem rechtsseitigen Ufer ein Lagerplatz hergestellt werde, berechnete sich der Aufwand auf 35,000 Fl. Die an dem linksseitigen Ufer herzustellenden Zeilenbauten sollten aus Flußbaumitteln bestritten werden, da diese, wie die Ent-

(1) Siehe Denkschrift über den Binnenflußbau von 1863.

fernung der Insel selbst, auch im Interesse des Uferschutzes bei Eberbach von großem Nutzen war. Da man unterstellen durfte, daß nach Herstellung der bereits im Bau begriffenen Eisenbahn von Heidelberg nach Mosbach die Schifffahrt auf dem Neckar sich eher mindern, als vermehren werde, so wurde einstweilen ein Hafenraum für 100 Schiffe für genügend erkannt, und nach Ermäßigung des Plans auf diesen Bedarf der Kostenüberschlag auf den Betrag von 22,447 Fl. herabgesetzt. Da sich die Gemeinde bereit erklärt hatte, das für den Hafen nöthige Gelände im Werth von 2575 Fl. unentgeltlich abzutreten und die Schifferschaft zu den Kosten der Ausbaggerung einen Beitrag von 1 Fl. per Cubikruthe, oder zusammen von 1176 Fl. in Aussicht stellte, berechnete sich der Aufwand für die Staatscasse noch auf 20,000 Fl., welche auch bewilligt wurden. Die Arbeiten wurden im Jahr 1862 begonnen und im Jahr 1864 vollendet. Der Lagerplatz vom Fahr abwärts bis zum Hafen erhielt eine Breite von 12 Ruthen; er ist gegen den Neckar theils mit einer Quaimauer, theils durch Abpflasterung geschützt, auf der Oberfläche chausseemäßig behandelt und mit zwei gepflasterten Zugangswegen zum Ufer versehen. Der unterhalb an den Lagerplatz angränzende Hafen hat eine Länge von 130 Ruthen und oben eine Breite von 50 Fuß, die sich nach unten allmählich bis 170 Fuß erweitert. Die Hafeneinmündung hat eine Weite von 30 Fuß. Sowohl der neue Lagerplatz, als der Hafen sind Eigenthum des Staats; es wurde jedoch unterm 17. Juni 1865 mit der Gemeinde durch Vertrag vereinbart, daß 1) der Gemeinde Eberbach die Bezüge sämmtlicher in der neuen Hafenordnung festgestellten Lauerlager- und Ueberwinterungsgebühren überlassen werden;(1) 2) daß dagegen die Gemeinde den Winterhafen und sämmtliche, der Schifffahrt dienende, zum Hafen gehörige Anlagen, wie sie für den Staat ausgesteint sind, nach Anordnung der Baubehörde zu unterhalten hat, und daß, falls diesen Anordnungen nicht entsprochen wird, die Baubehörde dieselben auf Rechnung der Gemeinde ausführen lassen kann; 3) daß alle Gegenstände und Materialien, welche zu staatsbaulichen Zwecken bestimmt sind, keinerlei Lager- und Hafengeld zu entrichten haben; 4) daß das mit der Gemeinde getroffene Uebereinkommen von Seiten der Bauverwaltung jederzeit aufgelöst werden kann; wogegen der Gemeinde einjährige Kündigung auferlegt ist.

Die Gemeinde Eberbach petitionirte 1876 um den Bau eines 130 Meter langen erhöhten Lauers, der 2000 Mark kosten soll.

Die Luttenbachbrücke bei Neckarzimmern wurde 1877 mit 2600 Fl. in Eisen umgebaut. Der nachweisbare Gesammtaufwand für Verbesserung dieses Straßenzuges und des Eberbacher Hafens beträgt 391,089 Mark.

Der Verkehr von Kleingemünd nach Neckarsteinach hat sich seit 1864—74 von 61 auf 213 Zugthiere täglich erhöht. Zwischen Eberbach und Neckarelz sind 1874 30 Zugthiere täglich beobachtet worden; von Neckarsteinach bis Eberbach aber 104.

Im Jahr 1876 trat das Project des Baues einer Fahrstraße von Kleingemünd nach Ziegelhausen neuerdings auf. Die Kosten waren bei Annahme von 6,6 Meter Breite auf 50,000 Mark veranschlagt, wovon der Kreis und die Interessenten 27,400 Mark übernehmen wollen. Die zweite Kammer empfahl die Leistung eines Staatszuschusses von 20,000 Mark, um eine gute Vicinalstraße herzustellen.

Nr. 149.

Straße von Eberbach nach Amorbach.

Itterbachthalstraße.

Länge in Baden	20,59 Kilometer	= 4,6	Stunden,
„ „ Baiern und Hessen		3,0	„
zusammen		7,6	Stunden.

Nr. 213.

Straße von Aglasterhausen über Zwingenberg nach Dielbach.(2)

Die Niederlassung der Kelten in dem Itterbachthal und seiner Umgebung ist durch die aus keltischer Sprache stammenden Namen der Bäche, Berge und vieler Orte wahrscheinlich gemacht.

(1) Die Einnahme aus solchen Gebühren wurde auf jährlich 350 Fl. geschätzt. (2) Der Straßenzug von Aglasterhausen nach Zwingenberg und von da nach Mudau, sowie jener von Aglasterhausen nach Eberbach finden hier ebenfalls Erwähnung.

Eberbach, Höllgrund, Hohberg, Rothensöhl, Itterbach, Heidenberg, Rockenau, Katzenbach, Katzenbuckel, Dielbach, Kailbach, Hart, Schöllenbach, Breitenbach, Hesselbach, Fohrenberg, Mörschenhardt, Hohenstein scheinen ursprünglich keltische Bezeichnungen. Auch die Römer hatten bekanntlich in dieser Gegend sich lange Zeit aufgehalten, doch sind außer den Resten des sog. Pfahlhages und der von Mudau nach Amorbach führenden Straße nur wenige und überdies zweifelhafte Reste ihrer Bauthätigkeit vorhanden. (1) Dagegen fand man in der Nähe des hessischen Ortes Mühmling die Bildnisse der Deae Mairae, unter welchen die 3 keltischen Jahreszeiten: Frühling, Sommer und Winter sinnbildlich dargestellt sind, deren Cultus von den eingedrungenen Römern angenommen sein mochte. (2) Obgleich für die Verbindung von Eberbach mit dem Main schon im 18. Jahrhundert eine durch den Ort Friedrichsdorf (3) ziehende Straße unter dem Namen „Buchener Straße“ benützt wurde, war der Verkehr durch den schlechten Zustand dieses Weges doch so sehr erschwert, daß er größtentheils den Umweg auf der über Oberdielbach und Mudau führenden Straße einzuhalten genöthigt war. Aber auch diese letztere Straße war so schlecht unterhalten, daß man, nachdem in den Jahren 1817—31 die Straße von Zwingenberg nach Oberdielbach verbessert war, diesen Weg trotz seiner ungünstigen Gefällsverhältnisse den beiden genannten Straßen vorzog. Von Zwingenberg führte nämlich ein im Anfange des vorigen Jahrhunderts durch die zu dieser Herrschaft gehörigen sogenannten Winterhau-Gemeinden (4) Oberdielbach, Weisbach, Strümpfelbrunn, Katzenbach und Mülben wegen Ablieferung ihrer Gült- und Zehntfrüchte in das Schloß Zwingenberg hergestellter Weg an den sogenannten Posthäusern (5) vorüber nach Dielbach auf die nach Mudau ziehende Straße. Dieser Weg lag zu zwei Drittel in Gemarkung Dielbach. Die schlechte Unterhaltung veranlaßte, daß die Fuhren allmählich nach allen Richtungen hin den Wald durchzogen und viele Beschädigungen herbeiführten, zuweilen aber auch verirrten und verunglückten. Zur Beseitigung dieses Mißstandes wurden im Jahr 1817 die Gemeinden Dielbach, Weisbach, Katzenbach, Strümpfelbrunn, Mülben, Ferdinandsdorf (6) und Friedrichsdorf zu Herstellung des Weges in Oberdielbacher Gemarkung, auf eine Breite von 14 Fuß und 10 Fuß Fahrbahn, durch das Amt angehalten. Hierauf erfolgte im Jahr 1822 durch die Gemeinden Dielbach, Katzenbach, Strümpfelbrunn, Lindach, Gerach und Zwingenberg die Verbesserung der untern Schloßsteige mit einem Aufwand von 777 Fl. und 1826—31 kam die Chaussirung des Weges von dem Schloß bis zur Dielbacher Gemarkung zu Stande. Der Geldaufwand für diese letztere Abtheilung, welche in einer Breite von 18—24 Fuß fundamentirt und an der Steige mit gepflasterten Rinnen versehen wurde, betrug 3000 Fl., welche Summe nebst den Frohndleistungen auf sämmtliche Gemeinden des Amts Eberbach zur Vertheilung kam. Die Herrschaft leistete einen Beitrag von 500 Fl. und übernahm die Kosten für Aufsicht und das Setzen der Liniensteine. Diese chausseemäßige Anlage beruhte auf dem Gedanken: der in den Jahren 1821—24 von Aglasterhausen über Neunkirchen bis an den Neckar bei Zwingenberg durch die Gemeinden der Aemter Neckargemünd, Mosbach, Eberbach und Neckarbischofsheim in der Frohnd auf eine Breite von 24—28 Fuß mit 16—20 Fuß Fahrbahn mit 2 Rampen und einem Gefäll von 4—5 Procent theils verbesserten, theils neu angelegten Straße eine Fortsetzung in directer Richtung nach Mudau zu geben, um den durchgehenden Verkehr zwischen dem Kraichgau und Franken auf diese Route zu leiten. In dieser Absicht wurde auch noch im Jahr 1835 die untere Schloßsteige bei Zwingenberg durch Herstellung neuer Stützmauern, Gefällsverminderung und Pflasterung mit einem Aufwand von 3600 Fl. verbessert, wovon die Herrschaft 950 Fl., die Amtscasse 1500 Fl. und die Gemeinden 1150 Fl. übernahmen. (7)

Da nun aber die Straße von Aglasterhausen bis Zwingenberg Steigen von 10—12 Procent, und jene von Zwingenberg nach Dielbach solche von 15—18 Procent auf lange Erstreckung be-

(1) Bei Zwingenberg fand man im Neckar römische Münzen von Antoninus (138—192). (2) Knapp, Römische Denkmale des Odenwaldes, 1854. (3) Friedrichsdorf wurde im Anfang des 17. Jahrhunderts durch Friedrich von Hirschhorn für vertriebene Protestanten aus dem Mainzer Gebiet gegründet und nach demselben genannt. Widder, Beschreibung der Pfalz II. S. 181 und Krieg, Die Feste Zwingenberg, S. 59. (4) Pfister, Verfassung des Großherzogthums Baden. Der Name „Hau“ bedeutet in keltischer Sprache „Berg“. Diese Gemeinden hatten von Alters her gemeinsames Recht und 15 gewählte Richter. Die Appellation ging an die Herren von Hirschhorn. Der Gerichtssitz war abwechselnd in Katzenbach und Strümpfelbrunn. Grimm, Weisth. I. 942. (5) Die Benennung dieser Häuser rührt daher, daß die Briefe und Packete, welche von der Obervogtei Zwingenberg an die untergebenen Gemeinden zu besorgen waren, durch einen Postboten an die Bewohner dieser Häuser und von diesen gewöhnlich mittelst Benützung von Eseln an die Ortsvorstände befördert wurden. (6) Ferdinandsdorf wurde im Anfang des vorigen Jahrhunderts von dem Grafen Ferdinand von Wiesen angelegt. (7) Badisch markgräfliche Arch.-Acten. In den Jahren 1867—68 stellte die markgräfl. Domänen-

sitzt, konnte diese Route auf die Dauer den durchgehenden Verkehr nicht befriedigen. Die Stadt Eberbach suchte deshalb im Jahr 1836 die alte, schon im Jahr 1808 von Miltenberg nach Amorbach neu hergestellte und von da bis gegen Mudau verbesserte, in den Gefällsverhältnissen günstigere und direct nach dem Main führende Straße durch das Itterbachthal zu verbessern, da auch die Standesherrschaft Leiningen im Begriffe stund, durch ihr Gebiet eine gute Straße auszuführen. Als die großherzogliche Regierung im Jahr 1838 ihre Aufmerksamkeit diesem Straßenzuge zuwendete, bestund schon zwischen Eberbach und der Itter auf eine Länge von 718 Ruthen ein guter, 18 Fuß breiter Vicinalweg, der nur auf eine kurze Strecke mehr als 5 Procent Gefäll hatte. Von der Itter bis zu der Sondernachsgemarkung war die Stadt Eberbach mit Vollendung eines 24 Fuß breiten, 1478 Ruthen langen Weges beschäftigt, welcher ebenfalls nur 5 Procent Maximalsteigung erhielt. Für diesen Wegbau hat Eberbach einen Aufwand von 8186 Fl. bestritten. Von der Sondernachgemarkung bis zur hessischen Gränze bei Friedrichsdorf bestund nur ein 10 Fuß breiter, sehr schlechter Weg ohne Fundament, der seine Fortsetzung in nicht weniger mangelhaftem Zustande über hessisches Gebiet fand. Von der hessischen Gränze bis Neubronn auf 2½ Stunden Entfernung war die Standesherrschaft Leiningen damit beschäftigt, eine ganz neue Straße von 24 Fuß Breite mit 17 Fuß Fahrbahn über die Wasserscheide bei Waldleiningen herzustellen. Das Gefäll dieser Straße wechselt zwischen 6 und 7 Procent. Von Neubronn bis Kirchzell war der Bau einer neuen Straße mit 4 Procent Fall begonnen. Von Kirchzell bis Amorbach(1) und von da bis Miltenberg bestund bereits seit 1808 eine 24 Fuß breite mit 17 Fuß Fahrbahn angelegte Straße. Der von Leiningen ausgeführte Straßenneubau hat einen Aufwand von 74,373 Fl. erfordert, wovon 38,967 Fl. auf badisches Gebiet entfallen. Im Jahr 1839 wurde der Aufwand für die Verbesserung des Weges von Sondernacher Gemarkung bis Friedrichsdorf auf 5800 Fl. veranschlagt, wovon die Leiningen'sche Standesherrschaft 2000 Fl. und die Gemeinden Eberbach und Friedrichsdorf 800 Fl. zu übernehmen bereit waren, so daß noch ein Staatszuschuß von 3000 Fl. nöthig erschien, der auch in dem Budget von 1839—41 bewilligt wurde. Die Arbeiten konnten jedoch mit den zur Verfügung stehenden Mitteln nicht vollständig ausgeführt werden, daher im Jahr 1844 aus Staatsmitteln weitere 1750 Fl. für Stützmauern, Dohlen &c. verwendet wurden. Damit war die Straße nun in einen solchen Stand gebracht, daß sie als Poststraße verwendet werden konnte.

Seit 1857 wurde dieselbe mit Staatsunterstützung unterhalten.

In den Jahren 1861—64 sind für den Bau einer neuen Brücke über den Itterbach und einige kleinere Correctionen weitere 3975 Fl. aufgewendet worden, wovon die Staatscasse 800 Fl. und die Gemeinden 2175 Fl. übernommen haben.

Um auch von Eberbach nach Aglasterhausen eine zweckmäßige Verbindung herzustellen, wurde im Jahr 1839 durch den Eberbacher Stadtwald und durch den Leiningen'schen Wald bis an die Gränze bei Schwanheim eine 20 Fuß breite Straße mit einem Maximalgefäll von 6 Procent durch Anlage mehrerer Rampen auf Gemeindekosten ausgeführt. Der Wald wurde unentgeltlich abgetreten und der Erlös aus dem in der Straßenlinie gefällten Holz durfte zu dem Bau verwendet werden. Die Arbeiten wurden im Accord ohne Beizug von Frohnden bewirkt. Wimmersbach stellte das Gelände ebenfalls unentgeltlich, nahm aber an den übrigen Kosten keinen Theil.

Der Uebergang über den Neckar bei Eberbach wird durch eine Kettenfähre bewirkt, zu deren Erneuerung die Staatscasse 1876 eine Unterstützung von 600 Mark bewilligte. Die Kosten für die Anfahrt im Betrag von 130 Mark übernahm die Straßenbaucasse ohne Consequenz für die Folge. Die Unterhaltung bleibt der Gemeinde.

Seit 1868 ist die Straße 149 von Eberbach bis an die Landesgränze unter die Landstraßen eingereiht.

Der nachweisbare Aufwand für Verbesserung dieser Straßen beträgt 113,967 Mark. Im Jahr 1874 sind 45 Zugthiere täglich zwischen Eberbach und Ernstthal beobachtet worden.

---

kanzlei eine neue Straße zwischen Schloß Zwingenberg und Oberdielbach auf eigene Kosten zum Zweck der Holzabfuhr her. (1) Das Benedictiner-Männerkloster Amorbach wurde im Jahr 714 von Pirmin gegründet. Im Jahr 730 wurde der Grund zu dem neuen Kloster gelegt, dessen erster Abt der heilige Amor war. Durch das Kloster entstund die Stadt, welche, nachdem Amorbach 1802 an Leiningen kam, zur fürstlichen Residenz erhoben wurde.

Nr. 150.

Straße von Oberschefflenz nach Untergriesheim.

Schefflenzthalstraße.

Länge 18,87 Kilometer = 4,25 Stunden.

Von Heilbronn führte die alte Landstraße nach Miltenberg über Neuenstadt, Stein, Neudenau, Waldmichelbach, Unter- und Oberschefflenz. Durch die beiden letzteren Orte zog auch die alte Straße von Mosbach nach Würzburg.(1) Eine Abzweigung von dieser Landstraße führte über Billigheim nach Unterschefflenz. Die Straße über Neudenau und Waldmichelbach hatte äußerst ungünstige Gefälle, daher die Bewohner des Schefflenzthales, welche hauptsächlich auf den Verkehr nach Heilbronn angewiesen sind, allmählich die Thalstraße von Oberschefflenz bis 3,3 Kilometer unterhalb Allfeld verbesserten. Allein die Fortsetzung dieser Straße in dem Thal gegen Untergriesheim fand darin ein Hinderniß, daß die auf der Höhe gelegene Stadt Neudenau den Straßenzug durch ihren Ort erhalten wollte und deshalb nicht nur nicht zu Fortsetzung der Thalstraße durch ihre Gemarkung bereit war, sondern sogar die Benützung des dortigen Waldweges durch dessen Abgraben verhinderte. Der ganze Verkehr war deshalb genöthigt, die Höhe von Neudenau zu ersteigen, um mit starkem Gefäll das Jaxtthal zu erreichen, und von da auf großem Umweg über Stein in das Kocherthal und über Neuenstadt und Neckarsulm nach Heilbronn zu gelangen. Es handelte sich deshalb um die Herstellung der Wegstrecke von unterhalb Allfeld bis zur sog. Bachmühle beziehungsweise bis zu der von Höchstberg über Untergriesheim nach Kochendorf führenden Straße, wovon etwa zwei Drittel auf badischem und ein Drittel auf württembergischem Gebiet liegen. Zur Beseitigung dieses Mißstandes war schon in dem Budget für 1844/45 eine Summe von 10,000 Fl. beansprucht, deren Genehmigung jedoch nicht erfolgte. Spätere Petitionen der Gemeinden blieben ebenfalls ohne Erfolg, weil man den Weg über Möckmühl nach Adelsheim zu einer Verbindung des mittleren Neckars bei Heilbronn mit dem mittleren Main bei Miltenberg für geeigneter hielt, und Anstand nahm, zur Herstellung von Vicinalwegen Staatsmittel zu verwenden, während die Verbesserung der Staatsstraßen noch große Summen erforderte. Nachdem aber im Jahr 1856 durch Ausscheidung einer Reihe von Staatsstraßen aus dem Landstraßenverband Mittel zur Verbesserung der Vicinalwege flüssig wurden, suchte man alsbald auch den Weg von Allfeld bis Untergriesheim herzustellen. Die Länge der neu zu erbauenden Straße betrug auf badischem Gebiet 1140 Ruthen, in Württemberg 200 Ruthen. Durch das unterm 26. Mai 1857 mit Württemberg abgeschlossene Uebereinkommen wurde der Bau dieser Straße zwischen Untergriesheim und der Bachmühle beziehungsweise Landesgränze auf eine Breite von 18 Fuß vereinbart und auch die Correction der Jaxtthalstraße gemeinsam beschlossen. Die Kosten für den Neubau, für Verbreiterung im Ort Allfeld und für Regulirung eines Stichs bei diesem Ort waren auf 11,340 Fl. veranschlagt. Diese Bauten wurden im Jahr 1857 ausgeführt und im Jahr 1858 weitere Verbreiterungen und kleine Correctionen durch die Gemarkungen Ober-, Mittel- und Unterschefflenz, Katzenthal, Waldmühlbach und Billigheim (2) bewirkt.

Der Gesammtaufwand betrug 12,463 Fl., wovon die Staatscasse 9027 Fl., die Gemeinde Oberschefflenz 455 Fl., Mittelschefflenz 320 Fl., Allfeld 1536 Fl., Neudenau 240 Fl., Herbolzheim 440 Fl., Sulzbach 200 Fl. und Waldmühlbach 200 Fl., theils baar, theils durch Geländestellung beitrugen. Die Straße wurde dann mit Staatsunterstützung unterhalten. Um der Stadt Neudenau den Verkehr nach Mosbach durch Benützung der Thalstraße zu erleichtern, war die Regierung erbötig, zur Correction des nach dem Schefflenzer Thale führenden sehr steilen Feld- und Waldwegs einen Beitrag zu leisten; da die Stadt Neudenau aber die entsprechende Mitwirkung verweigerte, mußte dies Unternehmen unterbleiben. Im Jahr 1867 wurden sodann in Billigheim und Unterschefflenz Gefällausgleichungen mit 1058 Fl. ausgeführt und 1869

(1) Siehe Widder, Die Pfalz. (2) In Billigheim bestund schon 1238 ein weibliches Cisterzienserkloster, welches später zur bischöflichen Tafel in Worms gezogen wurde und dann in den Besitz der Standesherrschaft Leiningen-Neudenau kam. Die hier errichtete Eisengießerei wurde im Jahr 1853 nach Heilbronn verlegt, da sie bei dem Mangel guter Zufuhrstraßen die Concurrenz ähnlicher Werke nicht ertragen konnte.

die Holzbrücke in Allfeld mit steinernen Widerlagern und Pfeilern und einem Oberbau von Eisen mit 2800 Fl. umgebaut. Weitere Verbesserungen des Längenprofils erfolgten 1870/71 mit 991 Fl. und die Correction eines Stichs von 10 Procent auf 1,8 Procent mit 300 Fl. im Jahr 1872. Hierauf folgten 1873 eine Correction durch Unterschefflenz mit 5800 Fl., eine solche oberhalb des Ortes Katzenthal mit 1600 Fl. und unterhalb dieses Ortes mit 2000 Fl., ferner die Verlängerung der Brücke in Katzenthal mit 200 Fl. Der Gesammtaufwand hierfür bestund also in 9600 Fl., wovon die Gemeinden Katzenthal und Unterschefflenz durch Stellung des auf 2659 Fl. taxirten Geländes gegen ein Aversum von 1400 Fl. 1259 Fl. übernahmen, und die Staatscasse noch 8341 Fl. zu übernehmen hatte.

Die Straße wurde bis 1868 mit Staatsunterstützung unterhalten und von da an als Landstraße behandelt. Die Straße besitzt jetzt noch einige kleine Gegensteigen, und eine Steige von 6 Procent unterhalb Unterschefflenz, sodann ist die steinerne Brücke in diesem Ort in Eisen umzubauen, um die Biegung zu beseitigen und den Wasserdurchlaß zu erweitern.

Der erweisliche Aufwand für Verbesserung dieser Straße besteht in 46,649 Mark.

Im Jahr 1874 wurden 30 Zugthiere per Tag auf dieser Straße beobachtet.

Nr. 151.

Straße von Eberbach nach Mudau.

Länge 23,54 Kilometer = 5,30 Stunden.

Diese Straße bildete früher einen Theil der alten „gemeinen Landstraße" von Eberbach nach Würzburg.(1) Sie zieht durch die Gemarkungen Eberbach, Oberdielbach, Strümpfelbrunn, Mülben, Wagenschwend, Balsbach, Oberscheidenthal, Unterscheidenthal, Auerbach, Langenelz und Mudau.(2) Seit die Straße unter badischer Hoheit liegt, wurde sie als Vicinalstraße von den Gemeinden unterhalten, sie war jedoch bis in die neue Zeit großentheils in mangelhaftem Zustande, weil in mehreren Gemarkungen Sandsteine zur Unterhaltung verwendet wurden. Auch die Gefällsverhältnisse waren dem Verkehre nicht günstig. Von Eberbach bis Oberdielbach befinden sich nämlich auf 1700 Ruthen Länge Gefälle von 5—9 Procent, und durch den Ort Strümpfelbrunn war eine Steige von 12—15 Procent Gefäll zu überwinden. Der um den Ort ziehende Feldweg, welcher nahezu eben ist, war für den allgemeinen Verkehr gesperrt. Als nun im Jahr 1857 die Straße in die Classe der unterstützten Vicinalwege eingereiht war, schien es vor Allem nöthig, den Strümpfelbrunn umgehenden Feldweg zu verbreitern und zu chaussiren. Die Ausführung dieses Baues erfolgte im Jahre 1858 auf Staatskosten mit 1965 Fl., und die Unterhaltung wurde gleichfalls vorbehältlich Widerrufs ganz auf die Staatscasse übernommen. Die übrigen Theile der Straße wurden fortan mit Staatsunterstützung unterhalten und allmählich verbessert, insbesondere sind im Jahr 1861 zur Verbesserung der Fahrbahn 974 Fl. aus Staatsmitteln zugeschossen worden. Da seit 1859 ein Postomnibus auf dieser Straße geht, suchten die Gemeinden im Jahr 1862 um Aufnahme der Straße in den Staatsstraßenverband nach. Das Gesuch wurde jedoch abweislich beschieden. In Folge des Straßengesetzes von 1868 kam die ganze Straße in die Classe der Landstraßen. Der für Verbesserung bestrittene erweisliche Aufwand beträgt 5038 Mark. Der Verkehr bestund 1874 in 30 Zugthieren.

Nr. 152.

Straße von Obrigheim über Hochhausen und Haßmersheim nach Heinsheim und Wimpfen.

Die auf dem linken Neckarufer liegenden sehr alten Orte: Obrigheim, Hochhausen, Haßmersheim, Neckarmühlbach und Heinsheim(3) waren alle bis in die neueste Zeit unter sich nur mit

(1) Widder, Beschreibung der Pfalz II. S. 178 und 180. (2) Die Orte Mudau, Ober- und Unterscheidenthal, Auerbach und Langenelz gehörten früher dem Churfürstenthum Mainz an, die übrigen Orte waren pfälzisch. Sämmtliche Orte kamen durch Reichsdeputationshauptschluß von 1803 zu dem Fürstenthum Leiningen und durch die Rheinbundesacte von 1806 an Baden. Siehe 149. (3) Die Namen der Orte Obrigheim, Neckarelz, Neckarzimmern, Haßmersheim, Neckarmühlbach, Wimpfen, Jaxtfeld, Neckarsulm, Binau, Gerach, Asbach, Eberbach ꝛc.

höchst mangelhaften Vicinal- und Feldwegen verbunden. Von Obrigheim längs des Neckarufers führt ein sehr schmaler, hügeliger Weg unter der Eisenbahnbrücke durch nach Hochhausen.(1) In diesem Ort steigt die Straße mit 10—18 Procent über Felsen und durch schmale Hohlwege auf das Hochgestade, um sich in ähnlicher Weise wieder in das Neckarthal hinabzusenken; dann zieht ein ebener, schmaler Feldweg dem Neckar entlang nach Haßmersheim an die Ueberfahrtstelle. (Siehe Nr. 148.) Von hier führt ein guter Gemeindeweg durch den Ort und in der Richtung gegen Hüffenhardt, von dem in der Nähe des Hünenberges ein schmaler Feldweg in östlicher Richtung abzweigt, der theils durch Einschnitt nach Neckarmühlbach und von hier meistens unmittelbar dem Neckar entlang nach Heinsheim auf die beim sog. Lauer beginnende Landstraße nach Rappenau zieht.

Durch die im Jahre 1849 auf Rechnung der Gemeinden ausgeführte theilweise Erhöhung des Weges zwischen Haßmersheim und Neckarmühlbach kam derselbe seltener unter Wasser, dagegen lag der Weg von Mühlbach aufwärts fortan viel zu tief, daher schon 1857 Plan und Ueberschlag zur Verbesserung und Erhöhung um 2½ Fuß über den gewöhnlichen Hochwasserstand gefertigt wurde. Die Bauausführung unterblieb damals. Nachdem aber der Weg durch das Hochwasser im Jahr 1862 wieder stark beschädigt und der Verkehr immer stärker und auch anspruchsvoller wurde, ist 1867 eine neue Brücke über den Mühlbach bei Untermühlbach erbaut worden, die aber eine zu kurze Einfahrt hatte. Weitere und gründliche Verbesserungen kamen neuerdings in Antrag.

Die Kosten betrugen für die Abtheilung von Neckarmühlbach bis zur Straße Nr. 10 31,606 Mark. Die Gemeinden übernahmen die Stellung des auf 5044 Fl. taxirten Geländes und leisteten einen baaren Beitrag von 2356 Fl., daher die Staatscasse noch 18,920 Mark beizuschießen hatte. Die Ausführung erfolgte 1873/74 in einer Breite von 4,2 Meter mit Fahrbahn von 3,6 Meter auf eine Länge von 1978 Meter. Das frühere Gefäll von 9 Procent wurde auf 6 Procent vermindert und die Unterhaltung besorgen die Gemeinden.

Es fehlt jetzt noch die Verbesserung des Weges von Haßmersheim nach Obrigheim mittelst eines vollständigen Neubaues bei Hochhausen und einer Verbreiterung, Gefällausgleichung und Chaussirung der übrigen Straßentheile. Der vorhandene Weg hat bei Hochhausen Gefälle bis zu 18 Procent. Die Kosten der Correction zwischen Obrigheim und Haßmersheim würden sich auf circa 48,000 Fl. belaufen. Sodann wäre zu wünschen, daß von Heinsheim längs des Neckars eine neue Straße nach Wimpfen ausgeführt werden könnte, da man jetzt entweder von Heinsheim mit 10 Procent Steigung die Höhe bei Rappenau gewinnen, dann den schlechten Vicinalweg nach Hohenstadt einschlagen und von hier mit starkem Gegengefälle über Wimpfen an den Neckar gelangen, oder aber von Heinsheim einen an dem Neckar hinziehenden schlechten Feldweg bis zur hessischen Gränze einhalten und dann den, beim Eisenbahnbau neu hergestellten, Weg über die Eisenbahn zur Erreichung der Höhe bei Wimpfen benützen muß. Dieser letztere Weg besitzt ebenfalls eine Steige von 10—12 Procent. In Betracht dieser Mißstände hat die Kreisversammlung bei Gelegenheit der Genehmigung der Straßenverbesserung zwischen Haßmersheim und Hüffenhardt im Jahr 1873 den Wunsch ausgesprochen, daß die Straße von der hessischen Gränze bei Wimpfen bis Obrigheim längs des Neckars verbessert und als Landstraße behandelt werde. Die Erfüllung dieses Wunsches setzt natürlich die Mitwirkung von Hessen bezüglich des Baues bei Wimpfen voraus. Auf hessischem Gebiet hat die jetzige Straße an den Bahnhof in Wimpfen durchschnittlich 12 Procent Gefäll. Eine neue Straße längs des Neckars bis zum Lauer (2 Kilometer) würde circa 12,000 Fl. kosten. Wimpfen ist gegen diesen Bau, weil die Stadt umgangen würde.

Der bisherige erweisbare Aufwand für Verbesserung dieser Straße beträgt 31,606 Mark.

Nr. 153.

Straße von Ruchsen über Sieglingen nach Untergriesheim.

Siehe Nr. 89.

scheinen keltischer Abkunft. In Obrigheim fand man einen römischen Votivstein, in Neckarmühlbach drei Arten römischer Heizungsröhren von Thon, in Neckarelz viele römische Münzen. In Haßmersheim, welches schon 774 urkundlich nachgewiesen ist, sollen die Römer sich niedergelassen haben. S. Wirth, Geschichte von Haßmersheim, 1861. (1) Hier befindet sich ein sehr altes Grabmal der heil. Rothburga in der Kirche.

Nr. 154.

Straße von Sonderried über Wessenthal an den Main.

Länge 6,84 Kilometer = 1,54 Stunden.

Die Verbindung der Orte Sonderried, Nassig, Wessenthal, Rauenberg und Ebenheid mit dem Main wurde früher durch eine sehr schlechte Vicinalstraße vermittelt, welche, da es an Brücken fehlte, oft nur mit Lebensgefahr benützt werden konnte. Schwerere Lastfuhren waren genöthigt, den Weg über Bockenroth und Wertheim oder über Miltenberg einzuschlagen, um in die Gegend von Freudenberg zu kommen. Um nun den Absatz an Getreide, Holz und Steinen in möglichst kurzer Richtung nach dem Maine zu befördern, ordnete das Amt Wertheim im Jahr 1829 die auf 18,180 Fl. veranschlagte Verbesserung und theilweise Correction der Straße von Sonderried über Wessenthal und Boxthal bis an die Rosenmühle unterhalb Mondfeld an und bildete zu diesem Ende eine Concurrenzschaft aus den Gemeinden Sonderried, Nassig, Ebenheid, Wessenthal, Rauenberg, Boxthal und Mondfeld. Sonderried, Mondfeld und Nassig führten die ihnen zugewiesenen Verbesserungen bis zum Jahr 1833 aus; Nassig, Ebenheid und Rauenberg protestirten aber gegen die Mitwirkung.

Durch die hierwegen entstandenen Verhandlungen und durch die Anstände über die zu wählende Zugslinie, besonders aber durch die schwierige Bildung einer neuen Concurrenzschaft verzögerte sich die weitere Ausführung. Mondfeld und Boxthal verbesserten die Straße erst in der Zeit von 1840—1853; die schwierigste Abtheilung in der Gemarkung Wessenthal, deren Ausführung auf 9115 Fl. überschlagen war, konnte aber der bedeutenden Kosten wegen nicht bewirkt werden. Um nun die Steige bei Wessenthal wenigstens auf 9 Procent zu reduciren, ermäßigte man den Kostenüberschlag auf 4300 Fl. und leistete der Gemeinde bis zum Jahr 1856 allmählich einen Beitrag von 1010 Fl. aus der Staatscasse. Da sich in Folge dieser Verbesserungen die Abfuhr der Bausteine aus den Steinbrüchen bei Wessenthal, Ebenheid, Rauenberg und Boxthal(1) vermehrte und die Straße in der Zeit, wo bei hohem Mainwasserstand die Mainthalstraße bei Grünenwörth unter Wasser kam, auch für den Verkehr zwischen Miltenberg und Wertheim benützt werden mußte, daher auch in solchen Zeiten der Eilwagen die Vicinalstraße über Boxthal benützte, wurde für die Unterhaltung der Straße von der Rosenmühle bis zu dem von Nassig nach Neunkirchen führenden Weg im Jahr 1861 ein Staatsbeitrag bewilligt, welcher bis zum Jahr 1868 geleistet wurde.

In diesem Jahre kam die unterstützte Straße nach Maßgabe des Straßengesetzes provisorisch in die Classe der Landstraßen.

Nr. 155.

Straße von Wiesloch nach Mauer.

Angelbachthalstraße.

Länge 9,8 Kilometer = 2,21 Stunden.

Die Namen Elz, Angelbach, Walldorf, Letzenberg, Wiesloch und Mauer scheinen keltischen Ursprungs. Die Anwesenheit der Römer in dieser Gegend ist durch Funde römischer Schmelztiegel und Töpferwaaren bei Walldorf und römischer Münzen bei Wiesloch nachgewiesen. Das alte Schloß bei Altwiesloch wird auf römische Zeit zurückgeführt und erscheint in Urkunden von 771. Eine römische, wahrscheinlich in erster Anlage keltische Straße zog durch das Angelbachthal. (2)

Im Mittelalter wurde die Straße von Wiesloch über Altwiesloch, Baierthal und Schatthausen nach Mauer von dem durchgehenden Verkehr zwischen dem baierischen Frankenland und Speyer benützt, da sie die kürzeste Linie bildet. Im Jahr 1813 ist die Straße wegen des Transportes kranker Soldaten der Nordarmee, welche über Mauer, Wiesloch, Roth und Rhein-

(1) Diese Steine werden hauptsächlich ihrer schönen Farbe wegen sowohl mainabwärts in die Rheinstädte als nach Würzburg gebracht. (2) Mone, Arch. I.

hausen nach Speyer transportirt wurden, im Frohndwege verbessert worden. 1829 wurde den Gemeinden der Bezug eines Weggeldes bewilligt.

Seit dem Bestehen des Zollvereins (1835) hat der durchgehende Verkehr eine andere Richtung genommen und die Straße dient jetzt hauptsächlich noch dem Verkehre aus dem Schwarzbachthal und dem sog. kleinen Odenwald auf der linken Seite des Neckars zu der Eisenbahnstation in Wiesloch. Holz, Getreide und Mehl werden auf diesem Wege hauptsächlich verführt. Die Hauptgebrechen dieser Straße bestehen in einem Hohlweg zwischen Altwiesloch und Baierthal, welcher Gefälle von 6—7 Procent besitzt und in einer zu engen Holzbrücke über die Elz bei Mauer, welche nur eine lichte Weite von 45 Fuß hat und darum bei Hochwasser Ueberschwemmungen und Unterbrechung des Verkehrs veranlaßt. Außerdem besitzt die Straße kurze Steigen von 8—12 Procent Gefäll.

Schon im Jahr 1860 sollte die Straße auf Baierthaler Gemarkung mit Anlage einer 200 Ruthen langen neuen Straße umgangen werden und die Straße eine stärkere Versteinung erhalten, zu welchem Ende 6143 Fl. erforderlich waren. Da die Gemeinde sich an diesem Aufwand nicht betheiligen wollte, unterblieb die Ausführung. Auch für die Herstellung einer neuen Brücke von 70 Fuß Lichtweite wurde im Jahr 1866 Plan und Kostenüberschlag aufgestellt, welch' letzterer einen Aufwand von 6300 Fl. beanspruchte. Da die Staatscasse hiezu keinen Beitrag leisten wollte, unterblieb auch diese Ausführung.

Die Straße wurde seit 1862 mit einem Staatsbeitrag unterhalten und kam daher durch das Straßengesetz von 1868 in die Classe der Landstraßen.

Im Jahr 1872 wurde in Baierthal eine Verbreiterung der Straße mit 1543 Mark auf Staatskosten ausgeführt.

Im Jahr 1874 sind auf dieser Straße pro Tag 121 Zugthiere beobachtet worden.

Nr. 156.

Straße von Krautheim nach Schweigern.

Länge 13,6 Kilometer = 3,06 Stunden.

Die Hauptverbindung von Würzburg an die Jaxt vermittelte noch im Anfang dieses Jahrhunderts der Straßenzug über Gerchsheim, Distelhausen, Königshofen, Sachsenflur, Boxberg, Oberwittstadt nach Widdern. Da auf dieser Straße die Sachsen und Thüringer ihre Güter in den Tauber- und Schüpfergrund an die Jaxt und weiter nach Schwaben und in die Schweiz führten, wurde dieselbe „Sachsenstraße" oder auch „hohe Straße" genannt. Württemberg hatte auf dieser Straße von Boxberg bis Widdern, die Pfalz von Mergentheim bis Boxberg seit ältester Zeit das Geleitsrecht. (1) Nachdem diese Route allmählich ihre Bedeutung für den durchgehenden Verkehr verloren hatte, und die Straße nur als Vicinalweg nothdürftig unterhalten wurde, blieb sie natürlich hinter den Anforderungen der Zeit zurück, und durch die auf württembergischem Gebiet, von Dörzbach über Stuppach nach Mergentheim, verbesserte Straße zog sich der Verkehr von Heilbronn nach dem Tauberthal und dem Main größtentheils auf diese Route. (2) Diese Verhältnisse gaben im Jahr 1848 Veranlassung, eine bessere Straßenverbindung aus dem Jaxtthal nach dem Tauberthal auch auf badischem Gebiet herzustellen, und man wählte zu diesem Ende diese Route von Krautheim über Assamstadt, Bobstadt nach Schweigern, da die früher projectirte Zugslinie über den Seehof und Horrenbach, für deren Ausführung das Budget von 1852/53 73,000 Fl. beanspruchte, als zu theuer und zu wenig Orte berührend, aufgegeben worden war.

Der Bau von Krautheim bis Schweigern war bei Annahme einer Straßenbreite von 20 Fuß und einer Fahrbahn von 14 Fuß Breite und 8 Zoll Stärke auf 54,200 Fl. veranschlagt. Die Gemeinde Assamstadt stellte das auf 5000 Fl. taxirte Gelände für 3500 Fl., die Gemeinde Bobstadt das auf 2419 Fl. geschätzte für 1800 Fl. und die Gemeinde Schweigern gab das Ge-

---

(1) Sattler, Die Herzoge von Württemberg X. S. 72. (2) Die am 25. Juli 1848 eröffnete Eisenbahn von Heilbronn nach Bietigheim trug zur Belebung des Verkehrs von Heilbronn nach Mergentheim vieles bei. Die Eisenbahn von Heilbronn nach Hall, Krailsheim und Mergentheim, welche im October 1869 ihre Vollendung fand, beeinträchtigt natürlich den Straßenverkehr über Dörzbach wieder.

lände im Werth von 993 Fl. unentgeltlich. In den Gemarkungen Krautheim und Herrenbach mußten die Güter ganz aus Staatsmitteln erworben werden.

Die ganze Straße wurde 1853—57 mit einem Aufwand von 53,665 Fl. hergestellt und sofort in den Staatsstraßenverband aufgenommen, die alte Landstraße zwischen Krautheim (1) und Klepsau beziehungsweise der württembergischen Gränze aber im Jahr 1858 zu Gunsten der Straßenbaucasse verkauft.

Der Verkehr auf dieser Straße erreichte im Jahr 1866 den bekannten höchsten Punkt mit 61 Zugthieren täglich, während in der Zeit von 1858/60 nur 43 und 1861/67 nur 51 Zugthiere notirt wurden.

Im Jahr 1874 sind nur noch 36 Zugthiere pro Tag beobachtet worden. Die für Verbesserung dieser Straße aufgewendeten erweislichen Ausgaben belaufen sich auf 91,997 Mark.

Nr. 157.

Straße von Buchen nach Hettingenbeuren.

Siehe Nr. 91.

Nr. 158.

Straße von Pforzheim nach Calw.

Nagoldthalstraße.

Länge in Baden . .	9,38 Kilometer	=	2,11 Stunden,
„ „ Württemberg			3,20 „
zusammen			5,31 Stunden.

Die Thäler der Enz, Würm und Nagold waren wie deren Umgebung keltische Wohnsitze, denn sowohl die Namen der Flüsse als vieler, jetzt noch bestehender Ortschaften, wie z. B. Dillstein, Weißenstein, Reichenbach, Würzbach, Hirschau, Calw, sind aus keltischer Sprache abzuleiten. Auch die Römer hatten sich hier niedergelassen und wahrscheinlich die von den Kelten gebahnten Wege benützt, die nun als römische Straßen bezeichnet werden. Eine solche Straße ging unter den Namen „Heerstraß" und „Hochstraß" von Altenburg zwischen Oberreichenbach und Würzbach in die alte Weinstraße, die zwischen dem Enz- und Nagoldthal auf der Höhe hinlief. Sie kam von Aidlingen über Althengstetten nach Calw. Bei Alzenberg sind noch Spuren davon. Auch über Gechingen, Althengstetten, Möttlingen zog eine römische Straße nach Weil und Pforzheim. (2) Die alte Weinstraße ging von Besenfeld zwischen Azenbach und Kollwangen westlich an Hofstetten vorüber nach Reichenbach und Siehdichfür in den Bezirk Neuenbürg. Der Thurm der Riesenburg bei Liebenzell soll römisch sein, (3) doch fehlen hierüber untrügliche Nachweise. Bei Wildberg wurden römische Funde gemacht. Nagold wird schon 773, Thalheim 782 genannt. Andere Orte dieser Gegend kommen in Urkunden vom 9., 10. und 11. Jahrhundert vor. Da die Nagold das Thal oft überschwemmte, (4) sind die in demselben liegenden Orte meistens auf Anhöhen angelegt, daher auch die alten Straßen fast überall die Thalsohle vermieden und sich an den Gebirgsabhängen oder auf den Gebirgshöhen selbst mit stets wechselnden Gefällen hinzogen. Die erste Cultur in dem Nagoldthale und seiner Umgebung ist von dem Kloster Hirschau ausgegangen, welches schon 830 auf dem rechten

(1) Krautheim ist sehr alt; der schon 1144 genannte Adel dieses Namens erlosch 1313. Bald nachher kam Krautheim in den Besitz des Bischofs von Mainz und mit den mainzischen Amtsvogteien Krautheim und Ballenberg 1803 an das fürstliche Haus Salm-Reiferscheid-Bedburg, 1806 unter badische Oberhoheit und wurde 1839 von Baden angekauft. (2) Memminger, „Calw" und „Nagold". (3) Mone, Schriften des Alterthumsvereins I. Krieg von Hochfelden, Geschichte der mittelalterlichen Architektur. (4) Außerordentliche Hochwasser sind verzeichnet von den Jahren 1461, 1472, 1500, 1633, 1824, 1834, 1851 mit einer Maximalhöhe von 12 Fuß über dem gewöhnlichen Wasserstand.

Flußufer gegründet und 1083 auf das linke Ufer in höhere Lage verlegt wurde. (1) Die Kirche, deren Reste noch stehen, ist 1091 eingeweiht worden.

Der Ort Calw ist schon 1037 in Urkunden genannt. Die schöne Nicolauscapelle auf der steinernen Brücke stammt aus dem 14. Jahrhundert, die jetzige Brücke scheint später erbaut. Im 13. Jahrhundert erhielt der Ort Stadtrechte und kam 1345 von den Grafen von Hohenberg an Württemberg. Schon früh wurden hier vorzugsweise Gewerbe betrieben. Im 14. Jahrhundert bestund ein stark besuchter Jahrmarkt und im 15. Jahrhundert ein Hauptleinwandmarkt, der nach der Schweiz, Frankreich, Italien, Frankfurt und Westindien Absatz hatte. Calw war damals schon eine der gewerbereichsten Städte Württembergs. Tuch und Zwilch wurden in Menge fabricirt und die Tücher gingen im 16. Jahrhundert auf die Messen nach Leipzig, Straßburg, Frankfurt, München, Zurzach rc. In der Umgegend waren viele Weber und Spinner beschäftigt. Im Jahr 1692 wurde Calw von den Franzosen abgebrannt, der Ort erholte sich aber rasch wieder.

Schafwollweberei, Tuchfabrication, Lein- und Baumwollenfärberei, Strickerei, Gerberei, Leimfabrication, Schuhfabrication, Löffelschmieden, Woll-, Wein-, Frucht- und Holzhandel fanden immer größere Ausdehnung. Der Handel mit baierischem Salz nach Württemberg, Oberschwaben, Hohenzollern und Fürstenberg wurde von hier bis 1808 in großem Maßstabe betrieben. Das Salz kam auf dem Inn herunter und auf der Donau hinauf zu den Lagerplätzen in Donauwörth, Laingen und Ulm. —

Die Flößerei auf der Nagold wurde schon früh von Altensteig abwärts bis in die Enz und den Neckar betrieben. Die 1755 gebildete Calwer Holzhandlungsgesellschaft verbesserte die Floßstraße und machte auch in der zweiten Hälfte des vorigen Jahrhunderts die obere Murg mit großen Kosten für Langholzflößerei fahrbar. Im Verein mit den Fabrikgesellschaften wurde auch ein Bankgeschäft von dem Haus Dörtenbach gegründet, welches überhaupt große Verdienste um Förderung des Handels und der Gewerbe in Calw erworben hat. —

Die Gegend um Calw ist ein Hauptplatz für Haferbau und der Viehhandel wird hier stark betrieben. (2) Daß ein bedeutender Platz für Gewerbe und Handel wie Calw bis gegen die Mitte unseres Jahrhunderts jede gute Straßenverbindung entbehren mußte und konnte, ist im höchsten Grade auffallend. Die frühere Poststraße von Stuttgart nach Calw zog über Magstadt, Schaffhausen und Ostelheim; sie wird trotz ihrer schlechten Gefällsverhältnisse jetzt noch als nächster Weg benützt. Von Calw nach Weil der Stadt, also in der Richtung nach Pforzheim und andererseits über Leonberg nach Canstatt führten sehr mangelhafte Vicinalwege. Die Route von Weil nach Pforzheim war insbesondere auf badischem Gebiet durch die Steigen im Hagenschieß und bei Pforzheim sehr beschwerlich. Die alte Straße thalaufwärts ging zwischen Wildberg (3) und Nagold auf den Berg über Emmingen auf der rechten Seite des Flusses. Von Calw thalabwärts über Hirschau nach Liebenzell führte eine alte, sehr schmale Straße und zwar von Calw bis Hirschau auf dem rechten, von da bis Liebenzell auf dem linken Ufer der Nagold mit mehr oder weniger starken Gegengefällen und insbesondere mit bedeutenden Steigen durch den Ort Liebenzell. (4) Von hier zog die Straße auf das rechte Flußufer über Neuhausen und Steinegg oder schon von Hirschau aus über Simmozheim und Merklingen nach Tiefenbronn und Pforzheim. Schwere Fuhren gingen über Althengstett, Weilerstadt nach Tiefenbronn, leichte über Haugstetten, Neuhausen und Steinegg. Von Liebenzell abwärts längs der Nagold führte ein Karrenweg durch das hoch gelegene Reichenbach bis an den sog. Beutelberg und dann mit starken Steigungen über Huchenfeld nach Pforzheim. Dieser Weg wurde noch

(1) Die Zerstörung dieses Klosters erfolgte 1692 durch die Franzosen unter Melacs Anführung. Herzog Ludwig hatte 1589 in der Nähe des Klosters ein Schloß erbaut, dessen Ruinen ebenfalls noch stehen. Durch den westphälischen Frieden kam das Kloster mit seinen Besitzungen an Württemberg und die wiederhergestellten Gebäude wurden im 17. Jahrhundert als evangelische Klosterschule, später aber als Beamtenwohnungen benutzt. Franz Stek, Das Kloster Hirschau 1844. Mone, Anzeiger 1835, S. 102. Der nächst dem Kloster entstandene Ort hat sich allmählich zum Fabrikort ausgebildet. (2) Schiller rühmt in seinem Briefwechsel mit Goethe den bedeutenden Handel mit Melk- und Zugvieh in dem Nagoldthal und in den umliegenden Orten. Württembergische Jahrbücher 1852. (3) Wildberg hat drei Viehmärkte und alle zwei Jahre einen Schafmarkt. Es befinden sich hier viele Zeugmacher und Tuchfabriken wie in Altensteig oberhalb Nagold. (4) Liebenzell wurde 1603 Stadt und kam mit dem Altensteiger Amt von Baden an Württemberg. (Sattler, Seite 229.) Das untere Bad war schon im 13. Jahrhundert, das obere 1403—1415 errichtet. Mone, Zeitschrift II, Kausler, Beschreibung des Oberamts Neuenbürg.

im Jahr 1758 „alte Landstraße" genannt, und noch 1781 wird er „wegen der vielen Steinblöcke und Wurzeln selbst für Reiter gefährlich" genannt. (1)

Alle diese Straßen hatten Gegengefälle bis zu 15 Procent, waren meistens nur für die schmale Spur benützbar und schlecht unterhalten; nur die Straße von Pforzheim nach Tiefenbronn (2) ist schon 1761 für die breite Spur erweitert worden. (Siehe Nr. 15.)

Im Jahr 1808 wurde der Vicinalweg von Pforzheim über Huchenfeld gegen Unterreichenbach von den Gemeinden verbreitert und 1815 kam erstmals das Project zur Erörterung, eine bessere directe Straßenverbindung von Pforzheim nach Calw herzustellen. Man hatte damals die Zugslinie über Huchenfeld, Hohenwarth, Schellbronn und Neuhausen im Auge; die Ausführung beschränkte sich aber auf die Verbesserung der Wegstrecke von Pforzheim bis Huchenfeld und auf die erst im Jahr 1827 erfolgte nothdürftige Verbesserung des Wegs über den Beutelberg in das Nagoldthal. Alle diese Herstellungen waren für den Verkehr mit schweren Fuhrwerken ungenügend, daher Württemberg im Jahr 1835 eine bessere Straßenverbindung mit Pforzheim neuerdings in Anregung brachte und darauf hinwies, daß die Straße von Friedrichshafen nach Frankfurt über Tübingen, Stuttgart, Heilbronn und Heidelberg 5 Stunden länger als die Zugslinie über Calw und Pforzheim sei, und daß auch der Verkehr zwischen Leopoldshafen und Tübingen durch Verbesserung der Straße über Calw bedeutend gewinnen werde. Schon damals beschäftigte man sich mit dem Gedanken, die Straße vom Kupferhammer bei Pforzheim bis gegen Reichenbach in das Nagoldthal zu verlegen. Der große Kostenaufwand und die Besorgniß, es möchte die so verbesserte Nagoldthalstraße für den Verkehr von Frankfurt und Mannheim nach dem Bodensee mit der Berg- und Kinzigthalstraße in Concurrenz treten und auch die Neckarschifffahrt von Heilbronn bis Heidelberg beeinträchtigen, stellten sich diesem Unternehmen hindernd entgegen und man beschränkte sich darauf an dem Weg über Huchenfeld abermals eine Verbesserung und durchgehende Verbreiterung auf 18 Fuß vorzunehmen. Auf viele Petitionen der Städte Pforzheim und Calw kam endlich im Jahr 1846 das Project einer Nagoldthalstraße von Pforzheim aufwärts zur näheren Untersuchung. Für eine auf dem linken Ufer ermittelte Zugslinie von Pforzheim bis zur württembergischen Gränze wurden 161,700 Fl., für eine auf dem rechten Ufer auszuführende 2960 Ruthen lange Linie 165,000 Fl. beansprucht. Das Fundament war 7 Zoll, die Beschotterung 5 Zoll stark angenommen. Bei Führung der Straße auf dem rechten Ufer war ein 100 Fuß langer und 70 Fuß tiefer Durchschnitt bei Weißenstein mit 42,000 Fl. Kosten in Rechnung genommen. Man wählte die Zugslinie auf dem rechten Ufer, nachdem der Kostenüberschlag auf 163,000 Fl. ermäßigt war, wovon die Stadt Pforzheim den auf 13,000 Fl. berechneten Theil für Herstellung der Straße von Pforzheim bis zur Würmbrücke zu übernehmen sich bereit erklärt hatte.

Die politischen Ereignisse der Jahre 1848 und 1849 verzögerten die Bauausführungen, erst 1852 ist eine Summe von 50,000 Fl. dafür bewilligt worden. Durch Ermäßigung der Straßenbreite auf 20 Fuß stellte sich nach neuestem Ueberschlag ein Aufwand von 135,000 Fl. als genügend dar. Obgleich wegen des Anschlusses der Straße an das württembergische Gebiet eine Verständigung noch nicht erzielt war, wurde der Bau zwischen der Würm und Dillstein doch im März 1852 begonnen, um der damals bedrängten ärmeren Classe jener Gegend Gelegenheit zum Verdienst zu geben. Die Güter, soweit solche nicht forstärarisches Eigenthum waren, wurden von der Baucasse angekauft. Württemberg hatte inzwischen 1847/49 an den Straßen nach Leonberg und Böblingen namhafte Verbesserungen vorgenommen, um den Verkehr nach Stuttgart und Cannstatt zu erleichtern.

Auch die Straße zwischen Wildberg und Nagold wurde 1852/54 in das Thal auf das linke Ufer verlegt.

Die Fragen in Betreff des zu wählenden Ueberganges über die Nagold, sowie über die mit dem Straßenbau zu verbindende Correction der Nagold bei Weißenstein und über die damit zusammenhängende Herstellung eines Floßcanals waren inzwischen zum Austrage gekommen. Die Breite der Straße wurde nur auf 18 Fuß, jene der Fahrbahn auf 14 Fuß, der Uebergang über die Nagold beim Anbindeplatz unterhalb des Beutelbergs bestimmt und die Ausführung

---

(1) Vor 1750 war noch keine Kutsche in Calw, Männer und Weiber ritten. Joh. Bernoulli, Reisebeschreibung 1781. (2) Tiefenbronn, Steinegg, Neuhausen, Schellbronn, Hamberg, Hohenwarth, Mühlhausen und Lehningen bildeten das sog. Gemmingen'sche Gebiet in Hagenschieß. Die niedere Gerichtsbarkeit stund den von Gemmingen zu. Die höhere Gerichtsbarkeit hatten die Markgrafen von Baden-Durlach.

einer hölzernen Brücke ohne Joch mit steinernen Widerlagern vereinbart. Der für diese Brücke auf 12,000 Fl. überschlagene Aufwand war hälftig von Baden und Württemberg zu übernehmen. Auch die Unterhaltung der Brücke soll stets auf gemeinschaftliche Kosten geschehen, und sowohl die Ausführung des erstmaligen Baues der Unterhaltungsarbeiten als durch die badische Bauverwaltung vollzogen werden. Die Brücke wurde 1500 Meter unterhalb dem Ort mit einer lichten Tragweite von 30 Meter in Fachwerk, 3 Meter über dem höchsten Wasser und mit 18 Fuß breiter Fahrbahn ausgeführt.

Die württembergische Regierung machte dabei die Zusage, zum Behufe der Umgehung der Steigen bei Unterreichenbach und Liebenzell und zur Beseitigung der Gebrechen der Straße oberhalb Liebenzell ungesäumt Anordnung zu treffen, was auch in entsprechender Weise durch Verlegung der Straße in das Thal geschehen ist.

Bezüglich des Durchstiches bei Weißenstein wurde die Stelle oberhalb des Ankerwirthshauses gewählt und der Plan für den Floßcanal nach vorherigem Gutheißen der Flößerinnung festgesetzt. Zur Fortsetzung des Baues wurden in den folgenden Budgets die nöthigen Mittel bewilligt.

Die Eröffnung des Floßcanals erfolgte am 1. April 1856, jene der Straße von dem Flußübergang bei Reichenbach bis zur Würm am 15. Juni 1857 gleichzeitig mit der neuen Straße von Calw nach Hirschau, welche den Namen „Wilhelmstraße“ erhielt. (1) Die letztere Eröffnung geschah in feierlicher Weise unter Betheiligung der betreffenden badischen und württembergischen Staats- und Gemeindebehörden.

Der gesammte Aufwand belief sich auf 150,784 Fl.

Auch die nöthigen Correctionen auf württembergischen Gebiet waren im Jahr 1857 zur Vollendung gekommen.

Es fehlte nur noch die 460 Ruthen lange Abtheilung vom Kupferhammer bis Pforzheim, wofür der Aufwand einschließlich der Würmbrücke auf 26,500 Fl. (incl. einer Güterentschädigung von 5050 Fl.) überschlagen wurde. Für die Breite dieser Straße waren 20 Fuß, für die Fahrbahnbreite 15 Fuß bestimmt. Die Gemeinde Pforzheim leistete einen baaren Beitrag von 3950 Fl. und kaufte die Güter im Werth von 5069 Fl. Die Staatscasse bezahlte 8000 Fl., daher Gesammtkosten 17,029 Fl. für die Straße.

Die Ausführung der Brücke über die Würm stieß auf Hindernisse, indem das Project, eine gedeckte hölzerne Brücke mit steinernen Widerlagern auszuführen, wofür 14,000 Fl. in dem Ueberschlag enthalten waren, von der Gemeinde Pforzheim wegen des Verkehrs der Fabrikarbeiter als ungeeignet bekämpft wurde.

Nach Erledigung der desfalls eingetretenen Erörterungen entschloß man sich zu dem Bau einer eisernen Brücke, welche 1861/63 mit 22,080 Fl. erbaut wurde. Sie hat zwei Oeffnungen von je 44 Fuß Lichtweite, steinerne Widerlager und Eisenblechträger.

Der Bau der Straße wurde durch den Forstfiscus mittelst unentgeltlicher Abgabe des ärarischen Waldes und der Steine unterstützt; die Privatgüter wurden angekauft.

Die Straße ist im Jahr 1857 in den allgemeinen Staatsstraßenverband aufgenommen worden. (2) Württemberg hatte inzwischen die Straße von Calw über Böblingen nach Stuttgart ebenfalls in guten Stand gesetzt. Durch die Herstellung der Nagoldstraße hat sich die Fracht, welche früher von Calw nach Pforzheim 40 Xr. betrug, auf 10 Xr. ermäßigt. Seit dem Bestehen dieser neuen Straße haben sich auf württembergischem Gebiet, namentlich bei Calw, die Sägmühlen sehr vermehrt und es werden nun in Calw ganze Gebäude für Stuttgart, Pforzheim ꝛc. gezimmert. Auch die Abfuhr der Bausteine nach Pforzheim und Umgegend hat große Verhältnisse angenommen. In den Jahren 1873/74 wurde die baufällige Holzbrücke bei Reichenbach mit einem Oberbau von Eisenfachwerk versehen. Es kamen 1146 Centner Eisen à 18 Fl. zur Verwendung. Die Spannweite beträgt 30 Meter. An den Kosten im Betrag von 22,736 Fl.

---

(1) Die steinerne Brücke bei Hirschau mit drei Bogen wurde 1561 erbaut und 1858 mit einem neuen Pfeiler und Brustwehren versehen. (2) Während des Baues dieser Straße wurde die untere Ruine der Burg der Familie „Wissenstein“ von der Bauverwaltung für 40 Fl. laut Vertrag vom 16. October 1855 angekauft, um gegen sie den beabsichtigten Abbruch zu sichern und um die vorhandenen Steintrümmer zu verwenden. Diese Ruine besteht zur Zeit aus einem viereckigen Thurm nebst Umfassungsmauern. Die ältere, obere Burg stund schon im 12. Jahrhundert. Mone, Zeitschrift I. Diese Burgruine wird seither von der Straßenbauverwaltung unterhalten. Ueber die Erhaltung der Baudenkmäler wird auf den vortrefflichen Aufsatz R. Redtenbachers verwiesen, den der Verband deutscher Architekten und Ingenieure 1877 an seine Mitglieder vertheilte.

trug Württemberg vertragsmäßig die Hälfte mit 11,368 Fl., an den übrigen Kosten, die nach dem Straßengesetz von 1868 getheilt wurden, der Kreis 1895 Fl., den Rest mit 9473 Fl. der Staat, da die Gemeinde Huchenfeld, auf deren Gemarkung sich die Brücke hälftig befindet, von dem Beitrag befreit wurde, weil sie die Brücke für ihren Verkehr nicht benützt.

Die im Jahr 1865 zur Ausführung beschlossene Eisenbahn von Zuffenhofen nach Calw wurde bis Weil der Stadt 1869 und bis Calw 1872 eröffnet.

Von der Bahn Pforzheim-Calw-Horb-Tuttlingen sind eröffnet worden die Abtheilung Calw-Nagold 1872, Nagold-Horb 1873, Horb-Thalhausen war schon 1867, Thalhausen-Rottweil 1868, Rottweil-Tuttlingen 1869 und Tuttlingen-Immendingen 1870 eröffnet.

Mit der, am 1. Juni 1874 erfolgten Eröffnung der Bahn von Pforzheim nach Calw ist die ganze Linie Pforzheim-Rottweil eröffnet.

Diese Eisenbahnverbindung, die im Wesentlichen der mittelalterlichen Handelsstraße folgt, bildet die kürzeste Verbindung zwischen dem mittleren Rhein und der mittleren Schweiz.

So ist nun die noch vor 25 Jahren nur schwer zugängliche gewerbthätige Stadt Calw von allen Seiten nicht allein durch gute Straßen, sondern selbst durch Eisenbahnen in zeitgemäßer Weise dem Weltverkehr eröffnet.

Seit die neue Würmthalstraße eröffnet ist, hat sich die Straße zwischen der Würmbrücke und Pforzheim als zu eng erwiesen. Die Gemeinde Pforzheim ließ deshalb 1875 auf der Westseite ein neues 3 Meter breites Trottoir außerhalb den Bäumen auf ihre Kosten herstellen. Im Jahr 1876 ist sodann die Anlage einer Vicinalstraße nach Huchenfeld und Hohenwarth aus Staatsmitteln erfolgt. Der Aufwand ist auf 48,288 Mark veranschlagt, wovon 20,572 Mark vom Staate bestritten wurden. Der übrige Aufwand wird von den Gemeinden Pforzheim, Huchenfeld, Hohenwarth, Schöllbronn, Homberg und Neuhausen aufgebracht.

Die nachweisbaren Kosten, welche in Baden für Verbesserung der Nagoldstraße nebst Abzweigung über Huchenfeld aufgewendet wurden, belaufen sich auf 393,307 Mark.

Seit 1864/74 hat sich der Verkehr von 161 auf 356 Zugthiere pro Tag gehoben.

Nr. 159.

Straße von Adelsheim nach Möckmühl.

Siehe Nr. 91.

Nr. 160.

Straße von Singen nach Stein.

Länge in Baden . .	6,28 Kilometer =	1,41 Stunden,
„ „ der Schweiz		1,69 „
zusammen		3,10 Stunden.

Die meisten Berg-, Fluß- und Ortsnamen dieser Gegend scheinen aus keltischer Sprache zu stammen, so z. B. Eschenz, Stein, Schienenberg, Waagenhausen, Bibern, Arlen, Ueberlingen ꝛc.(1) Auf römische Niederlassung schließt man aus dem „Herdleweg" in Gemarkung Ueberlingen, aus „Heerweg", „Hertweg", „Hertgasse" in Gemarkung Böhlingen und aus „Herrenweg", „Hertweg" in Gemarkung Bankholzen. Jedenfalls läßt sich hieraus ein Schluß auf sehr alten Verkehr unter den genannten Orten ziehen.(2)

Der durch eine stehende Brücke bei Stein(3) vermittelte Uebergang über den Rhein und der in früherer Zeit bedeutende Fruchtmarkt in diesem Städtchen belebte schon vor Jahrhunderten

---

(1) Bei Stein fand man keltische Gräber mit Broncegeräthen. (2) Mone, Urgesch. (3) Stein, im 8. Jahrh. ein Flecken, wurde im Jahre 966 von Herzog Burcard von Schwaben mit Mauern umgeben, kam 1359 an Oesterreich, dann als Lehen an die Herren von Klingenberg und wurde 1457 durch Kauf frei. Von 1481 bis 1799 stund Stein unter Züricher Schutz und kam dann an den Kanton Schaffhausen. Die älteste bekannte Brücke — wahrscheinlich römisches Bauwerk — stund oberhalb der Insel Weerd bei Eschenz, deren Joche man bis in die

den Verkehr auf den nach Stein führenden Land- und Vicinalstraßen. Auch die von Singen über Rielasingen und Hemmishofen nach Stein führende Vicinalstraße hatte in früherer Zeit einen ziemlich bedeutenden Verkehr, der sich jedoch seit Verbesserung der Straße von Engen nach Singen, (1) besonders aber seit dem Bestehen der Eisenbahn erheblich vermehrte. Schon im Jahr 1858 erkannte man das Bedürfniß, den vorhandenen Weg, der an vielen Stellen zu schmal und ohne Fundament war, insbesondere aber in Gemarkung Rielasingen ein schlechtes Längenprofil hatte, zu verbessern. Der desfallsige Aufwand belief sich auf 2546 Fl., wovon die Staatscasse 1394 Fl., die Gemeinde Singen 140 Fl., Rielasingen 794 Fl. und Arlen 218 Fl., zusammen 1152 Fl. übernahmen. Von 1858 an wurde diese Straße mit Staatsunterstützung unterhalten und die Staatscasse hat im Jahr 1864 auch für den Umbau der Brücken über die Aach und den Mühlcanal in Gemarkung Rielasingen ein Drittel der Kosten mit 500 Fl. übernommen.

Seit 1868 wird die Straße als Landstraße behandelt.

Die auf Kosten des Eisenbahnbaufonds neu erbaute Zufuhrstraße zu dem Bahnhofe in Singen wird obiger Straße beigerechnet.

Der für Verbesserung der Straße bestrittene erweisbare Aufwand betrug 6936 Mark. Im Jahr 1874 wurden 23 Zugthiere pro Tag verzeichnet.

Nr. 161.

Straße von Engen nach Schaffhausen.

Biberthalstraße.

Länge in Baden	9 Kilometer =	2,04 Stunden,
„ „ der Schweiz von der badischen Gränze bis Thaingen		2,90 „
zusammen		4,94 Stunden.

Der Zug der, in früherer Zeit unter dem Namen „Cannstatterstraße“ bekannten, Landstraße von Tuttlingen resp. Engen nach Schaffhausen, ging im Mittelalter über Welschingen, Weiterdingen, Hilzingen, Ebringen und Thaingen, später aber und bis in die neue Zeit über Gottmadingen, Randegg und Biesingen (siehe Nr. 59). Da dieser Weg erheblich weiter als der alte Vicinalweg von Welschingen über Binningen, Beuren, Büßlingen, Höffen, Bibern und Thaingen nach Schaffhausen ist, wurde er, seit die Gemeinden seine Unterhaltung besser als früher besorgten, vielfach für den Transport von Vieh, Holz, Torf aus den Aemtern Donaueschingen, Engen und Blumenfeld nach Schaffhausen benützt. Der Kanton Schaffhausen ließ deshalb in den Jahren 1840/48 eine gute Straße über Bibern bis zur Landesgränze bei Höffen in der Art herstellen, daß die Verbindung mit Schaffhausen direct von der Ziegelhütte bei Thaingen stattfinden kann, folglich der Umweg über Thaingen selbst dadurch abgeschnitten wird.

Nachdem der Bundespräsident der schweizerischen Eidgenossenschaft im Jahr 1853 den Wunsch ausgesprochen hatte, daß die Biberthalstraße auch badischer Seits verbessert werde, wurden im Jahr 1854 Verhandlungen über Bildung einer Concurrenzschaft zu Bestreitung der Baukosten eingeleitet, welche jedoch zu keinem Resultate führten, weil die betheiligten Gemeinden durch Verbesserung dieser Straße ihre Interessen weniger befördert glaubten, als jene der Amtsbezirke Donaueschingen, Engen und Blumenfeld, welche die Straße hauptsächlich benützen. Der vorhandene Weg auf badischem Gebiet war sehr hügelig, namentlich bot die Steige bei Büß-

---

neuere Zeit bei Niederwasser sah. Die Eichenpfähle waren paarweise geordnet, jedes Paar 3 Fuß vom andern entfernt, die Brückenbreite betrug 22 Fuß. Jeder Pfahl hatte 10 Zoll Durchmesser. 1733 sind viele Pfähle mit eisernen Schuhspitzen ausgezogen worden. Einerseits der Brücke stund die sog. Heidenburg. Schriften der antiquar. Gesellschaft in Zürich XII. 7. Heft. 1858 wurden noch 12 Brückenpfähle ausgezogen. Im 15. Jahrhundert bestund zwischen Stein und Burg eine feste Brücke. (Stumpf, Schweizer Chronik von 1606.) Nach einer, der Topographie der Schweiz von Merian beiliegenden Zeichnung, stund im Jahre 1642 bei Stein eine ungedeckte Holzbrücke mit neun Holzjochen und zwei Thoren. Die jetzige Holzbrücke ist 135 Fuß lang. Der Ort Stein war im 15. Jahrhundert, wo die Wasserstraße aus dem See nach Schaffhausen als Haupthandelsweg benutzt wurde, von großer Bedeutung, „weil er den Schlüssel zum Bodensee bildete.“ Chronik von Schaffhausen III. 49. (1) Singen wird in Urkunden von 787 genannt.

lingen und ein Stich bei Welschingen dem Verkehr erhebliche Hindernisse. Auch die Straße durch Beuren und Binningen hatte ungünstige Gefällsverhältnisse und zum Theil kurze Wendungen.

Der im Jahr 1857 aufgestellte Kostenüberschlag verlangte für einen Neubau bei Welschingen 1700 Fl., für Tieferlegung der Straße zwischen Binningen und Welschingen 250 Fl., für Verlegung der Straße außerhalb des Orts Binningen an den Fuß des Bergs 3930 Fl., für Verbesserungen im Ort Beuren 1650 Fl., für Abheben der Steige in Büßlingen um 4 Fuß und Erneuerung der Brücke 1250 Fl., für Aufsicht 2c. 220 Fl., zusammen 9000 Fl. Die Länge der zu corrigirenden Abtheilungen sollte zusammen 3030 Ruthen betragen und die Normalbreite war auf 20 Fuß bestimmt.

Die Gemeinde Binningen war mit dem Correctionsprojecte nicht einverstanden, sondern sie verlangte die Führung der Straße durch das Binninger Ried und wollte nur in diesem Falle das Gelände unentgeltlich abtreten. Die übrigen Gemeinden waren unbedingt zu entsprechenden Beträgen bereit. Die beabsichtigten Verbesserungen kamen deshalb nur in den Gemarkungen Büßlingen, Beuren, Weiterdingen und Welschingen zur Ausführung und es sind dafür in den Jahren 1859/63 ca. 6163 Fl. aus der Staatscasse bestritten worden. Die Gemeinde Welschingen gab 300 Fl., die Gemeinde Büßlingen 399 Fl., Beuren 400 Fl., daher der Gesammtaufwand 7762 Fl. einschließlich der Güterentschädigung betrug. Die für die Correction bei Binningen aus der Staatscasse bestimmten 5200 Fl. blieben unverwendet, weil die allgemeinen Verkehrsinteressen den bedeutenden Mehraufwand für die Straßenführung durch das Binninger Ried nicht rechtfertigten und die Gemeinde zu baaren Beiträgen nicht erbötig war. Die Theile der Straße, welche die Gemarkungen Büßlingen, Beuren, Weiterdingen und Welschingen durchziehen und eine Länge von 1,43 Stunden haben, wurden hierauf mit Unterstützung aus der Staatscasse unterhalten. Die Abtheilungen der Gemarkung Binningen unterhielt die Gemeinde allein. Die Straße von Schaffhausen bis Thaingen, (1) welche hügelig ist und gegen Thaingen sowohl wie gegen Schaffhausen Gefälle bis zu 8 Procent besaß, hat in neuer Zeit nur durch die gelegentlich des Eisenbahnbaues von Schaffhausen nach Constanz vorgenommene Correction der sog. Weinsteige bei Schaffhausen einige Verbesserung erfahren.

Nachdem die Straße, soweit sie mit Staatsunterstützung unterhalten wurde, 1870 in die Classe der Landstraßen eingetheilt war, kam endlich auch 1871 die Verbesserung in der Gemarkung Binningen zu Stande.

Die Straße durch Binningen wurde verlassen und ein neues 350 Ruthen langes Stück vom Binninger Berg bis oberhalb Binningen hergestellt.

Die alte Straße hatte Gefälle bis zu 9 Procent und 15 Procent, die neue nur solche von 0,7 Procent. Der Radius am Fuße des Berges beträgt 150 Fuß und jener zur Einmündung in die bestehende Straße 205 Fuß. Die Straße erhielt 6 Meter Breite mit 4,8 Meter Fahrbahn. Die Kosten hierfür und für Verbesserung der alten Straße ober- und unterhalb der Correction auf eine Länge von 522 Ruthen betrugen 8028 Fl., worunter 2410 Fl. für Güter enthalten sind. Die Gemeinde stellte das erforderliche Gemeindeeigenthum im Werth von 324 Fl. unentgeltlich und gab einen baaren Beitrag von 400 Fl.

Im Jahr 1873 wurde die baufällige und enge gewölbte Riedgrabenbrücke bei Binningen in Verbindung mit einer kleinen Straßencorrection mit 2900 Fl. oder 4971 Mark in Eisen umgebaut. Die Gemeinde bezahlte nur $^1/_{12}$, der Kreis $^1/_6$, den Rest die Staatscasse. Der Gemeindeweg von Büßlingen über Altdorf und Wiechs bedarf von Wiechs bis zur Gränze dringend der Verbesserung, da hier 20 Procent Steigung vorkommen, und damit der Absatz der Steine aus den Brüchen von Wiechs sehr erschwert ist.

Der erweisliche Aufwand für Verbesserung dieser Straße in badischem Gebiet beträgt 32,040 Mark.

Der Verkehr hob sich seit 1864/74 von 29 auf 38 Zugthiere pro Tag.

---

(1) Die Straße wird als eine römische bezeichnet, weil sie bis in die neue Zeit „Hochstraße" genannt wurde. Da aber fast alle Ortsnamen dieser Gegend keltischen Ursprungs scheinen, bestunden jedenfalls schon vor der Römerherrschaft Wege hier.

Nr. 162.

Straße von Neckargemünd nach Eberbach.

Siehe Nr. 148.

Nr. 163.

Straße von Constanz nach Dingelsdorf.

Länge von der Schweizer Gränze beim Kreuzlinger Thor durch die Roßgasse am Bahnhof vorüber zur Steige bei Litzelstetten 7,81 Kilometer = 1,76 Stunden.

Wegen des Uebergangs über den Rhein und Stadtstraße siehe Nr. 61.

Die in der Richtung nach Südwesten von dem Radolfzeller See, nach Nordosten von dem Ueberlinger See begränzte Erdzunge, welche in alten Urkunden mit dem keltischen Namen „Rik“ (Anhöhe) oder „hoher Rik“ bezeichnet wird, berechtigt auch durch viele Namen der hier befindlichen Orte, Berge und Gewässer zu dem Schlusse auf ehemalige keltische Wohnsitze.(1) Die Namen Bodmann, Dettingen, Wallhausen, Allensbach, Windlensee, Langen-Rain, Homberg bei Dettingen und Markelfingen, Hart, Egg, Staad, Nägelsee, Salzberg, Eichhorn und Mainau sollen sich aus keltischer Sprache erklären. Im Jahr 1874 wurden die in dem Windlensee schon früher entdeckten Pfahlbauten näher erforscht und gefunden, daß sie wohl derselben Zeit angehören wie jene, die bei Bodmann, Litzelstetten, Dingelsdorf, Allensbach, Markelfingen und Sipplingen schon vor vielen Jahren zu Tage gekommen sind.

Die von Petershausen nach Allmannsdorf(2) führende Straße, welche nach einer Urkunde von 1478 „Heerweg“ genannt wird(3) und deshalb auf römische Zeit hinweist, war demnach gewiß nicht die erste und einzige Straße über den „hohen Rik“, da die erwähnten keltischen Orte unter sich und mit dem See Verbindungswege haben mußten, bevor die Römer hier Besitz nahmen. Die jetzt noch bekannten ältesten Wege dieser Halbinsel waren noch vor 50 Jahren und sind theilweise jetzt noch in so primitivem Zustande, daß ihre Anlage wohl der ältesten Zeit angehören dürfte.

Von allen diesen Straßen hatten — soweit die geschichtlichen Nachweise zurückgehen — außer jener von Constanz nach Rudolfzell nur die Routen von Petershausen nach Staad und über Allmannsdorf nach Dingelsdorf für den größeren Verkehr Bedeutung, weil Staad,(4) Wallhausen und Dingelsdorf schon in ältester Zeit Hauptübergangspunkte über den Ueberlinger See waren.(5)

Wie bereits unter Nr. 71 bemerkt wurde, nahm der Güter- und Personenverkehr von Augsburg und von Ulm nach der Westschweiz und nach Frankreich rc. im Mittelalter Jahr-

---

(1) Schreiber, Taschenbuch 1840. Mone, Urg. II. (2) Allmansdorf ist ein sehr alter Ort, der schon 724 von Karl Martell dem Kloster Reichenau geschenkt wurde und nach einer Urkunde von 1150 einen eigenen Adel hatte, wie dies auch bezügl. der Orte Wollmatingen, Kaltbrunn, Litzelstetten, Güttingen, Bodmann und Möggingen im 12. Jahrh. der Fall war. (Zeitschrift 28.) Man sagt, daß der Ort Allmansdorf seinen Namen von einem erzenen Götzenbild „Allman“ erhalten habe, das für einen Hercules Alemanicus erklärt, von Allmansdorf nach Reichenau in die Kirche zu Niederzell und von Kaiser Maximilian I. 1507 nach Innsbruck verbracht wurde. Schriften des Vereins für Geschichte des Bodensees III. 52. Von andern Seiten wird dieser Ansicht entschieden widersprochen. Nicht unwahrscheinlich ist die Ableitung von dem keltischen Worte „Almend“, da der Ort in einigen Urkunden auch Almensdorf und Alminsdorf geschrieben wird, und dieser sehr alte Ort, wie die meisten anderen, keltischen Ursprungs sein dürfte. Bei Kaltbronn befindet sich ein keltischer Grabhügel. (3) Mone, Zeitschrift I. (4) Die Schiffleute in Staad hatten schon 1348 ein Privilegium von dem Deutschordens-Comthur Heinrich von Dettingen erhalten, und der Bischof von Constanz und der Deutschorden einigten sich 1599 über eine gemeinsame Fahrordnung für die Schiffe in Meersburg und Staad, worin den Schiffleuten unter Anderem auch das Fluchen und Saufen verboten wurde. v. Schreckenstein, Mainau 1873. In der Nähe der Lorettocapelle, welche 1637, nach Befreiung der Stadt Constanz von den Schweden, erbaut wurde, steht jetzt noch ein Bildstock mit der Jahreszahl 1587 und den beiden Wappen der Stadt Constanz und des Ordens-Comthurs Georg von Gemmingen. Zu dieser Capelle kamen noch im vorigen Jahrhundert viele Processionen von Wallfahrern aus der Schweiz und es sammelte sich dabei eine große Masse von Bettlern. (5) Kaiser Friedrich I. stellte am 23. September 1187 in Wallhausen eine Urkunde aus. Zeitschrift 28. 298.

hunderte lang seinen Hauptzug über Meersburg nach Constanz. In der Regel benützte man zwischen den beiden letzteren Orten den Wasserweg; da aber nur Segelschiffe benützt werden konnten, wählte man bei starkem Gegenwind im Interesse der Zeitersparniß gerne die nur halb so lange Wasserstraße zwischen Meersburg und Staad. Namentlich war dies hinsichtlich des Personenverkehrs der Fall, da regelmäßige Schiffe zwischen Meersburg und Constanz nur zu bestimmten Tagen und Stunden fuhren, während zwischen Meersburg und Staad ein fast ununterbrochener Verkehr mit Nachen und größeren Schiffen stattfand. Aehnlich war das Verhältniß bezüglich der Ueberfahrt zwischen Dingelsdorf und Ueberlingen, die ebenfalls seit alter Zeit im Gange war. Nach einem im Jahre 1473 zwischen dem Comthur zu Mainau und der Stadt Ueberlingen abgeschlossenen Uebereinkommen durften die Ueberlinger in Dingelsdorf und Wallhausen landen, aber Niemand zur Rückfahrt bewegen; die Dingelsdorfer und Wallhauser durften dagegen nur ihre Angehörigen übersetzen, aber in der Stadt und in Wirthshäusern auch Niemand zur Fahrt zurück veranlassen. (1) In neuerer Zeit wurde die Ueberfahrt beiderseits unbeschränkt betrieben. Da aber auch zwischen Ueberlingen und Constanz nur an einzelnen Wochentagen regelmäßig Schiffe hin und her gingen, diese Fahrt um das Eichhorn jeweils nach zwei fast entgegengesetzten Windrichtungen bewirkt werden mußte und viele Zeit und Aufwand erforderlich war, benützte man für Personen und leichte Fuhrwerke lieber den kurzen Wasserweg zwischen Ueberlingen und Dingelsdorf und jenen zu Land über Allmannsdorf oder über St. Katharina, (2) um Constanz zu erreichen. Namentlich waren es die Fruchthändler und Müller aus der Schweiz, welche auf diesem Wege in großer Zahl die Fruchtmärkte in Ueberlingen besuchten.

Die Straße von Constanz bis zum Vereinigungspunkt der beiden, einerseits nach Staad, andererseits nach Dingelsdorf führenden Straßen, am Fuße des sog. Lorettoberges, hatte deshalb schon frühe eine große Bedeutung für den durchgehenden Verkehr. Es stunden darum auch aus dem Anfang des 16. Jahrhunderts zwei sog. Elendherbergen (später Siechenhäuser) an diesem Wege, die eine (zur äußeren Tanne) jetzt noch bestehende an der sog. Hausergasse, die andere (zur inneren Tanne) auf dem Salzberg (nächst dem hohen Kreuz).

Mit Rücksicht auf den starken Verkehr wurde die Straße von Constanz nach Staad im Jahr 1681 als „Landstraße" von der Stadt Constanz mit Beihülfe der Deutschordens-Commende Mainau, (3) welche beide Zoll- und Weggeld erhoben, einer durchgreifenden Reparatur unterworfen.

Diese Verbesserungen scheinen sich aber, wie alle jener Zeit, nur auf die Wiederherstellung der Fahrbahn bezogen zu haben, denn die Gefällsverhältnisse und die Breite waren fast durchgehends noch in der ersten Hälfte dieses Jahrhunderts dem Verkehr so hinderlich als möglich. Insbesondere lag die kaum 8 — 10 Fuß breite Straße an dem Lorettoberg, sowohl in der Richtung nach Staad als in jener nach Allmannsdorf in tiefen von hohen, lebenden Zäunen begränzten tiefen Einschnitten mit einem Steigen von 10—16 Procent. Zwei Fuhrwerke konnten hier nicht nebeneinander passiren, daher vielfacher Streit zwischen den Fuhrleuten, welcher davon mit dem Fuhrwerke rückwärts den Hohlweg verlassen soll.

Auf der Straße nach Dingelsdorf bestunden sodann noch längere Steigen und Gegensteigen von 8—14 Procent und auch hier hatte die Straße oft nur Breiten von 10—12 Fuß. Ueberdies waren diese Straßen meistens schlecht unterhalten, und jene zwischen Egg und Litzelstetten lag so tief, daß sie von dem gewöhnlichen Sommerhochwasser überschwemmt wurde.

Zur Verbindung von Dingelsdorf mit Bodmann mußte wegen der steilen und felsigen Ufer des See's auf der Höhe über Langenrain ein schmaler Vicinalweg von sehr ungünstigen Gefällsverhältnissen benützt werden, daher die Bewohner von Bodmann auf den Umweg über Stahringen und Radolfzell angewiesen waren, um nach Constanz zu kommen. Obgleich seit dem Bestehen einer regelmäßigen Dampfschifffahrt (1835) der durchgehende Verkehr auf den Straßen nach Staad und Dingelsdorf ganz aufgehört hat, wurde doch das Bedürfniß guter Verbindungswege auch hier mehr als früher empfunden, und namentlich fand die Herstellung einer guten

(1) Später gehörte die Ueberfahrtsgerechtigkeit zur Hälfte dem Spital an der Rheinbrücke zu Constanz und zur Hälfte Mainau. v. Schreckenstein, Mainau. (2) Das Frauenkloster St. Katharina wurde 1260 gestiftet und Mainau untergeordnet, 1803 aufgehoben. (3) Allmannsdorf, Staad, Hinterhausen, Egg, Dingelsdorf, Litzelstetten, Dettingen und Wallhausen gehörten der Commende Mainau.

Straße von Constanz über Egg und längs des Sees nach Bodmann (1) von vielen Seiten dringende Bevorwortung. Der im Jahr 1857 auf 96,000 Fl. veranschlagte Aufwand schreckte aber umsomehr von der Ausführung ab, als durch die damals in Aussicht gestandene Eisenbahn von Schaffhausen nach Constanz für den Verkehr von Bodmann und Umgebung mit der Kreishauptstadt eine wesentliche Erleichterung erwartet werden durfte.

Es handelte sich also nur um die Verbesserung der Straße von Constanz bis Dingelsdorf. Da aber die beschwerliche Steige bei Litzelstetten, welche Gefälle von 10—14 Procent besitzt, nur durch Verlegung der Straße an den See, also mit Umgehung des Orts zu beseitigen war, fand die Gemeinde Litzelstetten keine Veranlassung, sich an den Kosten zu betheiligen und das Bauunternehmen mußte deshalb auf die Abtheilung der Straße zwischen Constanz und der Steige bei Litzelstetten beschränkt werden. Aber auch hier konnten nur die dringendsten Verbesserungen, bestehend in kleinen Correctionen und Verbreiterung des schmalen Hohlwegs unterhalb der Lorettocapelle und in Erhöhung der Straße zwischen Egg und der Litzelstetter Steige, wo der Weg oft überschwemmt wurde, zur Ausführung kommen, weil die Gemeinde Allmannsdorf zur Theilnahme an den Kosten der Verlegung des Weges in das südwestliche Thälchen weder bereit noch vermögend war. Für die Verbesserung des vorhandenen Wegs wurde eine Straßenbreite von 18 Fuß mit 14 Fuß Fahrbahn vorgeschrieben.

Die Bauausführung erfolgte im Jahr 1858 mit einem Aufwand von 3821 Fl., wovon die Gemeinde Allmannsdorf 271 Fl., die Gemeinde Litzelstetten 104 Fl. zu Ankauf des Geländes übernahm.

Die Straße wurde sodann mit Staatsbeiträgen unterhalten, da sie den Gemeinden Staad, Allmannsdorf, Egg, Litzelstetten, Dingelsdorf und Wallhausen zu dem Verkehr mit Constanz unentbehrlich ist und in neuerer Zeit insbesondere auch einen starken Fremdenverkehr nach der Insel Mainau, als einem der schönsten Punkte Europa's, besitzt.

Diese Insel, deren Flächeninhalt ca. 125 Morgen beträgt, hatte im Anfang des 13. Jahrhunderts einen besonderen Adel, kam dann in den Besitz des Klosters Reichenau und als Lehen an die Familie von Langenstein und wurde 1272 von Arnold von Langenstein dem Deutschorden vergabt, der die Commende Sandegg am Rhein hieher verlegte. (2) Der Landescomthur wohnte damals in Altshausen. Im Jahr 1408 wurde die Besitzung der Commende Mainau durch Ankauf der Herrschaft Blumenfeld erweitert. Die Deutschordens-Ritter hatten in der Bodenseegegend wenig zur Verbesserung der Culturzustände und insbesondere auch nur das Allernöthigste für Beförderung des Verkehrs gethan; dagegen lag die Commende mit den benachbarten Territorialherren: Stadt Constanz, (3) Lindau, Uhldingen, Ueberlingen, Bregenz und Fürstenberg (4) wegen Ausübung der Schifffahrt, Fischerei oder Jagd fortwährend im Streit. Die Gastfreundschaft wurde aber bis in die neueste Zeit von den Comthuren auf das Glänzendste geübt, weil sie berechtigt waren, täglich eine bestimmte Anzahl Couverts für Gäste in Rechnung zu bringen. Der alte Volksspruch: „Kleider aus und Kleider an, Essen, Trinken, Schlafengahn, Ist die Arbeit, so die Deutschherrn han" enthält wohl viel Wahres.

Der Chronist Sebastian Franck, welcher 1546 die Insel besucht hatte, sagt darum auch „es ist ein überaus lustig Wesen darin." (5)

Vom 12. Februar 1647 bis zum westphälischen Frieden war Mainau im Besitz der

---

(1) Bodmann war eine Villa der Carolinger, welche großen Einfluß auf Obst- und Gartenbau in dieser Gegend übte. Der sogenannte Weinberg daselbst, welcher einen der besten Seeweine erzeugt, heißt „Königsgarten" und soll von Karl dem Dicken (876—887) angelegt worden sein. — Die Grundherrn von Bodmann hatten seit alter Zeit das Schifffahrtsrecht bezüglich der Gemarkungen Bodmann und Kargek. Die Landungsstelle besteht in zwei Dämmen, wovon der südliche 1859 mit 1200 Fl., der nördliche 1872 mit 2500 Fl. von Bodmann wieder hergestellt wurde. Die Dampfboote landen nur nördlich. Die Polizeiordnung für die Landungsstelle Bodmann ist im Ges. u. V.-Bl. von 1873 enthalten. (2) v. Schreckenstein, Zeitschrift 23. 2. (3) Die Hoheitsgränze zwischen der Commende Mainau und der Stadt Constanz durchzog die Tanzstube in der Wirthschaft zum Käntle am See. Bei Schlägereien war es stets fraglich, auf welchem Gebiet eine Verwundung rc. stattfand, und der Streit hierüber kam in der Regel dem Angeschuldigten zum Nutzen. (4) Fürstenberg Heiligenberg besaß nämlich schon 1595 in Staad die hohe Obrigkeit, der Deutschorden nur die niedere, daher die Ursache der Streitigkeit. Nach Vertrag von 1777 hatte Fürstenberg neuerdings auf 25 Jahre die obere Gerichtsbarkeit und Jurisdiction über Staad, Allmansdorf und Egg gegen 7000 Fl. übernommen. (5) Noch der letzte Comthur ließ fast jeden Tag Gäste von Constanz zur Mittags- oder Abendtafel mit seiner Chaise abholen; für Verbesserung der Straße geschah aber nichts, obgleich man oft kaum darauf fortkommen konnte. Die Gastfreundschaft des Comthurgrafen Fidel von Wurzach wird besonders gerühmt.

Schweden. Das dermalige Schloß wurde 1746 vollendet.(1) Der letzte Comthur — Reich von Reichenstein — wohnte hier 1805/19, obgleich der Orden durch den Preßburger Frieden von 1805 aufgehoben und die Insel mit den dazu gehörigen Orten unter badische Hoheit gekommen war. Die Insel wurde hierauf einige Zeit als Domäne bewirthschaftet, kam sodann 1827 durch Kauf gegen 65,000 Fl. an den Fürsten Esterhazi, welcher durch Abbruch der nordöstlich von dem Schloß gestandenen vielen Oekonomiegebäude, durch Ausebnen der Plateaus der Insel und durch Hauptreparatur der Seemauer und des Schlosses zur Verbesserung und Verschönerung Vieles beigetragen hat. Im Jahr 1839 kam die Insel in das Eigenthum der Gräfin von Langenstein, 1850 an den Grafen von Douglas und 1853 durch Kauf an Großherzog Friedrich von Baden, der im Vereine mit seiner erhabenen Gemahlin diese Insel zu einem der schönsten fürstlichen Landsitze in Deutschland gestaltete und hier im Kreise der Familie zur großen Freude der ganzen Seegegend alljährlich längere Zeit zu verweilen pflegt.(2)

Die Communication dieser Insel konnte früher mittelst Fuhrwerken nur durch Benützung einer Fähre bewirkt werden, wenn man nicht bei Niederwasser es vorzog, durch den See selbst zu fahren. Für Fußgänger bestund ein schmaler hölzerner Steg.(3) Schon der Comthur von Wickersheim (1716—1720) hatte beabsichtigt, statt des Steges eine feste Brücke mit Aufzug herstellen zu lassen, allein der Landescomthur gab seine Zustimmung nicht.(4)

Großherzog Friedrich ließ nun im Jahr 1865 an Stelle dieses Steges eine Dammstraße von 1480 Fuß Länge mit einer 400 Fuß langen eisernen Jochbrücke herstellen.

Die an den beiderseitigen Ufern anschließenden Straßendämme haben eine Kronenbreite von 16 Fuß, eine Böschung von 8 Fuß gegen den Obersee, von 9 Fuß gegen den Untersee. Die dazwischenliegende Brücke besitzt steinerne Landfesten in einer Breite von 12 Fuß. Der Bau wurde durch die Wasser- und Straßenbaubehörde ausgeführt und der Aufwand im Betrag von 28,600 Fl. von der Verwaltung des Privatvermögens des Großherzogs Friedrich bestritten.

Gleichzeitig wurde auch eine großentheils neue Fahrstraße auf der Insel selbst angelegt, um die starke Steigung des alten Fahrwegs zu beseitigen. Durch das Straßengesetz von 1868 wurde die Straße von Constanz bis zu der Steige bei Litzelstetten unter die Landstraßen eingereiht.

Der in Folge der Dampfboot- und Eisenbahnverbindungen gesteigerte Fremdenverkehr in Constanz vermehrte auch die Besuche der reizenden Insel Mainau. Es waren daher nicht allein die pflichtschuldigen Rücksichten gegenüber dem geliebten Fürstenhaus, sondern auch die allgemeinen Verkehrsinteressen, welche im Jahr 1871 Anlaß zu weiterer Verbesserung der Straße gaben. Man erkannte allgemein an, daß die noch vorhandenen Steigen am Salzberg (8,5 Procent), am Lorettoberg (10 Procent), in Allmannsdorf (6—7 Procent), bei Egg (9,3 Procent) und durch Egg (6,5 Procent) beseitigt werden müssen.

Das Project, die neue Straße von Allmannsdorf bis Egg auf der Nordseite des Berges durch die Felder anzulegen, um die Aussicht auf den Ueberlinger See zu gewinnen, wurde mit wohlwollender Rücksicht auf die Wünsche der Gemeinde Allmannsdorf im Interesse der möglichsten Schonung des Grundeigenthums, auf ausdrücklichen Wunsch des Großherzogs aufgegeben, und die Straße in der Richtung eines vorhandenen Feldwegs an den südwestlichen Fuß des Berges gelegt, da auch hier ein verglichenes Gefäll von 5 Procent eingehalten, der Kostenaufwand aber ermäßigt werden konnte.

Diese Correctionsarbeiten vom ehemaligen Siechenhaus bis Allmannsdorf(5) und von da nach Egg wurden 1872/73 mit einem Aufwand von 24,400 Fl. unter Einhaltung einer Fahrbahnbreite von 5,4—6 Meter ausgeführt.

Zur Erinnerung an diesen Bau ist bei Allmannsdorf eine Sitzbank aus einem, in dem nahen Einschnitt gefundenen erratischen Granitsteine mit der Inschrift errichtet worden:

---

(1) Baumeister war A. Bagnato, † 1757, der auch das neue Schloß in Meersburg und das Kornhaus in Ueberlingen erbaute. (2) Während man sich noch im Anfange d. Jahrh. auf der Insel innerhalb steifer Wände und Pyramiden aus Taxus und Buchs à la Ludwig XIV. bewegte, findet man jetzt die lieblichsten Anlagen und den reizendsten Blumenflor im Geschmacke unserer Zeit. (3) Im Jahre 1577 nach Herstellung des ersten hölzernen Steges soll das jetzt vorhandene neben dem Steg im See befindliche Metallkreuz von dem Comthur Schwenk von Staufenberg errichtet worden sein. (4) Siehe Marmor, Führer durch Mainau und Topographie von Constanz; Lucian Reich, Die Mainau; v. Schreckenstein, Die Insel Mainau 1873; Mone, Zeitschrift II. und Schönhut, Chronik von Reichenau. (5) Dies Haus trägt die Jahreszahl 1586.

„Einst ein Theil vom Alpenstock
Ward ich als errat'scher Block
Von dem Gletscher hergebracht
Und zum Sitze Euch gemacht."

Die Correction am Salzberg verzögerte sich wegen der Gütererwerbung bis zum Jahr 1874. Das Gefäll wurde hier auf ein Maximum von 5 Procent ermäßigt.

Nach einem Vertrag vom 15. October 1872 gab die Gemeinde Constanz an Gütern 550 Fl. und einen baaren Beitrag von 2000 Fl., sie erhielt dagegen die alten Abschnitte der Straße nebst Bäumen unentgeltlich und die Abschnitte des angekauften Geländes gegen Ersatz der verhältnißmäßigen Entschädigung im Betrage von 11,418 Mark.

Sonstige Beiträge wurden zu diesem Bau nicht geleistet. Der Aufwand für die Staatscasse belief sich nach Abzug der Beiträge und Erlöse auf 57,671 Mark, und der ganze Aufwand für die Straße vom Abgang bei Nr. 61 bis zur Steige in Litzelstetten 72,594 Mark. Die Vollendung erfolgte wegen eines Entschädigungsprocesses erst 1876. Das hohe Kreuz wurde von der alten Straße an die neue versetzt.

Um auch die übrigen, in schlechtem Zustande befindlichen, Wege zur guten Verbindung aller auf der Erdzunge befindlichen Orte unter sich, mit dem See, der Eisenbahn und den Landstraßen herzustellen, hat die Kreisversammlung in Constanz im Jahr 1872 beschlossen:

Zur Abgabe von Darlehen an die Gemeinden behufs der Verbesserung der Gemeindewege ein Annuitätenanlehen bis zu 280,000 Fl. auszugeben.

Von den der Verbesserung bedürftigen Wegen sind hier zu nennen:

1) Die Straße von Liggeringen nach Radolfzell, weil zu schmal und mit Steigen von 10—15 Procent behaftet, 2) die Straße von Rahringen nach Göttingen, 3) jene von Moggingen dahin wegen Gefällen bis 10 Procent, 4) die Straße von Liggeringen nach Bodmann, weil zu schmal und mit Steigen bis 15 Procent, 5) jene von Freudenthal nach Allensbach mit Gefällen bis 18 Procent, 6) jene von Dettingen dahin, weil zu schmal, 7) jene von Dettingen nach Wollmentingen wegen ungenügender Breite und ungünstigen Gefälls, 8) der Weg von Langenrain über Kaltbronn nach Allensbach und 9) von Dettingen nach Dingelsdorf. (1)

Entsprechend den Bitten der Gemeinden Dingelsdorf, Litzelstetten und Dettingen wurde 1874 in Dingelsdorf eine Landungsstelle für Dampfboote mittelst Erbauung eines 110 Meter langen, 2,5 Meter breiten Steges mit 22 Jochen hergestellt. Zu dem Steg führt ein Damm von 14 Meter Länge, die Landungspritsche ist 10 Meter lang und 8,5 Meter breit. Die von der Staatscasse bestrittenen Kosten betrugen 7700 Mark. —

Das früher bestandene Ueberfahrtsrecht war mit bestimmten Grundstücken verbunden in den Händen von drei Dingelsdorfer Einwohnern. Die Allodification erfolgte 1842, daher die Fahrgerechtigkeit in das Eigenthum der Lehenträger überging.

Durch Vertrag vom 1. December 1874 hatte nun die Gemeinde das Privilegium der drei Schiffer zum ausschließlichen Betrieb der Schifffahrt allgemein und insbesondere auch zu Gunsten der Dampfschifffahrt mit 450 Fl. abgelöst, wozu die Staatscasse 225 Fl. beitrug. —

Von der Ablösungssumme erhielten die Schiffer 225 Fl. und ebensoviel der Spitälefonds in Constanz zu Ablösung des Grundzinses von 3 Fl. 48 Xr. jährlich. — Die Ordnung für die Anlandestelle ist von 1875. Gesetz- und Verordnungsblatt Seite 260.

Im Jahr 1875 ist sodann der Vicinalweg von Wollmentingen bis Dettingen auf eine Länge von 4800 Meter so corrigirt worden, daß das Maximalgefäll nur noch 5,5 Procent beträgt, die Breite wurde auf 4,8 Meter bestimmt.

Der Aufwand im Betrag von 16,700 Fl. wurde von den Gemeinden mittelst Unterstützung des Kreises aufgebracht.

Ueber die in neuerer Zeit vorgenommenen Verbesserungen von der Schweizer Gränze bei Constanz bis zur Einmündung der Straße von Radolfzell wird auf Nr. 61 verwiesen.

Die sämmtlich hier erwähnten Verbesserungen haben zusammen einen Aufwand von 213,444 Mark veranlaßt.

Im Jahr 1874 sind zwischen Constanz und Allmannsdorf 46, zwischen Allmannsdorf und Mainau 28 Zugthiere täglich beobachtet worden.

---

(1) Dettingen, 839 urkundlich genannt, ist die Heimath des Minnesängers Heinrich von Tettingen aus dem 13. Jahrhundert.

Nr. 164.

Straße von Achern nach Freudenstadt.

Acher- oder Kapplerthalstraße auch Ruffsteinstraße.

Länge in Baden . .	20,57 Kilometer	=	4,63 Stunden,
„ „ Württemberg			4,93 „
zusammen			9,56 Stunden.

Daß das Acherthal ebenso wie das Murgthal ursprünglich von den Kelten bewohnt war, machen die aus keltischer Sprache abzuleitenden Namen: Acher, Murg, Illenau, Seebach, Hornisgründe, Mummelsee, Rodeck, Kniebis, Lierbach, Mösbach rc. wahrscheinlich. Von dem Aufenthalte der Römer sind hier noch keine Spuren aufgefunden. Von Unterachern über Oberachern, Kappelrodeck,(1) Ottenhöfen bis Seebach(2) bestund schon seit unvordenklicher Zeit ein Fahrweg für die schmale Spur,(3) der an dem nordöstlichen Ende des Orts Unterachern von der Frankfurt-Basler Straße abging und den Ort Oberachern seiner ganzen Länge nach durchzog.(4)

Da dieser Weg zwischen Ober- und Unterachern sehr schmal war, tief lag und von dem Illenbach oft überschwemmt wurde, befand er sich meistens in so schlechtem Stande, daß schwere Fuhren kaum durchkamen, daher auch das Brennholz bis 1813 auf der Acher geflößt wurde.

In den Jahren 1811 und 1812 verlegte man die Straße mehr gegen die Mitte von Unterachern, indem man von hier aus eine neue gerade Straße in der Richtung des jetzigen Weges nach Oberachern im Frohndwege herstellte.

Der Geldaufwand, den die Gemeinden für Güterentschädigung und Kunstbauten übernahmen, betrug 3324 Fl.(5) Von Oberachern bis Seebach wurde der alte Straßenweg allmählich erweitert und verbessert, doch behielt er bis in die Neuzeit Gegengefälle von 7—10 %. Von Seebach auf die Wasserscheide des Kniebis beim sogenannten Ruhstein an der württembergischen Gränze und von da hinab durch das Thal der Rothmurg bis gegen Baiersbronn bestund vor 1818 nur ein Saumpfad, auf welchem wegen der starken Steigung bis zu 25 und 30 % 1 Pferd nur etwa 2 Centner zu tragen vermochte.

Da Württemberg auf der linken Thalwand von Baiersbronn bis zum Ruhstein einen Holzabfuhrweg hergestellt hatte, wurde in den Jahren 1817 und 1818 von Seebach aufwärts bis zur württembergischen Gränze ebenfalls ein Fahrweg — die jetzt noch bestehende alte Steige — mit Gefällen von 15—20 % im Frohndweg erbaut, um den Verkehr mit Obst und Wein aus dem Rheinthal nach Schwaben und den Holztransport aus den Kniebiswaldungen nach dem Rhein zu erleichtern.(6) In Folge dieser Bauten konnte man nun mit 2 Pferden von Achern bis Ottenhöfen 20 Centner verführen, dann mußten aber bis zum Hirschwirthshaus in Seebach 1 Paar und von hier aufwärts 2 Paar Ochsen als Vorspann verwendet werden.(7)

Um eine bessere Unterhaltung der Straße zu erzielen, bewilligte man den Gemeinden für die ganze Straßenroute vom Ruhstein bis Memprechtshofen im Jahr 1825 ein Straßengeld von 1 Xr. pro Stunde und Stück Vieh. Die Unterhaltung blieb aber fortan mangelhaft.

---

(1) Kappel unter Rodeck ist aus einer im frühen Mittelalter bei einer St. Nicolauscapelle errichteten Niederlassung hervorgegangen, ähnlich wie Kappel bei Villingen, Neustadt, Freiburg, am Rhein und bei Bühl. Unter der Feste Rodeck, die keltischen Ursprungs sein soll, bestund eine uralte Brücke über die Acher. Im 13. Jahrh. wurde das Thal Acherthal genannt. Im 14. Jahrh. wird erstmals zwischen Ober- und Unterachern unterschieden. Zeitschr. f. Gesch. d. Oberrheins 23. S. 404. (2) Unter- und Oberachern gehörten zu Ortenau. Kappelrodeck kam schon 1070 an das Hochstift Straßburg und blieb mit Ottenhöfen und Seebach unter dieser Hoheit bis zum Anfall an Baden im Jahre 1803. (3) Nach dem Weisthum des Straßburger Hubengerichts (Grimm, Weisthümer I.) ist im 15. Jahrhundert bezüglich Kappels bestimmt: „Die untere Straß soll so weit sein, daß einer söll sitzen uff ein Pferd und so vor ihm haben einen Wiesbom überzwerch in dem Sattel, und soll der Bom 24 Schuh lang sin. Was er rührt zu beden Siten soll man abthon.“ Diese Anordnung wurde nicht befolgt. (4) Ein Theil dieser alten Straße, welche von Unterachern bis Oberachern den Namen „Kirchweg“ führte, wurde zu dem Bau der Straße von Achern nach Illenau verwendet. Siehe Nr. 86. (5) Mone, Zeitschrift XV. 69, und Quellensammlung III. 658. (6) Trotz des schlechten Verbindungsweges mit dem Murgthal ging doch schon seit Jahrhunderten im Herbste viel Markgräfler Wein und Obst durch das Kapplerthal nach Württemberg, woselbst die Obstcultur erst seit Anfang dieses Jahrhunderts wieder mit Sorgfalt betrieben wird. Württembergische Jahrbücher 1852. Der Markgräfler, wozu auch die Bühler und Kapplerthäler Weine gerechnet wurden, durften zollfrei eingeführt werden. (7) Das Vorspann von ein Paar Ochsen kostete 48 Xr.

Als nun im Jahr 1831 die Staatsforstbehörde Vorarbeiten für Herstellung einer Straße zur Verbindung des Bühlerthales mit dem Murgthal anordnete, besorgten die Bewohner des Kapplerthales eine gefährliche Concurrenz mit ihrem Verkehrswege und suchten deshalb schon damals die Staatscasse zur Verbesserung des Gebirgsübergangs am Ruhstein ins Mitleid zu ziehen. Aehnliche Schritte wiederholten sich natürlich in ausgedehnterem Maße, als in den Jahren 1847 und 1848 die Straße durch das Bühlerthal nach Herrenwies wirklich zur Ausführung kam(¹) und auch die Fortsetzung bis zur sogenannten Fallbrücke und gegen die Rauhmünzach in Aussicht stund. Auch Württemberg, welches inzwischen auf der rechten Seite des Rothmurgthales einen Holzabfuhrweg mit günstigeren Gefällen hergestellt hatte, als jener auf der linken Thalseite besaß, drang auf Verbesserung der Straße aus dem Kapplerthal nach dem Ruhstein. Von Seite Badens wurde nun zunächst die Correction der Abtheilung von Hinterseebach bis an den Ruhstein in das Auge gefaßt. Der Aufwand für eine neue 1937 Ruthen lange Straße mit Gefällen von 5—6 Procent wurde auf 37,000 Fl. veranschlagt, wovon in dem Budget für 1852/53 10,000 Fl. in der Voraussetzung bewilligt wurden, daß die betheiligten Gemeinden den übrigen Aufwand übernehmen. Die Verhandlungen über die Wahl der Zugslinie und über die Beiträge der Gemeinden verzögerten sich aber bis zum Jahr 1857, in welcher Zeit das schon mehrmals erwähnte Uebereinkommen mit Württemberg über gemeinsame Ausführung verschiedener Straßen abgeschlossen wurde, in welchem auch bezüglich dieser Straße die Bestimmung enthalten ist, daß dieselbe von Achern bis zum Ruhstein in einer Breite von 20 Fuß mit höchstens 7 Proc. Steigung bis zum Jahr 1860 hergestellt werden soll. Württemberg dagegen verpflichtete sich vom Ruhestein abwärts bis Baiersbronn eine neue Straße mit 20 Fuß Breite auf der linken Thalseite herzustellen und die Rampe am Ruhstein in der Art zu verbreitern, daß der Halbmesser des Bogens nicht unter 60 Fuß beträgt. Nachdem die Gemeinden sich zu einem Beitrag von 12,300 Fl. bereit erklärt hatten, wovon auf Achern 4600 Fl., auf Kappelrodeck 4000 Fl., auf Oberachern 1200 Fl., auf Furschenbach 300 Fl., auf Ottenhöfen 700 Fl., auf Seebach 1000 Fl. und auf Waldulm 500 Fl. entfielen, mithin, da der Forstfiscus das Waldgelände unentgeltlich abtrat, der Staat noch 24,700 Fl. zuzuschießen hatte, wurden die Arbeiten im Jahr 1857 zwischen Hinterseebach und dem Ruhstein begonnen und diese Straßenabtheilung im December 1858 dem Verkehre übergeben.(²) Hierauf wurde im Jahr 1860 eine Abtheilung in der Gemarkung Seebach und 1861 der Theil vom Seebacher Schulhaus bis zur Ottenhöfer Gemarkungsgränze hergestellt, sodann 1862 und 1863 die Correction bis zum Ort Ottenhöfen(³) ausgeführt. Zu diesen letzteren Correctionen leistete die Gemeinde Ottenhöfen einen Beitrag von 1900 Fl.

Der Gesammtaufwand, der vom Jahr 1858 bis zum Jahr 1863 einschließlich für diesen Bau bestritten wurde, beträgt 57,799 Fl., wovon der Staat 43,599 Fl., die Gemeinden 14,200 Fl. übernommen haben.

Auch auf württembergischem Gebiet wurde gleichzeitig eine neue Straße auf der linken Thalseite mit 31,000 Fl. erbaut und 1863 dem Verkehr übergeben. Man wählte wieder die linke oder Sommerseite, weil die Straße auf der rechten Thalseite wegen Schnee und Eis oft nicht benutzt werden konnte. Die neu gebauten Strecken kamen schon im Jahr 1858 in die Classe der unterstützten Vicinalwege und das Gleiche geschah 1863 in Betreff der weiteren Strecken in Gemarkung Ottenhöfen.

Um auch die Straße zwischen letzterem Orte und Achern noch gut herzustellen, waren erforderlich: in Gemarkung Oberachern 598 Fl., Kappel 1220 Fl., Furschenbach 960 Fl., von Ottenhöfen bis zur Hagenbachbrücke 1050 Fl., sodann für Ergänzungsarbeiten von Seebach aufwärts 1242 Fl., zusammen 5070 Fl.

Dazu haben beigetragen die Gemeinden Oberachern 347 Fl., Furschenbach 170 Fl., Ottenhöfen 404 Fl., zusammen 921 Fl.

Da jedoch die Correction in der Gemarkung Kappel unterblieb, weil die Gemeinde die entsprechenden Beiträge nicht leistete, minderte sich der Aufwand um 1220 Fl.

(¹) Die Straße wurde aus Mitteln des Forstfiscus mit Beiträgen der Gemeinden Bühl und Bühlerthal in einer Breite von 18 Fuß mit Gefällen bis zu 6 Procent ausgeführt. Siehe Nr. 282. (²) Die Rampe in Seethal hat 60 Fuß Radius, 28 Fuß Breite und 2,4 Procent Fall. Der Fall der Straße beträgt oben und unten $6^1/_2$ Procent. (³) Ottenhöfen bestund 1419 nur aus einem Bauernhof. Zeitschrift für Geschichte des Oberrheins 23. S. 106.

Diese Arbeiten kamen 1865 und 1866 zur Ausführung. Die Güter wurden aus Staatsmitteln erworben oder von den Gemeinden unentgeltlich abgetreten. — Durch die genannten Verbesserungen der Straße ist es möglich geworden, daß eine 2spännige Fuhre von Achern nach Freudenstadt 48—50 Centner laden kann und nur von Seebach aufwärts 1 Paar Ochsen Vorspann braucht. Der Centner Fracht von der Eisenbahn bei Achern bis zur Glashütte in Buhlbach kostet jetzt nur 18 Xr.

In den Jahren 1872/74 kamen ferner zur Ausführung: 1) in Gemarkung Kappel an Stelle der im Krieg von 1870 zerstörten Holzbrücke ein eiserner Fachwerksbau nebst Regulirung und Verbreiterung der Straße von 15 auf 18 Fuß; 2) Erhöhung der Straße zwischen Kappel und Oberachern; 3) in Oberachern an Stelle der 1856 nach amerikanischem Holzgittersystem erbauten Brücke mit einem Joch eine eiserne Fachwerksbrücke;(1) 4) Regulirungen und Verbreiterungen in den Gemarkungen Furschenbach und Ottenhöfen.

Die Kosten betrugen 16,767 Fl., wovon die Gemeinde Kappel 500 Fl., Oberachern 500 Fl. und der Staat 15,767 Fl. übernommen haben.

Ueberdies stellten die Gemeinden das nöthige Gemeindeeigenthum unentgeltlich, was aber nicht von erheblichem Werthe war, da die durch die Correction verfügbar gewordenen Theile der alten Straße den Gemeinden überlassen wurden.

In dem Winter 1872/73 wurde die Straße durch den Eistransport aus dem Mummelsee zur Eisenbahn sehr stark in Anspruch genommen.

Die Ladung betrug für 4 Zugthiere 130—140 Centner. Als Fuhrlohn wurden 6 Xr. und für das Eis 10 Xr. per Centner bezahlt, daher der Centner bis zur Eisenbahn auf 16 Xr. kam. — Nach Vollendung des unteren Theils der Straße kam auch dieser in die Classe der Landstraßen, so daß jetzt, nachdem die früher verbesserten Theile schon 1868 Landstraße wurden, der ganze Zug von Achern bis zum Ruhstein als Landstraße behandelt wird.

Im Jahre 1874 kamen verschiedene Regulirungsarbeiten nachträglich mit 1000 Fl. zur Ausführung, und die Straße von Achern bis zur Eisenbahnstation wurde gleichzeitig ebenfalls unter die Landstraßen aufgenommen, weil sie den Verkehr vieler Gemeinden mit der Eisenbahn vermittelt.(2)

Der erweisbare Gesammtaufwand, den Baden für Verbesserung dieser Straße bestritten hat, beläuft sich auf 138,233 Mark.

Nr. 165.

Straße von Biberach nach Petersthal.

Harmersbachthalstraße.

Länge 20,16 Kilometer = 4,54 Stunden,
einschließlich der Abzweigung zur Station Biberach.

Da die Thäler der Kinzig und Rench von Kelten bewohnt waren, wurde wohl schon in jener Zeit das Harmersbachthal als Verbindungsweg benützt.

Die Namen Biberach, Roth, Steinach, Birach, Riersbach, Hagenbach, Nordrach, Löcherberg rc. scheinen aus keltischer Sprache zu stammen. Die bei Harmersbach entdeckten römischen Baureste zeigen, daß auch die Römer in diesem Thale wohnten. Auch der Ursprung des bei Biberach und Nordrach betriebenen Bergbaues auf Silber wird in die älteste Zeit verlegt.

Die politischen und gewerblichen Verhältnisse der Reichsstadt Zell(3) und des Reichsthals Harmersbach(4) brachten es von jeher mit sich, daß deren Bewohner mehr mit dem untern, als

---

(1) Das Walzeisen wurde mit 17 Fl. 48 Xr. pr. Ctr. bezahlt. (2) Von 1873—76 sind drei Wirthshäuser, eins oben, eins an der Rampe und eines oberhalb Seebach, an dieser Straße erbaut worden. (3) Die Stadt Zell ist sehr alt, sie wird 1139 erstmals genannt. Die Zeit, in der sie zur Reichsunmittelbarkeit gelangte, ist nicht genau bekannt. Kaiser Karl IV. bestätigte im Jahre 1366 ihre Privilegien, und dasselbe geschah auch noch unter Maria Theresia 1747 und später von ihren Nachfolgern. Die Stadt war befestigt, das südliche Stadtthor trägt die Jahreszahl 1482. Zu dem Gebiet der Reichsstadt gehörten die Orte Biberach, Nordrach, Lindach, Fröschbach, Ober- und Unterentersbach. — Schutz- und Schirmherr der Stadt war stets der jeweilige Besitzer der Reichslandvogtei Ortenau, wie dies auch in Offenburg und Gengenbach der Fall war. Die hier bestehende Steingutfabrik ist die älteste in Deutschland; 1803 errichtet, wurde sie 1814 vergrößert. (4) Das Reichsthal Harmersbach, durch welches der floßbare Harmersbach zieht, hat seinen Namen von den in früherer Zeit daselbst bestandenen Eisen-

mit dem obern Theil des Kinzigthales in Verkehrsbeziehungen stunden, daher auch seit ältester Zeit die Straße von Zell nach Biberach als Hauptstraße für den Verkehr mit dem Kinzigthal behandelt wurde.

Die im Jahr 1781 fast ganz neu erbaute Straße nach Zell führte von Biberach aus über den Fuß des in das Thal vorspringenden westlichen Gebirges; sie war sehr hügelig, nur 8 bis 10 Fuß breit und früher in der Nähe von Zell der Ueberschwemmung oft ausgesetzt. Im Jahr 1810 wurden die Gefällsverhältnisse etwas verbessert und die Verbreiterungen an den schmalsten Stellen bis zu 16 Fuß vorgenommen.

Von Zell aufwärts bis zum Ende des Thales führte ein 12—14 Fuß breiter, sehr hügeliger Weg neben dem Harmersbach hin, welch' letzterer oben im Thal 20 Fuß, in der Mitte 27 und unten 30 Fuß breit ist. An dieser Straße liegt die alte seiner Zeit vielbesuchte Wallfahrtscapelle „Maria zur Kette."

Der Bach wurde früher stark zur Flößerei benutzt, seit 1868 hat dies jedoch aufgehört und das Holz wird auf der Achse verführt. Bis in die neue Zeit wurde die Straße von den Gemeinden zuweilen im Accord und dann wieder in der Frohnd unterhalten. Die Eigenthümer verengten den Weg immer mehr und die Brücken waren für größere Lasten unbrauchbar, was erst recht fühlbar wurde, als der Holztransport per Achse in Uebung kam. Nach der im Jahr 1824 eingetretenen Zerstörung des Wegs durch Hochwasser beabsichtigte man eine allgemeine Erhöhung und Verbreiterung auf 16 Fuß auszuführen, allein man beschränkte sich mit Rücksicht auf die Kosten darauf, in den Jahren 1826/27 die dringendsten Verbesserungen vorzunehmen.

Vom Ende des Thales in die Gebirgswaldung führte nur ein steiler Waldweg, der zur Abfuhr des Holzes und der reichlich vorhandenen Bausteine in das Thal benützt wurde. Eine Verbindung dieses Thales mit dem jenseits des Gebirges liegenden Renchthal bestund nur durch Karrenwege. Dieser Mangel war früher weniger bemerklich, da die Straße von Petersthal abwärts bis Oppenau erst im Anfang dieses Jahrhunderts als Fahrstraße erbaut wurde und die Bewohner des Harmersbach- und Kinzigthales mit den unter Hoheit des Bisthums Straßburg stehenden Renchthalgemeinden in keinem geschäftlichen Verkehre stunden.

Im Jahr 1858/59 führte nun die Gemeinde Löcherberg mit besonderer Rücksicht auf die Holzabfuhr einen neuen Weg mit Rampen von dem Renchthale (1) bis zur Gemarkungsgränze gegen Oberharmersbach in einer Breite von 12 Fuß mit einem Aufwande von 3806 Fl. aus, wozu das Forstärar 1500 Fl. Beitrag leistete. Diese Straße besitzt Steigungen von 5 bis 10 Procent.

Fast gleichzeitig verbesserte auch die Gemeinde Oberharmersbach den Waldweg von der Löcherberger Gemarkungsgränze bis zu dem Löcherberger Hof durch Ordnung des Querprofils und Wasserabzugsbauten, sowie durch Verbreiterung auf 15 Fuß und Ermäßigung des Gefälls. Diese Straßenabtheilung hat nun in dem untern Theile Gefälle von 7—8 Procent, in dem obern solche von 10—11 Procent. Nach Herstellung dieser Verbindungsstraße zwischen dem Kinzig- und Renchthale bildete sich auf derselben bald ein ziemlich lebhafter Verkehr mit leichterem Fuhrwerk zwischen Freudenstadt und den Renchbädern einerseits und den Fabrikorten Zell und Lahr anderseits aus; die in dem Walde zwischen Oberharmersbach und der Höhe in großer Zahl vorhandenen Sandsteinblöcke finden nun ihre Abfuhr nach Zell und weiter.

Die Straße wurde deshalb seit 1761 von Biberach bis Löcherberg mit Staatsunterstützung unterhalten und seither durch neue Herstellung einiger Brücken, durch Verbreiterung und kleinere Correctionen zwischen Zell und Oberharmersbach mit einem Aufwand von 3440 Fl. bedeutend verbessert. Als nothwendige weitere Verbesserungen erscheinen zur Zeit noch: die Correction einer kleinen Steige vor Wickersbach mit 1200 Fl., Correction an der Kirnbacher Capelle auf Gemarkung Unterharmersbach nebst Ankauf von 2 Häusern mit 6000 Fl., Verbreiterung am

---

hämmern. Die Reichsvogtei, bestehend aus den früher zu einer Gemeinde vereinigten Orten Ober- und Unterharmersbach, wurde von Kaiser Maximilian I. bestätigt. Früher gehörten die Orte Ober- und Unterharmersbach zur Abtei Gengenbach. Die Regierung der Reichsvogtei bestund aus zwölf Räthen und einem Vogt, den der Prälat von Gengenbach unter drei von dem Reichsthal vorgeschlagenen Personen ernannte. Der Vogt sprach im Namen des Kaisers auch die Todesurtheile aus, und es stund ihm das Recht der Begnadigung zu. Die Stadt Zell nebst dem Reichsthal kamen im Jahre 1803 unter badische Hoheit. Bis dahin hatte die erwähnte Gerichtsbarkeit fortgedauert. (1) Die Straße beginnt am Wirthshaus zum Pflug unterhalb Freiersbach.

Löcherberger Schloßweier mit 2000 Fl. und Vermeidung eines 9-procentigen Stichs am Löcherberg gegenüber dem Langenhördle mit 1200 Fl.

Als im Jahr 1863 die Zugslinie für die Eisenbahn von Offenburg nach Hausach in der Art bestimmt war, daß nächst Biberach an dem nach Zell führenden Vicinalweg eine für Zell und Biberach gemeinschaftliche Station erbaut werden mußte, suchte die Stadt Zell darum nach, die Bahnlinie mehr der Stadt zu nähern und die Station mindestens an der Mündung des Zeller Thals neben dem Entersbacher Rebhügel anzulegen. Bei näherer desfallsiger Untersuchung ergab es sich aber, daß diesem Wunsche nur mit Vermehrung der Baukosten hätte entsprochen werden können, daß aber die Entfernung der gewünschten Station Zell nur um etwa 1800 Fuß abgekürzt worden wäre, mithin immer noch eine Entfernung von 8200 Fuß bliebe, also der Gewinn für den Verkehr von Zell nach der Eisenbahn sich nicht so erheblich darstellte als die Unannehmlichkeit, die erfahrungsgemäß mit der Anlage einer Station in größerer Entfernung von einem Orte verbunden ist. Die Regierung glaubte deshalb diesem Gesuche nicht entsprechen zu können, genehmigte aber zur Erleichterung des Verkehrs der Stadt Zell mit der Eisenbahnstation die Verbesserung des vorhandenen, kaum 16 Fuß breiten, mit starken Gegensteigen an der schattigen Bergwand hinziehenden Vicinalwegs zwischen Biberach und Zell aus Mitteln des Eisenbahn-Baufonds. Für diesen Bau wurden 2 Linien ermittelt, nämlich eine mit Verlassung der alten Straße und Verlegung derselben in das Wiesenthal und eine zweite mit möglichster Beibehaltung des bestehenden Wegs. Bei Annahme einer Straßenbreite von 20 Fuß mit 15 Fuß Fahrbahn, aus 5 Zoll Gestück und 3 Zoll Schotter bestehend, war der Aufwand für die erste Linie auf 40,000 Fl., für die letztere auf 32,600 Fl. überschlagen. In Rücksicht auf die Schwierigkeit der Geländeerwerbung und die durch Hochwasser erschwerte Unterhaltung bei der ersteren Linie entschied man sich für die zweite, 9075 Fuß lange, mit durchschnittlichem Gefäll von 1 Procent auszuführende, und die Gemeinde Zell verpflichtete sich, einen baaren Beitrag von 1500 Fl. für die Gütererwerbung zu leisten und 2500 Abweissteine unentgeltlich zu stellen. Der Bau erhielt unterm 6. Februar 1866 die höhere Genehmigung; die Kriegsereignisse des Jahres 1866 verzögerten aber die Ausführung, und als man im Jahr 1867 hierzu schreiten wollte, fand die genehmigte Zugslinie von Seite eines Papierfabricanten Anfechtung, in deren Folge weitere Pläne und Ueberschläge aufzustellen waren. Hierdurch und durch die Hindernisse, welche die Erwerbung der Güter fand und die Anwendung des Expropriationsgesetzes nöthig machten, wurde der Baubeginn abermals bis zu Anfang des Jahres 1868 verschoben. Die neue Straße konnte endlich am 6. October dieses Jahres dem Verkehr eröffnet werden. Die gesammten Baukosten incl. der Güterentschädigung im Betrag von 8741 Fl. beliefen sich auf 34,243 Fl. 44 Xr., wozu die Gemeinde Zell 1500 Fl. und ein Werkbesitzer (Schaible) 100 Fl. und die Staatscasse 32,643 Fl. beigetragen haben.

Mit diesem Bau war auch die Herstellung einer neuen eisernen 8 Meter weiten Brücke verbunden, die 150 Fuß unter der alten Holzbrücke zu stehen kam und 3890 Mark kostete. Die alte zwischen den Fabrikgebäuden durchführende Straße wurde verlassen.

Seit 1868 befindet sich die Straße von Biberach bis Löcherberg (Nr. 26) im Landstraßenverband.

Im Jahr 1871 wurde die sogenannte Schwarzbrodbrücke in Oberharmersbach mit 4483 Mark, 9,30 Meter weit in Eisen umgebaut, sodann folgte 1873 der Umbau der Kaffeebrücke in Oberharmersbach mit 3941 Mark; der Umbau der hölzernen Galgenbrücke in Eisen nebst einer Straßencorrection, welche zusammen auf 12,700 Mark veranschlagt waren, wurden verschoben, dagegen 1877 die Rößlebrücke nebst Correction mit 11,000 Mark ausgeführt. Das Schmiedeeisen kostet pro Centner 14 Mark, diese Brücke hat 12½ Meter Spannweite und eine 5 Meter breite Fahrbahn. Oberhalb der letzteren Brücke befindet sich seit alter Zeit eine Furt. — Der Aufwand für diese Brücken ist nach Gesetz von 1868 aufgebracht, der Gemeindebeitrag aber von 1840 auf 600 Mark ermäßigt. Für die Correction an der Kirnbacher Capelle, mittelst welcher 2 Brücken überflüssig worden, sind in den Gesetzen von 1870 über Vervollständigung des Landstraßennetzes 11,300 Mark bewilligt. Der Bau wurde 870 Meter lang, 6 Meter breit mit 5 Meter Fahrbahn 1876/77 ausgeführt. Oberharmersbach gab 400 Fl. Beitrag.

Der Aufwand für alle diese Verbesserungen beläuft sich erweisbar auf 101,848 Mark.

Die Zufuhrstraße zu der Station Biberach ist von der Eisenbahnbauverwaltung auf angekauften Grundstücken erbaut und 1872 unter die Landstraßen aufgenommen worden. Der Verkehr ist in Zunahme begriffen.

Zwischen Zell und Biberach sind 1864 77, 1874 161 Zugthiere beobachtet worden, zwischen Zell und Löcherberg aber nur 63.

Nr. 166.

Straße von Eberbach nach Neckarelz.

Siehe Nr. 148.

Nr. 167.

Straße von Hardheim über Külsheim nach Bronnbach.

Länge vom Zigeunerstock an der Straße von Hardheim nach Wertheim bis Külsheim	1057	Ruthen,
„ von Külsheim bis Bronnbach	2160	„
„ von Hardheim bis zum Zigeunerstock als Theil der Straße Nr. 8 . .	2322	„
zusammen	5539	Ruthen,

oder 16,93 Kilometer = 3,81 Stunden, einschließlich der Zufahrt zur Station Bronnbach.

Die frühere Landstraße Nr. 8 von Hardheim über Hundheim nach Wertheim hat außer mehreren kleinen Steigen und Gegengefällen eine 5500 Fuß lange Steige bei Bockenroth, welche 6—14 Procent Gefäll besitzt und deshalb für den Verkehr mit Wertheim sehr lästig ist. Schon in den 20er Jahren hielt man daher eine Verbesserung dieser Straße für nöthig, man kam aber schon damals zu der Ueberzeugung, daß eine gründliche Abhülfe des bestehenden Mißstandes nur durch den Bau einer neuen Straße über Külsheim nach Bronnbach([1]) und durch Verbesserung der Tauberthalstraße von Bronnbach nach Wertheim zu erzielen sei und daß später auch die Straße von Hardheim bis Steinfurth, welche Steigen von 8 Procent und Gegengefälle besitzt, corrigirt werden müsse.

Zunächst glaubte man aber die Tauberthalstraße in guten Stand bringen zu sollen, was denn auch in der Periode von 1845/56 geschehen ist. Die im Jahr 1847 begonnene Verbesserung der Straße von Walldürn nach Amorbach erweckte in Wertheim die Besorgniß, daß ein Theil des Verkehrs nach Miltenberg sich dieser Straße bedienen werde, wenn nicht eine gute Verbindung über Külsheim nach Wertheim geschaffen wird. Die Gesuche um Vollzug dieses Straßenbaues wurden darum immer dringender. Da die Kosten für Herstellung einer guten Straße von Hardheim über Külsheim bis Bronnbach aber ursprünglich auf 122,000 Fl. überschlagen waren, wovon allein 45,400 Fl. auf die Abtheilung zwischen Hardheim und dem Zigeunerstock entfielen, glaubte man sich zunächst auf die Abtheilung vom Zigeunerstock bis Bronnbach beschränken zu müssen, um wenigstens der Stadt Külsheim und der Umgegend den Absatz der Früchte nach Wertheim zu erleichtern und damit den Fruchthandel in Wertheim zu erhalten, da derselbe durch den Betrieb der baierischen Spessartbahn sehr bedroht erschien. Mit den in dem Budget für 1860/61 bewilligten 54,000 Fl. wurde zunächst die Straße von Külsheim nach Bronnbach in einer Breite von 18—20 Fuß und einem Gefäll von 2,3 Procent bis zum Juli 1862 ausgeführt und unter die Landstraßen aufgenommen. Die Güter wurden vom Staat angekauft. Die Ausführung der weiteren Abtheilung von Külsheim bis zum Zigeunerstock erfolgte in den Jahren 1865/66 mit einem Aufwand von 15,100 Fl. Auch diese Straße wurde in einer Breite von 18—20 Fuß mit 16 Fuß Fahrbahn und einem Maximalgefäll von 4,2 Procent angelegt. Für die letztere Abtheilung stellte die Gemeinde Külsheim den Gemeindewald im Werth von 239 Fl. unentgeltlich und bezahlte überdies die Hälfte des Kaufpreises für die erforderlichen übrigen Güter im Betrage von 6100 Fl. mit 3050 Fl.

([1]) Der alte Vicinalweg von Bronnbach nach Külsheim führt mit sehr starken Gegensteigen durch den Schönertwald. Das Beste an dieser Straße war die 1408 von Abt Hildebrand, an Stelle einer alten Holzbrücke mit 40,000 Fl. erbaute steinerne Tauberbrücke mit zwei Bogen und einer Fluthöffnung, die jetzt noch zum Uebergang benutzt wird. Diese Brücke wurde bis 1803 vom Kloster, dann von der Standesherrschaft Wertheim-Rosenberg unterhalten. Seit 1862 wird sie als Theil der Landstraße nach Kühlsheim behandelt. Siehe Archiv des Histor. Vereins für Unterfranken 1867. Seite 36.

Die neue Straße wurde 1866 in den Staatsstraßenverband aufgenommen; die alte Straße aber vom Zigeunerstock über Hundheim nach Wertheim gleichzeitig aus dem Verband ausgeschieden.

Der Aufwand für diesen Straßenbau betrug einschließlich der bis 1869 ausgeführten Nacharbeiten aus der Staatscasse 71,447 Fl., die Gemeinden haben 3289 Fl. übernommen, daher sich die Gesammtkosten auf 74,736 Fl. beliefen.

Der wirkliche Gesammtaufwand für Verbesserung dieser Straße und des Tauberüberganges betragen 196,690 Mark.

Die Hoffnungen auf Hebung des Verkehrs haben sich bisher nicht gerechtfertigt.

Man beobachtete zwischen Hundheim und Külsheim 1864 53, 1874 22 Zugthiere, zwischen Külsheim und Bronnbach nur 18 resp. 29 Zugthiere täglich.

Nr. 168.

Straße von Assamstadt über Lustbronn nach Mergentheim.

Der Vicinalweg von Assamstadt über Lustbronn nach Mergentheim bildet das kürzeste Verbindungsmittel zwischen Krautheim und Mergentheim. Der Weg hatte sowohl auf badischem als auf württembergischem Gebiet mehrere Steigen, worunter namentlich jene auf württembergischem Gebiet durch den Ort Lustbronn mit 9 Procent und von da auf die Höhe mit 10 Procent dem Verkehre sehr hinderlich waren. Im Jahre 1862 wurde die Correction auf Assamstadter Gemarkung mit einem Aufwand von 2566 Fl. ausgeführt, wozu die badische Staatscasse einen Beitrag von 1482 Fl. leistete. Die Straße wurde 18 Fuß breit und mit 2 Procent Steigung hergestellt. Von Lustbronn aufwärts hat Württemberg gleichzeitig das Gefäll durch eine größere Correction auf 5 Procent ermäßigt und an einigen andern Stellen kleinere Gefällsregulirungen vorgenommen, so, daß nur in Lustbronn vor Althausen und bei Neunkirchen noch Steigungen von mehr als 4 Procent auf kurze Strecken vorkommen. Die Steige in Lustbronn selbst könnte nur durch Umgehung des Ortes beseitigt werden. Die Straße wird auf badischer und württembergischer Seite gut unterhalten.

Der Verbesserungsaufwand in Baden betrug nachweisbar 4399 Mark.

Nr. 169.

Straße von Mannheim nach Lampertheim.

Länge in Baden	12,26 Kilometer	= 2,26	Stunden,
„ „ Hessen		0,20	„
zusammen		2,46	Stunden.

Der keltische Ort Worms stund ohne Zweifel mit den keltischen Niederlassungen: Schaarhof, Käferthal, Wallstadt, Ladenburg, Edingen, Heidelberg, Plankstadt, Schwetzingen, Dossenheim, Schriesheim, Handschuchsheim, Weinheim, Birkenau, Hemsbach, Laudenbach im Verkehre. Das Gleiche war zur Römerzeit der Fall, da Worms der Sitz eines römischen Präfecten war. Die römische Kriegsstraße, welche von Wiesloch über Hockenheim, Oftersheim, Schwetzingen, Friedrichsfeld, Neckarhausen, Ladenburg, Wallstadt, Käferthal, Schaarhof, Kirschgartshausen, Lampertheim nach Worms führte, wurde später auch als Handelsstraße beibehalten, verlor jedoch schon im Mittelalter ihre Bedeutung nach dem Niederrhein, theils weil die Bergstraße für diesen Zweck immer mehr benützt wurde und anderseits der Landungsplatz in Speyer den Rheinverkehr hauptsächlich an sich zog.(1) Gleichwohl wurde die Straße noch im vorigen Jahrhundert für den Verkehr zwischen Heidelberg und Worms oft benützt; seit mehr als hundert Jahren ist sie aber zur Vicinalstraße herabgekommen, indem sich der Verkehr von Heidelberg über Mannheim und

(1) Mone, Zeitschrift IV, Karte von Haas 1750. In Gemarkung Kirschgartshausen heißt diese Straße „hohe Straße". Eine Abzweigung ging von Käferthal über Heddesheim nach Großsachsen. Jetzt Nr. 146. Siehe badische Rheingränzkarte.

von hier auf dem linken Ufer nach Worms zog. Für den directen Verkehr zwischen Mannheim mit Frankfurt wurde übrigens in der zweiten Hälfte des vorigen Jahrhunderts die sogen. hohe Straße über Sandhofen, Schaarhof, Kirschgartshausen nach Lampertheim noch viel benützt. Daher auch ein churpfälzisches Regierungsrescript vom 25. October 1777 verordnete: „daß die von Mannheim über Sandhofen, Kirschgartshausen, Lampertheim 2c. in das Churmainzische und Hessen-Darmstädtische ziehende Straße als eine „gemeine Heer- und Zollstraße" betrachtet, und mithin auf 20 Fuß Breite mit Kies- und Seitenwegen durch den Kirschgartshäuser Hof hergestellt werden soll. Der Kirschgartshäuser und der Schaarhof([1]) sollen zur Unterhaltung gegen den Bezug des Chausseegeldes und Befreiung von dem Beitrag zu der Chaussee an der Bergstraße beigezogen werden." ([2]) Diese Anordnung wurde auch unter Mitwirkung der ganzen Zent Schriesheim([3]) vollzogen, die vollständige Chaussirung erfolgte aber erst 1787. Dieser Straßenzug ging von der Mannheim-Käferthaler Straße ab und an der Gränze des alten Neckarhochgestades am sog. Herzogried hin bis zu der Ziegelhütte (jetzigen Spiegelfabrik) und von da längs des Neckars nach Sandhofen.([4])

In neuerer Zeit hatte sich aber von Mannheim aus, hinter den Neckargärten durch, ein tiefgelegener Feldweg gebildet, der von leichten Fuhren benützt wurde. Von der Spiegelfabrik bis gegen Sandhofen bestund schon lange Zeit kein eigentlicher Weg mehr, sondern man fuhr da, wo man am Besten durchkommen konnte, meistens tief im Sande.

Schon im Jahre 1836 brachte die Stadt Mannheim die Verbesserung der Straßenverbindung mit Lampertheim in Anregung, man glaubte aber damals, daß zu einer Verbindung Mannheims mit der hessischen Bergstraße das Geeignetste wäre, von Käferthal nach Sanddorf zum Anschluß an die nach Neuschloß, Lorsch und Bensheim führende Straße zu bauen. Es wurde auch in dem Budget für 1836/39 eine Summe von 20,000 Fl. zu diesem Ende bewilligt. Die Ausführung unterblieb aber, weil man hessischerseits den Bau einer Straße von Meerfelden über Großgerau und Gernsheim nach Lampertheim beabsichtigte und darum auch die Führung der badischen Straße in der Richtung nach letzterem Orte wünschte. Nachdem 1856 die genannte Straße auf hessischem Gebiet wirklich ausgeführt war, kam von Hessen der Bau einer Straße über Käferthal bis zum Forsthaus zur Haide in Antrag, wofür der Aufwand auf 27,200 Fl. veranschlagt wurde. Sämmtliche Bezirksbehörden sprachen sich gegen diese Straßenrichtung und für den Bau einer guten Straße von Mannheim über Sandhofen nach Lampertheim aus, weil sich in dieser Richtung, trotz der schlechten Wege, der Hauptverkehr zwischen Mannheim und Lampertheim bewegte und überdies die Baukosten für diesen Weg beträchtlich niedriger als für jenen nach Neuschloß angegeben wurden. Man entschloß sich, die Linie über Sandhofen zu wählen.

Der im Jahr 1858 aufgestellte Kostenüberschlag verlangte für eine 20 Fuß breite Straße von Mannheim an der Spiegelfabrik vorüber nach Sandhofen, Kirschgartshausen bis zur hessischen Gränze bei Lampertheim einen Aufwand von 30,000 Fl. Die Straße von Mannheim bis gegen Sandhofen war beinahe durchgehends neu herzustellen, der Zug durch den Ort mußte aber nach dem Wunsche der Gemeinde beibehalten werden, sowie man auch von einer Straßenverlegung in Schaarhof absah, dagegen war von Kirschgartshausen bis zur hessischen Gränze ein Neubau erforderlich, weil nach Vereinbarung mit Hessen die neue Straße von Kirschgartshausen aus in gerader Linie nach Lampertheim zu führen war, während die alte Straße (der jetzige Feldweg) zuerst in südöstlicher, dann in nordöstlicher Richtung zieht. Zwischen Kirschgartshausen([5]) und Sandhofen([6]) war der vorhandene Weg mit einigen Correctionen, Verbreiterungen und

---

([1]) Scaera genannt in Urk. v. 863. ([2]) A.-A. u. Karte v. Denis 1780. ([3]) Zu der Schriesheimer Zent gehörten die Orte Ziegelhausen, Neuenheim, Handschuchsheim, Dossenheim, Schriesheim, Läntershausen, Ursenbach, Oberflockenbach, Rippenweiher, Heiligkreuz, Großsachsen, Hohensachsen, Litzelsachsen, Ilvesheim, Feudenheim, Wallstadt, Käferthal, Sandhofen, Kirschgartshausen. ([4]) Die Straße wird in der Karte von Denis von 1780 „Frankfurter Straße" genannt. Auch die Straße von Mannheim nach Sandhofen und der von da fast in gerader Linie über Sanddorf, durch den Käferthaler Wald nach Lorsch und Bensheim führende Weg wird in einem Originalplan von 1824 alte Frankfurter Straße genannt. In der Karte von Hammer 1805 wird dieser Weg nur noch bis Lorsch Chaussee genannt, dagegen war die Straße über Sanddorf, Lampertheim, Biblis, Gernsheim, Eberstadt Landstraße. Nach Worms führte die Landstraße damals auf dem linken Rheinufer. ([5]) Mit dem Kirschgartshauser Hofe war schon im 14. Jahrhundert das Recht einer Nähenfahrt verbunden. Widder, Beschreibung der Pfalz und Grimm, Weisth. I. 462. Der Hof hieß früher „Hausen". ([6]) Bei Sandhofen befindet sich gegenüber der Einmündung des Frankenthaler Canals in den Rhein eine Nähenüberfahrt; die Nähe

durch Fundamentirungen zu verbessern. Wegen Verständigung mit Hessen über die Baupläne und durch die Verhandlungen mit den Gemeinden über die zu leistenden Beiträge verzögerte sich der Bau bis zum Jahr 1861.

Die Straße wurde in einer Normalbreite von 20 Fuß mit 15 Fuß Fahrbahn, aus 4 Zoll Fundament und 3 Zoll Ueberkiesung bestehend, hergestellt und im Jahr 1864 gleichzeitig mit der Abtheilung auf hessischem Gebiet vollendet. Der Aufwand betrug für Baden im Ganzen 27,194 Fl., wovon die Gemeinde Mannheim für Gebäude 3287 Fl., Sandhofen 579 Fl., die markgräflich badische Gutsverwaltung in Kirschgartshausen 1348 Fl. übernahmen, indem letztere die auf 2548 Fl. taxirten Güter gegen ein Aversum von 1200 Fl. abgab. Die Leistung aus der Staatscasse betrug daher noch 21,980 Fl. Die Straße wurde hierauf als wichtiger Vicinalweg mit Staatsunterstützung unterhalten und ging 1868 in die Classe der Landstraßen über. Obgleich schon 1855 bei Worms eine Schiffbrücke erbaut und die Straße von Heppenheim und Bensheim über Bürstadt nach Worms chausseemäßig hergestellt war, stellte sich doch kein Bedürfniß zur Herstellung einer directen Straße von Lampertheim nach Worms dar, weil der Verkehr zwischen Mannheim und Worms sich entweder des Rheins oder der linksrheinischen Straße bediente. Der erweisbare Verbesserungsaufwand für diese Straße betrug 46,618 Mark. Der Verkehr ist in fortwährendem Steigen begriffen. 1864 wurden 154, 1874 643 Zugthiere täglich beobachtet.

Nr. 170.

Straße von Neckarsteinach nach Weinheim.

Steinachthalstraße.

Länge in Baden 8 Kilometer = 1,82 Stunden,
„ „ Hessen 1,70 „
zusammen 3,52 Stunden bis Heiligkreuzsteinach.

Nr. 216.

Straße von Altneudorf nach Schriesheim.

Kanzelbachthalstraße.(1)

Länge 13,36 Kilometer = 3,01 Stunden.

Die innige Beziehung, in welcher diese zwei Straßen zu einander stehen, machen ihre gemeinsame Besprechung nöthig. Auch das Project eines Straßenbaues von Ziegelhausen nach Schönau muß hier Erwähnung finden. Der vordere Odenwald, der theils in badischem, theils in hessischem Gebiet liegt und westlich von dem Rheinthale, südlich von dem Neckarthale begränzt wird, war, wie diese beiden Thäler selbst, einst Wohnsitz der Kelten. Die Namen Odenwald, Neckar, Steinach, Eiterbach, Lachsbach, Igelbach, Bärsbach, Kanzelbach, Weschnitz, Dilsberg, Schönau, Schlierbach, Michelbach, Eberbach, Beerfelden, Trösel, Gorxheim, Nestenbach, Weinheim, Dossenheim, Schriesheim und andere scheinen der keltischen Sprache zu entstammen.

Bei Dossenheim wurden keltische Waffen und Geräthe aufgefunden. Das spätere Dasein der Römer ist durch die Reste einer römischen Straße von Heidelberg nach Waldmichelbach, durch eine weitere über den Dilsberger Hof und durch römische Gebäudereste und Geräthe nachgewiesen, welche bei Weinheim, Schriesheim und Dossenheim zu Tage gefördert wurden. Auch die alte Straße durch das Steinachthal nach Waldmichelbach soll römische Anlage sein.(2) Diese Straße zog jedoch, wie alle in dieser Gegend, nicht in dem Thale selbst, sondern mehr oder weniger hoch an den Thalabhängen hin, von denen sie sich zuweilen mit starkem Fallen wieder zur Thalsohle hinabsenkt, um alsbald mit ebenso beträchtlichem Steigen wieder die Höhen zu

hat eine Tragkraft von 3000 Centner und hat 1500 Fl. gekostet. Zur Personenüberfahrt dient ein Ankernachen. Früher stund die Fähre in dem Friesenheimer Altrhein und wurde erst nach Ausführung des Friesenheimer Durchstichs an die jetzige Stelle verlegt. (1) Der Kanzelbach wurde früher „Ulfenbach" (Ulvina) genannt. (2) Mone, Urgeschichte I. S. 180.

gewinnen oder die Wasserscheiden zu übersteigen. Obgleich diese Wege im Laufe der Zeit mancherlei Verbesserungen erfahren haben mögen, und insbesondere die Steinachthalstraße im Jahr 1794 schon an manchen Stellen etwas tiefer gelegt wurde,(1) so blieben sie doch bezüglich ihrer ungünstigen Gefälle und mangelhaften Breite von 10—12 Fuß bis in die neuere Zeit noch immer in einem so primitiven Zustande, daß man wohl zu der Annahme berechtigt ist, der größte Theil derselben stamme noch von der Zeit der ersten Bewohner dieser Gegend her.

Das Bedürfniß einer gründlichen Verbesserung dieser höchst nothdürftigen Communicationsmittel machte sich erst geltend, als an Stelle des durch die Natur beschränkten Betriebes der Landwirthschaft der Gewerbebetrieb zu treten begann. Zunächst war es der Ort Schönau, in welchem schon 1545 eine Eisenschmelze betrieben wurde und wo das von Bischof Baggo von Worms 1135—1142 erbaute, 1562 aufgehobene Bernhardiner-Kloster durch Pfalzgraf Friedrich III. flüchtigen Protestanten aus Frankreich und den Niederlanden zum Fabrikbetriebe eingeräumt worden war,(2) der die Herstellung einer guten Straße an den Neckar zur Verbindung mit Heidelberg anstrebte, nachdem sich allmählich verschiedene fabrikmäßig betriebene Gewerbe als: Papiermühlen, Eisenhammer, Tuchweberei und Färberei, Ziegelhütten und namentlich auch die Schuh- und Stiefelfabrikation und Bleicherei als häusliche Gewerbe hier gebildet hatten. Die älteste geschichtlich nachgewiesene eigentliche Straßenverbindung von Heidelberg nach Schönau führte über Großsachsen, Rippenweiler, Altenbach und Heiligkreuzsteinach, also auf einem sehr großen Umwege.(3)

Von Ziegelhausen über den 200 Fuß hohen Münchelberg führte ein schmaler Karrenweg mit 8—12 Procent Steigen und Fallen. Auch die Vicinalstraßen von Schönau nach dem hessischen Neckarsteinach und von hier nach Heidelberg hatten wie jene über Wilhelmsfeld und Schriesheim viele Gegensteigen von 10—15 Procent und nur Breiten von 8—10 Fuß. Von einer Fundamentirung dieser Wege war ebensowenig die Rede, als von einer guten Unterhaltung. Das Steinachthal war mithin so gut wie verschlossen. Gegen Ende des vorigen Jahrhunderts sind zwar ebenso wie in den Jahren 1810—1813 einige Verbesserungen an dem Weg von Ziegelhausen nach Schönau vorgenommen worden, da derselbe nach dem Anfall an Baden als Landstraße behandelt wurde,(4) allein der Weg blieb dennoch seiner starken Gefälle wegen sehr schlecht.

Erstmals im Jahr 1837 wurden eingehende Verhandlungen über Verbesserung des Wegs von Ziegelhausen nach Schönau gepflogen, um das Thal wenigstens nach *einer* Richtung zugänglich zu machen, den durch die Concurrenz der Tuchmacher in Erbach, Bernfelden 2c. bedrohten Fabrikbetrieb zu erhalten und die Holzabfuhr zu erleichtern.(5)

Bei der Unvermöglichkeit der Gemeinden zu Bestreitung des Bauaufwandes und bei den vielen dringenden Anforderungen zu Verbesserung der Staatsstraßen mußte der projectirte Bau wegen Mangels der nöthigen Baufonds leider unterbleiben und erst der im Jahr 1855 eingetretene Nothstand der Bevölkerung des vordern Odenwalds gab Veranlassung, das Project der Straßencorrection zwischen Ziegelhausen und Schönau wieder aufzugreifen. Es wurde damals ein Bauplan aufgestellt, wonach bei Einhaltung eines Gefälls von 5 Procent die Länge der neuen Straße von Ziegelhausen bis auf die Höhe 17,500 Fuß und von da bis Schönau 13,600 Fuß, im Ganzen also 31,100 Fuß erhalten sollte. Bei Annahme einer Straßenbreite von 20 Fuß mit 15 Fuß Fahrbahn wurde der Aufwand auf 25,000 Fl. überschlagen. Mit Einhaltung eines Gefälls von 6 Procent hätte der Weg eine Länge von 28,500 Fuß erhalten und der Aufwand berechnete sich bei einer Straßenbreite von 18 Fuß auf 21,500 Fl. Von diesem Aufwand wollte die Staatscasse die Hälfte übernehmen und ein Viertel sollte von dem Forstärar, ein Viertel von der Gemeinde Schönau bestritten werden. Die Gemeinde Schönau weigerte sich, einen Beitrag zu leisten, weil die Ansichten der Einwohner sich inzwischen darüber getheilt hatten: ob die Verbesserung des Wegs nach Neckarsteinach nicht der Correction der Straße nach Ziegelhausen vorzuziehen sei. Die Mehrzahl entschied sich für die Richtung nach Neckarsteinach, obgleich nach Ansicht der Kreis- und Bezirksbehörden dieser Weg wegen seiner größeren Länge und des Mangels einer stehenden Brücke bei Neckargemünd von geringerem Interesse als jene

(1) Widder, Die Pfalz. (2) Das Kloster wurde im 30jähr. Krieg und im orleanischen Erbfolgekrieg zerstört. In demselben wurde 1195 Pfalzgraf Conrad begraben, dem Heidelberg sein erstes Aufblühen verdankt. Das Kloster hatte viele Verdienste um die Cultur des Neckarthals. Wundt, Geschichte des Klosters Schönau 1789 und Archiv für Baden 1803. I. (3) Widder, Die Pfalz. (4) Siehe Karte von Tulla von 1812. (5) Das Holz aus den an das Steinachthal gränzenden Waldungen wurde bis 1831 auf der Steinach in den Neckar geflößt.

über Ziegelhausen nach Heidelberg ist, wohin der Hauptverkehr geht. Die Bauausführungen unterblieben abermals, dagegen wurden Untersuchungen über Verbesserung des Wegs nach Neckarsteinach eingeleitet, nachdem von Seiten des evangelischen Oberkirchenraths mit Rücksicht auf die Holzabfuhr aus dem in das Steinachthal abhängenden kirchenärarischen Wald ein Beitrag von 8800 Fl. zu den Baukosten angeboten war und die Gemeinde Schönau sich bereit erklärt hatte, das nöthige Gelände unentgeltlich zu stellen. Die Länge des Wegs auf badischem Gebiet betrug 5683 Fuß und der Aufwand war für eine 18 Fuß breite Straße mit 15 Fuß Fahrbahn aus 6 Zoll Fundament und 2 Zoll Schotter auf 16,600 Fl. überschlagen, daher die Staatscasse noch einen Beitrag von 5500 Fl. zu leisten gehabt hätte. Auch dieser Bau stieß auf Hindernisse, indem die großherzogl. hessische Regierung die von der Gemeinde Neckarsteinach beabsichtigte Herstellung der Straße auf hessischem Gebiet, für welche ein Aufwand von 18,000 Fl. erforderlich schien, untersagte, weil man badischer Seits die von Hessen schon im Jahr 1847 angeregte Ausführung einer Straße im Lachsbachthal in Gemarkung Heddesbach seither nicht ausgeführt hatte. Unter diesen Verhältnissen war man badischer Seits darauf angewiesen, wieder auf das frühere Bauproject über den Münchel nach Ziegelhausen zurück zu kommen und die Fortsetzung der Straße von Schönau nach Heiligkreuzsteinach in das Auge zu fassen, um von diesem Weg einen zweckmäßigen Ausgang in das Rheinthal bei Weinheim oder bei Schriesheim (1) zu finden.

Es wurden deshalb sowohl für den Bau nach Ziegelhausen als für jenen nach Heiligkreuzsteinach Plan und Ueberschläge aufgestellt. Nach dem neuesten Project sollte die Straße von Schönau durch das Bärenthälchen nach dem Münchel in einer Länge von 1318 Ruthen mit 5—6 Procent Gefäll und vom Münchel nach Ziegelhausen auf eine Länge von 1557 Ruthen mit 6 Procent Gefäll geführt werden. Der Aufwand für diese ca. 2 Stunden lange Straße wurde auf 45,000 Fl. veranschlagt. Ein weiteres Project für eine directe Straße von Schönau nach Kleingemünd wurde gleichzeitig untersucht, wobei sich zeigte, daß dieser Weg eine Länge von 27,343 Fuß erhielte und etwa 35,000 Fl. kosten würde. Da aber die Gefällsverhältnisse sich nicht bedeutend günstiger als jene über den Münchel darstellten, der Weg nach Heidelberg viel länger geworden wäre und eine Fortsetzung der Straße von Kleingemünd nach Ziegelhausen bedingt haben würde, glaubte man von dieser Wegrichtung absehen zu müssen. Inzwischen wurde 1862 der Bau einer Brücke unterhalb Heiligkreuzsteinach nöthig, zu dessen Aufwand im Betrag von 2400 Fl. die Staatscasse einen Beitrag von 1600 Fl. leistete.

Der im Jahr 1863 vollendete Ueberschlag für den Bau der Straße von Schönau nach Heiligkreuzsteinach verlangte eine Summe von 34,700 Fl. oder 26,000 Fl. für die Stunde. Die Gemeinde Schönau verpflichtete sich zur Stellung des auf 7283 Fl. geschätzten Geländes gegen ein Aversum von 5000 Fl., also eines Beitrags von 2283 Fl. Die Gemeinde Altneudorf war bereit, das auf 4950 Fl. taxirte Gelände gegen ein Aversum von 4000 Fl. zu stellen, somit beizutragen 950 Fl. Die Gemeinde Heiligkreuzsteinach erbot sich das auf 1496 Fl. taxirte Gelände unentgeltlich abzugeben. Die zugesagten Beiträge der Gemeinden berechneten sich deshalb auf 4729 Fl. Auch für die Fortsetzung der Straße von Heiligkreuzsteinach nach Weinheim wurde eine Linie ermittelt und zwar jene über Unterabsteinach, Trösel und Gorxheim mit einem Maximalgefäll von 4,4 Procent und einem Aufwand von 25,000 Fl. Die weiter untersuchte Linie über die Bärsbacher Höhe zeigte sich als weniger günstig, weil hier ein Gefäll von 6 Procent eingehalten werden mußte, der Aufwand 50,000 Fl. betrüge und die Linie nur 0,29 Stunden kürzer als jene über Unterabsteinach wäre. Ueberdies stund in Aussicht, daß hessischer Seits ebenfalls der Bau über Unterabsteinach vorgezogen werde, und daß auf diesem Wege Weinheim auch mit dem ganzen hessischen Odenwalde in Verbindung kommt.

Da die betheiligten Gemeinden aber den Wunsch aussprachen, daß man zunächst von Altneudorf in der Richtung nach Schriesheim bauen möge, so wurden die eingeleiteten Unterhandlungen mit Hessen über den Bau nach Weinheim vorläufig aufgegeben und die Untersuchung für einen Straßenbau nach Schriesheim eingeleitet. Der Bau zwischen Schönau und Heiligkreuzsteinach kam in den Jahren 1863 und 64 zur Ausführung. Der Aufwand betrug 33,791 Fl. oder mit Zuschlag des im Jahr 1862 ausgeführten Brückenbaues bei Heiligkreuzsteinach 36,191 Fl., wovon die Gemeinden 5529 Fl., die Staatscasse 30,662 Fl. übernommen haben. Die

---

(1) Schriesheim wird 1470 „Stadt" genannt. Chronik von Nürnberg 4 in der Chronik der fränkischen Städte.

Straße wurde von Schönau bis Altneudorf auf der linken Thalseite hergestellt, von da aufwärts aber nur durch einzelne Correctionen und Verbreiterungen verbessert.(1)

Der Straßenbau von Schönau nach Neckarsteinach konnte endlich im Jahr 1865 ebenfalls begonnen werden, da inzwischen der Straßenbau in Heddesbacher Gemarkung Hessen zugesichert worden war, mithin dem Bau von Neckarsteinach gegen Schönau hessischer Seits kein Hinderniß mehr entgegengestellt wurde. Die auf badischem Gebiet zu erstellende 5683 Fuß lange Straße wurde Ende 1865 begonnen und 1866 vollendet. Von dem Aufwand von 16,600 Fl. übernahm das evangelische Kirchenärar 8800 Fl., die Gemeinde Schönau 1300 Fl., die Staatscasse 6500 Fl. Auch hessischer Seits wurde die Straße, die früher in Neckarsteinach durch eine schmale Seitenstraße auf dem rechten Ufer bis zur Mühle führte, auf die linke Thalseite verlegt und 1868 vollendet.

An der Straße von Altneudorf über Wilhelmsfeld nach Schriesheim, welche eine Länge von 2,9 Stunden erhält, wurde im Jahr 1865/66 oberhalb Altneudorf eine Correction, 16 Fuß breit mit Maximalsteigung von 6 Procent zur Ausführung gebracht. Der Aufwand war auf 23,600 Fl. veranschlagt, wovon die Gemeinden Altneudorf 1918 Fl., Wilhelmsfeld (2) 578 Fl., Schriesheim 1228 Fl. und die Staatscasse 19,876 Fl. übernahmen. Der Bau wurde 1866 vollendet. Der Forstfiscus leistete für diese Bauten zusammen einen baaren Beitrag von 5000 Fl.

In den Jahren 1868/69 kamen dann zwischen Altneudorf und Wilhelmsfeld weitere Verbesserungen mit 5265 Fl. Staatsaufwand zu Stande. Wilhelmsfeld stellte das Gelände im Werth von 2578 Fl. für ein Aversum von 2400 Fl. Weitere Correctionen und Verbreiterungen wurden 1872/73 von den letzten Häusern in Schriesheim bis zum Altenbacher Weg mit 10,500 Fl. ausgeführt, wovon die Gemeinde Schriesheim 993 Fl. durch Geländestellung und der Staat 9507 Fl. übernahmen. Das Maximalgefäll beträgt jetzt 6 Procent, die Breite 16—18 Fuß. Die Gemeinde pflanzte die Bäume.

Damit war nun die Verbindung zwischen Neckarsteinach und Heiligkreuzsteinach, sowie mit Schriesheim im Wesentlichen in guten Stand gesetzt und diese beiden Straßen werden als Landstraßen behandelt. Es fehlte jetzt noch die Verbesserung der Straße in Schriesheim selbst und die Verbindung von Heiligkreuzsteinach mit Weinheim.

Im Jahr 1874 wurde die Straße durch Schriesheim bis zu Straße Nr. 1 verbreitert, im Gefälle auf ein Maximum von 3 Procent ausgeglichen, die Brücke erweitert,(3) Kronen-Anlage verlängert, Pflaster verbessert. Von den Kosten im Betrag von 12,500 Fl. übernahm die Gemeinde Schriesheim 6677 Fl., daher die Staatscasse 5823 Fl. zu tragen hatte. Auch diese Abtheilung kam 1875 in den Landstraßenverband.

Für die Verbindung mit Weinheim ist erst eine kleinere Abtheilung der Straße im Gorxheimer Thal von Weinheim aufwärts hergestellt. Als nämlich am 10. Juni 1859 in Folge eines Wolkenbruchs der durch das Gorxheimer Thal abfließende, bei Weinheim in die Weschnitz einmündende Grundelbach im Verlauf einiger Stunden um 8 Fuß gestiegen war und das enge Bachbett daher in einer Secunde 5000 Cubikfuß Wasser abzuführen hatte, während solches kaum 2000 Cubikfuß aufzunehmen im Stande war, trat eine Ueberschwemmung ein, welche sieben Brücken und drei Gebäude, die Bachufer und die neben demselben hinziehende Vicinalstraße zerstörte und die vorhandenen Wasserwerke namhaft beschädigte.

Da die Wiederherstellung der zerstörten Bauten der Gemeinde Weinheim, auf deren Gemarkung die Straße liegt, nicht möglich war, so mußte eine Mithülfe aus der Staatscasse gewährt werden. Sollte den Mißständen nachhaltig begegnet und insbesondere die Straße, welche durch Weinheim über eine Steige führt, corrigirt werden, so erschien die Correction des Grundelbachs bis zur Einmündung in die Weschnitz und die Anlage einer neuen Straße neben dem Bach, also mit Umgehung der Stadt Weinheim, nothwendig. Der Aufwand für ein 20 Fuß breites Bachbett mit befestigten Ufern und für eine 20 Fuß breite Straße mit 15 Fuß Fahrbahn von 6 Zoll Gestück und 2 Zoll Schotter wurden auf 90,000 Fl. veranschlagt.(4) Da nun die Gemeinde sich gegen Verlegung der Straße aussprach und auch die Ausführung der

(1) Der alte Weg ging in Neckarsteinach auf der rechten Bachseite bis zur Mühle (Lindenbacher Hof), dann links bis halbwegs Schönau, dann rechts bis Altneudorf, dann wieder links; meistens höher am Gebirge mit vielen Gegensteigen bis zu 20 Procent. (2) Wilhelmsfeld unter Kurfürst Johann Wilhelm zwischen 1708 u. 1716 neu angelegter Ort. (3) Die alte gewölbte Brücke hatte 4,6 Meter, die neue eiserne 5,6 Meter Lichtöffnung. (4) 1876 wurde der Aufwand bei Einhaltung der Zugslinie durch die Stadt auf 75,000 Mark veranschlagt.

Bachcorrection bis zur Weschnitz nicht auszuführen vermochte, beschränkte man sich darauf, in Verbindung mit der Correction des Grundelbachs von oberhalb der Gumpelsbrücke bis unterhalb der Heinze'schen Fabrik die Straße zu corrigiren und zu verbreitern, wofür ein Aufwand von 17,670 Fl. als erforderlich bezeichnet war. Unterm 26. Mai 1860 wurde in diesem Betreff eine Vereinbarung mit der Gemeinde Weinheim getroffen, wonach dieselbe zu der gedachten Bauausführung einen baaren Beitrag von 8000 Fl. leistete, das auf 1300 Fl. überschlagene Gelände unentgeltlich stellte und die Baumaterialien ohne Entschädigung lieferte. Damit jedoch die Fortsetzung der Bach- und Straßencorrection bis zur Weschnitz für die Zukunft nicht unmöglich gemacht oder erschwert wird, wurde bestimmt, daß bei allen künftigen Neubauten im Bereich des Bachs die in dem Plane eingetragene Correctionslinie für Bach und Straße eingehalten werden soll. Inzwischen verpflichtete sich die Gemeinde, die aus dem Gorxheimer Thal in die Stadt führende sogenannte untere Gasse durch Entfernung eines Hauses und der vorspringenden Treppen zu verbessern und im Niveau auszugleichen. Die Bauarbeiten wurden im Juni 1860 begonnen und im Mai 1861 vollendet. Der Aufwand betrug für die Staatscasse 12,289 Fl., also im Ganzen 21,589 Fl. Die Unterhaltung der Straße wird von der Gemeinde besorgt. Wegen der Fortsetzung dieser Straße bis Heiligkreuzsteinach konnte eine Vereinbarung mit Hessen erst erzielt werden, nachdem die Ausführung einer Eisenbahn nach Eberbach gesichert war. Der desfallsige Staatsvertrag vom 19. Februar 1874 bestimmt durch das Schlußprotokoll § 9: „daß die Herstellung einer bessern Straßenverbindung von Heiligkreuzsteinach über Unterabsteinach, Trösel und Gorxheim nach Weinheim für die in dem badischen und hessischen Odenwald gelegenen Orte von beiden Regierungen als Bedürfniß anerkannt wird, und ihre Ausführung binnen vier Jahren von dem Ratificationstag (24. Mai 1875) an herzustellen sei. Ueber Pläne und Richtung haben sich die technischen Behörden zu verständigen.

Nach einer Vereinbarung zwischen den badischen und hessischen Baubehörden vom 22. Juni 1876 wurde das beiderseits einzuhaltende Maximalgefäll auf 5½ Procent, die Straßenbreite auf 5,5 Meter, die Fahrbahnbreite auf 4,5 Meter bestimmt. Die Richtung über Trösel soll eingehalten und zwischen Heiligkreuzsteinach und Unterabsteinach die Straße auf dem linken Ufer des Bachs angelegt werden. Die neue Straße soll unterhalb des evangel. Pfarrhauses in das Steinachthal abgehen, zu welchem Ende zwei Häuser zu entfernen sind. Das Gefäll-Maximum ist auf 4,5 Procent, die Breite auf 5,4 Meter incl. 4,5 Meter Fahrbahn bestimmt. In Weinheim soll die Straße durch die Hauptstraße und Schafhofstraße an den Bahnhof führen. Die Kosten sind für Baden auf 87,000 Mark veranschlagt. Das Stadtthor muß ebenso wie die vorspringenden Treppen in der engen Straße entfernt werden. Das Gesetz von 1876 bewilligte für diesen Bau 85,714 Mark. Der gesammte Aufwand für Herstellung dieser Straßen berechnet sich einschließlich der Bewilligung für die Straße über Unterabsteinach auf 202,439 Mark.

Die Verkehrsbeobachtungen zeigen, daß 1874 zwischen Schriesheim und Altneudorf 111, zwischen Schönau und Heiligkreuzsteinach 22 Zugthiere täglich gingen.

Nr. 171.

Straße von Wiesenthal nach Rheinhausen.

Siehe Nr. 139.

Nr. 172.

Straße von Wiesloch nach Elsenz resp. Eppingen.

Angelbachthalstraße.

Länge vom Abgang der Straße Nr. 1 bis oberhalb Wiesloch 16,64 Kilometer = 3,75 Stunden.

Die gemeine Land- und churpfälzische alte Zoll- und Geleitsstraße ging noch im vorigen Jahrhundert von Wiesloch über Rauenberg, Eichtersheim, Waldangelloch, Hilsbach, Ittlingen und Richen. In Hilsbach wurde Zoll erhoben. (Widder, Die Pfalz.)

Seit Speyer kein Hauptstapelplatz mehr am Rhein ist, diente diese Straße meist nur dem nachbarlichen Verkehr und zwar hauptsächlich dem Transport der Bausteine aus den Brüchen bei Mühlbach und Sulzfeld, der Zuckerrüben zu den Dörranstalten in Eschelbach und Eichtersheim, des Tabaks zur Fabrik in Rauenberg und des Getreides von Eppingen und Sinsheim nach Wiesloch und Heidelberg.

Von Wiesloch bis Eichtersheim hat die Straße fast durchgehends eine Breite von 18 Fuß und ein Maximalgefäll von 5 Procent, nachdem 1831—1847 zwischen Elsenz und Waldangelloch durch die Gemeinden mit einem Staatszuschuß von 3000 Fl. Verbesserungen vorgenommen waren. Durch den Wald auf Eichelberger Gemarkung wurde die Straße 1847/48 von dem Forstfiskus neu erbaut.

In den Jahren 1862 und 1863 kamen weitere kleinere Verbesserungen mit einem Aufwand von 3321 Fl. zur Ausführung, wovon die Staatscasse 1866 Fl. und die Gemeinden Wiesloch, Rauenberg, Rothenberg, Mühlhausen und Eichtersheim 1455 Fl. übernommen haben.

Da diese Abtheilung die meiste Frequenz besitzt, wurde sie im Jahr 1862 unter die unterstützten Vicinalwege aufgenommen und bis zum Jahr 1868 mit Staatsbeiträgen unterhalten, in diesem Jahr aber nach dem Straßengesetz provisorisch unter die Landstraßen aufgenommen. Zur Verbesserung der Abtheilung zwischen Eichtersheim und Elsenz kamen 1872/73 7055 Fl. zur Verwendung, wovon Michelfeld durch Geländestellung im Werth von 154 Fl. und baar 326 Fl., also 480 Fl., Waldangelloch Gelände, taxirt zu 410 Fl., gegen Aversum von 110 Fl., Eichtersheim baar 240 Fl., Eichelberg 30 Fl., Hilsbach 20 Fl., Elsenz 30 Fl. und der Staat 5955 Fl. übernahmen. Es fehlt nun noch die Correction der kurzen Steige am Kirchhof unterhalb Eichtersheim und die Verbesserung des von Rauenberg direct auf den Wieslocher Bahnhof führenden Feldwegs, um den Verkehr aus dem Thal nach der Eisenbahn durch Abschneiden eines Umwegs von 1570 Meter zu erleichtern. Die Baukosten für letztere Correction wurden 1871 für eine 3865 Fuß lange, 18 Fuß breite Straße einschließlich der Güterentschädigung auf 3860 Fl. berechnet. Da die Gemeinde Wiesloch aber den Vicinalweg nicht unentgeltlich für diesen Zweck abtreten wollte, wurde die Ausführung verschoben. In dem Gesetz von 1876 sind für diesen Bau 9217 Mark vorgesehen. Wiesloch wünschte eine directe Führung der Straße nach Wiesloch. Diese Straße wurde 870 Meter länger und kostet 25,000 Mark, während die kürzere Linie nur 12,700 Fl. erfordert. Gemeinden und Privaten gaben 3483 Mark für die directe Linie an den Bahnhof und wollen bis zu 2000 Mark beitragen, wenn nöthig.

Der erweisbar bestrittene resp. bewilligte Aufwand für Verbesserung dieser Straße beträgt 32,147 Mark. Der Verkehr bestund 1874 zwischen Wiesloch und Eichtersheim in 200, zwischen Eichtersheim und Eppingen in 186 Zugthieren täglich.

Die ganze Straße ist seit 1873 Landstraße.

Nr. 173.

Straße von Eppingen nach Kleingartach.

Die Herstellung einer directen Verbindungsstraße zwischen Eppingen und Kleingartach (1) wurde im Jahr 1860 in Anregung gebracht, weil alle zwischen Gemmingen und Sulzfeld gelegenen Ortschaften ihren Weg aus dem Oberamtsbezirk Brackenheim über Gemmingen und Schweigern nehmen mußten.

Der Aufwand für eine 18 Fuß breite Straße mit 12 Fuß Fahrbahn von 5 Zoll Gestück und 2 Zoll Schotter wurde bei Einhaltung eines Gefälles von 3,5, 4 und 5 Procent einschließlich der Güterentschädigung auf 18,146 Fl. überschlagen. Zur Ausführung dieses Wegs wurde der Gemeinde Eppingen im Jahr 1862 ein Staatsbeitrag von 5000 Fl. bewilligt. Der Bau wurde im Mai 1864 vollendet.

Die Gemeinde Eppingen hatte zu bestreiten: für Gelände 4511 Fl. und für den Bau

(1) Kleingartach ist schon im 8. Jahrhundert urkundlich genannt. Die Stadt war bis 1332 in badischem Besitz und erhielt 1447 Marktrechte. Der römische, 26 Fuß hohe Wall beginnt südlich von Eppingen in der Nähe der Rabensburg und geht nach Kleingartach, wo eine römische Station war. (Wilhelmi, 4. Jahresbericht S. 36.)

6084 Fl., zusammen 10,595 Fl., daher die Straße einschließlich des Staats-Zuschusses von 5000 Fl. 15,595 Fl. oder 26,734 Mark Aufwand veranlaßte. Die Straße wird von den Gemeinden unterhalten.

Schon seit Jahrhunderten wurde aus dem Zabergau viel Wein und Vieh über Brackenheim[1] und Kleingartach nach den pfälzischen Bezirken Eppingen, Bretten und Sinsheim und in das Kraichgau eingeführt. Dieser Verkehr hat durch die von Kleingartach nach Eppingen hergestellte directe Straßenverbindung sehr gewonnen.

Nr. 174.

Straße von Oberschaffhausen nach Burkheim.

Siehe Nr. 115.

Nr. 175.

Straße von Breisach nach Krotzingen.

Länge 8,18 Kilometer = 1,84 Stunden.

Zum Zwecke einer guten directen Verbindung von Altbreisach mit der Eisenbahnstation Krotzingen und dem Münsterthal war die Vicinalstraße von Krotzingen über Biengen und Hausen bis zur Straße Nr. 43 bei Rimsingen zu verbessern und insbesondere die 30 Ruthen lange Steige in Biengen, welche Gefälle von 10 Procent besitzt, zu corrigiren. Zu diesem Ende lag es in der Absicht, den Ort mit einer 700 Ruthen langen neuen Straße zu umgehen, wofür ein Kostenaufwand von ca. 14,000 Fl. nöthig sein würde. Da die Gemeinde Biengen aber zur Erhaltung des Verkehrs durch den Ort sich gegen diese Correction ausgesprochen hat und nur die Correction des sogenannten Rathhausstichs in Biengen wünschte, wurde 1864 dies letztere Project näher untersucht. Es zeigte sich dabei, daß das Rathhaus entfernt werden müßte und daß der ganze Aufwand sich auf 6881 Fl. belaufen würde. Man verlangte von den betheiligten Gemeinden das zur Straßenverbreiterung und zur Correction in Biengen erforderliche Gelände und die Beseitigung des Rathhauses unentgeltlich, wonach die Gemeinde Oberrimsingen 189 Fl., Hausen 190 Fl., Biengen 3457 Fl. und Krotzingen 217 Fl., zusammen 4053 Fl. beizutragen hätten. Die im Jahr 1864 mit den Gemeinden hierwegen gepflogenen Verhandlungen lieferten kein entsprechendes Ergebniß, daher diese Straßenverbesserung beruhen blieb und die Straße wie früher den Gemeinden zur Unterhaltung anheim gegeben wurde.

Im Jahr 1870 kam die Ausführung dieses Projects wieder in Anregung.

Der Aufwand wurde neuerdings überschlagen und zwar für den Bau einer eisernen 16 Fuß breiten, 40 Fuß weiten Brücke an Stelle der alten baufälligen hölzernen Mühlenbrücke in Hausen, die zwei Joche, 14 Fuß Breite mit 10 Fuß Fahrbahn hatte, auf 4000 Fl., sodann für die Straßencorrection 7600 Fl., zusammen auf 11,600 Fl. Dies Project fand endlich die Zustimmung der Gemeinden.

An Beiträgen wurden übernommen: von der Gemeinde Oberrimsingen durch Naturalleistungen 185 Fl., von Biengen durch Beseitigung des Rathhauses 2500 Fl., von Krotzingen durch Naturalleistungen 220 Fl., von Hausen durch baaren Beitrag 1000 Fl., im Ganzen 3905 Fl., daher die Staatscasse noch 7695 Fl. zu übernehmen hatte. Der Bau wurde 1871 ausgeführt und die Straße am 20. August jenen Jahres unter die Landstraßen aufgenommen.

Im Jahr 1872 wurde ein weiteres Haus in Biengen entfernt. Von dem Aufwand von 400 Fl. übernahm der Staat 300 Fl.

Durch diese Verbesserungen ist der Weg, der 1344 noch ein 7 Fuß breiter Karrenweg war,

---

(1) Brackenheim wird in Urkunden vom 11. Jahrh. genannt. 1301 wird der Ort Stadt genannt mit den Rechten von Eßlingen. Es werden hier vier Viehmärkte und wöchentlich ein Schweinmarkt abgehalten. Oberamtsbeschreibung 1870.

von den Gemeinden aber auf eine Breite von 12—14 Fuß erweitert wurde, 18 Fuß breit und mit Maximal-Steigung von 5,6 Procent hergestellt worden.

Die Möhlinbrücke erhielt eine lichte Weite von 40 Fuß und die Canalbrücke von 10,5 Fuß. Beide Brücken sind in Eisen mit Fahrbahn von 5 Metern umgebaut. Das Eisen wurde mit 19,5 Mark per Centner bezahlt.

Die Gesammt-Verbesserungskosten betrugen 20,579 Mark. Im Jahr 1874 wurden 36 Zugthiere per Tag auf dieser Straße beobachtet.

Nr. 176.

Straße von Efringen über Istein, Rheinweiler und Bellingen nach Schliengen.

Die Namen Rhein, Istein, Klotz, Bellingen, Bamlach, Kems, Rheinweiler, Efringen, Weil, Riehen, sowie viele Gewannnamen sind wahrscheinlich keltischer Abstammung, woraus man schließen kann, daß die Kelten sich hier an den Ufern des Rheins niedergelassen hatten.

Es wurden auch keltische Werkzeuge und Schmuckgegenstände in der Nähe des Isteiner Klotzes aufgefunden. Auf spätere Anwesenheit der Römer deuten die „Römerstraße" bei Blansingen, die „Höhstraße" von Bamlach (Bamelaha) nach Hertingen und das „Hohesträßlin" bei Bellingen (1005 Bellicon). Bei Kleinkems wurden römische Gebäudereste aufgedeckt.

Großkems (Cambes) war eine Station an der römischen linksrheinischen Heerstraße. Da ½ Stunde oberhalb Kleinkems ebenfalls eine Römerstraße vorbeizieht, war Kleinkems wahrscheinlich ein römischer Rheinübergang. Seit unvordenklicher Zeit bestund hier eine Ueberfahrt, die gemeinschaftlich von Großkems und Kleinkems betrieben wurde. Kleinkems hatte ein Fahrschiff von 35 Centner Tragkraft. Die Fahrtaxe betrug 6 Xr. à Person, die Bruttoeinnahme 182 Fl.(1) Auf dem linken Ufer besteht ein guter Weg für Fußgänger.

Die älteste aus dem Mittelalter bekannte Landstraße zwischen Basel und Schliengen führte von Kleinbasel unter der ehemaligen Friedlinger Schloßruine vorüber gegen den Rhein hin bis unterhalb Hüningen und wendete sich sodann in einem stumpfen Winkel nach Eimeldingen, Kirchen und Efringen, wo sie das Rheinthal verließ und über das Gebirge westlich an Huttingen und Blansingen, östlich an Bamlach und Bellingen(2) vorüber nach Schliengen zog.(3)

Die an dem Rhein selbst liegenden Orte Istein, Kleinkems, Rheinweiler, Bamlach und Bellingen waren mit dieser Straße durch Seitenwege verbunden. In der Rheinniederung ging längs des Flusses durch die genannten Orte von Schliengen bis Kleinkems ebenfalls schon im 16. Jahrhundert eine schmale nur für Karren benützbare wellenförmige, 7 Fuß breite Straße, welche von Kleinkems aufwärts in einen Fußweg überging, mittelst welchen der Isteiner Klotz überschritten werden mußte, um nach Istein zu gelangen. So lange der Rhein das Umgehen des Isteiner Klotzes nicht gestattete, diente dieser Weg nur als Feldweg und zur leichteren Verbindung der Orte unter sich und mit der Wallfahrtscapelle zu St. Veit auf dem Klotzen.(4) Die früheren Gebietsherren scheinen ein besonderes Interesse an der Verbesserung dieses Weges nicht genommen zu haben,(5) denn noch 1821 war der Weg, namentlich ober- und unterhalb Bellingen in Folge öfterer Abbrüche durch den Rhein sehr gefährlich.

---

(1) Die Ueberfahrt war getheilt zwischen den beiderseitigen Uferbewohnern, in der einen Woche fuhren die Großkemser in der andern die Kleinkemser. Durch den Vertrag mit Frankreich vom 30. September 1860 wurde das Fahrrecht ausschließlich französisch, der gemeinschaftliche Betrieb wurde aber bis 1869 fortgesetzt. Der Reinertrag war für Kleinkems 17 Fl. (2) Die Straße zu Bellingen wird in der von Rothberg'schen Renovation von 1491 „alte Straße" genannt. (3) Siehe Rheinkarte von 1838, worin diese Straße als „Römerstraße" und „alte Freiburger und Basler Straße" bezeichnet ist. (4) Der Weg zu dieser Kirche wurde früher durch eine „fürchterlich schöne" Brücke vermittelt, die an einer, von dem Rhein bespülten, senkrechten Felswand hinführte. (Colb, Lex.). (5) Die Orte Istein und Schliengen gehörten zum Hochstift Basel, Rheinweiler und Bamlach der ritterschaftlichen Familie von Rottberg, Bellingen der ritterschaftlichen Familie von Andlau, Kleinkems, Kirchen, Efringen und Haltingen der badischen Markgrafschaft. Bei Istein war 1205 durch Bischof Lutold I. von Basel ein Nonnenkloster „Zu unserer lieben Frau" gestiftet, das im 14. Jahrhundert in eine Probstei umgewandelt wurde. Das Kloster stund unten am Berg, oben aber eine alte Burg. 1383 kam Istein pfandweise an von Ranzheim, dann an Oesterreich und 1411 an die Stadt Basel, welche das Schloß abbrechen und die

Nachdem sich nun in Folge der Rheincorrection der volle Rhein von dem vorspringenden Isteiner Klotz entfernte, ist es 1855 möglich geworden, um diesen Bergvorsprung herum einen 12 Fuß breiten Fahrweg anzulegen, wozu durch den Abraum aus dem angränzenden Steinbruch von der Flußbauverwaltung allmählich ein Straßenbett hergestellt war. Zwischen der sog. Klostermatte und dem Felsenmühlendobel wurde der vorhandene 400 Ruthen lange Fußweg in Folge des Eisenbahnbaues stellenweise näher an den Fluß gerückt und damit die Gefahr für die Fußgänger vermehrt. Dieser Weg wurde deshalb 1854 auf 12 Fuß verbreitert. Der Aufwand betrug 800 Fl., wovon der Amtsbezirk 200 Fl., die Zollcasse 100 Fl. und die Straßenbaucasse 500 Fl. übernahmen. Die Gemeinden stellten die Gelände unentgeltlich.

Zur Ausführung einer kleinen Straßencorrection in Kleinkems übernahm die Gemeinde ebenfalls die Güterentschädigung und die Frohndarbeit, die Straßenbaucasse gab aber 300 Fl. Beitrag. Diese Bauausführung wurde 1857 bewirkt. Obgleich auch sonst von den Gemeinden Manches zur Verbesserung der Straße gethan wurde, so hat dieselbe doch jetzt noch ein ungeordnetes Längenprofil und eine ungenügende, zwischen 10 und 17 Fuß wechselnde Breite. Wenn man bedenkt, daß zwischen Istein und Schliengen wahrscheinlich seit der Römerherrschaft Weinbau als Haupterwerbszweig betrieben wird, indem die Rebordnung, welche das Kloster Muri 1142 für Bellingen erließ, wohl die älteste im Süden von Deutschland ist, so muß man den heute noch fühlbaren Mangel einer guten Straße umsomehr bedauern, da der vortreffliche Wein, der hier erzielt wird, die Concurrenz mit den in nächster Nähe der Eisenbahnen und Landstraßen des Oberlandes gebaut werdenden Weinen um so schwerer zu ertragen vermag, als die Bewohner dieses vorzugsweise für Weinbau geeigneten, zwischen dem Rhein und den steilen Jurakalkwänden auf engen Raum beschränkten Geländes, wie alle ausschließlichen Rebleute, sich meist in ungünstigen Vermögensverhältnissen befinden und ihre Erzeugnisse im Herbst um jeden Preis losschlagen müssen.

Leider hatte auch der 1862 gemachte Versuch, die Straße in guten Stand zu bringen, keinen Erfolg. Nach einem damals aufgestellten Kostenüberschlag war der Aufwand für eine allgemeine Verbreiterung auf 15 Fuß und für die nöthigen Gefällsausgleichungen auf 8065 Fl. veranschlagt. Dabei war jedoch auf eine mit größeren Kosten verbundene Erweiterung der Straße durch die Orte Rheinweiler, (1) Kleinkems, Bellingen (2) und Istein, woselbst der Weg nur 10 bis 14 Fuß breit ist, keine Rücksicht genommen. Die Ausführung mußte wegen dringenderer Bauten unterbleiben. Dagegen wurde 1862 für Herstellung von Stützmauern in der Gemarkung Rheinweiler ein Staatsbeitrag von 300 Fl. zu Deckung des Aufwandes von 519 Fl. geleistet. Da dieser Weg, wenn er durchgehends nur auf 15 Fuß verbreitert, gehörig geregelt und gut unterhalten wäre, von den aus der Gegend von Basel und aus dem Wiesenthal kommenden Wein- und Obstfuhren lieber benützt wurde als die mit lästigem Gefälle über die Kalte Herberge und den Pritschenberg führende Straße, welche Vorspannkosten veranlaßt, und überdies der Absatz des Weines aus den in der Rheinniederung liegenden Orten nach Basel und nach Schliengen erleichtert wäre, ist die Aufnahme dieser Straße in die Classe der unterstützten Vicinalwege von verschiedenen Seiten bevorwortet worden, da sich die Gemeinden außer Stande fühlen, die Kosten der Verbesserung und guter Unterhaltung allein zu tragen. Nach Vertrag mit Frankreich vom 2. September 1869 wurde festgesetzt, daß, nachdem die Zufuhrstraße von Kleinlandau an den Rhein hergestellt ist, nun eine regelmäßige Ueberfahrt von Bellingen aus mit zwei Nachen von

---

Steine zum Riehener Thor in Basel verwenden ließ. 1423 kam Istein wieder an das Stift Basel zurück. 1785 wurden die Gebäude abgebrochen. Siehe Mone, Zeitschrift IV., Schneider, Das bad. Oberland, Bader, Fahrten ꝛc. (1) In Rheinweiler besteht seit längster Zeit eine Rheinüberfahrt, die früher vorderösterreichisches Lehen war, jetzt Eigenthum der Herren von Rottberg ist und bis in die neuere Zeit mit einer Ruderfähre von 120 Centner Tragkraft betrieben wurde. In einer Urkunde von 1292 wird diese Ueberfahrt „als von Alters her bestehend" genannt. Badenia I. Der Pachtzins betrug 1868 176 Fl., die Roheinnahme 800 Fl. Fahrtaxen: eine Person 3 Xr., ein Stück Vieh 30 Xr., ein geladener Wagen und ein Stück Vieh 48 Xr., ohne Vieh 30 Xr. ein geladener Wagen und 2 Stück Vieh 1 Fl. 36 Xr., leere Wagen 36 Xr., ein Klafter Steine 3 Fl. Auf Grund einer Uebereinkunft Badens mit Frankreich vom 30. September 1860 hat der Eigenthümer 1869 eine Drahtseilfähre mit 6000 Fl. hergestellt, welche einen Reinertrag von 2700 Fl. abwerfen soll. Das Fahrzeug ist für zwei Fuhrwerke eingerichtet. Die linkseitige Zufuhrstraße wurde 1868 verbessert und mit einer Brücke versehen. Bei Rheinweiler schlugen die Alliirten 1813 eine Schiffbrücke und 1814 eine Jochbrücke, die 1815 zerstört wurde. (2) Der Betrieb einer Ruderfähre für Personen wurde hier 1868 vorbehältlich der Vereinbarung mit Frankreich auf Widerruf gestattet.

Ladfähigkeit für 10—30 Personen zur Beförderung der Fußgänger, welche bei Ein- und Ausgang keine zollpflichtigen Waaren haben, betrieben werden soll. (1)

Die Uebereinkunft vom 30. September 1860 (siehe Nr. 14) findet auch auf diese Ueberfahrt Anwendung.

Auch die Gemeinde Kirchen hat 1872 eine Concession zum Betrieb einer Drahtseilfähre über den Rhein erhalten und diese Fähre im Juli 1873 eröffnet. (Gesetz- und Verordnungs-Blatt 1872. Seite 410.) (2)

Steinenstadt beabsichtigte 1872 ebenfalls eine Fähre zur Verbindung mit Ottmarsheim zu errichten, weil einiger Verkehr von Schliengen und dem Kanderthal mit dem 12,000 Seelen besitzenden Ottmarsheim zu erwarten war. Da der Aufwand für die Fähre auf 8000 Fl. und für die rechtseitige Zufuhrstraße auf 19,000 Fl., für die linkseitige auf 20,000 Fl. geschätzt wurde, unterblieb die Ausführung.

Der nachweisliche Aufwand für Verbesserung dieser Vicinalstraße betrug bisher nur 3118 Mark.

Gegenüber Istein fand die von Tulla projectirte Rheincorrection im Jahr 1876 ihren Abschluß, indem hier die letzte Abtheilung des ungeregelten Rheinthalweges in das normale Bett einging.

Das große Werk der Canalisation des in unzählige Arme getheilten Rheins von Hüningen bis zur großherzoglich hessischen Gränze wurde systematisch 1798 begonnen und — in einem Zeitraum von 78 Jahren vollendet. Der Nutzen ist unberechenbar. Um aber das Werk dauernd zu erhalten, ist die Beförderung der Verlandung der Altwasser (alten Flußläufe) und die Vervollständigung des Vorlandes und des Dammsystemes auf beiden Ufern nöthig. Hierzu ist auch eine lange Reihe von Jahren, ein beträchtlicher Aufwand und vor Allem ein übereinstimmendes Vorgehen der beiderseitigen Uferstaaten nöthig. Möge es an diesem Zusammenwirken niemals fehlen. (Siehe Baer, die Wasser- und Straßenbauverwaltung 1870.)

Nr. 177.

Straße von Wehr nach Rüttehof.

Länge 6,6 Kilometer = 1,49 Stunden.

Um den zwischen dem Wehrathal und dem oberen Murgthal liegenden Gemeinden Herrischried, Rickenbach, Hornberg, Ober- und Niedergebisbach, Altenschwand, Hütten ꝛc. eine Verbindung mit dem Wehrathal zu verschaffen, war es nöthig, den bestehenden Vicinalweg zwischen Wehr und Rüttehof, welcher Steigungen bis zu 22 Procent hatte und mithin gar nicht unterhalten werden konnte, durch einen Neubau zu corrigiren, zu welchem Ende im Jahre 1862 Plan und Kostenüberschlag aufgestellt wurde.

Der auszuführende Weg erhielt eine Länge von 2108 Ruthen, zwischen Wehr und dem Waldsaum eine Breite von 14 Fuß und im Uebrigen eine solche von 12 Fuß mit Ausweichplätzen von 16 Fuß Breite. Das durchschnittliche Gefäll wurde auf 7 Procent, das Maximalgefäll auf 8 Procent bemessen. Die Rampe von 60 Fuß Radius wurde mit 6 und 4 Procent Gefäll angelegt. Für die Fahrbahn war ein Fundament von 3 Zoll und eine Beschotterung von 3 Zoll vorgeschrieben. Der Aufwand wurde auf 16,000 Fl. veranschlagt, wovon die Gemeinden Wehr baar 18 Fl., an Gelände 3108 Fl., die Gemeinde Rüttehof an Gelände 124 Fl., die Gemeinden Altenschwand, Hornberg und Hütten je 533 Fl. 20 Xr. baar, zusammen 1600 Fl., also im Ganzen 5650 Fl. übernahmen. Die wirkliche Verwendung aus der Staatscasse betrug 10,365 Fl.

Die Straße wurde im Jahr 1863 vollendet und in die Classe der unterstützten Vicinalwege aufgenommen. Seit 1868 ist sie Landstraße.

Die schadhafte Holzbrücke über die Wehra sollte 1876/77 in Eisen umgebaut und damit eine Regulirung der Straße verbunden werden. Die Spannweite der Brücke ist auf 12,8 Meter, die

---

(1) Die Ueberfahrt soll vertragsmäßig nur für Fußgänger benutzt werden, die keine ein- und ausgangszollpflichtigen Waaren mitführen; der Betrieb ist ausschließlich badisch; der Uebergang über den Altrhein bei Bellingen ist durch Nachendienst zu bewirken. (2) Diese Fähre, 15 Meter lang, 3,5 Meter breit, hat 1500 Kilogramm Tragfähigkeit und ist Eigenthum der Gemeinde. Die Zufuhrwege sind beiderseits mangelhaft.

Breite auf 4,8 Meter bestimmt, der Aufwand auf 10,700 Mark berechnet. Man beschränkte sich auf eine Reparatur mit 1400 Mark.

Der Gesammtaufwand betrug 29,829 Mark.

Seit 1864 hat sich der Verkehr von 67 auf 80 Zugthiere erhöht.

Nr. 178.

Straße von Ludwigshafen nach Stahringen.

Länge 8,78 Kilometer = 1,98 Stunden.

Nachdem der Bau einer Eisenbahn von Radolfzell nach Stockach in nahe Aussicht gerückt war, erschien es als Bedürfniß, den vorhandenen Vicinalweg zwischen Ludwigshafen, Espasingen und Stahringen in besseren Stand zu setzen. Der bestandene Weg war in den Gemarkungen Ludwigshafen und Stahringen ziemlich gut unterhalten, in den Gemarkungen Mooshof, resp. Bodmann und Espasingen aber größtentheils schlecht. Da der Weg hauptsächlich nur als Feldweg diente, war er manchen Stellen, insbesondere in Gemarkung Espasingen sehr schmal und zu tief gelegen und es kamen kurze Steigungen bis zu 6 Procent vor. Die mittlere Breite betrug 15 Fuß. Die Verbesserung für diese Straße auf eine Breite von 18 Fuß mit 15 Fuß Fahrbahn war auf 8070 Fl. überschlagen. Der Bau wurde im Jahre 1863 ausgeführt. Die Gemarkungsinhaber leisteten Beiträge und zwar: Gemeinde Ludwigshafen an Baukosten 27 Fl., für Gelände 178 Fl., zusammen 205 Fl.; Bodmann an Baukosten 210 Fl., für Gelände 365 Fl., zusammen 575 Fl.; Espasingen an Baukosten 259 Fl., für Gelände 605 Fl., zusammen 864 Fl.; Freiherr von Bodmann mit dem Mooshof für Gelände 800 Fl.; Gemeinde Stahringen an Baukosten 40 Fl., für Gelände 128 Fl., zusammen 168 Fl. Die Staatscasse bezahlte 6590 Fl., daher der gesammte Aufwand 9202 Fl. oder 15,775 Mark betrug.

Das Eigenthum des abgetretenen Areals wurde den Gemeinden vertragsmäßig vorbehalten.

Die Straße wurde bis 1868 mit Staatszuschuß unterhalten; dann unter die Landstraßen eingereiht.

Im Jahr 1874 wurden 68 Zugthiere pro Tag beobachtet.

Nr. 179.

Straße von Radolfzell nach Stein.

Höristraße.

Länge in Baden 12,99 Kilometer = 2,92 Stunden.

Die Halbinsel, welche nordöstlich von dem Radolfzeller See, südwestlich von dem Rhein und der Schweiz begränzt wird, (1) wurde früher, so lange sie dem Gebiet des Bischofs von Constanz angehört, (2) „Bischofshöri" genannt. In einer Urkunde Friedrichs II. wird der „Bischofshöri" gedacht.

Im 12. Jahrhundert bestund hier ein Adelsgeschlecht von Höri. (Zeitschrift 28 S. 353.) Der Bischof hatte hier einen großen Jagdbezirk. Das Wort „Höri" wurde früher von „Hörig" abgeleitet. Nach den neueren Sprachforschungen stammt das Wort Höri aber aus keltischer

(1) Ursprünglich lief der Rhein an Radolfzell, Bankholzen, Bohlingen, Ramsen und Bibern vorüber und erst, nachdem die zum Theil noch vorhandene, der Schifffahrt hinderliche Kiesschwelle alpinischen Gesteins an der jetzigen Ausmündung der Biber in den Rhein durchbrochen war, nahm dieser seinen Lauf an Steckborn und Stein vorüber und das alte Bett verlandete allmählich. Siehe Verhandlungen des naturhistorischen Vereins in Baden, 5. Heft von 1871. (2) Kaiser Friedrich I. schenkte die Höri 1155 dem Bischof. Es gehörten dahin die Orte Oehningen, Kattenhorn, Aspen, Elmen, Riedern, Oberstaad, Kressenberg, Schienen, Rielasingen, Bohlingen, Gaienhofen, Moos, Bankholzen, Bettnang, Itznang, Weiler, Gundholzen, Horn. Merbach und Wangen waren ritterschaftlich. Der Flächeninhalt beträgt ca. 13,500 badische Morgen. Die meisten Höriorte kamen 1803 an Baden.

Sprache, in der es Ackerland bedeutet. Für diese Ableitung spricht auch die Thatsache, daß die Kelten in dieser Gegend zahlreiche Niederlassungen gegründet hatten, wohin, den Namen nach, die Orte Ueberlingen, Moos, Itznang, Bankholzen, Horn, Wangen, Marbach, Kattenhorn, Stein, Schienberg, sowie die jenseits des Rheins liegenden Orte Mammern, Manenbach, Arenaberg ꝛc. gerechnet werden.

Bei Dörflingen, an der hohen Wacht bei Büsingen und bei Stein, wurden auch unzweifelhaft keltische Gräber aufgedeckt.

Die bei Wangen, Gaienhofen und Oberstaad in dem Rhein in großer Zahl und Ausdehnung bestandenen Pfahlbauten werden den ersten keltischen Ansiedelungen in dieser Gegend zugeschrieben.

Als die Römer ihre Wohnsitze hier ebenfalls nahmen, fanden sie wahrscheinlich die genannten Orte nebst den nöthigen Verbindungswegen, die, vielleicht von ihnen verbessert, später mit den Namen „Heerweg, Heerdweg, hohe Straße, Hardleweg, Hartgasse, Herenweg" bezeichnet wurden, wie dies bezüglich der Gemarkungen Bankholzen, Bohlingen, Ueberlingen, Moos, Gundholzen, Stein ꝛc. aus Urkunden vom 15. und 16. Jahrhundert hervorgeht (Mone, Urgeschichte Badens I).

Der Hauptort dieser Gegend scheint schon zur Römerzeit Stein gewesen zu sein; jedenfalls war dieser Ort schon im 8. Jahrhundert ein Flecken, der 945 von Herzog Burkard II. zur Stadt erhoben und 966 mit Mauern umgeben wurde. Der hier schon früh bestandene Fruchtmarkt und der Brückenübergang über den Rhein zog die Orte der Höri seit Jahrhunderten umsomehr nach Stein, da der Verkehr nach Radolfzell wegen des durch das einstige Rheinbett gebildeten Moorgrundes (1) nur auf großem Umwege möglich war, und die Zollschranken der österreichischen Municipalstadt Radolfzell ebenfalls lange Zeit hinderlich waren (siehe Nr. 61 und 160). In eine innigere Verbindung trat die Höri mit dieser Stadt erst von 1810 an, in welchem Jahre Radolfzell, welches seit 1805 unter württembergischer Hoheit stand, vertragsmäßig an Baden kam und Amtssitz für die Umgegend wurde. (2)

Die Bewohner der Höri waren übrigens bis in die neueste Zeit genöthigt, der schlechten Wege wegen, ihre Erzeugnisse in der Nähe zu verwerthen. Die unteren Orte besuchten die Marktstätte Stein, die oberen Radolfzell. Auf der Süd- und Ostseite der Halbinsel wird guter Wein und Obst, auf der Nordseite Kartoffeln und Getreide und in den Riedorten vorzüglich die Zwiebel in großen Mengen gebaut. Der Wein findet seinen Hauptabsatz nach Württemberg; der Hauptverkehr geht daher jetzt nach Singen und Radolfzell. Schon nach Einführung der Dampfschifffahrt, mehr aber noch seit dem Bestehen der Eisenbahn zwischen Schaffhausen und Constanz wurde der Mangel an guten Wegen empfunden. Die vorhandenen alten 3 Meter breiten Vicinalwege hatten viele wechselnde Gefälle von 8 bis zu 14 Procent und zur Communication mit Radolfzell mußte der große Umweg durch Ueberlingen am Ried eingehalten werden.

Die im Jahr 1860 über die auszuführenden Verbesserungen eingeleiteten Untersuchungen fanden in Verschiedenheit der Ansichten darüber, ob über Horn oder über Weiler zu bauen sei, ein Hinderniß, daher die ersten Bauherstellungen sich bis zum Jahr 1869 verzögerten. Nachdem das Budget für 1868/69 16,000 Fl. bewilligt hatte, kamen drei Correctionen bei Kattenhorn, zwischen da und Wangen und bei Schloß Marbach (3) in Ausführung. Die Straße erhielt eine Breite von 5,4 Meter mit 4,8 Meter Fahrbahn. Die Gefälle wurden von 9—12 Procent auf 2 bis 8 Procent ermäßigt. Der Aufwand betrug einschließlich der Kosten für ein eisernes Brückchen in Wangen 18,014 Fl., (4) wovon die Gemeinden Bettnang 50 Fl., Gaienhofen 560 Fl., Gundholzen 250 Fl., Hemmenhofen 440 Fl., Horn 400 Fl., Itznang 250 Fl., (5) Moos 150 Fl., Oehningen 2050 Fl., Schienen 25 Fl., Wangen 1200 Fl., Weiler 425 Fl., zusammen 5800 Fl. übernahmen.

---

(1) Es scheint dies ein Theil der Sümpfe zu sein, deren Ammian Marcellianus erwähnt. Mone, Archiv II. (2) Gleichzeitig gingen auch Wangen, Hemmenhofen, Marbach, Gailingen und Randegg aus württembergischer Hand an Baden über. Das Amt Randegg wurde 1872 aufgehoben und mit jenen in Constanz vereinigt. Hemmenhofen war bis 1804 ein schweizerischer Freisitz, kam dann an Oesterreich, 1806 an Württemberg und 1810 an Baden. (3) Das ehemals von Ulm'sche Schloß Marbach war schon Ende des vorigen Jahrhunderts Badhaus. Die alte Straße ging durch den Schloßhof. Kolb, Lex. (4) Wangen hat im Jahre 1865 eine Landungsbrücke für Dampfschiffe mit 2800 Fl. erbaut, wovon die Gemeinde 2000 Fl. und Private 800 Fl. übernahmen. Der Verkehr bestund 1873 in 8087 Personen, 2100 Centner Güter und 1266 Stück Vieh. In älterer Zeit waren hier viele reiche und angesehene Pfannenschmiede. Der letzte Abt des Klosters St. Peter — Ignaz Speckle — war der Sohn eines Pfannenschmieds in Wangen. — Braun, Memoiren des letzten Abts von St. Petri 1870. (5) Itznang hat 1870 eine Landungsstelle für Dampfboote mit 1388 Fl. errichtet, wozu der Staat 621 Fl. beitrug. Der Verkehr bestund 1873 in 21,472 Personen,

Das Gesetz über Vervollständigung des Landstraßennetzes von 1870 bewilligte sodann 90,000 Fl., um den ganzen Straßenzug in guten Stand zu bringen und ihn unter die Landstraßen einzureihen. Mit diesen Mitteln wurden in dem Jahre 1870/71 die Correctionen beim Zollhaus und durch Oehningen, (1) in Kattenhorn, unterhalb Schloß Marbach, bei und durch Hemmenhofen mit Maximalgefäll von 5 Procent mit 31,267 Fl. ausgeführt. Hemmenhofen leistete einen Beitrag von 700 Fl. In den Jahren 1872/73 kamen dann die Abtheilung von Radolfzell bis Moos zur Ausführung, indem man eine direct nach Moos führende, 2450 Meter lange neue Straße mit eiserner Brücke über die Aach erbaute. Der Aufwand betrug incl. des Brückenbaues 39,103 Fl., wozu die Gemeinde Radolfzell 2000 Fl. baar und 690 Fl. durch freie Stellung des Geländes und Moos 200 Fl. baar, zusammen also 2890 beitrugen. Die Brücke besitzt 80 Fuß Spannweite und kostete 10,500 Fl.

Diese Straße wurde Mitte August 1873 feierlich eröffnet und ebenso wie die früher erstellte Abtheilung unter die Landstraßen aufgenommen. Auch die Abtheilung der Straße bei Stein auf Schweizer Gebiet wurde 1873 corrigirt und damit eine kleine Correction in Baden mit 1000 Fl. Staatsaufwand verbunden. Man fährt jetzt mit 2 Zugthieren so viel Last als zuvor mit 4 Thieren. Nun stund man wieder vor der Frage: soll über Horn oder Weiler gebaut werden.

Man entschloß sich 1875 für die Richtung über Horn.

Die Kosten für Correctionen bei Itznang in Gemarkung Horn mit Umgehung der Ledergasse und außerhalb Horn gegen Geienhofen wurden auf 22,000 Mark überschlagen. Das Gefäll bei Itznang wurde auf 1,2, zwischen Gundelholzen und Horn auf 3,21—5,50, von Horn abwärts auf 3,2, und die Breite auf 5,4 Meter bestimmt. Itznang gab 600 Fl. baar und stellte das Gelände in seiner Gemarkung. Gundholzen und Weiler stellten Gelände gegen die Ueberschlagspreise.

Das Gesetz von 1876 bewilligte zu den früher beanspruchten 90,000 Fl. oder 154,286 Mark weitere 75,000 Mark, also zusammen 229,343 Mark zur Vollendung der ganzen Straße. Die durch Hochwasser zerstörte Brücke bei dem Zollhaus in Oehningen soll mit 5,5 Meter Lichtweite mit neuen Widerlagern in Eisen umgebaut werden. Die Kosten sind auf 16,800 Mark überschlagen und werden nach dem Gesetz von 1868 aufgebracht. Nach Vollendung dieses Baues und nach Verwendung der Gesammtbewilligung des Gesetzes von 1876 wird sich der Aufwand für Verbesserung dieser Straße auf 277,024 Mark belaufen.

Nr. 180.

Straße von Möhringen nach Hattingen.

Da die Landstraße von Engen über Hattingen nach Tuttlingen zwischen Hattingen und der württembergischen Gränze über eine unwirthliche Höhe zieht und auf badischem wie auf württembergischem Gebiet mehrere gefährliche und beschwerliche Gegensteigen besitzt und im Winter kaum vom Schnee freizuhalten ist, wurde dieselbe württembergischer Seits aus der Reihe der Landstraßen ausgeschieden und das Gleiche lag auch im Jahr 1858 auf badischem Gebiet in Absicht, da man den Vicinalweg von Hattingen nach Möhringen zu verbessern gedachte. Die Straße von Hattingen bis zur württembergischen Gränze hat nämlich eine Länge von 1300 Ruthen und von der Gränze bis Tuttlingen eine solche von 1800 Ruthen, zusammen also von 3100 Ruthen, während der 18—20 Fuß breite Vicinalweg von Hattingen nach Möhringen dagegen 1940 Ruthen und die Straße von Möhringen bis Tuttlingen 1900 Ruthen lang ist, daher der Weg von Hattingen über Möhringen nach Tuttlingen eine Länge von 3800 Ruthen besitzt, folglich die Längendifferenz der beiden Straßenrichtungen nur in 700 Ruthen besteht.

Da die Gemeinde Hattingen gegen dieses Vorhaben aber Einsprache erhob, so unterblieb die Ausscheidung der Landstraße von Hattingen nach Tuttlingen, dagegen wurde der Vicinalweg

---

2455 Centnern Güter und 209 Stück Vieh. Hemmenhofen errichtete 1870—1871 einen Steg mit 3257 Mark und Oberstaad 1866 einen solchen mit 1900 Fl., wozu Oehningen 300 Fl. und die Fabrik 1600 Fl. gaben. (1) Bei Oehningen findet man in den Stinksteinbrüchen versteinerte Thiere und Pflanzen, die auf ein Klima von Madeira und Teneriffa hinweisen. Herr, Urwelt der Schweiz.

von Hattingen nach Möhringen im Jahr 1862 in die Classe der unterstützten Vicinalwege aufgenommen.

Im Jahr 1863 wollte man diesen letzteren Weg verbessern und insbesondere an der Möhringer Donaubrücke, welche nur eine lichte Weite von 68 Fuß hat, daher bei höherem Wasserstand durch Ueberschwemmung der Auffahrten unbenützbar wird, eine weitere Fluthöffnung herstellen.

Die Kosten hierfür und für die übrigen nöthigen Verbesserungen wurden auf 6500 Fl. überschlagen.

Bei der näher gerückten Aussicht auf den Bau einer Eisenbahn von Engen nach Donaueschingen unterblieben diese Verbesserungen.

Die Straße von Hattingen nach Möhringen ist also noch Vicinalstraße, jene von Hattingen nach Tuttlingen aber bis zur württembergischen Gränze Landstraße. (Siehe Nr. 59.)

Durch die Verlegung eines Theiles der Straße von Hattingen nach Möhringen in Folge des Eisenbahnbaues ist das Gefällmaximum von 9 auf 6 Procent ermäßigt worden.

Nr. 181.

Straße von Leopoldshöhe über Weil ins Wiesenthal.

Länge in Baden . .	2,62 Kilometer	=	0,59 Stunden,
„ „ der Schweiz			0,20 „
zusammen			0,79 Stunden.

Etwa 100 Schritte oberhalb dem Orte Riehen gegen Osten zog eine angeblich römische Straße unter dem Namen „hohe Straße" und „Heerweg" in der Richtung vom Rhein gegen Lörrach. (¹) Die mittelalterliche Landstraße von Schliengen nach Basel führte durch den Ort Weil. (²) Die Verbindung dieses Orts mit dem nahen Orte Riehen (³) und mit Hüningen wurde bis in die Neuzeit nur durch schlechte Vicinalwege vermittelt. Der alte Weg von Weil nach Leopoldshöhe hieß noch 1760 „Friedlinger Weg". Der friedlinger Schloßbuk stund weiter gegen den Rhein als das jetzige Hauptzollamt. Die Sternschanze wurde durch die Straße nach Freiburg durchschnitten. Nachdem die Landstraße von Frankfurt nach Basel ihre Richtung über Friedlingen (Leopoldshöhe) erhalten hatte, und 1828 auch von hier nach Hüningen eine gute Straße erbaut war, wurden in Folge des gesteigerten Fabrikbetriebes im Wiesenthal die Klagen über den Mangel einer dem Verkehr entsprechenden Verbindung von Leopoldshöhe über Weil nach Riehen, resp. in das Wiesenthal, immer lauter.

Der Vicinalweg, der von dem schweizerischen Orte Riehen über Weil nach Leopoldshöhe führte, war von ungünstigem Gefäll, manchmal nur 11 Fuß breit und ohne Fundament. Ueber den Wiesefluß führte keine Brücke für Fuhrwerke, sondern nur ein Steg (⁴) für Fußgänger, weshalb die Passage nur leichteren Fuhrwerken und nur bei niederem Wasserstande des Flusses durch eine Furt möglich war. Dieser höchst mangelhafte Zustand konnte nicht fortbestehen, und mußte insbesondere beseitigt werden, sobald sich die Fortsetzung der Rheinthalbahn bis Leopoldshöhe in Aussicht stellte. Die Regierung sah sich deshalb veranlaßt, schon in dem Budget für 1846/47 eine Summe von 50,000 Fl. in Anforderung zu bringen, um eine directe Verbindungsstraße von Lörrach über badisches Gebiet nach Weil und Leopoldshöhe auszuführen. Bei diesem Projecte war es jedoch nöthig, die Straße über den Kopf des Tüllinger Berges zu bauen, was mit einer Steigung von 4 Procent und mit einem Wendungsplatz ausführbar geworden wäre. Der Aufwand wurde aber für diesen Bau auf 80,000 Fl. überschlagen.

Mit Rücksicht auf diese unverhältnißmäßigen Kosten und auf die ungünstige Zugslinie unter-

---

(¹) Mone, Urgesch. 142. Widder und Orig.-Sect. der topogr. Karte. (²) Weil gehörte in früherer Zeit den Herren Münch von Münchenstein und kam 1368 durch Kauf an die Herrschaft Rötteln. Mone, Zeitschrift IV. Der Ort wird schon 926 genannt. (³) Riehen gehörte im 15. Jahrhundert dem Bischof von Basel und kam 1552 an die Stadt Basel. Lutz, Merkwürdigkeiten der Stadt Basel 1805. Basel erhob in dem Ort Riehen Zoll. (⁴) Dieser Steg ist 1739 erstmals errichtet und in den Jahren 1747 und 1748 nebst der Straße etwas erweitert und verbessert worden. Lutz, Merkwürdigkeiten, 1748.

blieb die Ausführung. Zudem war es damals noch zweifelhaft, ob nicht die Eisenbahn mit Umgehung des Basler Gebietes ihren Zug über Lörrach in das obere Rheinthal erhalten werde.

Als nun unterm 11. August 1852 zwischen Baden und der schweizerischen Eidgenossenschaft über den Bau einer Eisenbahn nach Basel ein Vertrag abgeschlossen wurde (Reg.=Bl. 1853, S. 159), ist in Artikel 34 folgende Bestimmung aufgenommen worden:

„Die großherzoglich badische Regierung erhält das Recht zur Verbindung der Stadt Lörrach und des Wiesenthals mit Weil eine Straße auf dem dazwischen liegenden schweizerischen Grund und Boden zu bauen.“

„Die näheren Studien des Terrains und zwar mit möglichster Berücksichtigung des Bedürfnisses der Gemeinde Riehen für Verbindung mit dem ihr gegenüber liegenden Wieseufer, sollen über den Zug dieser Straße entscheiden; auch soll der Bauplan der Regierung des Cantons Basel=Stadt zur Genehmigung mitgetheilt werden.“

„Die großherzogliche Regierung führt den Bau dieser Straße und der dazu erforderlichen Brücke über den Wiesefluß, welche auf schweizerisches Territorium zu legen ist, ganz auf ihre Kosten aus.“

„Die auf Baslerisches Gebiet fallende Straßenstrecke wird sofort sammt der Brücke Eigenthum der Cantonsregierung, welche dagegen verpflichtet ist, badischen Einwohnern deren unentgeltliche Benützung zu gestatten. Die Verständigung über die Unterhaltungspflicht der genannten Straße und Brücke bleibt der großherzoglichen Regierung und der Regierung des Cantons Basel vorbehalten.“ Zum Vollzug dieser Bestimmungen wurde unterm 19. Februar 1853 eine weitere Vereinbarung getroffen, wornach jeder Theil sich verbindlich macht, die auf seinem Gebiet liegende Straßenstrecke und Brücke in gutem, fahrbarem Zustand zu erhalten, und deren Benützung unentgeltlich zu gestatten. Sollte die Brücke innerhalb der ersten zehn Jahre nach vollendetem Bau, sei es durch ein außerordentliches Anschwellen des Flusses oder sonst durch ein außerordentliches Naturereigniß, in wesentlichen Theilen zerstört werden, so sind die Herstellungskosten je zur Hälfte von den beiderseitigen Regierungen zu tragen. Wenn die Umstände später wünschenswerth machen, der Straße eine veränderte Richtung zu geben, so steht es der Cantonsregierung frei, solche auf ihre Kosten vorzunehmen; jedoch bedarf es hierzu der Zustimmung der großherzoglichen Regierung, welche nicht verweigert werden wird, wenn die Veränderung ohne Beeinträchtigung der Communication zwischen badischen Orten geschehen kann. Der Aufwand für die herzustellende Straße wurde bei der Annahme einer Breite von 20 Fuß und einer Fahrbahn von 16 Fuß auf 38,000 Fl. veranschlagt. Unter dieser Summe sind 16,700 Fl. für Uebergangswerke enthalten.

In dem Budget für 1858/59 wurde eine Summe von 36,000 Fl. für diesen Zweck bewilligt. Nachdem die Gemeinde Weil sich verpflichtet hatte, das für die Herstellung der Straße auf ihrer Gemarkung erforderliche Gelände unentgeltlich zu stellen, sofern die Inspection den Ankauf, beziehungsweise die Expropriation besorgt, wurde auf Grund der von der Cantonsregierung genehmigten Baupläne der Bau im Sommer 1861 begonnen und 1862 vollendet. Die Anerkennung (Collaudation) der richtigen Ausführung der Straße durch Basel erfolgte am 20. Juni 1862, von welchem Tag an die in der Uebereinkunft vom 19. Februar 1853 bestimmte zehnjährige Frist für gemeinschaftliche Tragung allenfallsiger Herstellungskosten läuft und mithin mit dem 20. Juni 1872 endete. Der Aufwand betrug 32,511 Fl. Die Erübrigungen im Betrag von 3489 Fl. wurden in der Folge zur Straßenregulirung in der Basler Vorstadt zu Lörrach verwendet. Die Straße wird hiernach auf badischem Gebiet als unterstützter Vicinalweg von den Gemeinden mit Staatszuschuß unterhalten, ging aber durch Gesetz von 1868 in die Classe der Landstraßen über.

Der Aufwand für Verbesserung dieses Straßenzugs beträgt 55,733 Mark.

Der Verkehr bestund 1864—1876 in circa 108 Zugthieren täglich.

Nr. 182.

Wildgutachthalstraße.

Länge 0,99 Stunden.

Um den in dem Wildgutachthal zerstreut liegenden Höfen eine bessere Verbindung mit der neuen sog. Kilpenstraße (Nr. 38) zu geben, war es nöthig, den vorhandenen Weg längs der Wildgutach bis zu den 3 Stegen zu corrigiren und zu verbreitern.

Ein im Jahr 1861 zu diesem Ende aufgestellter Ueberschlag forderte bei Annahme einer Breite von 10 Fuß mit 8 Fuß Fahrbahn, aus 2 Zoll Schotter bestehend und bei Einhaltung eines Maximalgefälles von 5,7 Procent und eines mittleren Gefälls von 2,28 Procent einen Aufwand von 6410 Fl., vorausgesetzt, daß das Gelände im Werth von 660 Fl. von den Eigenthümern unentgeltlich gestellt wird. Nachdem hierwegen entsprechende Zusage erfolgt war, kam die Bauausführung im Jahr 1863 zum Vollzug, und die neue Straße wurde im November desselben Jahres dem Verkehr übergeben.

Der Gesammtaufwand in Geld betrug 6759 Fl., wovon die Gemeinden Wildgutach 200 Fl., Neukirch 500 Fl., Güttenbach 400 Fl. und die Staatscasse 5659 Fl. übernahmen.

Im Jahr 1864 wurde die Straße unter Staatsaufsicht gestellt und seither mit Staatsbeiträgen unterhalten. Nachträglich sind aus Staatsmitteln zur Verbesserung dieses Wegs weiter aufgewendet worden: für Entschädigung 50 Fl., für 5 Ausweichplätze, 100 Fuß lang, 6 Fuß breit, nebst Schutzanstalten 900 Fl., für Verbreiterung an einigen scharfen Wendungen wegen Langholztransport 800 Fl., welche die Amtscasse ebenfalls bezahlte, daher der Gesammtstaatsaufwand in 9169 Fl. besteht.

Im Jahr 1865 ist die Straße von den 3 Stegen bis Altglashütte mit 2360 Fl. aus dem Amtskostenetat verbessert worden; die Gemeinden leisteten hierzu keinen Beitrag.

Jetzt fehlt noch eine bessere Verbindung mit St. Märgen, da der bestehende Weg sehr steil ist.

Nach einem Ueberschlag von 1867 würde diese Straße auf 11,300 Fuß Länge mit 8 Procent Steigung, 14 Fuß Breite und 10 Fuß Fahrbahn 13,400 Fl. kosten.

Der bisher für Verbesserung der Straße bestrittene erweisbare Aufwand beträgt 19,764 Mark.

Seit 1870 wird die Straße ausschließlich von den Gemeinden unterhalten.

Nr. 183.

Straße von Malsch über Roth und St. Leon nach Neulußheim.

Die Namen Malsch, Roth, Lußheim deuten auf keltischen Ursprung. Jedenfalls sind diese Orte sehr alt. In Malsch fand man Spuren einer römischen Niederlassung, insbesonders Votivsteine der Minerva und des Herkules, gewidmet von der 24. Cohorte. (Wielandt, Beiträge, Leichtlen, Zehentland und Orelli.) Alle obigen Orte, wie auch Rettigheim, Malschenberg, Rauenberg, Rothenberg und Mühlhausen(¹) waren schon frühe Besitzungen des Bischofs von Speyer und stunden alle seit vielen Jahrhunderten unter sich und mit Speyer im Verkehre. Die Verbindungsstraße zog seit ältester Zeit über Roth und St. Leon. Kalksteine und gebrannter Kalk von Malsch und Rettigheim und Holz wird in großen Mengen in die Rheinorte und nach Speyer gebracht, wogegen Steinkohlen, Backsteine, rheinbairische Weine und Floßholz, sowie verschiedene Handelsartikel von Speyer und der Rheingegend nach den oberen Kraichgauorten Sinsheim, Eppingen ꝛc., sowie nach Württemberg, verführt werden.

Seit dem Bestehen der Eisenbahn von Heidelberg nach Bruchsal, von Mannheim über Neulußheim nach Carlsruhe und von Heidelberg nach Speyer hat sich der Verkehr zwischen Malsch und Speyer bedeutend gehoben, so, daß 1873 mit der Eisenbahn-Personenstation Roth-Malsch auch eine Güterstation verbunden wurde. Von dem Gesammtverkehr fallen $^2/_3$ auf die Route nach Malsch, Malschenberg, Rettigheim ꝛc. Die Kreisversammlung beantragte 1874 die Aufnahme dieser Straße unter die Landstraßen, da durchschnittlich ein Verkehr von 300 Zugthieren beobachtet wurde.

Die Straße hatte ein gutes Trace. Eine kurze Steigung von 8 Procent war nur bei Ueberschreiten des Bergrückens zwischen der Station Malsch und der Frankfurt-Basler Straße zu überwinden. In St. Leon bestand ein schlechtes Pflaster und zwei alte steinerne Brücken über den Mühlgraben und Fallgraben, und eine baufällige hölzerne Brücke über den Kiergraben. Eine dritte Brücke wurde 1873 über den Kraichbach auf Kosten der Gemeinde mit 3000 Fl. in Eisen umgebaut.

(¹) Rothenberg wurde 1338 Stadt mit den Rechten von Landau. Das ehemalige Schloß wurde von Bischof Philipp 1541 restaurirt. Auch Rauenberg hatte ein Schloß, worin bis 1804 der Sitz des Justiz- und Kameralamtes, dann eine Domänenverwaltung war. Mühlhausen ist 880 urkundlich erwiesen.

Vorausgesetzt, daß die Steige bei Malsch, welche 7,36 Procent Gefäll besitzt, auf ein Maximalgefäll von 5 Procent corrigirt und die alten Brücken durch neue ersetzt, die ganze Straße im Längenprofil und in der Fahrbahn verbessert, auf 5,5 Meter verbreitert und das Pflaster in St. Leon entfernt werde, wurde die Straße 1874 in den Verband der Landstraßen aufgenommen.

Die Kosten der Verbesserung mit 20,000 Mark sind nach dem Gesetz zu $^2/_3$ von der Staatscasse und zu $^1/_3$ von Kreis und Gemeinden zu tragen. Die Ausführung wurde auf die Periode 1878/79 verschoben; die Gemeinde St. Leon ließ aber 1876 das Pflaster in dem Ort in Chaussee umwandeln.

Nr. 184.

Straße von Hardheim nach Miltenberg.

Untere Erfthalstraße.

Länge in Baden	9,39 Kilom. =	2,11 St.,
„ „ Baiern		3,00 „
zusammen		5,11 St.

Nr. 207.

Straße von Hardheim nach Eubigheim.

Obere Erfthalstraße.

Länge 14,95 Kilometer = 3,36 Stunden.

Da diese beiden Straßen zusammen die Erfthalstraße bilden, werden sie hier gemeinsam besprochen.

Das Thal der Erf, welche bei Buch am Ahorn entspringt und sich oberhalb Miltenberg in der Nähe von Bürgstadt in den Main ergießt, liegt theils in badischem, theils in baierischem Gebiet. In dem Thal selbst befinden sich die badischen Orte Gerichtstetten, Erfeld, Bretzingen und Hardheim ([1]) und die baierischen Orte Riedern und Eichenbühl. Von Gerichtstetten bis Hardheim führt seit längster Zeit theils auf dem linken, theils auf dem rechten Ufer der Erf eine Straße, die von Gerichtstetten ihre Fortsetzung nach Untereubigheim hatte. Von Hardheim abwärts bis Riedern zog auf der rechten Thalseite durch den Wald ein schlechter Holzabfuhrweg, der nur in Zeiten der Holzabfuhr nothdürftig verbessert wurde. Von Riedern bis Eichenbühl bestund nur ein Saumpfad; der letztere Ort aber wird von der alten Nürnberger Geleits- und Poststraße durchzogen, ([2]) die früher den Hauptverkehr von Miltenberg über Neunkirchen, Hundheim, Külsheim, Tauberbischofsheim nach Würzburg oder nach Mergentheim, Nürnberg 2c. vermittelte. ([3])

Da diese Landstraße von Eichenbühl nach Külsheim sehr starke Gegengefälle besitzt, und früher auch schlecht unterhalten war, scheinen die Reisenden auch zu Pferd noch im vorigen Jahrhundert vorgezogen zu haben, den kürzern aber schmalen Weg im Thale zu benützen. Kaiser Karl VI. ([4]) reiste 1711 ebenfalls durch dieses Thal und soll in dem zu dem Kloster Bronnbach gehörigen Breitenauer Hof übernachtet haben, weshalb der damalige Prälat an dem Weg zu diesem Hof eine steinerne Statue des Kaisers zur Erinnerung aufstellen ließ. ([5])

Man glaubt, daß der Kaiser den Weg nach dem Breitenauer Hof durch das Katzbachthal eingeschlagen habe, weil der von der Höhe zwischen Steinfurth und Steinbach in das Erfthal führende Weg „Kaiserweg" genannt wird. ([6])

([1]) Der Ort Erfeld war mainzisch, die übrigen Orte würzburgisch, an Gerichtstetten hatte aber Löwenstein-Wertheim, hälftigen Antheil; Gerichtstetten wird schon 1214 genannt. Mone, Zeitschrift 4. ([2]) Stein, Das Maingebiet. ([3]) Siehe Nr. 4. ([4]) Der letzte männliche Sprosse des Habsburger Hauses und Vater der Kaiserin Maria Theresia. ([5]) Dieses Denkmal wurde im Jahre 1866 an die neue Straße versetzt. Dasselbe trägt die Inschrift: „Karolus VI. ist passirt, als er von Barcellona marschirt nach Frankfurt durch dieses Thal gekrönt zum Kaiser nach der Wahl, darumb ihm hier verortnet hat. F. Josefus, damal Prälat, 1711, 13. Dezember." ([6]) Nach Gropps Chronik von Würzburg von 1750 II., S. 348, reiste Karl VI. von Innsbruck über Würzburg und Mergent-

Die starken Steigungen der alten, über Eichenbühl nach Hundheim führenden Landstraße gaben den technischen Behörden schon 1835 Veranlassung, die Benützung des Erfthales für die Fortsetzung der damals projectirten neuen Landstraße von Tauberbischofsheim nach Hardheim vorzuschlagen (Siehe Nr. 4). Obgleich auch baierischer Seits dieser Straßenzug sehr bevorwortet wurde, so traten doch der Ausführung verschiedene Hindernisse entgegen.

Abgesehen davon, daß Walldürn eine Straßenverbindung über Rippberg, Buchen aber eine solche über Hettingenbeuern nach Amorbach wünschte, glaubte Wertheim seine gewerblichen Interessen schwer bedroht, wenn von Hardheim, Walldürn oder Buchen aus eine gute Straße nach Miltenberg hergestellt wäre, bevor die Tauberthalstraße verbessert sei, weil sich der Straßenverkehr und die Mainschifffahrt zum Nachtheile Wertheims nach Miltenberg zu ziehen drohte.

Die Regierung und die Stände hielten diese Besorgnisse nicht für unbegründet und so wurde denn zunächst im Jahr 1845 mit Verbesserung der Tauberthalstraße und dem Bau einer Straße von Tauberbischofsheim über Königheim nach Hardheim begonnen.

Als sodann das Project einer möglichst directen Verbindung von Heilbronn über Adelsheim, Buchen und Hettingbeuern nach Amorbach zur Geltung kam, verfolgte man badischer Seits zunächst die Ausführung einer Straße von Buchen über Schneeberg nach Amorbach. Da sich aber Baiern weigerte, den Weg von Schneeberg bis gegen Hettingenbeuern zu corrigiren, glaubte man von Walldürn über Rippberg nach Amorbach bauen zu sollen, da der bestehende Weg zwischen der baierischen Gränze und Amorbach, wenn auch sehr mangelhaft, doch immerhin benützbar war und man hoffen durfte, daß dieser Weg verbessert werde, sobald die Straße von Walldürn bis an die Gränze hergestellt sein wird. — Die Walldürn-Rippberger Straße wurde im Jahre 1847 in Bau genommen und allmählich vollendet, aber baierischer Seits geschah nichts für die Verbesserung und so kam es denn, daß bis in die neueste Zeit keiner der drei Verbindungswege nach Miltenberg zur Ausführung kam.

Nachdem nun von Eichenbühl bis zur Oelmühle bei Riedern, also bis in die Nähe der badischen Gränze in den Jahren 1849 und 1850 eine 24 Fuß breite neue Straße chausseemäßig ausgeführt war, drang Baiern neuerdings, aber wieder ohne Erfolg, auf Ausführung der Erfthalstraße von Hardheim abwärts bis gegen Riedern.

Als sodann unterm 27. Januar 1862 (Regierungsblatt Nr. XXXIV. S. 304) zwischen Baden und Baiern ein Staatsvertrag über den Bau einer Eisenbahn von Heidelberg nach Würzburg abgeschlossen wurde, ist darin bezüglich der fraglichen Straßenverbindungen Folgendes festgesetzt worden:

„Art. 20. Die großherzoglich badische Regierung übernimmt die Verpflichtung, den auf ihr Gebiet treffenden Theil der sogenannnten Erfstraße von Hardheim bis Miltenberg bis zur Vollendung der Heidelberg-Würzburger Bahn vollständig herzustellen und dem öffentlichen Verkehr zu übergeben."

„Gleichzeitig wird auch der auf königlich baierischem Gebiet gelegene und noch nicht hergestellte Theil dieser Straße von der königlich baierischen Regierung vollendet werden."

„Ueber den Uebergangspunkt dieser Straße vom badischen auf baierisches Gebiet werden sich die betreffenden Verwaltungsstellen der beiderseitigen Regierungen mit einander verständigen."

„Art. 21. Die königlich baierische Regierung verpflichtet sich dagegen zum Anschlusse an die auf badischem Gebiet bereits hergestellte Straße von Walldürn über Rippberg nach Schneeberg auf baierischem Gebiete die Herstellung einer Districtsstraße von der Gränze bei Schneeberg bis Amorbach einzuleiten und deren Ausführung, soweit möglich, durch Beiträge aus Staats- oder Kreismitteln zu unterstützen; auch späterhin, falls die Herstellung dieser Straße aus Districtsmitteln sich als unausführbar darstellen sollte, diese Straße in die Kategorie der Staatsstraßen einzustellen und sodann aus Staatsmitteln auszuführen."

Diesem Vertrage gemäß wurde nun im Jahre 1862 mit den Vorarbeiten für die neu zu erbauende Straße von Hardheim nach Riedern begonnen. Die Breite wurde auf 18 Fuß fest-

---

heim, wo übernachtet wurde, nach Frankfurt, und kam von der, am 22. December 1711 erfolgten Krönung am 12. Januar 1712 über Lengfurt, wo die Schiffbrücke reparirt wurde, nach Tiefenstein und am 13. nach Würzburg zurück mit 96 Kutschen mit je 6 Pferden und 60 Reitpferden. — Die Reise von Mailand nach Frankfurt erfolgte im December über Gerichtstetten, Hardheim nach Miltenberg. Der Breitenauer Hof, der schon in Urkunden von 1306 genannt wird, ist wohl nur von der berittenen Mannschaft besucht worden. (Mone, Zeitschrift 2. Lünig, Reichs-Archiv II. S. 421.)

gestellt, eine Steinbahn von 15 Fuß aus 5 Zoll Gestück und 2 Zoll Schotter bestehend, und die Böschung 1½ füßig vorgeschrieben, auf je 300 Fuß Entfernung war ein Materiallagerplatz anzulegen. Das Gefäll war durchschnittlich auf 0,8 Procent bemessen. Der Bau dieser auf 80,000 Fl. veranschlagten Straße wurde im Sommer 1863 begonnen, am 13. November 1864 feierlich eröffnet und im Jahr 1865 vollendet und sofort die Straße in den Staatsstraßenverband aufgenommen. Der wirkliche Bauaufwand betrug 79,832 Fl. Die Gemeinde Hardheim und die Standesherrschaft Löwenstein gaben das Gelände zu billigem Preise ab. Bei dem Bau dieser Straße kam zum erstenmal das sogenannte Großaccordsystem zur Anwendung, wonach der ganze Bau einem Unternehmer zur Ausführung überlassen wurde. Die neue Straße wurde 1845 auf Staatskosten mit 1000 Stück Kirsch- und Apfelbäumen bepflanzt.

Der Anschluß der neuen baierischen Straße an die badische erfolgte gleichzeitig mit Vollendung der letzteren.

Als in den Jahren 1864—1866 die Eisenbahn von Mosbach nach Würzburg ausgeführt wurde(1) und bei Eubigheim eine Station bestimmt war, zeigte sich natürlich auch die Verbesserung der Erfthalstraße von Hardheim bis Gerichtstetten und die Correction des Weges von da bis Eubigheim als nothwendig, um die Ab- und Zufuhr nach der Eisenbahn zu erleichtern.

Der bestehende Vicinalweg hatte theilweise nur eine Breite von 12—24 Fuß und war größtentheils ohne Fundament. Zwischen Hardheim und Gerichtstetten betrugen die Gegengefälle bis zu 8,3 Procent, in Gerichtstetten selbst 11,6 Procent und zwischen Gerichtstetten und Eubigheim befand sich eine längere Steige von 7 und 17 Procent Gefäll. Der Weg zwischen Hardheim und Gerichtstetten war deshalb nur zu verbreitern und in dem Gefäll zu verbessern; von Gerichtstetten aus aber nach Eubigheim war eine neue Straße herzustellen. Nach einem im J. 1866 aufgestellten Kostenüberschlag waren bei Annahme einer normalen Breite von 18 Fuß mit 15 Fuß Fahrbahn, aus 5 Zoll Gestück und 2 Zoll Schotter bestehend, und mit Einrichtung der auf 300 Fuß Entfernung von einander anzulegenden, 25 Fuß langen und 8 Fuß breiten Materiallagerplätze erforderlich: In Gemarkung Hardheim bei einem Maximalgefäll von 4 Procent 1357 Fl., in Gemarkung Bretzingen bei einem Maximalgefäll von 2,83 Procent 1773 Fl., in Gemarkung Erfeld bei einer Maximalsteigung von 2,7 Procent 1420 Fl., in Gemarkung Gerichtstetten bei einem Maximalgefäll von 4 Procent 950 Fl.; für Correction in und außerhalb Gerichtstetten mit Annahme einer Breite von 20 Fuß durch den Ort und einer Maximalsteigung von 4 Procent 7338 Fl., für die Correction zwischen Gerichtstetten und Eubigheim auf eine Länge von 17,150 Fuß 28,641 Fl. Zusammen 41,479 Fl. Unter dieser Summe ist die auf 3732 Fl. taxirte Güterentschädigung nicht inbegriffen. In der Unterstellung, daß die Gemeinden das Gelände unentgeltlich abgeben, wurde in dem Budget für 1866—67 die für den Bau erforderliche Summe von 41,500 Fl. genehmigt. Nach den im Jahre 1866 mit den Gemeinden abgeschlossenen Vereinbarungen stellten dieselben das Gelände kostenfrei. Die Taxation betrug für Eubigheim 545 Fl., für Hardheim 384 Fl., für Bretzingen 237 Fl., für Erfeld 199 Fl., Gerichtstetten gab zum Erwerb der Güter durch die Baucasse 2226 Fl. baar und stellte den Gemeindewald im Werth von 141 Fl. unentgeltlich, daher sich die Beiträge der Gemeinden auf 3722 Fl. berechnen. Der Bau begann im Frühjahr 1867 und die Straße wurde mit der aus Eisenbahnbaumitteln erbauten Zufuhrstraße zu der Station Eubigheim im März 1868 in den Gemarkungen Hardheim, Erfeld und Gerichtstetten, im Herbst aber bis Eubigheim dem Verkehr übergeben. Die Gesammtverwendung der Staatscasse betrug 41,500 Fl., oder mit Einschluß der Beiträge der Gemeinden 45,222 Fl.

Im Jahr 1871 wurden dann die beiden Steinbrücken in Bretzingen, von denen die eine 1630, die andere 1731 erbaut, beide aber viel zu schmal waren und steile Auffahrten hatten, mit 20 Fuß Lichtweite und 18 Fuß Fahrbahn in Eisen umgebaut. Das Gleiche geschah bezüglich der alten Brücke in Erfeld. Der Aufwand betrug für die zwei Brücken in Bretzingen und für jene in Erfeld 5050 Fl. Bretzingen trug 400 Fl., Erfeld 105 Fl. bei.

Der Gesammtaufwand für Verbesserung dieser Straße belief sich auf 223,035 Mark.

Im Jahr 1874 wurde ein Verkehr von 38 Zugthieren täglich beobachtet.

---

(1) Die Bahn von Mosbach bis Osterburken wurde am 16. August, jene von Osterburken nach Würzburg am 15. October 1866 eröffnet.

Nr. 185.

Straße von Mößkirch nach Ebingen.

Länge in Baden	12,29 Kilometer	= 2,77	Stunden,
„ „ Preußen		3,30	„
zusammen		6,07	Stunden.

Daß die Kelten in dem Donauthal und seiner Umgebung wohnten, ist unter Nr. 221 näher ausgeführt. Auch die Namen Hard, Langenhard und Heuberg stammen aus keltischer Sprache.

Das keltische Wort Dietfurt bedeutet „Volksübergang“ und weist auf eine keltische Straße hin. Durch Urkunden von 1536, 1546 und 1567 ist erwiesen, daß die Straße von Riedlingen über Sigmaringen, Laiz, Vilsingen, Engelswies, Langenhard, Buchheim, Leibertingen, Lipptingen, Engen nach Schaffhausen „uralte freie kaiserliche Güter- und Landstraße“ genannt wurde (siehe Nr. 62). (1)

Der Ort Mößkirch lag damals nicht an der Hauptroute von Ulm nach Schaffhausen. Erst in einer Urkunde von 1626 wird angeführt, daß die Straße von Sigmaringen und Vilsingen seit drei Jahren (also seit 1623) über Rohrdorf zieht, und in Urkunden von 1713 wird die Straße von Mößkirch über Rohrdorf und Langenhard „alte Land- und Güterstraße“ genannt. (2)

Von Langenhard über Gutenstein nach Stetten und Eppingen bestund nur ein Vicinalweg, über dessen chausseemäßige Herstellung im Jahr 1770 zwischen Oesterreich und Württemberg Verhandlungen gepflogen wurden, in deren Folge auch einige Verbesserungen und Verbreiterungen an dem Wege zwischen Langenhard und Stetten zur Ausführung kamen; der Bau einer eigentlichen Chaussee unterblieb aber, weil man von Seite Sigmaringens und Württembergs, welch' letzteres die Route über Saulgau und Aulendorf nach Friedrichshafen im Auge hatte, mehr den Straßenzug von Ebingen über Winterlingen, Veringendorf und Jungnau nach Sigmaringen begünstigte, dessen Verbesserung auch in den Jahren 1788 und 1789 erfolgte. Nachdem Stetten (3) in den Besitz der badischen Markgrafen gekommen war, ist in den Jahren 1819 und 21 auf den Wunsch des Großherzogs Ludwig die Fahrbahn der Straße von Langenhard über Thiergarten (4) nach Stetten durch Frohnden verbessert und den Gemeinden Rohrdorf, Langenhard und Gutenstein 1823 von dem Ministerium ein Weggeld bewilligt worden, von dessen Ertrag jeder Gemeinde ein Drittel zukam. Da der Ertrag aber unbedeutend war (1856 nur 78 Fl. 45 Xr.), so geschah auch nicht viel für die ohnedies schwierige Unterhaltung des Wegs. Die Gefällsverhältnisse der Straße waren so schlecht, daß sich hier weder ein durchgehender Verkehr bilden konnte, noch das Bedürfniß einer Verbindung der Orte unter sich als befriedigt erschien. Das Gefäll betrug nämlich von Rohrdorf nach Langenhard 6—10 Procent, von hier bis Thiergarten 6—15 Procent, von da nach Stetten 8—10 Procent, von hier nach Frohnstetten 8—11 Procent und von da bis Kaiseringen 10—18 Procent. Der Weg war überdies nur 12—15 Fuß, ja in der auf sigmaringischem Gebiet liegenden Felsenschlucht bei Thiergarten — in dem sogenannten Dobel — nur 8—10 Fuß breit. Die Gemeinden des ehemaligen Amts Stetten petitionirten deshalb seit 1842 mit Empfehlung der Stände fortan um Uebernahme dieser Straße in den Staatsstraßenverband, um dadurch deren Verbesserung zu erzielen und die großherzogliche Regierung brachte auch im Jahr 1846 die Frage zur Erörterung, mit welchem Aufwand die Straße gut herzustellen wäre? Die damals gepflogene Untersuchung ergab, daß die von manchen Seiten vorgeschlagene Zugslinie von Gutenstein über Nusplingen nach Stetten weniger günstig als jene von Thiergarten durch den Dobel wäre, da die Straße über Nusplingen ebenfalls Steigen von 10—12 Procent Gefäll besitzt, deren Correction nur schwierig ausgeführt werden könnte. Die Kosten für die Straße

(1) Der Hauptzug dieser Straße wurde von den Römern benützt. Eytenbenz, römische Niederlassung bei Mößkirch, S. 43. (2) Fürstl. fürstenb. Arch.-Acten. (3) Stetten kam 799 an Reichenau, dann an die Grafen von Hochberg, 1343 an die von Jungingen, 1350 an von Magenbach, 1432 an von Hausen, 1626 an Oesterreich, 1682 an von Fugger, 1735 an Schenk von Castell, 1756 an Salem und mit diesem aus der Hand Württembergs 1810 an Baden und zwar in den Besitz der Markgrafen Friedrich und Ludwig, nachher an den Grafen von Langenstein. (4) Thiergarten, Langenhard und Rohrdorf waren fürstenbergisch; Gutenstein gehörte zur Herrschaft Stetten. Die Grafen von Zimmern hatten 1575 hier einen Thiergarten angelegt, der 1671 zum Betrieb einer Hammerschmiede benützt wurde.

über Thiergarten nach Stetten wurden damals auf 70,000 Fl. veranschlagt. Im Hinblick auf andere dringendere Straßenbauten und in Betracht, daß die Straße über Stetten auch nach ihrer Verbesserung den durchgehenden Verkehr doch nicht aufnehmen würde, weil Sigmaringen dieser Straßenverbindung abgeneigt war, unterblieb der Bau damals; er kam aber im Jahr 1848 neuerdings in Anregung, weil man durch die von Sigmaringen vorgenommene Verbesserung der Straße von Straßberg über Veringendorf, Sigmaringen, Krauchenwies und Klosterwald besorgte, daß der Verkehr von Tübingen nach Stockach vollständig auf das sigmaringische Gebiet übergehen werde. Ueberdies stund die Verbesserung der Donauthalstraße in Aussicht, daher eine gute Verbindung von Stetten mit dieser Straße um so wünschenswerther erschien. Um zunächst die Abtheilung zwischen Rohrdorf und Gutenstein auszuführen, wurde in dem Budget für 1848 bis 49, vorläufig eine Summe von 20,000 Fl. gefordert. Die Straße sollte bei einer Länge von 26,190 Fuß und einer Breite von 20 Fuß mit 18 Fuß Fahrbahn, aus 4 Zoll Fundament und 4 Zoll Schotter bestehend, 33,519 Fl. kosten. Das Budget kam der bekannten politischen Ereignisse wegen nicht zum Vollzug.

Nachdem inzwischen durch den Bau der württembergischen Eisenbahn an den Bodensee (¹) die Straße von Ebingen nach Mößkirch eine Bedeutung für den größeren durchgehenden Verkehr unzweifelhaft nicht mehr erlangen konnte, waren lediglich noch die localen Verkehrsverhältnisse in Betracht zu ziehen, wobei insbesondere dem Verkehr der Bewohner des Heuberges mit dem Amts- und Marktorte Mößkirch, und mit der nahen Stadt Ebingen, sowie dem Bedürfniß des fürstlich fürstenbergischen Hüttenwerks in Thiergarten Rechnung zu tragen war.

Obgleich diese Verhältnisse nicht verkannt wurden, unterblieb die Verbesserung dieser Straße dennoch bis in die neueste Zeit. Als nämlich im Jahr 1862 die Gemeinden des ehemaligen Amts Stetten durch Hagelschlag außerordentlich beschädigt wurden, glaubte man zur Linderung des Nothstandes am besten durch Eröffnung einer Gelegenheit zum Arbeitsverdienst beitragen zu können und es wurden deshalb im November 1862 für die Correction von Rohrdorf nach Gutenstein 28,200 Fl. und im November 1863 weitere 17,500 Fl. zu dem Bau von Stetten bis Thiergarten innerhalb badischen Gebiets durch Administrativcredite bewilligt, welche Beträge den Kostenüberschlägen entsprachen, die eine Straßenbreite von 20 Fuß, eine Fahrbahnbreite von 15 Fuß, aus 5 Zoll Fundament und 2 Zoll Schotter bestehend, und ein Maximalgefäll von 6 Procent voraussetzten.

Nachdem die Gemeinden Langenhard und Gutenstein sich bereit erklärt hatten, das zur Straße erforderliche Gemeindeeigenthum, das Holz zur Profilirung und die Steinbrüche unentgeltlich zur Verfügung zu stellen, auch den Ankauf des Privateigenthums gegen ein Aversum von 600 Fl. zu besorgen, so wurde der Bau im Juli 1863 zwischen Rohrdorf und Gutenstein begonnen und 1864 vollendet, sofort die neue Straße in den Staatsstraßenverband aufgenommen, das Straßengeld aber aufgehoben.

Auf der Abtheilung von Thiergarten bis Stetten kam die neue, 1530 Ruthen lange Straße mit einer Länge von 1043,5 Ruthen auf badisches und mit 486,5 Ruthen auf preußisches Gebiet.

In der Unterstellung, daß die Straße zwischen den Felsen in dem Dobel (Stettenthal) streckenweise nur auf 18 Fuß auszuführen sei, war der Aufwand überschlagen: für badisches Gebiet auf 17,500 Fl. und für preußisches Gebiet auf 9500 Fl., zusammen auf 27,000 Fl.

Die fürstlich fürstenbergische Standesherrschaft hatte sich im Interesse des Eisenwerks Thiergarten und der Holzabfuhr zu einem baaren Beitrag von 1500 Fl. und zur unentgeltlichen Abgabe von 2 Morgen 50 Ruthen Wald bereit erklärt. Die Straße auf badischem Gebiet wurde Ende 1864 vollendet.

Da Preußen an der Ausführung dieser Straße kein erhebliches Interesse nehmen konnte, war man genöthigt, mit Zustimmung der preußischen Regierung, die Straße auch auf preußischem Gebiet auf Kosten Badens auszuführen, was mittelst eines im Jahr 1865 eröffneten Administrativcredits von 6000 Fl. zu Stande kam. Der gesammte Staatsaufwand für diesen Straßenbau betrug 78,700 Fl. oder mit Zuschlag dessen, was von Fürstenberg und den Gemeinden geleistet wurde, im Betrag von ca. 2500 Fl., im Ganzen 81,200 Fl. Für den Bau einer neuen Brücke über die Donau bei Gutenstein sammt Straßencorrection wurden in dem Budget für 1866—67 weitere 40,000 Fl. beansprucht. Es lag nämlich in der Absicht, statt der bestehenden hölzernen

(¹) Diese Bahn wurde bis Friedrichshafen 1850 fahrbar.

untern Brücke mit sechs Holzjochen, welche bei Hochwasser nicht zu gebrauchen war, eine Brücke mit zwei steinernen Pfeilern und Oberbau von Eisen herzustellen. (¹)

Die Genehmigung dieser Summe erfolgte auch, allein die Ausführung mußte wegen der Kriegsereignisse des Jahres 1866 unterbleiben. Erst im Juni 1868 konnte dieser Bau in Angriff genommen werden. Die neue, unmittelbar oberhalb der alten 88 Fuß weiten Holzbrücke erbaute Brücke hat eine mittlere Oeffnung von 120 Fuß lichter Weite und zwei Seitenöffnungen von je 30 Fuß Weite. Die Mittelöffnung wird von zwei schmiedeeisernen Fachwerksträgern mit einer parabolisch gekrümmten oberen Gurtung überspannt. Das untere Gurtblech liegt 2 Fuß über dem höchsten Wasser von 1798. Der Bogen hat 9 Fuß 2 Zoll Höhe. Die beiden Seitenöffnungen haben 4 eiserne Fachwerksträger von 3,375 Fuß Höhe. Die Brücke hat 2 steinerne Pfeiler. Die Länge zwischen den Widerlagern beträgt 190 Fuß, die Breite zwischen den Trägern 16 Fuß. (²) Mit dem Brückenbau war eine Straßenverbindung von Gutenstein nach der Brücke und eine solche in der Richtung nach Sigmaringen, 20 Fuß breit, herzustellen.

Die Kosten waren veranschlagt für die Brücke auf 33,200 Fl., für die Straßen auf 4573 Fl., für allgemeine Ausgaben 2227 Fl., im Ganzen auf 40,000 Fl., worunter 1915 Fl. für Güter enthalten sind, welche die Gemeinde für 1300 Fl. stellte, also ca. 615 Fl. beitrug und auf das Recht des Brückengeldes verzichtete.

Die Vollendung des Baues erfolgte 1870 und die feierliche Eröffnung am 24. Juni jenen Jahres gelegentlich der Landesbereisung durch Großherzog Friedrich. Der wirkliche Aufwand betrug für die Brücke 36,783 Fl., für die Straßencorrection 4377 Fl., zusammen 41,160 Fl., wovon der Staat 40,660 Fl., die Gemeinde 500 Fl. übernahmen.

Die Verwendungen für diesen Straßenzug betrugen im Ganzen von 1863—1871 122,360 Fl. oder 209,760 Mark, oder mit Zuschlag der weiter bewilligten 35,000 Mark für die Straße nach Ebingen 244,760 Mark.

In Folge des Baues einer Eisenbahn von Ebingen nach Sigmaringen trat der Wunsch nach einer guten Straße von Stetten nach Ebingen lebhafter als je auf. Die gewerbreiche Stadt Ebingen steht seit langer Zeit mit den Bewohnern des Heuberges in Geldverkehr, ja Ebingen ist die Bank für die nahe Umgegend, setzt viele Wollenfabrikate nach Baden ab und bezieht Weine aus dem Breisgau. Da aber bei Verbesserung der Straße nach Ebingen Preußen und Württemberg mitzuwirken haben, sind 1785 zunächst Untersuchungen über den Aufwand für Baden angestellt worden, wobei sich ergab, daß etwa 72,000 Mark aufzuwenden wären, um eine Straße von 5,4 Meter Breite mit Maximalsteigung von 5 Procent herzustellen. Der Vicinalweg über Frohnstetten und Kaisaringen hat nämlich auf badischem und preußischem Gebiet zwischen Stetten und Frohnstetten mehrere Steigungen und auf preußischem Gebiet eine Steige mit 15 Procent Gefäll. Auf Preußen entfielen von den Gesammtkosten im Betrag von 72,000 Mark 40,000 Mark. Das Gesetz von 1876 bewilligte 35,000 Mark.

Inzwischen haben die badischen Orte in erster Linie um gute Straßenverbindung von Stetten mit der Eisenbahnstation Storzingen angestrebt, da der bestehende Vicinalweg nur 3,3 Meter breit ist und wechselnde Steigen bis zu 12 Procent besitzt.

Mit dieser Verbindung, welche für Baden 35,000 Mark, für Preußen 17,000 Mark Aufwand fordert, wäre aber dem Verkehr der Heuberg-Gemeinden mit der Stadt Ebingen nicht vollständig gedient. Der hohenzollern'sche Landescommunalverband hat 1877 die Mitwirkung zur Verbesserung der Straße zwischen Stetten und der Station Stortzingen abgelehnt. Der Verkehr auf der Straße von Mößkirch nach Ebingen beträgt jetzt ca. 42 Zugthiere täglich.

Nr. 186.

Straße von Griessen nach Hohentengen.

Siehe Nr. 243.

(¹) Nach dem Urbar von 1690 besaß die Herrschaft Gutenstein (welche mit Stetten gleiches Schicksal hatte) das Recht zur Erhebung des Brückengeldes und die Pflicht: die untere Brücke zu bauen und der Gemeinde zu dem Bau der oberen Brücke Holz zu liefern. In neuerer Zeit wurde der Ertrag des Brückengeldes zwischen der Herrschaft und der Gemeinde getheilt. Dieses Brückengeld hörte nach Eröffnung der neuen Brücke auf.
(²) Für Schmiedeeisen wurden 11 Fl. 45 Xr., für Guß 8 Fl. 45 Xr. bezahlt.

Nr. 187.

Straße von Pfullendorf nach Straß.

Länge 5,88 Kilometer = 1,33 Stunden.

Nr. 232.

Straße von Pfullendorf über Denkingen nach Echbeck.

Länge 9,09 Kilometer = 2,05 Stunden.

Die älteste Straßenverbindung zwischen Pfullendorf und Heiligenberg ging über Wattenreuthe, Kleinstadelhofen, Straß(1), Hilpensberg, Rhena und Thiergarten. Diese Straße wurde 1811 verbessert und 1818 unter die Landstraßen aufgenommen (R.-Bl. 1820 S. 103). Im vorigen Jahrhundert wurde die Straße in der Nähe von Pfullendorf aus einer Hohlgasse auf die Höhe verlegt und dadurch die Steigung vermehrt, welche ohnedies an mehreren Stellen 5—11½ Procent betrug. Am Lästigsten für den Verkehr war die Kohlbühlsteige zwischen Heiligenberg und Unterrhena, weil hier nicht allein eine starke Steigung, sondern auch im Winter starke Schneehäufungen hinderten. Schon 1825 war daher die Correction dieser Steige von vielen Seiten in Anregung gebracht.

Im Jahre 1857 tauchte dagegen das Project auf, eine neue Straße von Echbeck durch das Malajenthal(2) nach Denkingen zu bauen, und von hier bis Pfullendorf die Vicinalstraße und die Landstraße Nr. 187 nächst Pfullendorf zu corrigiren. Die Malajenstraße wurde 1870 mit einem Aufwande von 13,000 Fl. vollendet. An Beiträgen wurden 1180 Fl. geleistet. Wegen des Eisenbahnbaues von Pfullendorf nach Aulendorf wurde 1874 in Folge des Tunneleinschnittes die Straße bei Pfullendorf aus Mitteln des Eisenbahnbaues verlegt und über den Einschnitt ein eiserner Viaduct erbaut. Für den Straßenbau zwischen Denkingen und Pfullendorf waren in dem Gesetze von 1870 über Vervollständigung des Landstraßennetzes 30,000 Fl. oder 51,429 Mark bewilligt, wovon für einen 2535 Meter langen Neubau durch die sogenannten Glokeräcker bis zu dem Gemeindeweg von Wattenreuthe 30,600 Mark und für Regulirungen 20,800 Mark bestimmt waren. Die Straße erhielt wie jene im Malajenthal eine Breite von 6 Meter mit 4,8 Meter breiter Fahrbahn.

Pfullendorf stellte Gelände im Werthe von 6600 Mark unentgeltlich, Wattenreuthe gab das auf 820 Mark taxirte Gelände gegen Entschädigung von 800 Mark, Sylverstahl ebenso im Werthe von 1218 Mark gegen 1150 Mark und Denkingen desgleichen, taxirt auf 2678 Mark, gegen 2100 Mark.

Die Staatscasse sollte daher noch 44,134 Mark aufwenden. Die Ausführung erfolgte 1876—77. Das Maximalgefälle wurde von 11,5 Procent auf 1,94 Procent ermäßigt. Die Andelbachbrücke mit 5 Meter Lichtweite wurde in Eisen umgebaut.

Nach Vollendung dieser Straße wird sie in den Landstraßenverband aufgenommen, wie dies schon bezüglich der Malajenthalstraße geschehen ist, dagegen soll die Straße von Pfullendorf nach Straß den Gemeinden zur Unterhaltung überwiesen werden.

Der Verkehr auf dieser Straße besteht hauptsächlich in Transport von Holz, Obst, Wein und Früchten nach Hohenzollern und Württemberg. Auch die Straße längs der Eisenbahn bis zum Bahnhof wurde aus dem Eisenbahnbaufonds erbaut. Der wirkliche Bauaufwand für diese Straßen wird sich auf 73,000 Mark belaufen.

In dem Jahre 1877 soll der Gemeindeweg von Kimbach nach Kleinstadelhofen durch die Correction der Furthmühlsteige mit 5100 Mark verbessert werden. Der Staat bezahlt 700, der Kreis 1700, die Gemeinden 2700 Mark.

---

(1) Der Ortsname „Straß" kommt auch anderwärts am Mittel- und Oberrhein vor, und er entstund urkundlich aus „Straza". Siehe Görz, Mittelrheinische Regesten 1876. Unter den Namen Straz und Straza werden Orte schon in Urkunden von 816 erwähnt. (2) Das Wort Malajen wird von Mal (Gericht) und Ajen (Auen), also Gerichtsplatz abgeleitet. Der in neuerer Zeit abgebrochene Malajenhof gehörte Salem. Heiligenberg erhielt 1637 die Gerichtsbarkeit darüber. 1820 kam der Hof in Privathände, jetzt gehört das Areal Fürstenberg.

Nr. 188.

Straße von Rappenau nach Waibstadt.

Länge von Straße Nr. 77 bis Nr. 10 14,75 Kilometer = 3,32 Stunden.

Der Vicinalweg von Rappenau über Ober- und Untergimpern nach Neckarbischofsheim und Waibstadt hatte schon frühe wegen des Transportes von Getreide nach den Marktstädten Bruchsal, Durlach, Heidelberg und Heilbronn eine ziemlich starke Frequenz. Das Salz von Rappenau wurde ebenfalls auf diesem Weg für den Bedarf der Umgegend abgeführt, während der Transport desselben auf weitere Erstreckung gewöhnlich über Sinsheim erfolgte. Der Weg war theilweise sehr schmal und hatte zwischen Rappenau und Obergimpern Gegengefälle bis zu 10 Procent, auf hessischem Gebiet beim Helmhof eine Steige von 15 Procent und zwischen Neckarbischofsheim und Waibstadt ebenfalls mehrere Gegensteigen von 12—15 Procent. Waibstadt hatte zwar diesen Weg 1853 mit einem Aufwand von 1200 Fl. verbessert, allein er war zu schmal und hatte immer noch ungünstiges Gefäll.

Die gründliche Verbesserung dieser Straße war daher schon im Jahr 1856 Gegenstand näherer Erörterung und es wurde insbesondere die Correction der Steige beim Helmhof als dringendes Bedürfniß bezeichnet. Als nun die Eisenbahn von Heidelberg nach Mosbach projectirt und der Zug dieser Bahn nicht über Neckarbischofsheim, sondern von Waibstadt direct nach Helmstadt bestimmt war, suchte Neckarbischofsheim darum nach, daß wenigstens die Haltstelle nicht nach Waibstadt, sondern näher in der Richtung nach Neckarbischofsheim, beziehungsweise Helmstadt gelegt werde. Dies Gesuch wurde im Jahr 1861 abweislich beschieden, weil dessen Gewährung mit dem Grundsatze unvereinbarlich war, wonach die Eisenbahnstationen wo immer möglich in unmittelbarer Nähe eines Ortes angelegt werden sollen. Mit diesem abweisenden Bescheid wurde jedoch die Zusage verbunden, daß der Weg zwischen Rappenau und Waibstadt in einen besseren Stand gebracht werden soll, was um so nöthiger erschien, als zu erwarten war, daß nach dem Bestehen der Eisenbahn der Salztransport zur Station Waibstadt den Verkehr auf dieser Straße namhaft erhöhen werde.

Die eingeleiteten Vorarbeiten zeigten, daß die dringendsten Verbesserungen einen Aufwand von 43,880 Fl. erfordern werde und zwar: a) die Abtheilung zwischen Rappenau und Obergimpern 26,880 Fl., b) Correction der Helmhofsteige durch Anlage einer neuen Straße auf badischem Gebiet 5600 Fl., c) der Bau einer neuen Straße von der Pulvermühle bei Neckarbischofsheim über das Krebsbachthal zum Anschluß an die von Sinsheim nach Aglasterhausen führende Staatsstraße 11,400 Fl.

Der letztere Neubau wurde der Correction des bestehenden, durch den Waibstadter Wald ziehenden Weges deshalb vorgezogen, weil er Neckarbischofsheim und den rückliegenden Orten zugleich als Verbindungsstraße mit Helmstadt dienen konnte, während der bestehende Vicinalweg zwischen Neckarbischofsheim und Helmstadt mit 10—15 Procent Gefäll über einen Bergrücken zieht. Ueberdies war Waibstadt nicht geneigt, an dem Bau einer direct in den Ort führenden Straße sich mit entsprechenden Beiträgen zu betheiligen. Als nun im Jahr 1862 das Project auftauchte, Rappenau mit Waibstadt durch eine Pferdebahn in Verbindung zu setzen, wurde näher erörtert, wie hoch sich die Kosten berechnen, wenn die Straße als Staatsstraße in einer Breite von 20 Fuß angelegt wird, und die Steigungen im Maximum 1,5 Procent, die kleinsten Radien aber mit 600 Fuß angenommen werden, so daß der Weg nöthigenfalls als Pferdebahn verwendet werden kann. Die aufgestellte Kostenberechnung zeigte, daß hierzu ein Aufwand von 254,000 Fl. erforderlich wäre. Man bewilligte zunächst einen Staatszuschuß zur Unterhaltung des Weges.

Inzwischen hatte der Gedanke Platz gegriffen, von Heilbronn über Jaxtfeld, Rappenau und Sinsheim eine Locomotiveisenbahn zu erbauen, um die kürzeste Linie zwischen Heilbronn und Heidelberg herzustellen. Man kam deshalb wieder darauf zurück, die Straße von Rappenau nach Waibstadt als Vicinalweg zu belassen, denselben aber in einer Breite von 18 Fuß allmählich zu verbessern; die Unterhaltung der Straße aber mit Staatsbeiträgen zu bewirken. Zunächst wurde die Correction der Steige beim Helmhof ausgeführt, wodurch die Straße ganz auf badisches Gebiet zu liegen kam. Das Gelände, welches auf 1700 Fl. geschätzt war, wurde von der Gemeinde gegen ein Aversum von 500 Fl. gestellt, so daß der Beitrag der Gemeinde auf 1200 Fl.

anzuschlagen ist und der Staatsaufwand 4116 Fl. betrug. Der Bau wurde im November 1864 begonnen, die Straße in einer Breite von 18 Fuß, die Fahrbahn in einer solchen von 16 Fuß aus 5 Zoll Gestück und 3 Zoll Schotter ausgeführt. Die Vollendung erfolgte im September 1865. Während dieses Baues wurden auch die Vorarbeiten für die Straße von Neckarbischofsheim resp. Pulvermühle über das Krebsbachthal nach Waibstadt ausgeführt. Der Aufwand wurde bei einer Straßenlänge von 3700 Fuß, einer Breite von 18 Fuß und einer Fahrbahnbreite von 15 Fuß auf 11,426 Fl. veranschlagt. Die Gemeinde Neckarbischofsheim verpflichtete sich, das Gelände im Werth von 926 Fl. unentgeltlich zu stellen, so daß die Staatscasse noch 10,500 Fl. zu tragen hatte. Der wirkliche Aufwand betrug aber nur 10,482 Fl. Da zum Behufe der Gütererwerbung in der Gemarkung Waibstadt das Expropriationsgesetz angewendet werden mußte, verzögerte sich der Baubeginn bis zum Jahr 1867.

Am 12. November desselben Jahres konnte die neue Straße dem Verkehr übergeben werden. Dieselbe wurde mit Rücksicht auf einen allzu großen Aufwand für Wasserdurchlässe unter Hochwasser gelegt und deshalb auch im December 1869 auf 900 Fuß Länge 11 Zoll hoch überschwemmt und auf 600 Fuß Länge der Fußweg, Graben und die Materialplätze zerstört. Außer dem in neuerer Zeit vermehrten Salz-, Kalk- und Sandsteintransport geht seit dem Bestehen der Eisenbahn von Meckesheim nach Jaxtfeld auch ein Postomnibus auf dieser Straße, und der Verkehr hat sich überhaupt beträchtlich gesteigert. Eine durchgehende Verbesserung der Straße schien deshalb nothwendig. Die Kosten für Regulirungen von der Pulvermühle bis zum Helmhof und einige Correctionen in den Gemarkungen Unter- und Obergimpern und Babstadt erforderten 24,408 Fl. Davon übernahmen: Neckarbischofsheim durch Geländestellung und baaren Beitrag 330 Fl., Untergimpern durch Stellung des auf 1625 Fl. geschätzten Geländes gegen 1300 Fl. 325 Fl., Obergimpern durch Geländestellung im Werth von 3232 Fl. gegen 1800 Fl. 1432 Fl. und Babstadt durch Güterabgabe im Werth von 1000 Fl. gegen 400 Fl. 600 Fl., zusammen 2687 Fl., daher die Staatscasse noch 21,712 Fl. zu tragen hatte. Die Vollendung und Aufnahme in die Classe der Landstraßen erfolgte 1874.

Gleichzeitig verbesserte man auch den Vicinalweg zwischen Babstadt und Rappenau vom Ende der Straße Nr. 188 beim Eisenbahnübergang bis zur Straße Nr. 10, durch Verbreiterung und Verbesserung der Fahrbahn mit 2800 Fl., wovon Babstadt durch Geländestellung 25 Fl. und Baarbeitrag 110 Fl., Rappenau durch Geländeabgabe 240 Fl. und baar 125 Fl., zusammen 500 Fl., der Staat aber 2300 Fl. bestritten haben. Auch diese Straßenabtheilung wurde 1874 Landstraße. Bei Gelegenheit der 1874/75 ausgeführten Correction des Krebsbachs und der Ueberbrückung des Schwarzbachs bei Waibstadt (siehe Straße Nr. 77) wurde die Straße von der Pulvermühle über das Thal um 2—3 Meter erhöht, und jene von dem Eisenbahndurchgang bis zur Brücke bei Waibstadt führende ehemalige Landstraße corrigirt und in den Landstraßenverband aufgenommen. (Siehe Nr. 77.)

Der erweisliche Aufwand für Verbesserung dieser Straße beträgt 73,724 Mark.

Nr. 189.

Straße von Bretten nach Oberderdingen.

Länge von der Straße Nr. 12 bis zur Gränze	3,89 Kilometer =	0,88 Stunden,
„ in Württemberg		0,80 „
	zusammen	1,68 Stunden.

Zur Zeit der Römerherrschaft ging schon eine Heerstraße von Bretten über Sternenfels auf dem rechten Ufer der Zaber nach Meimsheim, wo sie mit der Straße von Heilbronn zusammentraf. (Oberamts-Besch., Brackenheim 1873.) Dieser Straßenzug erhielt sich im Wesentlichen auch im Mittelalter.

Die Straße von Bretten nach Knittlingen wurde im Jahre 1857 aus der Classe der Staatsstraßen ausgeschieden, weil sie durch die Eisenbahn von Bruchsal nach Bietigheim den Hauptverkehr verloren hat. Sie wurde aber in die Classe der unterstützten Vicinalwege aufgenommen, weil in der Richtung von Brackenheim nach Bretten immer noch ein lebhafter Verkehr besteht, indem der Viehmarkt in Bretten aus dem Zabergau viel besucht ist, und Getreide und Steine in großen Mengen über Bretten in das Rheinthal abgeführt werden.

Da aber die Straße, welche von Bretten über Groß-Villars (1) nach Oberdertingen führt, zwei Steigen von 8—9 Procent Gefäll besitzt, wurde der von der Bretten-Knittlinger Straße bei der sogenannten Rehhütte (2) abzweigende, am Schwarzhaldenhof vorüberziehende und außerhalb Groß-Villars wieder in die Straße nach Brackenheim einmündende Feldweg meist von leichten Fuhrwerken benützt, weil dieser Weg günstigeres Gefäll hat und 300 Ruthen kürzer als die Straße nach Oberdertingen ist.

Die Gemeinde Bretten hatte diesen Feldweg auf ihre Kosten durch Beschotterung verbessert und da Gleiches auch in Württemberg geschah, so kam im Jahr 1864 die Verbreiterung des Weges von 12 auf 16 Fuß, sowie die Regulirung des Profils u. dergl. in Anregung, welche Arbeiten auch im Jahr 1865 mit 1554 Fl. ausgeführt wurden, wovon die Staatscasse 518 Fl., die Gemeinde Bretten 1036 Fl. übernahmen. Seither wurde dieser Weg mit Staatsunterstützung unterhalten und 1868 in die Classe der Landstraßen aufgenommen. Dieser Straßenzug hat in neuester Zeit die Aufmerksamkeit mehr als früher in Anspruch genommen, weil der Verkehr durch Verbesserung der Straßen auf württembergischem Gebiete einer weiteren Steigerung fähig wäre. Die Straße besitzt von Bretten ab eine Steige von 6—7 Procent, zieht dann mit mäßigem Gefälle nördlich an Groß-Villars vorüber nach Oberdertingen. Von da bis Sternenfels ist die Straße hügelig und besitzt eine lange Steige von 6—7 Procent Gefälle. Von Sternenfels nach Kürnbach fällt die Straße mit 6—8 Procent in das Thal. Von Kürnbach nach Sulzfeld führt eine lange Steige von 3—5 Procent in tiefem Einschnitt. Von Sulzfeld nach Eppingen besteht eine neue gerade Straße mit 5—6 Procent Gefäll, die aber merkwürdigerweise in einen 50 Fuß tief ausgegrabenen Einschnitt gelegt wurde; (3) obgleich man seit bald 100 Jahren bemüht ist, bestehende Hohlwege zu verlassen.

Da bei Sulzfeld (4) sehr guter Wein wächst und dort Brüche von Gyps und Keuper-Sandstein betrieben werden, welche reichen Absatz in der Richtung nach Eppingen und Bretten besitzen, nach Süden aber keine ordentlichen Wege von Sulzfeld führen, besteht der Wunsch, von Sulzfeld nach Ochsenberg eine Straßenverbindung anzustreben. Der vorhandene Vicinalweg von Sulzfeld an die Steingruben müßte verbessert, dann aber über den Sattel des Gebirgs eine neue Straße mit $5^1/_2$ Procent Gefäll hergestellt und die Steige in Ochsenberg corrigirt werden. Von Ochsenburg bis Leonbronn und Giglingen ist der Weg gut. Wegen dieser von Baden und Württemberg gemeinsam auszuführenden, in beiderseitigem Interesse liegenden Straßenverbindung sind 1875 Erörterungen mit Württemberg eingeleitet worden, welche bezüglich der Verbindung von Sulzbach mit Ochsenberg günstige Ergebnisse versprechen. Dagegen liegt im Hinblick auf die Eisenbahn von Bretten nach Heilbronn in Württemberg keine Geneigtheit vor die Verbesserung der parallel ziehenden Straße im Zabergau zu bewirken.

Die bisherige erweisliche Verwendung für Verbesserung dieser Straße beträgt 2664 Mark. Im Jahr 1874 ist ein Verkehr von 174 Zugthieren täglich beobachtet worden.

Nr. 190.

Straße von Kandern nach Müllheim.

Länge 15,1 Kilometer = 3,4 Stunden.

Zur Verbindung der Orte Kandern, Sitzenkirch, (5) Obereggenen, Feldberg (6) und Vögisheim mit Müllheim wurde auf Befehl des Markgrafen Karl Friedrich im Jahr 1763 eine Straße aus Mitteln der damaligen Landeskostencasse erbaut, welche später zwischen Obereggenen und Sitzen-

(1) Großvillars entstund durch eine, Ende des 17. Jahrh. gegründete, waldensische Colonie. (2) In der Gegend der Rehhütte stund 1504 ein Dorf, Namens Weißhoffen, das später mit Bretten vereinigt wurde. Das Thor gegen Knittlingen hieß deshalb auch das Weißhoffer Thor. Mone, Quellensammlung II. (3) Diese Straße kam unter dem Oberamtmann Ordallo auf Kosten der Gemeinden in den Jahren 1842—44 zur Ausführung. (4) Sulzfeld ist seit 930 in dem Besitz der Familie v. Göler, eines der ältesten edlen Geschlechter Schwabens. (5) In Sitzenkirch wurde 1151 ein Frauenkloster für Dominicanerinnen errichtet, welches 1492 St. Blasien einverleibt, bald aber durch den Bauernkrieg gänzlich zerstört wurde. Mone, Quellensammlung III. 603. (6) Feldberg ist ein sehr alter, ursprünglich keltischer Ort, der schon 889 in Urkunden genannt wird. Der alte Weg in dieser Gemarkung heißt in einer Karte von 1782 „Renn.-Sträßlin", Untereggenen heißt in Urkunden von 773 „Echinheim".

kirch von den Gemeinden verbessert wurde. Bei der erstmaligen Herstellung bezahlte man an Entschädigung für Güter in Gemarkung Kandern 298 Fl. 20 Xr., in Sitzenkirch 43 Fl. 24 Xr., in Obereggenen 163 Fl. 36 Xr., zusammen 505 Fl. 20 Xr. aus der Landeskostencasse.

Die Straße wurde als Landstraße behandelt und die Unterhaltungskosten zuerst auf die Amtsbaucasse, von 1810 an bis 1817 auf die Straßenbaucasse übernommen. Von dieser Zeit an geschah ihre Unterhaltung durch die Gemeinden. Da sich die im Jahr 1763 ausgeführten Bauten nur auf dringende Verbesserungen des uralten Vicinalweges beschränkten und die später von den Gemeinden ausgeführten Verbesserungen nur die Abtheilung zwischen Vögisheim, Feldberg und Obereggenen berührten, die ungünstigen Gegengefälle und kurzen Wendungen aber beibehalten wurden, ja sogar einige neue Correctionen mit Gefällen von 10 und mehr Procent ausgeführt waren, konnte der Weg, insbesondere die starke Steige zwischen Obereggenen und Sitzenkirch, den Ansprüchen der neueren Zeit umsoweniger entsprechen, als auch die Unterhaltung zum Theil sehr vernachlässigt wurde. Das Bedürfniß einer Verbesserung dieser Straße trat mit besonderer Lebhaftigkeit hervor, als im Jahr 1863 in Lörrach ein Kreisgericht errichtet wurde, dem die genannten Orte zugetheilt waren. Vor Allem schien es nothwendig, die sehr steile Straßenabtheilung zwischen Sitzenkirch und Obereggenen, nämlich von diesem Ort bis St. Johannisbreite durch eine Correction zu umgehen.

Der Aufwand hierfür war bei Annahme einer Breite von 18 Fuß und eines Gefällmaximums von 7 Procent auf 13,500 Fl. überschlagen, worunter sich 3000 Fl. für Güterentschädigung befanden. Die Gemeinde Obereggenen erklärte sich bereit, das Gelände unentgeltlich abzutreten und überdies die Hälfte der Baukosten mit 5250 Fl. zu bezahlen. Die wirklichen Kosten betrugen nur 12,104 Fl., wovon der Staat 4180 Fl. und die Gemeinde Obereggenen 7924 Fl. übernahmen. Die Bauausführung erfolgte in den Jahren 1863 und 1864. Hierauf wurde im Jahr 1865 auch die Verbesserung der Abtheilung von Sitzenkirch bis auf die St. Johannisbreite und von Kandern bis Sitzenkirch Gegenstand näherer Untersuchung, wobei sich ergab, daß bei einer Ermäßigung der vorhandenen Gefälle im Betrag von 9 und 10 Procent auf 7 Procent und bei Einhaltung einer Straßenbreite von 16 Fuß Fahrbahn aus 4 Zoll Gestück und 3 Zoll Schotter ein Aufwand von 21,250 Fl. erforderlich wäre.

Die großherzogliche Regierung war bereit, diesen Bau aus dem Fonds für Verbesserung wichtiger Vicinalstraßen ausführen zu lassen, sofern die betheiligten Gemeinden das Gelände unentgeltlich zur Verfügung stellen und die Hälfte der Baukosten übernehmen. Die Gütererwerbungskosten waren nämlich: in Gemarkung Kandern auf 3000 Fl., in Gemarkung Sitzenkirch auf 2090 Fl., zusammen auf 5090 Fl. überschlagen, daher für Baukosten noch 16,160 Fl. vorgesehen waren, wovon die Gemeinden 8080 Fl. zu übernehmen hatten. Die Gemeinde Kandern wollte jedoch an den Gesammtkosten innerhalb ihrer Gemarkung nur einen Theil des Aufwands für Gütererwerbung mit 2433 Fl. und die Gemeinde Sitzenkirch nur 1630 Fl. als Beitrag für Güterentschädigung leisten.

Da diese Anerbietungen nicht für entsprechend gefunden wurden, unterblieb die Bauausführung.

Für die Jahre 1866 und 1867 wurde zur Unterhaltung der schon früher von der Gemeinde verbesserten Straße innerhalb Gemarkung Obereggenen in einer Länge von 1,03 Stunden ein Staatsbeitrag bewilligt.

Zur weiteren Verbesserung dieses Straßenzugs sind in dem Gesetz von 1870 über Vervollständigung des Landstraßennetzes ferner 36,250 Fl. oder 62,142 Mark zur Verwendung bestimmt worden; und es kam im Jahr 1873 zunächst die Verbesserung zwischen Obereggenen und der Feldberger Gemarkungsgränze und die Correction zwischen Sitzenkirch und Kandern in Anregung. Man entschloß sich, zunächst die erstere Abtheilung durch Gefällverminderung von 11 Procent auf 5,8 Procent in besseren Stand zu bringen. Die Kosten waren bei Annahme einer Breite von 5 Meter und einer Fahrbahn von 4,2 Meter, aus 15 Centimeter Gestück und 9 Centimeter Schotter bestehend, auf 5000 Fl. überschlagen, wovon die Gemeinde durch Geländestellung 800 Fl. und durch baaren Beitrag 200 Fl. übernahm. Die Ausführung erfolgte 1874.

Für 1875/76 wurden die Abtheilungen durch Sitzenkirch bis zur St. Johannisbreite, sodann Correction von der Feldberger Höhe gegen Obereggenen, und in den Gemarkungen Feldberg, Auggen und Vögisheim zur Ausführung bestimmt und dafür 53,600 Mark bewilligt.

Sitzenkirch gab Gelände im Werth von 3943 Fl. gegen Aversum von 600 Fl., Obereggenen

800 Fl. gegen 800 Fl., Feldberg 3257 Fl. gegen 1700 Fl., Vögisheim 2193 Fl. gegen 1000 Fl., Auggen unentgeltlich; die Gemeinden übernahmen also 7807 Mark.

In dem Gesetz von 1876 über Vervollständigung des Landstraßennetzes wurde die Dotation von 1870 im Betrage von 62,142 Mark auf 90,000 Mark erhöht. Davon waren bestimmt: für die Correction der Steige bei Kandern 23,500 Mark, für Beseitigung kleiner Gegengefälle 6400 Mark und für Unvorhergesehenes der Rest.

Die Correction von Kandern aufwärts bis St. Johannisbreite wurde verschoben. Der bisher für Verbesserung der Straße bestrittene Aufwand beträgt 74,350 Mark und der Aufwand einschließlich der bewilligten Mittel 110,750 Mark.

Im Jahre 1874 sind auf diesen Straßen 53 Zugthiere täglich beobachtet worden.

Nr. 191.

Straße von Kandern nach Steinen.

Länge 14,16 Kilometer = 3,19 Stunden.

Diese sogenannte Klosterstraße(¹) wurde, wie jene von Müllheim nach Kandern, im Jahr 1763 über Enkenstein nach Gündenhausen auf Rechnung der Landeskostencasse in einer Breite von 10—12 Fuß aus einem uralten Karrenwege hergestellt und bis zum Jahr 1817 aus Staatsmitteln unterhalten. In den Jahren 1817 und 1818 kam eine durchgehende Verbesserung und Verbreiterung auf 16—18 Fuß nach Anordnung des Amtes zur Ausführung. Die nöthigen Erdarbeiten wurden durch die betheiligten Gemeinden im Frohndwege nach einer den Frohndkräften entsprechenden Austheilung in Abtheilungen, nach Ruthen bemessen, ausgeführt; die Güterentschädigung im Betrag von 606 Fl. und der sonstige erforderliche Geldaufwand wurde von den Gemeinden, durch deren Gemarkung die Straße zieht, getragen.(²) Obgleich schon damals besondere Straßenwarte aufgestellt wurden, konnte die Straße doch um so weniger den Verkehrsverhältnissen entsprechen, da sie sehr ungünstige Gefälle von 8—14 Procent besaß. Der Transport von Holz aus den Staats- und Gemeindewaldungen und von Erz, Eisen und Kohlen von und nach den ärarischen Eisenwerken in Kandern und Hausen war dadurch sehr erschwert, so daß man zur Verbindung der beiden Eisenwerke den Weg von Kandern über Lörrach nach Hausen mit einer Länge von $7^1/_2$ Stunden einhalten mußte, während eine directe Straße von Kandern nach Hausen in einer Länge von $4^1/_3$ Stunden hergestellt werden konnte. Die ärarische Forst- und Hüttenverwaltung brachte deshalb im Jahr 1852 die Correction und Verbesserung der Straße von Kandern über die Scheideck, Schlächtenhaus, Weitenau und Wiesleth, mit Umgehung von Enkenstein, über den Maienberg nach Hausen in Anregung. Die damals vorgenommenen Untersuchungen ergaben jedoch, daß bei den ungünstigen Terrainverhältnissen, welche das Ueberschreiten von 5 Wasserscheiden verlangen, die Herstellung einer Straße mit mäßigen Gefällen von 6 Procent einen Aufwand von 70,000—80,000 Fl. erfordern würde, indem $3^1/_6$ Stunde vollständig neu zu bauen wären. Obgleich die Gemeinde Kandern mit Rücksicht auf die erleichterte Abfuhr des Holzes aus ihren Waldungen die Ausführung dieser Straße in erster Linie bevorwortete, unterblieb dieselbe doch im Hinblick auf die großen Kosten und in Betracht, daß für die gewerblichen Verhältnisse von Kandern eine Verbesserung der Straße nach Lörrach wichtiger sei. Im Jahr 1856 wurde von der Bezirksforstei ein Plan und Ueberschlag gefertigt, welcher bei Beschränkung der Neubauten nur 46,471 Fl. beanspruchte. Da jedoch die Beiträge, welche die Gemeinden in Aussicht stellten, ungenügend erschienen, wurde die Bauausführung abermals vertagt. In den Jahren 1860/62 erbaute nun die Gemeinde Kandern neben dem alten Weg eine neue Straße auf eine Länge von 1417 Ruthen mit einem Gefäll von 4–5 Procent auf die Scheideck. Von dem Aufwand übernahm Kandern ca. 18,600 Fl., der Forstfiscus 4500 Fl., daher Gesammtkosten 23,100 Fl. Dieser Vorgang gab im Jahr 1863

(¹) Wegen des Klosters Wittnau so genannt. Das Kloster wurde von Abt Uto von St. Blasien erbaut und 1168 eingeweiht, 1525 von den Bauern zerstört. Ein alter Thurm trägt die Jahreszahl 1111, zu welcher Zeit Weitenau an St. Blasien kam. Nach anderen ist das Kloster von dem Freiherrn v. Warth 1100 gegründet. Mone, Quellensammlung IV. (²) Auf dieser Straße, bei der sog. Scheideck blieb 1848 General v. Gagern im Kampfe mit den Freischaaren.

Veranlassung, die Fortsetzung dieser Straße von der Scheideck nach dem Wiesenthal neuerdings in das Auge zu fassen, man kam jedoch wegen des Eingehens des Hüttenwerks Hausen und wegen der Schwierigkeit des Uebergangs über den Maienberg zu dem Project, die vorhandene Straße über Kloster Weitenau nach Steinen zu verbessern. Nach einem im Jahr 1862 aufgestellten Kostenüberschlag waren erforderlich: 1) für die Herstellung eines 18 Fuß breiten Fahrweges mit 16 Fuß Fahrbahn, aus 4 Zoll Gestück und 3 Zoll Schotter bestehend, bei Einhaltung eines Gefälls von 5—7 Procent von der Scheideck bis Kloster Weitenau 14,700 Fl.; 2) von Kloster Weitenau abwärts bis Steinen 6000 Fl. Nachdem die Gemeinden Kandern, Enkenstein und Schlächtenhaus(1) das auf 3500 Fl. geschätzte Gelände unentgeltlich stellten, hätte der Staat nur noch 11,200 Fl. beizutragen gehabt. Es ergab sich jedoch während der Bauausführung die Nothwendigkeit einer weiteren Zuschußleistung von 1600 Fl., so daß der Staatsbeitrag sich auf 12,800 Fl. erhöhte.

Der im September 1864 begonnene Bau bis Kloster Weitenau kam 1866 zur Vollendung und diese Straße wurde mit Staatsunterstützung unterhalten. Von da abwärts handelte es sich noch um eine 380 Ruthen lange Correction nebst dem Umbau der sog. Thalbrücke, indem weiter abwärts gegen Steinen ein von dieser Gemeinde schon 1863 mit 1600 Fl. verbesserter Vicinalweg bestund. Zu Deckung des Aufwandes für diesen auf 6000 Fl. veranschlagten Bau stellten die Gemeinden Schlächtenhaus, Hägelberg und Steinen das Gelände im Werth von 1200 Fl., Steinen gab baar 1082 Fl., der Forstfiscus 2000 Fl. und die Staatscasse 1718 Fl. Der Bau wurde im Jahr 1867 vollendet; eine in demselben Jahre durch Hochwasser entstandene Beschädigung an den Neubauten erforderte jedoch einen weiteren Aufwand von 1500 Fl. Die Fortsetzung des Weges von Enkenstein nach Hausen über den Maienberg wurde im Jahr 1865 von den betreffenden Gemeinden neuerdings in Anregung gebracht. Da jedoch der Aufwand für eine 8600 Fuß lange und 16 Fuß breite Straße mit einem Gefäll von 6—7 Procent (das jetzige Gefäll beträgt 10—14 Procent) mindestens auf 13,000 Fl. zu stehen käme, die Straße aber seit Aufhebung des Hüttenwerkes in Hausen nur noch als ein Verbindungsweg der Orte Enkenstein und Hausen angesehen wurde, sind die Gesuche um einen Staatsbeitrag zu Herstellung dieses Weges bisher unberücksichtigt geblieben. In den Jahren 1871/72 ist sodann eine weitere Verbesserung der Straße durch eine Correction zwischen Schlächtenhaus und Weitenau auf eine Länge von 300 Ruthen zu Verminderung der Gefälle von 8—9 Procent auf 3,3 Procent zur Ausführung gekommen. Der Aufwand betrug 5000 Fl. Da die Gemeinde Schlächtenhaus das auf 800 Fl. taxirte Gelände unentgeltlich stellte, hatte die Staatscasse noch 4200 Fl. zu übernehmen.

Seit 1868 ist die Straße in die Classe der Landstraßen eingereiht. Es fehlt jetzt noch die Correction einer 350 Meter langen Abtheilung nächst Steinen, da sich hier noch ein Gegengefälle befindet; für den Umbau der über den Gewerbscanal führenden baufälligen gewölbten Brücke bei Steinen in Eisen, und eine 133 Meter lange Correction sind 3500 Mark zu verwenden.

Die Brücke erhält eine lichte Weite von 3,5 Meter, die Ausführung wurde für 1878 verschoben.

Die bisher für Verbesserungen aufgewendeten Kosten betragen 92,754 Mark.

Im Jahr 1874 wurden 79 Zugthiere pro Tag beobachtet. Um diese Straße auch für Marzell nutzbringend zu machen, ist 1874/75 der Gemeindeweg von Kandern dahin verbessert worden. Die Gemeinden bezahlten 22,057 Mark, der Kreis 1714 Mark, die Amtscasse 29,086 Mark, die Domänencasse 27,372 Mark dafür, daher der Gesammtaufwand 80,228 Mark betrug. Mit Einrechnung dieser Verwendung beläuft sich der Aufwand für Straßenverbesserung hier auf 172,982 Mark.

Nr. 192.

Straße von Niederweiler über Oberweiler nach Badenweiler.

Siehe Nr. 44.

---

(1) Hier befand sich das Schlachthaus des Klosters, daher der Name.

Nr. 193.

Straße von Todtmoos nach Wehr.

Werrathalstraße.

Länge von Straße Nr. 95 bis Hintertodtmoos 17,16 Kilometer = 3,86 Stunden.

Noch vor 20 Jahren war der größte Theil des engen mit steilen Felswänden begränzten (1) Werrathales vollständig unzugänglich. Von Todtmoos abwärts bis Todtmoosau bestund ein schlechter Karrenweg von 8 Fuß mittlerer Breite, der sich in vielen Krümmungen und mit Gegengefällen bis zu 8 Procent in dem Thale hinzog. Von Todtmoosau führten zwei Vicinalwege nach Wehr, der eine mit Gefällen bis 25 Procent über Herrischried, (2) der andere mit noch lästigerem Gefälle bis 30 Procent über Gersbach. Das Thal von Todtmoosau bis gegen Wehr bot kaum dem wilden Waldbach „Wehra" oder „Werrach" genannt, den nöthigen Raum zu seinem Abfluß in den Rhein. Die in das enge Thal abhängenden Waldungen, theils dem Aerar, theils den Gemeinden und Privaten gehörig, (3) waren fast unzugänglich, daher die großen Holzvorräthe nur durch Verkohlen oder mittelst der sog. Wildflößerei einigermaßen nutzbar gemacht werden konnten, so daß der Reinerlös für den Forstfiscus nur auf 36—40 Kreuzer per Klafter Brennholz und nur auf 6 Kreuzer per Cubikfuß der Sägklötze berechnet wurde, während man in Wehr 10—15 Fl. für ein Klafter Brennholz bezahlte. (4) Diese Mißverhältnisse führten die Forstverwaltung schon im Jahr 1835 zu dem Projecte, von Todtmoosau durch das Thal eine Holzabfuhrstraße nach Wehr, beziehungsweise bis zu der Brücke am sog. Graben, von wo ein Vicinalweg nach Wehr führte, herzustellen. Die Wasser- und Straßenbau-Inspection Säckingen entwarf zu diesem Ende im Jahr 1837 für den Bau einer 5277 Ruthen langen und 12 Fuß breiten Straße Plan und Ueberschlag, welch' letzterer 30,000 Fl. verlangte. Da sich die hiebei interessirten Gemeinden und Privaten zum Theil gar nicht, zum Theil nur in geringem Maße an den Kosten betheiligen wollten, unterblieb der Bau.

Im Jahr 1846 griff die großh. Forstdirection das Bauproject neuerdings auf, indem sie den Nutzen eines Thalwegs nicht allein zur Erzielung höheren Ertrags aus den in das Werrathal abhängenden und aus den St. Blasianischen Domänenwaldungen, (5) sondern auch für den günstigeren Betrieb der ärarischen Eisenwerke in Wehr und St. Blasien geltend machte. Ein neuer Ueberschlag für eine nur 3267 Ruthen lange, 16 Fuß breite, 10—15 Fuß über Mittelwasser liegende Straße auf dem linken Ufer verlangte 31,600 Fl. Die Forstverwaltung ließ nun 1847 die Herstellung einer 490 Ruthen langen Abtheilung der neuen Straße von der Brücke am Graben aufwärts im Steigerungsweg um 2154 Fl. in Accord geben. Diese Straße war 7—8 Fuß über der Werra, 12—16 Fuß breit, mit einem Steigen von 2—3 Procent projectirt. Das Gelände wurde unentgeltlich abgegeben. Der inzwischen für die ganze Straße von Wehr bis Vordertodtmoos aufgestellte Kostenüberschlag für eine 18 Fuß breite Straße verlangte 47,689 Fl. Die Gemeinden und Privaten erklärten sich zu unentgeltlicher Geländestellung und zu einem baaren Beitrag von 3300 Fl. bereit und die Gemeinde Wehr verbesserte die Vicinalstraße von dem Ort bis zur Wolfgang-Capelle. Die ganze Bauausführung erfolgte unter Leitung der Forstbehörde in den Jahren 1848/50 mit einem Aufwand von 46,700 Fl. aus der Staatscasse oder mit Zuschlag der Beiträge von 3300 Fl. (6) mit einer Gesammtver-

(1) Die Neigung der Thalseiten überwiegt meistens 50 Procent, und die Felsenpfeiler haben Höhen bis zu 300 Fuß. Derartige Formationen sind selten in Deutschland. (2) Dieser Weg scheint keltisch-römischen Ursprungs zu sein, da er „hohe Straße" genannt wird. (3) Der ärarische sogenannte Ehewald, der Superiorwald und der Freiwald haben zusammen einen Flächengehalt von 2600 Morgen. Rothbuchen und Weißtannen kommen hier in vorzüglicher Schönheit und Größe vor. Die Forstverwaltung berechnete den Abgang durch Flößen auf 30 Procent des Holzwerthes. (4) Nach der Angabe eines der größten Privatwaldbesitzer wurden aus dem Walddistrict „Schindelhalde" in den Jahren 1842—1848 durchschnittlich für 1 Klafter Buchenholz im Wald 15 Fl., Buchen-Prügel 8 Fl., für tannen Scheitholz 10 Fl., für tannen Nutz- und Bauholz 8 Xr. per Cubikfuß erlöst. Die Holzmacherlöhne betrugen damals nur 1 Fl. 36 Xr. bis 2 Fl. per Klafter. Vor dem Bestehen der neuen Straße bezog derselbe aus den Waldungen im Thal 36—48 Xr. per Klafter Brennholz als Reinertrag. (5) Der Flächengehalt der St. blasianischen Domänenwaldungen wurde damals auf 5717 Morgen berechnet und die Holzvorräthe in diesen und den Werrathalwaldungen zusammen auf 90,000 Klafter geschätzt. (6) Gersbach gab 1000 Fl. und die Mähnegesellschaft 2000 Fl., von Schönau 300 Fl. nebst dem erforderlichen Waldgelände.

wendung, welche den Beitrag von ca. 50,000 Fl. erreichte — eine sehr niedere Summe, wenn man die Terrainschwierigkeiten, welche zu überwinden waren, in Betracht zieht. Die neue Straße wurde schon 1849 benützt und die Kreisregierung bestimmte durch Erkenntniß vom 6. December 1850, daß der Forstfiscus die Unterhaltung besorgen soll und an den desfallsigen Kosten 40 Procent, die Gemeinden Todtmoos 16 Procent, Gersbach 22 Procent, Wehr 18 Procent, Wehrhalden, Großherrischried, Herrischried und Rütti zusammen 4 Procent zu tragen haben. Schon im August 1851 wurde die Straße an mehreren Stellen, im Ganzen aber auf eine Länge von 829 Ruthen durch ein ganz ungewöhnliches Hochwasser zerstört. Die Kosten für Wiederherstellung in den früheren Stand wurden auf 7000 Fl., jene für Reparatur in Verbindung mit den nöthigsten Verbesserungen durch theilweise Verbreiterung der nur 12—13 Fuß breiten Stellen durch stärkere Verwahrung der Stützmauern in den Bögen und durch Räumung des Flußbettes von den größten und Gefahr bringenden Geschiebsmassen auf 15,000 Fl. veranschlagt. Diese Arbeiten wurden im Sommer 1851 unter Mitwirkung der Wasser- und Straßenbau-Inspection Lörrach mit 16,195 Fl. durch die Forstbehörde ausgeführt und im Jahr 1854 weitere 1200 Fl. zu Verbesserungen aufgewendet. (1)

Nach Erkenntniß der Kreisregierung vom 16. August 1854 hatten bis zum Jahr 1864 an den Unterhaltungskosten der 3267 Ruthen langen Straße von der Gemarkungsgränze Wehr aufwärts zu tragen: das Forstärar 44 Procent, Gersbach 30 Procent, Todtmoos 14 Procent, Wehr 9 Procent, Herrischried 0,5 Procent, Rütti 0,3 Procent, Großherrischried 0,3 Procent, Wehrhalden 0,3 Procent und Oberhbach 1,6 Procent. Später trat die Amtscasse für die minder betheiligten ärmeren Orte mit 15,4 Procent Beitrag ein.

Konnte die neue Straße auch den Untergang nicht hindern, dem die ärarischen Eisenwerke in Wehr und St. Blasien durch die unbesiegbare Concurrenz der englischen und unterrheinischen Eisen-Industrie verfallen waren, so erfüllte sie doch vollkommen ihre Hauptbestimmung: die Erhöhung des Reinertrags der holzreichen Waldungen. (2) Sie belebte aber außerdem die Fabrik-Industrie, insbesondere den Absatz der Baumwollenfabricate und Holzwaaren von Todtmoos und wurde durch den Reiz des wildromantischen Thales, das sie durchzieht, bald ein Lieblingsweg für nah und fern wohnende Freunde großartiger Naturgebilde.

In Folge der am 4. Februar 1856 von Basel bis Säckingen eröffneten Eisenbahn, die am 30. October desselben Jahres noch ihre Fortsetzung nach Waldshut und am 18. August 1859 die Verbindung mit Zürich durch die Waldshut-Thurgi-Bahn fand, vermehrte sich die Personenfrequenz auf der Werrathalstraße fortan, daher am 1. Juli 1865 eine regelmäßige Omnibusverbindung zwischen der Station Brennet und Todtmoos eingeführt wurde.

Als im Jahre 1864 das von der Kreisregierung 1854 für 10 Jahre gebildete Concurrenzverhältniß zur Unterhaltung dieser Straße (3) zu Ende ging, wollten sich die Betheiligten auf ein ähnliches Verhältniß nicht mehr einlassen, indem sie behaupteten, daß die Straße nun die Bedeutung einer Hauptverkehrsstraße oder doch mindestens eines der Staatsunterstützung würdigen Vicinalweges erhalten habe. Nach längeren Verhandlungen wurde letzteres auch anerkannt und die Straße von Nr. 95 bis zur Brücke in Vordertodtmoos in einer Länge von 5708 Ruthen in die Classe der unterstützten Vicinalwege aufgenommen, so daß der Forstfiscus und die Gemeinden Gersbach, Wehr und Oberhbach, sowie die Staatscasse Beiträge zu der Unterhaltung leisten. Da aber die Straße seit dem Aufhören der Concurrenzschaft in ihrem Bestande durch mangelhafte Unterhaltung herabgekommen war und überdies der lebhafte Verkehr Ausweich- und Materiallagerplätze, sowie Schutzvorrichtungen durch Wehrsteine und Baumpflanzungen verlangte, übernahm die Staatscasse im Jahr 1866 den hiefür erforderlichen Aufwand im Betrag von 4250 Fl. Auf erhobene Zweifel über das Beitragsmaß des Domänenärares zu den Unterhaltungskosten erkannte das großh. Ministerium des Innern unterm 9. April 1867, daß das Domänenärar außer einem Geldbeitrag von jährlichen 700 Fl. und den Schneebahnen innerhalb der ärarischen Waldgemarkung zu keinem weiteren Beitrage verpflichtet sei. Seit 1868

---

(1) Da die Straße tief und unmittelbar neben dem Fluß liegt, wird sie bei jedem Hochwasser beschädigt. Letztmals war dies im Februar 1877 der Fall. (2) Der Erlös aus dem Holz hatte sich, abgesehen von der Erhöhung der Holzpreise, im Allgemeinen bedeutend gesteigert, indem das tannen Scheitholz im Walde 10—11 Fl. und tannen Nutz- und Bauholz für 18 Xr. per Cubikfuß verkauft werden konnte. Allerdings ist auch der Holzmacherlohn von 2 Fl. bis auf 3 Fl. per Klafter gestiegen. Die Jahreseinnahme der Bezirks-Forstei S. Blasien hatte sich seit 1854—1860 von 30,000 auf 82,000 Fl. gehoben. (3) Das letzte, welches auf Grund der Chausseeordnung von 1810 noch bestund.

wird die Straße als Landstraße behandelt. Sie besitzt während des Sommers eine sehr bedeutende Personenfrequenz, weil das, von steilen Felswänden begränzte, sehr quellenreiche und darum durch üppigen Pflanzenwuchs reich geschmückte Thal die Freunde der Natur aus Nähe und Ferne anzieht. Aber auch die Straße selbst, welche den Felsen und dem schäumenden Wildbach mit Mühe abgerungen wurde, bietet mannichfaches Interesse dar. J. V. Scheffel sang deshalb in seinem Gaudeamus am 10. Mai 1860 von dieser Straße:

„Sie hen au schöni Strosse g'leit dur's Land
Von Todtmes nidsi, wo si d' Wehre tummlet
Im Felse Chluft — der Wiese wildi Schwester
E' chech Zigünerchind — zieht jez e Fahrstroß
Wohl'gmuret, fest — nit liecht hin g'försterlet".

Aber auch der Verkehr mit Holz, Kohlen, Frucht, Wein, Baumwolle ꝛc. hat sich gehoben. Seit 1865 geht ein Postomnibus hin.

Der ganze Aufwand für Herstellung dieser Straße beträgt 122,820 Mark.

Im Jahr 1874 sind hier 86 Zugthiere täglich beobachtet worden.

Nr. 194.

Straße von Krautheim nach Osterburken.

Länge 22,74 Kilometer = 5,12 Stunden.

Die ältesten bekannten Verbindungswege zwischen dem Jaxtthal und dem Kirnauthal führten von Marbach und von Krautheim über Ballenberg und Merchingen nach Osterburken. Dies Städtchen verdankt sein Dasein wahrscheinlich dem römischen Lager, das sich über ein Jahrhundert hier befund und sich an den römischen Grenzwall anlehnte, der an der Donau begann und bis zur Sieg sich erstreckte, von Osterburken aber in gerader Linie gegen Miltenberg zog. (1)

Von Marbach nach Ballenberg (2) waren in neuerer Zeit noch 4 Steigen und Gegensteigen von 10, 12, 15 und 18 Procent Gefälle zu überwinden. Vom Thal Krautheim bis Stadt Krautheim führt die Straße ebenfalls über eine Steige von 10 Procent. — Von Ballenberg gegen Merchingen befanden sich außer kleineren Gegengefällen Steigen von 12—18 Procent, durch den Ort Merchingen eine solche von 11—13 Procent und in das Kirnauthal bei Osterburken senkte sich die Straße auf eine Länge von 3400 Fuß mit Gefällen von 7, 10, 12 und 17 Procent. Die in den Jahren 1819/21 im Frohndwege ausgeführten Verbesserungen der Straße müssen sich demnach nur auf das Allerdringendste erstreckt haben.

Daß bei den ungünstigen Steigungsverhältnissen dieser Straße eine durchgehende Verbesserung längst gewünscht wurde, ist natürlich, und im Jahr 1845 zog man schon die Frage in Betracht, ob nicht diese Straße, welche damals einen ziemlich starken Verkehr mit Frucht und Vieh aus dem Hohelohe'schen nach dem Main besaß, in eine Hauptverbindungsstraße zwischen Heilbronn und Miltenberg zu verwandeln sei? (Siehe Nr. 91.) Man entschied sich jedoch für die Route über Adelsheim, Buchen und Hettingenbeuren. — Als im Jahr 1857 die

---

(1) Diese Befestigung, die theilweise auch als Straße benützt wurde, ist unter dem Namen limes transrhenanus, Teufelsmauer, Heidengraben, Römergraben, Pfahlhag, Teufelshecke ꝛc. bekannt. Der Wall zog von Hohenstaufen über Lorch nach Welzheim, und in gerader Linie gegen Murrhard, Meinhardt, Oehringen, Jagsthausen, Osterburken, Bofsheim, Rinschheim, Walldürn und ein Achtel Stunde unter Freudenberg an den Main, dann nach Aschaffenburg ꝛc. Er war ursprünglich, soweit er noch erkennbar ist, 16 Fuß hoch, unten 40—50 Fuß, oben 5—12 Fuß breit. Der angränzende Graben war 5—6 Fuß tief, oben 15—20 Fuß, unten 4—5 Fuß breit. Auf je 500 Schritt stund ein Wachhaus. Siehe Paulus, Der römische Grenzwall; Knapp, Römische Denkmale des Odenwaldes; Buchner, Reisen auf der Teufelsmauer, 1821—31. Preuschen, Limes imperii rom. 1856. Rhein. Antiq. II. 19. Beschreibung des Oberamtes Backnang (Wüttemberg 1871, S. 115.) Hänselmann, Der Römer Macht in Deutschland 1768. Der Bau dieser Befestigung begann unter Domitian und wurde unter Trajan, Hadrian und Probus fortgesetzt; er fällt also in die Zeit von 90 vor Chr. bis 282 nach Chr. Man hat in Osterburken und in Seckach viele römische Funde gemacht, namentlich Ziegel der XII. Legion, die 60—70 nach Chr. in Deutschland war. Von Ballenberg gingen auch römische Straßen einerseits nach Boxberg, andererseits über den Galgenberg nach Aschhausen und Widdern.

(2) Ballenberg ist die Heimath des 1525 im Bauernkriege bekannt gewordenen Anführers Metzler.

Straße von Krautheim nach Schweigern im Bau und in Folge dessen auch von Württemberg bei Alt-Krautheim eine neue steinerne Brücke in Ausführung begriffen war, tauchten die Wünsche um Herstellung einer Verbindung mit Osterburken neuerdings auf, allein man wollte, bevor die Zugslinie für die Odenwaldbahn fest stund, auf dieses Project nicht eingehen.

Die ersten näheren Untersuchungen zu Verbesserung der Verbindung von Krautheim mit Osterburken wurden im Jahr 1860 angeordnet, damals aber die Straßenverbindung zwischen Marbach und Osterburken in das Auge gefaßt.

Um die Gefälle, welche zum Theil 18 Procent betrugen, durchgehends auf 5—6 Procent zu ermäßigen, wurde bei Annahme einer Straßenbreite von 18 Fuß und einer Fahrbahn von 16 Fuß aus 5 Zoll Gestück und 5 Zoll Schotter der Aufwand auf badischem Gebiet zu 68,000 Fl., auf württembergischem Gebiet zu 3500 Fl. approximativ veranschlagt. Diese Summe erschien damals außer Verhältniß zu dem Zwecke liegend. Nachdem aber im Jahr 1863 eine Eisenbahnstation in Osterburken bestimmt und im Hinblick hierauf von Seiten Württembergs beschlossen war, die Vicinalstraße von Künzelsau nach Alt-Krautheim auf Staats- und Amtsverbandskosten zu verbessern, glaubte man die Herstellung einer guten Straße von Krautheim nach Osterburken nicht länger verschieben zu dürfen und es wurden daher im Jahr 1864 detaillirte Vorarbeiten für diesen Straßenbau vorgenommen. Der Aufwand für die Herstellung der Straße von Osterburken bis Thal Krautheim wurde einschließlich der Gütererwerbungskosten auf 55,715 Fl. berechnet.

Zunächst glaubte man sich auf die dringendsten Verbesserungen der Straße von Osterburken bis Oberndorf beschränken zu müssen. Nachdem die Gemeinden sich bereit erklärt hatten, durch Geländestellung und baare Beiträge von diesem Aufwand 20,690 Fl. zu tragen, wurde der Rest mit 21,326 Fl. auf die Staatscasse übernommen. Von den Gemeinden haben beigetragen: Osterburken mit Gelände 2600 Fl. und baar 3500 Fl., Merchingen mit Gelände 4100 Fl. und baar 2000 Fl., Ballenberg mit Haus und Güter 4600 Fl. und baar 2870 Fl., Oberndorf mit Gelände 330 Fl. und baar 640 Fl. Der Bau wurde im Sommer 1865 begonnen und 1867 vollendet. Durch diese Bauten sind die Gefälle der Straße bei Osterburken, Merchingen und Ballenberg auf 5—6 Procent ermäßigt worden. Die Straße erhielt eine Breite von 18 Fuß mit 15 Fuß breiter Fahrbahn. In der oberhalb Merchingen angelegten Rampe beträgt die Breite der Straße 28 Fuß und das Gefälle 3 Procent, der Radius 16 Fuß. Die Straße wurde von den Gemeinden mit Obstbäumen bepflanzt und hiefür ca. 700 Fl. aus Gemeindemitteln verwendet. Seit Vollendung der Straße besteht zwischen Krautheim und der Eisenbahnstation Osterburken eine regelmäßige Postomnibusverbindung. Die Straße wurde bis 1868 mit Staatsunterstützung unterhalten. In den Jahren 1871/72 kamen weiter zur Ausführung einige kleine Correctionen in den Gemarkungen Osterburken und Marchingen mit 2062 Fl., wozu Osterburken 200 Fl., die fürstl. leiningen'sche Standesherrschaft durch Gelände 10 Fl., Merchingen durch Gelände 65 Fl. und die Staatscasse 1787 Fl. beitrugen. Ferner wurde 1872 die baufällige Hasselbachbrücke in Ballenberg mit 2500 Fl. in Eisen umgebaut, wozu die Gemeinde 500 Fl. und die Staatscasse 2000 Fl. leistete.

Nun kam 1873/74 die Correction der Steige von Krautheim bis auf die Höhe nebst dem Verbindungsweg nach Krautheim mit 21,030 Fl. zur Ausführung.

Krautheim stellte das Gelände im Anschlag von 3742 Fl. gegen 2000 Fl., die Staatscasse leistete 19,288 Fl.

Endlich war noch die Straße über Neunstetten nach Oberndorf herzustellen. Der Aufwand betrug 25,974 Fl., wovon Neunstetten durch Stellung des Geländes im Werth von 5830 Fl. gegen Vergütung von 830 Fl. 5000 Fl. und Oberndorf im Werth von 2430 Fl. gegen 430 Fl. 2000 Fl. beitrugen, daher die Staatscasse 23,974 Fl. zu tragen hatte. Die Ausführung erfolgte 1874/75. Der ganze Aufwand betrug daher 94,089 Fl. oder 161,295 Mark.

Die Straße wird nun als Landstraße behandelt.

In Osterburken wurde die Straße im Jahr 1873 wegen des Schulhausbaues auf Kosten der Gemeinde verlegt.

Nr. 195.

Straße von Sinsheim über Hilsbach nach Eppingen.

Für den durchgehenden Güterverkehr zwischen Sinsheim und Eppingen wurde früher die alte Landstraße über Hilsbach(1) benutzt und die churpfälzische Regierung hatte 1769 deren durchgehende Verbesserung angeordnet, da sich in Hilsbach eine pfälzische Rentamts-Kellerei befand. Der Bau wurde in Hilsbacher Gemarkung 368 Ruthen lang hergestellt, die Fortsetzung aber durch den Krieg gehindert. Seit 1816 ging aber der Verkehr über Richen, Kirchhart und Steinsfurth nach Sinsheim. Nachdem aber auch die Straße nach Elsenz und Eichtersheim verbessert und ebenfalls Landstraße ist (Nr. 172), benützt der Verkehr mit schweren Lasten auch diese etwas längere Route, weil ihre Gefälle weniger lästig sind.

Der gewöhnliche Markt- und Personenverkehr bedient sich aber fortan wie ehemals des directen, weit kürzeren, jetzigen Vicinalwegs über Hilsbach und Weiler. Ein wesentliches Verkehrshinderniß bildete auf diesem Wege die Steige zwischen Sinsheim und Weiler, — die sog. Weiler Reuth — welche Gefälle von 10—12 Procent besitzt. Da nun die Vicinalstraße von Richen über Ittlingen nach Steinsfurth geringere Kosten zur Verbesserung erforderte als die Straße über Hilsbach, so beabsichtigte man erstere mit 24,000 Fl. herzustellen (siehe II. 233). Nachdem aber die Gemeinde Richen jede Betheiligung an den Kosten verweigert und der Kreisausschuß auch die gleichzeitige Verbesserung der Landstraße von Eppingen bis Richen verlangte, diesem Verlangen aber im Hinblick auf die in Aussicht gestandene Eisenbahn von Bretten nach Heilbronn nicht entsprochen werden konnte, so wurde das Bauproject um so lieber verschoben, als es nicht unwahrscheinlich ist, daß zur seinerzeitigen Verbindung der Station Steinsfurth mit der künftigen Station Eppingen eine Eisenbahn hergestellt wird.

In Folge der Petition mehrerer Gemeinden um Correction und Aufnahme der Hilsbacher Vicinalstraße in den Landstraßenverband kam man wieder auf dieses Project zurück. Man erkannte, daß nach Erstellung der Bretten-Heilbronner Bahn der Verkehr sich mehr in der Richtung nach Eppingen als nach Sinsheim bewegen, und daher die Gefällsverhältnisse der Straße sich noch hinderlicher als bisher zeigen werden.

Die 1874 vorgenommenen Vorarbeiten ergeben, daß die bedeutende Erhöhung der Straße von Sinsheim bis zum Bahnhof, zur Beseitigung künftiger Ueberschwemmung den Aufwand sehr steigern würde, und daher einstweilen die Straßenverbindung nur bis zu der Station Sinsheim auszudehnen sei.

Die Kosten für Correction der Steige bei Weiler(2) wurden auf 43,000 Mark veranschlagt. Das Gefäll war auf ein Maximum von 6 Procent bis zum Sattel zu ermäßigen. Wollte man des besseren Gefälles wegen(3) den Ort Adelshofen ganz umgehen, so wären 62,000 Mark erforderlich, welche auf 52,300 Mark ermäßigt werden, wenn die Straße wieder mit 1,5 Procent Gegengefälle in den Ort geleitet wird. Man zog letzteres vor.

Der alte Weg bis zur Weiler-Steinsfurther Gemarkungsgränze war nur zu verbreitern und durch den „alten See" eine gerade Linie zu führen, vor Weiler eine Correction nach Westen zu bewirken, dann der Zug am Eulenberg und Drachenbrunnen vorüber bis zum Vicinalweg von Hilsbach(4) nach Adelshofen zu leiten, wo die neue Straße durch die Herrengasse führt, während die alte Straße durch die obere Straße zieht. Die neue Straße mündet dann in die Straße von Elsenz nach Eppingen ein. Der ganze Aufwand von hier bis Station Sinsheim wurde auf 129,600 Mark berechnet und als Normalbreite sind 5,5 Meter bestimmt.

---

(1) Siehe Nr. 10 und Widder II. Die pfälzische Zoll- und Geleitsstraße ging von Rauenberg durch Hilsbach über Ittlingen und Richen. (2) Weiler, ehemals hohenstaufischer Besitz, gehörte im 12. Jahrh. den Herren v. Steinsberg, nach welchen die auf dem Basalt-Kegel stehende Burg ihren Namen führt. Dieser Burg wird römischer Ursprung beigelegt, da dieselbe in alten Urkunden Heidenschloß, Heidenthurm genannt wird. Man fand übrigens in der Nähe im sogenannten Hornrain auch römische Mauerreste wie auf dem Eichelberge. Der Wein von Steinsberg ist sehr gut. Wilhelmi, Die Burg Steinsberg. Sinsh. Alterth.-Verein, 12. Bericht. (3) Zwischen Hilsbach und Adelshofen besteht eine Steige von 6—7$^1/_2$ Procent. (4) Hilsbach 798 urkundlich wird seit 1325 Stadt genannt; es werden hier drei Jahrmärkte gehalten. Das Leiningen'sche Justizamt wurde 1805 von hier nach Sinsheim verlegt.

Nachdem sich der Kreis und die Gemeinden zu Leistung der gesetzten Beiträge bereit erklärt hatten, bewilligte das Budget für 1876/77 einstweilen 43,000 Mark zur Einleitung des Baues.

Nr. 196.

Straße von Hirschhorn nach Waldmichelbach.

Vorbachthalstraße.

Länge in Baden	4,26 Kilometer =	0,96	Stunden,
„ „ Hessen		3,00	„
zusammen		3,96	Stunden.

Zwischen Hirschhorn und Waldmichelbach bestund seit ältester Zeit ein schmaler, in seinen Gefällsverhältnissen sehr mangelhafter Weg, der von Waldmichelbach in das Birkenauer Thal eine ebenso ungenügende Fortsetzung fand. Gleichwohl wurde dieser Weg im vorigen Jahrhundert „Landstraße" genannt (Widder, Die Pfalz 1786, I. 515). Bei Oberschönmattenwaag wurde früher Erz gegraben.

In neuerer Zeit beschränkte sich der Verkehr auf den Transport land- und forstwirthschaftlicher Producte.

Die Verbesserung dieses Wegs als Kreisstraße wurde schon Anfangs der 40er Jahre von Hessen in Angriff genommen und bis zum Jahre 1847 von Birkenau bis gegen die badische Gränze bei Heddesbach mit einem Aufwand von ca. 120,000 Fl. ausgeführt.

Da die Straße von der oberen Heddesbacher Gemarkungsgränze bis gegen Langenthal nahezu 1 Stunde lang durch die badische Gemarkung Heddesbach zieht, dann aber wieder bei Hirschhorn im hessischen Territorium liegt, konnte der Straßenbau bis Hirschhorn nur unter Mitwirkung Badens geschehen. Es wurde deshalb auch hessischer Seits schon im Jahr 1847 der Bau in Heddesbacher Gemarkung angeregt, und die damals vorgenommenen Untersuchungen ergaben, daß die alte Straße von Hirschhorn über Langenthal bis zur Heddesbacher Gemarkungsgränze in der Nähe der Thalebene mit kurzen Gegensteigungen von 5,9 und 11 Procent und in einer Breite bis 14 Fuß dahinzog, von der Heddesbacher Gemarkungsgränze aber sich mit einem Steigen von 11—18 Procent 60—80 Fuß über das Thal erhob und erst bei Heddesbach wieder in dasselbe abfiel.

Von Heddesbach bis gegen Unterschönmattenwaag kamen ebenfalls noch Steigen von 10 bis 15 Procent vor, und die Straße hatte bis hierher durchgehends nur eine Breite von 8 bis 12 Fuß. Die noch erforderlichen Baukosten wurden damals für Hessen auf 30,000 Fl., für Baden auf 19,500 Fl. veranschlagt. Da diese Straße fast ganz im hessischen Gebiet liegt und nur für den einzigen badischen Ort Heddesbach von Werth ist, glaubte man badischer Seits um so weniger einen so beträchtlichen Aufwand für diesen Zweck machen zu dürfen, als noch weit dringendere Bauten herzustellen waren.

Als man nun im Jahre 1861 die Straße in dem Steinachthal von Heiligkreuzsteinach bis Neckarsteinach beziehungsweise bis zur hessischen Gränze unterhalb Schönau zu verbessern beabsichtigte, war es nothwendig, daß auch die Abtheilung in der hessischen Gemarkung Neckarsteinach in besseren Stand gesetzt werde, da sonst die Verbesserung auf badischem Gebiet keinen Werth hätte. Die Gemeinde Neckarsteinach war zur Herstellung der Straße bereit, allein die hessische Regierung verweigerte die Genehmigung zur Ausführung, so lange nicht badischer Seits auch in Heddesbacher Gemarkung gebaut wird. Baden gab im Jahr 1862 die Erklärung dahin ab, daß man 1) von Schönau nach Neckarsteinach dem Thalgefälle nach 18 Fuß breit in den Jahren 1862 und 1863 bauen werde, sofern Hessen das Gleiche in Neckarsteinacher Gemarkung thut, 2) daß man badischer Seits auch durch Heddesbacher Gemarkung 18 Fuß breit dem Thalgefälle nach bauen werde, wenn dasselbe durch Hessen bis Hirschhorn geschieht. Als Gegenleistung für die letztere Concession verlangte Baden, daß bis Ende 1864 die von Heiligkreuzsteinach nach Weinheim herzustellende Straße von der Landesgränze bei Trösel bis zur Gränze bei Gorxheim mit höchstens 3 Procent und ohne Gegengefäll auf 18 Fuß Breite ausgeführt werde. Außerdem wurde noch der Wunsch beigefügt, daß auch der Zustand der Neckarthalstraße in Hirschhorn durch Gefällsverminderung verbessert werde. Der Forstfiscus machte sich erbötig, für den Heddesbacher Bau und für jenen nach Schönau zusammen einen Beitrag von 5000 Fl. zu leisten (siehe Nr. 170).

Die nun gefertigten Pläne und Ueberschläge zeigten, daß bei Einhaltung des Straßentraces auf dem linken Ufer des Laxbaches und bei Umgehung des Orts Heddesbach in einer Entfernung von 90 Ruthen etwa 25,000 Fl., bei Führung der Straße durch Heddesbach aber mit Gegengefällen bis 2 Procent etwa 29,000 Fl. erforderlich wären. Es lag dabei in der Absicht, den Laxbach zweimal zu überbrücken und zwar einmal in Langenthaler, einmal in Heddesbacher Gemarkung. Da Hessen aber die Brücke in Langenthaler Gemarkung zu bauen sich weigerte, so war man badischer Seits genöthigt, auch diesen auf 1600 Fl. überschlagenen Bau zu übernehmen und vorläufig auf den Straßenbau nach Gorxheim zu verzichten.

Der neueste Ueberschlag von 1865 verlangte für Herstellung der 1312 Ruthen oder 0,963 Stunden langen Straße bei Einhaltung einer Breite von 18 Fuß mit 15 Fuß Fahrbahn aus 5 Zoll Steinsatz und 3 Zoll Schotter und mit Anlage von Materiallagerplätzen auf je 30 Ruthen Entfernung 33,000 Fl., worunter 5925 Fl. für Güterentschädigung enthalten sind. Der Aufwand betrug aber 34,034 Fl. Die Gemeinde stellte das Gelände gegen ein Aversum von 5500 Fl., leistete somit einen Beitrag von 425 Fl., daher die Staatscasse noch 33,609 Fl. zuzuschießen hatte. Die Kriegsereignisse des Jahres 1866 verzögerten die Bauausführung bis zum Herbst 1867, und durch die Verweigerung der Güterabtretung in der hessischen Gemarkung Langenthal trat abermals eine Stockung in der Bauausführung ein.

Die Straße wurde nach ihrer Vollendung in badischem Gebiet unter die Landstraßen aufgenommen.

Die Gesammtverwendung von Baden betrug für Verbesserung dieser Straße 58,344 Mark.

Nr. 197.

Straße vom rothen Kreuz bei Falkau nach Schluchsee.

Länge bis Einmündung in Straße Nr. 50 12,59 Kilometer = 2,83 Stunden.

Wie unter Nr. 205 näher ausgeführt ist, suchten die Bewohner des Wiesenthals im Verein mit dem Amtsbezirk Neustadt im Jahr 1847 die Ausführung einer directen Straßenverbindung von Todtnau über den Feldberg nach Neustadt anzuregen. Das Project fand lebhafte Unterstützung Seitens der betreffenden Aemter und der Kreisregierung. Die mit großen Kosten verbundene Ausführung mußte aber wegen anderer dringender Bauten verschoben werden, obgleich man nicht verkannte, daß durch die gewünschte Verbindung der Absatz der Fabricate des Wiesenthals nach Schwaben wesentlich befördert und der Absatz des Holzes aus dem Amtsbezirke Neustadt zum Nutzen des Gewerbebetriebs im Wiesenthal erleichtert würde. Fast gleichzeitig bewarben sich die Bewohner der Amtsbezirke Neustadt, St. Blasien und Freiburg um die Herstellung einer guten und directen Straße zwischen St. Blasien und der neuhergestellten Höllsteige, mit Empfehlung der Route Seebrugg-Altglashütte-Hinterzarten, da der Straßenzug über Saig, Lenzkirch, Seebrugg nach St. Blasien nicht allein viel länger, sondern der vielen Steigen wegen auch sehr beschwerlich war. Auch die Verbesserung des Straßenzugs Seebrugg-Hinterzarten forderte mindestens 20,000 Fl. ohne Geländeerwerb, wenn man sich nur auf das Allerdringendste beschränken wollte. Da die Gemeinde Bärenthal, Alt- und Neuglashütte sich bei diesem Baue nicht betheiligen wollten, unterblieb auch dieses Unternehmen.

Nachdem nun die Correction der Titiseesteige im Jahr 1860 zur Ausführung kam und die neue Straße auf der Höhe bei dem rothen Kreuz in die Nähe von Falkau zu liegen kam, wünschten die Gemeinden Falkau und Altglashütte (¹) die Verbesserung der von dem rothen Kreuz in ihre Orte führenden höchst mangelhaften Vicinalstraße.

Im Hinblick auf die damals im Aufschwung befindliche Schrauben- und Drahtfabrik in Falkau (²) und im Interesse der Förderung der Industrie der Orte Glashütte, Aeule, Menzen-

(¹) In Altglashütte wurde schon 1316 Glas gemacht. Es ist das die erste urkundlich nachgewiesene Glashütte in Baden. (Neugart II.) Die Glashütte in Aeule stammt erst aus dem 17. Jahrhundert, nämlich von 1634. (²) Die Fabrik Falkau wurde 1828 gegründet, sie liefert Schrauben, Drahtstifte

schwand und Schluchsee glaubte die Regierung einer Straßenverbindung vom rothen Kreuz nach Schluchsee umsomehr Aufmerksamkeit schenken zu müssen, als diese Straße zugleich als ein Bestandtheil der künftigen Feldbergstraße benützt werden kann und mit ihr eine wesentliche Erleichterung des Verkehrs zwischen Freiburg, Neustadt und Lenzkirch einerseits und St. Blasien andererseits gewährt werden konnte. Das Finanzgesetz von 1864/65 bewilligte deshalb für die dringendsten Verbesserungen des Weges vom rothen Kreuz nach Schluchsee 18,000 Fl. und eine weitere Bewilligung erfolgte 1866 mit 29,000 Fl. Die Straße war auf 18 Fuß zu verbreitern und das Gefälle auf 5 Procent zu ermäßigen. Die wesentliche Verbesserung dieses Straßenzugs bestund in dem Bau einer neuen Straße von dem See bis zum Wirthshaus bei Oberaha, da der alte, durch Schluchsee führende Weg sehr steil war. Der Bau begann 1866 zwischen dem rothen Kreuz und Aha und 1867 zwischen Aha und Schluchsee. Die Vollendung erfolgte 1868.(1)

Es trugen bei: Falkau 814 Fl., Raithebuch 454 Fl., Altglashütte 2076 Fl., zusammen 3345 Fl. durch Geländestellung gegen eine Entschädigung von 900 Fl. Die wirkliche Leistung bestund also in 2445 Fl.; ferner trat das Domänenärar Güterstücke im Werth von 550 Fl. und Privatbesitzer solche im Werth von 850 Fl. ab. Die Domäne behielt sich das Eigenthumsrecht vor. — Rechnet man diese Leistungen für Ausgaben, welche in dem Kostenüberschlage nicht vorgesehen waren, dem Aufwand der Staatscasse im Betrage von 44,502 Fl. bei, so ergiebt sich eine Gesammtverwendung von 48,347 Fl.

Nun fehlte noch die Verbesserung der Abtheilung zwischen dem rothen Kreuz und der Falkau-Saiger Gemarkungsgränze, wofür in dem Gesetz von 1870 über Vervollständigung des Landstraßennetzes 14,000 Fl. vorgesehen waren. Da man sich aber auf die Ermäßigung des kurzen Gefälls von 8 Procent auf 3 Procent und auf die Verbreiterung von 4 Meter auf 5,4 Meter und Verstärkung der Fahrbahn beschränkte, so belief sich der im Jahr 1870 bestrittene Aufwand nur auf 8750 Mark. — Saig trug 165 Fl., Falkau 40 Fl. durch Geländestellung bei. Die Staatscasse hatte also 8399 Mark zu übernehmen.

Die ganze Straße ist seit 1868 in die Classe der Landstraßen eingereiht.(2)

Schlägt man dem Verbesserungsaufwand von 91,620 Mark die Kosten der Straßenverbindung von Zarten nach Bärenthal mit 19,714 Mark bei, so ergiebt sich eine Gesammtverwendung von 111,334 Mark.

Nr. 198.

Straße von Bickesheim über Au nach Lauterburg.

Daß die Thäler der Alb, Pfinz und Enz von Kelten bewohnt waren, wurde schon unter Nr. 13, 18 und 136 erwähnt. Auch die Orte Mörsch, Bickesheim, Au, Bietigheim, Bruchhausen sollen keltischen Ursprungs sein. Ebenso entstammen die jenseits des Rheins sich bis heute erhaltenen Namen Lauter, Bienwald, Wörth, Hagelbach, Salmbach, Jockgrimm, Kandel, Trimbach, Climbach, Maßbach, Rödern, Selz ꝛc. der keltischen Sprache. Daß darum hier schon zur Keltenzeit zwischen den Orten der beiden Rheinufer ein Verkehr stattfand, darf wohl mit Wahrscheinlichkeit angenommen werden.(3) Nicht unwahrscheinlich ist es aber auch, daß die Römerstraße, welche von Pforzheim nach Ettlingen, Bickesheim und Au an den Rhein und nach Rheinzabern (Tabernae rhenanae) und Altstadt (Concordia) bei Weißenburg zog, die Richtung der ursprünglich keltischen Straße verfolgte.(4) Auch im Mittelalter wurde dieser

---

und Ketten. 1870 verarbeitete sie 5000 Centner Eisen zu einem Producte von 155,000 Fl. Werth. Außerdem werden in Falkau Uhren, Kübel, Schachteln und Strohgeflechte gefertigt. (1) Im Jahr 1868 wurde auch der Vicinalweg von Hintergarten nach Bärenthal mit 11,500 Fl. in einer Breite von 16 Fuß hergestellt. Der Kreis bezahlte 1500 Fl., die Gemeinden 5000 Fl. und die Staatscasse 5000 Fl. (2) In dieser Gegend, wie in vielen andern des Schwarzwaldes, namentlich zwischen Triberg und Furtwangen, zwischen Seebruck und Häusern ꝛc. ist es seit alter Zeit üblich, die in den Thälern liegenden großen Steinfündlinge zu vergraben, mit Erde zu bedecken, und dadurch den Graswuchs zu fördern, d. h. Wiesen herzustellen. Auf diese Weise sind allmählich viele früher mit unzähligen Steinblöcken bedeckte Thäler zu üppigem Wiesenlande umgeschaffen worden. (3) Die alte Straße von Ettlingen nach Durmersheim hieß „Heidenweg“, daher der Name eines Theils des Waldes „Heidenweg-Schlag“, was mehr auf keltische als auf römische Zeit hinweist. (4) Bei Lauterburg lag das Lutra castellum oder Tribunei der Römer. Später war in Lauterburg ein Palast der Bischöfe von Speyer und bis zur Revolutionszeit der Sitz eines bischöflich Speyerischen Oberamts. Eine Römerstraße zog

Straßenzug beibehalten, denn die Straße zwischen Au, (Augheim) und Lauterburg wird 1446 „Rynstraße" genannt. (1)

Der Rheinübergang bei Au ist uralt, er befand sich früher am Altrhein bei den sog. Hakenstöckern, später mehr westlich an dem sog. Fahrkopf. Diese Straße, welche die kürzeste Verbindung mit der Stadt Weißenburg vermittelt, hatte im 14. und 15. Jahrhundert, als die Bickesheimer Kirche noch ein berühmter Wallfahrtsort war, einen starken Verkehr. (2) Aber auch nach dem Aufhören der Wallfahrt (um 1816) blieb die Straße noch ziemlich frequent und erst durch die beiderseitigen Eisenbahnen, deren Stationen Ettlingen und Weißenburg zu weit von einander entfernt sind, hat sich der Verkehr mehr auf die Stationen Rastatt und Maxau gezogen. Die Fähre wurde, als früheres Eigenthum des Bisthums Speyer, von der Stadt Lauterburg betrieben und seit 1809 von der französischen Regierung ohne Einsprache Seitens der badischen Behörden mit ausschließlicher Berechtigung in Pacht gegeben.

Die Straße von Lauterburg nach Lembach in das Sauerthal nach Bitsch ist 1829/31 neu erbaut worden.

Auf Grund des Artikels 21 des Rheingränzberichtigungsvertrags vom 5. April 1840 sprach die französische Regierung im Jahr 1841 die Absicht aus, an Stelle der bis dahin bestandenen großen Ruderfähre eine fliegende Fähre herzustellen. Man vereinbarte sich 1843, daß diese Herstellung auf Kosten Frankreichs zu geschehen habe und daß das Fahrzeug auf der linken Rheinseite mit der bestehenden Departementsstraße in Verbindung zu setzen, die rechtseitige Anfahrt aber durch einen in die regulirte Stromlinie vorzuschiebenden Faschinen- und Steinbau auf Kosten Badens auszuführen sei. Die Verbindung dieses Baues mit dem Auer Vicinalweg war durch die Gemeinde Au zu bewirken. Seitens der badischen Staatscasse wurden die nöthigen Bauten zur Ausbildung des Stroms und zu Herstellung der Anfahrt in den Jahren 1844 und 1845 mit einem Aufwand von 10,050 Fl. aus Rheinbaumitteln ausgeführt und die fliegende Fähre im August 1845 in Betrieb gesetzt. Diese Fähre hatte eine Länge von 60 Fuß, eine Breite von 18 Fuß und eine Tiefe von 4 Fuß. Das 1600 Fuß lange, 3 Linien starke Drahtseil war an einem Eisbrecher von 5 Pfählen befestigt und durch 17 Nachen von 30 Fuß Länge, 5 Fuß Breite und 2 Fuß Höhe getragen. Die Fähre hatte 500 Centner Tragfähigkeit. Der Aufwand dafür soll 20,000 Francs betragen haben. Die Zufuhrstraße auf badischem Gebiet, welche bei der Bickesheimer Wallfahrtskirche von Straße Nr. 2 abgeht und über Au mit Benützung eines Rheindammes an den vollen Rhein führt, wird von den Gemeinden unterhalten; die Unterhaltung der rechtseitigen Auffahrt geschieht auf Kosten der Flußbaucasse. Die Straße hat bis Au eine Breite von 20 Fuß, dann bis gegen den Rhein 16 Fuß und am Ende gegen der Ueberfahrt 10—12 Fuß. Die Gefälle sind im Ganzen günstig, der Zug ist aber viel gekrümmt.

Durch den Staatsvertrag vom 30. September 1860, Regierungsblatt Seite 427 (siehe Nr. 14) wurde anerkannt, daß Frankreich ausschließlich zu dem Betrieb dieser Fähre berechtigt sei. Seit eine Schiffbrücke bei Maxau besteht, hat der Verkehr von Au nach Lauterburg fast ganz aufgehört. Die fliegende Fähre wurde deshalb nach Selz verlegt, und die Ueberfahrt wird seither mit Nachen bewirkt.

Obgleich die Straße Vicinalweg ist, wurde dieselbe nach der im Jahr 1872 erfolgten Zerstörung durch Hochwasser 1873 auf Veranlassung des Präsidenten von Elsaß mit 1000 Fl. aus Staatsmitteln wieder hergestellt. Das im Jahr 1835 in Au errichtete Nebenzollamt I. Classe wurde 1871 aufgehoben. Im Jahr 1873 wurde die fliegende Fähre von Plittersdorf hierher versetzt. Die Frequenz über die Fähre betrug 1873: 5769 Personen, 4815 Centner Güter, 231 Pferde an beladenen Wagen, 326 Pferde an leeren Wagen.

Gleichwohl bezahlt die Reichsverwaltung dem Pächter eine Sustentation von 2000 Francs und überläßt ihm die Einnahme an Fahrgeld.

---

von Lauterburg durch den Bienwald nach Rheinzabern südlich an Hagenbach, Wörth und Jockgrimm vorüber. Bei Ettlingen, Mörsch und Jockgrimm wurden römische Baureste gefunden. Auf der ehemaligen Rheininsel „Au" befand sich eine römische Niederlassung. Hier wurden eine Leukensäule und drei Ara von gelbem und rothem Sandstein gefunden. Schriften des Alterthumsvereins I. (1) Mone, Zeitschrift IV.; Leichtlen, Forschungen 1818. (2) Diese Kirche, die an der Stelle des einstigen Ortes oder Castells Buckensheim steht, war früher eine Freistätte (locus asyli) und ist 1250 von Markgraf Rudolf I. erbaut. Sie bestund anfangs in einer kleinen Capelle, die später durch viele Stiftungen erweitert und 1816 Pfarrkirche von Durmersheim wurde. Bader, Markgraf Rudolf I. von Baden 1843 und Schneider, Topographie von Ettlingen 1818. Mone, Zeitschr. 2. 361.

Da für den Betrieb der linkseitigen Rheinbahn bei Lauterburg eine Station errichtet wird, bitten die Gemeinden 1875 um den Bau einer Schiffbrücke, damit der Handel mit Vieh, Früchten, Traubenzucker, Baumaterial, Wein ꝛc. nach und von dem Elsaß erleichtert werde.

Die für Verbesserung der Straße erweisbar verwendeten Mittel berechnen sich auf 18,943 Mark.

Nr. 199.

Straße von Oos über Iffezheim an den Rhein.

Länge 7,97 Kilometer = 1,79 Stunden.

Die Rheinüberfahrt zwischen Iffezheim und Beinheim besteht schon seit Jahrhunderten. Sie wird namentlich in einer Urkunde von 1341 genannt, wonach die Bürger von Selz hier fahrgeldfrei waren. (1) Wahrscheinlich war bei Iffezheim resp. bei Wintersdorf schon zu Zeiten der Römer ein Rheinübergang. (2) Die alte Straße ging von Iffezheim gerade bis an den Altrhein, dann westlich bis an einen zweiten Altrhein, dann über den Ochsengrund zu dem Fahrhäuschen auf dem Erlengrund. Das der Gemeinde 1834 bewilligte Brücken- und Weggeldrecht wurde 1858 aufgehoben. Die Straße hat von der Frankfurt-Basler Straße Nr. 1 bis zu der im Jahr 1867 angelegten neuen Straße zwischen Iffezheim und der Rheinfähre eine Länge von 1611 Ruthen, die neue Abtheilung eine solche von 392 Ruthen und zieht durch die Gemarkungen Oos, Sandweier (3) und Iffezheim und über Beinheimer Gemeindeeigenthum. Die Breite der Straße beträgt bis Iffezheim 20 Fuß, durch den Ort 30—40 Fuß, von Iffezheim bis zur Sandbachbrücke 18 Fuß und von da bis zur neuen Straße 15 Fuß.

Die neue Straße ist in einer Breite von 20 Fuß mit 15 Fuß Fahrbahn hergestellt. Als Mängel der Straße können bezeichnet werden: die 18 Fuß weite Brücke über den Oosbach, deren Gewölbe in der Straße eine Erhöhung von 2 Fuß bildet, eine ähnliche gewölbte Brücke über den Gereuthgraben und eine bedeutende Krümmung zwischen der Sandbachbrücke und Iffezheim. Die Sandbachbrücke hat eine lichte Weite von 39 Fuß, ein hölzernes Mitteljoch und steinerne Widerlager.

Die alte Straße zu der Ueberfahrt wurde 1866 bei dem sog. Erlengrund von dem Rhein zerstört, daher im Jahr 1867 eine neue Straße weiter entfernt von dem Rhein auf eine Länge von 2930 Ruthen mit einem Aufwand von 2624 Fl. ausgeführt wurde, wovon die Staatscasse und die Gemeinde Iffezheim je die Hälfte übernommen haben. Die Gemeinde stellte zudem das nöthige Gelände in ihrer Gemarkung unentgeltlich, behielt sich aber das Eigenthumsrecht und die Benützung der Böschungen vor. Die Straße von Beinheim (4) an den Rhein wurde im Jahr 1867 ebenfalls bis zur neuen Fahrstelle verlängert. Sie hat theilweise nur eine Breite von 16 Fuß. Durch den Staatsvertrag vom 30. September 1860, Regierungsblatt Seite 426 (siehe Nr. 14) wurde die Rheinüberfahrt bei Iffezheim als eine ausschließlich von Baden zu betreibende anerkannt.

Nachdem das Domänenärar 1866 zu Gunsten der Gemeinde Iffezheim auf das Fahrrecht verzichtet, und diese dafür eine Allodifications-Summe von 365 Fl. und an die 5 Erblehenträger eine Abfindung von 1500 Fl. bezahlt hatte, stellte sie 1868 eine fliegende Drahtseilfähre mit 300 Centner Tragkraft her.

Von Seite Baiern und der Dampfschifffahrtsgesellschaft wurden 1870/71 Beschwerden wegen Beeinträchtigung der Schifffahrt erhoben, und da zudem der Verkehr durch die Schiffbrücke bei Plittersdorf bedroht erschien, ging die Drahtseilfähre nebst dem Fahrrecht durch Vertrag vom 6. November 1871 gegen Entschädigung von 6279 Fl. in das Eigenthum der badischen Straßenbauverwaltung über, welche 1872 die Drahtseilleitung im Interesse der Dampfschifffahrt mit 2800 Fl. in eine Giernachenleitung änderte.

---

(1) Mone, Zeitschr. VIII, 178. (2) Leichtlen, Forschungen 1818. Mone, Archiv. Bei Wintersdorf bestund am Schaafkopf ein Lager- und Förcherhaus. Man vermuthet in Iffezheim den römischen Ort Bibium, da hier ein römischer Altar des Merkur gefunden wurde. (3) Sandweier war ehemals ein Beiort von Iffezheim und hatte mit diesem bis in die neuere Zeit eine gemeinschaftliche Gemarkung. (4) Das Amt Beinheim kam 1771 von Baden-Baden an Baden-Durlach und durch den Luneviller Frieden von 1801 an Frankreich. Das Amt bestund aus den Orten Beinheim, Leutenheim und Neuhausen.

Während der Verkehr noch 1869 monatlich 400—600 Personen und 30—60 Fuhrwerke nachwies, ist derselbe, trotz der Taxermäßigung, in Folge der Plittersdorfer Schiffbrücke soweit zurückgegangen, daß kaum die Betriebskosten eingingen.(1) Im Jahr 1873 wurde Iffezheim zur Nachenstation für Dampfboote bestimmt. Nachdem die Fähre 1874 durch ein Floß dienstunfähig wurde, unterließ man deren Wiederherstellung, weil der Betrieb jetzt nicht nur keinen Ertrag, sondern noch eine jährliche Ausgabe von ca. 250 Fl. veranlaßte, und von den beiderseitigen Rheingemeinden entsprechende Beiträge verweigert wurden. Nach einer Vereinbarung vom 4. September 1874 ging die Straße von Oos über Iffezheim an den Rhein mit Bäumen, Böschungen, Materialplätzen in das Staatseigenthum über.

Da die gewölbte Brücke über den Ooser Landgraben baufällig und für den Wasserdurchlaß zu eng ist, (sie hat nur 4,4 Meter lichte Weite und 3,5 Meter Breite) so ist ihr Umbau in Eisen mit 5 Meter lichter Weite und 5,4 Meter Fahrbahnbreite für 1876/77 in Aussicht genommen.

Die, nach Gesetz von 1868 aufzubringenden Kosten sind auf 5800 Mark berechnet. Die Ausführung erfolgt 1877.

Der Aufwand für Verbesserung dieses Verkehrsweges beläuft sich auf 21,062 Mark.

Nr. 200.

Straße von Mosbach nach Wagenschwend.

(Bis zur Straße Nr. 151.)

Länge 13,44 Kilometer = 3,02 Stunden.

Ebenso wie in der Umgebung des Itterbachthales (siehe Nr. 149), so befinden sich auch im Elzthale und zwar zu beiden Seiten des Trinzbachthales viele Orte, deren Namen der keltischen Sprache entnommen sind, wie Mosbach, Neckarburken, Dallau, Lohrbach, Fahrenbach, Wagenschwend, Leinbach, Mudau, Katzenbuckel, Waldkatzenbach 2c. Auch die Bezeichnung Winter- oder Windhau-Gemeinden ist keltisch, indem „Windhau" Waldberg bezeichnet. Bei Mosbach und Dallau wurden auch keltische Gräber aufgefunden. Für die Verbindungswege dieser Orte hat die Natur meistens die Züge vorgeschrieben, die, solange die Wegbaukunst nicht zur Anwendung kam, eingehalten werden mußten. Da nun die bis in die neueste Zeit verwendeten Wege nur selten Verbesserungen erhielten und darum meistens noch in einem völlig primitiven Zustande waren, so ist anzunehmen, daß sie ihre erste Anlage durch die Kelten erhielten. —

Die Verbindung der Orte Lohrbach, Sattelbach,(2) Fahrenbach, Robern und Wagenschwend mit Mosbach wurde seit unvordenklicher Zeit durch einen auf dem Bergrücken zwischen dem Hasbach- und Trinsbachthal hinziehenden Wege vermittelt, der auch von den Römern benützt wurde, um nach Schloßau zu gelangen. Man fand hier Ziegel der 22. Legion.(3) Dieser Weg hatte in neuester Zeit noch zum Theil nur 6—7 Fuß Breite und stellte durch die vielen Gegensteigen bis zu 14 Procent und den Mangel eines Fundaments dem Verkehr die größten Schwierigkeiten entgegen.

Nachdem im October 1862 die Eisenbahn von Heidelberg bis Mosbach eröffnet und die Fortsetzung nach Würzburg gesetzlich festgestellt war, suchten die Gemeinden Fahrenbach, Trienz, Krumbach, Robern und Wagenschwend 1863 um Herstellung einer guten Straße von Mosbach bis Wagenschwend nach. Der Aufwand für Correction der bestehenden Straße in einer Breite von 18 Fuß wurde damals auf 42,700 Fl. überschlagen.

In Würdigung der wirthschaftlich so sehr gedrückten Lage der genannten Orte und in Betracht der Thatsache, daß die meisten Grundbesitzer ihre Düngemittel auf dieser Straße aus

---

(1) Das Ueberfahrtsrecht war früher als badisches Lehen dem Bürgermeister Mungenast zu Iffezheim verliehen. Im Jahr 1867 erkaufte H. Osterle das Fahr und löste das Lehen für 365 Fl. ab. Die am 23. August 1868 eröffnete fliegende Fähre hat eine Tragkraft von 300 Centner und kostete 7668 Fl. mit aller Einrichtung. Die Taxe beträgt für eine Person 6 Xr., für ein Pferd oder Vieh 30 Xr., für eine Chaise 28 Xr. Der Ertrag war früher circa 330 Fl. jährlich. In neuerer Zeit ist die Taxe auf 3 Xr. für eine Person, 9 Xr. für ein Pferd und 14 Xr. für eine Chaise ermäßigt. (2) Sattelbach wird in Urkunden von 788 „Sadalerhuser" genannt. (3) Mone, Zeitschrift 17. Band.

dem Elz- und Neckarthale beiführen müssen, glaubte man, daß hier eine Staatshülfe begründet, dieselbe aber zunächst auf das dringendste Maß zu beschränken sei. Nachdem die Gemeinde Mosbach im Jahr 1856 die sog. Eselbrücke (1) mit steinernen Bogen hatte neu erbauen lassen, und bei Gelegenheit des Eisenbahnbaues der Vicinalweg auf die Nordseite der Bahn auf Staatskosten verlegt worden war, glaubte man von der Correction des Weges von der Eisenbahn an absehen zu dürfen, obgleich die neue Straße mit 8 Procent steigt und sich dann wieder mit 6—8 Procent in das Thal hinabsenkt, da eine Gefällverminderung auf 3 Procent allein 4000 Fl. erfordern würde. Man beschränkte sich zunächst auf die Correction der Straße vom Anfang des sog. Hasbachthals bis Sattelbach, indem die mit starkem Steigen über die Höhe ziehende alte Straße verlassen und eine neue Straße an der linkseitigen Bergwand des Thales bis gegen Sattelbach erbaut und das beibehaltene alte Straßenstück vor Sattelbach verbessert wurde. Der Aufwand hierfür war auf 13,335 Fl. überschlagen. Die Gemeinde Mosbach stellte das ihr gehörige Waldärar im Werth von 500 Fl. unentgeltlich, welcher Betrag in dem Ueberschlag nicht inbegriffen ist. Der Gesammtaufwand berechnet sich also auf 13,835 Fl.

Die Bauausführung erfolgte in den Jahren 1867/68 in einer Breite von 18 Fuß mit 15 Fuß Fahrbahn und einem Maximalgefäll von 5 Procent. Gleichzeitig erfolgte auch die Correction und Verbesserung des Vicinalweges nach Lohrbach mit 16 Fuß Breite auf 546 Ruthen Länge, wozu das Gelände gestellt und von dem Staat ein Zuschuß von 6100 Fl. geleistet wurde. Die neue Straße nach Sattelbach wurde sodann als Landstraße behandelt. In den Jahren 1872/74 kam sodann auch die Straße von Sattelbach nach Wagenschwend bis zur Einmündung in die Straße Nr. 151 in guten Stand.

Die Maximalgefälle wurden hier von 9 Procent auf 5,5 Procent ermäßigt und die Normalbreite von 5,4 Meter fast durchgehends eingehalten. Von Robern aufwärts wurde auf eine Länge von 4200 Meter vollständig neu gebaut. Der Aufwand betrug für Neubau 14,000 Fl., für Regulirungen 6000 Fl., also im Ganzen 20,000 Fl.

Durch unentgeltliche Geländestellung zu Staatseigenthum trugen bei: die Stiftsschaffnerei Mosbach 849 Fl. und die Gemeinde Robern 194 Fl., daher die Staatscasse 18,957 Fl. zu tragen hatte. Diese Straße kam nach ihrer Vollendung ebenfalls in den Landstraßenverband.

Da diese Straße ebenso wie jene über Heidersbach (Nr. 4) den Gemeinden Mukenthal, Steineck, Limbach und Lauderberg nicht nützen kann, weil diese auf einem Bergrücken liegen, der die beiden Thäler der Trienz und Elzbach trennt, so mußte von Robern über Krumbach nach Limbach eine gute Verbindungsstraße hergestellt werden.

Die desfallsigen Kosten wurden 1875 auf 10,832 Mark berechnet, wozu die Staatscasse einen Beitrag von 7063 Mark, das Stift Mosbach 857 Mark baar und die Gemeinden durch Güterabgabe 2930 Mark leisteten.

In dem Nachtragsgesetz von 1876, Vervollständigung des Landstraßengesetzes betreffend, sind für die Correction der Straßen beim Eisenbahnübergang unterhalb Neckarburken 11,300 Mark beansprucht und genehmigt.

Die im Jahr 1868 erbaute eiserne Hasbachbrücke mit 10 Fuß lichter Weite ist im Juli 1875 bis auf 1 Widerlager durch Hochwasser zerstört und sodann mit 1400 Mark wieder hergestellt worden.

Der bisher bestrittene und beziehentlich weiter bewilligte Aufwand für Verbesserung dieser Verkehrswege beträgt 91,993 Mark.

Nr. 201.

Straße von Ottenhöfen nach Allerheiligen und Oppenau.

Lierbachthalstraße.

Die am Ursprung des Lierbach, 1993 Fuß hoch gelegene Prämonstratenserabtei „Allerheiligen" (2) war bis in die neue Zeit sowohl mit dem Kappler- als mit dem Renchthal nur

(1) Soll heißen „Esselbrücke", weil einst in der Nähe der alten Brücke ein Fang für das auf der Elz geflößte Scheitholz eingerichtet war, welche Einrichtung wie an vielen anderen Orten den keltischen Namen „Essel" führte. (2) Das Augustiner-Männerkloster Allerheiligen (cella omnium sanctorum) wurde 1192—1197 von der Gräfin Uta von Schaumburg, geb. Gräfin von Calw und Enkelin Bertholds III. von Zähringen, erbaut und die Stiftung von

durch steile, schmale Karrenwege verbunden. Der Weg, der von Ottenhöfen über die Höhe bei Allerheiligen bis auf den Kniebis führt, wurde seiner Zeit für den Verkehr von Achern nach Freudenstadt benützt und hieß darum „der Schwabenweg“. In den Jahren 1836—41 wurde von St. Ursula (der Höhe bei Allerheiligen) bis in das Lierbachthal(1) ein neuer 15—16 Fuß breiter Holzabfuhrweg mit 12 Procent Gefäll-Maximum hergestellt, der Aufwand im Betrag von 19,142 Fl., einschließlich der Nacharbeiten, wurde von dem Forstfiscus getragen. Die Felsenspalte, durch welche der Lierbach in vielen Abstürzen (Wasserfällen) abfließt, war damals noch nicht zugänglich. Erst 1840 wurde von dem Forstbeamten Eichrodt ein nothdürftiger Fußpfad ausgesprengt, der an vielen Stellen mit Leitern erstiegen werden mußte.

In den Jahren 1842/45 wurde sodann die Straße von St. Ursula bis Ottenhöfen in einer Breite von 18 Fuß mit Maximalgefäll von 9 Procent auf Kosten des Baufonds mit 10,500 Fl. ausgeführt. Beiträge wurden geleistet: von Ottenhöfen durch Hand- und Spanndienste im Werth von 700 Fl., von Ulm baar 100 Fl., von Unterwasser durch theilweise unentgeltliche Stellung des Geländes, von den Waldgenossen Unterwasser 200 Fl. Gleichzeitig und noch bis in die fünfziger Jahre kamen allmählich aus Mitteln des Baufonds und der Forstdomänenverwaltung Verbreiterungen und Correctionen an der Lierbachstraße zur Ausführung, da Allerheiligen von den Gästen der nahe gelegenen Bäder Baden, Rippoldsau, Petersthal, Griesbach, Antogast, Freiersbach und auch von anderen Fremden viel besucht wird, seit 1840 für gute Unterkunft in dem Klosterwirthshause gesorgt ist.

Die Rücksicht auf diesen Verkehr veranlaßte auch 1865 die Ausführung der Correction des steilen Weges von St. Ursula bis zum Kloster mit Anlage von 2 Rampen, welche beide 30 Fuß Radius, 25 Fuß Breite und 4 Fuß Fall haben. Dieser Bau wurde von der Forstbehörde erstellt. Die Beseitigung eines Gegengefälles zwischen Ottenhöfen und Niederwasser wurde 1868/69 mit 5755 Fl. ausgeführt, welcher Betrag auf die Amtscasse übernommen wurde. — Die Güter wurden angekauft, die Benützung der Straßenböschungen aber den Gütereigenthümern überlassen.

Die Straße von Ottenhöfen bis Allerheiligen hat im Sommer starken Fremdenverkehr, auch die Abtheilung von Oppenau bis zum Fuß der Wasserfälle wird viel von Stein- und Holzfuhren und Sommers auch von Luxusfuhren benützt. Dagegen ist der Verkehr auf der mittleren und mangelhaftesten Straßenabtheilung von St. Ursula bis zum Fuß der Wasserfälle gering, weil die von Oppenau kommenden Fuhren meistens unten an den Wasserfällen halten.

Die Straße wird theils von dem Staatsfiscus, theils von den Gemeinden unterhalten, wie die Straße von Ottenhöfen nach Allerheiligen. Der nachweisbare Aufwand für Verbesserung dieser Wege beträgt 61,880 Mark.

Nr. 202.

Straße von Müllheim nach Sulzburg.

Länge von Straße Nr. 1 bis Sulzburg 8,87 Kilometer = 2 Stunden.

Die Namen der Orte Müllheim, Zunzingen, Bettberg, Sitzenkirch, Lauffen, Sulzburg scheinen keltischen Ursprungs, und die Bezeichnung „hohe Straße“ bei Müllheim und Sulzburg und „Heerweg“ bei Zunzingen, „Altweg“ bei Britzingen weist auf spätere römische Niederlassung hin. Die von Müllheim über Zunzingen, Britzingen und Lauffen nach Sulzburg(2) führende Straße

---

Kaiser Philipp von Schwaben am 9. April 1200 bestätigt. Nach dem Brande von 1470 wurden die Mönche in dem für sie erbauten Kloster zu Lautenbach im Renchthal untergebracht. Später dem Orden der Prämonstratenser (weiße Kanoniker von Prémontré) vergeben, wurde das Kloster Allerheiligen 1657 zur Abtei erhoben. Im Jahr 1802 kam die Abtei, welche zu dem Hochstift Straßburg gehörte, an Baden und wurde sofort aufgehoben. Kaum waren die Mönche 1803 wieder nach Lautenbach übergesiedelt, so brannten vier Wochen später die Kirche und ein Theil des Klosters durch Blitzschlag ab. (1) Die Namen „Lierbach“ und Grindenbach bei Allerheiligen sowie „der rothe Schliff“(berg) scheinen keltischer Abkunft. (2) Zunzingen wird schon 798, Lauffen 794 und Sulzburg ebenfalls in Urkunden aus dem 9. Jahrhundert „mons salsaginis“ genannt, weil zu Römerzeiten dort ein Salzwerk betrieben wurde. Daß bei Sulzburg jetzt noch Salz zu finden ist, wurde von vielen Geognosten der Neuzeit anerkannt. — Auch Tulla spricht sich hierüber in einem schriftlichen Gutachten aus, giebt aber darin der Gegend von Grenzach und Wylen am Rhein den Vorzug. Sulzburg, Besitzung der Grafen von Usenberg, kam 1371 an den Grafen Egon IV. von Freiburg, 1388 an Markgraf Hasso I. von Hochberg. 1442 erhielt Sulzburg von Kaiser Friedrich III. das Recht zu zwei Jahrmärkten und 1521 wählte Markgraf Ernst hier seine Residenz. Nach einer Bergordnung von 1607 wurde in Sulzburg und Badenweiler Bergbau auf Erz, Silber, Blei, Zink, Kobalt und Gyps betrieben. Markgraf C. Wilhelm eröffnete 1716 denselben wieder und C. Friedrich ließ ihn in eigener Zeche betreiben.

ist, wie die Orte selbst, sehr alt; es scheint deren ursprüngliche Richtung bis in die neueste Zeit im Wesentlichen beibehalten zu sein, da sie durch viele schmale, zum Theil steile Hohlgassen führte, wie dies eine bezeichnende Eigenschaft der ältesten Wege jener Gegend ist. Da der Weg seiner schlechten Anlage wegen auch schwer zu unterhalten war, zog sich der Verkehr mit Müllheim und Badenweiler auf die über Bettberg nach Seefelden führende Straße, welche schon vor längerer Zeit aus einer Hohlgasse verlegt und mit entsprechender Breite und günstigem Gefälle hergestellt war und deshalb trotz des bedeutenden Umwegs doch von schweren Fuhren der Straße über Britzingen vorgezogen wurde. Daß die Bewohner von Sulzburg und der übrigen Orte seit dem Bestehen der Eisenbahn und dem Aufblühen von Badenweiler eine verbesserte directe Verbindung nach Müllheim anstrebten, ist erklärbar; da aber die Staatscasse noch durch wichtigere Straßenbauten stark in Anspruch genommen war, verzögerte sich die Befriedigung dieses lange empfundenen Bedürfnisses bis zum Jahr 1867.

Nach den auf Grund eines Planes und Kostenüberschlags von 1866 gepflogenen Verhandlungen über die Beiträge zu den Kosten ergab sich folgende Vertheilung: Müllheim gab baar 1535 Fl., durch Güter 1333 Fl., Niederweiler 1373 Fl., Zunzingen 2637 Fl., Dottingen 500 Fl., Britzingen baar 2500 Fl., durch Güter 4333 Fl., Lauffen 6000 Fl. baar und 3000 Fl. durch Güter, Sulzburg baar 2700 Fl. Die Gemeinden gaben also 25,911 Fl., die Staatscasse 19,502 Fl., daher Gesammtkosten 45,413 Fl. oder 77,851 Mark.

Der Bau wurde 1867 begonnen und in einer Breite von 18 Fuß mit 14 Fuß Fahrbahn, aus 5 Zoll Gestück und 3 Zoll Schotter bestehend, bis Herbst 1869 hergestellt. Das Gefällmaximum beträgt 7 Procent. Der neue Zug folgt möglichst der früheren Richtung; in Lauffen sollte er mit einer Rampe um den Kirchhof ziehen. Wegen der Einsprache gegen die Güterabtretung beschränkte man sich auch hier auf Verbesserung des bestehenden Zugs durch Minderung des Gefälls auf 6,88 Procent. Die Straße wurde nach ihrer Vollendung in die Classe der Landstraßen eingereiht.

Nr. 203.

Straße von Thiengen und Waldshut nach Berau und Uehlingen.

Schlüchtthalstraße.

Länge von Thiengen bis Witznauer Mühle 6,76 Kilometer = 1,52 Stunden.

Von Witznauer Mühle bis Berau Vicinalweg, und von der Mühle nach Uehlingen besteht noch keine Straße.

Zufuhrstraße zu dem Holzlagerplatz der Eisenbahnstation Thiengen.

An das Schlüchtthal und seine Umgebung knüpfen sich eine Menge Erinnerungen aus ältester Zeit bis zu unseren Tagen.

Die in der Nähe von Grafenhausen aus mehreren kleinen Gebirgswässerchen gebildete Schlücht führt, wie alle Flüsse des Schwarzwalds, einen keltischen Namen. Aber auch die Namen vieler Orte und Berge dieser Gegend stammen wahrscheinlich aus keltischer Sprache, wie z. B. Thiengen, Bulgenbach, Gurtweil, Eichholz, Weilheim, Heubach, Gutenburg, Witznau, Berau, Brenden, Aichen, Großeichholz, Mühlberg, Staufen ꝛc. Läßt sich schon hieraus auf eine lange Anwesenheit der Kelten in der Gegend des Schlücht- und Schwarzathales schließen, so wird diese Ansicht noch weiter bestätigt durch die bei Weilheim und im Eschenheimer Thal aufgefundenen Keltengräber,(1) und durch die am Eingang der ältesten Straße auf den Berauer Berg noch vorhandenen Reste einer Verschanzung, Heidenthor genannt, dessen Brustwehren noch sichtbar sind und höchst wahrscheinlich ebenso wie die zu Grunde gegangene Wasserleitung auf dem Berauer Berg — Heidenwuhr genannt — keltische Arbeit sind. (2)

(1) Siehe Wanner „Das Klettgau". (2) Schr. d. bad. Alterthumsvereins II. Das Heidenwuhr scheint mit dem Heidenthor in einer Beziehung gestanden zu haben. Das Abschlagswasser des Heidenwuhr trieb einst die Mühle des Klosters Berau. Die drei parallelen Gräben und 10 Fuß hohe Erdwälle, welche den Eintritt in die von der Schwarza und Schlücht gebildete Gebirgsinsel von der Witznauer Mühle her verwehrten, sind wohl in früherer als römischer Zeit errichtet worden. Dr. Schill, Geologische Beschreibung der Section Waldshut.

Auf das spätere, vielleicht auch gleichzeitige Dasein der Römer und deren auf keltischer Grundlage ruhenden Verkehrswege weist die in Urkunden von 1457 genannte „Hochstraße" in den Gemarkungen Gurtweil und Uehlingen, sowie die zwischen Buggenried und Amerzfeld liegende Straße gleichen Namens hin.

Auch der gepflasterte Weg in dem sog. Galgenhölzlein, — früher Eichwald zwischen Thiengen und der Schlücht, — sowie die nächst Thiengen aufgedeckten Gräber werden als römische Arbeit angesehen. (1) Ebenso ist die von Thiengen über die Steinach und Wutach nach Lauchringen und Grießheim führende Straße, den Funden nach zu schließen, römischer Abkunft. Der Ort Gurtweil — curta villa oder curtis villa — wird ebenso wie Thiengen schon in der Mitte des 9. Jahrhunderts in Urkunden genannt. (2) Im 11. Jahrhundert war Gurtweil einer der angesehensten Orte im Alpgau.

Bei Berau stund einst da, wo im 12. Jahrhundert das Kloster erbaut wurde, ein keltisches opidum — Heidenthurm genannt —. (3) Ueber das keltisch-römische Gutenburg bestehen Urkunden von 1128. Das Schloß wurde von St. Blasien erbaut und dazu Intlekofen, Bürgeln und Gurtweil gegeben. Später (1262) kam dasselbe an den Bischof von Constanz, und dann mit Thiengen an die Herren von Kränkingen, von denen Heinrich 1280 die Burg Thiengen wegen eines Neubaues daselbst verließ und Schloß Gutenburg als Wohnsitz nahm, bei welcher Gelegenheit die Straße von Thiengen dahin erneuert wurde. (4) Nach verschiedenem Wechsel der Besitzer kam Gutenburg mit Uehlingen, Kränkingen, Detzeln und Breitenfeld 1489 für 6700 Fl. Kaufschilling wieder an St. Blasien, welches 1660 hinter dem Burgstall eine Eisenschmelze mit Schmiede und Drahtzug errichtete, (5) und 1672 am Fuße des Berauer Berges einen Stollen auf Blei und Silber betrieb.

Daß die Schlücht oberhalb Gurtweil (6) schon im 11. Jahrhundert überbrückt war, geht daraus hervor, daß die Grafen des Alpgaues schon damals ihre öffentliche Malstätte (Gerichtstätte) auf dieser Brücke hatten. (7) Der Grund zu diesem frühen Brückenbau lag wohl nicht in dem Verkehrsbedürfniß zwischen den Orten des Rheinthals und dem Berauer Berg, sondern in dem Umstande, daß der Verkehr auf der alten Reichsstraße von Laufenburg über Waldshut und Thiengen nach Zurzach und Schaffhausen zwischen Waldshut und Thiengen den Zug meistens über Gurtweil nehmen mußte, weil die Schlücht bei hohem Wasserstande ihren Lauf zwischen Gurtweil und der Wutach vielfach änderte, so daß die in der Straße (Nr. 48) zeitweise bestandenen Holzbrücken stets umgangen oder zerstört wurden. (Siehe Nr. 48.) Oberhalb Gurtweil fand sich dagegen eine von Quarzporphyrfelsen geschützte Stelle, auf der ein dauernder Uebergang über die Schlücht hergestellt werden konnte. — Da auf dieser Brücke seit ältester Zeit Zoll erhoben wurde, erhielt sie den Namen „Zollbrücke". (8) Die beiden Wege von Waldshut und von Thiengen nach Gurtweil sind bis in die neueste Zeit von den Gemeinden unterhalten und verbessert worden. Von der Zollbrücke aufwärts bis über den Hesselbach (9) bestand noch ein schmaler Weg als Theil der nach Weilheim und Nöggenschwiel führenden Vicinalstraße. In dem Schlüchthale selbst bestund eine schmale Straße bis zur Witznauer Mühle; von da aber zog nur ein schmaler Karrenweg mit einer Steigung von 25—30 Procent durch den Wald an alten Schwedenschanzen vorüber bis auf die Höhe zu dem sog. Heidenthor, (10) und von hier wellen-

---

(1) Mone, Urgeschichte 142. (2) Landes-Archiv-Acten. (3) Das Benedictiner Frauenkloster ist mehrere Mal, letztes Mal 1846 abgebrannt, nachdem dasselbe 1806 aufgehoben war. (4) Mone, Zeitschrift VI. Seite 236. (5) Unter dem Schloß Gutenburg hatten am 13. November 1525 die mit den Wiedertäufern verbundenen acht Bauren-Einigungen die Waffen gestreckt und dem Hause Oesterreich neuerdings gehuldigt. (6) Gurtweil ist schon 873 in Urkunden erwähnt. Das Schloß war ein Sommersitz des Abts von St. Blasien und wurde 1814 und 1871 als Lazareth verwendet. (7) Grimm, Deutsche Rechtsalterthümer, S. 793. (8) Diese Brücke wurde im 16. Jahrhundert von der Gemeinde Gurtweil neu erbaut, daher sie von Kaiser Rudolf II. 1599 das Recht erhielt, Brückengeld zu erheben. Nachdem Gurtweil, welches zur Herrschaft Gutenburg gehörte, von den Herren von Kränkingen 1480 an St. Blasien gekommen war (Mone, Zeitschrift XIII, S. 242), wurde die Brücke von der Abtei mit Zuschuß der Grafschaft Hauenstein unterhalten, dagegen aber Brückenzoll erhoben, daher die Brücke jetzt noch „Zollbrücke" heißt. Die jetzige Brücke ist ein Holzsprengwerk mit Dach auf Felsen gegründet; sie hat eine Lichtweite von 55,7 Fuß, eine Breite von 14,3 Fuß, eine lichte Höhe von 13 Fuß. Im Jahr 1796 brannte Moreau auf seinem Durchzug durch das Schlüchtthal die Brücke ab. St. Blasien stellte sie 1802 wieder her. Nach Aufhebung der Abtei ging die Unterhaltungspflicht auf den badischen Staat über, im Jahr 1828 trat aber die Gemeinde nach Uebereinkommen in den Bezug des Brückengeldes und in die Unterhaltungslast ein. Im Jahr 1859 wurde der Oberbau erneuert. (9) Dieser Bach bildet in der Nähe der Straße einen schönen Wasserfall, zu dem längs des Baches ein Fußweg führt. (10) Diese Stelle am Ende des Waldes mit felsigem Untergrund, wo die Steige aufhört und die aufgedammte Straße beginnt, wird auch „Teufelsthor" genannt.

förmig nach Berau auf den sog. Berauer oder Brendener Berg, dessen westliche, südliche und östliche Seite durch die tief eingeschnittenen Rinnsale der Schwarzach, Schlücht und Mettma begränzt sind. Die auf diesem Berge liegenden Gemeinden waren, wie ein Blick auf die Karte zeigt, so zu sagen vom Rheine abgeschlossen oder doch genöthigt, lange und schlechte Umwege einzuhalten. Brenden, Staufen, Bulgenbach gingen über Grafenhausen auf der Straße Nr. 52 nach Thiengen, welcher Weg 8,6 Stunden lang ist; Berau mußte die Route über Lochmühle durch die Mettmaschlucht über Riedern und Uehlingen nach Waldshut, also eine Weglänge von 5,8 Stunden einhalten. Diese Mißstände gaben schon 1776 der Abtei St. Blasien zu dem Project Veranlassung, einen besseren Weg von der Berauer Höhe bis zur Witznauer Mühle herzustellen, um dann im Thale bis Gurtweil weiter zu bauen. Die Arbeiten wurden auch 1776/78 im Frohndwege von den Gemeinden des Berauer Berges: Berau,(1) Brenden, Staufen, Bulgenbach und Schönenbach, oben und unten am Berge gleichzeitig, begonnen und so lange fortgesetzt, bis man sich überzeugte, daß der obere und der untere, großentheils mit Trockenmauern ausgeführte Straßentheil der verschiedenen Höhenlage wegen nicht mit einander vereinigt werden können. Der mit vieler Mühe erstellte Bau wurde nun als unbrauchbar aufgegeben, und er ist noch als Ruine sichtbar.(2) Der Nachtheil für den Verkehr war übrigens durch das Mißglücken dieses Baues nicht von großer Bedeutung, denn die neue Straße hatte Gefälle von 15—20 Procent, nur eine Breite von 10—12 Fuß und sehr kurze Wendungen; sie wäre deshalb nur mit Gefahr zur Thalfahrt benützbar gewesen.

---

(1) Berau hatte nach einer vorliegenden Urkunde das Pulver zum Sprengen der Felsen zu liefern.

(2) Daß ein Straßenbau in dem Gebiet der Abtei St. Blasien derart mißglücken konnte, ist um so auffallender, da die Bauleitung gewöhnlich den, in der Mathematik tüchtigen, Conventualen übertragen wurde (siehe Nr. 31) und auch unter Abt Gerbert der, in der Mathematik hervorragende Pater Franz Kreitler, der den Bau der Kirche in St. Blasien führte (siehe Nr. 49), solche Aufgaben zu besorgen hatte. Allerdings waren in damaliger Zeit die Kenntnisse in der Meßkunst dem untergeordneten Baupersonale noch nicht eigen und es fehlte an Planen und Karten, die bei den Straßenprojectirungen benützt werden konnten. Bei der heutigen Ausbildung des Personals und im Besitze guter Karten können solche Verstöße nicht mehr vorkommen. Obgleich schon Ende des 15. und im Laufe des 16. und 17. Jahrhunderts Karten über einzelne Theile von Deutschland bearbeitet und durch Holzschnitt oder Kupferstich vervielfältigt waren, so erschienen doch erst im 18. Jahrhundert Karten über die einzelnen süddeutschen Kreise, wie 1728 über den baierischen, 1743 über den schwäbischen und 1744 über den oberrheinischen Kreis. Die Karte des schwäbischen Kreises war von dem Professor M. Hase, Lehrer der Mathematik in Wittenberg, bearbeitet, der zuerst die Grundrisse des Erdbodens nach der stereographischen Horizontal-Projection darstellte, wornach auch die berühmt gewordenen Karten des Nürnbergers Homann bearbeitet wurden. Im Jahr 1751 folgte eine Karte der Schweiz und der angränzenden rechtsrheinischen Landestheile des heutigen Großherzogthums Baden. Alle diese Karten enthielten manche Unrichtigkeiten und nur wenige astronomische Ortsbestimmungen, doch waren die Homann'schen Karten noch die besten. Unter den Karten, die sich über ganz Deutschland verbreiten, zeichneten sich jene von Lampert (1750—75) aus, da sie die geographische Länge und Breite der größeren Städte nach astronomischen Beobachtungen von Tob. Maier angaben. Von einzelnen Ländern des schwäbischen Kreises gab es damals noch keine Karten, wohl aber wurden in der Mitte des vorigen Jahrhunderts einige Landestheile, wie z. B. das Baden-Baden'sche Rheingebiet, topographisch aufgenommen. Derartige geometrische Aufnahmen, die im Anfang dieses Jahrhunderts weitere Verbreitung fanden, wurden nicht vervielfältigt und allgemein „Kabinetskarten" genannt. Von dem St. blasianischen Gebiet bestunden nur einzelne Gemarkungsplane. Im Anfange dieses Jahrhunderts sind in der badischen Markgrafschaft sogenannte Renovationsmessungen in vielen Gemarkungen vorgenommen und über einzelne Aemter Karten daraus gefertigt worden. Im Südwesten von Deutschland war die am Schlusse des 18. und Anfang des 19. Jahrhunderts von dem Astronomen Professor Bohnenberger in Tübingen unter Mitwirkung des baierischen Wasserbaudirectors Amman bearbeitete und vervielfältigte Karte die erste, die auf eigentlich wissenschaftlicher Grundlage beruhte. Sie besitzt einen Maßstab von 1:86,400 oder für eine topographische Meile drei Pariser Zoll, anschließend an die große Karte von Frankreich, welche Graf von Cassini mittelst Triangulirung gefertigt und 1793 vollendet hatte. Die Berge sind nach der, von Schienert und Lehmann angewendeten Manier mit Strichen angedeutet, die oben licht und nach unten mit zunehmendem Dunkel ausgeführt sind. In den Jahren 1786—96 wurde von Oberst Weiß eine Karte der Schweiz und der benachbarten Landestheile, namentlich des Rheines und des Bodensees, ebenfalls mit Bergschraffirung im Maßstab einer geographischen Meile = 2 Zoll und $4^1/_2$ Linien herausgegeben. Hierauf folgte die Militärkarte von Schwaben, die Moreau durch seine Offiziere hatte aufnehmen lassen. Der Maßstab ist fast doppelt so groß, wie jener, der Cassini'schen Karte; sie diente später der Karte des preußischen Hauptmanns Michaelis als Grundlage und bildete zugleich eine Fortsetzung der Bohnenbergischen Karte. Von dem fränkischen Kreise und den angränzenden Ländern erschien 1804 eine Karte von C. F. Hammer in einem Maßstab von einer geographischen Meile = 8,35 Linien. Hierauf folgte 1815 die Situationskarte der Gegend des Rheines, Neckars und Mains von Oberst Haas im Maßstab von $7^1/_2$ Decimalzoll = einer geographischen Meile. In Baden wurde 1806 die Triangulation als vorbereitende Arbeit für die Landesvermessung angeordnet; die Vermessung begann aber erst 1810 unter Leitung des Ingenieurdepartements, welches 1816 an die Oberdirection des Wasser- und Straßenbaues übergegangen ist. Oberst Close hatte die specielle Leitung des Geschäfts übernommen. Von 1829 an hat das militärische topographische Büreau bis 1842

Nachdem längere Zeit hindurch die Verbesserung der Communication mit dem Berauer Berg vergebens auf dem Weg der Concurrenzschaft betrieben war, sind endlich im Jahr 1862 Vorarbeiten für die Anlage einer guten Vicinalstraße von Gurtweil nach Berau und zwar in erster Linie für die Abtheilung bis zur Witznauer Mühle begonnen worden.

Man untersuchte die beiden möglichen Linien auf dem linken und rechten Ufer der Schlücht. Die erstere 1277 Ruthen lang und 12 Fuß breit mit Ausweichplätzen und einem Maximalgefäll von 4 Procent forderte 28,100 Fl., die zweite 1305 Ruthen lang mit 3 Procent Maximalgefäll 17,600 Fl. oder ohne Gelände 16,500 Fl. Man wählte die letztere Linie, weil sie auch durch mehr Gemarkungen als erstere zieht und sonniger gelegen ist. Das Gelände im Werth von 1100 Fl. wurde von den Gemeinden unentgeltlich gestellt und außerdem wurden für den ganzen Bau der Straße bis Berau folgende baare Beiträge geleistet: von Gemeinde Berau 6000 Fl., von Brenden 1000 Fl., von dem Forstärar 6000 Fl., zusammen 14,100 Fl. Gutweil verzichtete auf das Brückengeld, dessen Erhebung eingestellt wurde. Der Bau begann October 1865 und wurde October 1866 vollendet. 1867 erhielt der Accordant 1000 Fl. Aufbesserung. Im Juni dieses Jahres kam sodann auch die zweite Abtheilung von der Witznauer Mühle bis gegen Berau auf eine Länge von 922 Meter, vorerst jedoch nur mit 10—14 Fuß Breite und mit Steigungen von 4—7 $^2/_3$—8 Procent mit zwei Rampen von 30 Fuß Radius, 20 Fuß Breite und 4 Procent Gefäll und mit einem 60 Fuß langen Tunnel zur Ausführung, der vorerst nur auf 10 Fuß Breite und 12 Fuß Höhe ausgebrochen wurde. Der Aufwand hierfür betrug 18,100 Fl. Der gesammte Aufwand betrug also 36,700 Fl., wovon durch Beiträge 14,100 Fl. gedeckt wurden.

---

die Landesvermessung ausgeführt. In Frankreich, Baiern und Württemberg ließ man auf die Triangulirung des Landes zuerst eine Detailvermessung der Liegenschaften im großen Maßstabe folgen und erst dann wurde die Reduction auf einen kleinen Maßstab vorgenommen und durch Eingehen in die topographischen Details eine Karte für militärische und andere Zwecke bearbeitet. In Baden aber wurde auf Grund der Triangulirung sogleich mit der Meßtisch-Aufnahme des Landes im Maßstabe $^1/_{5000}$ und $^1/_{10000}$ der natürlichen Größe begonnen und erst von 1836 an ein Maßstab von $^1/_{25000}$ gewählt. Die Erhöhungen wurden Anfangs nur durch Bergschraffirung angegeben, dann aber von 1832 an Curven und Bergstriche angewendet. Die aus diesem Material bearbeitete topographische Karte ist in einem Maßstabe von $^1/_{50000}$ dargestellt und die Höhen sind mit Bergstrichschraffirung ohne Curven angegeben. Die vermittelten Höhenpunkte sind mit Zahlen bezeichnet. In Folge des Forstgesetzes vom 15. November 1833 wurden die Waldungen nach Verordnung vom 14. November 1834 polygonometrisch vermessen und hierauf durch Gesetz vom 26. März 1852 (Reg.-Bl. S. 105) die stückweise Vermessung der sämmtlichen Liegenschaften des Landes angeordnet. Als Maßstab sind für Ortschaften gewöhnlich $^1/_{500}$, bei großen Grundstücken $^1/_{1000}$, $^1/_{1500}$ und $^1/_{2000}$, bei großen Waldungen und Höfen $^1/_{4000}$ der natürlichen Größe gewählt; für Acker und Wiesen kam gewöhnlich $^1/_{500}$ in Anwendung. Mit dieser Vermessung war zugleich die Sicherung der Gemarkungs-, Gewann- und Eigenthums-Gränzen, sowie der Dreieckspunkte (Reg.-Bl. 1854 Nr. 21) zu verbinden und die zweckmäßige Anlage und Verlegung der Feldwege und der Zusammenlegung der Grundstücke anzustreben. (Reg.-Bl. 1856 Nr. 19.) Obgleich diese sogenannte Katastervermessung erst etwa zu $^2/_3$ vollzogen war, so glaubte man doch 1874 die Herstellung einer neuen topographischen Karte nicht bis zu Vollendung der Gütervermessung aussetzen zu dürfen, ohne den Werth der letztern für die Bearbeitung der Karte zu verkennen. Abgesehen davon, daß seit Erstellung der ersten Karte in den Kulturverhältnissen, Wohnorten, Straßen, Bach- und Flußläufen viele Aenderungen eingetreten sind, haben sich auch neue Ansprüche der Wissenschaft auf den Gebieten der Naturgeschichte, der Topographie, Archäologie, Landeskultur und Statistik erhoben, welche durch eine, den neuesten Zuständen entsprechende, Karte ihre Befriedigung finden können, wenn ein größerer Maßstab gewählt und die Höhenverhältnisse durch Aufnahme und Eintrag einer großen Zahl von Horizontalcurven in gleichen Verticalabständen dargestellt sind, wodurch die Verwendung der Karte für vielerlei Zwecke wesentlich erleichtert ist. Hat ja doch die Schweiz aus gleichem Grunde nach kaum erfolgter Vollendung der vortrefflichen Karte von Dufour, eine neue Karte im Maßstab von $^1/_{25000}$ und $^1/_{100000}$ für Hochgebirg begonnen. Als Maßstab wurde in Baden ebenso wie in Preußen, Sachsen, Großherzogthum Hessen, Elsaß-Lothringen und in der Schweiz ein Flächenmaßstab von $^1/_{25000}$, also die doppelte Größe der bisherigen Karte, bestimmt und vorgeschrieben, daß die Höhen durch Horizontalcurven von je 10 Meter Verticalabstand und mittelst horizontalen Hülfslinien von 5 Meter Abstand im Hügellande darzustellen sind, wogegen von der bisherigen Bergschraffirung, der größeren Deutlichkeit wegen, Umgang genommen wird. Das bisher bei der Kartenvermessung übliche sogen. Söldner'sche Projectirungssystem wurde nicht angewendet, sondern die Projection wie in Preußen und Sachsen gewählt. Jede Section bildet für die Construction ein Ganzes. Die Sectionen bilden in ihrer Zusammenfügung ein Polyeder auf einem Sphäroide, welches der Verjüngung des betreffenden Maßstabs entspricht. Die Beziehung der einzelnen Sectionen geschieht nach Gradabtheilungen der einzelnen trigonometrischen Punkte. Die geographischen Positionen der wichtigen trigonometrischen Punkte und der Endpunkte der Originalsectionen sind von der Mannheimer Sternwarte abgeleitet. Die Dimensionen der Sectionen sind nach Beßels Elementen berechnet. Die Niveaulinien werden nummerirt 10 zu 10 vom Niveau des Mittelländischen Meeres ausgehend, z. B 50 mit 5, 120 mit 12 ꝛc. Das ganze Werk soll aus 170 Blättern bestehen und die Vervielfältigung mittelst dreifarbigem Kupferdruck erfolgen. Diese Karte wird für Projectirung von Eisenbahnen, Straßen und Fluß-

Die Unterhaltung blieb den Gemeinden überlassen.

Zur Verbindung dieser Straße mit Thiengen war auch die Verbesserung des Vicinalwegs von Thiengen nach Gurtweil bis zur Zollbrücke nöthig. Außer der angemessenen Verbreiterung von 11 auf 14 Fuß mußte das Gefäll der Steige von der Zollbrücke aufwärts von 7 Procent auf 5 Procent durch Neubau einer Rampe von 30 Meter Halbmesser ermäßigt werden. Die Brücke selbst, welche 1859 von der Gemeinde Gurtweil fast neu erbaut wurde, blieb bis auf Weiteres in ihrem Zustande. Diese Correction erfolgte 1871/73 mit einem Aufwand von 6991 Fl., wozu Gurtweil das Gelände im Werth von 982 Fl. gegen 800 Fl., Thiengen das Gelände im Werth von 350 Fl. unentgeltlich stellte, so daß die Leistung des Staats in 6459 Fl., jene der Gemeinden in 532 Fl. bestund.

Die Gesammtverwendung für die Straße von Thiengen nach Berau beträgt bis 1873 einschließlich der Kosten für nachträgliche Erweiterung des Tunnels und anderer Nacharbeiten: vom Staate 28,922 Fl., vom Forstfiscus 6000 Fl., von den Gemeinden 8632 Fl., zusammen 43,554 Fl.

Seit Verbesserung dieser Straße hat sich der Verkehr bedeutend gehoben. Im Jahr 1873 wurden an Holz und Sägwaaren von Guttenburg, Witznau, Riedern, Bulgenbach, Nöggenschwiel und Gurtweil 325 Eisenbahnwagenladungen mit 75,000 Centnern im Ganzen auf die Station Thiengen gebracht, und daselbst für die Sägmühlen im Schlüchtthal 210 Wagenladungen mit 42,000 Centnern auf der Eisenbahn beigeführt. Die Zufuhr bestund meist aus Holz von den fürstlich fürstenbergischen Waldungen bei Mößkirch. Die Gemeinde Thiengen suchte daher 1874 um Verbesserung des zu dem Holzlagerplatz der Station führenden 10—12 Fuß breiten, fundamentlosen Gemeindeweges und um dessen Aufnahme unter die Landstraßen nach.

Der Aufwand für Correction und Verbreiterung dieses Wegs auf 5,4 Meter nebst Verminderung des Gefälls auf ein Maximum von 3,4 Procent wurde auf 3800 Fl. = 6600 Mark berechnet. Die Kreisversammlung sprach sich für den Bau und Aufnahme unter die Landstraßen aus, und das Budget für 1876/77 bewilligte die Mittel.

Die Straße von Gurtweil bis zur Witznauer Mühle wurde als Theil der projectirten Schlüchtstraße nach Uehlingen (1) unter die Landstraßen aufgenommen, wogegen die Straße auf den Berauer Berg den Gemeinden zur Unterhaltung überlassen blieb. Im Jahre 1874 begannen die Vorarbeiten für die Schüchtstraße von Witznau bis Uehlingen, nachdem in dem Gesetze von 1870 — Vervollständigung des Landstraßennetzes betreffend — 35,000 Fl. in der Voraussetzung zur Verwendung genehmigt waren, daß sich an anderen Bewilligungen jenes Gesetzes entsprechende Erübrigungen ergeben. Das Schlüchtthal von Witznau aufwärts bis zum Einfluß der Mettma war bis in die neueste Zeit dem Zugange großentheils verschlossen. Von steilen Felswänden (2) und hohen Bergabhängen eingeschlossen, besitzt die Schlücht ein enges, viel gekrümmtes, durch mächtige Geschiebe von Felsentrümmern und durch abgestürzte Baumstämme verlegtes Bett, dem man sich nur an wenigen Stellen von den Bergen herab nähern kann. Die Verfolgung des Flußlaufes ist mit Lebensgefahr verknüpft. Kein Wunder, wenn sich hier dem Auge noch das letzte Bild eines Urwaldes in Baden erschließt. Die Vorarbeiten für einen Straßenbau waren unter solchen Verhältnissen natürlich schwierig und die Herstellung eines sog. Traceweges erforderte lange Zeit und über 2000 Fl. Aufwand. Das Hochwasser vom März 1871 zerstörte diesen Weg großentheils, er wurde aber sofort wieder hergestellt.

Nach dem neu aufgestellten Plane folgte das Trace der neuen Straße Anfangs der oben erwähnten mißlungenen St. blasilianischen Straße gegen Bernau auf dem rechten Ufer und steigt mit 1,52, 4, dann mit 3,05—4,3 Procent zu der Sägemühle (Riedener Steg), (3) überschreitet hie

---

correctionen ein sehr nützliches Hülfsmittel sein. Zum Zwecke der Revision der früheren Originalaufnahmen wurden Copien der letzteren durch die seit 1858 mit der Oberdirection des Wasser- und Straßenbaues verbundene, für Karten- und Plan-Copien bestimmte, photographische Anstalt gefertigt, wodurch die Darstellung der neuen Karte wesentlich gefördert wird. Der Aufwand für das neue Kartenwerk, dessen Bearbeitung seit 1864 durch ein besonderes topographisches Büreau unter Leitung des Oberstlieutenant Schneider erfolgt, ist auf 411,428 Mark überschlagen. Dieses Büreau ist der Oberdirection des Wasser- und Straßenbaues untergeordnet. Ueber Kartographie siehe: Büsching, Nachrichten 1773—1785. Ch. Pfennig, Erdbeschreibung 1779. Bartuchs allgemeine geographische Ephemeroiden, 47 Bände. F. Rehm, Geschichte des Mittelalters 1821 I. Honegger, Allgemeine Kulturgeschichte. (1) Uehlingen 965 urkundlich, kam 1480 an St. Blasien. (2) In den sogenannten Schwedenfelsen sollen sich die Uehlinger 1632 gegen die Schweden verborgen haben. (3) Riedern war eine 1111 gestiftete Augustiner-Probstei.

auf der vorhandenen Steinbrücke die Schlücht und zieht sich mit einem kurzen Maximalgefälle von 4,3 Procent über die Wiesen und Felder nach Uehlingen. Die Mettma wird mit einer Brücke von 6 Meter Lichtweite und die Schlücht 6300 Meter oberhalb der Riedener Mühle mit einer Brücke von 60 Meter Lichtweite überschritten. An der Berauerhalde sind zwei Bachcorrectionen auszuführen.

Die Straße soll 3 Meter über der Bachsohle und mit 5,4 Meter Breite,(1) einer Fahrbahn von 4,2 Meter, bestehend aus 0,15 Gestein und 0,06 Schotter, hergestellt werden.

Die Kosten sind berechnet auf 186,000 Mark, und zwar von Witznauer-Mühle bis Mettma auf 107,000 Mark oder 30,67 Mark = 17 Fl. 54 Xr. pro Meter; von Mettma bis Riederner Steg auf 44,000 Mark oder 17,26 Mark = 10 Fl. 4 Xr. pro Meter, und von Riederner Steg bis Uehlingen auf 35,000 Mark oder 16,63 Mark = 9 Fl. 42 Xr. pro Meter, im Durchschnitt also zu 13 Fl. 20 Xr. = 22,84 Mark pro Meter.

Da die Staatsdomäne vor circa 12 Jahren längs der Mettma bis an die Schlücht und von da aufwärts eine Holzabfuhrstraße erbaut hat, die zur Noth auch für anderen Verkehr benützbar ist, so wäre die Ausführung der unteren Abtheilung von Witznau bis zur Mettma am dringendsten. Obgleich der Aufwand für diesen Straßenbau sehr beträchtlich ist, so stellt er sich doch gegenüber dem zu erwartenden Nutzen nicht außer Verhältniß dar. Bei der oberen Schlüchtstraße sind betheiligt: Bulgenbach, Langenfurt, Amertsfeld, Uehlingen, Riedern, Hürrlingen, Seewangen, Igelstadt, Buggenried, Wattenberg, Rippoldsried, Birkendorf, Grafenhausen, Signau, 16 Mahl- und Schneidemühlen, eine Fabrik in Uehlingen, eine in Birkendorf und viele Höfe. Zur Erweiterung der Industrie sind alle Voraussetzungen erfüllt, sobald die Erzeugnisse billig abgeführt werden können. Zu Thal gehen: Holz, Kohlen, Bier, Webereiproducte; zu Berg: Kaufmannsgüter, Wein, Gerste, Steinkohlen, Gyps und Baumwolle.

Durch die neue Straße wird die Fracht thalabwärts um $^2/_3$, thalaufwärts um $^1/_2$ vermindert. Die jetzige Straße hat von Birkendorf bis Thiengen wechselnde Gefälle von 5, 6, 7, 8—12 Procent, während die neue ein Gefälle von 1,7—5,3 Procent erhält. Die Mittel für diesen Bau sind in dem Gesetz von 1876 über Vervollständigung des Landstraßennetzes bewilligt. Nachdem die 1807 zum Schutz der Straßenbrücke auf der Route von Waldshut nach Schaffhausen ausgeführte Canalisirung der Schlücht auf 170 Ruthen Länge, und die 1861/65 erstellte zweite Correction zum Schutz der Eisenbahnbrücke ebenfalls durch Hochwasser zerstört wurde, obgleich die Sohle mit Schwellen geschützt war, sollen nun, in Folge des Hochwassers von 1876, sechs Wehre von Stein in den Bach eingebaut und damit das Gefäll von 1:57 auf 1:80 vermindert werden. Die Kosten sind auf 65,000 Mark veranschlagt. Mit Einschluß dieses vorzugsweise im Interesse der Straßen bestrittenen Aufwandes sind seit 1864 232,005 Mark für die Schlücht verwendet worden. Für die Fortsetzung der Correction bis zur Zollbrücke wären weitere 25,000 Mark erforderlich.

Die für Verbesserung dieser Straßenzüge bereits verwendeten und weiter bewilligten Ausgaben berechnen sich zusammen auf 206,178 Mark.

Nr. 204.

Straße von Schapbach nach Petersthal.

Wildschapbachthalstraße.

Länge 10,24 Kilometer = 2,3 Stunden.

Der Verkehr zwischen dem Schapbachthal und dem Renchthal war bis in die neueste Zeit auf die Straße angewiesen, welche über Rippoldsau und den Kniebis nach Petersthal und Oppenau führt. Da nun die directe Verbindung der beiden Thäler durch das Wildschapbachthal nur eine Weglänge von $2^1/_2$ Stunden fordert, während die Straße von Schapbach bis Petersthal über den Kniebis $6^1/_2$ Stunden lang ist, und der Gebirgsübergang hier 720 Fuß höher als jener über den Freiersberg bei der Wildschapbachstraße liegt, suchte die Gemeinde Petersthal die letztere Vicinalstraße zu verbessern und hatte auch schon bis 1862 an dem auf ihrer Gemarkung

(1) Die Gemeinden wollen 6 Meter Breite statt 5,4 Meter.

liegenden Theil von 16,950 Fuß Länge auf 13,840 Fuß mit Maximalgefäll von 8 Procent und einer Breite von 12—14 Fuß in einen für die Holzabfuhr entsprechenden Stand gebracht.(1) Nun fehlte noch die Verbreiterung im Orte Freiersbach und die Correction der gefährlichen Bärensteige,(2) welche Gefälle von 9—10 Procent besaß, wofür die Kosten zusammen auf 5542 Fl. veranschlagt waren. Dieser Bau kam 1863 mit einem Staatszuschuß von 1000 Fl. zur Ausführung, doch bestehen noch immer schmale Stellen von 12 Fuß und es fehlt fast durchgehend an Schutzvorrichtungen. Weniger bereit zu Opfern für die Verbesserung dieser Straße war die Gemeinde Schapbach, weil sie besorgte, daß nach deren Herstellung viel Holz nach dem Renchthal abgeführt, dadurch die Holzpreise gesteigert und die Flößerei auf der Schapbach beeinträchtigt werde.

Der 1866 bearbeitete Ueberschlag für Correction der Freiersbacher Steige in dieser Gemarkung verlangte, bei Annahme einer Straßenbreite von 14 Fuß mit 10 Fuß Fahrbahn aus 4 Zoll Fundament und 2 Zoll Schotter bestehend, bei einer Länge von 5500 Fuß und einem Maximalgefäll von 7½ Procent 8000 Fl. Sodann sind noch für einige kleine Correctionen im vorderen Theil der Straße 1500 Fl. als erforderlich bezeichnet worden.

Nach dem Budget von 1870/71 sollte diese Straße unter die Landstraßen aufgenommen werden, sofern die nöthigen Verbesserungen, deren Aufwand nun im Ganzen auf 17,000 Fl. veranschlagt war, zuvor ausgeführt worden. Das Gesetz über Vervollständigung des Landstraßennetzes von 1870 bewilligte 17,000 Fl. Die Gemeinde Schapbach lehnte aber fortan und neuestens im Jahr 1873 jeden Beitrag zu diesem Straßenbau ab, indem sie vorgab, daß diese Straße für sie von keinem Interesse sei, da ihr Verkehr mit dem Renchtthal unbedeutend erscheine, und durch die Erleichterung des Holztransportes der Arbeitsverdienst für die Bewohner von Schapbach bedroht sei. Die Ausführung unterblieb daher. Mit dem veranschlagten Aufwand könnte die Straße übrigens nicht in einen, den Anforderungen an eine Landstraße entsprechenden Stand gesetzt werden. Von der Wasserscheide abwärts sind Gefälle von 20 und mehr Procent zu beseitigen, die ganze Straße ist zu fundamentiren und großentheils zu verbreitern, wozu 12,000 Fl. nicht ausreichen. Das Gesetz von 1876 hat darum den Baufonds auf 60,000 Mark erhöht; es soll aber nur gebaut werden, wenn die Gemeinde sich an den Kosten betheiligt. Der bisher für Verbesserung dieser Straße bestrittene erweisbare Aufwand beträgt 9500 Mark.

Nr. 205.

Straße von Neustadt nach Todtnau.

Feldbergstraße.

Die Bewohner des Amtsbezirkes Neustadt und der dortigen Umgegend waren, bevor die Straße von Oberried über den Steppeweg nach Todtnau hergestellt war, genöthigt, um in das Wiesenthal oder nach Basel zu gelangen, den großen Umweg über Freiburg einzuhalten, oder über Lenzkirch mit Ueberschreitung lästiger Steigen die Straße von St. Blasien nach Gschwend zu benützen. In beiden Fällen war der Aufwand an Zeit und Kosten bedeutend, daher der Wunsch einer directen Verbindung von Titisee über Fahl und Brandenburg nach Todtnau seit langer Zeit oftmals ausgesprochen wurde. Im Jahr 1846 kam dieser Gegenstand erstmals zur näheren Untersuchung, wobei sich ergab, daß eine solche Straße bei Einhaltung der Zugslinie über den sog. Zeigersattel (südlich von der Feldbergspitze) mit einem Gefälle von 7—8 Procent hergestellt werden könnte, daß aber der Aufwand sich sehr hoch belaufen würde. Man berechnete nämlich auf Grund allgemeiner Voraussetzungen die Kosten für die ca. 5 Stunden lange Wegstrecke auf 120,000 Fl. Obgleich man auf einen erheblichen Beitrag der fürstl. fürstenbergischen Standesherrschaft rechnen durfte, welche an dem Feldberg viele Waldungen besitzt, konnte damals doch auf ein solches Unternehmen nicht eingegangen werden, weil noch viele dringendere Straßenbauausführungen ihrer Erledigung harrten.

Die im Jahre 1861 ausgeführte Correction der Titiseesteige brachte die nach Lenzkirch führende Straße durch ihre Erstreckung bis zum rothen Kreuz in die Nähe von Falkau und die

---

(1) Der alte Weg hat Gegengefälle bis zu 20 Procent. (2) In dieser Gegend wurde 1741 der letzte wilde Bär in Baden erschossen.

Fortsetzung dieses neuen Weges über Falkau und Altglashütte nach Seebrugg lag in naher Aussicht. (Siehe Nr. 197.)

Dadurch trat auch das Project einer Feldbergstraße, welche bei Altglashütte in letztere Straße einmünden konnte, wieder in den Vordergrund und man beschloß zur genauen Ermittelung einer Zugslinie und des Kostenaufwandes eingehende Untersuchungen vorzunehmen, zu welchem Ende in der einzuhaltenden Straßenrichtung ein 4 Fuß breiter Fußweg mit 400 Fl. hergestellt wurde, wovon die Gemeinde Todtnau 175 Fl. übernahm. Es zeigte sich nun, daß der Weg von Todtnau bis Fahl vorerst beibehalten werden kann, von Fahl bis zum sog. Zeiger und von da über die Menzenschwander Höhe bis zum fürstl. fürstenbergischen Waldweg am Hochkopf aber ein ganz neuer Weg hergestellt, sodann von hier über Bärenthal nach Altglashütte der vorhandene kümmerliche Weg durchgehends verbessert werden müßte und daß daher für die Abtheilung von Fahl bis zum Zeiger ca. 50,000 Fl. und von da bis zur Einmündung in den Weg von Falkau bis Altglashütte ca. 20,000 Fl., im Ganzen also 70,000 Fl. erforderlich wären, um einen nur die mäßigsten Ansprüche befriedigenden Weg in einer Breite von 16 Fuß und einem Gefäll von 7—8 Procent zu erhalten. Dazu kamen die Besorgnisse, daß die Straße zur Winterszeit auf dem 4103 Fuß über der Meeresfläche (1) liegenden, beinahe ½ Stunde langen horizontalen Scheitel des zu übersteigenden Berges durch Schneeverwehungen zeitweise unbenützbar werde. Die Ausführung wurde deshalb abermals vertagt und man suchte durch Herstellung einer guten Straße über Aule und Vordermenzenschwand auf die von St. Blasien in das Wiesenthal führende Straße dem Verkehre wenigstens einige Erleichterung zu verschaffen. (Siehe Nr. 206.) In dem Gesetz von 1870 über Vervollständigung des Landstraßennetzes wurden 40,000 Fl. für diesen Bau genehmigt, sofern der Aufwand durch Ersparung an anderen Positionen gedeckt werden kann. Da diese Voraussetzung nicht eintraf, so wurden im Jahre 1875 neuerliche Untersuchungen über den wahrscheinlichen Aufwand vorgenommen, welche ein Bedürfniß von 295,000 Mark oder 172,000 Fl. ergaben. Von diesen Kosten würden auf den Kreis Lörrach 200,000 Mark, Waldshut 26,000 Mark und Freiburg 69,000 Mark entfallen. Im Hinblick auf die unzureichenden disponiblen Fonds mußte neuerdings von Ausführung dieses Baues Abstand genommen werden.

Im Jahr 1869 hatten die Gemeinden den Weg von Hinterzarten nach Bärenthal an der sog. Bruderhalde — westlich des Titisee's — durch die Wasser- und Straßenbauinspection neu herstellen lassen, in der Hoffnung, daß das Straßenstück seiner Zeit zur Weiterförderung des Verkehrs der künftigen Feldbergstraße dienen werde. An dem Aufwande von 9062 Fl. oder 15,335 Mark hatten übernommen: Hintergarten 3945 Fl., Falkau 975 Fl., Bärenthal 1292 Fl., Fürstenberg 350 Fl., die Staatscasse 2500 Fl. Je mehr sich die Industrie in dem Wiesenthal und auf dem Schwarzwalde hob, je mehr sich die Kohlen- und Holzpreise steigerten und je empfindlicher sich die Concurrenz in allen Zweigen des Erwerbes fühlbar machte, desto allgemeiner befreundete man sich mit dem Gedanken an die Nothwendigkeit einer Verbindungsstraße zwischen dem gewerbereichen Wiesenthal und der Schweiz einerseits und dem holzreichen Schwarzwalde anderseits. — Der billige Absatz der Walderzeugnisse und der erleichterte Bezug der Nahrungsmittel und Rohstoffe aus Württemberg und Oesterreich stellten sich lebhafter als je als Grundbedingungen für Förderung der Industrie in jener Gegend in den Vordergrund.

Da es aber bei der Verschiedenheit der Interessen immerhin fraglich war, ob die Beschaffung des Baufonds nach Maßgabe des Straßengesetzes von 1868 ausführbar wäre, so ist die neuerliche Zustimmung der Stände zur Ausführung aus Mitteln des Gesetzes von 1876 über Vervollständigung des Landstraßennetzes unter der Voraussetzung ertheilt, daß die dafür bewilligten Mittel zureichen.

Das im Juli 1876 eingetretene Brandunglück in Todtnau gab nun neuerlichen Anlaß zu Petitionen in Betreff der Ausführung dieser Straße und Großherzog Friedrich interessirte sich persönlich für die Erfüllung des Lieblingswunsches der Schwarzwälder, wodurch insbesondere auch den Todtnauern eine Wohlthat erwiesen würde.

Da der fürstl. fürstenbergische Waldweg in Verbesserung begriffen ist und somit nur der Bau zwischen dieser Straße und Fahl dringend erscheint, um wenigstens eine Verbindung von

---

(1) Todtnau liegt 2163 Fuß hoch, also der Sattel 1950 Fuß höher.

Todtnau mit Altglashütte zu erzielen, so wäre zunächst ein Aufwand von 139,000 Mark nöthig, worunter 5300 Mark für Güter enthalten sind. Von dem Reste entfallen 109,000 Mark auf den Kreis Lörrach und 24,700 Mark auf den Kreis Waldshut.

Nr. 206.

Straße von Menzenschwand nach Aule.

Bevor die Straße von Oberlenzkirch über das rothe Kreuz längs des Titisee's (Nr. 53) nicht bestund und die Straße von Seebrugg über Schluchsee, Altglashütte und Falkau bis zum rothen Kreuz (Nr. 97) nicht zur Benützung als Landstraße verbessert war, hatten die südöstlich von der alten über Saig führenden Landstraße nur eine schlechte Verbindung mit Lenzkirch, Neustadt und Freiburg. Noch mangelhafter war aber die Verbindung mit dem oberen Wiesenthal, da hiezu nur die ebenfalls schlechte Landstraße von St. Blasien nach Utzenfeld (Nr. 49) benützt werden konnte. Eine directe Straßenverbindung des Amtsbezirks Neustadt mit dem Wiesenthal war daher seit langer Zeit schon als dringendes Bedürfniß anerkannt und es war zu diesem Ende der Bau einer guten Straße von Altglashütte über den tiefsten Sattel des Feldbergs bei Fahl nach Todtmoos in Vorschlag gebracht. (Siehe Nr. 205.)

Da der Bau dieser Straße aber einen sehr bedeutenden Aufwand verlangte, glaubte man einstweilen durch Herstellung einer möglichst kurzen und guten Verbindung der beiden Straßen Nr. 197 und Nr. 49, nämlich der Straße von Schluchsee nach Falkau und Lenzkirch mit jener von St. Blasien nach Utzenfeld, wenigstens dem dringendsten Bedarfe für den durchgehenden Verkehr von Neustadt nach dem Wiesenthal zu entsprechen, zugleich aber auch eine nützliche Verbindung der Schwarzwaldorte unter sich zu schaffen, indem man die Vicinalstraße von Oberaha über Aule und Vordermenzenschwand verbessert.

Dieser Weg, der mehr einem Bachbett als einer Straße glich, besaß nämlich, abgesehen von seiner ungenügenden Breite von 12 Fuß und mangelnder Fundamentirung, Gefälle von 16—20 Procent, ja an der steilsten Strecke von 25 Procent. Die Kosten für eine 1666 Ruthen lange, mit 2 Rampen und einem Gefällmaximum von 8 Procent auszuführende 16 Fuß breite Straße mit 12 Fuß Fahrbahn und 3 Zoll Fundament und 3 Zoll Schotter wurde ohne Gelände auf 12,000 Fl. veranschlagt. Das Gelände war geschätzt für Vordermenzenschwand auf 100 Fl., für Aule auf 246 Fl. und für den Forstfiscus auf 17 Fl. Das Forstärar und die Gemeinden Menzenschwand-Vorderdorf und Aule stellten das Gelände unentgeltlich und an baaren Beiträgen wurden geleistet: von dem Forstfiscus 1000 Fl., von der Gemeinde Vordermenzenschwand 2313 Fl., von der Gemeinde Hintermenzenschwand 150 Fl., der Staat hatte daher noch 8537 Fl. zu übernehmen. Der Gemeinde Menzenschwand wurde überlassen, auf ihre Kosten von der ersten Rampe aus einen etwa 178 Ruthen langen Verbindungsweg mit dem Ort Hinterdorf herzustellen. Der Bau wurde 1868 begonnen und 1871 vollendet. Die Kosten beliefen sich in Folge nicht vorherzusehender Schwierigkeiten auf 13,600 Fl. oder 23,315 Mark, wovon die Interessenten außer der Geländestellung 3463 Fl. und die Staatscasse 10,127 Fl. übernahmen. Menzenschwand-Hinterdorf leistete 1200 Fl. für Herstellung eines Seitenweges und Vordertodtmoos gab einen Beitrag von 700 Fl. für Geländeerwerbung.

Diese Straße hat sich für den Absatz des Holzes und insbesondere der schon seit 400 Jahren in Menzenschwand gefertigt werdenden Holzwaaren, als Kübel, Schachteln, Spinnräder &c. als sehr nützlich erwiesen. Das Bedürfniß einer directen Verbindung über den Feldberg nach Todtnau ist aber damit natürlich noch nicht befriedigt.

Nr. 207.

Straße von Hardheim nach Eubigheim.

Siehe Nr. 184.

Nr. 208.

Straße von Hüfingen nach Höchsteisenbach.

Länge von Hüfingen bis Bräunlingen 3,23 Kilometer = 0,73 Stunden.

Die Orte Hüfingen, Bräunlingen, Bränd, Höchst-Eisenbach scheinen ebenso wie die Flüsse Donau, Berg und Brigach keltische Namen (1) zu besitzen. Daß in Hüfingen und Bräunlingen auch die Römer Niederlassungen hatten, steht außer Zweifel. (2) Man darf darum wohl annehmen, daß die ältesten Ortsverbindungswege hier ebenso wie an so vielen anderen Orten keltisch-römischen Ursprungs sind.

Von Hüfingen über Bräunlingen (3) und Oberbränd nach Eisenbach führt seit langer Zeit eine 12—18 Fuß breite Vicinalstraße, welche zwischen Bräunlingen und Eisenbach größtentheils durch Wald zieht. Da die Gefällsverhältnisse hier viel günstiger als an der Straße von Neustadt über Löffingen nach Hüfingen sind und letztere zudem 2,7 Stunden länger als erstere ist, wünschen die Gemeinden Neustadt, Bräunlingen, Hüfingen, Eisenbach, Bubenbach, Unter- und Oberbränd und Schwärzenbach schon lange, daß der Weg über Bräunlingen und das Eisenbachthal chausseemäßig hergestellt und unter die Landstraßen aufgenommen werde. Dieser Wunsch wurde im Jahr 1862 in einer Eingabe der Gemeinden an die Regierung besonders damit zu begründen versucht, daß eine möglichst kurze Verbindung der Schwarzwaldgemeinden mit der in Aussicht genommenen Eisenbahnstation Donaueschingen dringendes Bedürfniß sei. Die im Jahr 1863 vorgenommene Untersuchung über die nöthigste Verbesserung dieses Weges hat ergeben, daß ein Aufwand von 18,107 Fl. hiefür erforderlich wäre, wenn die Straße zwischen Hüfingen und Bräunlingen, wo sie unter Hochwasser liegt, sammt der Brücke bei Bräunlingen erhöht, die Querprofile geregelt, das Längenprofil durch einige Correctionen verbessert, an den schmalen Stellen die nöthige Verbreiterung vorgenommen und die Fahrbahn verstärkt wird. Da es vor Allem nothwendig schien, die Straße von Neustadt nach Brägenbach und jene von Brägenbach über Wolterdingen nach Donaueschingen zu verbessern, unterblieb die Herstellung der Straße über Bräunlingen nach Hüfingen. Nachdem die Gemeinde Bräunlingen 1864 die Correction des Brägbach durch die Wasser- und Straßenbauinspection mit 30,000 Fl. hatte herstellen lassen, sollte im Jahr 1871 auch die Straße von Hüfingen nach Bräunlingen mit 8000 Fl. verbessert und sodann als Landstraße behandelt werden.

Die Kreisversammlung hatte sich aber gegen die Betheiligung an den Kosten ausgesprochen.

Die nahe Aussicht auf die Eisenbahnverbindung zwischen dem Wutachthal und Donaueschingen, der zu Folge eine Station in Hüfingen projectirt war, gab neuerlich Anlaß zu dem Wunsche der Straßenverbesserung zwischen Hüfingen und Bräunlingen, weil die bestehende Vicinalstraße ungenügende Breite, Gegengefälle, schlechte schmale Brücken und eine zu kurze Einmündungscurve in die Straße Nr. 28 am Hüfinger Thor hatte, wodurch der Langholztransport sehr erschwert war. Die erforderlichen Kosten wurden mit 34,000 Fl. in dem Budget für 1874/75 bewilligt, nachdem die Interessenten die gesetzlichen Beiträge von $1/_{8}$ zugesagt hatten. Die Straße wurde von 4—5 auf 6 Meter verbreitert, im Längen- und Höhenprofil regulirt und zu Beseitigung eines Gegengefälles an einer Stelle corrigirt. Die Einmündungsrampe am Hüfinger Thor wurde mit 21 Meter Radius hergestellt, nachdem die Breg daselbst corrigirt war. Da die Gemeinde Bräunlingen nicht auf die projectirte Correction der Breg in Nähe der Stadt eingehen wollte, weil diese auf 20,000 Fl. veranschlagt war, und auch der Müller gegen diese Correction protestirte, mußte die neue eiserne Fachwerkbrücke von 21,6 Meter Weite und 6 Meter Breite an die Stelle der alten Holzbrücke mit 4 Jochen gestellt werden. Auch an Stelle der hölzernen Mühlcanalbrücke wurde eine eiserne Brücke mit einem Steinpfeiler erbaut. Das Bachbett wurde oberhalb der Brücke auf 120 Meter Länge corrigirt. Die Voll-

---

(1) Bei Bräunlingen fand man keltische Gräber mit Waffen und Gerippen. (2) Man fand bei Bräunlingen unzweifelhaft römische Gebäudereste. (3) Die alte, aus einer keltisch-römischen Niederlassung hervorgegangene Stadt Bräunlingen (Brigobannis, heißt keltisch Berggürtel, also ein von Bergen eingeschlossener Platz) kam 1305 durch Kauf von Fürstenberg an Oesterreich, wurde zur Municipalstadt erklärt und ging mit ihrem Gebiet, bestehend in den Orten Hubertshofen, Bubenbach, Ober- und Unterbränd, 1805 an Württemberg und 1806 an Baden (Reg.-Bl. 1806, S. 751) über. An dem Mühlthor steht die Jahreszahl 1203.

endung erfolgte 1876 mit einem Aufwand von 58,300 Mark und die Straße wurde vom Hüfinger Schloßthor bis zum Bräunlinger Thor in einer Länge von 3239 Meter unter die Landstraßen aufgenommen. Der Aufwand für Fortsetzung der Straße von Bräunlingen nach Wolterdingen ist bei 2786 Meter Länge und 6 Meter Breite auf 70,000 Fl. berechnet.

Nr. 209.

Straße von Bonndorf nach Thiengen.

Steinachthalstraße.

Verbandlänge von den Roggenbacher Schlössern bis Detzeln 15,37 Kilometer = 3,46 Stunden.

Das schmale, mit hohen und stark bewaldeten Bergen, zum Theil auch von mächtigen Felsen begränzte Thal der Steinach gehörte einst den Freiherren von Krenkingen, dem angesehensten Edelgeschlechte des Alpgaues, zu deren Herrschaft die Feste Weißenburg(1) mit dem Roggenbacher Schloß(2) Steineck bei Bonndorf, Iseneck, Gut Krenkingen, Alt-Krenkingen, Neu-Krenkingen, Gutenburg und Thiengen nebst vielen benachbarten Orten und Höfen gehörten. Das Thal mit den nahe gelegenen Orten wurde später der Grafschaft Bonndorf einverleibt und kam mit dieser 1699 an St. Blasien, dann 1803 an das Groß-Priorat des Malteser-Ordens, 1805 an Württemberg und 1806 mit St. Blasien an Baden. Sowohl das Steinachthal wie die Thäler der Schwarza, Mettma und Alb waren bis in die neue Zeit ohne Straßen. St. Blasien hatte nur die auf den Höhen hinziehenden ältesten Wege von Bonndorf über Häusern nach Waldshut und über die Alp nach Stühlingen, von Rothhaus über Uehlingen nach Thiengen und von Gurtweil nach Witznau verbessern lassen. Die Verbindung des letzteren Ortes mit dem Berauer Berg scheiterte an der Unkenntniß der Bauleitung. (Siehe Nr. 203.)

Das Steinachthal wurde nur durch nothdürftige steile Vicinalwege von Wittenhofen und Bettmaringen nach Birkendorf, von Ender- und Untermettingen nach Uehlingen und von Löhmingen nach Krenkingen gekreuzt.

Von Thiengen über Detzeln führte ein schlechter Vicinalweg nach Krenkingen. Um von Bonndorf nach dem Rheinthal zu kommen, mußte man entweder die Straßen über Rothhaus, Birkendorf, Berghaus nach Thiengen oder über Wellendingen und die Alp nach Stühlingen einhalten. Da aber die genannten Straßen viele und bedeutende Steigen und Gegengefälle besitzen, war der Transport der land- und forstwirthschaftlichen Erzeugnisse nach dem Rheinthal und der Schweiz, sowie der Bezug des Rohmaterials für den Gewerbebetrieb sehr erschwert.

Schon 1845 petitionirten deshalb 11 Gemeinden um den Bau einer Straße durch das Steinachthal; allein wegen Ausführung wichtigerer Straßenverbindungen war die Erfüllung dieses Wunsches in jener Zeit unthunlich, obgleich derselbe den Verkehr von 15,000 Menschen mit dem Rheinthal und die Holzabfuhr aus 12,000 Morgen Wald bezweckte.

Im Jahr 1853 stellten die Gemeinden den Weg von Detzeln nach Raßbach her und 1856/57 ließ das Forstärar einen guten Holzabfuhrweg von der Summerau bis gegen die 3 Roggenbacher Thürme (Schlösser genannt)(3) auf dem rechten Ufer der Steinach mit ca. 30,000 Fl. herstellen und dann die Straße nach Birkendorf corrigiren. Dieser Weg hat von der Steinach-Säge (bei Abgang von der Bonndorf-Rothhauser Straße) bis zum Abgang nach Birkendorf eine Breite von 14—16 Fuß und 1—2 Procent Gefäll, nach Birkendorf aber eine Steigung von 5—7 Procent. — Auf diesem Wege mußte also die Straße Nr. 209 von Lenzkirch nach Thiengen erstiegen werden, während die Fortsetzung der Thalstraße bis Thiengen mit einem Gefälle von 2—3 Procent erstellt werden konnte. Von den Roggenbacher Schlössern bis Untermettingen bestund ein sehr dürftiger Weg für die Holzabfuhr.(4)

---

(1) Weißenburg wurde 1438 von den Herzogen von Oesterreich zerstört, das Roggenbacher Schloß brannten St. Blasianische Dienstleute nieder. Gerbert III. 348. Der letzte der Freiherren von Krenkingen starb 1508 als Abt von Reichenau. (2) Diese Thürme gehörten zu dem Roggenbacher Schloß, welches den Namen von den früheren Eigenthümern führte. (3) Von den Roggenbacher Schlössern sind 2625 Fuß, bei Birkendorf 2312 Fuß zu ersteigen. (4) Durch die von der Forstverwaltung hergestellte Straße wurde schon 1837 ein Mehrerlös aus Holz im Betrage von 37 Procent erzielt.

Die im Jahr 1865 vorgenommenen Untersuchungen ergaben, daß für Herstellung einer 16 Fuß breiten Vicinalstraße von den Roggenbacher Schlössern bis Detzeln 102,000 Fl. erforderlich wären, wozu die Domäne einen Beitrag von 20,000 Fl. in Aussicht stellte. Das Gesetz von 1870 über Vervollständigung des Landstraßennetzes bewilligte 120,000 Fl. für diesen Zweck.

Nach detaillirtem Ueberschlag von 1872 waren für den Bau einer Landstraße 122,000 Fl. erforderlich, da nach dem Wunsch der Interessenten die Straße nicht nur in Thiengen, sondern auch in Oberlauchringen ausmünden, und Steigung und Radien so bemessen werden sollten, daß auf der Straße seiner Zeit eine Pferdebahn angelegt werden kann. Von den Kosten übernahmen: Bettmaringen durch Geländestellung 60 Fl. und baar 840 Fl., zusammen 900 Fl., Obermettingen durch Geländeabgabe 470 Fl. und baar 130 Fl., zusammen 600 Fl., Bonndorf baar 2000 Fl., Untermettingen durch Geländestellung 1330 Fl., Wellendingen baar 200 Fl., Wittlekofen 100 Fl., Detzeln mit Gelände 404 Fl., Endermettingen durch Geländeabgabe im Werth von 1065 Fl., gegen 500 Fl., also 565 Fl., das Domänenärar 20,000 Fl. und die Staatscasse 95,901 Fl. Die Straße war 5 Meter über der Bachsohle mit einem Maximalgefälle von 3,5 Procent, 5 Meter breit mit 4,2 Meter breiter Fahrbahn herzustellen. Der an die Straße gränzende Wald mußte auf 4 Meter zurückgehauen werden und muß in dieser Entfernung bleiben. Die Ausführung begann 1873. Die Abtheilung bis Untermettingen kam 1875 zur Vollendung und in den Landstraßenverband.(1) Im Jahr 1875 folgte dann der Bau von Untermettingen bis Detzeln. Da die Dotation von 1870 für diesen Bau ganz aufgewendet werden mußte, sind in dem Nachtragsgesetze von 1876 weitere 100,000 Mark bewilligt worden, wovon 80,000 Mark für die Abtheilung von Detzeln bis Oberlauchringen und 20,000 Mark für die Abzweigung nach Thiengen bestimmt waren. Vorausgesetzt, daß die Straße bis Detzeln mit der dafür bestimmten Summe hergestellt werden kann und die für die Fortsetzung bis Oberlauchringen und für die Abzweigung nach Thiengen weiter nöthigen 100,000 Mark hinreichen oder durch Beiträge der Interessenten erhöht werden, wird der ganze Bau bis 1881 vollendet sein.

Der bewilligte Aufwand besteht in 317,633 Mark.

Nr. 210.

Straße von Beuren nach Kommingen.

Randenstraße.

Länge 9,33 Kilometer = 2,10 Stunden.

Nr. 283.

Straße von Beuren über Binningen und Riedheim nach Hilzingen.

Wenn der Straßenzug von Randen über Kommingen, Thangendorf, Blumenfeld, Beuren und Binningen nach Hilzingen und Singen vor 40 Jahren von der Straßenbaudirection als der schlechteste in Baden bezeichnet wurde, so erklärt sich dies zunächst aus den vielen kleinen Hoheitsgebieten, die derselbe früher durchzog. Die Grafschaft Thengen, wozu Stadt und Dorf Thengen, Kommingen und Wiechs mit Haslach und einem Theil von Uttenhofen gehörten, war 1664 zur gefürsteten Grafschaft erhoben und kam 1805 unter badische Hoheit.(2) Die Herrschaft Blumenfeld, bestehend aus Blumenfeld, Beuren, Büßlingen, Leipferdingen, einem Theil von Uttenhofen, Nordhalden, Neuhaus, Thalheim, Thengen-Hinterburg, Weil, Watterdingen und Epfenhofen, kam 1488 durch Kauf an die Deutschordens-Commende Mainau(3) und 1805 an

(1) Seit 1874 ist das Thal durch die Errichtung eines Bades an der Steinachmühle von Fremden belebt.
(2) Die Eigenthumsrechte gingen erst 1811—12 von dem fürstlichen Hause von Auersberg durch Kauf für 60,000 Fl. an Baden über. Reg.-Bl. 1811. S. 93. (3) Schreckenstein, Geschichte der Reichsritterschaft II, 571. Das bestehende Schloß in Blumenfeld ist 1515 erbaut.

Baden. Binningen, früher ritterschaftlich, und Singen, nellenburgisch, gingen 1806 an Württemberg und 1810 an Baden über. Die ehemals Peterhausen'sche Herrschaft Hilzingen, Staufen, Riedheim, Schoren und Riedern fiel 1803 Baden zu. Diese Orte stunden mit den westlich des Randen gelegenen fürstenbergischen, St. blasianischen und schwarzenbergischen Ortschaften in keinem Verkehr; ihre Interessen zogen sie nach Schaffhausen, Stein, Stockach, Radolfzell und Constanz. Für Straßenverbesserung ist damals in diesem Bezirke fast nichts geschehen, weil die natürlichen Terrainverhältnisse für solche Bauten sehr ungünstig sind, man auf den durchgehenden Verkehr keinen Werth legte und die Unterthanen so wenig als möglich durch Wegfrohnden belästigen wollte, da sie ohnedies durch Herrenfrohnden stark in Anspruch genommen waren. Steile Steigen, tief eingeschnittene, schmale Hohlwege, mangelhafte Brücken und schlechte Fahrbahn waren in neuerer Zeit noch vorhanden. Erst im Jahr 1863 gaben die Bewohner dieser Gegend ihrem Verlangen nach Verbesserung der Wege einen lebhaften Ausdruck. Die Kosten wurden damals für Herstellung einer 18 Fuß breiten Vicinalstraße von Beuren über Binningen und Riedheim nach Hilzingen auf 20,000 Fl. überschlagen. Die Ereignisse des Jahres 1866 und die Aussicht auf die Bestimmung eines allgemeinen Straßengesetzes verzögerten die Ausführung.

Die Gesetze von 1870 und 1876 über Vervollständigung des Landstraßennetzes bewilligten für die Straßenverbindung von Hilzingen nach dem Randen 217,591 Mark, der Bau kam 1872/73 zwischen Blumenfeld und Thengen mit Maximalgefäll von 6 Procent statt der frühern 20 Procent in einer Breite von 4,8 Meter und mit Maximalradien von 50 Meter zur Ausführung und wurde alsbald unter die Landstraßen aufgenommen.

Dann folgte 1874/76 der Bau innerhalb Thengendorf und bis Komminger Höhe, welche Abtheilung statt 10—12 Procent 4—2 Procent Steigung erhält und 1875 in die Landstraßen eingereiht wurde. Hierauf wurde die Abtheilung von der Komminger Höhe bis Gemarkungsgränze Thalheim ausgeführt. Auch die Abtheilung von Beuren über Binningen, Storzeln, Rindheim bis Hilzingen(1) kam hierauf 1876/77 in Ausführung. Zu den Baukosten trugen bei: Beuren baar 500 Fl., Thengen durch Gelände 2220 Fl., Watterdingen 200 Fl., Blumenfeld baar 500 Fl., mit Gelände 140 Fl., Thengen-Hinterburg(2) 120 Fl., Thengendorf mit Gelände im Werth von 3560 gegen 2240 Fl., Thalheim 270 Fl., Kommingen Gelände im Werth von 550 Fl. gegen 410 und baar 750 Fl., ferner Binningen an Gelände 4971 Mark gegen 2400 Mark, Storzler Hof Gelände 2280 Mark gegen 1765 Mark, Rindheim baar 2057 Mark, Hilzingen Gelände 1513 Fl. und baar 1914 Fl. Vorausgesetzt, daß durch die noch in Arbeit befindlichen Bauten der Ueberschlag nicht überschritten wird, beträgt der gesammte Aufwand für diesen Bau 217,591 Mark und es bleiben davon der Staatscasse 198,459 Mark zur Last. Bezüglich der Verbindung dieser Straße mit dem Wutachthal resp. mit den projectirten Eisenbahnstationen daselbst bestehen mehrere Vorschläge und zwar: 1) die Zugslinie von Kommingen über den Randen nach Epfenhofen zur Station Fützen. 2) Die Linie von Randen direct nach Blumberg oder mittelst einer Correction der Straße über Zollhaus nach Blumberg und Achdorf. 3) Die Linie von Kommingen über Rindböhringen in das Aitrachthal und von da mittelst der bestehenden Straße nach Zollhaus Blumberg und Achdorf. — Blumberg ist für 2, Thengen Riedöschingen und Thalheim für 3, Epfenhofen und Fützen für 1. Der Zug 2 mit directer Führung nach Blumberg hätte die günstigsten Gefälle und empfiehlt sich auch der Kürze wegen. Die Ausführung des Zuges 1 wird bei 5,4 Meter Breite und 4,2 Meter Fahrbahn aus 0,15 Meter Gestück und 0,12 Meter Schotter bestehend, und bei 7,8 Procent Gefällmaximum 48,000 Mark kosten. Die Entscheidung ist verschoben, bis der Bau der Bahnstationen definitiv festgesetzt ist. Zur guten Verbindung mit der neuen Straße ist in den Jahren 1875/76 auch die Gemeindestraße von Uttenhofen nach Thengen mit einer Abzweigung nach Thalheim verbessert worden. An dem Aufwand für Uttenhofen-Thengen im Betrag von 24,370 Mark übernahmen der Kreis 7000 Fl., Thengen 800 Fl., Uttenhofen 1400 Fl., Nordhalden 2200 Fl., der Staat 9510 Fl. und die Gemeinden stellten das Gelände im Werth von 3460 Fl. Der Aufwand für die Abzweigung nach Thalheim erforderte 7800 Mark, der Staat gab 4336 Fl. Beitrag.

---

(1) Der Fruchtmarkt in Hilzingen hat sich in neuerer Zeit gehoben. 1870 kamen 40,000, 1873 54,674, 1875 61,711 Centner Getreide zum Verkauf. (2) Hieß früher „Hinterstadt" und hatte im 16. und 17. Jahrhundert Stadtgerichtsrecht. Zeitschrift 25.

Im Jahr 1875 petitionirten die Gemeinden um Verbesserung der Gemeindestraße von Engen über Anselfingen und Watterdingen nach Blumfeld oder Thengendorf und um Aufnahme der Straße unter die Landstraßen.

Die dringendsten Arbeiten bestehend in Umgehung der sog. Sättelesteig auf Gemarkung Anselfingen und in Verbesserung zwischen Anselfingen und der Randenstraße, was ca. 98,600 Mark kosten würde.

Nr. 211.

Straße von Eberstadt nach Seckach.

Länge von dem Bödigheim-Eberstadter Gemeindeweg bis Nr. 91 3,40 Kilom. = 0,77 St.

Die Stadt Walldürn nebst mehreren anderen Orten verwendeten sich 1865 um die Herstellung einer guten Zufuhrstraße von Walldürn nach Götzingen und von hier einerseits nach Eberstadt und Sekach, anderseits über Bofsheim nach Osterburken zu den Eisenbahnstationen. Es ergab sich aber, daß die Entfernung von Walldürn über Buchen nach Seckach 4 Stunden, jene über Rinschheim, Götzingen und Eberstadt dahin $4^1/_2$ Stunde beträgt, folglich für Walldürn eine Straße in dieser Richtung nicht nützlich wäre. Seit Rinschheim dem Amte Buchen zugetheilt ist und der Ort mit Walldürn stets nur geringen Verkehr hatte, erschien auch eine bessere Verbindungsstraße zwischen Walldürn und Rinschheim nicht nöthig. Götzingen und Eberstadt haben unter sich gute Verbindungswege; dagegen erschien der alte Vicinalweg von Eberstadt nach Seckach, der über Bödigheim führt und $2^1/_2$ Stunden lang ist, wegen der steilen Steige oberhalb Bödigheim als hinderlich für den Verkehr mit der Station Seckach. Hier konnte mit dem Bau einer neuen Straße durch das Westerbachthal geholfen werden, indem der Weg zwischen Eberstadt und Seckach mit günstigem Gefäll angelegt, die Länge von $2^1/_2$ Stunden auf $1^1/_2$ Stunde ermäßigt und auch für Götzingen und Rinschheim der nächste Weg zur Eisenbahn geschaffen werden konnte.

Dagegen stellten sich der Verbesserung der Straßen in der Richtung nach Osterburken größere Anstände entgegen.

Die Entfernung von Walldürn über Hardheim, und Erfeld nach Eubigheim beträgt 5 Stunden, jene über Rinschheim, Götzingen und Bofsheim nach Osterburken $4^1/_2$ Stunden. — Hier wären, um ein Maximalgefäll von $6^1/_2$ Procent zu erzielen, 2 Correctionen mit ca. 32,000 Fl. auszuführen. Walldürn muß aber den Anschluß an die Eisenbahn in der Richtung gegen Würzburg und Eubigheim oder bei Rosenberg suchen, wogegen Rinschheim, Götzingen, Eberstadt und Bofsheim nur Werth auf die Verbindung mit Seckach legen, weil ihre landwirthschaftlichen Erzeugnisse hauptsächlich nach Mosbach und Heidelberg, seltener nach Heilbronn und Würzburg gehen.

Man entschloß sich daher für den Bau einer neuen Straße zwischen Eberstadt und Seckach, deren Aufwand bei einer Breite von 18 Fuß mit 15 Fuß Fahrbahn und einer Länge von 1153 Ruthen auf 11,949 Fl. oder 20,484 Mark berechnet war. An Beiträgen gaben: Eberstadt Gelände im Werth von 392 Fl. und 425 Fl. baar; Privatpersonen daselbst und in Seckach 150 Fl., Gemeinde Seckach an Gelände 393 Fl., Freiherr von Rüdt mit Geländestellung unter Vorbehalt des Eigenthums 460 Fl. und Götzingen baar 100 Fl., daher an Beiträgen 1919 Fl. entfielen und die Staatscasse noch 10,000 Fl. zu übernehmen hatte. Der Bau, nämlich die neuerstellte Straße zwischen der Seckach-Bödigheimer und der Eberstadt-Bödigheimer Vicinalstraße wurde 1869 vollendet und 1870 in den Landstraßenverband aufgenommen.

Nr. 212.

Straße von Marxzell nach Neuenbürg.

Maisenbachthalstraße.

Länge in Baden . .	6,29 Kilometer =	1,42 Stunden,
„ „ Württemberg		2,70 „
zusammen		2,92 Stunden.

Im 16. Jahrhundert war ein württembergischer Postcours von Hirschau über Calmbach nach Herrenalb eingerichtet. Da auf dieser Route drei hochgelegene Wasserscheiden zu passiren

und die Wege sehr steil und schlecht unterhalten waren, mag die Eile der Postbeförderung sehr mäßig gewesen sein.

Zur leichteren Communication zwischen dem Nagold- und Enzthale hat Württemberg 1846 die Straße zwischen Hirschau und Calmbach gut hergestellt, aber zur Verbindung des Albthales mit dem oberen Enzthal diente in neuerer Zeit noch wie früher hauptsächlich die Straße von Herrenalb über Dobel und Eyachmühle nach Wildbad, weil die Straße von Rothensohl über Neusatz und von Marxzell über Pfaffenroth, Langenalb,(1) Conweiler und Schwann nach Neuenbürg durch allzu beschwerliche Steigen von 10—18 Procent Gefäll den Verkehr mit belasteten Wagen fast unmöglich machten.(2) Aber auch die Straße über den Dobel konnte den Anforderungen der Neuzeit nicht mehr entsprechen, weil man auf diesem Weg die zwei Wasserscheiden zwischen der Alb und Eyach und zwischen dieser und der Enz mit Gefällen von 6 bis 9 Procent überschreiten muß. Die Correction dieser sog. Dobelstraße war früher von Württemberg in Aussicht genommen, allein abgesehen von den großen Kosten, würde sich bei Ermäßigung des Gefälls die Länge der Straße so sehr vermehrt haben, daß sich der Gewinn an Steigung durch die Vermehrung der Länge wieder nahezu aufgewogen hätte.

Schon seit 1748 bestund deshalb das Project, von der Marxzeller Mühle durch Benützung des Maisenbachthales die Höhe bei Langenalb zu gewinnen, von dort die bestehende, ziemlich ebene Straße über Conweiler und Schwann(3) zu verbessern und von dem Hochgestade der Enz eine weniger steile Verbindung mit Neuenbürg herzustellen. Zum Beginn eines solchen Unternehmens hatte die Gemeinde Spielberg(4) durch ihren Wald auf eine Länge von 10,500 Fuß einen 13 Fuß breiten Weg auf der Winterseite des Maisenbachthales als Holzabfuhrweg herstellen lassen.

Die Verbesserung und Fortsetzung dieses Weges bis Langenalb wurde nun 1865 von badischen und württembergischen Gemeinden bevorwortet. Auch die württembergische Regierung schloß sich diesen Bestrebungen an. Die im Jahr 1861 vorgenommenen Untersuchungen ergaben, daß die Benützung des Schillberger Waldwegs nicht räthlich sei, weil derselbe wegen seiner vielen Gegengefälle und kurzen Wendungen nur zum kleinen Theil beibehalten werden könnte, daher es sich mehr empfehle, die neue Straße auf die Sommerseite des Thales zu legen. Der Kostenüberschlag für den Bau auf badischem Gebiet bei einer Länge von $1\frac{1}{2}$ Stunden, 18 Fuß Breite, 14 Fuß Fahrbahn, 5 Zoll Sandsteingestück, 3 Zoll Schotter, einer Steigung von 2 bis 4 Procent und Wendungen von 80—100 Fuß Radius verlangte 40,000 Fl., wovon nach längeren Verhandlungen mit Württemberg und den badischen Gemeinden übernommen wurden: 14,000 Fl. von der badischen Staatscasse, 3000 Fl. von dem badischen Domänenärar und 22,000 Fl. von Württemberg und zwar 16,875 Fl. von der Staatscasse, 2750 Fl. von acht württembergischen Gemeinden, 1850 Fl. von badischen Gemeinden,(5) 525 Fl. von Privatpersonen und 3000 Fl. von der Stadt Ettlingen. Die Kosten der Straßenverbesserung auf württembergischem Gebiet, bestehend in Correction, Verbreiterungen und Gefällausgleichungen waren veranschlagt auf 31,897 Fl., wovon die Staatscasse 21,897 Fl., Amtsversammlung Neuenbürg 4000 Fl. und die Gemeinden 6000 Fl. übernahmen. Der Bau wurde im Herbst 1868 begonnen und im Herbst 1869 vollendet. Wegen der Güterabtretung in Gemarkung Pfaffenroth mußte richterliche Einweisung in den Besitz veranlaßt werden. Diese Gemeinde wollte nämlich, daß die Straße auf die linke Thalseite verlegt werde, was sich nicht als angemessen erwies. Die neue Straße ist unter die Landstraßen aufgenommen. Obgleich durch die Verbesserung dieser Straße nicht allein der Verkehr aus dem Albthale, sondern auch jener aus dem Murgthale in das Enzthal bedeutend erleichtert ist, so wird doch von den Bewohnern des Murg- und Bosthales eine kürzere Verbindung über Hilpertsau und Kaltenbronn nach Wildbad angestrebt. (Siehe Nr. 264.)

---

(1) Die Straße von Marxzell über Pfaffenroth nach Langenalb wurde 1795 chausseemäßig mit Vorschuß aus der Landeskostencasse hergestellt. Den Ersatz hatte die Weggeldcasse zu leisten. (2) Moreau zog 1796 mit seinem Heere über die Dobelstraße nach Calmbach resp. Hirschau. (3) Schwann ist ein alter Ort, der im 15. Jahrhundert halb badisch, halb württembergisch war, 1528 aber durch Tausch ganz an Württemberg kam. Conweiler gehörte früher zu Schwann. In der Nähe stund die Feste Cunnenberg der Herren von Schmalenstein, die 1397 zerstört wurde. (4) Spielberg, Rothensohl, Langenalb, Pfaffenroth, Illersbach, Schwann, Dobel sind keltische Namen wie Schlöllbronn und Schlutenbach. (5) Darunter Ittersbach mit 150 Fl., Spielberg mit 700 Fl. und Langenalb mit 1000 Fl.

Der erweisliche Aufwand, der badischer Seits für die Verbesserung dieser Straße bestritten wurde, beträgt 68,571 Mark.

Im Jahr 1874 sind durchschnittlich pro Tag 86 Zugthiere hier beobachtet worden.

Nr. 213.

Straße von Aglasterhausen über Zwingenberg nach Dielbach.

Siehe Nr. 149.

Nr. 214.

Gloterthalstraße.

Länge von Denzlingen bis an die Ränke 12,68 Kilometer = 2,85 Stunden.

Das Gloterthal ist ein Sitz alter Cultur. Schon aus den Namen der Bäche, Gloter, Luter, der Bergspitzen Kandel, Flanson, Ettenberg, Brogenbach, Wälschennorden, läßt auf ursprünglich keltische Bewohner schließen. Bergbau wurde hier schon in ältester Zeit, wahrscheinlich auch von den Römern betrieben.(1) Es ging ein römischer Weg von der römischen Niederlassung Maurach durch das Thal über die Höhe von St. Peter und St. Märgen nach der Hochstraße bei Waldau. Der Turner daselbst war wahrscheinlich auch ein römisches Castell. Oberhalb des Zwaribachfalles ist der „Heidenfels". Im 14. Jahrhundert war Gloterthal Erbgut der Grafen von Freiburg und kam dann 1490 an Herzog Sigismund von Oesterreich und mit den vorderösterreichischen Besitzungen im Breisgau an Baden.

Das Bad im Oberthal bestund schon im 16. Jahrhundert unter dem Namen Luterbad.(2)

Zur Verbindung der Orte Unter- und Oberglotertbal unter sich und mit dem alten Denzlingen bestund seit unvordenklicher Zeit ein Weg, der im Wesentlichen die Richtung des noch bestehenden verfolgte und beim Helsinger Hof endete. Von Oberglotertbal (Wälder Hof) in östlicher Richtung, verband noch im Jahr 1806 nur ein gefährlicher Reitweg, der sog. Rohrer Weg, der von St. Peter über Rohr führte, die genannten Thalorte mit der Abtei.(3) Dieser Weg wurde allmählich von Seite des Klosters, der Hofbauern und Waldbesitzer in einen schmalen Karrenweg umgestaltet. Schon 1810 wurde ein Plan für den Bau einer directen Straße nach St. Peter entworfen, dessen Ausführung an dem Ueberschlag von 20,000 Fl. scheiterte. Die Forstbehörde stellte einen Theil des Wegs in den Ränken mit 454 Fl. her und die Kreisregierung erkannte 1833, daß der ganze Weg daselbst 14 Fuß breit bis zum hohlen Weg frohndweise mit einem baaren Aufwand von 475 Fl. zu bauen sei, wovon die Hälfte die Forstcasse, die andere Hälfte die Gemeinden zu bezahlen hatten. Die Ausführung, wie die im Jahr 1866 erfolgte Verbesserung geschah unter Leitung der Inspection, die Straße erhielt aber Gefälle bis zu 10 Procent.

Der Weg im Thal blieb aber von Oberglotertbal bis zu gedachter Straße sehr schlecht; viel zu schmal (10—12 Fuß), ohne Fundament und mit stets wechselnden starken Gefällen von 5—12 Procent, so daß der Verkehr sich lediglich auf die nothdürftigste Abfuhr der Wald- und Feldproducte beschränken mußte. Mit Rücksicht auf die Verkehrserleichterung der Orte St. Peter, St. Märgen, Waldau und Gloterthal mit den Eisenbahnen und im Interesse des Absatzes des Holzes und der landwirthschaftlichen Erzeugnisse, namentlich des seiner Güte und Stärke wegen bekannten Gloterthaler Weines wurde in dem Gesetz von 1870 über Vervollständigung des Landstraßennetzes auch für die Verbesserung dieser Straße eine Summe von 30,000 Fl. bewilligt. Der wirkliche Aufwand stellte sich aber in Folge der allgemeinen Preissteigerung und weil auch Regulirungen an der Straße im untern Gloterthal vorgenommen

(1) Die römische Heerstraße, die von Eichstetten nach Bottingen an Ober- und Niederreuthe vorbei nach Langendenzlingen zog, ging von da einerseits nach Waldkirch, andererseits in das Gloterthal. Siehe Schreiber, Zeitschrift. (2) Mone und Bader, Zeitschrift für Geschichte des Oberrheins 14 und 21. (3) Braun, Memoiren des letzten Abts von 1870 und Amts-Acten von Freiburg und Waldkirch.

wurden, auf 50,900 Fl., wovon St. Peter durch Geländestellung 769 Fl. und 500 Fl. baar, Föhrenthal mit Gelände 210 Fl. und baar 900 Fl., Oberglotterthal durch Güterabgabe im Werth von 4620 Fl. gegen 2620 Fl. Entschädigung 2000 Fl., Unterglotterthal 600 Fl., Ohrensbach 400 Fl., Heuweiler 300 Fl., Denzlingen 700 Fl., zusammen 6379 Fl. und der Staat 44,521 Fl. übernahmen. Die Straße wurde in einer Länge von 1,4 Stunden = 6153 Meter bis zu der sog. Ränke, corrigirt und im Uebrigen regulirt. Die vorgeschriebene Breite von 4,8 Meter 16 Fuß mit 3,9 Meter breiter Fahrbahn von 0,12 Meter Gestück und 0,09 Meter Schotter-Dicke, ein Gefällmaximum von $7^1/_2$ Procent und Minimal-Radien von 25 Meter, wurde eingehalten. Der Bau ist 1874/75 ausgeführt und die Straße alsbald bis an die Ränke in den Landstraßenverband aufgenommen worden.

Der sehr fühlbare Mangel an Arbeitskräften erschwerte den Fortgang der Arbeiten sehr. Für Felsensprengung und Maurerarbeit wurden meistens Italiener verwendet. Von dem Ende der neuen Straße, in dem sog. Scheuerwald bis zu der, von St. Peter nach Eschbach führenden neuen Straße befand sich noch ein Gefälle von 10 Procent, zu dessen Ermäßigung auf 5,4 Procent bei einer Länge von 799 Meter und Radien von 44 Meter 12,000 Mark erforderlich waren. Diese Correction kam 1876/77 in einer Breite von 5 Meter mit 6 Centimeter Gestück und 9 Centimeter Schotter-Dicke zur Ausführung. Die Kosten wurden nach dem Gesetz von 1868 getheilt. Nach Vollendung dieses Baues ward die Straße von den Ränken bis zur Eschbacher Straße ebenfalls in den Verband aufgenommen.

Es fehlt jetzt noch eine bessere Rampe in den Ränken und eine neue Brücke daselbst, wofür von der Dotation des Gesetzes von 1876 im Betrag von 109,785 Mark noch 22,528 Mark verfügbar sind. Rechnet man diese zu dem Gesammtaufwand, so ergiebt sich eine Verwendung für diesen Straßenzug von 121,785 Mark.

Nr. 215.

Straße von Todtmoos nach Mambach.

St. Antonistraße.

Länge 10,59 Kilometer = 2,38 Stunden.

Um die großen Mengen von Holz, Kohlen, Sägwaaren und Fabricaten aus dem oberen Theil des Werrathals und aus der Gegend von St. Blasien auf dem kürzesten Weg in das Wiesenthal zu verbringen, mußte die alte steile Vicinalstraße von Vordertodtmoos über die Wasserscheide bei St. Antoni und über Happach nach Mambach benützt werden. Dieser Weg hatte von Todtmoos bis auf die 3808 Fuß hoch gelegene Wasserscheide Steigungen bis zu 25 Procent und ähnliche ja noch stärkere Gefälle bis Happach, von wo das Gefälle bis Mambach meistens 5 Procent und nur an einzelnen Stellen mehr beträgt. Schon im Jahre 1813 sollte dieser Weg in einer Breite von 24 Fuß corrigirt werden. Die Arbeiten begannen auch, kamen aber bald in Stockung und man beschränkte sich dann auf die nöthigste Reparatur.

Im Jahr 1853 suchten die Gemeinden um Mitwirkung der Staatscasse zur Verbesserung dieses Weges nach. Die Forstdomänenverwaltung, welche bei St. Antoni mit ca. 1800 Morgen Staatswald betheiligt ist, hielt jedoch damals die Herstellung einer Straße von Todtmoos nach Präg für wichtiger, weil damit nicht allein die Verbindung mit dem Wiesenthal, sondern auch mit Freiburg verbessert würde. Da der Regierung zu jener Zeit noch keine Mittel zu Leistung von Beiträgen für die Verbesserung der Vicinalwege zur Verfügung standen, und man dieser Straße die Bedeutung einer Landstraße nicht beilegen konnte, unterblieb die Ausführung.

Nachdem 1858 schon ein Verkehr von jährlich 1300 Fuhren auf dieser Straße beobachtet war, und bei dem Bestehen eines bessern Gefälls dem Forstfiscus ein Mehrerlös aus Holz von 1600 Fl. pro Jahr in Aussicht stand, ließ die Forstverwaltung von Todtmoos bis auf die Höhe bei St. Antoni (1) die Straße 1243 Ruthen lang mit einem Aufwand von 6438 Fl. in der Art corrigiren, daß die Steigung auf 6,7 und auf kurze Erstreckung auf 9,6 Procent ermäßigt und

(1) Die Capelle, welche früher dem heiligen Antonius gewidmet war, jetzt aber zur Verehrung der Maria dient, befindet sich am Fuß der steilsten Steige zwischen Happach und der Wasserscheide. Man sagt, daß die Fuhrleute, die von oben glücklich herabfuhren, hier ihr Dankgebet verrichteten.

der Straße eine Breite von 14—16 Fuß gegeben wurde. Die Güter wurden unentgeltlich gestellt.

Im Jahr 1864 wurde sodann bei der Fabrik in Gemarkung Rohmatt eine 810 Meter lange Correction aus Privatmitteln hergestellt und für die Correction der Abtheilung von St. Antoni bis Happach, woselbst die Straße 15—25 Procent Gefäll hatte, Plan und Ueberschlag aufgestellt, wonach bei Annahme einer Breite von 16 Fuß und einem Gefäll von 6 Procent ein Aufwand von 28,000 Fl. für nöthig erachtet wurde. Nach einem spätern Ueberschlag ermäßigten sich die Kosten bei Annahme eines Gefälles von 6—8 Procent und bei unentgeltlicher Stellung des Geländes auf 15,000 Fl., von welchen Kosten die Staatscasse 9006 Fl., der Forstfiscus 4503 Fl. und die Gemeinden Zell, Atzenbach, Mambach und Häg den Rest mit 1491 Fl. übernahmen.

Die Ausführung des 4200 Meter langen Baues geschah durch die Forstbehörde in den Jahren 1865/66.

Am 30. Juni 1870 brannten 21 Wohnhäuser und 12 weitere Gebäude in Mambach nieder, daher die Feststellung einer neuen Bauflucht nöthig wurde. Eine Folge hiervon war die 1871 erstellte Correction des nach St. Antoni führenden Gemeindeweges mit einem aus der Staatscasse bestrittenen Aufwand von 1400 Fl. Die Steigung wurde hier von 7—8 Procent auf 4,2 Procent ermäßigt. Mambach trug 120 Fl. durch Geländestellung und halbe Rinnenpflasterung bei. Die neue Straße durch Mambach wurde hierauf 1872 unter die Landstraßen aufgenommen.

In den Jahren 1874/75 erfolgten dann die beiden Correctionen bei der Häger Mühle und der Happacher Säge mit einem Aufwand von 6300 Fl., wovon übernahmen durch billige Geländestellung die Gemeinden Häg 150 Fl., Happach 112 Fl., Schurberg 51 Fl., Blauen 32 Fl., Adelsberg 58 Fl., Altenstein 47 Fl., durch baaren Beitrag Zell 500 Fl., Atzenbach 50 Fl., zusammen 1000 Fl., daher die Staatscasse noch 5300 Fl. trug. Die neuen Straßentheile erhielten eine Breite von 4,2 Meter, Gestück von 12 Centimeter und Schotter von 6 Centimeter Stärke. Das Gefäll wurde auf ein Maximum von 8,5 Procent zurückgeführt.

Die Straße ist nun bis auf die Wasserscheide bei St. Antoni — innerhalb der Inspection Lörrach — ganz in den Landstraßenverband aufgenommen. Von der Höhe bis Todtmoos wird sie von den Waldeigenthümern unterhalten.

Abgesehen von der kaum genügenden Breite und den lange dauernden starken Gefällen, darf diese Straße ihrer romantischen Umgebung wegen sich den übrigen viel besuchten Schwarzwaldstraßen würdig zur Seite stellen. Dieselbe hat einen bedeutenden Verkehr an Holz, Kohlen und Fabricaten thalabwärts, aufwärts dagegen an Baumwolle, Seide, Farbwaaren, Frucht, Wein, Bier und Colonialwaaren.

Die Fracht, welche früher von Freiburg über Todtnau und Mambach nach Todtmoos 1 Fl. pro Centner betrug, wird sich nun mit Benutzung der Eisenbahn bis Zell auf 40 Xr. ermäßigen, da die Eisenbahntaxe für ganze Wagenladungen bis Zell 15 Xr. und die Fracht von Zell nach Todtmoos 24 Xr. pro Centner beträgt.

Der erweisliche Aufwand für Verbesserung dieser Straße beträgt 49,951 Mark.

Nr. 216.

Straße von Altneudorf nach Schriesheim.

Siehe Nr. 170.

Nr. 217.

Straße vom Heitersheimer Bahnhof nach Sulzburg.

Länge 6,69 Kilometer = 1,51 Stunden.

Zwischen Heitersheim(¹) und Sulzburg(²) bestund schon in frühester Zeit ein Verbindungsweg über Ballrechten und Dottingen unter dem Namen „Heerweg und Hertweg“, der später

(1) Siehe Nr. 1. (2) Siehe Nr. 202.

bis zum Jahre 1846 „Schlittweg" genannt wurde, und in seiner Fortsetzung an dem Badehaus vorbei bis zum Schlosse in Heitersheim führte.

Durch die Eisenbahn von Freiburg nach Basel und die Errichtung einer Station bei Heitersheim steigerte sich der Verkehr, daher 1846/47 der Weg auf Kosten der Gemeinden in der jetzigen Richtung verbessert wurde.

Im Jahre 1866 wurde dieser Weg, auf dem ein Postomnibus geht und viel Wein zur Eisenbahn verbracht wird, in die Classe der unterstützten Vicinalwege aufgenommen. Nachdem sodann verschiedene weitere Verbesserungen im Längen- und Höhenprofil vorgenommen waren, kam der Weg 1868 unter die Landstraßen.

Der Grund, warum vom Bahnhof nach Heitersheim nicht die gerade Richtung der Straße auf der rechten Seite des Bachs als die zweckmäßigste eingehalten wurde, lag allein in dem Wunsche der Gemeinde.

Die Breite der Fahrbahn beträgt 4,5 Meter, das Gefäll durchschnittlich 2,5 Procent bis zum Heitersheimer Schloß und von da durch Heitersheim 5 Procent.

Der Verkehr bestund 1869 in 45, 1874 in 72 Zugthieren täglich.

Nr. 218.

Straße von Haßmersheim nach Hüffenhardt.

Länge 6,7 Kilometer = 1,51 Stunden.

Siehe Nr. 148.

Der aus keltisch-römischer Zeit stammende Ort Haßmersheim ist schon 774 in Urkunden erwähnt. Seit ältester Zeit wurde hier die Schifffahrt auf dem Neckar und der Schiffsbau betrieben, sowie das Ueberfahrtsrecht über diesen Fluß ausgeübt. (Siehe Nr. 148 und 152.) Der in der Nähe des Orts befindliche Gyps und der Neckarsand konnten den auf dem alten Neckarhochgestade liegenden Orten Rappenau, Siegelsbach, Hüffenhardt, Kälbertshausen, Flinsbach, Obergimpern und Wollenberg nur auf einer alten Straße, die abwechselnde Steigen von 5, 6, 8, 9, 12 und 14 Procent und zum Theil auch nur eine Breite von 12 Fuß besaß, zugeführt werden, auch der Holztransport aus den hoch gelegenen Waldungen nach den rechtsseitigen Neckarorten war dadurch sehr erschwert.

Schon 1864 kam deshalb die Correction der Steige auf Gemarkung Haßmersheim in Anregung. Die Ausführung unterblieb, weil die Gemeinden sich hierüber nicht einigen konnten, ob der Weg nach Haßmersheim oder jener auf dem Hochgestade über Kälbertshausen zur Schiffbrücke nach Obrigheim verbessert werden soll. Endlich einigten sich die Betheiligten über die Verbesserung der Straße von Hüffenhardt nach Haßmersheim, sie verbanden damit aber auch den Wunsch, daß in Bälde auch die Straße von der hessischen Gränze bei Wimpfen über Heinsheim, Neckarmühlbach, Haßmersheim, Hochhausen, Obrigheim verbessert und unter die Landstraßen aufgenommen werde (siehe 152), um Salz, Holz, Sand, Gyps und Steine auch nach dem Odenwald auf kurzem und billigem Wege verbringen zu können.

Die Baukosten wurden 1873 für die Straße Haßmersheim-Hüffenhardt auf 19,500 Fl., nämlich für Gemarkung Haßmersheim auf 16,000 Fl., für Gemarkung Hüffenhardt auf 2100 Fl. und für Regulirung im Orte Haßmersheim und der Neckarüberfahrt auf 1400 Fl. überschlagen. Die Ausführung erfolgte in einer Breite von 5,4 Meter, mit 4,5 Meter breiter Fahrbahn in den Jahren 1874/76.

Die Kosten wurden nach dem Gesetz von 1868 von Kreis, Gemeinden und dem Staat bestritten. Die Aufnahme in den Verband der Landstraßen erfolgte 1876.

Der Aufwand für Verbesserung dieser Straße betrug 33,428 Mark.

Nr. 219.

Straße von Königschaffhausen über Sasbach nach Markolsheim.

Länge von Mitte Rheinbrücke bis zur Straße Nr. 113 4,39 Kilometer = 0,99 Stunden.

In der Nähe von Sasbach,(1) oberhalb der Schloßruine Limburg,(2) wurde schon seit mehr als 500 Jahren eine Rheinüberfahrt hauptsächlich zum Uebersetzen von Personen mittelst Nachen betrieben. Bis zum Jahre 1809 wurde aber auch das Salz, welches für den Schwarzwald und das obere Rheinthal bis in die Bodenseegegend von Lothringen bezogen wurde, bei Sasbach über den Rhein gesetzt, und über Freiburg weiter befördert, daher die Salzgasse in Freiburg.(3) Das Ueberfahrtsrecht gehörte seit 1654 zu dem Lehen der Grundherrschaft von Girardi zu Sasbach. In dem Lehenbrief war bestimmt: „daß das Recht besteht: auf dem Rhein mit größeren und kleineren Schiffen eine offene Ueberfahrt und eine damit verbundene Wirthschaft zu halten". Nachdem durch Staatsvertrag mit Frankreich vom 30. September 1860 (siehe Nr. 14) das Fahrrecht ausschließlich Baden zuerkannt war, erwarb die Gemeinde Sasbach im Jahre 1865 dieses Recht in der Absicht, eine fliegende Fähre mit Drahtseil hier zu errichten, wofür der Aufwand auf 3563 Fl. überschlagen war.

Die Gemeinde Markolsheim(4) erklärte sich zu einem Beitrag von 2500 Franken bereit, worauf der Bau unterhalb dem Fahrhaus ausgeführt und die Fähre 1869 eröffnet wurde. Dieselbe war 15 Meter lang, 3,6 Meter breit und hatte eine Ladfähigkeit von 5000 Kilogramm. Die Anfahrten hatten bei Niederwasser ein Gefäll von 8 Procent.(5)

Die Zufuhrstraße von Sasbach zu dem früheren Landungspunkte ist mit theilweiser Beibehaltung des bisherigen Weges längs dem Altrhein schon im Jahr 1867 in einer Länge von 3900 Fuß, einer Breite von 18 Fuß mit 16 Fuß Fahrbahn und einem Aufwand von 2998 Fl. hergestellt worden, wovon der Staat und die Gemeinde Sasbach je die Hälfte übernahmen. Die Güter wurden vom Staat erworben.

Zur Benützung der fliegenden Fähre mußte die Straße 1868 um 550 Fuß gegen den vollen Rhein verlängert werden. Die desfallsigen Kosten im Betrag von 800 Fl. wurden von der Gemeinde bestritten und auch die Grundstücke von der Gemeinde abgegeben (siehe Nr. 262).

Auch auf französischer Seite ist im Jahr 1767 eine neue gerade Zufuhrstraße von dem sog. Limburger Hof bis an die Zufuhrstelle ausgeführt und dafür sowie für die erforderlichen Hochbauten einschließlich des Beitrags zur Fähre 71,000 Franken verwendet worden.

Bis 1870 wurde die ganze Straße von Königschaffhausen bis an den Rhein von den Gemeinden unterhalten, dann kam sie in den Landstraßenverband.

Nach der Vereinbarung mit Elsaß-Lothringen war bei Sasbach an Stelle der Fähre eine Schiffbrücke durch die elsaß-lothringensche Verwaltung zu erbauen.

Diese 203 Meter lange Brücke mit 6,20 Meter Fahrbahnbreite kam 1872/74 mit 30 Pontons und 2 Durchlässen, à 10 Meter Breite und 5 Eisbrechern zur Ausführung; ihre Eröffnung erfolgte feierlich am 13. Juli 1873.(6)

Die Anfahrt auf badischer Seite wurde in einer Breite von 6 Meter mit einem Aufwand von 4700 Fl. auf Staatskosten hergestellt. Unter diesen Kosten sind jene für die nöthigen Uferbauten inbegriffen.

---

(1) Hier wurde 1799—1802 das halbe Dorf vom Rhein zerstört. (2) In dem Schloß Limburg ist Rudolf I. von Habsburg am 1. Mai 1218 geboren und er wohnte auch zeitweise hier. In Urkunden von 1240 wird geschrieben: in castro Limper, erst um 1300 Limperg (Hergott II. 259). 1498 kam die Burg an die Grafen von Tübingen. (3) Das Salz wurde noch 1809 von Frankreich, Hessen und Bruchsal bezogen und zu 5 Xr. pro Pfund verkauft. Wo kein Salzverkäufer aufgestellt war, mußte das Salz bis zu 4 Stunden frohndweise abgeholt werden. (4) Markolsheim wurde von Kaiser Ludwig V. zur Stadt erhoben. Aufschlager, „Das Elsaß". (5) Fähre und Wirthschaft wurden zusammen für jährlich 422 Fl. verpachtet. Früher ertrug der Pacht nur 193 Fl. jährlich. Die 1869 beförderte Personenzahl betrug 18,209, 1872 nur 8030. Daneben noch 1196 Fuhren und 1560 Stück Vieh, eine Folge des Krieges von 1870/71. (6) Schiffbrückenordnung siehe Ges.- und Verordn.-Bl. von 1873, Seite 148. 1874 bestund der Brückenverkehr in 55,875 Personen, 10,894 Wagen und 5200 Stück Vieh. 1876 in täglich 225 Personen und 43 Wagen.

Der von Baden und Elsaß gemeinschaftlich zu tragende Aufwand für die Schiffbrücke beträgt 139,337 Mark.

Der von Baden bestrittene Gesammtaufwand für diese Straße beläuft sich, soweit nachweisbar, für die Verbesserung dieses Straßenzugs auf 90,344 Mark.

Nr. 220.

Straße zur Eisenbahnstation Baden.

Das Terrain zu dem Vorplatz zwischen der regulirten Oos und dem Bahnhof wurde 1848 von der Eisenbahnbaucasse angekauft und die Zufuhrstraße, Anlagen und Trottoirs aus Eisenbahnbaumitteln hergestellt.

Auf dem rechten Ufer der alten Oos befand sich das ehemalige Schlachthaus, zu welchem längs der Oos ein Weg führte, der auch als Feldweg benützt wurde und theilweise als Seilerbahn diente.

Die Zufuhrstraße wurde anfangs von der Eisenbahnbetriebs-Verwaltung, später aber und bisher von der Stadt unterhalten, da dieser Weg zugleich als Gemeindeweg dient. Die Unterhaltung des Trottoirs dagegen besorgte die Eisenbahnbetriebs-Verwaltung und die Unterhaltung der Anlagen der Badefonds.

Als im Jahr 1862 die Gränzen zwischen dem Staats- und Gemeindeeigenthum festgesetzt wurden, ist zugleich vereinbart worden, daß die Gemeinde die Zufuhrstraße so lange unterhält, als dieselbe zugleich als Gemeindeweg benützt werden darf.

Nr. 221.

Donauthalstraße von Tuttlingen nach Sigmaringen.

Länge in Baden . .	12,91 Kilometer =	2,9 Stunden,
„ „ Preußen		2,9 „
„ „ Württemberg		5,4 „
zusammen		11,2 Stunden.

Das Stromgebiet der oberen Donau war ein keltisches Land, weshalb hier die Namen der Berge, Bäche und Orte überall in mehr oder weniger Zahl aus der keltischen Sprache abzuleiten sind. Dies ist auch der Fall in der Abtheilung von Tuttlingen (1) bis Sigmaringen. (2) Tuttlingen, Eichen, Hebsack, Mühlheim, Kallenberg, Eichhalde, Bronnen, Beuren, Langenbrunn, Werrenwaag, Falkenstein, Lenzenberg, Gutenstein, Dietfurt, Heuberg, Laiz, Gorheim, Scheer, Heudorf, Ennetach, Habsthal ꝛc. lassen sich auf ursprünglich keltische Bezeichnungen zurückführen. Die in der Paulshöhle bei Beuren gefundenen Waffen und Knochen scheinen ebenfalls der keltischen Zeit anzugehören. (3)

Da die Donau in dieser Abtheilung meistens ein, von steilen Jurakalkfelsen begränztes, enges Flußgebiet besitzt, bewegte sich der Verkehr der in dem Thale oder auf dem Hochgestade liegenden Orte unter sich fast nur über die Höhen. Eine durchgehende Straße in dem Thale selbst besteht heute nur theilweise.

Die älteste (keltische) Straße zog von Mößkirch in der Richtung nach Ebingen quer durch das Donauthal und übersetzte den Fluß oberhalb Gutenstein bei dem Orte Dietfurt, (4) welches seinen Namen den keltischen Worten verdankt, die „Volksübergang" bedeuten. Außerdem wird das Thal gekreuzt durch die Vicinalwege von Buchheim über Beuren nach Heinstetten, von Leibertingen nach Lengenfeld, Langenbrunn, Werrenwaag und Schwenningen, von Kreenheinstetten nach Neidingen und Stetten, von Langenhard über Gutenstein nach Thiergarten und Stetten und von der Landstraße von Tuttlingen nach Irrendorf und Sigmaringen.

---

(1) Tuttlingen siehe Nr. 59. (2) Sigmaringen, schon 813 bekannt, wurde 1228 schon Stadt genannt, die 1535 an Hohenzollern, 1849 an Preußen kam. (3) F. von Raumer, historisches Taschenbuch 1868. Seite 253. (4) Heute noch besteht hier eine Furt für Fuhrwerke und ein Holzsteg für Fußgänger.

Die dem Lauf der Donau folgende, bekannte älteste Straße ging von Tuttlingen bis Neidingen auf dem linken, von da bis Mühlheim(1) auf dem rechten Ufer. Nachdem die Straße mit Steigen von 5—8 Procent die Höhe von Mühlheim erreichte, wendete sie sich östlich von der Donau ab, um mit einer Gegensteigung von 8—10 Procent die Höhe bei der Heilandcapelle zu erreichen; hier theilte sich die Straße; in nördlicher Richtung zog sie durch eine enge Hohlgasse mit 10—12 Procent wieder in das Donauthal hinab, mittelst einer Furt durch die Donau nach Friedingen, dann mit 10—14 Procent Steigen über die rothe Kreuzhalde gegen Irrendorf und östlich mit einer Abzweigung und Gefäll von 10 Procent an die Donau bei Beuron,(2) welche mit einer gedeckten Holzbrücke überschritten wird. Von der Heilandcapelle ging in östlicher Richtung auf dem rechtseitigen Hochgestade eine Straße über Bronnen nach Beuron, Leibertingen und Langenbrunn. Die linkseitige Donauthalstraße führte von Beuron längs der Donau über Langenbrunn,(3) Hausen und Neidingen(4) nach Thiergarten. Von hier verließ die Straße das Thal und zog über Unterschmeien nach Sigmaringen. Auch auf dem rechten Ufer führte eine alte Straße von Sigmaringen über Laiz, Inzighofen, Dietfurt und Gutenstein über den Berg nach Thiergarten.(5) Die Herstellung einer in dem Thal fortlaufenden Straße war von jeher theils durch natürliche Hindernisse, theils durch Territorialinteressen erschwert. Tuttlingen, Mößkirch und Stetten strebten stets nach einer directen und kurzen Verbindung unter sich und der Umweg über Sigmaringen war ihren Verkehrsverhältnissen naturgemäß zuwider; daher kam es, daß selbst noch in neuer Zeit Baden und auch Württemberg, durch deren Gebiet die Donau fließt, den Wünschen Sigmaringens um Verbesserung der Straße im Donauthal umsoweniger geneigt waren, als die erforderlichen bedeutenden Baukosten mit dem Nutzen für die betheiligten Orte nicht in günstigem Verhältniß, andere Bauten aber weit nützlicher und dringender erschienen.

Baden insbesondere sah in der Donauthalstraße eine unliebsame Concurrentin der Route von Tuttlingen nach Mößkirch (Nr. 99), und besorgte für letzteren Ort namhafte Nachtheile, weil sich der Verkehr über Sigmaringen auf die Eisenbahnstation Aulendorf zu ziehen drohte.

Hohenzollern-Sigmaringen hatte unter diesen Verhältnissen den Entschluß gefaßt, wenigstens auf seinem Gebiet mit Verbesserungen vorzugehen und begann im Jahr 1847 einen Theil der Straße im Donauthale zwischen Laiz und Thiergarten herzustellen. Da Baden die Bauausführung auf Gemarkung Gutenstein auf Staatskosten und die Aufnahme dieser Straße unter die Landstraßen ablehnte, schloß Sigmaringen mit Genehmigung der badischen Regierung unterm 20. August 1847 einen Vertrag mit der Gemeinde Gutenstein ab, wonach Sigmaringen den Bau vom Ort Gutenstein(6) abwärts bis zur Gemarkungsgränze ausführte und die Straße unterhielt. Die Verwendung Sigmaringens betrug für die Herstellung der Straße zwischen Thiergarten und Laiz 36,000 Fl. Die Fortsetzung der Arbeiten wurde durch die Ereignisse der Jahre 1848/49 unterbrochen und die Fürstenthümer Hohenzollern, Hechingen und Sigmaringen gingen hierauf durch Vertrag vom 7. December 1849 an Preußen über.(7)

Nachdem 1852 die Gemeinden des Donauthales und seiner Umgegend durch Hagelschlag schwer beschädigt waren, wurde der Straßenbau zum Zweck der Beschäftigung der Unterthanen von Preußen sofort wieder aufgenommen und zugleich die Mitwirkung Badens und Württembergs neuerdings in Anregung gebracht.

---

(1) Mühlheim, urkundlich keltisch-römisches Castell, war Besitzung der Grafen von Zollern, kam 1409 an die Herren von Enzberg, 1803 unter württembergische Oberhoheit. 1241 wird Mühlheim noch Burg, 1268 Stadt genannt. Die Capelle auf dem Welschenberg ist ein seit 1654 stark besuchter Wallfahrtsort. (2) Die erste geschichtlich nachweisbare Ansiedlung erfolgte hier 777 n. Chr. auf dem Berge; 1077 wurde das Kloster im Thale erbaut. Vom Anfang des 16. Jahrhunderts bis zur Secularisation war dasselbe von regulirten Chorherren des St. Augustinordens bewohnt. Durch Friedrich II. erhielt das Kloster die Reichsunmittelbarkeit. Eine halbe Stunde entfernt von dem Kloster stund ein Castell, welches Altstadt heißt und ebenso wie die Burg Sigmaringen römischen Ursprungs sein soll. Siehe Mannert und Leichtlin. Seit 1837 befindet sich hier eine viel besuchte Molkencuranstalt. Die Benedictiner-Mönche, die in neuerer Zeit auf Veranlassung der Fürstin Wittwe von Hohenzollern-Sigmaringen in dem Kloster weilten, verließen dasselbe Ende 1875. (3) Fürst Carl Anton ließ 1835 die Straße von Beuron nach Langenbrunn, 1847 von Laiz nach Thiergarten fast neu herstellen. (4) Neidingen soll im 12. Jahrhundert ein mit Mauern umgebener großer Ort gewesen sein. (5) Siehe Karte von Moreau 1810. (6) Bei Gutenstein bestunden früher zwei Holzjochbrücken. Die obere mit vier Jochen steht noch, die untere ist durch eine neue eiserne Fachwerkbrücke ersetzt. Siehe Nr. 185. (7) Der König nahm am 12. März 1850 Besitz von den Hohenzollern'schen Landen und die feierliche Uebergabe erfolgte am 8. April 1850.

Nach dem Plane von Preußen sollte die Straße von Sigmaringen resp. Laiz bis Beuron auf dem linken Ufer der Donau hergestellt, den Fluß bei Beuron auf der vorhandenen überdachten Holzbrücke überschreiten, dann rechtsseits in der Thalniederung fortgesetzt, mit Steigen von 3—4 Procent an der rechten Thalwand bis zur Heilandcapelle geführt werden, um mit Benützung des Vicinalwegs von Neuhausen ob Egg mit 3 — 4 Procent Fall Mühlheim zu erreichen.

Württemberg sollte die Straße zwischen Neidingen und Ludwigsthal auf die rechte Seite der Donau an den Berg verlegen.

Die hierauf badischer Seits angeordneten Erörterungen ergaben, daß die projectirte Straße in Gemarkung Gutenstein 1350, zwischen Thiergarten und Beuron 3000 und über Gemarkung Buchheim 800 Ruthen lang herzustellen wäre und daß bei einer Breite von 20 Fuß 64,900 Fl. für Baukosten aufgewendet werden müßten. Im Hinblick auf dringendere Bauherstellungen und da eine Verständigung über die gleichzeitige Verbesserung benachbarter preußischer Straßen nicht zu Stande kam, wurde dieser Bau abermals abgelehnt.

Preußen stellte nun die Straße auf seinem Gebiete von Laiz bis Beuron in den Jahren 1853/57 mit einem Aufwande von ca. 130,000 Fl. her. Neun Tunnel von 50—200 Fuß Länge waren erforderlich, um der Straße durch vorspringende Felsen Bahn zu brechen.

Der unbeschreibliche Reiz des Donauthals wurde durch diese seltenen Werke der Straßenbautechnik noch mehr gehoben.(1)

Auch Württemberg hatte inzwischen die Straße von Ludwigsthal (2) bis Neidingen auf die rechte Thalseite verlegt und die Abtheilung von Friedingen bis zur Heilandcapelle durch Verlegung aus dem Thal an den Bergabhang corrigirt, endlich von der Capelle bis Mühlheim das Gefäll auf 5 Procent ausgeglichen.

Es fehlt jetzt noch die Umgehung der lästigen Steige von Beuron auf die hohe Alp, sodann die Gefällsausgleichungen und Verbreiterungen in den Gemarkungen Thiergarten, Neidingen, Hausen, Werrenweg und Stetten. (3)

Die badische Staatscasse betheiligt sich zur Zeit nicht an dem Unterhaltungsaufwand dieser Straße auf badischem Gebiet.

Nach einem, im Jahr 1875 aufgestellten annähernden Ueberschlage wären zu Verbesserung der Straße von Hausen aufwärts bis zur Landesgränze 93,000 Mark und abwärts 79,000 Mark, zusammen 172,000 Mark aufzuwenden.

Aufwärts ist der Verkehr unbedeutend, abwärts bei Thiergarten und auf dem Heuberg nicht unbeträchtlich.

Durch das Gesetz von 1876 wurden 165,000 Mark für diesen Zweck bewilligt. Da dieser Bau vorzugsweise im Interesse von Preußen liegt, wird man ihn nur zur Ausführung bringen, wenn man preußischer Seits auch anderwärts längst von Baden gewünschte Straßenverbesserungen vornimmt.

Nr. 222.

Straße von der Eisenbahnstation Rosenberg bis zur Straße Nr. 5 und von Rosenberg nach Walldürn.

Länge 10,33 Kilometer = 2,32 Stunden.

Die Orte Rosenberg, Sindolsheim (4) und Altheim sind sehr alt. Der letztere bestund laut Urkunden des Klosters Lorsch schon zu Carls des Großen Zeit.

Während des Mittelalters ging der Verkehr aus dem Jaxtthal und aus Württemberg an den Main größtentheils der uralten Ochsenstraße nach, die über Merchingen, Hüngheim, Rosen-

(1) Siehe A. Schlude, Das Donauthal 1858. (2) Das Eisenwerk Ludwigsthal besteht seit 1699. (3) Die in den Jahren 1868/70 von Württemberg ausgeführte Rampencorrection von Friedingen auf die Alp erleichtert zwar den Verkehr zwischen Tuttlingen und Sigmaringen ebenfalls, allein sie ist vorzugsweise für den Verkehr mit Irrendorf bestimmt. Friedingen kam 1806 an Württemberg und war früher österreichisch. (4) Rosenberg hatte ursprünglich einen eigenen Adel, kam dann an das Hochstift Würzburg, an den Deutschorden und endlich an Löwenstein. Sindolsheim war Kurmainzisches Lehen der Freiherren Rüdt von Collenberg und brannte 1801 fast ganz ab.

berg, Sindolsheim, Altheim und Walldürn nach Miltenberg führte. Namentlich wurde und wird viel Hafer aus dem Bauland, Wolle von Württemberg und Leinwand von Merchingen und Umgegend nach Miltenberg zu Markt gebracht. Durch die neue Erfthalstraße (Nr. 184 und 209) wird in neuerer Zeit ein Theil dieses Verkehrs angezogen. Der Ort Rosenberg war durch einen mit 15—20 Procent ansteigenden Vicinalweg mit dem an der Landstraße stehenden Neuhof verbunden. Dieser Vicinalweg vermittelte aber auch zugleich die Verbindung mit den Orten Hüngheim, Oberwittstadt und Neunstetten, bezüglich mit dem Jaxtthal. Seit Rosenberg eine Eisenbahnstation besitzt, wurde natürlich die starke Steige mehr als früher als ein Hinderniß für den Verkehr empfunden. Man entschloß sich daher den gedachten Vicinalweg durch eine Correction zu verbessern, welche von Rosenberg rechts dem Mühlweg bis hinter das sog. Schaafhaus führt und dann in einem Bogen wieder auf die Landstraße Nr. 5 bei dem nach Hüngheim führenden Weg einmündet.

Diese größtentheils neue Straße wurde 1875 aus Mitteln erbaut, welche das Gesetz von 1870 über Vervollständigung des Landstraßennetzes im Betrage von 12,000 Fl. für diesen Zweck bewilligte. Die neue 1346 Meter lange Straße erhielt eine Breite von 5,4 Meter mit 4,5 Meter breiter Fahrbahn. Das Maximalgefäll wurde auf 6 Procent bestimmt.

Die Gemeinde übernahm durch Stellung des Geländes im Werthe von 2538 Fl. gegen Entschädigung von 500 Fl. 2038 Fl.

Die Ausführung erfolgte 1875 mit 20,493 Mark und die Straße wurde von der Station bis zur Straße Nr. 5 unter die Landstraßen aufgenommen. Auch die Herstellung einer guten Landstraße von der Station Rosenberg über Sindolsheim und Altheim nach Walldürn war 1863 in Anregung gekommen, um den Verkehr mit der Heidelberg-Würzburger Eisenbahn und mit dem Jaxtthal und oberen Neckarthal zu erleichtern, da die bestehende Vicinalstraße nur 5—18 Fuß breit ist, viele Gegengefälle von 4—5 Procent und 5 Steigen von 10—17 Procent besitzt. Das Gesetz von 1870 resp. 1876 bewilligte für diese Straßenverbesserung 88,679 Mark.

Die in Aussicht gestandene Eisenbahnverbindung von Miltenberg mit der sog. Odenwaldbahn und die damit zusammenhängende Frage, ob die Miltenberger Bahn über Buchen oder über Walldürn geführt werde, verzögerte die Entscheidung über die einzuhaltende Zugslinie für die Straße und man entschloß sich, vorerst die Abtheilung der Straße von Rosenberg bis Ende des Ortes Altheim zu corrigiren. Diese Ausführung erfolgte 1874/76 mit 52,890 Mark. Der Rest mit 33,169 Mark wurde für Altheim-Walldürn reservirt.

An Beiträgen leisteten die Gemeinde Sindolsheim durch Stellung des auf 5139 taxirten Geländes gegen 2800 Fl. 2339 Fl., die Gemeinde Rosenberg durch Geländestellung 480 Fl., die Gemeinde Altheim durch Geländeabgabe im Werth von 1216 Fl. gegen 200 Fl. 1016 Fl., zusammen 3835 Fl. oder 6575 Mark. Die Straße erhielt eine Breite von 5,9 Meter mit 4,5 Meter Fahrbahn. Die Aufnahme in den Verband erfolgte 1876.

Als nun 1876 die Führung der Eisenbahn von Miltenberg über Buchen bestimmt war, verwendeten sich die Gemeinden Rosenberg, Sindolsheim und Altheim gleichwohl für die Fortsetzung der Straßenverbesserung nach Walldürn, weil die Orte des Baulandes von jeher ihre Erzeugnisse auf den Markt in Miltenberg fuhren und dies auch zur Vermeidung kostspieligen Umladens und zur Ausnützung der Zugkräfte fernerhin thun werden, wenn man eine Eisenbahn von Buchen nach Miltenberg führt.

Buchen, Hattingen und Rinschheim wünschten dagegen die Verbesserung der Straße von Altheim über Rinschingen und Hettingen, da Buchen nun der Amtssitz ist.

Eine Entscheidung ist noch zu geben. Das Gesetz vom Jahre 1876 über Vervollständigung des Landstraßennetzes bewilligte für den ganzen Straßenzug von Neuhof über Rosenberg nach Walldürn 109,250 Mark. Nach einem Ueberschlag von 1874 wären für die 4333 Meter lange Correction der Steige oberhalb Altheim, welche 15—17 Procent Gefäll hat, 23,315 Mark erforderlich, die weiteren Verbesserungen werden mit dem Reste der Dotation zu vollziehen sein. Jedenfalls wird die bewilligte Summe verwendet werden, daher ein Aufwand von 119,250 Mark zu constatiren sein wird.

Nr. 223.

Straße von Eppingen nach Steinsfurth.

Bis 1816 führte die Landstraße von Eppingen nach Sinsheim und Heidelberg über Ittlingen und Richen. Erst nach Errichtung der Saline Rappenau wurde diese Straße aus den Landstraßen ausgeschieden.

Als im Jahr 1865 die Herstellung einer Zufuhrstraße zu der zu erbauenden Eisenbahnstation Steinsfurth Gegenstand der Erörterung wurde, kam auch die Verbesserung der Elsenzthalstraße von Eppingen bis zur Station Steinsfurth in Frage. Der bestehende Vicinalweg hat von der Zufuhrstraße zur Station (Nr. 233) bis Richen eine Breite von 16—20 Fuß, 2 Stiche mit Gefällen von 8—9 Procent. Von Richen bis Eppingen führt die Landstraße Nr. 10, welche mehrere Steigen mit Gefällen von 6—10 Procent besitzt. Die beiden Steigen zwischen Steinsfurth und Richen können durch Correctionen umgangen werden, wogegen die Straße zwischen Eppingen und Reihen nur durch Verlegung in das Thal verbessert werden könnte. Nach den im Jahr 1866 gefertigten Ueberschlägen war der Aufwand für die Correction bei Richen auf 8800 Fl., jene zwischen Ittlingen und Richen auf 2135 Fl. und die Verbesserungen auf Gemarkung Richen(1) auf 965 Fl., mithin der ganze Aufwand auf 12,900 Fl. berechnet. Die Gemeinde Reihen war bereit, das Gelände in ihrer Gemarkung unentgeltlich zu stellen, Richen und Ittlingen verweigerten aber jeden Beitrag.

Im Jahr 1868 beabsichtigte man nun diese Straßenverbesserung nach Maßgabe des neuen Straßengesetzes ausführen zu lassen, und es wurde der nun auf 14,000 Fl. veranschlagte Aufwand durch das Budget für 1868/69 bewilligt.

Bei Vornahme der Verhandlungen über die Güteracquisition zeigte es sich, daß der Aufwand sich auf 19,650 Fl. steigern würde. Da sich die Gemeinden weigerten, den Mehraufwand von 5650 Fl. neben dem gesetzlichen Beitrage zu übernehmen und verlangten, daß die neue Straße durch die Orte hergestellt werde, mußte die Ausführung unterbleiben. Auf Grund einer geänderten Zugslinie und der inzwischen sehr gestiegenen Arbeitslöhne wurde der Aufwand 1869 auf 22,965 Fl. veranschlagt, während das Gesetz von 1870 nur 17,143 Mark bewilligte, weil in dem Budget für 1868/69 bereits 14,000 Fl. bewilligt worden. —

Da diese letztern nun inzwischen als nicht verwendet heimgefallen sind, müßte eine weitere Dotations-Erhöhung in diesem Betrag veranlaßt werden. Die am meisten betheiligte Gemeinde Richen verweigerte neuerdings jeden Beitrag, wogegen die übrigen Gemeinden und der Kreisausschuß das Bauproject billigten, aber gleichzeitige Verbesserung der Straße bis Eppingen wünschten. — Die ganze Angelegenheit wurde verschoben bis über die Richtung der Eisenbahn von Eppingen nach Heilbronn Bestimmung getroffen ist.

Nr. 224.

Straße von Hartheim nach Nambsheim.

Daß schon im Mittelalter zwischen den beiden an der Rheinstraße von Breisach nach Neuenburg liegenden Dörfern Hartheim und Bremgarten und dem linksrheinischen Orte Nambsheim ein Rheinübergang bestund, geht daraus hervor, daß Kaiser Maximilian I. 1510 befahl: „die Stadt Breisach soll das Rheinfahr zwischen Hartheim und Bremgarten wieder öffnen.“(2) Ob trotz der hiergegen erhobenen Einsprache der Stadt Neuenburg dieser Befehl vollzogen wurde, konnte nicht ermittelt werden; jedenfalls eignete sich die Gegend zwischen Breisach und Neuenburg seit langer Zeit schon wenig mehr für einen Uebergang, weil der Fluß, hier in viele Arme getheilt, von ungewöhnlicher Breite und darum nur schwierig zu übersetzen war. Die hier erst in der Neuzeit wieder von beiderseitigen Schiffern betriebene Nachenfahrt für Personen beruhte weder auf Vertrag noch auf obrigkeitlicher Bewilligung und erst 1854 wurde badischer

(1) Reihen erscheint im 8. Jahrhundert in Urkunden. Man fand hier eine Ara des Apollo. Etwa 100 Schritte oberhalb des Ortes gegen Osten zieht die alte „hohe Straße“ vorbei. (2) Mone, Zeitschr. XIX. 2. 155.

Seits eine regelmäßige Nachenüberfahrt gestattet und 1861 ein Nebenzollamt 2. Classe errichtet. Der badische Landungsplatz war am sog. Gelbstein, wohin ein 6 Meter breiter Fahrweg bis zum Altrhein, dann ein Fußweg besteht; der französische am Naßgrün, wo sich ein französisches Zollgebäude befand. Beide Punkte liegen 4000 Fuß von einander und konnten nur durch Bergfahrt erreicht werden. Auf elsässischer Seite besteht ein 5 Meter breiter Weg an dem Rheindamm, dann ein schlechter Waldweg.

In dem, 1860 zwischen Baden und Frankreich abgeschlossenen Vertrag (siehe Nr. 14) ist diese Ueberfahrt als eine ausschließlich von Frankreich zu betreibende anerkannt, welche dermalen noch mit einem sog. Personenweidling von 25 Centner Tragkraft betrieben wird. (1)

Eine Verbesserung der beiderseitigen Wege zu den vereinbarten Ueberfahrtsstellen konnte erst erfolgen, wenn durch weitere Fortschritte der Rheincorrection die Altrheine mehr verlanden, so daß deren gesicherte Abdammung möglich wurde.

Dieser Zeitpunkt trat 1869 ein, und man beabsichtigte nun gemeinsam mit Frankreich den Rheinübergang zu regeln und die Zufuhrstraße auszuführen, deren Aufwand auf 5400 Fl. überschlagen war.

Nach Beendigung des Kriegs von 1870/71 wurde mit der Baubehörde von Elsaß-Lothringen die Ueberfahrtsstelle da vereinbart, wo das Fahr schon 20 Jahre lang betrieben wird, nämlich 700 Fuß unter Uferstein 149. Die Regierung von Elsaß versagte aber die Genehmigung.

Die Gemeinde Hartheim, welche die Hälfte der Straßenbaukosten übernehmen sollte, wollte für diesen Bau das Gelände stellen und einen baaren Beitrag von 1500 Fl. unter der Bedingung leisten, daß die Zufuhrstraße nach ihrer Vollendung unter die Landstraßen eingereiht werde.

Da aber, seit die nur etwa 10 Kilometer entfernte Schiffbrücke bei Breisach unentgeltlich passirt werden darf, der Verkehr sich hauptsächlich dorthin gezogen hat, folglich die Straße von Hartheim an den Rhein umsoweniger benützt würde, als nicht einmal eine fliegende Fähre hier besteht, konnte auf das Anerbieten der Gemeinde Hartheim bei der gestellten Bedingung nicht eingegangen werden, und es unterblieb also mit Zustimmung der Elsaß-Lothringen'schen Regierung jede Bauherstellung.

Die badische Straße zu der Ueberfahrt wird fast nur für den Transport der Rheinbausteine benützt.

Nr. 225.

Straße von Rohrdorf über Hartheim zur Landesgränze.

Länge 14,59 Kilometer = 3,28 Stunden.

Der unter dem Namen „Heuberg" bekannte Landestheil, welcher nordwestlich von Württemberg, südöstlich von Hohenzollern-Sigmaringen (Preußen) und dem Schmaienthal südwestlich von dem sich tief eingeschnittenen Donauthal begränzt wird, gehörte früher zu der Grafschaft Oberhohenberg. Die Orte Stetten, Hausen, Neidingen, Nusplingen, Glashütte bildeten vormals die salemische Herrschaft Stetten am kalten Markt, wogegen Werrenwaag mit Langenbrunn, Schwenningen, Heinstetten, Hartheim die Herrschaft Werrenwaag bildete, deren Besitzer früher die Herren von Ulm waren. (2)

Sowohl die Gränz- als die Herrschaftsverhältnisse wie die natürliche Configuration der Gegend waren in Verbindung mit der hohen rauhen Lage der meisten Orte nicht dazu angethan den fleißigen Einwohnern jene Vortheile des Verkehres zuzuwenden, deren sich die meisten anderen Landestheile Badens längst schon erfreuten.

Namentlich fehlte es an guten Straßen, weil die Terrainverhältnisse deren Herstellung und Unterhaltung erschweren und Opfer verlangen, welche die Gemeinden zu bringen außer Stande waren. (3) Daher erklärt es sich, daß die meisten älteren Wege hinsichtlich ihres Zuges heute

(1) Die Taxe beträgt für eine Person 6 Xr. Die französische Staatscasse bezog einen Pachtzins von 200 Francs. Der Ertrag der Ueberfahrt soll dem Pächter, der das Fahrzeug besorgt, kaum einen Taglohn von 1 Fl. 12 Xr. abwerfen. Seit die Ueberfahrt Elsaß-Lothringen gehört, ertrug sie jährlich 25—30 Francs.
(2) Diese Orte alle kamen in Folge der Rheinbundes-Acte von 1806 aus der Hand Württembergs, dem sie seit 1803 angehörten, durch Vertrag von 1810 an Baden. (3) Die Ackerkrume, meist nur 8—10 Zoll mächtig, lagert auf 200 Meter mächtigem weißem Jurafels, auf dem die Straßen schwierig zu bauen und zu unterhalten sind.

noch den ursprünglichen Charakter zeigen und wohl so alt als die Orte selbst sein mögen. (1) Die erste Landstraße dieses Bezirkes ist die in den Jahren 1864 auf Staatskosten erbaute von Gutenstein nach Stetten (Nr. 185). Diese Straße liegt aber den Orten Hartheim, Heinstetten, Schwenningen, Glashütte (2) und Langenbrunn zu ferne und die Terrainverhältnisse erschweren in Anlage von Verbindungswegen. Diese letzteren Gemeinden waren daher zum Verkehre mit der Amts- und Marktstadt Mößkirch und mit der dortigen Eisenbahnstation fortan auf den Vicinalweg angewiesen, der von Hartheim über Schwenningen und Werrenwaag südöstlich gegen die Donau bei Langenbrunn führt und in seiner Fortsetzung auf dem rechten Donauufer mit Berührung der Orte Lengenfeld und Kreenheinstetten (3) bei Rohrdorf in die neue Straße von Mößkirch nach Stetten einmündet. Obgleich dieser Vicinalweg in neuer Zeit namhaft verbessert und insbesondere durch den 1835/36 mit 8 Rampen vermittelten Uebergang über die Donau zwischen Werrenwaag und Langenbrunn sehr gewonnen hat, so enthält dieselbe doch starke Gegengefälle, ist theilweise zu schmal und besitzt in den Rampen zu kurze Wendungen. (4) Bei diesem mangelhaften Verkehrsmittel war es den Bewohnern des hinteren Heubergs, die durch Klima und Boden zunächst auf den Getreidebau angewiesen und wegen Wassermangels fast ganz von dem Gewerbebetrieb ausgeschlossen sind, (5) schwer die Concurrenz anderer Orte bei dem Verkauf ihrer Producte zu ertragen.

Die Gemeinden haben deshalb im Jahre 1871 um Herstellung einer guten Landstraße von Hartheim nach Rohrdorf in directer Richtung nachgesucht und der Kreis empfahl die Gewährung der Bitte dringend. Die Vorarbeiten, die mit Hülfe eines im Bohnenthal und Hausenerthal erstellten Traceweges (6) in den Jahren 1873/75 ausgeführt wurden, ergaben, daß die Straße in 8 Abtheilungen ausgeführt werden kann. Die Kosten für eine 5 Meter breite Straße mit einer 4,2 Meter breiten Fahrbahn und einem Maximalgefäll von 6,5 Procent wurden auf 363,000 Mark veranschlagt. Die Correction und Verbesserung der Abtheilungen von Rohrdorf gegen Kreenheinstetten und zwischen Hartheim und Schwenningen wurden 1874/75 ausgeführt und in den Verband aufgenommen. Für die schwierigsten Theile von der Höhe bei Kreenheinstetten durch das Bohnenthal in das Donauthal bei Hausen und von hier durch das Hausenerthal bis Schwenningen auf die Höhe des Heubergs konnten die zeitraubenden und kostspieligen Vorarbeiten erst 1875 vollendet werden. Nach dem genehmigten Plane zieht sich die neue Straße an der östlichen Wand des sog. Bohnenthales mit Fall von 1,1—6,5 Procent und zwei Wendeplätzen in das Donauthal, welches mit einer Dammstraße und drei Flutöffnungen von je 9 Meter Weite und unter Benützung der alten, 1795 von dem Kloster Salem erbauten, Steinbogenbrücke bei Hausen überschritten wird.

Von der Donaubrücke zieht die Straße durch den Ort Hausen, (7) sodann mit drei Rampen unter dem Schloß Hausen an der Thalwand mit 5,6 Procent empor, kehrt dann und führt in gestreckter Linie durch das Hausenerthal bis Schwenningen. Die Kosten für diesen Straßenbau werden nach dem Straßengesetz zu $^1/_3$ von Kreis und Gemeinden, zu $^2/_3$ vom Staat getragen. Die Ausführung begann 1874 und es sind bis Ende 1876 95,657 Mark verwendet worden.

Von Hartheim bis Meßstetten ist die alte Straße, die 5 Procent Steigung besitzt, noch der Verbesserung bedürftig, namentlich wäre die Gegensteige in Meßstetten zu corrigiren, obgleich diese Straße bis auf die Höhe des Schmaienthals in den Jahren 1856/70 von Württemberg verbessert wurde. Die Steige zwischen der Höhe und der im Thal liegenden Stadt Ebingen ist 1848 mit 6 Procent Gefäll von der Stadt Ebingen zur Beschäftigung der ärmeren Einwohner neu und mit einer Rampe erbaut worden.

---

(1) Die Namen Heuberg, Werrenwaag, Hartheim, Rohrdorf lassen sich aus keltischer Sprache erklären. Schwenningen ist schon 817 urkundlich nachgewiesen. Das Schloß Werrenwag soll auf römischer Grundlage erbaut sein. (2) Die Glashütte ist wegen hohen Preises des Baumaterials längst eingegangen. (3) Bei Kreenheinstetten, dem Geburtsort des Predigers Abraham a sancta clara (1642—1709), zog eine römische Straße vorüber, welche später den Namen Ochsenstraße führte. Man fand hier römische Waffen, Münzen 2c. An der Gemarkungsgränze von Kreenheinstetten und Hausen ist ein natürliches Felsenthor, wo der neue Straßenzug in die Felspartie eintritt, um sich gegen das Donauthal zu senken. (4) Von dem in die Gemarkung Hausen sich erstreckenden Theil der Steige ließ Hausen ein Drittel der Länge (400 Fuß) auf seine Kosten herstellen, die übrige Anlage führte die fürstlich fürstenbergische Standesherrschaft aus. O. D. A. Die Colonisten von Langenbrunn wurden nach ihrem Gewerbsteuer-Capital zu den Kosten beigezogen. (5) Die meisten Orte haben nur Dachbrunnen. Man bezahlt im Sommer 9 Pf. für den Kübel Wasser. (6) Die Gerüstung für diesen Weg ist in photographischer Aufnahme erläutert, welche die Oberdirection aufbewahrt. (7) Hausen kam von den Freiherren gleichen Namens an Oesterreich, dann an Fugger, Kastell, 1756 an Salem und 1803 an Baden.

Der Verkehr der Orte des Heuberg ging bisher vorzugsweise nach Ebingen; Hanf, Spelz und Kartoffeln wurden meistens dahin auf den Markt gebracht, wogegen der Hafer auf den Mößkirchner Fruchtmarkt kam. Von den 40 Brauereien in Ebingen bezog der Heuberg einen großen Theil des Bieres.

Von Ebingen nach Sigmaringen ist die Landstraße auf preußischem Gebiet im Jahr 1849 durch eine Correction bei Straßberg mit Rampen und 6 Procent Gefäll wesentlich verbessert worden.

Vorausgesetzt daß der Ueberschlag eingehalten werden kann, beträgt der Aufwand für die Verbesserung dieses Straßenzuges 363,000 Mark.

Nr. 226.

Straße zwischen Söllingen und Fortlouis.

Länge in Baden bis zur Ueberfahrt 1,96 Kilometer = 0,44 Stunden.

In früherer Zeit und noch im Jahr 1836 wurde zwischen Söllingen und Neuhäusel und zwar oberhalb des Orts Söllingen eine zwischen Baden und Frankreich ungetheilte Ueberfahrt über den Rhein betrieben. Das Fahrrecht auf badischer Seite war badisches Erblehen von 16 Theilnehmern, welche dasselbe der Reihe nach ausübten. Die Schiffer fuhren mit ihren Nachen nur, wenn etwas Erhebliches zu verdienen war, sonst mußten sie oft mit Strafe zur Dienstleistung angehalten werden. Jenseits des Rheins wurde die Ueberfahrt von der Stadt Fortlouis durch einen Pächter ausgeübt, der 10 Francs Pachtzins bezahlte. Die Wasserstraße war 3000 Fuß lang, nämlich 800 Fuß über den Rhein und 2200 Fuß durch Rheinarme. Später wurde es durch die Rheincorrection möglich, von Söllingen direct nach Fortlouis (1) überzusetzen. Das Fahrrecht ist durch den zwischen Baden und Frankreich abgeschlossenen Vertrag vom 30. September 1860 (siehe Nr. 14) Baden ausschließlich zuerkannt.

Von Fortlouis bis an den Rhein besteht schon längere Zeit eine gute, durch Dämme geschützte Straße, auf badischem Gebiet war aber bis vor kurzer Zeit die Herstellung einer Straße zu dem vereinbarten Rheinübergangspunkte unthunlich, (2) weil zwischen Söllingen und dem neuen Rheinbett der alte Rhein liegt, dessen Verlandung erst jetzt soweit vorangeschritten ist, daß 1868 ein Damm durch denselben ausgeführt werden konnte und in Folge dessen nun auch eine gegen den Rhein geschützte Straße hergestellt werden konnte.

Die desfallsigen Kosten wurden einschließlich des Aufwandes für eine Brücke über das Schwarzwasser auf 5600 Fl. berechnet; sie beliefen sich aber nur auf 5587 Fl. Die Straße war bis zu dem Rheindamm 2425 Fuß, von da bis zu dem normalen Rheinufer 535 Fuß, also der ganze Bau 2960 Fuß lang, 20 Fuß breit und mit einer Fahrbahn von 15 Fuß aus 7 Zoll Schotter herzustellen.

Das Gefäll ist von der Brücke auf 0,5 Procent, dann horizontal bis zu dem Damm mit 5 Procent Fall gegen das Vorland, dann wieder horizontal längs des Rheins abwärts angenommen (4 Fuß unter 0 des Pegels), sodann Abfahrt von 12 Procent. Die Brücke, mit Lichtweite von 20 Fuß und 15 Fuß Breite, wird durch 6 eiserne Längenträger überspannt. Die Kosten derselben sind mit 2137 Fl. unter obiger Summe enthalten. Die Gemeinde übernahm nach Vertrag vom 11. November 1868 die Hälfte der Kosten und gab das nöthige Gemeindeareal unentgeltlich ab, d. h. sie übernahm die Dienstbarkeit der Straße auf ihrem Eigenthum. Die Ausführung erfolgte 1869 und der Neubau wurde im November jenen Jahres dem Verkehr eröffnet. —

Nachdem die Gemeinde 1871 eine fliegende Fähre mit 12 Giernachen aufgestellt hatte, (3) wurde 1872 auch die Straße von der Landstraße durch den Ort bis zu der früher hergestellten Straße jenseits der Schwarzwasserbrücke corrigirt. Die Gemeinde stellte nach Vertrag vom

---

(1) Fortlouis oder Fort Vauban an der Departementsstraße nach Zabern wurde 1689 unter Ludwig XIV. mit Verwendung der Steine von dem Hagenauer Kaiserhaus durch Vauban auf einer Rheininsel erbaut und 1793 von den Oesterreichern zerstört. Früher eine kleine Stadt, ist dasselbe jetzt Dorf. 1797 wurde auch der Brückenkopf auf dem rechten Ufer geschleift. Der sog. rothe Rhein ist inzwischen verlandet. Siehe Deutsche Vierteljahrsschrift 1855. (2) Der Verkehr mit Wagen hat deshalb schon seit längerer Zeit ganz aufgehört, auch der Personenverkehr ist gering; Taxe 6 Xr. (3) Die Fahreinrichtung kostete 3725 Fl.

2. December 1871 das nöthige Gelände im Werth von 800 Fl. dem Staate als Eigenthum und bezahlte überdies die Hälfte der Baukosten mit 800 Fl., so daß der Staat nur 800 Fl. zu übernehmen hatte.

Vom 1. Januar 1872 an wurde die ganze Straße bis an den Rhein als Landstraße behandelt.

In neuerer Zeit wird die Ueberfahrt nur mit Personennachen vermittelt, nachdem 1870 die Fähre während des Kriegs entfernt wurde.

Im Jahr 1873 wurde bei Söllingen eine Nachenstation für Dampfschiffe errichtet.

Das im Jahr 1872 von der Gemeinde gemachte Anerbieten, das Fahrrecht nebst Einrichtung an den Staat zu verkaufen, wurde abgelehnt. Seit dem Bestehen der Schiffbrücke in Plittersdorf hat sich der Verkehr sehr vermindert, daher 1876 die Ausscheidung der Straße aus dem Verband in Antrag kam.

Der nachweisbare Aufwand für Verbesserung dieses Verkehrsweges beträgt 20,078 Mark.

Nr. 227.

Straße von Rastatt zur Rheinüberfahrt bei Steinmauern.

Der Name „Steinmauern" deutet insofern auf römischen Ursprung hin, als unzweifelhaft römische Baureste an verschiedenen Orten Deutschlands „Steinmauern" genannt werden. So finden sich unter diesem Namen z. B. erwiesene römische Baureste bei Rottenburg am Neckar, wo der Aufenthalt der 8. und 22. Legion nachgewiesen ist. (1) Der Ort Steinmauern (2) lag im 15. Jahrhundert an dem Einfluß der Murg in den Rhein, dessen Thalweg in früherer Zeit unmittelbar an dem Orte, im Jahr 1842 aber noch in kurzer Ferne von ca. einer Viertelstunde vorüberzog. Die Murg floß von Rastatt abwärts in viele Arme getheilt und vielgekrümmt unmittelbar an der Südseite des Ortes Steinmauern vorüber, wo sich jetzt noch ein Altwasser befindet, das, durch seinen Rückstau vom Altrhein zuweilen die Straße überflutet. Nachdem die Regierung schon 1713 eine Art allgemeiner Correction der Murg mittelst kleiner Durchschnitte im Frohndwege hatte ausführen lassen, (3) wurde 1772 ein Project für die Murgcorrection von Rastatt abwärts bis zum Steinmaurer Bau in der Richtung der jetzigen 1781/89 ausgeführten Correctionslinie entworfen. Die Canalarbeit war von den Rastattern und den übrigen Bewohnern der Gegend so sehr angefeindet, daß sie nur unter militärischer Bedeckung ausführbar war.

Man erkannte aber schon in kurzer Zeit den Nutzen dieses Werkes. Da die abgeschlossenen Arme der Murg des stehenden Wassers wegen der Gesundheit schädlich waren, wurde 1794 zur allmählichen Ausfüllung der Altwasser aufgefordert, und diese Arbeit dadurch gefördert, daß jeder der ein Stück ausfüllte, dasselbe zu Eigenthum erhielt. Auf diese Weise sind die meisten Gärten auf der Südseite des Ortes entstanden. — Der alte Weg nach Steinmauern ging von dem westlichen Ende der Hauptstraße in Rastatt an dem alten Gottesacker unter dem Piaristen-Kloster vorüber nach dem Hochgestade der Murg gegen den sog. Rastatter Zey und von dort wie jetzt in vielen Krümmungen längs des Hochgestades nach Steinmauern zu dem früher unmittelbar am Orte, dann am sog. Rheinfeld befindlichen Einbindeplatz der Flöße. Auch auf dem Damm der alten Murg ging ein Weg bis zu der Rheinauer Brücke. (4) Erst nachdem der Murgcanal hergestellt war, ist 1786 auch die auf dessen Nordseite angelegte Straße nach Plittersdorf, von der Rheinauer Murgbrücke durch eine nördliche, ganz gerade Abzweigung mit dem alten Weg nach Steinmauern in Verbindung gebracht, die alte Straße, die gegen den Kirchhof zog, aber verlassen worden. Diese neuen Wege wurden in der Frohnd hergestellt; den Aufwand für Güterentschädigung und Brückenbau übernahm die Staatscasse, namentlich auch 2053 Fl. für die steinerne über die alte Murg führende Brücke in Steinmauern. (5)

(1) von Jaumann, Colonia Sumlocene 1840. (2) Steinmauern war eine alte baden-badische Zollstation und Haupteinbindeplatz für die Murgflöße zu deren Weitertransport auf dem Rhein. Auch als Rheinüberfahrtsstelle war dieser Platz lange Zeit mehr als jener bei Plittersdorf benützt. (3) Becht, Beschreibung von Rastatt. (4) Plan von Rastatt von Maier aus der Mitte des 18. Jahrhunderts. (5) Der Aufwand für die Brücke betrug 1580 Fl., das übrige wurde für Frohndgelder aufgewendet. Ausweislich der Rechnung sind hierzu die baden-durlach'schen Landzollgelder von Vorspannpferden verwendet worden. (L. A. A.)

Die Straße wurde hierauf als Landstraße behandelt, da die Frequenz an Langholzfuhren sehr bedeutend war und auch von und nach der Rheinüberfahrt ein namhafter Verkehr bestund. (¹)

Durch die Rectification des Rheines wurde der Thalweg wieder eine Viertelstunde weiter westlich von dem Orte entfernt, und der Altrhein verlandete allmählich, so daß die Floßhölzer aus der Murg sehr oft nur mit großen Kosten durch die Altwasser in den vollen Rhein gebracht werden konnten.

Das corrigirte Murgbett wurde darum 1855/58 bis in den vollen Rhein verlängert.

Gleichwohl ist die Murg aber seit 1816 durch diese und verschiedene andere Correctionen um $1^1/_2$ Stunde abgekürzt worden.

Der Aufwand für diese Correction an der Murg belief sich auf 60,000 Fl.

Nach Vertrag von 1860 Regierungsblatt Seite 425 ist das Fahrrecht bei Steinmauern ausschließlich Baden zugestanden. Auf dem linken Rheinufer besteht eine gute Straße nach Münchhausen. Seit dem Bestehen der Schiffbrücke bei Plittersdorf ist der Verkehr bei Steinmauern über den Rhein nicht mehr bedeutend. Der Färcher erhält jährlich von der Gemeinde Münchhausen einen Zuschuß von 100 Fr., der Verdienst soll täglich 1 Fr. betragen. Gemeinde-Angehörige sind frei von der Fahrtaxe, die 10 Centimes für die Person beträgt. Die Straße wird als Vicinalstraße von den Gemeinden unterhalten.

Nr. 228.

Straße von Station Peterzell nach Königsfeld.

Länge 3,39 Kilometer = 0,76 Stunden.

Das Areal, auf welchem der Ort Königsfeld erbaut wurde, gehörte zu dem altwürttembergischen sog. Hörnlehof.

Der Eigenthumsübergang an die Herrnhuter Gemeinde erfolgte mit Genehmigung des Königs von Württemberg im Jahr 1804 und der darauf gegründete Ort erhielt den Namen „Königsfeld“. (²)

Die Gemeinde beabsichtigte ursprünglich Manufactur und Fabrikbetrieb, allein es fehlten dazu die nöthigen Arbeitskräfte. Nachdem nun der Ort in Folge der Rheinbundesacte durch einen Vertrag vom 2. October 1810 (R.-Bl. S. 47) nebst anderen altwürttembergischen Orten, namentlich mit dem benachbarten Langenschiltach, Mönchweiler, Peterzell, evang. Tennenbronn, St. Georgen ꝛc. unter badische Hoheit gekommen und mit einer neuen erweiterten Bestätigungsurkunde versehen war, errichtete die Gemeinde 1813 eine Erziehungsanstalt für Mädchen, die später auch für Knaben ausgedehnt wurde. Außer dieser Erziehungsanstalt betrieb die Gemeinde für ihre Rechnung das Gasthaus mit Brauerei und seit 1820 eine Handlung. (³)

Nach Gründung des Ortes wurde die alte Vicinalstraße von Mönchweiler nach Schramberg bis Königsfeld verbessert, so daß die Verbindung mit Villingen befriedigend war. Schlechter war die Wegverbindung mit Peterzell und am schlechtesten jene nach dem sog. Schoren (Wirthshaus an der Straße Nr. 28), welche im Winter nur mit Gefahr benützt werden konnten. Bei Bestimmung der Zugslinie für die Eisenbahn von Hausach nach Villingen wurde 1869 bei Schoren eine Station errichtet, welche nicht nur für Peterzell, sondern auch für Königsfeld und benachbarte Orte benützbar wurde, sobald eine gute Straße nach letzterem Ort besteht. Diese Straße ist nun in einer Länge von 3394,5 Meter 6 Meter breit mit 13 Centimeter Gestück und 5 Centimeter Schotter nach Maßgabe des Gesetzes von 1868 in den Jahren 1873/74 mit einem Aufwande von 24,000 Fl. oder 41,143 Mark neu hergestellt worden. An dem Aufwand übernahm die Gemeinde Königsfeld das ganze den Gemeinden zur Last fallende Sechstel, der Kreis $^1/_6$ und die Staatscasse $^2/_3$. Die Straße hat Gefälle von 0,18—4,1 Procent. Der Untergrund

---

(¹) Die Ueberfahrt wurde badischer Seits für Rechnung des Domänenfiscus, französischer Seits für den Staat durch Pächter betrieben. (²) Das erste Haus war der Gasthof. (³) Abraham Dürninger von Straßburg hatte 1764 in Herrnhut eine Handlung gegründet, welche mit allen Herrnhuter Gemeinden in Geschäftsverbindung steht und darum auch überseeische Producte gut und billig abgeben kann. Sehr beliebt sind Cigarren und Senf, die auf größere Entfernung Absatz finden.

ist auf 300 Meter wasserhaltig, daher zahlreiche Sickerungen nöthig waren. Auch Schneewehplätze wurden an einigen Stellen angebracht.

Vierzehn Gemeinden dient diese Straße zur nächsten Verbindung mit der Eisenbahn. Es werden Steine aus den Sandsteinbrüchen in Fischbach, Weiler und Schabenhausen, Früchte von Rottweil, viel Holz, Stroh, Heu, Seidenfabricate und Pulver von Niedereschach auf diesem Wege abgeführt.

Der Omnibus-Verkehr ist im Sommer der vielen Fremden wegen, die Königsfeld besuchen, lebhaft.

Die Straße kam 1875 in den Landstraßenverband.

Nr. 229.

Straße von Todtmoos nach St. Blasien.

Hörnlibergstraße.

Der von einer im 13. Jahrhundert errichteten Wallfahrtscapelle herrührende Ort Todtmoos lag an einem Sumpfe, so daß die Chronik vom 14. Jahrhundert besagt, „daß Menschen und Vieh hier verderben müssen". Die ursprünglichen Saumwege nach St. Blasien wurden allmählich in Karrenwege umgewandelt und diese zu Holzabfuhrwegen verbessert.

Der von St. Blasien nach Todtmoos über den Hörnliberg führende Vicinalweg besitzt in neuerer Zeit einen bedeutenden Localverkehr, da die kleinen Webereien in Todtmoos mit Garn aus der Spinnerei in St. Blasien arbeiten und ihre Erzeugnisse nach Schwaben führen, woher die Frucht in das Gebiet von St. Blasien und in das obere Werrathal verbracht wird. Auch die Holzabfuhr ist auf diesem Weg, der ein Glied der Straßenverbindung von Neustadt über St. Blasien nach Zell im Wiesenthal bildet, bedeutend. Die Gefällsverhältnisse der Straße sind aber sehr ungünstig, sie betragen 15 Procent bei Todtmoos, 9,6 Procent am Hörnliberg, 10 Procent beim Lindauerweg, daher die Verbesserung mittelst 8 Correctionen schon lange als Bedürfniß anerkannt ist.

Nach den im Jahr 1867 vorgenommenen Untersuchungen wäre zur Beseitigung der großen Mißstände auf Todtmooser Seite von der Werrabrücke bei Todtmoos bis auf die Höhe beim steinernen Kreuz eine Steige von 15—18 Procent Gefäll auf 7 Procent zu ermäßigen, was bei einer Länge von 1230 Fuß ca. 13,800 Fl. kosten würde. Sodann wäre bis zur Höhe noch ein Straßenstück von 300 Ruthen mit 800 Fl., ein Stich auf Ibacher Seite mit 1200 Fl. zu reguliren und die Straße, welche nur 11—15 Fuß breit ist, auf 16 Fuß zu erweitern. Vom Ibacher Weg bis zum Wirthshaus in Mutterslehen ist der Weg 1851/52 in einer Breite von 16 Fuß von der Forstbehörde neu hergestellt worden. Auch in Gemarkung St. Blasien ist der Weg 1861 durch Ermäßigung der Gefälle von 7—14 Procent auf 6 Procent mit 6500 Fl. von der Spinnerei und der Gemeinde verbessert worden, und 1862 ließ das Forstärar eine Abtheilung mit 1606 Fl. und die Gemeinde und Spinnerei eine solche mit 4902 Fl. herstellen. Dennoch bedarf diese Straße, wo Breiten von 10—12 Fuß vorkommen, ebenfalls der Erweiterung und Verbesserung.

Die Kosten für alle diese Verbesserungen sind nach 4 Abtheilungen überschlagen, nämlich 1) von der Werrabrücke in Todtmoos bis zum steinernen Kreuz, wo der Höhenunterschied 776 Fuß beträgt, bei einer Länge von 1230 Ruthen mit 7 Procent Steigung und 3 Rampen auf 16,000 Fl. Die Herstellung dieser Abtheilung wäre am dringendsten, 2) vom steinernen Kreuz bis zur Wegscheide nach Ibach 4600 Fuß lang mit $1^1/_2$ Procent Gefäll 3500 Fl., 3) vom Wirthshaus in Mutterslehen bis zur Klause für Verbreiterung 7000 Fl., 4) in der Nähe von St. Blasien auf 2000 Fuß Länge mit 6 Procent Gefäll 2800 Fl., im Ganzen also 29,300 Fl. Die vierte Abtheilung ist die wenigst dringende.

Um den allerdringendsten Bedürfnissen zu genügen, wurde zunächst die Correction von der Werrabrücke bis auf die Höhe mit einem ermäßigten Betrag von 13,800 Fl., sodann von der Höhe bis zur Wegscheide bei Ibach, 460 Ruthen lang mit 3500 Fl. in Aussicht genommen.

Unter den Kosten im Gesammtbetrag von 17,300 Fl. waren für Gütererwerbung in Gemarkung Todtmoos 1800 Fl., in Gemarkung Ibach 350 Fl. enthalten.

Das Budget 1868/69 bewilligte als Staatszuschuß 12,000 Fl. und die Domänendirection stellte einen Beitrag von 2000 Fl. in Aussicht.

Den Gemeinden war die unentgeltliche Stellung des Geländes auferlegt.

Da die noch fehlenden 1150 Fl. weder von der Domänenadministration noch von den Gemeinden übernommen werden wollten, so erklärte sich die großherzogliche Regierung im Jahr 1869 bereit, auch diesen Betrag auf die Staatscasse zu übernehmen.

Die Ausführung des Baues scheiterte aber an den unannehmbaren Bedingungen, unter denen die Gemeinde Todtmoos das Gelände in ihrer Gemarkung erwerben und unentgeltlich zur Verfügung stellen wollte.

Das Gesetz von 1870 über Vervollständigung des Landstraßennetzes hatte für diesen Bau 34,286 Mark bewilligt; während das Nachtragsgesetz von 1876 in demselben Betreff 90,286 Mark vorgesehen hat, um die Straße in einer Breite von 5,4 Meter mit 4,2 Meter breiter Fahrbahn und mit Radien von 25 Meter Minimum auszuführen.

Vorausgesetzt daß die bewilligten Mittel zur Verwendung kommen, wird der Aufwand für Verbesserung dieses Verkehrsweges, soweit derselbe erweisbar ist, die Summe von 112,585 Mark erreichen.

Nr. 230.

Straße von Rauenberg zur Station Wiesloch.

Siehe Nr. 172.

Nr. 231.

Straße von Bonndorf über Ewattingen nach Hüfingen.

Siehe Nr. 242.

Nr. 232.

Straße von Echbeck über Denkingen nach Pullendorf.

Siehe Nr. 187.

Nr. 233.

Zufuhrstraße zur Eisenbahnstation Steinsfurth.

Länge 0,72 Kilometer = 0,16 Stunden.

Bei Gelegenheit der im Jahr 1865 gepflogenen Verhandlungen über die Wahl der Baustelle für die Eisenbahnstation Steinsfurth kam auch die Frage zum Austrag, in welcher Weise diese Station am besten mit der nach Heilbronn führenden Straße (Nr. 3) in Verbindung gebracht werden könne? Man hatte zu wählen zwischen einer von Reihen auf dem linken Elzufer bis zur Station neu zu erbauenden Straße oder einem längs der Bahn von der Heilbronner Straße an die Station herzustellenden Fahrwege.

Im ersteren Falle waren 14,800 Fl., in letzterem 21,360 Fl., nämlich für eine 270 Ruthen lange Straßencorrection 4860 Fl. und für Verbreiterung der für die Eisenbahn herzustellenden Elzbrücke 16,500 Fl. erforderlich.

Man wählte den letzteren Weg, da dieser dem Verkehr nach der Station am meisten entsprach und der Neubau einer Straße von Reihen nach der Station mit Verbesserung der Straße von Eppingen nach Steinsfurth im Zusammenhange stund, folglich zum besonderen Austrag verwiesen wurde. Siehe Nr. 223.

Der Aufwand für gedachte Zufuhrstraße im Betrag von 36,617 Mark wurde vollständig aus Eisenbahnbaumitteln bestritten.

Die Straße wurde sodann unter die Landstraßen aufgenommen.

Nr. 234.

Straße von Mahlspüren nach Owingen.

Nachdem die neue Straße von Ludwigshafen nach Ueberlingen (Nr. 67) erbaut war und damit der Hauptverkehr zwischen Stockach und Ueberlingen sich dieser Straße zugewendet hatte, ist die Straße von Owingen bis zum Eintritte in die Straße Nr. 65 von Stockach nach Osterach aus dem Landstraßenverband ausgeschieden worden. Dieses Straßenstück war früher ein Stück der alten Poststraße von Ravensburg über Markdorf und Salem nach Stockach, welche über Tüfingen, Bruderhöfe, Owingen, Billafingen, Mahlspüren und Winterspüren zog. Die alte Straße von Owingen nach Mahlspüren besitzt Gegensteigen in Gemarkung Owingen, eine nachtheilige Krümmung bei der Kirche in Billafingen, eine Geigensteige in diesem Ort und in dem Orte Seelfingen.

Auch ist die Breite an manchen Stellen ungenügend. Um nun den Verkehr der genannten Orte mit den Amts- und Marktstätten Stockach und Ueberlingen zu erleichtern, ist die Verbesserung der Straße und ihre Aufnahme unter die Landstraßen in dem Gesetze vom Jahre 1870 über Vervollständigung des Landstraßennetzes mit einer Bewilligung von 24,000 Fl. bedacht und diese Summe in dem Gesetze von 1876 auf 42,600 Mark erhöht worden.

Nach einem Ueberschlage der Inspection war der Kostenaufwand zu 42,850 Mark berechnet. Die Maximalsteigung soll auf 2 Procent ermäßigt werden, die Breite 5,4 Meter mit 4,5 Meter Fahrbahn betragen.

Da die Verbesserungen nicht sehr dringend sind, so wurde deren Ausführung und folglich auch die Uebernahme des Weges unter die Landstraßen noch für einige Jahre verschoben.

Nr. 235.

Straße von Waldshut nach Kadelburg.

Bannschacher Straße.

Länge von Straße Nr. 48 bis Straße Nr. 54 2,82 Kilometer = 0,63 Stunden.

Schon im Jahr 1838, als die Verbesserung der Straße über Lauffenmühle nach Kadelburg, — die sog. Pritschenstraße, — bewirkt wurde, kam die Frage zur Erörterung, ob es nicht geeignet wäre, auch den Verkehr von Waldshut nach Kadelburg dadurch zu erleichtern, daß die sog. Bannschacher Straße, ein Vicinalweg, der von Waldshut direct nach Kadelburg führte, verbessert und damit der Umweg über Lauffenmühle, der ungefähr $^7/_8$ Stunde beträgt, beseitigt wird? Diese Frage wurde damals verneint, weil man erst Erfahrungen über den Verkehr sammeln wollte. Vor dem Jahr 1838 stund nächst oberhalb der sog. Bannschacher Säge in der Nähe der jetzigen Brücke eine alte, für leichte Fuhrwerke benützbare Holzbrücke, die durch das Hochwasser von genanntem Jahr zerstört wurde. Die linkseitige Vicinalstraße führte über den Berg „Homburg". Als dann im Jahr 1842 auf Schweizer Gebiet von Großlaufenburg nach Coblenz und Zurzach eine fast neue Straße hergestellt wurde und der Transitverkehr über Kadelburg bereits um 25 Procent abgenommen hatte, tauchte das Project der Verbesserung der Bannschacher Straße abermals auf, da die Linie vom Fahrhaus über den Bannschacher nach Kadelburg, Rheinheim und Zurzach ebensolang als die linksrheinische Linie von Coblenz nach Zurzach wäre und man deshalb mit jener Route die Concurrenz der Schweizerstraße zu ertragen hoffte. Die Kosten für die Bannschacherstraße wurden damals auf ca. 25,000 Fl. veranschlagt.

In Anbetracht dieses großen Aufwandes kam der Bau wieder nicht zur Ausführung. Die Gemeinde Kadelburg verbesserte aber im Jahr 1847 die Bannschacher Straße auf ihrer Gemarkung mit Einhaltung einer Breite von 16 Fuß und die Staatscasse verausgabte zur Verbindung dieses Wegs mit der Wutach, und zu Herstellung einer neuen Brücke und einer Zufuhrstraße auf dem rechten Wutachufer in den Jahren 1847/49 9953 Fl., wovon 6188 Fl. auf die Brücke entfallen, welche 129 Fuß Lichtweite, 2 Holzjoche und eine Fahrbahnbreite von 13 Fuß besitzt.

Mit den später aus dem ordentlichen Etat aufgewendeten 448 Fl. betrug der Staatsaufwand 10,401 Fl. Die Güter für die Straßencorrection wurden aus diesen Mitteln angekauft.

Nachdem bis zum Jahr 1850 die Straße von Basel aufwärts auf dem linken Rheinufer in vollständig guten Stand gesetzt war, verminderte sich der Verkehr auf der Route nach Kadelburg so sehr, daß im Jahr 1852 in Frage kommen mußte, wer die kostspielige Unterhaltung der Wutachbrücke und der Zufuhrstraße auf dem rechten Wutachufer künftighin zu übernehmen habe, da die Gemeinde Gurtweil, auf deren Gemarkung die rechtseitige Straße und die hälftige Brücke liegt, von dieser Unterhaltung befreit sein wollte, weil für sie Straße und Brücke keinerlei Werth besitzen, und beide auch ohne ihr Zuthun erbaut worden sind. (1) Das großherzogliche Ministerium des Innern erkannte deshalb unterm 5. Mai 1852, daß die Brücke und Zufuhrstraße auf Staatskosten zu unterhalten sei. Obgleich die Straße über den Bannschacher nur noch dem Verkehr der Gemeinden Kadelburg, Rheinheim und Dangstetten mit Waldshut, hauptsächlich aber einem Güterbesitzer von Waldshut als Feldweg dient, und der Staat nur aus circa 100 Morgen Wald das Holz auf diesem Weg abzuführen hat, behielt doch die Staatscasse fortan die Unterhaltungslast, weil man den Gemarkungs-Eigenthümern allein diese Last nicht zumuthen wollte und die im Jahr 1855 versuchte Bildung einer Concurrenzschaft der Gemeinden Dogern, Lienheim, Kleinlaufenburg, Säckingen, Rheinheim, Dangstetten, Kadelburg und Gurtweil nicht zu Stande kam.

Im Jahr 1856 wurde die Straße endlich aus dem Landstraßenverbande ausgeschieden. Die Brücke war inzwischen baufällig geworden, und die betheiligten Gemeinden mußten auf amtliche Anordnung im Jahr 1875 ca. 600 Fl. für Reparatur aufwenden.

Die Bitten um Wiederaufnahme der Straße in den Verband veranlaßten in demselben Jahre einen Ueberschlag des Aufwandes für Herstellung einer neuen Brücke von Eisen und für Verbreiterung der theilweise nur 4,80 Meter breiten Straße auf 5 Meter.

Der Ueberschlag forderte für die Brücke 44,000 Mark, für die Straße 11,000 Mark, zusammen 55,000 Mark.

Mit Rücksicht auf dringendere Bauten wurde die Brücke reparirt und die Straßenverbesserung verschoben, die Straße aber wieder 1876 unter die Landstraßen aufgenommen.

Der bisher bestrittene erweisbare Aufwand für Verbesserung dieser Straße betrug 17,830 Mark.

Nr. 236.

Straße von Mosbach nach Billigheim und Allfeld.

Länge zwischen Mosbach und Sulzbach 7,44 Kilometer = 1,67 Stunden.

Der Verkehr zwischen Mosbach und den Orten des mittleren Schefflenzthales wurde bis in die neueste Zeit durch eine Vicinalstraße nach Sulzbach (2) und von da einerseits nach Billigheim, andererseits nach Allfeld (3) ebenfalls durch Vicinalwege vermittelt. Die 680 Ruthen lange sog. Bergsteige bei Mosbach hatte Steigungen bis zu 18 Procent, sie lag auf der Winterseite und war bei Glatteis nur mit Gefahr benützbar. Die beiden Wege nach Billigheim und Allfeld besaßen ebenfalls sehr lästige Gegengefälle bis zu 12 Procent. Diese sehr mangelhaften Wegverbindungen hinderten aber auch den Verkehr von Mosbach mit den Orten im Jaxtthal, so daß der große Umweg über Neckarelz und Gundelsheim zu diesem Zwecke eingehalten werden mußte.

Das Bedürfniß einer besseren Wegverbindung mit dem Schefflenzthal wurde darum schon lange empfunden und dasselbe trat seit dem Bestehen der Odenwaldbahn mehr als je in den Vordergrund.

Nachdem die Stadt Mosbach, welche viele Güter und Waldungen an der Bergsteige besitzt, schon 1859 vergebens um Correction der gedachten Vicinalwege auf Staatskosten nachgesucht hatte, sprach auch die Kreisversammlung im Jahr 1869 den gleichen Wunsch aus und das Gesetz vom 16. April 1870 bewilligte für diesen Zweck und zwar entweder für den Zug nach

(1) Die Unterhaltungskosten wurden je zur Hälfte von Gurtweil und dem fürstlich fürstenbergischen Homberger Hof bestritten. (2) Sulzbach ist schon in Urkunden von 782 erwähnt. Widder, Die Pfalz II. (3) Allfeld war ehemals Stadt. Der Ort treibt Handel mit Reps, Spelz, Hafer und Vieh nach Mosbach und Heilbronn.

Allfeld oder Billigheim 28,000 Fl., welche Summe schätzungsweise als nothwendig erachtet wurde. Die Bauverwaltung hatte sich mit Rücksicht darauf, daß die Richtung nach Allfeld dem Verkehr mit dem Jaxtthal besser entspricht und die Straße dahin auch mit geringeren Kosten und besseren Gefällsverhältnissen hergestellt werden könnte, in erster Linie für den Zug nach Allfeld ausgesprochen, welchen auch Sulzbach wünschte; das Bezirksamt und die Kreisversammlung legten aber größeren Werth auf die Verbindung mit Billigheim, weil die Interessen dieses bedeutenden Ortes, sowie der Orte Katzenthal und Schefflenz dadurch mehr befördert werden und Billigheim bereits eine Postexpedition und eine Postwagenverbindung mit Mosbach besitzt, dagegen aber der Verkehr mit dem Jaxtthal von weniger großer Bedeutung erschien. Man entschied sich daher für den Straßenzug nach Billigheim. Da aber Sulzbach diesem Projecte heftig widerstrebte, hielt man für angemessen, einstweilen die von allen Seiten gewünschte Correction der Straße zwischen Mosbach und Sulzbach zur Ausführung zu bringen. Der Aufwand für die Correction der Mosbacher Bergsteige durch Verlegung der Straße auf die Sommerseite und für die Correction der Sulzbacher Steige waren zusammen auf 23,400 Fl. veranschlagt. Die neue Straße mußte in einer Breite von 5,4 Meter mit 4,4 Meter breiter Fahrbahn aus 5 Zoll Gestück und 3 Zoll Schotter, die Rampe mit 75 Meter, die Curve mit 75 Meter Radius hergestellt werden. Als Maximalgefäll waren 6 Procent zugelassen. Der Bau wurde 1872/73 ausgeführt und die Straße am 1. September 1873 in den Landstraßenverband aufgenommen.

Der wirkliche Aufwand betrug wegen erfolgter Steigerung der Arbeitslöhne und Güterpreise 28,980 Fl., wovon die Gemeinde Mosbach durch unentgeltliche Stellung des Geländes in ihrer Gemarkung 5580 Fl. und durch baaren Beitrag weitere 500 Fl., also im Ganzen 6080 Fl. übernahm, daher die Staatscasse noch 22,900 Fl. zu tragen hatte.

Für die Correction der Straße von Sulzbach nach Billigheim, welche Gegengefälle von 8—18 Procent besitzt, die auf 5—6 Procent zu ermäßigen sind, war der Aufwand auf 16,000 Fl. überschlagen. Billigheim wollte das Gelände im Werth von 3800 Fl. unentgeltlich stellen. Sulzbach verweigerte aber die Geländeabtretung, weil sie die Fortsetzung der Straße nach Allfeld anstrebt und hierfür 300 Fl. Beiträge oder deren Herstellung auf 10,300 Fl. veranschlagt war. Unter diesen Verhältnissen unterblieb die Fortsetzung des Baues von Sulzbach in das Schefflenzthal.

Der bis jetzt für Verbesserung dieses Verkehrsweges bestrittene Aufwand beträgt 49,680 Mark.

Das Nachtragsgesetz von 1876 über Vervollständigung des Landstraßennetzes bewilligte weitere 22,200 Mark für die Fortsetzung des Baues bis Allfeld.

Vorausgesetzt daß diese Verwendung erfolgt, wird sich der Gesammtaufwand auf 71,880 Mark belaufen.

Nr. 237.

Straße von Aach über Volkertshausen und Schlatt nach Hohenkrähen.

In der Voraussetzung, daß die parallel mit der Eisenbahn von Engen nach Singen führende Straße aus dem Landstraßenverband ausgeschieden werde, beabsichtigte man im Jahr 1870 zur Verbindung der Orte des Aachthales mit der Eisenbahn die alte Vicinalstraße von Aach über Volkertshausen und Schlatt bis zur Station Hohenkrähen zu verbessern und als Landstraße zu behandeln, daher in dem Gesetzentwurf vom 16. September 1869 über Vervollständigung des Landstraßennetzes eine approximative Summe von 45,000 Fl. für diesen Zweck vorgesehen wurde.(1) Auf Antrag der Commission der II. Kammer sind aber nur 10,000 Fl. hierfür bewilligt worden, wogegen die übrigen 35,000 Fl. für Verbesserung der Straße von Hilzingen nach Beuren bestimmt wurden.

Nach näherer Veranschlagung des Bauaufwands stellte sich der Bedarf auf 50,000 Mark dar.

Obgleich die bedeutende Fabrik Arlen bei Verbesserung dieser Straßenverbindung sehr betheiligt ist und auch für die übrigen Orte unzweifelhaft Vortheile für die Verkehrserleichterung mit der Eisenbahn erwachsen würden, wollte die Kreisversammlung doch diesem Wege die Be-

(1) Die Straße von Engen über Aach, Volkertshausen, Beuren und Böhringen nach Radolfzell ist 1813/15 mit 7000 Fl. (ohne Frohnden) verbessert worden.

deutung einer Landstraße nicht zuerkennen, sondern sie hielt eine auf das dringendste beschränkte Verbesserung des vorhandenen Weges mit etwa 15,000 Fl. für die damaligen Verhältnisse für genügend und die Unterhaltung durch die Gemeinden für sachgemäß.

In dem Nachtragsgesetz von 1876 wurden nur 20,000 Mark genehmigt, indem die Stände der Ansicht waren, daß wenn nicht mit diesem Staatsaufwand und mit entsprechenden Beiträgen der Interessenten die Straße in einen Stand gesetzt werden könne, der den Anforderungen an eine Landstraße entspricht, eine Verwendung für dieselbe und ihre Aufnahme in Landstraßenverband zu unterbleiben habe.

Die Ausführung ist noch nicht eingeleitet.

Nr. 238.

Straße von Markdorf nach Immenstaad.

Länge 6,51 Kilometer = 1,47 Stunden.

Bekanntlich lassen sich die Namen der meisten Orte und Bäche in der Nähe des Bodensees auf die keltische Sprache zurückführen. Auch die Orte, welche die hier in Frage liegende Straße verbindet, wie Markdorf (Marchedorf), Riedheim, Lippach, Kluftern und Immenstaad, sowie die benachbarten Orte Autenweiler, Weppach, Wangen, Urnau, Ober-Raderach, Heppach, Leimbach und die Berge Gehrenberg, Hersberg, Buochberg, Fahrenbühl, Kippenhorn ꝛc. besitzen keltische Namen. Bei Ober-Raderach ist eine „Heidensteig“ mit Spuren einer alten Burg, welche keltischer Zeit zugeschrieben werden.

Markdorf (¹) wird schon in Urkunden von 817 genannt, und der Ort soll 350 noch theilweise von Heiden bewohnt worden sein (Heidengasse), Kluftern erscheint in einer Urkunde von 883, die alte Kirche in Lippach wurde 990 eingeweiht.

Das westlich von Immenstaad (²) in den See vorspringende sog. Kippenhorn machte diesen Ort zu einem natürlichen, gegen die Westwinde geschützten Landungsplatz, von welchem aus bei einem Wirthshaus ein Fahr betrieben wurde, das 1536 urkundlich um 5 Gulden an Constanz überging. Dieses Schifffahrtsrecht kam sodann an die Kirchenfabrik und ging erst im vorigen Jahrhundert an die Gemeinde über.

Schon seit langer Zeit befindet sich der Schiffslandungsplatz näher am Orte beim sogenannten Bider Horn, wo jetzt noch zwei alte Landungsdämme bestehen, von denen der eine nach Südost, der andere nach Südwest gerichtet ist.

In neuerer Zeit wurde die Schifffahrt nicht von der Gemeinde, sondern von Schiffsleuten als Gewerbe ohne eine Leistung an die Gemeinde ausgeübt. Fremde Schiffer bezahlten dagegen an die Gemeindecasse eine Abfuhrgebühr von 3 Xr. per Klafter Holz, von 1 Xr. per Sack Korn, von 3 Xr. per Stück großes Vieh, von 1½ Xr. per Schwein, ½ Xr. per Ferkel, 1 Xr. per Schaf oder Ziege, 4 Xr. per Ohm Wein, Branntwein, Faß Obst, von Bauholz per Stamm 1½ Xr., für 1000 Backsteine 6 Xr., 1000 Ziegel 3 Xr., im Uebrigen per Centner 1 Xr. Fremde Schiffer wurden nur an den Markdorfer Wochen- und Jahrmärkten zugelassen.

Die Abfuhrgebühr war 1840 auf 30 Jahre für 40 Fl. per Jahr verpachtet, die Gemeinde behielt aber die Last der Unterhaltung der Landestelle; sie schlug das Schifffahrtsrecht auf 300 Fl. und das Capital der durchschnittlichen Abfuhrgebühren auf 600 Fl. an. Das Monopol der Schiffsleute ist auf 1200 Fl. geschätzt. Das Abfahrtgeld wurde 1861 aufgehoben und Lagergeld eingeführt, das jährlich 40—50 Fl. abwarf. An der Landungsstelle in Immenstaad wurden verzeichnet 1867: 316 Centner Eingang und 25,681 Centner Ausgang, 1870: 12,172 Centner Eingang und 22,900 Centner Ausgang. Der Hauptgüterverkehr bestund in Wein, Obst, Holz, Schnittwaaren, Ziegelwaaren, Vieh, Getreide und Bausteinen. Die Hauptgüterzufuhr erfolgte vom Gehrenberg, aus dem Deggenhauser Thal und aus Markdorf und Umgegend zur Verschiffung nach Romanshorn und Rohrschach, wogegen von letzterem Orte Sandsteine als Rückfracht benützt wurden. Unter dem schwunghaften Betrieb der Dampfschifffahrt litten die Landungsplätze des

(¹) Markdorf siehe Nr. 70. (²) Immenstaad kam 1491 von den Herren von Montfort an die Deutschordens-Commende Mainau, wurde 1703 fürstenbergisch, erhielt 1792 zwei Jahrmärkte und kam 1803 an Baden. C. Staiger, Meersburg 1861.

Bodensees, die nur für Segelschiffe benützbar sind, und der Schifffahrtsverkehr drohte, sich auch von Immenstaad ganz nach Friedrichshafen zu ziehen. Um nun den Landungsplatz Immenstaad zu erhalten und zugleich den Absatz der Landesproducte von Markdorf und dessen Umgegend nach der Schweiz zu fördern, insbesondere auch den früher bedeutenden Frucht- und Viehmarkt in Markdorf zu beleben, entschloß man sich, nicht allein bei Immenstaad das Landen der Dampfboote zu ermöglichen, sondern auch den Gütertransport von Markdorf nach Immenstaad durch eine gute Straße zu erleichtern. Zu diesem Ende wurde 1873 Plan und Ueberschlag für Verbesserung des bestehenden Vicinalweges über Kluftern entworfen, wonach die vorhandenen Steigen und Gegensteigen mit Gefällen von 5,7 und 8 Procent durch 6 Correctionen auf 1—4 Procent ermäßigt, die Straßenlänge verkürzt(¹) und die Straße durchgehends in einer Breite von 5,4 Meter nebst guter Fahrbahn von 4,2 Meter Breite, bestehend aus 15 Centimeter Fundament von grobem Kies und 0,6 Centimeter feinem Kies mit 26,387 Fl. oder 45,235 Mark herzustellen war. Die Gemeinden betheiligten sich dabei mit entsprechenden Beiträgen. Markdorf stellte Gelände im Werth von 2680 Fl., Lippach desgleichen im Werth von 1960 Fl. gegen Ersatz von 1200 Fl., gab mithin 760 Fl., Kluftern gab Gelände im Werth von 860 Fl. gegen 600 Fl. und baar 400 Fl., also 660 Fl. und Immenstaad stellte die zu 1300 Fl. geschätzten Güter für 1000 Fl., also mit einem Opfer von 300 Fl., daher im Ganzen 4400 Fl. oder 7542 Mark beigetragen wurden und die Staatscasse noch 21,987 Fl. oder 37,693 Mark bezahlen mußte. Die Ausführung erfolgte 1873/74, und die Straße wurde 1875 unter die Landstraßen aufgenommen.

Am Landungsplatz beim Bider Horn wurde 1874/75 ein Verladeplatz mit beiderseitigen Quaimauern und einem Zufuhrdamm nebst Verladepritsche für Personen, Gepäck und kleine Frachtgüter, endlich ein Verbindungssteg mit Warthäuschen bis zur Seehalde hergestellt. Der Aufwand betrug einschließlich einer Entschädigung des Accordanten 35,141 Mark, wovon Immenstaad 4000 Fl. oder 6851 Mark übernahm.

Für eine spätere Erweiterung dieser Anlage wurde ein Aufwand von 14,000 Fl. in Aussicht genommen. Im Jahr 1876/77 sind für weitere Baggerung 3000 und für Herstellung der Hochwasserbeschädigungen 5700 Mark, zusammen 8700 Mark, bewilligt worden.

Die Gemeinde verzichtete vertragsmäßig auf das Recht der Abfuhr- und Lagergebühren.

Der Hafen wurde 1875 an die großherzogliche Zollverwaltung überwiesen.

Die Ordnung für die Landestätte ist im Gesetz- und Verordn.-Bl. von 1876, S. 109 verkündet.

Der bisher für diesen Verkehrsweg erweisbar bestrittene Aufwand beträgt 89,076 Mark.

Nr. 239.

Straße von Pfullendorf nach Otterswang.

Länge in Baden 2,16 Kilometer = 0,49 Stunden.

Seit dem Bestehen der Eisenbahn von Mößkirch nach Sigmaringen hat sich das Bedürfniß einer guten Straßenverbindung von Pfullendorf bis zur Eisenbahnstation Krauchenwies um so fühlbarer gemacht, da die Landstraße nach Mattschies resp. Mengen aus dem Verbande ausgeschieden wurde. Die preußische Straße von Klosterwald nach Krauchenwies ist in einem sehr gutem Zustande, allein der Vicinalweg, der von dieser Straße über Otterswang(²) nach Pfullendorf führt, hat mehrere Gegengefälle, theilweise ungenügende Breite und keine gute Fahrbahn.

Um die badische Abtheilung zu verbessern, wurden in dem Gesetz von 1870 5000 Fl. bewilligt.

Die Kosten für Gefällausgleichung auf ein Maximum von 1,66 Procent, eine kleine Correction und Verbreiterung auf 6 Meter wurden auf 12,943 Mark überschlagen, wovon Pfullendorf durch unentgeltliche Abgabe des Geländes im Werth von 2130 Fl. und durch einen baaren Beitrag von 420 Fl. im Ganzen 4371 Mark übernahm, die Staatscasse also noch 8572 Mark zu tragen

(¹) Die alte Straße ging zu den Oberfischbacher Höfen und bis zur Markdorf-Lippacher Gemarkungsgränze.

(²) Bei Otterswang wurde ein Krönungsstück einer Standarte der römischen Reiterei gefunden.

hatte. Außerdem gestattete Pfullendorf die unentgeltliche Ausbeute der nahen Kiesgrube. Nach Vollendung im Jahr 1875 kam die Straße badischerseits in die Classe der Landstraßen.

Die Verbesserung auf preußischem Gebiete wäre noch nothwendig.

Nr. 240.

Straße von Villingen nach Rottweil.

Die benachbarten alten Städte Villingen und Rottweil stunden natürlich seit ältester Zeit mit einander in vielfacher geschäftlicher Verbindung, zu welchem Zwecke im Mittelalter schon die Straße über Schwenningen, Deißlingen und Laufen benützt wurde. Auf diesem Wege bezogen Villingen und die rückliegenden Schwarzwaldorte die Erzeugnisse, welche die alte sogenannte Sachsenstraße über Heilbronn und die Frankfurter Straße über Pforzheim nach Rottweil beförderte. Tücher, Wolle, Leder, Hanf, Flachs, Getreide, Federn, Kämme, Sporen, Sicheln gingen von Rottweil nach allen Gegenden hin, insbesondere auch über Villingen, welches die Producte des Schwarzwaldes dagegen nach Norden und Osten vermittelte. Die Straße nach Rottweil war, wie alle der damaligen Zeit, sowohl nach ihrer Lage, wie nach ihrer sonstigen Beschaffenheit schlecht. Villingen bezog Weg- und Brückengeld, welches 1790 120 Fl. eintrug. Die Unterhaltung geschah mit Frohnden und durch Verwendung von hülfsbedürftigen alten und kranken Personen. Erzherzog Karl befahl darum 1799 mit Androhen von Execution die chausseemäßige Herstellung der Straße im Frohndwege und ein österreichischer Pionierhauptmann war mit der Oberleitung dieser Arbeit beauftragt.

An dem alten Zuge der Straße wurde nichts Erhebliches geändert, namentlich blieb die starke Steige in der Nähe von Villingen bestehen und die ausgeführte Chaussirung war wegen mangelhafter Unterhaltung schon 1805 wieder zu Grunde gegangen, daher sie 1806 durch Frohndconcurrenz der Gemeinden wieder erneuert werden mußte. Eine ähnliche Verbesserung der Fahrbahn erfolgte 1837.

Im Jahre 1824, nachdem die Salinen in Dürrheim und Schwenningen errichtet waren, suchte Württemberg die gemeinsame Verbesserung des Weges von Schwenningen über Dauchingen nach Rottweil nach; der Bau erschien jedoch wegen Concurrenz der Saline Schwenningen mit Dürrheim nicht im Interesse Badens liegend und unterblieb daher.

Seither haben die Gemeinden die Straße in möglichst gutem Stande erhalten, allein die ungünstigen Gefälle blieben und wurden erst recht fühlbar, als man durch die vielen Straßenanlagen der neuen Zeit den Nutzen ebener Wege für die Belebung des Verkehres vollkommen schätzen konnte.

Schon lange strebt Villingen eine bessere Straße nach Rottweil (¹) an und die großherzogliche Regierung hatte darum im Jahre 1857 auch diese Straßenverbindung unter diejenigen aufgenommen, welche von Baden und Württemberg gemeinsam verbessert werden sollten. Die Aussicht auf eine Eisenbahnverbindung ließ damals die projectirte Straßenverbesserung nicht zur Geltung kommen. In dem Gesetz von 1870 über Vervollständigung des Landstraßennetzes wurde für Herstellung einer guten Verbindungsstraße mit Rottweil in der Richtung über Niedereschach eine Summe von 20,000 Fl. bewilligt. Die Ausführung stieß auf Hindernisse. Die dermalige Vicinalstraße nach Niedereschach steigt bei Villingen auf den sogenannten Bikenberg und erreicht bei dem Bierkeller eine Höhe von 2490 Fuß, fällt dann in das Steppachthälchen, zieht an Nordstetten vorüber auf die Höhe des sogenannten Stumpens (2600 Fuß) und senkt sich dann in das Eschachthal bei Kappel hinab.

Beide Steigen haben Gegengefälle von 8 und 9—12 und 14 Procent, daher ihre Correction erforderlich wäre. Die Vertreter des Kreises wünschten nun, daß die Landstraße über Obereschbach geführt werde. Hier wäre ein Neubau bei Ueberschreitung der Wasserscheide am sogen. Guggenbühl und in dem Eschachthal zwischen Obereschach und Kappel (2500 Fuß) nöthig.

(¹) Rottweil war schon im 12. Jahrh. eine bedeutende Stadt. Nach der ältesten Hofgerichtsordnung hat Kaiser Conrad III. das Hofgericht „für ewig" hierher verlegt. Röder, Statistik von Württemberg 1804. Im Jahr 1230 wurde sie Reichsstadt, 1383 reichsunmittelbar und kam 1803 an Württemberg. Auf dem Fruchtmarkt werden jährlich circa 80,000 Centner Getreide umgesetzt. Außerdem bestehen stark besuchte Viehmärkte, Salpetersiedereien, Gerberei, Färberei, Uhrmacherei 2c.

Die Kosten dieses Zugs wurden auf 55,750 Fl. berechnet, damit sollte der 12 Fuß breite Feldweg von der Landstraße 700 Ruthen lang benützt und verbreitert, zwischen Obereschach und Kappel 950 Ruthen corrigirt, ein Maximalgefälle von 5 Procent eingehalten und die Steige an der württembergischen Gränze, die Gefälle von 12—13 Procent besitzt, gemeinschaftlich mit Württemberg corrigirt werden.

Den Aufwand, der die bewilligte Summe von 20,000 Fl. übersteigt, sollten die Gemeinden bestreiten. Die Interessenten verlangten nun die Aufnahme und Verbesserung der Vicinalwege von Horgen über Niedereschach, Fischbach, Erdmannsweiler, Königsfeld, Peterzell, Mönchweiler. Hierauf konnte nicht eingegangen werden. Nachdem inzwischen die Straße von Königsfeld nach Schoren erbaut war, kam 1874 der Gegenstand wieder in Frage. Man stellte einen Plan und approximativen Ueberschlag für die Route über Obereschach, Kappel und Niedereschach auf, welcher 165,000 M. oder 87,499 Fl. forderte.

Da Villingen nur 8000 Mark, Obereschach nur 3000 Mark und Gelände im Werthe von 204 Mark geben wollten, mußte die Ausführung einstweilen unterbleiben, und die bisherige Straße über Schwenningen wird fortan wie jene über Niedereschach als Gemeindeweg behandelt.

Das Gesetz von 1860 über Vervollständigung des Landstraßennetzes bewilligte dann statt der früheren 34,286 Mark 160,000 Mark nach Antrag der zweiten Kammer, da für die Förderung der Industrie und Landwirthschaft eine gute Straße von Villingen über Obereschach für nöthig erachtet wurde. Die Ausführung wird erfolgen, wenn die Verhandlungen mit Württemberg über Verbesserung der Straße von der badischen Gränze bis Rottweil geschlossen sind.

Im Jahr 1875 ist durch das Schlierbachthal von Schabenhausen nach Niedereschach eine gute, 2117 Meter lange Gemeindestraße durch die Straßenbau-Verwaltung ausgeführt worden. Von dem Aufwand von 11,657 Mark sind 1714 Mark von der Staatscasse übernommen worden, das übrige bezahlten die Gemarkungsinhaber.

Schlägt man die bewilligten Mittel für die Obereschacher Straße dieser Verwendung bei, so würde sich die Ausgabe für Verbesserung der Straßen dieser Gegend auf 171,657 Mark belaufen.

Nr. 241.

Straße von Unterſiggingen nach Stefansfeld.

Siehe Nr. 284.

Nr. 242.

Straße von Grimmelshofen über Achdorf nach Hüfingen.

Nr. 103.

Straße von Blumberg nach Ewattingen.

Nr. 231.

Straße von Bonndorf über Ewattingen nach Hüfingen.

Länge 11,68 Kilometer = 2,63 Stunden.

Diese 3 Straßenzüge müssen ihres Zusammenhanges wegen gemeinsam besprochen werden.

Die 30 Orte, welchen diese Straßenverbindungen zu dem Verkehre unter sich, mit den alten Landstraßen Nr. 40, 53 und 55, sowie mit den Eisenbahnen dienen, besitzen wie alle in der Umgebung der Wutach liegende Gemeinden ein sehr hohes Alter. Der größere Theil der Namen deutet selbst auf keltischen Ursprung, so namentlich Bonndorf, Ewattingen, Münchingen, Opferdingen, Aselfingen, Blumberg, Fuezen, Lausheim, Achdorf, Riedöschingen, Hüfingen, Boll,

Behla. Viele sind urkundlich im 8. und 9. Jahrhundert nachgewiesen, wie Behla 889, Mundelfingen 791, Löffingen 819, Aselfingen 791, Bachheim 838, Lausheim 854, Hausen 889 ꝛc.

Ebenso ist das Dasein der Römer durch die Gebäude, Straßen und Funde in Hüfingen, Hausen, Fuezen und Bräunlingen erwiesen.

Die römische Oberdonau-Straße führte über Fuezen (ad fauces) (1) und wahrscheinlich über Riedböhringen und Behla nach Hüfingen in der ursprünglichen Richtung der uralten Handelsstraße (2) von dem Rhein in das Neckarthal.

Sowohl die natürliche Gestaltung der Gegend als die Herrschaftsverhältnisse der Orte waren der Entwickelung des Verkehrs ungünstig. Die tief eingeschnittene Wutach mit ihren Zuflüssen und häufigen Anschwellungen bildete ebenso wie die Gränzen der nicht immer befreundeten Territorien von Fürstenberg und St. Blasien (3) gewichtige Hemmnisse für das Verkehrsleben, daher denn auch bis in die neue Zeit die Wegverbindungen dieser Gegend sich noch in einem völlig ursprünglichen Zustande befanden. Die fürstenbergischen Gemeinden sahen sich auf den Verkehr mit Donaueschingen und Löffingen angewiesen, und die St. blasianischen Orte fanden in Bonndorf ihren Einigungspunkt.

Obgleich in Folge des Reichsdeputations-Hauptschlusses von 1803 und der Rheinbundesacte von 1806 sämmtliche genannte Orte unter badische Hoheit gekommen waren, bedurfte es doch noch längere Zeit, bis das Bedürfniß eines engen Anschlusses und der Befriedigung gemeinsamer Verkehrsinteressen von den, so lange durch natürliche nnd politische Gränzen getrennten Gemeinden, lebhaft empfunden wurde.

Seit keltischer Zeit wurde die Wutach in der Regel mit Fuhrwerk nur an zwei Orten überschritten, nämlich bei Boll (Dietfurt) und bei Grimmelshofen. An beiden Orten benützte man Furten und erst später Brücken (siehe Nr. 51 und 54). Die Entfernung dieser Uebergangspunkte beträgt $4^1/_2$ Stunden.

Bei Ewattingen und Aselfingen waren nur Wege für Fußgänger im Gebrauch. Die Fuhren nahmen bis in die Neuzeit ihren gefährlichen Weg durch das Flußbett; da dieses aber sehr tief eingeschnitten ist, so waren die beiderseitigen Zufahrten zu allen Uebergängen außerordentlich steil und darum gefährlich, ja im Winter ganz unbenützbar.

Als nun im Jahre 1856 der Steg bei Aselfingen erneuert werden sollte, suchten die Gemeinden um Staatsunterstützung zu dem Bau einer Brücke nach. Die Kosten für eine 12 Fuß breite und 60 Fuß weite Jochholzbrücke betrugen 1000 Fl., wovon die Staatscasse 600 Fl. und Aselfingen 400 Fl. übernahmen. Der Bau wurde 1857 ausgeführt. Auch die Straße zwischen Ewattingen, Ueberachen, Aselfingen und Blumberg (Nr. 103), welche Gegensteigen von 20—24 Proc. enthält, sollte mit Staatszuschuß verbessert werden, allein die Betheiligung der Gemeinden war nicht entsprechend. Die Brücke bei Aselfingen, welche schon 1863 baufällig war, wurde nun mit chanisirtem Holz erneuert. An den Kosten im Betrage von 1316 Fl. übernahm die Staatscasse 877 Fl. Da der Aufwand für die Correction der Straße von Ewattingen über Achdorf und Aselfingen nach Blumberg außer allem Verhältnisse zu dem Nutzen erschien, kam man auf den Gedanken, von diesem Straßenbaue vorläufig abzusehen, auf Herstellung einer guten Straße von Bonndorf über Ewattingen und Mundelfingen nach Hüfingen hinzuwirken, und in dem Wutachthal von Grimmelshofen bis Achdorf und von da über Eschach und Opferdingen nach Hausen eine gute Straße herzustellen.

In dem außerordentlichen Budget für 1868/69 wurde ein Staatsbeitrag von 5900 Fl. zur Verbesserung der Vicinalstraße von Ewattingen nach Mundelfingen bewilligt. Die Arbeiten wurden wegen Beschäftigung der arbeitslosen Bevölkerung 1868 begonnen. An den Kosten im Betrage von 9345 Fl. haben übernommen: Ewattingen 1111 Fl., Mundelfingen 2359 Fl. und die Staatscasse 5875 Fl. und 1869 war die Straße von Wutachmühle bis zum Feldweg auf

(1) Behla, Hüfingen, Achdorf, Bonndorf, Blumberg, Fuezen, Aselfingen, Blumegg ꝛc. In Hausen vor Wald wurden Spuren keltischer Bewohner, insbesondere keltische Gräber mit Waffen, römische Gebäudereste, Gefäße von Thon (gleich den in der Schweiz gefundenen) und eine Figur entdeckt. In Unadingen fand man keltische Geräthe von Erz. Siehe Schriften des Alterthumsvereins II. (2) In Gemarkung Behla führte ein alter Weg den Namen „Hochstraße". Ein anderer in Gemarkung Hausen und Bachheim wurde „Heerweg" genannt, der von Unadingen herkommt und über Reiselfingen nach Bonndorf zieht. Bei Hausen wurden auch römische Geräthe, bei Fuezen Reste eines römischen Bades gefunden. (3) Die Orte Hüfingen, Behla, Döggingen, Reiselfingen, Unadingen, Mundelfingen, Löffingen, Bachheim, Blumberg waren fürstenbergisch, Opferdingen, Aselfingen, Achdorf, Ewattingen, Münchingen, Bonndorf, Lausheim, Fuezen, Grimmelshofen St. blasianisch.

Gemarkung Mundelfingen mit einem Maximalgefäll von 7 Procent hergestellt, während früher Steigen bis zu 15 Procent vorkamen. Die neue Straße kam 1870 in den Landstraßenverband.

Nachdem in dem Gesetze von 1870 über Vervollständigung des Landstraßennetzes für Verbesserung der Straße von Bonndorf über Münchingen, Ewattingen, Mundelfingen, Hausen vor Wald nach Hüfingen weitere 35,000 Fl. bewilligt waren, setzte man den Bau von dem Mundelfinger Feldweg bis Hüfingen fort, d. h. man corrigirte die vorhandene Straße bis Mundelfingen durch diesen Ort mit Anlage einer neuen Straße in Nähe der Capelle, bei Hausen vor Wald durch Umgehung des Ortes und bei Hüfingen durch Umgehung des Loretto-Stichs.

An den Kosten im Betrage von 25,000 Fl. haben beigetragen: Mundelfingen baar 3000 Fl., Hüfingen 2143 Fl. und Hausen 1668 Fl. durch Geländestellung. Die lästigen Steigen, die bis zu 13 Procent Gefälle hatten, wurden beseitigt bis auf 5,2 Procent Maximum und die Straße in normaler Breite von 5,4 Meter hergestellt, sodann dieselbe 1873/74 unter die Landstraßen aufgenommen. Die Vollendung aller Arbeiten erfolgte 1874.

Nun erschien vor Allem die Correction der langen Steige von Ewattingen (¹) bis Wutachmühle nöthig, da dieselbe 10—25 Procent Gefälle besitzt. Nach dem Plane von 1874 zieht die Correctionslinie oberhalb der alten Steige an dem Hochgestade hin in der Richtung nach Ueberachen und kehrt dann mit einer Rampe zurück, um mit 7,2 Procent Gefäll an der Brücke in den alten Straßenzug einzumünden. Die Kosten für diesen, durch die ungünstige, zu Rutschungen geneigte Bodenbeschaffenheit sehr erschwerten, Bau waren auf 28,000 Fl. überschlagen. Als Breite sind im Orte 6 Meter, in der Rampe 6,6 Meter, im Uebrigen 5 Meter bestimmt. Die Gemeinde stellte das Gelände im Werthe von 3725 Fl. gegen 1200 Fl., trug also 2525 Fl. bei. Heftige Regengüsse veranlaßten 1876 an dem noch nicht vollendeten Straßenkörper umfangreiche Abrutschungen, welche, in Verbindung mit dem Wiederaufbau des im Jahre 1875 großentheils abgebrannten Ortes Ewattingen, (²) die Kosten erheblich steigerten und die Vollendung bis zum Jahre 1877 verzögerten. Auch die Verbesserung der übrigen Straßentheile zwischen Ewaltingen und Bonndorf konnte noch begonnen werden. Die wichtigsten derselben sind: Verbreiterungen der nur 12 Fuß breiten Stellen zwischen Futtermauern und Böschungen, Correction bei Münchingen und Correction der Steige gegen Ewaltingen, die 8—10 Procent Gefälle besitzt. Außer den in dem Gesetz von 1870 bewilligten 35,000 Fl. oder 60,000 Mark für die Straße von Bonndorf nach Hüfingen, wurden in diesem Gesetz weiter vorgesehen 76,857 Mark, sodaß die Gesammtbewilligung für die Straße Nr. 231 136,857 Mark betrug. Man darf annehmen, daß damit das Nöthigste für diese Verbindung geschehen kann.

Der Bau einer Straße von Grimmelshofen durch das Wutachthal nach Achdorf und über Eschbach nach Opferdingen und Hausen (Nr. 242) oder von Achdorf bis zu der neuen Straße bei Ewattingen, konnte, so lange die Stationen an der zu erstellenden Eisenbahn von Stühlingen nach Donaueschingen nicht definitiv bestimmt sind, ebensowenig als eine Verbindung des Wutachthales mit der Randener Straße, die in das Höhgau führt, zur Ausführung kommen.

Die in dem Gesetze von 1876 bewilligten Summen für die Wutachthalstraße (Nr. 242) im Betrage von 137,743 Mark, für die Straße von Ewattingen nach Blumberg (Nr. 103) und für die Verbindung über den Randen (Nr. 210) im Betrag von 143,021 Mark und 102,857 Mark sind daher noch nicht verwendet. Zählt man diese Summen den Verwendungen bei, so ergiebt sich für die Verbesserung der hier erwähnten Straßenzüge ein Aufwand von 539,898 Mark.

Nr. 243.

Straße von Kadelburg über Rheinheim nach Günzgen und Nr. 186 von Grießen nach Hohentengen und Kaiserstuhl.

Die zwischen Schaffhausen und Waldshut an das rechte Rheinufer angränzende Landschaft war, wie aus den Ortsnamen zu schließen, schon lange vor der Besitznahme durch die Römer von den Kelten und Germanen bewohnt, daher dieser Landestheil wohl auch früher schon zur Ver-

(¹) Das Raubschloß bei Ewattingen ist 1370 von den Schaffhausern gänzlich zerstört worden. (²) Durch den Brand vom 14. Juni 1875 sind 34 Häuser nebst Kirche und Pfarrhaus zu Grunde gegangen, wie dies vor 90 Jahren an der gleichen Stelle der Fall war.

bindung der alten Orte unter sich und mit den uralten Rheinübergängen bei Eglisau, Rheinau, Kaiserstuhl, Zurzach und Coblenz Wege besitzen mußte. (1) Gleichwohl haben die Römer für militärische Zwecke auf dem Rücken des zwischen dem Klettgauthal und dem Rheinthal liegenden Hochlandes von Schaffhausen über Altenburg, Lottstetten, Bergscheuer, Reutehof und oberhalb Küßnach nach Bechtersbohl und von hier einerseits nach Dangstetten und Zurzach, andererseits über Thiengen nach Coblenz eine Straße erbaut, deren wenige Reste heute noch sichtbar sind. (2) Siehe Nr. 54 und 55.

Im Mittelalter ging der Handelsverkehr von Schaffhausen rheinabwärts, theils über Neunkirch und Erzingen, größtentheils aber längs des rechten Rheinufers über Hofstetten, Altenburg, Lottstetten, Rafz, (3) Hinterwangen, Herdern, Hohenthengen nach Kaiserstuhl.

Der Handelsverkehr von Ulm und Nürnberg nach Zürich benützte häufig diese Straße und noch in der zweiten Hälfte des vorigen Jahrhunderts hielten die Handelsleute von Italien und Tirol dieselbe ein. (4) In Urkunden von 1495 wird sie „des heiligen römischen Reiches freie Landstraße" genannt. (Zeitschrift 22, S. 335.) Die Unterhaltung dieses Weges war den Gemeinden überlassen. Von Seite der betreffenden Regierungen geschah wenig. (5) Das Wichtigste sind die Verwendungen für den Brückenbau über den Rhein bei Kaiserstuhl.

Nach Dienstschriften von 1664 war schon „vor mehreren Jahrhunderten" eine gedeckte Holzbrücke über den Rhein bei Kaiserstuhl von dem Hochstift Constanz erbaut und Frohndleistungen wie das Holz dazu von den Gemeinden des hochfürstlichen Amtes Klingnau gestellt worden. (6) Der Rheinübergang soll hier durch die Wasserburgen: Roth-, Weiß- und Schwarz-Wasserstelz (aquae castellum) gedeckt worden sein. (7) Die Brücke gehörte wie der lange Stein bei Thiengen, die Halde bei Rheinau ꝛc. zu den Gerichtsstätten des Klettgaus. Bis zum 17. Jahrhundert wurde hier jährlich einmal Gericht gehalten. Zeitschrift für Geschichte des Oberrheins 22. Bader, Badenia.

Daß der Verkehr über diese Brücke noch in der Mitte des vorigen Jahrhunderts bedeutend war, läßt sich daraus ableiten, daß der Bischof von Constanz, der bei Kaiserstuhl Zoll- und Brückengeld erhob, die Brücke in den Jahren 1768/71 neu erbauen und außer den Fuhrfrohnden und Holzlieferungen der Gemeinden noch 9593 Fl. aus der Herrschaftscasse verwenden ließ. (Land. Arch.-Act.)

Das Brückengeld gab 1787—1796 durchschnittlich 1687 Fl. Reinertrag.

Noch in den Jahren 1801/2 wurde eine Hauptreparatur auf bischöfliche Kosten vorgenommen.

Nachdem 1817 die Brücke bis auf die Widerlager und zwei Pfeiler vom Hochwasser zerstört war, bestunden über den Wiederaufbau längere Verhandlungen, in deren Folge die Brücke 1823 gegen Ueberlassung des Brückengeldes allein von der Schweiz mit einem Darlehn der Cantons-Regierung für 25,000 Francs wieder erbaut wurde. (8)

---

(1) Ueber den Rheinübergang bei Kaiserstuhl als Theil der römischen Straße von Windisch nach Regensburg siehe Wanner, Geschichte des Klettgaues; Weick, Römische Niederlassungen 1822; Mone, Zeitschrift 7, 13 und 13, 187; Mommsen, Die Schweiz in römischer Zeit; Haller, Helvetien 2, 158; Mone, Urgeschichte I und III. (2) In Altenburg, Kaiserstuhl, Rheinheim, Küßaberg, Zurzach und Coblenz waren römische Standquartiere. Man fand an allen diesen Orten wie auch in Oberlauchringen und Thiengen römische Baureste, Geräthe, Waffen und Münzen. (3) Auf dem Rafzerfeld fand 1526 die Schlacht der Oestreicher gegen die Bauern statt. Die Letztern capitulirten auf dem Kirchhof in Grießen, woselbst circa 2000 der Ihrigen gefallen waren. (4) Bernoulli, Reisen 1701. (5) Die Orte Altenburg, Lottstetten, Jestetten, Günzgen, Grießen, Bergöschingen, Bühl, Reckingen, Kadelburg, Stetten, Rheinheim, Dangstetten und Bechtersbohl waren schwarzenbergisch; Herdern, Hohenthengen, Lienheim, Rötteln, Kaiserstuhl, Zurzach gehörten zum Bisthum Constanz. Die letzteren rechtsrheinischen Orte kamen 1803, die schwarzenb. Landgrafschaft 1812 an Baden, die linksrheinischen wurden 1804 durch Vertrag an die Schweiz abgetreten. (6) Kaiserstuhl kam Ende des 13. Jahrhunderts unter die Hoheit des Bischofs von Constanz. Zu dem Orte Klingnau gehörte das Obervogteiamt Kaiserstuhl, später Rötteln. Ein Vertrag von 1578 setzte fest, daß Kaiserstuhl und Rötteln das Holz auf 3 Stunden weit beizuführen haben. (7) Das Wort Wasserstelz läßt sich aus keltischer Sprache ableiten. Siehe über diese Burgen Mommsen „Die Schweiz in römischer Zeit" S. 11. Weiß- und Schwarz-Wasserstelz sind schon vor 1189 urkundlich nachgewiesen. Zeitschrift 28. 177. Im Jahr 1875 wurde Schwarz-Wasserstelz an dem Schweizer Ufer abgebrochen, um die Steine zu dem Tunnelbau der linksrheinischen Eisenbahn von Coblenz nach Eglisau zu benützen. Die Burg bestund aus einem Thurm und dreistöckigem Wohnhaus mit Zugbrücke. Weiß-Wasserstelz war 1850 noch unter Dach; es ist Eigenthum der Domäne. Die Burg Rötteln hieß Roth-Wasserstelz, gehörte im 13. Jahrhundert den Freiherren von Regensberg und kam 1294 an das Hochstift Constanz. Das Obervogteiamt Zurzach wurde hierher verlegt. (8) Baden hatte erkannt, daß die Brücke größtentheils den Schweizer Interessen dient, da die Kaiserstuhler viele Güter auf dem rechten Ufer besitzen.

Die dermalige 175 Fuß lange, gedeckte Brücke hat 4 Holzjoche und steinerne Widerlager mit Flutöffnungen. Das rechtsseitige Widerlager trägt die Jahreszahl 1563. Nach Staatsvertrag mit dem Canton Aargau von 1808 gehörte Brücke und Brückengeld der Schweiz und Baden hälftig, seit 1822 der Schweiz allein.

Die Gemeinde Kaiserstuhl bezieht jährlich 1300 Francs Beitrag aus der Bundescasse zur Unterhaltung der Brücke. Das Brückengeld ist seit 1850 aufgehoben. Im Juni 1876 wurde der rechtseitige Theil der Brücke durch Hochwasser zerstört und sodann der Verkehr durch einen Nachen für Personen vermittelt. Die Brücke sollte verlegt werden, da die Zufahrten links 18, rechts 12 Procent Gefälle haben. Die großherzogliche Regierung will sich bei einem Neubau betheiligen, wenn die Brücke so gestellt wird, daß die Zufuhr dazu erleichtert wird. Die Rücksicht auf die Verbindung mit der schweizerischen Eisenbahnstation ist hierbei allein bestimmend.

Von Hohentwangen abwärts hatte die Straße, soviel bekannt, nie die Eigenschaft einer Landstraße, obgleich auch hier ein Theil des Handelsverkehrs nach Zurzach ging. Der eigentliche Zweck dieses Weges war die Vermittelung des Verkehrs der schwarzenberg'schen Orte unter sich und mit ihrem Regierungssitze Thiengen.

Nachdem von Schaffhausen über Bülach nach Zürich eine gute Straße hergestellt war, zog sich natürlich der Verkehr auf diese Route und die Straße über Kaiserstuhl sank in die Classe der Vicinalwege herab. Seit Eröffnung der Eisenbahn von Waldshut nach Constanz (1863) fühlten die in dem Rheinthal liegenden Orte das Bedürfniß einer besseren und kurzen Verbindung mit der Station Grießen, da die bestehenden Wege über den Berg der starken Gefälle wegen kaum benützbar waren. Am dringendsten erschien die Verbesserung der Straße von Hohenthengen resp. Stetten über Bergscheuer nach Grießen. Die Ausführung dieser Arbeit erfolgte in den Jahren 1864/65. Zwischen Stetten und Grießen wurde das Gefäll von 8—14 auf 7—9 Proc. (1) durch Neubau ermäßigt und die Straße in einer Breite von 4,8 Meter hergestellt. An dem Aufwand von 10,000 Fl. übernahmen: Grießen 1400 Fl. und durch Güterabgabe 200 Fl., Stetten 970 Fl. und durch Güterstellung 1080 Fl., Hohenthengen 250 Fl., Herdern 60 Fl., Günzgen 40 Fl., zusammen 4060 Fl. und die Staatscasse 5940 Fl. Im Jahre 1867 übernahm letztere zur Verbesserung der Fahrbahn weitere 700 Fl. Die Abtheilung vom Steinbruch bis zum Orte Grießen wurde auf eine Länge von 5880 Fuß auf Kosten der Gemeinde verbessert. In den Jahren 1866/67 kam sodann die Verbesserung des Weges von Bergöschingen nach Bergscheuer zur Ausführung. Das Gefälle von 18—20 wurde auf 2—8 Procent vermindert.

Stetten und Bergöschingen stellten Gelände im Werth von 1396 Fl. unentgeltlich und Bergöschingen gab noch 730 Fl. baar. Die Amtscasse übernahm 2374 Fl., daher der Gesammtaufwand 4500 Fl. betrug. Gleichzeitig kam auch die Verbesserung des Weges von Bergscheuer nach Bühl mit einem Aufwande von 3104 Fl. in Ausführung. Hierauf folgte 1869/70 die bessere Herstellung des Weges von Bergöschingen nach Hohenthengen mit 10,327 Fl., wovon Bergöschingen 3400 Fl. und die Staatscasse 6927 Fl. übernahmen. Als Maximalgefäll sind 7 Procent eingehalten. Endlich erfolgte 1870/71 die Herstellung eines guten Weges von Bergöschingen bis zur sogen. Teufelsbrücke an der Straße von Lienheim nach Hohenthengen mit 12,400 Fl., wovon Bergöschingen baar 1000 Fl. und Güter 2400 Fl., zusammen 3400 Fl. und die Staatscasse 9000 Fl. bezahlten.

Alle diese verbesserten Vicinalwege, welche von den Gemeinden unterhalten werden, haben eine Breite von 4,8 Meter. Sie entsprechen dem Bedürfniß der Verbindung mit der Eisenbahnstation. Dagegen fehlt diesem Bezirke noch eine Landstraße für den durchgehenden Verkehr von Kadelburg längs des Rheins bis zur Schweizergränze bei Günzgen.

Die Vicinalstraße besitzt eine große Zahl lästiger Steigen und Gegengefälle von 7—11 Proc., so namentlich in Kadelburg, oberhalb Rheinheim, bei Reckingen, bei Lienheim, Hohenthengen, Herdern und Günzgen. Zudem ist dieselbe an vielen Stellen zu schmal. Der Aufwand für alle Correctionen, die zusammen 5653 Meter lang sind, für Fundamentirung und Verbreiterung dieser Straße auf 5 Meter wird 88,000 Mark betragen, wofür die Deckung in den durch die Gesetze über Vervollständigung des Landstraßennetzes von 1870 und 1876 bewilligten Mitteln enthalten ist.

Obgleich diese Straßenverbreiterung dem Verkehr sehr förderlich wäre, so waren doch bisher nur Dangstetten und Hohenthengen zu angemessenen Beiträgen bereit.

---

(1) Durch ein Versehen blieb eine Steigung von 9 Procent auf 120 Ruthen Länge.

Nach Herstellung dieser Bauten soll die Straße unter die Landstraßen aufgenommen werden. Nach Uebereinkommen zwischen Baden und dem Canton Aargau vom 15. und 22. August 1872 wird zwischen Lienheim und Rümikon eine fliegende Drahtseilfähre für Personenverkehr Seitens der Schweiz betrieben. Nachdem seit 1876 auch auf dem linken Rheinufer von Eglisau über Kaiserstuhl und Zurzach nach Coblenz eine Eisenbahn führt, sind die Rheinübergänge in ihrer Bedeutung für den Verkehr sehr gestiegen. (1)

Der bisher für diese Straßenverbindungen bestrittene und zu weiterer Verwendung genehmigte Aufwand beträgt 158,338 Mark.

Nr. 244.

Schwarzathalstraße.

Die Schwarzach, welche den Abfluß des Wassers aus dem Schluchsee vermittelt, und sich bei Witznau in die Schlücht ergießt, ist in ein enges, theils von Felswänden, theils von steilen, stark bewaldeten Bergen begränztes Thal gebettet, in dem sich von Häusern abwärts keine Straße befindet. Die großen Mengen von Walderzeugnissen (2) müssen daher auf die beiderseitigen Höhen gebracht und auf den dort befindlichen, mit vielen Gegensteigen behafteten Wegen nach dem Rheinthale befördert werden.

Die hierdurch erwachsenden großen Transportkosten mindern natürlich den Reinertrag der Waldungen bedeutend. Die Waldbesitzer und an ihrer Spitze das Domänenärar empfanden darum längst die Nothwendigkeit der Herstellung einer guten Thalstraße. Da eine solche aber auch für den Verkehr vieler Orte des Schwarzwaldes mit dem Rheinthale von Nutzen wäre, hat die großherzogliche Forstverwaltung im Jahre 1867 den Bau einer Landstraße in dem Thale der Schwarzach von Schluchsee bis Witznau in Anregung gebracht. Nachdem inzwischen von Seebrugg bis Häusern die, an der rechtseitigen Thalwand der Schwarzach hinziehende alte Straße durch Correctionen in guten Stand gebracht wurde (siehe Nr. 50), so handelt es sich nur noch um den Bau einer Straße von Häusern in das Thal und in diesem bis Witznau.

Das in den Jahren 1874/75 zu diesem Ende mit bedeutenden Kosten aufgestellte Bauproject läßt die neue Straße von Häusern abgehen und oberhalb Muckenloch in das Thal einmünden, führt sie auf dem rechten Ufer bis zur Einmündung des Fohrenbach bei Leinegg, läßt sie dort die Schwarzach überschreiten und auf dem linken Ufer bis Witznau ziehen. Die Kosten sind bei Annahme einer Straßenbreite von 6 Meter auf 66,800 Mark für die 3332 Meter lange Abtheilung von Häusern in das Thal, auf 85,000 Mark für die 5094 Meter lange Abtheilung von da bis zur Schwarzachbrücke und auf 90,800 Mark für die 4460 Meter lange Abtheilung von hier bis Witznau, im Ganzen also auf 242,000 Mark überschlagen. Die Fahrbahn ist aus 12 Centimeter Fundament und 6 Centimeter Schotter angenommen.

Als Maximalgefälle sind für die erste Abtheilung 7,5 Procent, für die zweite 4,77 Procent, für die dritte Abtheilung 0,6—3,1 Procent bestimmt.

Während das Gesetz von 1870 über Vervollständigung des Landstraßennetzes auf Grund einer Schätzung nur 193,714 Mark für die ganze Straße von Seebrugg bis Witznau bewilligte, wurden in dem Gesetzentwurf von 1876 318,000 Mark beansprucht. Die Commission der zweiten Kammer glaubte nun, daß es dem Interesse der Holzabfuhr genüge, wenn nur von Witznau bis Leinegg gebaut wird, daher die beanspruchte Summe von 318,000 Mark um 118,000 Mark gemindert werde, so daß nach Vollendung der Abtheilung von Seebrugg nach Häusern und nach Abrechnung der Kosten für Vorarbeiten für den Bau der Straße von Witznau nach Leinegg noch 90,800 Mark und für die Brücke bei Leinegg 5200 Mark disponibel bleiben. Der gesammte Aufwand für die Herstellung dieser Wegverbindung kann daher zur Zeit nur auf 200,000 Mark berechnet werden.

Ueber die Ausführung der Abtheilung von Seebrugg nach Häusern wird auf Nr. 50 verwiesen.

---

(1) Die Fähre bei Kadelburg hatte 1870 einen Verkehr von 12,059 Personen und 1874 von 12,832 Personen, 1870 von 622 Centner und 1875 von 2707 Centner Gütern. Außerdem sind jährlich 4—500 Stück Vieh befördert worden. (2) Oberhalb Schluchsee liegen 2000, und im Schwarzathal selbst 800 Hektar Domänenwald. Von letzterem ist der größte Theil ohne Weg.

Nr. 245.

Straße von Neuenweg nach St. Trudpert im Münsterthal.

Länge 13,39 Kilometer = 3,02 Stunden.

Schon im Jahr 1833 suchten die Bewohner des Münsterthals wie jene des Amtsbezirkes Müllheim, namentlich die Städte Müllheim und Sulzburg eine bessere Straßenverbindung mit dem kleinen Wiesenthal zu erzielen. Müllheim wünschte den Bau einer besseren Straße von Oberweiler längs des Klemmbach auf die Sirnitz, woselbst sich nur ein sehr steiler und schmaler Holzabfuhrweg befindet; Sulzburg suchte ebenfalls eine directe Verbindung über das dortige Bad und die Rammelsbacher Eck nach der Münsterhalde und von hier die Erstellung einer auch dem Münsterthal nützlichen Straße auf die Heubronner Eck nach, woselbst der damalige Saumweg ein Gefälle bis zu 30 Procent hatte.

Die Ausführung der Straße von Sulzburg bis zur Rammelsbacher Eck, welche auf 23,000 Fl. überschlagen war, wollte Sulzburg im Verein mit den Gemeinden Ballrechten, Dottingen, Heitersheim, Lauffen, Britzingen, Buggingen und Seefelden mit 7—8 Procent Steigung herstellen lassen, wenn die Staatscasse einen Beitrag von 8000 Fl. leistet und die Gemeinde Untermünsterthal das nöthige Waldgelände in ihrer Gemarkung unentgeltlich abtritt. Der Staat war zu dem Beitrag bereit, die Gemeinde Münsterthal verweigerte aber die Geländeabtretung, weil sie die Unterhaltung und die Concurrenz der fraglichen Straße zum Nachtheil des Verkehrszugs nach dem Wochenmarkt in Staufen besorgte.

Der Bau in der Richtung nach Sulzburg unterblieb darum, dagegen baute die Gemeinde Untermünsterthal unter Leitung der Inspection von der Münsterhalde resp. von dem Wirthshaus an der Rammelsbacher Eck bis auf die Heubronner Eck, 1863/66 eine neue Straße mit vielen Krümmungen, aber doch mit Gefällen bis zu 10 Procent in einer Breite von 12—16 Fuß. Die Gemeinde bezahlte 8250 Fl. Auch beim Rappenfelsen an der Münsterhalde ließ die Gemeinde 1865 eine Correction und eine steinerne Brücke mit 1400 Fl. ausführen.

Obgleich dieser Weg wegen seines langen und ununterbrochenen starken Steigens, seiner mangelhaften Breite, ungenügenden Steinbahn und schwierigen Unterhaltung zum Transport von größeren Lasten thalaufwärts unbrauchbar ist und eigentlich nur die Eigenschaft eines gewöhnlichen Holzabfuhrweges besitzt, so glaubte man doch im Jahr 1873 die ganze Straße von Münsterthal-Wasen bis auf die Heubronner Eck einstweilen unter die Landstraßen aufnehmen zu sollen, nachdem die allernöthigsten Verbesserungen mit einem Aufwand von 1350 Fl. hergestellt waren, wozu die Gemeinde Münsterthal durch Geländestellung und Aussteinung 350 Fl. beitrug.

Nun erschien vor allem die Verbesserung der mit Gefällen bis zu 16 und 18 Procent behafteten und oft nur 12 Fuß breiten Straße von der Heubronner Eck bis Neuenweg erforderlich. Die Correction von der Eck bis Mittelheubronn, 1750 Meter lang, und die Verbreiterung der Straße von da bis Neuenweg, 2850 Meter lang, auf 4,8 Meter erfolgte 1872/74 mit einem Aufwande von 19,000 Fl., wozu die Gemeinde Neuenweg durch Geländestellung einen Beitrag von 3600 Fl. leistete, so daß die Staatscasse noch 15,400 Fl. zu tragen hatte. Diese Straße, die 1874 Landstraße wurde, erhielt eine Fahrbahn von 3,6 Meter, ein Fundament von 0,12 Meter und Schotterlage von 0,9 Meter Stärke. Die Gefälle wurden auf 6—7 Procent ermäßigt.

In Gemarkung Münsterthal wurde gleichzeitig eine Verbreiterung mit 1350 Fl. ausgeführt, wozu die Gemeinde das Gelände im Werth von 350 Fl. stellte und die Staatscasse 1000 Fl. beitrug. Die Mittel gab das Gesetz von 1870/76.

Auf diese Weise ist nun eine ununterbrochene Landstraßenverbindung von Staufen im Rheinthal bis Gündenhausen im Wiesenthal geschaffen.

Vom Sulzburger Bad auf die Heubronner Eck wurde 1872/73 ein Reitweg nach dem Belchen auf Kosten des Badfonds hergestellt. Wegen Correction der Klemmbachstraße bis auf die Sirnitz wird auf Straße Nr. 294 verwiesen. Durch die erwähnten Bauten ist der Verkehr aus dem kleinen Wiesenthal mit Müllheim und Staufen wesentlich erleichtert. Die noch vor kurzer Zeit üblichen Saumpferde mit Hängkörben, die auf den Märkten in den genannten Städten sichtbar waren, sind verschwunden, obgleich die Straße nach Müllheim noch sehr Vieles zu wünschen übrig läßt.

Der bisherige erweisliche Aufwand für Verbesserung der Straße aus dem kleinen Wiesenthal in das Münsterthal beträgt 51,000 Mark.

Nr. 246.

Straße von Riegel nach Eichstetten.

Länge 6,51 Kilometer = 1,47 Stunden.

Bei Bearbeitung eines Entwurfes für die Erweiterung des Landstraßennetzes im Jahr 1869 hatte man die am südlichen Fuße des Kaiserstuhls hinziehende alte Vicinalstraße von Riegel nach Eichstetten zur künftigen Behandlung als Landstraße bestimmt, damit der Verkehr der Kaiserstuhlorte mit der Eisenbahnstation Riegel erleichtert werde. Da diese Straße in der Hauptsache gut ist, wurde in dem Gesetz von 1870 nur eine Summe von 1800 Fl. für kleine Verbesserungen, insbesondere für Verbreiterung der schmalsten Stellen vorgesehen. Bei näherer Untersuchung der Verhältnisse stellte sich diese Bewilligung aber nicht als zureichend dar, um nach Wunsch der Gemeinden auch die lästigen Gefälle zu beseitigen. Der Aufwand wurde deshalb für ganz gute Herstellung auf 9400 Fl. berechnet. Nach Beschränkung der Verbesserungen auf das dringendste Bedürfniß erschien eine Verwendung von 5400 Fl. nicht zu umgehen. Nachdem die Gemeinde Eichstetten das Gelände im Anschlag von 434 Fl. und baar 700 Fl., Bahlingen Gelände im Werth von 1077 Fl. und 700 Fl. baar, Riegel Gelände im Werth von 518 Fl. und 200 Fl. baar, zusammen also 3629 Fl. zu geben sich verpflichteten, so daß nur noch ein Staatszuschuß von 1771 Fl. erforderlich war, wurde die Bauausführung im Jahr 1871 genehmigt. Dieselbe bestund in zwei Correctionen in den Gemarkungen Eichstetten und Bahlingen und in Verbreiterungen in den Gemarkungen Bahlingen und Riegel auf 20 Fuß. Die bestehenden Gegengefälle von 3, 5 und 6 Procent wurden auf 0,7 und 2 Procent ermäßigt.

Die Vollendung der Arbeiten erfolgte noch 1871 und die Straße wurde 1872 unter die Landstraßen aufgenommen.

Der Verbesserungsaufwand betrug 9257 Mark.

Nr. 247.

Straße von Gottenheim über Waltershofen nach Mengen und Krotzingen.

Länge von Gottenheim nach Waltershofen 3,192 Kilometer = 0,72 Stunden.

Eine Straßenverbindung zwischen Gottenheim und Waltershofen scheint schon zur Zeit der Römerherrschaft bestanden zu haben, denn die Straße im Ort Waltershofen wurde „Hartweg" und eine solche bei Gottenheim „Hertweg" genannt. Da aber die Bezeichnungen: Duniberg, Weisweil, Rothweil, Neuershausen, Mengen, Thiengen, Wasenweiler, Riegel und Burgheim sich auf keltischen Ursprung zurückführen lassen, darf man wohl auf ursprünglich keltische Wegverbindungen in dieser Gegend schließen. (1)

Die alte Vicinalstraße von Gottenheim nach Waltershofen führte mit starkem Steigen in Hohlgassen über den Berg.

Um nun den Orten Gottenheim, Opfingen, Waltershofen, Thiengen und Mengen die Zufuhr zur Eisenbahnstation Schallstadt zu erleichtern und ebenso auch die an der Freiburg-Breisacher Bahn befindliche Station Gottenheim besser zugänglich zu machen, sind in dem Gesetz für die Vervollständigung des Landstraßennetzes von 1870 14,000 Fl. für die Verbesserung der unter die Landstraßen aufzunehmenden Straße von Gottenheim nach Mengen (2) bewilligt worden. Zunächst war die Verbindung von Gottenheim nach Waltershofen am östlichen Fuße des Turiberges herzustellen. Man benützte von Waltershofen den nach Umkirch führenden Feldweg auf

(1) Bei Munzingen wurden Pfahlbauten aufgedeckt. (2) Mengen 780 urkundlich.

1080 Meter und ebenso einen Theil des Feldweges bei Gottenheim. Die Straße wurde mit 5,4 Meter Breite und mit 4,5 Meter Fahrbahnbreite 1874 hergestellt. Der Aufwand betrug 17,300 Fl., wovon Waltershofen durch Stellung der Güter im Werth von 2000 Fl. gegen 350 Fl. 1650 Fl., Opfingen baar 1200 Fl. und Gottenheim durch Güterabgabe, taxirt auf 3700 Fl. gegen 1700 Fl., 2000 Fl., also zusammen 4850 Fl. beitrugen und die Staatscasse noch 12,450 Fl. zu übernehmen hatte. Die stärkste Steigung beträgt 4 Procent, der kleinste Radius 30 Meter. Die Aufnahme unter die Landstraßen erfolgte 1875.

Von Waltershofen nach St. Nicolaus bedarf die Vicinalstraße der Verbreiterung. Zwischen St. Nicolaus und Opfingen ist die Straße schon früher durch die Gemeinde corrigirt worden durch Tieferlegung und Gefällausgleichung.

Zwischen Opfingen und Thiengen besteht eine lange, schmale Hohlgasse mit Gegengefäll, die durch Verlegung der Straße nach Osten zu umgehen wäre. Von Thiengen bis Mengen führt ein directer Weg durch eine Hohlgasse mit Gegengefäll. Will man zur Umgehung dieses mangelhaften Weges mit Umgehung von Munzingen direct nach Mengen bauen, so könnte dies nur durch eine neue Straße über den sog. Oedenberg geschehen. Besser ist es, von Mengen nach Munzingen den Einschnitt zu erweitern. Für Ausführung dieser Verbesserungen sind in dem Nachtrage zu dem Gesetz von 1870 35,000 Mark = 20,416 Fl. beansprucht worden. Von Mengen sollte die Straße bis zur Landstraße Nr. 175 in Nähe des Krotzinger Bahnhofes fortgesetzt werden, d. h. die Hohlgasse wäre zu verbessern, die Möhlinbrücke bei Offnadingen zu verbreitern und in Eisen umzubauen, und vom Eisenbahnviaduct wäre auf der Westseite der Bahn eine Straße zur Station herzustellen. Diese Kosten, im Betrag von 36,800 Mark, waren nach dem Gesetz von 1868 zu decken. Als Maximalgefäll sind hierbei 2,5 Procent angenommen, bei Annahme von 4,5 Procent könnten 32,000 Mark genügen. Die Betheiligten wollten hierauf nicht eingehen, bevor die Straße bis Mengen verbessert ist.

Die bereits verwendeten und weiter genehmigten Mittel für die Verbesserung dieses Straßenzugs betragen 64,657 Mark.

Nr. 248.

Straße von Zarten über St. Peter und St. Märgen nach Waldau und Neustadt.

Länge von Zarten bis St. Peter, St. Märgen und Waldau 20,09 Kilometer = 4,52 Stunden.

Das von Herzog Berthold von Zähringen und dem Bischof Gebhard in Constanz gestiftete Benedictinerkloster St. Peter in Weilheim unter Theck in Württemberg wurde 1093 auf den Schwarzwald an seine dermalige Stelle verlegt.(1)

Die Verdienste dieser Abtei um die Wissenschaft waren weniger bedeutend als jene der meisten Klöster dieses Ordens, dagegen rühmt man seine Verdienste um die Industrie durch Förderung der Fabrikation von runden Fensterscheiben und Trinkgläsern, namentlich unter Abt Paul. Auch auf die gewerbsmäßige Anfertigung von Schwarzwälder Uhren und Löffeln soll das Kloster mit Erfolg eingewirkt haben.(2)

Der in der Mitte des vorigen Jahrhunderts (1724—39) ausgeführte Neubau des Klosters gab Anlaß, den bis dahin bestandenen Saumweg durch das Eschbacher Thal in einen Karrenweg zu verwandeln, der aber eine so starke Steigung hatte, daß der Abt noch im Januar 1806 fünf Paar Ochsen als Vorspann brauchte, um von Eschbach nach dem Kloster zu fahren.(3) Der

(1) Steinhofer, Neue Chronik von Württemberg. 1746 II. 50 und Bernold, Chronik. (2) Abt Paul legte 1663 eine Glashütte in dem sogenannten Knobelwalde an, welche aber 1728 einging; die durch sie in das Leben gerufene Glasindustrie und der Handel durch die Glasträger dauerte fort, bis Ende des vorigen Jahrhunderts. Der Glashandel rief den Handel mit Strohhüten und Uhren hervor. 1873 wurden 2 Millionen Uhren auf dem Schwarzwald fabricirt, deren Preis auf 12 Millionen Fl. angeschlagen wird. 1672 wurde die erste hölzerne Schwarzwälder Uhr in Waldau gefertigt. Die Holzlöffel waren anfangs rund mit eingesetztem Stiel. 1740 folgten Holzlöffel aus einem Stück und hierauf kamen Löffel von Zinn und Eisenblech in Gebrauch, die bis auf die neue Zeit in den Schwarzwälder Löffelschmieden gefertigt wurden. Dieser Industriezweig erlag der Concurrenz von Sachsen. Fahnenbergs Magazin 1812. (3) In Folge des Preßburger Friedens kam das Kloster an Baden und wurde 1806 aufgehoben. Noch 1813 wohnte der Abt und einige Geistliche in der Abtei. Siehe Dr. Braun, Memoiren des letzten Abts von St. Peter 1870.

Hauptverkehr zwischen St. Peter und den nahen Orten mit Freiburg bediente sich noch bis vor etwa 50 Jahren der Saumrosse und kleiner einspänniger Karren, die oft von Menschen gezogen und geschoben wurden. Noch in neuester Zeit hatte die Straße von Zarten über Stegen und Eschbach nach St. Peter trotz mancher Verbesserungen durch die Gemeinden(1) nur 4 Meter Breite und Steigen von 10—13 Procent. Noch schlechter waren die Wegverbindungen von St. Peter nach dem Glotterthal, nach St. Märgen, Waldau, Furtwangen und Neustadt. Um nun eine gute Landstraßenverbindung von St. Peter, St. Märgen und den umliegenden Orten mit dem Dreisamthal, dem Simonswälder Thal und mit Neustadt herzustellen, sind in dem Gesetz von 1870 über Vervollständigung des Landstraßennetzes 94,000 Fl. bewilligt worden. Nach eingehenden Vorarbeiten kam zunächst 1874/75 die Verbesserung der Straße von Zarten über Stegen und Eschbach nach St. Peter zur Ausführung.

Die normale Straßenbreite wurde auf 5 Meter, die Maximalsteigung auf $7^1/_2$ Procent bestimmt. Von Zarten über Stegen bis Eschbach wurde der alte Straßenzug beibehalten, von der sog. Scherzlerzbrücke in Eschbach bis zur Straße nach Glotterthal aber ein Neubau ausgeführt. Der Zug führt 4,4 Kilometer lang auf der Sommerseite mit 2 Rampen und Steigen von 5,6 und $7^1/_2$ Procent; (2) in den Rampen steigt die Straße nur mit 3 Procent, in Radien unter 24 Meter erhielt sie 8 Meter Breite. Oberhalb der 3 Meter weiten Gewölbbrücke besitzt die Rampe einen Radius von 18 Metern, die zweite Rampe liegt 200 Fuß höher.

Zur Umgehung der steilen und schmalen Straße durch den Ort wurde der Zug durch den früheren Kloster-Sägeweier eingehalten, der schon im 17. Jahrhundert mit einem Weg durchschnitten war. (3) Die Straße bis an das Kloster wurde verbessert. An den Kosten im Betrage von 90,342 Mark übernahmen St. Peter durch Geländestellung 4400 Fl., Eschbach durch Abgabe der auf 5000 Fl. geschätzten Güter gegen 3000 Fl. Entschädigung 2000 Fl.; sodann Zarten, Eschbach, Stegen für die Abtheilung Zarten-Eschbach 1059 Fl., zusammen 7459 Fl. = 12,786 Mark, daher die Staatscasse noch 77,556 Mark zu tragen hatte.

Die Straße kam von Eschbach aufwärts bis St. Peter 1874, von Zarten bis Eschbach 1875 in den Landstraßenverband. Von St. Peter nach St. Märgen bestund früher nur ein Reitweg, der wegen der vielen und starken Gegengefälle sehr beschwerlich war. Dieser Weg ist 1853/54 durch eine neue Fahrstraße auf Kosten der Gemeinden ersetzt worden. Die Arbeit wurde im Accord ausgeführt und es sind dafür von St. Peter 8000 Fl., von St. Märgen 4000 Fl. verwendet worden. Diese Straße besitzt noch mehrere starke Gegengefälle von 8 bis 10 Procent und schmale Stellen, daher ihre Verbesserung nöthig erschien. Auch von St. Märgen bis Waldau ist die Straße der Verbesserung bedürftig.

Nach einem 1875 aufgestellten Plane sind erforderlich: für Correction und Verbreiterung beim Kloster und auf Gemarkung St. Peter 24,000 Mark, Correction bei der Bierwirthschaft vor St. Märgen 6800 Mark, auf Gemarkung St. Märgen kleine Correctionen 9200 Mark, Correctionen von Pfisterwald 28,000 Mark, beim Hirsch in St. Märgen, Verminderung des Gefälls von 8—9 Procent auf 3,7 Procent und Erweiterung des Radius von 14 auf 40 Meter 1500 Mark, Verbreiterung auf Gemarkung Hinterstraß 2100 Mark, Lehenwaldcorrection 36,800 Mark; Verbesserung auf Gemarkung Vierthäler 1600 Mark, Neubau auf Gemarkung Waldau 20,000 Mark, im Ganzen 140,000 Mark incl. des Geländes. Als normale Breite wurden 5,4 Meter bestimmt, als Gefällmaximum 7,5 Procent auf kurze Erstreckung. Man beschränkte sich zunächst auf die Bauten in den Gemarkungen St. Peter, auf einen Theil in Gemarkung St. Märgen und in Hinterstraß, wofür 51,250 Mark bestimmt wurden. Hiervon übernahmen durch Geländeabgabe St. Peter 6000 Mark, St. Märgen 5600 Mark, Hinterstraß 780 Mark. Das Gesetz über Vervollständigung des Landstraßennetzes von 1870 hatte auf Grund einer Schätzung des Aufwandes für die Straßenverbesserung von Zarten bis Waldau und Langennordnach zur Straße Nr. 43 162,171 Mark bewilligt, wogegen das Gesetz von 1876 für die Verbesserung bis Waldau im Ganzen 231,242 Mark genehmigte, indem die Commission der zweiten Kammer die Ansicht der Regierung theilte, daß die Verbesserung der Straße im langen Nordnachthal kein Bedürfniß sei, so lange nicht von Waldau in der Richtung nach Furtwangen

(1) Schon 1813/14, als die Abtei für ein Militärspital benützt wurde, mußte die Straße im Frohndweg verbessert werden. (2) Von Stegen bis St. Peter beträgt die Höhendifferenz 2407—1286, also 1121 Fuß. (3) Der sog. Langweier bestund noch 1780.

gebaut wird. Der für den Weg in Langennordnach erforderliche Kostenaufwand von 105,000 Mark blieb daher außer Rechnung.

In Betreff der lange schon gewünschten Verbindungsstraße zwischen Neustadt und Furtwangen sind drei Projecte aufgestellt worden, nämlich die Zugslinien 1) von St. Märgen über Waldau, Kalte Herberge, Wolfmühle, Neukirch, 2) von St. Märgen (Hirsch) über den Glasberg gegen Glashütte und 3 Stegen Wolfmühle, Neukirch und 3) von St. Märgen (Hirsch) nach Glashütte 3 Stegen Wolfmühle, Neukirch. Alle diese Linien eignen sich wegen der starken Gefälle nicht für eine Landstraße, dagegen empfiehlt es sich, die Gemeinden zu Verbesserung der Verbindung von St. Märgen mit Glashütte zu unterstützen. Die Kosten würden bei Annahme von 8 Procent Gefäll 13,500 Fl. betragen. Von Glashütte bis zur Simonswälder Straße würde der schmale Weg durch das Wildgutachthal bis zur untern Rampe der Kilpenstraße beim Sterner einstweilen genügen.

Die Gemeinden wünschen auch die Aufnahme des Gemeindeweges von St. Märgen über Breitnau nach Steig auf eine Länge von 9721 Meter unter die Landstraßen. Die Kosten für Verbesserung sind unter Annahme einer Breite von 5 Meter 1876 auf 99,000 Mark geschätzt worden. Soll die Straße aber nur als Gemeindeweg verbessert werden, so würde bei Annahme einer Breite von 4,2 Meter unter Beibehaltung der bereits verbesserten Abtheilungen ein Aufwand von 53,900 Mark für die entsprechende Herstellung genügen.

Die Aufnahme unter die Landstraßen wurde abgelehnt.

Der Aufwand für die bereits ausgeführten Verbesserungen an der Straße von Zarten nach Waldau beträgt mit Zurechnung der weiter bewilligten Mittel 231,242 Mark.

Die Straße von Furtwangen über Neukirch nach Waldau wurde 1845 von den Gemeinden verbessert. Der von der Inspection Donaueschingen aufgestellte Plan wurde nur zum Theil eingehalten, weil die Höfe, welche Gelände stellen sollten, auf die Wahl der Zugslinie Einfluß übten. Die Straße erhielt dadurch viele starke Gegensteigen, sie ist sehr schmal und ohne Schutzanstalten, und insbesondere auch die Kalte Herberge sehr steil. Wollte man diesen Zug verbessern, so müßte größtentheils neu gebaut werden.

Der Gemeindeweg in die sog. „neue Welt" wurde 1871/73 auf 2022 Meter Länge mit 4,2 Meter Breite ausgeführt. Die Kosten im Betrag von 4044 Fl. sind von der Forstdomäne, von St. Peter und von den Gutsbesitzern gemeinschaftlich aufgebracht worden. Der nur 3,5 Meter breite Gemeindeweg von St. Märgen über Waldau nach dem Thurner und über Breitnau nach Steig im Höllenthal wurde in der letztern Abtheilung von den Gemeinden mit 10,000 Mark corrigirt, so daß jetzt nur noch Steigungsmaxima von 9—11 Procent vorkommen. Zwischen St. Märgen und dem Thurner bestehen aber noch Steigen von 11—15 Procent, zu deren Ermäßigung auf 5 Procent 11,900 Mark erforderlich wären. Diese Correction kam 1877 in Anregung.

Nr. 249.

Straße von Ortenberg über Elgersweier zur Straße Nr. 1.

Länge 3,04 Kilometer = 0,68 Stunden.

Die älteste Straße zur Verbindung von Lahr mit Ortenberg führte über Burgheim, Heiligenzell, Oberweier, Diersburg, Zunsweier und Elgersweier. Dieser Weg wird in der Gemarkung Zunsweier „Heerweg" und in Gemarkung Ortenberg „Heidengasse" genannt, was auf dessen Benützung durch die Römer hinweist. So lange die Kinzig nicht corrigirt war, wurde der Uebergang durch eine Furt vermittelt, später erbaute die Gemeinde Ortenberg, durch deren Gemarkung der Fluß zieht, eine für landwirthschaftliche Fuhrwerke bestimmte Holzjochbrücke und erhob ein kleines Brückengeld, weil auch nach Erbauung der Landstraße von Offenburg nach Dinglingen noch immer ein ziemlich starker, durchgehender Verkehr zwischen Ortenberg, Lahr, Ichenheim, Hofweier, Niederschopfheim und Diersburg bestund, und insbesondere auch von Diersburg und Berghaupten Steinkohlen, und von Zunsweier viele Bausteine über Ortenberg abgeführt werden.

Die leicht gebaute, 3 Fuß unter dem höchsten Wasser gelegene, nur 13 Fuß breite und von 10 Jochen getragene Brücke war dem Verkehr mit Lastfuhren nicht gewachsen, und die Gemeinde

Ortenberg, der die Unterhaltung oblag, weigerte sich zu Ausführung eines dem durchgehenden Verkehre entsprechenden Baues. Die Staatscasse leistete deshalb im Jahr 1869 zu einer mit 900 Fl. auszuführenden Reparatur einen Beitrag von 400 Fl., wogegen der Bezug des Brückengeldes sistirt und hierauf 1870 dieser Straße wegen ihres Werthes für den durchgehenden Verkehr die Bedeutung einer Landstraße zugestanden wurde.

An Stelle der alten Brücke trat nun eine neue, ebenfalls von Holz mit steinernen Widerlagern, 6 Holzjochen und einer Fahrbahn von 16 Fuß Breite und einer über Hochwasser liegenden Höhe. Auch die Straße, welche theilweise zu tief lag, viele Krümmungen hatte und zu schmal war, wurde erhöht, corrigirt, verbreitert und mit guter Fahrbahn versehen. Die Kosten waren für die Brücke auf 9300 Fl., für 1153 Fuß Straße mit 20 Fuß Breite und 16 Fuß Fahrbahn auf 1300 Fl. überschlagen. Die Ausführung erfolgte 1871/72 mit 10,600 Fl., wovon die Gemeinde Ortenberg 2200 Fl., die Gemeinde Elgersweier 400 Fl. und die Staatscasse 8000 Fl. übernahmen. Außerdem stellten die Gemeinden das erforderliche Gelände in ihrer Gemarkung unentgeltlich. Die Straße wurde hierauf unter die Landstraßen aufgenommen. Da die Straße zwischen der Brücke und Elgersweier noch zu tief liegt, wurde sie 1872 auf 280 Meter Länge überflutet; die Erhöhung ist dringendes Bedürfniß, denn der Verkehr mit Steinkohlen aus den Berghaupter und Hagenbacher Gruben ist bedeutend.

Der für Verbesserung dieser Straße erweisbar bestrittene Aufwand besteht in 18,171 Mark.

Nr. 250.

Straße von Ubstadt über Münzesheim und Flehingen nach Kirnbach.

Kraichbachthalstraße.

Länge bis Straße Nr. 11 16,17 Kilometer = 3,64 Stunden.

Die meisten Orte im Kraichgau sind, wie aus ihren Namen zu schließen ist, keltischen Ursprungs. Die Namen Kraichbach, Saalbach, Katzbach, Elsenz, Brettach, Sulzbach, Schindelbach, Eschbach, Gißübel, Bruchsal, Ubstadt, Odenheim, Tiefenbach, Eichelberg, Oestringen, Kirrlach, Richen, Reihen, Sulzfeld, Zaisenhausen, Tiefenbach, Landshausen, Rohrbach, Stebbach, Bauerbach, Sternenfels, Rauenberg, Wiesloch ꝛc. scheinen aus keltischer Sprache zu stammen. Die Namen vieler in Urkunden genannter Wege lassen auch auf Benützung durch die Römer schließen, wie „alter Weg" in Gemarkung Flehingen, „Hertweg" zwischen Bruchsal und Ubstadt, „Steinweg" bei Menzingen, „Hartgasse" bei Elsenz, „Hartweg" bei Eichelberg, „Hertweg" bei Langenbrücken, „Heerstraße" bei Stettfeld, „Hertweg" bei Mingolsheim, „Heerstraß" bei Münzesheim, „Hardweg" zwischen Ubstadt, Odenheim und Tiefenbach, „hohe Straß" und „alter Weg" bei Oberacker.

Ein Straßennetz läßt sich aus diesen einzelnen Bezeichnungen nicht mehr construiren, allein aus der örtlichen Lage und den Ortsnamen kann man nicht ohne Grund annehmen, daß die genannten alten Wege schon bestunden, als die Römer hier Besitz nahmen. Von römischer Bauweise findet man keine unzweifelhaften Spuren.(1)

Die uralte Straße im Kraichbachthale ist erst seit 1871 Landstraße. Bevor sie unter badische Hoheit kam, war eine zusammenhängende Verbesserung durch die Hoheitsgränzen erschwert. Unteröwisheim und Gochsheim(2) waren württembergisch, Ubstadt speyrisch, Münzesheim, Flehingen und Sickingen ritterschaftlich. Man war so sehr an schlechte Straßen gewöhnt, daß auch später wenige Geneigtheit zu Verbesserungen vorlag.

Erst als der Verkehr sich durch den Transport landwirthschaftlicher und industrieller Erzeugnisse aus den Kraichgauorten und aus Württemberg seit dem Bestehen der Eisenbahn von Mannheim nach Bruchsal auf dieser Straße gesteigert hatte, wurde im Jahr 1869 deren Aufnahme unter die Landstraßen nachgesucht und ihre Verbesserung allseits als Bedürfniß empfunden. Der nöthige Bauaufwand für Verbreiterung der Einschnitte (Hohlgassen) auf 18 Fuß, für kleine Correctionen und für Gefällausgleichungen und Ermäßigungen von 6—9 Procent auf 5 Procent

(1) Von Münzesheim nach Bruchsal ging früher ein directer Weg, der jetzt Feldweg ist. Die Gewann heißt man „Bruchsaler Weg". (2) Gochsheim hieß Goßpolzheim, erhielt 1406 Stadtrechte wie Bretten und zwei Jahrmärkte.

nebst Beschotterung wurde auf 6000 Fl. veranschlagt, er betrug aber nur 5000 Fl. Die Gemeinden Ubstadt, Unteröwisheim, Münzesheim, Oberacker, Gochsheim (1) und Flehingen stellten das erforderliche Gelände im Werthe von 332 Fl. kostenfrei und bezahlten ein Viertel der Baukosten baar.

Es hatten zu leisten: Ubstadt für Gelände 39 Fl., baar 155 Fl. 15 Xr.; Unteröwisheim baar 327 Fl. 30 Xr., Münzesheim Gelände 30 Fl., baar 380 Fl., Oberacker baar 15 Fl., Gochsheim Gelände 180 Fl., baar 280 Fl., Flehingen Gelände 72 Fl., baar 262 Fl., zusammen 1740 Fl., und die Staatscasse bezahlte 3260 Fl. Die Ausführung erfolgte 1871/72 und die Straße wurde in die Classe der Landstraßen eingereiht. Die Bäume an der Straße blieben den Gemeinden zur Benützung überlassen, sie müssen aber die Unterhaltung und Erneuerung auf ihre Kosten besorgen.

Die Correction der Steige bei Gochsheim und die Beseitigung der beiden Hohlgassen vor Münzesheim, welche circa 36,500 Mark kosten wird, wurde verschoben, dagegen sind für den Umbau der hölzernen Kohlbachbrücke in Flehingen in Eisen 1876 3200 Mark bewilligt worden. Die Brücke erhält 5 Meter Lichtweite und 6 Meter Breite. Die Ausführung erfolgte 1876/77. Der bis jetzt für Verbesserung dieser Straße bestrittene Aufwand beträgt 11,771 Mark.

Nr. 251.

Straße von Mingolsheim nach Waghäusel.

Länge 11,64 Kilometer = 2,62 Stunden.

Zur Verbindung der alten, ehemals zum Bisthum Speyer gehörigen Orte Mingolsheim, Kronau, Kirrlach mit Speyer führte von Kronau ein viel gekrümmter Vicinalweg an der Wallfahrtskirche bei dem Capucinerkloster Waghäusel vorüber nach dem uralten Rheinfahr bei Rheinhausen.

Fürstbischof Damian von Schönberg (1710—1743) hatte sich in Kislau und Waghäusel (2) Jagdschlösser erbauen und den Lußhardwald in regelmäßig rechtwinkelige Schläge eintheilen lassen. Eine Hauptrichtstatt mit beiderseitigen Gräben wurde in gerader Linie von Kronau nach dem Waghäusler Schlosse geführt und Waghäusler Allee genannt.

Nach alten Karten aus der zweiten Hälfte des vorigen Jahrhunderts ist Kronau einerseits mit Stettfeld, anderseits mit Mingolsheim durch directe Straßen verbunden, daher der Verkehr von Sinsheim und von Eppingen nach Speyer schon damals die Orte Kronau, Kirrlach und Waghäusel berührte, wenn auch die Benützung der Waghäusler Allee für eigentliche Güterfuhren zeitweise verboten war.

Im Anfange dieses Jahrhunderts wird Kirrlach amtlich als „an der Straße von Rheinhausen nach Sinsheim liegend" bezeichnet. (3)

Nach den Schriften der Domänendirection war die Waghäusler Allee 1836 als eine der frequentesten Straßen mit täglich circa 200 Fuhren bezeichnet, und durch die im Jahre 1837 in Waghäusel errichtete Zuckerfabrik hatte sich dieser Verkehr noch weiter gehoben. Rohe und bearbeitete Kalk- und Sandsteine, Zuckerrüben und Holz gingen und gehen heute noch in der Richtung nach dem Rheine; Torf, rheinbairische Weine, Steinkohlen, Holz und Handelsartikel verschiedener Art, welche für Sinsheim und Umgegend bestimmt sind, werden vom Rhein oder aus der bairischen Pfalz auf dieser Straße nach dem obern Kraichgau und selbst nach Württemberg gebracht.

---

(1) Gochsheim war pfälzisches Lehen der Grafen von Eberstein, kam dann an Württemberg und 1806 an Baden. (2) Kislau, dessen Name wie Kronau, Kraichgau und Lußhard auf keltischen Ursprung deuten, war, wie man glaubt, eine römische Wasserburg; der noch stehende steinerne Thurm, welcher den Kern des neuen Schlosses bildet, wird für römische Arbeit gehalten, doch scheint dies mehr als zweifelhaft zu sein. Dieser Thurm hat fast dieselben Dimensionen und ganz ähnliche bauliche Ausführung wie jener bei Durlach. Die Orte Kronau und Kirrlach sind im 13. Jahrhundert urkundlich nachgewiesen, Kronau hieß damals „Grunowa". Ueber Waghäusel siehe Nr. 2. (3) Die alte Straße ging am Westende von Kronau südwestlich und verzweigte sich einerseits nach Hambrücken, andererseits nach Kirrlach. Die neue Straße durchschneidet die alte vor dem Ort und geht direct auf den Kronauer Kirchthurm.

Nach einer Aeußerung des Amtes Philippsburg vom Jahre 1820 war die Straße von Rheinhausen nach Mingolsheim in Folge starken Verkehrs und mangelhafter Unterhaltung allmählich in einen für den Reisenden „lebensgefährlichen Zustand" versetzt.

Die Gemeinden Rheinhausen, Oberhausen, Kirrlach und Kronau wurden daher mit allem Nachdruck zur Verbesserung, insbesondere zur Versteinung der Fahrbahn angehalten und der Forstfiscus stellte seinen Antheil durch den Lußhardwald in den Jahren 1821/22 ebenfalls mit einem Aufwande von 18,210 Fl. her, ohne die Forstfrevler zu Arbeiten beizuziehen, wie dies damals noch üblich war. Die Straße erhielt hierdurch eine Fahrbahn von 15 Fuß, auf jeder Seite $6\frac{1}{2}$ Fuß Trottoir mit Gräben, und der Wald wurde überdies auf 10 Fuß beiderseits abgetrieben. Die Unterhaltung besorgten die Gemarkungsinhaber. Seit dem Bestehen der Eisenbahnstationen bei Mingolsheim und Waghäusel hob sich der Verkehr neuerdings, und der schon 1838 gestellte Antrag auf Einreihung dieses Vicinalweges unter die Landstraßen fand endlich 1870 Willfahrung, nachdem die Fahrbahn des Weges mit einem Aufwande von 3000 Fl. verbessert war. Die Staatscasse übernahm hieran 2600 Fl., Mingolsheim 30 Fl., Kronau 45 Fl., Kirrlach 25 Fl. und das Forstärar 300 Fl. Der Gemeinde Mingolsheim wurde Eigenthums- und Nutzungsrecht an die auf der Straße stehenden Obstbäume ihrer Gemarkung unter der Bedingung eingeräumt, daß sie die abgehenden Bäume auf ihre Kosten ersetze.

Der erweisbare Aufwand für Verbesserung dieser Strecke beträgt 36,360 Mark.

Nr. 252.

Straße von Jöhlingen nach Leopoldshafen.

Länge von Straße Nr. 11 bis Nr. 2 17,71 Kilometer = 3,99 Stunden.

Das hohe Alter der Straße von Weingarten nach Jöhlingen geht schon aus ihrer alten Bezeichnung „Heidengaß" hervor.

Die Orte Jöhlingen, Wössingen, Weingarten, Blankenloch (1) waren bis in die neueste Zeit durch eine mangelhafte Vicinalstraße mit dem Rheinübergang bei Leopoldshafen verbunden. Der Weg von Weingarten bis Jöhlingen ist zwar 1822 von den Gemeinden von 8—9 Fuß auf 12 Fuß erweitert worden, allein er entsprach den neuen Anforderungen nicht mehr. (Siehe Nr. 19.)

Die Verbesserung dieses Weges und dessen Aufnahme unter die Landstraßen wurde darum von den genannten Gemeinden schon lange angestrebt, da sie viele Kalksteine und Bauholz an den Rhein abführen, und Jöhlingen auch eine gute Verbindung mit der Station Weingarten wünschte. Nach einem im Jahr 1870 aufgestellten Bauprojecte zeigte sich vor Allem nothwendig: die Verbesserung der Straße in Jöhlingen, die Correction der in einer Hohlgasse liegenden Steige von Gefällen bis $8\frac{1}{2}$ Procent am sogenannten Lettenbuckel, die Verbreiterung in Weingarten und am Eingang von Blankenloch, sodann die Correction der Abfahrt in die Rheinniederung bei Leopoldshafen in der Straße Nr. 19 durch Entfernung eines Hauses.

Der desfallsige Aufwand wurde auf 19,000 Fl. berechnet, während das Gesetz von 1870 nur 15,000 Fl. bewilligt hatte. Die Ausführung erfolgte 1874/75. Jöhlingen leistete 656 Fl. als hälftige Kosten der Rinnenpflasterung; Weingarten stellte das Gelände im Werth von 4682 Fl. und übernahm die Hälfte des Rinnenpflasterungsaufwands gegen 2000 Fl., leistete also 2682 Fl., Leopoldshafen gab Gelände im Werth von 560 Fl. und übernahm die Hälfte der Rinnenpflasterung, gab also 766 Fl., so daß die Staatscasse noch 14,896 Fl. zu bestreiten hatte. Blankenloch stellte überdies das Gelände für Materiallagerplätze in ihrer Gemarkung. Die Straße kam 1875 in den Landstraßenverband. Sie hat eine Länge von 4,9 Stunden = 21,788 Meter, eine Breite von 5,4 Meter mit 4,5 Meter breiter Fahrbahn, bestehend aus 0,15 Meter Gestück und 0,06 Schotter. Um den Bach in Jöhlingen durch Ufermauern gegen den Austritt zu sichern, ist auf eine Länge von 564 Meter eine 0,8 Meter hohe Bachmauer an der Straße auszuführen, wofür in dem Gesetz von 1876 über Vervollständigung des Landstraßennetzes eine Summe von 11,400 Mark bewilligt ist.

---

(1) Jöhlingen war speyerisch, Weingarten pfälzisch, Wössingen und Blankenloch markgräflich. Die Namen deuten alle auf keltischen Ursprung.

Rechnet man hierzu die vorerwähnten Ausgaben, so ergiebt sich ein Aufwand von 43,971 Mark.

Die Gemeinde verpflichtete sich 25 Procent der Kosten für die linkseitige Bachmauer zu tragen und den Aufwand für die rechtseitige Mauer ganz zu bestreiten.

Die Ausführung erfolgte 1877/78.

Nr. 253.

Straße von Langensteinbach nach Kleinsteinbach.

Bockstalstraße.

Länge 7,36 Kilometer = 1,66 Stunden.

Seit der im Jahr 1861 erfolgten Eröffnung der Eisenbahn von Durlach nach Pforzheim empfanden die Orte Ober- und Untermutschelbach, Langensteinbach, Reichenbach und Spielberg den Mangel einer guten Straßenverbindung mit der Eisenbahn immer stärker. Der Absatz an Bausteinen, Holz und Kohlen verlangte ebenso wie der Bezug an Wein, Obst und Früchten vor Allem eine entsprechende Straße.

Der alte schmale Vicinalweg durch das Bocksthal zog von Langensteinbach auf der nördlichen Thalseite bis unterhalb Untermutschelbach, überschritt dann den Bach mit einer schlechten Brücke, um auf dem rechten Bachufer nach Kleinsteinbach zu führen, wo sie der Kirche gegenüber in die Straße Nr. 13 einmündet. Dieser Weg besaß, abgesehen von seiner übrigen schlechten Beschaffenheit, viele starke Gegengefälle, von denen das beschwerlichste durch den Ort Obermutschelbach führte. Die Ansichten darüber, ob man zur Beseitigung dieses Mißstands die Straße im Bocksthal verbessern oder eine gute Verbindung über Stupferich nach Durlach herstellen solle, waren lange Zeit getheilt, da aber die meisten Interessenten und auch die Stände sich in Uebereinstimmung mit der technischen Behörde für die Linie durch das Bocksthal ausgesprochen hatten, weil die Straße nach Durlach nur mit starkem Gefälle herzustellen war, so entschloß sich die Regierung, die in dem Gesetz über Vervollständigung des Landstraßennetzes bewilligte Summe von 40,000 Fl. nach dieser Richtung zu verwenden.

Da man sich überzeugte, daß eine gute Straße nur geschaffen werden kann, wenn dieselbe durchgehends auf die Sommerseite gelegt, also von Kleinsteinbach bis Untermutschelbach ganz neu erbaut und der Ort Obermutschelbach ganz umgangen wird, so berechnete sich der Aufwand für eine 5 Meter breite Straße mit 3,8 Meter breiter Fahrbahn auf 56,500 Fl. An Beiträgen leisteten Langensteinbach (¹) durch Geländeabgabe 3932 Fl., Stupferich ebenso 52 Fl., Untermutschelbach durch Stellung des auf 7070 Fl. taxirten Geländes und der hälftigen Rinnenkosten im Betrag von 1100 Fl. gegen Aversalentschädigung von 3000 Fl. 5170 Fl., Kleinsteinbach mit Geländeabgabe im Werth von 3185 Fl. gegen Entschädigung von 1500 Fl. 1685 Fl. Der wirkliche Aufwand bestund in 97,500 Mark. (Eine zweispännige Fuhre kostete 6 Fl., ein Taglöhner 2 Mark 20—30 Pf., für den Steinsatz wurden pro Cubikmeter 2 Fl. 12 Xr., für die Decke 2 Fl. 24 Xr., für Schotter 1 Fl. 40 Xr. bezahlt.) Die Beiträge beliefen sich im Ganzen auf 10,839 Fl., daher die Staatscasse noch 78,919 Mark zu tragen hatte. Die Straße wurde 1874 vollendet und unter die Landstraßen aufgenommen. Sie mündet in Kleinsteinbach gegenüber der an die Station führenden Ortsstraße in die Straße Nr. 13 ein und wird auch nur bis zu diesem Punkte als Landstraße behandelt. Die Gemeinden Durlach und Hohenwettersbach hatten schon lange gewünscht, daß die Verbindung von Langensteinbach mit der Eisenbahn in der Richtung nach Durlach bewirkt werde. Da diese Verbindung aber den Bewohnern von Langensteinbach und Umgegend nur für den Verkehr landabwärts gedient hätte, konnte von dem Straßenzug nach Kleinsteinbach nicht abgegangen werden. Man stellte deshalb 1875/76 mit besonderer Rücksicht auf die Holzabfuhr eine gute Straße von Wohlfahrtsweier nach Hohenwettersbach (²) durch das Thal des sog. Tiefenbachs her, woselbst zuvor ein schlechter Fußweg unter dem

---

(¹) Markgraf Carl Wilhelm, der Erbauer von Carlsruhe, ließ hier die Heilquelle fassen und ein Badhaus bauen. Noch in diesem Jahrhundert hatte das Bad zahlreiche Gäste. (²) Hohenwettersbach, ursprünglich ein Thronlehen, wurde 1715 der Freiin von Wangen verliehen und kam 1725 durch Ehe an die grundherrschaftliche Familie von Schilling. Der bei dem Hofgut befindliche Ort bildete sich hauptsächlich durch Ansiedler und wurde 1863 zu einer selbstständigen Gemeinde erhoben.

Namen Schindweg bestund. Die Kosten waren auf 18,000 Mark veranschlagt, worunter 1900 Mark für Güter enthalten sind, welche Durlach und Hohenwettersbach stellten. An den Baukosten von 16,100 Mark übernahmen Freiherr von Schilling 6000 Mark, Durlach 3500 Mark, den Rest die Staatscasse.

Der Weg wurde 5 Meter breit und 2200 Meter lang und erhielt unten 5—6, oben 3—4 Procent Steigung. Die noch bestehende alte Straße von Hohenwettersbach nach Grünwettersbach besitzt Gegengefälle bis zu 10 Procent. An dieser Straße befindet sich ein neu eröffneter Steinbruch, aus dem die Steine sowohl über Grün- wie über Hohenwettersbach abgeführt werden.

Der erweisbare Gesammtaufwand für die beiden Straßenverbindungen beläuft sich auf 115,500 Mark.

Nr. 254.

Straße von Rußheim über Liedolsheim zur Station Linkenheim.

Länge 8,43 Kilometer = 1,90 Stunden.

Das Dorf Rußheim, welches in Urkunden von 784 „Ruchesheim" genannt wurde, ist seinem Namen nach keltischen Ursprungs. Die Michelscapelle, an deren Stelle die jetzige alte Kirche steht, soll aus einem römischen Merkurtempel hervorgegangen sein.(1) Vor der in den Jahren 1836/38 bewirkten Correction des Rheins mittelst des Germersheimer Rheindurchschnittes, lag der Ort unmittelbar am Rheine und bildete einen Uebergangspunkt nach dem alten, ebenfalls aus keltischer Ansiedelung entsprungenen Orte Germersheim.(2)

Auf dem rechten Rheinufer hatte Rußheim hauptsächlich Verkehrsbeziehungen mit Graben, welcher Ort in Folge des dortigen Schloßbaues durch Markgraf Carl II. 1566 das Recht zur Abhaltung von Jahrmärkten erhalten hatte, die lange Zeit hindurch von den Bewohnern der beiderseitigen Rheinufer viel besucht waren, so daß der Magistrat von Speyer sich veranlaßt sah, zum Schutze der dortigen Märkte den Bürgern zu verbieten, Waaren auf den Markt nach Graben zu bringen. (Lehmann, Chronik von Speyer.)

Rußheim hatte wegen Nähe der Festungen Germersheim und Philippsburg durch die Kriege viel zu leiden; sein größter Feind war aber das Fieber, welches jährlich viele Opfer verlangte und erst durch die Rheincorrection dauernd beseitigt wurde. Der Ort wird in älteren Schriften oft „altes Fiebernest" genannt.

Nachdem Rußheim in neuerer Zeit sichtlich emporkam, schien es angezeigt, demselben ebenso wie Liedolsheim die Benützung der Rheinthalbahn durch Verbesserung des Weges zur Station Linkenheim zu erleichtern.

Das Gesetz von 1870 über Vervollständigung des Landstraßennetzes bewilligte hierzu den Betrag von 3000 Fl., der genügend war, um die Fahrbahn der Straße durchgehends auf 6 Meter zu verbreitern und mit einer Kiesdecke zu versehen.

Die Gemeinden stellten das hierzu erforderliche Gelände, die zu den Verbreiterungen nöthige

---

(1) Rußheim war wie Liedolsheim schon 1281 markgräflich badische Besitzung. Siehe F. Höck, Geschichte von Rußheim 1860. (2) Vor der Correction des Rheins bestund zwischen den rechts- und linksrheinischen Orten ein fortwährender Streit bezüglich der zum Schutze ihrer Gemarkungen zu treffenden Maßnahmen. So oft ein Bau zum Uferschutz oder die Herstellung eines Dammes zur Abwehr der Ueberflutung bei Hochwasser ausgeführt werden sollte, erfolgten Proteste der gegenüber liegenden Orte, weil sie darin eine Gefahr für ihre Besitzungen erblickten. Obgleich hiewegen im 15., 16., 17. und 18. Jahrhundert Verträge zwischen den beiderseitigen Gebietsherrn abgeschlossen wurden, welche im Wesentlichen bestimmten, daß auf keinem Gebiete an dem Rhein Bauten ohne Einwilligung des Nachbars ausgeführt werden sollen, und nichts zum Nachtheil des Andern geschehen soll, so lag doch immer der Anlaß zu dem Streite in der Frage: ob ein Bau nachtheilig für den Gegenüberliegenden sei oder nicht? Da man sich hierüber selten einigen konnte, so waren oft gewaltthätige Eingriffe die Folge, durch welche hergestellte oder im Bau begriffene Bauten zerstört wurden. Solche Fälle kamen bei Knielingen, Linkenheim, Knaudenheim und namentlich auch bei Rußheim vor. Am 19. Dec. 1744 wollten 200 Germersheimer den Schutzdamm bei Rußheim zerstören, sie wurden aber mit Gewalt der Bewohner dieses Ortes zurückgeschlagen. Die deßhalb und wegen vieler andern Streitpunkte über Fischerei, Jagd, Eisbrechen, Eigenthum an Rheininseln ꝛc. eingeleiteten Verhandlungen zwischen der Markgrafschaft Baden-Durlach und Churpfalz fanden erst durch einen Vertrag von 1751 ihre Erledigung. Aus den desfallsigen Acten geht hervor, daß im Jahr 1480 die Jagd in dieser Gegend noch mit Benützung der Armbrust geübt wurde (L. A. A.).

Füllmasse und übernahmen die Kosten der Aussteinung und der Schutzanstalten, welche Leistungen auf 1349 Fl. berechnet waren. Das Eigenthum an die Straße und Bäume behielten sich die Gemeinden vor.

An den Gesammtkosten im Betrag von 4349 Fl. übernahmen die Gemeinden Rußheim, Liedolsheim, Linkenheim und Hochstetten 1349 Fl., die Staatscasse 3000 Fl.

Die Bauten wurden 1875 ausgeführt und die Straße kam hierauf von der Station Linkenheim bis zum Rathhaus in Rußheim mit einer Länge von 8433 Metern in den Landstraßenverband.

Die Gemeinden hatten das Setzen von Bäumen als Schutzvorrichtung gegen den Genuß derselben übernommen.

Die Vicinalstraße von Rußheim nach Huttenheim ist in gutem Zustande, die Gemeinde Rußheim wünschte aber, daß zur Abkürzung des Wegs nach Germersheim der Rheindamm als Straße benützt werden dürfe.

In den Jahren 1876/77 ist die alte Gewölbbrücke bei der Schleifmühle nächst Rußheim, welche eine Lichtweite von 4,25 Metern und einen Halbkreis-Bogen besaß, mit einer Weite von 5 Metern umgebaut worden. Der Bau in Eisen war auf 12,012 Mark, der Steinbau auf 16,000 Mark überschlagen. Man wählte letzteren, die Gemeinde bezahlte baar 1250 Mark und gab für 250 Mark Gelände, der Verbesserungsaufwand betrug für diese Straßen 23,455 Mark.

Nr. 255.

Straße von Kirchardt nach Grombach.

Um die Eisenbahnstation Grombach mit der von Eppingen nach Rappenau führenden Straße in Verbindung zu bringen, war die Herstellung einer guten Straße zwischen Kirchardt und Grombach erforderlich, da die bestehende sehr ungünstige Gefällsverhältnisse besitzt.

Das Gesetz von 1870 über Vervollständigung des Landstraßennetzes bewilligte hierfür 12,000 Fl. oder 20,571 Mark.

Nach dem für diesen Zweck im Jahr 1872 ausgearbeiteten Bauproject sollten die beiden, zwischen den genannten Orten befindlichen Steigen durch Umgehung auf ein Maximalgefälle von 5 Procent mit Verwendung obiger Summe ermäßigt und die Hohlgassen umgangen werden, wodurch die Straße um 329 Meter verlängert worden wäre.

Die Gemeinde Grombach und der Bezirksrath waren hiermit einverstanden, Kirchardt aber war entschieden gegen einen neuen Weg, indem es die Beibehaltung des alten Wegs mit einigen Verbesserungen wünschte, weil der alte Weg doch von der Gemeinde unterhalten werden müßte, und die Gemeinde schon viele Wege habe.

Nähere Untersuchungen ergaben, daß wenn die bestehende Zugsrichtung beibehalten und das Gefäll auf 5 Procent ermäßigt werden sollte, ein Aufwand von 22,250 Fl. erforderlich wäre. Eine Linie mit 6 Procent Steigung würde nur 1200 Fl. mehr kosten, allein die schon bestehende Hohle am sog. Ziegelbuckel müßte auf 10 Meter vertieft werden.

Bei 8 Procent Maximalgefäll würde sich der Kostenaufwand auf 6900 Fl. ermäßigen, aber eine solche Steigung ist in dieser Gegend für eine Landstraße verwerflich, und die Unterhaltung würde sehr erschwert.

Der Kreisausschuß wünschte, daß der Gegenstand als offene Frage behandelt werde, bis ein weiteres von der Gemeinde aufgestelltes Project näher erörtert sein wird.

Diese Untersuchungen wurden 1873 gepflogen und es zeigte sich, daß durch das neue Project zwar das Gefällmaximum auf 6½ Procent vermindert würde, aber sehr bedeutende Aufdammungen und starke Vertiefung der Hohlen eintreten müßten, was für die Unterhaltung sehr nachtheilig wäre; außerdem blieben noch Gegengefälle bestehen.

Nachdem aber nachträglich auch die Gemeinde sich mit Beibehaltung der alten Straße einverstanden erklärte, unterblieb der Bau bis auf Weiteres.

Im Jahr 1875 wurde der frühere Ueberschlag von 12,000 Fl. revidirt und nach den neuesten Preisen von 20,571 Mark auf 23,200 Mark erhöht.

Nr. 256.

Straße von Treschklingen nach Babstadt.

Länge 2,6 Kilometer = 0,59 Stunden.

Um die Zufuhr von den württembergischen Orten Massenbachhausen, Kirchhausen, Bonfeld, Fürfeld und dem badischen Orte Treschklingen zu den Eisenbahnstationen Babstadt und Waibstadt zu erleichtern, war in dem Gesetz vom 6. April 1870 über Vervollständigung des Landstraßennetzes ein Betrag von 8000 Fl. zur Verbesserung der Vicinalstraße zwischen Treschklingen und Babstadt vorgesehen.

Der Aufwand wurde für Gemarkung Treschklingen auf 3600 Fl., für Gemarkung Babstadt auf 4400 Fl. berechnet.

Als Normalbreite waren 5,4 Meter oder 18 Fuß angenommen. Der mit 11 Procent steigende Hohlweg zwischen der Landstraße Nr. 10 und Babstadt sollte durch Verlegung der neuen Straße neben die alte von 7 bis 11 Procent Steigen und Fallen auf $6^1/_2$ Procent Gefäll corrigirt, die steile Wendung in der Straße gegen Fürfeld von 9 auf 5,3 Procent ermäßigt, die Einmündung in die Straße Nr. 10, sowie die Abzweigung gegen Treschklingen verbessert und der nur 13 Fuß breite Durchgang durch Treschklingen durch Versetzung des Wachhauses erweitert, im übrigen aber die Straße regulirt und die Fahrbahn verstärkt werden.

Als Leistungen der Gemeinden waren in Anspruch genommen: 1) von der Gemeinde Treschklingen unentgeltliche Entfernung des Wachhauses und Stellung des zu 732 Fl. taxirten Geländes gegen Vergütung von 300 Fl.; 2) von der Gemeinde Babstadt: Stellung des zu 1200 Fl. gewertheten Geländes gegen Vergütung von 900 Fl.

Da die Gemeinde Treschklingen die unentgeltliche Entfernuug des Wachhauses beharrlich verweigerte, unterblieb die Bauausführung und die Aufnahme der Straße unter die Landstraßen. Im Jahre 1874 verstund sich die Gemeinde dazu, das Wachhaus gegen 300 Fl. abzubrechen, worauf die Straße 1875 ausgeführt wurde. Von 2608 Metern Länge sind 300 Meter neu hergestellt, die übrigen verbessert worden. An dem Gesammtaufwand von 8870 Fl. oder 15,206 Mark übernahmen die Gemeinden 632 Fl., der Staat 8238 Fl. Die Straße kam sodann 1874 in den Landstraßenverband. Ihr Hauptverkehr besteht in Holztransport aus den hessischen Waldungen nach Treschklingen und weiter nach Württemberg und in Landesproducten, die aus Württemberg und Hessen nach Babstadt, Neckarbischofsheim und Waibstadt versendet werden.

Nr. 257.

Straße von Werbach nach Wenkheim.

Welzthalstraße.

Länge in Baden 7,65 Kilom. = 1,72 St.

Diese Straße durchzieht die badischen Orte Werbachhausen und Wenkheim (1) und die baierischen Orte Unter- und Ober-Altersheim und mündet dann in die von Tauberbischofsheim nach Würzburg führende alte Landstraße ein.

Die genannten Orte sind groß und verbringen ihre landwirthschaftlichen Erzeugnisse, namentlich Getreide auf den Markt in Wertheim.

Die Gefällsverhältnisse der Straße waren, so weit sie im Thale liegt, im Allgemeinen günstig; nur auf kurzen Strecken oberhalb Wenkheim kamen Steigen von 5,3—8 Procent vor. Weniger günstig sind die Steigungsverhältnisse im baierischen Gebiet. Die Breite betrug zuweilen nur 13—14 Fuß.

Im Jahr 1864 stellten die badischen Gemeinden die Bitte um Aufnahme der Straße in

(1) Wenkheim gehörte der Familie Hund von Wenkheim. Im Jahr 1634 hatte Piccolomini's Corps diesen Ort besetzt. Das Schloß ist seither zerfallen.

die Classe der Landstraßen, in Folge dessen auch in dem Gesetze von 1870 über Vervollständigung des Landstraßennetzes 7000 Fl. für die Verbesserung dieses Weges bewilligt wurden. Die Bauausführungen, wodurch die Gefälle auf 3—4 Procent ermäßigt, die Breite von 4,8 Meter auf 5,4 Meter erweitert und die Fahrbahn verstärkt wurde, sind 1873/74 hergestellt worden. Der Aufwand betrug im Ganzen 9240 Fl. oder 15,840 Mark, wovon die Gemeinde Werbach durch Stellung des auf 1100 Fl. taxirten Geländes gegen Entschädigung von 435 Fl. 665 Fl., Werbachhausen durch Geländestellung von 220 Fl. und Baarzahlung von 240 Fl. 460 Fl. und Wenkheim durch Geländestellung im Werth von 720 Fl. und Baarzahlung von 195 Fl. 915 Fl., also die Gemeinden zusammen 2040 Fl. und die Staatscasse 7200 Fl. übernahmen. Die 15 Fuß breite Fahrbahn ist aus 5 Zoll Gestück und 5 Zoll Schotter hergestellt.

Die im Jahr 1873 weiter beantragte Verbesserung der Straße von Werbach bis zur Station Hochhausen war auf 9240 Fl. veranschlagt, da eine fast ganz neue Straße erbaut werden müßte. Dieser Aufwand schien zur Zeit außer Verhältniß zum Nutzen zu liegen. Die Straße von Werbach nach Wenkheim bis an die baierische Gränze wird seit 1874 als Landstraße behandelt und täglich nach beiden Richtungen mit einem Postomnibus befahren.

Nr. 258.

Straße von Germersheim über Rheinsheim und Philippsburg zur Station Waghäusel.

Länge 8,89 Kilometer = 2 Stunden.

Endpunkt an Straße Nr. 2 bei der Kirche in Waghäusel.

Als im Jahr 1869 die Eisenbahn von Mannheim nach Carlsruhe über Waghäusel zur Ausführung kam und daher Philippsburg trotz seiner vielfachen Petitionen von der Eisenbahn umgangen wurde, erschien es angemessen, wenigstens die Zufuhrstraße von Philippsburg zur Station Waghäusel möglichst kurz herzustellen, beziehungsweise mit Umgehung des alten Weges, der ein Gegengefäll von 5 Procent besitzt, direct über die Felder auf die Station zu führen und die benützbare Abtheilung der Straße zu verbessern, insbesondere Verbreiterung von 16 Fuß auf 24 Fuß vorzunehmen. Die zu diesem Ende aufgestellten Kostenüberschläge verlangten für Verbesserungsarbeiten 4500 Fl. und für das neue direct auf die Station führende Straßenstück 12,500 Fl., im Ganzen 17,000 Fl. Da die neue Straße nur 320 Ruthen kürzer als die vorhandene nach Waghäusel selbst führende geworden wäre, weigerte sich die Gemeinde Philippsburg an den Kosten dieses Baues Theil zu nehmen, und Wiesenthal wollte nicht, daß die in neuester Zeit zusammengelegten Güter durchschnitten werden. Der Neubau unterblieb daher und die Straße wurde nach Vornahme der dringendsten Verbesserungen bis Rheinsheim 1870 unter die Landstraßen aufgenommen.

Da Philippsburg, woselbst noch 1836 eine viel benützte Fähre über den Rhein ging, durch die Ausführung des Mechtersheimer Rheindurchschnittes von dem Flusse entfernt zu liegen kam, und der Verkehr über den Rhein sich einerseits nach Rheinsheim und Germersheim, anderseits nach Rheinhausen zog, suchte man Philippsburg dadurch zu entschädigen, daß die Eisenbahn von Bruchsal nach Germersheim der Stadt Philippsburg so viel möglich genähert wurde. Von Rheinsheim ist, nach dem Bau der Schiffbrücke unterhalb Germersheim, eine gerade Straße in der Richtung des alten „Baumstumpelwegs" durch den Wörthwald von der Gemeinde erbaut worden. (1) Die Straße von Philippsburg nach Rheinsheim ist zum Theil aufgedammt. Im Jahr 1876 wurde der Straßendamm in der Nähe der Garnisonsmühle bei Philippsburg mit militärischer Hülfe durchstochen, um dem durch den Bruch der sog. Colonnen-Straße zugeführten Rheinhochwasser, das einen Theil der Stadt Philippsburg und fast ganz Rheinsheim überflutete, Abfluß zu verschaffen. (2) Großherzog Friedrich hatte von den Verheerungen des Hochwassers

(1) Dieser Weg führte früher den Namen „Der hohe Weg". Die Schiffbrücke über den jetzigen Altrhein stund in der Nähe des dermaligen Vorwerkes. Der Durchschnitt kam 1826 zur Ausführung. (2) Philippsburg siehe Nr. 139. Die Stadt stund auch 1817 und 1824 theilweise unter Wasser.

selbst Einsicht genommen und Anordnungen zur Unterstützung der Beschädigten getroffen. Die Wiederherstellung des Straßendammes geschah aus Mitteln für den Rheinbau.

Nr. 259.

Stadtstraße in Säckingen mit Rheinbrücke.

Länge von Nr. 48 durch die Stadt bis über die Rheinbrücke 0,60 Kilometer = 0,14 Stunden.

Säckingen, ursprünglich keltische Niederlassung auf einer Rheininsel, war später auch Wohnsitz der Römer und wurde 1207 noch Dorf genannt. (1) Das dortige Benedictiner-Frauenstift, wahrscheinlich das älteste Kloster in Deutschland, dessen Gründung in das Jahr 636, von Einigen sogar bis auf 395 zurückdatirt wird, wurde im 13. Jahrhundert in den Reichsfürstenstand erhoben. Die Stadt kam 1408 an Oesterreich und wie Waldshut mit dem Breisgau 1805 an Baden. (2) Bei Säckingen führte anfangs eine Schiffbrücke, 1272 aber schon eine steinerne Brücke über den Rhein. Im Jahr 1343 hatten die Säckinger schon die Rheinbrücke zu unterhalten, als kurz zuvor der Rhein durch Ueberschwemmung der Stadt großen Schaden zugefügt hatte. (3) (Bader, Badenia.)

Die jetzige gedeckte Holzbrücke mit 6 steinernen Pfeilern und 7 Oeffnungen mit Sprengwerk besitzt eine Länge von 706 Fuß und eine Fahrbahnbreite von 9—10 Fuß. Die Brücke steht abwärts gekrümmt in dem Rhein. Die Brückengeldeinnahme betrug 1853 1797 Fl., 1862 918 Fl., 1868/69 nur noch 650—700 Fl. Außerdem bezahlten 6 Schweizer Gemeinden zusammen ein jährliches Aversum von 175 Fl.

Der Reinertrag floß in die Casse der Stadt, welche Eigenthümerin der Brücke war, die auf 406 Fuß innerhalb badischem und 300 Fuß innerhalb Schweizer Gebiet steht.

Der Güterverkehr bestund in der neuen Zeit hauptsächlich in Einfuhr von Rohstoffen für den Fabrikbetrieb, Kalk, Gyps, Sand, Bausteinen, Ziegeln, Obst und Rheinschlamm, der, wie schon bei Nr. 106 bemerkt wurde, ein werthvolles Düngmittel für die Bewohner des sog. Hotzenwaldes bildet. Die Ausfuhr besteht meist aus Fabrikaten, Holz und Kartoffeln. Einfuhr stellt sich zur Ausfuhr wie 3 : 2. Um diese Einfuhr und die Communication zwischen Baden und der Schweiz überhaupt zu erleichtern, kam unterm 25. October 1868 zwischen der badischen Regierung und der Stadt eine Uebereinkunft zu Stande, wonach die Brücke mit dazu gehörigem Zollhäuschen (4) auf dem linken Ufer zu Eigenthum an den Staat überging, der auch die Unterhaltung der Brücke und der Zufuhrstraße durch die Stadt bis zur Straße Nr. 48 nach Maaßgabe der gesetzlichen Bestimmungen über Unterhaltuug der Landstraßen besorgt, wogegen das Brückengeld mit dem 1. Januar 1869 aufhörte. Von der Straße waren damals 350 Fuß chaussirt und 957 Fuß gepflastert. (5)

Auf schweizerischem Gebiet wurde die Straße im Jahr 1870 corrigirt. Die Brückenordnung ist vom 12. Mai 1869. (Ges.- u. Verordn.-Bl. S. 123.)

Nr. 260.

Straße von Ueberlingen nach Heiligenberg.

Siehe Nr. 68.

(1) Nach Beat. Rhenanus, Tschudi und Schöpflin das von Ammian M. genannte Sanctio. (2) Scheubinger, Geschichte des Stifts Säckingen, 1852, und Hochenbaum van der Meer 1790. (3) Nach einer Zeichnung von Merian von 1663 war die Stadt Säckingen durch zwei Holzjochbrücken mit dem Festland verbunden; die eine führte über den vollen Rhein, die andere über den nördlichen Rheinarm. (4) In Folge Vertrags mit dem Fabrikanten Malzacher vom 25/30. März 1876 wurde das unmittelbar oberhalb der linkseitigen Brückeneinfahrt gelegene einstöckige Brückenhaus abgebrochen und dafür etwas weiter entfernt ein neues zweistöckiges Häuschen mit 3180 Mark erbaut, welches, wie der Vorplatz, Eigenthum der Staatsbauverwaltung ist. (5) Im Jahr 1480 waren alle Straßen der Stadt durch den Rhein überschwemmt und 1876 war die Stadt wieder eine Insel, da sich das Hochwasser in den alten Rheinarm ergoß.

Nr. 261.

Straße von Schallstadt nach Munzingen.

Länge 4,6 Kilometer = 1 Stunde.

Nachdem im Jahr 1847 bei Schallstadt eine Eisenbahnstation errichtet war, wurden bald Wünsche laut: es möge zur directen und leichtern Verbindung mit Breisach die alte Vicinalstraße zwischen Schallstadt und Munzingen, sowie der aus Eisenbahnbaumitteln erstellte Zufuhrweg zu der Station in den Landstraßenverband aufgenommen werden. Diese Wünsche mehrten sich, als auf dieser Route eine Postomnibusverbindung mit Breisach errichtet war. Da die Straße in Gemarkung Munzingen und Mengen durch schmale Hohlgassen führte und an vielen Stellen der Verbreiterung auf 22 Fuß bedürftig war, mußten zuerst die dringendsten Verbesserungen vorgenommen werden. Man verwendete hierzu in den Jahren 1872/73 2568 Fl. aus Mitteln des ordentlichen Straßenbauetats, sodann 1874 weitere 5000 Fl. aus besonderer Dotation, wovon der Kreis 833 Fl., Mengen 485 Fl., Munzingen 348 Fl., Schallstadt 811 und Mengen 810 Fl., letztere beiden durch Güterstellung übernommen haben. Der Aufwand für die Staatscasse betrug also 4281 Fl. Die Straße wurde vom 1. Januar 1872 in den Verband aufgenommen.

In dem Orte Munzingen (1) ist noch eine Correction erforderlich durch die Geradeleitung der Straße durch den Garten des Grafen von Kageneck mittelst Entfernung eines Hauses. Der bisherige erweisliche Aufwand für diese Straße beträgt 12,974 Mark.

Nr. 262.

Straße von Sasbach über Jechtingen nach Sponeck.

Länge 5,14 Kilometer = 1,16 Stunden.

Das Fahrrecht über den Rhein bei Sponeck ist 1348 der Stadt Burkheim von Carl IV. verliehen worden, wogegen die Stadt (2) die Unterhaltung der Straße circa $1/2$ Stunde gegen Jechtingen und $1/4$ Stunde jenseit des Rheins gegen Arzenheim übernehmen mußte. Die Ueberfahrtstelle liegt in Gemarkung Jechtingen, (3) Burkheim blieb aber bis in die neueste Zeit Eigenthümerin des Fahrrechts. Noch im Jahre 1838 konnte man bei mittlerem und höherem Wasserstande nur zunächst Sponeck landen, bei niederem Wasser dagegen war die Landungsstelle am vollen Rhein. Der Weg dahin war, des sog. Schloßgießen wegen, kaum mit Fuhren zu benützen, daher die Ueberfahrt in der Regel nur für den Transport von Personen und Vieh verwendet wurde. (4) Erst 1863 erschien die Herstellung einer Straße an den vollen Rhein ausführbar. Diese Straße, welche in einer Breite von 20 Fuß und mit einem Aufwand von 1700 Fl. im Jahr 1865 hergestellt wurde, kam als früher unterstützter Vicinalweg Kraft Gesetzes von 1868 in die Classe der Landstraßen. Von den Baukosten bezahlte Burkheim die Hälfte mit 850 Fl., das übrige die Staatscasse; Jechtingen gab 1 Morgen Gelände unentgeltlich ab. Im Jahr 1870 stellten die Gemeinden Königsschaffhausen und Sasbach die Bitte, die Straße vom Abgang an der Straße Nr. 113 bis Sasbach und von da über Jechtingen zur Fähre bei Sponeck zu verbessern, da der Weg zum Theil 5—8 Procent Gefäll hatte, kaum 4 Meter breit war und an einem Abhange hinzog. Die Ausführung dieses Baues erfolgte auf eine Länge von 826 Meter und 5,4 Meter Breite mit Maximalgefäll von 5 Procent in den Jahren 1872/73 mit einem Aufwande von 7000 Fl., wovon Sasbach 451 Fl., Jechtingen 716 Fl., der Kreis 1167 Fl. und der Staat 4666 Fl. übernahmen. Das Gelände wurde angekauft. Die Straße wurde 1873 vollendet. Sie war schon seit 1870 Landstraße.

---

(1) Munzingen wird schon in Urkunden von 845 genannt. Es war hier eine Villa regia = Freihof, der bis in die Mitte des 17. Jahrhunderts in dem Besitz der Familien Pfnorr und Schwendi war und dann in das Eigenthum des Grafen von Kageneck kam. (2) Burkheim siehe Nr. 115. (3) Jechtingen, schon 1284 in Urkunden genannt, gehörte den Herren von Fahnenberg wie Sponeck. (4) Die Ueberfahrt war in Pacht gegeben. Der Zins betrug 1868 251 Fl. Im Jahr 1869 wurden 6633 Personen übergesetzt.

Im Jahr 1871 hatte die Gemeinde Burkheim an Stelle der Ruderfähre eine fliegende Drahtseilfähre von 5000 Centner Ladfähigkeit mit 4245 Fl. Kosten und die elsässische Regierung eine gute Zufuhrstraße auf dem linken Ufer hergestellt.

Seit dem Bestehen der Schiffbrücke bei Sasbach (siehe Nr. 219) hat der Verkehr so sehr abgenommen, daß die Ueberfahrt keinen Ertrag mehr giebt. Im Jahr 1874 wurde die Drahtseilleitung unbrauchbar, worauf der Personenverkehr wieder mit Nachen befördert wurde.

Die Bitte der Gemeinde um Uebernahme der Fähre vom Staat oder um einen Staatsbeitrag zum Betrieb wurde abgelehnt. Der Betrieb der Fähre wurde aber 1876 wieder verpachtet auf 3 Jahre gegen einen dem Pächter zu leistenden Beitrag von 300 Mark jährlich. An dem desfallsigen Aufwand von 900 Mark und den Kosten für ein Seil übernahmen Burkheim 225, Jechtingen 450 und Arzenheim 300 Mark.

Der nachweisbare Aufwand für Verbesserung dieses Verkehrsweges beträgt 22,192 Mark.

Nr. 263.

Straße von Bodersweier nach Kork.

Länge 4,33 Kilometer = 0,98 Stunden.

Als es sich im Jahr 1869 um Erörterung der Frage handelte, welche Vicinalstraßen sich mit oder ohne Verbesserung zur Aufnahme in die Classe der Landstraßen eignen, ist von der Offenburger Kreisversammlung unter Anderen auch die Straße von Bodersweier nach Kork zur Behandluug als Landstraße vorgeschlagen worden.

Da sich bei näherer Erörterung ergab, daß dieser alte Vicinalweg sich in gutem, einer wesentlichen Verbesserung nicht bedürftigen Zustande befand, und daß sowohl für den Verkehr mit der Eisenbahnstation Appenweier, als zur Vermittelung der Communication vieler Hanauer Orte unter sich die Benützung der über Kehl führenden Landstraße mit einem allzugroßen Umweg verbunden ist, nahm die großherzogliche Regierung keinen Anstand, den gedachten Vorschlag als wohl begründet der ständischen Zustimmung zu empfehlen, welche auch unbeanstandet erfolgte.

Die Straße kam daher im Jahr 1870 in den Landstraßenverband.

Nr. 264.

Straße von Hilpertsau nach Wildbad.

Für den Verkehr zwischen dem mittleren Murgthal und dem oberen Enzthal wurde in früherer Zeit gewöhnlich die Route von Gernsbach über Loffenau, Herrenalb und über den Dobel eingeschlagen. (Siehe Nr. 131.)

Auch als Militärstraße wurde dieser Weg benützt, indem Moreau 1796 auf demselben nach Calw marschirte.

Da diese Straße aber auch noch der Verbesserung zwischen Gernsbach und Herrenalb immer noch bis in das Enzthal 3 Wasserscheiden mit Gefällen bis zu 9 Procent übersteigt und die in den Jahren 1868/69 gemeinschaftlich mit Württemberg verbesserte Straße von Marxzell über Conweiler hauptsächlich für den Verkehr aus dem untern Albthal bestimmt ist, benützten die leichteren Fuhrwerke schon längere Zeit bei guter Witterung im Sommer den Vicinalweg von Hilpertsau über Reichenthal, Kaltenbronn, Sprotenhaus nach Wildbad, obgleich er $1\frac{1}{2}$ Stunden länger als jener über den Dobel ist.(1) Der Weg über den Kaltenbrunn wurde 1858/60 von den Gemeinden und dem Forstfiscus im Interesse der Holzabfuhr mit einem Aufwande von 38,000 Fl. verbessert. Seine Länge in Baden beträgt 15,600 Meter, die Breite meistens 16 Fuß, die Steigung 6—12 Procent.(2) Auf württembergischem Gebiet hat die Straße bis auf die Enzthalstraße bei Sprotenhof Gefälle von 7—10 Procent und Breiten von

(1) Die Fahrzeit beträgt von Gernsbach auf diesem Wege 4 Stunden, über den Dobel $5\frac{1}{2}$ Stunden.
(2) Die zu ersteigende Höhe beträgt 750 Fuß.

8—14 Fuß. Die beiden Rampen auf badischem Gebiet haben Radien von 18—20 Fuß. Das Gefäll beträgt zwischen Reichenthal und der unteren Rampe 9—12 Procent, oberhalb 6 bis 8 Procent, von Kaltenbronn durch das Kegelthal wechselt dasselbe zwischen 4 und 10 Procent.

Im Jahr 1873 wurde von den Gemeinden Hilpertsau und Reichenthal mit Unterstützung der Forstbehörde und des Amtes die Aufnahme dieser Straße unter die Landstraßen beantragt. Die großh. Regierung war geneigt, dem Antrage zu entsprechen, sofern die Straße auf badischem und württembergischem Gebiete vorher verbessert wird. Die württembergische Bauverwaltung sprach 1874 ihre Bereitwilligkeit zur Mitwirkung aus und corrigirte mit Rücksicht auf diese Verbindung 1873/75 mehrere Abtheilungen der Enzthalstraße von Wildbad bis Sprotenhof, namentlich die Steige am südlichen Ende der Stadt Wildbad durch Entfernung des alten Armenbades und Verlegung der Straße in das Thal, durch Correction zwischen Laudenhof und Christophshof und zwischen hier und der Sprotenhaussteige.

Da aber der Kostenaufwand für die nöthigsten Verbesserungen in Baden sich bei Annahme eines Maximalgefälls von 6—7 Procent und einer Breite von 5,4 Meter auf 108,300 Mark berechnete und die Forstdomäne, deren Interesse hauptsächlich berührt ist, (1) sich nicht mit einem Vorausbeitrage betheiligen wollte, unterblieb die Ausführung, obgleich der Verkehr durch Holz- und Steinabfuhre sich in neuer Zeit vermehrt hat und auch der Fremdenverkehr in Zunahme begriffen ist. Im Sommer 1874 wurden gegen 200 Chaisen auf dieser Route beobachtet.

Nr. 265.

Straße von Mudau nach Schlossau.

Seit die neue Straße von Mudau nach Amorbach im Mudthale erbaut ist, (siehe Nr. 295) ist für den Verkehr Mudau's mit dem Maine gut gesorgt. Weniger ist dies der Fall bezüglich des Verkehres mit dem Neckarthal und mit dem hessischen Odenwald.

Die Straße von Mudau über Wagenschwend und Strümpfelbronn nach Eberbach ist zwar 1,8 Kilometer oder 4/10 Stunden kürzer als der Weg über Schlossau, Kailbach und Friedrichsdorf dahin, (2) allein die Gefällsverhältnisse der letzteren Straße sind günstiger als jene der ersteren, daher sowohl im Interesse des Verkehrs nach dem Neckar als zur besseren Verbindung mit den hessischen Orten Kailbach, Beerfelden, Erbach, Fürth, Michelstadt &c., die Verbesserung der Vicinalstraße von Mudau über Schlossau (3) auf die Straße nach Kailbach (Nr. 149) und die Aufnahme dieses Weges unter die Landstraßen längst gewünscht wird. Schon bei dem Bau der Straße von Buchen nach Mudau (Nr. 90) hatte man die Fortsetzung bis zur Straße von Eberbach nach Amorbach in Aussicht genommen und seit 1854 ist dieser Bau fortan Gegenstand der Petition.

Dringender und noch weit begründeter als bisher erscheint in neuester Zeit das Verlangen, nach Verbesserung der Straße von Mudau über Schlossau, nachdem die Ausführung der Eisenbahn von Neckargemünd nach Neckarelz über Eberbach und der hessischen Bahn über Michelstadt und Beerfelden nach Eberbach nicht allein beschlossen, sondern schon in Ausführung begriffen ist.

Nach einem im Jahre 1875 aufgestellten Plane und Ueberschlage können die Gegengefälle der Straße meistens durch Ausgleichung beseitigt werden; nur eine größere Correction ist bei Schlossau erforderlich, indem man der Straße nach Waldauerbach eine Strecke weit folgt und dann in einem Bogen bis zur Kirche in die alte Straße wieder einmündet. Als Maximalgefälle lassen sich 6,35 Procent einhalten. Bei einer Breite von 5,4 Meter mit Sandsteingestück von 15 Centimeter und 0,9 Centimeter Kalksteinschotter sind die Kosten auf 39,700 Mark berechnet. Der Fürst von Leiningen hat sich zu einem Vorausbeitrage von 1200 Fl. bereit erklärt. (4)

(1) Die Domäne besitzt hier 12,000 Morgen, Reichenthal 3000, Hilpertsau 10 Morgen Wald. (2) Von Mudau über Wagenschwend und Eberbach 24 Kilometer = 5,4 Stunden, von Mudau über Schlossau und Eberbach 25,8 Kilometer = 5,8 Stunden. Die letztere Straße führt 3,6 Kilometer lang durch hessisches Gebiet. (3) Schlossau, in Urkunden von 1339 Floza und Mudau, früher Muda genannt, sind sehr alte Orte, wahrscheinlich keltischen Ursprungs. Siehe Nr. 295. (4) Die fürstliche Brauerei in Ernstthal versendet auf dieser Straße viel Bier nach Baden.

Nr. 266.

Straße von Station Unterwittighausen nach Bütthard.

Die bairischen Orte Bütthard, Höltingen, Gaurettersheim, Euerhausen und Sächsenheim, welche früher für den Verkehr mit Würzburg allein auf die Landstraße von Röttingen nach Heidingsfeld angewiesen waren, benützen jetzt zum größten Theile die Eisenbahn von Lauda nach Würzburg.

Die ihnen zunächst liegende Station Unterwittighausen vermittelt den Personen- und Güterverkehr in der Richtung nach Würzburg, wie in das Tauber-, Main-, Neckar- und Rheinthal. Der Verkehr zwischen Bütthard und Wittighausen, der sich früher nur auf die localen Interessen beschränkte, hat deshalb in neuer Zeit bedeutend zugenommen. Man beobachtete in der Zeit vom 1. October 1869 bis 1. April 1870 2216 Fuhren, ohne den Ortsverkehr. Zwei regelmäßige Frachtfuhren gehen wöchentlich von Bütthard zur gedachten Eisenbahnstation. Der Hauptzufuhrartikel bildet Getreide aus Baiern. Schon 1871 war die großh. Regierung geneigt, die Zufuhrstraße auf badischem Gebiet zu verbessern und als Landstraße zu behandeln, sofern bairischer Seits, wo die Straße ebenfalls erhebliche Gegengefälle besitzt, Verbesserungen eintreten. Die desfalls eingeleiteten Verhandlungen mit der königl. bairischen Regierung von Unterfranken führten aber nicht zu dem erwünschten Ergebnisse, daher man für angemessen erachtete, in Baden allein vorzugehen.

Als dringende Verbesserungen stellten sich dar: die Correction und Verbreiterung im Orte Unterwittighausen, die Höherlegung der Straße beim Thalübergang mit neuer Brücke über den Wittichbach, die Umgehung der 11 Procent besitzenden Steige bei der sog. Kasparsmühle mit Einhaltung eines Gefälls von 1,5 Procent und verschiedene kleinere Verbesserungen mit Anlage von Dohlen, Rinnen, Stützmauern 2c. Die Brücke sollte mit 2 Pfeilern und 3 Durchlassen von 4,50 Meter Lichtweite und mit eisernem Oberbau von horizontalem Fachwerke mit 7600 Mark hergestellt werden; für die Straßenbreite wurden 5,4 Meter, für die Fahrbahn 4,5 Meter mit 10 Centimeter Gestück und 7 Centimeter Schotter bestimmt. Der Gesammtaufwand war auf 20,600 Mark berechnet, wovon der Staat $^2/_3$, Kreis und Gemeinden je $^1/_6$ zu tragen hatten. Die Ausführung soll in den Jahren 1878/79 bewirkt werden.

Nr. 267.

Straße von Eberbach nach Beerfelden.

Länge in Baden 5,13 Kilometer = 1,15 Stunden.

Diese seit alter Zeit bestehende, aber von den Gemeinden in guten Stand gestellte Straße bedarf nur auf eine kurze Strecke am ersten Rank, wo das Gefäll 7—8 Procent beträgt, einer Correction.

Seit 1870 ist die Straße unter die Landstraßen aufgenommen.

Nr. 268.

Straße von Krumbach zur Eisenbahnstation Sauldorf.

Der alte Vicinalweg von Krumbach nach Sauldorf vermittelt den Verkehr in östlicher Richtung nach Krauchenwies und Pfullendorf, nördlich nach Thalheim und westlich nach Tuttlingen. Eine größere Anzahl von Ortschaften bedient sich dieses Verkehrsmittels.

Die Absicht, zwischen Krumbach und Pfullendorf eine Postomnibus-Verbindung einzurichten, rief schon im Jahr 1862 den Wunsch hervor, die Straße von Krumbach bis Sauldorf (1) und

(1) Krumbach kam 1656 an Fürstenberg. Der Ort gehörte einst zu dem kleinen Gau „Goltineshuntare", das sich am rechten Donauufer bis Sulgau erstreckte. Schon 854 ist Krumbach in Urkunden genannt. Sauldorf bildete einen Theil der ehemaligen Herrschaft Herdwangen, welche dem Kloster Petershausen gehörte und dem Spital Ueberlingen als Lehen überlassen war.

Pfullendorf zu verbessern und in die Classe der vom Staat unterstützten Vicinalwege aufzunehmen.

Inzwischen wurde 1873 die Eisenbahn von Stockach nach Mößkirch erbaut und eine Station zwischen Krumbach und Sauldorf errichtet. Die Gemeinde Sauldorf ließ 1873 die Straße auf 1 Kilometer Länge in ihrer Gemarkung corrigiren und auf 5,4 Breite herstellen. Auf die erneute Bitte der übrigen betheiligten Gemeinden wurde sodann 1875 die Geneigtheit der Regierung ausgesprochen, die Straße von Krumbach bis zur Station Sauldorf unter die Landstraßen aufzunehmen, nachdem zuvor die nöthigen Verbesserungen, bestehend in einer Correction im Orte Krumbach, 6 Meter breit mit 4,5 Meter Fahrbahnbreite, nebst Regulirung des Höhen- und Längenprofils der übrigen Straßentheile ausgeführt sind. Unter dem auf 50,000 Mark veranschlagten Aufwande befinden sich 8000 Mark für den Bau einer Eisenbrücke in Krumbach. Die Kosten sollten zu $^2/_3$ von der Staatscasse, zu $^1/_3$ von dem Kreis und der Gemeinde Krumbach getragen werden. Wegen anderer dringenderer Staatsausgaben wurde der Bau verschoben.

Nr. 269.

Straße von Jechtingen gegen Bischoffingen zur Straße Nr. 113.

Länge 1,19 Kilometer = 0,27 Stunden.

Nachdem die Straßen von Königschaffhausen nach Altbreisach Nr. 113 und nach Sasbach an den Rhein (219), sodann von Sasbach nach Sponeck (Nr. 269) und von Rottweil nach Burkheim (Nr. 174) unter die Landstraßen aufgenommen waren, wünschte die Gemeinde Jechtingen im Jahr 1872, daß Aehnliches auch bezüglich des Verbindungsweges zwischen diesem Orte und der Straße Nr. 113 geschehe', weil die in Ausführung befindliche Schiffbrücke bei Sasbach den Verkehr der Kaiserstuhl-Orte mit dem Elsaß befördern, und insbesondere die Route über Jechtingen an Frequenz gewinnen werde, da jetzt schon ein Postomnibus hier geht. — In Würdigung dieser Gründe wurde die fragliche Gemeindestraße im Jahr 1876 unter die Landstraßen eingereiht.

Nr. 270.

Straße von Stühlingen nach Schaffhausen.

Siehe Nr. 53.

Nr. 271.

Straße von Obersäckingen nach Rippolingen.

Krebsbachthalstraße.

Die beiden Orte Harpolingen und Rippolingen waren nur durch schmale und steile Karrenwege mit der Rheinstraße verbunden, daher der Besuch des Amtssitzes und der Marktorte sehr erschwert war. Die bessere Herstellung der Wege war diesen Gemeinden ohne Staatsunterstützung nicht möglich, daher die Regierung sich im Jahr 1869 bereit erklärte, zu den auf 7000 Fl. veranschlagten Kosten für Herstellung eines guten Fahrweges einen Beitrag von 3000 Fl. zu leisten. Die Gemeinde Harpolingen lehnte jede Betheiligung an dem Aufwande ab, daher der Straßenbau sich auf die Verbindung von Rippolingen mit Obersäckingen zu beschränken hatte.

Die desfallsigen Kosten wurden 1871 neu veranschlagt und beliefen sich bei den inzwischen gestiegenen Löhnen und Preisen auf 8820 Fl. für eine 12—14 Fuß breite Straße mit Maximalsteigung von 8,2 Procent und Radien von mindestens 73 Fuß. Der Bau wurde 1871/72 auf eine Länge von 2100 Meter ausgeführt. An den Kosten wurden gedeckt: durch Collectengelder für Hagelbeschädigte 1653 Fl., durch Rippolingen 200 Fl., Säckingen 163 Fl. und durch die Staatscasse 6804 Fl. Kaum war die Straße fahrbar hergestellt, als erhebliche Beschädigungen durch Hochwasser erfolgten. Die Kosten der Wiederherstellung im Betrag von 830 Fl. übernahm die Staatscasse ebenfalls. Der erweisliche Aufwand für Verbesserung dieser Straße stellt sich auf 16,543 Mark.

Nr. 272.

Bleibt offen bis eine weitere Gemeindestraße unter die Landstraßen aufgenommen wird.

Nr. 273.

Straße von Schenkenzell über Reinerzau nach Freudenstadt.

Die nahe an 3000 Fuß über dem Meere ansteigenden Schwarzwaldberge, die nach Norden von dem Forbach, nach Südwesten von dem Wolf- und Schappbach, nach Süden und Südosten von der Kinzig eingeschlossen werden, liegen etwa zur Hälfte in dem Gebiete von Württemberg. Der große Holzreichthum dieser wenig bevölkerten Gegend wurde bis in die neue Zeit durch Abfuhr des Holzes auf schlechten Waldwegen, meistens aber durch Benützung der Floßstraße des Reinerzaubachs (1) und sodann der großen Kinzig nutzbar gemacht. Dieses Transportmittel erscheint seit dem so bedeutend gestiegenen Holzpreise nicht mehr vortheilhaft, weil ein zu großer Verlust an dem Holzwerthe damit verbunden ist. Dieselben Gründe sprechen in neuer Zeit gegen die Floßerei überhaupt und es ist diese in der That auf der Kinzig, ebenso wie auf anderen Flüssen im Abnehmen begriffen. Besonders ist dies dort der Fall, wo neben den Floßstraßen oder in ihrer Nähe Eisenbahnen bestehen. Schon nach Eröffnung der Eisenbahn von Offenburg nach Hausach ging in letzterem Orte viel Holz, das früher von Hausach abwärts geflößt wurde, auf die Eisenbahn über und seit die Straße von Schramberg und von Schappbach nach Wolfach in gutem Stande ist, wird für den Holztransport die Landstraße vielfach der Wasserstraße vorgezogen.

Aehnliche Verhältnisse zeigen sich seit Verbesserung der Straße von Alpirsbach über Schenkenzell nach Schiltach (siehe Nr. 35) und der Landtransport des Holzes wird sich auf diesen Routen noch vermehren, sobald die Eisenbahn von Hausach bis Alpirsbach vollendet sein wird. So lange aber das Holz aus der Umgegend des Reinerzauthales wegen Mangels einer guten Straße bis Schenkenzoll geflößt, also bereits zur Flößerei vorbereitet werden muß, liegt die Versuchung nahe, die einmal gebundenen Flöße auch von Schenkenzell abwärts weiter gehen zu lassen, daher das längst ersehnte, im Interesse der vielseitigen Nutzbarmachung der Flüsse liegende, gänzliche Aufhören der Flößerei auf der Kinzig erst dann zu erwarten ist, wenn das Holz aus den im Eingange erwähnten Waldungen auf guter Landstraße nach Schenkenzell gebracht werden kann. Aus diesen Gründen haben sich die Waldbesitzer und Holzhändler dieser Gegend schon seit Jahren um den Bau einer guten Straße zwischen Schenkenzell und Freudenstadt durch das Reinerzauthal verwendet. Der Erfüllung dieses Wunsches stunden aber mannichfache Hindernisse entgegen.

Die gegenwärtig bestehende, unmittelbar oberhalb der Brücke in Schenkenzell nach Reinerzau (2) und Wittichen (3) abgehende Vicinalstraße ist nur 3—4 Meter breit und liegt mehrere Fuß unter dem Hochwasser von 1834. Sie zieht hart an dem linken Ufer des Bachs hin, dessen Gefälle sie einhält.

Von der Fabrik an ist der Weg meist nur 3 Meter breit, besitzt viele Gegengefälle bis zu 12 Procent und geht allmählig in einen Karrenweg über. Dort wo eine neue steinerne Brücke den Uebergang auf das linke Bachufer vermittelt, beginnt ein von den Waldbesitzern erbauter neuer Holzabfuhrweg mit 6—7 Procent Steigen bis zu dem auf der Höhe liegenden Orte Schömberg, von wo eine ziemlich gute Vicinalstraße mit wechselndem Gefäll bis zu 3 Procent und

(1) Auch kleine Kinzig genannt. (2) Reinerzau liegt in Württemberg. (3) Wittichen, ehemals Kloster der Klarissinnen, gestiftet 1290 und Ende des 18. Jahrhunderts aufgehoben. 1816 wurde hier noch Bergbau betrieben und jetzt befindet sich hier noch ein Farbwerk und Schmaltefabrik. Der sog. „Höhweg“, der auf dem Gebirge zwischen dem Schappbachthal und dem kleinen Kinzigthal gegen Freudenstadt über die sog. „Heusteige“ zieht, soll römischen Ursprungs sein.

20 Fuß Breite zu der alten Landstraße von Freudenstadt nach Loßburg führt, welch' letzterer Weg jetzt, seit dem 1860/62 ausgeführten Bau der neuen Landstraße über Lauterbad durch das Ellenbogenthal nach Alpirsbach als Vicinalweg dient.

Die Kosten der Verbesserungen dieser Straße von Schenkenzell-Freudenstadt sind 1875 für Baden auf 32,500 Fl., für Württemberg auf 65,500 Fl. überschlagen worden. Nur durch Zusammenwirken beider Staaten kann hier etwas Nützliches geschaffen werden.

Ueber die Ausführung dieses Baues sind daher Verhandlungen mit Württemberg eingeleitet worden.

Nr. 274.

Bleichthalstraße.

Die Bleich, auch Undiz genannt und bei Ottoschwanden entspringend, bildete ehemals die Gränze zwischen dem Breisgau und der Ortenau; sie durchzieht die sehr alte Herrschaft Kürnberg, welche die Orte Oberhausen, Niederhausen, Bombach, Nordweil, Bleichheim und Kirnhalde umfaßte. An der Straße selbst liegen nur die Orte Wagenstadt und Bleichheim.(1)

Die Herren von Kürnberg, deren Stamm-Schloß sich unweit Bleichheim befand, werden noch in Urkunden von 1086 genannt, daher das Alter der genannten Orte viel weiter zurückgehen muß. Auch das nach der Herrschaft benannte Bad Kirnhalde soll sehr alt sein und zur Gründung des Pauliner-Klosters(2) Anlaß gegeben haben, da man der Quelle eine wunderbare Wirkung zuschrieb. Im 15. Jahrhundert war das Kloster ein vielbesuchter Wallfahrtsort und auch das Wunderbad zum heiligen Kreuz wurde in früher Zeit viel mehr als heutzutage benützt.

Schon hieraus geht hervor, daß von Kenzingen über Wagenstadt und Bleichheim nach Kirnhalde schon in frühester Zeit eine Wegverbindung bestanden haben muß. Von der Einmündung des Kirnhalder Thals in das Bleichthal bis zu dem Goldbach bestund ein Karrenweg, der sich auf den Streitberg in mehrere steile Schlittwege für die Holzabfuhr verzweigte.

In den Jahren 1822/23 wurde der Weg auf den Streitberg von den Waldeigenthümern neu, aber mit Gefällen von 9—15 Procent angelegt.

Solange die Münsterthalstraße nicht verbessert war, ging viel Verkehr, namentlich Wein und Obst, Bau- und Brennholz aus dem oberen Kinzigthal auf dieser Straße nach dem Kaiserstuhl und Elsaß, weil der Weg durch das Münsterthal gehend 2 Stunden länger ist.

Da die ganze Straße von Streitberg bis zur Frankfurt-Baseler Straße 1824 aber in sehr schlechtem, kaum der Holz- und Steinabfuhre entsprechenden Zustande sich befand, wurde für die ganze Route bis auf den Streitweg den Interessenten ein Weggeld unter der Bedingung bewilligt, daß die ganze Straße gut hergestellt werde.

Seither ist denn auch Manches für die Verbesserung der Straße geschehen, so, daß dieselbe in der Hauptsache und namentlich bis zur Kirnhalde, wo sie ziemlich eben und breit, aber viel gekrümmt ist (das Maximalgefälle beträgt nur 3 Procent), den Verkehrsbedürfnissen entspricht.

Die Abtheilung bis zur Bleichbrücke oberhalb Bleichheim, 5,39 Kilometer lang, besitzt eine Breite von 6—7 Meter, ausnahmsweise von 5,4 Meter und hat im Ganzen ein günstiges Gefäll von meistens 1 Procent.

Der Forstconcurrenzweg(3) von gedachter Brücke bis zum Fuße des Streitberges am sog. Hirschhörnle, 3,91 Kilometer lang, ist 4,2—5,4 Meter breit und besitzt Gegensteigen von 8 bis 9 Procent. Der Forstweg durch die von Kageneck'schen Waldungen auf den Streitberg 3,90 Kilometer lang, ist nur 3,6—4,8 Meter breit und besitzt Steigen von 12—15 Procent.

Die Stadt Kenzingen hatte 1873 um Aufnahme der Bleichthalstraße bis auf den Streitberg unter die Landstraßen nachgesucht, da sie durch den Verkehr mit dem Schutter- und Kinzigthal einigen Ersatz für den schwer empfundenen Verlust des Bezirksamtes und Amtsgerichts zu finden hoffte. Die hierwegen im Jahre 1874 eingeleiteten Untersuchungen ergaben, daß die

---

(1) Bleichheim war ritterschaftlich, Wagenstadt gehörte zur badischen Herrschaft Mahlberg. (2) Das Kloster gehörte früher nach Ensisheim, später, 1585, nach Wonnenthal, dann den Grafen von Kageneck. (3) Die Hauptwaldbesitzer sind das Forstärar, Graf v. Kageneck und die Stadt Kenzingen.

Straße, wenn sie als Landstraße behandelt werden wollte, einer gründlichen Verbesserung unterzogen werden mußte.

Der desfallsige Bauaufwand wurde bei Einhaltung eines Maximalgefälles von 6,2 Procent von der Straße Nr. 1 bis zur Bleichbrücke auf 10,780 Mark, von da bis zum Fuße des Streitberges auf 16,840 Mark und von hier bis zur Straße Nr. 33 (von Ettenheim nach Steinach) auf 46,700 Mark, zusammen für die 13,2 Kilometer lange Straße auf 74,320 Mark berechnet. Da nun aber von dem Abschlußpunkte auf dem Streitberg eine zweite Wasserscheide überschritten werden müßte, um in das Steinach- resp. Kinzigthal zu gelangen, der bestehende Weg aber sehr bedeutende Gegengefälle besitzt, so könnte auf einen durchgehenden Verkehr zwischen dem Bleich- und dem Kinzigthal über den Streitberg nur dann gerechnet werden, wenn auch die Straße Nr. 33 einer Verbesserung unterworfen wird.

Die desfallsigen Kosten sind vom Streitberg bis Schweighausen auf 39,000 Mark, durch Schweighausen auf 11,000 Mark, von da bis Welschsteinach auf 87,700 Mark veranschlagt worden, so daß die Verbesserung der ganzen Route einen Aufwand von 212,000 Mark in Anspruch nähme. (1)

Ein solches Opfer schien, da der durchgehende Güterverkehr sich jetzt vorzugsweise der Eisenbahnen bedient, außer Verhältniß zur Erzielung des sehr zweifelhaften Zweckes, daher sich auch der Kreisausschuß gegen das Unternehmen ausgesprochen hat. Man beschränkte sich deshalb darauf, die Verbesserung der Straße bis zur Bleichbrücke, woselbst der Verkehr von Ottoschwanden und von der Kirnhalde in die Straße einmündet und die Aufnahme dieser Straßenabtheilung in den Landstraßenverband zu befürworten und eine Summe von 10,000 Mark für die Verbesserung dieser 5590 Meter langen Straße in Anspruch zu nehmen. Dieser Antrag fand die Zustimmung der Interessenten. Die Kosten werden nach dem Straßen-Gesetz von 1868 getheilt. Die Ausführung erfolgte 1877.

Nr. 275.

Straße vom Steppweg auf den Feldberg.

Zur Erleichterung des Feldbergbesuches wurde 1860/61 der schon lange bestehende, aber mit Gefällen bis zu 10 Procent behaftete Holzabfuhrweg vom sog. Steppweg (Nr. 116) bis gegen die Todtnauer Viehhütte durch einige kleine Correctionen verbessert, so daß das Maximalgefäll auf 6 Procent ermäßigt wurde. Der desfallsige Aufwand für die Staatscasse (Badfonds) betrug 408 Fl. Die Unterhaltung wird wie früher von den Waldbesitzern besorgt.

Auch der Vicinalweg von der Schindelhalde bei Aftersteg bei Todtnauberg wurde 1869/70 mit 15,295 Mark verbessert, wovon die Gemeinden 10,495 Mark, die Amtscasse 4800 Mark übernahmen.

Die Unterhaltung besorgen die Gemeinden.

Nr. 276.

Straße von Berau nach Witznau.

Siehe Nr. 203.

Nr. 277.

Straße von Herrischried ins Murgthal.

Siehe Nr. 106.

---

(1) Die Gefälle konnten damit auf dem Streitberg von 10 Procent, von dem Streitberg abwärts von 12 bis 15 Procent und von Schweighausen von 10 Procent auf 6 Procent ermäßigt werden. Auf den Kreis Freiburg entfielen 167,000 Mark, auf den Kreis Offenburg 45,000 Mark.

Nr. 278 und 279.

Bleiben offen bis eine weitere Landstraße zugeht.

Nr. 280.

Straße von Burg über Wagensteig nach St. Märgen.

Länge 13,80 Kilometer = 3,11 Stunden.

Es wurde bereits unter Nr. 46 erwähnt, daß schon die Römer zur Verbindung Breisachs mit Donaueschingen resp. mit der Hauptheerstraße von Windisch nach Regensburg sich des jetzt noch unter dem Namen „Hochstraße" bekannten Weges über Burg,(1) Wagensteig, Spirzen, Hohlengraben und Urach bedienten. Zwischen dem hohlen Graben und Waldau heißt die alte Straße „Hochstraß" und die Gegend nördlich davon „hinter der Straß". Wahrscheinlich stammt diese Wegverbindung aber aus keltischer Zeit, denn die Namen Dreisam, Wieseck, Wagensteig, Spirzen, Urach scheinen der keltischen Sprache zu entstammen. Urkundlich ist erwiesen, daß dieser uralte Handelsweg im Anfang des 12. Jahrhunderts zerfallen war, daß die Städte Freiburg, Villingen und Rottweil sich 1340 zu seiner Wiederherstellung einigten und daß 1379 Villingen und Freiburg über dessen Verbesserung und Unterhaltung einen förmlichen Vertrag abgeschlossen haben. Da aber auch die Augustiner-Abtei St. Märgen schon im Anfang des 12. Jahrhunderts — wahrscheinlich 1118 oder 1120 — gegründet wurde und Abt Berchtold, längere Zeit vor seiner 1385 erfolgten Ermordung durch die Chorherren, Klostergut für Verbesserung gedachter Straße abgetreten hat, wofür er das Villinger Bürgerrecht und Zollfreiheit erhielt, so ist wohl kaum zu bezweifeln, daß die Straße in der Wagensteige schon früh auch eine Fortsetzung nach dem Kloster St. Märgen(2) hatte, da der Verkehr mit Freiburg nur auf diesem Wege möglich war. Auch Neustadt und umliegende Orte mußten den Weg über Langenordnach-Waldau und Wagensteig nach Freiburg einhalten, so lange das Höllenthal nicht geöffnet war.

Daß der alte Weg nach St. Märgen sehr steil war, ist schon daraus zu entnehmen, daß der Höhenunterschied zwischen Burg und St. Märgen über 1700 Fuß beträgt, die Straße aber durch den Ort Wagensteig noch im Thalgefälle liegt.(3) Um die Holzabfuhr aus den Waldungen zu erleichtern, wurde die sog. Ohmetsteige unterhalb St. Märgen 1842/45 durch den Domänenwald mit ca. 25,000 Fl. auf Staatskosten corrigirt und auf 20 Fuß Breite mit 3 Rampen von 30—40 Fuß Radius angelegt; die Steigung beträgt 5,6 und 8 Procent. Weiter aufwärts haben die Gemeinden die Straße mit einem Beitrag von 2500 Fl. aus der Forstcasse verbessert, allein das Gefälle blieb bis auf 9 Procent Maximum und war nicht gehörig ausgeglichen.

Nachdem die Stände im Jahr 1870 die Aufnahme dieser Straße unter die Landstraßen bevorwortet hatten, weil sie auch dem Verkehr von Furtwangen, Waldau, Urach ꝛc. dient, wurden 1871/72 die nöthigsten Verbesserungen, insbesondere die Verbreiterung auf 5,4 Meter mit einem Aufwand von 4000 Fl. ausgeführt.

Zur Deckung der Kosten trugen bei: Burg durch Geländestellung im Werth von 92 Fl., Buchenbach desgleichen taxirt auf 530 Fl., Wagensteig ebenso mit 1072 Fl., St. Märgen mit 260 Fl., zusammen 1954 Fl., daher die Staatscasse noch 2046 Fl. zu tragen hatte. Mit Beginn des Jahres 1872 wurde die Straße in die Classe der Landstraßen eingereiht.

---

(1) Im 4. Jahrhundert kommt bei dem römischen Schriftsteller Vegetius der Name vor: „Castellum parvillum quem Burgum vocant". Im 12. Jahrhundert wird das Wort Burg allgemein allein und in Verbindung wie Tiefburg, Wasserburg, Hohburg, Bürgle, Burgstall ꝛc. gebraucht. (2) Die Abtei St. Märgen — Marienzell, oder Cella St. Mariae genannt — war bis in die neue Zeit ein viel besuchter Wallfahrtsort. Das Kloster litt früher sehr unter seinen Schirmvögten: Turner (1293), Schnewelin (1318) und Blumeneck (1372). Es brannte dreimal ab, der letzte Bau ist von 1704—1760. (Siehe Dümge, reg. Bad. pag. 31 und Freiburger Diöces.-Arch. II, S. 242.) Auch Abt Johann II. wurde 1401 in der Hohlgasse bei Mördingen ermordet. (3) Nach dem Dingrodel von Zarten von 1397 hatte das Gotteshaus St. Maria bestimmt: „Man soll jedem Wagen nur drei Saum Wein laden. Wer mehr ladet und der Wagen verunglückt, muß den Schaden selbst tragen, wenn aber weniger als sieben Saum geladen werden, so sind die Fuhrleut ersatzpflichtig". Das Umwerfen der Wagen kam oft vor. Wagen mit 2 Pferden brauchten 4—6 Pferde Vorspann.

Die Summe des für die Verbesserung dieser Straße bestrittenen erweislichen Aufwandes beträgt 54,000 Mark.

Nr. 281.

Straße von Hasselbach nach Ehrstätt und zur Station Grombach.

Länge 5,33 Kilometer = 1,20 Stunden.

Im Jahr 1869 suchten die Gemeinden Hasselbach, Ehrstätt und Grombach um Verbesserung des Vicinalweges nach Grombach und um dessen Aufnahme unter die Landstraßen nach, da seit dem Bestehen der Eisenbahn der Hauptverkehr dieser Orte sich von und nach der Eisenbahnstation Grombach bewegt.

Die bestehende Straße hatte nur 8—16 Fuß Breite und überstieg drei Bergrücken mit 11—20 Procent Steigen und Fallen. Die Hauptsteige lag in einem Hohlweg von 8—15 Fuß Tiefe. Man benützte darum häufig den von Ehrstätt über den Oberbügelhof führenden Vicinalweg mit einem Umweg von ca. 3 Stunden.

Die Kosten für die Umgehung dieser Steigen, für Verbreiterung auf 4,8 Meter und Herstellung einer guten 3,9 Meter breiten Fahrbahn auf eine Länge von 4935 Meter wurden 1872 auf 26,800 Fl. veranschlagt. Das Gefällmaximum war auf 6 Procent bestimmt.

Der Bezirksrath, die Gemeinde Grombach, die Grundherrschaft von Degenfeld und die Kreisversammlung waren mit Herstellung dieses Baues und mit Aufnahme der Straße in den Landstraßenverband einverstanden; die Gemeinden Hasselbach und Ehrstätt weigerten sich aber zu einem so bedeutenden Aufwande die gesetzlichen Beiträge zu leisten. Nachdem aber die Stände auf Grund des §. 6 Abs. 2 des Straßengesetzes von 1868 den Staatsbeitrag für die Ausführung des Baues genehmigt hatten, erfolgte die Bauherstellung 1874/75.

Die Straße beginnt in der Nähe von Hasselbach bei Abzweigung des Vicinalweges von Adersbach nach Bobstadt; sie steigt mit 2 Procent bis zum Sattel und fällt dann mit wechselnden Gefällen von 2—6 Procent bis Ehrstädt, von wo die bestehende Ortsstraße unverändert beibehalten ist. Von Ehrstätt steigt die Straße mit 6 Procent bis zur Neuhauser Höhe, fällt dann mit 5,8 und 3,7 Procent bis zum Dammbachthale, steigt wieder mit 3,6 Procent zur Grombacher Gemarkungsgränze und fällt bis Grombach mit 5,7 Procent bis zur Zufuhrstraße zur Station. Die Straßenlänge beträgt 5337,7 Meter. An den Kosten im Betrag von 45,896 Mark trugen die Gemeinden und der Kreis $^1/_3$, die Staatscasse $^2/_3$. Die Straße wurde 1875 unter die Landstraßen aufgenommen. Sie ist hauptsächlich für Ehrstätt, Hasselbach, Adersbach und für die Höfe Neuhaus, Eulenhof, Rauhof und Bügelhof von Werth.

Nr. 282.

Straße von Bühl über Herrenwies in das Murgthal.

Bühlerthalstraße.

Länge von der Station Bühl bis zum Wirthshaus zum Wolf im Oberthal
6,34 Kilometer = 1,43 Stunden.

Das Gebirge, welches westlich von dem Rheinthal, nordöstlich von dem Murgthal und südwestlich von dem Renchthal begränzt wird, war, wie diese Thäler selbst, von den Kelten bewohnt, bevor die Römer hier Besitz ergriffen. Rhein, Murg, Rothmurg, Oos, Büllot, Acher, Ill, Rench, Lierbach, Seebach, Selbach, Münzach, Mummelsee, Kniebis, Hornisgründe, Hörden, Gernsbach, Rothenfels, Gaggenau, Fohrbach, Weißenbach, Eberstein, Steinbach, Iburg, Beuren, Au, Balz, Niederbühl, Langenbrand, Gausbach, Waldulm, Lautenbach, Ottenau, Oppenau 2c. sind Namen, welche aus keltischer Sprache abgeleitet werden können.

Die uralten Wege, welche von Baden, Steinbach, Sasbach, Bühl und Achern über das Gebirge in das Murgthal führen, werden zum Theil als römische Straßen bezeichnet, wie schon unter Nr. 22 angeführt wurde; da denselben aber in der Regel sichere Merkmale römischer Arbeit abgehen, kann man sie mit gleichem Rechte auch der vorrömischen Zeit zuschreiben.

Alle derselben waren bis in die neue Zeit nur Saumpfade oder schmale Karrenwege ursprünglichster Art.

Die ersten Fahrstraßen für die breite Spur wurden in dem Gebirge dieser Gegend von Baden nach Gernsbach (Nr. 81) und von Achern über den Ruhestein nach Baiersbronn (Nr. 164) hergestellt und diese beiden Gebirgsübergänge waren auch die ersten, die in der neuesten Zeit kunstgerecht verbessert wurden.

Von Bühl bis zu dem Dorfe Bühlerthal wurde die alte Straße in der ersten Hälfte dieses Jahrhunderts ebenfalls gut hergestellt; von da an über Herrenwies in das Murgthal bestund aber fortan nur ein Holzabfuhrweg der schlechtesten Art. Von der Wasserscheide am sog. Sand in das Murgthal wurde bis zum Jahr 1864 das Holz mit Hülfe einer an dem Schwarzbach angelegten sog. Schwallung (Wasserstauung) durch die Münzach geflößt; nach Bühl und Baden mußte aber der Transport höchst beschwerlich auf der Achse bewirkt werden.

Die Domänenwaldungen des Forstbezirks Herrenwies,(1) welche 1845 9634 Morgen umfaßten, konnten deshalb das Holz größtentheils nur in das Murgthal absetzen und es machte sich das Bedürfniß eines besseren Abfuhrweges nach Bühl mit dem zunehmenden Werth des Holzes immer fühlbarer. Man berechnete, daß der Ertrag der Domänenwaldungen durch einen guten Abfuhrweg sich um 5—6000 Fl. jährlich steigern werde. Die Forstverwaltung baute deshalb gemeinschaftlich mit der Gemeinde Bühl in den Jahren 1846/47 in der Richtung des alten Weges von Sand bis zu dem Orte Bühlerthal eine neue Holzabfuhrstraße. Der Aufwand, der auf 27,500 Fl. veranschlagt war, wurde zu $^2/_3$ von der Domänencasse, zu $^1/_3$ von Bühl getragen, und in demselben Verhältniß werden auch die Unterhaltungskosten bestritten. Die übrigen betheiligten Gemeinden bezahlten kleine Aversalbeiträge für die Benützung der Straße, so z. B. Ottersweier in neuer Zeit noch 44 Fl. jährlich. Die Straße wurde 18—20 Fuß breit mit einer Rampe und Gefällen von 8—10 Procent angelegt.

Von Sand nach dem Murgthal bewegt sich nur sehr geringer Verkehr mit Walderzeugnissen; die Straße ist abwärts bis zur Brücke in den letzten 5 Jahren verbessert worden; ihr Gefäll beträgt zwischen 2 und 5 Procent, die untere Abtheilung ist dagegen noch sehr schlecht, zuweilen nur 10—12 Fuß breit mit wechselnden Gefällen von 6—9 Procent und meistens über zu Tage tretende Felsen hinwegführend.

Bei dem starken Verkehr mit Holz und Schnittwaaren, der zwischen den Orten Bühlerthal,(2) Bühl und dem Bahnhofe stattfindet, schien es angemessen, die Straße von der Eisenbahnstation Bühl bis zum Abgang des Weges nach Baden oberhalb des sog. Wolfwirthshauses in Bühlerthal zu verbessern und als Landstraße zu behandeln. Die Kosten für Verbesserung wurden mit 10,000 Fl. in das Gesetz vom 16. April 1870 aufgenommen, in einem Nachtrage aber auch die Fortsetzung der Verbesserung bis in das Murgthal beschlossen und für diesen Zweck 40,000 Fl. bewilligt, sofern aus den 3,250,000 Fl. für die gesammte Verbesserung des Straßennetzes der erforderliche Betrag noch erübrigt.

Die Bauten im Bühlerthal, welche in Verbreiterungen, Gefällausgleichung, Rinnenpflaster und Materialplätzen bestunden, sind 1873 mit 10,000 Fl. ausgeführt worden. Bühl übernahm die Rinnen mit 375 Fl., Kappelwindeck gab Gelände mit 30 Fl., Altschweier für Rinnen und Gelände 378 Fl., Bühlerthal stellte das Gelände in seiner Gemarkung im Werth von 2960 Fl. gegen ein Aversum von 2000 Fl., daher die Beiträge in 1743 Fl. bestunden und die Staatscasse noch 8257 Fl. leisten mußte. Die Aufnahme dieser Straßenabtheilung und der von der Stadt Bühl verbesserten Straße zu dem Bahnhof Bühl in den Verband erfolgte 1873.

Die im Jahr 1871 von den Gemeinden Bühl und Baden von Sand bis in das Geroldsauer Thal neu erbaute 18 Fuß breite Rampenstraße von 5—10 Procent Gefällen hat zu Förderung der Holzabfuhr und zu Hebung des Chaisen-Verkehrs von Baden über Sand nach Bühl viel beigetragen.

Zu einer Uebernahme der Straße von Bühlerthal über Sand in das Murgthal in den Landstraßenverband konnte man sich bisher nicht entschließen, da diese Straße keinen durchgehenden Verkehr verspricht und zu ihrer Verbesserung unverhältnißmäßig große Kosten fordert.

---

(1) Herrenwies war einst ein See. In der Mitte des 18. Jahrhunderts (1748) wurde vom Markgraf Georg von Baden-Baden eine Glashütte hier gegründet. (2) An Stelle des früheren Eisenwerks wird jetzt eine Sägemühle betrieben.

Während in dem Gesetz von 1870 für die Verbesserung dieser Straße 68,572 Mark vorgesehen waren, ist der Aufwand in dem Gesetz von 1876 auf 150,000 Mark angegeben.

Der Verkehr des Rheinthales mit dem oberen Murgthale und Freudenstadt wird durch die Kunststraße über den Ruhestein genügend vermittelt, die Straße über Sand würde aber auch ungünstigere Gefälle als jene erhalten.

Die Commission der 2. Kammer hat deshalb in dem Berichte vom 31. Mai 1876 die Bemerkung niedergelegt, „daß wenn auch für die Straßen zweiter Classe Mittel übrig bleiben sollten, bezüglich dieser Straße wohl zu erwägen sei, ob der große Aufwand nicht außer allem Verhältniß zum Nutzen stehe."

Der bisherige Aufwand für Verbesserung bestund in 17,143 Mark.

Nr. 283.

Beuren-Binningen-Riedheim.

Siehe Nr. 210.

Nr. 284.

Straße von Echbeck nach Untersiggingen.

Deggenhauser Thalstraße.

Länge 12,23 Kilometer = 2,75 Stunden.

Nr. 241.

Straße von Untersiggingen nach Stephansfeld.

Achthalstraße.

Der unter dem Namen Deggenhauser- oder Seefelder-Aach bekannte Bach entspringt an dem sog. Ursprung bei Echbeck oberhalb Heiligenberg, durchzieht das schmale tief eingeschnittene Deggenhauser Thal und mündet nach vielfachen Krümmungen bei Seefelden in den Ueberlinger See ein.

Die in dem Thale liegenden Orte Ober- und Unterboshasel, Deggenhausen, Ober- und Untersiggingen, Wittenhofen, Menwangen, Altenbeuren, Neufrach, Bermatingen, Ahausen, Mühlhofen und Seefelden sind sehr alt,(1) ja man kann aus den Namen nicht ohne Wahrscheinlichkeit auf keltischen Ursprung schließen.(2)

Das Thal ist sehr fruchtbar und die Erzeugnisse werden größtentheils auf den Märkten in Ueberlingen, Pfullendorf und Markdorf abgesetzt. Obgleich die Aach eine beträchtliche Wasserkraft besitzt, wird sie bis jetzt doch nur wenig für industrielle Zwecke benützt, weil ihr Lauf bis in die neue Zeit gänzlich ungeregelt war, und sich in Folge öfteren Hochwassers vielfach änderte. Das Thal ist namentlich von Ober- bis Untersiggingen durch allmähliche Auswaschung entstanden, indem die Sohle und die Thalwände aus Geröllen bestehen, durch welche die Niederschläge rasch abfließen und bei Gewitterregen Mengen von großen Wacken, Kies und Sand der Aach zuführen, welche dann austritt und Ueberschwemmungen veranlaßt, die, obgleich sie in der Regel nur wenige Stunden dauern, doch immer viele Zerstörungen an den Wegen, Brücken und Grundstücken, ja selbst an den Häusern zur Folge haben. So wurde z. B. im Jahre 1835 die

---

(1) Ahausen ist 752, Bermatingen 779 urkundlich nachgewiesen. (2) Bei Urnau fand man keltische Gräber mit Schmuckgegenständen. Ahausen gehörte dem Domstift Constanz, Bermatingen, Neufrach, Mühlhausen, Oberuhldingen und Seefelden dem Kloster Salem, Ober- und Unterboshasel, Unter- und Obersiggingen, Wittenhofen, Menwangen, Deggenhausen, Unteruhldingen und Seefeld Fürstenberg. Deggenhausen gehörte im 12. Jahrhundert einem Rittergeschlecht gleichen Namens; auf dem Schloßbühl befinden sich noch Trümmer der Burg. (Zeitschrift für Geschichte des Oberrheins II.)

Straße und fast alle Brücken zerstört, sogar Gebäude, von denen manche 2—3 Fuß unter Wasser stunden, stark angegriffen. Aehnliche Vorgänge waren auch früher schon oft eingetreten und sie wiederholten sich in neuester Zeit der Art, daß 1872 zweimal, 1873, 1874 und 1875 je einmal Hochwasserbeschädigungen eintraten, die Straße oberhalb Wittenhofen wurde in 4 Jahren dreimal zerstört. Die Thalstraße, welche noch aus ältester Zeit stammt, konnte unter solchen Verhältnissen nachhaltig nicht verbessert werden, denn die Gemeinden mußten sich stets auf die nöthigste Erhaltung des Bestehenden beschränken.

So kam es, daß von Echbeck abwärts noch eine Steige von 6—8 Procent, eine Gegensteige von 8—10 Procent, sodann viele Stiche und kleine Gegensteigen bestunden und die Aach mehrere Mal mit nothdürftigen Holzbrücken überschritten werden mußte.

Nachdem in dem Gesetz-Entwurfe von 1869 über Vervollständigung des Landstraßennetzes die Mittel für den Bau der Straße von Pfullendorf nach Echbeck vorgesehen waren, empfahl die 2. Kammer die Fortsetzung dieses Baues durch das Deggenhauser Thal und die Verbesserung der Straße von Untersiggingen nach Markdorf aus den in dem gedachten Gesetz bewilligten Mitteln.

Die Kosten für diesen Straßenzug wurden damals auf 80,000 Fl. geschätzt, es wurden aber in dem Gesetz vom 7. April 1870 nur 50,000 Fl. bewilligt. Nähere Untersuchungen ergaben aber, daß die Straße von Echbeck bis Untersiggingen allein mindestens 75,000 Fl., jene über den Gehrenberg nach Markdorf aber 45,000 Fl. kosten werde. Gleichzeitig entschloß man sich, 1873 vorläufig die dringendsten Bauten zwischen Echbeck und Untersiggingen einzuleiten. Für die Straße wurde eine Breite von 5 Meter mit 4 Meter Fahrbahn bestimmt. Die Gemeinden waren zu Stellung des benöthigten Geländes gegen die im Ueberschlag vorgesehenen Summen bereit. Der Bau selbst wurde 1874 begonnen und 1876 in der Hauptsache vollendet.

Die 1874 und 1875 eingetretenen Beschädigungen durch Hochwasser stellten aber außer Zweifel, daß die neue Straße ohne theilweise Correction der Aach in dem Deggenhauser Thal nicht gesichert erscheint. Mit Einschluß der desfallsigen Kosten im Betrage von 48,000 Mark (1) und der Arbeiten für Wiederherstellung der Hochwasserbeschädigungen berechnete sich der Aufwand auf 249,057 Mark. Wenn aber auch die Gehrenberg-Steige zur Verbindung mit Markdorf corrigirt werden soll, wären weitere 121,000 Mark, also zusammen 370,057 Mark erforderlich. Hiervon sind bis Ende 1876 162,357 Mark zwischen Echbeck und Untersiggingen verwendet worden. Im Hinblick auf den großen Aufwand für die Verbesserung der Straße von Untersiggingen über den Gehrenberg und in Betracht, daß auch bei Correction der Steige, welche jetzt bis zu 12 Procent Gefälle besitzt, immer noch lästige Gefällsverhältnisse bleiben, wogegen die Straße von Untersiggingen nach Stephansfeld mit 1—2 Procent Gefälle erstellt werden kann und der Marktverkehr nach Ueberlingen bedeutender als jener nach Markdorf ist, so wurde von den Ständen im Jahre 1876 beschlossen, die Straße über den Gehrenberg nach Markdorf in die letzte Reihe der nach dem Gesetz von 1867 zu verbessernden Straßen zu stellen und nur 249,057 Mark zu bewilligen.

Für die Verbesserung der oft durch die Aach überschwemmten Straße von Untersiggingen nach Stephansfeld sind dagegen in dem Finanz-Etat für 1876/77 178,500 Mark, nämlich für die Straßenverbesserung 83,500 Mark und für die zur Sicherung der Straße nöthige Aach-Correction 95,000 Mark bewilligt worden, nachdem die gesetzlichen Beiträge zugesagt waren. Das Maximalgefälle der Straße soll von 9 Procent auf 2, 3 Procent ermäßigt und die Straße 6 Meter breit mit 4,8 Meter Fahrbahn hergestellt werden. Die Bauausführung verzögerte sich durch die in Betreff einer allgemeinen Correction der Aach eingeleiteten Erörterung.

Als eine wünschenswerthe Folge dieser Straßenverbesserungen erscheint eine gute Verbindung von Wittenhofen über Roggenbeuren, Urnau, Fuchstobel, Ramsen und Neuhaus zur Landstraße von Ravensburg nach Friedrichshafen. (2)

Es wäre ein Neubau von 8,7 Kilometer erforderlich. Die Länge des Weges von Pfullen-

---

(1) Das Gelände für die Aachcorrection im Werth von 3000 Mark stellte die Gemeinde Wittenhofen.

(2) Die Amtscorporation Ravensburg hat 1858—1876 von dieser Stadt nach Horgenzell und Ringgenhausen neu und landstraßenmäßig mit 6 Meter Breite und 4 Procent Maximalgefäll gebaut. Die Fortsetzung nach Wilhelmsdorf steht mit einem Aufwand von 35,000 Mark in Aussicht. Von Wilhelmsdorf über Pfrungen an dem Ruschweiler See vorbei nach Neubronn resp. Denkingen soll noch gebaut werden, um zwischen Ravensburg und Pfullendorf eine gute Verbindung zu haben. Baden hätte 70,000 Mark, Württemberg 44,000 Mark aufzuwenden.

dorf über Echbeck, Wittenhofen, Neuhaus nach Ravensburg beträgt 40 Kilometer. Mit Hülfe dieser Straßenverbindung konnten auch die Märkte in Ravensburg und Friedrichshafen von den Gemeinden des Aachthales befahren werden.

Der ganze Aufwand für Verbesserung dieser Straßen beträgt einschließlich noch nicht verwendeter, aber bewilligter Mittel 427,557 Mark.

Im Jahr 1876 wurde der Gemeindeweg von Lellwangen nach Obersiggingen auf $1^1/_2$ Kilometer Länge durch Verminderung des Gefälles von 10—15 Procent auf 5—6 Procent verbessert. Zu dem Aufwand von 7200 Mark trug die Staatscasse 600 Mark bei.

Nr. 285.

Straße von Donaueschingen nach Sunthausen.

Länge von Straße Nr. 57 bis Nr. 42 7,10 Kilometer = 1,60 Stunden.

Die Namen der Orte Donaueschingen, Pfohren, Sumpfohren, Aasen, Sunthausen, Heidenhofen, Oefingen, lassen sich aus der keltischen Sprache ableiten, daher man mit Wahrscheinlichkeit annehmen darf, daß schon die Kelten gemischt mit Germanen hier wohnten, als die Römer dies Gebiet besetzten. Daß die römische Hauptheerstraße von Windisch nach Regensburg ihren Zug über Hüfingen, Donaueschingen an dem westlichen Hochgestade des Weier-Riedes (damaligen See's) durch die Gemarkungen Klengen, Dürrheim, Marbach, und Schwenningen ꝛc. nach Rottweil (Attstadt) nahm, ist schon unter Nr. 28 und 55 erwähnt worden. (¹) Eine Abzweigung von dieser Straße führte von Hüfingen über Pfohren und Unterbaldingen nach Oefingen, woselbst noch zur Zeit, als Julian den Feldzug vom Rhein nach Thracien machte, eine römische Niederlassung bestund. (Schriften des bad. alterth. Vereins 1846. I.) (²)

Wahrscheinlich waren auch die Orte Aasen, Heidenhofen und Sunthausen mit dieser Straße verbunden. (³)

Die Vicinalstraße, welche im Mittelalter die Orte Aasen, Heidenhofen, Biesingen und Sunthausen (⁴) mit Donaueschingen verband, folgte wohl derselben Richtung, welche der älteste Weg naturgemäß einhielt und welche auch die noch bestehende, wenn auch zum Theil verbesserte Straße besitzt. Eine wesentliche Verbesserung hatte der Vicinalweg, der außerhalb Donaueschingen bei der sog. stillen Muselbrücke von der Landstraße Nr. 57 abgeht, in neuer Zeit nur zwischen Donaueschingen und Aasen erfahren, da hier in der Ebene ohne große Kosten zu helfen war. Weniger konnte auf den übrigen Theilen zu Beseitigung lästiger Gefälle geschehen, da hierzu ein größerer Aufwand und sachkundige Leitung erforderlich waren. Um nun auch dieser Gegend die Wohlthat einer guten Straße zur Vermittelung ihres Verkehrs mit der Amts- und Marktstadt Donaueschingen und insbesondere zu der dortigen Eisenbahnstation zu gewähren, (⁵) wurde in Folge einer Petition nachträglich in das Gesetz von 1870 über Vervollständigung des Landstraßennetzes eine Summe von 20,000 Fl. = 34,286 Mark für Verbesserung dieses Weges aufgenommen. Man hatte dabei auch die Absicht, den Verkehr mit der Rottweil-Tuttlinger Eisenbahn und mit Geisingen zu erleichtern.

Nach eingehenden Untersuchungen zeigte sich als nothwendig: 1) eine Correction zwischen der Gemarkungsgränze Donaueschingen-Aasen und dem letzteren Ort zur Abkürzung des Weges mit Abschneiden zweier Krümmungen; 2) ein Neubau zwischen Aasen und Heidenhofen und bei Sunthausen zur Verminderung des Gefälls und Erstellung einer neuen eisernen Brücke über den Köthbach; 3) Regulirung der übrigen Straßentheile. Als Breite für die Straße sind 5,4 Meter, für die Fahrbahn 4,4 Meter und für die kleinsten Radien (Krümmungshalbmesser) 43 Meter angenommen. Das größte Gefäll zwischen Aasen und Heidenhofen soll 6,2 Procent, im Uebrigen 1,16—1,25 Procent betragen. Die Brücke erhält einen Pfeiler und 7 Eisenträger

(¹) Diese Straße ist in den Gemarkungen Donaueschingen, Klengen und Marbach unter dem Namen Hochstraße, bei Dürrheim als Heerstraße bekannt. (²) Bei Oefingen wurden viele römische Funde gemacht. (³) Aasen ist 805, Heidenhofen 760, Biesingen 759, Donaueschingen 889, Pfohren 881, Sumpfohren 883, Unterbaldingen 769 urkundlich nachgewiesen, zu welcher Zeit diese Orte als längst bestehend anerkannt sind. (⁴) Sunthausen mit Heidenhofen hatten einen eigenen Adel und kamen später an die Familie von Reischach. (⁵) Die Producte, namentlich Getreide, werden hauptsächlich in die Schweiz abgesetzt.

und eine Weite zwischen Pfeiler und Widerlager von je 6,83 Meter. Die Kosten wurden für die Abtheilung von Straße Nr. 57 bis Nr. 42 auf 71,600 Mark berechnet.

Es wurden beigetragen von Donaueschingen mit Geländestellung 90 Fl., baar 400 Fl., von Aasen für Rinnenhälfte 770 Fl., für Gelände im Werth von 4695 Fl. gegen 3000 Fl. 1695 Fl.; von Heidenhofen für Rinnen 950 Fl., baar 980 Fl., von Biesingen für Rinnen 850 Fl., Gelände 112 Fl., baar 200 Fl.; von Sunthausen für Rinnen 775 Fl., Gelände 1286 Fl., baar 400 Fl.; zusammen 20,156 Mark.

Die Ausführung erfolgte 1876 und die Straße wurde zwischen Nr. 57 und 42 unter die Landstraßen aufgenommen.

Wegen Fortsetzung der Straßenverbesserung auf württembergischem Gebiet sind 1875 Verhandlungen eingeleitet. In Aussicht auf Erfolg sind die Kosten für die Fortsetzung der Straße von Nr. 42 bis zur württembergischen Gränze gegen Tuningen annähernd auf 34,000 Mark berechnet und in dem Gesetz von 1876 bewilligt worden.

Einschließlich dieser Bewilligung wird sich der Gesammtaufwand für die Verbesserung dieser Straßenverbindung auf 105,600 Mark belaufen.

Nr. 286.

Straße von Kandern über Tannenkirch nach Efringen.

Länge 11,76 Kilometer = 2,65 Stunden.

Die ungünstigen Gefällsverhältnisse der von Schliengen nach Eimeldingen führenden alten Landstraße (Nr. 1) gaben schon 1862 zu dem Projecte Anlaß, den Vicinalweg von Schliengen über Bellingen, Rheinweiler und Istein nach Efringen (Nr. 176), der in der Rheinniederung liegt, zu verbessern und allmählich zu einer Landstraße umzugestalten, um den Verkehr zwischen Schliengen und Basel zu erleichtern. Die Ausführung unterblieb wegen mangelnder Betheiligung der zunächst interessirten Gemeinden an den Baukosten. Als nun im Jahr 1869 die Vorarbeiten für das Gesetz zu Vervollständigung des Landstraßennetzes ausgeführt wurden, kam die Verbesserung der Straße über Istein neuerdings in Vorschlag, allein die Kreisversammlung sprach sich dagegen aus. Während der Berathung des erwähnten Gesetzes durch die Stände petitionirten nun die Gemeinden Blansingen, Wintersweiler, Kirchen, Feuerbach, Huttingen, Istein, Kleinkems, Rheinweiler, Bamlach, Bellingen und Hertingen um Correction und Aufnahme der Straße von Kandern über Riedlingen, Tannenkirch, Welmlingen nach Efringen unter die Landstraßen. Diese Bitte wurde mit dem bedeutenden Verkehr an Holz, Früchten, Wein, Steinen und Vieh nach dem Rheinthal und dem Elsaß begründet und dagegen die Ausscheidung der Landstraße von Schliengen nach Eimeldingen aus dem Verbande bevorwortet, da diese Straße nur den Ort Eimeldingen berührt und ohne Correction der Steigen dem Verkehre hinderlich ist.

Auf Antrag der Commission wurde dann Seitens der Stände die Correction der Vicinalstraße über Tannenkirch, deren Aufnahme in den Landstraßenverband und die Ausscheidung der Landstraße von Schliengen über Kaltherberge nach Eimeldingen beschlossen und genehmigt, daß die Verbesserung der gedachten Vicinalstraße nach Maßgabe des Gesetzes über Vervollständigung des Landstraßennetzes erfolgen soll. (58. öffentliche Sitzung der II. Kammer.)

Der Aufwand für die nöthigen Bauarbeiten zu Herstellung einer 16 Fuß breiten Straße mit Ermäßigung der bestehenden Gefälle von 7—9 Procent auf 3—6 Procent wurde auf 40,000 Fl. veranschlagt, nämlich: für Umgehung der Steige zwischen Riedlingen und Tannenkirch 7000 Fl, für Correction durch Tannenkirch 850 Fl., für Neubau der Abtheilung von Kaltenherberg bis Welmlingen und Verbesserung durch diesen Ort 17,500 Fl., für Verbesserungen in den Gemarkungen Welmlingen und Efringen 5500 Fl., für Verbreiterungen und kleinere Gefällausgleichungen 1500 Fl.

Unter dem Gesammtaufwand waren 12,240 Fl. für Gütererwerbung enthalten, wovon die Gemeinden Efringen 452 Fl., Blamsingen 500 Fl., Huttingen 597 Fl., Riedlingen 1250 Fl.,

---

(1) Die alte Straße zwischen Riedlingen und Tannenkirch heißt Hünenstraße, sie wird aber in neuer Zeit irrig Hünerstraße genannt; sie hatte 12—14 Procent Gefäll.

Welmlingen 3456 Fl., Winterweiler 100 Fl. und Tannenkirch 4884 Fl. übernahmen, so daß die Staatscasse für den Bau noch 27,760 Fl. aufzuwenden hatte. Der Bau wurde in einer Breite von 5,4 Meter mit 4,8 Meter Fahrbahn, mit Maximalgefäll von 5,75 auf kurze Erstreckung, sonst aber zwischen 2,8 und 4,8 Procent, in den Jahren 1873/74 ausgeführt. Der wirkliche Aufwand betrug 74,070 Mark.

Die Straße wurde bis zur Eisenbahn in Efringen 1875 in den Verband aufgenommen.

Solange die Straße von der Eisenbahn bis zur Landstraße Nr. 1 nicht verbessert ist, konnte die Straße über Kaltenherberg nicht ausgeschieden werden.

Wollte man die Straße bis zur Eisenbahnstation corrigiren, so wäre ein Aufwand von 160,000 Mark nöthig. Man beschränkte sich daher auf die Verbesserung bis zur Straße Nr. 1, obgleich damit die Steige von 9 Procent zur Station unverändert fortbesteht. Der Aufwand mit 6000 Mark soll in dem Gesetz von 1878 bewilligt werden.

Zur Fortsetzung dieser Straße im Kanderthal über Malsburg nach Marzell ist in den Jahren 1873/75 eine Vicinalstraße von der Hundstallbrücke bis Kandern auf der Südseite durch das Malsburgerthal, dann im Kanderthal mit Maximalsteigung von 7,3 Procent, mit Radius von 24 Meter und 4,8 Meter Fahrbahnbreite erbaut worden.

Von den Kosten im Betrage von 46,000 Fl. haben übernommen durch Geländestellung Kandern 2050 Fl., Malsburg 8600 Fl., Marzell 1400 Fl., die Domänenadministration 1166 Fl. und die Staatscasse (Ministerium des Innern) 32,784 Fl.

Der Gesammtaufwand für die Verbesserung dieser Straßenzüge beträgt 126,070 Mark.

Nr. 287.

Straße von Maulburg nach Nollingen.

Länge 2,24 Kilometer = 0,51 Stunden.

Das hohe Alter der Orte auf dem Dinkelberg läßt auf frühe bestandene Wege schließen, und es sind auch Verhältnisse vorhanden, welche Wohnsitze der Kelten und Römer hier mit Wahrscheinlichkeit annehmen lassen.

Die Wege waren bis in die neue Zeit lediglich den Ortsverbindungen unter sich gewidmet.

Zur Verbindung des Wiesenthals mit dem Rheinthale bestunden in neuer Zeit nur die Landstraßen Nr. 46 von Lörrach nach Rheinfelden und Nr. 95 von Schopfheim nach Brennet. Die vielen Verkehrsbeziehungen der Wiesenthäler mit der Schweiz riefen im Jahr 1868 den Wunsch nach einer dritten, zwischen den genannten Straßen einzufügenden Landstraße über den Dinkelberg (1) hervor. Es kamen dabei hauptsächlich drei Züge zur Erörterung, nämlich: 1) die Linie von Maulburg über Adelshofen und Minseln (2) nach Nollingen, welcher Vicinalweg bisher schon viel benützt wurde, 2) jene von Gündenhausen durch den sog. Windler nach Minseln und Nollingen und 3) jene von Schopfheim über Wiechs nach Minseln. Die Baubehörde empfahl die zweite Linie als die billigste und kürzeste, sprach sich aber zugleich entschieden gegen den dritten Zug aus, da er $^1/_3$ Stunde länger und um 7300 Fl. theuerer war. Obgleich Schopfheim und Wiechs diesen Mehraufwand übernehmen wollten, entschied sich die Regierung doch für den Zug von Maulburg östlich an Adelshausen vorüber nach Minseln, weil dadurch die Straße den meisten Orten zum Nutzen gereicht. — Dieser Zug hatte eine Breite von 15—18 Fuß und Gegensteigen von 10—14 Fuß.

Die projectirte Zugslinie von Minseln nach Nollingen war von keiner Seite beanstandet; sie hat ein Maximalgefäll von 2,8 Procent, während früher Steigungen bis zu 4 Procent vorkamen.

Der Aufwand für diesen letzteren Zug war auf 14,000 Fl. veranschlagt, wovon Karsau durch Geländestellung 250 Fl. und baar 250 Fl. und Minseln baar 6000 Fl. übernahmen.

---

(1) Der Dinkelberg hat seinen Namen von dem Dinkel (Korn), welcher hier ganz besonders gedeiht.
(2) Minseln erscheint schon 754 urkundlich. Auf Gemarkung Adelshausen wurden 1810 steinerne Gräber aufgedeckt, die den Namen „Heidengräber" führen, also auf Kelten hinweisen. Von Brombach über Hüfingen und Adelshausen führt eine „Hochstraße" und ein „Steinweg", beides Anwesenheit der Römer andeutend.

Diese Abtheilung wurde 1875 vollendet und unter die Landstraßen aufgenommen. Die Straße ist 5 Meter breit.

Die zweite Abtheilung von Maulburg (1) bis Minseln wurde 1875 begonnen. Der Aufwand berechnete sich auf 49,000 Mark, wovon Adelshausen durch Geländeabgabe 428 Mark und Maulburg 1714 Mark übernahmen, die Staatscasse also noch 46,858 Mark zu tragen hatte. Der früher bestandene Gemeindeweg wurde soviel möglich beibehalten und bis zur Wasserscheide bei Adelshausen regulirt, dann folgt ein Neubau auf der nordöstlichen Thalseite bis zur alten Straße von Adelshausen nach Minseln, dann in wesentlicher Richtung der alten Straße bis zum Schulhaus in Mittelwinseln, dann wieder alte Straße bis zu dem Neubau regulirt und verbreitert.

Das Steigungsmaximum beträgt 6 Procent, die Radien 24—1500 Meter, die Breite 5 Meter, Gestück 0,15 Meter, Schotter 0,06 Meter.

Die Vollendung erfolgte 1876. Der Gesammtaufwand betrug 72,500 Mark. Die ganze Straße ist nun Landstraße.

Nr. 288.

Straße von Elzach über Mühlenbach nach Haslach.

Siehe Nr. 36.

Nr. 289.

Straße von Helmstadt nach Rappenau.

Länge 16 Kilometer = 3,6 Stunden.

Seit bei Helmstadt und Rappenau sich Eisenbahnstationen für den Verkehr nach Heidelberg und Mosbach resp. Sinsheim und Heilbronn befinden, hatte sich die Frequenz auf der alten Vicinalstraße, welche die zum Theil bedeutenden Orte Helmstadt, Flinsbach, Bargen, Wollenberg, Hüffenhardt, Siegelsbach und Rappenau verbindet, sehr gehoben, daher die betreffenden Gemeinden schon 1868 die Verbesserung dieses Weges und seine Aufnahme unter die Landstraßen bevorworteten. In dem Gesetz von 1870 über Vervollständigung des Landstraßennetzes wurden daher für die nöthigen Bauausführungen 52,000 Fl. bewilligt. Der alte Weg war theilweise zu schmal und hatte Gegengefälle bis zu 10 Procent, auch lagen einzelne Theile so tief, daß sie der Ueberschwemmung ausgesetzt waren. Der Fahrbahn fehlte der erforderliche Steinbau und die Dohlen waren mangelhaft angelegt oder baufällig. Neubauten waren erforderlich in Gemarkung Wollenberg 720 Meter lang, am Ende des Ortes Hüffenhardt mit Entfernung von 2 Wohnhäusern auf 2440 Meter Länge, in Gemarkung Siegelsbach 930 Meter lang, in Gemarkung Rappenau 180 Meter lang; in Bargen war eine Brücke umzubauen, im Uebrigen die Straße auf 5,4 Meter zu verbreitern und 4,2 Meter Fahrbahn herzustellen. In Hüffenhardt mußte ein Stück des Kirchhofes abgeschnitten werden.

Die Ausführung erfolgte 1872/75 mit einem Aufwande von 98,648 Mark. Beiträge leisteten: Helmstadt durch Geländestellung 150 Fl. und 450 Fl. baar, Flinsbach 200 Fl., Bargen 50 Fl. für Rinnen und 550 Fl. baar, Wollenberg durch Geländestellung im Werth von 6260 Fl. gegen 6000 Fl., Hüffenhardt durch Geländeabgabe im Werthe von 8787 Fl. gegen 7000 Fl. und baar 491 Fl., Siegelsbach durch Güterankauf im Werthe von 2105 Fl. gegen 1200 Fl., Rappenau für Rinnen 224 Fl. und baar 800 Fl., also zusammen 5819 Fl.

Die ganze Straße wurde 1873 in die Classe der Landstraßen aufgenommen. Das Maximalgefälle beträgt auf eine kurze Strecke 6 Procent, sonst 5 Procent.

---

(1) Maulburg ist als „Mulperch" schon 786 urkundlich bekannt und war im 13. Jahrhundert durch ein Heilbad berühmt, welches noch im vorigen Jahrhundert benützt wurde.

Nr. 290.

Straße von Schwetzingen über Oftersheim nach Walldorf und bis zur Straße Nr. 141.

Länge 10,4 Kilometer = 2,34 Stunden.

Aus der Thatsache, daß bei Walldorf Schmelztiegel und Töpferwaaren aus römischer Zeit gefunden wurden, ist der Aufenthalt der Römer in dieser Gegend als erwiesen zu betrachten.

Ueberdies wird Schwetzingen nicht ohne Wahrscheinlichkeit als Solicinum angesehen, wo Kaiser Valentinian mit den Alemannen eine Schlacht lieferte. Auch in Schwetzingen wurden römische Denkmale gefunden. Wiesloch und Schwetzingen werden schon im Anfang des 9. Jahrhunderts in Urkunden genannt und ersteres war damals schon eine Marktstätte.

Hieraus läßt sich vermuthen, daß schon zu römischer Zeit zwischen Wiesloch und Schwetzingen Verbindungswege bestunden. Von einer alten Straße, die über Walldorf und Oftersheim nach Schwetzingen führte, ist in Acten aus dem 17. Jahrhundert die Rede. Die neue, in gerader Linie angelegte 6 Kilometer lange Straße, ist Ende des vorigen Jahrhunderts durch die Forstbehörde erbaut worden. Sie besitzt eine Breite von 6 Meter und in den Orten von 7 Meter. Im Jahre 1839/40 erbaute der Forstfiscus eine neue Brücke über den Hardtbach mit 5209 Fl. Um diese Straße, die hauptsächlich zur Abfuhr landwirthschaftlicher Producte aus dem Amt Wiesloch nach Mannheim und von Holz und Kalksteinen dahin und an andere Orte am Rheine dient, ständig in gutem Stande zu erhalten, ist dieselbe in den Jahren 1874/75 mit 5656 Mark verbessert und sodann unter die Landstraßen aufgenommen worden.

Zu den Baukosten haben beigetragen: Schwetzingen 60 Fl., Oftersheim 40 Fl., Walldorf 135 Fl., die Domänenadministration 325 Fl.

Ein großer Theil des Verkehrs, der früher über Reilingen ging, hat sich seither auf diese Straße gezogen.

Der erweisliche Aufwand für Verbesserung berechnet sich auf 14,586 Mark.

Nr. 291.

Straße von Oberschefflenz nach Waldhausen.

Länge 6,78 Kilometer = 1,53 Stunden.

Die alte Landstraße von Mosbach nach Buchen zog von Oberschefflenz über Klein- und Großeicholzheim nach Waldhausen.(1) Sie wurde 1850 aus dem Landstraßenverband ausgeschieden, nachdem die Mosbacher Steige umgangen und eine neue Straße über Dallau, Auerbach, Rittersbach und Haidersbach nach Waldhausen hergestellt war. (Siehe Nr. 4.)

Nach Verbesserung der Straße im Schefflenzthal (Nr. 150) wurde der Wunsch auf Verbesserung gedachter Straßenabtheilung und Wiederaufnahme in die Classe der Landstraßen laut, um die Bezirke Mudau und Buchen mit dem Schefflenz- und Jaxtthal in directe Verbindung zu setzen. Das Gesetz über die Vervollständigung des Landstraßennetzes von 1870 bewilligte deshalb für diesen Zweck 6000 Fl. Die Vorarbeiten für die Bauten wurden 1871 begonnen.

Es sollte zunächst eine 1260 Meter lange Abtheilung zwischen Großeicholzheim und Waldhausen, wo Steigungen von 9—11$\frac{1}{2}$ Procent an der sog. Mulscheer vorkamen, zur Verminderung des Gefälls auf 5 Procent Maximum corrigirt und die übrigen Straßentheile regulirt werden, wozu 7000 Fl. erforderlich waren. Der Bürgerausschuß von Großeicholzheim brachte eine andere Zugslinie in Vorschlag, welche bezüglich der Länge und der Gefällsverhältnisse sich als günstiger, bezüglich der Kosten aber um ca. 4000 Fl. theuerer darstellte. Nach den hierauf gepflogenen Untersuchungen stellte sich der Aufwand: 1) für Correction der Straße von der Kuhbachbrücke in Großeicholzheim bis zur Einmündung in die bestehende Straße bei der Haiders-

(1) In der Nähe dieses Orts fand man Spuren des römischen Pfahlgrabens (limes).

bacher Ziegelhütte auf 10,400 Fl., 2) für eine neue directe Verbindungsstraße von hier mit Straße Nr. 4 auf 1350 Fl., um nicht neben letzterer Straße eine zweite nach Haidersbach unterhalten zu müssen. Die Ersparniß an Unterhaltungskosten wurde auf 80 Fl. per Jahr berechnet, 3) für Regulirungsarbeiten auf 2000 Fl., zusammen auf 13,750 Fl.

Da diese Summe gegenüber der Bewilligung von 6000 Fl. allzuhoch erschien, wurden die Regulirungsarbeiten verschoben, worauf nur noch 11,750 Fl. erforderlich waren. Hiervon übernahm die Gemeinde Großeicholzheim durch Geländeabgabe 1900 Fl. und baar 600 Fl., zusammen 2500 Fl. Die Bauausführung erfolgte 1875/76 und die Straße wurde 1876 wieder unter die Landstraßen aufgenommen mit Ausnahme der alten Abtheilung von der Ziegelhütte bis Haidersbach. Die neue Straße folgt innerhalb Großeicholzheim dem Gemeindeweg nach Rittersbach, sie hat 5,4 Meter Breite und 4,5 Meter Fahrbahn. Das Maximalgefäll beträgt 5 Procent.

Der wirkliche Bauaufwand betrug 25,143 Mark.

Nr. 292.

Straße zur Eisenbahnstation an der Rheinbrücke in Mannheim.

Um die Zufuhr zu der, nachträglich an der Rheinbrücke errichteten Personenstation in Mannheim abzukürzen, schien es nöthig, von der Schloßterrasse aus eine Fahrstraße mittels eisernen Viaducts neben der Eisenbahn bis zur Station zu bauen. Die Steigung wurde von der Terrasse bis zu dem Viaduct auf 3 Procent, die Breite inclusive der beiderseitigen Trottoirs à 1,5 Meter auf 9 Meter bestimmt. Die Ausführung erfolgte 1873/74. Der Aufwand, der aus dem Eisenbahnbaufonds bestritten wurde, betrug 216,304 Mark.

Für das erforderliche Gelände des Schloßgartens wurden 20,000 Fl. pr. Morgen (36 Are) und für das Walzeisen 16 Fl. pro 100 Kilogramm bezahlt.

Obgleich die Straße nur von Personen und leichtem Fuhrwerk benützt werden darf, wurde sie doch solide fundamentirt.

Man hatte der Straße die Richtung nach dem Schloßportal gegeben, da unterstellt wurde, daß die Durchfahrt gestattet werde. Da sich aber ergab, daß zu diesem Ende namhafte Baulichkeiten erforderlich wären, trat eine Verständigung mit großherzoglicher Hofverwaltung über die Durchfahrt durch die westlichen und östlichen Portale und über Benützung der Straße in dem Schloßhofe ein, wonach die Straße zwar auf Staatskosten erstellt und unterhalten wird, das Eigenthum aber dem großherzoglichen Hofe verbleibt.

Die Ausführung verzögerte sich bis 1877.

Nr. 293.

Straße von Badenweiler nach Kandern.

Länge von der Straße Nr. 44 und 192 in Badenweiler bis Nr. 190 bei der St. Johannisbrücke 7,76 Kilometer = 1,75 Stunden.

Der seit 20 Jahren in fortwährender und starker Zunahme begriffene Besuch des Badeortes Badenweiler hat schon im Jahre 1856 Anlaß gegeben, den alten, von Badenweiler nach Bürgeln führenden Weg, von der sog. Hexmatt gegen Badenweiler durch einen Neubau zu ersetzen, welcher von der Hexmatt die alte Straße verläßt, Sehringen auf der Nordseite umgeht und unterhalb Hausbaden wieder in den alten Weg einmündet. Die desfallsigen Kosten wurden von dem Badfonds bestritten. Hiermit war der Besuch des schönen Punktes Bürgeln den Badenweiler Curgästen etwas erleichtert, allein der Weg war von der Hexmatt nach Bürgeln immer noch sehr mangelhaft, wie auch die Verbindung mit Kandern. Nun trat in Folge der Errichtung des Kreises Lörrach auch das Bedürfniß der Verbesserung des Vicinalweges von Müllheim über Feldberg und Obereggenen nach Kandern auf, weil der Amtsbezirk Müllheim dem Kreise Lörrach zugetheilt war. Man verbesserte 1863/64 die Abtheilung dieses Weges von Obereggenen bis St. Johannisbrücke und 1865 von da bis Sitzenkirch (siehe Nr. 190). Die

Bewohner von Kandern und Umgegend verwendeten sich nun 1867 um weitere Verbesserung der Straße nach Badenweiler, wohin sie ihre Erzeugnisse an Trauben, Obst, Wein, Milch ꝛc. in großer Menge zu Markte brachten. Mit Rücksicht hierauf und auf Erleichterung des Besuches von Bürgeln, wurde 1869/70 die Straße von der Hexmatt bis zur Einmündung in die neue Straße von Obereggenen nach St. Johannisbreite mit 15,795 Fl. hergestellt, wovon die Gemeinden 4103 Fl. und der Badfonds 11,692 Fl. übernahmen.

Obereggenen stellte das Gelände dazu, soweit solches Gemeindeeigenthum war, im Anschlage von 1178 Fl. unentgeltlich. Diese Straße erhielt eine Breite von 4,8 Meter und Gefälle von 1,2—5,6 Procent. Die zweite Abtheilung von dem nach Feldberg führenden Feldweg bis oberhalb Badenweiler wurde hierauf in denselben Jahren im Querprofil verbessert und dafür 1500 Fl. aus der Badcasse aufgewendet. Auch hier betragen die Gefälle höchstens 6 Procent. Eine ähnliche Verbesserung erfolgte unmittelbar von oberhalb Badenweiler bis in den Ort zur Straße Nr. 44 mit einem Aufwand von 3030 Fl., wovon durch die Badcasse 105 Fl., der Rest mit 2925 Fl. von der Gemeinde Badenweiler und einigen Privaten übernommen wurden. Die Gemeinde Badenweiler stellte das ihr angehörige Gelände kostenfrei, und das von dem großherzoglichen Schloßgarten erforderliche Areal wurde ebenfalls unentgeltlich beziehungsweise tauschweise abgetreten. Das höchste Gefäll auf dieser Abtheilung beträgt 9 Procent.

Die ganze Straße wurde 1872 unter die Landstraßen aufgenommen.

Im Jahr 1870/73 wurde der Fahrweg nach Bürgeln verbessert. An dem Aufwand von 5500 Fl. übernahmen die Gemeinde 2000 Fl. und Privaten 1200 Fl., den Rest der Badfonds. Ueber die Fortsetzung nach Kandern siehe Nr. 190.

Der erweisliche Aufwand für Verbesserung dieser Straße beträgt 63,583 Mark.

Nr. 294.

Straße von Oberweiler nach Heubronn.

Siehe Nr. 44.

Nr. 295.

Straße von Mudau nach Amorbach.

Länge in Baden	5,30	Kilometer	=	1,19	Stunden.
„ „ Bayern	8,00	„	=	1,82	„
zusammen	13,30	Kilometer	=	3,01	Stunden.

Das Städtchen Mudau — Hauptort des badischen Odenwalds — trägt, wahrscheinlich wie die meisten Orte, Bäche und Bergspitzen jener Gegend, namentlich Langenelz, Buchen, Beuchen, Stallenberg, Steinbach, Dumbach, Mudbach, Laudenberg, Hettingenbeuren, Hart, Katzenbuckel, Buch, Amorbach, Walldürn ꝛc. ursprünglich keltische Namen; es ist also anzunehmen, daß diese Orte alle schon zur Keltenzeit bestunden und unter sich durch Wege verbunden waren.

Die von Mudau nach Amorbach auf der Gebirgshöhe hinziehende uralte Straße führt parallel mit einem anderen als Römerstraße bezeichneten Weg, der etwas weiter östlich durch Buchen zog. Außerdem ist das Dasein der Römer in diesem Bezirk durch den zwischen Mudau und Buchen durchziehenden Pfalzhag (limes), durch die bei Hasselbach und am sog. Schlossauer Thor aufgedeckten Gräber sowie durch einen bei Schlossau gefundenen, von der 22. Legion errichteten Votivstein nachgewiesen.

Der Zustand der nach Mudau führenden Straßen war bis in die neue Zeit noch völlig ursprünglicher Art. Bevor die Straße von Mosbach nach Buchen mit einer Abzweigung nach Mudau (Nr. 4) fast neu erbaut und die Vicinalstraße von Eberbach über Wagenschwend nach Mudau (Nr. 151) verbessert war, hatte dieser Ort nach keiner Richtung hin einen ordentlichen Weg. Am wenigsten war aber für die Verbindung mit Amorbach und Miltenberg gesorgt, obgleich Holz, Getreide und Vieh an diesen Orten einen guten Absatz fanden und darum auch trotz aller Hindernisse dort zu Markt gebracht wurden. Da die alte über den Berg führende Straße sehr ungünstige Gefälle besitzt, so daß sie mit größeren Lasten gar nicht befahren werden kann, mußte die Richtung über Schlossau, Ernstthal und Kirchzell (Nr. 149) mit einem Umweg von $2^1/_4$ Stunden eingehalten werden. Unter diesen Verhältnissen war das schon 1844 laut gewordene und 1865 mit Unterstützung der Bezirksbehörden neuerdings aufgetretene Verlangen nach einer directen Straßenverbindung mit Amorbach erklärbar. — Man untersuchte sowohl die mögliche Zugslinie durch den sog. Inglertsgrund als auch jene über Schlossau längs der sog. Teufelsklinge nach Ernstthal. Da mit letzterem Zug Gefälle bis zu $6^1/_2$ Procent verbunden waren und die Verkürzung des Weges nur $^1/_2$ Stunde betrug, wählte man 1870 übereinstimmend mit Baiern die Linie auf der östlichen Seite des Mudthales, also einen Zug, der, abgesehen von seinen günstigen Gefällen und der reizenden Lage des Thales, sich auch wegen Abfuhr des Holzreichthums der angränzenden fürstlich leiningen'schen Waldungen und der auf baierischem Gebiet in Massen vorkommenden vortrefflichen Sandsteinfindlinge besonders empfahl. Die Kosten waren für die 5335 Meter lange badische Abtheilung für eine 5,4 Meter breite Straße mit 4,5 Meter Fahrbahn auf 20,000 Fl. überschlagen, worunter 6050 Fl. für Geländeankauf enthalten waren. Da nun die Gemeinde Mudau die Güter unentgeltlich stellte und einen baaren Beitrag von 3000 Fl. leistete, (1) so wurde der Bau 1871 auf badischem und baierischem Gebiet begonnen und 1872 vollendet. Die Staatscasse leistete einen Beitrag von 10,950 Fl., der sich aber durch die bis 1874 ausgeführten Nacharbeiten auf 13,916 Fl. steigerte.

Die Straße auf badischem Gebiet wurde 1872 unter die Landstraßen aufgenommen und 1874 aus Mitteln des Unterhaltungsetats mit Bäumen bepflanzt. Das Gefäll der Straße beträgt meistens 2—3 Procent, nur bei dem Uebergang in die Thalsohle auf baierischem Gebiet ist ein Gefäll von 5 Procent zugelassen.

Die steinerne Brücke bei Buchen wurde 1844 erbaut. Auf baierischer Seite soll die Straße 12,678 Fl. erfordert haben.

Der Gesammtaufwand für diesen Straßenbau beträgt 25,296 Fl.

Nr. 296.

Bleibt bis zur Aufnahme einer weitern Landstraße offen.

Nr. 297.

Zufuhrstraße zur Eisenbahnstation Boxberg.

Länge 0,62 Kilometer = 0,14 Stunden.

Die im Jahr 1865 erbaute Eisenbahnstation Boxberg-Wölchingen wurde an den Vereinigungspunkt der von Wölchingen und Epplingen nach Boxberg führenden Vicinalwege im Umpferthal gelegt. Der von diesem Punkte nach Boxberg ziehende alte Gemeindeweg wurde schon bei Anlage der Station als zu schmal und seiner ungünstigen Steigungsverhältnisse bis zu 15 Procent wegen als ungenügend für den Verkehr von Boxberg und den rückliegenden Orten Schwabhausen, Schillingsstadt, Oberwittstadt, Windischbuch, Krautheim ꝛc. mit der Odenwaldeisenbahn anerkannt. Die Verbesserung dieses Weges durch Gefällsausgleichung, Verbreiterung und Correction verzögerte sich aber aus verschiedenen Gründen bis zum Jahr 1871. Der Aufwand betrug einschließlich der Kosten der eisernen Umpferbachbrücke 10,680 Fl. Die Gemeinde Boxberg stellte das Gelände im Werth von 1680 Fl. unentgeltlich, so daß die Staatscasse noch 9000 Fl. aufzuwenden hatte.

Im Jahr 1876 wurde diese Straße in die Classe der Landstraßen aufgenommen, da sie nicht allein von Boxberg, sondern von vielen zwischen dem Jaxt- und Umpferthal liegenden Orten als Verbindungsweg mit der Heidelberg-Würzburger Eisenbahn benützt wird.

---

(1) Leiningen gab den Wald unentgeltlich und 1000 Fl. baar.

Die jetzige Straße fällt von der Landstraße bis in das Thal mit 6,3 Procent, geht dann horizontal und steigt mit 6,5 Procent bis zur Station. Die Umpferbachbrücke besitzt eine lichte Spannweite von 9 Meter und enthält 130 Centner Walzeisen.

Der Aufwand betrug 18,308 Mark.

Nr. 298.

Straße von Münzesheim über Menzingen nach Eppingen.

Länge 15,45 Kilometer = 3,48 Stunden.

Die Orte Ubstadt, Münzesheim und Menzingen werden schon in Urkunden vom 8. Jahrhundert genannt. Die bisher bestandenen sehr primitiven Straßen scheinen aus ältester Zeit herzurühren.

Wie schon früher erwähnt, bildet die Configuration des Kraichgaues schon im allgemeinen ein Hinderniß für den Straßenbau, weil das Terrain überall wellenförmig gebildet ist.

Sodann war die große Zahl der kleinen reichsunmittelbaren Gebiete der Straßenverbesserung hinderlich.

Die Straße von Ubstadt über Menzingen nach Eppingen durchzog nämlich sechs solche Gebiete.

Ubstadt und Rohrbach waren speierisch, Unteröwisheim württembergisch, Münzesheim markgräflich-badisch, Eppingen pfalzisch, Menzingen und Landshausen ritterschaftlich.

Erst 1806 kam die ganze Straße unter badische Hoheit. Auch von dieser Zeit geschah zur Verbesserung des Weges nicht viel, weil die Gemeinden in dieser Gegend den Werth guter Wege noch lange nicht erkannten.

Da die Vicinalstraße von Münzesheim über Menzingen nach Eppingen viele Gegensteigen bis zu 10 Procent besaß, zum Theil in tiefen Einschnitten lag, mehrere zu kurze Wendungen hatte und wegen mangelhaften Steinbaues nur schwer zu unterhalten war, zog sich der Verkehr an die Eisenbahn, ja sogar nach Bruchsal mehr über Elsenz und Odenheim, als über Menzingen, obgleich die letztere Route nach Bruchsal und Ubstadt beträchtlich näher war.(1) Menzingen suchte daher im Jahr 1871 um Aufnahme dieser Straße in die Classe der Landstraßen nach. Diesem Gesuche konnte ohne vorherige Verbesserung des Weges nicht entsprochen werden. Vor Allem schienen nothwendig: die Correctionen bei der Rohrbacher Mühle mit 2121 Fl.; oberhalb Landshausen mit 7583 Fl., beim Schulhaus in Menzingen mit 2700 Fl., zwischen Menzingen und Münzesheim zur Umgehung der langen Steige mit 39,000 Fl., sodann allgemeine Verbreiterung auf 5,4 Meter. Das Gefäll sollte auf ein Maximum von 5 Procent ermäßigt werden. Die Gesammtkosten wurden auf 61,280 Fl. oder 105,051 Mark berechnet.

Hiervon hatten nach dem Straßengesetz zu übernehmen: der Kreis Heidelberg 4130 Fl., der Kreis Carlsruhe 6083 Fl., die Gemeinden Eppingen 2118 Fl., Sulzfeld 1327 Fl., Rohrbach 1361 Fl., Landshausen 1249 Fl., Menzingen 1908 Fl., Gochsheim 1349 Fl., Münzesheim 900 Fl. Da aber der Beitrag von Eppingen auf 706 Fl. ermäßigt und die Gemeinden Sulzfeld und Gochsheim von Beiträgen ganz befreit wurden, betrugen die Leistungen der Kreise und Gemeinden zusammen nur 16,338 Fl. und die Staatscasse hatte noch 44,942 Fl. zu übernehmen. Der Bau begann im Herbst 1874 und wurde 1875 vollendet, worauf die Straße als Landstraße behandelt wurde. Die Verbesserungen bestunden in einer Correction bei der Mühle in Rohrbach,(2) in Anlage einer Rampe oberhalb Landshausen, in einem 4400 Meter langen Neubau von Menzingen bis Münzesheim zur Umgehung einer langen in einer Hohlgasse liegenden Steige, sodann in Ausgleichung der Gefälle in Menzingen und allgemeiner Verbreiterung auf 5,4 Meter.

---

(1) Die Straße von Ubstadt nach Eppingen besitzt eine Länge von 6,37 Stunden über Flehingen, von 6,17 Stunden über Elsenz und von 5,95 Stunden über Menzingen. (2) Rohrbach am Gießübel ist ein sehr alter Ort. Man fand hier wie in Elsenz römische Meilenzeiger und bei Münzesheim römische Waffen und Geräthe. Das Wort Gießübel kommt auch in Wieslet 1392, bei Rottenburg am Neckar, bei Biberach, Tübingen, Eßlingen, zwischen Heiligkreuzthal und Hunderfingen in Württemberg, bei Weißenburg im Elsaß und bei Carlsbad in Böhmen vor, überall in der Nähe von Teichen, Schwemmen oder Bächen, und soll die Stelle bezeichnen, wo im Mittelalter die Felddiebe zur Strafe untergetaucht wurden. Bei Rottenburg befand sich im Deichelweier an

Nr. 299.

Straße von St. Georgen nach Schramberg.

Länge von Station St. Georgen bis Adler in Langenschiltach 5,70 Kilometer = 1,29 Stunden.

Der Ort St. Georgen hat sein Dasein dem Benedictinerkloster gleichen Namens zu danken, welches im 11. Jahrhundert hier gegründet wurde und durch bedeutende Stiftungen aus dem 12. Jahrhundert zu erheblichem Vermögen gelangte. (1) Obgleich dies Kloster, wie alle seines Ordens, lange Zeit hindurch förderlich auf die Cultur der Gegend eingewirkt und Kaiser Maximilian schon dem Ort das Recht eines Jahrmarktes verliehen hatte, so blieben doch die Wege gänzlich vernachlässigt. Auch nach der Aufhebung des Klosters dauerte es noch lange, bis der Ort St. Georgen mit einer guten Landstraße in Verbindung kam, denn dieser Ort, wie Langenschiltach, Peterzell, Mönchweiler und Tennenbronn und Schramberg waren alt württembergisch und kamen mit Ausnahme der letztern Stadt 1810 an Baden.

Der alte 10—16 Fuß breite Vicinalweg, der zu der ehemaligen Handelsstraße von Villingen über Peterzell, Brogen (2) und Krummschiltach nach Hornberg führte, fällt mit 15 Procent Gefäll in das Thal, um dann mit 10—12 Procent Steigen die Wasserscheide auf dem sogen. Höchsten zu erreichen. Von da senkt sich der Weg allmählich und mündet mit Gefäll von 15 Procent bei Krummschiltach in der Nähe der nach Tennenbronn führenden Vicinalstraße in die Hornberger Landstraße ein.

Nachdem im Jahr 1839 die neue Landstraße von Triberg über die Sommerau nach Peterzell vollendet (siehe Nr. 28) und unterhalb St. Georgen eine Poststation errichtet war, ließ die Gemeinde einen Verbindungsweg aus dem Ort mit der Post an der neuen Straße auf eigene Kosten mit $8^1/_2$ Procent Gefälle herstellen. Von dieser Zeit hob sich St. Georgen von Jahr zu Jahr durch Ausdehnung der Industrie, welche von den intelligenten und fleißigen Einwohnern mit bestem Erfolge in verschiedenen Zweigen betrieben wird. (3)

Kaum war die Eisenbahn bis Donaueschingen im Jahr 1869 vollendet und bei St. Georgen eine Eisenbahnstation bestimmt, als diese Gemeinde um Herstellung einer guten Land- und Poststraße nach der benachbarten württembergischen Stadt Schramberg nachsuchte. Das Gesetz von 1870 bewilligte auch für diesen Zweck 20,000 Fl. und der Bau kam 1875 zur Ausführung, nachdem man sich entschlossen hatte, die neue Straße nicht, wie von verschiedenen Seiten vorgeschlagen wurde, an dem Ruppertsberg hin, sondern nach dem Wunsche der Gemeinde St. Georgen von dem Orte selbst durch den Wald auf das Höchst zu führen. Die Kosten waren berechnet: für die Gefällsausgleichung in der Abtheilung von der Eisenbahnstation bis zur alten Post, wo eine Gegensteige bis zu 11 Procent besteht, auf 14,000 Fl., für Correction im Orte 8000 Fl., für die neue Straße von dem Ort bis auf die Höhe 16,000 Fl., von da bis zum Adler in Langenschiltach 13,000 Fl., sodann von hier bis Tennenbronn 7700 Fl., zusammen auf 57,700 Fl. Man beschränkte sich zunächst auf den Bau von der Eisenbahn bis Post und von St. Georgen bis Langenschiltach. Die Eisenbahnbaucasse hatte für den Zufuhrweg zu Eisenbahn 10,000 Fl. beizutragen und die Gemeinde St. Georgen leistete einen baaren Beitrag von 6700 Fl., daher der Staat beizutragen hatte 23,600 Fl. Diese Bauten waren 1875 vollendet und die neue Straße kam 1876 in den Landstraßenverband. Die Straße erhielt eine Breite von 5,4 Meter mit 4,5 Meter Fahrbahn und ein Gefäll von der Post bis Station von 2 Procent, von St. Georgen bis zum Höchst von 5 Procent auf kurze Strecke, sonst meistens 3 Procent. Die neue, von der Gemeinde erbaute Steigstraße von der Post bis in den Ort, welche $8^1/_2$ Procent Maximal-Gefäll besitzt, wurde bis auf Weiteres beibehalten. Der wirkliche Aufwand betrug

---

der Mauer eine Vorrichtung, gleich einer Waage mit Korb, in dem die Felddiebe in das Wasser eingesenkt wurden. Siehe Birlinger, Sitten und Gebräuche. (1) Das Kloster brannte 1633 ab. Nach dem westphälischen Frieden zogen die Mönche nach Villingen, wo sie ein Kloster bauten, das 1806 aufgehoben wurde. B. Schönstein, Geschichte des Klosters St. Georgen, 1824. (2) Beim nördlichen Abhang des Kesselbergs am sog. Hirschwald, 3087 Fuß hoch', entspringt die Brigach, die in ihrem Zusammenfluß mit der Breg bei Donaueschingen die Donau bildet. Kräuter, Geschichte Vorderösterreichs. Fickler, die Donauquellen 1840. Bucher, Ueber den Ursprung der Donau, 1715. Ueber den Brogen siehe Nr. 28. (3) Es werden hier Geflechte aus Stroh und Palmblättern, Uhren, Eisengußwaaren fabrikmäßig gefertigt. In neuer Zeit wird St. Georgen auch als Luftcurort benützt.

87,200 Mark, wovon St. Georgen 11,485 Mark und die Eisenbahnbaucasse 17,143 Mark übernahmen.

Von Langenschiltach bis Tennenbronn ist die Straße schmal und und besitzt viele kleinere Gegensteigen, von Tennenbronn (1) abwärts, wo die Straße größtentheils durch Württemberg führt, fehlt nur Verbreiterung und Fundamentirung, da die von dem Grafen von Bissing angelegte Straße in dem romantischen Berneckthal ein gutes Trace besitzt. Nach Verbesserung dieser Verbindung wird der Verkehr sich auf der Station St. Georgen bedeutend heben, da Langholz und industrielle Producte, die jetzt von dem gewerbreichen Schramberg über Hausach und Rottweil zur Eisenbahn gehen, großentheils nach St. Georgen verbracht werden. In dem Gesetz vom 25. Juni 1876 sind für die Herstellung der Straße von Langenschiltach über Tennenbronn bis an die württembergische Gränze weitere 155,000 Mark vorgesehen. Mit Einschluß dieser Summe wird die Verwendung für Verbesserung dieses Straßenzuges 242,200 Mark betragen. Württemberg hat sich bereit erklärt, die Straße auf seinem Gebiet bis Schramberg zu verbessern, sobald die Straße badischer Seits ausgeführt wird.

Nr. 300.

Brettenthalstraße.

Der von den Landstraßen Nr. 1, 33 und 36 eingeschlossene, nördlich durch die Schutter, südlich durch die Elz begränzte Bezirk war bisher durchaus auf den Verkehr mittelst Gemeindewegen angewiesen. Diese Wege folgen entweder dem Laufe der Bäche oder sie führen mit starkem Steigen und Fallen längs der steilen Bergabhänge über die zwischen den Thälern liegenden Höhen. Die meisten dieser Wege stammen aus ältester Zeit, da sie zur Verbindung der vorhandenen alten Orte nach der Gestalt der Gegend wohl kaum jemals eine andere Richtung nehmen konnten.

Da die Namen der Berge, Bäche und vieler Orte aus keltischer Sprache abzuleiten sind, wie Hünersedel, Hochberg, Spielberg, Belchen, Eichberg, Elz, Schutter, Brettenbach, Bleichbach, Aubach, Eberbach, Tennenbach, Reichenbach, Maleck, Lörch ꝛc., so ist man wohl berechtigt, hier auf ursprünglich keltische Niederlassungen zu schließen und die erste Anlage der Verbindungswege auch in jene Zeit zurückzuverlegen. Von dem Dasein der Römer in diesem unbegrenzten Bezirke scheint man bis jetzt keine Spuren entdeckt zu haben.

Der ursprüngliche Saumweg durch das Thal ist hier wie fast überall von den Gemeinden allmählich in einen Karrenweg und in neuerer Zeit zu einer Fahrstraße umgebildet worden.

Namentlich wurde im Jahr 1867 von den Gemeinden des sogen. Freiamts (2) die Straße von Sexau bis Reichenbach bedeutend verbessert und unterhalb Keppenbach (3) eine neue eiserne Brücke erbaut. Noch besitzt aber die Straße namentlich im oberen Thal viele schmale Stellen von 10—13 Fuß, kurze Wendungen und eine Menge lästiger Gegengefälle bis zu 10 Procent.

Zur Verbindung des oberen Brettenthals mit dem Streitberg, wo sich die Landstraßen aus dem Kinzig- und Schutterthal mit dem Vicinalweg des Bleichthales vereinigen, dient ein Gemeinde- resp. Holzabfuhrweg, der ebenfalls theilweise sehr schmal ist und viele Gefälle und Steigen bis zu 12 Procent besitzt. Außer dieser Straße führt ein ziemlich guter, in neuer Zeit von dem Forstärar angelegter Holzabfuhrweg aus der Nähe des Weier Schlosses bei Emmendingen durch den Wald in das Aubichthal an dem ehemaligen Kloster Tennenbach (4) vorüber nach Muschbach und an den sogen. Freihof, sodann, das Bad Kürnhalte berührend, in das Bleichthal,

(1) Das evangelische Tennenbronn ist eine alte Besitzung von Württemberg, das katholische gehörte dem Grafen Bissing Nippenberg und kam 1810 von Württemberg an Baden. (2) Keppenbach, Reischenbach, Nußbach, Brettenthal, Breitebnet bildeten die markgräfl. Hochberg'sche Waldgemeinde „Freiamt"; Sexau, Mabeck, Ottoschwanden waren ebenfalls markgräflich badisch. Freiamt und Tennenbach bilden besondere Gemarkungen. (3) Die Herren von Keppenbach gehören zum ältesten Adel. (4) Das Cistercienser-Männer-Kloster Tennenbach (Himmelspforte oder porta coeli ad rivum inter abietes) wurde 1158 von Herzog Berthold IV. von Zähringen gestiftet, kam 1475 unter österreichische Hoheit und wurde 1807 aufgehoben. Der Abbruch erfolgte 1814—1834. Die Kirche wurde auf Anordnung des Großherzogs Ludwig 1829/30 von Baudirector Hübsch nach Freiburg versetzt und mit wenigen Aenderungen zum Gebrauch der evangelischen Gemeinde eingerichtet. Jetzt steht nur noch eine gothische von Bruno von Hornberg erbaute Capelle, der Kirchhof und ein Oekonomiegebäude. Siehe Freiburger Diöcesan-Archiv VI. Die Cistercienser gaben den Abteien symbolische Bezeichnungen, wie Porta coeli, Aula Mariae, Rosa, Stella, la Trappe etc. Das Hauptkloster war in Citeaux.

oberhalb Bleichheim. Dieser Weg, auf dem auch die Tennenbacher Bausteine abgeführt werden, die schon im 15. Jahrhundert bei dem Freiburger Münsterbau Verwendung fanden (Zeitschrift 3, 24), steigt aus dem Elzthal bis auf die Höhe mit 8 Procent und fällt mit 6—7 Procent gegen Tennenbach, um wieder mit 6—8 Procent die Höhe bei Muschbach zu ersteigen. Von hier geht der Weg wellenförmig bis über Freihof und senkt sich dann mit Gefällen von 5 bis 10 Procent bis zur Kürnhalte. Vom Bad bis zur Bleichbrücke fällt die gut erhaltene Straße nur mit 4—5 Procent. Um den Gemeinden dieser Gegend wenigstens eine gute Straßenverbindung mit der Eisenbahn zu verschaffen, den Absatz der Bausteine, Wald- und landwirthschaftlichen Erzeugnisse zu fördern und auf eine vermehrte Benützung der Wasserkraft für gewerbliche Zwecke hinzuwirken, beschloß man 1874, die Straße von Lörch über Sexau und Keppenbach bis zur Mühle oberhalb Reichenbach nach Maßgabe des Gesetzes von 1868 zu verbessern und sie sodann als Landstraße zu behandeln. Nach dem aufgestellten Plane und Ueberschlag forderte der Bau von Lörch bis zur Lutenmühle 105,000 Mark, wovon in dem Budget für 1876/77 50,000 Mark zur einstweiligen Ausführung der unteren Abtheilung bis zur Mühle oberhalb Reichenbach bewilligt wurden.

Bei Ausführung der Detailvorarbeiten zeigte es sich, daß die beabsichtigte Beibehaltung der minder schlechten Straßentheile des Zusammenhanges wegen unthunlich sei und daher der Aufwand sich auf 138,000 Mark steigern werde, wenn auch für die obere Abtheilung nur eine Straßenbreite von 4,5 Meter und eine Maximalsteigung von 4,8 Procent für die untere und eine solche von 6 Procent für die obere Abtheilung eingehalten wird.

Der kleinste Radius war auf 38 Mark ausgesetzt und eine neue 4,1 Meter weite eiserne Brücke über den Ortsbach in Sexau projectirt. Da die Gemeinden aber eine durchgehende Breite von 5 Metern verlangten, so wurde der Bau auf die Periode 1878/9 verschoben. Durch die gewünschte Verbreiterung würde der Aufwand sich um 60,000 Mark erhöhen.

Nr. 301.

Straße zur Schiffslandungsstelle in Hagnau.(1)

Hagnau betrieb seit frühester Zeit die Schifffahrt, um die Erzeugnisse an Wein und Obst auf den Märkten in Constanz und in anderen an dem See liegenden Orten zu verwerthen. Aber auch Schiffe anderer Orte landeten hier, um Ladungen einzunehmen, die aus rückliegenden badischen Orten über den See gebracht werden sollten. Solche Schiffe hatten dann Abfahrtsgebühren zu bezahlen, welche die Gemeinde erhob, wogegen sie die beiden Landungsstellen zu unterhalten hatte.

Die eine dieser Stellen lag in der Verlängerung der Ortsstraße am oberen Ende des Dorfes, die andere unmittelbar unterhalb desselben in der Verlängerung eines Feldweges. Die letztere Stelle war bei Niederwasser geeigneter als die obere und als die Landungsstellen in Immenstaad, weil die Gränze der Seehalde von dem Ort nur 280 Fuß entfernt liegt, und daher, so lange die Zufuhrstraßen in Immenstaad und die dortigen Schiffslandeplätze ebenfalls schlecht waren, der Hagnauer Landeplatz auch von auswärtigen Käufern und Verkäufern bei niederem Seestande gewählt wurde.

Da sich der Weinhandel in Hagnau in neuerer Zeit bedeutend vermehrt hatte, kam schon 1863 Seitens der badischen Dampfschifffahrts-Verwaltung die Herstellung eines guten Landungsplatzes in Anregung.

Der desfallsige Aufwand war damals auf 8—10,000 Fl. berechnet. Obgleich die Gemeinde einen Beitrag von 2000 Fl. in Aussicht gestellt hatte, glaubte die Regierung doch im Hinblick darauf, daß die Landungsstelle weitaus zum größten Theil nur von Hagnau selbst benützt wird, der Gemeinde die erforderliche Einrichtung umsomehr überlassen zu sollen, als die bestehenden Straßen von Meersburg, Stetten, Kippenhausen, Ittendorf, Immenstaad nach Hagnau, sowie jene in Hagnau selbst viele lästige Gefälle besaßen und daher die Landungsstellen in Meersburg und

(1) Hagnau kam 1433 von den Edlen von Ellerbach an die Abtei Weingarten, 1436 an die Stadt Ueberlingen, 1658 an das Kloster Einsiedeln, 1693 wieder an die Abtei Weingarten, durch den Luneviller Frieden an Nassau, endlich durch den Preßburger Frieden an Baden.

Immenstaad den Verkehr mehr anzogen. Auf wiederholte Petitionen von 1871 und 1872 entschloß man sich endlich, auch zur Verbesserung der Landungsstelle in Hagnau mitzuwirken. Nach einer Vereinbarung von 1874 übernahm die Gemeinde Hagnau die auf 4000 Fl. berechneten Kosten für die Herstellung eines hölzernen Landungssteges nebst Betriebs-Einrichtung gegen einen Staatsbeitrag von 2500 Fl. mit der Verpflichtung, diese Anlage stets in gutem Stande zu unterhalten und für alle Zeit auf die Abfuhrgebühren zu verzichten. (1)

Die Anlage wurde 1874 hergestellt. Sie besteht aus einem 90 Meter langen und 2,8 Meter breiten Holzsteg und einer 10,5 Meter breiten und 12 Meter langen Anlandepritsche. Die Höhe ist auf den zweiten Fuß des Ueberlinger Pegels gelegt. Seit 1876 wird die Beleuchtung von der großherzogl. Zollverwaltung besorgt. Die Aufnahme der Zufuhrstraße in die Classe der Landstraßen wurde von der großherzogl. Regierung abgelehnt, weil der Verkehr dieser Straße den Anforderungen des Straßengesetzes von 1868 nicht entspricht.

Nr. 302.

Straße von Waldshut nach Gurtweil.

Wie schon bei Nr. 48 erwähnt wurde, mußte die seit ältester Zeit bestandene Straße von Waldshut über Gurtweil nach Thiengen von dem allgemeinen Verkehr eingehalten werden, so oft die Schlüchtbrücke in der directen Straße von Waldshut nach Thiengen zerstört war, was oft und lang der Fall gewesen ist. Gleichwohl war die Straße von Waldshut nach Gurtweil schmal und mit vielen Gegengefällen behaftet.

In den 30er Jahren wurde dieser Weg von den Gemeinden auf 18 Fuß verbreitert und regulirt, es sind aber noch immer drei lästige Gegengefälle vorhanden, die leicht auszugleichen wären. Bisher wurde die Straße von den Gemeinden unterhalten. Nachdem aber die Straße von Gurtweil nach Thiengen corrigirt und in den Landstraßenverband aufgenommen ist, wird gleiches auch bezüglich der Straße Gurtweil-Waldshut gerechtfertigt sein, sobald die obere Schlüchtthalstraße bis Uehlingen erstellt ist.

---

(1) Diese Gebühren betrugen in den 6 Jahren 1865—70 278 Fl., also im Durchschnitt 46 Fl. 20 Kr. Durch das Schlußprotokoll zur Schifffahrtsordnung von 1867 (Reg.-Bl. 1868 Seite 218 und 230), hatte die Regierung die Obliegenheit auf Beseitigung solcher Gebühren hinzuwirken.

Nachträge.

Seite 4, Note 3. G. Niebuhr (Vorträge über alte Länder- und Völkerkunde, Ausgabe von M. Isler 1851) glaubt, „daß die Baureste am Ottilienberg von einem Volke herrühren, welches von den Kelten vertrieben wurde."

Seite 5, Zeile 4. H. Grimm sagt in seiner deutschen Mythologie: „Das Zurückweichen der Kelten erfolgte nicht plötzlich; Theile des Glaubens und der Sprache blieben an den Völkern haften, welche an ihre Stelle traten."

Seite 14, Zeile 9. In Florenz, Verona, Modena und Padua wurde im 13. Jahrhundert gepflastert.

Seite 20, Zeile 35. Neuburg in Rheinbaiern stund bis 1570 auf dem rechten Ufer, dann lange Zeit auf einer Insel. Mundenheim wurde 1759 mit Dammbauten gegen Zerstörung gesichert, Oggersheim lag vor 800 Jahren noch unmittelbar am Rhein; 28 Dörfer der Rheinpfalz liegen an Altrheinen.

Seite 21, Zeile 3. Im Jahre 1349 sperrten die Straßburger den Rhein mit Pfählen und Ketten, bis die hohen Zölle auf Wein und Kaufmannsgüter wieder abgeschafft waren. Damals fuhren viele Hundert Schiffe jährlich mit Wein rheinabwärts. Königshofen, Chronik.

Seite 31, zu Note 1. Nach den Untersuchungen von Grebenau von 1874 soll sich der mittlere Wasserstand des Rheins in Folge der Correction durchschnittlich um 30, der mittlere Winterwasserstand um 42, der mittlere Sommerwasserstand um 18 Centimeter gesenkt haben. Wo viele Durchschnitte ausgeführt wurden, beträgt die Senkung mehr, wie z. B. bei Maxau 1,50.

Seite 255, Zeile 4. Die dermaligen Radien von 27 Meter und 5,4 Meter Breite mußten auf 6 Meter verbreitert werden.

Seite 52, Zeile 39. Die Bahn von Bruchsal bis Rheinsheim wurde 1876, die Rheinbrücke 1877 eröffnet. Pfeiler und Widerlager dieser Brücke sind pneumatisch gegründet.

Seite 61. Im Jahr 1740 wurden vier runde neue Pfeiler an den mittleren Bogen der Frankfurter Brücke von Pauli erbaut. W. Gerken, Reisen 1788.

Seite 62, Note 4. Die Fürsten hielten der Einnahme wegen noch lange an dem Geleitsrecht fest, nachdem kein Geleite mehr nöthig war. Die Kaufleute, die zur Frankfurter Messe kamen, wurden an bestimmten Tagen von den Frankfurter Geleitsreitern an der Gränze abgeholt und unter Anführung eines Rathsherrn in die Stadt geleitet. Noch im vorigen Jahrhundert zählte man auf einer Messe 40,000 Fremde. Die Waaren kamen hauptsächlich aus der Schweiz, Aachen, Verviers, Franken, Schwaben, Nürnberg, Straßburg, Sachsen und Holland.

Seite 64, Note 6. In der Nähe der Berkheimer Mühle fand man 1877 römische Oefen zum Brennen von Thon und Meilenzeiger aus der Zeit des Septimus Severus (193—211 n. Chr.) und des Decius (249—251 n. Chr.).

Seite 80, Absatz 3. Auch die Straße über Leutesheim, Hanau, Diersheim, Bischofsheim, Freistett, Helmlingen, Grauelsbaum und Greffern wird 1795 noch Landstraße genannt, die durch Rheinhochwasser zerstört wurde. Zur Wiederherstellung mußten die Frohnden, die im Hanauischen Gebiet seit 1785 abgeschafft und dafür Umlagen eingeführt waren, wieder beansprucht werden, weil die Gemeinden die Umlagen nicht bezahlen konnten. Landes-Archiv-Acten.

Seite 84. Die Vollendung des eigentlichen Hafens, der 589 Ar Wasserfläche erhielt, verzögerte sich bis 1877.

Seite 86, Zeile 18. Statt 1876 — 1878/79. — 19,500 Mark, Breite 9 Meter, Lichtweite 11,7 Meter, Horizontal-Blechträger.

Seite 90, Zeile 27. Auch in Cöln wurde 1670 die Herstellung einer fliegenden Brücke beschlossen.

Seite 90. Die erste Schiffbrücke in Mainz ließ Churfürst Philipp 1661 aus 56 Schiffen bauen. Gerken, Reisen.

Seite 92, Zeile 28. Zur leichteren Communication aus der Mitte der Stadt bis zur Rheinbrückestation sind 1877 Straßen von dem Schloßplatz durch die beiderseitigen Durchfahrten nach der Schloßterrasse hergestellt worden, deren Aufwand auf 7450 Mark berechnet wurde.

Seite 92, Note 7. Der Lauer wurde 1722/39 mit 34,493 Fl. hergestellt; an den Kosten trugen die Hofkammer, die Stadt und der Militäretat je ein Drittel. L.-A.-A.

Seite 94, zu Note 4. Die Mühlen sind 1743 erbaut und durch drei Erbbeständer betrieben worden. L.-A.-A.

Seite 100, Zeile 39. Schon 1698 wurde ein Durchschnitt unterhalb der Neckarschiffbrücke zum Schutz der Festungswerke durch einen Brückenhauptmann mit Verwendung von Militär ausgeführt; der Bau war aber bald wieder zerstört. L.-A.-A.

Seite 102, Zeile 5. Dieser Straßenzug war Ende des 18. Jahrhunderts noch so unsicher, daß stets ein Mann mit geladenem Gewehr den Postwagen begleiten mußte.

Seite 104, Zeile 1. Der churpfälzische Baumeister Zeller von Mannheim sagt in einem Bericht von 1765: Es ist nicht zu beschreiben, welchen großen Schaden der Neckar seit 20 Jahren den Orten Neckarhausen, Ladenburg, Seckenheim, Ilvesheim und Feudenheim an Gütern und Wegen zugefügt hat. Selbst die Residenz hat oft und stark gelitten." Für die Erhöhung der Heidelberger Chaussee sind 1789 24,305 Fl. aufgewendet worden. Die Kosten sind mit 15 Fl. pro Morgen auf die betheiligten Gütereigenthümer umgelegt worden. L.-A.-A.

Seite 111, Note 3. Die sog. Gutleuthäuser, Seelhäuser, Leprosenhäuser, Siechen- und Sondersiechenhäuser sind meistens aus den Elendherbergen hervorgegangen, die im 13. und 14. Jahrh. zur Beherbergung der fremden Wanderer bestimmt waren. Das Wort „elend" wurde damals für „fremd" gebraucht. Man sagte z. B. statt „in die Fremde wandern", „ins Elend wandern". Solche Herbergen wurden nebst den dazu gehörigen Capellen in der Regel außerhalb der Orte an den Haupt-, Land- und Heerstraßen erbaut. Hüllmann, Städtewesen am Rhein. R. Volz, Ueber Armen- und Krankenpflege.

Seite 104, Note 7. Für den Bau eines guten Gemeindeweges zwischen Ziegelhausen und Kleingemünd wurden 1877 63,000, bezw. 58,300 Mark als nöthig bezeichnet, je nachdem man oben oder unten durch Ziegelhausen geht. Die Weglänge beträgt 4,8 Kilometer, die Maximalsteigung 2,95 Procent, der kleinste Radius 40 Meter, die Breite 5 Meter mit 4 Meter Fahrbahn, bestehend aus 0,15 Meter Gestück und 0,5 Meter Schotter.

Seite 108, Zeile 4. Württemberg hat durch Gesetz vom 11. Juli 1870 die Garantie für 5 Procent des Actiencapitals im Betrag von 1,800,000 Mark auf 20 Jahre übernommen.

Seite 116, Zeile 10. Der Umbau der Holzbrücke ist für 1878 wieder in Holz mit 16,100 Mark in Aussicht genommen.

Seite 116, Zeile 15. Die Gemeinde hatte statt ein Sechstel nur ein Zwölftel zu den Baukosten der Seckachbrücke beizutragen. Das Walzeisen kostete 29,90 Mark, der Guß 28 Mark für 100 Kilo.

Seite 117, Zeile 11. Gerken sagt in seinen Reisen II von 1782: „sobald man Mainzer Gebiet verläßt und in das der Grafschaft Wertheim kommt, sind die Straßen so schlecht, daß Wagen mit 2 Pferden stecken bleiben; je näher bei Wertheim, desto schlechter."

Seite 123, Absatz 2. Die Correction hat zwei Rampen von 22,5 und 30 Meter Radius, eine Breite von 5,4 Meter mit 5 Meter Fahrbahn. Der Aufwand betrug 30,898 Mark. Wertheim und der Kreis trugen je 5149 Mark bei.

Seite 132, Zeile 3. Durch Verlegung der Straße in den Capellenberg wird ein Gefäll von 6,4 und 4,6 Procent erzielt. Der Durchgang unter der Eisenbahn wird 7 Meter weit.

Seite 141, Zeile 9. Nach Abrechnung statt 139,161 — 138,819 Mark, für Gebäude statt 43,716 — 45,804 Mark, zusammen statt 113,296 — 115,294 Mark.

Seite 145, zu Note 15. Auch die Vicinalstraße im sogen. Gemmingen'schen Gebiet auf der linken Seite der Würm ist 1875/77 durch Neubau vom Kupferhammer bis gegen Huchenfeld und durch Correctionen bis über Hohenwarth verbessert worden. An dem Aufwand von 51,080 Mark haben übernommen: Huchenfeld 5195, Hohenwarth 4656, Schöllbronn 3701, Neuhausen 4656, Homberg 378, Pforzheim 5920, das Domänenärar 6000 und die Staatscasse 20,572 Mark.

Seite 178, Zeile 5. Die durch Hochwasser von 1877 zerstörte Hornisbrücke von Holz mit zwei Jochen wird 1878 in Eisen umgebaut. Die Kosten für die 18 Fuß weite Brücke sind auf 17,360 Mark, jene für Straßen- und Flußcorrection auf 1640 Mark, zusammen auf 19,000 Mark überschlagen.

Seite 183, Zeile 20. Im Jahr 1748 wurde der erste Kinzigdurchstich in Gemarkung Griesheim ausgeführt, um die Hanauischen Gemeinden Sand und Legelshurst zu schützen. 1789/91 kamen sodann zwei Durchschnitte zwischen Ortenberg und Offenburg zur Ausführung, aber schon 1806 lief der Fluß wieder außer der Correctionslinie. Die Wiederherstellung und ein weiterer Durchschnittt im Berghaupter Bann kam 1813 nach Tulla's Plan zur Ausführung.

Seite 201, Zeile 27. Zur Verbesserung der Straße in Unterbiederbach wurden 1871 8800 Fl. aufgewendet, wovon die Staatscasse 2000 Fl. übernahm. 1877 soll die Correction in Oberbiederbach von der Thalbachbrücke bis zur Finstermühle mit 35,000 Mark ausgeführt werden. Die Maximalsteigung beträgt 4,5 Procent, die Breite 4,8 Meter, der kleinste Radius 25 Meter. Es wird ein Staatszuschuß von 9000 Mark beantragt.

Seite 240, Note 4. Dixnard führte auch die Stukaturarbeit im Constanzer Münster aus und er hatte einen Plan zur Restauration der Kirche in Petershausen entworfen, der nicht zur Ausführung kam.

Seite 240, Note 1. Der erste Plan für die Correction der Wiese ist von 1778, die Correctionsarbeiten wurden 1805/23 unter Tulla's Leitung auf Staatskosten mit Frohndleistungen bewirkt. Das Gefäll des Flusses beträgt bis zur Schweizergränze 138,8 Meter. Der Correctionsaufwand ist von Steinen bis Weil ohne Verbesserung der Wehre auf 1,089,000 Mark veranschlagt, die Aenderung der Wehre ist zur vollständigen Sicherung absolut nöthig.

Seite 244, Zeile 31. Die sechs beabsichtigten Correctionen erfordern 131,000 Mark. Die Straßenbreite ist zu 5,4 Meter, die Fahrbahn zu 4,2 Meter und das Gefäll zu 2 Procent bestimmt. Als Beiträge sind angeboten von Bernau-Rickenbach durch Geländestellung 2000 Mark, durch Bernau außer Thal desgleichen 1500 Mark, von St. Blasien Waldgemarkung baar 681 Mark, von der Gemeinde durch Geländestellung 2000 Mark, von Bernau Dorf baar 1000 Mark, von Bernau Hof 1500 Mark, zusammen 10,681 Mark.

Seite 249, Zeile 3—7. Die neue Straße zwischen Häusern und Höhenschwand, 3390 Meter lang, hat Maximalgefälle von 6 Procent, der Aufwand besteht in 18,000 Fl. Häusern und Höhenschwand gaben zusammen durch Geländestellung 1031 Fl. Die 1878 auszuführende Wutachbrücke mit schmiedeeisernen Bogen und 15,35 Meter Lichtweite ist auf 15,000 Mark veranschlagt.

Seite 278, Note 1. In einer Urkunde von 1277 wird die Rheinstraße „Bruckgasse" und 1278 an derselben Straße das „Rheinthor" genannt.

Seite 355, Absatz 6. Der Weg nach Au ist 1776, 1781 und 1786 durch Hochwasser zerstört worden.

Seite 369. Nach der Abrechnung betrug der gemeinschaftliche Aufwand für die Schiffbrücke 129,246 Mark.

Seite 393, Zeile 24. Nach Abrechnung beträgt der gemeinschaftliche Aufwand für die Schiffbrücke 149,038 Mark.

Seite 396, Zeile 41. Die gemeinschaftlichen Kosten für die Schiffbrücke betrugen laut Abrechnung 138,482 Mark, die Kosten für Hochbauten in Baden 50,718 Mark.

Seite 408, Note 7. Das alte Posthaus, größtentheils aus feinen Backsteinen erbaut, liegt nordöstlich an der Kreuzung der beiden Straßen nach dem Rhein und nach Schwetzingen. In dem Hofe befand sich bis in die Neuzeit eine Sonnenuhr, welche zur Controle über die Postcurse diente. Die Anfahrt zur Rheinfähre liegt zu tief, daher der Verkehr nach Speyer oft unterbrochen ist.

Seite 415, Zeile 16. Die Käferthaler Chaussee wurde 1789 von der Brücke bis zum Galgen auf dem Hochgestade durch den Neckar gänzlich zerstört. Die Stadtcasse bestritt die Wiederherstellungskosten im Betrage von 15,147 Fl. L.-A.-A.

Seite 423, Zeile 4. Die Kosten für die Straße von der neuen Brücke in die Stadt sind auf 41,180 Mark berechnet.

Seite 439, Note 2. Im Jahr 1859 sind auf der Südseite der Landzunge oberhalb Constanz Pfahlbauten mit vielen Werkzeugen aufgefunden worden.

Seite 455, Zeile 35. Gorxheim hieß Georgsheim. Das an die Stadt Weinheim angränzende Dorf Mühlheim gehörte zu Schloß Windeck und war eine besondere Gemeinde. Siehe H. Andreae, Weinhemium palat. — illustr.

Seite 456, Zeile 11. Diesen Verpflichtungen ist die Gemeinde bisher nicht nachgekommen.

Seite 456, Zeile 32. Ein großer Theil der Bewohner Weinheims ist für die Herstellung der Straße längs des Grundelbachs.

Seite 461, Zeile 16. Der Rhein trat bei Istein im März 1876 in das neue Bett.

Seite 499, Zeile 7. Wollte man die Straßenbreite auf 6 Meter erweitern, so wären 30,000 Mark mehr erforderlich; man kann mit Ausweichstellen helfen. Der kleinste Radius ist auf 30 Meter bestimmt, das Maximalgefäll soll auf 4,3 Procent ermäßigt werden.

Seite 504, Nr. 209, Absatz 5, Zeile 7. Dieser Weg hat noch Stellen von 3,5 Meter Breite und Radien von 30—35 Meter.

Seite 506. Die Biberbrücke an der Gemarkungsgränze Blumenfeld-Beuren mit 5 Meter Lichtweite, 3,05 Meter Gewölbradius und 1,3 Meter Pfeilhöhe, wurde 1876 mit 4980 Mark erbaut.

Seite 520, Absatz 2. Wollte man den Zug aus dem Donauthale nach Hartheim über Werrenwaag einhalten, so müßte ein 937 Meter langer Neubau mit 6 Procent Gefäll hergestellt werden. Die Rampen wären zu corrigiren und zwischen Werrenwaag und Schwenningen drei Correctionen auszuführen. Der Zug würde 1670 Meter länger, der Weg also für die Hin- und Herreise um 3340 Kilometer verlängert.

Seite 534, Zeile 25. In Folge der Rutschung und der Hochwasserbeschädigung mehrte sich der Aufwand von 48,000 Mark auf 77,000 Mark. Die Vollendung wird erst 1878 erfolgen.

Seite 535, Zeile 30. Das Brückengeld bei Kaiserstuhl betrug Ende vorigen Jahrhunderts 16 Xr. für eine zweispännige Fuhre. L.-A.-A.

Seite 559. Zeile 24. Die Bleichthalstraße kam am 1. Juli 1877 bis zur Kirnaubrücke in den Verband.

Seite 562, Zeile 7. Die Bühlot richtete 1779 unerhörte Zerstörungen an den Straßen an. In einigen Straßen von Bühl stand das Wasser 7, 9—11 Fuß hoch. Viele Wasserwerke wurden vernichtet. L.-A.-A.

Berichtigungen.

Seite 14 Zeile 27 statt Sonach — Dennoch.
„ 16 „ 41 „ Otto II. — Otto I.
„ 18 „ 9 der Noten statt 1248 — 1270 und statt Tuden — Luden.
„ 35 „ 1 „ „ „ Werch — Weech.
„ 37 „ 7 „ „ „ Form — Ferne.
„ 52 „ 6 „ „ „ Laufenburg — Lauterburg.
„ 75 „ 8 „ „ „ Beizinger — Brizinger.
„ 77 „ 34 statt wier — wider.
„ 84 „ 9 der Noten statt Gitter — Bogen.
„ 90 „ 5 „ „ „ Fluß — Festungs.
„ 110 „ 5 statt Marbach — Mosbach.
„ 116 „ 25 „ 72,000 Fl. — 60,000 Mark.
„ 128 „ 44 „ Wörschbach — Wöschbach.
„ 131 „ 1 der Noten statt Gendetsheim — Gondelsheim.
„ 132 Nr. 13 Zeile 8 statt Kiffelbronn — Kisselbronn.
„ 132 Zeile 1 der Noten statt Legion, Zeichen — Legionszeichen.
„ 132 „ 2 „ „ „ Solingen — Söllingen.
„ 132 „ 19 statt Wank — Wenk.
„ 138 „ 2 der Noten statt 3024 — 324.
„ 139 „ 3 „ „ „ an — von.
„ 152 Nr. 20 Zeile 3 statt Schlutterbach — Schluttenbach.
„ 153 Zeile 7 statt Ettingen — Ettlingen.
„ 175 „ 5 der Noten statt 1802 — 1803.
„ 183 „ 6 statt der — als.
„ 196 Nr. 85 Zeile 3 statt Laßberg — Loßberg.
„ 199 „ 288 „ 1 „ statt Kilpan — Kilpen.
„ 204 Zeile 3 der Noten statt Götenbach — Güttenbach.
„ 206 „ 33 der Aufwand zu streichen.
„ 207 „ 33 statt Rammstein — Randstein.
„ 219 „ 4 der Noten statt von — und.
„ 233 „ 16 statt Klattgau — Klettgau.
„ 234 „ 11 „ Instetten — Jestetten.
„ 238 „ 47 „ 33,00 — 3300.
„ 250 „ 47 „ Lottenbrücke — Schattenmühle.
„ 251 „ 37 „ Kotlesern — St. Blasien.
„ 255 „ 4 „ Lotterbrücke — Lottenbrücke.
„ 274 „ 18 „ Langmorgen — Langenargen.
„ 274 „ 4 der Noten statt Schiffslicende — Schiffslände.
„ 274 „ 5 „ „ „ Langenarchen — Langenargen.
„ 310 „ 1 „ „ hinter 1777: am 27. Juli bei hohem Wasser.
„ 312 statt Nr. 73 Nr. 74.
„ 316 Zeile 22 statt wurde — würde.
„ 325 „ 13 und 15 der Noten statt sie — er.
„ 334 „ 35 „in der Zeit" zu streichen.
„ 338 „ 4 der Noten statt Senke — senkrecht.
„ 358 „ 15 statt 1867 — 1767.
„ 359 „ 42 „ mehr als — fast.
„ 394 Nr. 127 Zeile 16 statt Gonnshurst — Gamshurst.
„ 398 Zeile 11 der Noten statt Werch — Weech.
„ 402 „ 10 statt 38,500 — 38,600, statt 154,800 — 77,400 Mark, statt Gelände — Gebäude.
„ 425 letzte Zeile der Noten statt Wiesen — Wieser.
„ 429 „ „ „ „ „ Rothburga — Nothburga.
„ 435 Zeile 4 der Noten statt um gegen sie — um sie gegen.
„ 449 „ 13 statt vom Zigeunerstock — von Külsheim.
„ 455 „ 31 „ Kronen — Rinnen.
„ 484 „ 36 „ Marchingen — Merchingen.
„ 534 „ 26 „ noch begonnen — noch nicht begonnen.

Inhalt.

Erste Abtheilung.

Zweite Abtheilung.

Da die einzelnen Straßen verschieden bezeichnet werden können, je nachdem man die Anfangs- und Endpunkte an andere Orte verlegt, so empfiehlt es sich, zunächst die Nummer der betreffenden Straße aus der beiliegenden Karte zu entnehmen und dann in diesem Verzeichniß die entsprechende Seite des Buches aufzusuchen.

Nr.	Seite.	Nr.	Seite.	Nr.	Seite.	Nr.	Seite.	Nr.	Seite.	Nr.	Seite.	Nr.	Seite.
1	61	45	227	89	338	133	402	177	461	221	514	265	554
2	80	46	230	90	340	134	403	178	462	222	516	266	555
3	98	47	230	91	342	135	403	179	462	223	518	267	555
4	108	48	232	92	345	136	398	180	464	224	518	268	555
5	108	49	239	93	346	137	404	181	465	225	519	269	556
6	117	50	244	94	350	138	405	182	466	226	521	270	252
7	121	51	249	95	351	139	407	183	467	227	522	271	556
8	122	52	244	96	353	140	409	184	468	228	523	272	557
9	123	53	252	97	353	141	411	185	471	229	524	273	557
10	124	54	255	98	354	142	411	186	473	230	456	274	558
11	126	55	260	99	356	143	412	187	474	231	532	275	559
12	126	56	262	100	357	144	412	188	475	232	474	276	494
13	132	57	263	101	360	145	413	189	476	233	525	277	364
14	138	58	266	102	361	146	414	190	477	234	526	278	560
15	141	59	266	103	532	147	416	191	479	235	526	279	560
16	145	60	271	104	362	148	417	192	223	236	527	280	560
17	146	61	272	105	363	149	424	193	481	237	528	281	561
18	148	62	282	106	364	150	427	194	483	238	529	282	561
19	149	63	288	107	367	151	428	195	485	239	530	283	505
20	152	64	272	108	367	152	428	196	486	240	531	284	563
21	155	65	289	109	370	153	338	197	487	241	563	285	565
22	156	66	291	110	371	154	430	198	488	242	532	286	566
23	163	67	295	111	372	155	430	199	490	243	534	287	567
24	165	68	300	112	375	156	431	200	491	244	537	288	199
25	165	69	300	113	378	157	342	201	492	245	538	289	568
26	165	70	304	114	379	158	432	202	493	246	539	290	569
27	171	71	307	115	380	159	342	203	494	247	539	291	569
28	172	72	311	116	382	160	436	204	499	248	540	292	570
29	184	73	311	117	385	161	437	205	500	249	542	293	570
30	185	74	312	118	385	162	417	206	502	250	543	294	223
31	186	75	315	119	387	163	439	207	468	251	544	295	571
32	189	76	315	120	387	164	444	208	503	252	545	296	572
33	190	77	316	121	387	165	446	209	504	253	546	297	572
34	192	78	319	122	390	166	417	210	505	254	547	298	573
35	196	79	321	123	391	167	449	211	507	255	548	299	574
36	199	80	324	124	392	168	450	212	507	256	549	300	575
37	201	81	325	125	393	169	450	213	424	257	549	301	576
38	202	82	232	126	394	170	452	214	509	258	550	302	577
39	206	83	327	127	394	171	407	215	510	259	551		
40	209	84	267	128	395	172	456	216	452	260	300		
41	211	85	328	129	289	173	457	217	511	261	552		
42	213	86	329	130	397	174	380	218	512	262	552		
43	214	87	329	131	397	175	458	219	513	263	553		
44	223	88	335	132	400	176	459	220	514	264	553		

Pierer'sche Hofbuchdruckerei. Stephan Geibel & Co. in Altenburg.